Richard T. Weidner
Robert L. Sells

Elementare moderne Physik

Richard T. Weidner
Robert L. Sells

Elementare moderne Physik

Mit 280 Bildern

Friedr. Vieweg & Sohn Braunschweig / Wiesbaden

CIP-Kurztitelaufnahme der Deutschen Bibliothek

Weidner, Richard T.:
Elementare moderne Physik / Richard T. Weidner;
Robert L. Sells. [Übers.: Karlheinz Jost]. –
Braunschweig; Wiesbaden: Vieweg, 1982.
Einheitssacht.: Elementary modern physics ‹dt.›
ISBN 3-528-08415-4

NE: Sells, Robert L.:

Titel der Originalausgabe:
Richard T. Weidner/Robert L. Sells
Elementary Modern Physics

Übersetzung: *Karlheinz Jost*
Verlagsredaktion: *Alfred Schubert*

Satz: Friedr. Vieweg & Sohn, Wiesbaden
Druck: C. W. Niemeyer, Hameln
Buchbinderische Verarbeitung: W. Langelüddecke, Braunschweig
Printed in Germany

ISBN 3-528-08415-4

Inhaltsverzeichnis

Vorwort

Die vorliegende „Elementare moderne Physik" hat sich als Ziel gesetzt, die Grundlagen der Physik des zwanzigsten Jahrhunderts mit aller wissenschaftlichen Strenge, jedoch auf einem elementaren Niveau zu behandeln. Dieses Buch ist in erster Linie als Abschluß eines allgemeinen Grundkurses der Physik für Studenten der Natur- und der Ingenieurwissenschaften oder auch als Grundlage für einen eigenständigen Lehrgang der modernen Physik gedacht. Vorausgesetzt werden nur elementare Kenntnisse der klassischen Physik und der Grundlagen der höheren Mathematik.

Wir beabsichtigen, durch schrittweises Vorgehen einen logisch zusammenhängenden Überblick über die Grundprinzipien der Relativitätstheorie und der Quantentheorie, über den Atom- und Kernbau sowie über einige Teilgebiete der Elementarteilchen-, Molekül- und Festkörperphysik zu vermitteln. Nach einigen Vorbemerkungen beginnen wir mit einer einfachen Behandlung der speziellen Relativitätstheorie, und zwar nicht nur als Grundlage für die folgenden Kapitel sondern auch ganz besonders, um die Eigenschaften des Photons vorwegzunehmen, eines durch und durch relativistischen Teilchens. An Hand der grundlegenden Photon-Elektron-Wechselwirkungen führen wir dann die Quantenerscheinungen ein. Anschließend behandeln wir die Welleneigenschaften materieller Teilchen. Nachdem die tragenden Prinzipien der Relativitätstheorie und der Quantenphysik entwickelt worden sind, werden diese auf Atome, Atomkerne und Elementarteilchen sowie auf die Festkörperphysik angewandt.

Auf eine eingehende Behandlung aller oder auch nur der Mehrzahl der interessanten Themen der gegenwärtigen Physik können wir keinen Anspruch erheben. Stattdessen ist dieses Buch als eine sinnvolle Einführung in die beherrschenden Vorstellungen der modernen Physik gedacht. Durch ergänzende Beispiele soll außerdem gezeigt werden, wie sich diese allgemeinen Prinzipien auf spezielle Fragen anwenden lassen. Einige Randgebiete, wie etwa die Fokussierung von Strahlen geladener Teilchen durch elektrische oder durch magnetische Felder, werden nur in den Aufgaben behandelt. Bei der Überarbeitung der zweiten Auflage ist ein beträchtlicher Teil der Aufgaben an den Kapitelenden verändert worden, sei es durch Ersatz oder sei es durch Abwandlung der Aufgaben der bisherigen zweiten Auflage. Die Lösungen der ungeradzahligen Aufgaben befinden sich am Schluß des Buches. Kurze Zusammenfassungen werden auch jeweils am Schluß der einzelnen Kapitel gebracht.

Als Ganzes genommen, liefert dieses Buch genügend Stoff für einen ein- oder zweisemestrigen Lehrgang im zweiten Studienjahr. Auf Grund der Anordnung der behandelten Themen läßt sich das Buch aber auch ohne nennenswerte Diskontinuitäten in einem kürzeren Lehrgang verwenden. So könnte man zum Beispiel die letzten Teile der Kapitel über die spezielle Relativitätstheorie (Kapitel 2 und 3), große Teile der Kapitel über die Mehrelektronenatome (Kapitel 6), über Meßgeräte und Beschleuniger (Kapitel 8) und über die Elementarteilchen (Kapitel 11), sowie möglicherweise das gesamte Kapitel über die Molekular- und Festkörperphysik (Kapitel 12) auslassen.

Zahlreichen Lesern dieses Buches, die uns durch Hinweise und Ratschläge bei der Verbesserung unterstützt haben, sind wir zu Dank verpflichtet. Der Text dieser Überarbeitung der zweiten Auflage ist zwar im wesentlichen mit der ursprünglichen zweiten Auflage identisch, doch hoffen wir, alle noch vorhandenen Fehler beseitigt zu haben. Herrn Dr. Arthur E. Walters danken wir ganz besonders für seine Mithilfe beim Zusammenstellen neuer Aufgaben.

Der Verlag und die Verfasser bitten die Leser, sowohl Lehrende wie auch Studenten, um ihr Urteil über diese erweiterte, zweite Auflage.

Richard T. Weidner
Robert L. Sells

Vorwort zur deutschen Ausgabe

Dieser Übersetzung der „Elementary Modern Physics“ von R.T. Weidner und R.L. Sells liegt die verbesserte 2. Auflage der amerikanischen Ausgabe zu Grunde. Kurz vor der Drucklegung der deutschen Ausgabe erschien eine neue amerikanische Auflage mit einem vollkommen umgeschriebenen Kapitel „Elementarteilchen“. Die Verfasser wollten damit die stürmische Entwicklung der Elementarteilchenphysik während der letzten Jahre berücksichtigen. Das neugeschriebene Kapitel wurde in die vorliegende Übersetzung aufgenommen. Darüber hinaus wurde dieses Kapitel zusätzlich durch die Entdeckungen und Erkenntnisse der jüngsten Zeit erweitert (schweres Lepton τ, Y-Meson, Gluonen, Neutrino-Oszillationen usw.). Das vorliegende Buch soll damit – soweit das bei dem gewählten Rahmen möglich ist – dem derzeitigen Stand unserer Kenntnisse entsprechen.

Jülich, im März 1982 *K. Jost*

zum Titelbild

Das Titelbild – Relief „Atomphysik" – drückt die Entwicklung der Atomvorstellungen von der Antike bis zur Neuzeit symbolisch aus. Rechts unten erscheinen die vier Elemente des Empedokles Feuer, Wasser, Luft und Erde. Symmetrisch dazu auf der linken Seite ist unter dem griechischen Wort ἄτομος („unteilbar", Atom) die Atomvorstellung Demokrits und darüber rechts das Daltonsche und links das Thomsonsche Atommodell dargestellt. Nach oben folgt links die Entdeckung der Radioaktivität (α-, β-, γ-Strahlen) und rechts davon die symbolische Darstellung der Rutherfordschen Streuversuche, die zur Entdeckung des Atomkerns führten. Die Mitte des Reliefs bringt den Zusammenhang „Atombau und Spektrallinien" zum Ausdruck. In die graphische Darstellung des Coulombpotentials des Wasserstoffatoms sind die Energiestufen als parallele waagerechte Striche eingezeichnet. Links davon befindet sich das Termschema des Kaliumatoms mit den verschiedenen Spektralserien entsprechenden Übergängen und darunter das Bohr-Sommerfeldsche Atommodell. Unter dem rechten Bogen des Coulombpotentials erkennt man die vektorielle Zusammensetzung der quantenmechanischen Drehimpulse, ein Ausschnitt aus einem Termschema zur Erklärung der anomalen Zeeman-Aufspaltung und der Nachweis des Elektronenspins im Stern-Gerlach-Versuch.

Unter dem Coulombpotential erscheinen die ungesteuerte Kettenreaktion bei der Urankernspaltung, darunter die Reaktionsgleichung der Kernfusion, die Einsteinsche Äquivalenzbeziehung Energie-Masse und symbolisch das Plasma in einer „magnetischen Flasche". Das Feld zwischen Kettenreaktion und Stern-Gerlach-Versuch repräsentiert das Zusammentreffen von Materie und Anti-Materie sowie ein Diagramm der modernen Elementarteilchenphysik.

Der obere Teil des Reliefs widmet sich den Grundgedanken der Quantenmechanik. Im obersten Feld finden wir die zeitabhängige Schrödingergleichung und die quantenmechanische Vertauschungsrelation links von der Planckschen- und rechts von der de Broglieschen-Beziehung flankiert. Die Heisenbergsche Unbestimmtheitsrelation ist durch die Beugung am Spalt symbolisiert. Links und rechts von der Beugungsfigur werden die Felder durch Feynman-Graphen für Emission, Absorption und Compton-Streuung gefüllt. Unter der Beugungsfigur soll die Darstellung der Wahrscheinlichkeitsdichte für das Wasserstoffelektron im $3\,d_{z^2}$-Zustand den statistischen Charakter der Wellenmechanik verdeutlichen. Die äußere Begrenzung liefert eine auf einem Kreis umlaufende de-Broglie-Welle. In den vertieften Feldern sind außer den bereits erwähnten weitere wichtige Relationen der Atom- und Quantenphysik aufgeschrieben.

Entwurf des Reliefs: Prof. Dr. *Wilfried Kuhn*, Gießen
Hergestellt und vertrieben: Buderus 6330 Wetzlar, Postfach 1220
Vertrieb 23 A

Wilfried Kuhn

1 Vorbemerkungen

Was versteht man unter „Moderner Physik"? Wie unterscheidet sie sich von der „Klassischen Physik", und worin stimmt sie mit dieser überein? Welche Grundvorstellungen der klassischen Physik sind von der Physik des zwanzigsten Jahrhunderts übernommen worden, die sich mit sehr kleinen und mit sehr schnell bewegten Körpern befaßt? Welche klassischen Vorstellungen bleiben unverändert gültig, welche müssen abgewandelt oder ersetzt werden? Diese und andere wichtige Fragen werden wir in diesem einleitenden Kapitel behandeln.

1.1 Das Programm der Physik

Die Physik will – nach ihrem Programm – Vorstellungen entwickeln und Gesetze aufstellen, die uns helfen sollen, das Universum zu verstehen. Physikalische Gesetze sind Schöpfungen des menschlichen Geistes und unterliegen damit allen Beschränkungen der menschlichen Erkenntnis. Sie sind nicht notwendig fest, unveränderlich oder für alle Zeit gültig, und die Natur kann nicht gezwungen werden, ihnen zu gehorchen.

Ein physikalisches Gesetz gibt, gewöhnlich in der knappen und präzisen Sprache der Mathematik, eine Beziehung wieder, die, wie man durch wiederholte Experimente erkannt hat, zwischen physikalischen Größen zutrifft und die bleibende Regelmäßigkeiten im Verhalten der physikalischen Welt beschreibt. Ein „gutes" physikalisches Gesetz hat die größtmögliche Allgemeingültigkeit, Einfachheit und Genauigkeit. Das endgültige Kriterium eines erfolgreichen physikalischen Gesetzes ist jedoch, wie genau es die Ergebnisse voraussagen kann, die uns die Experimente liefern. So führt uns zum Beispiel unser Vertrauen in die grundsätzliche Gültigkeit des Gravitationsgesetzes dazu, mit fast absoluter Sicherheit zu erwarten, eine Messung der Fallbeschleunigung auf der Marsoberfläche liefere recht genau den Wert 3,6 m/s^2. Wir behaupten, daß diese Voraussage *fast* sicher ist, da ja bei der Extrapolation eines Gesetzes über den Bereich hinaus, in dem seine Gültigkeit geprüft worden ist, Ergebnisse vorausgesagt werden *könnten,* die von späteren Versuchen widerlegt werden.

Im Laufe der Entwicklung der Physik erwiesen sich oft frühere Theorien und Gesetze bei Erscheinungen, für die sie noch nicht überprüft waren, als unzutreffend. Sie wurden dann durch allgemeinere, umfassendere Theorien und Gesetze ersetzt, die alle Erscheinungen sowohl in den neuen Bereichen als auch in dem alten Bereich besser erklären. Bild 1.1 zeigt die verschiedenen Bereiche, in denen wir die *klassische Physik,* die *Relativitätstheorie,* die *Quantenphysik* oder die *relativistische Quantenphysik* anzuwenden haben.

Die klassische Physik ist die Physik der Körper gewöhnlicher Größe, die sich mit üblicher Geschwindigkeit bewegen. Sie umfaßt die Newtonsche Mechanik und die Elektrodynamik (einschließlich der Lichttheorie). Bei Körpern, deren Geschwindigkeit sich der Lichtgeschwindigkeit nähert, müssen wir die klassische Physik durch die Relativitätstheorie ersetzen. Bei Teilchen der Größenordnung von 10^{-10} m, ungefähr der Größe eines Atoms, muß die klassische Physik durch die Quantenphysik ersetzt werden. Liegen sowohl subatomare Abmessungen als auch Geschwindigkeiten in der Nähe der Lichtgeschwindigkeit vor, so ist allein die relativistische Quantenphysik gültig. Die Grenzen dieser verschiedenen physikalischen Theorien sind nicht scharf definiert; praktisch überschneiden sie sich. Die relativistische Quantenphysik ist das umfassendste und vollständigste theoretische Gebäude der gegenwärtigen Physik. Bei Größenordnungen von 10^{-14} m, der ungefähren Größe eines Atomkernes, treten andersartige und verwirrende Erscheinungen auf, die wir zur Zeit nur zum Teil verstehen.

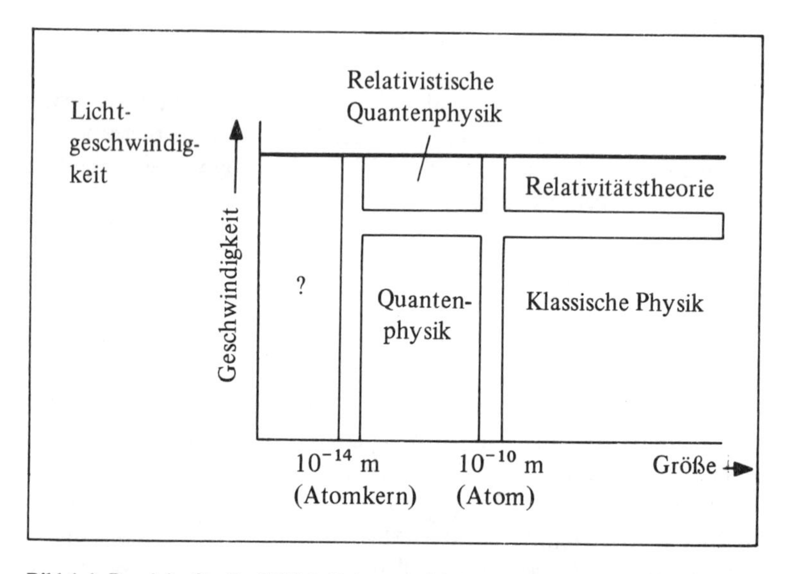

Bild 1.1 Bereiche für die Gültigkeit der verschiedenen physikalischen Theorien

Die Grundlagen unseres Verständnisses des Atom- und Kernbaues werden durch zwei große Vorstellungen der modernen Physik gelegt: Relativitätstheorie und Quantentheorie. Beide entstanden zu Beginn dieses Jahrhunderts, zu einer Zeit, in der verbesserte experimentelle Techniken erstmals die Untersuchung von Vorgängen sehr kleiner Abmessungen und großer Geschwindigkeit und Energie ermöglichten.

Wir wollen zunächst einige entscheidende Aspekte der klassischen Physik kennenlernen, sodann Relativitätstheorie und Quantentheorie behandeln und diese anschließend zur Untersuchung des Atom- und Kernbaues heranziehen. Wir werden es dabei mit Situationen zu tun haben, in denen vertraute physikalische Begriffe nicht anwendbar sind, Situationen, in denen die klassische Physik geradezu falsch ist. Bedeutet das etwa, daß alle Zeit und Mühe, die wir für das Studium der elementaren klassischen Physik aufgebracht haben, unnötig sind und daß wir daher besser gleich mit der Relativitätstheorie und der Quantentheorie beginnen sollten? Durchaus nicht! Alle Versuchsergebnisse, wieweit sie auch immer von unseren Alltagserfahrungen entfernt sind, müssen letztlich doch immer in klassischen Begriffen wiedergegeben werden, d.h. mit Hilfe der klassischen Begriffe Impuls, Energie, Ort und Zeit. Wie wir außerdem sehen werden, können wir viele Begriffe und Gesetze der klassischen Physik in die neue Physik übernehmen.

1.2 Die Erhaltungssätze der Physik

Sowohl in der klassischen als auch in der modernen Physik gibt es nichts Grundlegenderes und Einfacheres als die Erhaltungssätze. Bei jedem Erhaltungssatz ist der Gesamtbetrag einer bestimmten physikalischen Größe für ein gegebenes System konstant oder bleibt erhalten, vorausgesetzt, dieses System als Ganzes ist frei von bestimmten äußeren Einflüssen. So ist zum Beispiel der Gesamtimpuls eines Systems, auf das keine äußeren Kräfte einwirken, konstant. Innere Änderungen können zwar innerhalb der Grenzen des isolierten Systems durch gegenseitige Wechselwirkungen der Bestandteile stattfinden, aber sie sind ohne Einfluß auf den Gesamtbetrag der Erhaltungsgröße. Hierin liegt die Stärke eines Erhaltungssatzes. Wir brauchen nicht die Einzelheiten der Vorgänge innerhalb des Systems zu betrachten – tatsächlich kennen wir die inneren Wechselwirkungen oft gar nicht –, ist nur das System wirklich abgeschlossen, dann bleiben die Erhaltungsgrößen unverändert. So wissen wir aus der klassischen Physik, daß die Summe der Massen, der Energien, der Impulse, der Drehimpulse und der elektrischen Ladungen vor einem Stoß von zwei oder mehreren Teilchen – bei vollständiger Isolierung von äußeren Einflüssen – genau so groß ist wie die Summe der Massen, der Energien, der Impulse, der Drehimpulse und der elektrischen Ladungen nach dem Stoß.

Die klassische Physik kennt folgende Erhaltungssätze: den Erhaltungssatz für die Masse, für die Energie, für den Impuls, für den Drehimpuls und für die elektrische Ladung.

Satz von der Erhaltung der Masse: *Die gesamte Masse eines abgeschlossenen Systems ist konstant.*

Unabhängig von Veränderungen, denen andere Größen (z.B. Energie, Volumen und Temperatur) in einem System unterworfen sein können, bleibt der Gesamtbetrag der Masse unverändert. Dieses Gesetz kann auch in folgender Weise ausgedrückt werden: Masse kann nicht geschaffen oder vernichtet werden; oder: Masse kann nicht hergestellt oder zum Verschwinden gebracht werden.

Satz von der Erhaltung der Energie: *Wird an einem System oder von einem System keine Arbeit verrichtet und wird keine thermische Energie in Form von Wärme von dem System aufgenommen oder abgegeben, so bleibt die Gesamtenergie des Systems konstant.*

Da letztlich alle Energie entweder kinetische oder potentielle Energie ist, behauptet der Satz von der Erhaltung der Energie, daß der Gesamtbetrag der kinetischen Energie der Teilchen und der potentiellen Energie ihrer Wechselwirkungen in einem System konstant ist. Die thermische Energie ist nur die ungeordnete mechanische Energie der Moleküle oder Atome bei ihrer zufälligen Bewegung, die in einem mikroskopisch so kleinen Maßstab stattfindet, daß wir zwischen kinetischer und potentieller Energie der einzelnen Teilchen nicht unterscheiden können. (Der *erste Hauptsatz der Thermodynamik* ist nur der Energieerhaltungssatz in seiner umfassendsten Form, der die Wärmeenergie und den Wärmeübergang bei Temperaturunterschieden einschließt.)

Satz von der Erhaltung des Impulses: *Ist ein System keinen äußeren Kräften unterworfen, so bleibt der Gesamtimpuls des Systems nach Betrag und Richtung konstant.*

Newtons Bewegungsgesetze sind bekanntlich die Grundlage der klassischen Mechanik. Daher ist es nützlich, diese Gesetze mit Hilfe des Impulses auszudrücken.

1. Der Impuls $\mathbf{p} = m\,\mathbf{v}$ eines Teilchens, auf das keine resultierende äußere Kraft wirkt, ist konstant.[1])
2. Wirkt eine resultierende äußere Kraft auf einen Körper, so ist diese Kraft gleich der zeitlichen Änderung des Impulses. Bleibt außerdem die Masse unverändert, so ist die Kraft gleich dem Produkt aus Masse und Beschleunigung:

$$\mathbf{F} = \frac{d}{dt}\mathbf{p} = \frac{d}{dt}m\,\mathbf{v} = m\,\mathbf{a}\,. \tag{1.1}$$

In der klassischen Physik ist die Masse eines Teilchens konstant, d.h. unabhängig von seiner Geschwindigkeit oder von anderen Umständen. Die gesamte Masse eines Systems von Teilchen kann sich nur dann ändern, wenn Teilchen in das System eintreten oder dieses verlassen.

Dieses Gesetz hat eine weitreichende Auswirkung: Kennen wir alle auf einen Körper einwirkenden Kräfte, seine Ausgangslage und seine Anfangsgeschwindigkeit, dann ist es möglich, wenigstens grundsätzlich, seine zukünftige Bewegung in allen Einzelheiten vorauszusagen, d.h. seine Lage und seine Geschwindigkeit für alle zukünftigen Zeitpunkte vorauszubestimmen.

In dem in diesem Buch durchweg verwendeten Internationalen Einheitensystem (SI) erteilt eine Kraft von ein Newton (1N) einer Masse von ein Kilogramm (1 kg) eine Beschleunigung von ein Meter durch eine Sekunde zum Quadrat (1 m/1 s^2).

3. Üben zwei Körper eine Wechselwirkung aufeinander aus, dann ist der Impuls, der einem der beiden Körper während eines infinitesimalen Zeitabschnittes erteilt wird, genau so groß, aber entgegengesetzt gerichtet wie der Impuls, der dem anderen Körper in demselben Zeitintervall erteilt wird. Daher sind auch Aktions- und Reaktionskraft, hier beides innere Kräfte, gleich groß und entgegengesetzt gerichtet.

Satz von der Erhaltung des Drehimpulses: *Wirkt auf ein System kein resultierendes äußeres Drehmoment ein, so bleibt der Gesamtdrehimpuls des Systems nach Betrag und Richtung konstant.*

Bild 1.2 zeigt den Drehimpuls **L** eines Teilchens mit der Masse m und der Geschwindigkeit **v** bezüglich des Punktes O. Der Drehimpuls **L** ist das Vektorprodukt des Radiusvektors **r** und des Impulses $\mathbf{p} = m\,\mathbf{v}$:

$$\mathbf{L} = \mathbf{r} \times \mathbf{p}\,. \tag{1.2}$$

Die Richtung des Drehimpulsvektors **L** steht senkrecht auf der Ebene, die durch den Geschwindigkeitsvektor **v** und den Radiusvektor **r** aufgespannt wird. Diese Richtung erhält man durch die Rechte-Hand-Regel: Man drehe mit den Fingern der rechten Hand den Vektor **r** um den kleineren Winkel in den Vektor **v**, dann liefert der rechte Daumen die Richtung von **L**. Der Betrag des Drehimpulses eines einzelnen Teilchens wird durch

$$L = r_\perp m v$$

gegeben, dabei ist $r_\perp$ die zu **v** senkrechte Komponente von **r**.

---

[1]) Eine Vektorgröße wird durch Fettdruck, ihr Betrag durch kursive Typen wiedergegeben.

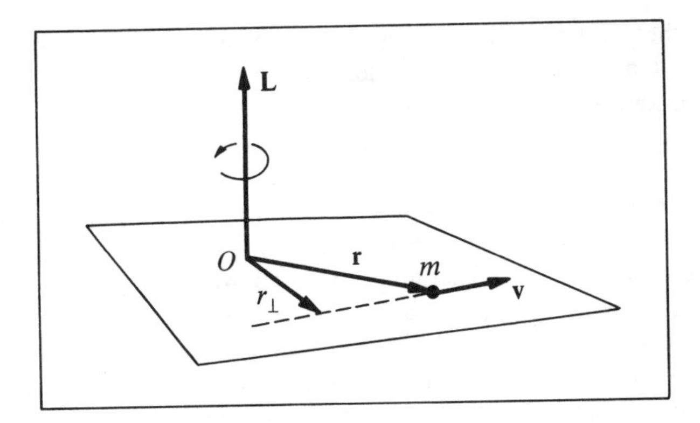

Bild 1.2 Drehimpuls **L** eines Massenpunktes m in bezug auf den Punkt O

Das Drehmoment **M** um einen vorgegebenen Punkt ist

$$\mathbf{M} = \mathbf{r} \times \mathbf{F} , \tag{1.3}$$

und sein Betrag ist

$$M = r_\perp F .$$

Hierbei ist $r_\perp$ die zu **F** senkrechte Komponente von **r** (Bild 1.3).

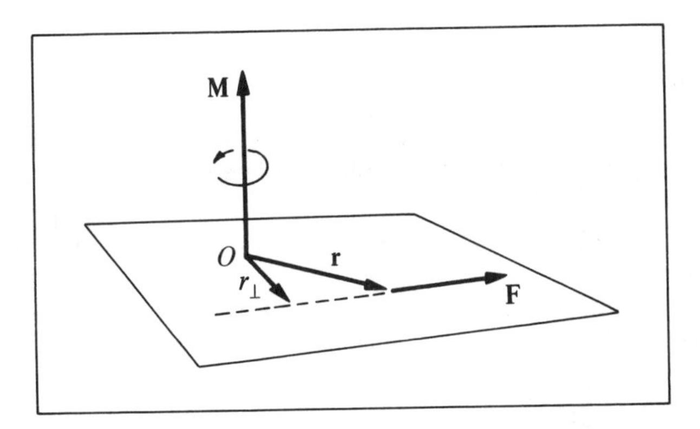

Bild 1.3 Drehmoment **M** einer Kraft **F** in bezug auf den Punkt O

Wirkt auf ein System von Teilchen kein resultierendes äußeres Drehmoment ein, so bleibt der Gesamtdrehimpuls konstant. Ein einzelnes Teilchen, auf das nur eine *Zentral*kraft wirkt, besitzt bezüglich des Kraftzentrums einen konstanten Drehimpuls.

Satz von der Erhaltung der elektrischen Ladung: *Die Gesamtladung eines isolierten elektrischen Systems ist konstant.*

Eine vollständige Isolierung ist eine Idealisierung, die nur angenähert, aber niemals vollkommen verwirklicht werden kann, da notwendigerweise jede Beobachtung oder jede Messung das System beeinflußt. Als Beispiel wollen wir uns überlegen, was geschieht, wenn wir die Temperatur einer thermisch isolierten Flüssigkeit mit einem Quecksilberthermometer messen sollen, das zunächst nicht die Temperatur der Flüssigkeit besitzt. Bringen wir das Thermometer in die Flüssigkeit, so wird es entweder von der Flüssigkeit erwärmt oder abgekühlt. Gleichzeitig wird aber auch die Flüssigkeit abgekühlt oder erwärmt. Die resultierende Anzeige des Thermometers ist daher *nicht* die wirkliche Flüssigkeitstemperatur vor der Messung; sie ist die Temperatur, auf die die Flüssigkeit durch das Einbringen des Thermometers gebracht worden ist. Nur wenn Flüssigkeit und Thermometer die gleiche Temperatur hatten, bevor sie in Berührung kamen, erhält das Thermometer weder Wärmeenergie noch gibt es welche ab, und nur dann zeigt es die wahre Temperatur des Körpers an. Ob beide Temperaturen übereinstimmen, weiß man jedoch nicht im voraus, andernfalls wäre auch die Messung überflüssig.[1] Die Beeinflussung eines Systems durch den jeweiligen Meßvorgang geschieht nicht immer auf so einfache Weise wie in diesem Beispiel; aber sie tritt bei jeder Messung auf. Zusammengefaßt: Ein vollständig abgeschlossenes System kann weder untersucht noch beobachtet werden, und wir können kein System untersuchen, ohne seine Isolierung zu stören. In der klassischen Physik ist es jedoch immer möglich, durch experimentellen Scharfsinn die Störungen so klein zu halten, daß wir das System *praktisch* als abgeschlossen betrachten können.

1.3 Die klassischen Wechselwirkungen

Die klassische Physik kennt als Ursprung von Kräften nur die schwere Masse und die elektrische Ladung. Diese sind Ursache der allgemeinen Gravitationskraft bzw. der elektromagnetischen Kräfte.

Die Schwerkraft F_g zwischen zwei Massenpunkten m_1 und m_2, deren Abstand r beträgt, wird durch

$$F_g = \frac{G\, m_1\, m_2}{r^2} \tag{1.4}$$

geliefert, hierbei ist G die allgemeine Gravitationskonstante. Diese wurde im Experiment zu $6{,}67 \cdot 10^{-11}\ \mathrm{N\,m^2/kg^2}$ ermittelt.

Die Kräfte zwischen elektrischen Ladungen können in zwei Grundtypen eingeteilt werden: die elektrische Kraft und die magnetische Kraft. Das Coulombsche Gesetz liefert die elektrische Kraft F_e (auch Coulomb-Kraft genannt) zwischen zwei punktförmigen elektrischen Ladungen Q_1 und Q_2, in Ruhe oder in Bewegung, im Abstand r voneinander:

$$F_e = \frac{1}{4\pi\epsilon_0}\,\frac{Q_1\,Q_2}{r^2} = \frac{k\,Q_1\,Q_2}{r^2}, \tag{1.5}$$

hierbei ist $k = 1/4\pi\epsilon_0 = 8{,}99 \cdot 10^9\ \mathrm{N\,m^2/C^2}$ und ϵ_0 die Dielektrizitätskonstante des leeren Raumes. Man kann sich die elektrische Kraft $\mathbf{F}_e$ durch ein elektrisches Feld verursacht denken. Die Feldstärke $\mathbf{E}$ ist durch die elektrische Kraft auf eine (positive) Einheitsladung defi-

[1] Natürlich könnten wir, falls wir die Wärmekapazität der Flüssigkeit und die des Thermometers vollkommen fehlerfrei kennen würden, die Wärmemenge, die auf das Thermometer übergeht oder von diesem abgegeben wird, berücksichtigen. Aber die Wärmekapazitäten lassen sich nur berechnen, wenn wir die spezifischen Wärmekapazitäten der verwendeten Stoffe in einem Vorversuch bestimmt haben. Soll jedoch der Vorversuch die spezifischen Wärmekapazitäten fehlerfrei liefern, so benötigen wir ein genau kalibriertes und korrigiertes Thermometer usw. usw.

niert. So erzeugt die Ladung Q_1 am Orte der Ladung Q_2 ein elektrisches Feld mit der Feldstärke $E_1 = k\,Q_1/r^2$. Die Ladung Q_2, die sich in diesem Feld befindet, erfährt dadurch eine elektrische Kraft $F_e = Q_2\,E_1 = k\,Q_1\,Q_2/r^2$.

Eine magnetische Kraft tritt dann auf, wenn sich zwei elektrische Punktladungen relativ zu einem Beobachter *bewegen.* Man denkt sich die magnetische Wechselwirkung durch ein Magnetfeld verursacht, dessen Flußdichte mit **B** bezeichnet wird. Eine Ladung Q_1, die sich mit der Geschwindigkeit $\mathbf{v}_1$ bewegt, ruft daher am Orte der Ladung Q_2 im Abstand $\mathbf{r}$ von Q_1 ein Magnetfeld $\mathbf{B}_1$ hervor (Bild 1.4). Die magnetische Flußdichte $\mathbf{B}_1$ ist durch

$$\mathbf{B}_1 = \left(\frac{\mu_0}{4\pi}\right) Q_1 \frac{\mathbf{v}_1 \times \mathbf{r}}{r^3} \tag{1.6}$$

gegeben, dabei ist $\mu_0/4\pi = 10^{-7}$ Wb/Am. μ_0 ist die Permeabilität des leeren Raumes, die magnetische Feldkonstante, $\mathbf{v}_1$ die Geschwindigkeit der Ladung Q_1 (Bild 1.4). Damit wird die magnetische Kraft auf die Ladung Q_2

$$\mathbf{F}_m = Q_2\,\mathbf{v}_2 \times \mathbf{B}_1\,, \tag{1.7}$$

hierbei ist $\mathbf{v}_2$ die Geschwindigkeit der Ladung Q_2 (Bild 1.5).

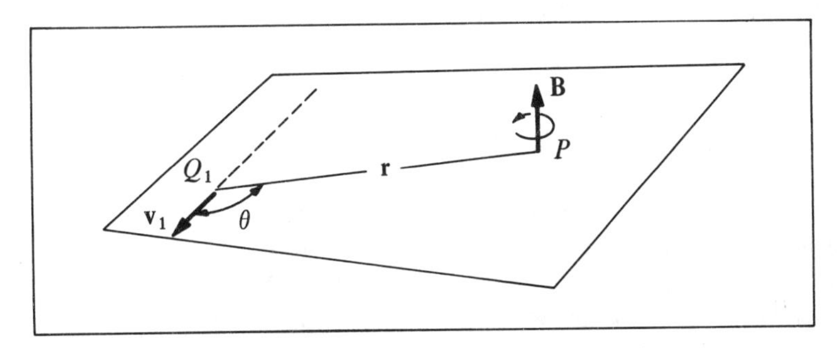

Bild 1.4 Magnetische Flußdichte **B** im Punkt P, hervorgerufen durch die bewegte Ladung Q_1

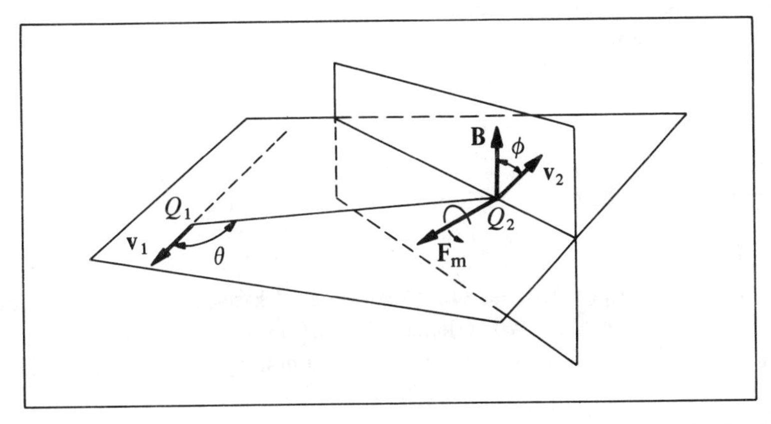

Bild 1.5 Magnetische Kraft $\mathbf{F}_m$ auf eine bewegte Ladung Q_2, hervorgerufen durch die bewegte Ladung Q_1

Zusammengefaßt folgt dann als resultierende Kraft (ohne Gravitationskraft) auf ein Teilchen mit der Ladung Q und der Geschwindigkeit $\mathbf{v}$, das sich an einem Punkt mit der elektrischen Feldstärke $\mathbf{E}$ und der magnetischen Flußdichte $\mathbf{B}$ befindet:

$$\mathbf{F} = Q\,(\mathbf{E} + \mathbf{v} \times \mathbf{B})\,. \tag{1.8}$$

Die geschwindigkeitsabhängige Kraft ist die magnetische Kraft F_m; die restliche Kraft ist die elektrische Kraft F_e.

1.4 Elektromagnetische Felder und Wellen

Hier wollen wir einige wichtige Eigenschaften elektrischer und magnetischer Felder sowie deren Verknüpfung und besonders die charakteristischen Eigenschaften der klassischen elektromagnetischen Wellen zusammenstellen, ohne sie im einzelnen herzuleiten.

Man kann sagen: Die elektrische Energie hat ihren Sitz im elektrischen Feld, das den Raum erfüllt, zum Beispiel in dem Gebiet zwischen den Platten eines geladenen Kondensators. Die Energiedichte des elektrischen Feldes – oder die Energie des elektrischen Feldes der Volumeneinheit – wird durch

$$w_e = \frac{\epsilon_0 E^2}{2} \tag{1.9}$$

gegeben. Ähnlich ist die Energiedichte des magnetischen Feldes

$$w_m = \frac{B^2}{2\,\mu_0}\,. \tag{1.10}$$

Die magnetische Energie hat zum Beispiel ihren Sitz in dem Gebiet zwischen den Polen eines Magneten.

Nicht nur eine ruhende elektrische Ladung erzeugt ein elektrisches Feld und zusätzlich ein magnetisches Feld, falls sie sich bewegt, sondern ein veränderliches elektrisches Feld hat auch ein magnetisches Feld zur Folge (Gesetz von Ampère) und ebenso ein veränderliches Magnetfeld ein elektrisches Feld (Gesetz von Faraday). Das ist die Ursache elektromagnetischer Wellen. Eine schwingende und damit beschleunigt bewegte elektrische Ladung erzeugt im Raum ein elektrisches und ein magnetisches Feld; die Frequenzen dieser Felder stimmen mit denjenigen der Ladung überein. Die Felder bilden ein elektromagnetisches Feld, das sich nach seiner Ablösung von der erzeugenden elektrischen Ladung im Raume mit der Lichtgeschwindigkeit c ausbreitet:

$$c = \frac{1}{\sqrt{\epsilon_0\,\mu_0}} = 3{,}00 \cdot 10^8\ \text{m/s}\,. \tag{1.11}$$

Die momentane Intensität I einer elektromagnetischen Welle, der Energiefluß durch die Flächeneinheit senkrecht zur Ausbreitungsrichtung der Welle pro Zeiteinheit, ist durch

$$I = \epsilon_0 E^2 c$$

gegeben. Die Intensität ist proportional zum *Quadrat* der elektrischen Feldstärke E (oder der magnetischen Flußdichte $B = E/c$). Wir erhalten eine andere Form dieser Gleichung des elektromagnetischen Energieflusses durch die zur Ausbreitungsrichtung senkrechte Flächeneinheit, indem wir die Richtungen des Energieflusses, der elektrischen Feldstärke **E** und der magnetischen Flußdichte **B** heranziehen:

$$\mathbf{I} = \mathbf{E} \times \frac{\mathbf{B}}{\mu_0}. \tag{1.12}$$

Der Vektor **I**, auch Poynting-Vektor genannt, gibt die Richtung der Energieausbreitung an. Er steht auf **E** und auf **B** senkrecht, diese beiden Vektoren stehen ebenfalls senkrecht aufeinander.

Die Existenz elektromagnetischer Wellen mit den oben angeführten Eigenschaften war auf Grund theoretischer Annahmen schon 1864 von James Clerk Maxwell vorausgesagt worden. Heinrich Hertz beobachtete 1887 erstmals elektromagnetische Wellen im Laboratorium. Das elektromagnetische Spektrum, das vom Langwellen-Rundfunk bis zu der kurzwelligsten γ-Strahlung reicht, ist in Bild 1.6 dargestellt. Bild 1.7 zeigt eine monochromatische, ebene, linear polarisierte elektromagnetische Welle.

Wird eine elektromagnetische Welle durch geladene Teilchen in Materie absorbiert, so verrichtet das elektrische Feld an diesen Teilchen Arbeit. Da sich diese geladenen Teilchen bewegen, übt das magnetische Feld der Welle eine magnetische Kraft in Richtung der Wellen-

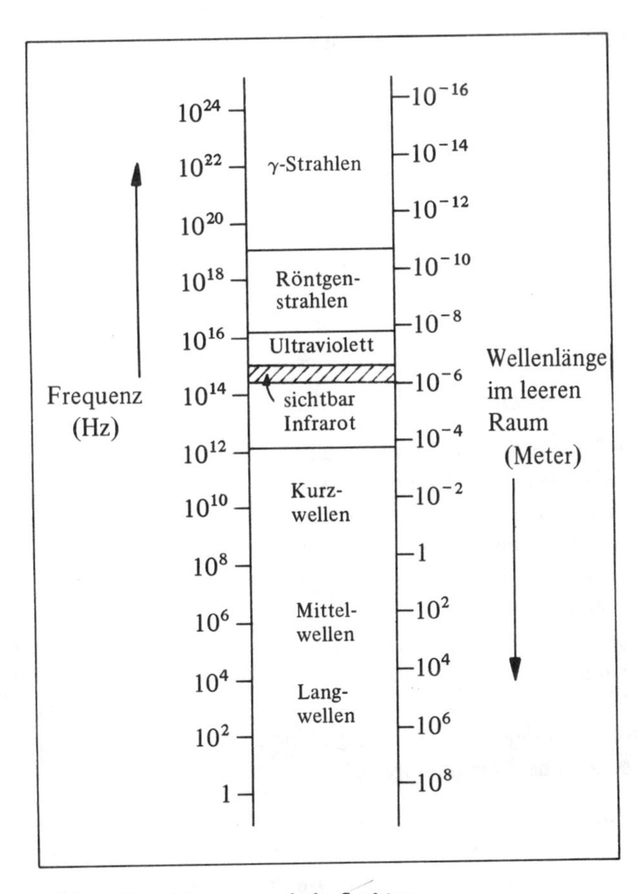

Bild 1.6 Das elektromagnetische Spektrum

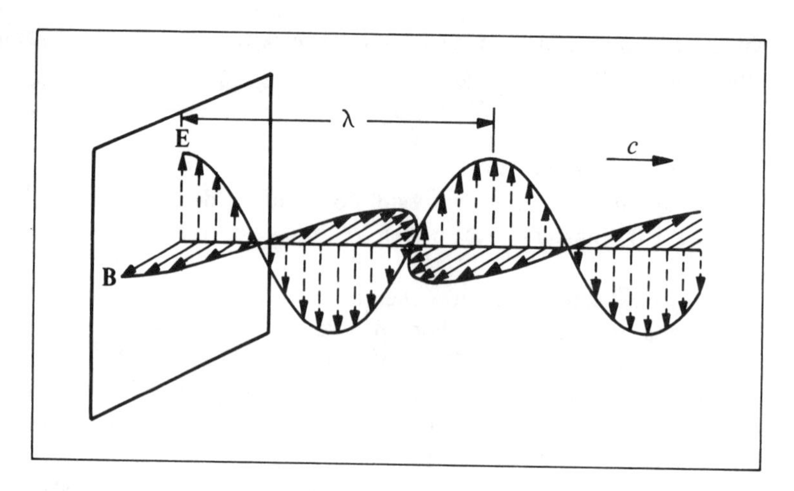

Bild 1.7 Eine monochromatische, ebene, linear polarisierte elektromagnetische Welle

ausbreitung auf sie aus. Die Strahlungskraft F_s, die auf einen Stoff wirkt, der eine senkrecht auf seine Oberfläche auftreffende Welle vollständig absorbiert, ist

$$F_s = \frac{P}{c}\,; \tag{1.13}$$

hierbei ist P die Leistung der absorbierten Welle. Da eine elektromagnetische Welle eine Strahlungskraft und damit auch einen Strahlungsdruck auf einen Stoff ausübt, der die Welle absorbiert oder reflektiert, kann man der Welle nach der Gleichung

$$\text{elektromagnetischer Impuls} = \frac{\text{elektromagnetische Energie}}{c} \tag{1.14}$$

einen Impuls zuordnen.

1.5 Das Korrespondenzprinzip

Jede physikalische Theorie oder jedes physikalische Gesetz gilt mehr oder weniger vorläufig und näherungsweise. Denn ein physikalisches Gesetz *könnte* sich bei der Anwendung auf Fälle, in denen es noch nicht experimentell geprüft worden ist, möglicherweise als unvollständig oder gar als falsch erweisen. Daher können wir bei der Extrapolation einer Theorie auf bisher ungeprüfte Fälle auch nicht sicher sein, ob diese Theorie dort zutrifft. Wird jedoch eine neue, allgemeinere Theorie aufgestellt, dann haben wir eine zuverlässige Richtschnur, wie wir diese allgemeinere Theorie auf die ältere, eingeschränktere Theorie zurückführen können. Es handelt sich dabei um das *Korrespondenzprinzip*, das erstmals 1923 der dänische Physiker Niels Bohr auf die Theorie des Atombaues angewandt hat. Wir werden dieses Prinzip später vorteilhaft in einem erweiterten Sinne anwenden und zwar sowohl in der Relativitätstheorie als auch in der Quantenphysik.

Korrespondenzprinzip: *Wir wissen im voraus, daß jede neue physikalische Theorie, wie auch immer deren Merkmale und Einzelheiten beschaffen sein mögen, in die entsprechende, gut begründete klassische Theorie übergehen muß, wenn wir sie auf Fälle anwenden, in denen die weniger allgemeine klassische Theorie ihre Gültigkeit bewiesen hat.*

Um das Korrespondenzprinzip zu verdeutlichen, wollen wir einen einfachen, bekannten Fall betrachten. Sollen wir die Bewegung eines Geschosses mit verhältnismäßig kleiner Reichweite berechnen, so können wir dabei von folgenden Annahmen ausgehen:

1. Der Betrag des Geschoßgewichtes ist konstant und zwar gleich dem Produkt aus seiner Masse und einer dem Betrage nach *konstanten* Fallbeschleunigung.
2. Die Erde wird durch eine ebene Fläche dargestellt.
3. Die Richtung des Geschoßgewichtes ist konstant, nämlich senkrecht abwärts.

Auf Grund dieser Annahmen können wir eine parabelförmige Bahn voraussagen. Wir finden dann auch eine gute Übereinstimmung mit den Versuchen, vorausgesetzt, die Geschoßbahn erstreckt sich nur über eine verhältnismäßig kurze Strecke. Falls wir jedoch mit denselben Annahmen die Bahn eines Erdsatelliten bestimmen wollen, so werden wir *sehr* große Fehler machen. Um die Satellitenbewegung zu behandeln, müssen wir dagegen annehmen:

1. Das Gewicht des Körpers ist *nicht* konstant sondern nimmt mit dem Quadrat des Abstandes vom Erdmittelpunkt ab.
2. Die Oberfläche der Erde ist gekrümmt und nicht eben.
3. Die Richtung des Gewichtes ist *nicht* konstant sondern stets zum Erdmittelpunkt hin gerichtet.

Diese Annahmen führen zu einer elliptischen Bahn und damit zu einer zutreffenden Beschreibung der Satellitenbewegung. Wenden wir nun diese zweite, allgemeinere Theorie auf einen Körper an, der nur eine Strecke zurücklegt, die klein im Verhältnis zum Erdradius ist, so werden wir folgendes bemerken: Das Gewicht scheint sowohl dem Betrage als auch der Richtung nach konstant zu sein; die Erdoberfläche erscheint eben, und die elliptische Bahn wird parabolisch. Genau das verlangt das Korrespondenzprinzip!

Das Korrespondenzprinzip behauptet: Stimmen in der alten und in der neuen Theorie die zu Grunde gelegten Bedingungen überein, so liefern auch beide Theorien dieselben Voraussagen, d.h., eine neue, allgemeinere Theorie liefert als Näherung für einen Spezialfall die ältere, eingeschränktere Theorie. Damit können wir unfehlbar eine jede neue Theorie oder jedes neue Gesetz überprüfen: Die neue Theorie muß sich auf die Theorie, die sie ersetzen soll, zurückführen lassen. Eine neue Theorie, die in dieser Hinsicht versagt, muß bestimmt von Grund auf falsch sein, so daß wir sie unmöglich annehmen können. Daher wissen wir, daß Relativitätstheorie und Quantentheorie die klassische Physik liefern *müssen*, wenn wir sie auf Körper anwenden, die genügend groß sind und die sich viel langsamer als mit Lichtgeschwindigkeit bewegen. Im nächsten Abschnitt werden wir ein weiteres, bekanntes Beispiel für das Korrespondenzprinzip kennenlernen.

1.6 Strahlenoptik und Wellenoptik

Wir können die Ausbreitung des Lichtes auf zwei Arten beschreiben: durch die Strahlenoptik, auch geometrische Optik genannt, oder durch die Wellenoptik. Nur mit Hilfe der Wellenoptik können wir bestimmte Erscheinungen wie Interferenz und Beugung erklären. Andererseits kann die Strahlenoptik Erscheinungen wie geradlinige Ausbreitung, Reflexion und Brechung des Lichtes befriedigend beschreiben. Selbstverständlich kann auch die Wellenoptik diese Erscheinungen erklären. Daher ist die Wellenoptik eine umfassendere Lichttheorie, während die Strahlenoptik nur in bestimmten, eingeschränkten Fällen eine angemessene Theorie ist.

Das Korrespondenzprinzip verlangt nun, daß die umfassendere Theorie in dem entsprechenden Grenzfalle in die eingeschränkte Theorie übergehen muß. Daher muß die Wellenoptik unter Bedingungen, unter denen die entscheidenden Wellenerscheinungen wie Beugung und Interferenz bedeutungslos sind, die Strahlenoptik liefern. Wie wir wissen, können Interferenz und Beugung nur dann beobachtet werden, wenn die Abmessungen d der Hindernisse oder der Öffnungen, die vom Licht getroffen werden, mit der Wellenlänge λ des Lichtes vergleichbar sind. Ist aber $\lambda \ll d$, so liefert die Wellendarstellung die gleichen Ergebnisse wie die Strahlendarstellung. Symbolisch können wir schreiben:

$$\lim_{\lambda/d \to 0} \text{(Wellenoptik)} = \text{Strahlenoptik.}$$

In Bild 1.8 ist der Übergang von Bedingungen, die die Wellenoptik erfordern, zu einfacheren Bedingungen, unter denen Wellenoptik und Strahlenoptik gleiche Ergebnisse liefern, zu erkennen. Das Bild zeigt die Beugung von monochromatischem Licht an einem einzelnen Spalt mit parallelen Kanten für folgende Fälle:

a) Die Wellenlänge λ ist mit der Spaltbreite d vergleichbar.
b) Die Wellenlänge ist kleiner als die Spaltbreite.
c) Die Wellenlänge ist *sehr* viel kleiner als die Spaltbreite.

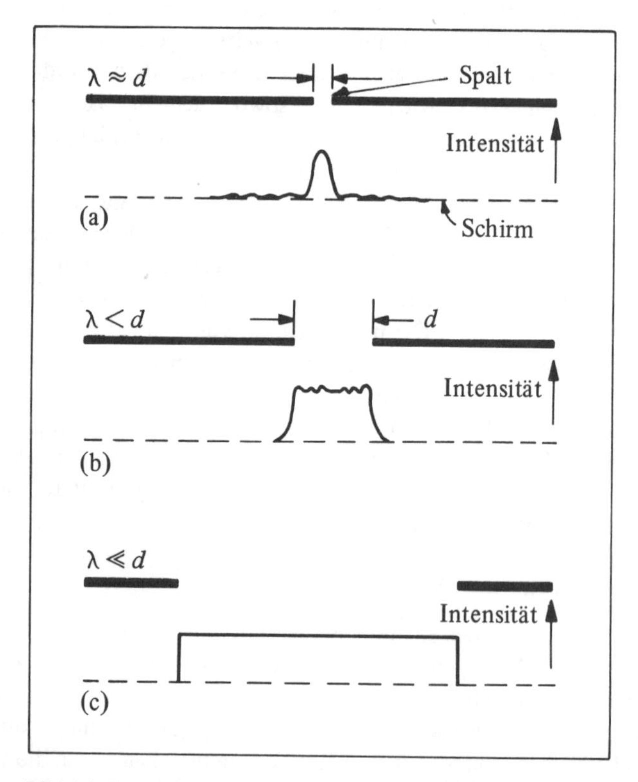

Bild 1.8 Intensitätsverteilung bei monochromatischem Licht, das durch einen einzelnen Spalt tritt. Der Schirm ist entweder weit vom Spalt entfernt (a) oder in seiner Nähe angebracht (b) und (c).

Im Diagramm (a) reicht die Wellenerscheinung weit in den geometrischen Schatten und zeigt abwechselnd Beugungsmaxima und -minima. Im Diagramm (b) sind die Beugungserscheinungen weniger stark ausgeprägt. Das Licht gelangt im wesentlichen nur in den Bereich, der durch den geometrischen Schatten gebildet wird. Im Fall (c), in dem die Wellenlänge sehr viel kleiner als die Breite des geöffneten Spaltes ist, ist die Lichtverteilung von der Voraussage der Strahlenoptik nicht zu unterscheiden.[1)]

Die Strahlenoptik befaßt sich nur mit dem Lichtweg, der durch Lichtstrahlen in der Ausbreitungsrichtung des Lichtes dargestellt wird. Das legt nahe, das *Teilchenmodell* als Modell für die Beschreibung der Natur des Lichtes zu wählen. Bei einem derartigen Modell geht man davon aus, daß das Licht aus kleinen, grundsätzlich gewichtslosen Teilchen oder Korpuskeln besteht. Dieses Modell stimmt mit folgenden beobachteten Tatsachen überein:

1. Im leeren Raum bewegt sich das Licht wie ein Teilchenstrom geradlinig.
2. Bei der Reflexion verhält sich das Licht wie Teilchen beim elastischen Stoß auf die Oberfläche.
3. Bei der Brechung in einem durchsichtigen Medium, etwa Glas, verhält sich das Licht so, als ändere sich plötzlich an der Grenzfläche die Richtung der Teilchen.
4. Die Lichtintensität einer Punktquelle nimmt umgekehrt mit dem Quadrat der Entfernung von der Quelle ab.

Der bedeutendste Verfechter des Teilchenmodells des Lichtes war Isaac Newton. Wie er zeigte, sollte nach dem Teilchenmodell die Lichtgeschwindigkeit in einem brechenden Medium größer als die Vakuumlichtgeschwindigkeit sein. Dagegen fand Foucault bei seinen Versuchen, daß die Lichtgeschwindigkeit in Wasser kleiner als in Luft ist. Die Wellentheorie liefert natürlich in einem brechenden Medium eine kleinere Geschwindigkeit. Foucaults Versuch, zusammen mit vorhergehenden Versuchen von Young und Fresnel, überzeugte die Physiker, daß das Licht aus Wellen besteht, wie erstmalig von Huygens angenommen worden war.

Vor Maxwells elektromagnetischer Theorie von 1864 wußten die Physiker zwar, daß das Licht aus Wellen besteht, und sie konnten damit Interferenz und Beugung erklären, aber sie hatten keine Vorstellung davon, was sich denn nun wellenartig ausbreitet; d.h., sie wußten nicht, woraus diese wellenartige Bewegung besteht.

1.7 Teilchen- und Wellenbild in der klassischen Physik

Sowohl in der klassischen als auch in der modernen Physik spielen die Begriffe Teilchen und Welle eine entscheidende Rolle. Wir wollen die Kennzeichen beider kurz zusammenfassen.

Ein ideales Teilchen läßt sich genau lokalisieren. Seine Ladung und seine Masse können beliebig genau angegeben werden. Wir können uns das Teilchen als Massenpunkt vorstellen. Obwohl wir in der Natur zwar nur Teilchen endlicher Größe finden, können wir sie doch unter bestimmten Voraussetzungen als Massenpunkte betrachten. So behandelt man zum Beispiel in der kinetischen Theorie der Gase die Moleküle als punktförmige Teilchen, obgleich sie sowohl eine endliche Ausdehnung als auch innere Strukturen besitzen. Ähnlich werden Sterne als Teilchen betrachtet, wenn man das Verhalten von Galaxien untersucht.

---

1) Zwischen den in Bild 1.8 dargestellten Fällen (a) und (b) können sich noch kompliziertere Beugungserscheinungen ergeben, bei denen sogar in der Mitte ein Minimum auftreten kann.

Zusammengefaßt: Wir können einen Körper dann als Teilchen behandeln, wenn seine Abmessungen sehr klein im Verhältnis zu dem System sind, dem er als Bestandteil angehört, und wenn die inneren Strukturen des Teilchens für die betreffende Fragestellung keine Rolle spielen. Die Newtonsche Mechanik befaßt sich mit idealen Teilchen. Mit der Kenntnis der Anfangslage und der Anfangsgeschwindigkeit des Teilchens und aller auf das Teilchen wirkenden Kräfte können wir jede zukünftige Lage und Geschwindigkeit genau vorausbestimmen.

Das entscheidende Kennzeichen einer Welle ist ihre Frequenz oder ihre Wellenlänge. Der einfachste Wellentyp ist eine sinusförmige Welle. Wir wollen die elektrische Feldstärke E einer streng monochromatischen, elektromagnetischen Welle betrachten. Die Amplitude sei E_0, die Frequenz ν und die Wellenlänge λ. Sie breite sich in der positiven x-Richtung mit der Geschwindigkeit $v = \nu\lambda$ aus. Dann wird

$$E = E_0 \sin 2\pi \left(\frac{x}{\lambda} - \nu t\right) = -E_0 \sin(\omega t - kx) ; \tag{1.15}$$

hierbei ist $\omega = 2\pi\nu$ und $k = 2\pi/\lambda$. Eine derartige Welle liefert für einen festen Zeitpunkt t eine räumlich sinusförmige Änderung der Feldstärke E und umgekehrt für jeden festen Raumpunkt x eine zeitlich sinusförmige Änderung von E. Nach Gl. (1.15) muß sich diese elektrische Schwingung unbegrenzt über *alle* möglichen Werte von x und auch über *alle* möglichen Zeitpunkte t erstrecken.

Eine ideale Welle, deren Wellenlänge und Frequenz mit beliebiger Genauigkeit angegeben werden können, läßt sich nicht auf ein bestimmtes Teilgebiet des Raumes begrenzen. Vielmehr muß diese Welle eine unbegrenzte Ausdehnung längs ihrer Ausbreitungsrichtung besitzen. Durch ein Gedankenexperiment läßt sich einfach zeigen, daß eine Welle unendlich ausgedehnt sein muß, wenn wir ihre Frequenz beliebig genau messen und damit auch kennen wollen.

Angenommen, wir könnten mit einer Uhr die Anzahl der Wellenberge messen, die einen bestimmten Punkt in der Zeiteinheit passieren. Zur Vereinfachung stellen wir uns diese Uhr als Oszillator vor, der Wellen erzeugt, deren Frequenz mit derjenigen der eintreffenden Welle verglichen werden soll. Wie können wir mit vollkommener Sicherheit behaupten, die Frequenz der eintreffenden Welle stimme ganz genau mit der Frequenz der Welle überein, die von unserer Uhr erzeugt wird?

Wir lassen die beiden Wellen miteinander interferieren, um Schwebungen zu erhalten. Die Anzahl der Schwebungen in der Zeiteinheit ist gleich dem Frequenzunterschied der beiden Wellen. Besitzen zwei Wellen haargenau die gleiche Frequenz, so werden wir überhaupt keine Schwebungen beobachten. Falls wir die resultierende Amplitude der beiden interferierenden Wellen nur für eine *begrenzte* Zeitspanne beobachten, finden wir *vielleicht* keine merkliche Änderung dieser Amplitude. Aber allein auf ein derartiges Experiment gestützt, können wir *nicht* sicher sein, ob überhaupt keine Änderung auftritt. Denn vielleicht hätten wir herausgefunden, wenn wir nur länger gewartet hätten, daß die Amplitude der beiden überlagerten Wellen abnimmt oder zunimmt (Bild 1.9). Dadurch wird der Beginn einer Schwebung angezeigt und damit auch ein Unterschied der Frequenzen. Um absolut sicher zu sein, daß überhaupt keine Schwebungen auftreten, daß also die Frequenzen der beiden Wellen vollständig übereinstimmen, müßten wir eine unendlich lange Zeitspanne abwarten. Da wir jedoch zur Frequenzmessung ohne jede „Unschärfe" eine unendlich lange Zeit benötigen, wird sich auch die zu messende Welle eine unendlich lange Zeit ausgebreitet haben und daher räumlich eine unendliche Ausdehnung erreicht haben.

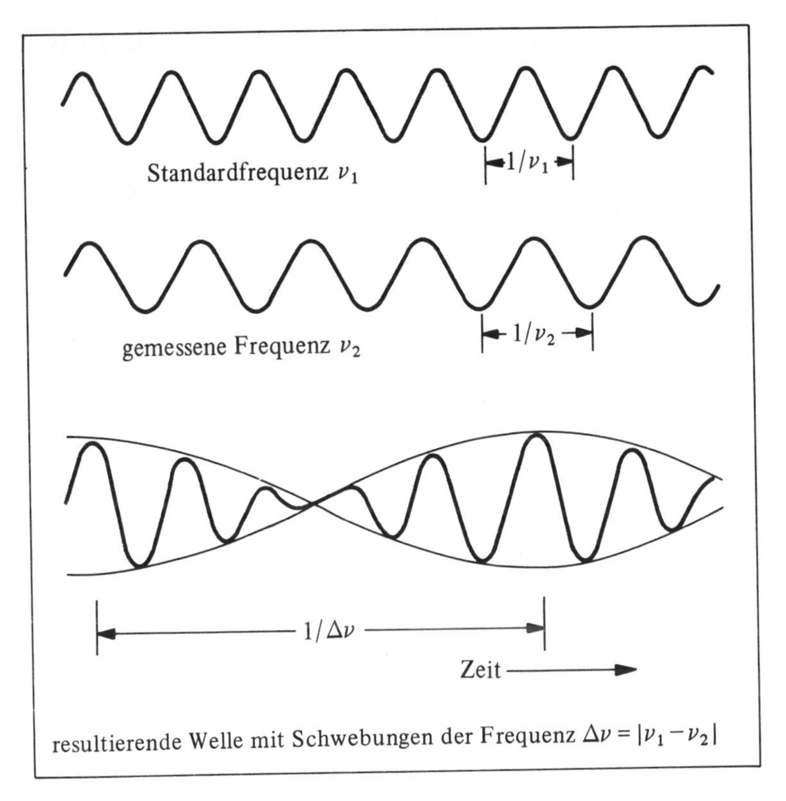

Bild 1.9 Schwebung, die bei der Überlagerung von zwei Wellen der Frequenzen ν_1 und ν_2 auftritt

Wir wollen nun die Unschärfe der unbekannten Frequenz ν_2 bestimmen, wenn wir die Schwebungen, die diese Welle mit der Normaluhr der Frequenz ν_1 liefert, nur während einer endlichen Zeit Δt beobachten. Falls sich ν_1 und ν_2 um den Betrag $\Delta\nu$ unterscheiden, werden wir $\Delta\nu$ Schwebungen in der Zeiteinheit beobachten. Daher ist die Zeit $(1/\Delta\nu)$ erforderlich, um eine ganze Schwebung vollständig zu erfassen. Nach herkömmlicher Ansicht beobachten wir sicher eine Schwebung, wenn wir die Messung über eine Zeitdauer Δt ausdehnen, die gleich der Zeit ist, die für das Auftreten einer Schwebung benötigt wird. Wir wählen also $\Delta t \geqslant 1/\Delta\nu$ oder

$$\Delta t \, \Delta\nu \geqslant 1 \, . \tag{1.16}$$

Unterscheidet sich die gemessene Frequenz von der Normaluhrfrequenz um einen Betrag $\Delta\nu$, dann ist $\Delta\nu$ ein Maß für die Unschärfe der Frequenzmessung ν_2. Wie aus Gl. (1.16) folgt, ist bei der Frequenzmessung einer Welle während einer sehr kurzen Zeitspanne die Unschärfe dieser Frequenz sehr groß und umgekehrt. Um $\Delta\nu = 0$ zu erhalten, muß Δt unendlich groß sein.

Wir können aus Gl. (1.16) leicht eine Beziehung ableiten, die die entsprechende Unschärfe der Wellenlänge angibt. Angenommen, die Welle sei nur während der endlichen Zeitspanne Δt beobachtet worden, dann ist die Welle während dieser Zeit um die Entfernung

$\Delta x = v\,\Delta t$ fortgeschritten, dabei ist v die Ausbreitungsgeschwindigkeit der Welle. Sie ist daher nur über eine Strecke Δx beobachtet worden:

$$\Delta x = v\,\Delta t\,,$$

und somit nach Gl. (1.16)

$$\Delta x \geqslant \frac{v}{\Delta \nu}\,. \tag{1.17}$$

Da aber

$$\nu = \frac{v}{\lambda}$$

ist, erhalten wir

$$\Delta \nu = \frac{v\,\Delta\lambda}{\lambda^2}\,. \tag{1.18}$$

Wir beachten hier das negative Vorzeichen nicht weiter, da wir nur an Beträgen interessiert sind. Durch Einsetzen von Gl. (1.18) in Gl. (1.17) folgt

$$\Delta x\,\Delta\lambda \geqslant \lambda^2\,. \tag{1.19}$$

Beobachten wir also eine Welle nur über eine räumliche Entfernung Δx, dann ist ihre Wellenlänge um den Betrag $\Delta\lambda \geqslant \lambda^2/\Delta x$ unscharf. Gl. (1.19) zeigt dann auch: $\Delta\lambda = 0$ ist nur möglich, wenn $\Delta x = \infty$ ist.

Unsere bisherige Behandlung der Wellen war auf monochromatische Sinuswellen beschränkt. Es können sich aber auch Wellenzüge ausbreiten, die zu einer gegebenen Zeit auf einen begrenzten Bereich des Raumes beschränkt sind. Ein beliebiger Wellenzug läßt sich mathematisch aus einer Anzahl überlagerter Sinuswellen unterschiedlicher Frequenzen zusammensetzen. Daher haben wir unsere Betrachtungen auf eine einfache, monochromatische Sinuswelle beschränkt. Wollen wir die Anzahl der Wellen unterschiedlicher Frequenz bestimmen, die überlagert werden müssen, um einen absolut scharfen Impuls zu erhalten, so werden wir feststellen, daß wir *alle* Frequenzen von Null bis unendlich benötigen (siehe auch die folgende Rechnung). Das stimmt völlig mit unserem bisherigen Ergebnis überein: Soll ein Wellenimpuls auf einen unendlich kleinen Raumbereich beschränkt sein, so können wir seine Wellenlänge nicht bestimmen. Genauer, bei einem Wellenimpuls können wir nicht mehr von einer einzigen „Frequenz" reden.

Wellenpakete. Eine monochromatische Welle, die sich längs der x-Achse mit der Geschwindigkeit $v = \nu\lambda$ ausbreitet, wird durch

$$A = A_0 \cos 2\pi \left(\frac{x}{\lambda} - \nu t\right) \tag{1.20}$$

dargestellt. Hierbei sind λ und ν die Wellenlänge bzw. die Frequenz. Die Störung A wird hier sowohl als Funktion der Lage x als auch der Zeit t angegeben und hat den Maximalwert A_0. Die Größe A_0 ist die Amplitude der Welle. Bei einer elektromagnetischen Welle stellt A die elektrische oder die magnetische Feldstärke dar; bei einer Schallwelle in Luft ist es der Druck, und bei einer Transversalwelle auf einer Saite stellt A die transversale Auslenkung dar. Mit der Definition

$$k = 2\pi/\lambda\,, \tag{1.21}$$

dabei ist k die *Wellenzahl,* kann Gl. (1.20) in der Form

$$A = A_0 \cos k\,(x - vt) \tag{1.22}$$

geschrieben werden. Bild 1.10 zeigt die Amplitude einer einzigen monochromatischen Welle mit der Wellenzahl k, also der Wellenlänge $2\pi/k$. In Bild 1.11 ist die Störung A als Funktion von x für den bestimmten Zeitpunkt $t = 0$ wiedergegeben.

Wir wollen nun eine Anzahl monochromatischer Wellen betrachten, auch Wellenpaket genannt, die sich alle mit der gleichen Geschwindigkeit v in der positiven x-Richtung ausbreiten (also keine Dispersion aufweisen). Zur Vereinfachung nehmen wir an: Alle Wellen sollen die gleiche Amplitude A_0 besitzen, und das Wellenpaket umfasse alle Wellenzahlen von $k - \Delta k/2$ bis $k + \Delta k/2$. Daher liegen alle Wellen in einem Band mit der Breite Δk, wie in Bild 1.12 zu sehen ist. Ist $\Delta k = 0$, so geht das Wellenband in die einzige monochromatische Welle von Bild 1.10 über. Bild 1.13 zeigt die räumliche Ausdehnung des Wellenpaketes zur Zeit $t = 0$ und entspricht damit Bild 1.11.

Im Ursprung ($x = 0$) sind alle einzelnen Wellen in Phase, sie addieren sich daher gleichsinnig und liefern so für diesen Punkt eine große resultierende Amplitude. Verlassen wir den Ursprung in einer der beiden Richtungen, dann werden die Phasenunterschiede der einzelnen Wellen immer größer, und die algebraische Addition dieser Wellen liefert eine resultierende Amplitude, die sehr schnell gegen Null geht.

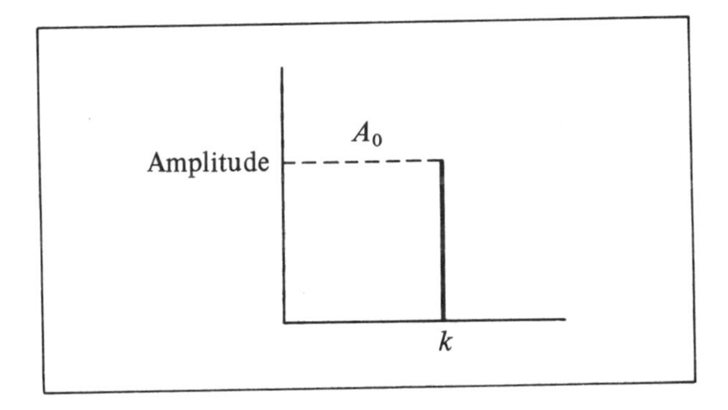

Bild 1.10 Frequenzspektrum einer monochromatischen Welle

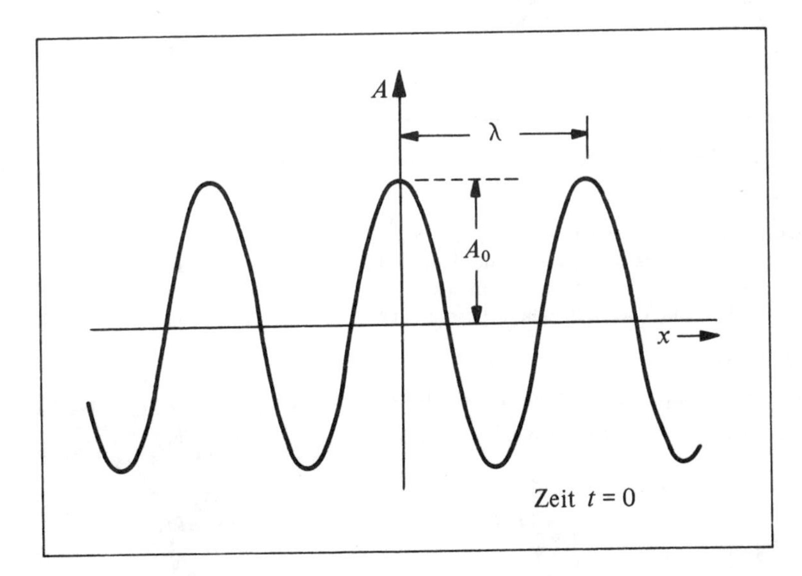

Bild 1.11 Eine monochromatische Welle bei fester Zeit $t = 0$

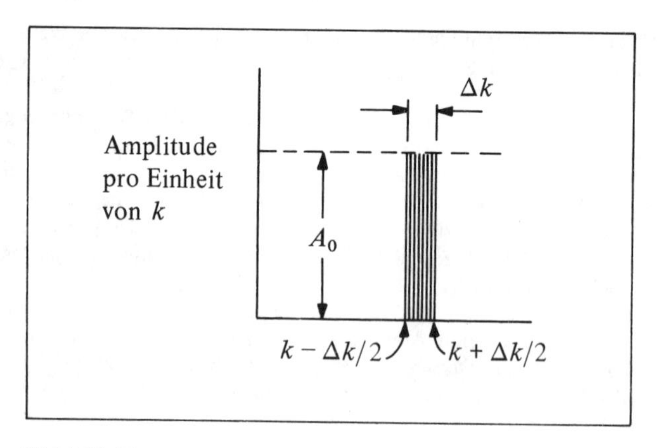

Bild 1.12 Frequenzspektrum eines Wellenpaketes

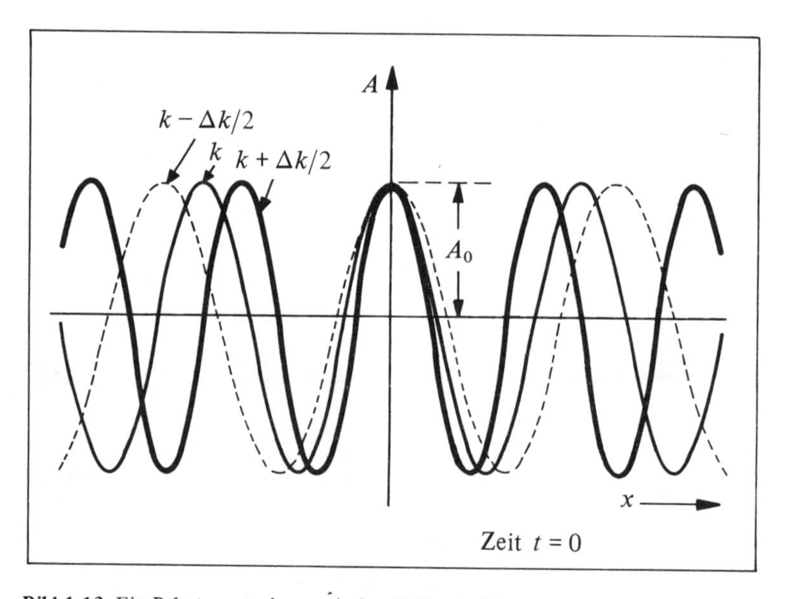

Bild 1.13 Ein Paket monochromatischer Wellen bei fester Zeit $t = 0$

Indem wir das Superpositionsprinzip anwenden, können wir nun für jeden beliebigen Punkt x und für jede beliebige Zeit t die resultierende Amplitude A bestimmen, die aus der Überlagerung aller monochromatischen Wellen des Bandes Δk entsteht. Wir summieren die einzelnen Beiträge $A_k dk$ von $k - \Delta k/2$ bis $k + \Delta k/2$. Zur Vereinfachung setzen wir dabei $x - vt = x'$. Dann wird aus Gl. (1.22):

$$A_k = A_0 \cos k\,x';$$

hierbei ist A_0 nun die Amplitude pro Einheit der Wellenzahl k. Die resultierende Auslenkung wird durch

$$A = \int\limits_{k-\Delta k/2}^{k+\Delta k/2} A_k\,dk = A_0 \int\limits_{k-\Delta k/2}^{k+\Delta k/2} \cos k\,x'\,dk = \left(\frac{A_0}{x'}\right) \sin k\,x' \Bigg|_{k-\Delta k/2}^{k+\Delta k/2} =$$

$$= \frac{A_0}{x'}\left[\sin x'\left(k + \frac{\Delta k}{2}\right) - \sin x'\left(k - \frac{\Delta k}{2}\right)\right] \qquad (1.23)$$

gegeben.

Dieses Ergebnis kann mit Hilfe der trigonometrischen Identität

$$\sin(\alpha + \beta) - \sin(\alpha - \beta) = 2 \sin\beta \cos\alpha$$

vereinfacht werden, so daß man

$$A = \left(\frac{2A_0}{x'}\right) \sin\left(\frac{x'\,\Delta k}{2}\right) \cos x'k \tag{1.24}$$

erhält.

Die Diagramme (a) bis (c) in Bild 1.14 zeigen die einzelnen Faktoren von Gl. (1.24) über x' aufgetragen. Die beiden Diagramme (d) und (e) stellen die resultierende Welle A sowie die Einhüllende von A^2 als Funktion von x' dar. Da ja x' gleich $x - vt$ ist, liefert Bild 1.14e einen „Schnappschuß" der Wellenintensität (die proportional zum Amplitudenquadrat der Welle ist).

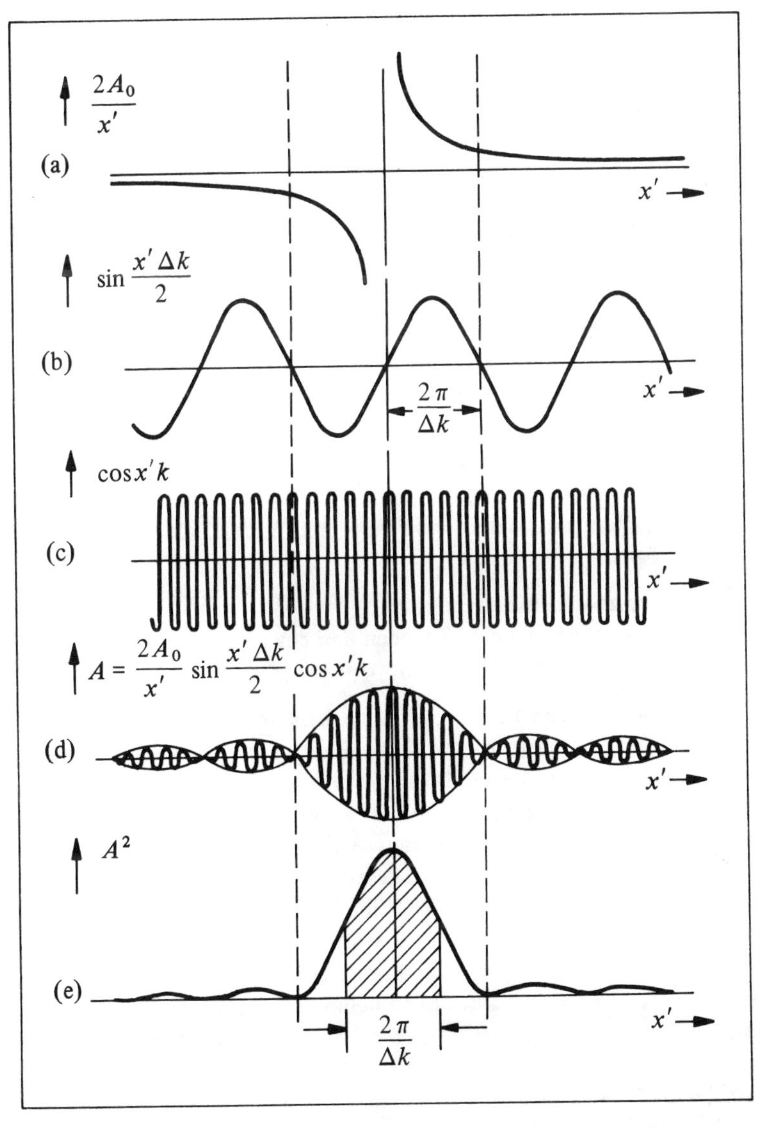

Bild 1.14 Räumliche Abhängigkeit der in Gl. (1.24) auftretenden Faktoren für ein Wellenpaket, für die resultierende Welle A und für die Einhüllende von A^2, jeweils als Funktion von x'

Mehr als die Hälfte der gesamten Energie des Wellenpaketes befindet sich in einem Gebiet $2\pi/\Delta k$ (die schraffierte Fläche in Bild 1.14e umfaßt etwa dreiviertel der gesamten Fläche unter der Kurve). Die Unschärfe Δx der Ausdehnung des Wellenpaketes (zu einem beliebigen Zeitpunkt) ist mindestens so groß wie $2\pi/\Delta k$:

$$\Delta x \geqslant \frac{2\pi}{\Delta k}. \tag{1.25}$$

Wir haben die Wellenzahl k nur eingeführt, um die Integrale einfacher ausrechnen zu können. Um Gl. (1.25) wieder durch $\lambda = 2\pi/k$ auszudrücken, beginnen wir mit

$$|\Delta k| = \frac{2\pi\,\Delta\lambda}{\lambda^2},$$

dann wird Gl. (1.25)

$$\Delta x\,\Delta\lambda \geqslant \lambda^2. \tag{1.26}$$

Wie diese Gleichung zeigt, wird bei kleinem $\Delta\lambda$ (d.h. wenn das Wellenpaket fast nur aus einer einzigen monochromatischen Welle besteht) auch die räumliche Ausdehnung des Wellenpaketes sehr groß. Soll andererseits die wellenartige Störung nur auf einen kleinen räumlichen Bereich Δx beschränkt bleiben, so muß $\Delta\lambda$ sehr groß sein; d.h., wir müssen dann monochromatische Wellen eines großen Wellenlängenbereiches überlagern.

Wellen und Teilchen spielen in der Physik eine so wichtige Rolle, da sie die *beiden einzigen* Arten des Energietransportes darstellen. Wir können Energie von einem Raumpunkt zu einem zweiten nur durch Aussendung eines Teilchens vom ersten Ort zum zweiten oder durch Aussendung einer Welle vom Ort eins zum Ort zwei transportieren. Teilchen und Wellen sind die einzigen Möglichkeiten, wie zwei Punkte in Verbindung treten können. So können wir zum Beispiel jemandem ein Signal zusenden, indem wir einen Gegenstand (ein Teilchen) zu ihm werfen, ihm etwas zurufen (Schallwellen), ihm zuwinken (Lichtwellen), ihn telephonisch benachrichtigen (elektrische Wellen in Leitern) oder ihn durch den Rundfunk ansprechen (elektromagnetische Wellen).

Zwischen Teilchen und Wellen sind nur drei Wechselwirkungen oder Arten des Energieaustausches möglich:

1. Wechselwirkung zwischen zwei Teilchen,
2. Wechselwirkung zwischen einem Teilchen und einer Welle,
3. Wechselwirkung zwischen zwei Wellen.

Zwei Teilchen treten in Wechselwirkung, wenn sie zusammenstoßen. Die Erzeugung einer elektromagnetischen Welle durch eine elektrische Ladung ist ein Beispiel für die Wechselwirkung zwischen Teilchen und Welle. Diese Welle kann wiederum eine Wechselwirkung ausüben und Energie auf ein zweites geladenes Teilchen übertragen. Es gibt keine Wechselwirkung zwischen zwei Wellen. Ihre vereinigten Wirkungen auf einen Raumpunkt werden von dem *Superpositionsprinzip* beherrscht. Dieses behauptet, man muß zwei oder mehr Wellen überlagern, um deren resultierende Wirkung zu erhalten. Jedermann kann folgendes beobachten: Breiten sich in einem Teich zwei Wasserwellen senkrecht zueinander aus, so interferieren sie miteinander an jedem Punkt und zu jeder Zeit, sobald sie sich treffen, und breiten sich dann wieder weiter aus, *als ob* keine Welle Kenntnis von der Anwesenheit der anderen habe. Dieses Verhalten steht im Gegensatz zum Verhalten von zwei kleinen, undurchdringlichen Teilchen, die nicht gleichzeitig denselben Ort einnehmen können. Das Superpositionsprinzip ist natürlich die Grundlage aller Probleme von Interferenz und Beugung.

1.8 Phasen- und Gruppengeschwindigkeit

Breiten sich zwei Sinuswellen unterschiedlicher Frequenz in einem Medium in gleicher Richtung und mit *gleicher* Geschwindigkeit aus, dann breitet sich auch die Energie, die von der resultierenden Welle transportiert wird, mit derselben Geschwindigkeit wie die einzelnen Wellenkomponenten aus. Wenn sich jedoch Wellen unterschiedlicher Frequenz in demselben Medium mit unterschiedlicher Geschwindigkeit ausbreiten, wird die Energie mit einer Geschwindigkeit – der Gruppengeschwindigkeit – transportiert, die von der Phasengeschwindigkeit jeder einzelnen Komponente abweicht.

Zunächst wollen wir Sinuswellen der Frequenzen ν_1 und ν_2 betrachten, die sich in dem Medium mit der gleichen Geschwindigkeit ausbreiten. Zur Vereinfachung nehmen wir für beide Wellen gleiche Amplituden A an. Wir erhalten durch Überlagerung der Komponenten die resultierende Welle jeweils für einen festen Zeitpunkt, wie in Bild 1.15 dargestellt ist. (Bild 1.15 ist ein Schnappschuß der Komponenten und der resultierenden Welle als Funktion des Abstandes x in Richtung der Wellenausbreitung. Das Bild ähnelt dem Bild 1.9, ist aber davon verschieden, denn dort sind die Komponenten und die resultierende Schwingung für einen festen Raumpunkt als Funktion der Zeit dargestellt.) Die abwechselnd verstärkende und auslöschende Überlagerung der einzelnen Wellen hat eine langsam veränderliche Einhüllende zur Folge. Die Energie eines einfachen harmonischen Oszillators ist proportional zum Quadrat der Schwingungsamplitude. Daher konzentriert sich die Energie, die durch die resultierende Welle transportiert wird, auf Gebiete, in denen die Einhüllende eine große Amplitude besitzt. Die Geschwindigkeit, mit der die Einhüllende im Raum fortschreitet,

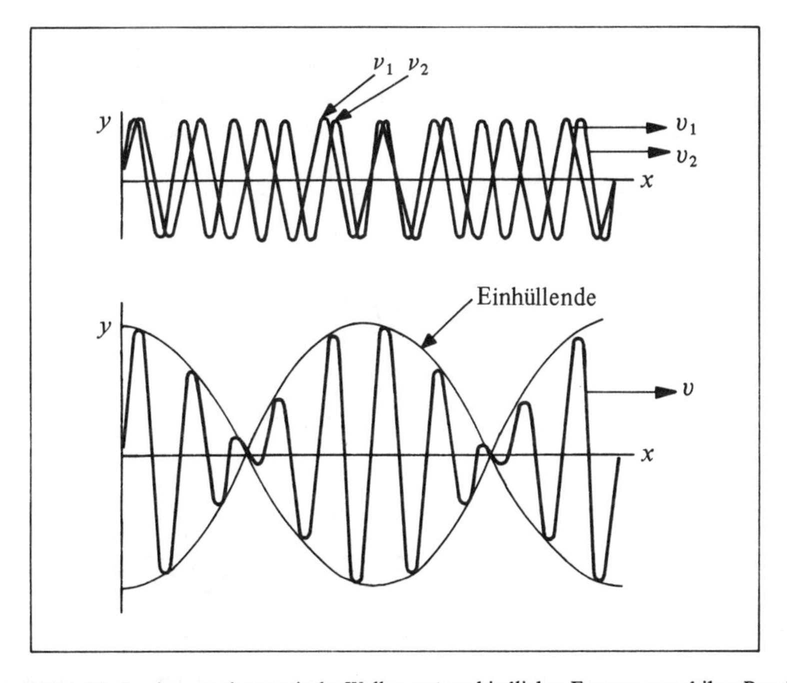

Bild 1.15 Zwei monochromatische Wellen unterschiedlicher Frequenz und ihre Resultierende

ist dann gleich der Geschwindigkeit, mit der die Energie der Welle durch das Medium transportiert wird. Nun ist aber, bei gleicher Ausbreitungsgeschwindigkeit der Komponenten, diese Geschwindigkeit der Einhüllenden – die sogenannte Gruppengeschwindigkeit – gleich der *Phasengeschwindigkeit* v der beiden einzelnen Komponenten. Unter der Phasengeschwindigkeit verstehen wir die Geschwindigkeit, mit der sich ein Wellenpunkt konstanter Phase, zum Beispiel ein Wellenberg, in Ausbreitungsrichtung bewegt. Durch Definition ist

$$v = \nu\lambda = \frac{\omega}{k},$$

bei einer Frequenz ν, einer Wellenlänge λ, einer Kreisfrequenz $\omega = 2\pi\nu$ und einer Wellenzahl $k = 2\pi/\lambda$. Haben alle Wellen mit verschiedenen Frequenzen die gleiche Phasengeschwindigkeit, dann entspricht das „Reiten" auf dem Wellenberg einer Welle dem „Reiten" auf dem Berg irgendeiner der anderen Wellen oder auch auf der Resultierenden.

Wir wollen nun zwei Sinuswellen mit geringem Frequenzunterschied betrachten, die sich im gleichen Medium in der gleichen Richtung aber mit unterschiedlichen Phasengeschwindigkeiten $v_1 = \nu_1 \lambda_1 = \omega_1/k_1$ und $v_2 = \nu_2 \lambda_2 = \omega_2/k_2$ ausbreiten. Wir sagen auch, ein derartiges Medium zeigt eine *Dispersion.* Ein einfaches Beispiel ist ein brechendes Medium, durch das polychromatisches Licht hindurchtritt. Wie wir wissen, breitet sich violettes Licht in Glas mit kleinerer Geschwindigkeit als rotes Licht aus (der Brechungsindex des Glases ist für violettes Licht größer als für rotes). Daher wird weißes Licht beim Durchgang durch ein Glasprisma in ein Spektrum zerlegt.

Wie sich leicht zeigen läßt, unterscheidet sich die Gruppengeschwindigkeit v_{gr} in einem Medium mit Dispersion von der Phasengeschwindigkeit. Von den beiden Wellen mit unterschiedlicher Frequenz breitet sich ja eine schneller aus als die andere. Daher unterscheidet sich das „Reiten" auf einem Wellenberg der einen Welle vom „Reiten" auf der anderen Welle. Ein Bereich mit starker Interferenz verschiebt sich, wenn eine Welle die andere überholt. Die resultierende Einhüllende bleibt nicht mehr mit einer der beiden Komponenten fest verbunden. Wie Bild 1.16 zeigt, verschiebt sich ein Wellenberg der einen Welle

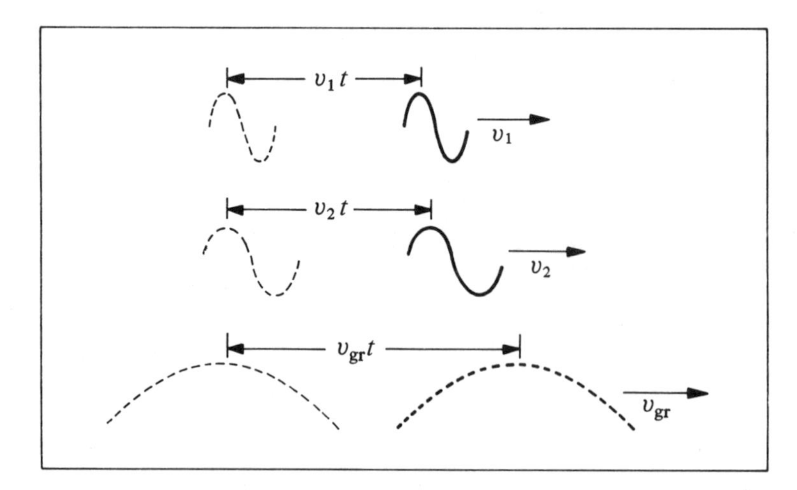

Bild 1.16 Eine Welle breitet sich mit der Phasengeschwindigkeit v_1 aus, eine zweite monochromatische Welle unterschiedlicher Frequenz breitet sich mit der Phasengeschwindigkeit v_2 aus, und die Einhüllende ihrer Resultierenden breitet sich mit der Gruppengeschwindigkeit v_{gr} aus.

(Frequenz ν_1) während der Zeit t um eine Strecke $v_1 t$ (entsprechend jeder andere Punkt konstanter Phase), während ein Berg der anderen Welle (Frequenz ν_2) die davon verschiedene Strecke $v_2 t$ zurücklegt. Während derselben Zeit verschiebt sich die Einhüllende um $v_{gr} t$.

Eine einzelne Sinuswelle, die entlang der positiven x-Achse fortläuft, kann durch $A \sin 2\pi (\nu t - x/\lambda) = A \sin (\omega t - kx)$ dargestellt werden. Die Resultierende der beiden Wellen läßt sich dann, wie oben beschrieben, als Funktion von x und t durch die Summe darstellen:

$$y = A \sin(\omega_1 t - k_1 x) + A \sin(\omega_2 t - k_2 x) . \tag{1.27}$$

Indem wir die trigonometrische Identität

$$\sin\alpha + \sin\beta = 2 \cos \frac{\alpha - \beta}{2} \sin \frac{\alpha + \beta}{2}$$

heranziehen, können wir die resultierende Welle in folgender Form schreiben:

$$y = 2A \cos\left(\frac{\omega_1 - \omega_2}{2} t - \frac{k_1 - k_2}{2} x\right) \sin\left(\frac{\omega_1 + \omega_2}{2} t - \frac{k_1 + k_2}{2} x\right) . \tag{1.28}$$

Unterscheiden sich die Komponenten in ihrer Kreisfrequenz und Wellenzahl nur wenig von einander, so können wir auch schreiben

$$\omega = \frac{\omega_1 + \omega_2}{2} \quad \text{und} \quad k = \frac{k_1 + k_2}{2} , \tag{1.29}$$

hier stellen ω und k nun Mittelwerte dar. Die Unterschiede können wir entsprechend schreiben

$$d\omega = \omega_1 - \omega_2 \quad \text{und} \quad dk = k_1 - k_2 . \tag{1.30}$$

Mit Hilfe der Gln. (1.29) und (1.30) können wir Gl. (1.28) vereinfachen:

$$y = \left[2A \cos\left(\frac{d\omega}{2} t - \frac{dk}{2} x\right)\right] \sin(\omega t - kx) . \tag{1.31}$$

Diese Gleichung der resultierenden Welle setzt sich aus zwei Faktoren zusammen: Der erste Faktor (in eckigen Klammern) stellt die Einhüllende dar, während der zweite eine „mittlere" Komponente ist, die mit der Phasengeschwindigkeit $v_{\text{Phase}} = \omega/k$ fortschreitet. Die Gruppengeschwindigkeit ist die Geschwindigkeit, mit der die Einhüllende sich ausbreitet. Wir finden sie, wie im Falle der Phasengeschwindigkeit, durch das Verhältnis der Koeffizienten von t und x. Daher wird

$$v_{\text{Gruppe}} = \frac{d\omega}{dk} , \qquad v_{\text{Phase}} = \frac{\omega}{k} . \tag{1.32}$$

Die *Gruppengeschwindigkeit* ist also die *Ableitung* von ω nach k, während die *Phasengeschwindigkeit* das *Verhältnis* von ω und k ist. Schreiben wir ω als $v_{\text{ph}} k$, so erhalten wir

$$v_{\text{Gruppe}} = \frac{d(v_{\text{ph}} k)}{dk} = v_{\text{Phase}} + k \frac{d v_{\text{ph}}}{dk} . \tag{1.33}$$

Stimmt die Phasengeschwindigkeit für alle Frequenzen überein, ist also $dv_{\text{ph}}/dk = 0$, so sind auch Phasen- und Gruppengeschwindigkeit gleich. In einem Medium mit Dispersion, also einer frequenzabhängigen Phasengeschwindigkeit, übertrifft die Gruppengeschwindigkeit dann die Phasengeschwindigkeit, falls $dv_{\text{ph}}/dk > 0$ ist; die Gruppengeschwindigkeit ist dagegen kleiner als die Phasengeschwindigkeit, wenn $dv_{\text{ph}}/dk < 0$ ist.

2 Relativistische Kinematik: Raum und Zeit

Die spezielle Relativitätstheorie, von Albert Einstein 1905 aufgestellt, ist eine der Grundlagen der modernen Physik und außerdem eine Großtat des menschlichen Geistes. Ungeachtet der Tatsache, daß man sie oft für esoterisch und schwer verständlich hält, werden wir erkennen, daß ihre wesentlichen Grundzüge auf natürliche Weise aus zwei Grundpostulaten abgeleitet werden können. Das erste Postulat, *das Relativitätsprinzip,* liegt auch der klassischen, d.h. der Newtonschen Mechanik zu Grunde. Das zweite Postulat, *die Konstanz der Lichtgeschwindigkeit,* widerspricht scheinbar sich selbst und auch dem ersten Postulat, falls man an der klassischen Auffassung von Raum und Zeit festhält. Es war die überragende Tat Einsteins, diese beiden Postulate in einer widerspruchsfreien Theorie des physikalischen Universums zu vereinen, einer Theorie, die sich in vieler Hinsicht grundsätzlich von der klassischen Physik unterscheidet. Die spezielle Relativitätstheorie ist weder hypothetisch noch zweifelhaft, da ja durch eine große Anzahl von Experimenten ihre Gültigkeit klar erwiesen ist.

Da die Relativitätstheorie beim Verständnis der Atom- und der Kernphysik eine wichtige Rolle spielt, muß sie etwas ausführlicher behandelt werden. In diesem Kapitel werden wir uns mit der relativistischen Kinematik, also mit der Relativität von Raum und Zeit, befassen und im nächsten Kapitel mit der relativistischen Dynamik, also mit der Relativität von Impuls und Energie.

2.1 Das Relativitätsprinzip

Wir wollen zunächst die Bedeutung und die Konsequenzen des ersten Postulates im Lichte der klassischen Physik betrachten.

Postulat I, Relativitätsprinzip: *Die physikalischen Gesetze sind gleichlautend oder invariant in allen Inertialsystemen, d.h., die mathematische Form eines physikalischen Gesetzes bleibt in allen diesen Systemen gleich.*

Ein *Inertialsystem* ist als Bezugssystem definiert, in dem das Trägheitsgesetz, das *erste* Newtonsche Gesetz, gilt. Ein Körper, auf den keine resultierende äußere Kraft einwirkt, bewegt sich in einem Inertialsystem mit konstanter Geschwindigkeit. Eine einfache Probe, ob sich ein Beobachter in einem Inertialsystem befindet, besteht darin, daß man ihn einen Gegenstand werfen läßt und dann feststellt, ob sich dieser Gegenstand geradlinig mit konstanter Geschwindigkeit bewegt. Das ist nur in einem wirklichen Inertialsystem der Fall, und ein derartiges System kann, genaugenommen, nur im leeren Raum, weit entfernt von jeder Masse existieren. Wird die auf einen Körper wirkende Schwerkraft durch eine zweite Kraft aufgehoben, so kann auch ein Bezugssystem oder Koordinatensystem, das mit der Erdoberfläche fest verbunden ist, näherungsweise als Inertialsystem betrachtet werden. Daher bewegt sich ein Körper, der auf der Erdoberfläche auf einer reibungslosen Ebene gleitet, beinahe geradlinig[1] mit annähernd konstanter Geschwindigkeit. Das erste Postulat

[1] Der Körper weicht infolge der Erdrotation von seiner geradlinigen Bewegung ab.

der Relativitätstheorie hat zur Folge, daß alle Inertialsysteme gleichwertig sind. Kein Inertialsystem kann durch irgendeinen physikalischen Versuch von irgendeinem anderen Inertialsystem unterschieden werden, denn die physikalischen Gesetze sind für alle Inertialsysteme gleich.

Um die ganze Bedeutung des Postulates I zu erkennen, wollen wir die Beziehungen zwischen den Raum- und Zeitkoordinaten eines Inertialsystems und denjenigen Raum- und Zeitkoordinaten eines zweiten Inertialsystems, das sich relativ zum ersten bewegt, ableiten.

2.2 Galilei-Transformation

Die Gleichungen, die in der klassischen Physik den Zusammenhang der Raum- und Zeitkoordinaten beim Übergang zwischen zwei Koordinatensystemen, die sich mit konstanter Geschwindigkeit relativ zueinander bewegen, beschreiben, heißen *Galilei-Transformation.*

Wir betrachten zwei Beobachter 1 und 2, die sich in zwei verschiedenen Koordinatensystemen S_1 und S_2 aufhalten. System S_2 bewegt sich, von S_1 aus gesehen, mit der konstanten Geschwindigkeit $\mathbf{v}$ nach rechts; umgekehrt bewegt sich S_1, von S_2 aus gesehen, mit der Geschwindigkeit $-\mathbf{v}$ nach links (Bild 2.1). Zur Vereinfachung lassen wir die x-Achsen mit der Richtung von $\mathbf{v}$ zusammenfallen, der Richtung der Geschwindigkeit von S_2 bezüglich S_1. Die positiven Richtungen von x_1 und x_2 sollen in die Richtung von $\mathbf{v}$ weisen. Wir können nur von einer *Relativbewegung* von S_1 und S_2 reden. Jeder Beobachter soll einen Meßstab und eine Uhr besitzen, um Ort und Zeit für ein Teilchen oder für einen Körper relativ zu seinem eigenen System bestimmen zu können. Wir stellen uns vor, daß sich im System S_1 beliebig viele Beobachter befinden, an jedem Ort einer. Alle diese Beobachter, die relativ zueinander in Ruhe sind sollen gleichartige Meßstäbe und synchronisierte Uhren besitzen. In der klassischen Physik bereitet es keine Schwierigkeiten, diese Uhren zu synchronisieren, da wir annehmen können, daß ein Signal von einem Raumpunkt zu einem anderen mit unendlich großer Geschwindigkeit übermittelt werden kann. Das bedeutet, wenn

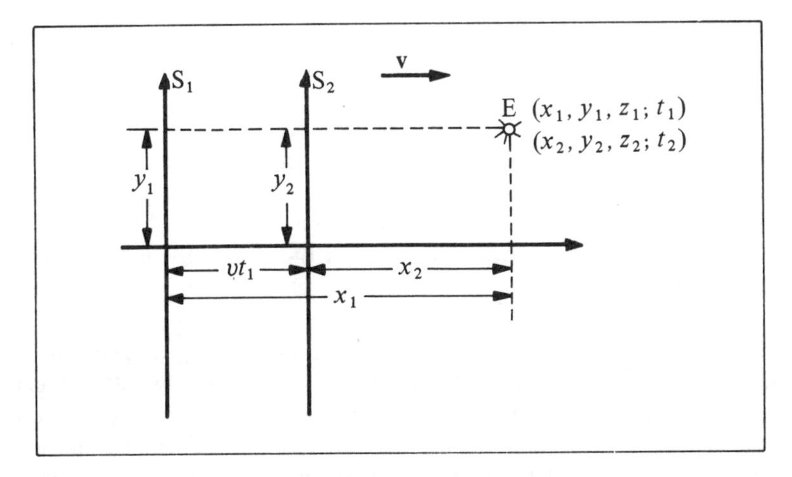

Bild 2.1 Raum- und Zeitkoordinaten eines Ereignisses E, wie sie von zwei Beobachtern bestimmt werden, die sich relativ zueinander mit der konstanten Geschwindigkeit v bewegen

eine Uhr im Nullpunkt des Koordinatensystems S_1 die Zeit t_1 anzeigt, so zeigen auch alle übrigen Uhren im System S_1 dieselbe Zeit t_1 an. Zur Vereinfachung wollen wir alle Beobachter, die in S_1 ruhen, als Beobachter S_1 bezeichnen. Entsprechend verstehen wir unter Beobachter S_2 alle Beobachter, die relativ zu S_2 ruhen.

Durch Festlegung von Ort und Zeit eines physikalischen Geschehens, zum Beispiel der Explosion einer kleinen Bombe, beschreibt ein Beobachter ein *Ereignis*. Die Raum- und Zeitkoordinaten eines durch den Beobachter S_1 beschriebenen Ereignisses E sind $(x_1, y_1, z_1; t_1)$ (Bild 2.1). Die Koordinaten *desselben* Ereignisses werden vom Beobachter S_2 mit $(x_2, y_2, z_2; t_2)$ angegeben. Die Raumkoordinaten x_1, y_1 und z_1 geben die Entfernungen dieses Ereignisses vom Koordinatennullpunkt in der x-, y- und z-Richtung an, wie sie mit dem Meßstab des Beobachters S_1 ermittelt werden, und die Zeitkoordinate t_1 legt den Zeitpunkt dieses Ereignisses fest, wie ihn der Beobachter S_1 mit seiner Uhr mißt.

Wir wollen annehmen, daß die Beobachter S_1 und S_2 ihre Uhren synchronisiert und ihre Meßstäbe verglichen haben, während sie vorübergehend relativ zueinander in Ruhe waren. Danach wurde das System S_2 relativ zum System S_1 in Bewegung versetzt. Dabei werden die Uhren so eingestellt, daß in dem Augenblick, in dem der Nullpunkt von S_2 den Nullpunkt von S_1 passiert, beide Uhren auf „Null" stehen. Wenn $t_1 = 0$ ist, dann ist auch $t_2 = 0$, und weiter ist zu diesem Zeitpunkt auch $x_1 = x_2$. Außerdem wollen wir annehmen, daß die y-Achsen und die z-Achsen der beiden Systeme dauernd parallel zueinander gerichtet sind.

An Hand von Bild 2.1 können wir sofort die Galilei-Transformation der Koordinaten angeben, die die vom Beobachter S_2 gemessenen Raum- und Zeitkoordinaten durch die von dem Beobachter S_1 gemessenen Raum- und Zeitkoordinaten desselben Ereignisses ausdrückt:

Galilei-Transformation:

$$x_2 = x_1 - vt_1, \quad y_2 = y_1, \quad z_2 = z_1, \quad t_2 = t_1. \tag{2.1}$$

Hier ist $y_2 = y_1$ und $z_2 = z_1$, denn die Relativbewegung der beiden Systeme S_1 und S_2 erfolgt rechtwinklig zu diesen Koordinatenachsen. Um die Koordinaten des Systems S_1 durch diejenigen des Systems S_2 auszudrücken, brauchen wir nur die Indizes zu vertauschen und v durch $-v$ zu ersetzen; dies ist leicht einzusehen, da die Bezeichnungen 1 und 2 willkürlich gewählt worden sind. Die Behauptung, daß sich S_2 mit der Geschwindigkeit v relativ zu S_1 bewegt, ist der Behauptung gleichwertig, daß sich S_1 relativ zu S_2 mit der Geschwindigkeit $-v$ bewegt.

Diese klassischen Transformationsgleichungen scheinen notwendig und selbstverständlich zu sein, es ist aber für unser weiteres Vorgehen entscheidend, die darin verborgenen Voraussetzungen klar zu erkennen.

Nach diesen Voraussetzungen sind der Raum und auch die Zeit im folgenden Sinne absolut: Der räumliche Abstand zwischen irgend zwei Ereignissen ist für jeden Beobachter gleich, und ebenso ist auch der zeitliche Abstand zwischen diesen beiden Ereignissen für jeden Beobachter gleich groß. Unter dem Gesichtspunkt der Galilei-Transformation bedeutet die Annahme absoluter räumlicher Abstände: Wenn einmal beim gleichzeitigen Vergleich der Meßstäbe der Beobachter S_1 und S_2 die gleiche Länge festgestellt worden ist, dann muß sich auch später stets die gleiche Länge ergeben, unabhängig von der Relativbewegung der Beobachter zueinander. Aus der absoluten Natur von Zeitintervallen, die in der Galilei-Transformation enthalten ist, folgt, wenn zwei Beobachter einmal zu Anfang ihre Uhren synchronisiert und auf Gleichlauf überprüft haben, dann stimmen diese Uhren auch danach immer überein, unbeeinflußt durch ihre Relativbewegung. Die Vorstellungen unseres gesunden Menschenverstandes von Raum und Zeit sind in der Galilei-Transformation enthalten und werden durch diese formal ausgedrückt.

Die Transformationsgleichungen für Geschwindigkeit und Beschleunigung folgen durch Differentiation nach der Zeit unmittelbar aus den Gln. (2.1). Wir definieren die vom Beobachter S_1 gemessene x-Komponente der Geschwindigkeit durch dx_1/dt_1, wie üblich wollen wir sie mit $\dot{x}_1$ bezeichnen, der Punkt über dieser Koordinate soll die erste zeitliche Ableitung angeben. Ähnlich bezeichnen wir die y- und die z-Komponente der Geschwindigkeit mit $\dot{y}_1 = dy_1/dt_1$ und $\dot{z}_1 = dz_1/dt_1$. Die Komponenten der Geschwindigkeit im System S_2 sind $\dot{x}_2 = dx_2/dt_2$ usw. Die Beschleunigung ist für den Beobachter S_2 durch $\ddot{x}_2 = d^2x_2/dt_2^2$ usw. gegeben. Es ist sehr wichtig, die genaue Bedeutung des Begriffes „Geschwindigkeit" zu erfassen. Wir definieren dx_1/dt_1 als Grenzwert des Quotienten der Strecke dx_1, die in x-Richtung zurückgelegt und mit dem Meßstab des Beobachters S_1 gemessen wird, und des Zeitintervalles dt_1, das mit der Uhr eben dieses Beobachters S_1 gemessen wird; bei dem Grenzwert strebt das Zeitintervall gegen Null. Ausdrücke wie dx_1/dt_2 usw. sind bedeutungslos, da die zur Bestimmung der Geschwindigkeit erforderlichen Längen- und Zeitmessungen in *demselben* Koordinatensystem durchgeführt werden müssen. Für die Galilei-Transformation erscheint diese sorgfältige Definition der Geschwindigkeit überflüssig, da ja die Zeit als absolut angesehen wird, $dt_1 = dt_2$, und daher auch $dx_1/dt_2 = dx_1/dt_1$ ist. Wie wir später jedoch erkennen werden, ist die Koordinatentransformation, die die Postulate der speziellen Relativitätstheorie erfüllt, nicht so einfach.

Durch Differentiation der Gln. (2.1) erhalten wir unmittelbar die Transformation der Geschwindigkeit und daraus als deren Ableitung die Transformation der Beschleunigung:

Galilei-Transformation der Geschwindigkeit:

$$\dot{x}_2 = \dot{x}_1 - v, \quad \dot{y}_2 = \dot{y}_1, \quad \dot{z}_2 = \dot{z}_1, \tag{2.2}$$

Galilei-Transformation der Beschleunigung:

$$\ddot{x}_2 = \ddot{x}_1, \quad \ddot{y}_2 = \ddot{y}_1, \quad \ddot{z}_2 = \ddot{z}_1. \tag{2.3}$$

Wie die Gln. (2.2) zeigen, ist die im System S_2 gemessene Geschwindigkeit $\dot{x}_2$ eines Teilchens gleich der im System S_1 gemessene Geschwindigkeit $\dot{x}_1$ desselben Teilchens, abzüglich der Relativgeschwindigkeit v des Systems S_2 gegenüber dem System S_1. Geschwindigkeiten können daher nach den bekannten Regeln der Vektorrechnung zusammengesetzt werden. Wie wir aus den Gln. (2.3) erkennen, stimmen die entsprechenden Komponenten der Beschleunigung in zwei Inertialsystemen, die sich mit *konstanter* Geschwindigkeit gegeneinander bewegen, überein.

2.3 Invarianz der klassischen Mechanik gegenüber der Galilei-Transformation

Um die Bedeutung des Postulates I, des Relativitätsprinzips, klarer zu erkennen, wollen wir die Galilei-Transformation auf zwei bekannte Gesetze der Mechanik anwenden: auf die Sätze von der Erhaltung des Impulses und der Energie.

Erhaltung des Impulses

Angenommen, ein Beobachter im System S_2 beobachte einen zentralen Stoß von zwei Teilchen mit den Massen m und M (Bild 2.2a). Bild 2.2b zeigt denselben Stoß, wie ihn ein Beobachter in S_1 sieht. Wie bisher soll sich das System S_2 vom System S_1 aus gesehen mit der Geschwindigkeit v nach rechts bewegen. Die von den beiden Beobachtern gemessenen Geschwindigkeiten sind durch die Galilei-Transformation der Geschwindigkeit miteinander verknüpft (Gln. (2.2)).

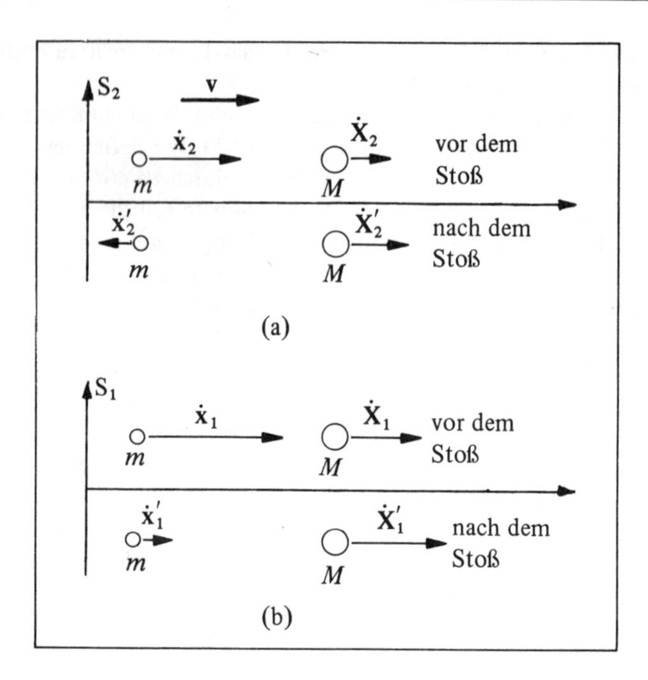

Bild 2.2 Stoß zweier Teilchen, wie ihn zwei Beobachter sehen, die sich mit der konstanten Geschwindigkeit v relativ zueinander bewegen.

Im Bild 2.2 werden folgende Bezeichnungen verwendet: Kleine oder große Buchstaben entsprechen den beiden Teilchenmassen m oder M; die Indizes 1 oder 2 entsprechen den beiden Beobachtern; ungestrichene oder gestrichene Geschwindigkeiten beziehen sich auf Geschwindigkeiten vor oder nach dem Stoß.

Wir fragen nun: „Ist das Gesetz von der Erhaltung des Impulses ein gutes physikalisches Gesetz, d.h. gehorcht es dem Postulat I der Relativitätstheorie und ist es gegenüber einer Galilei-Transformation invariant?" Um diese Frage zu beantworten, müssen wir untersuchen, ob die Beobachter S_1 und S_2 die *gleiche mathematische Form* für den Satz von der Erhaltung des Impulses finden werden, wenn sie denselben zentralen Stoß der Massen m und M untersuchen und dabei die Geschwindigkeiten mit ihren Meßstäben und Uhren messen.

Für den Beobachter im Inertialsystem S_2 schreibt sich der Impulssatz:

Impuls vor dem Stoß = Impuls nach dem Stoß.

Daher

$$m\dot{x}_2 + M\dot{X}_2 = m\dot{x}_2' + M\dot{X}_2' \,. \tag{2.4}$$

Mit Hilfe der Galilei-Transformation der Geschwindigkeit kann man in diese Gleichung die Geschwindigkeiten, die der Beobachter im Inertialsystem S_1 mißt, einsetzen:

$$m(\dot{x}_1 - v) + M(\dot{X}_1 - v) = m(\dot{x}_1' - v) + M(\dot{X}_1' - v) \,.$$

Diese Gleichung läßt sich vereinfachen zu

$$m\dot{x}_1 + M\dot{X}_1 = m\dot{x}_1' + M\dot{X}_1' \,. \tag{2.5}$$

Die Gln. (2.4) und (2.5) besitzen die gleiche mathematische Form, d.h., sie unterscheiden sich nur in den Indizes 1 und 2. Daher stimmen ein Beobachter S_1 in einem *beliebigen* Inertialsystem und ein Beobachter S_2 in *irgendeinem* anderen System, das sich in Bezug auf S_1 mit konstanter Geschwindigkeit bewegt, darin überein, daß der *Impuls erhalten bleibt.* Kurzum, der Impulssatz ist ein „gutes" Gesetz der klassischen Mechanik. Es muß jedoch vermerkt werden, daß der Gesamtimpuls $m\dot{x}_1 + M\dot{X}_1$ vor (oder nach) dem Stoß, wie er im System S_1 gemessen wird, *nicht* gleich dem Gesamtimpuls $m\dot{x}_2 + M\dot{X}_2$ ist, der vor (oder nach) dem Stoß im System S_2 bestimmt wird; dabei ist in diesem Beispiel der Gesamtimpuls im System S_1 größer.

Invarianz des zweiten Newtonschen Gesetzes

Wir wollen zeigen, daß das zweite Newtonsche Gesetz der Dynamik gegenüber einer Galilei-Transformation invariant ist. Wir betrachten zwei Körper mit den Massen m und M, die infolge irgendeiner Kraft, zum Beispiel der Schwerkraft, miteinander in Wechselwirkung stehen. Wirkt keine resultierende äußere Kraft auf dieses System (der beiden Körper) ein, so ist dieses System abgeschlossen und der Gesamtimpuls dieses Systems muß konstant sein. Zur Vereinfachung sollen beide Massen auf der x-Achse liegen, auch ihre Bewegung soll längs dieser Achse erfolgen. Der Beobachter S_1 stellt fest:

$$m\dot{x}_1 + M\dot{X}_1 = \text{konstant.}$$

Die zeitliche Ableitung dieser Gleichung liefert:

$$\frac{d}{dt_1} m\dot{x}_1 = -\frac{d}{dt_1} M\dot{X}_1 \,. \tag{2.6}$$

Da die auf einen Körper einwirkende Kraft als zeitliche Änderung des Impulses dieses Körpers definiert ist, ist die linke Seite dieser Gleichung die Kraft f_1, die durch M auf m einwirkt, gemessen in S_1, und die rechte Seite ist die Kraft F_1, die durch m auf M wirkt, ebenfalls in S_1 gemessen. Daher ist

$$f_1 = -F_1 \,;$$

es handelt sich hier um das dritte Newtonsche Gesetz.

Betrachten wir nun nur die Kraft auf die Masse m, so erhalten wir

$$f_1 = \frac{d}{dt_1} m\dot{x}_1 = m\ddot{x}_1 \,, \tag{2.7}$$

dabei wird vorausgesetzt, daß die Masse m den gleichen Wert in allen Inertialsystemen besitzt. In gleicher Weise würde ein Beobachter S_2

$$f_2 = \frac{d}{dt_2} m\dot{x}_2 = m\ddot{x}_2 \tag{2.8}$$

schreiben. Wie die Gln. (2.3) gezeigt haben, ist $\ddot{x}_1 = \ddot{x}_2$, daher folgt aus den Gln. (2.7) und (2.8) auch $f_1 = f_2$. Aus der Invarianz des zweiten Newtonschen Gesetzes und aus der Tatsache, daß Kräfte und Beschleunigungen unverändert bleiben, folgt dann sofort: Zusammen mit dem Inertialsystem S_1 ist auch *jedes beliebige* Koordinatensystem S_2, das sich relativ zu S_1 mit der konstanten Geschwindigkeit v bewegt, ein Inertialsystem. Nach dem zweiten Newtonschen Gesetz sind also alle Inertialsysteme, von denen es unendlich viele gibt, gleichwertig und ununterscheidbar. Natürlich kann ein Koordinatensystem, das relativ zu irgendeinem Inertialsystem *beschleunigt* wird, selbst kein Inertialsystem sein, da in ihm nicht $\ddot{x}_1 = \ddot{x}_2$ sein muß.

Wir wollen uns hier auf den *Spezialfall* von Inertialsystemen beschränken, also auf Systeme, die sich mit konstanter Geschwindigkeit relativ zueinander bewegen. Den *allgemeinen* Fall, in dem ein System relativ zu einem anderen beschleunigt wird, betrachten wir hier nicht. Unsere Darstellung beschränkt sich daher auf die *spezielle Relativitätstheorie,* der allgemeinere Fall beschleunigter Systeme wird in der *allgemeinen Relativitätstheorie* behandelt.

Erhaltung der Energie

Um die Invarianz des Energiesatzes gegenüber einer Galilei-Transformation zu untersuchen, betrachten wir wieder den in Bild 2.2 dargestellten Stoß, den wir als vollkommen *elastisch* voraussetzen (obwohl hierdurch scheinbar unelastische Stöße ausgeschlossen sind, ist zu bemerken, daß bei subatomaren Vorgängen *alle* Stöße elastisch sind).

Vom Standpunkt des Beobachters S_2 schreibt sich der Energiesatz: Bewegungsenergie vor dem Stoß = Bewegungsenergie nach dem Stoß,

$$\tfrac{1}{2}\, m\, (\dot{x}_2)^2 + \tfrac{1}{2}\, M\, (\dot{X}_2)^2 = \tfrac{1}{2}\, m\, (\dot{x}_2')^2 + \tfrac{1}{2}\, M\, (\dot{X}_2')^2 \; . \tag{2.9}$$

Diese Gleichung kann umgeschrieben werden, indem man die vom Beobachter S_1 gemessenen Geschwindigkeiten mit Hilfe von Gl. (2.2), der Galilei-Transformation der Geschwindigkeit, einsetzt:

$$\begin{aligned} &\tfrac{1}{2}\, m\, (\dot{x}_1)^2 - m\, \dot{x}_1 v + \tfrac{1}{2}\, m\, v^2 + \tfrac{1}{2}\, M\, (\dot{X}_1)^2 - M\, \dot{X}_1 v + \tfrac{1}{2}\, M\, v^2 \\ &= \tfrac{1}{2}\, m\, (\dot{x}_1')^2 - m\, \dot{x}_1' v + \tfrac{1}{2}\, m\, v^2 + \tfrac{1}{2}\, M\, (\dot{X}_1')^2 - M\, \dot{X}_1' v + \tfrac{1}{2}\, M\, v^2 \; . \end{aligned}$$

Mit Hilfe von Gl. (2.5), der Invarianz des Impulssatzes, können wir die Ausdrücke, die die Geschwindigkeit v enthalten, streichen, und da sich die Ausdrücke mit v^2 ebenfalls wegheben, bleibt nur noch

$$\tfrac{1}{2}\, m\, (\dot{x}_1)^2 + \tfrac{1}{2}\, M\, (\dot{X}_1)^2 = \tfrac{1}{2}\, m\, (\dot{x}_1')^2 + \tfrac{1}{2}\, M\, (\dot{X}_1')^2 \; . \tag{2.10}$$

Die Gln. (2.9) und (2.10) besitzen die gleiche mathematische Form, sie unterscheiden sich nur in den Indizes 1 und 2, daher gilt der Energiesatz in allen Inertialsystemen.

Wie wir also herausgefunden haben, sind die *Gesetze der klassischen Mechanik* (Impulssatz, zweites Newtonsches Gesetz der Dynamik und Energiesatz) *invariant gegenüber einer Galilei-Transformation. Daher sind alle Inertialsysteme in der klassischen Mechanik gleichwertig, und es ist innerhalb der Mechanik nicht möglich, durch irgendeinen Versuch ein Inertialsystem von einem anderen zu unterscheiden.* Die Invarianz der mechanischen Gesetze, die hier formal bestätigt worden ist, wird stillschweigend in der Elementarphysik vorausgesetzt. Zum Beispiel verlassen wir uns darauf, daß ein Tischtennisspiel in einem fahrenden Zug sowohl für einen am Bahndamm stehenden Beobachter als auch für einen mitfahrenden Beobachter nach den gleichen physikalischen Gesetzen abläuft.

Aus der Invarianz der Gesetze der klassischen Mechanik gegenüber einer Galilei-Transformation können wir noch einen weiteren Schluß ziehen, die Grundgleichungen der Koordinatentransformation bestätigen nämlich unsere Annahme eines absoluten Raumes und einer absoluten Zeit. Bei unseren Überlegungen hatten wir ebenfalls angenommen, daß die Masse eines Körpers konstant und vollkommen unabhängig von der Bewegung ist, die sie relativ zu einem Beobachter besitzt. Daher kann man zusammenfassend sagen: *Bei der Galilei-Transformation und in der klassischen Mechanik sind Länge, Zeit und Masse,* die drei Grundgrößen des SI, *von der Relativbewegung eines Beobachters unabhängig.* Wie wir sehen werden, wird Einsteins relativistische Physik diese Vorstellung drastisch revidieren.

2.4 Das Versagen der Galilei-Transformation

Man könnte mit Recht die Frage stellen, ob auch die Gesetze der Elektrodynamik gegenüber einer Galilei-Transformation invariant sind. Da ja nach dem Postulat I *alle* physikalischen Gesetze invariant sein sollen, kann die Galilei-Transformation nur dann allgemein gültig sein, wenn sich alle Gesetze ihr gegenüber als invariant erweisen.

Um diese Frage zu entscheiden, werden wir nur die Ausbreitung elektromagnetischer Wellen behandeln, da wir allein daraus schon auf die Invarianz der Elektrodynamik schließen können. Zunächst jedoch wollen wir uns einem mechanischen Beispiel zuwenden.

Wir nehmen einen *Schallimpuls* an, der sich relativ zu dem Medium, in dem er sich ausbreitet, nach rechts bewegt. Das Medium wird im System S_1 als ruhend angenommen, und die im System S_1 gemessene Geschwindigkeit dieses Impulses ist $\dot{x}_1$. Unter „Geschwindigkeit" verstehen wir dabei die Geschwindigkeit, mit der sich der Impuls relativ zu dem Medium, in dem er sich fortbewegt, in diesem Beispiel Luft, ausbreitet. Für einen Beobachter im System S_2, der sich relativ zu S_1 mit der Geschwindigkeit v bewegt, ist die (offensichtlich) gemessene Geschwindigkeit nach den Gln. (2.2) dann $\dot{x}_2 = \dot{x}_1 - v$ (Bild 2.3). Daher mißt ein Beobachter in S_2 eine Schallgeschwindigkeit, die sich von der durch einen Beobachter in S_1 gemessenen unterscheidet.

Wir wollen dies durch ein Beispiel veranschaulichen. Der Schallimpuls eines Kanonenschusses breitet sich in ruhender Luft relativ zur Erde (S_1) mit 335 m/s ($\dot{x}_1$) aus. Ein Beobachter in einem Flugzeug (S_2), der sich mit 120 m/s (v) von der Schallquelle fortbewegt, mißt die Geschwindigkeit $\dot{x}_2 = \dot{x}_1 - v = (335 - 120)$ m/s = 215 m/s. Das ist die Schallgeschwindigkeit, bezogen auf *sein* Inertialsystem S_2. Andererseits, wenn sich das Flugzeug auf die Schallquelle zubewegt, ist $v = -120$ m/s und $\dot{x}_2 = (335 + 120)$ m/s = 455 m/s, der Beobachter in S_2 mißt nun eine Schallgeschwindigkeit von 455 m/s. Wie man daraus folgert, hängt die gemessene Schallgeschwindigkeit im allgemeinen von der Relativgeschwindigkeit ab, mit der sich der Beobachter gegenüber dem Medium bewegt, in dem sich der Schall ausbreitet. Nur wenn der Beobachter relativ zu diesem Medium (hier Luft) ruht, wird er feststellen, daß die gemessene Schallgeschwindigkeit für alle Richtungen gleich groß ist. *Dieses Ergebnis wird durch Versuche mit Schallwellen bestätigt.* Die im System S_1, in dem die Luft ruht, gemessene Schallgeschwindigkeit *hängt jedoch nicht von der Geschwindigkeit der Schallquelle ab.* Wenn eine Schallquelle an Stelle eines einzigen Impulses sinusförmige Druckschwankungen in der Luft erzeugt, sind natürlich Frequenz und Wellenlänge des Schalles auf Grund des Doppler-Effektes durch die Relativgeschwindigkeit der Quelle gegenüber dem Medium bedingt, aber die Ausbreitungsgeschwindigkeit der Störung hängt nicht von der Relativbewegung der Quelle ab.

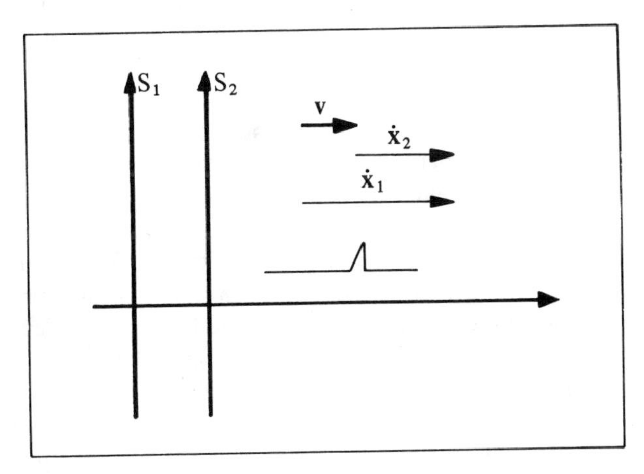

Bild 2.3 Ein Schallimpuls, wie ihn zwei Beobachter sehen, die sich mit der konstanten Geschwindigkeit v relativ zueinander bewegen.

Wir wenden uns nun dem vollständig analogen Fall des Lichtes zu. Ein Lichtsignal breite sich nach rechts relativ zu dem Medium aus, in dem es sich mit der Geschwindigkeit $\dot{x}_1 \equiv c$ fortbewegt (Bild 2.3). Das Medium der Lichtausbreitung wurde früher *Äther* genannt. Nach der festen Überzeugung der Physiker des neunzehnten Jahrhunderts waren alle physikalischen Erscheinungen letztlich auf einen mechanischen Ursprung zurückzuführen. Daher war es für sie unvorstellbar, wie sich eine elektromagnetische Störung im leeren Raum ausbreiten kann. So wurde der Begriff *Äther* erfunden. Dieser Äther war mit nur einer einzigen wichtigen Eigenschaft behaftet, er „trug" elektromagnetische Störungen; daher war in einem Inertialsystem, in dem der Äther ruht und auch nur in diesem System, die Lichtgeschwindigkeit gleich c.

Nach der Galilei-Transformation mißt dann ein in S_1 ruhender Beobachter die Geschwindigkeit eines Lichtsignales in der x_1-Richtung mit c und ebenso *in jeder beliebigen Richtung,* in die sich das Lichtsignal ausbreitet. Irgendein Beobachter, der in einem anderen System S_2 ruht, mißt als Geschwindigkeit $\dot{x}_2 = \dot{x}_1 - v = c - v$, wenn sich S_2 nach rechts bewegt, bewegt sich S_2 dagegen nach links, mißt er die davon verschiedene Geschwindigkeit $c + v$. Folglich hängt die Lichtgeschwindigkeit, wie sie, mit Ausnahme von S_1, ein beliebiger Beobachter mißt, von der Geschwindigkeit des Koordinatensystems relativ zu dem Medium, in dem sich das Lichtsignal ausbreitet, dem Äther, ab. Die Lichtgeschwindigkeit ist daher offensichtlich gegenüber einer Galilei-Transformation *nicht* invariant. Wenn diese Transformation tatsächlich für das Licht gilt, dann gibt es in der Natur ein einziges Inertialsystem, in dem der Äther ruht; in diesem System und nur in diesem System ist die gemessene Lichtgeschwindigkeit genau gleich c.

Die Grundlagen des Versuches, die Existenz des Äthers zu erkennen und zu bestätigen sind sehr einfach: Man muß die Lichtgeschwindigkeit in einer Vielzahl von Inertialsystemen messen und dabei untersuchen, ob die gemessenen Geschwindigkeiten in den verschiedenen Systemen unterschiedlich sind und ob sich ein Beweis für ein einziges, herausgehobenes Inertialsystem, „den Äther", in dem die Lichtgeschwindigkeit gleich c ist, finden läßt. Die Durchführung eines derartigen Experimentes ist jedoch wegen der so großen Lichtgeschwindigkeit eine wesentlich schwierigere Aufgabe als ein Versuch mit Schallwellen. In einem der berühmtesten Experimente aller Zeiten versuchten 1887 Michelson und Morley dieses einzigartige Inertialsystem zu finden. Ihr Experiment bestand einfach darin zu bestimmen, ob eine Änderung der gemessenen Lichtgeschwindigkeit eintritt, während die Erde bei ihrer Achsendrehung und bei ihrem Umlauf um die Sonne durch den angenommenen Äther eilt.

Wir wollen uns klarmachen, warum es sich beim Versuch von Michelson und Morley oder auch bei seiner heutigen Abwandlung mit Mikrowellen oder mit Laserstrahlen um einen Versuch zur Entdeckung dieses herausgehobenen Inertialsystems handelt. Wir nehmen an, das System S_1 sei dieses besondere Inertialsystem. Der Experimentator weiß im voraus nicht, ob er relativ zu S_1 ruht. Er muß daher annehmen, daß er sich im allgemeinen Falle in *irgendeinem* System S_2 befindet, das sich mit der Geschwindigkeit v relativ zu S_1 bewegt. Falls er zu einem Zeitpunkt relativ zu S_1 ruht, so wird dann S_2 zu S_1, und er mißt als Lichtgeschwindigkeit c. Aber wenn sich dann 6 Monate später die Erde bei ihrem Umlauf um die Sonne in entgegengesetzter Richtung bewegt, wird sich S_2 bestimmt relativ zu S_1 bewegen, und die gemessene Lichtgeschwindigkeit wird sich nun geändert haben.

Wegen der ungeheuren Größe von c, verglichen mit der Bahngeschwindigkeit der Erde, muß eine Messung der Lichtgeschwindigkeit in einem irdischen Labor aus praktischen Gründen auf eine Messung des Zeitintervalles zurückgeführt werden, das ein Lichtstrahl benötigt, um eine bekannte Strecke von einem Startpunkt zu einem Spiegel und wieder zurück zu durchlaufen. Mißt man die Zeit für einen derartigen Weg, so kann man die Geschwindigkeit nicht nur für eine Richtung messen; man mißt vielmehr die *Durchschnittsgeschwindigkeit* längs zweier entgegengesetzter Richtungen auf ein und derselben Strecke. Die Zeit, die das Licht von A nach B und wieder zurück nach A braucht, ist genau so groß wie diejenige, die es für den Weg von B nach A und zurück nach B benötigt. Offensichtlich muß man also Zeitintervalle vergleichen, in denen zwei Lichtsignale auf *nichtparallelen* Linien hin- und hereilen: Der Effekt ist dann am größten, wenn man die Zeitintervalle für Lichtwege vergleicht, die parallel zum Ätherwind verlaufen, und für Lichtwege, die senkrecht dazu liegen.

Wir betrachten einen Zylinder der Länge l, der relativ zum System S_2 ruht und längs der x_2-Achse gerichtet ist, der Richtung der Relativbewegung des Systems S_1 gegenüber S_2 (Bild 2.4d–f). Wie bisher soll sich S_2 mit der Geschwindigkeit v nach rechts relativ zu dem ausgezeichneten Inertialsystem S_1, dem Äther, bewegen. Eilt nun ein Lichtsignal nach rechts, dann mißt ein Beobachter in S_2 als Geschwindigkeit dieses Signales $c - v$, und die Zeit, die das Signal benötigt, um die rechte Grundfläche zu erreichen, ist $l/(c-v)$; nach der Reflexion eilt das Lichtsignal nach links mit der Geschwindigkeit $c + v$ relativ zu S_2 und erreicht die linke Grundfläche nach einer Zeit $l/(c+v)$. Daher wird das Zeitintervall Δt_x, das das Lichtsignal für seinen gesamten Weg benötigt,

$$\Delta t_x = \frac{l}{c-v} + \frac{l}{c+v} = \frac{2\,l/c}{1-(v/c)^2}\,. \tag{2.11}$$

Die Aufeinanderfolge der Ereignisse, wie sie von dem Beobachter in S_1 gesehen wird, ist im Bild 2.4a–c dargestellt.

Wir betrachten nun den Fall, in dem der Beobachter S_2 den gleichen Zylinder in Richtung der y_2-Achse ausgerichtet hat. Das Zeitintervall, das nun das Lichtsignal für den Weg zwischen der Grundfläche und der oberen Endfläche und zurück benötigt, ist mit Δt_y bezeichnet. Die Aufeinanderfolge der Ereignisse, wie sie ein Beobachter in S_1 sieht, ist im Bild 2.5a–c gezeigt und aus der Sicht des Beobachters in S_2 gesehen im Bild 2.5d–f. Vom Standpunkt des Beobachters S_1 kann nur ein Lichtsignal, das den Nullpunkt des Systems S_1 in einer Richtung verläßt, die mit der Zylinderachse den Winkel Θ bildet und das sich natürlich mit der Geschwindigkeit c ausbreitet, den Mittelpunkt der Endfläche, hier mit A bezeichnet, erreichen, wie im Bild 2.5b gezeigt ist. Das Lichtsignal, mit der Geschwindigkeit c, benötigt von 0 nach A die Zeit $\Delta t_y/2$, während in der gleichen Zeit der Zylinder sich mit der Geschwindigkeit v von 0 nach B bewegt. Daher ist

$$0A = \frac{c\,\Delta t_y}{2}\,, \quad 0B = \frac{v\,\Delta t_y}{2} \quad \text{und} \quad AB = l\,.$$

Aber

$$(0A)^2 = (0B)^2 + (AB)^2\,.$$

Durch Einsetzen erhält man:

$$\left(\frac{c\,\Delta t_y}{2}\right)^2 = \left(\frac{v\,\Delta t_y}{2}\right)^2 + l^2\,.$$

Auflösung nach Δt_y ergibt schließlich:

$$\Delta t_y = \frac{2\,l/c}{\sqrt{1-(v/c)^2}}\,. \tag{2.12}$$

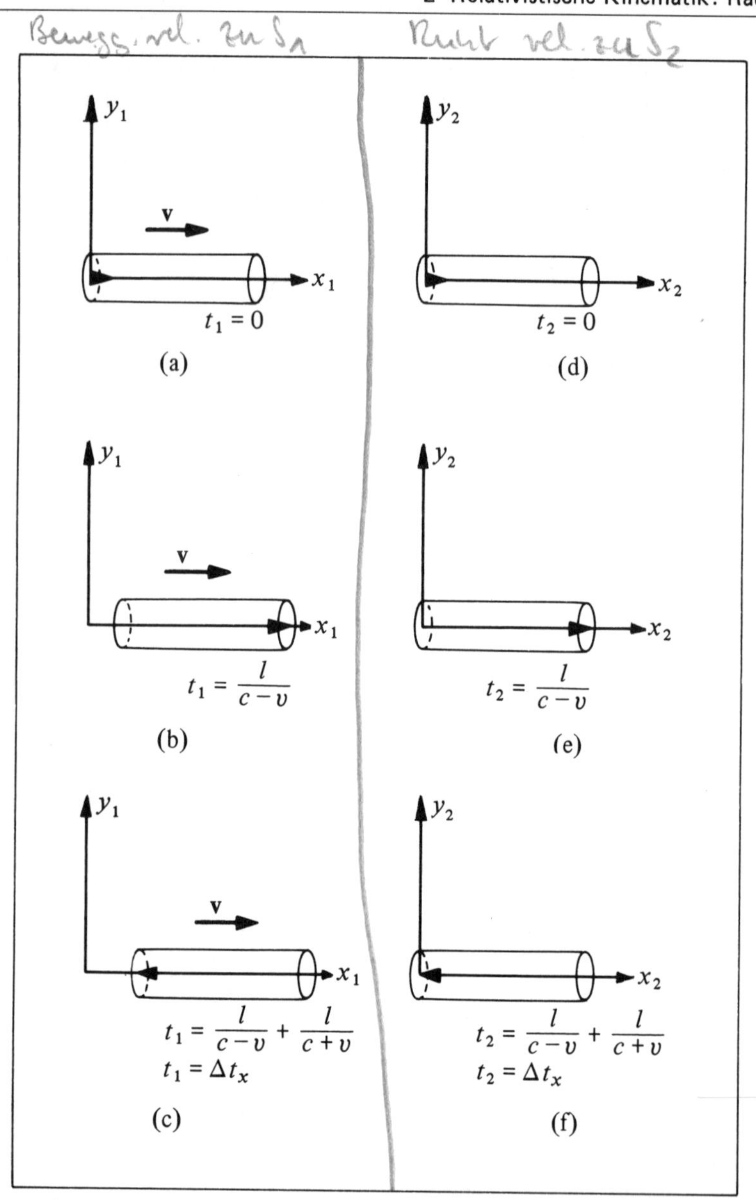

Bild 2.4 Laufzeit eines Lichtsignals, wie sie von zwei Beobachtern gemessen wird, die sich mit der konstanten Geschwindigkeit v relativ zueinander bewegen. Das Lichtsignal bewegt sich in Richtung der Geschwindigkeit v.

Der Vergleich der Gln. (2.11) und (2.12) liefert $\Delta t_x \neq \Delta t_y$; d.h. die Zeit, die ein Lichtsignal für Hin- und Rückweg benötigt, ist für die beiden zueinander senkrechten Richtungen *nicht* gleich. Ruht der Zylinder im System S_1, ist natürlich v gleich Null und somit

$$\Delta t_x = \frac{2\,l}{c} \quad \text{und} \quad \Delta t_y = \frac{2\,l}{c}\,.$$

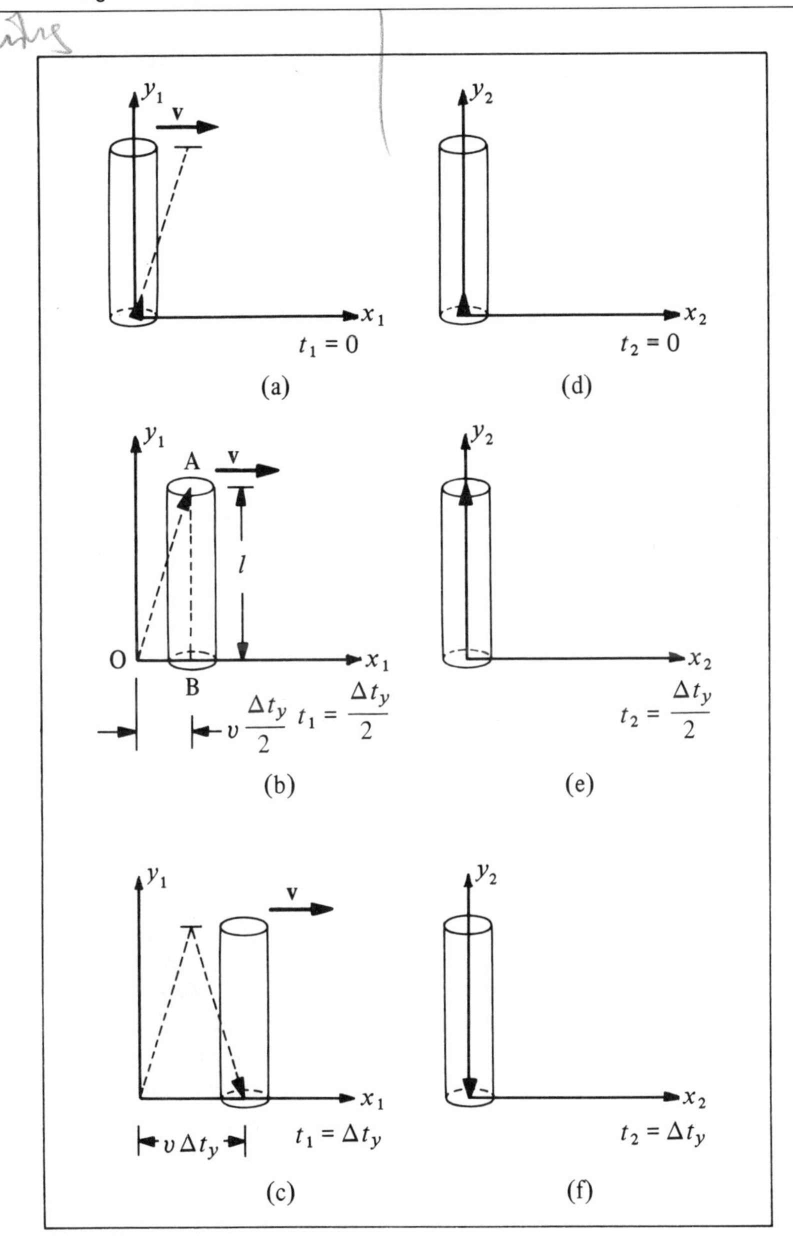

Bild 2.5 Laufzeit eines Lichtsignals, wie sie von zwei Beobachtern gemessen wird, die sich mit der konstanten Geschwindigkeit v relativ zueinander bewegen. Das Lichtsignal bewegt sich für den Beobachter S_2 senkrecht zur Richtung von v.

Daher wird $\Delta t_x - \Delta t_y = 0$, falls $v = 0$ ist. Bewegt sich das System S_2 relativ zu S_1 mit der Geschwindigkeit v, so wird

$$\Delta t_x - \Delta t_y = \frac{2l}{c}\left\{\left[1-\left(\frac{v}{c}\right)^2\right]^{-1} - \left[1-\left(\frac{v}{c}\right)^2\right]^{-1/2}\right\}.$$

Wir können $v/c \ll 1$ annehmen. Die binomische Entwicklung liefert (bei Vernachlässigung von Ausdrücken höherer Ordnung)

$$\Delta t_x - \Delta t_y = \frac{2l}{c}\left[1 + \left(\frac{v}{c}\right)^2 - 1 - \frac{1}{2}\left(\frac{v}{c}\right)^2\right] = \frac{2l}{c}\,\frac{v^2}{2c^2}. \tag{2.13}$$

Da die Zeit für den Hin- und Rückweg näherungsweise $\Delta t_x = 2l/c$ ist (vgl. Gln. (2.11) und (2.12)), ist die größte relative Änderung der Laufzeit bei einer Drehung des Zylinders um 90° nach Gl. (2.13)

$$\frac{\Delta t_x - \Delta t_y}{\Delta t_x} = \frac{v^2}{2c^2}. \tag{2.14}$$

Die größte auf der Erde erreichbare Geschwindigkeit v ist die Bahngeschwindigkeit des Planeten Erde um die Sonne, $3 \cdot 10^4$ m/s. Setzt man diesen Wert in die Gl. (2.14) ein, so erkennt man, daß die relative Änderung des für den Hin- und Rückweg benötigten Zeitintervalls von der Größenordnung $5 \cdot 10^{-9}$, also 5 Milliardstel ist! Michelson und Morley waren jedoch zuversichtlich, einen Unterschied, falls er tatsächlich auftreten sollte, zu erkennen, der noch hundertmal kleiner war, also nur 5 Hundertmilliardstel betrug.

Durch Verwendung eines optischen Präzisionsinstrumentes, des einige Jahre zuvor von Michelson entwickelten Interferometers, konnten Michelson und Morley indirekt den Unterschied zwischen Δt_x und Δt_y messen. Dies war möglich, indem sie den Lichtstrahl in zwei verschiedene Teilstrahlen aufspalteten, die sich rechtwinklig zueinander bewegten. Diese Teilstrahlen wurden reflektiert, bewegten sich auf den gleichen Wegen zurück und wurden schließlich wieder vereinigt; dabei entstanden Interferenzerscheinungen. Michelson und Morley wiederholten diesen Versuch viele Male, zu verschiedenen Jahreszeiten und an verschiedenen Orten, sie fanden, daß $\Delta t_x - \Delta t_y$ gleich Null war; d.h. das *Ergebnis war stets Null.*[1])

Das läßt nur eine Deutung zu: *Jedes Inertialsystem S_2 verhält sich so, als wäre es das ausgezeichnete Inertialsystem S_1;* oder anders ausgedrückt: Die gemessene Lichtgeschwindigkeit ist in *jedem* Inertialsystem gleich, nämlich c, für alle Richtungen und für alle Beobachter. Es gibt daher keinen experimentellen Beweis für ein ausgezeichnetes Inertialsystem, also für den Äther, da ja *alle Inertialsysteme bezüglich der Lichtausbreitung gleichwertig sind.* Diese grundlegende Behauptung der Konstanz der Lichtgeschwindigkeit für alle Beobachter wird nicht nur durch den Versuch von Michelson und Morley sondern durch eine Vielzahl anderer Versuche gestützt, wie wir noch sehen werden.

---

1) Viele Forscher haben ähnliche Versuche durchgeführt. Zwei besonders interessante Ätherwind-Versuche sind die von Essen und von Jaseja mit Mitarbeitern. Der Versuch von L. Essen (*Nature,* **175**, S. 793, 1955) wurde mit Mikrowellen durchgeführt und entspricht dem optischen Michelson-Morley-Versuch. Mikrowellen ersetzen hier die Lichtstrahlen. Es werden an Stelle der Interferenzen von Lichtstrahlen Schwebungen zwischen zwei Hohlraumresonatoren, die rechtwinklig zueinander angeordnet sind, beobachtet. Bei dem Versuch von T. S. Jaseja, A. Javin und C. H. Townes (*Phys. Rev.* **133**, S. 1221, 1964) werden die sehr scharfen, im Infraroten liegenden Frequenzen zweier Laser, deren Achsen senkrecht aufeinander stehen, verglichen. Die Genauigkeit dieser beiden Versuche übertrifft diejenige des ursprünglichen Versuches von Michelson und Morley bei weitem.

2.5 Das zweite Postulat und die Lorentz-Transformation

Wir können nun das zweite Postulat der Relativitätstheorie aufstellen.

Postulat II: *Die Vakuumlichtgeschwindigkeit ist eine Konstante, unabhängig vom Inertialsystem, von der Quelle und vom Beobachter.*

Dieses Postulat, das auf einen Versuch gegründet ist, ist offensichtlich mit der Galilei-Transformation unvereinbar, da bei dieser Transformation die gemessene Lichtgeschwindigkeit von der Bewegung des Beobachters abhängt. Einstein erkannte die Unvereinbarkeit des Postulates II mit der Galilei-Transformation. Auf das Postulat II konnte er nicht verzichten, da es eine experimentelle Tatsache ist. Die Galilei-Transformation mußte, trotz ihres offensichtlichen Erfolges in der klassischen Mechanik und ihrer augenscheinlichen Übereinstimmung mit dem gesunden Menschenverstand, zu Gunsten einer allgemeineren Transformation, die bei entsprechenden Bedingungen in die Galilei-Transformation übergeht, aufgegeben werden. Wie einschneidend ein solcher Wechsel sein würde, konnte der Tatsache entnommen werden, daß unsere Grundvorstellungen von Raum und Zeit und ihr offensichtlich absoluter Charakter mit der Galilei-Transformation übereinstimmen.

Nachdem er die grundsätzlichen Fehler der Galilei-Transformation erkannt hatte, suchte Einstein Gleichungen für die Koordinatentransformation, die mit den Postulaten I und II verträglich sind und die daher die Invarianz der physikalischen Gesetze bei einer Koordinatentransformation sowie die Konstanz der Lichtgeschwindigkeit gewährleisten. Die beiden Postulate, die bisher getrennt behandelt worden sind, können als ein einziges Postulat betrachtet werden, indem die Invarianz der Lichtgeschwindigkeit als physikalisches Grundgesetz behauptet wird.

Wir werden, ebenso wie Einstein 1905, diejenigen Transformationsgleichungen aufstellen, die dieses Postulat erfüllen. Diese Gleichungen sind als *Lorentz-Transformation* bekannt, da sie erstmals 1903 von H. A. Lorentz in seiner elektromagnetischen Lichttheorie mitgeteilt worden sind.

Zur Vereinfachung wollen wir eine Bewegung in der xy-Ebene betrachten, sowie eine Relativbewegung der beiden Inertialsysteme längs der x-Achse. Da sowohl die z-Achse als auch die y-Achse senkrecht zur Relativbewegung der beiden Systeme gerichtet sind, wird sich die Darstellung der Bewegungsvorgänge bezüglich dieser Achsen nicht grundsätzlich unterscheiden. Die allgemeinste Form der Transformationsgleichungen, die die Raum- und Zeitkoordinaten eines Ereignisses $(x_1, y_1; t_1)$, das im Inertialsystem S_1 beobachtet wird, mit den Koordinaten $(x_2, y_2; t_2)$ desselben Ereignisses verknüpfen, die im Inertialsystem S_2 beobachtet werden, muß folgende Gestalt besitzen:

$$
\begin{aligned}
x_2 &= A_1 x_1 + A_2 y_1 + A_3 t_1 + A_4 \,, \\
y_2 &= B_1 x_1 + B_2 y_1 + B_3 t_1 + B_4 \,, \\
t_2 &= D_1 x_1 + D_2 y_1 + D_3 t_1 + D_4 \,;
\end{aligned} \qquad (2.15)
$$

hierbei sind die 12 Größen $A_1, \ldots, A_4, \ldots, D_4$ Konstanten, die nicht von den Raum- und Zeitkoordinaten sondern höchstens von der Relativgeschwindigkeit des einen Inertialsystems gegenüber dem anderen abhängen. Wir haben mit den Gln. (2.15) *lineare* Gleichungen vorausgesetzt, in denen die Variablen nur in erster Ordnung vorkommen, denn nur dann entspricht einem reellen Ereignis $(x_1, y_1; t_1)$ in S_1 genau ein *einziges* reelles Ereignis $(x_2, y_2; t_2)$ in S_2 und umgekehrt. Man beachte, daß nun die Zeitkoordinate t_2 in S_2 auch Ausdrücke mit den Raumkoordinaten x_1 und y_1 von S_1 enthält, die nicht von vornherein ausgeschlossen werden können. Unsere Aufgabe ist nun, die Werte dieser zwölf konstanten Koeffizienten ($A_1, \ldots, D_4$) zu finden. Wir werden dann die einfachsten Beziehungen zwischen den Raum-Zeit-Koordinaten von S_1 und den Raum-Zeit-Koordinaten von S_2 erhalten, wenn wir die gleichen Achsenrichtungen wählen, wie wir sie schon bei der Ableitung der Galilei-Transformation vorausgesetzt haben (s. Bild 2.1).

Die in den beiden Inertialsystemen gemessenen Geschwindigkeitskomponenten eines Teilchens erhält man leicht aus den Gln. (2.15). Definiert man die x- und die y-Komponente der Geschwindigkeit, wie sie im System S_2 gemessen werden, durch

$$\dot{x}_2 \equiv \frac{\Delta x_2}{\Delta t_2} \quad \text{und} \quad \dot{y}_2 \equiv \frac{\Delta y_2}{\Delta t_2}$$

und entsprechend die im System S_1 gemessenen Komponenten durch

$$\dot{x}_1 \equiv \frac{\Delta x_1}{\Delta t_1} \quad \text{und} \quad \dot{y}_1 \equiv \frac{\Delta y_1}{\Delta t_1},$$

so erhält man mit Hilfe der Gln. (2.15)

$$\dot{x}_2 = \frac{\Delta x_2}{\Delta t_2} = \frac{A_1\,\Delta x_1 + A_2\,\Delta y_1 + A_3\,\Delta t_1}{D_1\,\Delta x_1 + D_2\,\Delta y_1 + D_3\,\Delta t_1}.$$

Nach Division sowohl von Zähler als auch Nenner der rechten Seite dieser Gleichung durch Δt_1 kann man $\dot{x}_2$ durch $\dot{x}_1$ und $\dot{y}_1$ ausdrücken:

$$\dot{x}_2 = \frac{A_1\,\dot{x}_1 + A_2\,\dot{y}_1 + A_3}{D_1\,\dot{x}_1 + D_2\,\dot{y}_1 + D_3}. \tag{2.16}$$

Ähnlich erhält man

$$\dot{y}_2 = \frac{\Delta y_2}{\Delta t_2} = \frac{B_1\,\dot{x}_1 + B_2\,\dot{y}_1 + B_3}{D_1\,\dot{x}_1 + D_2\,\dot{y}_1 + D_3}. \tag{2.17}$$

Man beachte, daß die Nenner dieser beiden Gleichungen identisch sind.

Wir wollen zunächst bei den Gln. (2.16) und (2.17) einige allgemeine Bedingungen berücksichtigen; dadurch wird sich die Zahl der nichtverschwindenden Koeffizienten beträchtlich verringern. Dann werden wir die experimentelle Bestätigung der Gleichheit der Lichtgeschwindigkeit in allen Inertialsystemen heranziehen, um so schließlich die allgemeinen Transformationsgleichungen für Raum-Zeit-Ereignisse zu erhalten.

Transformation von Raum-Zeit-Ereignissen

Ebenso wie bereits bei der Galilei-Transformation (Gl. (2.1) und Bild 2.1) wählen wir die positive x-Achse parallel und in gleicher Richtung wie die Relativgeschwindigkeit v des Systems S_2, vom System S_1 aus betrachtet. Das bedeutet, daß ein Beobachter in S_1 den Nullpunkt von S_2 mit der Geschwindigkeit v in Richtung der positiven x_1-Achse enteilen sieht; umgekehrt bewegt sich für einen Beobachter in S_2 der Nullpunkt von S_1 mit der Geschwindigkeit vom Betrage v in Richtung der negativen x_2-Achse.

Wir stellen die Uhren in S_1 und S_2 so ein, daß beide Uhren „Null" anzeigen, wenn der Nullpunkt von S_2 gerade den Nullpunkt von S_1 passiert. Daher ist mit $t_1 = 0$ auch $t_2 = 0$; die Nullpunkte von S_1 und S_2 fallen in diesem Zeitpunkt zusammen. Der Nullpunkt von S_2 hat dann, vom Beobachter in S_1 bzw. vom Beobachter in S_2 aus gesehen, die folgenden Raum-Zeit-Koordinaten:

für den Beobachter in S_1: (0, 0; 0),
für den Beobachter in S_2: (0, 0; 0).

Setzt man diese Werte in die Gl. (2.15) ein, so erhält man

$$A_4 = B_4 = D_4 = 0 \,.$$

Durch unsere Festlegung, daß zur Zeit $t_1 = t_2 = 0$ die Nullpunkte zusammenfallen sollen, verschwinden die drei Koeffizienten A_4, B_4 und D_4.

Wir wollen nun die Bewegung des Nullpunktes des Systems S_1 betrachten. Von einem Beobachter in S_1 aus gesehen, ist dieser Nullpunkt natürlich immer in Ruhe: $\dot{x}_1 = 0, \dot{y}_1 = 0$. Von einem Beobachter in S_2 aus gesehen, bewegt er sich längs der negativen x_2-Achse mit einer Geschwindigkeit vom Betrage v. Daher ist $\dot{x}_2 = -v$ und $\dot{y}_2 = 0$. Setzt man diese Werte in die Gln. (2.16) und (2.17) ein, so erhält man

$$-v = \frac{A_3}{D_3} \qquad \text{oder} \qquad A_3 = -v D_3 \,,$$

$$0 = \frac{B_3}{D_3} \qquad \text{oder} \qquad B_3 = 0 \,.$$

Betrachten wir nun entsprechend die Bewegung des Nullpunktes von S_2, so erhalten wir $\dot{x}_2 = \dot{y}_2 = 0$ und $\dot{x}_1 = +v, \dot{y}_1 = 0$. Setzt man diese Werte in die Gln. (2.16) und (2.17) ein, so folgt:

$$0 = A_1 v + A_3 \qquad \text{oder} \qquad A_3 = -v A_1 \,,$$

$$0 = B_1 v + B_3 \qquad \text{oder} \qquad B_1 = -B_3/v = 0 \,.$$

Die Gl. (2.15) zur Bestimmung von y_2 vereinfacht sich zu

$$y_2 = B_2 \, y_1 \,. \tag{2.18}$$

Wir wollen nun zeigen, daß $B_2 = 1$ ist. Wir betrachten zwei gleich beschaffene Meßstäbe, beide mit der Länge L_0, wenn man sie ruhend entweder in S_1 oder S_2 mißt. Wir bringen einen dieser Meßstäbe im System S_1 längs der y_1-Achse an, eines der Enden bei $y_1 = 0$, das andere bei $y_1 = L_0$. Der zweite Meßstab ist längs der y_2-Achse zwischen den Punkten $y_2 = 0$ und $y_2 = L_0$ befestigt. Welche Länge mißt der Beobachter in S_2 für den in S_1 angebrachten Meßstab? Da wir bereits wissen, daß die y_2-Koordinaten der Endpunkte des Meßstabes nicht von der Zeit abhängen (wie wir gesehen haben, ist $B_3 = 0$), können wir diese Koordinaten zu irgendeinem beliebigen Zeitpunkt bestimmen, und ihr Unterschied ergibt die Länge dieses Meßstabes, vom System S_2 aus gesehen. Nach Gl. (2.18) erhalten wir als Länge L_2 des bewegten Meßstabes für den Beobachter in S_2

$$L_2 = B_2 \, L_0 \,.$$

Ebenso erkennen wir mit Hilfe der Gl. (2.18), daß ein Beobachter in S_1 als Länge L_1 eines im System S_2 befestigten Meßstabes, wegen

$$L_0 = B_2 \, L_1 \,, \qquad L_1 = \frac{L_0}{B_2}$$

mißt. Nun muß das Verhältnis der Länge des bewegten Stabes zur Länge des ruhenden Stabes, wie es der Beobachter in S_2 mißt, genauso groß sein wie das entsprechende Verhältnis, das der Beobachter in S_1 ermittelt; andernfalls könnten wir zwischen den Inertialsystemen unterscheiden! Daher ist

$$\frac{L_2}{L_0} = \frac{L_1}{L_0} \qquad \text{oder} \qquad B_2 = \frac{1}{B_2} \qquad \text{oder} \qquad B_2 = +1 \,.$$

Gl. (2.18) ergibt dann:

$$y_2 = y_1 \,.$$

Man beachte, daß wir die Lösung $B_2 = -1$ ausschließen, da in diesem Falle der Punkt $y_1 = L_0$ in den Punkt $y_2 = -L_0$ übergehen würde; das kann aber nicht sein. Da sich ja die z-Koordinate ähnlich wie die y-Koordinate verhält, gilt für die Transformation der z-Komponente

$$z_2 = z_1 \,.$$

Koordinaten in Richtungen, die auf der Relativgeschwindigkeit $\mathbf{v}$ der beiden Inertialsysteme senkrecht stehen, sind in beiden Systemen gleich. Das ist nichts Neues.

Wie aber verhält es sich mit den Koeffizienten A_2 und D_2 in den Gln. (2.15)? Wie man leicht zeigen kann, verschwinden diese. Zunächst betrachten wir einen Meßstab der Länge L_0, der im System S_1 parallel zur y_1-Achse zwischen den Punkten 0 und L_0 ruht. Nach Gl. (2.16) erhalten wir für den unteren Endpunkt:

$$\dot{x}_2 = -v = \frac{A_3}{D_3}$$

und für den oberen Endpunkt:

$$\dot{x}_2 = -v = \frac{A_3}{D_3}.$$

Also bewegen sich beide Endpunkte, vom Beobachter in S_2 gesehen, mit der konstanten Geschwindigkeit v nach links.

Angenommen, es sei $A_2 \neq 0$; dann ist für einen Meßstab längs der y_1-Achse zur Zeit $t_1 = t_2 = 0$ auch $x_1 = 0$, und nach den Gln. (2.15) und (2.18) mißt dann ein Beobachter in S_2

$$x_2 = A_2 y_1 ,$$
$$y_2 = y_1$$

(Bild 2.6). Aus Symmetriegründen kann dies nicht sein, da der Meßstab symmetrisch zur Achse, die durch die Relativgeschwindigkeit **v** gegeben ist, liegen muß. Das ist nur möglich, wenn ein Beobachter in S_2 den Meßstab senkrecht zur Richtung von **v** sieht; daher folgt

$$A_2 = 0 .$$

Um zu zeigen, daß $D_2 = 0$ ist, betrachten wir zwei Ereignisse im System S_1, die die gleiche x-Koordinate besitzen und zur gleichen Zeit stattfinden; es sei für diese Ereignisse zum Beispiel $x_1 = 0$ und $t_1 = 0$. Aufgrund der Gleichzeitigkeit handelt es sich aus der Sicht eines Beobachters in diesem System um gleichzeitige Ereignisse. Wenn eines der Ereignisse im Nullpunkt und das andere im Punkt $y_1 = L_0$ stattfindet, dann tritt für einen Beobachter in S_2 nach der letzten Gl. (2.15) das Ereignis im Punkt L_0 später als dasjenige im Nullpunkt ein, denn $\Delta t_2 = D_2 L_0$. Daher finden aus der Sicht eines Beobachters in S_2 Ereignisse längs der y_1-Achse (die in S_1 gleichzeitig sind) früher oder später als $t_2 = 0$ statt, je nachdem, ob sie sich oberhalb oder unterhalb der x-Achse ereignen. Dies widerspricht ebenfalls der Symmetrie zur Achse der Geschwindigkeit **v**, wenn nicht $D_2 = 0$ ist.

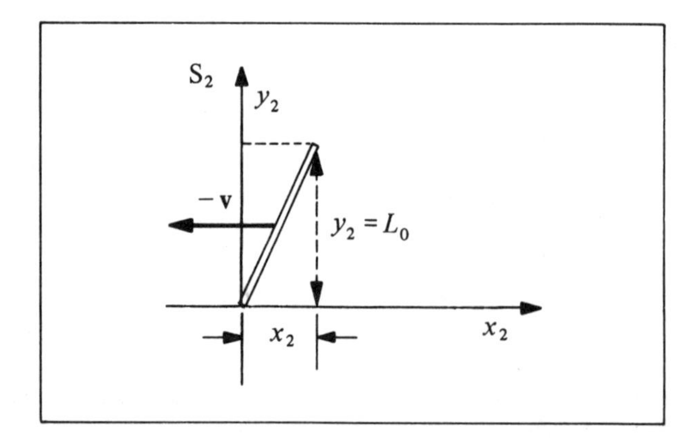

Bild 2.6 x_2- und y_2-Koordinaten eines Meßstabes, wie sie der Beobachter S_2 bestimmt.

Setzt man alle so bestimmten Koeffizienten in die Gln. (2.15) und (2.16) ein, so erhält man folgende Gleichungen (in die der Vollständigkeit wegen auch die z-Koordinaten aufgenommen worden sind):

Koordinatentransformation

$$x_2 = A_1 (x_1 - v t_1), \quad y_2 = y_1, \quad z_2 = z_1, \quad t_2 = D_1 x_1 + A_1 t_1 . \tag{2.19}$$

Geschwindigkeitstransformation

$$\dot{x}_2 = \frac{A_1 (\dot{x}_1 - v)}{D_1 \dot{x}_1 + A_1}, \quad \dot{y}_2 = \frac{\dot{y}_1}{D_1 \dot{x}_1 + A_1}, \quad \dot{z}_2 = \frac{\dot{z}_1}{D_1 \dot{x}_1 + A_1}, \tag{2.20}$$

Wir sind zu den Gln. (2.19) und (2.20) gelangt, indem wir die Homogenität des Raumes vorausgesetzt haben (die Tatsache, daß ein einziges Ereignis in einem Inertialsystem genau einem einzigen Ereignis in irgendeinem anderen Inertialsystem entspricht) sowie durch Symmetrieüberlegungen. Nun sind nur noch zwei Koeffizienten nicht bestimmt, A_1 und D_1.

Bevor wir bei diesen Gleichungen das Postulat II berücksichtigen, wollen wir zeigen, daß sie in die Galilei-Transformation übergehen, wenn man annimmt, die Zeitkoordinate hängt nicht von den Raumkoordinaten ab. Dazu muß in der letzten Gl. (2.19) $D_1 = 0$ und $A_1 = 1$ gesetzt werden, dann vereinfachen sich die vier Gleichungen zu den Gln. (2.1). Wie wir aber bereits erkannt haben, sind diese speziellen Werte der Koeffizienten A_1 und D_1 mit dem zweiten Postulat der speziellen Relativitätstheorie unverträglich.

Wir wollen nun Lösungen für A_1 und D_1 suchen, die mit dem zweiten Postulat der Relativitätstheorie verträglich sind, der Forderung, daß die Lichtgeschwindigkeit für alle Beobachter gleich groß ist.

Man stelle sich vor, ein Beobachter im System S_1 sende ein Lichtsignal in Richtung der positiven x-Achse aus. Er bestimmt als dessen Geschwindigkeit c, d.h.,

$$\dot{x}_1 = c .$$

Ein zweiter Beobachter im System S_2, der sich relativ zu S_1 mit der Geschwindigkeit v nach rechts bewegt, wird wegen der Konstanz der Lichtgeschwindigkeit als Geschwindigkeit dieses Lichtsignales ebenfalls c ermitteln. Setzen wir für $\dot{x}_2$ in Gl. (2.20) nun c ein, so ergibt sich

$$c = \frac{A_1 (c - v)}{D_1 c + A_1}$$

und daraus

$$D_1 c^2 = - A_1 v, \qquad D_1 = - \frac{v}{c^2} A_1 . \tag{2.21}$$

Durch diese Gleichung verringern sich die unbekannten Koeffizienten in der Gl. (2.19) auf einen einzigen, entweder A_1 oder D_1. Nehmen wir A_1 als Unbekannte an. Um diesen Koeffizienten zu erhalten, wenden wir nochmals die Konstanz der Lichtgeschwindigkeit an, jedoch gehen wir dieses Mal davon aus, daß der Beobachter in S_1 ein Lichtsignal in Richtung der positiven y_1-Achse sendet (Bild 2.7).

Der Beobachter S_1 wird natürlich die Geschwindigkeit c messen (d.h. $\dot{y}_1 = c$ und $\dot{x}_1 = 0$).

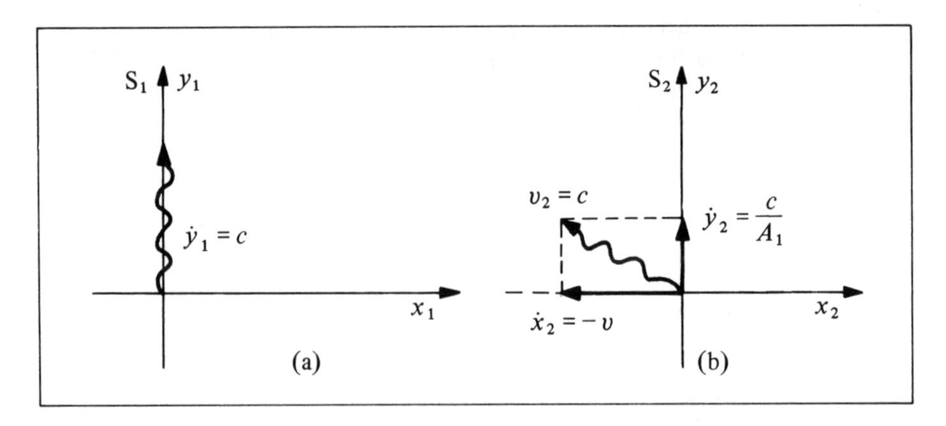

Bild 2.7 Lichtsignal, beobachtet im System S_1 (a) und in S_2 (b)

Der Beobachter im System S_2, der sich relativ zu S_1 mit der Geschwindigkeit v nach rechts bewegt, wird nach den Gleichungen für die Geschwindigkeitstransformation Gl. (2.20) die beiden Geschwindigkeitskomponenten $\dot{x}_2$ und $\dot{y}_2$ messen:

$$\dot{x}_2 = \frac{A_1\,(0-v)}{A_1} = -v\,, \qquad \dot{y}_2 = \frac{c}{A_1}\,. \tag{2.22}$$

Nach dem zweiten Postulat der Relativitätstheorie muß auch S_2 feststellen, daß sich das Lichtsignal mit der Geschwindigkeit c ausbreitet, mit der gleichen Geschwindigkeit, die auch S_1 gemessen hat. Daher muß die von S_2 ermittelte Geschwindigkeit

$$v_2 = \sqrt{\dot{x}_2^2 + \dot{y}_2^2} = c$$

sein. Einsetzen von Gl. (2.22) in diese Gleichung liefert

$$\sqrt{v^2 + \frac{c^2}{A_1^2}} = c\,, \qquad A_1^2 = \frac{1}{1-(v/c)^2}\,, \qquad A_1 = \frac{1}{\sqrt{1-(v/c)^2}}\,. \tag{2.23}$$

Hier ist für A_1 nur das positive Vorzeichen gewählt worden, denn ein negativer Wert von A_1 würde nach den Gln. (2.20) zu einer Umkehr der y- und der z-Komponente der Geschwindigkeit von Körpern führen, wenn sie von verschiedenen Inertialsystemen beobachtet werden.

Setzt man nun die Werte von A_1 und D_1 aus den Gln. (2.21) und (2.23) in die Gln. (2.19) ein, so erhält man schließlich die Lorentz-Transformation für ein beliebiges Raum-Zeit-Ereignis:

Lorentz-Transformation für die Koordinaten:

$$x_2 = \frac{x_1 - v\,t_1}{\sqrt{1-(v/c)^2}}\,,$$

$$y_2 = y_1\,, \qquad z_2 = z_1\,, \tag{2.24}$$

$$t_2 = \frac{t_1 - (v/c^2)\,x_1}{\sqrt{1-(v/c)^2}}\,.$$

Ebenso wie bei der Galilei-Transformation (Gl. (2.1)), müssen wir, um die Gleichungen der Umkehrtransformation zu erhalten, die x_1, y_1, z_1 und t_1 durch x_2, y_2, z_2 und t_2 ausdrücken, in den Gln. (2.24) nur die Indizes 1 und 2 vertauschen und die Geschwindigkeit v durch $-v$ ersetzen (vgl. auch Aufgabe 2.7).

Die Lorentz-Transformation ist die logische Folge der durch Versuche erhärteten Tatsache, daß die Lichtgeschwindigkeit eine wirkliche Naturkonstante ist, die von der Bewegung der Quelle oder des Beobachters und vom Inertialsystem unabhängig ist.

Wir haben die eindeutige Transformation erhalten, die den Bedingungen der beiden Postulate der Relativitätstheorie gehorcht und die daher die Galilei-Transformation ersetzt. Infolge des Korrespondenzprinzips (Abschnitt 1.5) wissen wir, daß die Lorentz-Transformation in die Galilei-Transformation übergehen *muß*, wenn es sich um Geschwindigkeiten handelt, bei denen die Gültigkeit der letzteren gesichert ist. Wie wir durch Vergleich der Gln. (2.24) und (2.1) sehen, werden diese beiden Transformationen identisch, wenn $v/c \to 0$. Daher ist für $v \ll c$ die Galilei-Transformation eine sehr gute Näherung für die allgemein gültige Lorentz-Transformation. Die Galilei-Transformation ist zur Beschreibung aller Vorgänge geeignet, die sich bei kleinen Geschwindigkeiten abspielen. Mathematisch ist die Bedingung $v \ll c$ dem Übergang $c \to \infty$ gleichwertig; daher können wir die Galilei-Transformation als gültige Transformation in einer hypothetischen Welt ansehen, in der die Lichtgeschwindigkeit unendlich groß ist. Wir können daher symbolisch schreiben:

$$\lim_{c \to \infty} (\text{Lorentz-Transformation}) = \text{Galilei-Transformation}.$$

Nähert sich die Geschwindigkeit eines Körpers der Lichtgeschwindigkeit, so ist nur die Lorentz-Transformation gültig. Nach der Lorentz-Transformation für die Zeitkoordinate (Gl. (2.24)) ist die Zeitkoordinate t_2 nicht mehr länger absolut, d.h. sie ist nicht mehr länger von der Raumkoordinate x_1 unabhängig. Die Uhren t_1 und t_2 der beiden Beobachter in zwei verschiedenen Koordinatensystemen S_1 und S_2 stimmen nicht mehr überein ($t_1 \neq t_2$).

Offensichtlich kann nach den Gleichungen der Lorentz-Transformation keine Geschwindigkeit die Lichtgeschwindigkeit c übertreffen. Die in den Gleichungen auftretende Größe $[1-(v/c)^2]^{1/2}$ ist nur dann reell und nicht imaginär, wenn $v < c$ ist. Wäre v größer als c, so würde diese Größe imaginär werden, und ein reelles Ereignis in einem System würde einem imaginären und daher unbeobachtbaren Ereignis in einem anderen System entsprechen. Bei der Ableitung der Lorentz-Transformation wurde vorausgesetzt, daß es eine für alle Beobachter gleich große Geschwindigkeit gibt, nämlich die Lichtgeschwindigkeit. Nun erkennen wir, daß diese ausgezeichnete Geschwindigkeit c tatsächlich die größtmögliche Geschwindigkeit für einen beliebigen Beobachter ist.

Darüber hinaus ist, wie wir in späteren Beispielen sehen werden, ein entscheidendes Kennzeichen der Relativitätstheorie: Zwei Ereignisse, die für einen Beobachter in einem Bezugssystem gleichzeitig stattfinden, sind für einen Beobachter in einem anderen Bezugssystem *nicht gleichzeitig*. Mit anderen Worten, die Gleichzeitigkeit von Ereignissen ist relativ.

Die Lorentz-Transformation garantiert uns, daß die Lichtgeschwindigkeit und nur diese Geschwindigkeit für alle Inertialsysteme gleich ist. *Dann werden die Gesetze der Elektrodynamik gegenüber der Lorentz-Transformation invariant und alle Inertialsysteme führen zu einer äquivalenten Beschreibung dieser Gesetze.*

Durch Einsetzen von D_1 und A_1 aus den Gln. (2.21) und (2.23) in die allgemeinen Transformationsgleichungen (2.20) erhalten wir die Lorentz-Transformation für die Geschwindigkeit:

Geschwindigkeitstransformation:

$$\dot{x}_2 = \frac{\dot{x}_1 - v}{1 - (v/c^2)\,\dot{x}_1}, \quad \dot{y}_2 = \frac{\dot{y}_1\sqrt{1-(v/c)^2}}{1 - (v/c^2)\,\dot{x}_1}, \quad \dot{z}_2 = \frac{\dot{z}_1\sqrt{1-(v/c)^2}}{1 - (v/c^2)\,\dot{x}_1}. \tag{2.25}$$

Ein überraschendes Ergebnis dieser Geschwindigkeitstransformation ist die Tatsache, daß die y- und die z-Komponente der Geschwindigkeit eines Teilchens, im System S_2 gemessen, von der im System S_1 gemessenen x-Komponente der Geschwindigkeit abhängt! Wie früher erhalten wir die Geschwindigkeitskomponenten im System S_1 in Abhängigkeit von den im System S_2 bestimmten Komponenten einfach durch Vertauschen der Indizes 1 und 2 und durch Ersatz von v durch $-v$ in den Gln. (2.25). Indem wir das Korrespondenzprinzip auf diese Geschwindigkeitstransformation anwenden, erhalten wir die Galilei-Transformation für die Geschwindigkeit, die Gln. (2.2):

$$\lim_{c \to \infty} \text{(Lorentz-Transformation für die Geschwindigkeit)} = \text{Galilei-Transformation für die Geschwindigkeit.}$$

Beispiel 2.1. Ein sehr schnelles Fahrzeug bewegt sich mit der Geschwindigkeit $c/2$ relativ zu einem Mann, der eine Laterne hält. Ein Reisender in dem Fahrzeug mißt die Geschwindigkeit des von der Laterne ausgesandten Lichtes mit seinem eigenen Meßstab und seiner eigenen Uhr; in Übereinstimmung mit dem Relativitätsprinzip wird er c als Lichtgeschwindigkeit ermitteln, ganz gleich, wie seine eigene Geschwindigkeit relativ zu der Laterne gerichtet ist. Können wir dies mit Hilfe der Gln. (2.25) für die Geschwindigkeitstransformation bestätigen?

Wir wollen die Konstanz von c in zwei einfachen Fällen überprüfen, a) das Fahrzeug bewegt sich direkt auf die Laterne zu und b) das Fahrzeug bewegt sich senkrecht zu dem Lichtsignal, das es erreicht (aus der Sicht des Laternenträgers).

a) Im System S_2 möge das Fahrzeug ruhen, es bewegt sich im System S_1 mit einer Geschwindigkeit $v = -(c/2)$ auf die Laterne zu, wie dem Bild 2.8a zu entnehmen ist. Da sich das Licht relativ zu der Laterne mit der Geschwindigkeit c ausbreitet, erhalten wir $\dot{x}_1 = c$. Mit Hilfe von Gl. (2.25) zur Bestimmung von $\dot{x}_2$ folgt

$$\dot{x}_2 = \frac{\dot{x}_1 - v}{1 - (v/c^2)\,\dot{x}_1} = \frac{c - (-c/2)}{1 - (-c/2c^2)\,c} = c\,.$$

Also ermittelt der Beobachter im Fahrzeug, der im System S_2 ruht, die Geschwindigkeit des Lichtsignals ebenfalls zu c. Bild 2.8b stellt die Verhältnisse vom System S_2 aus gesehen dar.

Wir erkennen an diesem Beispiel sofort, wie auch aus den Gln. (2.25) der allgemeinen Geschwindigkeitstransformation, daß die im System S_1 gemessene Geschwindigkeit eines Teilchens nicht mehr die vektorielle Summe der im System S_2 gemessenen Geschwindigkeit und der Relativgeschwindigkeit von S_2 bezüglich S_1 ist. Für das im Bild 2.8a dargestellte Beispiel würden die Gln. (2.2) der Galilei-Transformation als Geschwindigkeit

$$\dot{x}_2 = \dot{x}_1 - v = c - \frac{-c}{2} = \frac{3}{2}c$$

liefern, was zwar der Vektoraddition entspricht

$$\mathbf{c} + \frac{\mathbf{c}}{2} = \frac{3}{2}\mathbf{c}\,,$$

aber nicht mit den experimentellen Ergebnissen übereinstimmt. Symbolisch können wir für die relativistische Transformation bei diesem Beispiel der Lichtausbreitung schreiben

$$\mathbf{c} + \frac{\mathbf{c}}{2} \to \mathbf{c}\,.$$

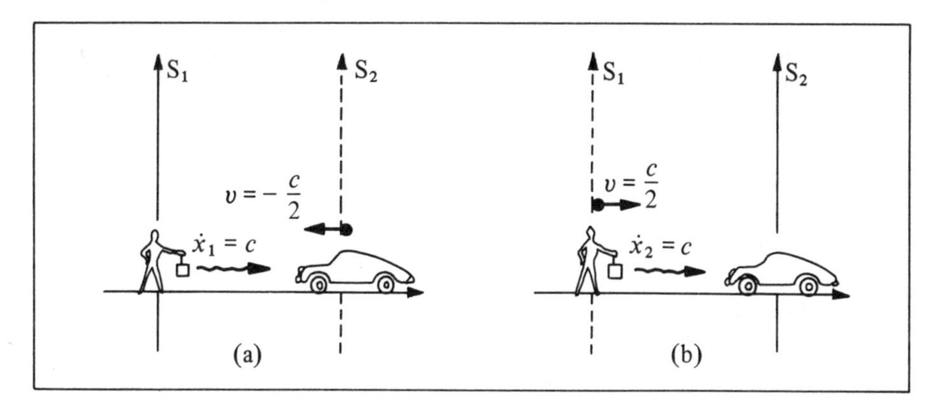

Bild 2.8 Geschwindigkeit eines Lichtsignals, das sich längs der positiven x_1-Achse ausbreitet
(a) aus der Sicht des Beobachters S_1,
(b) aus der Sicht von S_2

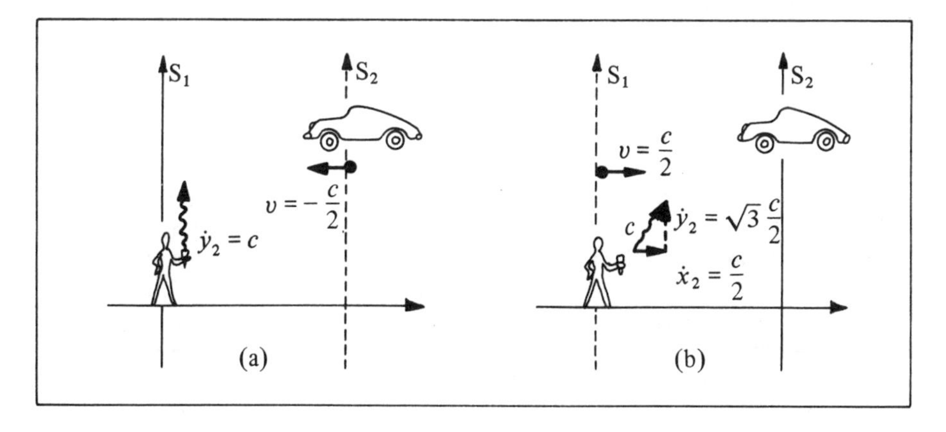

Bild 2.9 Geschwindigkeit eines Lichtsignals, das sich längs der positiven y_1-Achse ausbreitet
(a) aus der Sicht des Beobachters S_1,
(b) aus der Sicht von S_2

b) Nun nehmen wir ebenfalls an, das Fahrzeug ruhe in S_2, doch es soll sich an einem Punkt auf der positiven y_2-Achse befinden, wie in Bild 2.9 dargestellt ist. Das System S_2 bewegt sich mit einer Geschwindigkeit $v = -(c/2)$ auf die Laterne zu (die im System S_1 ruht). Welche Geschwindigkeit mißt ein Beobachter im Fahrzeug für das Lichtsignal, das entsprechend der Lage des Laternenträgers im System S_1 entlang der y_1-Achse mit der Geschwindigkeit c eilt? Bild 2.9a zeigt die Bewegung des Fahrzeugs und des Lichtsignals, wie sie sich vom System S_1 aus darstellen. Für den Beobachter in S_1 eilt das Lichtsignal längs der positiven y_1-Achse mit der Geschwindigkeit c: Also ist $\dot{x}_1 = 0$ und $\dot{y}_1 = c$. Durch Anwendung der Geschwindigkeitstransformation, Gln. (2.25), erhalten wir

$$\dot{x}_2 = \frac{\dot{x}_1 - v}{1 - (v/c^2)\,\dot{x}_1} = \frac{c}{2}, \quad \dot{y}_2 = \frac{\dot{y}_1 \sqrt{1-(v/c)^2}}{1-(v/c^2)\,\dot{x}_1} = c\sqrt{1-\left(\tfrac{1}{2}\right)^2} = \frac{c\sqrt{3}}{2}.$$

Daher sieht ein Beobachter in S_2 das Lichtsignal unter einem Winkel Θ_2 gegen die x_2-Achse auf sich zueilen. Dieser Winkel Θ_2 ist durch $\tan\Theta_2 = \dot{y}_2/\dot{x}_2 = \sqrt{3}$ bestimmt (Bild 2.9b). Durch Auflösung nach Θ_2 erhalten wir $\Theta_2 = 60°$.

Um den Betrag der Geschwindigkeit des Lichtsignals zu berechnen, müssen wir uns daran erinnern, daß man in einem beliebigen Inertialsystem, also auch in S_2, die resultierende Geschwindigkeit $\mathbf{v}_2$ eines Teilchens, das sich in beliebiger Richtung bewegt, immer noch durch Vektoraddition der Komponenten in S_2 erhält; daher wird der Betrag

$$v_2 = \sqrt{\dot{x}^2 + \dot{y}^2 + \dot{z}^2};$$

mit $\dot{x}_2 = c/2$ und $\dot{y}_2 = \sqrt{3}/2$ wird dann die Lichtgeschwindigkeit für einen Beobachter im System S_2:

$$v_2 = \sqrt{\frac{c^2}{4} + \frac{3\,c^2}{4}} = c\,.$$

Wiederum messen beide Beobachter die gleiche Geschwindigkeit c für das Lichtsignal, wie es auch sein muß.

Ebenso, wie wir bereits im Fall a) gefunden haben, ist auch hier die Geschwindigkeit des Lichtsignals im System S_1 nicht einfach gleich der Vektorsumme der Geschwindigkeit des Signals in S_2 und der Relativgeschwindigkeit von S_2 bezüglich S_1.

2.6 Längen- und Zeitintervalle in der Relativitätstheorie

Längenkontraktion

In der klassischen Physik ist die Länge eines Körpers für alle Beobachter gleich, wie auch immer deren Geschwindigkeiten relativ zu diesem Körper sein mögen. Wir wollen nun den Begriff „Länge" in der Relativitätstheorie unter Berücksichtigung der Lorentz-Transformation untersuchen. Wie wir uns erinnern, liefert nur diese Transformation eine zutreffende Beschreibung von Raum und Zeit.

Wir wollen annehmen: Die beiden Beobachter S_1 und S_2 ruhen zu einem bestimmten Zeitpunkt relativ zueinander und stimmen nach Vergleich ihrer Meßstäbe darin überein, daß beide die gleiche Länge L_0 besitzen. Dann wird das System S_2 mit der Geschwindigkeit v relativ zu S_1 in Bewegung nach rechts versetzt. Der Beobachter S_1 legt seinen Meßstab längs der x-Achse, das linke Ende ruht bei x_1, das rechte bei x_1'; aus seiner Sicht ist dann $L_0 = x_1' - x_1$. Ähnlich legt auch der Beobachter S_2 seinen Meßstab längs der x-Achse, mit dem linken und dem rechten Endpunkt bei x_2 und x_2'; dann wird aus seiner Sicht $L_0 = x_2' - x_2$. Für jeden Beobachter besitzt *dessen eigener* Meßstab die Länge L_0; das muß natürlich schon aus der Tatsache folgen, daß alle Inertialsysteme äquivalent und ununterscheidbar sind.

Nun fragen wir: „Wie groß ist die Länge des bewegten Meßstabes, zum Beispiel des Meßstabes von S_2, wenn er von S_1 gemessen wird"? Wie wir zunächst feststellen müssen, kommt es bereits in der nichtrelativistischen Physik entscheidend darauf an, die Lage der beiden Endpunkte eines bewegten Körpers gleichzeitig zu bestimmen. Falls man die Koordinaten des einen Endpunktes eines bewegten Meßstabes zu irgendeinem Zeitpunkt bestimmt hat und dann die Koordinaten des anderen Endpunktes zu einem späteren Zeitpunkt, so entspricht der Koordinatenunterschied nicht mehr der Länge des bewegten Körpers; der Unterschied kann dann jeden beliebigen Wert annehmen, er hängt von der Zeitspanne ab, die zwischen den beiden Koordinatenbestimmungen verstrichen ist. Da also der Beobachter S_1 die Lage der Endpunkte eines bewegten Körpers gleichzeitig bestimmen muß, müssen wir zwei Ereignisse, (x_1, t_1) und $(x_1'; t_1')$, wählen, die aus der Sicht des Beobachters S_1 die Lage des linken Endes und des rechten Endes des Meßstabes von S_2 darstellen und für die $t_1' = t_1$ ist. Die Gln. (2.24) liefern die Raum-Zeit-Koordinaten $(x_2; t_2)$ und $(x_2'; t_2')$ derselben zwei Ereignisse, wie sie von S_2 bestimmt werden, ausgedrückt durch die von S_1 ermittelten Koordinaten. Da der Meßstab im System von S_2 dauernd ruht, hängen die Raumkoordinaten x_2 und x_2' auch nicht von den Zeitpunkten t_2 und t_2' ab, zu denen sie von S_2 gemessen werden.

Daher ist es unwesentlich, ob die räumlichen Messungen in einem System, in dem der betreffende Körper ruht, gleichzeitig gemacht werden.

Mit Hilfe von Gl. (2.24) erhalten wir

$$x_2' - x_2 = \frac{(x_1' - x_1) - v\,(t_1' - t_1)}{\sqrt{1 - (v/c)^2}} \tag{2.26}$$

mit $t_1' = t_1$. Die Länge des Meßstabes des Beobachters S_2, wie sie von S_2 selbst gemessen wird, beträgt $x_2' - x_2 = L_0$. Die Länge desselben Meßstabes, der sich mit der Geschwindigkeit v relativ zum System S_1 bewegt, wird, wenn man sie im System S_1 mißt, $x_1' - x_1 = L$. Daher wird aus Gl. (2.26)

$$L = L_0 \sqrt{1 - \left(\frac{v}{c}\right)^2}\,. \tag{2.27}$$

Diese Beziehung liefert die sogenannte *Längenkontraktion.* Mißt S_1 die Länge des mit dem System S_2 bewegten Meßstabes, so findet er diesen um den Faktor $[1 - (v/c)^2]^{1/2}$ in Richtung der Relativbewegung verkürzt. Diese Kontraktion ist wechselseitig, d.h., ein Beobachter S_2 findet als Länge eines Meßstabes, der im System S_1 ruht und dort die Länge L_0 hat, $L_0\,[1 - (v/c)^2]^{1/2}$. (Wir müssen jedoch festhalten, wenn S_2 die Lage der Endpunkte seines eigenen Meßstabes gleichzeitig bestimmt, so sind diese beiden Ereignisse für den Beobachter S_1 *nicht* gleichzeitig.) Da die Kontraktion *nicht* die Folge einer physikalischen Einwirkung (Erwärmung, Druck usw.) ist, sondern vielmehr die Eigenschaften von Raum und Zeit widerspiegelt, wie sie in der Lorentz-Transformation enthalten sind, nennt man diese Erscheinung *Längenkontraktion.* Da $y_1 = y_2$ und $z_1 = z_2$ ist, tritt in einer zur Relativbewegung senkrechten Richtung diese Längenkontraktion nicht auf. Offensichtlich ist die Länge eines Körpers *nicht* absolut sondern hängt von der Relativbewegung des Körpers in Bezug auf den Beobachter ab; sie ist in dem Inertialsystem am größten, in dem der Körper ruht. Gewöhnlich haben wir es mit Ereignissen zu tun, bei denen v sehr viel kleiner als c ist und für die dann nach Gl. (2.27) L näherungsweise gleich L_0 ist.

Obwohl die Länge eines bewegten Körpers nun nicht mehr den gleichen Wert für jeden Beobachter in einem beliebigen Inertialsystem besitzt, gibt es dennoch eine invariante Länge, nämlich die Länge eines Körpers, der relativ zum Beobachter ruht. Daher müssen Beobachter in allen Inertialsystemen darin übereinstimmen, daß L_0 die eigentliche Länge eines gegebenen Meßstabes ist, *wenn dieser in dem jeweiligen System ruht.* Diese Länge eines Körpers, manchmal auch *Eigenlänge* genannt, ist eine invariante Eigenschaft dieses Körpers.

Zeitdilatation

Wie die Relativitätstheorie zeigt, ist die Zeit, ebenso wie die Länge, nicht absolut sondern von der Relativbewegung des Beobachters abhängig.

Zwei Beobachter S_1 und S_2 mögen, während sie relativ zueinander in Ruhe sind, ihre Uhren synchronisieren. Sie ermitteln dann mit ihren jeweiligen Uhren übereinstimmend den gleichen zeitlichen Abstand T_0 zwischen zwei Ereignissen. Wir stellen uns nun das System S_2 in Bewegung nach rechts mit der Geschwindigkeit v relativ zum System S_1 vor. Der Beobachter S_1 läßt seine Uhr an einem bestimmten Punkt x_1 seines Systems ruhen und bestimmt als Zeitintervall T_0 die Zeit zwischen den Zeitpunkten t_1 und t_1'. Auf ähnliche Weise ruht im System S_2 an einem festen Punkt x_2 die Uhr des betreffenden Beobachters, dieser mißt das Intervall T_0 zwischen den Zeitpunkten t_2 und t_2'. So bestimmt jeder Beobachter das Zeitintervall auf seiner eigenen Uhr zu T_0. Wir wollen nun herausfinden, wie sich die von den beiden Uhren angezeigten Intervalle verhalten, wenn *beide* Intervalle vom Beobachter S_2

gemessen werden. Aus der Gl. (2.24) entnehmen wir, daß das Zeitintervall $t_2' - t_2$ zwischen zwei beliebigen Ereignissen, wie es vom Beobachter S_2 gemessen wird, sowohl vom Längenintervall $x_1' - x_1$ als auch vom Zeitintervall $t_1' - t_1$ derselben Ereignisse abhängt, wie sie der Beobachter S_1 mißt, und zwar folgendermaßen:

$$t_2' - t_2 = \frac{(t_1' - t_1) - (v/c^2)(x_1' - x_1)}{\sqrt{1 - (v/c)^2}} . \tag{2.28}$$

Nun möchte der Beobachter in S_2 das Zeitintervall mit einer Uhr messen, die im Inertialsystem S_1 ruht. Da alle ruhenden Uhren im System S_2 synchronisiert sind, spielt es keine Rolle, wo im System S_2 die Zeit eines Ereignisses bestimmt wird. Daher wählen wir eine im System S_1 am Punkt $x_1 = x_1'$ ruhende Uhr und betrachten die Ereignisse $(x_1; t_1)$ und $(x_1; t_1')$. In der obigen Gleichung wird dann das Zeitintervall $t_2' - t_2$ zwischen diesen beiden Ereignissen, wie es der Beobachter S_2 mißt,

$$t_2' - t_2 = \frac{t_1' - t_1}{\sqrt{1 - (v/c)^2}} .$$

Das Zeitintervall, das der Beobachter S_1 mit einer in seinem System ruhenden Uhr ermittelt, möge $T_0 = t_1' - t_1$ sein und das Zeitintervall zwischen denselben Ereignissen, das S_2 mit der bewegten Uhr mißt, sei $T = t_2' - t_2$, wir erhalten dann:

$$T = \frac{T_0}{\sqrt{1 - (v/c)^2}} . \tag{2.29}$$

Diese Beziehung ist die sogenannte *Zeitdilatation.* Um an einem Beispiel die Auswirkung dieser Zeitdilatation zu zeigen, nehmen wir $v = 0{,}98\,c$ an, dann ist $[1 - (v/c)^2]^{1/2} = \frac{1}{5}$ und damit $T = 5\,T_0$. Wenn das Zeitintervall zwischen dem aufeinanderfolgenden Ticken von zwei gleichartigen Uhren T_0 ist, die *Eigenzeit,* falls beide Uhren relativ zu einem Beobachter ruhen, dann wird, falls sich eine der Uhren mit der Geschwindigkeit $0{,}98\,c$ relativ zu der anderen Uhr bewegt, der Zeitabstand zwischen dem aufeinanderfolgenden Ticken der bewegten Uhr $5\,T_0$ betragen, gemessen mit der ruhenden Uhr. D.h., die ruhende Uhr tickt fünfmal, während die bewegte Uhr nur einmal tickt. Wir können auch sagen, bewegte Uhren gehen langsamer oder „leben länger“. Wiederum ist dieser Effekt umkehrbar, denn jeder Beobachter findet, daß die Uhr des anderen bewegten Beobachters langsamer geht.

Für $v \ll c$ geht die relative Zeit der Relativitätstheorie in die absolute Zeit der klassischen Physik über. Ungeachtet der Tatsache, daß uns Längenkontraktion und Zeitdilatation außerordentlich befremdlich vorkommen, gibt es direkte und unwiderlegbare experimentelle Beweise für die Zeitdilatation beim Zerfall hochenergetischer Mesonen.

Während in der vorrelativistischen Physik räumliche Abstände, Zeitintervalle und die Gleichzeitigkeit von Ereignissen von vornherein als absolut angesehen wurden und die Lichtgeschwindigkeit als relativ betrachtet wurde, sind in Einsteins Relativitätstheorie, in der ja die Lichtgeschwindigkeit für alle Inertialsysteme absolut ist, räumliche Abstände, Zeitintervalle und die Gleichzeitigkeit von Ereignissen relativ.

Im täglichen Leben beobachten wir nur Körper, deren Geschwindigkeiten sehr viel kleiner als die Lichtgeschwindigkeit sind. Daher sind die in der Lorentz-Transformation enthaltenen typischen relativistischen Effekte nicht leicht zu erkennen. Die folgenden Beispiele befassen sich mit sehr großen Geschwindigkeiten und veranschaulichen die ungewöhnlichen Eigenschaften von Raum-Zeit-Ereignissen in der Relativitätstheorie.

Beispiel 2.2. Eine interessante Bestätigung für das Auftreten der Zeitdilatation (Gl. (2.29)) findet man beim Zerfall hochenergetischer und daher sehr schneller *Myonen.* Diese Teilchen entstehen beim Zerfall anderer instabiler Teilchen, π-Mesonen genannt, die wiederum durch hochenergetische Stöße von Kernen erzeugt werden (diese Teilchen werden in den Abschnitten 11.2 und 11.4 behandelt). Wie wir sehen werden, stimmt das Myon mit dem Elektron überein, abgesehen von seiner Masse die ungefähr 207 mal größer ist. Es ist instabil und zerfällt sehr schnell in andere Teilchen. Die Halbwertszeit von ruhenden Myonen beträgt $1{,}52 \cdot 10^{-6}$ s, d.h., wenn 1000 Myonen relativ zu einem Beobachter ruhen, wird dieser Beobachter nach Ablauf von $1{,}52 \cdot 10^{-6}$ s nur noch 500 Myonen unzerfallen vorfinden. Bewegen sich andererseits die Myonen relativ zu einem Beobachter, so wird ihre Lebenszeit verlängert werden, und für den Beobachter scheinen sie länger zu leben. Nach Gl. (2.29) wird der Beobachter dann eine Halbwertszeit

$$T = \frac{T_0}{\sqrt{1-(v/c)^2}}$$

messen, hierbei ist $T_0 = 1{,}52 \cdot 10^{-6}$ s die Halbwertszeit im Inertialsystem der Myonen und v ist die Relativgeschwindigkeit zwischen den Myonen und dem Beobachter.

Bei hochenergetischen Stößen von Teilchen der kosmischen Strahlung (überwiegend Protonen) aus dem Weltall mit Atomkernen der Atmosphäre werden Myonen erzeugt. Einige von ihnen erreichen die Erdoberfläche mit einer Geschwindigkeit, die sehr nahe bei c ist. Für derartige Teilchen muß daher die Zeitdilatation beträchtlich und damit auch leicht beobachtbar sein.

Wir betrachten 1000 Myonen, die sich der Erdoberfläche aus einer Höhe $L_0 = 2{,}23$ km mit der Geschwindigkeit $0{,}98\,c$ nähern. Diese Höhe ist von einem auf der Erde befindlichen Beobachter gemessen worden. Wir denken uns diesen Abstand auf einem *fest* mit der Erde *verbundenen,* sehr langen senkrechten Stab markiert (Bild 2.10). Für einen Beobachter auf der Erde wird die Halbwertszeit der Myonen $T = T_0/[1-(v/c)^2]^{1/2} = 5\,T_0 = 7{,}60 \cdot 10^{-6}$ s, und ihre Flugzeit ist $L_0/(0{,}98\,c) = 2{,}23 \cdot 10^3$ m/ $0{,}98 \cdot 3 \cdot 10^8$ m/s $= 7{,}60 \cdot 10^{-6}$ s. (Diese beiden Zahlenwerte stimmen nur zufällig durch die Wahl von L_0 überein.) Daher werden von den ursprünglich in der Höhe von 2,23 km vorhandenen 1000 Myonen nur 500 die Erdoberfläche unzerfallen erreichen.

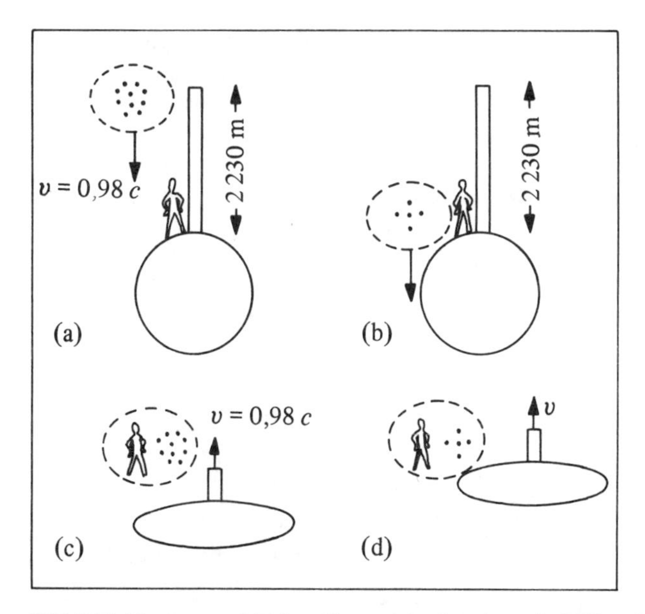

Bild 2.10 Myonen und Erde nähern sich einander mit $0{,}98\,c$. Ein auf der Erde stehender Beobachter sieht

(a) 1000 sich der Erde nähernde Myonen

(b) 500 unzerfallene Myonen, die die Erde erreichen.

Ein mit den Myonen mitfliegender Beobachter sieht

(c) die Erde, die sich den 1000 Myonen nähert.

(d) 500 unzerfallene Myonen beim Eintreffen der Erde

Wie sehen nun diese Zerfallsvorgänge aus der Sicht eines Beobachters aus, der sich mit den zerfallenden Myonen bewegt? Für ihn zerfällt die Hälfte der Myonen in der Zeit $T_0 = 1{,}52 \cdot 10^{-6}$ s. Weiter sieht er die Erde sowie den senkrechten Stab mit einer Geschwindigkeit von 0,98 c auf sich zueilen. Infolge der Längenkontraktion ist sein Abstand von der Erdoberfläche verkürzt (d.h., der auf der Erde befestigte senkrechte Stab ist verkürzt). In dem Augenblick, in dem er noch 1000 Myonen zählt, ist die Erdoberfläche auf Grund seiner Messungen von ihm nur noch 2,23 km $(1 - 0{,}98^2)^{1/2} = 446$ m entfernt. Daher beträgt aus seiner Sicht die Flugzeit 446 m/0,98 $\cdot$ 3 $\cdot$ 10^8 m/s = $1{,}52 \cdot 10^{-6}$ s. Das ist aber gerade die Halbwertszeit des Zerfalls im Ruhsystem der Myonen; daher wird ein Beobachter in diesem System auch noch 500 der ursprünglichen 1000 Myonen vorfinden, wenn die Erde die Myonen erreicht. Obwohl die beiden Beobachter, einer auf der Erde und einer, der sich mit den Myonen bewegt, in ihren Messungen über Zeit- und Längenintervalle nicht übereinstimmen, stimmen sie doch darin überein, daß noch 500 unzerfallene Myonen vorhanden sind, wenn die Myonen auf die Erde treffen.

Wären unsere klassischen Vorstellungen von Raum und Zeit gültig, so gäbe es keine Zeitdilatation. Der Beobachter auf der Erde würde die Halbwertszeit der bewegten Myonen zu $1{,}52 \cdot 10^{-6}$ s bestimmen, und die Flugzeit wäre $7{,}60 \cdot 10^{-6}/1{,}52 \cdot 10^{-6} = 5$ mal größer als die Halbwertszeit. Da nur jeweils die Hälfte der Myonen eine Halbwertszeit überlebt, würde der Beobachter auf der Erde dann voraussagen, daß $(\frac{1}{2})^5 = \frac{1}{32}$ der ursprünglichen Myonen die Erdoberfläche erreichen würden. Ohne relativistische Effekte dürfte er nur noch 31 Myonen vorfinden. Das stimmt nicht mit dem Experiment überein. Die an Teilchen sehr hoher Geschwindigkeit gemessene Zeitdilatation liefert eine überzeugende Bestätigung der Relativitätstheorie.

Beispiel 2.3. In diesem Beispiel wollen wir einige bedeutsame Ereignisse im Leben dreier Menschen betrachten, nämlich die Zeitpunkte von Geburt und Tod. Um die Lorentz-Transformation, Gln. (2.24), anwenden zu können, betrachten wir zwei Inertialsysteme S_1 und S_2. Die Richtung der Achsen sei wie in Bild 2.1 angegeben; S_2 bewege sich in Richtung der positiven x_1-Achse mit der Geschwindigkeit 0,98 c relativ zu S_1. S_1 können wir uns als Inertialsystem vorstellen, in dem die Erde ruht, und S_2 als ein System, in dem eine Weltraumrakete ruht.

Zur Zeit $t_1 = t_2 = 0$ stellen die Beobachter in S_1 die Geburt dreier Männer fest: Jim wird im Nullpunkt von S_1 geboren, John im Punkt $x_1 = 10$ Lj (1 Lichtjahr (Lj) ist die Entfernung, die ein Lichtsignal in einem Jahr zurücklegt), und Dick wird ebenfalls im Nullpunkt von S_1 geboren (Bild 2.11a). Sowohl Jim als auch John verbleiben während ihrer 70-jährigen Lebensspanne für die Beobachter im System S_1 in Ruhe. Dick wird in der Rakete geboren und verbleibt dort in Ruhe, ruht also im System S_2. Bezüglich S_2 lebt Dick ebenfalls genau 70 Jahre.

a) Wie lange lebt Dick für die Beobachter in S_1?
b) Wie lange leben Jim und John für einen Beobachter in S_2?
c) Wie weit sind für einen Beobachter in S_2 Jim und John voneinander entfernt?

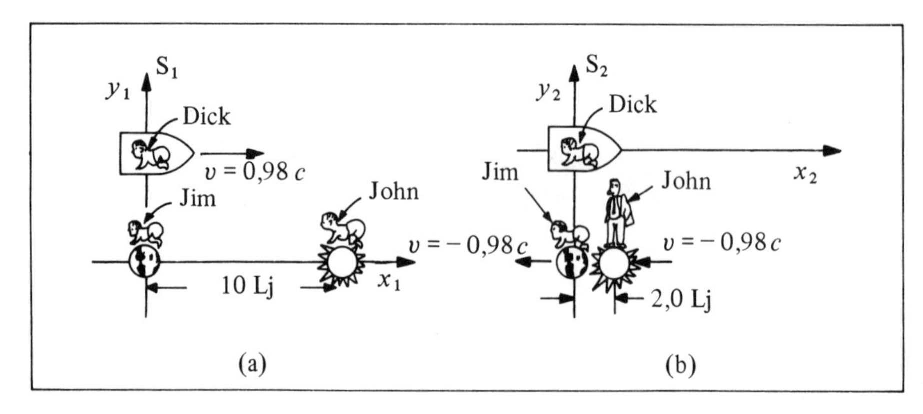

Bild 2.11 Die gleichzeitige Geburt
(a) Jims, Johns und Dicks, beobachtet im System S_1,
(b) Jims und Dicks, beobachtet im System S_2.

Nach (b) stellen Beobachter im System S_2 fest, daß John dann bereits 49 Jahre alt und 2 Lichtjahre von Jim und Dick entfernt ist. (Vgl. Tabelle 2.1)

Bei dieser Aufgabe ist es zweckmäßig, die Zeit in Jahren und die Entfernungen in Lichtjahren zu messen. Die Geschwindigkeit wird dann in Lichtjahren pro Jahr gemessen. In diesen Einheiten ergibt sich daher die Lichtgeschwindigkeit einfach zu $c = 1$ Lj/a, und die Relativgeschwindigkeit von S_2 bezüglich S_1 ist $v = 0{,}98\ c = 0{,}98$ Lj/a. Offensichtlich ist dann in diesen Einheiten die Geschwindigkeit eines beliebigen Körpers eine Größe zwischen 0 und 1.

Die Gln. (2.24) liefern für ein beliebiges Ereignis den Zusammenhang zwischen den Raum-Zeit-Koordinaten, die in zwei verschiedenen Inertialsystemen S_1 und S_2 bestimmt werden. In unserer Aufgabe mit Erde und Raumschiff gibt es sechs bedeutsame Ereignisse: Jims Geburt und Tod, Johns Geburt und Tod und Dicks Geburt und Tod. Sind uns in einem der beiden Systeme die Raum-Zeit-Koordinaten eines Ereignisses bekannt, so können wir mit Hilfe der Gln. (2.24) die Koordinaten desselben Ereignisses in dem anderen System bestimmen. Die Tabelle 2.1 gibt die Raum-Zeit-Koordinaten dieser sechs Ereignisse an, wie sie in den Systemen S_1 und S_2 ermittelt werden. Außerdem ist vermerkt welche Werte unmittelbar gegeben und welche mit Hilfe der Gln. (2.24) berechnet worden sind.

Tabelle 2.1

Ereignis	Raum-Zeit-Koordinaten			
	$S_1\ (x_1; t_1)$		$S_2\ (x_2; t_2)\quad v/c = 0{,}98$	
Jims Geburt	(0; 0)	gegeben	(0; 0)	berechnet
Jims Tod	(0; 70 a)	gegeben	(– 345 Lj; 352 a)	berechnet
Johns Geburt	(10 Lj; 0)	gegeben	(50 Lj; – 49 a)	berechnet
Johns Tod	(10 Lj; 70 a)	gegeben	(– 294 Lj; 303 a)	berechnet
Dicks Geburt	(0; 0)	gegeben	(0; 0)	berechnet
Dicks Tod	(345 Lj; 352 a)	berechnet	(0; 70 a)	gegeben

Ein Beispiel für die Berechnung der Raum-Zeit-Koordinaten folgt nun:

Wir betrachten Johns Geburt. Ein im System S_1 ruhender Beobachter registriert Johns Geburtsort bei $x_1 = 10$ Lj und den Zeitpunkt seiner Geburt zu $t_1 = 0$. Ein in S_2 ruhender Beobachter berechnet Ort und Zeit von Johns Geburt mit Hilfe der Gln. (2.24):

$$x_2 = \frac{x_1 - v\,t_1}{\sqrt{1-(v/c)^2}} = \frac{10\ \text{Lj} - 0}{\sqrt{1-(0{,}98)^2}} = 5{,}025 \cdot 10\ \text{Lj} \approx 50\ \text{Lj}\,,$$

$$t_2 = \frac{t_1 - (v/c^2)\,x_1}{\sqrt{1-(v/c)^2}} = 5{,}025\left(0 - 0{,}98\ \frac{10\ \text{Lj}}{1\ \text{Lj/a}}\right) \approx -49\ \text{a}\,.$$

Für die Beobachter in S_2 fand Johns Geburt 50 Lichtjahre von Dicks und Jims Geburtsort entfernt und 49 Jahre vor deren Geburt statt.

Nun betrachten wir Johns Tod. Für die Beobachter in S_1 fand dieses Ereignis bei $x_1 = 10$ Lj und $t_1 = 70$ a statt. Für die Beobachter in S_2 wird nach den Gln. (2.24) für dieses Ereignis

$$x_2 = \frac{x_1 - v\,t_1}{\sqrt{1-(v/c)^2}} = 5{,}025\left(10\ \text{Lj} - \frac{0{,}98\ \text{Lj}}{\text{a}}\,70\ \text{a}\right) \approx -294\ \text{Lj}\,,$$

$$t_2 = \frac{t_1 - (v/c^2)\,x_1}{\sqrt{1-(v/c)^2}} = 5{,}025\left(70\ \text{a} - \frac{0{,}98\ \text{Lj}}{\text{a}} \cdot \frac{10\ \text{Lj}}{(1\ \text{Lj/a})^2}\right) \approx 303\ \text{a}\,.$$

Die übrigen Raum-Zeit-Koordinaten lassen sich auf ähnliche Weise berechnen.

Mit Hilfe der Tabelle 2.1 können nun leicht die zu Anfang der Aufgabe gestellten Fragen beantwortet werden:

a) Wie lange lebt Dick für die Beobachter in S_1? Nach der Tabelle wird Dicks Lebensspanne für Beobachter in S_1:

t_1 (Tod) $- t_1$ (Geburt) $= 352$ a $- 0$ a $= 352$ a.

Das stimmt mit der Zeitdilatation für bewegte Uhren nach Gl. (2.29) überein. In diesem Beispiel ist das Intervall „Lebensspanne" für den bewegten Mann um einen Faktor von ungefähr 5 vergrößert worden.

b) Wie lange leben Jim und John für einen Beobachter in S_2? Lebensdauer von Jim für einen Be-

t_2 (Tod) – t_2 (Geburt) = 352 a – 0 a = 352 a.

Lebensdauer von John für einen Beobachter in S_2:

t_2 (Tod) – t_2 (Geburt) = 303 a – (– 49 a) = 352 a.

Dieses Ergebnis stimmt ebenfalls mit Gl. (2.29) überein.

c) Wie weit sind Jim und John für einen Beobachter in S_2 zu einem bestimmten Zeitpunkt voneinander entfernt?

Der Aufenthalt von Jim und John muß zu einem bestimmten Zeitpunkt t_2 im System S_2 *gleichzeitig* bestimmt werden. Wie wir wissen, bewegt sich John relativ zu S_2 mit der Geschwindigkeit 0,98 Lj/a. Daher wollen wir der Einfachheit halber den Aufenthaltsort von John zur Zeit $t_2 = 0$ bestimmen. Wie bereits bekannt, hält sich Jim zu dieser Zeit im Koordinatennullpunkt auf. Aus Tabelle 2.1 entnehmen wir, daß John bei $x_2 = 50$ Lj zur Zeit $t_2 = -49$ a geboren ist. Dann hat er sich 49 Jahre später nach links bewegt und dabei die Strecke $v\,t$ = (0,98 Lj/a) 49 a = 48 Lj zurückgelegt. Daher hält sich John zur Zeit $t_2 = 0$ am Orte 50 Lj – 48 Lj = + 2 Lj vom Nullpunkt von S_2 entfernt auf. Zu dieser Zeit befindet sich Jim am Nullpunkt von S_2 (wo er gerade geboren ist). Von S_2 aus gesehen sind Jim und John zur Zeit $t_2 = 0$ daher zwei Lichtjahre voneinander entfernt. Das unterscheidet sich von ihrem Abstand von zehn Lichtjahren, den man im System S_1, in dem beide ruhen, beobachtet. Diese Entfernungen stimmen natürlich mit der Längenkontraktion (Gl. (2.27)) überein. Man beachte, daß zur Zeit $t_2 = t_1 = 0$, wenn Jim und Dick gerade geboren werden, für die Beobachter in S_2 John schon 49 Jahre alt ist (Bild 2.11b). Andererseits sind für die Beobachter in S_1 John, Jim und Dick alle gleichzeitig geboren.

2.7 Raum-Zeit-Ereignisse und der Lichtkegel

Wir wollen die zeitliche Reihenfolge der Raum-Zeit-Ereignisse des Beispiels 2.3 betrachten, wie sie sich für die Beobachter in den beiden Systemen S_1 und S_2 ergibt.

Hierbei ist es zweckmäßig, die sechs Raum-Zeit-Ereignisse der Tabelle 2.1 in einem Raum-Zeit-Diagramm darzustellen. Im Bild 2.12 sind die Ereignisse, wie sie von S_1 und S_2 aus beobachtet werden, graphisch dargestellt. In den Diagrammen ist die Zeit t als Ordinate gegen den Abstand x als Abszisse aufgetragen; hierbei ist zu beachten, daß bei den sonst üblichen Diagrammen die Entfernung als Ordinate und die Zeit als Abszisse gewählt wird.

Offensichtlich müssen alle Ereignisse, die im Bild 2.12a auf derselben waagerechten Geraden liegen, *im System* S_1 *gleichzeitig* sein. Daher werden alle drei Männer zur gleichen Zeit $t_1 = 0$ geboren und auch der Tod von Jim und John findet in S_1 gleichzeitig statt und zwar zur Zeit $t_1 = 70$ a. Ähnlich finden Ereignisse, die auf derselben senkrechten Geraden dargestellt sind, am gleichen Orte statt. So finden zum Beispiel Jims und auch Dicks Geburt sowie Jims Tod am gleichen Ort, $x_1 = 0$, statt. Ebenso finden Johns Geburt und Tod am selben Ort, $x_1 = 10$ Lj, statt.

Die „Weltlinie", die die zeitliche Folge von Ereignissen eines bestimmten Körpers im Raum-Zeit-Diagramm darstellt, gibt die Lage x dieses Körpers als Funktion der Zeit t an. Da nun die Geschwindigkeit dieses Körpers durch $\Delta x/\Delta t$ definiert ist, liefert der Winkel dieser „Weltlinie" *gegen die t-Achse* die Geschwindigkeit des Körpers. Wie Bild 2.12a zeigt, sind die Weltlinien von Jim und John beide senkrecht und parallel zur Zeitachse gerichtet, daher ist die Geschwindigkeit dieser beiden Männer gleich Null. Andererseits ist die Weltlinie von Dick eine Gerade, die vom Nullpunkt zum Punkt ($x_1 = 345$ Lj; $t_1 = 352$ a) führt. Die Neigung gegen die Zeitachse, also die Geschwindigkeit, ist

$$v_1\,(\text{Dick}) = \frac{\Delta x_1}{\Delta t_1} = \frac{345\ \text{Lj}}{352\ \text{a}} = 0{,}98\ \text{Lj/a}\,.$$

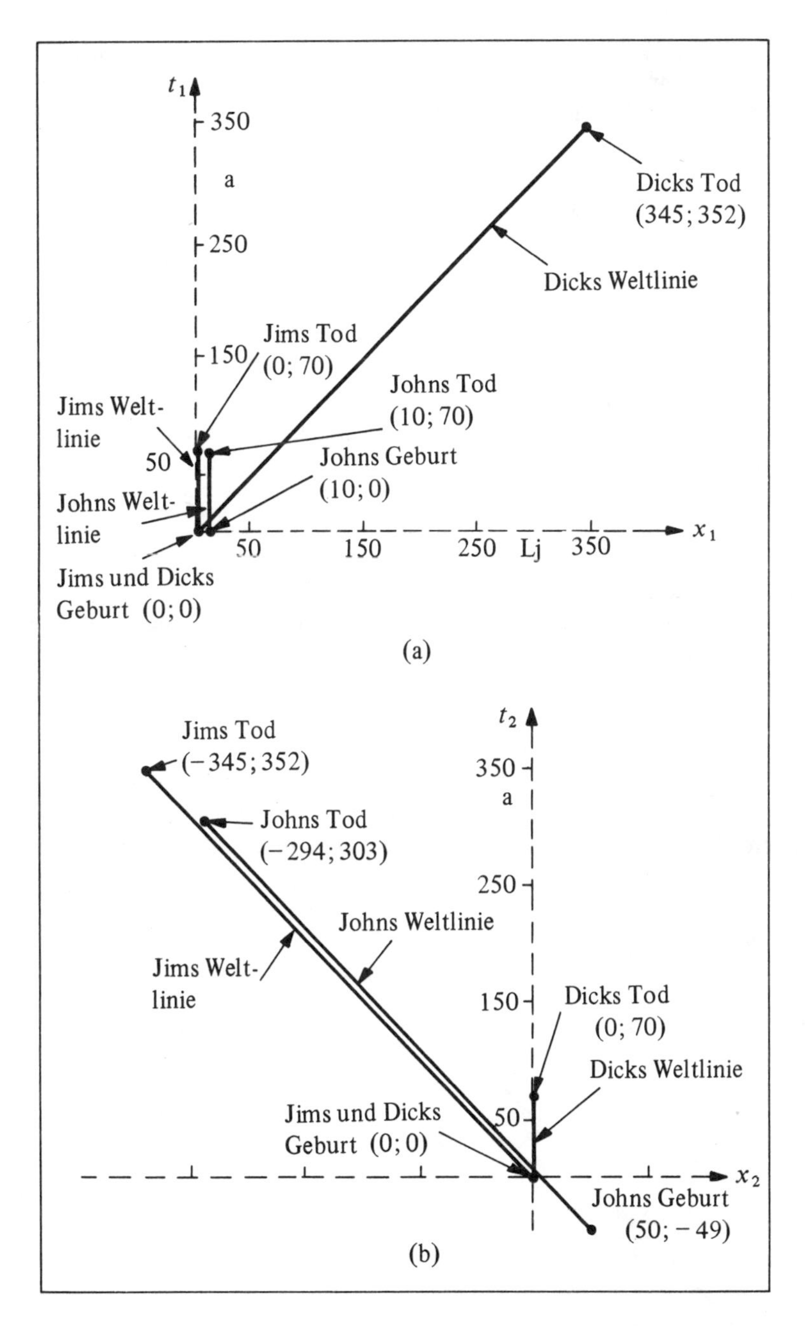

Bild 2.12 Raum-Zeit-Diagramm der in Tabelle 2.1 aufgeführten Ereignisse, beobachtet
(a) im System S_1,
(b) im System S_2

Bild 2.12b ist das Raum-Zeit-Diagramm *derselben* sechs Ereignisse, die in Tabelle 2.1 aufgeführt sind, aber nun vom System S_2 aus beobachtet. Aus der Sicht der Beobachter im System S_2 finden nur zwei Ereignisse gleichzeitig statt, Jims und Dicks Geburt. Dicks Weltlinie verläuft senkrecht und zeigt an, daß Dick im System S_2 ruht. Die Weltlinien sowohl von Jim als auch von John schließen den gleichen Winkel mit der t_2-Achse ein, der einer Geschwindigkeit von $-0{,}98$ Lj/a entspricht.

Alle obigen die Ereignisse betreffenden Schlüsse können sofort aus diesen beiden Bildern abgelesen werden.

Gibt es einen Grenzwert für den Winkel einer Weltlinie gegen die Zeitachse? Das ist der Fall. Wie wir auf Grund des zweiten Postulates der Relativitätstheorie wissen, ist die Lichtgeschwindigkeit in allen Systemen *gleich* groß und diese Geschwindigkeit ist die *größte* überhaupt *mögliche* Geschwindigkeit. Daher kann keine Weltlinie in irgendeinem Inertialsystem einen größeren Winkel mit der Zeitachse bilden, als der Lichtgeschwindigkeit c entspricht. Wählen wir Längen- und Zeiteinheiten so, daß der Betrag von c gerade 1 wird, dann wird auch das Verhältnis $\Delta x/\Delta t$ höchstens gleich 1. Daher bildet die Weltlinie eines Lichtsignales einen Winkel von 45° mit der Zeitachse. Bild 2.13 zeigt die Weltlinien von zwei Lichtsignalen, von denen sich eines längs der positiven x-Achse, das andere längs der negativen x-Achse ausbreitet. Zur Zeit $t = 0$ verlassen beide Lichtsignale den Nullpunkt, $x = 0$. Die Steigung der beiden Weltlinien ist natürlich $c = 1$ Lj/a. Die Steigung einer Weltlinie irgendeines materiellen Teilchens muß immer größer als dieser Grenzwert sein. Nehmen wir dann noch die y-Achse senkrecht zur Zeichenebene an, so liefern die Weltlinien der Lichtsignale einen Kegel, den Lichtkegel, dessen Achse die Zeitachse ist (Bild 2.14).

Ein beliebiges Ereignis, z.B. das Ereignis (0,0), kann nur innerhalb bestimmter Grenzen durch vergangene Ereignisse ($t < 0$) beeinflußt werden oder zukünftige Ereignisse beeinflussen ($t > 0$). Im Bild 2.14 können nur Ereignisse, die in dem mit „Vergangenheit" gekennzeichneten Kegel liegen, Einfluß auf die Gegenwart im Koordinatennullpunkt haben.

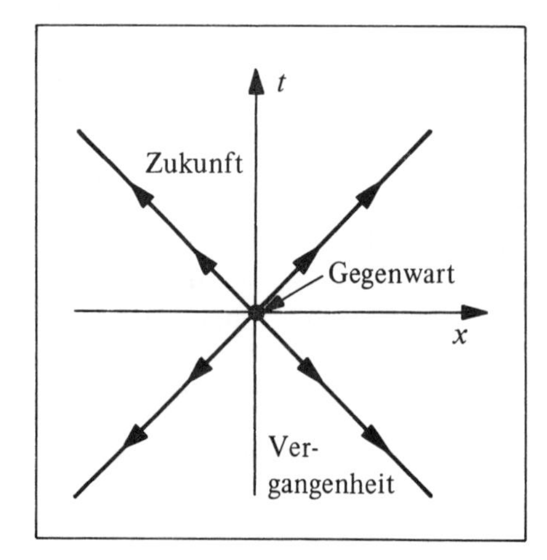

Bild 2.13 Weltlinien zweier Lichtsignale, die sich längs der x-Achse in entgegengesetzten Richtungen ausbreiten

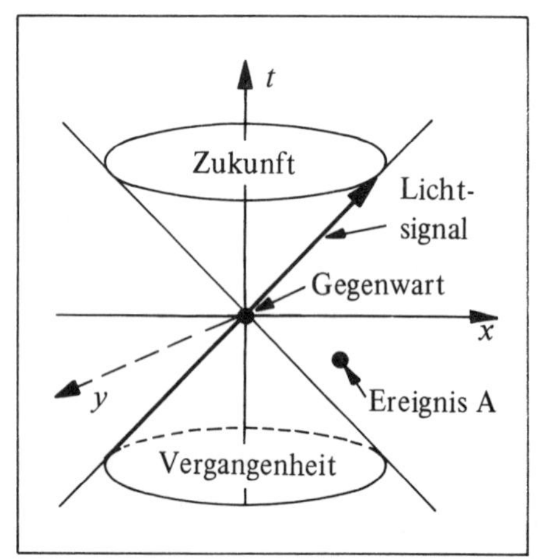

Bild 2.14 Lichtkegel. Die Zeitachse ist die Kegelachse; die y-Achse steht auf der Zeichenebene senkrecht, d. h. senkrecht auf der t-Achse und auf der x-Achse

Ähnlich kann ein Ereignis in der Gegenwart nur Ereignisse im „Zukunfts"-Kegel beeinflussen. Ereignisse, die außerhalb des Lichtkegels im Bild 2.14 liegen, wie zum Beispiel das Ereignis A, können ein Ereignis an der Kegelspitze nicht beeinflussen; hierzu müßte nämlich ein Signal schneller als mit der Lichtgeschwindigkeit c von A zur Kegelspitze eilen. Alle Ereignisse im Innern des Lichtkegels können mit einem Ereignis an der Kegelspitze ursächlich verbunden sein, alle Ereignisse außerhalb können das nicht.

Zur Veranschaulichung ursächlich verknüpfter Ereignisse wollen wir wiederum die sechs Ereignisse der Tabelle 2.1 betrachten. Als Ereignis an der Kegelspitze wählen wir Jims und Dicks gleichzeitige Geburt, zunächst im System S_1 beobachtet und dann vom System S_2 aus gesehen. Wie wir aus Bild 2.12a entnehmen, könnten mit diesem Ereignis alle übrigen Ereignisse mit Ausnahme von Johns Geburt ursächlich verknüpft sein. Ohne Frage beeinflußt Jims Geburt seinen eigenen Tod und das gleiche gilt für Dicks Geburt und Tod. Da Johns Tod im Innern des durch das Ereignis an der Spitze gebildeten Kegels, also im „Zukunfts"-Kegel, liegt, könnte auch dieser durch das Ereignis an der Kegelspitze beeinflußt werden.

Im Bild 2.12b, in dem diese Ereignisse aus der Sicht eines Beobachters im System S_2 dargestellt sind, sehen wir ebenfalls, daß Jims und Dicks Geburt ursächlich mit allen anderen Ereignissen mit Ausnahme von Johns Geburt zusammenhängen könnten. Obgleich John 49 Jahre vor Jim und Dick geboren ist, ist er von deren Geburtsort bei seiner eigenen Geburt 50 Lichtjahre entfernt, und das schnellste mögliche Signal, ein Lichtsignal, würde 50 Jahre benötigen, um an Jims Geburtsort einzutreffen.

Eine mit unseren bisherigen Überlegungen zusammenhängende Frage betrifft die zeitliche Aufeinanderfolge von Ereignissen. Ein Beobachter im System S_1 registriert zunächst ein Ereignis A und später dann ein Ereignis B. Ist es nun möglich, daß in irgendeinem Inertialsystem Ereignis B dem Ereignis A vorausgeht? Wie wir sehen werden, ist das in bestimmten Fällen möglich, in anderen dagegen nicht. Bedeutet das, daß in der Relativitätstheorie die Kausalität zweier miteinander verbundener Ereignisse nicht für alle Beobachter erhalten bleibt? Zur Beantwortung dieser Frage können wir die Lorentz-Transformation heranziehen.

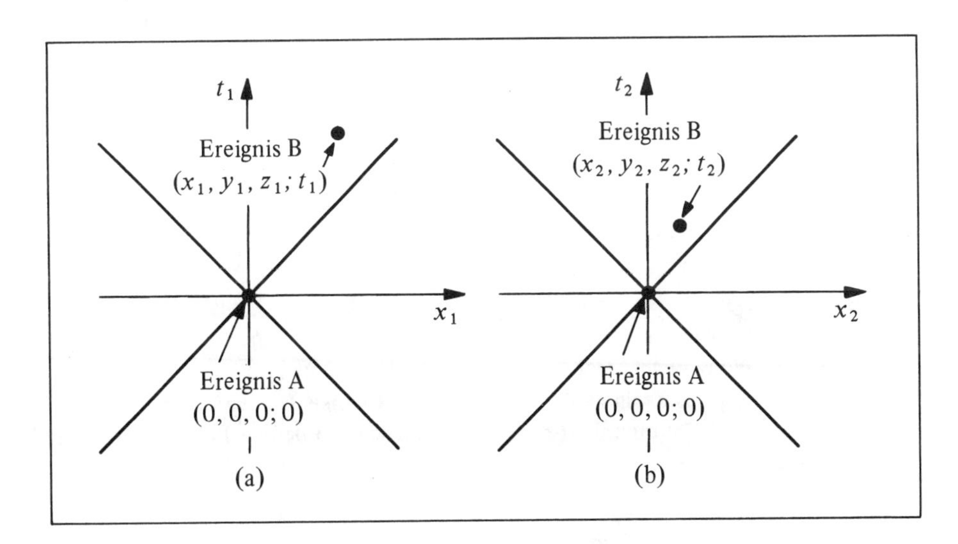

Bild 2.15 Zwei Raum-Zeit-Ereignisse,
(a) beobachtet im System S_1 (b) beobachtet im System S_2

Wir betrachten zwei beliebige Ereignisse in unserer vierdimensionalen Raum-Zeit-Welt. S_1 beobachtet diese beiden Ereignisse so, wie es in Bild 2.15a dargestellt ist. Wir können unsere Raum-Zeit-Koordinaten immer so wählen, daß eines der beiden Ereignisse, z.B. Ereignis A, im Koordinatennullpunkt $(0, 0, 0; 0)$ liegt. Die Koordinaten des Ereignisses B bezeichnen wir mit $(x_1, y_1, z_1; t_1)$.

Die Raum-Zeit-Koordinaten der beiden Ereignisse A und B, wie sie von einem zweiten Beobachter S_2 registriert werden, sind durch die Lorentz-Transformation, Gln. (2.24), gegeben. Zur Vereinfachung setzen wir

$$\frac{1}{\sqrt{1-(v/c)^2}} \equiv \gamma .$$

S_2 ermittelt dann die folgenden Koordinaten:

Ereignis A:
$$\begin{aligned} x_2 &= \gamma\,(x_1 - v\,t_1) = 0, \\ y_2 &= y_1 = 0, \\ z_2 &= z_1 = 0, \\ t_2 &= \gamma\left(t_1 - \frac{v}{c^2}x_1\right) = 0. \end{aligned}$$

Ereignis B:
$$\begin{aligned} x_2 &= \gamma\,(x_1 - v\,t_1), \\ y_2 &= y_1, \\ z_2 &= z_1, \\ t_2 &= \gamma\left(t_1 - \frac{v}{c^2}x_1\right). \end{aligned}$$

Bild 2.15b zeigt die Ereignisse A und B, wie sie vom System S_2 aus gesehen werden, das sich mit der Geschwindigkeit v längs der positiven x_1-Achse bewegt. Das Ereignis A mit seinen Koordinaten $(0, 0, 0; 0)$ ist allen Inertialsystemen gemeinsam. Daher sind die Raum- und Zeitintervalle zwischen den beiden Ereignissen A und B allein durch die Koordinaten von B gegeben. Offensichtlich ist der räumliche Abstand zwischen den beiden Ereignissen in beiden Systemen nicht gleich groß, d.h., er ist nicht invariant. Wir bezeichnen diese unterschiedlichen Abstände mit L_1 und L_2 und erhalten

$$L_1^2 = (x_1^2 + y_1^2 + z_1^2), \quad L_2^2 = (x_2^2 + y_2^2 + z_2^2) \neq L_1^2 .$$

Ebensowenig stimmen die Zeitintervalle überein:

$$t_2 \neq t_1 .$$

Gibt es nun irgendein Intervall, das dem Raumintervall oder dem Zeitintervall der klassischen Physik entspricht und das gegenüber einer Lorentz-Transformation invariant ist? Ein derartiges Intervall gibt es tatsächlich, und mit Hilfe der Lorentz-Transformation können wir es auch leicht finden. Wie wir uns erinnern, wurde die Lorentz-Transformation aus dem Postulat abgeleitet, daß alle Beobachter für ein Lichtsignal die gleiche konstante Geschwindigkeit c ermitteln. Soll daher das Ereignis A den Start eines Lichtsignals darstellen und das Ereignis B dessen Ankunft im Raumpunkt (x, y, z), so müssen die beiden Beobachter S_1 und S_2 für diese Lichtsignale

$$x_1^2 + y_1^2 + z_1^2 = c^2\,t_1^2, \quad x_2^2 + y_2^2 + z_2^2 = c^2\,t_2^2$$

erhalten oder

$$x_1^2 + y_1^2 + z_1^2 - c^2\,t_1^2 = 0, \quad x_2^2 + y_2^2 + z_2^2 - c^2\,t_2^2 = 0.$$

Bei Ereignissen, die durch ein Lichtsignal miteinander verbunden sind, messen alle Beobachter in beliebigen Inertialsystemen für die Größe $x^2 + y^2 + z^2 - c^2 t^2$ den *gleichen* Wert: null. Da diese Größe ja eine Kombination des Raumintervalles und des Zeitintervalles zwischen zwei Ereignissen ist, erscheint es zunächst fraglich, ob es sich auch bei zwei beliebigen Ereignissen um eine invariante Größe handelt. Wir müssen das prüfen. Im System S_2 ist dieses Intervall $x_2^2 + y_2^2 + z_2^2 - c^2 t_2^2$. Wenden wir die Lorentz-Transformation an, so können wir alle Koordinaten durch die Koordinaten des Systems S_1 ausdrücken:

$$x_2^2 + y_2^2 + z_2^2 - c^2 t_2^2 = \gamma^2 (x_1 - v t_1)^2 + y_1^2 + z_1^2 - c^2 \gamma^2 \left(t_1 - \frac{v}{c^2} x_1\right)^2 .$$

Indem wir die rechte Seite ausmultiplizieren, die Ausdrücke ordnen und uns daran erinnern, daß $\gamma = 1/[1 - (v/c)^2]^{1/2}$ ist, erhalten wir

$$\Delta S^2 = x_2^2 + y_2^2 + z_2^2 - c^2 t_2^2 = x_1^2 + y_1^2 + z_1^2 - c^2 t_1^2 . \tag{2.30}$$

Daher ist die Größe ΔS^2, *Raum-Zeit-Intervall* genannt, eine Invariante, die den *gleichen Wert in jedem beliebigen Inertialsystem* besitzt. Wie hier abgeleitet wurde, handelt es sich um das Raum-Zeit-Intervall zwischen einem beliebigen Raum-Zeit-Ereignis $(x_1, y_1, z_1; t_1)$ und dem Raum-Zeit-Ereignis (0, 0, 0; 0). Wie im folgenden gezeigt wird, gibt es für die Werte, die dieses Intervall annehmen kann, drei verschiedene Bereiche.

$\underline{\Delta S^2 = 0}$. In diesem Fall ist $x^2 + y^2 + z^2 = c^2 t^2$, die Ereignisse sind durch Lichtsignale verbunden. Alle Raum-Zeit-Punkte, die mit dem Koordinatennullpunkt durch $\Delta S^2 = 0$ verbunden sind, erzeugen den Lichtkegel (Bild 2.16).

$\underline{\Delta S^2 > 0}$. In diesem Fall ist $x^2 + y^2 + z^2 > c^2 t^2$, das Gebiet wird *raumartig* genannt. Wie bereits erwähnt, sind Ereignisse in diesem Gebiet mit dem Ereignis (0, 0, 0; 0) nicht ursächlich verbunden, denn hierzu müßten sich Signale mit einer Geschwindigkeit, die größer als c ist, ausbreiten.

$\underline{\Delta S^2 < 0}$. In diesem Fall ist $x^2 + y^2 + z^2 < c^2 t^2$. Dieses Gebiet wird *zeitartig* genannt, und alle Ereignisse in diesem Gebiet können ursächlich mit dem Ereignis (0,0,0;0) verknüpft sein.

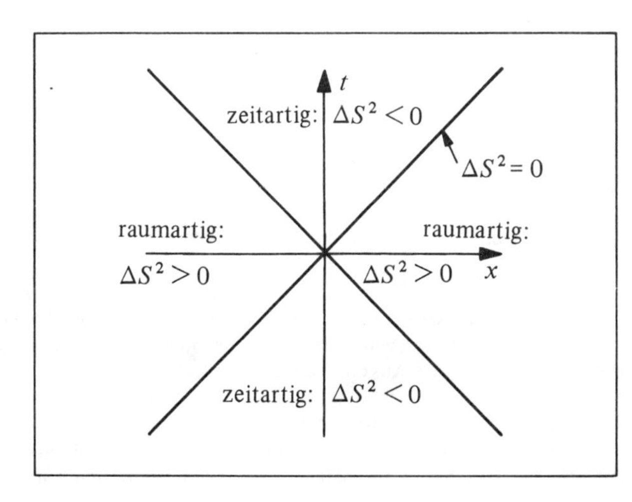

Bild 2.16
Raum-Zeit-Bereiche, in denen das Raum-Zeit-Intervall ΔS^2 größer als Null, gleich Null oder kleiner als Null ist

Wie steht es nun um die Kausalität? Es handelt sich darum, ob ein Ereignis B, das in einem System zeitlich später auf ein Ereignis A folgt, auch in allen anderen Systemen später sein muß. Wieder soll das Ereignis A die Koordinaten (0, 0, 0; 0) und Ereignis B die Werte (x_1, y_1, z_1; t_1) besitzen, beobachtet im System S_1. Dann ist im System S_2 das Zeitintervall durch

$$t_2 = \gamma \left(t_1 - \frac{v}{c^2} x_1\right) \qquad (2.24), (2.31)$$

gegeben. Hierbei können t_1, x_1 und v positive oder negative Werte annehmen, aber unabhängig von den Vorzeichen gilt infolge der Invarianz des Raum-Zeit-Intervalles immer

$$x_2^2 - c^2\, t_2^2 = x_1^2 - c^2\, t_1^2 \; .$$

Wenn im System S_1 das Ereignis B zeitlich auf das Ereignis A folgt, ist $t_1 > 0$. Dann wird nach Gl. (2.31) auch $t_2 > 0$, falls $t_1 > (v/c^2)\, x_1$ ist, oder nach Umstellung, falls $c^2\, t_1^2 > (v/c)^2\, x_1^2$ ist.

Nun ist aber $v/c < 1$; daher wird für ein beliebiges zeitartiges Ereignis ($\Delta S^2 < 0$), für das $t_1 > 0$ ist, immer auch $t_2 > 0$; für jeden Beobachter in einem beliebigen Inertialsystem folgt das Ereignis B zeitlich immer auf A. Ähnlich wird im Zeitkegel, falls $t_1 < 0$ ist, auch immer $t_2 < 0$ sein, dann geht also das Ereignis B dem Ereignis A in allen Systemen voraus. Die Kausalität *bleibt* also für Ereignisse im zeitartigen Bereich *erhalten.*

Andererseits gibt es für Ereignisse im raumartigen Bereich keine eindeutige Zuordnung. Wir wollen als Beispiel annehmen, im System S_1 folge das Ereignis B auf das Ereignis A. Dann ist $t_1 > 0$, und nach Gl. (2.31) wird t_2 negativ, falls $t_1 < (v/c^2)\, x_1$ ist, d.h., falls $c\, t_1 < (v/c)\, x_1$ ist. Das kann natürlich im raumartigen Bereich eintreten, ob es daher eine Umkehr der Zeitordnung geben kann oder nicht, hängt davon ab, in welchem Bereich das Ereignis liegt.

2.8 Das Zwillings-Paradoxon

Beobachter in verschiedenen Inertialsystemen beobachten dasselbe Ereignis an verschiedenen Raumpunkten und zu verschiedenen Zeiten. Eine zutreffende Beschreibung irgendeiner Folge von Ereignissen ist in jedem beliebigen Inertialsystem möglich; die verschiedenen Systeme unterscheiden sich nur bezüglich der Orts- und Zeitangaben für die einzelnen Ereignisse. Als Beispiel betrachten wir ein Inertialsystem S_1, in dem die Erde und ein verhältnismäßig naher Stern, 49 Lichtjahre von der Erde entfernt, ruhen. Wir wollen den Lebenslauf von drei Männern verfolgen: die auf der Erde geborenen Zwillinge Jim und Dick sowie John, der gleichzeitig mit Jim und Dick geboren ist, jedoch auf einem Planeten in der Nähe des Sternes, 49 Lichtjahre von der Erde entfernt. Dabei ist zu beachten, daß sich alle Zeitangaben auf Beobachter beziehen, die relativ zur Erde ruhen. Alle nun unmittelbar folgenden Angaben gelten ebenfalls für diese Beobachter.

Infolge der endlichen Geschwindigkeit von Lichtsignalen beträgt das früheste Alter, in dem John von der Geburt der Zwillinge erfahren kann, 49 Jahre, denn diese Zeit benötigt ein Lichtsignal, um von der Erde zu dem Stern zu gelangen. Ähnlich werden die Zwillinge 49 Jahre, bevor sie von Johns Geburt Kenntnis erhalten.

Wir wollen nun annehmen: Wenn alle drei Männer 20 Jahre alt sind, entschließt sich Dick zu einer Reise mit einer Rakete nach Johns Stern. Weiterhin soll Dick sehr schnell auf die Geschwindigkeit $v = 0{,}98\, c$ relativ zu S_1 beschleunigt werden und dann mit dieser Geschwindigkeit seine Reise zu dem Stern fortsetzen (Bild 2.17). Dort wird er bei seiner Ankunft schnell abgebremst und kommt dann zur Ruhe. Nach der Relativitätstheorie müssen alle Beobachter in S_1 darin übereinstimmen, daß Dick mit einer Geschwindigkeit von 0,98 Lj/a zu dem Stern gereist ist und daher für die Strecke von 49 Lichtjahren eine Reisezeit von (49 Lj)/(0,98 Lj/a) = 50 a benötigt hat. Also wird John bei Dicks Ankunft auf dem Stern 70 Jahre alt sein (20 + 50). Zu dieser Zeit wird Jim natürlich genauso alt sein, nämlich 70 Jahre.

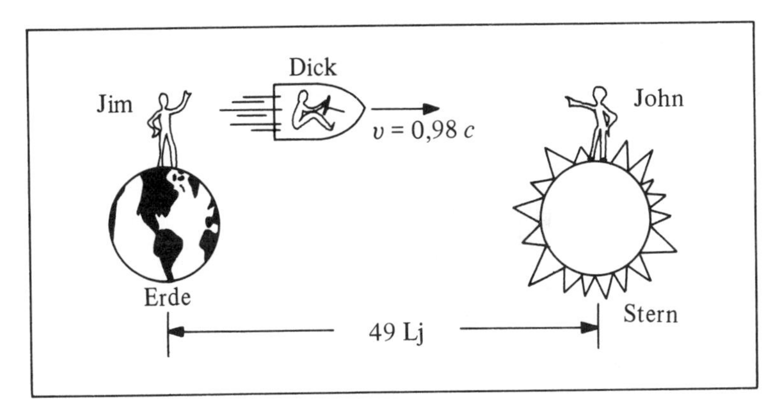

Bild 2.17 Dicks Reise nach einem Stern, beobachtet im System S_1 (vgl. auch Tabelle 2.2)

Andererseits müssen sowohl John als auch Jim feststellen, daß der Weltraumreisende Dick während seiner Reise fünfmal langsamer als sie selbst gealtert ist, denn er hat sich mit der Geschwindigkeit 0,98 c relativ zu ihrem Bezugssystem S_1 bewegt. Daher ist von ihrem Standpunkt aus Dick während seiner Reise nur um $\frac{50\text{ Jahre}}{5}$ = 10 Jahre gealtert. Dick wird dann also (20 + 10) Jahre = 30 Jahre alt sein, wenn er John trifft. Daher wird beim Zusammentreffen der beiden von Johns Standpunkt aus gesehen der Reisende Dick 30 Jahre alt und John selbst, der gleichzeitig mit ihm geboren ist, jedoch 70 Jahre sein. Das ist befremdlich aber wahr.

Auch von Dicks Standpunkt aus muß die Darstellung widerspruchsfrei sein. Wir wollen daher prüfen, ob auch Dick damit übereinstimmt, daß John 70 Jahre und er selbst dagegen nur 30 Jahre alt ist, wenn er John trifft. Bis zum Alter von 20 Jahren stimmen alle drei Männer darin überein, daß sie 20 Jahre alt sind. Dann springt Dick sozusagen in das System S_2, das sich relativ zu S_1 mit 0,98 c bewegt. Wie sehen nun die Ereignisse im System S_2 aus? Zur Zeit von Dicks Abreise, $t_1 = 0 = t_2$, befinden sich Dick und Jim am gleichen Ort, nämlich bei $x_1 = x_2 = 0$. Um für die drei Männer die Orts- und Zeitangaben im System S_2 für die Zeitpunkte von Dicks Abreise und für das Zusammentreffen von John und Dick auf dem Stern zu erhalten, müssen wir die Lorentz-Transformation heranziehen (Gln. (2.24)). Die Tabelle 2.2 führt die wichtigen Raum-Zeit-Ereignisse auf, wie sie sowohl von Beobachtern im System S_1 als auch von denjenigen des Systems S_2 gesehen werden, und Bild 2.18 veranschaulicht diese. Dabei müssen wir beachten, daß zur Vereinfachung das Ereignis von Dicks Abreise als Nullpunkt im Raum-Zeit-Diagramm (Bild 2.18) gewählt worden ist.

Tabelle 2.2

Ereignis	Lebens-alter	Raum-Zeit-Koordinaten	
		Beobachter S_1	Beobachter S_2 $v/c = 0{,}98$
Jims und Dicks Geburt	Jim: 0 Dick: 0	(0; – 20 a) (0; – 20 a)	(98 Lj; – 100 a) (98 Lj; – 100 a)
Johns Geburt	John: 0	(49 Lj; – 20 a)	(343 Lj; – 340 a)
Dicks Abreise	Jim: 20 a Dick: 20 a	(0; 0) (0; 0)	(0; 0) (0; 0)
Johns 20. Geburtstag	John: 20 a	(49 Lj; 0)	(245 Lj; – 240 a)
Dick trifft John	Dick: 30 a John: 70 a	(49 Lj; 50 a) (49 Lj; 50 a)	(0; 10 a) (0; 10 a)
Jims 70. Geburtstag	Jim: 70 a	(0; 50 a)	(– 245 Lj; 250 a)

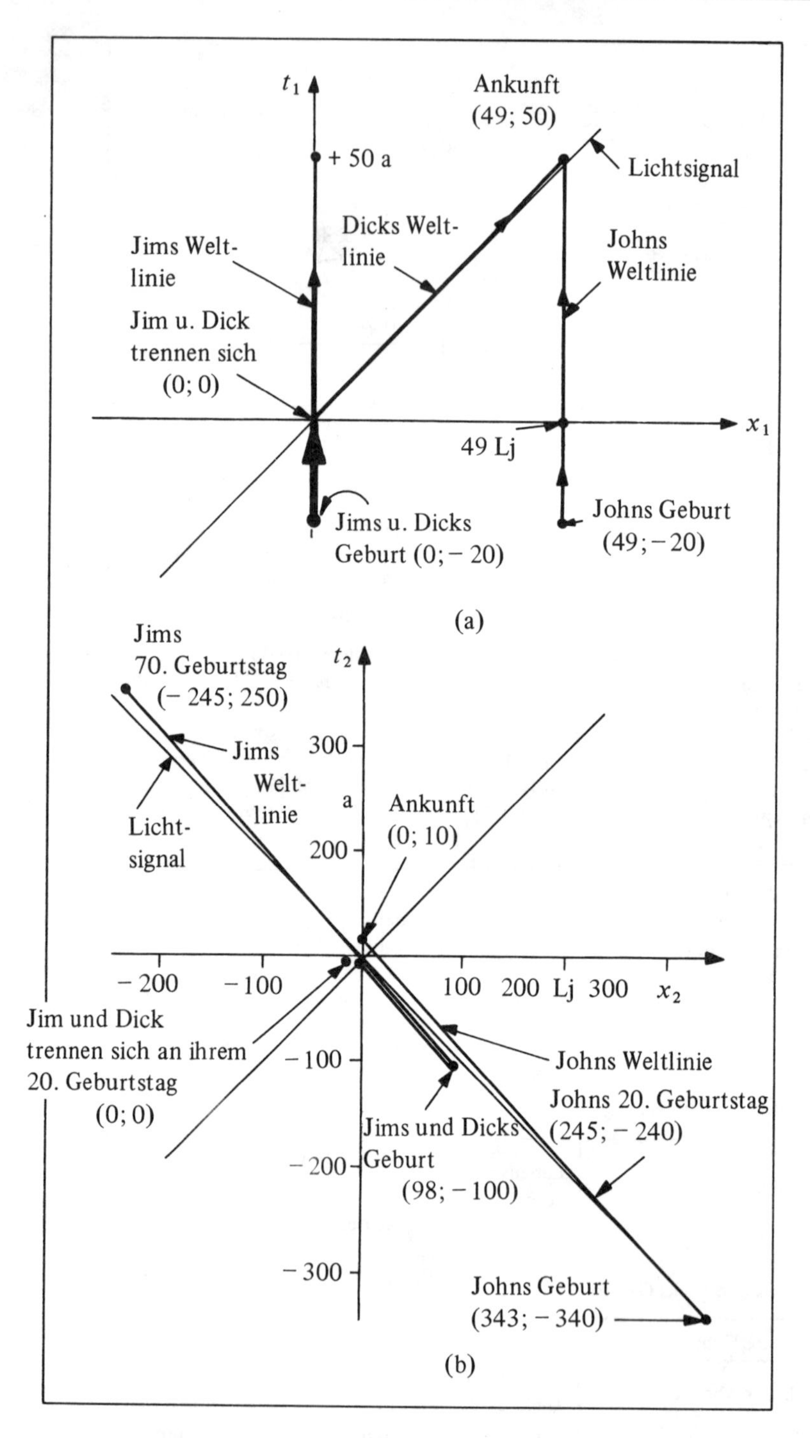

Bild 2.18 Jims, Johns und Dicks Weltlinien, beobachtet a) im System S_1, b) im System S_2 (vgl. Tabelle 2.2)

Wie wir Bild 2.18a entnehmen können, war John bei Dicks Aufbruch aus der Sicht eines Beobachters S_1 20 Jahre alt und 49 Lichtjahre von Jim und Dick entfernt. Dagegen war aus Dicks Sicht (System S_2) Johns zwanzigster Geburtstag nicht gleichzeitig mit Jims Trennung von Dick sondern fand bereits 240 Jahre vorher statt (Bild 2.18b). Weiter war im System S_2 John an seinem zwanzigsten Geburtstag 245 Lichtjahre vom Nullpunkt des Systems S_2 entfernt. Aus der Sicht des Systems S_2 (Bild 2.18b) erreicht John den Nullpunkt 10 Jahre nachdem sich Jim und die Erde von Dicks Raumschiff getrennt haben. Daher wird Dicks Geburt aus der Sicht des Systems S_2, in dem er selbst aber nur 10 Jahre verbracht hat, dann (100 + 10) Jahre = 110 Jahre früher gewesen sein. Während der ersten hundert Jahre hat er sich aber relativ zu S_2 bewegt und ist daher fünfmal langsamer gealtert. Im Alter von 20 Jahren gelangt er in das System S_2, verbringt dort 10 Jahre und ist bei Johns Eintreffen dort 30 Jahre alt. Wie alt wird nun John, vom System S_2 aus gesehen, sein, wenn sie sich wieder treffen? Von Johns Geburt bis zu Dicks Eintreffen bei ihm sind im System S_2 (340 + 10) Jahre = 350 Jahre vergangen (Bild 2.18b). Da sich John ja relativ zu S_2 bewegt hat, ist er fünfmal langsamer gealtert als im System S_2 ermittelt. Daher ist Johns Alter bei Dicks Eintreffen $\frac{350\text{ Jahre}}{5} = 70$ Jahre, also genau dasselbe Alter, das wir bereits aus der Sicht von John und Jim ermittelt haben. Die Beobachter in beiden Systemen stimmen also über das Lebensalter der Männer überein. Unglücklicherweise erlaubt uns diese einfache Einwegreise nicht, Jim und Dick wieder zusammen zu bringen, so daß jeder direkt das Alter des anderen feststellen kann. Wir wollen nun diese Frage an Hand einer Rundreise untersuchen und erhalten so das berühmte „Zwillings-Paradoxon".

Wir betrachten die auf der Erde geborenen Zwillinge Jim und Dick. Im Alter von 20 Jahren springt Dick auf ein Raumschiff, das sich mit der konstanten Geschwindigkeit 0,98 c von der Erde fort bewegt. Nachdem er einen Stern erreicht hat, der 49 Lichtjahre von der Erde entfernt ist und der relativ zu dieser ruht, hält Dick an und begrüßt John kurz. Dann springt er wieder auf sein Raumschiff, das nun aber mit 0,98 c zur Erde zurückfliegt. Zu Hause angekommen, hält Dick schnell an und trifft sich mit seinem Zwillingsbruder Jim. Die Frage ist nun: Wie alt wird jeder der beiden sein, wenn sie sich treffen? Vom System S_2 aus gesehen muß Dicks Alter 110 Jahre sein, wenn er John trifft. Da sich Dick aber während der ersten 100 Jahre relativ zum System S_2 bewegt hat, beträgt sein Alter bezogen auf die Inertialsysteme, in denen er stets in Ruhe geblieben ist, dann $\left(\frac{100}{5} + 10\right)$ Jahre = 30 Jahre, wie schon oben festgestellt.

Zunächst wollen wir die Angelegenheit aus Jims Bezugssystem betrachten. Jim ruht im Inertialsystem S_1 und bleibt dort auch während Dicks gesamter Reise. Aus seiner Sicht legt Dick auf seiner Rundreise eine Gesamtstrecke von 98 Lichtjahren zurück (Bild 2.19). Da Dicks Geschwindigkeit 0,98 c = = 0,98 Lj/a beträgt, wird für Jim die gesamte Reisedauer (98 Lj)/(0,98 Lj/a) = 100 a betragen. Bei Dicks Rückkehr wird Jim dann (20 + 100) Jahre = 120 Jahre alt sein. Andererseits altert Dick auf seiner Reise nicht so schnell; infolge der Zeitdilatation ist er, während er mit 0,98 c reist, auf seiner gesamten Reise nur um $\frac{100\text{ Jahre}}{5} = 20$ Jahre gealtert. Daher wird er bei seiner Rückkehr auch nur (20 + 20) Jahre = 40 Jahre alt sein. Vom Inertialsystem S_1 aus gesehen sind die Zwillinge nicht mehr gleich alt, wenn sie sich wiedertreffen; der Reisende ist der jüngere.

Wie sieht nun die Sache aus Dicks Sicht aus? Wir sind versucht anzunehmen, Dicks Entfernen und Wiederkehr relativ zu Jim und der Erde seien vollständig äquivalent zum Entfernen und der Wiederkehr von Jim und der Erde relativ zu Dick und das Gleiche gelte ebenso für die Annäherung und das Entfernen des Sternes relativ zu Dick. Da sich Jim und die Erde zunächst mit 0,98 c fortbewegen und dann wieder mit 0,98 c auf Dick zukommen, könnten wir davon ausgehen, daß sich die Uhren auf der Erde verlangsamen und Jim nur fünfmal langsamer als Dick altert. Schließlich, so müßten wir weiter annehmen, könnte Dick sagen, daß Jim jünger als er selbst sei, wenn sie wieder vereint sind. Aber das ist genau das Gegenteil von Jims Voraussage, der während der gesamten Zeit ruhend auf der Erde blieb. Bei ihrem Treffen erwartet Jim, daß Dick jünger ist und Dick erwartet, daß Jim jünger ist. Offensichtlich können nicht beide recht haben, oder wir sind zu einem Widerspruch gekommen, also zu einem Paradoxon.

Es ist nicht schwierig, den Trugschluß in dem obigen Gedankengang aufzuspüren, der zu einem scheinbaren Widerspruch führte. Natürlich können wir irgendein beliebiges Inertialsystem zur Beschreibung der Ereignisse im Weltall verwenden: Alle Inertialsysteme sind für die Beschreibung physikalischer Gesetze gleichwertig und können nicht voneinander unterschieden werden. Wie verhält es sich nun mit dem Bezugssystem, das mit der Erde fest verbunden ist und demjenigen, das an das Raumschiff geheftet ist? Erweist sich tatsächlich jedes der beiden Systeme als *ein und dasselbe* Inertialsystem, in dem wir alle erforderlichen Messungen durchführen können, zum Beispiel die Messungen der Zeit- und Längenintervalle?

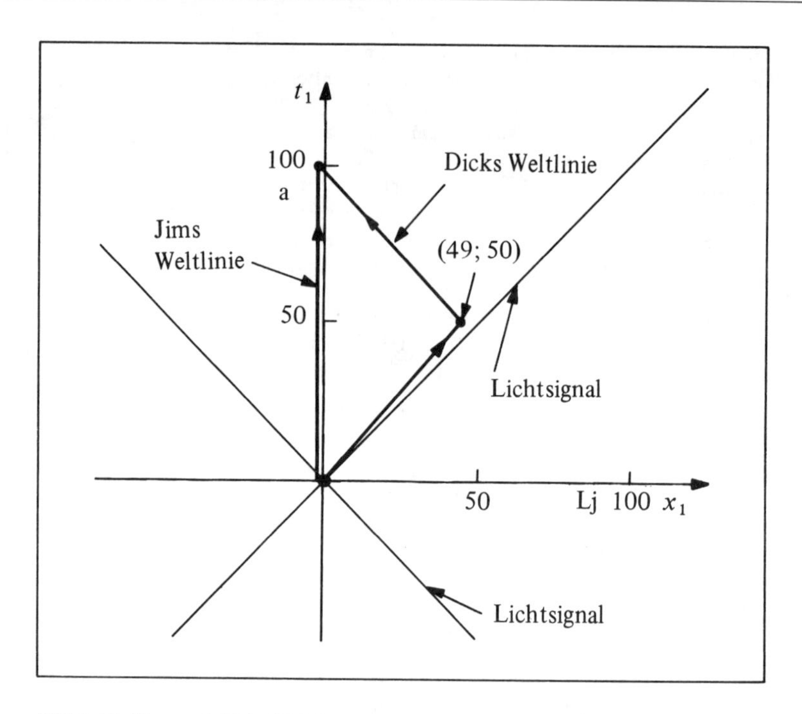

Bild 2.19 Jims und Dicks Weltlinie, beobachtet im System S_1 (vgl. Tabelle 2.2)

Das System, in dem die Erde und auch Jim ruhen, ist sicherlich während Dicks gesamter Reise ein und dasselbe Inertialsystem geblieben. Wir bezeichnen dieses Inertialsystem mit S_1. Daher vertrauen wir auf Jims Voraussage, sein Zwillingsbruder Dick werde bei seiner Rückkehr der jüngere sein.

Andererseits ist das System, in dem das Raumschiff – und Dick – ruhen, während der gesamten Reisezeit *nicht* ein und dasselbe Inertialsystem. Während des ersten Teils der Reise, bei dem Dick und der Stern einander entgegenkommen, ruhen Dick und das Raumschiff in einem System, S_2 genannt, das sich mit der konstanten Geschwindigkeit 0,98 c von der Erde fort in Richtung auf den Stern zu bewegt. Nach seiner Ankunft auf dem Stern und der unmittelbaren Umkehr heim zur Erde *wechselt Dick die Inertialsysteme,* so daß er die Rückreise in einem anderen System S_3 unternimmt, das sich ebenfalls mit der konstanten Geschwindigkeit 0,98 c bewegt, die aber jetzt auf die Erde *hin* gerichtet ist. Dabei müssen wir beachten, daß der Reisende Dick einige seiner Raum- und Zeitmessungen in einem Inertialsystem S_2 ausführt, andere dagegen in einem ganz anderen Inertialsystem S_3. Da die *spezielle* Relativitätstheorie nur Aussagen über Beobachter in einem bestimmten Inertialsystem macht, also über Beobachter, die immer in ein und demselben Inertialsystem bleiben, können wir sie auch nicht auf Dicks System anwenden. Dicks System ist außerdem überhaupt kein Inertialsystem sondern vielmehr ein *beschleunigtes Bezugssystem.* Daher müßten wir auch die allgemeine Relativitätstheorie heranziehen, um die Ereignisse so in ihren Einzelheiten zu behandeln, wie sie sich aus der Sicht dieses Systems darstellen. Eine genaue Betrachtung von Dicks System würde tatsächlich ergeben, daß Dick genau dieselbe Voraussage wie Jim auf Grund seines Inertialsystems S_1 machen würde: Dick (der nicht in ein und demselben Inertialsystem blieb) ist, wenn sie wieder zusammenkommen, jünger als Jim (der stets in demselben Inertialsystem blieb).

Auch auf eine andere Weise können wir erkennen, daß die Zwillinge Dick und Jim nicht äquivalent sind. Wir stellen uns vor, jeder verbringe sein Leben in einem Raumschiff. Jims Raumschiff bleibt während der gesamten Zeit auf der Erde, und sein Leben darin verläuft ohne besondere Ereignisse. Dagegen hat Dick, dessen Raumschiff zu einem fernen Planet und zurück fliegt, ganz andere Erlebnisse. Beim Start und der damit verbundenen Beschleunigung des Raumschiffes wird Dick, ebenso wie alle nichtbefestigten Gegenstände im Raumschiff, gegen die Wand des Raumschiffes gepreßt, während er sein Inertialsystem wechselt. Ähnliche Erfahrungen macht er bei der Ankunft des Raumschiffes auf dem

Planeten und der dabei notwendigen Abbremsung und wiederum beim Start in die entgegengesetzte Richtung und dem Übergang in ein weiteres Inertialsystem. Schließlich erfährt er bei seiner Heimkehr zur Erde, wenn das Raumschiff nochmals abgebremst werden muß, wiederum zum dritten Mal diese Kraft. Wenn die Zwillinge dann wieder vereint sind und ihre Erlebnisse vergleichen, werden sie nicht nur feststellen, daß ihr Alter unterschiedlich ist, sondern sie werden auch erkennen, daß Jims Lebenslauf sehr ruhig verlaufen ist, während Dick kurzzeitig drei sehr starke Stöße erlebt hat.

Natürlich können wir die Reisen sowie Dicks und Jims Altern von ihrer Trennung bis zu ihrem Wiedersehen aus der Sicht eines einzigen sonst aber beliebigen Inertialsystems behandeln. So würde zum Beispiel ein Beobachter, der sich immer im System S_2 aufhält, die Erde und den Stern mit der Geschwindigkeit 0,98 c bewegt sehen. Nach der Trennung der Zwillinge wären für ihn das Raumschiff und Dick in Ruhe, bis der Stern auftaucht. Dann würden Dick und sein Raumschiff plötzlich beschleunigt und anschließend mit einer Geschwindigkeit, die etwas *größer* als 0,98 c ist, zur Erde zurückeilen. Wenn Dick dann von der Erde und Jim aufgefangen worden ist, würde ein Beobachter in S_2 erkennen, daß Dick weniger gealtert ist als Jim, genauso wie es auch ein Beobachter in S_1 bemerken würde. Natürlich könnte auch ein Beobachter im Inertialsystem S_3 eine gleichwertige Beschreibung der Ereignisse liefern.

2.9 Zusammenfassung

Die klassische Mechanik ist gegenüber einer Galilei-Transformation invariant und stimmt für $v \ll c$ mit der Erfahrung überein.

Einer zutreffenden Beschreibung des physikalischen Universums liegt das Relativitätsprinzip zu Grunde: Alle physikalischen Gesetze, einschließlich der Ausbreitung des Lichtes im Vakuum, sind in allen Inertialsystemen gegenüber einer Lorentz-Transformation invariant.

Die Lorentz-Transformation für die Koordinaten lautet:

$$x_2 = \frac{x_1 - v t_1}{\sqrt{1-(v/c)^2}}, \quad y_2 = y_1, \quad z_2 = z_1, \quad t_2 = \frac{t_1 - (v/c^2)\, x_1}{\sqrt{1-(v/c)^2}}. \tag{2.24}$$

Kein Signal oder Teilchen kann sich mit einer Geschwindigkeit, die größer als die Vakuumlichtgeschwindigkeit ist, fortbewegen.

Die Relativitätstheorie stützt sich auf folgende Erfahrungsgrundlagen: den Versuch von Michelson und Morley und ähnliche Versuche, die die Invarianz der Lichtgeschwindigkeit c bestätigen, die unmittelbare Messung der Zeitdilatation beim Myonenzerfall, sowie die Beobachtung, daß die Geschwindigkeit von Teilchen, die mit Teilchenbeschleunigern auf eine sehr hohe Energie gebracht worden sind, niemals die Lichtgeschwindigkeit c überschreitet. Im folgenden Kapitel werden wir eine weitere Bestätigung durch die Abhängigkeit der Masse von der Geschwindigkeit und durch die Äquivalenz von Masse und Energie kennenlernen.

Der Übergang von der Relativitätstheorie zur klassischen Physik läßt sich symbolisch darstellen:

$$\lim_{v/c \to 0} (\text{Relativitätstheorie}) = \text{klassische Physik}.$$

Die Transformationsgleichungen für Längen- und Zeitintervalle lauten wie folgt:

	relativistisch	*klassisch*
Längen:	$L = L_0 \sqrt{1-(v/c)^2}$,	$L = L_0$.
Zeiten:	$T = \dfrac{T_0}{\sqrt{1-(v/c)^2}}$,	$T = T_0$.

2.10 Aufgaben

2.1. Infolge der Längenkontraktion erscheint eine Kugel relativ zu einem sehr schnell bewegten Beobachter zusammengedrückt. Mit welcher Geschwindigkeit muß sich ein Beobachter der Erde nähern, damit ihre „Dicke", gemessen längs der Bewegungsrichtung des Beobachters, nur noch ein Fünftel ihres Durchmessers beträgt?

2.2. Zwei Massen m und $3m$ bewegen sich in ihrem Schwerpunktsystem mit den Geschwindigkeiten $+ v$ bzw. $- v/3$ aufeinander zu. Es kommt zu einem vollkommen unelastischen Stoß.

a) Berechnen Sie die gesamte Bewegungsenergie vor und nach dem Stoß sowie die Zunahme der thermischen Energie infolge des Stoßes.

b) Führen Sie die Rechnung a) aus der Sicht eines Beobachters durch, der sich mit der Geschwindigkeit $+ v$ relativ zum Schwerpunkt der Massen bewegt.

2.3. Angenommen, die Erde bewege sich mit einer Geschwindigkeit von $3{,}0 \cdot 10^4$ m/s durch den Äther. Ein Lichtsignal legt die *einfache*, als bekannt vorausgesetzte Entfernung zwischen einer Quelle und einem Empfänger zurück. Die Verbindungsstrecke zwischen Sender und Empfänger (beide befinden sich relativ zur Erde in Ruhe) verläuft parallel zur Bewegung der Erde durch den Äther. Wie groß sind nach der Galilei-Transformation die Laufzeiten des Lichtsignales für einen Beobachter, der relativ zum Äther ruht, sowie für einen Beobachter, der sich auf der Erde befindet? Die Entfernung zwischen Sender und Empfänger sei.

a) $3{,}8 \cdot 10^2$ m und

b) $3{,}8 \cdot 10^8$ m (Entfernung Erde-Mond)?

2.4. Das Inertialsystem S_1 befindet sich relativ zu dem Medium, in dem sich Schallimpulse ausbreiten, in Ruhe. Man beobachtet eine konstante Ausbreitungsgeschwindigkeit der Schallimpulse von 333 m/s. Ein zweites Inertialsystem S_2 bewegt sich mit der konstanten Geschwindigkeit von 244 m/s längs der positiven x_1-Achse.

a) In welcher Richtung, bezogen auf diese Achse, muß sich ein Schallimpuls ausbreiten, damit ein Beobachter im System S_2 ebenfalls eine Geschwindigkeit von 333 m/s mißt?

b) In welcher Richtung bewegt sich für diesen Beobachter der Impuls?

2.5. Eine zylindrische Röhre von 1 m Länge besitzt an einem Ende eine Lichtquelle und am anderen Ende einen Spiegel. Die Röhre, die im System S_2 ruht, steht senkrecht zur Geschwindigkeit $v = 10^{-4}\, c$, mit der sich S_2 relativ zu S_1 bewegt (vgl. Bild 2.5). Ein Beobachter im System S_1 sieht, wie die Quelle ein Lichtsignal aussendet, das parallel zur Röhrenachse gerichtet ist. Angenommen, der Äther ruhe relativ zum System S_1. Um wieviel wird das Lichtsignal, wenn es zum unteren Ende der Röhre zurückkehrt, die Quelle verfehlen, und zwar gemessen von einem Beobachter in S_2.

a) Bei Verwendung der Galilei-Transformation?

b) Mit Hilfe der Lorentz-Transformation?

2.6. Angenommen, im Versuch von Michelson und Morley (siehe Abschnitt 2.4) sei die Länge des Zylinders 10,0 m und die Wellenlänge des verwendeten Lichtes 500 nm.

a) Um welchen Bruchteil ihrer Wellenlänge werden sich die Wellenzüge gegeneinander verschoben haben, wenn sie wieder zusammentreffen, falls die Geschwindigkeit der Erde durch den Äther $3{,}0 \cdot 10^4$ m/s beträgt?

b) Mit welcher Geschwindigkeit müßte sich die Anordnung durch den Äther bewegen, damit die beiden Wellenzüge beim Zusammentreffen gegenphasig sind, der Phasenunterschied also 180° beträgt?

2.7. Lösen Sie die Gln. (2.24) nach x_1, y_1, z_1 und t_1 auf. Dadurch wird die Behauptung bestätigt, daß sich die Umkehrung der Lorentz-Transformation durch Vertauschen von v mit $- v$ und durch Vertauschen der Indizes 1 und 2 ergibt.

2.8. Protonen verlassen einen Teilchenbeschleuniger mit der Geschwindigkeit $0{,}8\, c$ und treten in eine evakuierte Röhre von 1,0 m Länge ein, gemessen von einem im Laboratorium ruhenden Beobachter; sie durchfliegen die Röhre und treffen auf einen Detektor.

a) Wie lange dauert für einen mit dem Proton mitbewegten Beobachter der Flug eines Protons von einem Ende der Röhre zum anderen?

b) Welche Länge der Röhre würde ein mit den Protonen mitbewegter Beobachter messen?

2.9. Inwieweit kann man sagen, die Zeit stehe für einen Beobachter still, der sich mit Lichtgeschwindigkeit bewegt?

2.10. Zwei Raumschiffe bewegen sich direkt aufeinander zu und haben für einen Beobachter auf der Erde eine Entfernung von $4{,}0 \cdot 10^{10}$ m voneinander, während gerade eines der Raumschiffe die Erde passiert. Relativ zur Erde bewegen sich beide Raumschiffe mit der gleichen Geschwindigkeit $0{,}98\ c$.

a) Nach welcher Zeit stoßen die beiden Schiffe zusammen, von dem Beobachter auf der Erde gemessen?

b) Wann stoßen sie für einen Beobachter zusammen, der sich in dem Raumschiff befindet, das bei dem ursprünglichen Abstand gerade die Erde passiert?

2.11. Ein starrer Stab bildet mit der x_1-Achse den Winkel Θ_1. Welchen Winkel Θ_2 schließt dieser Stab mit der x_2-Achse eines Beobachters ein, der sich mit der Geschwindigkeit v längs der positiven x_1-Achse bewegt?

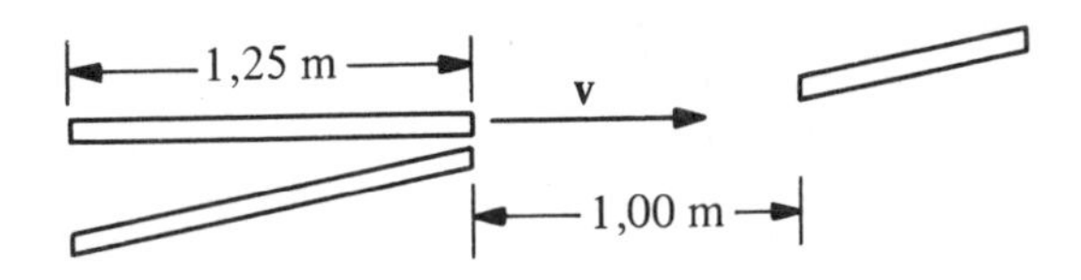

Bild 2.20 Ein Stab soll durch ein Fenster hindurch

2.12. Ein Stab von 1,25 m Länge soll durch ein Fenster von 1,00 m Weite hindurch. Genauer gesagt: Ein Stab von 1,25 m Ruhelänge, dessen Bewegung Bild 2.20 zeigt, soll durch eine Öffnung hindurch, deren Enden 1,00 m voneinander entfernt sind, gemessen von einem Beobachter, der relativ zum Fenster ruht. Die Geschwindigkeit des Stabes ist so groß, daß für einen Beobachter in einem Bezugssystem, in dem das Fenster ruht, beide Stabenden zugleich mit beiden Fensterenden zusammenfallen.

a) Wie groß ist die Geschwindigkeit des Stabes?

b) Betrachten Sie den Vorgang aus der Sicht eines Beobachters, der sich mit dem Stab bewegt. Wie groß ist für diesen Beobachter die Fensteröffnung?

c) Fallen für einen Beobachter, der sich mit dem Stab bewegt, die beiden Stabenden zugleich mit den Fensterenden zusammen, oder, wenn das nicht der Fall ist, welches Stabende – das vordere oder das hintere – fällt zuerst mit einem der Fensterenden zusammen?

d) Welche Zeitspanne verstreicht zwischen dem Zusammentreffen der Stabenden mit den jeweiligen Fensterenden aus der Sicht des mit dem Stab mitbewegten Beobachters?

2.13. Ein Zug A fährt in östlicher Richtung mit einer Geschwindigkeit $0{,}80\ c$ relativ zu einem Bahnhof; ein zweiter Zug B fährt mit $0{,}80\ c$ relativ zu demselben Bahnhof in nördlicher Richtung. Bestimmen Sie die Geschwindigkeit des Zuges A relativ zum Zuge B.

2.14. Im folgenden wird eine weitere Ableitung der Zeitdilatation geliefert. Angenommen, ein Lichtsignal bewege sich längs der Achse eines Zylinders hin und zurück, wie es Bild 2.5a zeigt.

a) Welches Zeitintervall T_0 mißt ein relativ zu dem Zylinder ruhender Beobachter für den Hin- und Rückweg des Lichtsignals, ausgedrückt durch die Zylinderlänge L und die Lichtgeschwindigkeit c?

b) Nehmen Sie nun an, der Zylinder bewege sich mit der Geschwindigkeit v, dabei stehe die Zylinderachse senkrecht zur Bewegungsrichtung eines Beobachters, der die Laufzeit des Lichtsignals ermitteln soll. Der Beobachter vergegenwärtigt sich dabei, daß die Lichtgeschwindigkeit c betragen muß. Leiten Sie eine Beziehung ab, in der die Zeit T für den Hin- und Rückweg des Lichtsignals durch L, v und c ausgedrückt wird.

c) Eliminieren Sie L in den Beziehungen, die Sie nach a) und b) erhalten haben. So erhalten Sie schließlich T, ausgedrückt durch T_0, v und c.

2.15. In einer kürzlich durchgeführten Überprüfung der Zeitdilatation wurde eine Atomuhr mit einem Düsenflugzeug auf einem Hin- und Rückflug zwischen der Ost- und der Westküste der USA mitgenommen. Zum Vergleich wurde das Zeitintervall auch auf einer zweiten Atomuhr abgelesen, die auf der Erde ruhend verblieb. Bestimmen Sie, um wieviel Sekunden die bewegte Uhr näherungsweise hinter der ortsfesten Uhr zurückblieb, wenn die einfache Flugstrecke 4 000 km betrug und das Flugzeug die konstante Reisegeschwindigkeit von 1 000 km/h besaß. (Tatsächlich ist die Rechnung schwieriger, da die Bewegung der Erde um die Sonne sowie die Achsendrehung der Erde berücksichtigt werden müssen.)

2.16. Ein Raumschiff muß zur Heimkehr noch $6 \cdot 10^{12}$ m zurücklegen. Die Lebensbedingungen in dem Raumschiff können nur noch für 20 Stunden aufrechterhalten werden. Welche Geschwindigkeit muß das Raumschiff relativ zu seinem Heimatplaneten mindestens besitzen, wenn die Besatzung die Reise überleben soll?

2.17. Ein Raumschiff bewegt sich relativ zu einer nahen Galaxie mit der Geschwindigkeit $0{,}98\,c$. Wie die Beobachter in dem Raumschiff feststellen können, benötigt das Raumschiff $6 \cdot 10^{-8}$ s, um einen kleinen, relativ zu dieser Galaxie ruhenden Markierungspunkt zu passieren.

a) Welche Gesamtlänge des Raumschiffes ermittelt ein mitreisender Beobachter?

b) Welche Länge des Raumschiffes messen Beobachter, die relativ zum Markierungspunkt ruhen?

2.18. Obwohl die Ausbreitungsgeschwindigkeit elektromagnetischer Wellen für alle Bezugssysteme gleich c ist, unterscheiden sich Frequenz und Wellenlänge monochromatischer Wellen von Bezugssystem zu Bezugssystem; d.h., es gibt einen *relativistischen Doppler-Effekt.* Eine monochromatische Welle, die sich längs der positiven x_1-Achse ausbreitet, kann durch $y_1 = y_0 \sin 2\pi\,(\nu_1 t_1 - x_1/\lambda_1)$ dargestellt werden; hierbei sind ν_1 und λ_1 Frequenz und Wellenlänge, die ein Beobachter S_1 mißt. Dieselbe Welle muß, wenn sie längs der x_2-Achse eines Bezugssystems S_2 beobachtet wird, die Gestalt $y_2 = y_0 \sin 2\pi\,(\nu_2 t_1 - x_2/\lambda_2)$ annehmen.

a) Drücken Sie unter Verwendung der Lorentz-Transformation ν_2 und λ_2 durch ν_1, λ_1 und die Relativgeschwindigkeit v der beiden Systeme aus.

b) Zeigen Sie, daß für den Fall $v \ll c$ der relativistische Doppler-Effekt in den klassischen Doppler-Effekt übergeht.

2.19. Wie man festgestellt hat, streben sehr weit entfernte Galaxien mit der sehr großen Geschwindigkeit $0{,}81\,c$ von der Erde fort.

a) Die Lebenszeit eines Sternes betrage 10^{10} Jahre, gemessen von einem Beobachter, der relativ zu diesem Stern ruht. Wie lange würde dieser Stern für einen irdischen Beobachter leben, wenn er sich mit $0{,}81\,c$ relativ zur Erde bewegen würde?

b) Ein relativ zu dem Stern ruhender Beobachter bestimmt die Wellenlänge von ultraviolettem Licht zu 200 nm. Welche Wellenlänge würde dieses Licht für einen irdischen Beobachter besitzen und in welchem Gebiet des elektromagnetischen Spektrums würde es liegen?

2.20.

a) Mit welcher Geschwindigkeit muß eine Uhr reisen, die für einen irdischen Beobachter in einem Jahr ($3{,}16 \cdot 10^7$ s) um 0,50 s nachgehen soll?

b) Vergleichen Sie diese Geschwindigkeit mit derjenigen eines Satelliten in Erdnähe von 29 000 km/h.

2.21. Ein schneller Zug fährt mit einer Geschwindigkeit von $0{,}8\,c$ relativ zur Erde. Im Zuge bewegt sich ein Schnelläufer mit der Geschwindigkeit $0{,}8\,c$ relativ zum Zuge. Angenommen, die Richtungen der beiden Geschwindigkeiten seien gleich, welche Geschwindigkeit hat der Läufer relativ zur Erde?

2.22. Ein mit der Geschwindigkeit von $0{,}8\,c$ fahrender schneller Zug passiert zwei am Bahndamm stehende Pfosten. Ein auf dem Boden stehender Beobachter mißt den Abstand der Pfosten zu 125 m. Weitere auf dem Boden stehende Beobachter stellen fest, daß Anfang und Ende des Zuges gleichzeitig mit den beiden Pfosten zusammenfallen, wenn der Zug dort vorbeifährt.

a) Wie groß ist die Länge des Zuges für einen mitreisenden Beobachter?

b) Wie lange benötigt für einen am Bahndamm stehenden Beobachter der Zug, um einen der beiden Pfosten zu passieren?

c) Welches Zeitintervall bestimmt ein Beobachter, der an einem bestimmten Punkt im Zuge steht, zwischen dem Vorbeifahren am ersten und am zweiten Pfosten?

d) Wie groß ist der Abstand der Pfosten für mitreisende Beobachter?

e) Die Koinzidenzen der beiden Zugenden mit den beiden Pfosten waren für auf dem Boden stehende Beobachter gleichzeitig. Fiel für einen mitreisenden Beobachter zuerst der Anfang oder zuerst das Ende des Zuges mit einem der Pfosten zusammen?

2.23.

a) Von einem Beobachter S_1 aus gesehen ereignete sich eine Explosion am Orte $x_1 = 0$ zur Zeit $t_1 = 0$. Etwas später erfolgte in der Nähe eine weitere Explosion, bei $x_1 = 1{,}0$ km und $t_1 = 1{,}0 \cdot 10^{-6}$ s. Wie groß muß die Geschwindigkeit eines zweiten Beobachters S_2 relativ zu S_1 sein, wenn für ihn beide Explosionen gleichzeitig erfolgen?

b) Ein zweites Paar von Explosionen wird vom Beobachter S_2 wie folgt gesehen: eine Explosion bei $x_2 = 0$ und $t_2 = 0$ und die zweite bei $x_2 = 1{,}0$ km und $t_2 = 1{,}0 \cdot 10^{-6}$ s. Wann und wo finden diese Ereignisse vom System S_1 aus gesehen statt?

2.24. Ein in S_1 ruhender Stab wird parallel zur x_1-Achse gelegt und hat in S_1 gemessen die Länge L_0.

a) Leiten Sie die Länge des Stabes ab, die im System S_2, das sich mit der Geschwindigkeit v in Richtung der positiven x_1-Achse bewegt, gemessen wird.

b) Die Messung der Enden des bewegten Stabes, das sind zwei Ereignisse, muß im System S_2 gleichzeitig erfolgen. Wie groß ist der zeitliche Unterschied derselben Ereignisse, wenn sie in S_1 gemessen werden?

c) Angenommen, als Ereignisse werden die Enden des Stabes gleichzeitig im System S_1, in dem dieser ruht, gemessen. Wie groß sind der räumliche Abstand und der zeitliche Unterschied für diese beiden Ereignisse, wenn sie im System S_2 beobachtet werden?

2.25. Ein leuchtender Würfel hat ruhend die Kantenlänge L_0. Mit einer Kamera wird ein Photo dieses Würfels, der sich mit einer großen Geschwindigkeit v gegenüber der Kamera bewegt, gemacht, Die Kamera ist weit vom Würfel entfernt, dessen Bewegungsrichtung senkrecht auf der Verbindungslinie Kamera – Würfel steht (Bild 2.21a). Wir richten unsere Aufmerksamkeit auf das Licht, das von den Würfelecken A, B und C ausgeht und das in die Kamera während der sehr kurzen Zeit eintritt, in der der Verschluß zur Belichtung geöffnet ist. Das Licht, das die Punkte A, B und C gleichzeitig (im Bezugssystem der Kamera) verläßt, erreicht die Kamera *nicht* gleichzeitig. Das Licht hat eine endliche Ausbreitungsgeschwindigkeit, und es hat von A einen längeren Weg zurückzulegen als von B und C. Folglich tritt während der sehr kurzen Öffnungszeit des Verschlusses Licht von der entfernteren Ecke A gleichzeitig mit dem Licht, das von den Ecken B und C zu einem *späteren* Zeitpunkt ausgesandt worden ist, in die Kamera ein. Der entwickelte Film liefert ein Photo, wie es im Bild 2.21b gezeigt ist. Die Rückseite AB ist sichtbar (Rückseite

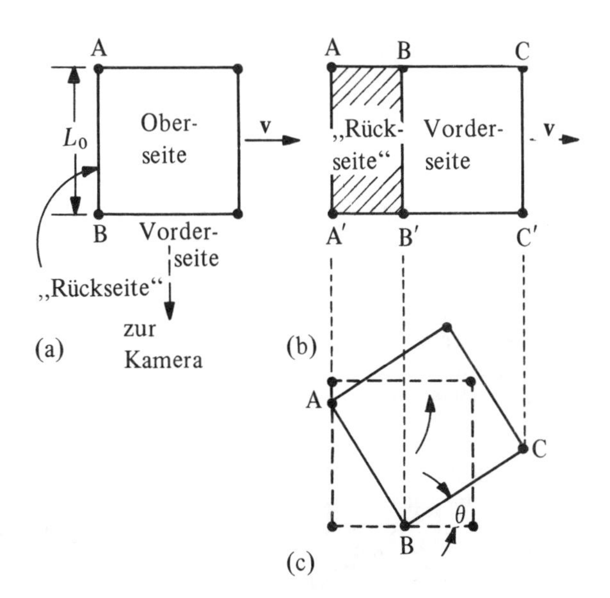

Bild 2.21 Ein bewegter Würfel wird senkrecht zu seiner Bewegungsrichtung photographiert. a) Aufsicht, b) Photo des Würfels, c) Deutung des Photos: Der Würfel scheint gedreht zu sein.

im Hinblick auf die Bewegung des Würfels), während die Seitenfläche BC durch die Längenkontraktion verkürzt ist. Zeigen Sie: Jemand, der ein solches Photo betrachtet, könnte schließen, der Würfel bewege sich nicht mit großer Geschwindigkeit rechtwinklig zur Kamera sondern ruhe vielmehr, nachdem er um einen Winkel Θ gedreht ist, wie in Bild 2.21c gezeigt ist; dabei ist $\sin\Theta = v/c$. Dieses Beispiel veranschaulicht eine allgemeine Erscheinung: Ein sehr schnell senkrecht zum Beobachtungspunkt bewegter Gegenstand erscheint *gedreht*.

2.26. Die lineare Dichte der Elektronen (Anzahl pro Längeneinheit) ist in einem bestimmten Leiterdraht λ_0, falls im Draht kein Strom fließt und wir uns die Elektronen ruhend vorstellen können. Wird nun ein Strom durch den Draht geschickt, so bewegen sich die Elektronen längs des Drahtes mit der Driftgeschwindigkeit v. Bestimmen Sie die lineare Dichte λ der strömenden Elektronen im Draht, die ein relativ zum Draht ruhender Beobachter messen würde; ausgedrückt durch λ, v und c.

2.27. Monochromatisches Licht fällt auf einen einfachen Beugungsspalt und erzeugt auf einem Bildschirm ein Beugungsbild, wie es in Bild 1.8a dargestellt ist. Lichtquelle, Spalt und Schirm befinden sich alle relativ zu einem ersten Beobachter, der die Intensitätsminima auf dem Schirm markiert, in Ruhe. Angenommen, ein zweiter Beobachter bewege sich mit großer Geschwindigkeit längs der Linie, die das Licht von der Quelle zu dem Spalt hin zurücklegt.

a) Liegen für diesen Beobachter die Intensitätsminima auch an den Stellen, die der erste Beobachter markiert hat?

b) Ist der Abstand zwischen Spalt und Schirm verändert?
Nun bewege sich ein dritter Beobachter mit großer Geschwindigkeit parallel zu der Platte, die den Spalt trägt, und senkrecht zum Spalt.

c) Findet auch dieser Beobachter die Minima an den Stellen, die der erste Beobachter markiert hat?

d) Ist für den dritten Beobachter die Spaltbreite verändert?

2.28. Ein Myon ist ein instabiles Elementarteilchen mit einer mittleren Lebensdauer von $2{,}20 \cdot 10^{-6}$ s (vom Zeitpunkt seiner Entstehung bis zu seinem Zerfall), gemessen von einem Beobachter, der relativ zu dem Teilchen ruht.

a) Ein Myon lege durchschnittlich während seiner Lebensdauer eine Strecke von 600 m zurück, bezogen auf einen Beobachter im Laborsystem. Welche Geschwindigkeit hat dann das Myon?

b) Wie lange würde dieses Myon für einen Beobachter im Laborsystem existieren?

c) Wie weit würde für einen Beobachter, der sich mit dem Myon bewegt, dieses zwischen Entstehung und Zerfall gekommen sein?

2.29. Zwei Beobachter A und B befinden sich auf der Erde, ruhen relativ zu dieser und sind 240 m voneinander entfernt, wie sie mit auf der Erde ruhenden Meßstäben ermittelt haben. Die Uhren von A und B sind bereits früher synchronisiert worden, und ihr Gleichlauf ist überprüft worden. Eine Rakete bewegt sich mit großer Geschwindigkeit längs der Linie, die A und B verbindet. Wenn die Rakete am Beobachter A vorbeifliegt, liest dieser auf seiner Uhr „Null" ab ($0{,}00 \cdot 10^{-6}$ s); fliegt die Rakete kurz darauf am Beobachter B vorbei, so zeigt dessen Uhr $1{,}00 \cdot 10^{-6}$ s an.

a) Welche Geschwindigkeit relativ zur Erde hat die Rakete, während sie von A nach B fliegt?

b) Wie groß ist das Zeitintervall zwischen den Augenblicken, in denen A und B an der Rakete vorbeisausen, gemessen mit einer Uhr, die ein in der Rakete fliegender Beobachter mit sich führt?

c) Wie groß ist der Abstand zwischen den Standorten von A und B, gemessen mit Meßstäben, die ein in der Rakete fliegender Beobachter mit sich führt?

2.30. Es gibt einige physikalische Größen, die in einem abgeschlossenen Raumgebiet einem Erhaltungssatz gehorchen; d.h., aus der Sicht eines bestimmten Inertialsystems bleibt der Betrag der betreffenden physikalischen Größe in diesem Gebiet stets gleich groß. Ein bekanntes Beispiel für eine derartige Größe ist die elektrische Ladung. Wir betrachten ein abgeschlossenes Volumen, in dem sich zwei gleich große, entgegengesetzte Ladungen im Abstand d in Ruhe befinden mögen. Nun liegt keine Verletzung des Erhaltungssatzes für die Gesamtladung in diesem Inertialsystem vor, wenn diese Ladungen *gleichzeitig* verschwinden, indem sie sich gegenseitig aufheben. Zu einem beliebigen Zeitpunkt ist die Gesamtladung in diesem Volumen immer gleich groß, nämlich Null. Zeigen Sie, daß, falls die Gesamtladung in *jedem beliebigen Inertialsystem* erhalten bleiben soll, die beiden Ladungen im Zeitpunkt ihrer Annihilation (Zerstrahlung) zusammenfallen müssen ($d = 0$). Dies ist ein Beispiel eines allgemeinen Prinzips für beliebige, einem Erhaltungssatz unterworfene Größen. Soll eine Größe in jedem beliebigen Inertialsystem erhalten bleiben, dann muß sie auch lokal erhalten bleiben (also in einem beliebig kleinen Volumen erhalten bleiben).

2.31. Beim Zwillingsparadoxon (Abschnitt 2.8) reist Dick von seinem Zwillingsbruder Jim fort, besucht John und kehrt dann zu Jim zurück.

a) Zeichnen Sie Jims, Dicks und Johns Weltlinien aus der Sicht eines Inertialsystems, in dem Dick während seiner Rückreise ruht.

b) Wann und wo trifft, aus der Sicht eines Beobachters in diesem System, Dick mit John zusammen und wann und wo trifft er seinen Zwillingsbruder Jim bei seiner Rückkehr?

2.32. Die Drillinge A, B und C werden „gleichzeitig" auf der Erde geboren. A bleibt zu Hause, während B unmittelbar nach seiner Geburt zu einem Nachbarstern, der 100 Lichtjahre entfernt ist, mit der Geschwindigkeit 0,8 c reist. C reist zu einem anderen, ebenfalls 100 Lichtjahre entfernten Stern, jedoch mit der Geschwindigkeit 0,6 c. Nachdem sie ihre jeweiligen Reiseziele erreicht haben, kehren B und C ihre Richtung um und kehren mit den entsprechenden Geschwindigkeiten zur Erde zurück.

a) Wie alt ist A, wenn B zurückkehrt?

b) Wie alt ist B, wenn er A wiedertrifft?

c) Wie alt ist A, wenn C zurückkehrt?

d) Wie alt ist C, wenn er A wiedertrifft?

3 Relativistische Dynamik: Impuls und Energie

Die relativistische Kinematik handelt von Raumintervallen, Zeitintervallen und Geschwindigkeiten. Sie ist in der Lorentz-Transformation zusammengefaßt. Sie gründet sich auf die Tatsache, daß alle Messungen der Lichtgeschwindigkeit dieselbe Konstante c liefern. Nun geht die spezielle Relativitätstheorie nicht nur von dieser Tatsache aus, sondern verlangt auch, daß die physikalischen Gesetze für alle Beobachter in Inertialsystemen invariant sein müssen. In diesem Kapitel wollen wir nun die relativistische Dynamik behandeln. Diese befaßt sich mit der Mechanik von Teilchen, die sich mit Geschwindigkeiten bis zu c bewegen können, und mit der zutreffenden relativistischen Darstellung von Impuls und Energie. Für die grundlegenden Erhaltungssätze von Impuls und Energie werden wir die Invarianz gegenüber der Lorentz-Transformation verlangen.

Zunächst werden wir den relativistischen Ausdruck für den Impuls eines Teilchens ableiten und dabei erkennen, daß wir uns die relativistische Masse eines Teilchens als mit dessen Geschwindigkeit zunehmend vorstellen müssen. Wie uns dann der relativistische Ausdruck für die kinetische Energie zeigen wird, können wir der Änderung der Bewegungsenergie eines Teilchens eine Massenänderung zuordnen. Tatsächlich wird der allgemeine Satz von der Erhaltung der Energie durch die Äquivalenz von Energie und Masse zu einem Erhaltungssatz der Masse-Energie. Wir werden entsprechend dem invarianten Raum-Zeit-Vierervektor dann den Impuls-Energie-Vierervektor untersuchen und dabei die Transformationsgleichungen für die Impulskomponenten und für die Energie ableiten. Schließlich werden wir eine wichtige Anwendung der speziellen Relativitätstheorie auf die Elektrodynamik kennenlernen (neben der Konstanz der Ausbreitungsgeschwindigkeit c der elektromagnetischen Strahlung). Wie wir mit Hilfe einer qualitativen Betrachtung erkennen werden, kann die sogenannte magnetische Kraft, die man gewöhnlich als eine besondere Art der elektromagnetischen Wechselwirkung zwischen bewegten, elektrisch geladenen Teilchen ansieht, aus einer rein elektrischen Kraft, der Coulomb-Kraft, und aus der Relativitätstheorie abgeleitet werden.

3.1 Relativistische Masse und relativistischer Impuls

Entsprechend der klassischen Definition des Impulses ordnen wir einem Teilchen einen relativistischen Impuls $\mathbf{p}$ zu, der durch die Beziehung

$$\mathbf{p} = m\,\mathbf{v} \tag{3.1}$$

gegeben ist, dabei ist m die sogenannte relativistische Masse. Definitionsgemäß ist die relativistische Masse m eines Teilchens diejenige physikalische Größe, mit der wir die Geschwindigkeit $\mathbf{v}$ multiplizieren müssen, um die Vektorgröße $\mathbf{p}$ zu erhalten, dabei soll der Gesamtimpuls $\Sigma\,\mathbf{p}$ eines abgeschlossenen Systems erhalten bleiben. Wie wir wissen, ist die *klassische* oder Newtonsche Form des Satzes von der Erhaltung des Impulses gegenüber einer *Galilei*-Transformation invariant, hierbei versteht man unter dem Impuls eines Teilchens das Produkt aus Geschwindigkeit und einer *invarianten* Masse. Natürlich kann dann der klassische Ausdruck für den Impuls *nicht* invariant gegenüber einer Lorentz-Transformation sein. Wenn wir die Bedingungen der relativistischen Kinematik, wie sie durch die Lorentz-Transformation ausgedrückt werden, den Gesetzen der Dynamik für Teilchen hoher Geschwindigkeit auferlegen, sind wir daher auch auf das Ergebnis gefaßt, daß die relativistische Masse keine invariante Größe ist, sondern vielmehr in irgendeiner Weise von der Geschwindigkeit des Teilchens abhängt.

Wir wollen uns wieder den Impulssatz für Teilchen, die sich mit relativistischer Geschwindigkeit bewegen, vornehmen. Dabei müssen wir auf der Erfüllung der beiden Grundpostulate der speziellen Relativitätstheorie bestehen: Die physikalischen Gesetze müssen für alle Inertialsysteme invariant sein, und als Lichtgeschwindigkeit muß von allen Beobachtern die gleiche Konstante gemessen werden, oder damit äquivalent, die Beschreibung von Ereignissen in Raum und Zeit muß mit der Lorentz-Transformation übereinstimmen. Wir wissen natürlich, – unabhängig davon, welche Unterschiede sich auch immer zwischen der relativistischen und der klassischen Form des Impulses ergeben mögen –, der relativistische Impuls $m\,\mathbf{v}$ *muß* nach dem Korrespondenzprinzip für kleine Geschwindigkeiten in die vertraute Form $m_0\,\mathbf{v}$ übergehen, hierbei stellt m_0 die Masse des Teilchens bei der Geschwindigkeit Null dar oder zum wenigsten bei einer Geschwindigkeit v, die sehr viel kleiner als die Lichtgeschwindigkeit c ist.

Wir werden folgendermaßen vorgehen: Wir betrachten zunächst einen elastischen Stoß zwischen zwei gleichartigen Körpern, der so vollständig symmetrisch ist, daß wir von der Gültigkeit des Impulssatzes überzeugt sein können. Dann untersuchen wir denselben Stoß aus der Sicht eines Beobachters in einem anderen Inertialsystem und verlangen dabei die Invarianz des Impulssatzes.

Angenommen, wir haben zwei Teilchen A und B, deren Masse m_0 ruhend verglichen gleich sein soll. Die Teilchen werden mit sehr großer, aber gleicher Geschwindigkeit, aus entgegengesetzten Richtungen aufeinander geschossen, so daß sie elastisch zusammenstoßen, wie in Bild 3.1a dargestellt ist. Die Teilchengeschwindigkeiten besitzen den gleichen Betrag aber entgegengesetzte Richtungen und zwar sowohl vor als auch nach dem Stoß. Auf Grund der Symmetrie des Stoßes können wir sicher sein, daß der Stoß im Schwerpunktsystem beobachtet wird, also in dem Inertialsystem, in dem der Gesamtimpuls des Systems zu allen Zeiten Null ist. Drehen wir die Koordinatenachsen, wie in Bild 3.1b gezeigt ist, so erscheint die Symmetrie dieses Stoßes noch besser. Die beiden Teilchengeschwindigkeiten bilden dann den *gleichen* Winkel mit der x_S- und der y_S-Achse. Die Geschwindigkeitskomponenten beider Teilchen in x_S-Richtung mögen den Betrag v_x haben. Wir können uns weiterhin vorstellen, ein Beobachter A, der im Abstand $\frac{1}{2}\,y$ unterhalb der x_S-Achse ebenfalls mit der Geschwindigkeit v_x nach rechts fliegt, werfe zunächst das Teilchen A und fange es später wieder auf. Ähnlich können wir uns vorstellen, daß das Teilchen B von einem Beobachter B, der im Abstand $\frac{1}{2}\,y$ oberhalb der x_S-Achse mit der Geschwindigkeit v_x nach links fliegt, geworfen und wieder aufgefangen wird.

Ein dritter Beobachter, der mit dem x_S-y_S-Intertialsystem fest verbunden ist und sich daher von den Beobachtern A und B unterscheidet, kann dann allein auf Grund der Symmetrie behaupten, daß beide Teilchen A und B *gleichzeitig* geworfen werden, im Koordinatenursprung zusammenstoßen und dann wieder *gleichzeitig* von den entsprechenden Beobachtern aufgefangen werden. Anders ausgedrückt: Das *Zeitintervall* T_S zwischen dem Abwurf und dem Auffangen des Teilchens A, *wie es im Schwerpunktsystem beobachtet wird,* ist genau so groß wie dasjenige zwischen Abwurf und Auffangen des Teilchens B.

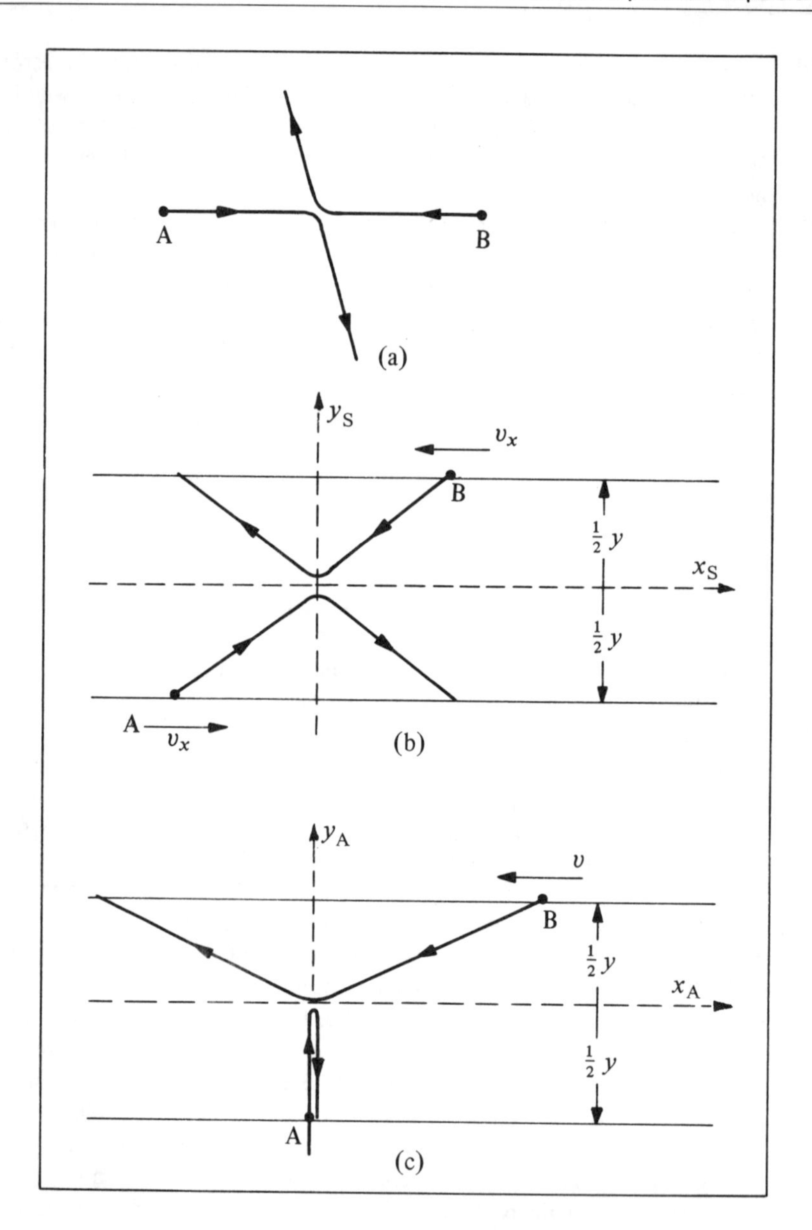

Bild 3.1 Zwei gleichartige Teilchen stoßen mit gleich großer Geschwindigkeit elastisch zusammen:

a) aus der Sicht eines Beobachters im Schwerpunktsystem der Teilchen;

b) gegenüber a) sind hier die x_S- und die y_S-Achse derartig gerichtet, daß für einen Beobachter im Schwerpunktsystem der Stoß vollkommen symmetrisch verläuft;

c) aus der Sicht eines Beobachters, der sich mit dem Teilchen A längs der x-Achse bewegt.

Darüberhinaus bleibt für einen Beobachter in diesem Schwerpunktsystem bei dem Stoß der Impuls bestimmt erhalten; denn der vektorielle Gesamtimpuls des Systems muß ja für jede beliebige Richtung verschwinden. Folglich muß die Änderung Δp_{yA} der Impulskomponente des Teilchens A in der y_S-Richtung bei diesem Stoß dem Betrage nach genau so groß sein wie die Änderung Δp_{yB} der Impulskomponente des Teilchens B in y_S-Richtung. Daher verlangt der Satz von der Erhaltung des Impulses

$$\Delta p_{yA} = \Delta p_{yB} \,. \tag{3.2}$$

Das Teilchen A legt vor dem Stoß die Entfernung $\frac{1}{2}\,y$ längs der y_S-Achse zurück und nach dem Stoß nochmals $\frac{1}{2}\,y$; es legt somit während des Intervalls T_S die Strecke y zurück. Die y-Komponente der Geschwindigkeit des Teilchens A beträgt daher y/T_S. Die Impulsänderung in y_S-Richtung ist doppelt so groß wie der Betrag der Impulskomponente in dieser Richtung vor oder nach dem Stoß. Daher wird

$$\Delta p_{yA} = \frac{2\,m_A\,y}{T_S}\,,$$

wobei m_A die relativistische Masse des Teilchens A ist. Wir erhalten ebenso

$$\Delta p_{yB} = \frac{2\,m_B\,y}{T_S}\,,$$

wobei m_B die relativistische Masse des Teilchens B ist. Aus Gl. (3.2) folgt dann für einen Beobachter mit dem Schwerpunktsystem als Inertialsystem

$$\frac{m_A\,y}{T_S} = \frac{m_B\,y}{T_S}\,.$$

Auf Grund der Symmetrie des Stoßes müssen also beide Teilchen die gleiche relativistische Masse besitzen: $m_A = m_B$.

Wenn die Erhaltung des relativistischen Impulses für *alle* Inertialsysteme gelten soll, dann muß Gl. (3.2) auch für jedes andere beliebige Inertialsystem, das sich mit konstanter Geschwindigkeit relativ zum Schwerpunktsystem bewegt, erfüllt sein. Besonders einfach können wir daher den Stoß in einem Inertialsystem, in dem der Beobachter A ruht, untersuchen (Bild 3.1c). Dabei ergeben sich folgende Unterschiede. Der Beobachter A sieht jetzt sein Teilchen A längs der y_A-Achse hin und zurück fliegen und das Teilchen B fliegt für ihn vor und nach dem Stoß schräg gegen die y_A-Achse. Die Geschwindigkeit des Beobachters B relativ zum Beobachter A bezeichnen wir mit **v**. Der Beobachter A, der sich in einem Punkt im Abstand $\frac{1}{2}\,y$ unterhalb der x_A-Achse aufhält, sieht den Beobachter B mit der Geschwindigkeit v nach links fliegen und zwar in einem Abstand $\frac{1}{2}\,y$ oberhalb der x_A-Achse. Offensichtlich ist der senkrechte Abstand y zwischen den Beobachtern A und B im neuen x_A-y_A-Bezugssystem der gleiche wie früher im x_S-y_S-System, da es rechtwinklig zur Richtung der Relativbewegung *keine Längenkontraktion* gibt.

Der *Beobachter* A *mißt jedoch unterschiedliche Zeitintervalle* zwischen dem Abwurf und dem Wiederauffangen der beiden Teilchen: Im x_A-y_A-Bezugssystem wird Teilchen A am *selben* Orte abgeworfen und wieder aufgefangen; Teilchen B wird aber von einem weiter rechts gelegenen Ort abgeworfen und an einer anderen Stelle links wieder aufgefangen. Wir müssen uns an die allgemeine Eigenschaft relativistischer Zeitintervalle erinnern: Ereignen sich im Bezugssystem eines Beobachters zwei Ereignisse an demselben Ort, dann ist das Zeitintervall zwischen ihnen das Eigenzeitintervall T_0. Werden sie jedoch in einem Bezugssystem, das sich mit der Geschwindigkeit v bewegt, beobachtet, dann ist das Zeitintervall zwischen ihnen gedehnt (Zeitdilatation) und durch

$$T = \frac{T_0}{\sqrt{1-(v/c)^2}} \qquad (2.29), (3.3)$$

gegeben. Bezeichnen wir daher das Zeitintervall zwischen Abwurf und Auffangen des Teilchens A, wie es von A beobachtet wird, mit T_0, dann wird A zwischen Abwurf und Auffangen des Teilchens B das Zeitintervall T messen.

Beobachter A sieht folgenden Ablauf der Ereignisse. Zuerst wirft B Teilchen B, dann A Teilchen A, dann stoßen die Teilchen zusammen, dann fängt A Teilchen A und schließlich fängt B Teilchen B auf. Wir haben hier ein Beispiel der allgemeinen Regel, Ereignisse, die in einem Bezugssystem gleichzeitig ablaufen (Abwurf und Auffangen der beiden Teilchen A und B im x_S-y_S-Schwerpunktsystem), finden in einem zweiten Bezugssystem, das sich relativ zu dem ersten bewegt, nicht gleichzeitig statt.

Im x_A-y_A-Bezugssystem (Bild 3.1c) ist die Änderung der y_A-Komponente des Impulses dann

$$\Delta p_{yA} = \frac{2\, m_A\, y}{T_0}, \qquad \Delta p_{yB} = \frac{2\, m_B\, y}{T}.$$

Wenn wir dieses Ergebnis in Gl. (3.2) einsetzen, damit die Invarianz des Impulssatzes gewährleistet ist, folgt

$$\frac{m_A\, y}{T_0} = \frac{m_B\, y}{T}$$

und mit Hilfe von Gl. (3.3) dann

$$m_A = m_B \sqrt{1-(v/c)^2}\,. \qquad (3.4)$$

Hierbei sind m_A und m_B die entsprechenden Teilchenmassen, wie sie im x_A-y_A-Bezugssystem beobachtet werden, und v ist die Geschwindigkeit des Beobachters B relativ zum Beobachter A. Zeitdilatation und Relativität der Gleichzeitigkeit sind aus der Lorentz-Transformation hergeleitet worden. Soll also die Erhaltung des Impulses gegenüber einer Lorentz-Transformation invariant sein, so muß Gl. (3.4) gelten. Offensichtlich kann diese Gleichung nur mit unterschiedlichen Massen m_A und m_B erfüllt werden. Wie wir uns erinnern, waren beide Massen gleich groß, falls sie beide relativ zum messenden Beobachter ruhten. Es ist daher klar, daß die relativistische Masse eines Teilchens in irgendeiner Weise von dessen Geschwindigkeit abhängen muß, wie wir vorausgesetzt hatten.

Bei dem Stoß, der in Bild 3.1c dargestellt ist, bewegen sich *beide* Teilchen. Um herauszufinden, in welcher Weise die Masse eines Teilchens von seinem Bewegungszustand relativ zu einem Beobachter abhängt, betrachten wir nun einen Sonderfall des Stoßes. Dieser liegt dann vor, wenn das Teilchen A im x_A-y_A-Bezugssystem ruht. Das bedeutet, wir nehmen an, die y-Komponenten der Geschwindigkeiten der beiden Teilchen A und B sollen gegen Null gehen. Teilchen A befindet sich dann bezüglich des x_A-y_A-Bezugssystems in Ruhe, und wir bezeichnen seine Masse mit m_0, der *Ruhmasse.* Ein Beobachter, der im x_A-y_A-System ruht, sieht nun das Teilchen B auf ein und derselben Geraden heranfliegen und sich dann wieder entfernen, dabei streift es das Teilchen A beim Stoß gerade eben (Bild 3.2). Das Teilchen B besitzt dann genau die gleiche Geschwindigkeit v wie ein Beobachter B (relativ zu dem nun das Teilchen B ruht). Als es sich in Ruhe befand, war die Masse des Teilchens B

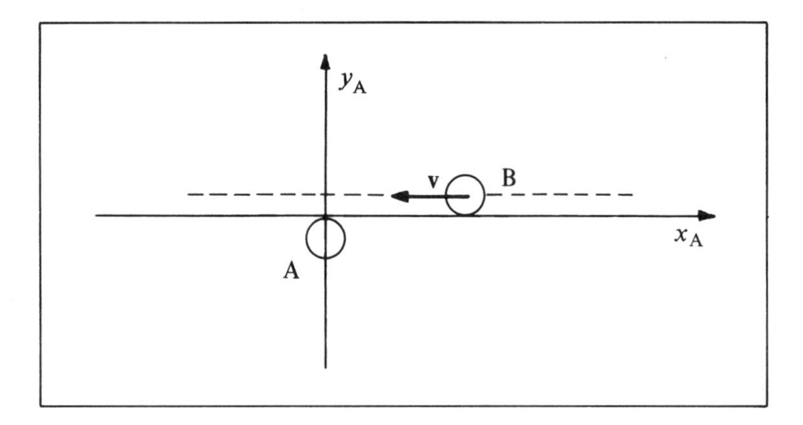

Bild 3.2 Stoß des bewegten Teilchens B mit dem ruhenden Teilchen A aus der Sicht des Beobachters A. Es handelt sich hier um den Grenzfall des in Bild 3.1c dargestellten Falles, bei dem die y-Komponente der Geschwindigkeit gegen Null geht.

ebenfalls m_0. Da es sich nun aber mit einer Geschwindigkeit v relativ zu einem Beobachter im x_A-y_A-System bewegt, ist seine Masse davon verschieden, und wir wollen sie mit m bezeichnen. Für den streifenden Stoß mit $m_A = m_0$ und $m_B = m$ wird die Gl. (3.4)

$$m_0 = m\sqrt{1-(v/c)^2}, \qquad m = \frac{m_0}{\sqrt{1-(v/c)^2}}. \tag{3.5}$$

Wir können uns ebenso einen Beobachter B vorstellen. Dieser sieht sein eigenes Teilchen B ruhend mit der Masse m_0 und das Teilchen A mit der Geschwindigkeit v bewegt und mit der Masse m. Für einen beliebigen Beobachter hat dann ein Teilchen, das relativ zu ihm ruhend die Ruhmasse m_0 besitzt, wenn es sich mit der Geschwindigkeit v bewegt die Masse $m_0\,[1-(v/c)^2]^{-1/2}$. Bild 3.3 zeigt die relativistische Teilchenmasse in Abhängigkeit von der Teilchengeschwindigkeit, wie sie durch Gl. (3.5) gegeben ist. Offensichtlich weicht m nur dann deutlich von m_0 ab, wenn die Geschwindigkeit mit der Lichtgeschwindigkeit vergleichbar wird; ist zum Beispiel $v/c = \frac{1}{10}$, so wird m_0 nur um 0,5 % übertroffen.

Der Aussage, die Masse eines Teilchens hängt von seiner Geschwindigkeit ab, liegt eigentlich die Voraussetzung zu Grunde, daß der relativistische Impuls $\mathbf{p}$ eines Teilchens der Geschwindigkeit $\mathbf{v}$ durch folgende Beziehung

$$\mathbf{p} = m\,\mathbf{v} = \frac{m_0\,\mathbf{v}}{\sqrt{1-(v/c)^2}} \tag{3.6}$$

gegeben ist, hierbei ist m_0 eine Konstante, also von der Geschwindigkeit unabhängig. Versuche mit Teilchen, die sich mit Geschwindigkeiten in der Nähe der Lichtgeschwindigkeit bewegen, zeigen überzeugend, daß Gl. (3.6) für alle Geschwindigkeiten, bis zur Lichtgeschwindigkeit c, den Impuls eines Teilchens richtig wiedergibt. Natürlich geht für langsame Teilchen, also mit $v/c \ll 1$, der relativistische Impuls in die klassische Form $\mathbf{p} = m_0\,\mathbf{v}$ über. Während in der vorrelativistischen Physik Raumintervalle, Zeitintervalle und Massen als absolut angesehen wurden und die Lichtgeschwindigkeit als relativ zu dem gewählten Bezugssystem gehalten wurde, verlangt Einsteins Relativitätstheorie, da in dieser die Lichtgeschwin-

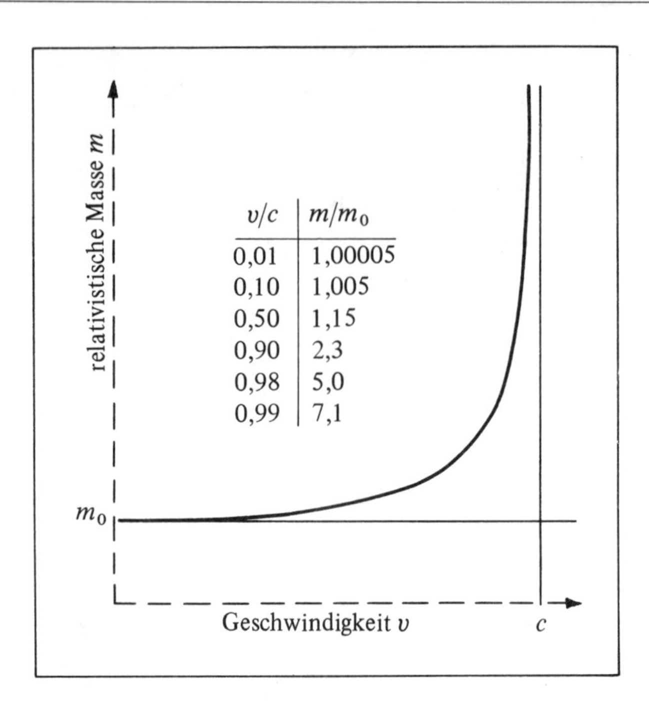

Bild 3.3 Abhängigkeit der relativistischen Masse von der Geschwindigkeit

digkeit für alle Inertialsysteme absolut ist, daß Raumintervalle, Zeitintervalle und Massen (definiert als Verhältnis von Impuls und Geschwindigkeit) relativ sind und von der Relativbewegung zwischen dem betreffenden Körper und dem Beobachter abhängen.

In der relativistischen Dynamik setzen wir als die auf einen Körper wirkende Kraft **F** die zeitliche Ableitung seines relativistischen Impulses. Daher wird das zweite Newtonsche Gesetz in folgender Form geschrieben

$$\mathbf{F} = \frac{d\mathbf{p}}{dt} = \frac{d}{dt}\, m\,\mathbf{v}\,, \tag{3.7}$$

das aber auch durch

$$\mathbf{F} = m\,\frac{d\mathbf{v}}{dt} + \mathbf{v}\,\frac{dm}{dt} \tag{3.8}$$

ausgedrückt werden kann. In der klassischen Mechanik, in der die Masse eines beliebigen Körpers konstant ist, also $dm/dt = 0$ ist, werden dann die beiden Formen des zweiten Newtonschen Gesetzes $\mathbf{F} = \frac{d}{dt}(m\,\mathbf{v})$ und $\mathbf{F} = m\frac{d\mathbf{v}}{dt} = m\,\mathbf{a}$ gleichwertig. In der relativistischen Dynamik sind jedoch diese beiden Formen gewöhnlich nicht äquivalent; denn hier ändert sich die Masse m eines Teilchens mit dessen Geschwindigkeit und hängt daher von der Zeit ab, falls sich die *Geschwindigkeit* im Laufe der Zeit ändert. Die allgemeinere Form $\mathbf{F} = d\mathbf{p}/dt$ ist aber immer gültig.

Ein wichtiger Fall, bei dem sich die Geschwindigkeit eines Teilchens ändert, der Betrag der Geschwindigkeit jedoch konstant bleibt, liegt bei einem Teilchen vor, das sich unter der Einwirkung einer Kraft, die auf den Kreismittelpunkt hin gerichtet ist, auf einem Kreisbogen bewegt. Da die Kraft radial und jeweils senkrecht zur Teilchengeschwindigkeit gerichtet ist, bleibt bei der Bewegung des Teilchens der Betrag der Geschwindigkeit konstant, jedoch ändert sich die Richtung der Geschwindigkeit ständig.

Wir betrachten ein Teilchen mit der relativistischen Masse m und der elektrischen Ladung Q, das sich mit einer Geschwindigkeit $\mathbf{v}$ senkrecht zu einem homogenen Magnetfeld der Flußdichte $\mathbf{B}$ bewegt. Die magnetische Kraft, die senkrecht auf der Geschwindigkeit steht und daher das Teilchen auf eine Kreisbahn zwingt, besitzt den Betrag

$$F = Q\,v\,B\,.$$

Da sich das Teilchen mit konstantem Betrag der Geschwindigkeit bewegt, ist auch seine relativistische Masse konstant und daher ist $dm/dt = 0$. Aus Gl. (3.8) wird dann $\mathbf{F} = m\,d\mathbf{v}/dt = m\,\mathbf{a}$, dabei ist $\mathbf{a}$ die Zentripetalbeschleunigung, diese hat den Betrag v^2/r, r ist hier der Radius der Kreisbahn (Bild 3.4). Wir setzen die Beziehung für die magnetische Kraft ein und erhalten

$$Q\,v\,B = \frac{m\,v^2}{r}\,, \qquad p = m\,v = Q\,B\,r\,. \tag{3.9}$$

An einen wichtigen Unterschied muß jedoch erinnert werden. Obwohl diese Gleichung genau dieselbe Form wie diejenige, die man auch mit den Methoden der klassischen Mechanik erhalten würde, besitzt, ist die darin vorkommende Masse m die relativistische Masse und nicht die Ruhmasse.

Die Gl. (3.9) ist Grundlage eines einfachen Verfahrens, den relativistischen Impuls eines geladenen Teilchens zu bestimmen. Bei diesem Verfahren ist Q bekannt, B und r werden gemessen, und p wird mit Hilfe dieser Gleichung berechnet. Da ja v mit Hilfe aufeinander senkrecht stehender elektrischer und magnetischer Felder bestimmt werden kann (vgl. Abschnitt 8.4), läßt sich aus Gl. (3.9) die relativistische Masse m berechnen. Hierauf beruhte im wesentlichen das Verfahren von H. Bucherer (1909) und anderen, um die von der Relativitätstheorie vorausgesagte Zunahme der relativistischen Masse mit der Geschwindigkeit zu bestätigen.

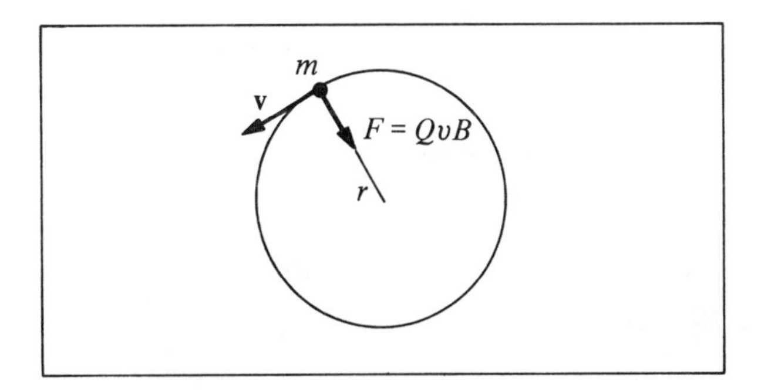

Bild 3.4 Bewegung eines geladenen Teilchens in einem transversalen Magnetfeld

Beispiel 3.1. Ein Teilchen mit der Ruhmasse m_0 bewegt sich anfangs mit der Geschwindigkeit $0{,}40\,c$.

a) Wird die Teilchengeschwindigkeit verdoppelt, wie groß wird dann sein Impuls, verglichen mit dem Anfangsimpuls?

b) Wenn der Teilchenimpuls so lange zunimmt, bis er schließlich das Zehnfache des Anfangsimpulses beträgt, wie groß ist dann, verglichen mit der Anfangsgeschwindigkeit, die Endgeschwindigkeit des Teilchens?

a) Der Anfangsimpuls ist durch Gl. (3.6) gegeben:

$$p_a = \frac{m_0\, v_a}{\sqrt{1-(v_a/c)^2}} = \frac{0{,}40\, m_0\, c}{\sqrt{1-(0{,}40)^2}} = 0{,}44\, m_0\, c\,.$$

Wird die Geschwindigkeit verdoppelt, so bewegt sich das Teilchen mit der Geschwindigkeit $v = 2 \cdot (0{,}40\, c) = 0{,}80\, c$, und der Impuls wird dann

$$p = \frac{m_0\,(2\, v_a)}{\sqrt{1-(0{,}80)^2}} = 1{,}33\, m_0\, c\,.$$

Das Verhältnis des Endimpulses zum Anfangsimpuls beträgt 3,0, während das Verhältnis der Endgeschwindigkeit zur Anfangsgeschwindigkeit nur 2,0 ist.

b) Der Anfangsimpuls des Teilchens beträgt $p_a = 0{,}44\, m_0\, c$. Der Impuls des Teilchens wird nun zehnmal größer, und die Teilchengeschwindigkeit wird wiederum durch Gl. (3.6) gegeben:

$$p = 10 \cdot (0{,}44\, m_0\, c) = \frac{m_0\, v}{\sqrt{1-(v/c)^2}}\,.$$

Nach Umstellen und Quadrieren der Gleichung erhalten wir

$$(4{,}4)^2\, c^2 - (4{,}4)^2\, v^2 = v^2\,, \qquad v = 0{,}975\, c\,.$$

Das Verhältnis der Geschwindigkeiten beträgt $v/v_a = 2{,}4$, das Verhältnis der Impulse dagegen $p/p_a = 10$.

3.2 Relativistische Energie

Wir haben bereits die Ausdrücke für die relativistische Masse, Gl. (3.5), für den relativistischen Impuls, Gl. (3.6), und für die genaue Form des zweiten Newtonschen Gesetzes, Gl. (3.7), abgeleitet. Wir fragen nun weiter: „Wie ist die relativistische Bewegungsenergie E_k beschaffen?“ Zur Antwort auf diese Frage definieren wir, genau so wie in der klassischen Physik, die Bewegungsenergie als die gesamte Arbeit, die aufgebracht werden muß, um das Teilchen unter der Einwirkung einer konstanten Kraft F aus der Ruhe heraus auf die Endgeschwindigkeit v zu bringen:

$$E_k = \int_0^s F\, ds = \int_0^s \frac{d}{dt}(m\, v)\, ds = \int_0^t \frac{d}{dt}(m\, v)\, v\, dt = \int v\, d(m\, v) = \int (v^2\, dm + m\, v\, dv)\,.$$

Bei der Integration müssen wir beachten, daß sowohl m als auch v Veränderliche sind. Die Abhängigkeit dieser beiden Größen voneinander wird durch Gl. (3.5) gegeben. Es wird sich als einfacher herausstellen, v durch m auszudrücken und dann über die Veränderliche m zu integrieren. Die entsprechenden Ausdrücke für v und dv erhalten wir durch Umstellen der Gl. (3.5):

$$1 - \frac{v^2}{c^2} = \frac{m_0^2}{m^2}\,.$$

Durch Differentiation ergibt sich:

$$-2\,v\,\frac{dv}{c^2} = -2\,m_0^2\,\frac{dm}{m^3}\,.$$

Durch Kombination dieser beiden Gleichungen folgt

$$m\,v\,dv = (c^2 - v^2)\,dm\,.$$

Indem wir dieser Gleichung $m\,v\,dv$ entnehmen und in das Integral zur Bestimmung der Bewegungsenergie E_k einsetzen, wird

$$E_k = \int_{m_0}^{m} [v^2\,dm + (c^2 - v^2)\,dm] = c^2 \int_{m_0}^{m} dm = m\,c^2 - m_0\,c^2\,;$$

$$E_k = (m - m_0)\,c^2\,. \tag{3.10}$$

Die relativistische Bewegungsenergie ist also gleich dem Produkt aus Massenzunahme, die durch die Bewegung des Teilchens hervorgerufen wird, und c^2. Wie wir erkennen, unterscheidet sich die relativistische Bewegungsenergie deutlich von der klassischen Form der Bewegungsenergie. Darüber hinaus bedeutet in der Relativitätstheorie die Feststellung, ein Teilchen besitzt Bewegungsenergie, daß seine Masse die Ruhmasse übertrifft. Natürlich muß nach dem Korrespondenzprinzip die relativistische Form der Bewegungsenergie in den vertrauten klassischen Ausdruck $\frac{1}{2}\,m_0\,v^2$ übergehen, falls $v/c \ll 1$ wird. Um das zu zeigen, entwickeln wir Gl. (3.10) nach dem binomischen Satz:

$$\begin{aligned} E_k &= m_0\,c^2\,\{[1 - (v/c)^2]^{-1/2} - 1\} \\ &= m_0\,c^2\,[1 + \tfrac{1}{2}\,(v/c)^2 + \tfrac{3}{8}\,(v/c)^4 + \ldots - 1] \\ &= \tfrac{1}{2}\,m_0\,v^2 + \frac{(3/8)\,m_0\,v^4}{c^2} + \ldots, \end{aligned}$$

oder

$$\lim_{c\to\infty} E_k = \lim_{c\to\infty} (m - m_0)\,c^2 = \tfrac{1}{2}\,m_0\,v^2\,.$$

Es muß jedoch festgehalten werden, daß die relativistische Bewegungsenergie *nicht* durch $\frac{1}{2}\,m\,v^2$ gegeben ist, wobei m die relativistische Masse ist.

Wie wir erkannt haben, entspricht einer Zunahme der Bewegungsenergie eines Teilchens auch eine Zunahme seiner Masse. Das trifft ganz allgemein für die Energie zu: Einer Änderung der Gesamtenergie eines Systems von Teilchen entspricht eine Änderung der Masse dieses Systems. Die Gl. (3.10) kann allgemeiner geschrieben werden:

$$E_k = E - E_0 = m\,c^2 - m_0\,c^2\,, \tag{3.11}$$

hierbei stellt E die *Gesamtenergie* des Teilchens dar und ist durch

$$E = m\,c^2 \tag{3.12}$$

gegeben; E_0 entspricht der *Ruhenergie* des Teilchens und folgt aus

$$E_0 = m_0\,c^2\,. \tag{3.13}$$

Bei einem System von Teilchen fallen Ruhenergie E_0 und Ruhmasse m_0 mit Gesamtenergie und Gesamtmasse des Systems zusammen, falls sich der Schwerpunkt des Systems in Ruhe befindet.

Die Gl. (3.12) ist die bekannte Beziehung von Einstein, die die Äquivalenz von Energie und Masse ausdrückt. Jede dieser beiden Größen ist nur eine unterschiedliche Erscheinungsform derselben physikalischen Wesenheit. Ein Teilchen, das relativ zu einem Beobachter ruht, hat eine Ruhmasse m_0 und eine Ruhenergie $m_0 c^2$. Da Masse und Energie äquivalent und ineinander umwandelbar sind, haben wir auch weiterhin nicht mehr getrennte Erhaltungssätze für die Energie und die Masse. Die Relativitätstheorie vereinigt vielmehr diese beiden Sätze zu einem einzigen, einfachen Gesetz von der Erhaltung der Masse – Energie. Dieses Gesetz ist in jedem Inertialsystem gültig, ebenso wie das Gesetz von der Erhaltung des relativistischen Impulses.

Im allgemeinen ist in der Physik der Impuls ein geeigneterer Begriff als die Geschwindigkeit (so haben wir zum Beispiel einen Satz von der Impulserhaltung aber keinen Satz von der Erhaltung der Geschwindigkeit). Daher ist es oft angebracht, die Energie E durch den Impuls p auszudrücken anstatt durch v. Auf folgende Weise können wir v eliminieren. Wir quadrieren Gl. (3.5), multiplizieren dann beide Seiten mit $c^4\,[1-(v/c)^2]$ und erhalten so

$$m^2 c^4 - m^2 v^2 c^2 = m_0^2 c^4 \ .$$

Aus den Gln. (3.6), (3.12) und (3.13) entnehmen wir $m\,v$, $m\,c^2$ und $m_0\,c^2$, setzen diese Ausdrücke in die obige Gleichung ein und erhalten dann unmittelbar die gesuchte Beziehung zwischen E und p:

$$E^2 = (p\,c)^2 + E_0^2 \ . \tag{3.14}$$

Wir wollen die relativistischen Gleichungen für zwei Grenzfälle untersuchen, für sehr kleine und für sehr große Geschwindigkeiten.

$v \ll c$. Das ist der Bereich der klassischen Physik, in dem die Newtonsche Mechanik zutrifft. Die relativistischen Größen gehen in die bekannten klassischen Ausdrücke über, nämlich

$$m \approx m_0 , \qquad p \approx m_0\,v, \qquad E_k \approx \tfrac{1}{2}\, m_0\, v^2 .$$

In diesem Bereich ist die Bewegungsenergie sehr viel kleiner als die Ruhenergie, d.h.,

$$E_k \ll E_0 \ ,$$

da ja

$$\frac{E_k}{E_0} = \frac{\frac{1}{2}\, m_0\, v^2}{m_0\, c^2} = \frac{1}{2}\left(\frac{v}{c}\right)^2 \ll 1$$

ist.

$v \approx c$. Es handelt sich hier um den extrem relativistischen Bereich. Daher werden nun die Gln (3.‿), (3.11) und (3.14)

$$m \gg m_0 , \qquad E \gg E_0 , \qquad p \approx \frac{E}{c} , \qquad E_k \approx E .$$

Falls ein Teilchen zwar Energie und Impuls, aber keine *Ruhmasse* besitzt – eine Annahme, die vom klassischen Standpunkt aus sinnlos, in der Relativitätstheorie aber zulässig ist – werden diese Gleichungen *exakt gültig*, und ein Teilchen mit verschwindender Ruhmasse muß sich notwendig mit der Lichtgeschwindigkeit c bewegen. Also gilt für ein Teilchen mit der Ruhmasse Null:

$$m_0 = 0, \quad E = p\,c, \quad E_k = E, \quad v = c\,. \tag{3.15}$$

Umgekehrt *muß* die Ruhmasse eines Teilchens, das sich bei nichtverschwindender Energie mit Lichtgeschwindigkeit bewegt, verschwinden; denn aus den Gln. (3.5) und (3.13) folgt

$$m = \frac{E}{c^2} = \frac{m_0}{\sqrt{1 - (v/c)^2}}\,. \tag{3.16}$$

Wird $v = c$, so verschwindet der Nenner und die Energie des Teilchens müßte bei nichtverschwindender Ruhmasse unendlich groß werden, was unmöglich ist. Falls jedoch die Ruhmasse verschwindet, wird die rechte Seite der Gl. (3.16) $\frac{0}{0}$, ein unbestimmter Ausdruck. Aus Einsteins Gleichung $m = E/c^2$ erhält man die relativistische Masse m, und diese ist endlich, auch dann, wenn m_0 verschwindet. Die Zunahme der Energie (und damit auch der Masse, da ja $E = m\,c^2$ ist) in Abhängigkeit von der Geschwindigkeit ist in Bild 3.5 für ein Proton, für ein Elektron und für ein Teilchen mit verschwindender Ruhmasse dargestellt.

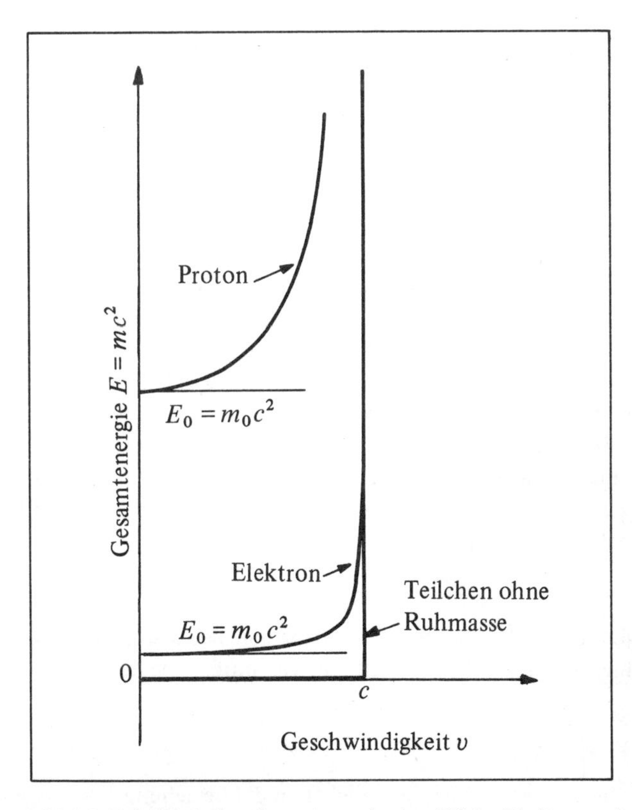

Bild 3.5 Relativistische Gesamtenergie in Abhängigkeit von der Geschwindigkeit für drei Teilchen unterschiedlicher Ruhenergie. (Die Ruhenergie ist nicht durchgehend in demselben Maßstab aufgetragen.)

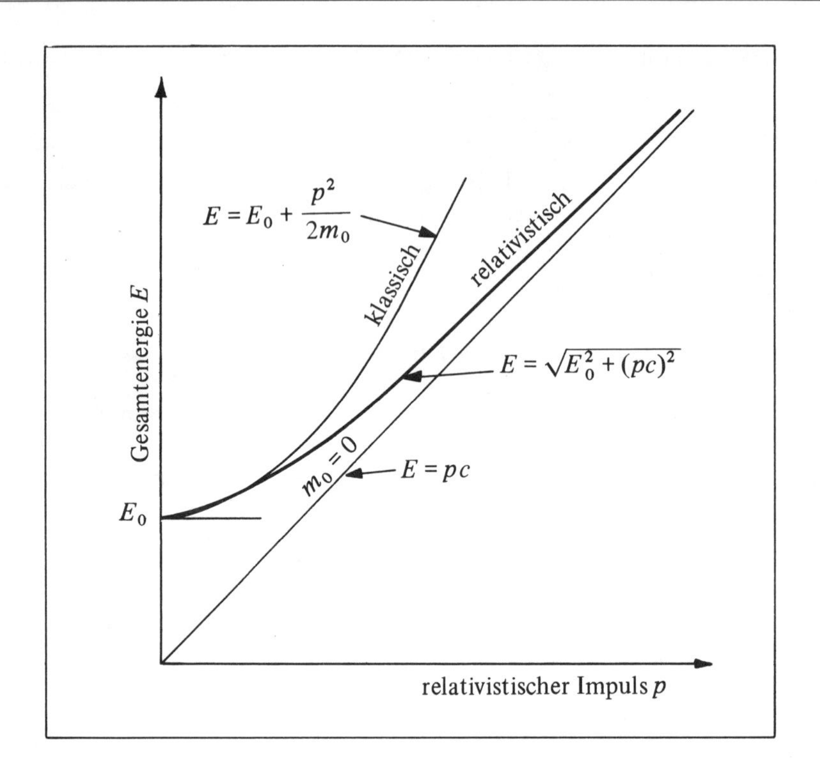

Bild 3.6 Relativistische Gesamtenergie eines Teilchens in Abhängigkeit vom relativistischen Impuls

Bei dem Teilchen ohne Ruhmasse hat die relativistische Energie E nur dann einen von Null verschiedenen Wert, wenn sich das Teilchen genau mit der Geschwindigkeit c bewegt. Bei dieser Geschwindigkeit kann seine Energie (und Masse) aber auch jeden Wert zwischen Null und Unendlich annehmen. Ein Teilchen ohne Ruhmasse hat auch keine Ruhenergie, seine Gesamtenergie ist ausschließlich Bewegungsenergie, wie aus Gl. (3.15) hervorgeht.

Es ist nützlich, die Abhängigkeit der Energie vom Impuls zu untersuchen. Im Bild 3.6 ist die relativistische Gesamtenergie E in Abhängigkeit vom relativistischen Impuls p aufgetragen, und zwar gemäß der Gleichung

$$E^2 = (p\,c)^2 + E_0^2\,. \tag{3.14}$$

Für kleine Geschwindigkeiten, d.h. für $v \ll c$, gelten die Beziehungen $m \approx m_0$ und $p \approx p_0 \approx m_0\,v$. Daher ist hier, im klassischen Bereich, die Gesamtenergie durch

$$E \approx \frac{p^2}{2\,m_0} + E_0 = \tfrac{1}{2}\,m_0\,v^2 + E_0$$

gegeben. Andererseits gilt für sehr große Geschwindigkeiten die Beziehung $E \approx p\,c$, wie auch aus Gl. (3.15) zu entnehmen ist. Im klassischen Bereich nimmt die Bewegungsenergie $E - E_0$ mit dem *Quadrat* des Impulses zu, während im extrem relativistischen Bereich die Bewegungsenergie, die dort $\approx E$ ist, nur noch *linear* mit dem Impuls zunimmt. Nach Gl. (3.14) ist der Anstieg dE/dp der Kurve im Bild 3.6 gleich der Teilchengeschwindigkeit v.

3.3 Äquivalenz von Masse und Energie, Systeme von Teilchen

Um die Bedeutung der Äquivalenz von Masse und Energie sowie der Erhaltung der Masse – Energie zu zeigen, wollen wir zwei Fälle betrachten: *Systeme freier Teilchen* und *Systeme gebundener Teilchen.*

Systeme freier Teilchen

Wir betrachten einen Stoß zweier Teilchen, jedes davon habe die Ruhmasse m_0. Sie werden aufeinandergeschossen, beide mit der Geschwindigkeit v relativ zu einem Beobachter, der im Schwerpunktsystem der Teilchen ruht. Wir wollen annehmen, der Stoß sei vollkommen unelastisch. Daher haften die beiden Teilchen aneinander und bilden ein einziges Teilchen, dessen Ruhmasse mit M_0 bezeichnet sein soll. Wir stellen nun die Frage: „Wie verhält sich die resultierende Ruhmasse M_0 zur Ruhmasse m_0 der auftreffenden Teilchen?" Vom Standpunkt der klassischen Physik müßten wir annehmen, daß M_0 gleich $2\,m_0$ ist. Wir werden aber herausfinden, daß dieses Ergebnis in der Relativitätstheorie nicht zutrifft.

Wie wir wissen, muß nach dem Impulssatz der Gesamtimpuls Null bleiben. Das folgt einfach daraus, daß der Gesamtimpuls zu Anfang auch verschwindet, denn die Teilchen besitzen vor dem Stoß einen gleich großen aber entgegengesetzten Impuls. Daher müssen sich die vereinigten Teilchen nach dem Stoß in Ruhe befinden.

Die Gesamtenergie der beiden Teilchen vor dem Stoß beträgt $2\,m\,c^2$, dabei ist $m\,c^2$ die Summe von Ruhenergie und Bewegungsenergie eines jeden Teilchens. Nach dem Energiesatz muß die Gesamtenergie der beiden Teilchen vor dem Stoß gleich der Gesamtenergie $M_0\,c^2$ des zusammengesetzten Teilchens nach dem Stoß sein. Zu beachten ist dabei, daß die Gesamtenergie des zusammengesetzten Teilchens ausschließlich Ruhenergie ist, da ja der Schwerpunkt ruht. Daher folgt aus der Erhaltung der Masse – Energie

$$M_0 = \frac{2\,m_0}{\sqrt{1-(v/c)^2}}\,.$$

Die Ruhmasse M_0 des zusammengesetzten Körpers nach dem Stoß ist größer als die Ruhmasse $2\,m_0$ der beiden ursprünglichen Teilchen. Das muß so sein, da die Energie, die wir zunächst als Bewegungsenergie der eintreffenden Teilchen beobachten, nun ein Teil der Ruhenergie der nach dem Stoß vereinigten Teilchen wird.

In diesem Beispiel wurde der Stoß in einem Bezugssystem behandelt, in dem der gemeinsame Schwerpunkt ruht. Ganz allgemein muß jedoch auch für einen Beobachter in einem beliebigen Inertialsystem der relativistische Gesamtimpuls wie auch die gesamte Masse – Energie erhalten bleiben (vgl. Abschnitt 3.4).

Beispiel 3.2. Zwei Satelliten, jeder mit einer Ruhmasse von 4000 kg und mit einer Geschwindigkeit von 36 000 km/h relativ zu einem irdischen Beobachter, fliegen aufeinander zu, stoßen zusammen und bleiben aneinander haften. Die Zunahme der gesamten Ruhmasse des Systems soll bestimmt werden.

Da die Satelliten einen gleich großen, aber entgegengesetzt gerichteten Impuls besitzen, verschwindet der Gesamtimpuls. Der zusammengesetzte Körper befindet sich daher nach dem Stoß in Ruhe. Die Gesamtenergie muß erhalten bleiben, also wandelt sich die gesamte Bewegungsenergie der ankommenden Satelliten in Ruhenergie um, und es ist

$$\text{Zunahme der Ruhmasse} = \Delta m = \frac{2\,E_k}{c^2}\,,$$

hierbei ist E_k die ursprüngliche Bewegungsenergie eines jeden Satelliten. Die Geschwindigkeit eines jeden Satelliten von 36 000 km/h = 10 km/s ist sehr viel kleiner als die Lichtgeschwindigkeit, und wir können den klassischen Ausdruck für die Bewegungsenergie $E_k = \frac{1}{2} m_0 v^2$ einsetzen. Daher wird

$$\Delta m = \frac{2 E_k}{c^2} = \frac{2 (\frac{1}{2} m_0 v^2)}{c^2} = m_0 \left(\frac{v}{c}\right)^2 = (4000 \text{ kg}) \left(\frac{10}{300\,000}\right)^2 \approx 0{,}004 \text{ g} = 4 \text{ mg}.$$

Systeme gebundener Teilchen

Eine der wichtigsten Folgerungen aus Einsteins Relativitätstheorie betrifft zwei Teilchen A und B, die durch eine anziehende Kraft aneinander gebunden sind und ein einziges System bilden. Um das System in seine getrennten Bestandteile zu zerlegen, muß Arbeit aufgebracht werden, d.h., dem System muß Energie zugeführt werden. Die Ruhmasse des zusammengesetzten Systems sei M_0 und die Ruhmasse der einzelnen Teilchen m_{0A} und m_{0B}. Wir wollen das System der gebundenen Teilchen und die folgende Trennung in die Teilchen A und B im Schwerpunktsystem beobachten.

Die Auftrennung des gebundenen Systems ist im Bild 3.7 symbolisch dargestellt; E_b ist dabei die Energie, die dem System zugeführt werden muß, um die beiden Teilchen vollständig zu trennen. Da die Energie, die zur Auftrennung des Systems erforderlich ist, genau gleich der Bindungsenergie des Systems ist, wird E_b auch *Bindungsenergie* genannt (beide Energien sind dem Betrage nach gleich, besitzen jedoch unterschiedliches Vorzeichen).

Wenden wir nun den Satz von der Erhaltung der Masse – Energie auf diesen Fall an, so erhalten wir

$$M_0 + \frac{E_b}{c^2} = m_{0A} + m_{0B} \,. \tag{3.17}$$

Falls $E_b > 0$ ist, folgt aus dieser Gleichung $M_0 < m_{0A} + m_{0B}$. Das bedeutet, die Ruhmasse des gebundenen Systems muß *kleiner* sein als die Summe der Ruhmassen der einzelnen Teilchen nach ihrer Trennung. Das steht im Gegensatz zu dem obigen Fall von freien Teilchen, bei dem die Ruhmasse des zusammengesetzten Teilchens die Ruhmassen der einzelnen, getrennten Teilchen *übertrifft.* Grundsätzlich ist es also möglich, die Bindungsenergie E_b zu berechnen, wenn wir nur die Ruhmasse des Systems als Ganzem sowie die Ruhmassen seiner Bestandteile kennen. Allein im Fall der Kernkräfte ist die Bindungsenergie der Teilchen groß genug, um einen meßbaren Massenunterschied zu liefern.

Wir können den Nullpunkt der *gesamten kinetischen und potentiellen Energie* – gesamte mechanische Energie E_m genannt – bei einem Teilchensystem beliebig wählen. Üblicherweise setzt man im Fall von Teilchen, die sich anziehen, die Gesamtenergie gleich Null, wenn alle Teilchen unendlich weit voneinander entfernt und in Ruhe sind.

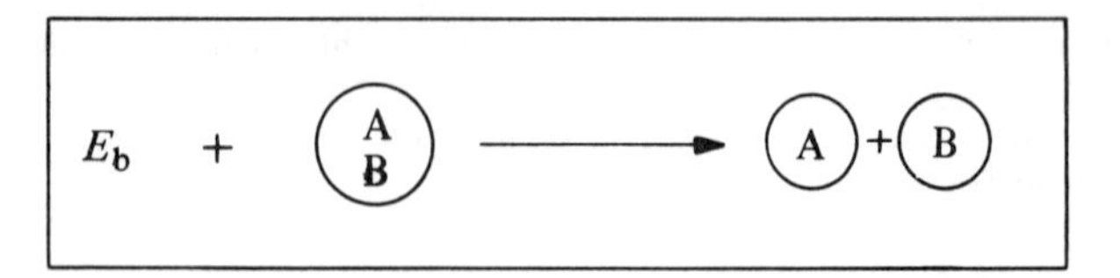

Bild 3.7 Symbolische Darstellung der Aufspaltung eines Systems zweier gebundener Teilchen.

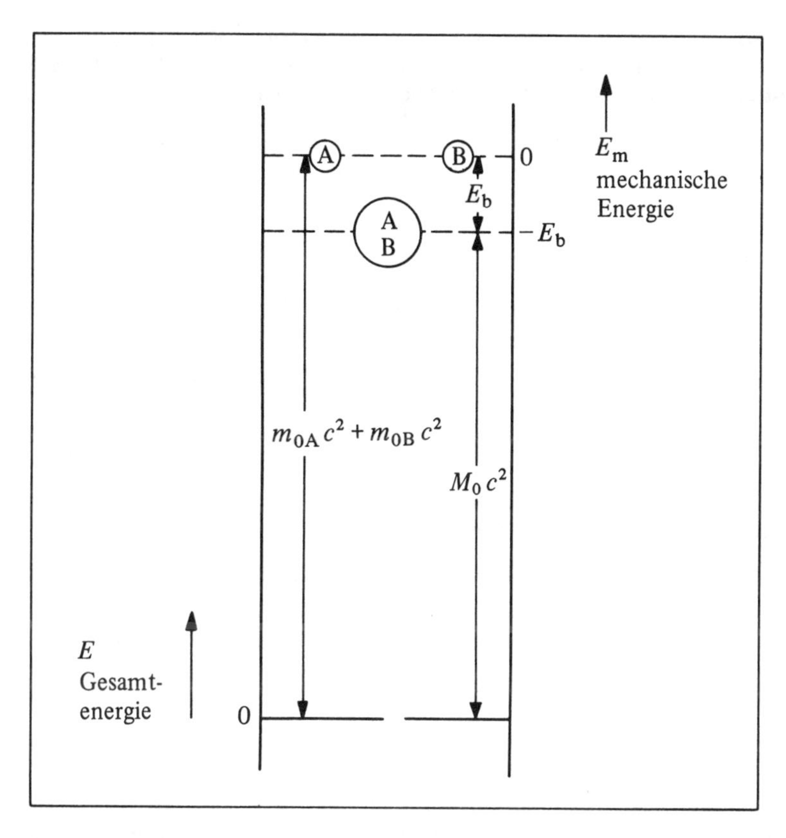

Bild 3.8 Energieniveaus zweier Teilchen, sowohl in gebundenem Zustand als auch ruhend nach vollständiger Trennung. Links ist die relativistische Gesamtenergie, rechts die mechanische Energie aufgetragen.

Werden die Teilchen durch *Bindungskräfte* zusammengehalten, so ist die Energie E_m des Systems *negativ*. Dem System muß, um die Teilchen vollständig voneinander zu trennen, Energie zugeführt werden, so daß die Gesamtenergie des Systems Null wird. Bild 3.8 zeigt den Zusammenhang zwischen Ruhmassen, relativistischer Gesamtenergie, Bindungsenergie und mechanischer Energie.

Beispiel 3.3. Die Bindungsenergie, mit der ein Elektron und ein Proton gebunden sind und dabei ein stabiles Wasserstoffatom bilden, ist experimentell zu 13,6 eV ermittelt worden. Diese Energie heißt auch Ionisierungsarbeit, da beim Wasserstoffatom diese Arbeit erforderlich ist, um es in zwei entgegengesetzt geladene Teilchen zu zerlegen. Die gesamte mechanische Energie des Wasserstoffatoms ist – 13,6 eV. Mit Hilfe von Gl. (3.17) können wir den Unterschied zwischen der Masse des Wasserstoffatoms, $M_{0H} = 1{,}67 \cdot 10^{-27}$ kg, und der Summe der Ruhmassen der getrennten Teilchen Elektron, m_{0e}, und Proton, m_{0p}, berechnen:

$$m_{0e} + m_{0p} - M_{0H} = \frac{E}{c^2} = \frac{13{,}6\ \text{eV}}{c^2}.$$

Die relative Massenänderung beträgt

$$\frac{E_b/c^2}{M_0} = \frac{(13{,}6\ \text{eV})\,(1{,}60 \cdot 10^{-19}\ \text{J/eV})}{(1{,}67 \cdot 10^{-27}\ \text{kg})\,(3{,}00 \cdot 10^{8}\ \text{m/s})^2}, \qquad \frac{E_b}{M_0\,c^2} = 1{,}45 \cdot 10^{-8}.$$

Dieser relative Massenunterschied, nur wenig mehr als eins zu 100 Millionen, ist viel kleiner als die relative Ungenauigkeit bei der experimentellen Bestimmung der Massen von Wasserstoffatom, Proton und Elektron. Daher ist es bei einer Reaktion, bei der die Bindungsenergie nur *einige Elektronvolt* beträgt – und alle *chemischen* Reaktionen sind von dieser Größenordnung – unmöglich, die Änderung der Gesamtmasse des Systems direkt zu messen. Die Massenänderung kann jedoch bei *Kernreaktionen,* bei denen die Bindungsenergie meist *einige Millionen* Elektronvolt beträgt, festgestellt werden.

3.4 Vierervektor von Impuls und Energie

Die spezielle Relativitätstheorie und die Lorentz-Transformation waren auf folgender grundlegender Beobachtung errichtet: Die Lichtgeschwindigkeit ist invariant. Jeder Beobachter in einem Inertialsystem ermittelt als Geschwindigkeit eines Lichtstrahles dieselbe Konstante c. In diesem Abschnitt betrachten wir zwei weitere invariante, skalare Größen: den Betrag des Vierervektors von Raum und Zeit und des Vierervektors von Impuls und Energie.

Vierervektor von Raum und Zeit

Zunächst betrachten wir einen Verschiebungsvektor, dessen Ende zur Zeit $t_1 = 0$ im Inertialsystem S_1 mit dem Koordinatennullpunkt verbunden ist. Gleichzeitig besitze die Spitze des Vektors die Koordinaten x_1, y_1 und z_1. Wir können also schreiben

$$l^2 = x_1^2 + y_1^2 + z_1^2 \; ,$$

dabei ist l die Länge dieses Vektors. Die Größen x_1, y_1 und z_1 stellen die Komponenten des Vektors in den drei Raumrichtungen dar.

Welche Raum- und Zeitintervalle mißt ein zweiter Beobachter, der sich mit irgendeiner konstanten Geschwindigkeit $v \ll c$ bewegt und dessen x_2-, y_2- und z_2-Koordinatenachse nicht notwendig mit denen von S_1 zusammenfallen? Mit Hilfe einer *Galilei-Transformation,* die der in Gl. (2.1) angegebenen gleicht, finden wir als Länge des Vektors

$$l^2 = x_2^2 + y_2^2 + z_2^2 \; .$$

Das Zeitintervall zwischen den beiden Ereignissen, die durch Spitze und Ende des Vektors **l** festgelegt sind, ist in S_1 und in S_2, gleich groß, nämlich Null. Die Größen x_2, y_2 und z_2 stellen die Komponenten des Vektors in den Richtungen der Koordinatenachsen des zweiten Systems dar. Obwohl im allgemeinen Fall der Abstand x_2 nicht gleich dem Abstand x_1 ist (weder sind y_2 und y_1 noch z_2 und z_1 gleich groß), so ist doch die Länge l dieselbe, d.h., sie ist invariant für zwei beliebige Inertialsysteme. Für eine beliebige Verschiebung im dreidimensionalen euklidischen Raum können wir also schreiben

$$\text{Raum-Invariante} = l^2 = x_2^2 + y_2^2 + z_2^2 = x_1^2 + y_1^2 + z_1^2 \; . \qquad (3.18)$$

Wie bereits oben festgestellt, ist das Zeitintervall zwischen den durch Spitze und Ende des Vektors **l** festgelegten Ereignissen in S_1 und S_2 dasselbe. Ähnlich ist bei einer Galilei-Transformation auch das Zeitintervall zwischen zwei *beliebigen* Ereignissen invariant:

$$\text{Zeit-Invariante} = \Delta t = \Delta t_1 = \Delta t_2 \; .$$

In der klassischen Physik sind Raumintervalle und Zeitintervalle jeweils für sich Invarianten, aber die Lichtgeschwindigkeit ist hier keine Invariante. Wie wir im Kapitel 2 erkannt haben, muß die Lorentz-Transformation an die Stelle der Galilei-Transformation treten, damit die

Invarianz von c gewährleistet ist, und in der relativistischen Kinematik müssen die getrennten Raum- und Zeitintervalle durch ein einziges Raum-Zeit-Intervall ΔS^2, das zwei beliebige Ereignisse verbindet, ersetzt werden. Dieses Raum-Zeit-Intervall ist nun die invariante Größe:

$$\text{Raum-Zeit-Invariante} = \Delta S^2 = x_2^2 + y_2^2 + z_2^2 - c^2 t_2^2 = x_1^2 + y_1^2 + z_1^2 - c^2 t_1^2 \ . \qquad (2.30), (3.19)$$

Die Raum- und Zeitkoordinaten $(x_1, y_1, z_1; t_1)$ eines Ereignisses in einem Inertialsystem stimmen nicht notwendig mit den Raum- und Zeitkoordinaten $(x_2, y_2, z_2; t_2)$ desselben Ereignisses in einem zweiten Inertialsystem überein – die Koordinaten sind ja durch die Lorentz-Transformation miteinander verknüpft – aber das *Raum-Zeit-Intervall* zwischen diesem Ereignis und einem anderen Ereignis, zum Beispiel einem Ereignis, das im Nullpunkt zur Zeit $t_1 = t_2 = 0$ stattfindet, ist in allen Inertialsystemen gleich groß, d.h., invariant.[1]

Die Gln. (3.18) und (3.19) weisen eine starke Analogie auf. In der Tat können wir uns in der Relativitätstheorie die vier Koordinaten eines Ereignisses (drei Raumkoordinaten und eine Zeitkoordinate) als *vier* Komponenten eines invarianten Raum-Zeit-Vektors vorstellen. Als die vier Komponenten des *Vierervektors* von Raum und Zeit können wir x, y, z und ict wählen, dabei ist $i = (-1)^{1/2}$. Quadrieren wir dann die Komponenten einzeln und addieren die Quadrate, so erhalten wir Gl. (3.19). (Natürlich können wir einen vierdimensionalen Vektor mit drei reellen räumlichen Komponenten und einer imaginären Zeitkomponente nicht anschaulich darstellen, wir übertragen nur die formalen Eigenschaften gewöhnlicher, dreidimensionaler Vektoren in die vierdimensionale Raum-Zeit.)

Vierervektor von Impuls und Energie

Nun betrachten wir die Grundgleichung der relativistischen Dynamik, die die Gesamtenergie E eines Teilchens und dessen Impuls p durch die Ruhenergie E_0 ausdrückt:

$$E^2 = E_0^2 + (p\,c)^2 \ . \qquad (3.14)$$

Obgleich diese Gleichung nur für die Bewegung längs einer Geraden abgeleitet wurde, gilt sie doch für eine beliebige Bewegung. Nun soll p den Betrag des Gesamtimpulses eines Teilchens, der im allgemeinen die kartesischen Komponenten p_x, p_y und p_z hat, darstellen, dabei ist $p^2 = p_x^2 + p_y^2 + p_z^2$. Wir können die Impuls-Energie-Beziehung umstellen und in die folgende Form bringen

$$-\left(\frac{E_0}{c}\right)^2 = p^2 - \left(\frac{E}{c}\right)^2 = p_x^2 + p_y^2 + p_z^2 - \left(\frac{E}{c}\right)^2 \ . \qquad (3.20)$$

Die linke Seite dieser Gleichung hängt nur von der Ruhmasse des Teilchens ab, da $-(E_0/c)^2 = -(m_0\,c)^2$ ist. *Ruhmasse* m_0 und *Ruhenergie* E_0 eines Teilchens bleiben immer gleich. Anders ausgedrückt: Die Ruhenergie E_0 eines Teilchens ist invariant, unabhängig davon, in welchem Inertialsystem seine Energie und sein Impuls gemessen werden. Daher hat Gl. (3.20)

[1] Es ist natürlich willkürlich, ob wir $x^2 + y^2 + z^2 - c^2 t^2$ als Raum-Zeit-Intervall wählen oder andererseits $c^2 t^2 - x^2 - y^2 - z^2$. Beide Festsetzungen sind üblich; wir werden weiterhin immer das durch Gl. (3.19) definierte Intervall verwenden.

mit einer invarianten Größe $-(E_0/c)^2$ auf der linken Seite die gleiche Form wie Gl. (3.19). Die relativistischen Komponenten des Impulses und die Energie eines Teilchens sind genau so mit einer Invarianten verknüpft wie die Raum- und die Zeitkoordinaten eines Ereignisses mit einem invarianten Raum-Zeit-Intervall.

Ebenso wie wir uns in der relativistischen Kinematik die drei Raumkoordinaten und die eine Zeitkoordinate eines Ereignisses als Komponenten eines vierdimensionalen Raum-Zeit-Intervalles vorstellen konnten, so betrachten wir nun auch in der relativistischen Dynamik in einem beliebigen Inertialsystem die drei Impulskomponenten und die Energie als Komponenten eines *Vierervektors von Impuls und Energie.* Die Komponenten dieses Vierervektors im Inertialsystem S_1 sind p_{x1}, p_{y1}, p_{z1} und iE_1/c; die ersten drei davon liefern die Impulskomponenten des Teilchens in Richtung der x_1-, y_1- und der z_1-Achse, und E_1 ist die Gesamtenergie des Teilchens in diesem Inertialsystem. Durch Quadrieren der vier Komponenten des Vierervektors von Impuls und Energie und anschließende Addition erhalten wir die Gl. (3.20). Tatsächlich ist es eine Grundannahme der relativistischen Dynamik, daß der Vierervektor von Impuls und Energie in *jedem* Inertialsystem dieselbe Invariante liefert:

$$\begin{aligned}\text{Impuls-Energie-Invariante} &= -\left(\frac{E_0}{c}\right)^2 = p_{x2}^2 + p_{y2}^2 + p_{z2}^2 - \left(\frac{E_2}{c}\right)^2 \\ &= p_{x1}^2 + p_{y1}^2 + p_{z1}^2 - \left(\frac{E_1}{c}\right)^2 .\end{aligned} \tag{3.21}$$

Vergleichen wir den Vierervektor von Impuls und Energie $(p_{x1}, p_{y1}, p_{z1}; iE_1/c)$ mit dem Vierervektor von Raum und Zeit $(x_1, y_1, z_1; ict_1)$, so sehen wir, daß wir durch folgende Ersetzungen den einen aus dem anderen erhalten

$$\begin{aligned}&p_{x1} \text{ an Stelle von } x_1\\ &p_{y1} \text{ an Stelle von } y_1\\ &p_{z1} \text{ an Stelle von } z_1\\ &\frac{iE_1}{c} \text{ an Stelle von } ict_1 \text{ oder } \frac{E_1}{c^2} \text{ an Stelle von } t_1 .\end{aligned} \tag{3.22}$$

Die Lorentz-Transformation erlaubt uns, bei gegebenen Raum- und Zeitkoordinaten eines Ereignisses im System S_1 die Raum- und Zeitkoordinaten dieses Ereignisses im System S_2 zu berechnen und umgekehrt. Wir können entsprechende Transformationsgleichungen, die die Impulskomponenten und die Gesamtenergie eines Teilchens im Inertialsystem S_2 durch die Impulskomponenten und die Energie in einem anderen Inertialsystem S_1 ausdrücken, herleiten. Auf Grund von Gl. (3.22) wird aus der Lorentz-Transformation (Gln. (2.24)),

$$p_{x2} = \frac{p_{x1} - v(E_1/c^2)}{\sqrt{1-(v/c)^2}}, \qquad p_{y2} = p_{y1}, \qquad p_{z2} = p_{z1}, \qquad E_2 = \frac{E_1 - v p_{x1}}{\sqrt{1-(v/c)^2}} . \tag{3.23}$$

Wie wir aus der ersten Gleichung erkennen, hängt die in S_2 beobachtete x-Komponente des Impulses eines Teilchens nicht nur von dem entsprechenden Impuls in S_1 und der Geschwindigkeit v von S_2 relativ zu S_1 ab, sondern auch von der Gesamtenergie E_1 dieses Teilchens. Ähnlich zeigt die letzte Gleichung, daß die Gesamtenergie in S_2 von der Gesamtenergie in S_1, von der Relativgeschwindigkeit v der beiden Inertialsysteme und von der x-Komponente des Impulses in S_1 abhängt.

Durch Vertauschen der Indizes 1 und 2 und durch Austausch von v durch $-v$ erhält man auch hier die Umkehrtransformation. Wir müssen beachten, daß die in den Gln. (3.23) auftretende Geschwindigkeit v diejenige des *Inertialsystems* S_2 *relativ zum Inertialsystem* S_1 ist. Die *Geschwindigkeit des Teilchens,* das sowohl in S_1 als auch in S_2 beobachtet werden kann, ist *nicht* das in den Gln. (3.23) auftretende v. Die Teilchengeschwindigkeit ist durch das Verhältnis des relativistischen Impulses dieses Teilchens und seiner relativistischen Masse gegeben. Im System S_1 beträgt zum Beispiel die *Teilchengeschwindigkeit*

$$\mathbf{v}_1 = \frac{\mathbf{p}_1}{m_1} = \frac{\mathbf{p}_1}{E_1/c^2} = \frac{\mathbf{p}_1\, c^2}{E_1}\,. \tag{3.24}$$

Um einen tieferen Einblick in die Transformation von Impuls und Energie zu erhalten, wollen wir die folgenden Beispiele betrachten.

Beispiel 3.4. Ein Teilchen mit der Ruhmasse m_0 und der Ruhenergie E_0 bewegt sich mit der Geschwindigkeit 0,6 c längs der positiven y_1-Achse des Systems S_1.

a) Wie groß sind die in S_1 beobachteten vier Komponenten des Impuls-Energie-Vektors?

b) Wie groß sind sie in einem Inertialsystem S_2, das sich mit der Geschwindigkeit 0,98 c längs der positiven x_1-Achse bewegt?

c) Wie groß ist die Bewegungsenergie des Teilchens im System S_1 und im System S_2?

a) Da sich im System S_1 das Teilchen längs der y-Achse bewegt, ist $p_{x1} = p_{z1} = 0$. Auf Grund der Definition ist

$$p_{y1} = m_1\, v_{y1} = \frac{m_0\, v_{y1}}{\sqrt{1-(v_1/c)^2}} = \frac{m_0\,(0{,}6\, c)}{\sqrt{1-(0{,}6)^2}} = \frac{0{,}6\, m_0\, c}{0{,}8} = \frac{3}{4} m_0\, c\,.$$

Die Gesamtenergie E_1 kann aus Gl. (3.24) berechnet werden:

$$E_1 = \frac{p_1\, c^2}{v_1} = \frac{(\frac{3}{4}\, m_0\, c)\, c^2}{0{,}6\, c} = \frac{5}{4} m_0\, c^2 = \frac{5}{4} E_0\,.$$

b) Wie Gl. (3.23) zeigt, ist

$$p_{y2} = p_{y1} = \frac{3}{4} m_0\, c, \qquad p_{z2} = p_{z1} = 0.$$

Für die Komponente p_{x2} erhalten wir

$$p_{x2} = \frac{p_{x1} - v\, E_1/c^2}{\sqrt{1-(v/c)^2}} = \frac{0-(0{,}98\, c)\,(\frac{5}{4}\, E_0/c^2)}{\sqrt{1-(0{,}98)^2}} = -\,6{,}2\, m_0\, c\,.$$

Schließlich erhalten wir als Energie in S_2

$$E_2 = \frac{E_1 - v\, p_{x1}}{\sqrt{1-(v/c)^2}} = \frac{\frac{5}{4}\, E_0 - (0{,}98\, c)\,(0)}{\sqrt{1-(0{,}98)^2}} = 6{,}28\, E_0 \approx \frac{25}{4} E_0\,.$$

c) Die kinetische Energie in den Systemen S_1 und S_2 wird

$$E_{k1} = E_1 - E_0 = \frac{5}{4} E_0 - E_0 = \frac{1}{4} E_0\,,$$

$$E_{k2} = E_2 - E_0 = 6{,}28\, E_0 - E_0 = 5{,}28\, E_0 \approx \frac{21}{4} E_0\,.$$

Beispiel 3.5. Zwei Teilchen A und B, jedes davon mit einer Ruhmasse m_0, bewegen sich mit gleich großer Geschwindigkeit aufeinander zu, stoßen zusammen, bleiben vereinigt und bilden ein drittes Teilchen C mit der Ruhmasse M_0. In welcher Beziehung stehen m_0 und M_0 zueinander? Im Abschnitt 3.2 haben wir diesen Fall unter der Annahme behandelt, daß die Masse – Energie erhalten bleibt. Hier wollen wir diese Frage unter dem Gesichtspunkt der Invarianz des Vierervektors von Impuls und Energie untersuchen. Wir wollen annehmen, die Teilchen bewegen sich mit entgegengesetzt gerichteter Geschwindigkeit längs der x_1-Achse des Systems S_1. Wendet dann ein Beobachter in S_1 den Impulssatz auf diesen Stoß an, so kann er schreiben

$$p_{x1A} + p_{x1B} = p_{x1C}\,. \tag{3.25}$$

Wir haben den Beobachter S_1 im Schwerpunktsystem der beiden Teilchen gewählt. Dann ist in diesem System der Gesamtimpuls nicht nur konstant, sondern er *verschwindet* sogar, sowohl vor als auch nach dem Stoß:

$$p_{x1C} = p_{x1A} + p_{x1B} = 0 \,. \tag{3.26}$$

Nehmen wir nun die Invarianz des Impulssatzes an, dann muß auch für einen Beobachter in einem anderen Inertialsystem S_2 der Impuls bei dem Stoß erhalten bleiben. Aus der Sicht von S_2 ergibt sich dann

$$p_{x2A} + p_{x2B} = p_{x2C} \,. \tag{3.27}$$

Die in den Systemen S_1 und S_2 gemessenen Impulskomponenten sind aber durch die Transformationsgleichungen für Impuls und Energie miteinander verknüpft. Indem wir Gl. (3.23) in die Gl. (3.27) einsetzen, erhalten wir

$$\frac{p_{x1A} - (v/c^2)\,E_{1A}}{\sqrt{1-(v/c)^2}} + \frac{p_{x1B} - (v/c^2)\,E_{1B}}{\sqrt{1-(v/c)^2}} = \frac{p_{x1C} - (v/c^2)\,E_{1C}}{\sqrt{1-(v/c)^2}} \,.$$

Diese Gleichung kann auch in folgender Form geschrieben werden

$$(p_{x1A} + p_{x1B}) - p_{x1C} = \left(\frac{v}{c^2}\right)(E_{1A} + E_{1B} - E_{1C}) \,.$$

Berücksichtigen wir Gl. (3.26), so verschwindet die linke Seite, und die Gleichung vereinfacht sich zu

$$E_{1A} + E_{1B} = E_{1C} \,. \tag{3.28}$$

Für einen Beobachter im System S_1 ist nach dieser Gleichung die Gesamtenergie der Teilchen A und B vor dem Stoß genau so groß wie die Gesamtenergie des Teilchens C nach dem Stoß, mit anderen Worten, die Gesamtenergie bleibt erhalten. Besonders bemerkenswert ist hierbei, daß der relativistische Erhaltungssatz für die Energie aus dem relativistischen Erhaltungssatz des Impulses *folgt.*

Die Gl. (3.28) erscheint uns einfach und selbstverständlich, denn sie drückt aus, daß die Gesamtenergie der beiden Teilchen vor dem Stoß gleich der Gesamtenergie des einzigen Teilchens nach dem Stoß ist; aber wir wollen festhalten, was daraus für die Ruhmasse m_0 der Teilchen A und B und die Ruhmasse M_0 des Teilchens C folgt. Bezeichnen wir die *Geschwindigkeit* der Teilchen A und B mit v_1, so ist

$$E_{1A} = E_{1B} = \frac{m_0\,c^2}{\sqrt{1-(v_1/c)^2}} \,. \tag{3.29}$$

Teilchen C bleibt im System S_1 in Ruhe, so daß seine Gesamtenergie

$$E_{1C} = M_0\,c^2 \tag{3.30}$$

ist. Setzen wir die Gln. (3.29) und (3.30) in die Gl. (3.28) ein, so erhalten wir

$$\frac{2\,m_0\,c^2}{\sqrt{1-(v_1/c)^2}} = M_0\,c^2 \,. \tag{3.31}$$

Die Ruhmasse M_0 des zusammengesetzten Teilchens C, das bei diesem unelastischen Stoß entstanden ist, ist *größer* als die Summe 2 m_0 der *beiden einzelnen Ruhmassen* der Teilchen A und B. Das stimmt mit dem Ergebnis des Abschnittes 3.2 überein.

3.5 Spezielle Relativitätstheorie und elektromagnetische Wechselwirkung

Die Ausbreitungsgeschwindigkeit c elektromagnetischer Wellen ist eine relativistisch invariante Größe. Die elektrische Ladung ist ebenfalls eine relativistische Invariante, d.h., die Größe der elektrischen Ladung eines Teilchens hängt nicht von der Geschwindigkeit dieses Teilchens ab. Die Invarianz der elektrischen Ladung läßt sich sehr einfach und überzeugend experimentell beweisen. Ein elektrisch neutrales System von Teilchen mit gleich großen aber entgegengesetzten Ladungen bleibt stets elektrisch neutral, unabhängig davon, mit welcher

Geschwindigkeit sich die Teilchen in dem System bewegen. So fand man bei einer Meßungenauigkeit von eins zu 10^{20}, daß ein Wasserstoffmolekül mit zwei Protonen und zwei Elektronen und ein Heliumatom, ebenfalls mit zwei Protonen und zwei Elektronen, beide elektrisch neutral sind, obwohl sich die Geschwindigkeiten der beteiligten Teilchen in den beiden Systemen sehr unterscheiden.

Die elektromagnetische Wechselwirkung zwischen einem Paar elektrisch geladener Teilchen wird üblicherweise in zwei Anteile zerlegt: in eine *elektrische* Kraft, die stets zwischen zwei geladenen Teilchen wirkt, unabhängig davon, ob jedes von ihnen relativ zum Beobachter in Ruhe oder in Bewegung ist, und in eine *magnetische Kraft,* die nur dann zwischen ihnen wirkt, wenn sich beide relativ zum Beobachter bewegen. Es läßt sich leicht einsehen, daß die magnetische Kraft zwischen zwei beliebigen geladenen Teilchen Q_1 und Q_2 nur durch geeignete Wahl des Bezugssystems sozusagen zum Verschwinden gebracht werden kann. Bewegt sich zum Beispiel ein Beobachter mit einem Bezugssystem, das relativ zu Q_1 ruht, dann wird er keine magnetische Kraft zwischen den beiden Ladungen feststellen können. Erstens wird von Q_1 keine magnetische Kraft auf Q_2 ausgeübt, denn Q_1 erzeugt kein Magnetfeld am Orte von Q_2 (oder an einem beliebigen anderen Raumpunkt, da sich ja Q_1 in Ruhe befindet). Zweitens, selbst wenn sich Q_2 relativ zum Beobachter bewegen würde, könnte doch keine durch Q_2 verursachte magnetische Kraft auf Q_1 einwirken, da sich ja Q_1 nicht bewegt. Dieses einfache Beispiel zeigt: In einigen Inertialsystemen kann es eine magnetische Kraft zwischen zwei geladenen Teilchen geben und in anderen dagegen nicht. Das erste Postulat der Relativitätstheorie, die Invarianz der Form eines physikalischen Gesetzes in allen Inertialsystemen, verlangt für die Gesetze der Elektrodynamik dieselbe Form in allen Inertialsystemen. In diesem Abschnitt werden wir eine qualitative Betrachtung anstellen, wie elektrische und magnetische Kräfte, die in verschiedenen Inertialsystemen auftreten, miteinander verknüpft sind.

Offensichtlich ist die magnetische Wechselwirkung eng mit der Wahl des Bezugssystems verbunden. Da sich die Spezielle Relativitätstheorie mit den Transformationsgleichungen zwischen Bezugssystemen befaßt, dürfen wir auch das Auftreten oder das Nichtauftreten einer magnetischen Kraft zwischen geladenen Teilchen für eine typisch relativistische Erscheinung halten. Man kann leicht sehen, zumindest qualitativ, daß Magnetismus = Elektrizität + Relativitätstheorie ist. Unter diesem Gesichtspunkt ist die magnetische Wechselwirkung keine weitere, besondere Art fundamentaler Wechselwirkung, vielmehr entsteht die sogenannte magnetische Kraft aus der rein elektrischen (oder Coulomb-) Wechselwirkung und den Forderungen der Relativitätstheorie.

Um den Zusammenhang zwischen Magnetismus, Elektrizität und Relativitätstheorie zu erkennen, wollen wir als Beispiel eine Erscheinung betrachten, die man üblicherweise durch eine rein magnetische Kraft beschreibt. Zwei parallele, unendlich lange stromführende Leiter ziehen sich gegenseitig an, wenn die Ströme in gleicher Richtung fließen, und stoßen sich ab, wenn die Ströme entgegengesetzte Richtungen besitzen. In diesem Falle wird keine elektrische Kraft, die zwischen den Leitern wirkt, angenommen, da jeder Leiter als elektrisch neutral betrachtet wird. Bei der üblichen Beschreibung dieses Sachverhaltes sagen wir, die bewegten Ladungen in dem einen Leiter erzeugen ein Magnetfeld am Orte des anderen Leiters und die bewegten Ladungen in dem letzteren Leiter erfahren hierdurch eine magnetische Kraft. Diese Kraft wird schließlich auf das Kristallgitter des Festkörpers, den der von den Ladungen durchflossene Draht bildet, übertragen.

Wir wollen diesen Fall nun nochmals unter dem Gesichtspunkt der Speziellen Relativitätstheorie untersuchen. Der Einfachheit halber denken wir uns den Strom in jedem der

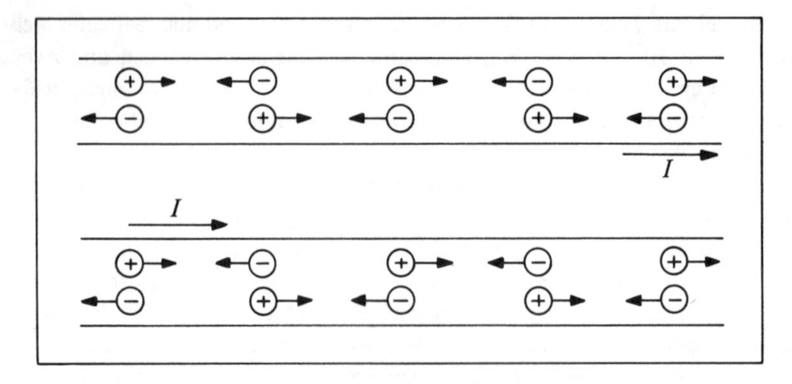

Bild 3.9 Positive und negative Ladungen bewegen sich mit gleicher Geschwindigkeit durch zwei parallele Leiter. Die elektrischen Ströme fließen in gleicher Richtung (nach rechts).

Leiter dadurch hervorgerufen, daß gleich große Beträge von freien positiven Ladungen, die sich in Richtung des Stromes, und von freien negativen Ladungen, die sich in der entgegengesetzten Richtung bewegen, vorhanden sind. Natürlich wissen wir, daß in Metallen der Strom nur von der Bewegung freier negativer Ladungen (Elektronen) herrührt. Die physikalischen Argumente, die den hier gewählten, vollkommen symmetrischen Fall betreffen, sind jedoch einfacher. Wir würden ein ähnliches Ergebnis erhalten, wenn wir die Bewegung von Teilchen mit Ladungen nur eines Vorzeichens vorausgesetzt hätten.

Bild 3.9 zeigt positive und negative Ladungen, die sich durch ein elektrisch neutral angenommenes Gitter bewegen. Sie rufen in jedem der Drähte einen nach rechts gerichteten elektrischen Strom hervor, und dieser bewirkt – in der klassischen Physik – eine anziehende magnetische Kraft zwischen den beiden Drähten. Können wir nun, unter Zuhilfenahme der Speziellen Relativitätstheorie, diese Erscheinung allein durch elektrische Kräfte erklären? Wie wir sehen werden, lautet die Antwort: ja, jedoch nur, wenn wir sehr sorgfältig vorgehen. Zunächst müssen wir uns darüber klar werden, daß wir bisher noch gar nicht untersucht haben, wie eine Kraft von einem Inertialsystem in ein anderes transformiert wird. Eine Kraft, die auf ein Teilchen wirkt, ist *nicht* für alle Beobachter gleich groß, denn sie ist ja als zeitliche Ableitung des Teilchenimpulses definiert, und diese beiden Größen – Impuls und Zeit – hängen vom Beobachter ab. Wir werden hier nicht die Transformationsgleichungen für die Kraft im Einzelnen ableiten, sondern nur von der leicht einzusehenden Tatsache Gebrauch machen, daß sich zwar die Größe einer Kraft beim Übergang von einem Bezugssystem zu einem anderen ändern kann, ihre Richtung aber unverändert bleibt.

Wir wollen nun die resultierende elektrische Kraft auf die positiven und negativen Ladungen in einem Leiter näher betrachten. Hierbei wollen wir absichtlich jede magnetische Wechselwirkung *ausschließen* und uns nur mit elektrischen Kräften befassen und dabei die Forderungen der Relativitätstheorie berücksichtigen.

Um die Kraft auf eine *positive* Ladung zu finden, müssen wir zunächst das Bezugssystem in ein Inertialsystem transformieren, in dem die positive Ladung ruht (Bild 3.10a). Dabei ist zu beachten, daß für einen Beobachter in diesem System die positiven Ladungen ruhen. Der Abstand zwischen zwei benachbarten positiven Ladungen sei mit D_0 bezeichnet.

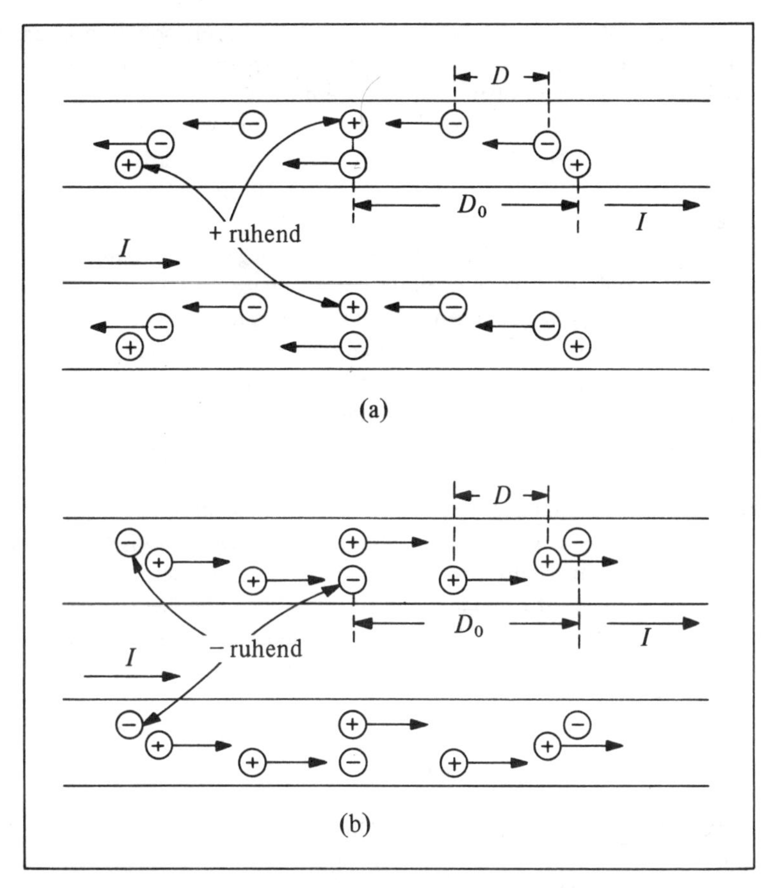

Bild 3.10 Leiter und Ladungsträger wie in Bild 3.9, aber nun aus der Sicht
a) eines Beobachters, der sich relativ zu den positiven Ladungen in Ruhe befindet und
b) eines Beobachters, der sich relativ zu den negativen Ladungen in Ruhe befindet.

Andererseits bewegen sich nun die negativen Ladungen mit einer größeren Geschwindigkeit als in Bild 3.9 nach links. Infolge der Längenkontraktion ist aber der Abstand zwischen benachbarten negativen Ladungen kleiner als D_0, er soll jetzt D betragen. Die resultierende Kraft auf eine gegebene positive Ladung wird durch alle übrigen Ladungen verursacht, sowohl durch die positiven und negativen Ladungen im gleichen Draht als auch durch die positiven und negativen Ladungen im anderen Draht. Offensichtlich verschwindet die Kraftkomponente, die durch die übrigen positiven Ladungen des gleichen Drahtes hervorgerufen wird, da sich ja gleiche Anzahlen der gleichförmig verteilten Ladungen links wie auch rechts befinden und das gleiche gilt für die Komponente, die durch die negativen Ladungen im gleichen Draht erzeugt wird.

Wie ist nun die resultierende Kraft beschaffen, die durch die geladenen Teilchen des anderen Drahtes verursacht wird? Infolge der Längenkontraktion des Abstandes zwischen benachbarten negativen Ladungen gibt es auf die Längeneinheit bezogen mehr negative als positive Ladungen. Daher ist vom Standpunkt einer bestimmten positiven Ladung, etwa im unteren Draht, die *resultierende* Ladung des oberen Drahtes *negativ*. Diese ausgewählte

Ladung wird daher vom oberen Draht angezogen. Nach Rücktransformation in das Inertialsystem, in dem die Drähte ruhen (Bild 3.9), bleibt immer noch eine Anziehungskraft zwischen dieser positiven Ladung und dem oberen Draht, allerdings von unterschiedlicher Größe im Vergleich zu der in Bild 3.10a dargestellten Kraft. (In ähnlicher Weise erscheint für eine positive Ladung im oberen Draht des Bildes 3.10a der untere Draht negativ geladen zu sein, da auch hier der Abstand zwischen den darin bewegten negativen Ladungen verkürzt ist, und daher wird diese Ladung vom unteren Draht angezogen.)

Als Nächstes betrachten wir die Kräfte auf die negativen Ladungen. Gibt es eine anziehende oder abstoßende resultierende Kraft, die eine negative Ladung im unteren Draht des Bildes 3.9 durch alle übrigen Ladungen erfährt? Um das herauszufinden, wollen wir das gleiche Verfahren wie oben anwenden. Zunächst betrachten wir die Ladungen in einem Inertialsystem, in dem die negativen Ladungen ruhen; dann transformieren wir zurück in das System, in dem die Drähte ruhen. Bild 3.10b veranschaulicht die Bewegung der Ladungen in einem Bezugssystem, in dem die negativen Ladungen ruhen. Wiederum erfahren die negativen Ladungen im unteren Draht keine resultierende Kraft durch die positiven und negativen Ladungen desselben unteren Drahtes, da sich ja gleich viele davon in beiden Richtungen des Drahtes befinden. Infolge der Längenkontraktion des Abstandes zwischen den bewegten positiven Ladungen im oberen Draht erscheint für die betrachtete negative Ladung im unteren Draht der andere Draht positiv geladen, und sie wird daher von diesem angezogen. (Ähnliche Überlegungen treffen für die negativen Ladungen im oberen Draht zu.) Schließlich verbleibt nach Rücktransformation in das Bezugssystem, in dem die Drähte ruhen (Bild 3.9) noch eine anziehende Kraft zwischen einer beliebigen negativen Ladung und dem anderen Draht.

Sowohl die positiven als auch die negativen Ladungen in jedem der beiden Drähte des Bildes 3.9 werden von dem anderen Draht angezogen. Die Ladungen werden sich daher quer zur Drahtrichtung bewegen, bis sie auf die Oberfläche ihres Drahtes gelangt und damit dem anderen Draht so nahe wie möglich gekommen sind. Sie sind aber an den leitenden Draht gebunden und können dessen Oberfläche nicht verlassen. Auf diese Weise wird die anziehende Kraft auf den gesamten Draht übertragen. Wir haben damit qualitativ gezeigt, wie sich zwei in gleicher Richtung vom Strom durchflossene Drähte anziehen, und zwar *ohne* Mitwirkung einer magnetischen Kraft, zumindest nicht einer explizit eingeführten.

In dem nun betrachteten Fall sollen die Ströme in zwei unendlich langen, parallelen stromführenden Leitern in entgegengesetzten Richtungen fließen. Wir nehmen wieder an, daß der Strom in jedem der beiden Drähte durch eine gleich große Anzahl positiver und negativer Ladungen, die sich mit der gleichen Geschwindigkeit, aber in entgegengesetzter Richtung bewegen, hervorgerufen wird. Die Bewegung der Ladungen, wie sie in einem Bezugssystem, in dem der Draht ruht, beobachtet wird, ist in Bild 3.11 gezeigt. Wir wollen die Kräfte herausfinden, die auf die positiven und auf die negativen Ladungen wirken, zum Beispiel im unteren Draht. Um die Kraft auf eine positive Ladung zu erhalten, müssen wir die Ladung in einem Bezugssystem beobachten, in dem diese ruht, wie in Bild 3.12a gezeigt ist. Wir müssen hierbei wieder beachten, daß die resultierende Kraft auf diese positive Ladung, die von allen übrigen positiven und negativen Ladungen *desselben Drahtes* verursacht wird, verschwindet, wie bereits oben erkannt. Nun wollen wir die Kraft betrachten, die von den Ladungen des anderen Drahtes hervorgerufen wird. Im oberen Draht ruhen die negativen Ladungen und die positiven Ladungen bewegen sich nach rechts. Infolge der Längenkontraktion gibt es im oberen Draht auf die Längeneinheit bezogen mehr positive als negative Ladungen. Die betrachtete positive Ladung im unteren Draht findet daher den oberen Draht positiv geladen, und die beiden Drähte stoßen sich gegenseitig ab.

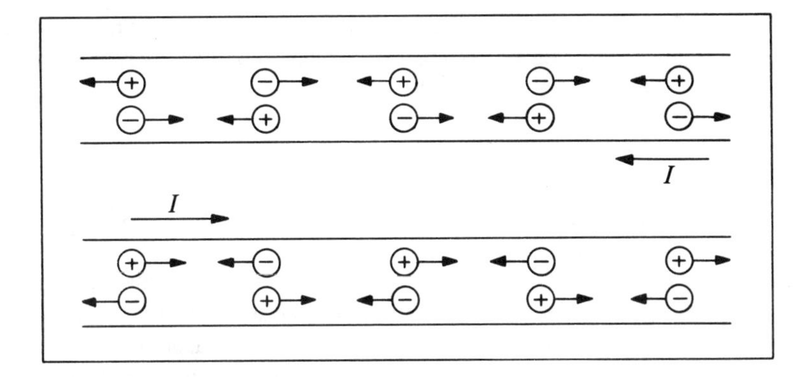

Bild 3.11 Positive und negative Ladungen bewegen sich mit gleicher Geschwindigkeit durch zwei parallele Leiter. Die elektrischen Ströme fließen in entgegengesetzte Richtungen.

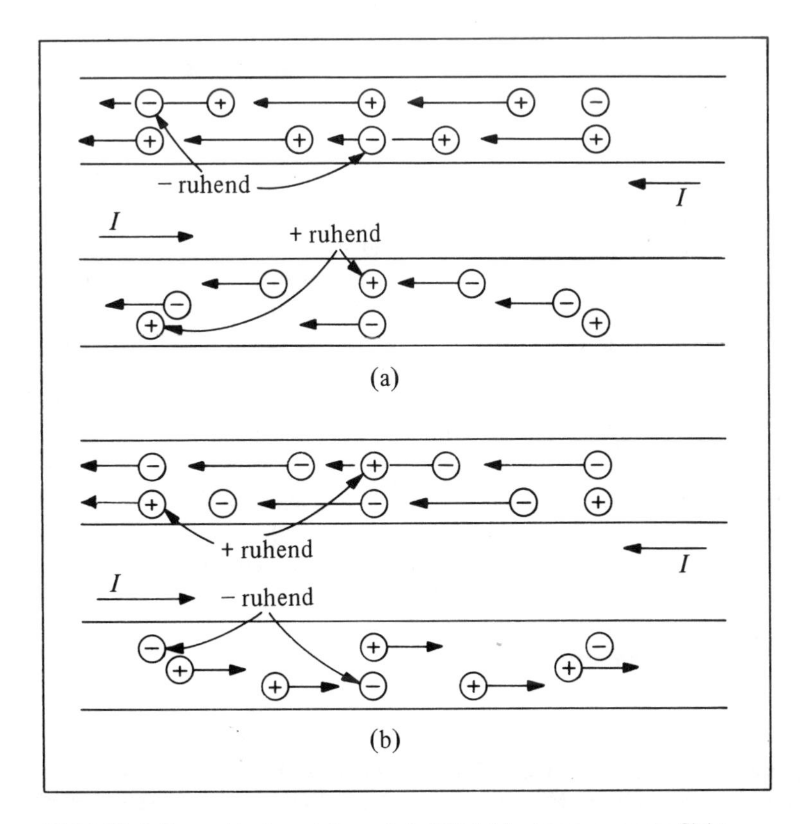

Bild 3.12 Leiter und Ladungsträger wie in Bild 3.11, aber nun aus der Sicht

a) eines Beobachters, der sich relativ zu den positiven Ladungen des unteren Leiters in Ruhe befindet und
b) eines Beobachters, der sich relativ zu den negativen Ladungen des unteren Leiters in Ruhe befindet.

Um die Kraft auf eine negative Ladung im unteren Draht zu finden, gehen wir durch eine Transformation in ein Bezugssystem über, in dem diese Ladung ruht (Bild 3.12b). In diesem Bezugssystem besitzt der obere Draht eine resultierende negative Ladung und die herausgegriffene negative Ladung im unteren Draht wird abgestoßen.

Kurz zusammengefaßt: Die resultierende Kraft eines stromführenden Leiters auf einen anderen Leiter mit entgegengesetzter Stromrichtung ist abstoßend. Zu diesem Ergebnis sind wir wiederum ohne Rückgriff auf eine explizite magnetische Wechselwirkung zwischen elektrischen Ladungen gekommen.

Obgleich die obige qualitative Begründung nur eine symmetrische Anordnung, bei der sich in jedem Leiter die gleiche Anzahl positiver wie negativer Ladungsträger bewegte, betraf, gilt sie ebenso für jedes beliebige Verhältnis der Ladungsträger. Auch wenn es sich nur um negative Ladungsträger handelt, wie bei normalen Metallen meist der Fall, so würden wir ebenfalls finden, daß gleichgerichtete Ströme einander anziehen und entgegengesetztgerichtete Ströme einander abstoßen. Bei gleichgerichteten Strömen werden die negativen Ladungen vom anderen Draht angezogen, und als Folge davon bildet sich auf dem Teil der Oberfläche, der dem anderen Draht am nächsten kommt, ein Überschuß an negativer Ladung. Das steht im Gegensatz zu der in Bild 3.9 gezeigten Situation. Dort nahmen sowohl positive als auch negative Ladungen in gleicher Anzahl eine dem anderen Draht nächstgelegene Lage ein, so daß sich keine resultierende Ladung auf der Oberfläche bilden konnte. Durch Ausnutzung dieses Effektes kann man das Vorzeichen der überwiegend vertretenen Ladungsträger bestimmen.[1]

3.6 Praktische Rechnungen und Einheiten in der relativistischen Mechanik

Die klassischen Gleichungen für den Impuls und die kinetische Energie eines Teilchens können nur dann angewandt werden, wenn die Teilchengeschwindigkeit sehr viel kleiner als die Lichtgeschwindigkeit ist; bei großen Geschwindigkeiten müssen die relativistischen Beziehungen herangezogen werden. Eine Faustregel, mit der wir entscheiden können, ob die klassische Berechnung eines Problems hinreichend genau ist oder ob die Rechnung relativistisch erfolgen muß, wird uns sehr nützlich sein. Tabelle 3.1 zeigt die notwendigen Bedingungen, damit bei der Berechnung von Impuls und Energie keine Fehler größer als 1 % auftreten. Ist die Bewegungsenergie eines Teilchens nur ein kleiner Bruchteil seiner Ruhenergie, so ist die klassische Mechanik anwendbar, übertrifft andererseits die Gesamtenergie oder auch nur die Bewegungsenergie die Ruhenergie beträchtlich, so kann die extrem relativistische Beziehung $E = pc$ (die in aller Strenge nur für $m_0 = 0$ gilt) verwendet werden.

Für atomare und subatomare Teilchen sind das Elektronvolt oder dessen Zehnerpotenzen geeignete Energieeinheiten:

Kiloelektronvolt = 1 keV = 10^3 eV,
Megaelektronvolt = 1 MeV = 10^6 eV,
Gigaelektronvolt = 1 GeV = 10^9 eV.[2]

Nach Gl. (3.14) ist die entsprechende Impulseinheit das durch die Lichtgeschwindigkeit dividierte Elektronvolt, eV/c. Mit dieser Impulseinheit erhalten wir als Einheit für pc

[1] Zum Beispiel mit Hilfe des Hall-Effektes.

[2] in USA auch mit BeV (Billion Elektronvolt) bezeichnet.

Tabelle 3.1

	Bedingung	unter der der Fehler in der untenstehenden Beziehung nicht größer als 1 % ist
klassischer Bereich	$E_k/E_0 < 0{,}01$ oder $v/c < 0{,}1$	$E_k \approx \frac{1}{2} m_0 v^2$ und $p \approx m_0 v$
extrem relativistischer Bereich	$E/E_0 > 7$ oder $E_k/E_0 > 6$ oder $v/c > 0{,}99$	$E \approx pc$

gerade das Elektronvolt, eV. Die Geschwindigkeit eines atomaren Teilchens wird zweckmäßig in Bruchteilen der Lichtgeschwindigkeit angegeben, d.h. durch v/c. Bei Verwendung dieser Einheiten muß die Geschwindigkeit eines beliebigen Teilchens zwischen 0 und 1 liegen. Diese besonderen Einheiten (eV für die Energie, eV/c für den Impuls und v/c für die Geschwindigkeit) vereinfachen die Berechnungen sowohl in der klassischen Physik als auch in der Relativitätstheorie.

Die klassischen Ausdrücke für die Bewegungsenergie und für den Impuls können durch die Ruhenergie eines Teilchens $E_0 = m_0 c^2$, seine Geschwindigkeit v/c und die Konstante c folgendermaßen dargestellt werden:

$$E_k \text{ (klassisch)} = \tfrac{1}{2} m_0 v^2 = \tfrac{1}{2} (m_0 c^2)\left(\frac{v}{c}\right)^2 = \tfrac{1}{2} E_0 \left(\frac{v}{c}\right)^2 , \tag{3.32}$$

$$p \text{ (klassisch)} = m_0 v = \frac{(m_0 c^2)(v/c)}{c} = \frac{E_0 (v/c)}{c} . \tag{3.33}$$

So finden wir zum Beispiel leicht für die Bewegungsenergie und für den Impuls eines Elektrons (Ruhenergie $E_0 = 0{,}51$ MeV), das sich mit der Geschwindigkeit $0{,}01\,c$ bewegt, auf das also die klassischen Ausdrücke anwendbar sind:

$$E_k = \tfrac{1}{2} E_0 \left(\frac{v}{c}\right)^2 = \tfrac{1}{2} (0{,}51 \text{ MeV}) (10^{-2})^2 = 0{,}26 \cdot 10^{-4} \text{ MeV} = 26 \text{ eV} , \tag{3.32}$$

$$p = \frac{E_0 (v/c)}{c} = \frac{(0{,}51 \text{ MeV})(10^{-2})}{c} = \frac{0{,}51 \cdot 10^{-2} \text{ MeV}}{c} = 5{,}1 \text{ keV}/c . \tag{3.33}$$

Die Teilchenmassen werden in der Atomphysik meist in der *atomaren Masseneinheit* „u" angegeben. *Die atomare Masseneinheit ist als ein Zwölftel der Masse eines neutralen Kohlenstoffatoms* ^{12}C *definiert.* Die Avogadro-Konstante, $6{,}02252 \cdot 10^{23}$, gibt die Anzahl der Atome in 12 g reinem Kohlenstoffnuklid ^{12}C an. Daher wird

$$1 \text{ u} = \frac{1}{12}\left(\frac{12 \text{ g}}{6{,}02252 \cdot 10^{23}}\right) = 1{,}660 \cdot 10^{-27} \text{ kg}.$$

Der Zusammenhang zwischen der atomaren Masseneinheit u und der Energieeinheit MeV ist besonders wichtig. Mit Hilfe der allgemeinen Masse-Energie-Beziehung, $E = mc^2$, finden wir

$$E = mc^2 = (1 \text{ u})\, c^2 = \frac{(1{,}660 \cdot 10^{-27} \text{ kg})(2{,}998 \cdot 10^8 \text{ m/s})^2}{(1{,}602 \cdot 10^{-19} \text{ J/eV})(10^6 \text{ eV/MeV})} = 931{,}5 \text{ MeV} .$$

Daher

$$1 \text{ atomare Masseneinheit} = 1\,\text{u} = 931{,}5\ \text{MeV}/c^2 .$$

Wir können diese Beziehung als fundamentalen Umrechnungsfaktor zwischen Massen- und Energieeinheiten betrachten. Die Ruhenergien von Elektron und Proton sind:

$$\begin{aligned}\text{Ruhenergie des Elektrons} &= 0{,}51101\ \text{MeV} = 0{,}00055\ \text{u}\cdot c^2 ,\\ \text{Ruhenergie des Protons} &= 938{,}26\ \text{MeV} = 1{,}00728\ \text{u}\cdot c^2 .\end{aligned}$$

Es lohnt sich zu merken, daß die Ruhenergie eines Elektrons ungefähr $\frac{1}{2}$ MeV und die Ruhenergie eines Protons ungefähr 1 GeV beträgt. Üblicherweise versteht man unter einem Teilchen von zum Beispiel 3,0 MeV ein Teilchen mit einer *Bewegungsenergie* von 3 MeV, nicht aber mit dieser Gesamtenergie.

Beispiel 3.6. Wie groß ist die Geschwindigkeit eines Elektrons von 2,0 MeV? Die Bewegungsenergie beträgt 2,0 MeV und die Ruhenergie 0,51 MeV. Da $E_k > E_0/100$ ist, muß relativistisch gerechnet werden. Nach Gl. (3.5) ist

$$m c^2 = \frac{m_0 c^2}{\sqrt{1-(v/c)^2}}, \qquad E = \frac{E_0}{\sqrt{1-(v/c)^2}}. \tag{3.34}$$

Diese Gleichung ist bei relativistischen Rechnungen oft nützlich. Durch Auflösen nach v/c erhält man

$$\frac{v}{c} = \sqrt{1-\frac{E_0^2}{E^2}} = \sqrt{1-\frac{E_0^2}{(E_k+E_0)^2}} = \sqrt{1-\left(\frac{0{,}51}{2{,}51}\right)^2} = 0{,}98 .$$

Beispiel 3.7. Wie groß ist der Impuls eines Elektrons von 20,0 GeV? Da $E_k/E_0 = 20\,000/0{,}51 \approx 40\,000$ ist, kann nach Tabelle 3.1 die Beziehung $E = p\,c$ mit einem Fehler, der sehr weit unter 1 % liegt, verwendet werden; daher ist

$$p = \frac{E}{c} = \frac{E_k + E_0}{c} = \frac{(20{,}0 + 0{,}0005)\ \text{GeV}}{c} \approx 20\ \text{GeV}/c .$$

3.7 Zusammenfassung

Der relativistische Impuls eines Teilchens ist

$$p = m\,v, \quad \text{dabei ist} \quad m = \frac{m_0}{\sqrt{1-(v/c)^2}} . \tag{3.6}$$

In der relativistischen Dynamik sind die Gesamtenergie und die relativistische Masse eines Teilchens durch die Gleichung von Einstein verknüpft

$$E = m\,c^2 . \tag{3.12}$$

Die Bewegungsenergie eines Teilchens ist durch

$$E_k = E - E_0 \tag{3.10}$$

gegeben, dabei ist $E_0 = m_0\,c^2$ die Ruhenergie des Teilchens.

Die dynamische Größe

$$(p\,c)^2 - E^2 = -E_0^2 \tag{3.14}$$

ist gegenüber einer Lorentz-Transformation invariant und hat in allen Inertialsystemen denselben Wert.

Die Ruhmasse eines Systems gebundener Teilchen ist um E_b/c^2 kleiner als die Gesamtmasse der freien Teilchen, dabei ist E_b die gesamte Bindungsenergie.

Die Gesamtenergie und die Impulskomponenten eines Teilchens werden von einem Inertialsystem zu einem anderen durch die Lorentz-Transformation analog zu den Raum-Zeit-Koordinaten transformiert:

$$p_{x2} = \frac{p_{x1} - v\,(E_1/c^2)}{\sqrt{1-(v/c)^2}}, \quad p_{y2} = p_{y1}, \quad p_{z2} = p_{z1}, \quad E_2 = \frac{E_1 - v\,p_{x1}}{\sqrt{1-(v/c)^2}} \tag{3.23}$$

Die Maxwellschen Gleichungen der Elektrodynamik sind Lorentz-invariant. Die magnetische Wechselwirkung zwischen bewegten Ladungen entsteht nach der Speziellen Relativitätstheorie durch die Transformation einer rein elektrischen Wechselwirkung in ein anderes Inertialsystem.

3.8 Aufgaben

3.1. Für einen Beobachter im Laborsystem hat die Intensität eines Strahles monoenergetischer, geladener Pionen um einen Faktor 2 abgenommen, nachdem die Pionen 9 m zurückgelegt haben. Ermitteln Sie

a) die Geschwindigkeit,

b) den Impuls,

c) die Bewegungsenergie der Pionen. (Dabei kann von einer Halbwertszeit der geladenen Pionen von $1{,}77 \cdot 10^{-8}$ s und von einer Ruhenergie von 140 MeV ausgegangen werden.)

3.2. Ein homogener, starrer Körper bewegt sich mit sehr großer Geschwindigkeit.

a) Hängt die Dichte dieses Körpers, definiert als Verhältnis von relativistischer Masse und Volumen, von seiner Geschwindigkeit relativ zum Beobachter ab?

b) Falls das zutrifft, nimmt die Dichte mit wachsender Geschwindigkeit zu oder nimmt sie ab?

c) Falls es sich bei dem starren Körper um einen Zylinder handelt, hängt dann bei gegebener Geschwindigkeit seine Dichte von der Orientierung seiner Achse zur Bewegungsrichtung ab?

3.3. Ein Pion ist ein instabiles Elementarteilchen mit einer Ruhenergie von 140 MeV und einer mittleren Lebensdauer von $2{,}55 \cdot 10^{-8}$ s. Unter der mittleren Lebensdauer versteht man die durchschnittliche Zeitspanne zwischen der Entstehung eines Pions und seinem Zerfall in andere Teilchen, gemessen in einem Bezugssystem, in dem dieses Teilchen ruht. Eine Spur auf einer Blasenkammeraufnahme zeigt die Lebensgeschichte eines Pions, das genau nach seiner mittleren Lebensdauer zerfällt. Die Spur ist 12,0 cm lang. Das Pion bewegt sich längs dieser Spur mit annähernd konstanter Geschwindigkeit.

a) Wie groß ist die Bewegungsenergie des Pions?

b) Wie groß ist seine Geschwindigkeit?

3.4. Ein Elektron umkreist die Erde am Äquator (mittlerer Erdradius $6{,}37 \cdot 10^6$ m), wo das Magnetfeld der Erde ungefähr $34 \cdot 10^{-6}$ T beträgt. Wie groß ist dann das Verhältnis der relativistischen Masse dieses Elektrons zu seiner Ruhmasse?

3.5. Zeigen Sie, daß für ein relativistisches Teilchen

$$\beta \equiv \frac{v}{c} = \left[1 + \left(\frac{E_0}{pc}\right)^2\right]^{-1/2} = \left[1 + \left(\frac{m_0 c}{p}\right)^2\right]^{-1/2}$$

gilt.

3.6.

a) Zeigen Sie, daß die Bewegungsenergie E_k eines Teilchens durch

$$E_k = \left[\sqrt{1 + \left(\frac{pc}{E_0}\right)^2} - 1\right] E_0$$

dargestellt werden kann, dabei sind p und E_0 Impuls bzw. Ruhenergie.

b) Zeigen Sie, daß diese Gleichung für $v \ll c$ in die klassische Form übergeht.

3.7. Ein polyenergetischer Protonenstrahl tritt in ein homogenes Magnetfeld ein, das senkrecht zum Strahl gerichtet ist und eine Flußdichte von 1,50 T besitzt. Man findet den Strahl zu einem Spektrum aufgespalten, dessen Radien von 10,0 m bis 1,00 m reichen.

a) In welchem Bereich liegt der Impuls der Protonen dieses Strahles (in GeV/c)?

b) In welchem Bereich liegt die Bewegungsenergie (in GeV)?

3.8.

a) Wie groß ist der Krümmungsradius eines Strahles von 20 GeV-Elektronen, der senkrecht in ein homogenes Magnetfeld von 2,0 T geschossen wird?

b) Welchen Krümmungsradius hätte man nach der klassischen Physik zu erwarten?

c) Welchen Radius würde ein Strahl von 20 GeV-Protonen in demselben Feld haben?

3.9. Mit dem Teilchenbeschleuniger von Batavia, Illinois, können Protonen auf eine Energie von 500 GeV beschleunigt werden.

a) Berechnen Sie die Geschwindigkeit dieser Protonen.

b) Falls die Intensität am Ende des Protonenstrahles 10^{14} Protonen je Sekunde beträgt, welche Leistung (in W) ist dann mindestens erforderlich, um die Protonen zu beschleunigen?

3.10. Ein geladenes Teilchen wird durch ein elektrisches Potentialgefälle aus der Ruhe heraus beschleunigt. Das Teilchen tritt dann in ein zeitlich konstantes, homogenes Magnetfeld senkrecht zu dessen Feldlinien ein. Vergrößert man dabei die Beschleunigungsspannung um einen bestimmten Faktor, so nimmt der Krümmungsradius der Teilchenbahn im homogenen Feld ebenfalls um annähernd denselben Faktor zu. Zeigen Sie, daß die Teilchengeschwindigkeit nach der Beschleunigung durch das elektrische Feld annähernd c beträgt.

3.11. Um welchen Bruchteil nimmt die Masse eines Kupferstückes von 1,0 g zu, wenn man dieses von 0,0 °C auf 100 °C erwärmt? Die spezifische Wärmekapazität des Kupfers beträgt 383 J/kg K.

3.12. Man kann heute Elektronen auf eine Energie von 20 GeV beschleunigen.

a) Um welchen Faktor nimmt dabei die relativistische Masse eines Elektrons zu?

b) Um welchen Bruchteil unterscheidet sich die Geschwindigkeit eines 20 GeV-Elektrons von der Lichtgeschwindigkeit?

3.13. Da der Betrag der elektrischen Ladung eines Elektrons gleich dem Betrag der elektrischen Ladung eines Protons ist, sind auch die Bewegungsenergien von Elektronen und Protonen, die durch *dieselbe* elektrische Potentialdifferenz aus der Ruhe heraus beschleunigt worden sind, stets genau gleich, unabhängig davon, daß sich die Geschwindigkeiten der Elektronen und Protonen unterscheiden. Durch welche Mindestspannung muß ein Elektron und ein Proton aus der Ruhe heraus beschleunigt werden, damit ihre Impulse bis auf 1/10 genau übereinstimmen?

3.14. Wie groß sind a) die Bewegungsenergie (in eV) und b) der Impuls (in eV/c) bei einem Teilchen der Ruhenergie 100 MeV, das sich mit der Geschwindigkeit $v/c = 1/100$ bewegt?

3.15. Man kann den Zusammenhang zwischen der Gesamtenergie E eines Teilchens, seiner Ruhenergie E_0 und seinem Impuls p durch ein rechtwinkliges Dreieck mit den Seiten pc, E_0 und E darstellen. Man zeichne ein derartiges Dreieck und kennzeichne die Bewegungsenergie des Teilchens für

a) $v/c \ll 1$ und

b) $v/c \approx 1$.

3.16. Ein Elektron habe einen Impuls von 10 MeV/c. Wie groß sind

a) seine Bewegungsenergie und

b) seine Geschwindigkeit?

Ein Proton habe einen Impuls von 10 MeV/c. Wie groß sind

c) seine Bewegungsenergie und

d) seine Geschwindigkeit?

3.17. Zweckmäßig drückt man gelegentlich den Impuls p eines materiellen Teilchens durch Vielfache von E_0/c aus, dabei ist E_0 die Ruhenergie des Teilchens. Es sei $p = NE_0/c$. Zeigen Sie, daß

a) $v = (N/\sqrt{1 + N^2})\, c$,

b) $m = \sqrt{1 + N^2}\, m_0$ und

c) $E_k = (\sqrt{1 + N^2} - 1)\, E_0$ ist.

3.18. Wie groß ist der Impuls

a) eines Elektrons von 1,0 GeV (Bewegungsenergie) und

b) eines Kohlenstoffatoms von 1,0 GeV (Bewegungsenergie), dessen Ruhenergie $\approx$ 12 GeV beträgt?

3.19. Die Bewegungsenergie eines Teilchens beträgt das Zehnfache seiner Ruhenergie E_0. Wie groß sind a) sein Impuls und b) seine Geschwindigkeit, beide Größen ausgedrückt durch E_0 und c?

3.20. Ein Teilchenbeschleuniger beschleunigt einen Elektronenstrahl durch eine Potentialdifferenz von insgesamt $2 \cdot 10^{10}$ V. Im Mittel treffen $15 \cdot 10^{13}$ Elektronen pro Sekunde auf das Target.

a) Wie groß ist der mittlere Elektronenstrom?

b) Welche mittlere Kraft wird durch den Elektronenstrahl auf das Target ausgeübt, wenn die Elektronen dort bis zur Ruhe abgebremst werden?

3.21. Die Geschwindigkeit eines Teilchens unterschreitet c um 0,10 %. Wie groß sind a) die Bewegungsenergie des Teilchens und b) sein Impuls, beide ausgedrückt durch E_0 und c?

3.22.

a) Wie groß darf die Geschwindigkeit eines Teilchens höchstens sein, damit seine Bewegungsenergie durch $\frac{1}{2} m_0 v^2$ mit einem Fehler, der nicht größer als 1 % ist, wiedergegeben werden kann?

b) Wie groß ist die Bewegungsenergie eines Elektrons, das sich mit dieser Geschwindigkeit bewegt?

c) Wie groß ist die Bewegungsenergie eines Protons bei dieser Geschwindigkeit?

3.23.

a) Wie groß muß die Geschwindigkeit eines Teilchens mindestens sein, wenn dessen Bewegungsenergie die Gesamtenergie E und daher auch die Größe $p\,c$ wiedergeben soll und der Fehler der Gesamtenergie dabei nicht größer als 1 % sein soll?

b) Wie groß ist unter diesen Bedingungen die Bewegungsenergie eines Elektrons und

c) die Bewegungsenergie eines Protons?

3.24. Ein Teilchen mit der Ruhmasse m_0 bewege sich anfänglich mit der Geschwindigkeit 0,30 c.

a) Um welchen Faktor vergrößert sich die Bewegungsenergie des Teilchens, wenn seine Geschwindigkeit verdoppelt wird?

b) Um welchen Faktor vergrößert sich die Geschwindigkeit, wenn die Bewegungsenergie des Teilchens um einen Faktor 100 vermehrt wird?

3.25. Die gesamte Intensität der Sonnenstrahlung beträgt an der Erdoberfläche 8,0 J/cm^2 · min. Berechnen Sie die Abnahme der Sonnenmasse pro Sekunde und den Bruchteil der Masse, den die Sonne in 10^9 Jahren (ungefähr ein Zehntel des Alters des Weltalls) auf Grund ihrer Strahlung verliert. Die Entfernung der Erde von der Sonne beträgt $1{,}49 \cdot 10^{11}$ m und die gegenwärtige Masse der Sonne ist $2{,}0 \cdot 10^{30}$ kg.

3.26. Ein Weltraumschiff wird mit einer Nutzlast, deren Ruhmasse $6 \cdot 10^4$ kg beträgt, auf die Geschwindigkeit 0,95 c beschleunigt.

a) Welche Energie ist mindestens erforderlich, um das Raumschiff auf diese Geschwindigkeit zu bringen?

b) Welches Massenäquivalent stellt diese Energie dar?

c) Wieviel Kernbrennstoff (man gehe von einer Umwandlung von 1 % der Masse in Energie aus) wird hierzu benötigt?

3.27. Beobachter, die sich mit 0,80 c entlang eines gleichmäßig geladenen, geraden Drahtes bewegen, messen die lineare Ladungsdichte längs des Drahtes zu $2 \cdot 10^{-12}$ C/m. Wie groß ist die lineare Ladungsdichte dieses Drahtes für Beobachter, die relativ zu dem Draht ruhen, unter der Annahme, daß die Größe einer elektrischen Ladung von Ihrer Geschwindigkeit unabhängig ist?

3.28. Ein gerader Draht trägt eine lineare Ladungsdichte λ. Ein Beobachter befindet sich im senkrechten Abstand R von dem Draht in Ruhe.

a) Ein Teilchen mit der Ladung Q ruht ebenfalls im Abstand R von dem Draht. Wie groß ist für diesen Beobachter, der relativ zu dem Teilchen ruht, die resultierende Kraft auf die Ladung?

b) Nehmen Sie nun einen Beobachter an, der sich mit der Geschwindigkeit v längs der Drahtrichtung bewegt. Wie groß ist dann für diesen Beobachter die resultierende *elektrische* Kraft auf das Teilchen? Beachten Sie dabei die veränderte lineare Ladungsdichte, die aus der Längenkontraktion folgt.

c) Zeigen Sie, daß die resultierende elektrische Kraft unter Berücksichtigung der Längenkontraktion genau so groß ist wie die elektrische und die magnetische Kraft auf ein Teilchen mit der Ladung Q, die ein bewegter Beobachter ermitteln würde.

Dieses Beispiel veranschaulicht, daß die magnetische Kraft in Wirklichkeit nur eine Erscheinungsform der elektrischen Kraft in Zusammenwirken mit relativistischen Effekten ist.

3.29.

a) Zeigen Sie, daß die Geschwindigkeit eines Teilchens nach der klassischen Physik durch dE_k/dp gegeben ist.

b) Zeigen Sie, daß die Geschwindigkeit eines relativistischen Teilchens durch dE/dp gegeben ist.

c) Zeichnen Sie $E_k^{1/2}$ als Funktion von v sowohl für den Fall a) als auch für b).

3.30.

a) Zeigen Sie, daß der Impuls eines Teilchens durch $p = (\frac{1}{c})(E_k^2 + 2E_0E_k)^{1/2}$ gegeben ist.

b) Zeigen Sie, daß dieser Ausdruck im klassischen Grenzfall in $m_0 v$ und im extrem relativistischen Bereich in E/c übergeht.

3.31. Zeichnen Sie a) den klassischen und den relativistischen Impuls eines Teilchens und b) die entsprechende Bewegungsenergie als Funktion der Geschwindigkeit für alle möglichen Werte der Geschwindigkeit.

3.32. Ein 10,2-MeV-Elektron stößt elastisch mit einem anfangs ruhenden Proton zentral zusammen. Zeigen Sie, daß das Proton mit einer Geschwindigkeit, die annähernd $(2E_e/E_p)c$ beträgt, fortfliegt und daß der Bruchteil der Energie, die von dem Elektron auf das Proton übertragen wird, $2E_e/E_p$ beträgt; dabei ist E_e die *Gesamtenergie* des Elektrons und E_p die *Ruhenergie* des Protons. (Hinweis: a) Da die Energie des Elektrons so viel größer als dessen Ruhenergie ist, kann es als extrem relativistisches Teilchen behandelt werden und b) da die Ruhenergie des Protons so viel größer als die *Gesamtenergie* des Elektrons ist, kann das Proton klassisch behandelt werden.)

3.33. Um ein Kohlenmonoxidmolekül (CO) in ein Kohlenstoff- und ein Sauerstoffatom zu zerlegen, sind 11,0 eV erforderlich.

a) Wie groß ist die relative Massenänderung des CO-Moleküls, wenn es in ein C- und ein O-Atom zerlegt wird?

b) Wie groß ist die Bindungsenergie (in eV) pro Molekül?

3.34. Zwei verschiedene Massen von 1,0 kg und 6,0 kg sind an den beiden Enden einer masselos gedachten Feder, die eine Federkonstante von $2{,}0 \cdot 10^5$ N/m besitzt, befestigt. Die Feder wird dann 12,0 cm von ihrer unverformten Länge aus zusammengedrückt und in dieser Lage arretiert.

a) Wird die Masse dieser gekoppelten Körper nun gemessen, wie groß ist der Unterschied zwischen der Masse dieses Systems und den Massen der ursprünglich getrennten Körper? Die Sperre wird dann beseitigt, so daß sich die Feder wieder ausdehnt und dabei die beiden Körper beschleunigt, bis diese sich von der Feder lösen und in entgegengesetzter Richtung fortfliegen.

b) Um wieviel übertrifft die Masse eines jeden dieser beiden getrennten Körper ihre Ruhmasse?

3.35. Das Σ^+-Teilchen ist ein instabiles Elementarteilchen mit einer Ruhenergie von 1 190 MeV und einer mittleren Lebensdauer von $0{,}81 \cdot 10^{-10}$ s, gemessen im Ruhsystem dieses Teilchens. Ein Σ^+-Teilchen existiere genau während seiner mittleren Lebensdauer *in seinem Ruhsystem*. Wie groß muß die Bewegungsenergie dieses Teilchens in einem Laborsystem, in dem es vor seinem Zerfall auf einer Strecke von 1,0 mm beobachtet wird, mindestens sein?

3.36. Im Inertialsystem S_1 wird ein Teilchen mit der Ruhmasse m_0 in gleichförmiger Bewegung mit der Geschwindigkeit $v_1 = 0{,}8\,c$ längs der positiven y-Achse beobachtet.

a) Mit Hilfe der Gl. (3.23) ermittele man den Impuls und die Gesamtenergie des Teilchens, wie sie in einem zweiten Inertialsystem S_2, das sich mit der Geschwindigkeit $0{,}50\,c$ längs der positiven x_1-Achse bewegt, beobachtet werden.

b) In welchem Inertialsystem ist die Gesamtenergie des Teilchens minimal?

3.37. Im Laborsystem bewegt sich ein einfallendes Proton von 2,0 GeV längs der x-Achse und stößt elastisch mit einem ursprünglich ruhenden Proton des Targets zusammen. Nach dem Stoß bewegen sich beide Protonen unter dem gleichen Winkel gegen die x-Achse. Wie groß ist dieser Winkel? (Beachten Sie dabei, daß beim elastischen Stoß von Teilchen gleicher Masse bei *kleinen* Geschwindigkeiten der Winkel zwischen den Richtungen der fortfliegenden Teilchen stets 90° beträgt.)

3.38. In einem bestimmten Inertialsystem sei der Gesamtimpuls eines abgeschlossenen Systems von Teilchen $\Sigma\,\mathbf{p}$ und die relativistische Gesamtenergie sei $\Sigma\,E$. Zeigen Sie, daß die Geschwindigkeit des Schwerpunktes dieser Teilchen durch $c^2\,\Sigma\,\mathbf{p}/\Sigma\,E$ gegeben ist.

4 Quanteneffekte: die Teilchennatur der elektromagnetischen Strahlung

4.1 Quantelung in der klassischen Physik

Relativitätstheorie und Quantentheorie bilden die beiden großen theoretischen Grundlagen der Physik des zwanzigsten Jahrhunderts. Genauso, wie die Relativitätstheorie zu neuen Einsichten in die Natur von Raum und Zeit führt und zu tiefgründigen Konsequenzen für die Mechanik und die Elektrodynamik gelangt, so führt auch die Quantentheorie zu vollkommen neuen Denkweisen, die die Grundlage für das Verständnis der Atom- und Kernphysik liefern. Einige Gesichtspunkte der quantenhaften Beschreibung der Naturvorgänge sind jedoch nicht vollkommen neu und können bereits in der klassischen Physik vorgefunden werden.

Bei der Untersuchung der physikalischen Welt finden wir zwei Hauptarten physikalischer Größen: Größen, die ein Kontinuum von Werten annehmen können, und *gequantelte* Größen. Bei letzteren sind nur bestimmte, diskrete Werte möglich; manchmal spricht man auch davon, diese Größen seien „atomar" oder „körnig".

Bild 4.1 zeigt einige Beispiele kontinuierlicher, also nicht gequantelter Größen aus der klassischen Physik:

a) Geschwindigkeit eines freien Teilchens, die von Null bis zur Lichtgeschwindigkeit reichen kann;
b) Betrag des Drehimpulses eines Teilchens, der jeden beliebigen Wert von Null bis Unendlich annehmen kann;
c) mechanische Energie eines Systems zweier Teilchen, die bei gebundenen Teilchen jeden negativen Wert ($E_m < 0$) und bei freien Teilchen jeden positiven Wert ($E_m > 0$) annehmen kann;
d) Winkel zwischen der Richtung des Dipolmomentes eines Magneten und der Richtung eines äußeren Magnetfeldes, der sich von 0 bis 180° erstrecken kann.

Bild 4.2 zeigt verschiedene Beispiele gequantelter physikalischer Größen:

a) Die beobachteten Ruhmassen von Atomen, die sich nicht über einen stetigen Bereich erstrecken. Dies wurde zuerst bei den grundlegenden Untersuchungen über die chemischen Verbindungen erkannt, die zur Atomtheorie von Dalton führten. Die Massen der in der Natur vorkommenden Atome sind mit großer Genauigkeit bekannt, und es ist bemerkenswert, festzustellen, daß sie sich *beinahe* aber *nicht ganz genau* wie ganze Zahlen verhalten. Eine der wichtigsten Aufgaben der Kernphysik ist, wie wir noch sehen werden, die theoretische Grundlage für diese Abweichungen von den ganzzahligen Verhältnissen zu liefern.
b) Die elektrische Ladung ist in dem Sinne gequantelt, daß die Gesamtladung eines beliebigen Körpers genau ein ganzzahliges positives oder negatives Vielfaches der fundamentalen elektrischen Ladung e ist. Die Quantelung der Ladung, die sich im

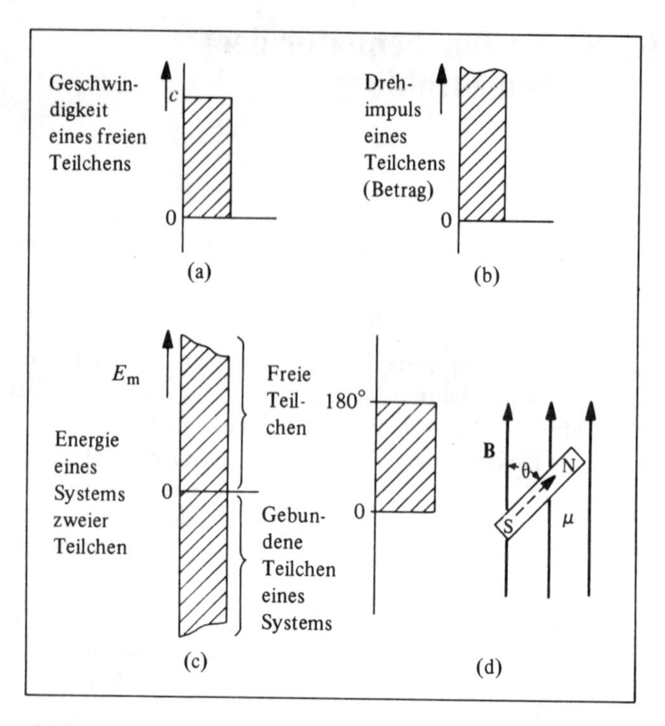

Bild 4.1 Einige Beispiele physikalischer Größen aus der klassischen Physik, die ein Kontinuum erlaubter Werte besitzen

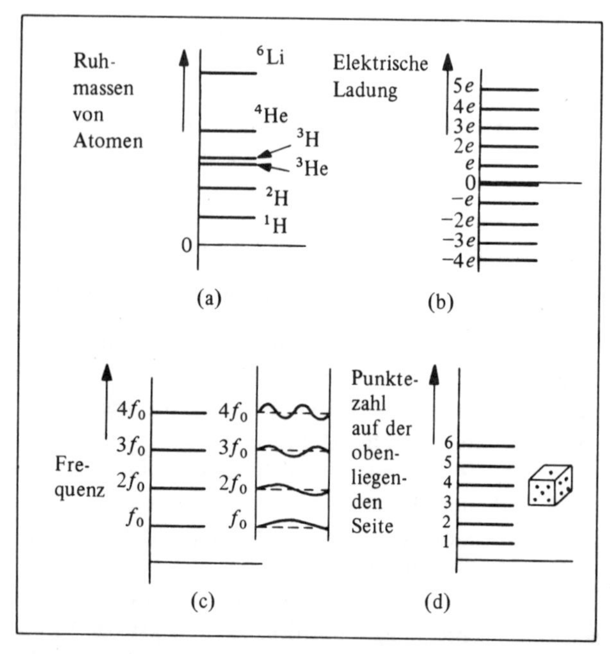

Bild 4.2 Einige Beispiele physikalischer Größen aus der klassischen Physik, deren Werte gequantelt sind

chemischen Begriff der Valenz und in den Gesetzen der Elektrolyse offenbart hat, wurde durch R. A. Millikans Öltröpfchenversuche, bei denen die Elektronenladung direkt gemessen werden konnte, unmittelbar nachgewiesen.

c) Stehende Wellen und Resonanzerscheinungen sind besonders überzeugende Beispiele für eine Quantelung in der klassischen Physik. Die Resonanzfrequenz einer schwingenden Saite, die an beiden Enden eingespannt ist, kann nur ein ganzzahliges Vielfaches einer kleinsten Frequenz f_0, der Grundfrequenz der Schwingung sein. Die Grundfrequenz ist durch die physikalischen Eigenschaften der Saite und durch ihre Länge bestimmt. Die Welle auf der Saite wird an den Begrenzungen, den eingespannten Enden, wiederholt reflektiert, interferiert sozusagen mit sich selbst und liefert dadurch stehende Wellen. Zu einer Resonanz kann es nur bei einem Abstand zwischen den Endpunkten kommen, der genau ein ganzzahliges Vielfaches der halben Wellenlänge beträgt. Wie wir bereits im Abschnitt 1.7 dargelegt haben, ist die Frequenz einer Welle nur dann genau bestimmt, falls die Welle räumlich unbegrenzt ist. Dieses Ergebnis gilt auch für eine Welle, die zwischen zwei reflektierenden Begrenzungen eingeschlossen ist, da man sich diese Welle unendlich oft übereinandergelegt denken kann.

d) Ein geworfener Würfel kann auf seiner obenliegenden Seite nur 1, 2, 3, 4, 5 oder 6 Punkte zeigen. Dieses ist eines der vielen alltäglichen Beispiele gequantelter Größen; andere sind die Seiten einer Münze, eine Menschenmenge oder Geldbeträge von Münzen.

Die Quantentheorie stützt sich hauptsächlich auf die Entdeckung, daß bestimmte Größen, die man in der klassischen Physik als stetig angenommen hat, in Wirklichkeit gequantelt sind. Geschichtlich hat sie ihren Ursprung in der theoretischen Deutung der elektromagnetischen Strahlung eines schwarzen Körpers (d.h. eines Körpers, der die Strahlung vollständig absorbiert und emittiert). Wie man gegen Ende des neunzehnten Jahrhunderts erkannte, stimmt bei der elektromagnetischen Strahlung eines schwarzen Körpers die experimentell beobachtete Abhängigkeit der Intensität von der Wellenlänge nicht mit den Voraussagen der klassischen Elektrodynamik überein. Max Planck, der Begründer der Quantentheorie, zeigte 1900, wie eine Änderung der klassischen Vorstellungen durch die Annahme einer Quantelung der Energie zu einer befriedigenden Übereinstimmung zwischen Experiment und Theorie führte. Da eine ausführliche Behandlung der Strahlung eines schwarzen Körpers (Abschnitt 12.7) recht umständliche Ableitungen erfordert, werden wir hier den Quantenbegriff durch einfachere und in vieler Hinsicht auch überzeugendere Überlegungen, die vom Photoeffekt ausgehen, einführen.

4.2 Der Photoeffekt

Heinrich Hertz entdeckte 1887 den Photoeffekt bei Versuchen, deren eigentliches Ziel die Bestätigung von Maxwells theoretischer Voraussage (1864) elektromagnetischer Wellen war, die durch elektrische Schwingungen erzeugt wurden.

Der Photoeffekt ist nur einer der verschiedenen Vorgänge, durch die Elektronen aus der Oberfläche eines Körpers gelöst werden können. (Wir wollen uns hier auf metallische Oberflächen beschränken, da diese Vorgänge zuerst bei Metallen beobachtet wurden und dort immer noch am einfachsten untersucht werden können.) Es handelt sich dabei um die folgenden Effekte:

Glühemission: Erhitzen des Metalles und Übertragung von Wärmeenergie auf die Elektronen, die dadurch von der Oberfläche abdampfen können.
Sekundäremission: Übertragung der Bewegungsenergie von Teilchen, die auf die Oberfläche aufprallen, auf die Metallelektronen.
Feldemission: Auslösung von Elektronen aus dem Metall durch ein sehr starkes äußeres elektrisches Feld.
Photoelektrische Emission (Photoeffekt): Diese wird hier im folgenden behandelt.

Beim Photoeffekt trifft elektromagnetische Strahlung auf eine gereinigte Metalloberfläche und löst dabei Elektronen aus der Oberfläche. Die Valenzelektronen sind im Innern eines Metalles frei beweglich, jedoch an das Metall als Ganzem gebunden. Mit diesen relativ freien Elektronen wollen wir uns hier befassen. Am einfachsten können wir den Photoeffekt wie folgt beschreiben: Ein Lichtstrahl liefert einem Elektron einen Energiebetrag, der gleich oder auch größer als die Energie ist, mit der das Elektron an die Oberfläche gebunden ist; dadurch wird diesem der Austritt ermöglicht. Für eine genauere Beschreibung des Photoeffektes muß man wissen, wie die verschiedenen, bei der Photoemission auftretenden Größen voneinander abhängen. Diese Kenntnis wird durch Experimente geliefert. Die voneinander abhängigen Größen sind die Frequenz ν des Lichtes, die Intensität I des Lichtstrahls, der Photostrom i, die Bewegungsenergie $\frac{1}{2} m_0 v^2$ (wir werden gleich sehen, daß die klassische Form der Bewegungsenergie hier gerechtfertigt ist) und die chemische Beschaffenheit der Oberfläche, aus der die Elektronen austreten. Die austretenden Elektronen werden als *Photoelektronen* bezeichnet.

Bild 4.3 zeigt schematisch die Anordnung zur Untersuchung wichtiger Zusammenhänge beim Photoeffekt. Monochromatisches Licht fällt auf eine Metalloberfläche, die Anode, die sich in einer Vakuumröhre befindet (man verwendet eine Vakuumröhre, um Stöße zwischen Photoelektronen und Gasmolekülen möglichst auszuschließen). Einige der ausgelösten Photoelektronen bewegen sich auf die Kathode zu und liefern nach ihrem Auftreffen dort den im äußeren Kreis fließenden Strom (im Bild ist die konventionelle Stromrichtung gezeichnet). Die Photoelektronen verlassen die Anode mit unterschiedlicher Bewegungsenergie. Die negativ geladene Kathode versucht, sie abzustoßen. Falls die von dem

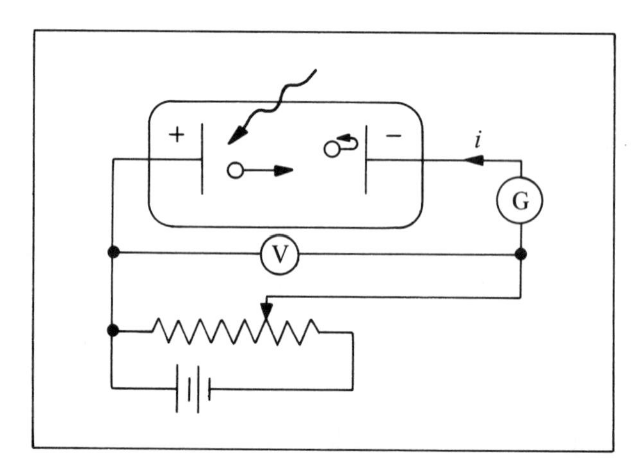

Bild 4.3 Schema der Versuchsanordnung zur Untersuchung des Photoeffektes, V Spannungsmesser, G Galvanometer

Gegenfeld mit der Potentialdifferenz U am Photoelektron verrichtete Arbeit gleich der ursprünglichen Bewegungsenergie des Photoelektrons ist, kommt letzteres gerade unmittelbar vor der Kathode zur Ruhe. Also ist $e\,U = \frac{1}{2}\,m_0\,v^2$, dabei ist v die Geschwindigkeit des Photoelektrons beim Verlassen der Anodenoberfläche und U die Potentialdifferenz, die das Photoelektron mit der Ruhmasse m_0 und der Ladung e abbremst. Werden die energiereichsten Photoelektronen, die die Geschwindigkeit v_{max} besitzen, durch eine hinreichend große Potentialdifferenz U_0 gerade kurz vor der Kathode vollkommen abgebremst, so sind offensichtlich auch alle übrigen Photoelektronen abgebremst worden, es kann kein Photostrom mehr fließen: $i = 0$. Daher ist

$$e\,U_0 = \frac{1}{2}\,m_0\,v_{max}^2\,. \tag{4.1}$$

Bei noch höheren Gegenspannungen kehren alle Photoelektronen um, bevor sie die Kathode erreicht haben.

Zunächst wollen wir nur die Versuchsergebnisse aufzählen. Dann werden wir uns den nach der klassischen Elektrodynamik zu erwartenden Ergebnissen zuwenden und dabei erkennen, daß die Versuchsergebnisse im Widerspruch zur Voraussage der klassischen Theorie stehen. Schließlich werden wir dann feststellen, wie der Photoeffekt auf der Grundlage einer quantenmäßigen Deutung verständlich wird.

Ergebnisse der Versuche zum Photoeffekt

Die Versuchsergebnisse zum Photoeffekt sind in Bild 4.4 zusammengestellt. Wir wollen sie in der Reihenfolge der Einzeldarstellungen behandeln.

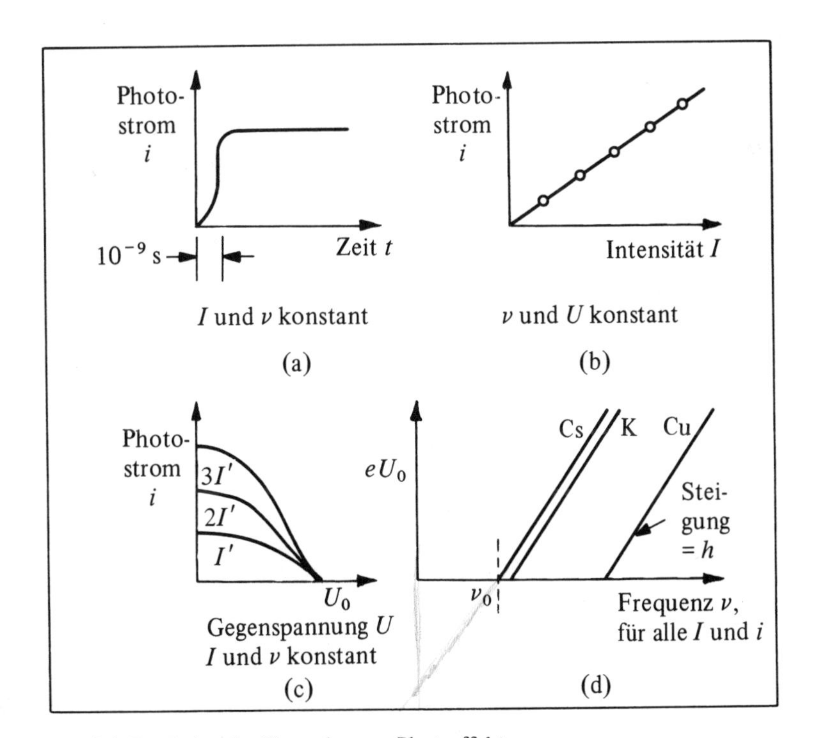

Bild 4.4 Ergebnisse der Versuche zum Photoeffekt

a) Trifft Licht auf eine Metalloberfläche auf und werden Photoelektronen ausgesandt, so setzt der Photostrom *praktisch unmittelbar* ein, selbst bei einer derartig kleinen Lichtintensität von 10^{-10} W/m^2 (das ist die Intensität einer 100-Watt-Lichtquelle in einer Entfernung von 280 km). Die zeitliche Verzögerung vom Auftreffen des Lichtstrahles bis zur Emission der ersten Photoelektronen kann nicht größer als 10^{-9} s sein.

b) Bei fester Frequenz und fester Gegenspannung ist der *Photostrom i* direkt *proportional zur Lichtintensität I*. Da ja der Photostrom ein Maß für die Anzahl der Photoelektronen ist, die in der Zeiteinheit von der Anode ausgesandt und von der Kathode eingefangen werden, besagt diese Beziehung, daß die Anzahl der in der Zeiteinheit ausgesandten Photoelektronen proportional zur Lichtintensität ist (die Abhängigkeit des Photostromes von der Lichtintensität wird bei photoelektronischen Schaltungen praktisch ausgenutzt).

c) Bei konstanter Frequenz ν und konstanter Lichtintensität *I nimmt der Photostrom mit zunehmender Gegenspannung U ab* und *verschwindet schließlich bei $U = U_0$* (Gl. (4.1)). Bei einer kleinen Gegenspannung werden zunächst die langsamen Photoelektronen abgebremst, diese liefern dann keinen Beitrag mehr zum Photostrom. Wird die Gegenspannung gleich U_0, so werden auch die energiereichsten Photoelektronen abgebremst, und es wird $i = 0$.

d) Für eine bestimmte Oberfläche *hängt die Höhe der maximalen Gegenspannung U_0 von der Lichtfrequenz ab, sie ist aber unabhängig von der Lichtintensität* und daher nach b) ebenfalls unabhängig vom Photostrom. Bild 4.4d zeigt die Versuchsergebnisse für drei verschiedene Metalle: Caesium, Kalium und Kupfer. Für jedes Metall gibt es eine genau definierte Frequenz ν_0, die *Grenzfrequenz*. Diese muß überschritten werden, damit der Photoeffekt überhaupt einsetzen kann, d.h., falls nicht $\nu > \nu_0$ ist, treten gar keine Photoelektronen aus, wie groß auch immer die Lichtintensität sein mag. Für die meisten Metalle liegt diese Grenzfrequenz im Ultravioletten. Die Bremsspannung liegt meist bei einigen Volt. Die ausgesandten Photoelektronen besitzen Energien von einigen Elektronvolt; damit ist auch der klassische Ausdruck für die Bewegungsenergie der Photoelektronen gerechtfertigt.

Für ein beliebiges Metall lassen sich die im Bild 4.4d dargestellten Versuchsergebnisse durch die Gleichung einer Geraden darstellen

$$e\, U_0 = h\,\nu - h\,\nu_0 \ ,$$

dabei findet man für *alle* Metalle *dieselbe* Größe h, die den Anstieg der Geraden kennzeichnet, ν_0 ist die Grenzfrequenz für das betreffende Metall. Durch Umstellung dieser Gleichung und mit Hilfe von Gl. (4.1) erhalten wir

$$h\,\nu = \tfrac{1}{2}\, m_0\, v_{\max}^2 + h\,\nu_0 \ . \qquad (4.2)$$

Da ja $\frac{1}{2}\, m_0\, v_{\max}^2$ eine Größe mit der Dimension Energie ist, müssen auch die Ausdrücke $h\,\nu$ und $h\,\nu_0$ die Dimension Energie besitzen.

Klasssische Erklärung des Photoeffektes

Welche Ergebnisse hätten wir auf Grund der Eigenschaften klassischer elektromagnetischer Wellen beim Photoeffekt zu erwarten? Wie oben wollen wir die vier Versuchsergebnisse wiederum an Hand von Bild 4.4 und in derselben Reihenfolge behandeln.

a) Da die Lichtwellen offensichtlich kontinuierlich sind, müßten wir erwarten, daß die von der photoelektrischen Oberfläche absorbierte Energie proportional zur Lichtintensität (Leistung pro Flächeneinheit), proportional zur Größe der beleuchteten Fläche und proportional zur Belichtungszeit ist. Wir müssen alle Elektronen, die mit der gleichen Bindungsenergie an die Metalloberfläche gebunden sind, als äquivalent betrachten. Irgendeines dieser Elektronen kann die Metalloberfläche nur dann verlassen, wenn das Licht lange genug eingestrahlt worden ist, um die Bindungsenergie dieses Elektrons aufzubringen. Da alle Elektronen mit der gleichen Bindungsenergie äquivalent sind, müßten wir weiterhin erwarten, daß dann, wenn ein Elektron genügend Energie zum Verlassen der Oberfläche angesammelt hat, auch eine Anzahl anderer Elektronen austreten kann. Wie hiervon unabhängige Versuche gezeigt haben, beträgt in einem Metall die kleinste Bindungsenergie der Elektronen meist einige eV. Nach herkömmlicher Rechnung (vgl. Aufgabe 4.5) wäre bei einer derartig kleinen Intensität wie 10^{-10} W/m^2, bei der Verzögerungszeiten von nicht mehr als 10^{-9} s gemessen wurden, keine Photoemission zu erwarten, bevor nicht wenigstens mehrere Jahrhunderte vergangen sind! Offensichtlich kann die klassische Theorie die praktisch verzögerungsfreie Photoemission nicht erklären.

b) Nach Voraussage der klassischen Theorie muß mit der Erhöhung der Lichtintensität auch die von den Elektronen der Metalloberfläche absorbierte Energie zunehmen. Daher ist zu erwarten, daß auch die Anzahl der ausgesandten Photoelektronen und damit der Photostrom proportional zur Lichtintensität zunimmt. Hier stimmt die klassische Theorie mit dem Versuchsergebnis überein.

c) Wie die Untersuchungen zeigen, gibt es eine Geschwindigkeitsverteilung und damit eine Energieverteilung der ausgesandten Photoelektronen. Diese Verteilung selbst ist mit der klassischen Theorie nicht unverträglich, denn sie verlangt unterschiedliche Bindungsarten der Elektronen an die Oberfläche, oder die Elektronen müßten dem auftreffendem Lichtstrahl unterschiedliche Energiebeträge entnommen haben. Andererseits gibt es bei gegebener Frequenz eine genau definierte Bremsspannung U_0, die von der Lichtintensität unabhängig ist. Die Maximalenergie der freigesetzten Elektronen hängt also überhaupt nicht vom gesamten Energiebetrag ab, der die Oberfläche in der Zeiteinheit erreicht. Die klassische Theorie sagt dieses Ergebnis nicht voraus.

d) Die Existenz einer Grenzfrequenz bei einem gegebenen Metall – bei kleineren Frequenzen erfolgt keine Photoemission, wie groß auch immer die Lichtintensität sein mag – ist mit klassischen Vorstellungen vollkommen unerklärlich. Ob die Photoemission auftreten kann oder nicht, entscheidet aus klassischer Sicht hauptsächlich die Energie, die die Oberfläche in der Zeiteinheit erreicht (also die Intensität), aber *nicht* die Frequenz. Weiterhin kann das Auftreten einer einzigen Konstanten h, die für ein beliebiges Material nach Gl. (4.2) die Maximalenergie der Photoelektronen mit der Frequenz verknüpft, nicht mit Hilfe irgendwelcher Konstanten der klassischen Elektrodynamik gedeutet werden.

Zusammengefaßt: *Die klassische Elektrodynamik gibt keine befriedigende Grundlage für das Verständnis der im Bild 4.4a, c und d dargestellten Versuchsergebnisse.*

Quantentheoretische Erklärung des Photoeffektes

Ein Verständnis des Photoeffektes ist erst durch die Quantentheorie möglich geworden. 1905 wandte erstmalig Albert Einstein die Quantentheorie auf die elektromagnetische Strahlung an. Damit gelang ihm eine befriedigende Erklärung des Photoeffektes.

Nach der Quantentheorie sind die scheinbar stetigen elektromagnetischen Wellen gequantelt und bestehen aus diskreten *Quanten,* die auch *Photonen* genannt werden. Jedes Photon besitzt eine Energie E, die nur von der Frequenz (oder von der Wellenlänge) abhängt und durch

$$E = h\,\nu = h\,\frac{c}{\lambda} \tag{4.3}$$

gegeben ist. Die Konstante h ist tatsächlich genau die Größe h, die in der Gl. (4.2) erscheint, der Gleichung, die die Versuchsergebnisse des Photoeffektes zusammenfaßt. Diese Grundkonstante der Quantentheorie heißt *Plancksche Konstante;* denn Planck bestimmte bei der Erklärung der Strahlung des schwarzen Körpers im Jahre 1900 erstmalig ihren Zahlenwert und erkannte auch zuerst ihre Bedeutung. Experimentell fand man für die Größe der Planckschen Konstanten

$$h = 6{,}626 \cdot 10^{-34}\ \text{Js}\,.$$

Nach der Quantentheorie besteht Licht der Frequenz ν aus teilchenartigen Photonen, deren jedes die Energie $h\,\nu$ besitzt. Ein einzelnes Photon kann nur jeweils mit einem einzelnen Elektron an der Oberfläche einer Photokathode in Wechselwirkung treten; es kann seine Energie nicht auf mehrere Elektronen aufteilen. Da sich die Photonen ja mit Lichtgeschwindigkeit fortbewegen, haben sie nach der Relativitätstheorie keine Ruhmasse, und ihre Energie ist ausschließlich Bewegungsenergie. Hört ein Teilchen ohne Ruhmasse auf, sich zu bewegen, dann hört es auch auf zu existieren, so lange es existiert, bewegt es sich mit Lichtgeschwindigkeit. Stößt ein Photon auf ein Metallelektron, so kann es sich nicht länger mit seiner einzig möglichen Geschwindigkeit c bewegen, es überläßt daher seine gesamte Energie $h\,\nu$ diesem Elektron. Übertrifft die Energie, die das gebundene Elektron von dem Photon übernommen hat, die Bindungsenergie der Metalloberfläche, so tritt der Energieüberschuß als Bewegungsenergie des Photoelektrons auf.

Wir sind nun darauf vorbereitet, die Versuchsergebnisse beim Photoeffekt mit Hilfe der Quantentheorie zu deuten. Wir greifen sie der Einfachheit halber nun in umgekehrter Reihenfolge wie in Bild 4.4 auf.

d) Die Ausdrücke in der Gl. (4.2) lassen sich leicht der Energie des Photons und der des Photoelektrons zuordnen:

$$h\,\nu = \tfrac{1}{2}\,m_0\,v_{\text{max}}^2 + h\,\nu_0\,. \tag{4.2}$$

Die linke Seite dieser Gleichung ist die Energie, die das Photon mitbringt und an ein gebundenes Elektron überträgt. Die Elektronen mit der geringsten Bindungsenergie verlassen die Oberfläche mit der maximalen Bewegungsenergie. Die rechte Seite der Gl. (4.2) ist die Energie, die das Elektron vom Photon aufnimmt, nämlich die Bewegungsenergie und die Bindungsenergie. Die Bindungsenergie der am schwächsten gebundenen Elektronen wird meist mit ϕ bezeichnet und wird *Austrittsarbeit* genannt, sie stellt die Arbeit dar, die erforderlich ist, um die am schwächsten gebundenen Elektronen von der Metalloberfläche abzutrennen. Daher ist

$$\phi = h\,\nu_0\,, \tag{4.4}$$

und Gl. (4.2) kann in folgender Form geschrieben werden

$$h\nu = \frac{1}{2} m_0 v_{\max}^2 + \phi . \tag{4.5}$$

Der durch den Photoeffekt für ein bestimmtes Material ermittelte Wert von ϕ stimmt mit der Austrittsarbeit überein, die man bei hiervon unabhängigen, auf anderen physikalischen Vorgängen beruhenden Versuchen erhält (Abschnitt 12.9). Ein Elektron mit der Bindungsenergie ϕ kann nur freigesetzt werden, wenn ein einziges Photon mindestens diese Energie liefern kann, d.h., wenn $h\nu > \phi = h\nu_0$ oder wenn $\nu > \nu_0$ ist. Bild 4.4d läßt sich dann anders deuten: Die Ordinate kann mit der Photonenenergie gleichgesetzt werden, wie es in Bild 4.5 dargestellt ist. (Man vergleiche Bild 4.5 auch mit dem rechten Teil des Bildes 3.8, für den Photoeffekt wird dort $E_b = \phi$.)

c) Bei vorgegebener Frequenz gibt es eine genau definierte maximale Bewegungsenergie der Photoelektronen, da die Frequenz der elektromagnetischen Strahlung eindeutig die Photonenenergie bestimmt ($E = h\nu$).

b) Die Intensität einer monochromatischen elektromagnetischen Welle läßt sich auf eine neue Art deuten. Aus der Sicht der Quantentheorie stellt sie die Energie eines einzelnen Photons dar, multipliziert mit der Anzahl der Photonen, die pro Zeiteinheit auf die Flächeneinheit auftreffen. Die Zunahme der Intensität eines Lichtstrahles bedeutet daher eine entsprechende Zunahme der Anzahl der Photonen, die auf die Metalloberfläche auftreffen. Daher ist zu erwarten, daß die Anzahl der Photoelektronen und damit der Photostrom i proportional zur Lichtintensität I ist.

a) Die Photoemission setzt ohne merkliche Verzögerung ein, da die Aussendung eines Photoelektrons selbst bei der kleinsten Intensität nicht von der Energieansammlung abhängt, sondern nur davon, ob das Elektron von einem Photon getroffen wird, das beim Auftreffen seine ganze Energie überträgt.

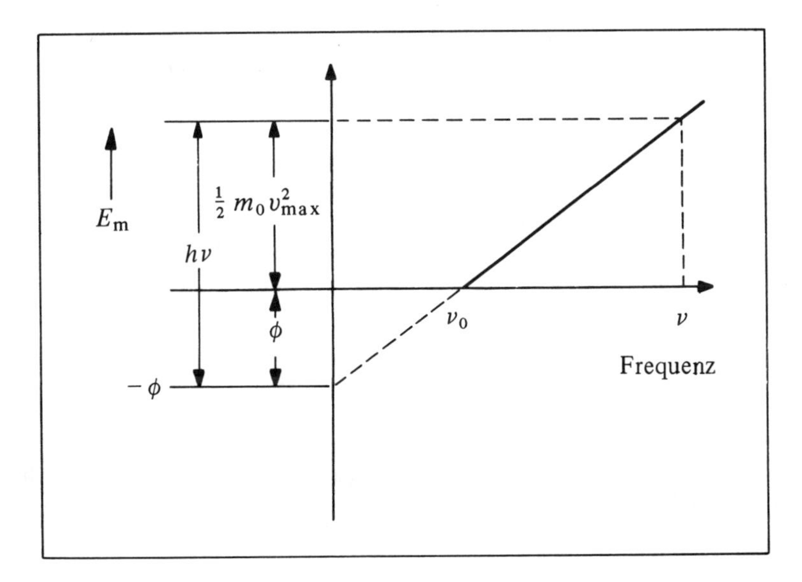

Bild 4.5 Maximale Bewegungsenergie der Photoelektronen in Abhängigkeit von der Frequenz der auftreffenden Photonen bei einem gegebenen Material

Tabelle 4.1 faßt die Versuchsergebnisse sowie deren klassische Deutung und die Deutung durch die Quantentheorie zusammen. Die beobachteten Gesetzmäßigkeiten sind in der Reihenfolge von Bild 4.4 aufgeführt.

Tabelle 4.1

Ergebnis nach Bild 4.4	Versuch	klassische Elektrodynamik	Quantentheorie
a)	praktisch unverzögerte Photoemission (10^{-9} s)	bei geringen Intensitäten Emission erst nach vielen hundert *Stunden* (10^6 s)	Ein einzelnes Photon überträgt praktisch momentan seine Energie auf ein einziges Elektron.
b)	$I \sim i$	Energie pro Zeit und Fläche proportional zu i	I ist proportional zur Zahl der Photonen und damit proportional zu i.
c)	$\frac{1}{2} m_0 v_{max}^2$ ist genau definiert und hängt nur von ν ab	nicht erklärbar	Ein Photon überträgt seine gesamte Energie auf ein einziges Elektron.
d)	Es gibt eine Grenzfrequenz für die Photoemission, die nicht von I und i abhängt: $h\nu = \frac{1}{2} m_0 v_{max}^2 + h\nu_0$	nicht erklärbar	Photonenenergie = $h\nu$; Austrittsarbeit $\phi = h\nu_0$

Unsere bisherige Darstellung des Photoeffektes hat sich auf die Vorgänge beschränkt, die beim Bestrahlen einer *Metall*oberfläche mit sichtbarem oder ultraviolettem Licht auftreten. Die ersten genaueren Versuche, die geschichtlich zu Einsteins quantentheoretischer Deutung führten, wurden nämlich an Metalloberflächen durchgeführt. Der Effekt tritt jedoch auch bei anderen Stoffen und bei Photonen der verschiedensten Frequenzen und Energien auf. Der Photoeffekt ist immer dann möglich, wenn ein Photon auf ein *gebundenes* Elektron trifft und genügend Energie mitbringt, um die Bindungsenergie des Elektrons zu überwinden. So kann zum Beispiel ein Photon ein Elektron von einem einzelnen Atom abtrennen. Dieser Vorgang ist eine der wichtigsten Wechselwirkungen kurzwelliger elektromagnetischer Strahlung mit Atomen. Trifft ein Photon einer hochfrequenten Strahlung, also ein hochenergetisches Photon, zum Beispiel ein Röntgen- oder ein Gammaquant, auf ein Atom, so kann ein Elektron, dessen Bindungsenergie E_b beträgt, abgetrennt werden, vorausgesetzt, es ist $h\nu > E_b$. Die Photoemission führt dann zur Ionisation des Atoms. Die Bewegungsenergie des abgetrennten Photoelektrons muß im allgemeinen in der relativistischen Form $E - E_0$ geschrieben werden. Daher geht dann die allgemeine Form der Gl. (4.2), der Energiegleichung des Photoeffektes, über in

$$h\nu = (E - E_0) + E_b \, . \tag{4.6}$$

Der Photoeffekt liefert so ein indirektes Verfahren, die Photonenenergie zu bestimmen. Haben wir die Bewegungsenergie $E - E_0$ des Photoelektrons ermittelt, und ist uns die Bindungsenergie E_b auf eine andere Weise bekannt, so können wir mit Hilfe der Gl. (4.6) $h\nu$ berechnen. Umgekehrt kann nach der Messung von $E-E_0$ und $h\nu$ dann E_b bestimmt werden.

Hier muß angemerkt werden, daß der Photoeffekt nur einer von verschiedenen Vorgängen ist, durch die Photonen aus einer elektromagnetischen Strahlung ausscheiden können. Der Photoeffekt kann ebenso wie der Compton-Effekt und die Paarbildung auftreten und zu diesen Wechselwirkungen, die im Einzelnen in den Abschnitten 4.4 und 4.5 behandelt werden sollen, in Konkurrenz treten.

Die neue und grundlegende Einsicht in die Natur der elektromagnetischen Strahlung, die der Photoeffekt liefert, ist die Quantelung der elektromagnetischen Wellen oder die Existenz der Photonen. Wir können mit Recht von einer Quantelung elektromagnetischer Wellen sprechen, da wir uns die Strahlung aus vielen teilchenartigen Photonen bestehend vorstellen können, von denen jedes die Energie $h\nu$ besitzt. Bei bekannter Frequenz ν einer Strahlung kann ein Photon nur die Energie $h\nu$ besitzen. Die Gesamtenergie eines Strahlenbündels einer monochromatischen elektromagnetischen Strahlung ist dann immer ein ganzzahliges Vielfaches der Energie $h\nu$ eines einzelnen Photons (Bild 4.6).

Die „Körnigkeit" der elektromagnetischen Strahlung fällt bei normalen Beobachtungen nicht auf, da die Energie eines einzelnen Photons sehr klein und daher die Anzahl der Photonen in einem Lichtstrahl der üblichen Intensität ungeheuer groß ist. In der Physik der Moleküle findet man eine vergleichbare Situation vor: Die Moleküle sind so klein, und ihre Anzahl ist so groß, daß der molekulare Aufbau der gesamten Materie nur bei sehr subtilen Versuchen in Erscheinung tritt.

Das elektromagnetische Spektrum, das meist in Abhängigkeit von der Frequenz aufgetragen wird, kann aus der Sicht der Quantentheorie auch durch die Photonenenergie dargestellt werden (Bild 4.7).

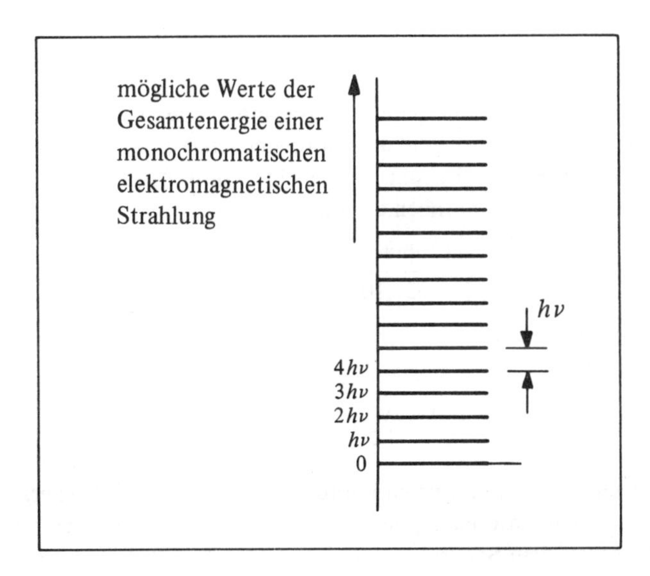

Bild 4.6 Erlaubte Energiewerte einer monochromatischen elektromagnetischen Strahlung

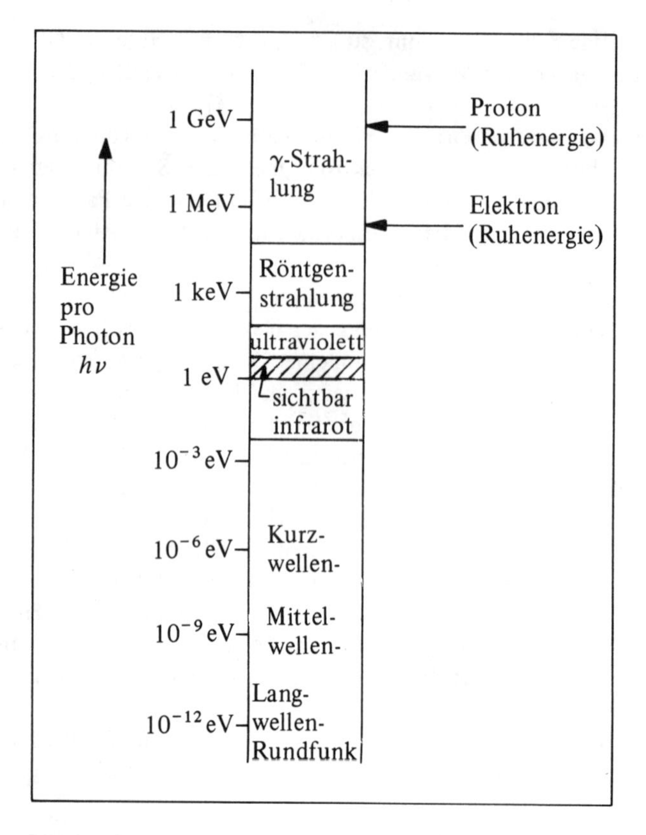

Bild 4.7 Spektrum der elektromagnetischen Strahlung, dargestellt durch die Photonenenergie

Elektromagnetische Wellen werden üblicherweise durch ihre Wellenlänge gekennzeichnet. Daher ist eine Beziehung nützlich, die die Photonenenergie in Elektronvolt durch die Wellenlänge in nm ausdrückt. So besteht zum Beispiel eine Röntgenstrahlung der Wellenlänge 0,10 nm (= 1,0 Å = 10^{-10} m) aus Photonen der Energie

$$E = h\nu = \frac{hc}{\lambda} = \frac{(6{,}626 \cdot 10^{-34}\ \mathrm{Js})\,(2{,}998 \cdot 10^{8}\ \mathrm{m/s})}{(0{,}10 \cdot 10^{-9}\ \mathrm{m})\,(1{,}602 \cdot 10^{-19}\ \mathrm{J/eV})} = 1{,}240 \cdot 10^{4}\ \mathrm{eV} = 12{,}40\ \mathrm{keV}.$$

Allgemein kann die Photonenenergie in Elektronvolt aus der Wellenlänge in nm mit folgender Gleichung ermittelt werden:

$$E = \frac{1{,}240 \cdot 10^{3}\ \mathrm{eV\ nm}}{\lambda} = \frac{0{,}001240\ \mathrm{MeV\ nm}}{\lambda}. \tag{4.7}$$

Radiowellen besitzen die energieärmsten Photonen ($\approx 10^{-12}$ eV), die energiereichsten Photonen treten bei der Gammastrahlung auf ($\approx$ 1 GeV). Das elektromagnetische Frequenzspektrum entspricht genau dem Spektrum eines Teilchens ohne Ruhmasse, eines Photons, dessen Energie sich von Null bis Unendlich erstrecken kann, wie in Bild 4.7 gezeigt ist. Zum Vergleich sind die Ruhenergie des Elektrons und des Protons ebenfalls eingezeichnet.

Wie wir in Abschnitt 1.7 erkannt haben, sind die Vorstellungen von Welle und Teilchen offensichtlich nicht miteinander vereinbar, sondern schließen sich gegenseitig aus. Wenn sich das Licht auch beim Photoeffekt tatsächlich so verhält, als ob es aus Teilchen oder Photonen besteht, so heißt das doch nicht, daß wir auf die durch Versuche bestätigte, unbestreitbare Welleneigenschaft verzichten können. Beide Beschreibungen müssen hingenommen werden. Wie man diese Schwierigkeit beheben kann, wird später im Abschnitt 5.5 angedeutet werden, nachdem wir die Quanteneigenschaften des Lichtes näher kennengelernt haben.

4.3 Röntgenstrahlung und Bremsstrahlung

Beim Photoeffekt überträgt ein Photon seine gesamte elektromagnetische Energie auf ein gebundenes Elektron. Die Photonenenergie erscheint dann als Bindungsenergie und Bewegungsenergie des Photoelektrons. Bei dem umgekehrten Effekt verliert ein Elektron Bewegungsenergie und erzeugt dabei ein Photon oder mehrere Photonen. Am einfachsten erkennen wir diesen Vorgang bei der Entstehung der Röntgenstrahlung.

Wir wollen zunächst den zu Grunde liegenden Vorgang betrachten. Ein schnelles Elektron gerät in die Nähe eines positiv geladenen Atomkernes und wird von diesem abgelenkt. Als Folge dieser Annäherung an ein schweres Atom erfährt das Elektron eine Kraft und wird von seiner geradlinigen Bahn abgelenkt, d.h., es wird beschleunigt. Nach der klassischen Elektrodynamik muß jede beschleunigte elektrische Ladung elektromagnetische Energie ausstrahlen. Die Quantentheorie verlangt, daß jede ausgestrahlte elektromagnetische Energie aus einzelnen Quanten, Photonen, besteht. Wir müssen daher erwarten, daß ein abgelenktes und somit beschleunigtes Elektron ein oder mehrere Photonen ausstrahlen und den Ort der Wechselwirkung mit verringerter Bewegungsenergie verlassen wird.

Die bei einem derartigen Zusammenstoß erzeugte Strahlung wird als *Bremsstrahlung* bezeichnet. Eine Streuung, bei der Bremsstrahlung entsteht, ist in Bild 4.8 schematisch dargestellt. Ein Elektron nähert sich dem streuenden Atomkern mit der Bewegungsenergie E_{k1} und fliegt mit der Bewegungsenergie E_{k2} weiter, nachdem es ein einziges Photon mit der Energie $h\nu$ erzeugt hat. Der Energiesatz verlangt

$$E_{k1} - E_{k2} = h\nu\,. \tag{4.8}$$

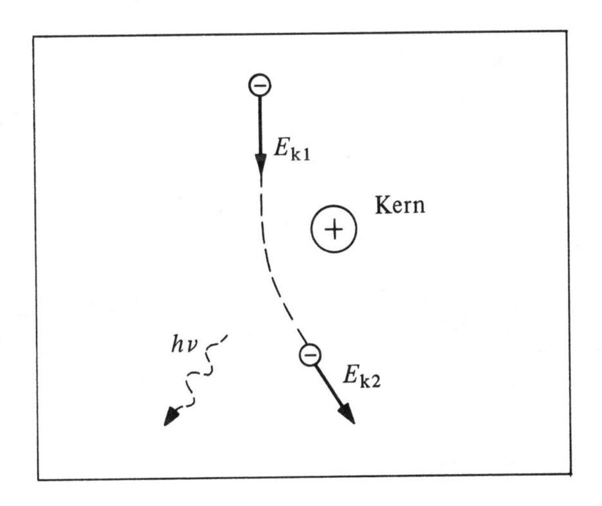

Bild 4.8
Entstehung der Bremsstrahlung. Ein Elektron wird an einem positiv geladenen Kern gestreut; dabei wird ein Photon ausgesandt.

Da die Masse des Atoms mindestens 2000 mal größer als die Elektronenmasse ist, haben wir die sehr kleine Energie, die das Atom bei dem Rückstoß aufnimmt, vernachlässigt. Während die klassische Elektrodynamik eine kontinuierliche Strahlung während der gesamten Zeit, in der das Elektron beschleunigt wird, voraussagt, verlangt die Quantentheorie die Ausstrahlung eines einzigen diskreten Photons. Bei der Bremsstrahlung ist dies der Fall, wie durch das Auftreten der Röntgenquanten offensichtlich bestätigt wird.

Entdeckt und erstmalig erforscht wurden die Röntgenstrahlen 1895 von Wilhelm Conrad Röntgen, der die Bezeichnung X-Strahlen einführte (die im außerdeutschen Sprachbereich noch heute üblich ist), da die wahre Natur dieser Strahlung zunächst noch nicht bekannt war. Wie wir heute wissen, bestehen Röntgenstrahlen aus elektromagnetischen Wellen, deren Wellenlänge größenordnungsmäßig bei 10^{-10} m = 0,1 nm liegt. Sie sind also eine Photonenstrahlung. Ihre Welleneigenschaften, wie Interferenz, Beugung und Polarisation, wurden experimentell bestätigt. Da sie viele Stoffe, die für sichtbares Licht undurchlässig sind, leicht durchdringen können und da ihre Wellenlänge so sehr viel kleiner als die des sichtbaren Lichtes ist, erfordern die entsprechenden Versuche sehr viel Scharfsinn. Wir wollen die Behandlung der Absorption und der Intensität der Röntgenstrahlen im Abschnitt 4.7 und der Wellenlänge im Abschnitt 5.2 nachholen. Hier soll unsere Aufmerksamkeit auf die Energieverteilung der Röntgenstrahlung gelenkt werden.

Die wesentlichen Bestandteile einer einfachen Röntgenröhre zeigt Bild 4.9. Der Strom durch den Heizfaden F erwärmt die Kathode K. Die Elektronen in der Kathode erhalten genügend Bewegungsenergie und können die Austrittsarbeit an der Kathodenoberfläche aufbringen. Sie treten durch Glühemission aus der Kathode aus. Die Elektronen werden dann im Hochvakuum durch eine hohe Potentialdifferenz U, meist viele tausend Volt, beschleunigt und treffen auf den Auffänger T (Target genannt), der in diesem Fall die Anode ist. Während des Fluges von der Kathode zur Anode erhält jedes Elektron bis zu seinem Aufprall die Bewegungsenergie E_k, diese ist durch

$$E_k = e\,U$$

gegeben, dabei ist e die Ladung des Elektrons. Wir haben hier die Bewegungsenergie, mit der das Elektron die Kathode verläßt, vernachlässigt, denn diese ist praktisch sehr viel kleiner als $e\,U$. Wenn dann das Elektron auf den Auffänger auftrifft, erhält es zusätzliche Energie,

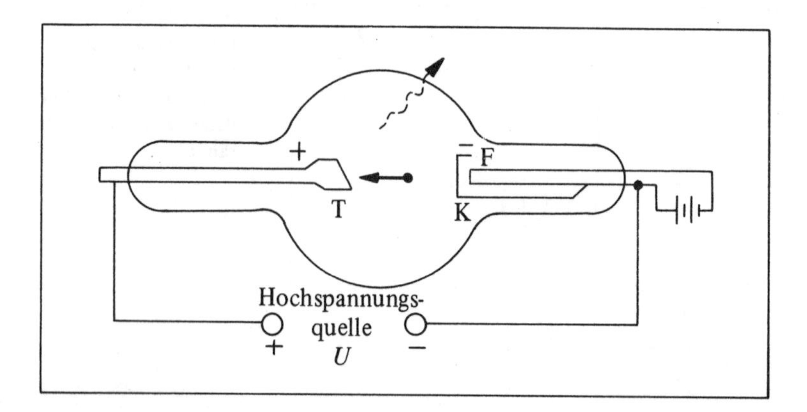

Bild 4.9 Hauptbestandteile einer Röntgenröhre

nämlich die Bindungsenergie der Oberfläche dieses Targets; da jedoch die Bindungsenergie stets nur *einige* Elektronvolt beträgt, während E_k mindestens *mehrere* keV ist, kann auch diese Bindungsenergie vernachlässigt werden.

Beim Auftreffen auf das Target werden die Elektronen abgebremst, sie kommen schließlich nach einigen Streuvorgängen praktisch zur Ruhe. So verliert jedes Elektron beim Auftreffen auf das Target seine gesamte Bewegungsenergie $E_k = e\,U$. Der größte Teil dieser Energie erscheint als Wärmeenergie der Anode, aber außerdem entsteht durch die Abbremsung eine elektromagnetische Strahlung, die Bremsstrahlung. Ein Elektron kann beim Auftreffen auf die Anode nacheinander an verschiedenen Atomen der Anode gestreut werden und dabei mehrere Photonen liefern. Das *energiereichste* Photon tritt jedoch dann auf, wenn ein Elektron seine *gesamte* Bewegungsenergie in die elektromagnetische Energie eines *einzigen* Photons umwandelt, wenn also das Elektron durch einen *einzigen* Streuvorgang vollständig zur Ruhe kommt. Dann ist $E_{k1} = e\,U$ und $E_{k2} = 0$ und Gl. (4.8) ergibt

$$e\,U = E_k = h\,\nu_{max} ,$$

dabei ist ν_{max} die maximale Frequenz der erzeugten Röntgenquanten. Meist jedoch verlieren die Elektronen ihre Energie, indem sie die Anode aufheizen oder indem sie mehrere Photonen erzeugen, die Summe der Frequenzen ist dann kleiner als ν_{max}. Wir erwarten daher eine Verteilung der Photonenenergie mit einer genau definierten Maximalfrequenz ν_{max} oder einer minimalen Wellenlänge $\lambda_{min} = c/\nu_{max}$. Dabei ist

$$E_k = h\,\nu_{max} = \frac{h\,c}{\lambda_{min}} = e\,U . \tag{4.9}$$

Diese Gleichung entspricht der Gl. (4.5) für den Photoeffekt, wenn man dort den Ausdruck, der die Bindungsenergie darstellt, vernachlässigt.

Bild 4.10 zeigt die Intensität der Röntgenstrahlung als Funktion der Frequenz bei üblichen Betriebsbedingungen. Das *kontinuierliche Röntgenspektrum* endet plötzlich bei der Grenzfrequenz ν_{max}. Diese Grenze hängt nur von der Beschleunigungsspannung U der Röntgenröhre ab. Mit Hilfe von Gl. (4.9) kann bei gleichzeitiger Messung von λ_{min} und U die Größe $h\,c/e$ sehr genau ermittelt werden. Die daraus berechnete Plancksche Konstante h stimmt genau mit den Werten, die man bei Versuchen zum Photoeffekt oder bei anderen Versuchen erhält, überein.

Dem kontinuierlichen Spektrum überlagert findet man scharfe Spitzen, Linien oder (engl.) peaks genannt, deren Wellenlängen für das Anodenmaterial kennzeichnend sind. Die Deutung dieser charakteristischen Röntgenlinien erfordert die quantentheoretische Behandlung der Atome der Anode. Wird die Beschleunigungsspannung U geändert, nicht aber das Anodenmaterial, so ändert sich auch die Grenzfrequenz, während die charakteristischen Röntgenlinien unverändert bleiben. Wenn man umgekehrt das Anodenmaterial, nicht aber die Beschleunigungsspannung ändert, ändert sich das charakteristische Röntgenspektrum, aber die Grenze des kontinuierlichen Spektrums bleibt unverändert.

Röntgenstrahlung tritt nur dann in nennenswertem Umfang auf, wenn die Beschleunigungsspannung U von der Größenordnung 10 kV oder darüber ist. Selbst bei 10 kV ($\lambda_{min} = 0{,}124$ nm nach Gl. (4.9)) erscheint nur etwas weniger als 1 % der Gesamtenergie in Form elektromagnetischer Strahlung, der Rest tritt als Wärmeenergie in der Anode auf.

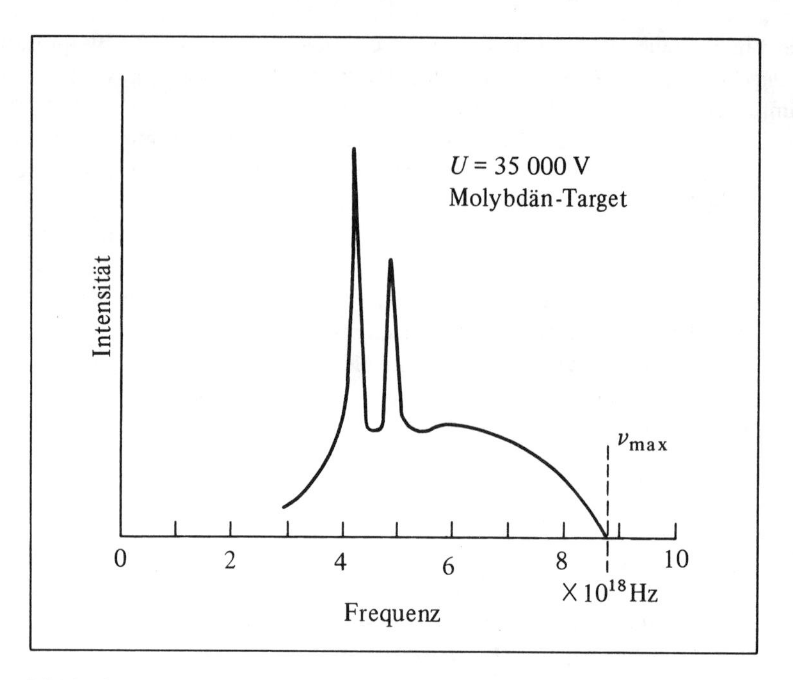

Bild 4.10 Intensität der Röntgenstrahlung in Abhängigkeit von der Frequenz

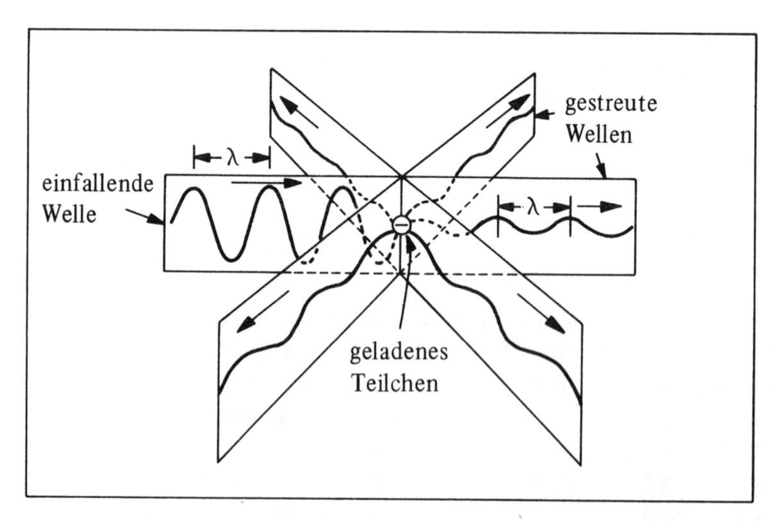

Bild 4.11 Klassische Streuung elektromagnetischer Strahlung an einem geladenen Teilchen

4.4 Der Compton-Effekt

Beim Photoeffekt gibt ein Photon (nahezu) seine gesamte Energie an ein gebundenes Elektron ab. Ein Photon kann aber auch nur einen Teil seiner Energie an ein geladenes Teilchen abgeben. Diese Wechselwirkung zwischen elektromagnetischen Wellen und Materie bedeutet eine *Streuung* der Wellen an den geladenen Teilchen des betreffenden Stoffes. Die quantentheoretische Beschreibung der Streuung elektromagnetischer Wellen ist als *Compton-Effekt* bekannt. Wir wollen zunächst die klassische Theorie der Streuung elektromagnetischer Wellen an geladenen Teilchen kurz behandeln.

Trifft eine monochromatische elektromagnetische Welle auf ein geladenes Teilchen, das viel kleiner als die Wellenlänge dieser Strahlung ist, so wirkt auf das geladene Teilchen hauptsächlich das zeitlich sinusförmige elektrische Feld der Welle. Unter dem Einfluß dieser veränderlichen elektrischen Kraft wird das Teilchen eine einfache harmonische Bewegung mit der gleichen Frequenz wie die der einfallenden Strahlung ausführen (Bild 4.11) und da es dauernd beschleunigt wird, muß es eine elektromagnetische Strahlung *gleicher* Frequenz in alle Richtungen ausstrahlen. Die größte Intensität tritt in der Ebene auf, die senkrecht zur Schwingungsrichtung der Ladung liegt, in Richtung der Schwingung strahlt das Teilchen nicht. Nach der klassischen Theorie muß also die Streustrahlung *dieselbe* Frequenz wie die einfallende Strahlung besitzen. Das geladene Teilchen übernimmt die Rolle eines Umsetzers, indem es Energie aus der einfallenden Strahlung absorbiert und diese Energie mit derselben Frequenz (und Wellenlänge) nach allen Richtungen wieder ausstrahlt. Das streuende Teilchen nimmt weder Energie auf noch gibt es welche ab, da es in gleichem Maße, wie es Energie absorbiert, diese auch wieder ausstrahlt. Die klassische Theorie der Streuung stimmt für das sichtbare Licht und für alle langwelligeren Strahlungen mit den Versuchen überein. Ein einfaches Beispiel zeigt die ungeänderte Frequenz der kohärenten Streustrahlung: Von einem Spiegel (einer Ansammlung von Streuzentren) reflektiertes Licht erfährt *keine* erkennbare Frequenzänderung.

Das Magnetfeld einer einfallenden elektromagnetischen Welle beeinflußt ebenfalls ein geladenes Teilchen. Im transversalen Magnetfeld einer elektromagnetischen Welle erfährt eine bewegte Ladung eine magnetische Kraft *in Richtung* der Wellenausbreitung. Bei vollständiger Absorption führt dies zu einer Strahlungskraft $F_r = P/c$ auf das geladene Teilchen, wobei P die Leistung der einfallenden Welle ist. Da eine elektromagnetische Welle eine Kraft auf ein Streuzentrum ausüben kann, müssen wir ihr auch einen Impuls p zuordnen,

$$p = \frac{E}{c},$$

dabei stellt E die Energie der einfallenden elektromagnetischen Welle dar.

Nun wollen wir die Streuung quantentheoretisch behandeln. Indem er Einsteins erfolgreiche Deutung des Photoeffektes durch die Photonen aufgriff, erklärte Arthur H. Compton 1922 die Streuung von Röntgenstrahlen mit Hilfe der Quantennatur der elektromagnetischen Strahlung. Nach der Quantentheorie besteht die elektromagnetische Strahlung aus Photonen, jedes Photon stellt ein Energiequant $E = h\nu$ dar. Ein Photon muß als Teilchen ohne Ruhmasse, das sich mit der Geschwindigkeit c bewegt, betrachtet werden. Nach Gl. (3.15) ist dann in Übereinstimmung mit dem klassischen Ergebnis der entsprechende Impuls p durch E/c gegeben. Daher wird

$$p = \frac{E}{c} = \frac{h\nu}{c} = \frac{h}{\lambda}. \tag{4.10}$$

Jedes Photon einer monochromatischen elektromagnetischen Strahlung mit der Wellenlänge λ besitzt einen Impuls h/λ. Wie Gl. (4.10) zeigt, ist bei bekannter Wellenlänge, Frequenz oder Energie eines Photons auch der Impuls des Photons genau bestimmt. Die Richtung des Impulses $\mathbf{p}$ fällt mit der Richtung der Wellenausbreitung zusammen.

Der entscheidende Beitrag der Quantentheorie besteht darin, daß bei einer monochromatischen Welle der elektromagnetische Impuls nicht in beliebigen Beträgen sondern nur in Vielfachen des Impulses h/λ, den ein einzelnes Photon mit sich führt, auftritt.

Wir können Gl. (4.10) auch noch auf eine etwas andere Weise ableiten, indem wir uns daran erinnern, daß der Impuls eines Photons gleich dem Produkt seiner relativistischen Masse und seiner Geschwindigkeit sein muß:

$$p = m\,c = \frac{E}{c^2}\,c = \frac{E}{c} = \frac{h\,\nu}{c} = \frac{h}{\lambda},$$

dabei ist m gleich E/c^2. Ebenso wie die Energie eines Photons nimmt auch der Impuls mit der Frequenz zu. Daher übertrifft der Impuls eines hochfrequenten, also hochenergetischen Photons, etwa eines Gammaquants, bei weitem den Impuls eines niederfrequenten, also niederenergetischen Photons, etwa eines Photons der Radiowellen.

Wir stellen uns eine monoenergetische elektromagnetische Strahlung als eine Anzahl teilchenartiger Photonen vor, jedes davon besitzt eine genau bestimmte Energie und einen genau bestimmten Impuls. Die Streuung einer elektromagnetischen Welle führt uns dann auf den Stoß eines Photons mit einem geladenen Teilchen. Diese Aufgabe kann bereits durch Anwendung von Impuls- und Energiesatz gelöst werden. Die Bilder 4.12a und 4.12b zeigen Photon und Teilchen vor und nach dem Stoß. Natürlich brauchen wir bei der Anwendung der Erhaltungssätze nicht die Einzelheiten der Wechselwirkung zwischen dem Teilchen und dem Photon während des Stoßes zu kennen sondern nur die Gesamtenergie und den Gesamtimpuls, wie sie jeweils vor und nach dem Stoß vorhanden sind.

Im Gegensatz zur klassischen Theorie der Streuung elektromagnetischer Wellen, nach der das Teilchen bei dem Stoß überhaupt keine Energie aufnimmt, kommt es nach der Quantentheorie zu einer Energieübertragung. Da die Bewegungsenergie nach dem Stoß möglicherweise groß sein kann, müssen wir diese Aufgabe relativistisch behandeln.

Wir wollen ein freies und ursprünglich ruhendes Teilchen mit der Ruhmasse m_0 und der Ruhenergie $E_0 = m_0\,c^2$ annehmen. Wir wenden den Energiesatz auf den in Bild 4.12 dargestellten Stoß an und erhalten

$$h\,\nu + E_0 = h\,\nu' + E\,. \tag{4.11}$$

Hierbei ist E die Energie des fortfliegenden *Teilchens* nach dem Stoß, $h\,\nu$ und $h\,\nu'$ sind die Energie des eintreffenden bzw. des gestreuten Photons. Im Endzustand muß die Energie des fortfliegenden Teilchens (Ruhenergie und Bewegungsenergie) $E = m\,c^2$ größer als dessen Anfangsenergie E_0 sein. Wir erkennen daher sofort aus Gl. (4.11), daß $h\,\nu' < h\,\nu$ sein muß. Folglich besitzt das gestreute Photon eine *geringere* Energie, also eine niedrigere Frequenz und eine größere Wellenlänge als das einfallende Photon. Das widerspricht der klassischen Voraussage, nach der bei der Streuung keine Frequenzänderung auftreten kann. Da das einfallende und das gestreute Photon unterschiedliche Frequenzen besitzen, kann man von letzterem auch *nicht* annehmen, es sei einfach nur das in eine andere Richtung gestreute einfallende Photon, vielmehr verschwindet das einfallende Photon zunächst, und das gestreute Photon wird dann neu erzeugt.

Die Erhaltung des Impulses ist im Vektordreieck des Bildes 4.12c enthalten. Dort ist $\mathbf{p} = m\,\mathbf{v}$ der relativistische Impuls des gestoßenen Teilchens. Die Beträge des einfallenden

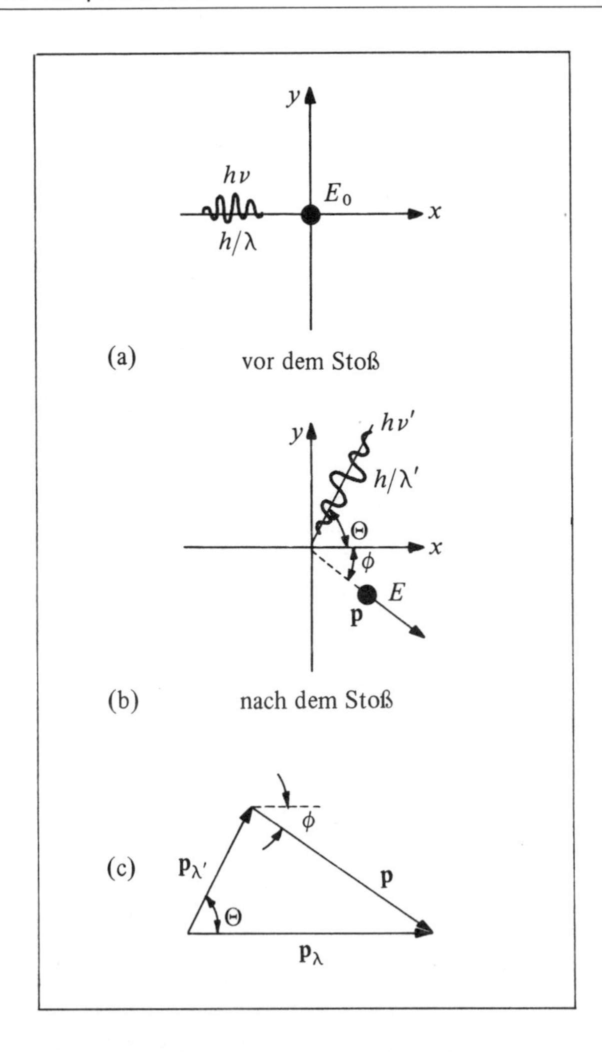

Bild 4.12
Stoß eines Photons mit einem ruhenden Teilchen

bzw. des gestreuten Photons sind $p_\lambda = h\nu/c = h/\lambda$ bzw. $p_{\lambda'} = h\nu'/c = h/\lambda'$. Der Streuwinkel Θ ist der Winkel zwischen den Richtungen von $\mathbf{p}_\lambda$ und $\mathbf{p}_{\lambda'}$, also der Winkel zwischen den Richtungen des einfallenden und des gestreuten Photons.

Wir wollen die Wellenlängenänderung $\lambda' - \lambda = \Delta\lambda$ in Abhängigkeit vom Winkel Θ berechnen. Dazu wenden wir auf das Dreieck in Bild 4.12c den Kosinussatz an und erhalten

$$p_\lambda^2 + p_{\lambda'}^2 - 2\,p_\lambda\,p_{\lambda'}\cos\Theta = p^2\ . \qquad (4.12)$$

Wir multiplizieren beide Seiten mit c^2, erinnern uns daran, daß für ein Photon $pc = h\nu$ ist, und erhalten damit

$$h^2\nu^2 + h^2\nu'^2 - 2\,h^2\nu\nu'\cos\Theta = p^2c^2\ . \qquad (4.13)$$

Einen ähnlichen Ausdruck liefert auch Gl. (4.11). Wir bringen $h\nu$ und $h\nu'$ auf die eine Seite der Gl. (4.11), E und E_0 auf die andere. Indem wir dann diese Gleichung quadrieren, folgt

$$h^2\nu^2 + h^2\nu'^2 - 2\,h^2\nu\nu' = E^2 + E_0^2 - 2EE_0 = 2E_0^2 + p^2c^2 - 2EE_0\ . \qquad (4.14)$$

Wir haben hierbei E^2 durch $E_0^2 + p^2 c^2$ ersetzt, wie aus Gl. (3.14) folgt. Indem wir Gl. (4.13) von Gl. (4.14) abziehen, erhalten wir

$$-2 h^2 \nu \nu' (1 - \cos\Theta) = 2 E_0^2 - 2 E E_0 \,,$$

$$h^2 \nu \nu' (1 - \cos\Theta) = E_0 (E - E_0) = m_0 c^2 (h\nu - h\nu') \,,$$

$$\frac{h}{m_0 c} (1 - \cos\Theta) = c \, \frac{\nu - \nu'}{\nu \nu'} = \frac{c}{\nu'} - \frac{c}{\nu} = \lambda' - \lambda \,.$$

Die Zunahme der Wellenlänge $\Delta\lambda$ ist dann

$$\Delta\lambda = \lambda' - \lambda = \frac{h}{m_0 c} (1 - \cos\Theta) \,. \tag{4.15}$$

Dies ist die Grundgleichung des Compton-Effektes. Sie gibt die Zunahme $\Delta\lambda$ der Wellenlänge des gestreuten Photons gegenüber der des einfallenden Photons an. Wie wir daraus erkennen, hängt $\Delta\lambda$ nur von der Ruhmasse m_0 des gestoßenen Teilchens, von der Planckschen Konstanten h, der Lichtgeschwindigkeit c und vom Streuwinkel Θ ab. Es mag überraschen festzustellen, daß diese Änderung von der Wellenlänge λ des einfallenden Photons *unabhängig* ist. Die Größe $h/m_0 c$, die auf der rechten Seite der Gl. (4.15) erscheint und die die Dimension einer Länge besitzt, heißt *Compton-Wellenlänge.* Obgleich der Streuwinkel Θ die Zunahme der Wellenlänge $\Delta\lambda$ eindeutig bestimmt, können wir den Winkel, unter dem ein bestimmtes Photon gestreut wird, doch nicht voraussagen.

Handelt es sich bei dem streuenden Teilchen um ein freies Elektron, dann ist $m_0 = 9{,}11 \cdot 10^{-31}$ kg und $h/c\, m_0 = 2{,}426$ pm. Tritt zum Beispiel ein gestreutes Photon unter einem Winkel von $\Theta = 90°$ gegenüber der Richtung des einfallenden Photons auf, so ändert sich die Wellenlänge nach Gl. (4.15) um 2,426 pm. Wenn ein Photon dagegen um 180° gestreut wird, d.h. rückwärts gestreut wird, und das streuende Elektron sich in Vorwärtsrichtung bewegt, der Stoß also zentral verläuft, dann ist auch die Änderung der Wellenlänge maximal und beträgt 4,852 pm. Bei einem derartigen Stoß ist die Bewegungsenergie des Elektrons ebenfalls maximal.

Bei einer 90°-Streuung von sichtbarem Licht, zum Beispiel von 400 nm, an einem freien Elektron beträgt die *relative* Zunahme der Wellenlänge $\Delta\lambda/\lambda$ nur 0,0006 %. Eine derartig geringe Änderung der Wellenlänge des sichtbaren Lichtes wird in einem normalen Streumaterial durch die thermische Bewegung der Elektronen vollständig verdeckt. Eine beobachtbare Verschiebung von zum Beispiel 2 % erhalten wir bei einer Wellenlänge der einfallenden Strahlung von $\lambda = 100$ pm, denn dann ist $\Delta\lambda = 2{,}4$ pm. Eine leicht beobachtbare Verschiebung der Wellenlänge tritt daher erst bei Röntgenquanten oder bei Photonen mit noch kürzerer Wellenlänge auf. Für Photonen langwelligerer Strahlung ist die relative Änderung der Wellenlänge sehr klein, und die gestreute Strahlung besitzt nahezu die gleiche Wellenlänge und die gleiche Frequenz wie die einfallende Strahlung. Nach klassischer Rechnung sind die Wellenlängen von einfallender und gestreuter Strahlung vollkommen gleich; daher stimmen Compton-Streuung und klassische Streuung im Bereich $\Delta\lambda/\lambda \ll 1$ überein. Wir haben also hier wieder ein Beispiel für die Gültigkeit des Korrespondenz-Prinzips bei Quanteneffekten, denn nach Gl. (4.15) ist

$$\lim_{\substack{m_0 \to \infty \\ \text{oder } h \to 0}} \frac{\Delta\lambda}{\lambda} = \lim_{\substack{m_0 \to \infty \\ \text{oder } h \to 0}} \frac{h}{m_0 c \lambda} = 0 \,.$$

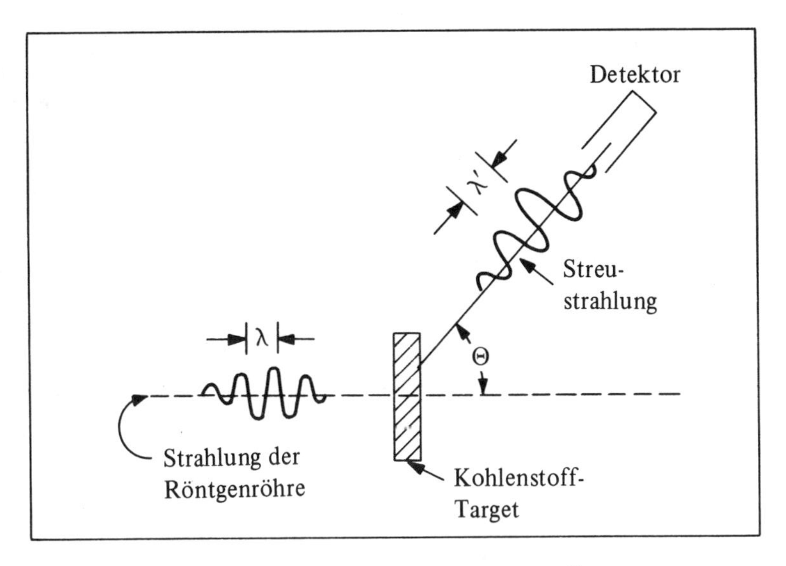

Bild 4.13 Schema der Versuchsanordnung zum Compton-Effekt

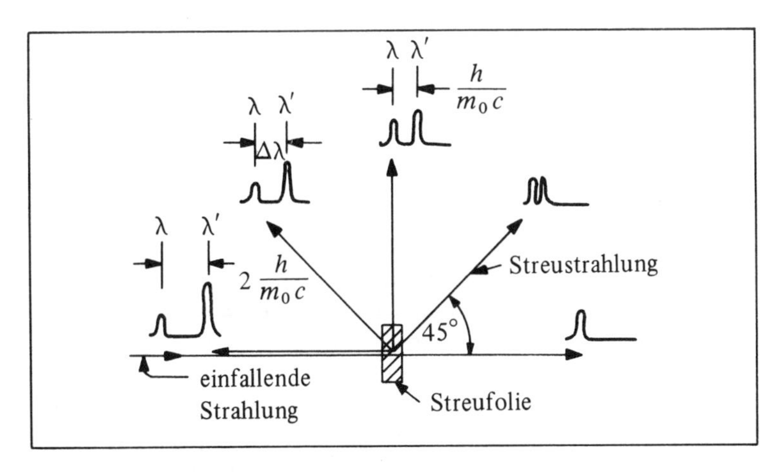

Bild 4.14 Intensität der Streustrahlung in Abhängigkeit von der Wellenlänge der Streustrahlung für drei verschiedene Winkel Θ

Die Streuung von Röntgenstrahlen stimmt mit dem Photonenmodell und nicht mit dem klassischen Modell überein, das keine Änderung der Wellenlänge voraussagt. Das zeigte erstmals 1922 A.H. Compton. Bild 4.13 zeigt schematisch den Versuchsaufbau. Hier treffen Röntgenstrahlen auf ein Kohletarget, also auf einen Stoff, der viele freie Elektronen besitzt (und zwar tatsächlich freie Elektronen). Für jeden festen Winkel Θ kann der Detektor (vgl. Abschnitte 5.2 und 8.3) die Intensität der Streustrahlung als Funktion der Wellenlänge messen (vgl. Bild 4.13 mit Bild 4.11, bei letzterem ist $\lambda = \lambda'$ und $\Delta\lambda = 0$). Bild 4.14 zeigt die Intensität der Streustrahlung aufgetragen gegen die Wellenlänge der Streustrahlung für drei feste Winkel Θ.

Für jeden vorgegebenen Streuwinkel Θ treten in der Streustrahlung *zwei* vorherrschende Wellenlängen auf: Einmal dieselbe Wellenlänge λ wie die der einfallenden Strahlung, also die *unveränderte* Wellenlänge und zweitens, eine längere Wellenlänge λ', die *veränderte* Wellenlänge, die durch die Gleichung von Compton Gl. (4.15) gegeben ist. Die unveränderte Wellenlänge rührt von der kohärenten Streuung der einfallenden Strahlung an den inneren Elektronen der Atome her. Diese Elektronen sind so stark an die Atome gebunden, daß ein Photon keines davon bewegen kann ohne gleichzeitig einen Stoß auf das ganze Atom auszuüben. Daher ist die Masse m_0 eines dieser stark gebundenen Elektronen durch eine *effektive* Masse M_0, die Masse des gesamten Atoms, zu ersetzen. Dann ist beim Compton-Stoß eines Photons mit einem stark gebundenen Elektron die Änderung der Wellenlänge $\Delta\lambda = (h/M_0\, c)\,(1 - \cos\Theta) \approx 0$, da M_0 stets einige tausend mals größer als m_0 ist.

Der Compton-Effekt liefert ein einfaches Verfahren, die Energie eines Photons zu bestimmen. Nach Gl. (4.11) haben wir

$$E_k = E - E_0 = h\,\nu - h\,\nu' .$$

Da $\nu = c/\lambda$ und $\nu' = c/\lambda' = c/(\lambda + \Delta\lambda)$ ist, können wir diese Gleichung auch schreiben

$$E_k = h\,\nu\,\frac{\Delta\lambda}{\lambda + \Delta\lambda}, \tag{4.16}$$

hierbei hängt $\Delta\lambda$ von Streuwinkel Θ ab und ist durch Gl. (4.15) gegeben. Die Bewegungsenergie des Rückstoßelektrons erreicht beim zentralen Stoß ihren größten Wert $E_{k,max}$. Das Elektron fliegt dann vorwärts, und das gestreute Photon bewegt sich in entgegengesetzter Richtung. Bei einem derartigen Stoß ist $\Theta = 180°$ und $\Delta\lambda = 2\,h/m_0\,c$, und aus Gl. (4.16) wird in diesem Falle

$$E_{k,max} = h\,\nu\,\frac{2\,h\,\nu/m_0\,c^2}{1 + 2\,h\,\nu/m_0\,c^2}. \tag{4.17}$$

Wenn wir daher die Energie der energiereichsten Rückstoßelektronen messen, können wir mit Hilfe von Gl. (4.17) die Energie der einfallenden Photonen bestimmen und umgekehrt.

Bei unserer Behandlung des Compton-Effektes zwischen einem Photon und einem Elektron hatten wir vorausgesetzt, daß das streuende Elektron *frei* und in Ruhe war. Natürlich ist jedes Elektron in Materie in Bewegung und mehr oder weniger an ein zugehöriges Atom gebunden. Die äußeren Elektronen der Atome können jedoch praktisch als frei angesehen werden, da ihre Bindungsenergie, meist einige Elektronvolt, sehr viel kleiner ist als die Energie eines in Frage kommenden Röntgenquants, dessen Energie zum Beispiel bei $\lambda = 0{,}1$ nm 12 400 eV beträgt. Trifft aber eine niederfrequente elektromagnetische Strahlung, also eine langwellige Strahlung, etwa Radiowellen mit $\nu = 1{,}0$ MHz, auf ein äußeres Elektron, dann ist die Energie des einfallenden Photons, $4{,}1 \cdot 10^{-9}$ eV, sehr viel kleiner als die Bindungsenergie dieses äußeren Elektrons. Daher ist m_0 in der Compton-Gleichung die tatsächliche Masse des Atoms, und die Änderung der Wellenlänge ist sehr klein ($\Delta\lambda \ll \lambda$), so daß die beiden Strahlungen praktisch die gleiche Wellenlänge besitzen.

Der Compton-Effekt zeigt überzeugend die Teilchennatur der elektromagnetischen Strahlung: Einem Photon kann nicht nur eine genau bestimmte Energie $h\,\nu$ sondern ebenso ein genau bestimmter Impuls h/λ zugeordnet werden. Für eine gegebene Richtung kann der Gesamtimpuls einer monochromatischen elektromagnetischen Strahlung *nicht* jeden beliebigen Wert annehmen sondern immer nur ein genau ganzzahliges Vielfaches des Impulses eines einzelnen Photons, das sich in dieser Richtung bewegt. In diesem Sinne ist der Impuls ebenso wie die Energie der elektromagnetischen Strahlung gequantelt.

Beispiel 4.1. Der Photoeffekt, bei dem ein Photon verschwindet und ein Teilchen praktisch die gesamte Photonenenergie als Bewegungsenergie erhält, kann nur bei einem ursprünglich *gebundenen* Teilchen stattfinden. Wie man leicht zeigen kann, ist der folgende Vorgang, ein hypothetischer Photoeffekt mit einem *freien* Teilchen, verboten: Ein Photon trifft auf ein freies, ursprünglich ruhendes Teilchen; das Photon verschwindet (es wird auch kein zweites Photon erzeugt), und die gesamte Energie und der gesamte Impuls des Photons werden auf das Teilchen übertragen. Ein derartiger Stoß ist nicht möglich, denn bei ihm können nicht zugleich Energie- und Impulssatz erfüllt sein.

Wir nehmen $h\nu$ als Photonenenergie an; die Anfangs- und Endenergie des freien Teilchens sei E_0 bzw. E. Aus dem Energiesatz folgt dann

$$h\nu = E - E_0 .$$

Dagegen verlangt der Impulssatz

$$\frac{h\nu}{c} = \sqrt{\frac{E^2 - E_0^2}{c^2}} .$$

Die rechte Seite dieser Gleichung ist der relativistische Impuls des Teilchens. Wir können $h\nu$ aus diesen beiden letzten Gleichungen eliminieren und erkennen dann, daß die einzig mögliche Lösung $E_0 = 0$ ist. Da jedes materielle Teilchen eine nichtverschwindende Ruhmasse besitzt, ist bei einem *freien* Teilchen der Photoeffekt unmöglich. Bei einem wirklichen Photoeffekt, also bei *gebundenen* Elektronen, ist die Elektronenmasse sehr viel kleiner als die Masse des Systems, an das es gebunden ist. Dann wird nahezu die gesamte Photonenenergie auf das Elektron übertragen und nur ein kleiner Bruchteil dieser Energie geht auf das System über, an das das Elektron gebunden ist.

Beispiel 4.2. Nach der klassischen Elektrodynamik ist der Strahlungsdruck p_r der vollkommen absorbierten, senkrecht auf die absorbierende Fläche auftreffenden Strahlung der Intensität I durch $p_r = I/c$ gegeben. Wir wollen diese Beziehung unter der Voraussetzung ableiten, daß die Strahlung aus Photonen besteht und jedes Photon den Impuls $h\nu/c$ besitzt.

Wir nehmen an, die Photonenstrahlung besitze eine Flußdichte von n Photonen pro Zeiteinheit und pro Flächeneinheit senkrecht zur Strahlungsrichtung. Bei einer Energie $h\nu$, die jedes Photon des Strahlenbündels mit sich führt, beträgt die gesamte Energie pro Zeiteinheit und pro Flächeneinheit senkrecht zum Strahlenbündel, also die Intensität I,

$$I = n\,h\nu.$$

Wenn die Strahlung auf eine vollkommen absorbierende Fläche trifft, überträgt jedes Photon auf diese Fläche den Impuls $h\nu/c$. Dann ist der Gesamtimpuls, der pro Zeiteinheit und pro Flächeneinheit übertragen wird, $n\,h\,\nu/c$. Der Gesamtimpuls, der pro Zeiteinheit übertragen wird, ist aber gerade die Strahlungskraft auf die absorbierende Fläche. Diese Kraft pro Flächeneinheit ist dann der Strahlungsdruck p_r:

$$p_r = n\,\frac{h\nu}{c} .$$

Indem wir $n h\nu$ aus beiden letzten Gleichungen eliminieren, erhalten wir bei vollkommener Absorption der Strahlung:

$$p_r = \frac{I}{c} \quad \text{(vollkommene Absorption).}$$

Wir stellen fest, der Strahlungsdruck hängt nicht von der Frequenz ab. Fällt die Strahlung senkrecht auf eine vollkommen reflektierende Fläche, so wird der *doppelte* Impuls auf diese Fläche übertragen: einmal, wenn das einfallende Photon beim Auftreffen verschwindet und nochmals, wenn ein zweites Photon derselben Frequenz neu erzeugt wird und die Fläche verläßt. Folglich ist der Strahlungsdruck bei vollkommener Reflexion:

$$p_r = \frac{2I}{c} \quad \text{(vollkommene Reflexion).}$$

Der Impuls muß erhalten bleiben, also erfährt eine Photonen aussendende Quelle einen Rückstoß in entgegengesetzter Richtung. Daher besteht die einfachste Art von „Photonenrakete" aus einer Quelle, die elektromagnetische Strahlung in nur einer Richtung aussendet, zum Beispiel ein gezündetes

Blitzlicht. Da die Photonen in rückwärtiger Richtung ausgestoßen werden, erfährt die Rakete einen Impuls in Vorwärtsrichtung. Wichtig ist hierbei, daß ein Photon im Verhältnis zur Gesamtenergie einen größeren Impuls als ein Teilchen mit Ruhmasse mit sich führt; denn wie wir aus $p = (E^2 - E_0^2)^{1/2}/c$ sehen können, nimmt bei gegebener Energie E der Impuls p seinen größten Wert für $E_0 = 0$ an.

Als Teilchen ohne Ruhmasse bewegt sich ein Photon immer mit derselben Geschwindigkeit c; es gibt kein Bezugssystem, in dem es eine andere Geschwindigkeit als c besitzt. Andererseits hängen seine Energie $h\nu$ und sein Impuls $h\nu/c$ vom Bezugssystem des Beobachters ab: Beide Größen sind zur Photonenfrequenz proportional, und die Frequenz hängt infolge des (relativistischen) Doppler-Effektes ihrerseits wiederum vom Bezugssystem ab. Bewegt sich daher ein Beobachter in derselben Richtung wie das Photon, so müssen für ihn Frequenz, Energie und Impuls des Photons kleiner sein als in einem Bezugssystem, das relativ zur Photonenquelle ruht.

4.5 Paarbildung und Zerstrahlung

Der Photoeffekt, die Entstehung der Bremsstrahlung und der Compton-Effekt sind drei Beispiele für die Umwandlung von elektromagnetischer Energie der Photonen in kinetische und potentielle Energie von Teilchen mit Ruhmasse und umgekehrt. Naturgemäß erhebt sich hier die Frage ob es auch möglich ist, die Energie eines Photons in *Ruhmasse* zu verwandeln – d.h. reine Materie aus reiner Energie zu erzeugen – oder andererseits Ruhenergie in elektromagnetische Energie umzuwandeln. Die Antwort lautet: Ja, vorausgesetzt, eine solche Umwandlung verstößt nicht gegen die Erhaltungssätze für Energie, Impuls und elektrische Ladung.

Paarbildung

Wir betrachten zunächst die für die Erzeugung eines einzelnen materiellen Teilchens erforderliche Mindestenergie. Da von allen bekannten Teilchen das Elektron die kleinste nichtverschwindende Ruhmasse besitzt, wird zu seiner Erzeugung die geringste Energie benötigt. Ein Photon besitzt keine elektrische Ladung. Daher schließt das Gesetz von der Erhaltung der Ladung die Erzeugung eines *einzelnen* Elektrons durch ein Photon aus. Die Erzeugung eines Elektronenpaares, das aus zwei Teilchen mit entgegengesetzter elektrischer Ladung besteht, ist jedoch möglich und auch beobachtet worden. Das positiv geladene Teilchen heißt *Positron,* und man betrachtet es als *Antiteilchen* des Elektrons. Elektron und Positron stimmen in jeder Hinsicht überein, mit Ausnahme des Vorzeichens der Ladung, $-e$ und $+e$ (und der Wirkungen dieses Unterschiedes). Die Mindestenergie $h\nu_{\min}$, die zur Erzeugung eines Elektron-Positron-Paares erforderlich ist, beträgt nach dem Energiesatz

$$h\nu_{\min} = 2\,m_0\,c^2 .$$

Da die Ruhenergie eines Elektrons oder Positrons 0,51 MeV beträgt, ist die Schwellenenergie für die Paarbildung $2\,m_0\,c^2 = 1{,}02$ MeV. Die dieser Schwellenenergie entsprechende Wellenlänge des Photons beträgt 1,2 pm. Daher können Elektronenpaare nur von Gammaquanten oder Röntgenquanten sehr kurzer Wellenlänge erzeugt werden. Dieser Vorgang, bei dem Materie aus elektromagnetischer Strahlung erzeugt wird, heißt *Paarbildung,* da, um die Erhaltungssätze zu erfüllen, ein Teilchen immer zugleich mit seinem Antiteilchen erzeugt werden muß. Die Paarbildung ist der augenfälligste Beweis für die Möglichkeit der Umwandlung von Masse in Energie und umgekehrt.

Übertrifft die Photonenenergie die Schwellenenergie $2\, m_0\, c^2$, so erscheint der Überschuß als Bewegungsenergie des erzeugten Paares. Die Anwendung des Energiesatzes auf die Paarbildung liefert:

$$h\nu = m^+ c^2 + m^- c^2 = (m_0 c^2 + E_k^+) + (m_0 c^2 + E_k^-)\,,$$
$$h\nu = 2\, m_0 c^2 + (E_k^+ + E_k^-)\,, \tag{4.18}$$

dabei ist ν die Frequenz des einfallenden Photons, und E_k^+ und E_k^- sind die Bewegungsenergien der erzeugten Teilchen. Die Mindestenergie $h\,\nu_{\text{min}}$, die gerade zur Erzeugung des Paares ausreicht, erhalten wir, indem wir die Bewegungsenergie des erzeugten Paares gleich Null setzen: $E_k^+ + E_k^- = 0$.

Die Paarbildung kann nicht im leeren Raum stattfinden. Man kann leicht beweisen, daß bei der Paarbildung Energie- und Impulssatz nicht zugleich erfüllt sein können, es sei denn, das Photon befinde sich in der Nähe eines schweren Teilchens, etwa in der Nähe eines Atomkernes. Die Anwesenheit eines schweren Teilchens ist wesentlich; das zeigt uns Bild 4.15. Dort ist die relativistische Energie E in Abhängigkeit vom relativistischen Impuls p wie bereits oben in Bild 3.6 aufgetragen. Zunächst wollen wir annehmen, es sei kein schweres

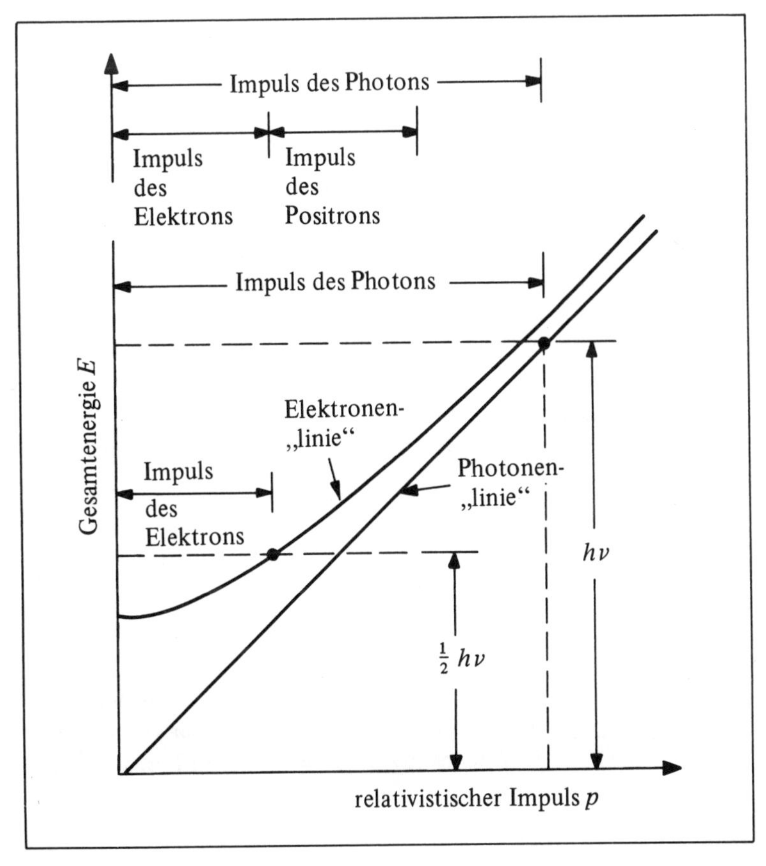

Bild 4.15 Diagramm, das die Unmöglichkeit der Paarbildung im leeren Raum veranschaulicht

Teilchen an der Paarbildung beteiligt und – zur Vereinfachung – die Energie eines jedes der erzeugten Teilchen betrage genau die Hälfte der Photonenenergie. Wie wir Bild 4.15 dann entnehmen, muß die Summe der Impulse der beiden Teilchen *kleiner* als der Impuls des Photons sein. Daher ist der Gesamtimpuls nach der Paarbildung kleiner als der Impuls des Photons, falls nicht noch irgendein weiteres Teilchen beteiligt ist, das einen Teil des Photonenimpulses übernehmen kann. Andererseits ist die von einem schweren Teilchen beim Rückstoß aufgenommene Energie bestimmt so klein, daß wir sie in Gl. (4.18) nicht zu berücksichtigen brauchen, denn die Masse eines schweren Teilchens ist sehr groß im Vergleich zu derjenigen eines Elektrons oder Positrons.

Durch eine andere Überlegung können wir ebenfalls erkennen, daß ein Photon, das sich durch den leeren Raum bewegt, sich nicht spontan in ein Elektron-Positron-Paar aufspalten kann. Angenommen, ein Paar sei erzeugt worden und wir, die Beobachter, ruhen relativ zum Schwerpunkt dieses Paares. Dann ist in unserem Bezugssystem der Gesamtimpuls von Elektron und Positron gleich Null. Aber das Photon, das dieses Paar erzeugt hat, hatte in diesem System einen nichtverschwindenden Impuls, denn ein Photon bewegt sich immer mit der Geschwindigkeit c, welches Bezugssystem man auch immer zu Grunde legt. Wir hätten dann den Impuls des Photons vor der Paarbildung, aber keinen resultierenden Impuls nachher. Kurzum, ein Photon kann im leeren Raum nicht spontan in ein Elektron-Positron-Paar zerfallen.

Bild 4.16 ist eine schematische Darstellung der Paarbildung und Bild 4.17 gibt eine Nebelkammeraufnahme wieder, in der die Erzeugung von Elektron-Positron-Paaren zu erkennen ist. Dieses Bild zeigt, wie hochenergetische Gammaquanten in das aufgenommene Gebiet eintreten (obere Kante des Photos), in die Nähe von Bleikernen gelangen, aufhören zu existieren und Elektron-Positron-Paare erzeugt werden. Die geladenen Teilchen rufen bei ihrer Bewegung durch das Gas Ionisationsvorgänge hervor; daher sind ihre Bahnen sichtbar. Die Spuren der entgegengesetzt geladenen Teilchen (mit annähernd gleicher Bewegungsenergie[1])) sind auch entgegengesetzt gekrümmt, denn die Teilchen werden durch ein homogenes Magnetfeld abgelenkt und bewegen sich auf entgegengesetzt gerichteten Kreisbahnen.

Wird die Bewegungsenergie des Elektrons und des Positrons gemessen, so kann die Energie des Photons, das dieses Elektron-Positron-Paar erzeugt hat, mit Hilfe von Gl. (4.18) ermittelt werden. Die Bewegungsenergie des Paares können wir aus einer Aufnahme, wie etwa Bild 4.17, bestimmen, indem wir bei bekannter magnetischer Flußdichte B den Krümmungsradius r der Bahnen messen. Für jedes der Teilchen ist der relativistische Impuls p durch

$$p = m\,v = Q\,B\,r \tag{3.9}$$

gegeben. Mit Hilfe der Gl. (3.14) können wir dann die Gesamtenergie E oder die Bewegungsenergie $E - E_0$ des Teilchens berechnen:

$$E^2 = E_0^2 + (p\,c)^2 \ .$$

Die Existenz des Positrons war auf Grund theoretischer Überlegungen von P.A.M. Dirac im Jahre 1928 vorausgesagt worden. Bei seiner Erforschung der kosmischen Strahlung beobachtete und identifizierte C.D. Anderson vier Jahre später ein Positron. Mit Hilfe von

---

1) Um genau zu sein, das Positron hat – im Mittel – eine größere Bewegungsenergie als das Elektron, da ersteres durch den positiv geladenen Kern abgestoßen, letzteres aber angezogen wird.

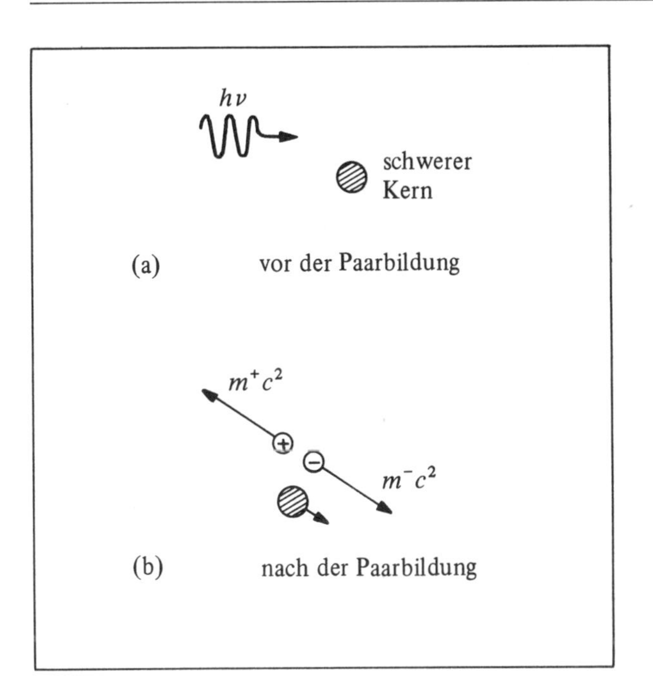

Bild 4.16
Paarbildung

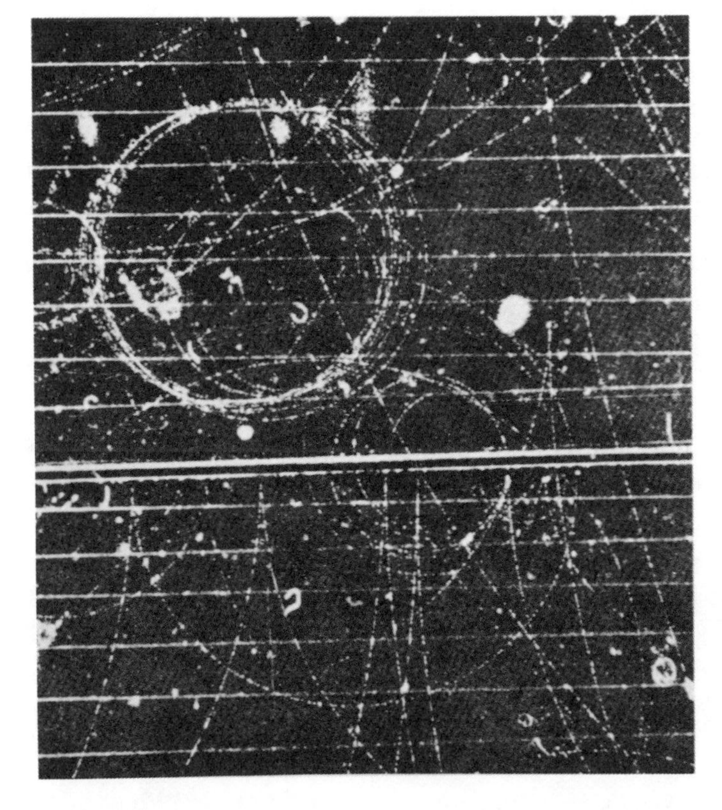

Bild 4.17
Nebelkammeraufnahme, auf der die Bildung von Elektron-Positron-Paaren zu erkennen ist. Photonen von etwa 200 MeV, die keine Spur liefern, treten oben in das aufgenommene Gebiet ein. Einige der Photonen wandeln sich in der dünnen waagerechten Bleifolie in Elektron-Positron-Paare um. Rechts oberhalb der Folie ist auch ein Paar beim Auftreffen eines Photons auf ein Gasmolekül gebildet worden. Durch ein äußeres Magnetfeld mit einer Flußdichte von 1 T werden die Bahnen von Elektronen und von Positronen in entgegengesetzte Richtungen gekrümmt. (Aus: Cloud Chamber Photographs of the Cosmic Radiation, G. D. Rochester and J. G. Wilson, Pergamon Press, Ltd., 1952. Mit freundlicher Genehmigung von Pergamon Press.)

Teilchenbeschleunigern, die Energien von einigen MeV lieferten, wurden kurz darauf Elektron-Positron-Paare im Laboratorium erzeugt. Heute sind diese Paare eine bekannte Erscheinung bei der Wechselwirkung hochenergetischer Photonen mit Materie. 1955 wurden erstmalig Proton-Antiproton- und Neutron-Antineutron-Paare im Laboratorium erzeugt. Die Schwellenenergie beträgt hier einige GeV (die Protonen- und die Neutronenmasse entspricht ungefähr 1 GeV, daher benötigt man Beschleuniger sehr großer Energie).

Zerstrahlung

Die Zerstrahlung von Teilchen-Antiteilchen-Paaren und die damit verbundene Erzeugung von Photonen ist die Umkehrung der Paarbildung. Wir wollen nun die Zerstrahlung von Materie und die Erzeugung elektromagnetischer Energie betrachten. Die Zerstrahlung ist möglich, wenn sich ein Elektron und ein Positron einander nähern und dabei praktisch in Ruhe sind. Der Gesamtimpuls der beiden Teilchen ist ursprünglich Null, daher kann auch nicht, wenn sich die beiden Teilchen vereinigen und zerstrahlen, nur ein *einziges* Photon erzeugt werden, denn das würde gegen den Impulssatz verstoßen. Der Impuls bleibt jedoch erhalten, falls *zwei* Photonen, die sich mit gleich großem Impulsbetrag in entgegengesetzte Richtungen bewegen, erzeugt werden. Die Photonen eines derartigen Paares müssen die gleiche Frequenz und die gleiche Energie besitzen (Bild 4.18). (Tatsächlich können auch drei oder mehr Photonen erzeugt werden, jedoch mit einer *viel* geringeren Wahrscheinlichkeit als zwei Photonen. Ähnlich kann auch bei einer kleinen Anzahl von Zerstrahlungen ein einziges Photon entstehen, wenn viele Elektron-Positron-Paare in der Nähe eines schweren Kernes zerstrahlen.)

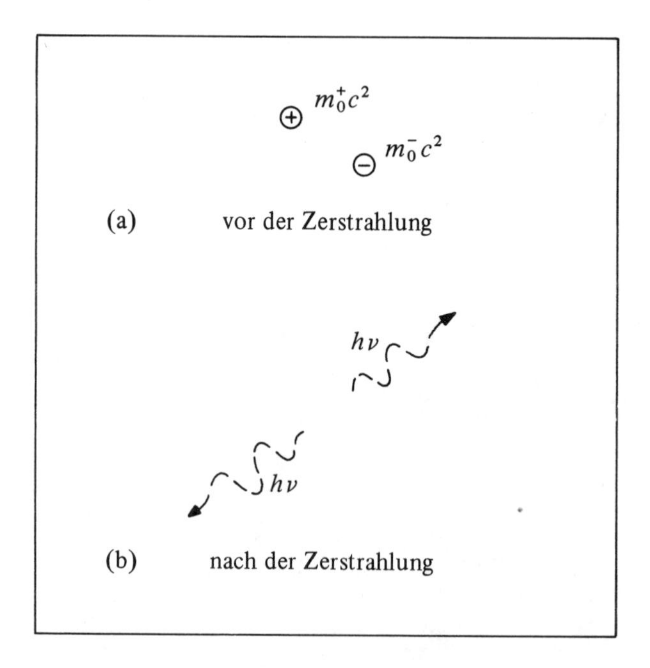

Bild 4.18 Zerstrahlung eines Paares und Entstehung zweier Photonen

Der Energiesatz verlangt

$$m_0^+ c^2 + m_0^- c^2 = h\,\nu_1 + h\,\nu_2 \ ,$$

dabei werden das Elektron und das Positron als ursprünglich ruhend angenommen. Aber es ist $m_0^+ = m_0^-$, und nach dem Impulssatz ist $\nu_1 = \nu_2 = \nu_{\text{min}}$; daher

$$2\,h\,\nu_{\text{min}} = 2\,m_0\,c^2 \ , \qquad h\,\nu_{\text{min}} = m_0\,c^2 \ . \tag{4.19}$$

Da die Mindestenergie zur Erzeugung eines Elektrons, $h\,\nu = m_0\,c^2$, 0,51 MeV beträgt, ist die Mindestenergie des erzeugten Photons ebenso groß.

Die Zerstrahlung ist das endgültige Schicksal der Positronen. Tritt ein energiereiches Positron auf, etwa bei der Paarbildung, so verliert es bei seinem Weg durch Materie seine Energie durch Stöße und bewegt sich schließlich nur noch mit kleiner Geschwindigkeit. Dann vereinigt es sich mit einem Elektron und bildet dabei ein System, Positronium-Atom genannt, das sehr schnell (in 10^{-10} s) in zwei Photonen mit gleicher Energie zerfällt. Das Verschwinden des Positrons wird durch die beiden dabei auftretenden Quanten der Vernichtungsstrahlung, also Photonen von je 1/2 MeV, angezeigt. Die Vergänglichkeit des Positrons beruht nicht auf einer natürlichen Instabilität sondern auf der großen Wahrscheinlichkeit eines Zusammentreffens mit einem Elektron und der darauf folgenden Zerstrahlung.

In dem Teil des Universums, in dem wir uns befinden, herrschen Elektronen, Protonen und Neutronen vor, falls deren Antiteilchen erzeugt werden, vereinigen sie sich mit diesen sehr schnell in Zerstrahlungsvorgängen. Es ist denkbar, wenn zur Zeit auch nur als bloße Vermutung, daß in einem anderen Bereich des Universums Positronen, Antiprotonen und Antineutronen vorherrschen.

Paarbildung und Zerstrahlung sind besonders überzeugende Beispiele für die Äquivalenz von Masse und Energie. Sie sind damit eine unwiderlegbare Bestätigung der Relativitätstheorie.

4.6 Wechselwirkungen zwischen Photonen und Elektronen

Bild 4.19 faßt die wichtigsten Wechselwirkungen von Photonen und Elektronen, auch Streuvorgänge genannt, die in diesem Kapitel behandelt worden sind, zusammen. In jedem dieser Fälle nähert sich ein Photon, Elektron oder Positron einer Materieschicht, es

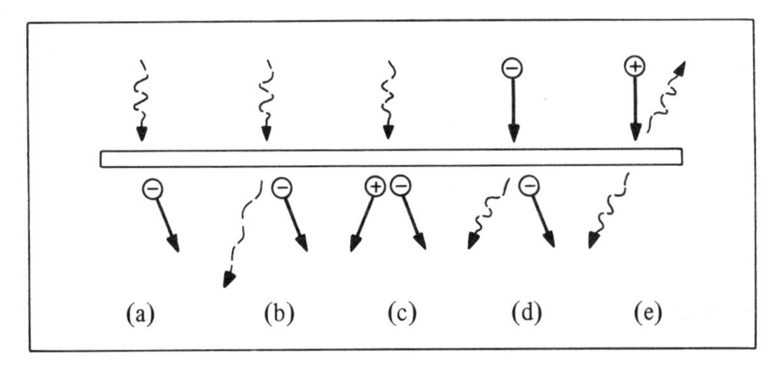

Bild 4.19 Wechselwirkungen zwischen Photonen und Elektronen

a) Photoeffekt,
b) Compton-Effekt,
c) Paarbildung,
d) Bremsstrahlung und
e) Paarzerstrahlung.

erfolgt ein Streuvorgang, und ein oder mehrere Teilchen treten auf. Wir wollen kurz die hervorstechenden Einzelheiten einer jeden dieser Wechselwirkungen aufzählen, und zwar in der Reihenfolge, in der sie in dem Bild auftreten:

Photoeffekt: Ein Photon trifft auf ein gebundes Elektron und verschwindet, das Elektron wird dabei freigesetzt.

Compton-Effekt: Ein Photon stößt auf ein freies Elektron und erzeugt dabei ein zweites Photon geringerer Energie, gleichzeitig erfährt das Elektron einen Rückstoß.

Paarbildung: Ein Photon verschwindet in der Nähe eines schweren Teilchens, und ein Elektron-Positron-Paar wird gebildet.

Bremsstrahlung: Ein Elektron wird in der Nähe eines schweren Teilchens abgelenkt, und ein Photon wird erzeugt.

Zerstrahlung: Ein Positron vereinigt sich mit einem Elektron, und ein Photonenpaar wird gebildet.

Wie wir im Abschnitt 11.1 sehen werden, können wir *alle* diese Photon-Elektron-Wechselwirkungen als Sonderfälle *einer* Grundwechselwirkung zwischen dem Teilchen des elektromagnetischen Feldes (dem Photon) und dem Teilchen, das ein elektromagnetisches Feld erzeugen kann (einem Elektron oder irgendeinem anderen geladenen Teilchen) auffassen. Selbst die bekannte elektrische (oder Coulomb-) Kraft zwischen elektrisch geladenen Teilchen und sogar alle anderen elektromagnetischen Effekte erweisen sich im Grunde als ein Austausch von (virtuellen) Photonen zwischen geladenen Teilchen.

Die wichtigsten Eigenschaften der Stöße zwischen Photonen und Elektronen konnten wir allein durch Anwendung der Erhaltungssätze für Energie, Impuls und elektrische Ladung sowie durch die Annahme der Existenz von Photonen mit der Energie $h\nu$ und dem Impuls h/λ ableiten. In keinem dieser Fälle haben wir uns mit den Einzelheiten der Wechselwirkung befaßt. Außerdem konnten wir auch nicht die Wahrscheinlichkeit für das Auftreten eines jeden dieser Vorgänge berechnen. So war es zum Beispiel möglich, beim Compton-Effekt die Wellenlänge eines Photons, das in eine bestimmte Richtung gestreut wird, vorauszusagen, wir konnten aber nicht angeben, in welche Richtung ein bestimmtes Photon gestreut wird. Mit den Methoden der *Quantenelektrodynamik* kann jedoch die Wahrscheinlichkeit für das Auftreten einer Photon-Elektron-Wechselwirkung mit großer Genauigkeit berechnet werden.

Hochenergetische geladene Teilchen der kosmischen Strahlung (von mehr als 10^{19} eV) treten in die Erdatmosphäre ein. Sie können, wie im folgenden gezeigt wird, eine ganze Kaskade von Elektron-Photon-Wechselwirkungen hervorrufen. Bei der Streuung eines Teilchens der kosmischen Strahlung an einem Atomkern kann durch Bremsstrahlung ein hochenergetisches Gammaquant erzeugt werden. In der Nähe eines weiteren Kernes kann das Gammaquant verschwinden und dabei ein Elektron-Positron-Paar bilden. Die so erzeugten, energiereichen geladenen Teilchen können auf ihrem Weg zur Erdoberfläche auf Kerne stoßen und von diesen abgelenkt werden; infolge der bei diesen Streuvorgängen auftretenden Beschleunigung senden sie dabei hochenergetische Photonen als Bremsstrahlung aus. Ein Positron kann mit einem Elektron zusammentreffen, dabei zerstrahlen beide, und es entstehen zwei Photonen. Diese sekundären Photonen können eine Energie von mehr als 1,02 MeV besitzen und daher weitere Elektronenpaare bilden. So entsteht durch wiederholte Paarbildung, Paarzerstrahlung, Bremsstrahlung und in geringem Maße durch Compton-Effekt und Photoeffekt ein *Kaskadenschauer* von Elektronen, Positronen und Photonen. Dabei wird die Energie des ursprünglichen Photons herabgesetzt und auf viele Teilchen verteilt. Der Schauer

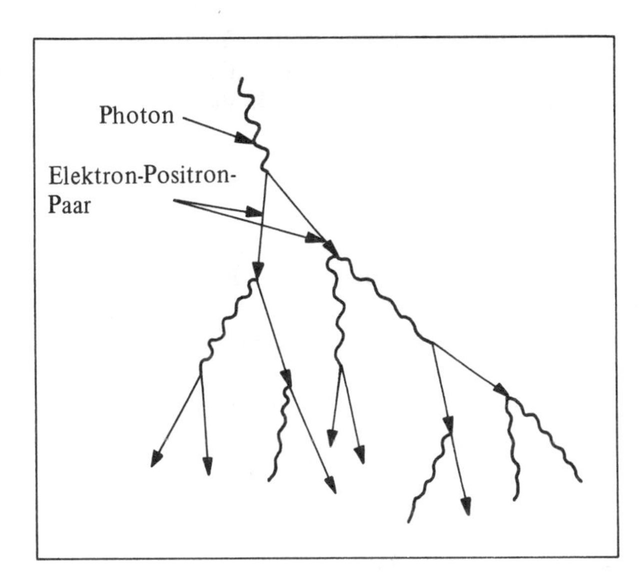

Bild 4.20
Schema eines
Kaskadenschauers

Bild 4.21 Nebelkammeraufnahmen einer Kaskade, die ein Photon ausgelöst hat. Die Aufnahmen wurden gleichzeitig mit zwei Kameras gemacht, um eine dreidimensionale Auswertung der Bahnen zu ermöglichen. Ein 700 MeV-Photon (das keine Spur liefert) tritt von oben ein und erzeugt in der obersten der waagerechten dünnen Bleiplatten ein Elektron-Positron-Paar. In den unteren Platten werden Photonen der Bremsstrahlung erzeugt. Diese Photonen können weitere Paare erzeugen. Auf diese Weise entsteht ein Schauer aus Elektronen, Positronen und Photonen. (Mit freundlicher Genehmigung von J. C. Street, Harvard University.)

setzt sich praktisch so lange fort, bis die Paarbildung energetisch nicht mehr möglich ist. Ein Schema der Photon-Elektron-Wechselwirkungen sehen wir in Bild 4.20. Hervorragende Nebelkammeraufnahmen, wie Bild 4.21, haben die Grundzüge dieser Kaskadenschauer bestätigt.

4.7 Absorption von Photonen

Drei wichtige Vorgänge, durch die Photonen aus der elektromagnetischen Strahlung ausscheiden können, sind Photoeffekt, Compton-Effekt und Paarbildung. Diese sind als Photon-Elektron-Wechselwirkungen in Bild 4.19a bis c dargestellt. Bei jedem dieser Vorgänge verschwindet ein Photon aus dem vorwärtsgerichteten Strahlenbündel, und es tritt ein Elektron auf. Außerdem ist ein jeder dieser Vorgänge nur dann möglich, wenn Atome, mit denen die ankommenden Photonen zusammenstoßen und in Wechselwirkung treten können, vorhanden sind. Die Atome liefern gebundene Elektronen für den Photoeffekt, nahezu freie Elektronen für den Compton-Effekt und Atomkerne für die Paarbildung. Die Intensität eines Photonenstrahles verringert sich daher nur in dem Maße, wie die Photonen auf Atome treffen und mit diesen in Wechselwirkung treten (es gibt einen weiteren Vorgang, bei dem ein Photon bei entsprechender Energie selektiv absorbiert wird, den wir hier aber im Augenblick nicht beachten wollen, dabei wird die innere Energie des absorbierenden Atoms vergrößert).

Aus jeder dieser drei Wechselwirkungen geht ein Elektron mit Bewegungsenergie hervor. Dies kann zum Nachweis von Photonen dienen. Die schnell bewegten Elektronen können ionisieren, die Ionisation kann elektrisch gemessen werden. Auf diese Weise läßt sich die Intensität hochenergetischer Photonen, wie Röntgen- oder Gammaquanten, für die das Auge unempfindlich ist, mit Hilfe von Ionisationsvorgängen messen. Die Messung der Ionisation wird im Kapitel 8 behandelt, hier wollen wir uns mit der Absorption elektromagnetischer Strahlung in Materie befassen.

Die Intensität I einer elektromagnetischen Strahlung ist als die Energie definiert, die pro Zeiteinheit durch die zur Ausbreitungsrichtung senkrecht orientierte Flächeneinheit hindurchtritt. Angewandt auf eine Strahlung monochromatischer Photonen ist das das Produkt aus der Energie $h\nu$ des einzelnen Photons und der Anzahl der Photonen, die in der Zeiteinheit auf die zur Strahlrichtung senkrecht orientierte Flächeneinheit treffen:

$$\text{Intensität der Photonenstrahlung} = \frac{\text{Energie}}{\text{Photon}} \times \frac{\text{Zahl der Photonen}}{\text{Fläche} \times \text{Zeit}} .$$

Die *Photonenflußdichte* einer elektromagnetischen Strahlung ist als die Anzahl der Photonen definiert, die in der Zeiteinheit auf die Flächeneinheit treffen. Wir bezeichnen die Photonenflußdichte mit n, dann ist

$$I = (h\nu)\, n . \tag{4.20}$$

Trifft eine Photonenstrahlung auf Materie, so verringert sich die Flußdichte n, da Photonen aus dem vorwärtsgerichteten Strahlenbündel ausscheiden oder abgelenkt werden. Die Absorption von Photonen in Materie ist in Bild 4.22 schematisch dargestellt. Offensichtlich ist die Wahrscheinlichkeit, daß ein Photon aus dem Strahlenbündel ausscheidet, um so größer, je größer die Anzahl der Atome ist, auf die die Strahlung trifft. Daher ist sie auch um so größer, je dicker die Absorberschicht ist. In dem Bild treffen Photonen mit der Flußdichte n auf eine sehr dünne Absorberschicht der Dicke dx. Photonen mit der Flußdichte $n + dn$ verlassen den Absorber in derselben Richtung wie die einfallende Strahlung. Daher ist die Anzahl der Photonen, die in der Zeiteinheit durch die Flächeneinheit des Absorbers aufgefangen werden,

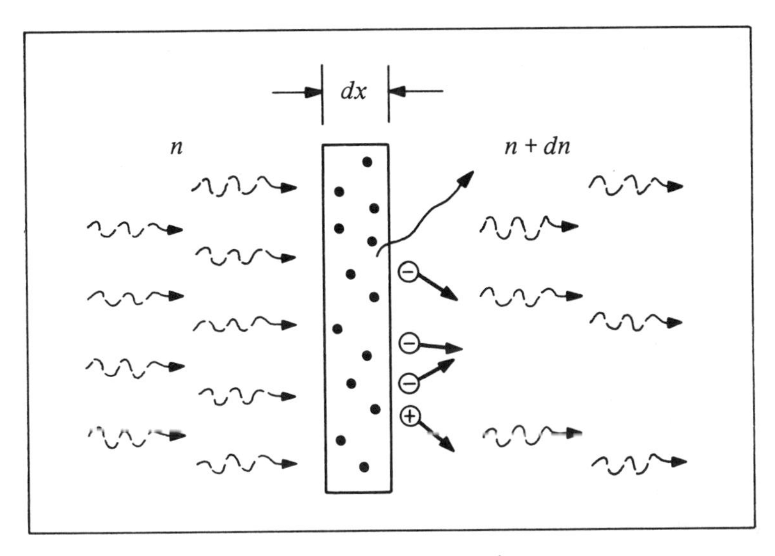

Bild 4.22 Schema der Photonenabsorption in Materie

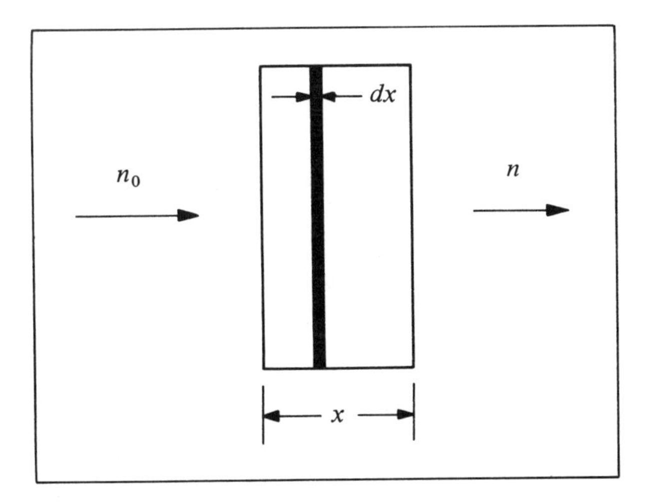

Bild 4.23 Abnahme der Photonenflußdichte in einem Absorber

$-dn$. Nimmt die Anzahl der einfallenden Photonen zu, so nimmt auch proportional die Anzahl der durch Auftreffen auf Absorberatome ausscheidenden Photonen zu: $|dn|$ ist also proportional zu n. Da weiterhin die Anzahl der Atome, auf die die Strahlung fällt, direkt proportional zur Schichtdicke dx des Absorbers ist, ist auch $|dn|$ proportional zu dx. Daher ist

$$dn = -\mu n \, dx \, .$$

Die hier auftretende Proportionalitätskonstante μ heißt *Absorptionskoeffizient.* Das Minuszeichen erscheint hier, da n mit zunehmendem x abnimmt. Wir ordnen die Ausdrücke um und integrieren über x von der Schichtdicke Null bis zur endlichen Dicke x (Bild 4.23). Die

Flußdichte integrieren wir von n_0, der auf den Absorber auftreffenden Flußdichte, bis zur Flußdichte n, die den Absorber der Dicke x verläßt und erhalten so

$$\int_{n_0}^{n} \frac{dn}{n} = -\mu \int_0^x dx\,, \qquad \ln \frac{n}{n_0} = -\mu x\,, \qquad n = n_0\, e^{-\mu x}. \tag{4.21}$$

Mit Hilfe von Gl. (4.20) wird dann aus Gl. (4.21)

$$I = I_0\, e^{-\mu x}\,, \tag{4.22}$$

dabei ist $I_0 = (h\nu)\, n_0$ die auf den Absorber auftreffende Intensität und $I = (h\nu)\, n$ die Intensität im Abstand x von der Oberfläche. Wie diese Gleichung zeigt, nimmt die Intensität einer monochromatischen elektromagnetischen Strahlung exponentiell im Absorber ab. Die Absorption wächst mit der Absorberdicke (wenn x zunimmt) oder mit zunehmendem Absorptionskoeffizienten μ. Aus Gl. (4.22) erkennen wir auch, daß $I = I_0/e$ ist, wenn $\mu x = 1$ oder $x = 1/\mu$ ist. Daher stellt die Größe $1/\mu$ die Absorberdicke dar, bei der die Intensität I nur noch $1/e$ oder 37 % der Anfangsintensität ist.

Für eine bestimmte Photonenenergie und bei gegebenem Absorbermaterial ist der Absorptionskoeffizient μ konstant, seine Einheit ist eine reziproke Länge. Der Zahlenwert ist jedoch für jedes Material unterschiedlich und hängt außer vom Absorbermaterial auch von der Energie der Photonen (oder von der Frequenz der Strahlung) ab. Bild 4.24 zeigt die Absorptionskoeffizienten für Aluminium und für Blei als Funktion der Photonenenergie (dargestellt mit logarithmischer Abszissenskala). Der Absorptionskoeffizient μ ist groß für niederenergetische Photonen, die hauptsächlich durch Photoeffekt aus dem Strahlenbündel ausscheiden. Er ist kleiner bei mittlerer Energie, bei der Photonen besonders durch Compton-Effekt gestreut werden. Er erreicht in der Umgebung von einigen MeV ein Minimum und steigt dann mit zunehmender Photonenenergie wieder an. Kurz vor dem Minimum, bei 1,02 MeV (die Wellenlänge des Photons beträgt hier 1,2 pm), liegt die Schwelle für die Paarbildung, und bei sehr hoher Energie, bei der μ wieder etwas zugenommen hat, überwiegt die Paarbildung.

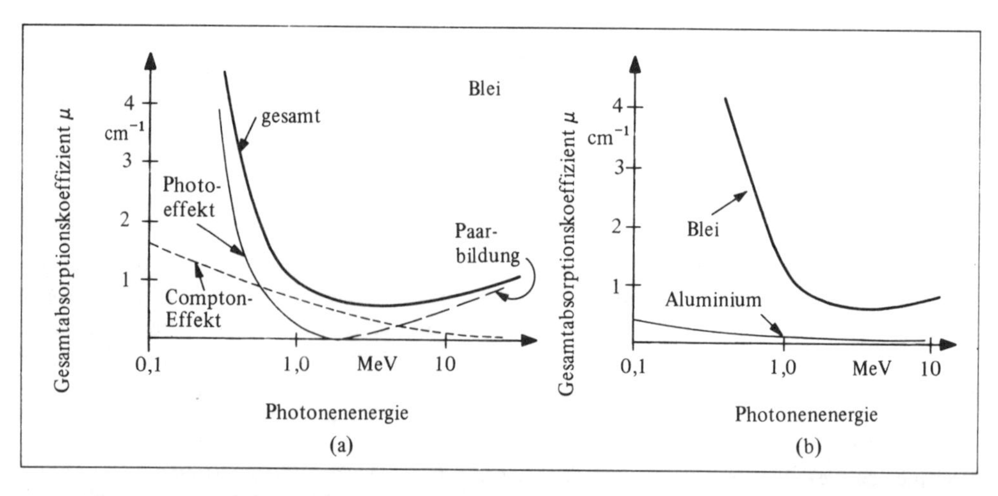

Bild 4.24 Absorptionskoeffizienten in Abhängigkeit von der Photonenenergie. a) Blei; Gesamtabsorptionskoeffizient sowie die Beiträge der in Frage kommenden Effekte, b) Blei und Aluminium

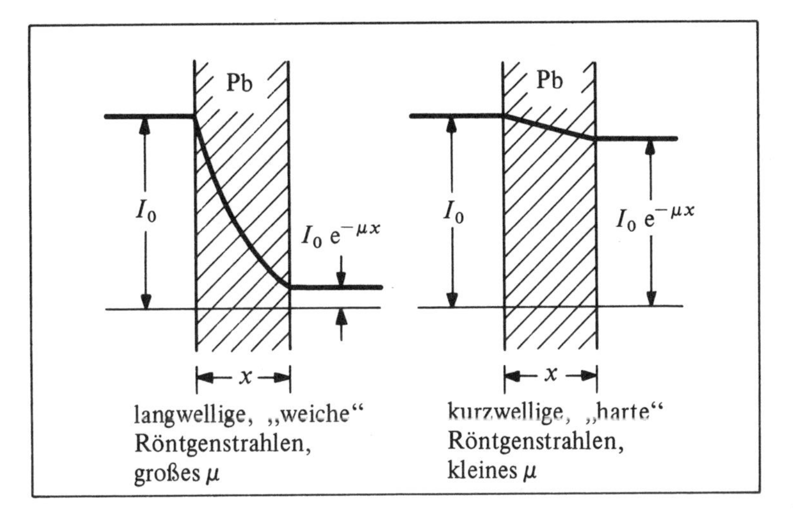

Bild 4.25 Exponentielle Absorption weicher und harter Röntgenstrahlung in Blei

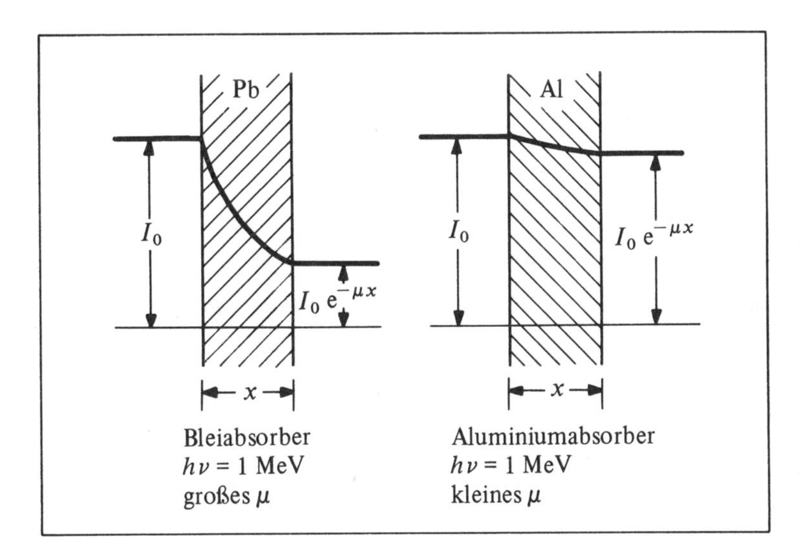

Bild 4.26 Exponentielle Absorption von 1 MeV-Photonen in Blei und in Aluminium

Die Bilder 4.25 und 4.26 zeigen, wie die Absorption elektromagnetischer Strahlung von der Photonenenergie und von der Art des Absorbermaterials abhängt. Sie zeigen die Intensität der einfallenden Strahlung, der Strahlung bei verschiedener Eindringtiefe im Absorber und der austretenden Strahlung. In Bild 4.25 ist sowohl die Absorption langwelliger Röntgenstrahlung, die durch dünne Bleischichten beträchtlich absorbiert und daher *weich* genannt wird, als auch die Absorption kurzwelliger oder *harter* Röntgenstrahlung wiedergegeben, die durch dieselbe Bleischicht nur wenig geschwächt wird. Wie wir erkennen, nimmt für Photonen verhältnismäßig geringer Energie (weniger als 4 MeV) der Absorptionskoeffizient bei gegebenem Absorbermaterial mit zunehmender Photonenenergie ab. Bild 4.26 zeigt die Absorption derselben Röntgenstrahlung in Blei- und in Aluminiumschichten gleicher Dicke. Offensichtlich absorbiert Blei die Röntgenstrahlung viel wirksamer und hat daher auch bei gegebener Photonenenergie einen größeren Absorptionskoeffizienten. Allgemein sind Stoffe wie Blei viel geeignetere Absorber als solche mit geringerer Dichte. Diese Tatsache ist die Grundlage der Röntgenphotographie. Die Schwärzung einer photographischen Schicht ist ein Maß für die Intensität der Röntgenstrahlung. Die unterschiedlichen Absorptionseigenschaften der verschiedenen leichteren und dichteren Stoffe verursachen bei den Bildern die Kontraste.

4.8 Zusammenfassung

Man kann zwei Arten physikalischer Größen unterscheiden: Größen mit einem kontinuierlichen Wertebereich und Größen mit einem diskontinuierlichen oder gequantelten Wertevorrat. Die Quantentheorie, von Max Planck im Jahre 1900 begründet, hat gezeigt, daß viele Größen, die oberflächlich gesehen kontinuierliche Werte zu haben schienen, tatsächlich nur diskrete Werte annehmen können.

Man muß sich eine monochromatische elektromagnetische Strahlung bei ihrer Wechselwirkung mit Materie aus Photonen bestehend vorstellen, jedes Photon besitzt eine diskrete Energie und einen diskreten Impuls:

$$E = h\nu \quad \text{und} \quad p = \frac{h}{\lambda}. \qquad (4.3), (4.10)$$

Eine nützliche Beziehung zwischen Energie und Wellenlänge eines Photons ist

$$E = \frac{1{,}24 \text{ MeV pm}}{\lambda}. \qquad (4.7)$$

Grundwechselwirkungen zwischen Photonen und Teilchen

- Photoeffekt: *Vollständige Übertragung elektromagnetischer Energie an ein gebundenes Elektron:*

$$h\nu = E_b + (E - E_0), \qquad (4.6)$$

dabei ist E_b die Bindungsenergie oder Austrittsarbeit eines Elektrons.

- Bremsstrahlung: *Teilweise oder vollständige Umwandlung der Bewegungsenergie eines Teilchens in elektromagnetische Energie.* Photonen maximaler Frequenz (minimaler Wellenlänge) entstehen dann, wenn ein Elektron durch einen einzigen Streuvorgang abgebremst wird:

$$e\,U = E_k = h\,\nu_{max} = \frac{h\,c}{\lambda_{min}}. \qquad (4.9)$$

- Compton-Effekt: *Teilweise Umwandlung elektromagnetischer Energie in Bewegungsenergie eines Teilchens.* Tritt ein Photon der Wellenlänge λ mit einem (nahezu) freien, ruhenden Teilchen in Wechselwirkung, so tritt ein Photon unter einem Streuwinkel Θ auf. Das Teilchen erfährt einen Rückstoß mit der Energie E_k:

$$\Delta\lambda = \lambda' - \lambda = \frac{h}{m_0\,c}(1 - \cos\Theta), \qquad (4.15)$$

$$E_k = h\,\nu \frac{\Delta\lambda}{\lambda + \Delta\lambda}, \qquad (4.16)$$

dabei ist m_0 die Ruhmasse des Rückstoßteilchens.

- Paarbildung und Zerstrahlung: *Vollständige Umwandlung elektromagnetischer Energie in Ruhenergie und Bewegungsenergie der erzeugten Teilchen* und umgekehrt:

  Paarbildung: $h\nu = 2\,m_0\,c^2 + (E_k^+ + E_k^-)$.
  Zerstrahlung: $(m^+ + m^-)\,c^2 = 2\,h\,\nu$.

  Die Intensität einer monochromatischen Photonenstrahlung ist das Produkt aus Photonenenergie und Photonenflußdichte n:

$$I = (h\,\nu)\,n\,. \tag{4.20}$$

  In einer Materieschicht der Dicke x gilt für die Absorption monochromatischer elektromagnetischer Strahlung (durch Photoeffekt, Compton-Effekt und Paarbildung) die Beziehung:

$$I = I_0\,e^{-\mu x}\,, \tag{4.22}$$

  hierbei ist μ der Absorptionskoeffizient, der von der Art des Absorbers und von der Photonenenergie abhängt.

4.9 Aufgaben

4.1. Die Grenzwellenlänge bei der Photoemission von Elektronen aus einer Calciumoberfläche beträgt 384 nm.

a) Berechnen Sie die Bindungsenergie oder Austrittsarbeit ϕ (in eV) eines Elektrons der Calciumoberfläche.

b) Wie groß ist die maximale Bewegungsenergie (in eV) eines Photoelektrons, das von dieser Oberfläche austritt, wenn sie mit Licht von 200 nm bestrahlt wird?

4.2.

a) Wie groß ist die Höchstgeschwindigkeit der Photoelektronen, die von einer Zinkoberfläche ($\phi = 4{,}23$ eV) ausgesandt werden, wenn auf diese ultraviolettes Licht von 155 nm fällt?

b) Ist unsere Annahme, $E_{k,max} = \frac{1}{2}\,m\,v_{max}^2$, hier zulässig?

4.3. Monochromatisches Licht der Wellenlänge 404,6 nm trifft auf eine Metallfläche. Die energiereichsten Photoelektronen werden durch eine Gegenspannung von 1,60 V abgebremst. Bei einer Wellenlänge von 576,9 nm beträgt diese Spannung 0,45 V. Angenommen, h und e seien nicht bekannt, wie groß sind nach diesen Meßwerten dann

a) die Austrittsarbeit der Photokathode (in eV) und

b) der Wert von h/e?

4.4. Ein Photon einer Strahlung von 77,5 nm trifft senkrecht auf ein Nickel-Target und löst aus der Oberfläche ein Photoelektron aus, das sich in entgegengesetzter Richtung wie das einfallende Photon bewegt. Die Austrittsarbeit des Nickels beträgt 4,91 eV. Nehmen Sie an, daß praktisch die gesamte Photonenenergie auf das Elektron übertragen wird.

a) Berechnen Sie die Höchstgeschwindigkeit des freigesetzten Elektrons.

b) Bestimmen Sie mit Hilfe des Impulssatzes den auf das Target übertragenen Impuls.

c) Das Target hat eine Masse von 100 g; berechnen Sie den Bruchteil der Photonenenergie, der auf das Target übergeht. Das Ergebnis rechtfertigt unsere ursprüngliche Annahme, daß beim Photoeffekt praktisch die gesamte Energie des Photons auf das Elektron übertragen wird.

4.5. Licht der Intensität $1{,}0 \cdot 10^{-10}\,\mathrm{W/m^2}$ fällt senkrecht auf eine Silberoberfläche, in der auf jedes Atom ein freies Elektron kommt. Der Abstand der Atome voneinander beträgt ungefähr 0,26 nm. Behandeln Sie die einfallende Strahlung klassisch (also als Welle) und nehmen Sie an, daß sich die Energie gleichmäßig auf die Fläche verteilt und daß das Licht vollständig durch die Elektronen der Oberfläche absorbiert wird.

a) Welche Energie erhält dann jedes freie Elektron je Sekunde?

b) Die Bindungsenergie eines Elektrons der Oberfläche beträgt 4,8 eV. Wie lange müßte man nach Einsetzen der Strahlung warten, bis eines der Elektronen genügend Energie aufgenommen hat, um die Bindungsenergie zu überwinden, und als Photoelektron austreten kann? Vergleichen Sie diese Zeit mit den Versuchsergebnissen.

4.6. Ein Photon trifft auf einen sogenannten Blei-„Strahler" (der Photoelektronen aussendet) und tritt mit einem inneren Elektron in Wechselwirkung. Dieses Elektron ist mit einer Bindungsenergie von 89,1 keV an ein Bleiatom gebunden. Das freigesetzte Photoelektron tritt dann in ein homogenes Magnetfeld ein. Dort wird $Br = 2{,}0 \cdot 10^{-3}$ Wb/m gemessen (dabei ist r der Krümmungsradius der Elektronenbahn im Magnetfeld der Flußdichte B).

a) Wie groß ist der Impuls dieses Photoelektrons (in MeV/c)?
b) Wie groß ist die Bewegungsenergie des Photoelektrons?
c) Wie groß ist die Energie des einfallenden Photons?

4.7. Bei einem freien Elektron kann kein Photoeffekt stattfinden. Unter dieser Voraussetzung ist auch folgender Vorgang unmöglich: Ein geladenes, zunächst in Bewegung befindliches Teilchen wird plötzlich verzögert und sendet dabei ein Photon aus, das seinem Verlust an Bewegungsenergie entspricht. Mit anderen Worten, Sie sollen zeigen, daß ein einzelnes Teilchen, das keine innere Struktur besitzt und das nicht unter der Einwirkung irgendeines Körpers in seiner Nachbarschaft steht, auch kein Photon aussenden kann. (*Hinweis:* Stellen Sie sich den hypothetischen Photoeffekt an einem freien Elektron zeitlich rückwärts ablaufend vor.)

4.8. Ein Photon einer Strahlung von 0,310 nm trifft auf ein ruhendes Wasserstoffatom und setzt dabei dessen gebundenes Elektron frei (Bindungsenergie: 13,6 eV). Das Elektron möge sich in der gleichen Richtung wie das einfallende Photon bewegen. Wie groß sind a) Bewegungsenergie und b) Impuls dieses Elektrons? Wie groß sind c) Impuls und d) Bewegungsenergie des Rückstoßions?

4.9.

a) Die Einheit der Planckschen Konstanten ist das Produkt aus einer Energieeinheit und einer Zeiteinheit: Zeigen Sie, daß h die Dimension Drehimpuls besitzt.
b) Eine zirkular polarisierte elektromagnetische Welle der Energie E hat den Drehimpuls $L = E/\omega$, dabei ist ω die Kreisfrequenz der Welle: Zeigen Sie, daß eine derartige Strahlung nach der Quantentheorie aus Photonen besteht, von denen jedes den Drehimpuls $h/2\pi$ besitzt. Der grundlegenden Quantenbedingung $E = h\nu$ entspricht die gleichwertige Formulierung: Jedes Photon besitzt, unabhängig von seiner Frequenz, den gleichen Drehimpuls vom Betrage $h/2\pi$.

4.10. Ein gut adaptiertes menschliches Auge kann einzelne Photonen des sichtbaren Lichtes wahrnehmen. In welcher Entfernung von einem Auge, das einen Pupillendurchmesser von 4 mm besitzt, müßte eine isotrope Punktlichtquelle, die Licht von 500 nm mit einer Leistung von 1 W gleichmäßig in alle Richtungen aussendet, angebracht werden, damit im Durchschnitt ein Photon je Sekunde die Netzhaut des Auges erreicht?

4.11. Eine gebündelte Strahlung orangeroten Lichtes (Wellenlänge 606 nm) besitzt die Intensität $5{,}0 \cdot 10^{-8}$ W/m^2.

a) Bestimmen Sie die Energie eines Photons dieser Strahlung.
b) Wie viele Photonen treffen je Sekunde auf eine senkrecht zur Strahlung orientierte Fläche von 1 cm^2?
c) Wie viele Wellenberge gehen durch diese Fläche in einer Sekunde hindurch?

4.12. Eine gebündelte monochromatische Photonenstrahlung besitzt die Intensität I und die Frequenz ν. Zeigen Sie, daß die durchschnittliche Photonendichte in dem Strahlenbündel durch $I/h\nu c$ gegeben ist.

4.13. Eine monochromatische Punktlichtquelle strahlt stetig. Wie nimmt die Photonendichte mit dem Abstand r von der Quelle in einer beliebigen Richtung ab?

4.14. Ein 200-keV-Elektron wird durch ein ursprünglich ruhendes Kupferatom (relative Atommasse: 64) abgelenkt. Bei diesem Streuvorgang wird ein einziges Röntgenquant erzeugt. Das Photon und das abgelenkte Elektron fliegen in entgegengesetzte Richtungen, beide senkrecht zur Richtung des ursprünglich einfallenden Elektrons.

a) Wie groß ist die Rückstoßenergie des Kupferatoms?
b) Wie groß ist die Energie des Röntgenquants?
c) Wie groß ist die Bewegungsenergie des abgelenkten Elektrons?

4.15. Elektron 1 wird aus der Ruhe heraus durch eine Potentialdifferenz U beschleunigt. Elektron 2, ebenfalls aus der Ruhe heraus durch die gleiche Potentialdifferenz beschleunigt, trifft auf ein Target, kommt dort zur Ruhe und erzeugt dabei ein einziges Photon. Wer besitzt den größeren Impuls, Elektron 1 oder das vom Elektron 2 erzeugte Photon?

4.16. Wie groß ist die Wellenlänge eines Photons, das a) die gleiche Energie oder b) den gleichen Impuls wie ein 2-eV-Elektron besitzt?

4.17.

a) Durch welche Potentialdifferenz müssen ursprünglich ruhende Elektronen mindestens beschleunigt werden, damit sie beim Auftreffen auf ein Target Photonen mit einem Impuls von 1,0 keV/c erzeugen können?

b) Durch welche Potentialdifferenz müssen Elektronen aus der Ruhe heraus beschleunigt werden, damit sie einen Impuls von 1,0 keV/c erhalten?

4.18.

a) Berechnen Sie die Energie eines Photons, das den gleichen Impuls wie ein Elektron von 4,0 eV besitzt.

b) In welchem Bereich des elektromagnetischen Spektrums liegt diese Strahlung?

4.19. Ein Laser möge einen extrem monochromatischen Impuls sichtbarer elektromagnetischer Strahlung mit der sehr großen Leistung von 2,0 MW erzeugen. Die Impulsdauer sei etwa 1,0 ms. Nehmen Sie als Wellenlänge der ausgesandten Strahlung 600 nm an.

a) Wie groß ist der resultierende Impuls eines ausgestrahlten Lichtblitzes?

b) Wie viele Photonen werden dabei erzeugt?

4.20. Ein Radarsender liefert Mikrowellensignale. Die Leistung eines jeden Signales beträgt 10 MW und seine Dauer 1,0 μs. Nehmen Sie als Wellenlänge der ausgesandten Strahlung 1,0 cm an.

a) Wie groß ist der resultierende Impuls des ausgesandten Radarsignales?

b) Wie viele Photonen werden mit jedem Signal ausgesandt?

4.21. Nehmen Sie als Photonenrakete eine isotrope, punktförmige (nicht unbedingt monochromatische) Strahlungsquelle von 1000 MW an, die sich im Brennpunkt eines parabolischen Reflektors befindet (Bild 4.27). Zeigen Sie, daß die von der Strahlung auf die Rakete ausgeübte Kraft zwischen 0,83 N und 2,50 N liegt.

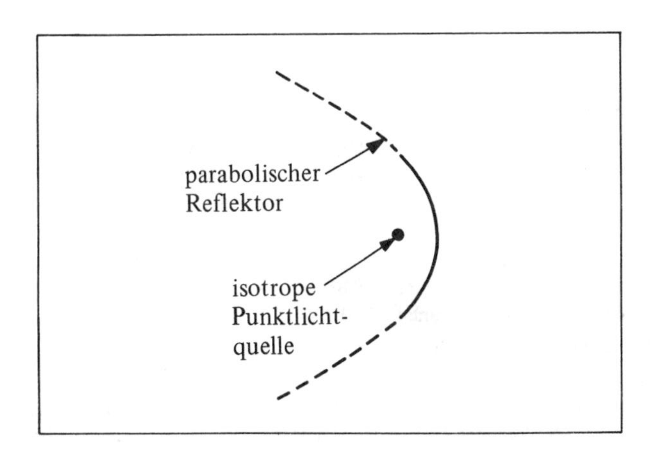

Bild 4.27

4.22. Eine gebündelte elektromagnetische Strahlung mit einer Intensität von 600 W/m^2 fällt auf einen vollkommen reflektierenden Spiegel. Der Winkel zwischen der Ausbreitungsrichtung der Strahlung und der Richtung der Normalen zur Spiegelfläche ist 30°. Wie groß ist der Strahlungsdruck auf den Spiegel?

4.23. Eine isotrope, punktförmige Quelle elektromagnetischer Strahlung von 1,0 kW befindet sich im Mittelpunkt einer vollkommen absorbierenden Kugelschale. Bei welchem Radius ist der Strahlungsdruck auf die innere Fläche der Kugel gleich dem mittleren Atmosphärendruck ($1{,}0 \cdot 10^5$ N/m^2)?

4.24. Die Intensität der Sonnenstrahlung an der Erdoberfläche beträgt 1400 W/m^2.

a) Wie groß ist der Strahlungsdruck auf die Erdoberfläche?

b) Berechnen Sie die gesamte Kraft der Sonnenstrahlung auf die Erde unter der Annahme einer vollständigen Absorption (Erdradius 6370 km).

4.25.

a) Ein Bündel einer monochromatischen Photonenstrahlung der Wellenlänge 62 pm fällt auf ein Metalltarget. Die Streustrahlung wird unter einem Winkel von 90° gegen die Richtung der einfallenden Strahlung beobachtet. Welche *beiden* vorherrschenden Wellenlängen wird man dann nachweisen können?

b) Welche Wellenlängen werden bei einem Streuwinkel von 60° beobachtet?

4.26. Photonen der Wellenlänge 6,2 pm werden an freien Elektronen gestreut. Wie groß ist die Wellenlänge der gestreuten Photonen bei einem Streuwinkel von a) 90° und b) 180°? c) Welche Energie wird auf die ursprünglich freien Elektronen im Fall a) und d) im Fall b) übertragen?

4.27. Zeigen Sie, daß beim Compton-Effekt die Energie $h\nu'$ des gestreuten Photons von der Energie $h\nu$ des einfallenden Photons und vom Streuwinkel Θ des Photons gemäß folgender Beziehung abhängt:

$$\frac{1}{h\nu'} = \frac{1}{h\nu} + \frac{1 - \cos\Theta}{m_0 c^2},$$

dabei ist m_0 die Ruhmasse des materiellen Teilchens, an dem das Photon gestreut wird.

4.28. Ein einfallendes Photon wird an einem freien, ursprünglich ruhenden Elektron gestreut. Das *gestreute* Photon soll dann später ein Elektron-Positron-Paar erzeugen. Zeigen Sie, daß das gestreute Photon, unabhängig von der Energie des einfallenden Photons, kein Elektron-Positron-Paar bilden kann, falls der Winkel zwischen den Richtungen des einfallenden und des gestreuten Photons größer als 60° ist.

4.29. Ein 62 keV-Elektron trifft auf ein Kupfertarget, kommt dort zur Ruhe und erzeugt ein einziges Röntgenquant. Dieses Photon wiederum fällt auf ein Kohlenstofftarget und wird an einem freien Elektron gestreut. Wie groß ist die maximale Bewegungsenergie dieses Compton-Elektrons?

4.30. Eine monochromatische Photonenstrahlung kann auf eine Kupferfolie treffen, und es kommt dort zum Compton-Effekt. Die maximale Bewegungsenergie der Rückstoßelektronen beträgt 0,511 MeV. Wie groß ist die Photonenenergie?

4.31. Zeigen Sie, daß beim Compton-Effekt der Streuwinkel Θ der Photonen durch

$$\cos\Theta = 1 - \left(\frac{m_0 c^2}{h\nu}\right) \frac{E_k/h\nu}{1 - E_k/h\nu}$$

gegeben ist; dabei sind m_0 und E_k Ruhmasse und Bewegungsenergie des streuenden Teilchens, und $h\nu$ ist die Energie des einfallenden Photons.

4.32. Zeigen Sie, daß beim Compton-Effekt die Bewegungsenergie E_k eines streuenden Teilchens der Ruhmasse m_0 in folgender Weise von der Energie $h\nu$ des einfallenden Photons abhängt:

$$\frac{E_k}{h\nu} = \frac{(h\nu/m_0 c^2)(1 - \cos\Theta)}{1 + (h\nu/m_0 c^2)(1 - \cos\Theta)}.$$

4.33. Stellen Sie beim Compton-Effekt die Abhängigkeit der Bewegungsenergie E_k des Rückstoßelektrons von Streuwinkel Θ des Photons für einfallende Photonen von 0,511 MeV graphisch dar.

4.34. Welche Energie*änderung* ist maximal möglich, wenn Gammaquanten von 10 MeV durch Compton-Effekt an freien *Protonen* gestreut werden?

4.35. Ein freies, ursprünglich ruhendes *Proton* wird beim Compton-Effekt von einem Photon getroffen. Hierbei nimmt das Proton eine Energie von 5,7 MeV auf. Welche Energie muß dann das Photon mindestens gehabt haben?

4.36. Leiten Sie eine Beziehung für die Wellenlängenänderung beim Compton-Effekt ab unter der (falschen) Annahme der (genauen) Gültigkeit des *klassischen* Zusammenhanges von Bewegungsenergie und Impuls beim Elektron. Hierbei werden Sie genau dasselbe Ergebnis erhalten wie mit Hilfe der relativistischen Ausdrücke für Impuls und Bewegungsenergie des Elektrons. Warum ist das zu erwarten? (*Hinweis:* Die Wellenlängenänderung ist von der Wellenlänge des einfallenden Photons unabhängig.)

4.37. Eine Lichtquelle sendet Photonen der Frequenz ν aus, gemessen von einem Beobachter, der relativ zu dieser Lichtquelle ruht. Der Beobachter bewegt sich nun von der Quelle fort mit der Geschwindigkeit $v = \frac{4}{5}c$ relativ zur Lichtquelle. Durch welche Faktoren sind die folgenden Größen bei den Photonen zu ändern, stets bezogen auf die Werte, die ein relativ zur Quelle ruhender Beobachter ermittelt hat:

a) Frequenz,
b) Wellenlänge,
c) Geschwindigkeit,
d) Energie und
e) Impuls?

(*Hinweis:* Vgl. Aufgabe 2.18; dort ist die Beziehung für den relativistischen Doppler-Effekt angegeben.)

4.38. Zwei gleichartige Blitzlichter sind fest miteinander verbunden und strahlen in entgegengesetzte Richtungen. Beide Blitzlichter werden gleichzeitig gezündet. Wir beobachten die beiden Blitzlichter und die von diesen ausgesandten Strahlen und befinden uns zunächst relativ zu ihnen in Ruhe. Es werden Strahlen gleicher Intensität und mit gleichem Impuls in entgegengesetzte Richtungen ausgesandt, und die resultierende Strahlungskraft auf das Blitzlichtpaar verschwindet. Angenommen, wir beobachten nun denselben Vorgang als Beobachter, der sich in Richtung eines der ausgesandten Strahlen bewegt. Infolge des Doppler-Effektes unterscheiden sich dann die Frequenzen der Strahlen in den beiden Richtungen. Daher besitzt ein Photon, das sich in der einen Richtung bewegt, einen anderen Impuls als ein Photon, das sich in entgegengesetzter Richtung bewegt.

a) Gibt es nun eine resultierende Strahlungskraft auf das Blitzlichtpaar?
b) Ist die Photonendichte in beiden Strahlen gleich groß?
c) Lösen Sie den (scheinbaren) Widerspruch auf.

4.39. Monochromatische Photonen treffen auf einen Metallblock, und ein Detektor registriert die Photonen, die den Block unter einem Winkel von 90° gegen die Richtung der einfallenden Strahlung verlassen (Bild 4.28a). Bild 4.28b zeigt das Energiespektrum dieser unter einem Winkel von 90° beobachteten Photonen. Es treten drei verschiedene Maxima auf: bei 0,36 MeV, 0,51 MeV und 1,24 MeV.

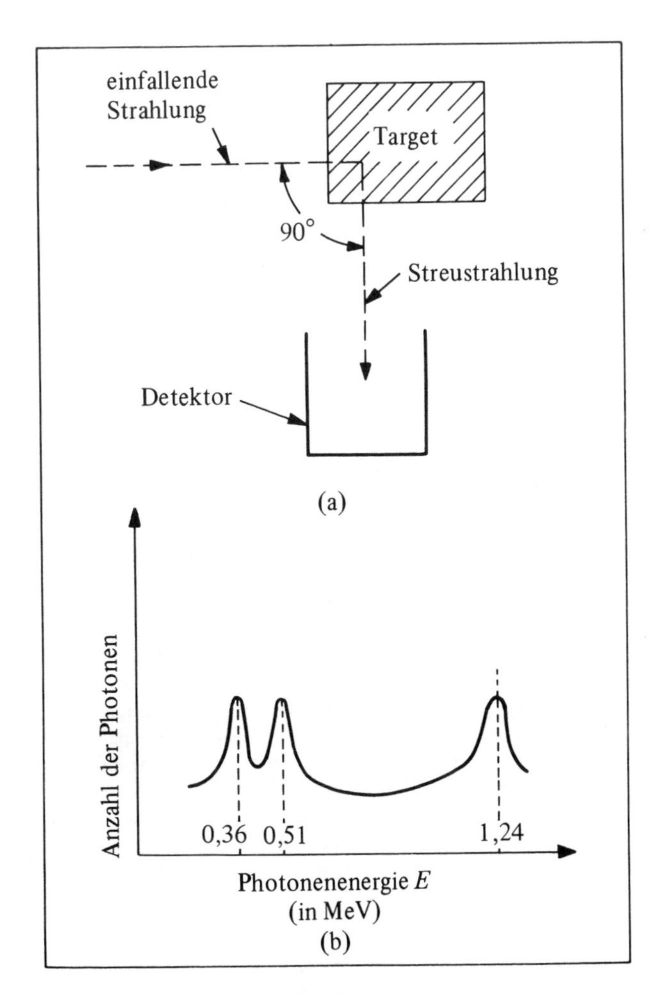

Bild 4.28

a) Wie groß ist die Energie eines Photons der einfallenden Strahlung?
b) Deuten Sie alle drei Maxima.

4.40. Ein Photon einer Strahlung von 1,21 pm gerät in die Nähe eines Goldkernes (relative Atommasse: 197) und verschwindet unter Bildung eines Elektron-Positron-Paares.

a) Berechnen Sie die Energie des Photons (in MeV) und vergleichen Sie diese mit der gesamten Ruhenergie des gebildeten Paares.
b) Befinden sich Elektron und Positron nach ihrer Entstehung in Ruhe (das Photon möge gerade die Schwellenenergie besitzen), so muß ein kleiner Teil der Photonenenergie auf den Goldkern übertragen werden, denn der Kern muß ja den ursprünglichen Photonenimpuls übernehmen. Berechnen Sie den vom Goldkern aufgenommenen Impuls.
c) Bestimmen Sie die vom Goldkern aufgenommene Energie und vergleichen Sie diese mit der ursprünglichen Photonenenergie.

4.41. Ein 5,01-MeV-Photon bildet ein Elektron-Positron-Paar, und beide Teilchen bewegen sich mit gleicher Energie in Vorwärtsrichtung. Welche Richtung und welchen Betrag besitzt der Impuls, den der beteiligte schwere Kern aufgenommen hat?

4.42. Die Krümmungsradien sowohl der Bahn des Elektrons als auch der des Positrons, die beide durch Wechselwirkung eines Photons mit einem schweren Kern erzeugt worden sind und die sich in einem homogenen Magnetfeld der Flußdichte 0,50 T bewegen, betragen 1,0 cm. Wie groß ist dann die Wellenlänge des einfallenden Photons?

4.43. Eine monochromatische Strahlung sehr energiereicher Photonen trifft auf eine Folie. Die gebildeten Elektron-Positron-Paare bewegen sich senkrecht zu einem homogenen Magnetfeld. Elektron und Positron desselben Paares müssen nicht notwendig die gleiche Energie besitzen. Zeigen Sie, daß auch bei unterschiedlicher Energie von Elektron und Positron die Energie des erzeugenden Photons direkt proportional zur Summe der Krümmungsradien der Bahnen von Elektron und Positron ist.

4.44. Ein System aus Elektron und Positron (Positronium) bewegt sich mit der Geschwindigkeit $c/2$. Diese beiden Teilchen zerstrahlen, dabei entstehen zwei Photonen.

a) Wie groß sind Energie und Impuls eines jeden dieser Photonen?
b) Welchen Winkel schließen die Richtungen ein, in denen sich die Photonen bewegen?

(Ein Versuch, der Positroniumatome lieferte, die sich mit $c/2$ bewegten, wurde 1963 von D. Sadeh ausgeführt. Der beobachtete Winkel zwischen den Quanten der Vernichtungsstrahlung war, wie zu erwarten, kleiner als 180°.)

4.45. Durch ein 200 MeV-Photon wird eine Kaskade eingeleitet. Wie viele Positronen können dabei höchstens gebildet werden?

4.46. Ein Teilchen der Masse m bewegt sich mit einer nichtrelativistischen Geschwindigkeit und trifft in einem vollkommen unelastischen Stoß auf ein anderes Teilchen mit der gleichen Masse m, das ursprünglich ruht. Dabei verliert es die Energie E, die bei dem Stoß umgewandelt wird. Zeigen Sie, daß die Bewegungsenergie des ursprünglich bewegten Teilchens $2E$ beträgt und nicht E. (*Anmerkung:* Bei jedem Stoß müssen sowohl Energie als auch *Impuls* erhalten bleiben.)

4.47. 1955 wurden erstmals Antiprotonen im Laboratorium erzeugt und als solche erkannt (von Chamberlain, Segre, Wiegand und Ypsilantis mit dem Bevatron, dem Beschleuniger des Radiation Laboratory der University of California). Es handelte sich um folgende Reaktion: $p^+ + p^+ \rightarrow p^+ + p^+ + (p^+ + p^-)$. Das bedeutet, ein einfallendes Proton stößt auf ein ruhendes Proton. Bei diesem Stoß werden ein weiteres Proton und ein Antiproton erzeugt. Zeigen Sie, daß der Mindestwert der Bewegungsenergie des einfallenden Protons, die für diese Reaktion benötigt wird, 5,6 GeV oder das *sechsfache* der Ruhenergie eines Protons beträgt. (*Hinweis:* Betrachten Sie zunächst Aufgabe 4.46. Auf den ersten Blick könnte man erwarten, daß nur die *doppelte* Ruhenergie eines Protons notwendig wäre, um ein weiteres Proton und ein Antiproton zu bilden. Da jedoch bei jedem Stoß sowohl die Energie als auch der *Impuls* erhalten bleiben müssen, so müssen die vier aus diesem Stoß hervorgehenden Teilchen den gleichen Gesamtimpuls besitzen wie das einfallende Proton. Folglich müssen die Teilchen nach dem Stoß noch Bewegungsenergie besitzen, und nur ein Teil der Bewegungsenergie des einfallenden Protons steht für die Erzeugung der beiden zusätzlichen Teilchen zur Verfügung. Außerdem erfordert diese Rechnung die relativistische Dynamik.)

Um die Schwellenenergie zu berechnen, können wir folgende Überlegung anstellen. Wir betrachten den Vorgang im Schwerpunktsystem der beiden Protonen und beobachten, wie sich das einfallende Proton und das Targetproton aus entgegengesetzten Richtungen mit gleicher Energie und mit gleichem Impuls einander nähern, dann zusammenstoßen und bei der Schwellenenergie vier ruhende Teilchen bilden. Daher haben die vier Teilchen im Laborsystem nach dem Stoß den *gleichen* Impuls, und dieser Impuls ist nach dem Impulssatz genau ein Viertel des Impulses des einfallenden Protons. Hiervon ausgehend läßt sich zeigen, daß das einfallende Teilchen den Impuls $4\,(3^{1/2})Mc$ haben muß, dabei ist M die Ruhmasse eines Protons. Die entsprechende Bewegungsenergie des einfallenden Protons ist dann $6\,Mc^2$.

4.48. Gammaquanten der Energie von jeweils 0,10 MeV, 1,0 MeV und 10 MeV fallen mit gleicher Intensität auf einen Bleiabsorber. Der Absorptionskoeffizient des Bleis ist für diese drei Energien 59,9 cm^{-1}, 0,77 cm^{-1} und 0,61 cm^{-1}.

a) Berechnen Sie die erforderliche Schichtdicke des Bleis, um die Intensität einer monoenergetischen Strahlung auf ein Zehntel des ursprünglichen Wertes zu verringern.

b) Wie groß ist das Verhältnis der Gesamtintensität (also aller drei Photonenenergien) in einer beliebigen Tiefe x zur Gesamtintensität der einfallenden Strahlung?

4.49. Zeigen Sie, daß die Schichtdicke eines Absorbermaterials, die erforderlich ist, um die Intensität der Strahlung auf die Hälfte der ursprünglichen Intensität zu verringern, $(\ln 2)/\mu$ beträgt.

4.50. Eine Bleiabschirmung soll für eine polychromatische elektromagnetische Strahlung verwendet werden. Erläutern Sie, welcher Frequenzbereich, niedrige Frequenzen oder hohe Frequenzen, die Dicke der Abschirmung bestimmt. Dabei können Sie annehmen, daß in der Strahlung keine Photonen vorkommen, deren Energie a) größer als 4,0 MeV und b) kleiner als 4,0 MeV ist.

5 Quanteneffekte: die Wellennatur materieller Teilchen

5.1 De Broglie-Wellen

Wie wir gesehen haben, tritt die elektromagnetische Strahlung in zwei Erscheinungsformen auf: Sie besitzt Wellennatur und Teilchennatur. Versuche, bei denen man Interferenz und Beugung elektromagnetischer Strahlung beobachten kann, lassen sich nur durch die Annahme erklären, daß die Strahlung aus Wellen besteht. Die davon gänzlich verschiedenen Quanteneffekte der elektromagnetischen Strahlung, wie etwa Photoeffekt und Compton-Effekt, können nur erklärt werden, wenn man annimmt, das Licht bestehe aus teilchenartigen Photonen. Dabei besitzt jedes Photon die Energie E und den Impuls p; beide Größen sind durch die Frequenz ν oder durch die Wellenlänge λ der Strahlung genau bestimmt:

$$\nu = \frac{E}{h}, \tag{5.1}$$

$$\lambda = \frac{h}{p}. \tag{5.2}$$

Bemerkenswert ist, daß auf den linken Seiten dieser Gleichungen zwei Größen erscheinen, die nur bei einer Wellenbeschreibung eine eindeutige Bedeutung haben, und daß auf den rechten Seiten zwei Größen auftreten, die man üblicherweise mit Teilchen verbindet. Daher ist in diesen Grundbeziehungen der Dualismus Welle – Teilchen enthalten. Es ist die grundlegende Konstante der Quantentheorie, die Plancksche Konstante h, die die Wellen- und die Teilchennatur miteinander verbindet. Wir können sagen, unter bestimmten Umständen verhalten sich elektromagnetische Wellen wie Teilchen, und Photonen (Teilchen ohne Ruhmasse) verhalten sich unter bestimmten Umständen wie Wellen.

Es liegt nun nahe zu fragen, ob diese beiden Gleichungen, die sowohl die Wellen- als auch die Teilchennatur der elektromagnetischen Strahlung beschreiben, vielleicht ganz allgemein gelten – ob sie also für *alle* Teilchen gelten, d.h. für Teilchen *mit* Ruhmasse und ebenso auch für Teilchen ohne Ruhmasse. Diese Frage wurde erstmalig 1924 von Louis de Broglie gestellt. De Broglie vermutete, daß auf Grund der Symmetrie der Natur ein materielles Teilchen ebenso gut auch Welleneigenschaften erkennen lassen könnte. Weiter nahm er an, daß dieselben Gleichungen, die die Teilcheneigenschaften elektromagnetischer Wellen liefern, auch die Welleneigenschaften materieller Teilchen, etwa Elektronen, enthalten. Versuche haben dann diese Annahme de Broglies überzeugend bestätigt. Die Wellennatur materieller Teilchen ist heute sicher begründet. Da wir die Wellenlänge durch Interferenz- oder Beugungserscheinungen bestimmen können, wollen wir unsere Aufmerksamkeit der zweiten Beziehung, der Gl. (5.2), zuwenden (die Bedeutung der Phasengeschwindigkeit $\nu\lambda$ der de Broglie-Wellen und ihr Zusammenhang mit der Teilchengeschwindigkeit v wird im Abschnitt 5.8 behandelt).

Die Wellenlänge λ eines materiellen Teilchens mit dem Impuls $p = mv$, dabei ist m die relativistische Masse des Teilchens und v seine Geschwindigkeit, wird durch die *Gleichung von de Broglie* geliefert:

$$\lambda = \frac{h}{p} = \frac{h}{mv}, \tag{5.3}$$

h ist hier wiederum die Plancksche Konstante.

Man könnte nun mit Recht fragen: „Wenn ein Elektron, zumindest unter bestimmten Umständen, als Welle betrachtet werden muß, woraus besteht denn dann diese Welle?" In diesem Zusammenhang brauchen wir aber nur daran zu erinnern, daß bei der Natur des Lichtes eine gleichartige Frage auftauchte. Erst auf der Grundlage der Maxwellschen Theorie der Elektrodynamik und gestützt auf die Versuche von Hertz konnten die Physiker behaupten, daß die Welleneigenschaften des Lichtes auf den Schwingungen elektrischer und magnetischer Felder beruhen. Die Unkenntnis der elektromagnetischen Natur des Lichtes konnte die Physiker jedoch nicht davon abhalten, lange vor Maxwell und Hertz die Welleneigenschaften des Lichtes zu entdecken und Interferenz und Beugung auf dieser Grundlage zu erklären. Daher braucht man, um die Wellennatur eines materiellen Teilchens zu begründen, *nicht* unbedingt vorher zu wissen, welcher Art diese Wellenerscheinung ist. De Broglies Annahme zu prüfen bedeutet, durch Versuche zu ermitteln, ob materielle Teilchen Interferenz- und Beugungserscheinungen zeigen. Natürlich ist die Frage nach der physikalischen Natur dieser Welle, der Erscheinungsform eines materiellen Teilchens, entscheidend. Diese Frage wollen wir jedoch zunächst zurückstellen und jetzt die Versuche behandeln, die uns bestätigen, daß ein materielles Teilchen eine Wellenlänge $\lambda = h/mv$ besitzt.

Das Elektron wurde im Jahre 1897 durch J.J. Thomson entdeckt. Er zeigte, daß sich Elektronen auf genau bestimmten Bahnen bewegen, ein genau bestimmtes Verhältnis von Ladung und Masse haben (für $v \ll c$) und Masse, Impuls und Energie besitzen, die im Raume lokalisiert werden können, d.h., Elektronen zeigen Teilcheneigenschaften. Ihre Wellennatur dagegen wurde erst 1927 entdeckt, als die Elektronenbeugungsversuche von C. Davisson und L.H. Germer die Gleichung von de Broglie bestätigten. Warum wurden die Welleneigenschaften der Elektronen erst so viele Jahre später entdeckt, nachdem ihre Teilchennatur bereits bestätigt worden war? Wir könnten vermuten, daß die Schwierigkeiten, bei Elektronen Welleneigenschaften zu beobachten, ähnlich wie bei der Beobachtung der Wellennatur des Lichtes auf der sehr kleinen Wellenlänge beruhen. Wie Gl. (5.3) zeigt, besitzt ein Teilchen von 1,0 kg, das sich mit 1,0 m/s bewegt, eine Wellenlänge von nur $6{,}6 \cdot 10^{-34}$ m. Wenn wir Tennisbälle durch ein offenes Fenster werfen, so liefern uns die Treffer auf einer dahinter gelegenen Wand ebenso wenig erkennbare Beugungsbilder, wie wenn sichtbares Licht durch einen derartig weiten „Spalt" hindurchtritt. Die Wellenlänge eines uns vertrauten materiellen Körpers ist im Vergleich zu den Abmessungen dieses Körpers außerordentlich klein, daher sind Interferenz- und Beugungserscheinungen nur sehr schwer zu erkennen. Soll aber die Wellenlänge eines Körpers groß genug sein, um beobachtbare Wellenerscheinungen zu liefern, so muß seine Masse und seine Geschwindigkeit sehr klein sein, wie wir aus Gl. (5.3) entnehmen können (offensichtlich können wir bei großer Wellenlänge und kleiner Geschwindigkeit nichtrelativistisch rechnen).

Das Beugungsgitter mit dem kleinsten Abstand zwischen benachbarten „Strichen" ist ein Kristall, also ein Festkörper, in dem die Atome in einem regelmäßigen dreidimensionalen Gitter angeordnet sind. Der Abstand benachbarter Atome ist von der Größenordnung 10^{-10} m oder 100 pm. Die günstigsten Bedingungen, um die Beugung von Teilchen beobachten zu können, liegen bei Teilchen mit einer Wellenlänge von vergleichbarer Größe vor.

Da die Wellenlänge umgekehrt proportional zur Teilchenmasse und zur Geschwindigkeit ist, müssen wir, um die größte Wellenlänge zu erhalten, das Teilchen mit der kleinsten möglichen Masse, also das Elektron wählen.

Wir wollen die Bewegungsenergie eines Elektrons berechnen, dessen Wellenlänge 100 pm beträgt. Ein Elektron, elektrische Ladung e, das aus der Ruhe heraus durch eine elektrostatische Potentialdifferenz U beschleunigt wird, erhält eine Bewegungsenergie mit dem Endwert $\frac{1}{2} m v^2$. Dabei ist

$$eU = \frac{1}{2} m v^2 = \frac{1}{2m} p^2 = \frac{1}{2m}\left(\frac{h}{\lambda}\right)^2 ,$$

$$U = \frac{h^2}{2 m e \lambda^2} = \frac{(6{,}62 \cdot 10^{-34}\ \mathrm{J\ s})^2}{2\,(9{,}11 \cdot 10^{-31}\ \mathrm{kg})\,(1{,}60 \cdot 10^{-19}\ \mathrm{C})\,(1{,}00 \cdot 10^{-10}\ \mathrm{m})^2} = 150\ \mathrm{V} .$$

Ein Elektron von 150 eV hat eine Wellenlänge von 100 pm. Diese Wellenlänge ist mit derjenigen eines typischen Röntgenquants vergleichbar. Daher können wir erwarten, daß sowohl Elektronen- als auch Röntgenstrahlen beim Durchgang durch einen Kristall ähnliche Beugungserscheinungen zeigen müssen.

5.2 Die Braggsche Gleichung

1912 machte erstmals Max von Laue den Vorschlag, kristalline Festkörper, die aus Atomen in regelmäßiger Anordnung aufgebaut sind und bei denen der Abstand zwischen den Atomen ungefähr 100 pm beträgt, als Beugungsgitter zur Bestimmung der Wellenlänge von Röntgenstrahlen zu verwenden.

Wir wollen einen Kochsalzkristall betrachten, der verhältnismäßig einfach gebaut ist und der als Standardmaterial bei der Beugung von Röntgenstrahlen verwendet wird. Die Untersuchung der äußeren geometrischen Kennzeichen eines Kochsalzkristalles läßt erwarten, daß die Natrium- und die Chloratome (genauer die Na^+- und die Cl^--Ionen) in einem primitiven kubischen Gitter angeordnet sind, wie Bild 5.1 zeigt. Die Natrium- und die Chloratome befinden sich abwechselnd an den Eckpunkten gleichartiger Elementarzellen der Kantenlänge d.

Aus der Dichte eines Natriumchloridkristalles und den relativen Atommassen von Natrium und Chlor können wir leicht die *Gitterkonstante* d berechnen. d sei der Abstand in Zentimeter eines Natriumatoms vom nächstgelegenen Chloratom. Dann befinden sich längs einer Würfelkante von 1 cm $1/d$ Atome (zur Hälfte Natrium- und zur Hälfte Chloratome). Weiterhin befinden sich in einem würfelförmigen Natriumchloridkristall von 1 cm Kantenlänge insgesamt $1/d^3$ Atome. Die relative Atommasse von Natrium beträgt 23,00 und diejenige von Chlor 35,45; daher ist die relative Molekülmasse von NaCl 58,45. Da die Avogadrosche Zahl, die Anzahl der Atome in einem Mol, $6{,}022 \cdot 10^{23}\ \mathrm{mol}^{-1}$ beträgt, sind in 23,00 g Natrium $6{,}022 \cdot 10^{23}$ Natriumatome und ebenso in 35,45 g Chlor $6{,}022 \cdot 10^{23}$ Chloratome enthalten. Daher haben wir $2 \cdot 6{,}022 \cdot 10^{23}$ Atome in 58,45 g NaCl (zur Hälfte Natrium- und zur Hälfte Chloratome). Beim Natriumchlorid in Form von Kochsalzkristallen hat man eine Dichte von 2,163 g/cm³ gemessen. Daher können wir schreiben:

$$\frac{\text{Anzahl der Atome}}{\text{Volumen}} = \frac{2\,(6{,}022 \cdot 10^{23}/\mathrm{mol})\ 2{,}163\ \mathrm{g/cm^3}}{58{,}45\ \mathrm{g/mol}} = \frac{1}{d^3}, \qquad d = 282\ \mathrm{pm}.$$

Das ist also der Abstand eines Natriumatoms von einem Chloratom in einem Kochsalzkristall. Dieser Abstand, der größenordnungsmäßig für den Atomabstand in einem beliebigen Festkörper gilt, ist offensichtlich mit der Wellenlänge von Röntgenstrahlen oder von Elektronen

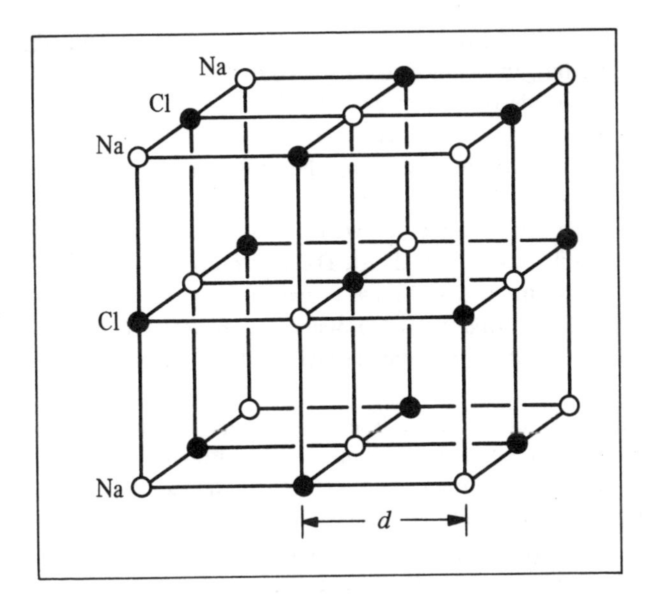

Bild 5.1
Kristallstruktur des Kochsalzes (NaCl)

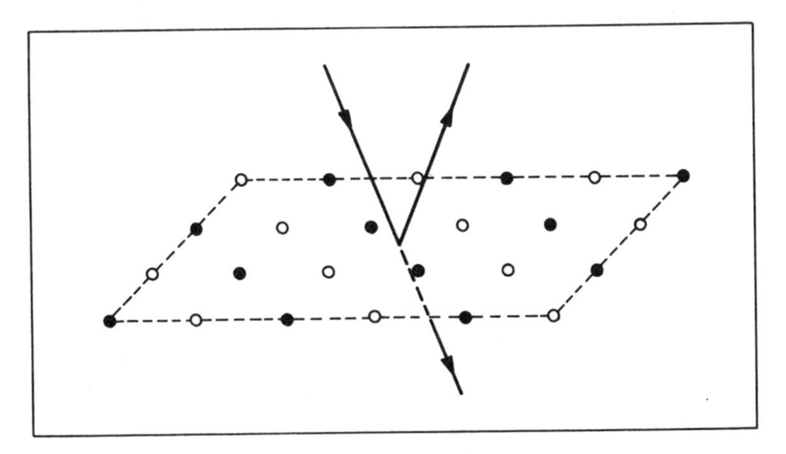

Bild 5.2 Atome einer Netzebene (Braggsche Ebene)

von 150 eV vergleichbar. Wir werden gleich sehen, wie wir die Wellenlänge von Röntgenstrahlen oder von Elektronen aus der Gitterkonstanten und aus dem Kristallbau bestimmen können.

Trifft eine Welle auf eine Anordnung von Streuzentren, etwa auf die Atome eines kristallinen Festkörpers, so gehen von jedem Streuzentrum Wellen aus, die sich in alle Richtungen ausbreiten. Die resultierende Welle aller Streuzentren in einer beliebigen Ausbreitungsrichtung hängt natürlich von den Interferenzen aller gestreuten Wellen ab. Tatsächlich verhalten sich aber, wie im einzelnen im Abschnitt 5.4 bewiesen wird, die Atome, die auf einer beliebigen Ebene im Kristall, einer sogenannten Netzebene, liegen, für die einfallende Welle wie ein teilweise durchlässiger Spiegel beim sichtbaren Licht: Sie reflektieren die Welle teilweise und lassen den Rest hindurchgehen (Bild 5.2). Diese *Braggschen Ebenen* und diese

Braggschen Reflexionen sind nach W.H. Bragg benannt, der 1913 mit seinem Sohn W.L. Bragg die grundlegende Theorie der Röntgenbeugung an Kristallen entwickelte. Auf Grund dieser Tatsache brauchen wir auch nicht die Interferenzen aller Wellen, die von allen Streuzentren ausgehen, im einzelnen zu behandeln, sondern wir befassen uns einfach nur mit den Interferenzen, die zwischen allen Wellen auftreten, die an parallelen Braggschen Ebenen reflektiert werden.

Wir betrachten nun die Reflexion einer Welle an zwei benachbarten, parallelen Braggschen Ebenen, wie sie in Bild 5.3 dargestellt ist. Die Richtungen der einfallenden und der reflektierten Welle sind beide durch den Winkel θ zwischen der Ausbreitungsrichtung der Welle und der Braggschen Ebene (*nicht* der Normalen zu den reflektierenden Ebenen) gekennzeichnet. An jeder Ebene geht die einfallende Welle teilweise unabgelenkt hindurch und wird teilweise reflektiert.

Die einfallende Welle wird an der ersten Braggschen Ebene teilweise reflektiert, der reflektierte Strahl AB bildet mit der Ebene 1 den Winkel θ. Der Bruchteil des einfallenden Strahles AC, der von der ersten Ebene hindurchgelassen wird, wird nun an der zweiten Ebene wiederum teilweise reflektiert, ebenfalls mit dem Winkel θ. Wir betrachten nun die Wellenfront BD, die senkrecht zu den beiden reflektierten Strahlen verläuft. Die reflektierten Strahlen können sich in einem beliebigen entfernten Punkt nur dann durch Interferenz verstärken, wenn sie in den Punkten B und D phasengleich sind. Damit die Punkte B und D in gleicher Phase sind, muß der Gangunterschied $\mathrm{ACD} - \mathrm{AB} = 2\,d\sin\theta$ ein ganzzahliges Vielfaches n der Wellenlänge λ sein. Folglich ist die Bedingung für additive Interferenz der an benachbarten Netzebenen reflektierten Wellen

$$n\lambda = 2\,d\sin\theta\,, \tag{5.4}$$

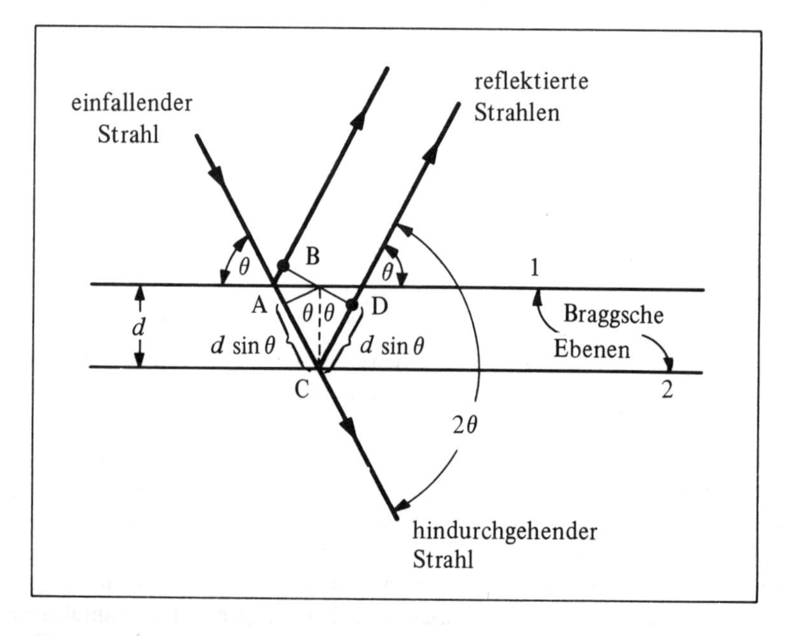

Bild 5.3 Reflexion der Wellen an zwei benachbarten, parallelen Netzebenen (Braggschen Ebenen)

hierbei kann n, die *Ordnung der Reflexion,* die Werte $1, 2, 3, \ldots$ annehmen. Diese Gleichung[1]), als *Braggsche Gleichung* bekannt, ist die Grundlage aller kohärenten Röntgen- und Elektronenbeugung in Kristallen. Alle Strahlen, die unter einem anderen Winkel als dem durch Gl. (5.4) gegebenen reflektiert werden, werden durch Interferenz ausgelöscht, und der einfallende Strahl geht vollständig durch den Kristall hindurch. Die Braggsche Gleichung liefert daher ein Verfahren, mit der Gitterkonstanten vergleichbare Wellenlängen zu messen, denn offensichtlich kann man λ berechnen, falls n, d und θ bekannt sind. Wie wir Bild 5.3 entnehmen können, beträgt der Winkel zwischen den durchgelassenen und den reflektierten Strahlen 2θ; die Braggsche Ebene halbiert diesen Winkel.

5.3 Röntgen- und Elektronenbeugung

Die wesentlichen Bestandteile eines *Röntgenspektrometers,* eines Gerätes zur Messung von Röntgenwellenlängen, sind in Bild 5.4 dargestellt. Eine Quelle sendet eine monochromatische Röntgenstrahlung aus, die auf einen Kristall mit gegebener Struktur und mit bekannten atomaren Abmessungen trifft. Ein Detektor, zum Beispiel eine Ionisationskammer, die auf die durch die Röntgenstrahlung verursachten Ionisationen anspricht, mißt die Intensität der eintreffenden Röntgenstrahlung. Sowohl der Kristall als auch der Detektor sind drehbar angeordnet, jedoch bildet der Detektor stets den Winkel 2θ mit der Einfallsrichtung der Röntgenstrahlung, wobei θ der Winkel zwischen der einfallenden Strahlung und derjenigen Braggschen Ebene ist, an der die Reflexion beobachtet werden soll. Die Intensität der auf den Detektor treffenden Röntgenstrahlung zeigt dann ein ausgeprägtes Maximum, wenn die Bedingung für die Braggsche Reflexion erfüllt ist (Gl. (5.4)). Da mit der Kristallstruktur auch die Gitterkonstante d bekannt ist und θ gemessen wird, kann man die Wellenlänge λ berechnen. Bei einer gegebenen Schar Braggscher Ebenen, also bekannter Gitterkonstante d, gegebener Wellenlänge λ und Ordnung n der Reflexion gibt es nur eine *einzige Richtung* 2θ, gemessen gegen die Richtung der einfallenden Strahlung, in der die reflektierte Strahlung eine große Intensität besitzt.

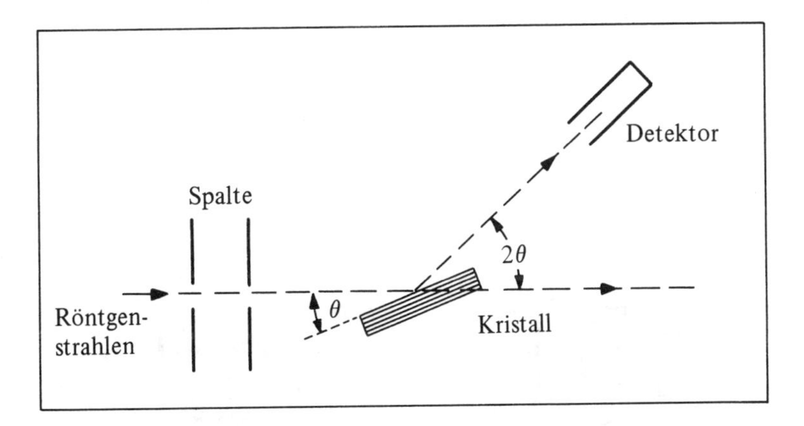

Bild 5.4 Schema des Röntgenspektrometers mit einem Drehkristall

[1]) Gl. (5.4), die Braggsche Gleichung, ist der Gleichung ähnlich, die für ein gewöhnliches Beugungsgitter gilt. Es handelt sich jedoch *nicht* um dieselben Gleichungen.

Wir wollen eine dünne Metallfolie betrachten, durch die monochromatische Röntgenstrahlung hindurch geht. Die Folie besteht aus einer großen Anzahl einfacher, perfekter Kriställchen, die innerhalb der Folie in ihrer Lage zufällig orientiert sind. Nur diejenigen Kristallite, die so orientiert sind, daß sie die Braggsche Bedingung erfüllen, liefern ein Beugungsmaximum; die übrigen Kristallite beugen die einfallende Strahlung nicht kohärent. Daher besteht die aus der Folie austretende Strahlung aus zwei Anteilen: aus einem intensiven, zentralen unabgelenkten Strahl und aus einer Streustrahlung auf einem Kegelmantel, der einen Winkel 2θ mit dem einfallenden Strahl bildet (Bild 5.5). Bei gegebener Ordnung ist der Winkel θ durch die Braggsche Bedingung eindeutig bestimmt.

Fällt die gestreute Strahlung auf eine ebene Photoplatte, so erkennt man die Intensitätsverteilung: Man erhält einen starken zentralen Fleck, der von einem Kreis umgeben ist. Der Kreisradius kann leicht gemessen werden, der Abstand der Streufolie von der Photoplatte ist bekannt, also kann der Winkel 2θ ermittelt werden; schließlich kann man mit Hilfe der Braggschen Gleichung die Wellenlänge der Röntgenstrahlung berechnen.

Bisher haben wir bei einem beliebigen Kristall nur eine einzige Schar paralleler Braggscher Ebenen berücksichtigt. Tatsächlich gibt es aber in jedem Einkristall zahlreiche Ebenenscharen. Um zu erkennen, wie diese die Röntgen- und Elektronenbeugung beeinflussen, betrachten wir wieder die Anordnung der Atome im Natriumchloridkristall. Eine Braggsche Ebene ist eine beliebige Netzebene, die Atome enthält. In einem kubischen Kristall gibt es viele derartige Ebenen, wie Bild 5.6 zeigt. Natürlich unterscheiden sich die verschiedenen Netzebenen, von denen nur sehr wenige in dem Bild dargestellt sind, durch die Größe ihrer Gitterkonstanten d. Folglich wird es zahlreiche Braggsche Winkel θ geben, von denen jeder die Braggsche Bedingung für eine bestimmte Ebenenschar erfüllt. Das Bild einer Röntgenbeugung wird daher etwas komplizierter aussehen, als in Bild 5.5 gezeigt. Im allgemeinen wird es nicht nur aus einem einzigen Kreis bestehen sondern aus einer Anzahl konzentrischer Kreise. Jeder dieser Kreise entspricht der Beugung an einer bestimmten Schar Braggscher Ebenen. Die Intensität der an den verschiedenen Ebenen reflektierten Strahlen ist jedoch nicht gleich, da sich die Flächendichte der Atome einer Netzebene, die die Intensität des reflektierten Strahles bestimmt, von Ebene zu Ebene unterscheidet. Bild 5.7 zeigt die Röntgenbeugung bei einer Probe aus polykristallinem Aluminium.

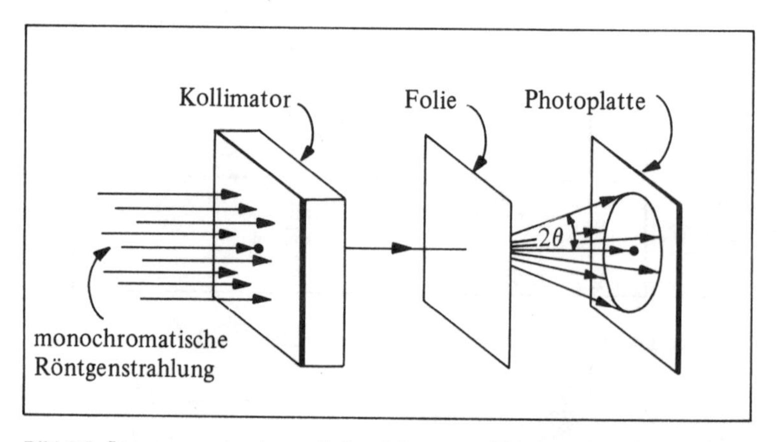

Bild 5.5 Streuung monochromatischer Röntgenstrahlung an einer Schar Braggscher Ebenen in einer dünnen Metallfolie

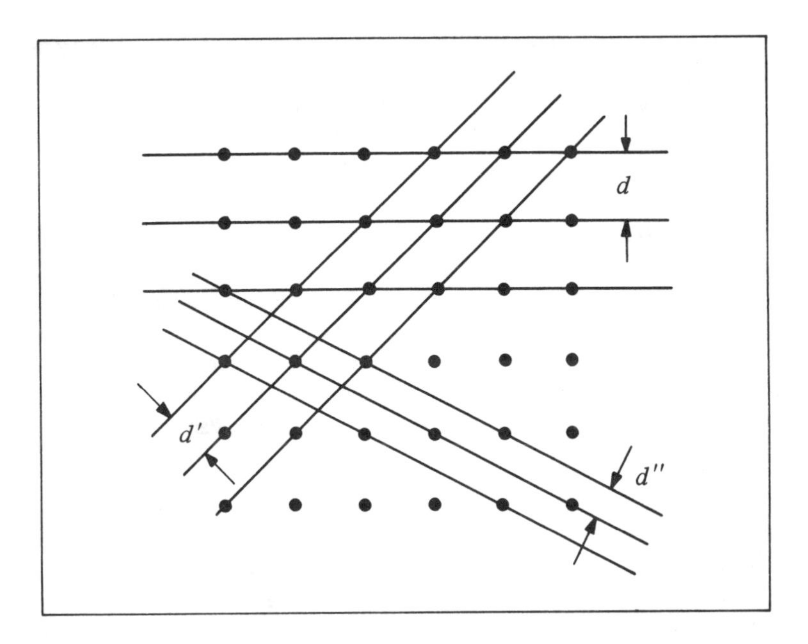

Bild 5.6 Drei Scharen paralleler Braggscher Ebenen mit unterschiedlichen Gitterkonstanten

Bild 5.7 Beugungsbild von Röntgenstrahlen an polykristallinem Aluminium. Der Bildmittelpunkt erscheint hier dunkel, da sich dort ein Loch in der Photoplatte befand, um den intensiven zentralen Strahl hindurchzulassen. (Mit freundlicher Genehmigung von Frau M. H. Read, Bell Telephone Laboratories, Murray Hill, New Jersey.)

Unsere bisherige Behandlung der Beugung an Kristallen betraf nur Röntgenstrahlen. Wie wir aber gesehen haben, besitzen Elektronen mit einer Bewegungsenergie von 150 eV die gleiche Wellenlänge wie Röntgenstrahlen, nämlich 100 pm. Ein monoenergetischer Elektronenstrahl[1]) sollte im wesentlichen die gleichen Beugungserscheinungen wie Röntgenstrahlen zeigen, und er zeigt sie auch tatsächlich. Bild 5.8 zeigt die Elektronenbeugung an einer Metallfolie. Dieses Bild stimmt vollkommen mit den Gleichungen von Bragg und von de Broglie überein. Kurzum, *die Elektronenbeugungsversuche bestätigen die Gleichung* $\lambda = h/mv$.

Die Bilder der Elektronen- oder der Röntgenbeugung können bei bekannter Kristallstruktur zur Bestimmung der Wellenlänge von Elektronen oder von Röntgenstrahlen dienen. Umgekehrt können wir, falls die Wellenlänge der Elektronen oder der Röntgenstrahlen bekannt ist, aus den Beugungsbildern die Geometrie der Kristallstruktur ableiten und die Abstände zwischen den Atomen eines Festkörpers ermitteln. Wir erwähnen kurz zwei Anwendungen der Röntgenbeugung:

1. Der Compton-Effekt, bei dem gestreute Photonen mit unveränderter und mit geänderter Wellenlänge auftreten, kann mit einem Röntgenspektrometer bestätigt werden, indem man die Wellenlänge der an einem Target gestreuten Strahlung mißt.
2. Fällt Röntgenstrahlung mit einem Kontinuum von Wellenlängen auf einen Kristall, so tritt additive Interferenz, die zu einem um den Winkel 2θ abgelenkten Strahl führt, nur dann auf, wenn die Braggsche Bedingung erfüllt ist. Bei gegebenem Winkel θ, gegebener Ordnung n und Netzebenenabstand d ist die Wellenlänge durch das Braggsche Gesetz, Gl. (5.4), eindeutig bestimmt, und nur eine einzige Wellenlänge wird unter einem Winkel 2θ intensiv reflektiert. Ein Kristall dient damit in dieser Anordnung als *Monochromator,* indem er aus einem Kontinuum von Wellenlängen, die auf den Kristall auftreffen, eine einzige monochromatische Strahlung ausfiltert, die unter dem Winkel 2θ reflektiert wird.

Wir wollen nun kurz den Versuch von Davisson und Germer behandeln, durch den die Welleneigenschaften der Elektronen erstmalig bewiesen wurden. Ein Strahl von Elektronen der Energie 54 eV fällt auf einen Nickeleinkristall. Elektronen verlassen dann aus zwei Gründen die Nickeloberfläche: *Sekundäremission,* bei der die auftreffenden Elektronen ihre Bewegungsenergie an Metallelektronen übertragen, die dann austreten können, sowie *Elektronenbeugung,* bei der die einfallenden Elektronen durch Reflexion an den Braggschen Ebenen im Nickelkristall gestreut werden. Davisson und Germer fanden – außer einer kleinen Änderung der Elektronenintensität, die von der Sekundäremission herrührte – bei $\phi = 50°$ eine ausgeprägte Linie, die der Elektronenbeugung zugerechnet werden konnte: Die berechnete Richtung, in der für Elektronen von 54 eV in Nickel Verstärkung bei der Reflexion auftritt, liegt bei 50°. Damit war die Gleichung von de Broglie bestätigt. Die genaue Auswertung des Versuches war jedoch komplizierter, da die Wellenlängen der Elektronen im Kristall und im freien Raum *nicht* genau gleich sind. Der Unterschied entsteht durch die Geschwindigkeitsänderung der Elektronen beim Eintritt in die Nickeloberfläche und ebenso beim Verlassen der Oberfläche. Sie bewegen sich schneller, wenn sie in das Innere des Stoffes eindrin-

---

[1]) Ein monoenergetischer Teilchenstrahl ist nicht nur durch einen einzigen Energiewert gekennzeichnet sondern natürlich auch durch eine einzige Wellenlänge. Daher spricht man gewöhnlich, unter Bezug auf seine Wellennatur, von einem „monochromatischen“ Strahl.

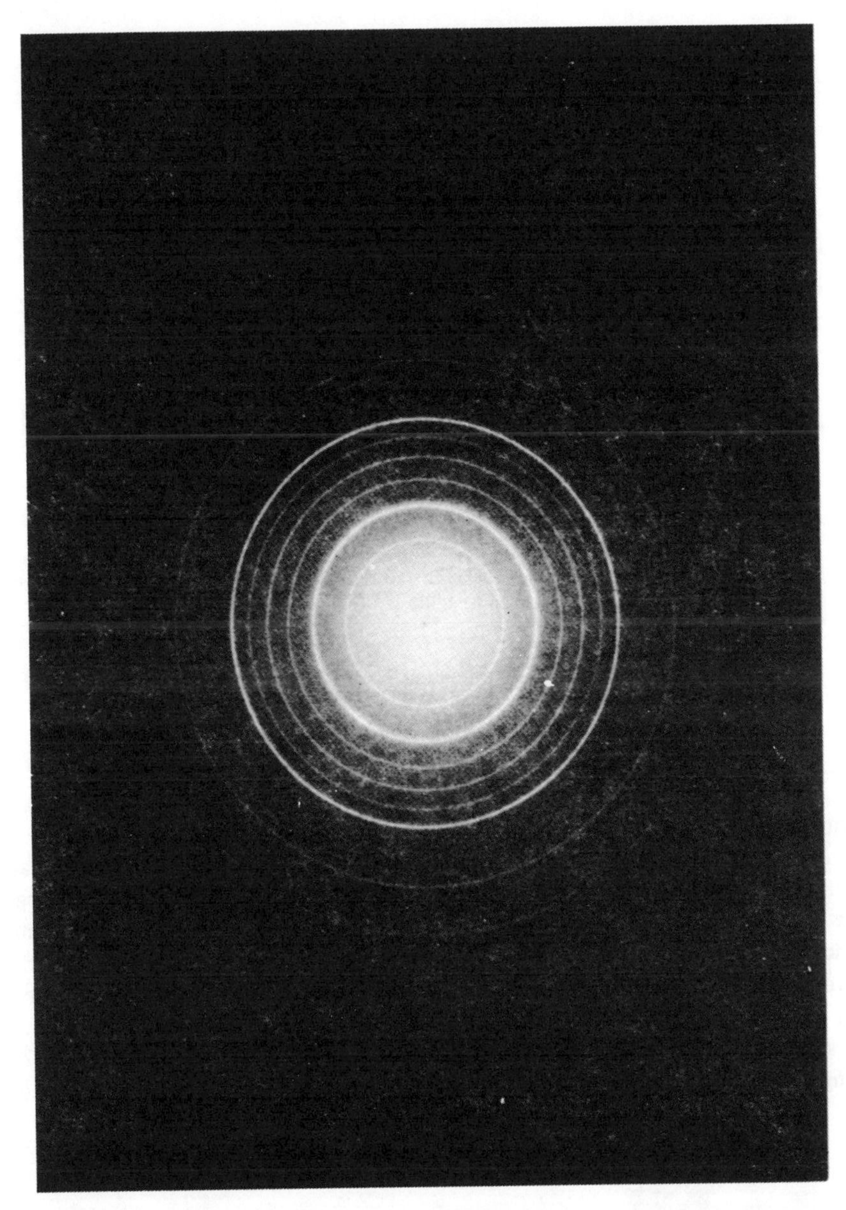

Bild 5.8 Beugungsbild von Elektronen an polykristallinem Tellurchlorid. (Mit freundlicher Genehmigung der RCA Laboratories, Princeton, New Jersey.)

gen, da an der Oberfläche das elektrische Feld an ihnen Arbeit verrichtet (die Austrittsarbeit des betreffenden Stoffes). Infolge dieser Geschwindigkeitsänderung werden die Elektronen an der Oberfläche gebrochen (Bild 5.9).

Kurz nach Bestätigung der Gleichung von de Broglie für Elektronen durch Davisson und Germer beobachtete G.P. Thomson Beugungsringe beim Durchgang von Elektronen durch eine dünne Metallfolie, ähnlich wie in Bild 5.8. Thomson, dessen Versuche 1927 die

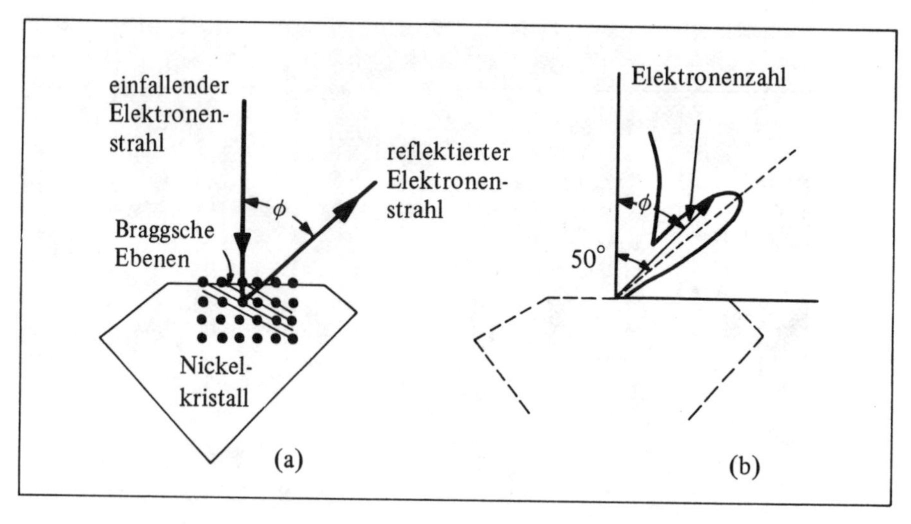

Bild 5.9 a) Reflexion von Elektronenwellen an einer Schar Braggscher Ebenen in einem Nickelkristall, b) Anzahl der von einem Nickelkristall reflektierten Elektronen, in Abhängigkeit vom Winkel ϕ in einem Polardiagramm dargestellt

Welleneigenschaften der Elektronen zeigten, war der Sohn von J. J. Thomson, dessen Versuche mit Kathodenstrahlen 1897 die Teilcheneigenschaften der Elektronen erwiesen.

Ein Körper mit der Masse m und der Geschwindigkeit v besitzt die Wellenlänge $h/m\,v$. Das ist durch Versuche nicht nur mit Elektronen, sondern auch mit Atomen, Molekülen und mit dem ungeladenen Kernbaustein, dem Neutron, bestätigt worden. Bewegt sich ein Neutron durch Materie, so stößt es mit den Atomen zusammen. Bei jedem Stoß verliert das Neutron zunächst Bewegungsenergie, und die gestoßenen Atome nehmen diese abgegebene Energie auf. Dieser Vorgang setzt sich solange fort, bis die Energie des Neutrons mit der thermischen Energie der Atome des betreffenden Stoffes vergleichbar ist. Wenn es sich dann im thermischen Gleichgewicht mit diesem Stoff befindet, ist für das Neutron die Wahrscheinlichkeit gleich groß, bei einem weiteren Stoß Energie aufzunehmen oder zu verlieren. Es benimmt sich wie ein Gasmolekül und man kann ihm eine Temperatur zuordnen. Der Zusammenhang zwischen der mittleren Energie der Translationsbewegung je Teilchen und der absoluten Temperatur ist

$$E_k = \frac{1}{2} m\,v^2 = \frac{3}{2} k\,T\,.$$

Befindet sich der Körper auf Raumtemperatur, $T = 300$ K, so spricht man bei einem Neutron mit dieser mittleren Bewegungsenergie von einem *thermischen Neutron.* Die Wellenlänge eines thermischen Neutrons, dessen Masse $1{,}67 \cdot 10^{-27}$ kg beträgt, ist dann

$$\frac{1}{2} m\,v^2 = \frac{p^2}{2\,m} = \frac{1}{2\,m}\left(\frac{h}{\lambda}\right)^2 = \frac{3}{2} k\,T, \qquad \lambda = \frac{h}{\sqrt{3\,m k T}} = 140 \text{ pm}\,.$$

Diese Wellenlänge ist mit den Abständen zwischen den Atomen eines kristallinen Festkörpers vergleichbar. Die *Neutronenbeugung* ist bei thermischen Neutronen bereits beobachtet worden.

Die Gleichung von de Broglie ordnet *jedem* Teilchen, das einen Impuls besitzt, eine Wellenlänge zu. Da auch Neutronen, die ja ungeladene Teilchen sind, gebeugt werden können, hängt ihre Welleneigenschaft nicht von der Anwesenheit einer elektrischen Ladung ab. Außerdem zeigen Atome und Moleküle, die eine innere Struktur besitzen, ebenfalls Welleneigenschaften, daher gilt die Gleichung von de Broglie auch für Teilchensysteme.

5.4 Beweis der Braggschen Gleichung

Bei der Ableitung der Braggschen Gleichung (5.4) gingen wir von einer entscheidenden Annahme aus: Treffen Röntgenstrahlen oder Elektronen auf eine Braggsche Ebene, eine Netzebene, die Atome als Streuzentren enthält, dann werden sie so reflektiert, als wäre diese Braggsche Ebene ein halbdurchlässiger Spiegel. Hier soll nun der Beweis für die Gültigkeit dieser Annahme im einzelnen geführt werden.

Wie wir uns erinnern, versetzt eine auf die Atome eines Kristalls treffende elektromagnetische Welle jedes der geladenen Teilchen in Schwingungen, und jedes Atom sendet eine Strahlung gleicher Frequenz wieder aus, jedoch in alle Richtungen. Eine de Broglie-Welle (d.h. die Welle eines materiellen Teilchens) wird ähnlich gestreut. Ob sich die Wellen, die von zwei oder mehreren Atomen gestreut werden, durch Interferenz verstärken oder auslöschen, hängt nur von dem Gangunterschied dieser Wellen ab.

Wir wollen die Strahlung betrachten, die aus einer Richtung, die durch den Winkel θ gekennzeichnet ist, auf zwei Atome A und B auftrifft und die unter einem Winkel θ' gestreut wird (Bild 5.10). Der Abstand zwischen A und B ist b. Dem Bild entnehmen wir die geometrischen Beziehungen

$$BD = b \cos\theta, \qquad AE = b \cos\theta'.$$

Der Gangunterschied zwischen den beiden Strahlen ist BD − AE. Die an den Atomen A und B gestreuten Wellen verstärken sich durch Interferenz, falls dieser Gangunterschied ein ganzzahliges Vielfaches der Wellenlänge λ ist:

$$\text{Gangunterschied} = BD - AE = b\cos\theta - b\cos\theta',$$

$$b(\cos\theta - \cos\theta') = k\lambda, \tag{5.5}$$

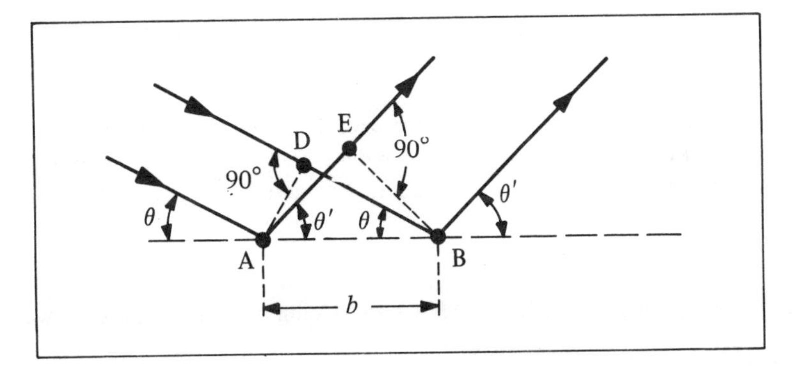

Bild 5.10 Eine Strahlung trifft auf die Atome A und B, die den Abstand b voneinander besitzen

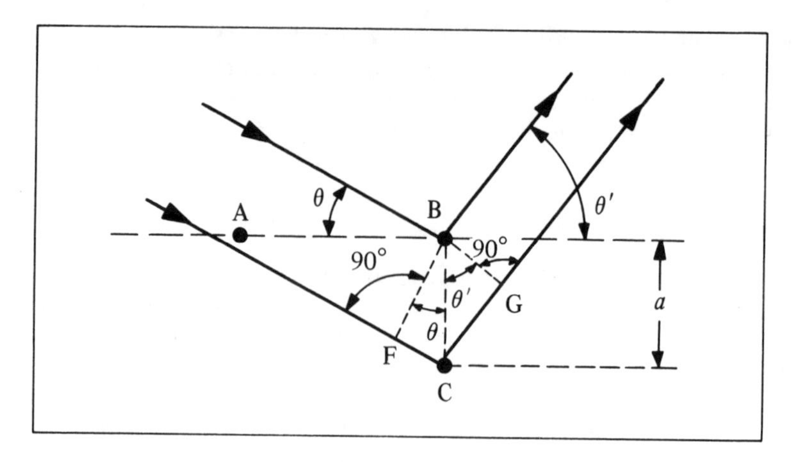

Bild 5.11 Eine Strahlung trifft auf die Atome B und C, die den Abstand a voneinander besitzen

dabei ist k eine ganze Zahl (einschließlich der Null). Wir betrachten nun eine additive Interferenz durch ein anderes Atompaar B und C, wie es in Bild 5.11 dargestellt ist. In diesem Bild steht die Linie BC senkrecht auf der Linie AB von Bild 5.10. Die Streuzentren B und C sind durch den Abstand a voneinander getrennt, die Winkel der einfallenden und der gestreuten Strahlen sind wiederum θ und θ'. Aus der Geometrie des Bildes 5.11 folgt

$$CF = a \sin\theta, \qquad CG = a \sin\theta'.$$

Auch hier tritt eine additive Interferenz auf, falls der Gangunterschied ein ganzzahliges Vielfaches der Wellenlänge ist:

$$\text{Gangunterschied} = CF + CG = a \sin\theta + a \sin\theta',$$

$$a(\sin\theta + \sin\theta') = l\lambda, \tag{5.6}$$

hierbei ist l eine ganze Zahl. Die Atome A, B und C sind nur drei Atome aus einer großen Anzahl von Atomen des Gitters, in dem benachbarte Atome waagerecht durch den Abstand b und senkrecht durch den Abstand a voneinander getrennt sind (Bild 5.12). Folglich werden sich, falls die Gln. (5.5) und (5.6) gleichzeitig erfüllt sind, die Wellen, die an *allen* Atomen dieses Gitters gestreut werden, durch Interferenz verstärken und so ein starkes Beugungsmaximum liefern.

Angenommen, die Ebene MN (in unserer zweidimensionalen Darstellung eine Linie) gehe durch den Punkt C und sei so orientiert, daß der einfallende und der reflektierte Strahl mit ihr den *gleichen* Winkel ϕ bilden, wie in Bild 5.12 dargestellt ist. Diesem Bild entnehmen wir dann

$$\phi = \theta + \alpha, \qquad \phi = \theta' - \alpha, \tag{5.7}$$

hierbei ist α der Winkel zwischen MN und AB. Gl. (5.5) kann dann umgeschrieben werden:

$$b[\cos(\phi - \alpha) - \cos(\phi + \alpha)] = k\lambda.$$

Dieser Ausdruck läßt sich vereinfachen

$$2b \sin\phi \sin\alpha = k\lambda. \tag{5.8}$$

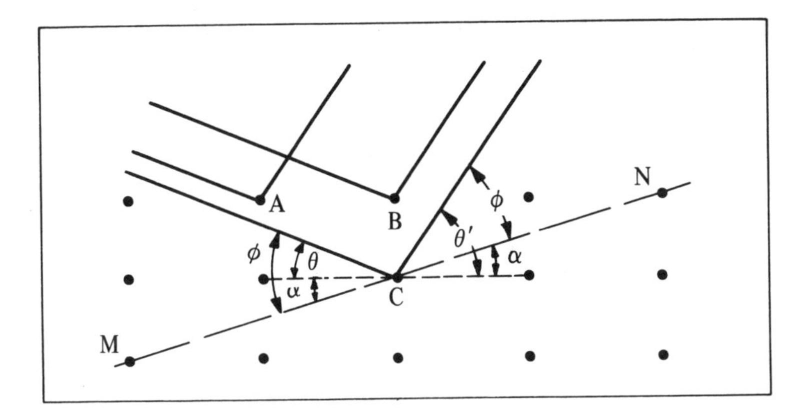

Bild 5.12 Eine Strahlung trifft auf die Atome A, B und C (die bereits in den Bildern 5.10 und 5.11 auftraten). Die Gerade durch die Atome M und N ist so gelegt, daß die einfallenden und die reflektierten Strahlen mit ihr den gleichen Winkel ϕ bilden.

Ähnlich können wir unter Verwendung von Gl. (5.7) dann Gl. (5.6) schreiben

$$a\,[\sin(\phi - \alpha) + \sin(\phi + \alpha)] = l\,\lambda, \qquad 2a \sin\phi \cos\alpha = l\,\lambda\,. \tag{5.9}$$

Wir dividieren Gl. (5.8) durch Gl. (5.9) und erhalten

$$\tan\alpha = \frac{k\,a}{l\,b}\,. \tag{5.10}$$

Der Winkel α zwischen der Netzebene MN und der Kristalloberfläche (der Linie, die die Atome A und B enthält) ist daher nach Gl. (5.10) durch die ganzen Zahlen k und l und durch die Gitterkonstanten a und b gegeben, *nicht* aber durch die Winkel Θ und Θ' oder durch die Wellenlänge λ. Außerdem enthält die so gewählte Ebene MN auch ein Atom im Punkt C. Tatsächlich enthält diese Netzebene sogar sehr viele räumlich regelmäßig angeordnete Atome. Wie wir uns erinnern, war die Ebene MN mit ihrer Anordnung der Atome so gewählt, daß der einfallende und der reflektierte Strahl mit ihr den gleichen Winkel ϕ bilden. Damit haben wir gezeigt, daß wir uns die Reflexion der einfallenden Welle als Spiegelung an einer Braggschen Ebene vorstellen können. Falls die Bedingung für die additive Interferenz erfüllt ist, gibt es auch immer eine entsprechende Braggsche Ebene.[1])

5.5 Komplementarität

Nach den bisherigen Ergebnissen müssen wir der elektromagnetischen Strahlung und auch den materiellen Teilchen sowohl Welleneigenschaften als auch Teilcheneigenschaften zuschreiben. Natürlich macht uns dieser Dualismus Welle – Teilchen auf den ersten Blick Schwierigkeiten. Hier wollen wir nun den Ursprung unserer Schwierigkeiten aufspüren und klären, was unter der Behauptung zu verstehen ist, daß sich sowohl die elektromagnetische Strahlung als auch die materiellen Teilchen einmal wie eine Welle und einmal wie Teilchen

1) Die hier wiedergegebene Ableitung wurde von L. B. R. Elton und D. F. Jackson geliefert: *American Journal of Physics*, **34**, S. 1036, November 1966.

verhalten. Wir werden dann sehen, wie dieses Dilemma durch das Prinzip der Komplementarität aufgelöst wird.

Die Begriffe Teilchen und Welle sind für die Physik grundlegend, da sie die beiden einzigen Möglichkeiten des Energietransportes darstellen. Einen Energietransport können wir immer durch Wellen oder durch Teilchen beschreiben. Wollen wir einen beliebigen Energietransport in dem in der klassischen Physik üblichen großen Ausmaß beschreiben, so können wir das immer unter Verwendung einer dieser beiden Vorstellungen. Zum Beispiel ist die Störung, die sich auf der Wasserfläche eines Teiches ausbreitet, sicherlich eine Wellenerscheinung, und ein geworfener Tennisball veranschaulicht den Energietransport durch ein „Teilchen". Es gibt überhaupt keinen Zweifel darüber, welche der beiden Beschreibungen wir in solchen Fällen anzuwenden haben, in denen wir die Ausbreitung der Störung unmittelbar sehen können.

Wir wollen uns nun weniger unmittelbaren Veranschaulichungen des Wellen- und des Teilchenbildes zuwenden. Die Schallausbreitung in einem elastischen Stoff können wir als wellenartige Störung verstehen. Diese Wellen sehen wir zwar nicht, wie es bei Wasserwellen der Fall ist; nichtsdestoweniger wenden wir bei der Schallausbreitung die Wellenbeschreibung vertrauensvoll an, da die Erscheinungen den Wasserwellen vollkommen ähnlich sind, soweit zu ihrer Erklärung Interferenz und Beugung erforderlich sind. Unsere Behauptung, die Schallausbreitung zeige eine Wellennatur, bedeutet daher, daß die Schallausbreitung durch ein *Wellenmodell* erklärt werden kann. D.h., ein Wellenmodell stimmt mit *allen* Beobachtungen überein, die wir bei Versuchen mit dem Schall gemacht haben. Als nächstes wollen wir das Verhalten von Teilchen betrachten, wie es der kinetischen Theorie der Gase zu Grunde liegt. Die Gasmoleküle sehen wir niemals unmittelbar, aber wir sind dennoch ganz sicher, daß ihr Verhalten recht gut dem von sehr kleinen, starren Kugeln entspricht, da uns eine Vielzahl von Versuchen zeigt, daß es so ist. Was wir damit ausdrücken wollen, ist wiederum, daß ein *Teilchenmodell* die einzig geeignete Art und Weise ist, dieses Verhalten zu beschreiben. Wenn wir daher Erscheinungen erklären wollen, die etwas weiter von unserer Alltagserfahrung entfernt sind, deren Einzelheiten wir nicht unmittelbar „sehen" können, so verwenden wir doch immer die eine oder die andere der beiden Beschreibungsarten, da eine von ihnen stets bei der Beschreibung der beobachteten Tatsachen erfolgreich ist.

Das Wellen- und das Teilchenbild sind nicht untereinander austauschbar, und sie schließen sich gegenseitig aus. Wie wir uns erinnern (Abschnitt 1.7), muß eine Welle, deren Frequenz oder deren Wellenlänge absolut genau angegeben werden soll, räumlich unendlich ausgedehnt sein. Soll umgekehrt die Welle auf einen endlichen Raumbereich lokalisiert werden, d.h., soll sich ihre Energie zu einer beliebigen Zeit in einem begrenzten Bereich befinden, dann *gleicht* die Welle einem Teilchen, wir können sie dann zwar lokalisieren, aber nicht mehr durch eine einzige Frequenz oder Wellenlänge kennzeichnen. Wir müssen stattdessen eine Anzahl idealer Sinuswellen überlagern, jede davon mit einer bestimmten Frequenz und Wellenlänge, um die räumlich begrenzte Wellenstörung wiederzugeben (Abschnitt 1.7). Daher ist eine ideale Welle, deren Frequenz und Wellenlänge absolut genau bekannt sind, gänzlich unverträglich mit einem idealen Teilchen, das räumlich überhaupt keine Ausdehnung besitzt und auf das daher Ausdrücke wie Frequenz und Wellenlänge gar nicht anwendbar sind.

Jeder Energietransport, sei er nun unserer unmittelbaren Beobachtung oder Erfahrung entzogen oder nicht, muß durch die Begriffe Welle oder Teilchen beschrieben werden. Können wir uns den Vorgang überhaupt *vorstellen*, können wir uns also irgend ein *Bild* von dem machen, was bei den Wechselwirkungen geschieht, die der direkten und unmittelbaren Beobachtung nicht zugängig sind, so muß das mit den Begriffen Welle oder Teilchen erfolgen.

Eine andere Möglichkeit gibt es nicht. Infolge der sich gegenseitig ausschließenden Eigenschaften von Welle und Teilchen können wir nicht *gleichzeitig* die Wellen- und die Teilchenbeschreibung verwenden. Wir können und müssen die eine oder die andere heranziehen, niemals aber beide gleichzeitig.

Bei der Beschreibung der elektromagnetischen Strahlung und der materiellen Teilchen verwirrt uns nun jedoch die Tatsache, daß wir *sowohl* das Wellenmodell *als auch* das Teilchenmodell verwendet haben. Blicken wir jedoch auf die Deutung der bisher von uns behandelten Versuche zurück, so müssen wir feststellen, daß wir *niemals* beide Beschreibungen *gleichzeitig* herangezogen haben, denn das ist, wie wir erkannt haben, logisch unmöglich.

Zunächst wollen wir die elektromagnetische Strahlung betrachten. Zur Beschreibung derjenigen Versuche, bei denen Interferenz- und Beugungserscheinungen auftreten, verwenden wir das Wellenmodell. Wir sagen, das Licht besteht aus Wellen, da wir bei Interferenz und Beugung abwechselnd helle und dunkle Streifen vorfinden (d.h. abwechselnd Gebiete großer und kleiner Lichtintensität), die durch die Wellentheorie vorausgesagt und die vorausberechenbar sind. Bei Interferenz- und Beugungserscheinungen verwenden wir niemals das Teilchenbild. Natürlich wird unser Vertrauen in das Wellenmodell der *Lichtausbreitung* dadurch gefestigt, daß die klassische Maxwellsche Theorie der elektromagnetischen Wellen genau alle die *Wellenerscheinungen* voraussagt, die beim Licht dann auch tatsächlich beobachtet werden. Es wäre aber in Anbetracht der unabgeschlossenen, vorläufigen und unvollständigen Natur einer jeden physikalischen Theorie voreilig zu behaupten, die Maxwellschen Gleichungen seien die endgültigen Gleichungen oder das letzte Wort in der Elektrodynamik. Wie wir tatsächlich bereits gesehen haben, ist die klassische Elektrodynamik unvollständig, denn sie kann bestimmte Quantenerscheinungen nicht erklären. Zusammengefaßt: Wir verwenden das Wellenmodell, um die *Lichtausbreitung* zu beschreiben, das Teilchenmodell können wir nicht und dürfen wir auch nicht auf Vorgänge wie Interferenz und Beugung anwenden.

Nun wollen wir uns wieder denjenigen Erscheinungen zuwenden, die das Teilchenbild der elektromagnetischen Strahlung erfordern. Es handelt sich dabei um den Photoeffekt, den Compton-Effekt, die Paarbildung und die Zerstrahlung. Bei allen diesen Vorgängen tritt die elektromagnetische Strahlung mit materiellen Teilchen in *Wechselwirkung.* Hier nehmen wir an, daß die Strahlung aus Photonen besteht, und wir ordnen jedem Photon eine bestimmte Energie und einen bestimmten Impuls zu. Einer elektromagnetischen *Welle* Energie und Impuls zuzuordnen, ist ohne weiteres möglich und es ist sogar auch erforderlich (vgl. Abschnitt 1.4). Wollen wir aber einem elektromagnetischen *Teilchen* Energie und Impuls zuschreiben, so müssen wir dabei voraussetzen, das diese Größen in einem bestimmten Raumpunkt lokalisiert sind, nämlich in dem Punkt, in dem sich das Teilchen, das Photon also, befindet. Wechselwirkungen der Strahlung mit Materie erfordern die Darstellung mit Hilfe von Teilchen, da sich diese Wechselwirkungen am besten durch Stöße beschreiben lassen. Wir können die Versuche nur unter der Annahme deuten, daß die elektromagnetische Strahlung aus Teilchen besteht, die Stöße ausüben können. Zusammengefaßt: Wollen wir uns die Photon-Elektron-Wechselwirkungen modellmäßig vorstellen, so müssen wir das *Teilchenmodell* wählen; das Wellenmodell dagegen können wir nicht heranziehen, und wir bedürfen dieses Modells auch gar nicht.

Die elektromagnetische Strahlung zeigt sowohl Wellen- als auch Teilchennatur, aber *niemals* in ein und demselben Versuch. Ein Versuch, der Interferenz- und Beugungserscheinungen liefert, verlangt eine wellenmäßige Deutung, und es ist unmöglich, ihn gleichzeitig mit Hilfe des Teilchenbildes zu erklären. Ein Versuch, der eindeutig Photon-Elektron-

Wechselwirkungen erkennen läßt, verlangt die Deutung durch das Teilchenbild, und es ist unmöglich, gleichzeitig die wellenmäßige Deutung zu verwenden. Sowohl das Wellenbild als auch das Teilchenbild zeigen uns wesentliche Züge der elektromagnetischen Strahlung, und wir müssen daher beide Bilder anerkennen. Nach dem *Prinzip der Komplementarität,* das 1928 von Niels Bohr ausgesprochen worden ist, sind *Wellenbild* und *Teilchenbild* der elektromagnetischen Strahlung *komplementär.* Um das Verhalten der elektromagnetischen Strahlung bei einem bestimmten Versuch mit Hilfe eines sinnvollen, anschaulichen Bildes zu deuten, müssen wir entweder die Beschreibung durch ein Teilchen oder die Beschreibung durch eine Welle wählen. Wellenbild und Teilchenbild sind insoweit *komplementär,* als unsere Kenntnis der Eigenschaften der elektromagnetischen Strahlung unvollständig bleibt, falls nicht sowohl deren Teilchen- als auch deren Welleneigenschaften bekannt sind. Die Entscheidung für eine der beiden Beschreibungen, die uns durch die Wahl des Versuches auferlegt wird, schließt jedoch die gleichzeitige Entscheidung für die andere Beschreibung aus. Wir stehen hier einem wirklichen Dilemma gegenüber, bei dem wir eine von zwei möglichen Entscheidungen treffen müssen. Die elektromagnetische Strahlung besitzt ein wesentlich komplizierteres Wesen, als wir mit den beiden einfachen und eindeutigen Bezeichnungen von Teilchen und Welle wiedergeben können, Bezeichnungen, die von unseren gewöhnlichen und unmittelbaren Erfahrungen mit makroskopischen Erscheinungen entlehnt sind. Ebenso wie die Relativitätstheorie aufgedeckt hat, daß die Vorstellungen des gesunden Menschenverstandes von Raum, Zeit und Masse nicht auf Vorgänge anwendbar sind, bei denen sehr große Geschwindigkeiten auftreten, so zeigt auch die Quantentheorie durch den Dualismus Welle-Teilchen, daß die Vorstellungen des gesunden Menschenverstandes ebenfalls ungeeignet sind, submikroskopische Erscheinungen zu beschreiben.

Wir haben gesehen, wie Bohrs Komplementaritätsprinzip die doppelte Natur der elektromagnetischen Strahlung, Welle und Teilchen, deuten kann. Nun wollen wir den Dualismus Welle-Teilchen bei Teilchen, etwa Elektronen, untersuchen, um zu sehen, wie hier das Komplementaritätsprinzip anwendbar ist. Viele Versuche erweisen die Teilchennatur der Elektronen. Wir brauchen nur J.J. Thomsons Versuche mit Kathodenstrahlen zu erwähnen, die erstmals Elektronen als Teilchen auswiesen. In einer Kathodenstrahlröhre folgen die Elektronen einer genau definierten Bahn und zeigen auf dem Leuchtschirm ihr Auftreffen durch sehr kleine Lichtblitze an. Sie werden auch durch elektrische und durch magnetische Felder abgelenkt. Wir können daraus folgern, daß Elektronen Teilchen sind (oder genauer, mit einem Teilchenmodell können wir ihr Verhalten bei den Versuchen mit den Kathodenstrahlen beschreiben), denn alle bei den Kathodenstrahlversuchen auftretenden Erscheinungen werden verständlich, wenn Energie, Impuls und Ladung des Elektrons zu einer beliebigen Zeit stets auf einen kleinen Raumbereich lokalisiert bleiben. Treten Elektronen mit anderen Körpern in Wechselwirkung, dann verhalten sie sich so, *als ob* sie Teilchen wären. Bei den Versuchen mit Kathodenstrahlen zeigt sich uns die Teilchennatur der Elektronen, und daher *müssen* wir hier, nach dem Komplementaritätsprinzip, die Wellennatur des Elektrons ausschließen.

In den Versuchen zur Elektronenbeugung erscheint die Wellennatur des Elektrons. Hier müssen wir annehmen, daß sich Elektronen wie Wellen ausbreiten und eine genau definierte Wellenlänge besitzen. Diese Wellen sind räumlich unbegrenzt ausgedehnt, und daher ist es natürlich nicht möglich, das Elektron zu lokalisieren oder seiner Bewegung zu folgen. Zusammengefaßt: Die Versuche zur Elektronenbeugung erweisen die Wellennatur der Elektronen, und nach dem Komplementaritätsprinzip muß dann bei diesen Versuchen die Teilchennatur ausgeschlossen werden. Wellenbild und Teilchenbild des Elektrons ergänzen sich gegenseitig. Um die Eigenschaften des Elektrons vollständig zu verstehen, müssen wir beide Bilder zulassen. Auch das Elektron oder irgend ein anderes materielles Teilchen besitzt ein viel komplizierteres Wesen, als daß es mit den einfachen und eindeutigen Begriffen von Teilchen und Welle vollkommen verstanden werden kann. Wir können den einen oder den anderen dieser beiden Begriffe heranziehen, um das Ergebnis eines bestimmten Versuches zu veranschaulichen, aber niemals beide gleichzeitig.

5.6 Deutung der de Broglie-Wellen als Wahrscheinlichkeit

Die Wellennatur der elektromagnetischen Strahlung veranschaulichen wir durch im Raum schwingende elektrische und magnetische Felder. Daher *ist die mit dem Photon verknüpfte Welle das elektromagnetische Feld.* Wir möchten aber auch die Natur der mit einem materiellen Teilchen verbundenen Welle näher kennenlernen und die Frage beantworten: „Was verhält sich denn wellenartig, wenn wir sagen, ein Elektron oder irgend ein anderes materielles Teilchen weise Welleneigenschaften auf?"

Zunächst wollen wir einen Bildschirm betrachten, der von einem Bündel monochromatischer elektromagnetischer Strahlung, die senkrecht auf seine Oberfläche fällt, beleuchtet wird. Ist die Intensität des Lichtes hinreichend groß, so erscheint dem Auge die gesamte Fläche gleichmäßig beleuchtet. Entsprechend wird eine Photoplatte, die an Stelle des Schirmes angebracht wird, nachdem sie belichtet und entwickelt worden ist, eine gleichmäßige Schwärzung auf ihrer gesamten Fläche aufweisen. Falls die Intensität des Lichtbündels groß ist, ist auch die Anzahl der auf den Schirm auftreffenden Photonen so groß, daß die eigentliche diskrete und teilchenartige Natur der elektromagnetischen Strahlung infolge der großen Photonenzahl verborgen bleibt. Die einzelnen, zufällig verteilten Lichtblitze verschmelzen zu einer scheinbar kontinuierlichen und ununterbrochenen Beleuchtung. Die Intensität I der Beleuchtung, die Energie pro Flächeneinheit und pro Zeiteinheit, ist durch

$$I = \epsilon_0 E^2 c$$

gegeben, dabei ist ϵ_0 die elektrische Feldkonstante des leeren Raumes und E der Betrag der Feldstärke des zeitlich veränderlichen elektrischen Feldes in einem beliebigen Punkt des Bildschirmes (Abschnitt 1.4).[1)]

Angenommen, die Intensität des Bündels werde nun ganz außerordentlich schwach: Was wir dann an Stelle einer gleichmäßig beleuchteten Fläche sehen würden, wären zahlreiche einzelne Lichtblitze, die sich zufällig über den Bildschirm verteilen. Jeder Lichtblitz entspräche der Ankunft eines einzelnen Photons.[2)] Weder Ort noch Zeit des Auftreffens der einzelnen Photonen auf dem Bildschirm können vorausgesagt werden. Die Verteilung der Photonen ist vollkommen zufällig. Voraussagen können wir jedoch die *durchschnittliche* Anzahl der Photonen, die pro Flächeneinheit und pro Zeiteinheit eintreffen. Diese Zahl ist die Photonenflußdichte n. Die Intensität eines monochromatischen Strahlenbündels läßt sich folgendermaßen durch die Photonenflußdichte ausdrücken

$$I = (h\nu)\, n\,, \tag{4.20}$$

hierbei ist $h\nu$ die Energie eines Photons.

---

1) Wir könnten natürlich auch genauso gut die Intensität durch das magnetische Feld an Stelle des elektrischen Feldes ausdrücken: $I = B^2 c/\mu_0$.

2) Tatsächlich können besondere Instrumente an Stelle des menschlichen Auges oder der Photoplatte die Ankunft einzelner Photonen nacheinander registrieren.

Angenommen, wir wählen statt einer Steigerung der Intensität, die den Anschein eines gleichmäßig beleuchteten Schirmes vermittelt, ein ganz außerordentlich schwaches Lichtbündel, und wir markieren auf dem Schirm den Ort der einzelnen Lichtblitze, so, wie sie auftreten. Wir würden dann bemerken, daß nach einer längeren Zeit der Schirm wiederum gleichmäßig damit bedeckt wäre.

Der von uns behandelte Fall ist der Situation in der kinetischen Gastheorie ziemlich ähnlich. Dort schreibt man den scheinbar kontinuierlichen Gasdruck auf die Behälterwand der gemeinsamen Wirkung einzelner Molekülstöße auf die Wand zu. Die Ankunft der Moleküle ist grundsätzlich zufällig und diskret, aber infolge ihrer ungeheuer großen Anzahl ist die resultierende Wirkung ihrer Stöße ein gleichmäßiger Druck.

Wir betrachten nun ein Bündel monochromatischen Lichtes sehr kleiner Intensität, $1{,}00 \cdot 10^{-13}\ \mathrm{W/m^2}$ (ungefähr ein Hundertmillionstel des Sternenlichtes an der Erdoberfläche) und nehmen an, es bestehe aus ultravioletten Photonen, von denen jedes die Energie $5{,}00\ \mathrm{eV} = 8{,}00 \cdot 10^{-19}\ \mathrm{J}$ besitzt. Dann ist die Photonenflußdichte

$$n = \frac{I}{h\nu} = \frac{1{,}00 \cdot 10^{-13}\ \mathrm{W/m^2}}{8{,}00 \cdot 10^{-19}\ \mathrm{J/Photon}} = 1{,}25 \cdot 10^5\ \mathrm{Photonen/m^2\,s}$$
$$= 12{,}5\ \mathrm{Photonen/cm^2\,s}\,.$$

Das bedeutet, daß wir auf einer Fläche von $1\ \mathrm{cm^2}$ während einer Zeitdauer von 1 s durchschnittlich 12,5 Lichtblitze beobachten werden. Natürlich ist es unmöglich, Bruchteile eines Photons zu beobachten. Wir werden daher niemals 12,5 Photonen sehen können. Jedoch sehen wir in einem Zeitintervall vielleicht 11 Lichtblitze, in einem anderen 13 und so weiter, der Mittelwert wird 12,5 Lichtblitze sein. Außerdem wird die räumliche Verteilung der Photonen über die Fläche von $1\ \mathrm{cm^2}$ *nicht* in allen Zeitintervallen von je 1 s die gleiche sein: Die Lichtblitze werden sich zufällig verteilen und werden sich erst nach einer langen Beobachtungszeit einer gleichmäßigen Verteilung annähern. *Die Photonenflußdichte gibt nicht genau Ort und Zeit eines jeden einzelnen Photons an, sondern sie liefert nur die Wahrscheinlichkeit, ein Photon zu beobachten:*

$n \sim$ Wahrscheinlichkeit, ein Photon zu beobachten.

Wir können die Intensität einer monochromatischen elektromagnetischen Strahlung entweder durch die Wellenbeschreibung $I = \epsilon_0 E^2 c$ oder durch die Teilchenbeschreibung $I = (h\nu)\, n$ definieren. Das ist außerordentlich wichtig, denn mit der Intensität besitzen wir eine Größe, die bei beiden Arten der Beschreibung eine präzise Bedeutung hat. Die Intensität überbrückt die Kluft zwischen den beiden unvereinbaren Modellen.

Nun wollen wir untersuchen, welche neue Bedeutung wir bei der Beschreibung des Lichtes durch die Photonen dem Quadrate der elektrischen Feldstärke, E^2, zuordnen können. Setzen wir die beiden Ausdrücke für die Intensität gleich, so erhalten wir

$$I = h\nu n = \epsilon_0 E^2 c\,,$$

daher ist

$$n \sim E^2$$

und

$E^2 \sim$ Wahrscheinlichkeit, ein Photon zu beobachten.

Die Wahrscheinlichkeit, in irgend einem Raumpunkte ein Photon zu beobachten, ist proportional zum Quadrat der elektrischen Feldstärke in diesem Punkte.

Vom Standpunkt der Quantentheorie ist daher die elektrische Feldstärke nicht nur eine Größe, die die elektrische Kraft auf die Einheit der elektrischen Ladung angibt, sondern sie ist auch eine Größe oder eine Funktion, deren Quadrat die Wahrscheinlichkeit liefert, ein Photon an einem bestimmten Ort zu beobachten. Die klassische Elektrodynamik liefert durch Berechnung der Werte von E^2 die Wahrscheinlichkeit, Photonen zu beobachten, obgleich sie die streng quantenhaften Züge der elektromagnetischen Strahlung nicht liefern kann.

Nun können wir die Wellennatur eines materiellen Teilchens, etwa eines Elektrons, folgendermaßen deuten. Wir nehmen an, daß der Zusammenhang zwischen der Wahrscheinlichkeit, ein Teilchen zu beobachten, und dem Amplitudenquadrat seiner Welle genau der gleiche sei wie zwischen der Wahrscheinlichkeit, ein ruhmasseloses Photon zu beobachten, und dem Amplitudenquadrat seiner Welle (dem Quadrat der elektrischen Feldstärke). Die Amplitude der mit dem Teilchen verknüpften Welle wird durch ψ dargestellt und kurz *Wellenfunktion* genannt.

Die Wellenfunktion ψ ist diejenige Größe, deren Quadrat ψ^2 proportional zur Wahrscheinlichkeit ist, ein materielles Teilchen zu beobachten.

Falls daher $\psi(x)$ die Wellenfunktion am Orte x darstellt, ist die Wahrscheinlichkeit, ein Teilchen zwischen x und $x + dx$ zu beobachten, durch $\psi(x)^2 \, dx$ gegeben:

Die Wahrscheinlichkeit, im Intervall dx ein Teilchen zu beobachten ist proportional zu $\psi^2 \, dx$.

Die Wellenfunktion eines Teilchens entspricht also der elektrischen Feldstärke eines Photons und wird daher im allgemeinen Fall auch genau wie diese eine Funktion von Ort und Zeit sein.

Es ist unmöglich, mit absoluter Sicherheit für ein Photon zu einer bestimmten Zeit einen bestimmten Ort anzugeben, aber man kann durch E^2 die Wahrscheinlichkeit angeben, es zu beobachten. Ähnlich ist es unmöglich, mit absoluter Sicherheit einen bestimmten Ort eines Teilchens zu einer bestimmten Zeit anzugeben, aber man kann mit ψ^2 die Wahrscheinlichkeit angeben, es zu beobachten. Daher läßt sich die Wellenfunktion eines Teilchens letztlich als *Wahrscheinlichkeit* für den Aufenthalt dieses Teilchens deuten.

Diese Deutung der Wellennatur materieller Teilchen in Form von Wahrscheinlichkeiten wurde erstmalig im Jahre 1926 durch Max Born erkannt. Das Teilgebiet der Quantenphysik, dessen Aufgabe es ist, die Werte von ψ zu ermitteln, ist die *Wellenmechanik* oder *Quantenmechanik*. Die beiden Begründer der Wellenmechanik der Teilchen waren Erwin Schrödinger (1926) und Werner Heisenberg (1925), die unabhängig voneinander die Quantenmechanik in unterschiedlicher Weise, jedoch mathematisch äquivalent formulierten.

Ebenso wie sich die Elektrodynamik in den Maxwellschen Gleichungen zusammenfassen läßt, die die Grundlage für die Berechnung der Feldstärke E liefern, so wird die Wellenmechanik der Materie durch die *Schrödinger-Gleichung* beherrscht, die die Grundlage zur Bestimmung der Werte der Wellenfunktion ψ für die Aufgabenstellungen der Quantenphysik liefert. Hiermit endet jedoch auch die Übereinstimmung. Während das elektrische Feld, das seinen Ursprung in elektrischen Ladungen hat, durch die elektrische Feldstärke nicht nur die Wahrscheinlichkeit angibt, ein Photon anzutreffen, sondern auch die elektrische Kraft auf eine positive Einheitsladung liefert, besitzt die Wellenfunktion der Schrödinger-Gleichung *nur* durch die Wahrscheinlichkeitsinterpretation eine physikalische Bedeutung: Sie liefert *keine*, wie auch immer geartete Kraft. Die Wellenfunktion ist nicht unmittelbar meßbar oder beobachtbar. Sie liefert jedoch die größtmögliche Information, die wir über ein System von

Gegenständen überhaupt erhalten können. Mit ihrer Hilfe können wir *alle* meßbaren Größen wie Energie, Impuls und ebenso die Aufenthaltswahrscheinlichkeiten ermitteln. Wir werden die Schrödinger-Gleichung im Abschnitt 5.10 ableiten und auf eine Anzahl einfacher Beispiele anwenden.

Mit einem Michelson-Interferometer hat man Interferenzversuche durchgeführt und zwar mit derartig schwachen Lichtquellen, daß tatsächlich im Mittel nur ein *einziges Photon* zu einem bestimmten Zeitpunkt zwischen der Lichtquelle und dem Auffangschirm unterwegs war. Im Michelson-Interferometer entsteht das Lichtstreifensystem durch die Interferenz *zweier* Lichtstrahlen. Das Licht folgt zwei verschiedenen Wegen, die rechtwinklig zueinander verlaufen. Wir könnten uns vorstellen, daß ein einzelnes Photon, während es durch das Gerät fliegt, sich nur auf einem der beiden möglichen Wege bewegen kann. Der Versuch liefert jedoch, wenn man die Meßergebnisse über eine längere Zeit betrachtet, das übliche Interferenzstreifensystem, das abwechselnd aus hellen und aus dunklen Streifen besteht. Daraus müßten wir folgern, das sich ein einzelnes Photon gleichzeitig auf beiden Wegen bewegt und dann mit sich selbst interferiert hätte. Das Komplementaritätsprinzip löst diesen offensichtlichen Widerspruch auf. Indem wir von einem Photon sprechen, das sich auf einem von zwei möglichen Wegen bewegt, lokalisieren wir es; wir betrachten es dann als Teilchen und schließen damit seine Wellennatur aus. Wenn wir andererseits von einem Interferenzstreifensystem sprechen, betrachten wir das Photon als Welle. Es gleichzeitig auf beide Arten zu betrachten, ist physikalisch sinnlos.

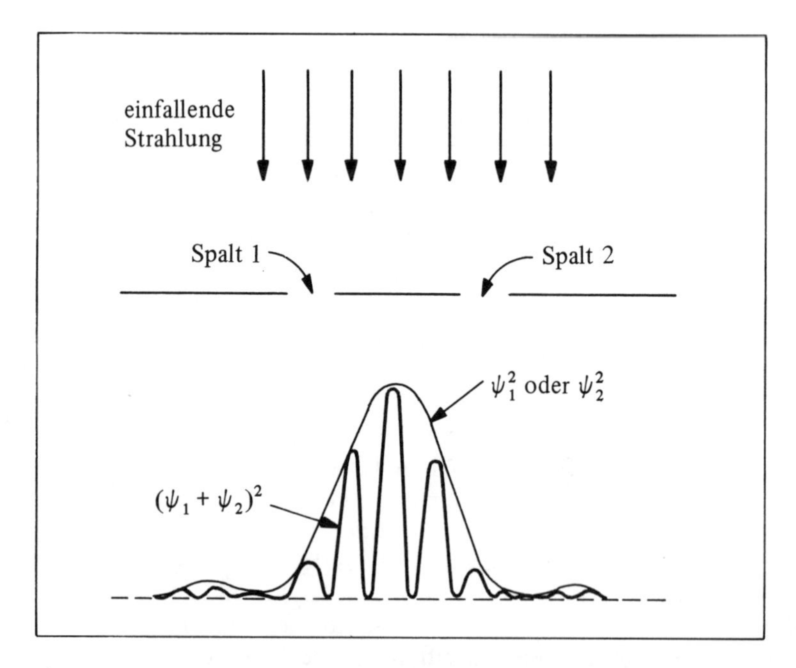

Bild 5.13 Beugung von Teilchen am Doppelspalt. Die Wellenfunktionen ψ_1 und ψ_2 liefern das Beugungsbild, falls entweder Spalt 1 oder Spalt 2 einzeln geöffnet sind. Die überlagerten Wellenfunktionen $\psi_1 + \psi_2$ liefern das Beugungsbild, falls beide Spalte gleichzeitig geöffnet sind. (In dem Bild ist der Abstand zwischen den Spalten sehr stark übertrieben gezeichnet.)

Eine ähnliche Situation entsteht beim Durchgang von Wellen durch zwei parallele Spalte. Ist einer der beiden Spalte geschlossen, so entsteht das typische Beugungsbild eines Einzelspaltes: ein breites zentrales Maximum, das von schwächeren sekundären Maxima flankiert ist, wie es Bild 1.8a zeigt. Sind dagegen beide Spalte geöffnet, so erhalten wir das in Bild 5.13 dargestellte Beugungsbild: eine Feinstruktur der Intensitätsverteilung innerhalb der durch die Beugung an einem Einzelspalt bestimmten Einhüllenden. Diese Verteilung ist nicht einfach die Überlagerung von zwei Beugungsbildern an Einzelspalten. Für die starke Intensitätsschwankung ist die Interferenz von Wellen, die durch *beide* Spalte hindurchtreten, verantwortlich. Zusammengefaßt: Falls den Wellen zwei oder noch mehr Wege von der Quelle zum Beobachtungspunkt zur Verfügung stehen, lösen wir dieses Problem, indem wir zunächst die Wellenfunktionen (oder die elektrischen Feldstärken) für die beiden verschiedenen Wege überlagern und so zu der resultierenden Wellenfunktion (oder der elektrischen Feldstärke) gelangen und dann durch Quadrieren die Wahrscheinlichkeit (oder die Intensität) erhalten. Das bedeutet, falls ψ_1 und ψ_2 die Wellenfunktionen beim Durchgang durch die jeweils einzeln geöffneten Spalte 1 und 2 darstellen, so liefert $(\psi_1 + \psi_2)^2$ und nicht etwa $\psi_1^2 + \psi_2^2$ die Wahrscheinlichkeit, ein Teilchen auf dem Auffangschirm zu beobachten. Falls daher ein einzelnes Elektron oder ein einzelnes Photon auf ein Paar von Spalten zufliegt, dann können wir nicht sagen, durch welchen der beiden Spalte es hindurchgehen wird. Wir müssen in der Sprache des Wellenbildes reden und feststellen, daß es im Endeffekt durch *beide* Spalte hindurchtritt.

5.7 Die Unschärferelation

Nach dem Komplementaritätsprinzip ist es unmöglich, gleichzeitig die Beschreibung durch das Wellenbild und durch das Teilchenbild auf ein materielles Teilchen oder auf ein Photon anzuwenden. Wählen wir eine dieser beiden Darstellungen, so schließen wir die andere aus. Beschreiben wir zum Beispiel die elektromagnetische Strahlung durch das Teilchenbild und lokalisieren ein Photon zu einem beliebigen Zeitpunkt mit absoluter Genauigkeit, dann ist die *Unschärfe* von Ort und Zeit gleich Null, $\Delta x = 0$ und $\Delta t = 0$. Andererseits ist dann aber die Unschärfe der Welleneigenschaften des Photons, Wellenlänge λ und Frequenz ν, unendlich groß, $\Delta\lambda = \infty$ und $\Delta\nu = \infty$.

Nun wollen wir eine weniger extreme Situation betrachten, bei der wir uns damit begnügen, das Photon räumlich und zeitlich nicht ganz genau zu lokalisieren, sondern nur mit den endlichen Unschärfen Δx und Δt.

Wie uns unsere frühere Überlegung im Abschnitt 1.7 zeigte, beträgt die Unschärfe der Frequenz $\Delta\nu$, falls die Frequenz ν einer Welle nur während eines *endlichen* Zeitintervalles Δt gemessen wird, und es ist:

$$\Delta\nu\,\Delta t \geqslant 1\ . \qquad (1.16), (5.11)$$

Wird vergleichsweise die Wellenlänge λ nur längs einer *endlichen* Strecke Δx in Richtung der Wellenausbreitung gemessen, so ist die Unschärfe der Wellenlänge $\Delta\lambda$, und weiter wird:

$$\Delta x\,\Delta\lambda \geqslant \lambda^2\,. \qquad (1.19), (5.12)$$

Wir müssen hier feststellen, daß diese Beziehungen durch streng klassische Überlegungen abgeleitet wurden ohne Berücksichtigung der Quanteneigenschaften (zumindest nicht explizit). Die große Bedeutung dieser Beziehungen für die Quantenphysik folgt aus der Tatsache, daß wir einem Teilchen mit der Energie E und mit dem Impuls p eine Frequenz $\nu = E/h$ und auch eine Wellenlänge $\lambda = h/p$ zuordnen müssen.

Eine Frequenzunschärfe $\Delta\nu$ hat daher eine Energieunschärfe ΔE zur Folge, die durch

$$\Delta E = h\,\Delta\nu \tag{5.13}$$

gegeben ist. Indem wir $\Delta\nu$ aus den Gln. (5.11) und (5.13) eliminieren, erhalten wir

$$\Delta E\,\Delta t \geqslant h\,. \tag{5.14}$$

Daher ist das Produkt aus den Unschärfen von Energie und Zeit mindestens so groß wie die Plancksche Konstante h.[1]) Die Bedeutung der Gl. (5.14) kann mit folgenden Worten beschrieben werden: Wissen wir von einem Objekt – einem Photon, einem Elektron oder auch einem System von Teilchen –, daß sich dieses während einer Zeitdauer Δt im Energiezustand E befindet, so ist diese Energie mindestens um den Betrag $h/\Delta t$ unscharf. Daher ist die Energie eines Objektes nur dann mit absoluter Genauigkeit bestimmt ($\Delta E = 0$), falls dieses Objekt während einer unendlich langen Zeit existiert ($\Delta t = \infty$). Gl. (5.14) ist eine Form der berühmten *Unschärferelation* oder *Unbestimmtheitsrelation,* die erstmalig 1927 von Werner Heisenberg eingeführt worden ist. Wir werden ihre tiefere Bedeutung später untersuchen, nachdem wir ihr eine andere Formulierung gegeben haben.

Die Unschärfe der Wellenlänge $\Delta\lambda$ eines Objektes mit der Wellenlänge $\lambda = h/p_x$ (in x-Richtung) ist mit der Unschärfe des Impulsbetrages Δp_x durch

$$\Delta\lambda = \frac{h}{p_x^2}\,\Delta p_x$$

verknüpft. Einsetzen dieser Gleichung in Gl. (5.12) liefert

$$\Delta\lambda\,\Delta x = \frac{h\,\Delta p_x}{p_x^2}\,\Delta x \geqslant \lambda^2\,, \qquad \Delta p_x\,\Delta x \geqslant \frac{(\lambda\,p_x)^2}{h}\,, \qquad \Delta p_x\,\Delta x \geqslant h\,, \tag{5.15}$$

dies ist die erwähnte andere Formulierung der Heisenbergschen Unschärferelation. Nach unserer Annahme war die Wellenlänge über eine endliche Strecke Δx in der Ausbreitungsrichtung der Welle gemessen worden. Auf Grund des Dualismus Welle-Teilchen müssen wir dann die Größe Δx als Unschärfe des Teilchenortes deuten. Daher besagt die durch Gl. (5.15) gelieferte Formulierung der Unschärferelation, daß das Produkt aus den Unschärfen von Orts- und Impulsangaben gleich groß oder größer als die Plancksche Konstante ist. Wichtig ist, daß es sich bei dieser Gleichung um Impuls- und Ortskoordinaten handelt, die in *derselben* Richtung gemessen werden: Nach der Unschärferelation ist es unmöglich, gleichzeitig und mit absoluter Genauigkeit den Impuls und die *zugehörige* Ortskoordinate eines Teilchens oder eines Photons zu bestimmen. Obgleich $\Delta p_x\;\Delta x$ gleich oder größer als h ist, kann das Produkt $\Delta p_y\;\Delta x$ verschwinden: Es gibt keine Beschränkung für die gleichzeitige Messung zueinander senkrechter Impuls- und Ortskoordinaten.

Die grundsätzliche Begrenzung der Genauigkeit der Messung von Energie und Zeit oder von Ort und Impuls stimmt mit dem Komplementaritätsprinzip überein. Soll zum Beispiel für ein Elektron die Teilchennatur in aller Strenge gelten, dann müssen sowohl Δx als auch Δt gleich Null sein. Wählen wir also das Teilchenbild, so haben wir das Wellenbild not-

[1]) Der Wert der Konstanten auf der rechten Seite von Gl. (5.14) hängt von der genauen Definition der Unschärfen ΔE und Δt ab. Für die herkömmliche, in Abschnitt 1.7 verwendete Festlegung ist diese Konstante h; stellen jedoch ΔE und Δt die Wurzeln aus den quadratischen Mittelwerten einer Anzahl verschiedener Messungen dar, dann wird diese Konstante $h/4\pi$.

wendigerweise ausgeschlossen. Alle Größen ν, E, λ und p sind dann vollkommen unbestimmt; das folgt sowohl aus der Unschärferelation als auch aus dem Komplementaritätsprinzip. Soll andererseits die Wellennatur für ein materielles Teilchen oder für die elektromagnetische Strahlung genau zutreffen, d.h., soll $\Delta\nu = 0$ und $\Delta\lambda = 0$ sein (also auch $\Delta E = 0$ und $\Delta p = 0$), dann hindert uns das Komplementaritätsprinzip oder die Unschärferelation daran, gleichzeitig die für ein Teilchen kennzeichnenden Eigenschaften zu beobachten, die genaue Lokalisierung in Raum und Zeit ist dann unmöglich, und x und t sind vollkommen unbestimmt.

Angenommen, wir wollen ein Elektron durch seine Welleneigenschaften darstellen und es dennoch in einem begrenzten Umfange im Raum lokalisieren. Wir könnten es dann nicht durch eine einzige Sinuswelle beschreiben: Eine derartige Welle würde sich bis ins Unendliche erstrecken und wäre offensichtlich nicht lokalisiert. Wir könnten jedoch mehrere Sinuswellen überlagern, deren Frequenzen sich über einen Frequenzbereich $\Delta\nu$ erstrecken. Wir würden so ein *Wellenpaket* erhalten, wie es im Abschnitt 1.7 beschrieben worden ist. Bei diesem Wellenpaket verstärken sich die Teilwellen durch Interferenz in einem begrenzten Raumbereich Δx, den wir mit dem in gewissen Sinne unscharfen Ort des „Teilchens" gleichsetzen können. Wir erhalten so eine resultierende Wellenfunktion ψ, wie sie in Bild 5.14 wiedergegeben ist. Da sich sowohl Frequenz als auch Wellenlänge über einen Bereich $\Delta\nu$ bzw. $\Delta\lambda$ erstrecken, sind der zugehörige Impuls und die zugehörige Energie notwendig unscharf. Es ist unmöglich, genau vorauszusagen, wo sich das Wellenpaket etwas später aufhalten wird und wie groß dann sein Impuls und seine Energie sein werden.

Aus der Unschärferelation resultiert eine Unschärfe der Energie vom Betrage $h/\Delta t$ während einer Zeitspanne Δt. Daraus folgt ebenfalls, daß der Energiesatz tatsächlich verletzt sein könnte – und zwar um den Betrag $\Delta E = h/\Delta t$, aber nur für die Dauer eines Zeitintervalles Δt. Je größer der geborgte oder der entliehene Energiebetrag ist, um so kürzer ist auch die Zeitspanne, während der die Nichterhaltung der Energie möglich ist. Ähnlich hat die Impulsunschärfe eines Teilchens, $h/\Delta x$, zur Folge, daß der Impulssatz verletzt sein könnte, aber nur in einem Raumbereich von der Ausdehnung Δx und auch nur um $\Delta p = h/\Delta x$.

Um die Unschärferelation auch noch auf eine andere Weise abzuleiten, betrachten wir die Wellenbeugung an einem Einzelspalt mit parallelen Kanten. Eine monochromatische ebene Welle falle auf einen Spalt der Breite b. Das Beugungsbild auf einem hinter dem Spalt

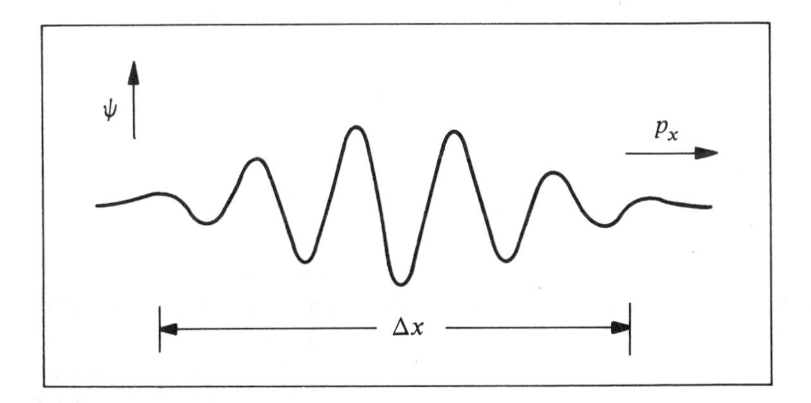

Bild 5.14 Wellenfunktion eines Wellenpakets

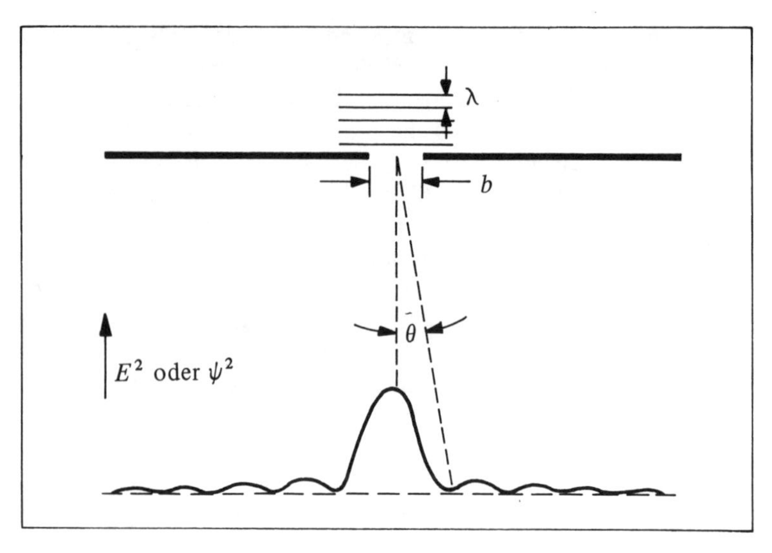

Bild 5.15 Beugungsbild einer monochromatischen ebenen Welle an einem Spalt der Breite *b*

angebrachten Beobachtungsschirm ist in Bild 5.15 dargestellt. Die Lage der Nullstellen der Intensität wird durch die Gleichung

$$\sin\theta = \pm\frac{n\lambda}{b} \tag{5.16}$$

angegeben, dabei ist λ die Wellenlänge und $n = 1, 2, 3, \ldots$ Die Intensität des Hauptmaximums ist sehr viel größer als diejenige der Nebenmaxima, da die Fläche unter ersterem die unter irgend einem anderen Maximum bei weitem übertrifft. Tatsächlich ist die Fläche unter dem Hauptmaximum ungefähr dreimal größer als die gesamte Fläche unter allen übrigen Maxima. Daher fällt auch annähernd dreiviertel der durch den Spalt hindurchgehenden Energie in diesen zentralen Bereich. Die Grenzen dieses Bereiches liegen bei den ersten Minima und werden mit $n = 1$ durch folgende Gleichung geliefert:

$$\sin\theta = \pm\frac{\lambda}{b}\,. \tag{5.17}$$

Bisher haben wir aber noch nicht festgelegt, welche Art von Welle an dem Spalt gebeugt werden soll. Handelt es sich bei der Welle um eine elektromagnetische Strahlung, so ist die Intensität des Beugungsbildes proportional zu E^2, dem Quadrat der elektrischen Feldstärke am Ort des Schirmes. Besteht andererseits die Welle aus einem Elektronenstrahl, dann ist die Intensität des Beugungsbildes proportional zu ψ^2, dem Quadrat der Wellenfunktion auf dem Schirm, und sie gibt die Wahrscheinlichkeit an, ein Elektron an dem betreffenden Punkt des Schirmes anzutreffen. Ganz gleich, ob es sich bei den Wellen um elektromagnetische Strahlung oder um materielle Teilchen handelt, die Beugungserscheinungen machen sich nur dann bemerkbar, falls die Wellenlänge mit der Spaltbreite vergleichbar ist (vgl. Bild 1.8). Ist sie dagegen sehr viel kleiner als die Spaltbreite, so entspricht die Intensitätsverteilung auf dem Schirm dem geometrischen Schatten, dabei wird die Schattengrenze durch die Kanten des Spaltes geliefert.

Nun wollen wir annehmen, wir könnten die Strahlungsintensität, bzw. die Elektronenzahl beträchtlich verringern. Auf dem Schirm würden wir dann nicht mehr länger eine kontinuierliche Intensitätsverteilung erkennen, sondern wir würden statt dessen einzeln nacheinander eintreffende Photonen oder Elektronen beobachten. Die Intensität des Beugungsbildes ist im Falle von Photonen durch E^2 und bei Elektronen durch ψ^2 gegeben. Daher ist die in Bild 5.15 dargestellte Intensität die *Wahrscheinlichkeit,* daß ein Teilchen an einer bestimmten Stelle auf dem Schirm auftreffen wird. Es wird also mit einer Wahrscheinlichkeit von etwa 75 % in den zentralen Bereich des Beugungsbildes fallen, und mit einer sehr viel kleineren Wahrscheinlichkeit wird es in einem anderen Bereich auftreffen. An den Nullstellen des Beugungsbildes wird auch die Wahrscheinlichkeit gleich *Null.* Bei sehr schwacher Beleuchtung treten winzige Lichtblitze über einen großen Bereich des Schirmes verteilt auf. Im Laufe der Zeit aber sammeln sich immer mehr Teilchen auf dem Schirm an. Die getrennten Lichtblitze verschmelzen und liefern ein kontinuierliches Beugungsbild, wie es von der Wellentheorie vorausgesagt wird.

Es gibt *keine* Möglichkeit, vorauszubestimmen, wo irgend ein Elektron oder ein Photon auf dem Schirm auftreffen wird. Die Wellenmechanik liefert uns einzig die Wahrscheinlichkeit, daß ein Teilchen auf einen bestimmten Punkt fallen wird. Bevor die Teilchen durch den Spalt hindurchtreten, ist ihr Impuls sowohl nach Betrag (monochromatische Wellen) als auch nach Richtung (im vorliegenden Falle senkrecht von oben) mit absoluter Genauigkeit bekannt. Bevor die Teilchen den Spalt erreichten, war aber ihre x-Koordinate vollkommen unscharf. Treten sie durch den Spalt, so ist diese Koordinate mit einer Unschärfe $\Delta x = b$, der Spaltbreite, bekannt. Was wir aber genau nicht wissen, ist, wo irgend eines der Teilchen auf dem Schirm auftreffen wird. Jedes Teilchen hat ungefähr eine Chance von drei zu eins, irgendwo in den zentralen Bereich zu fallen, dessen Grenzen durch Gl. (5.17) angegeben sind. Wie wir leicht aus Bild 5.16 entnehmen können, haben wir dann eine Un-

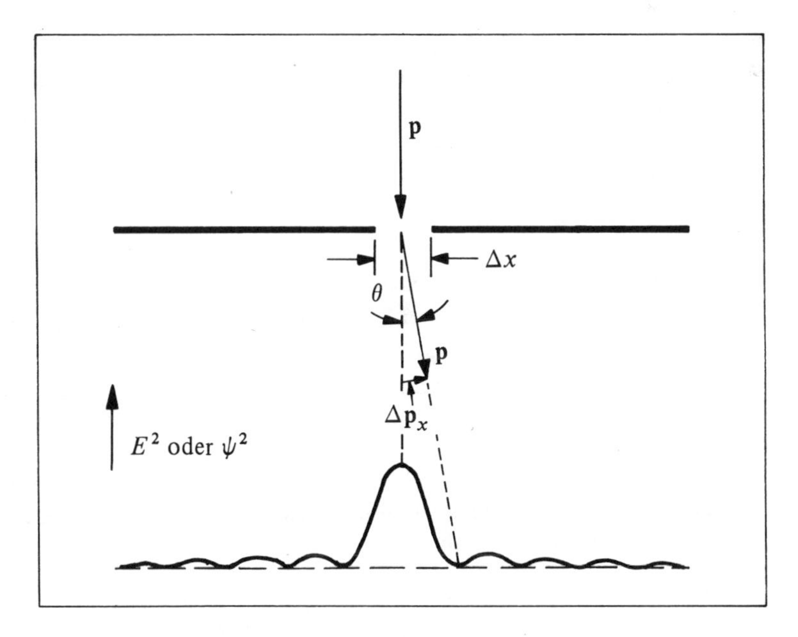

Bild 5.16 Veranschaulichung der Impulsunschärfe eines Teilchens, das durch einen Einzelspalt hindurchgetreten ist

schärfe Δp_x für die x-Komponente des Impulses p, die *mindestens* $p \sin\theta$ beträgt. Daher können wir schreiben

$$\Delta p_x \geqslant p \sin\theta \ .$$

Unter Verwendung von Gl. (5.17) erhalten wir

$$\Delta p_x \geqslant \frac{p\lambda}{\Delta x} ,$$

und da $p = h/\lambda$ ist, haben wir dann

$$\Delta p_x \, \Delta x \geqslant h \ ,$$

also *Heisenbergs Unschärferelation.*

Nun wollen wir annehmen, in unserem Beispiel sei Δx sehr groß; das bedeutet, der Spalt sei sehr breit. Dann nimmt die Unschärfe der Ortsangabe zu, und wir wissen nicht mehr genau, wo sich ein Elektron längs der x-Achse aufhält. Die Unschärfe des Impulses verringert sich jedoch entsprechend, denn die Beugungserscheinungen treten jetzt weniger ausgesprochen hervor, und fast alle Elektronen treffen innerhalb der geometrischen Schattengrenze auf. Verkleinern wir umgekehrt die Spaltbreite, wird Δx sehr klein, infolgedessen erstreckt sich das Beugungsbild über den gesamten Schirm. Für die genauere Kenntnis vom Ort des Elektrons müssen wir eine entsprechend größere Unschärfe für den Impuls des Elektrons in Kauf nehmen.

Offensichtlich treten die Teilchen unabgelenkt durch den Spalt hindurch, falls die Spaltbreite viel größer als ihre Wellenlänge ist. Sie treffen dann in dem Bereich innerhalb der geometrischen Schattengrenze auf. Dies stimmt mit der klassischen Mechanik überein, bei der von einer Wellennatur materieller Teilchen abgesehen wird. Wir erkennen damit die Parallelität zwischen dem Zusammenhang von Wellenoptik und Strahlenoptik einerseits und demjenigen von Wellenmechanik und klassischer Mechanik andererseits. Die Strahlenoptik ist eine gute Näherung der Wellenoptik für Wellenlängen, die viel kleiner sind als die Abmessungen der Hindernisse oder der Aperturen, auf die das Licht trifft. Ähnlich ist die klassische Mechanik eine gute Näherung der Wellenmechanik, falls die Wellenlänge eines Teilchens viel kleiner ist als die Abmessungen der Hindernisse oder der Aperturen, auf die das materielle Teilchen trifft. Symbolisch können wir schreiben:

$$\lim_{\lambda/b \to 0} (\text{Wellenoptik}) = \text{Strahlenoptik},$$

$$\lim_{\lambda/b \to 0} (\text{Wellenmechanik}) = \text{klassische Mechanik}.$$

Keine noch so geistreiche Spitzfindigkeit beim Ausdenken von Beugungsversuchen kann diese grundsätzliche Unschärfe beseitigen. Wir stehen hier *nicht* derselben Situation gegenüber wie in der klassischen Physik bei makroskopischen Erscheinungen. Dort können wir die Störungen, die auf das Meßobjekt einwirken, durch Erfindungsgeist und Sorgfalt immer beliebig klein halten. Die hier vorliegende Begrenzung dagegen wurzelt in der grundlegenden Quantennatur der Elektronen und der Photonen; sie ist untrennbar mit deren komplementärer Wellen- und Teilchennatur verbunden.

Beispiel 5.1. Zur Veranschaulichung der Unschärferelation wollen wir die Impulsunschärfe eines 1000-eV-Elektrons berechnen, dessen Ortsunschärfe 100 pm = $1{,}0 \cdot 10^{-10}$ m beträgt; das ist ungefähr die Größe eines Atoms. Aus $\Delta p_x = h/\Delta x$ folgt $\Delta p_x = 6{,}6 \cdot 10^{-24}$ kg m/s. Wir wollen nun diese Unschärfe des Impulses mit dem Impuls selbst vergleichen, $p_x = (2m E_k)^{1/2} = 17 \cdot 10^{-24}$ kg m/s. Die relative Unschärfe des Impulses ist also $\Delta p_x/p_x = 6{,}6/17$, das sind etwa 40 %! Infolge der Unschärferelation ist es unmöglich, den Impuls eines Elektrons, dessen Aufenthaltsbereich von der Größe eines Atoms sein soll, auch nur mit bescheidener Genauigkeit anzugeben.

Jetzt wollen wir dagegen die Unschärfe betrachten, mit der wir es zu tun haben, wenn sich ein Körper von 10,0 g mit einer Geschwindigkeit von 10,0 cm/s bewegt, d.h., wenn sich ein Körper gewöhnlicher Größe mit üblicher Geschwindigkeit bewegt. Weiter wollen wir annehmen, der Ort dieses Körpers sei höchstens um $1{,}0 \cdot 10^{-3}$ mm unscharf. Wir wollen die Impulsunschärfe, genauer die relative Unschärfe des Impulses ermitteln. Es ist $\Delta p_x = 6{,}6 \cdot 10^{-28}$ kg m/s, sowie $p_x = 1{,}0 \cdot 10^{-3}$ kg m/s. Daher wird $\Delta p_x/p_x = 6{,}6 \cdot 10^{-25}$! Die relative Unschärfe des Impulses, die hier beim Beispiel eines makroskopischen Körpers auftritt, ist so außerordentlich klein, daß wir sie im Vergleich mit allen möglichen experimentellen Ungenauigkeiten vernachlässigen können. Nur im mikrophysikalischen Bereich führt die Unschärferelation zu einer grundsätzlichen Beschränkung der Meßgenauigkeit, denn nur dort ist der Dualismus Welle-Teilchen wichtig. Im makroskopischen Bereich werden diese Unschärfen praktisch bedeutungslos (vgl. Bild 1.1).

Bild 5.17 zeigt den Elektronenimpuls p_x unseres Beispiels, aufgetragen gegen die Ortskoordinate x. Nach der Unschärferelation muß in diesem Bild die schraffierte Fläche, die das Produkt der Unschärfen von Impuls und Ort darstellt, dem Betrage nach gleich der Planckschen Konstanten h sein. Ist der Ort mit großer Genauigkeit bekannt, so können wir nur mit großer Unschärfe den Impuls angeben. Ist dagegen der Impuls mit großer Genauigkeit festgelegt, so muß der Ort notwendig sehr unscharf bleiben. Daher ist es unmöglich, den zukünftigen Weg eines Elektrons vorauszusagen und im einzelnen zu verfolgen, falls dessen Aufenthalt praktisch auf einen Bereich von der Größenordnung eines Atoms beschränkt sein soll. Newtons Bewegungsgesetze, die vollkommen ausreichen, um die Bahnen makroskopischer Körper zu berechnen, sind hier nicht mehr anwendbar. Um die künftige Bewegung eines beliebigen Teilchens vorauszusagen, müssen wir nicht nur die Kräfte kennen, die auf dieses Teilchen einwirken, sondern auch dessen Anfangslage und seinen Anfangsimpuls. Da wir nun *sowohl* Ort *als auch* Impuls nicht beide gleichzeitig ohne Unschärfe kennen können, ist auch nicht die zukünftige Bahn eines Teilchens im einzelnen voraussagbar. Statt dessen müssen wir die *Wellenmechanik* heranziehen und mit ihrer Hilfe die Wahrscheinlichkeit bestimmen, das Teilchen zu einem beliebigen zukünftigen Zeitpunkt an einem bestimmten Ort zu lokalisieren.

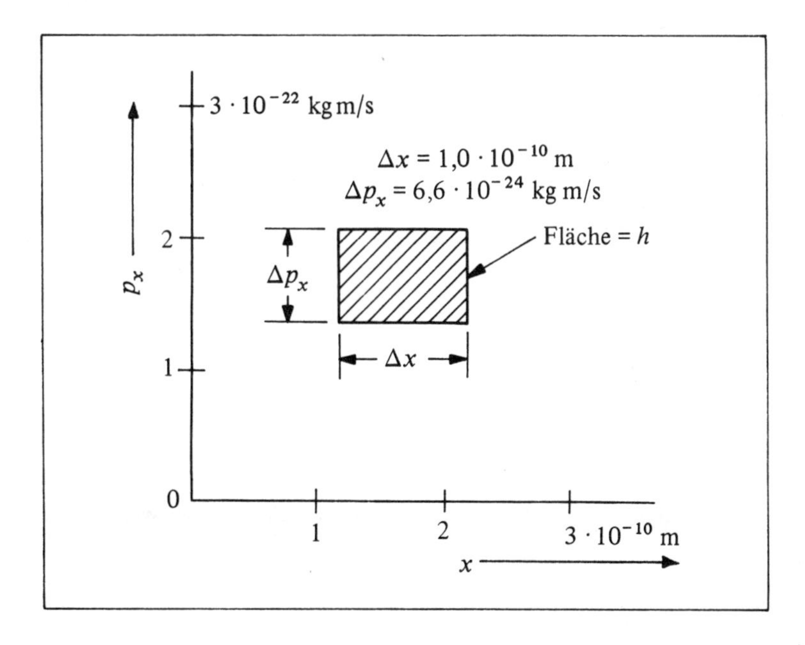

Bild 5.17 Unschärfe bei gleichzeitiger Messung des Ortes und des Impulses eines Elektrons

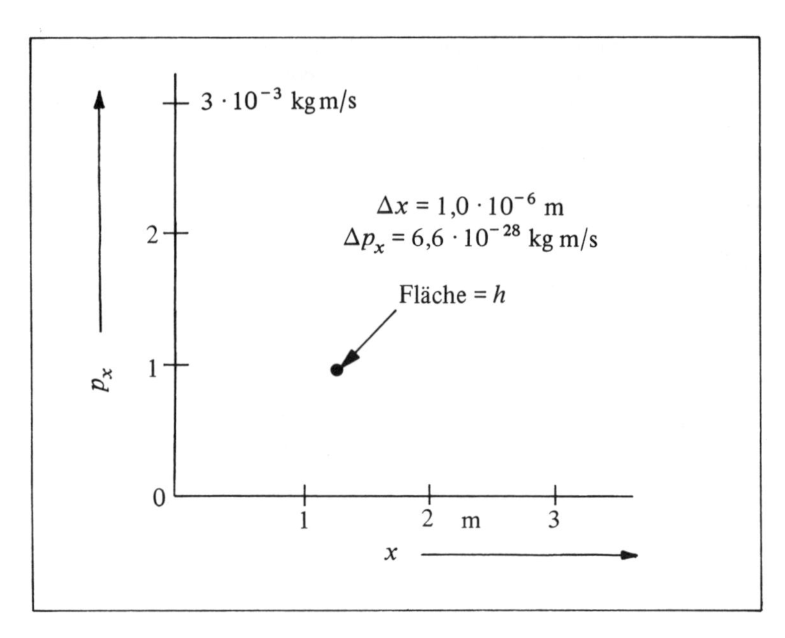

Bild 5.18 Unschärfe bei gleichzeitiger Messung des Ortes und des Impulses eines Körpers von 10 g. (Im Maßstab dieses Bildes ist die Unschärfe, dargestellt durch eine Fläche der Größe h, um einen Faktor 10^{26} vergrößert.)

Wir wollen nun nochmals den 10,0-g-Körper betrachten, der sich mit 10,0 cm/s bewegt. Bild 5.18 zeigt seinen Impuls und seinen Ort. Die Fläche h, die das Produkt aus den Unschärfen von Impuls und Ort darstellt, ist bei diesem makroskopischen Beispiel so außerordentlich winzig, daß sie in diesem Bild als nahezu unendlich kleiner Punkt erscheint. In diesem Falle können wir die Gesetze der klassischen Mechanik anwenden,ohne nennenswerte Unschärfen in Kauf nehmen zu müssen.

Hier haben wir in einem weiteren Beispiel kennengelernt, wie das Korrespondenzprinzip den Zusammenhang zwischen klassischer Physik und Quantenphysik herstellt. Die *endliche Größe* der Planckschen Konstanten ist für die Quanteneffekte verantwortlich. Die Quanteneffekte sind sehr subtil, da die Plancksche Konstante so sehr klein – aber nicht gleich Null – ist. Wie wir uns erinnern, sind die relativistischen Effekte ebenfalls sehr subtil, und zwar weil die Lichtgeschwindigkeit sehr groß – aber nicht unendlich groß – ist. Wäre aus irgend einem Grunde die Plancksche Konstante gleich Null, so würden die Quanteneffekte verschwinden. Die klassische Physik ist der entsprechende Grenzfall der Quantenphysik, falls h gegen Null ginge. Symbolisch geschrieben bedeutet das

$$\lim_{h \to 0} (\text{Quantenphysik}) = \text{klassische Physik.}$$

5.8 Wellenpakete und Geschwindigkeit der de Broglie-Wellen

Die Geschwindigkeit einer Welle der Frequenz $\nu = E/h$ und der Wellenlänge $\lambda = h/p$ ist durch

$$v_{\text{ph}} = \nu\lambda = \frac{E}{h}\,\frac{h}{p} = \frac{E}{p} \tag{5.18}$$

gegeben. Der Index ph bedeutet, daß es sich bei dieser Geschwindigkeit um die *Phasengeschwindigkeit* handelt, also um die Geschwindigkeit, mit der ein Punkt konstanter Phase im Raume fortschreitet. Mit Hilfe der Kreisfrequenz $\omega = 2\pi\nu$ und der Wellenzahl $k = 2\pi/\lambda$ können wir auch schreiben

$$E = \hbar\,\omega, \qquad p = \hbar\,k, \qquad v_{\mathrm{ph}} = \frac{\omega}{k}, \tag{5.19}$$

wobei $\hbar = h/2\pi$ ist. Die Energie E und der Impuls p eines Teilchens der relativistischen Masse m, das sich mit der Geschwindigkeit v bewegt, sind durch

$$E = m\,c^2, \qquad p = m\,v \tag{5.20}$$

gegeben. Wir ordnen einem Teilchen eine Geschwindigkeit v zu und setzen dabei voraus, daß seine Energie und sein Impuls in einem gewissen Maße lokalisiert werden können und mit dieser Geschwindigkeit transportiert werden. Wir können diese Geschwindigkeit v mit der Phasengeschwindigkeit v_{ph} der zugeordneten Welle vergleichen, indem wir Gl. (5.20) in Gl. (5.18) einsetzen:

$$v_{\mathrm{ph}} = \frac{E}{p} = \frac{m\,c^2}{m\,v} = \frac{c^2}{v}. \tag{5.21}$$

Angenommen, das Teilchen sei ein Photon ohne Ruhmasse. Dann ist seine Geschwindigkeit $v = c$, und aus Gl. (5.21) erhalten wir

$$v_{\mathrm{ph}} = c \quad \text{für} \quad m_0 = 0\,.$$

Ein Photon bewegt sich mit der *gleichen* Geschwindigkeit c wie die zugeordnete elektromagnetische Welle. Nun wollen wir ein Teilchen mit endlicher Ruhmasse annehmen. Dann muß seine Geschwindigkeit v stets kleiner als c sein. Mit $v < c$ erhalten wir aus Gl. (5.21)

$$v_{\mathrm{ph}} > c \quad \text{für} \quad m_0 > 0\,.$$

Die Phasengeschwindigkeit der zugeordneten Welle *übertrifft* also die Lichtgeschwindigkeit. Folglich ist die einem materiellen Teilchen zugeordnete monochromatische Welle unbeobachtbar – ein Umstand, der uns vom Standpunkt der Wellenmechanik betrachtet nicht überrascht, denn beobachtbar ist nur die Wahrscheinlichkeit, ein Teilchen anzutreffen, nicht aber die Geschwindigkeit, mit der die Wellenphase fortschreitet.

Denken wir allerdings an ein physikalisches Objekt, das wie ein Teilchen Energie und Impuls mit sich führt und dessen Energie und Impuls auf einen kleinen Raumbereich lokalisiert sein sollen, so muß die Amplitude der zugeordneten Wellenfunktion auch auf ein verhältnismäßig kleines Raumgebiet konzentriert sein, wie in Bild 5.14 dargestellt ist. Dieses Bild gibt keine Welle mit nur einer einzigen Frequenz wieder, denn eine derartige Welle müßte streng sinusförmig und unendlich ausgedehnt sein. Wir sehen hier vielmehr ein Wellenpaket, das sich aus Wellen unterschiedlicher Frequenz zusammensetzt. Durch Interferenz verstärken sich die Wellenkomponenten am Orte des Teilchens, also in dem Bereich, in dem die resultierende Wellenfunktion groß ist. In allen übrigen Bereichen löschen sie sich durch Interferenz aus, wie in Bild 5.14 zu sehen ist. Da sich das Teilchen dort aufhält, wo die Wellenfunktion und die Wahrscheinlichkeit groß sind, ist die Geschwindigkeit v, mit der sich das Teilchen bewegt, gleich der Geschwindigkeit, mit der sich der Bereich der additiven Interferenz durch den Raum bewegt.

Nun müssen wir einige allgemeine Ergebnisse des Abschnittes 1.8 aufgreifen, die den Zusammenhang von Phasen- und Gruppengeschwindigkeit betreffen. Wird eine Gruppe oder ein Paket einzelner Sinuswellen, die sich in Frequenz *und Phasengeschwindigkeit* unterscheiden, überlagert, so daß sie dabei einen Bereich mit starker additiver Interferenz liefern, dann ist die Geschwindigkeit, mit der sich dieser Bereich im Raume ausbreitet, die *Gruppengeschwindigkeit* v_{gr}. Diese ist mit der Kreisfrequenz ω und mit der Wellenzahl k der Partialwellen der Gruppe durch die Beziehung

$$v_{gr} = \frac{d\omega}{dk} \qquad (1.32), (5.22)$$

verknüpft. Nach unseren bisherigen Überlegungen sollte die Geschwindigkeit v_{gr} der Wellen*gruppe,* die das Wellenpaket liefert, gleich der Teilchengeschwindigkeit v sein. Das wollen wir nun beweisen.

Da $\omega = E/\hbar$ und da $k = p/\hbar$ ist, kann Gl. (5.22) umgeschrieben werden:

$$v_{gr} = \frac{d\omega}{dk} = \frac{dE}{dp} \,. \qquad (5.23)$$

Die Gesamtenergie E eines Teilchens ist mit dessen relativistischem Impuls p verknüpft:

$$E = \sqrt{E_0^2 + (pc)^2} \,. \qquad (3.14)$$

Bilden wir die Ableitung, so erhalten wir

$$\frac{dE}{dp} = \frac{p\,c^2}{\sqrt{E_0^2 + (pc)^2}} = \frac{p\,c^2}{E} = \frac{m\,v\,c^2}{m\,c^2} \,,$$

so daß aus Gl. (5.23) dann

$$v_{gr} = v \qquad (5.24)$$

wird. Die Teilchengeschwindigkeit *ist* also gerade die Gruppengeschwindigkeit des Wellenpaketes des Teilchens.

5.9 Quantenmechanische Beschreibung eines Teilchens in einem Kastenpotential

Ein Teilchen, das keinerlei äußeren Einwirkungen ausgesetzt ist, muß sich nach dem ersten Newtonschen Gesetz mit konstantem Impuls geradlinig bewegen. In der Sprache der Wellenmechanik kann ein derartiges Teilchen, das einen konstanten, genau definierten Impuls besitzt, durch eine monochromatische Sinuswelle mit genau definierter Wellenlänge beschrieben werden. Soll die Wellenlänge ganz genau definiert sein, so muß die Welle räumlich unendlich ausgedehnt sein. Falls die Wellenlänge und damit auch der Impuls des Teilchens ganz genau festgelegt ist, muß aber nach der Unschärferelation der Ort dieses Teilchens gänzlich unscharf und unbestimmt bleiben.

Im Bild 4.2c, einem Beispiel aus der klassischen Physik, sahen wir Wellen, die eine genau definierte Wellenlänge besaßen und dennoch auf einen begrenzten Raumbereich beschränkt waren: die Resonanz stehender Wellen auf einer beidseitig eingespannten Saite. Die Welle auf der Saite wird an den Begrenzungen, den eingespannten Enden, wiederholt reflektiert und interferiert additiv mit sich selbst. Eine Resonanz tritt nur dann auf, wenn die Länge der Saite ein ganzzahliges Vielfaches der halben Wellenlänge beträgt. Die stehende Welle „paßt" dann zwischen die Begrenzungen.

Wir wollen nun ein einfaches Problem aus der Wellenmechanik betrachten, das analog zu den stehenden Wellen auf einer Saite ist. Die zu bestimmende Welle soll einem Teilchen zugeordnet sein, dessen Aufenthaltsort, vergleichbar den Saitenwellen, begrenzt ist.

Angenommen, das Teilchen könne sich längs der x-Achse vor und zurück frei bewegen, und es treffe bei $x = 0$ und ebenfalls bei $x = L$ auf eine undurchdringliche, harte Wand. Es ist also innerhalb dieser beiden Begrenzungen eingeschlossen. Diese unendlich harten Wände entsprechen einer unendlich großen potentiellen Energie V für alle Werte von x, die kleiner als Null oder größer als L sind. Da sich das Teilchen zwischen Null und L kräftefrei bewegen kann, muß seine potentielle Energie in diesem Bereich konstant sein. In dem hier beschriebenen Fall handelt es sich um ein *Teilchen in einem eindimensionalen Kasten* oder auch um ein Teilchen in einem unendlich tiefen Potentialtopf. Da die Wände unendlich hart sind, kann das Teilchen auch keine Bewegungsenergie auf die Wände übertragen, seine Gesamtenergie muß also konstant bleiben, und es prallt fortgesetzt ungebremst zwischen den beiden Wänden hin und her.

Vom Standpunkt der Wellenmechanik muß die Wahrscheinlichkeit verschwinden, das Teilchen, das innerhalb der angegebenen Grenzen lokalisiert ist und dessen potentielle Energie zwischen 0 und L zur Vereinfachung gleich Null gesetzt werden kann, außerhalb dieser Grenzen anzutreffen. Daher muß die Wellenfunktion ψ, deren Quadrat uns diese Wahrscheinlichkeit liefert, für $x \leqslant 0$ und auch für $x \geqslant L$ gleich Null sein.

Die mathematischen Bedingungen unserer Aufgabe können wir daher wie folgt zusammenfassen:

$$V = \infty \quad \text{für} \quad x < 0,\ x > L\,,$$
$$V = 0 \quad \text{für} \quad 0 < x < L\,,$$
$$\psi = 0 \quad \text{für} \quad x \leqslant 0,\ x \geqslant L\,.$$

Nur Wellenfunktionen, die diese Bedingungen erfüllen, sind zugelassen. Da sich das Teilchen kräftefrei bewegt und da der Betrag seines Impulses in dem gesamten Bereich zwischen den Wänden konstant ist, wissen wir auch, daß es durch eine Sinuswelle dargestellt wird. Um die Randbedingungen zu erfüllen, sind nur diejenigen Wellenlängen zugelassen, bei denen ein ganzzahliges Vielfaches der halben Wellenlänge auf die Strecke zwischen $x = 0$ und $x = L$ paßt. Dann ist die Bedingung für die Existenz *stationärer* oder stehender Wellen

$$L = n\,\frac{\lambda}{2}, \tag{5.25}$$

dabei ist λ die Wellenlänge und n die *Quantenzahl,* die die Werte 1, 2, 3 usw. annehmen kann.

Bild 5.19 zeigt die Wellenfunktion ψ und die Wahrscheinlichkeit ψ^2, aufgetragen über x, für die drei ersten möglichen *stationären* Zustände des Teilchens in dem Kasten. Wie wir erkennen können, kann ψ sowohl negativ als auch positiv sein, ψ^2 dagegen ist jedoch stets positiv.

Bei diesen Wahrscheinlichkeitsverteilungen verschwindet ψ^2 immer an den Begrenzungen. Für den ersten Zustand, $n = 1$, ist der Punkt genau in der Mitte zwischen den Wänden, bei $x = L/2$, der wahrscheinlichste Aufenthaltsort des Teilchens. Für den zweiten Zustand, $n = 2$, ist dieser Punkt jedoch der wenigst wahrscheinlichste Aufenthaltsort, da dort offensichtlich $\psi = 0$ ist, d.h., hier wird man das Teilchen unmöglich antreffen!

Die Randbedingungen für ψ, d.h. das Anpassen der Wellen an den Abstand zwischen den Wänden, haben die Wellenlängen des Teilchens auf die durch Gl. (5.25) gelieferten Werte beschränkt. Falls nun aber nur bestimmte Wellenlängen erlaubt sind, sind auch als Beträge des Impulses nur bestimmte Werte zulässig, da ja $p = h/\lambda$ ist. Die erlaubten Impulswerte sind daher durch

$$p = \frac{h}{\lambda} = \frac{h\,n}{2L} \tag{5.26}$$

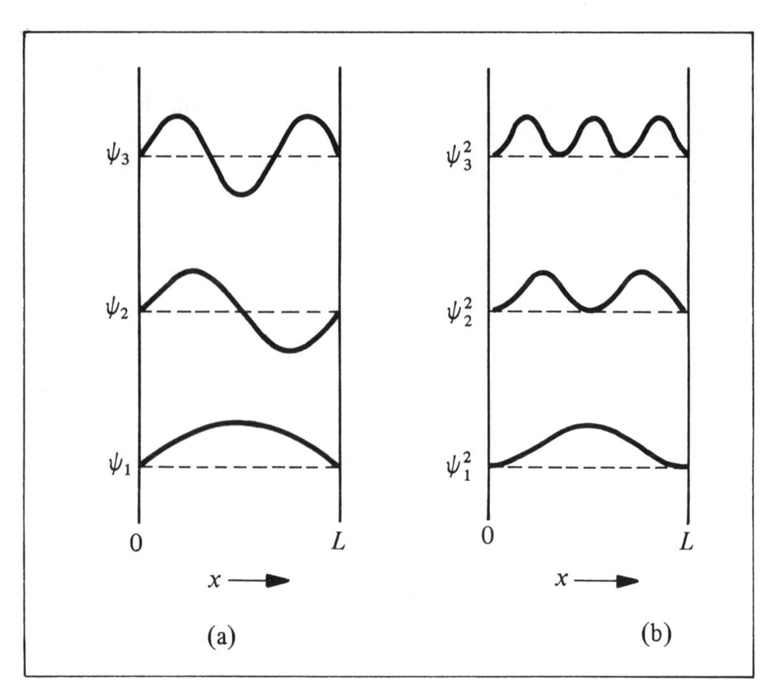

Bild 5.19 Die ersten drei stationären Zustände eines Teilchens in einem eindimensionalen Kastenpotential.
a) Wellenfunktionen
b) Aufenthaltswahrscheinlichkeit für das Teilchen

gegeben. Schließlich ist die Bewegungsenergie des Teilchens E_k (und damit auch seine Gesamtenergie E, da ja die potentielle Energie verschwindet) durch

$$E_k = E = \frac{1}{2} m v^2 = \frac{p^2}{2m} = \frac{(hn/2L)^2}{2m}, \qquad E_n = n^2 \frac{h^2}{8mL^2} \tag{5.27}$$

gegeben; dabei ist m die Teilchenmasse (diese Gleichung gilt nur für nichtrelativistische Geschwindigkeiten). Der Index n gibt an, daß bei festen Werten von m und L die möglichen Energiewerte nur von der Quantenzahl n abhängen. Wie wir dieser Gleichung entnehmen können, ist die *Energie* eines Teilchens in einem eindimensionalen Kasten *gequantelt.* Das Teilchen kann weder eine beliebige Energie noch eine beliebige Geschwindigkeit annehmen, sondern nur ganz bestimmte Energien und Geschwindigkeiten, nämlich diejenigen, die die Randbedingungen für die Wellenfunktion erfüllen. Die Quantelung der Energie ist analog zur klassischen Quantelung der Frequenz der Wellen auf einer an beiden Enden eingespannten Saite.

Wir wollen nun die möglichen Energiewerte berechnen. Dabei nehmen wir an, ein Elektron der Masse $m = 9{,}1 \cdot 10^{-31}$ kg sei gezwungen, sich auf einer Strecke $L = 400$ pm = $= 4 \cdot 10^{-10}$ m hin und her zu bewegen, Wir setzen diese Werte in Gl. (5.27) ein und erhalten für die Energie des ersten Zustandes, $n = 1, E_1 = 2{,}3$ eV. Da $E_n = n^2 (h^2/8mL^2) = n^2 E_1$ ist, sind die weiteren möglichen Energiewerte des Teilchens $4E_1$, $9E_1$, $16E_1, \ldots$ Die erlaubten Energiewerte eines Elektrons, das in einen Kasten von 400 pm eingeschlossen ist, sind im Bild 5.20 eingezeichnet. Bei dieser Art der Darstellung spricht man von *Energieniveaus* und

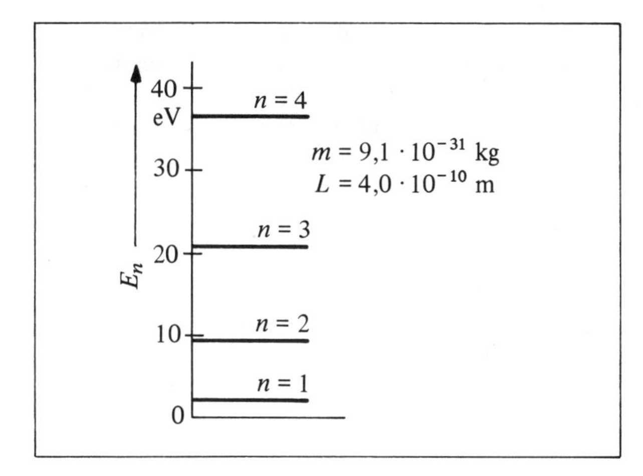

Bild 5.20
Erlaubte Energieniveaus eines Elektrons in einem eindimensionalen Kastenpotential atomarer Abmessung

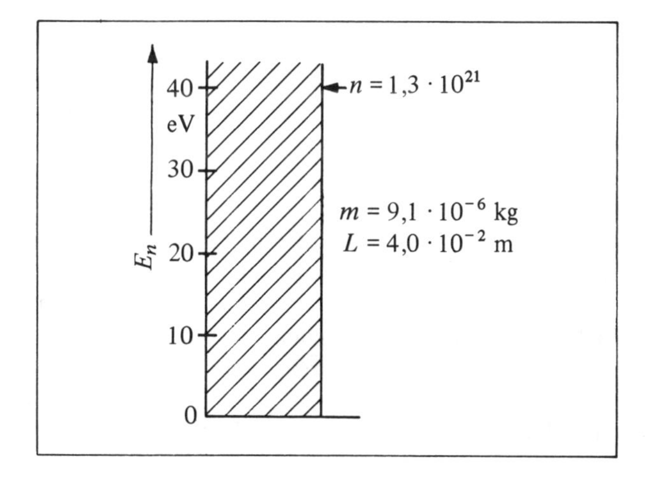

Bild 5.21
Erlaubte Energieniveaus eines Teilchens von 9,1 mg, das in einen eindimensionalen Kasten von 4 cm Kantenlänge eingeschlossen ist

von einem *Energieniveauschema.* Wenden wir dieses Ergebnis auf den Atombau an, so können wir feststellen, daß die möglichen Energiewerte eines Elektrons, das auf eine Strecke von der ungefähren Größe eines Atomdurchmessers beschränkt bleiben soll, von der Größenordnung Elektronvolt ist, also mit der Bindungsenergie der Elektronen im Atom vergleichbar ist.

Wir wollen nun noch die erlaubten Energiewerte eines verhältnismäßig großen Körpers betrachten, der in einen relativ großen Kasten eingeschlossen ist. Dazu nehmen wir $m = 9{,}1\,\text{mg} = 9{,}1 \cdot 10^{-6}$ kg und $L = 4\,\text{cm} = 4 \cdot 10^{-2}$ m an. Nach Gl. (5.27) wird dann für diese Werte $E_1 = 2{,}3 \cdot 10^{-41}$ eV, ein unvorstellbar kleiner Wert für eine Energie! Bild 5.21 zeigt das Energieniveauschema für diesen Fall. Die Energie ist hier im *gleichen* Maßstab aufgetragen wie in Bild 5.20. Bei den nun gewählten makroskopischen Verhältnissen ist aber in diesem Diagramm der Abstand zwischen benachbarten Energieniveaus so klein, daß die Energieverteilung praktisch stetig ist. Aus diesem Grunde bemerken wir bei makroskopischen Körpern niemals eine Quantelung der Energie. Aber auch dort gibt es eine Quantelung, die jedoch viel zu klein ist, um erkannt zu werden. Dieses Ergebnis stimmt offensichtlich mit dem Korrespondenzprinzip überein, nach dem die diskreten Energiewerte eines Systems gebundener Teilchen bei makroskopischen Erscheinungen scheinbar kontinuierlich verteilt sind.

Es ist bemerkenswert, daß das tiefste erlaubte Energieniveau E_1 und nicht Null ist. Das stimmt mit der Unschärferelation überein. Wäre die Teilchenenergie gleich Null, so müßte das Teilchen irgendwo in dem Kasten in Ruhe sein ($\Delta x = L$), sowohl der Impuls p als auch die Impulsunschärfe Δp_x müßten dann gleich Null sein. Das würde aber der Unschärferelation widersprechen, da dann das Produkt $\Delta p_x \, \Delta x = 0 \cdot L = 0$ und nicht gleich h wäre. Für $\Delta x = L$ ist die Impulsunschärfe durch $\Delta p_x = h/\Delta x = h/L$ gegeben. Die x-Komponente des Teilchenimpulses muß dann mindestens ebenso groß sein wie ihre Unschärfe Δp_x. Außerdem können wir nicht wissen, ob sich das Teilchen nach links oder nach rechts bewegt. Berücksichtigen wir auch das noch, so muß $\Delta p_x = 2 p_x$ sein. Unter diesen Umständen wird die Teilchenenergie $E = p_x^2/2m = (\Delta p_x/2)^2/2m$. Mit $\Delta p_x = h/L$ erhalten wir $E = h^2/8mL^2$, also genau die Energie des ersten erlaubten Zustandes, wie sie durch Gl. (5.27) gegeben ist.

Bei einem Elektron in einem Kastenpotential von atomaren Abmessungen beträgt die Energie des tiefsten Energieniveaus, also des *Grundzustandes,* einige Elektronvolt. Das Elektron befindet sich niemals in Ruhe, sondern es wird mit der kleinsten möglichen Energie, der *Nullpunktsenergie,* zwischen den begrenzenden Wänden hin- und herreflektiert. Das gilt offensichtlich für jedes Teilchen in einem Kastenpotential. Wir wollen die Mindestgeschwindigkeit des 9,1-mg-Teilchens berechnen, dessen Aufenthalt durch eine Strecke von 4 cm begrenzt war. Da $E_1 = 2{,}3 \cdot 10^{-41}$ eV $= \frac{1}{2} m v^2$ ist, muß dann $v = 9{,}0 \cdot 10^{-28}$ m/s sein; das sind nur 10^{-17} m pro Jahrtausend. Das Teilchen befindet sich praktisch in Ruhe.

Das Beispiel des Teilchens in einem Kastenpotential erscheint uns zunächst irgendwie gekünstelt, da es so etwas wie eine unendlich große potentielle Energie nicht geben kann und da ein Teilchen, wenn es sich in dem Kasten befindet, auch nicht von allen äußeren Einwirkungen frei gemacht werden kann. Dennoch ist diese Aufgabenstellung wichtig, denn sie zeigt uns die Energiequantelung. Diese Energiequantelung rührt letztlich daher, daß nur bestimmte diskrete Wellenlängen zwischen die beiden Begrenzungen passen.

5.10 Die Schrödinger-Gleichung

Beginnend mit der allgemeinen Wellengleichung gelangen wir zur zeitunabhängigen Schrödinger-Gleichung. Ihre Lösung liefert uns die erlaubten Wellenfunktionen sowie die gequantelte Energie gebundener Teilchen.

Für eine beliebige Welle, die sich in x-Richtung ausbreitet, gilt die allgemeine Wellengleichung

$$\frac{\partial^2 F}{\partial x^2} = \frac{1}{w^2} \frac{\partial^2 F}{\partial t^2}, \tag{5.28}$$

hierbei ist F die Wellenfunktion, die sowohl von der Koordinate x als auch von der Zeit t abhängt, und w ist die Wellengeschwindigkeit. Breiten sich Transversalwellen längs einer straff gespannten Saite aus, so ist die Wellenfunktion F die transversale Verschiebung der Saite aus dem Gleichgewichtszustand, und w ist dann die Geschwindigkeit der Welle längs der Saite. Wenn sich elektromagnetische Wellen im Vakuum ausbreiten, ist F die elektrische oder die magnetische Feldstärke und w die Lichtgeschwindigkeit. Breiten sich Schallwellen in einem Gas aus, dann ist F die Druckdifferenz und w die Schallgeschwindigkeit. Bei der wellenmechanischen Beschreibung von Teilchen ist die Wellenfunktion diejenige Größe, deren Quadrat die Wahrscheinlichkeit angibt, ein Teilchen in einem beliebigen Raumpunkt anzutreffen; wir halten es für zweckmäßig, sie von nun an mit Ψ zu bezeichnen.

Wir wollen nur Systeme betrachten, deren Gesamtenergie E konstant ist und deren Teilchen sich längs der x-Achse bewegen können und die einer Bindung unterworfen sind. Dann ist die Frequenz $\nu = E/h$, die mit dem gebundenen Teilchen verknüpft ist, ebenfalls konstant. Wir können als Ansatz die Wellenfunktion $\Psi(x, t)$ in einen ortsabhängigen Term $\psi(x)$ und in einen zeitabhängigen Term $f(t)$ zerlegen:

$$\Psi(x, t) = \psi(x) f(t) .$$

Da wir eine genau definierte Frequenz angenommen haben, muß sich der zeitabhängige Term $f(t)$ zeitlich sinusförmig ändern. Wir können als Ansatz versuchen

$$f(t) = \cos 2\pi\nu t .$$

Die in Gl. (5.28) benötigten zweiten partiellen Ableitungen werden dann

$$\frac{\partial^2\Psi}{\partial x^2} = f(t)\frac{d^2\psi}{dx^2}, \qquad \frac{\partial^2\Psi}{\partial t^2} = \psi(x)\frac{d^2 f}{dt^2} = -4\pi^2\nu^2 f(t)\,\psi(x) .$$

Setzen wir diese Ergebnisse in Gl. (5.28) ein, so folgt

$$f(t)\frac{d^2\psi}{dx^2} = -\frac{4\pi^2\nu^2}{w^2} f(t)\,\psi(x), \qquad \frac{d^2\psi}{dx^2} = -\left(\frac{2\pi}{\lambda}\right)^2\psi = -\left(\frac{p}{\hbar}\right)^2\psi, \tag{5.29}$$

dabei ist $\lambda = w/\nu$ die Wellenlänge und $p = h/\lambda$ der Impuls des Teilchens.

Wir nehmen nun weiter an, die Wechselwirkung des Teilchens der Masse m mit seiner Umgebung (unendlich große Masse) lasse sich durch die potentielle Energie $V = V(x)$ beschreiben. Die Gesamtenergie E des Systems wird dann

$$E = E_k + V = \frac{p^2}{2m} + V ,$$

hierbei ist E_k die Bewegungsenergie des Teilchens. Wir erhalten dann

$$p^2 = 2m(E - V) ,$$

und aus Gl. (5.29) wird

$$\frac{\hbar^2}{2m}\frac{d^2\psi}{dx^2} + (E - V)\,\psi = 0 .$$

Diese Gleichung ist die eindimensionale, zeitunabhängige und nichtrelativistische Schrödinger-Gleichung.[1] Um die Form der Schrödinger-Gleichung zu erhalten, die wir auf Teilchen anwenden können, die sich in drei Dimensionen bewegen, ersetzen wir in dieser Gleichung lediglich $d^2\psi/dx^2$ durch $\partial^2\psi/\partial x^2 + \partial^2\psi/\partial y^2 + \partial^2\psi/\partial z^2$.

Bei der Ableitung der Schrödinger-Gleichung hatten wir angenommen, daß sich das „Teilchen" als Welle ausbreitet (wir haben eine *Wellengleichung* verwendet), daß es aber mit seiner Umgebung als Teilchen in Wechselwirkung tritt (die potentielle Energie $V(x)$ sollte als Funktion der *Raumpunkte* gegeben sein). Das Komplementaritätsprinzip ist somit in die Schrödinger-Gleichung eingebaut.

---

[1] Obgleich die streng gültige Form der zeitunabhängigen Schrödinger-Gleichung (5.30) aus der allgemeinen Wellengleichung (5.28) abgeleitet werden kann, ist letztere ungeeignet, Wellenfunktionen für die Wahrscheinlichkeit zu liefern. Einerseits enthält die genaue zeitabhängige Schrödinger-Gleichung nur die erste zeitliche Ableitung und nicht die zweite. Weiterhin muß die gesamte Wellenfunktion $\Psi(x, t)$ im allgemeinen komplex sein. Folglich ist die Wahrscheinlichkeit, ein Teilchen anzutreffen, dann durch $\Psi^*\Psi$ gegeben, dabei ist Ψ^* konjugiert komplex zu Ψ.

Kennen wir die Kraft, die auf ein gebundenes Teilchen wirkt – d.h., kennen wir die potentielle Energie $V(x)$ als Funktion des Teilchenortes x – so können wir die erlaubten Wellenfunktionen und die erlaubten Energiewerte des Systems bestimmen. Eine brauchbare Lösung $\psi(x)$ muß endlich, stetig und eindeutig sein. Ganz besonders muß sie mit den Randbedingungen verträglich sein, die durch die Art der potentiellen Energie $V(x)$ bestimmt sind. Die Quantelung der Energie des Systems ist ja tatsächlich eine Folge der Randbedingungen für die Wellenfunktion. In nichtmathematischer Sprache bedeutet das: Wir müssen das Teilchen als Welle betrachten, die zwischen den Begrenzungen des Systems hin- und herreflektiert wird und die dabei eine stehende Welle bildet. Das Anpassen stationärer Wellen an die Randbedingungen führt zu den gequantelten Werten für die erlaubte Energie des Systems. Ist die potentielle Energie ortsabhängig, die Gesamtenergie E des Systems jedoch konstant, so müssen die Bewegungsenergie, der Impuls und auch die Wellenlänge des Teilchens ortsabhängig sein. So ist zum Beispiel die Wellenlänge durch

$$\lambda = \frac{h}{p} = \frac{h}{\sqrt{2m(E-V)}} \tag{5.31}$$

gegeben.

Teilchen in einem eindimensionalen, unendlich hohen Potentialtopf

Die einfachste Aufgabe, die wir mit Hilfe der Schrödinger-Gleichung lösen können, betrifft ein einzelnes Teilchen, das in einem eindimensionalen Kasten der Breite L eingeschlossen ist, d.h., wir stellen uns das Teilchen in einem unendlich hohen Potentialtopf vor, wie es in Bild 5.22 dargestellt ist. Im Kasteninnern ist die potentielle Energie $V(x)$ konstant (und zur Vereinfachung gleich Null gewählt), an den Begrenzungen, den unendlich hohen Potentialwällen, bei $x = 0$ und $x = L$, steigt das Potential V unendlich steil an. Mit $V = 0$ wird dann die Schrödinger-Gleichung (5.30) im Intervall $0 < x < L$

$$\frac{\hbar^2}{2m}\frac{d^2\psi}{dx^2} + E\psi = 0\,,$$

oder

$$\frac{d^2\psi}{dx^2} = -B^2\psi\,, \tag{5.32}$$

mit

$$B^2 \equiv \frac{2mE}{\hbar^2}\,.$$

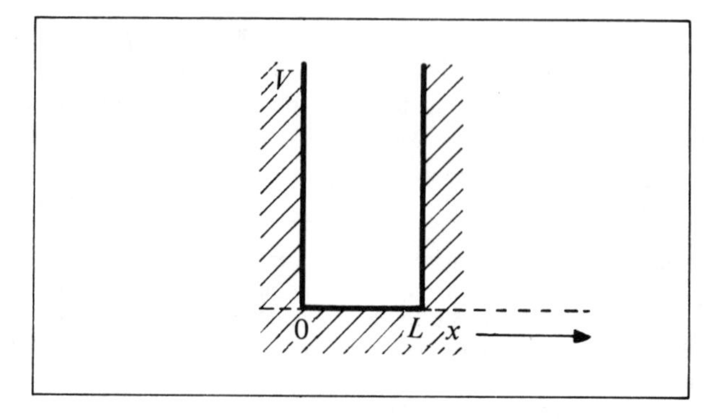

Bild 5.22
Potentielle Energie eines unendlich hohen Potentialtopfes der Breite L

Da die Wände unendlich hoch sind, können wir das Teilchen auch nicht außerhalb des Kastens antreffen. Folglich muß $\psi(x)$ für alle Punkte an den Wänden und außerhalb des Kastens verschwinden. Die erlaubte Lösung muß also mit den Randbedingungen verträglich sein. Diese Bedingungen lauten $\psi(0) = 0$ und $\psi(L) = 0$. Eine brauchbare Lösung ist

$$\psi(x) = A \sin Bx \ ,$$

wie wir durch Einsetzen in Gl. (5.32) bestätigen können. Die erste Randbedingung ist schon durch die Wahl der Sinusfunktion erfüllt: $\psi(0) = 0$ (für die Cosinusfunktion wäre sie *nicht* erfüllt, daher scheidet diese als Lösung aus). Die zweite Randbedingung, $\psi(L) = 0$, ist nur dann erfüllt, falls $BL = n\pi$ ist, dabei ist n eine ganze Zahl (denn es ist $\sin n\pi = 0$). Indem wir diesen Wert für B in die obige Definitionsgleichung einsetzen, erhalten wir

$$n\pi = BL = \sqrt{2mE}\,\frac{L}{\hbar}\ . \qquad (5.33)$$

Damit erhalten wir folgende Energiewerte und Wellenfunktionen eines freien Teilchens, das in einen Kasten mit unendlich hohen Wänden eingeschlossen ist,

$$\text{Energien:} \qquad E_n = \frac{n^2\pi^2\hbar^2}{2mL^2}\ ,$$

$$\text{Wellenfunktionen:} \qquad \psi_n(x) = A_n \sin\frac{n\pi x}{L}\ . \qquad (5.27)$$

Dieses Ergebnis stimmt mit dem im Abschnitt 5.9 gewonnenen überein. Die sinusförmigen Wellenfunktionen und die gequantelten Energieniveaus, die mit dem Quadrat der Quantenzahl n zunehmen, sind in den Bildern 5.19a und 5.20 dargestellt.

Teilchen in einem eindimensionalen Potentialtopf endlicher Höhe

Nun wollen wir annehmen, daß die Wände des eindimensionalen Kastens nicht mehr unendlich hoch sind, sondern nur noch eine endliche Höhe V_d besitzen (Bild 5.23). Wiederum wählen wir den Boden des Topfes als Nullpunkt der potentiellen Energie. Den Nullpunkt der x-Achse wollen wir in die Mitte des Topfes legen. Wie wir wissen, muß nach der klassischen Physik das Teilchen innerhalb des rechteckigen Kastens bleiben, falls seine Bewegungsenergie kleiner als die Wandhöhe V_d ist. Falls also die Gesamtenergie E des gebundenen Teilchens kleiner als V_d ist, können wir dieses unmöglich außerhalb des Bereiches $-L/2 < x < L/2$ antreffen. In der Wellenmechanik dagegen ist diese Bedingung nicht unbedingt zwingend:

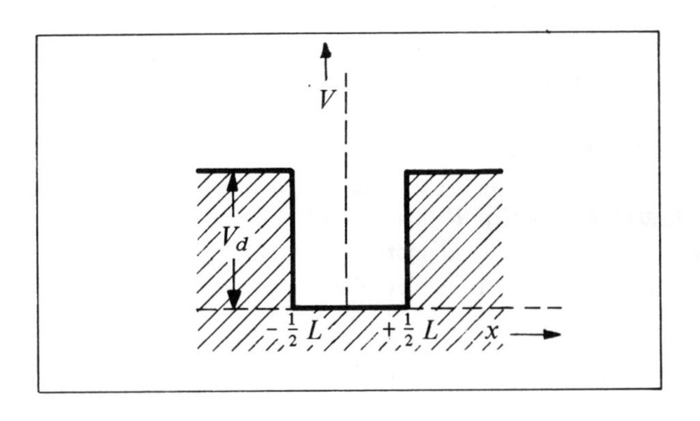

Bild 5.23
Potentielle Energie eines Potentialtopfes endlicher Höhe V_d und der Breite L

Das Teilchen *kann* auch außerhalb der durch die klassische Physik bestimmten Grenzen angetroffen werden. Was oberflächlich nach einer Verletzung des Energiesatzes aussieht, ist nach der Unschärferelation dennoch möglich. Daher kann die Wellenfunktion tatsächlich auch außerhalb des Topfes von Null verschieden sein, d.h. auch für $x < -L/2$ und für $x > L/2$. Im Topfinnern, wo die potentielle Energie konstant ist, sind die Wellenfunktionen wie oben sinusförmig. Aber nun fallen sie an den Begrenzungen $x = -L/2$ und $x = L/2$ nicht mehr notwendig auf Null ab.

Für $x < -L/2$ und für $x > L/2$ können wir die Schrödinger-Gleichung (5.30) folgendermaßen schreiben:

$$\frac{d^2\psi}{dx^2} = \frac{2m(V_d - E)}{\hbar^2}\psi .$$

Hier übertrifft die potentielle Energie V_d eines gebundenen Teilchens dessen Gesamtenergie E, so daß die Größe $V_d - E$, die auf der rechten Seite der Gleichung auftritt, *positiv* ist. Indem wir $C^2 \equiv 2m(V_d - E)/\hbar^2$ setzen, wird diese Gleichung

$$\frac{d^2\psi}{dx^2} = C^2\psi ,$$

C^2 ist hierbei außerhalb des Potentialtopfes positiv.

Mögliche Lösungen dieser Gleichung sind $\psi = A_+ \, e^{+Cx}$ sowie $\psi = A_- \, e^{-Cx}$, wie wir leicht durch Einsetzen bestätigen können. Wir wollen uns zunächst dem rechts außerhalb des Kastens gelegenen Bereich zuwenden, dort ist $x > L/2$. Falls x positiv ist, können wir die Lösung $\psi = A_+ \, e^{+Cx}$ aus folgendem Grunde außer Betracht lassen: Obgleich eine brauchbare Wellenfunktion auch außerhalb der Wände des eindimensionalen Kastens nichtverschwindende Werte annehmen darf, so kann sie doch nicht unendlich werden. Wäre aber $\psi = A_+ \, e^{+Cx}$ eine Lösung, so würde diese für unendlich große Abstände vom Kasten längs der positiven x-Achse ebenfalls unendlich werden und damit eine unendlich große Wahrscheinlichkeit liefern, das Teilchen im größten Abstand vom Kasten anzutreffen. Offensichtlich kann das nicht sein, und es bleibt uns dann nur die Lösung $\psi = A_- \, e^{-Cx}$, nach der die Wellenfunktion vom Kasten aus gesehen in Richtung der positiven x-Achse exponentiell abfällt und für unendlich große Abstände gegen Null geht. Die Wellenfunktion muß ebenfalls längs der negativen x-Achse exponentiell abfallen: Da links außerhalb des Kastens x negativ ist, wird hier $\psi = A_+ \, e^{+Cx}$ eine brauchbare Lösung.

Zusammengefaßt: Die Wellenfunktion ist im Kasteninnern sinusförmig, und sie fällt außerhalb des Kastens exponentiell ab. Die Wellenfunktionen für das Kasteninnere und für das Kastenäußere müssen jedoch an den Anschlußstellen, den Punkten $x = +L/2$ und $x = -L/2$, stetig aneinander anschließen. Für diese beiden Punkte muß also gelten

$$\psi_{\text{innen}} = \psi_{\text{außen}} , \qquad \frac{d\psi_{\text{innen}}}{dx} = \frac{d\psi_{\text{außen}}}{dx} .$$

Die vollständigen Wellenfunktionen der beiden ersten erlaubten Zustände sind in Bild 5.24 dargestellt. Die Energieniveaus liegen tiefer als bei dem Kasten mit unendlich hohen Wänden. Das folgt aus der größeren Wellenlänge (und damit einem kleineren Impuls, einer kleineren Bewegungsenergie und einer kleineren Gesamtenergie), die ihrerseits dadurch verursacht wird, daß die Wellenfunktionen an den Kastenwänden nicht mehr ganz bis auf Null abfallen.

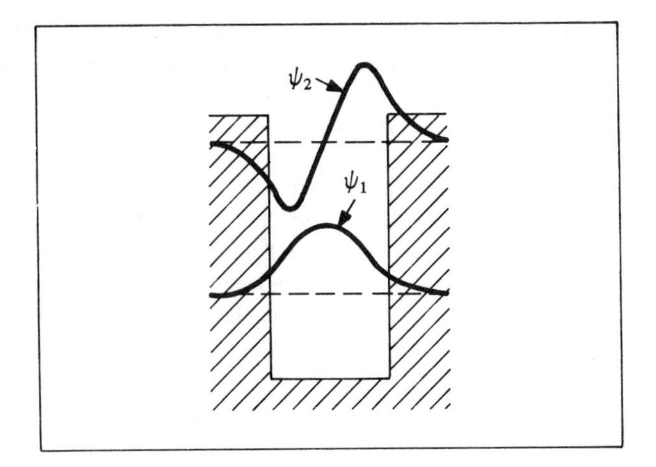

Bild 5.24
Wellenfunktionen für die ersten beiden Zustände eines Teilchens in einem Potentialtopf endlicher Höhe

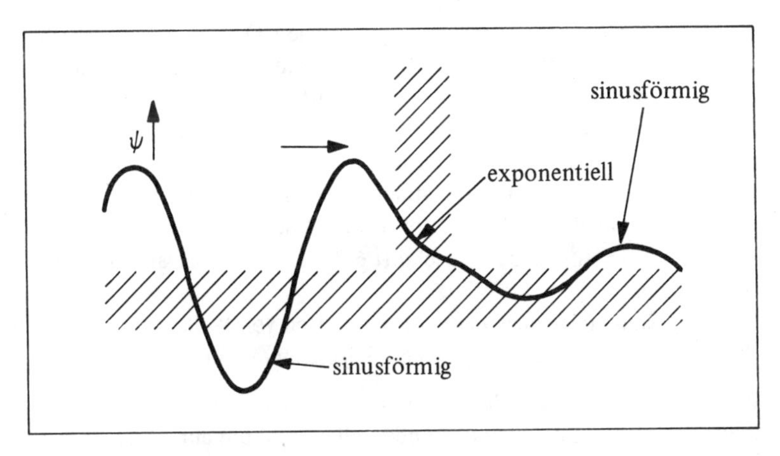

Bild 5.25 Wellenfunktion eines Teilchens, das von links kommend auf einen Potentialwall endlicher Höhe und Breite trifft

Der Tunneleffekt

Da ein Teilchen wellenmechanisch die klassischen Wände durchdringen kann, stehen wir vor einer merkwürdigen Situation, falls das Teilchen auf einen Potentialwall endlicher Breite und Höhe trifft, wie etwa in Bild 5.25. Nach der klassischen Physik könnte ein Teilchen, dessen Bewegungsenergie kleiner als die Höhe des Potentialwalles ist, niemals auf die andere Seite gelangen, indem es den Wall durchdringt oder über diesen klettert. Nach dem Energiesatz wäre es dazu einfach nicht in der Lage. Nach der Wellenmechanik *ist* das jedoch möglich. Wie wir gesehen haben, ist die Wellenfunktion von Null verschieden. Sie nimmt exponentiell ab, falls die Höhe des Potentialwalles die Gesamtenergie übertrifft. Daher ist die Wellenfunktion eines Teilchens, das sich von links dem Wall nähert, links vom Wall sinusförmig, im Innern des Walles nimmt sie exponentiell ab, und rechts vom Wall ist sie wiederum sinusförmig, nun aber mit wesentlich kleinerer Amplitude. Da die Amplitude der Wellenfunktion ein Maß für die Wahrscheinlichkeit ist, ein Teilchen anzutreffen, besteht eine kleine, aber endliche Wahrscheinlichkeit, daß sich ein Teilchen, das sich dem Wall von links genähert hat, nun *rechts* davon anzutreffen ist. Mit anderen Worten: Für das Teilchen besteht eine große Wahrscheinlichkeit, daß es links vom Wall angetroffen werden kann, eine kleinere, daß es innerhalb des Walles vorgefunden wird, und eine noch kleinere Wahrscheinlichkeit, daß es sich rechts aufhält. Das Teilchen, oder besser die Welle, kann eine klassisch unüberschreitbare Barriere durchdringen oder „durchtunneln". Die Wahrscheinlichkeit für diesen *Tunneleffekt* ist verschwindend klein; es sei denn, es handele sich um Abmessungen von der Größenordnung der Atome und der Kerne. Diesen Tunneleffekt beobachten wir jedoch tatsächlich beim Verhalten bestimmter Halbleiterschaltungen (sogenannter Tunneldioden) und bei der Aussendung von α-Teilchen aus instabilen, schweren Atomkernen.

Weitere Beispiele gebundener Teilchen

Bisher haben wir gebundene Teilchen in einem eindimensionalen Kastenpotential behandelt. Wir wollen hier noch zwei weitere Beispiele gebundener Teilchen anführen. Im Bild 5.26 sind zum Vergleich die Energieniveaus und die Wellenfunktionen für alle drei Beispiele dargestellt. Beim eindimensionalen harmonischen Oszillator (vgl. Abschnitt 12.2) ist ein Teilchen durch ein Potential $V(x) = \frac{1}{2} k x^2$ gebunden. Ein Teilchen unter der Einwirkung einer Anziehungskraft, die umgekehrt proportional zum Quadrat des Abstandes abnimmt und die daher zu dem Potential $V(r) = -ke^2/r$ führt, liegt beim Wasserstoffatom vor. Bild 5.26c zeigt die Wellenfunktionen für dieses Potential und zwar die kugelsymmetrischen Lösungen (die sog. s-Zustände). Die mathematische Bestimmung der Lösungen für den harmonischen Oszillator und für das Wasserstoffatom ist zu verwickelt, um hier gebracht zu werden, aber Aufgabe 5.48 sowie der Abschnitt 6.7 beziehen sich auf diese Wellenfunktionen und Energieniveaus.

Im folgenden sind einige allgemeine Eigenschaften von Wellenfunktionen angeführt, die wir auch an den in Bild 5.26 wiedergegebenen Beispielen erkennen können.

1. Die Wellenfunktion eines Teilchens in einem Kasten mit unendlich hohen Wänden verschwindet exakt an den Wänden und in allen Punkten außerhalb des Kastens. Bei den beiden anderen Potentialen bleiben die Wellenfunktionen an den Wänden endlich, und sie erstrecken sich auch noch über den klassischen Bereich hinaus.
2. Ganzzahlige Vielfache der halben Wellenlänge, $1(\lambda/2)$, $2(\lambda/2)$, $3(\lambda/2)$, ..., sind für die Zustände mit zunehmender Energie der Reihe nach zwischen die Begrenzungen eingepaßt.
3. Bei konstanter potentieller Energie ist die Wellenlänge konstant (also unabhängig von x) und die Wellenfunktion folglich sinusförmig wie im Innern eines unendlich hohen Potentialtopfes. Dagegen ist bei einer von x abhängigen potentiellen Energie die Wellenlänge nicht konstant (sie hängt also von x ab). Die Wellenfunktion ist folglich auch nicht sinusförmig, wie wir beim harmonischen Oszillator und beim Wasserstoffatom erkennen konnten. Aus Gl. (5.31) folgt, daß die Wellenlänge, $\lambda = h/[2m(E - V)]^{1/2}$, von der Potentialfunktion $V(x)$ und somit auch von x abhängt. Aus diesem Grunde ist die Wellenlänge klein in Bereichen, in denen die kinetische Energie $E - V$ groß ist, und umgekehrt.
4. Das tiefste Energieniveau liegt *nicht* bei Null.

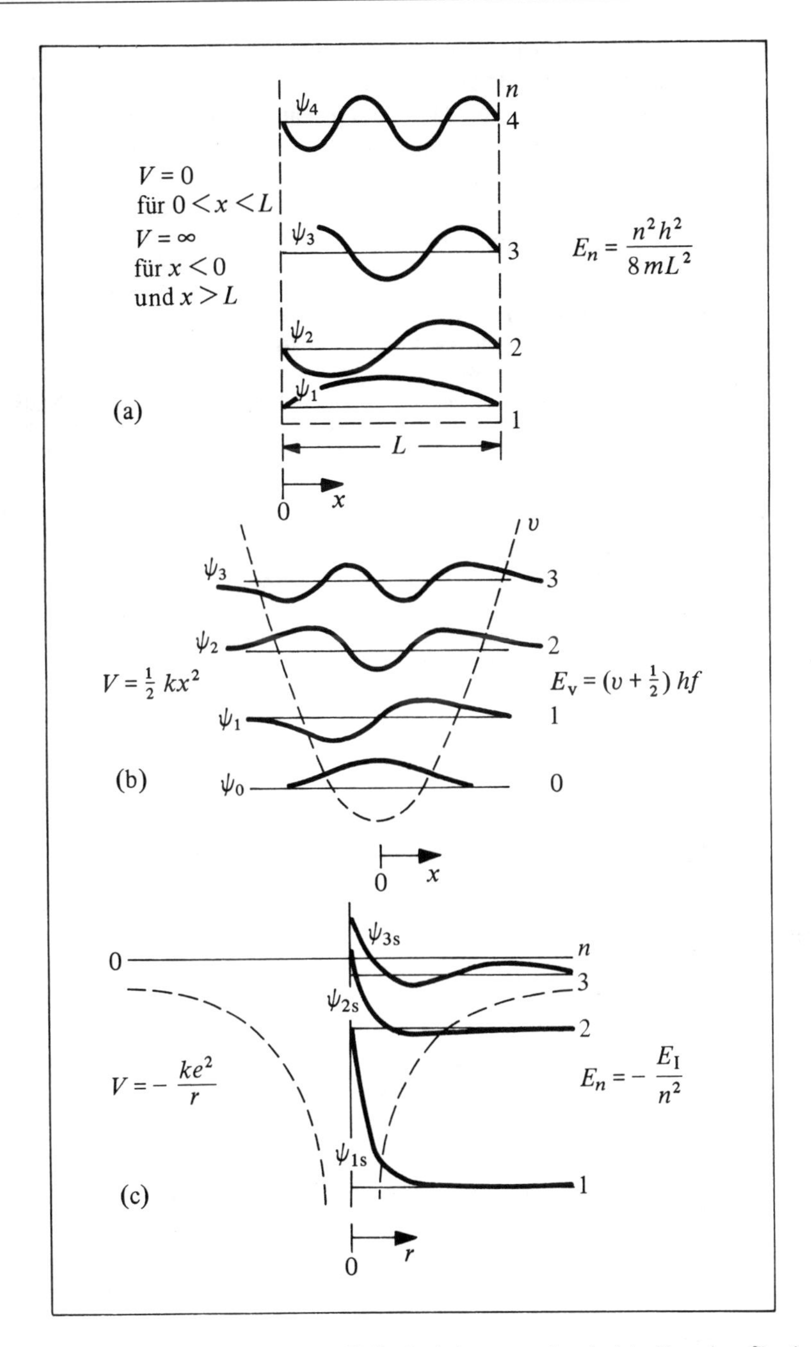

Bild 5.26 Potentialfunktionen, Wellenfunktionen und erlaubte Energien für drei einfache Potentiale:

a) unendlich hoher Potentialtopf,
b) harmonischer Oszillator,
c) Teilchen (Wasserstoffatom) im Potentialfeld einer anziehenden Kraft, die umgekehrt proportional zum Quadrat des Abstandes abnimmt

5. Bei einem Teilchen in einem Potentialtopf mit unendlich hohen Wänden häufen sich die Energieniveaus am Boden des Topfes, beim harmonischen Oszillator besitzen sie stets den gleichen Abstand untereinander, und beim Wasserstoffatom häufen sie sich oben. Dieses Verhalten hängt mit der Form der Kurve für die potentielle Energie zusammen: In Bild 5.26a ist die potentielle Energie im Vergleich zum harmonischen Oszillator zur Senkrechten hin gebogen, während sie dagegen in Bild 5.26c zur Waagerechten hin abbiegt.

Beispiel 5.2. Die Wellenfunktion eines angeregten Zustandes eines Teilchens, das sich in dem in Bild 5.27 dargestellten Potential bewegt, soll skizziert werden. Es handelt sich hier um nichts anderes als um die wellenmechanische Formulierung eines elementaren Beispieles aus der klassischen Mechanik: Ein Teilchen gleitet reibungslos auf einer schiefen Ebene (hier mit einer unendlich hohen Wand am Fuße der Ebene). Um diese Aufgabe exakt und in allen Einzelheiten zu lösen, müßten wir die Lösungen der Schrödinger-Gleichung finden und zwar für ein Potential, das bei $x = 0$ unendlich steil ansteigt und das für $x > 0$ linear mit x zunimmt, da hier ja $V = ax$ ist. Wir können jedoch, sogar ohne die Rechnung im einzelnen durchführen zu müssen, einige allgemeine Eigenschaften der wellenmechanischen Lösung aufzeigen.

Da das Potential an der Stelle $x = 0$ unendlich groß wird, muß die Wellenfunktion dort verschwinden. Im anderen Grenzfalle, wo wir das Teilchen jenseits der klassischen oberen Grenze antreffen würden, muß die Wellenfunktion gegen Null gehen. Im Zwischenbereich besitzt das Teilchen eine bestimmte nichtverschwindende Bewegungsenergie. Daher ist dort die Wellenfunktion wellenförmig. Nach dem Korrespondenzprinzip müssen außerdem die wellenmechanischen Lösungen für die relativ hoch angeregten Zustände in die klassische Lösung übergehen. Diese Lösung kennen wir für ein Teilchen, das auf einer schiefen Ebene gleitet und am Fuße dieser Ebene auf eine starre Wand prallt. Da sich das Teilchen am Fuße der Ebene mit großer Geschwindigkeit, oben aber mit geringerer Geschwindigkeit bewegt, muß die Wellenlänge der Wellenfunktion in der Nähe des unteren Endes der Ebene am kleinsten sein, und sie muß nach oben hin immer größer werden. Weiterhin folgt aus der klassisch bestimmten großen Geschwindigkeit am Fuße und der geringeren Geschwindigkeit am oberen Ende der Ebene, daß das Teilchen wahrscheinlicher am oberen Ende als am Fuße der Ebene angetroffen wird. Daher muß die Amplitude der Wellenfunktion oben auch den größten Wert und unten den kleinsten besitzen. Nehmen wir alle diese Eigenschaften an, so wissen wir bereits, daß die wellenmechanische Lösung eines angeregten Zustandes so wie in Bild 5.27 skizziert aussehen muß.

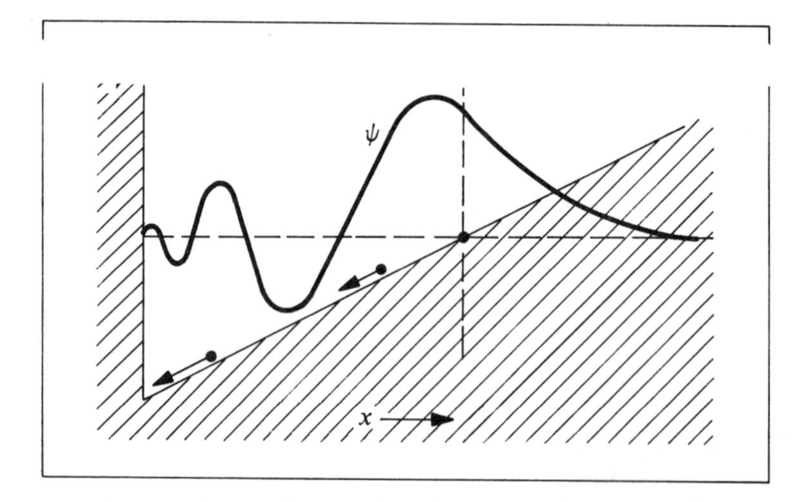

Bild 5.27 Wellenmechanische Behandlung eines Teilchens auf einer schiefen Ebene: potentielle Energie und die Wellenfunktion des fünften erlaubten Zustandes

Beim Übergang zum nächsthöheren Energiezustand müßten wir eine weitere halbe Wellenlänge zwischen der linken und der rechten Begrenzung einpassen, und im nächsttieferen Energiezustand würden wir eine halbe Wellenlänge weniger vorfinden. Im tiefsten Zustand würden wir eine Wellenfunktion ψ haben, bei der wir nur ein einziges Maximum zwischen den Nullpunkten an der rechten und an der linken Begrenzung hätten.

5.11 Zusammenfassung

Jedes Teilchen, sowohl mit Ruhmasse als auch ohne Ruhmasse, ist mit einer Frequenz und mit einer Wellenlänge verknüpft, die durch

$$\nu = \frac{E}{h} \quad \text{und} \quad \lambda = \frac{h}{p} \tag{5.1), (5.2}$$

gegeben sind.

Die Wellenlänge von 150-eV-Elektronen, von thermischen Neutronen (1/25 eV) und von typischen Röntgenstrahlen sowie die Abstände zwischen den Atomen eines Festkörpers sind alle von der Größenordnung 10^{-10} m = 100 pm.

Fällt eine Welle auf eine Schar paralleler Braggscher Ebenen, die durch den Abstand d voneinander getrennt sind, so tritt nach der Braggschen Beziehung dann eine additive Interferenz auf, wenn

$$n\lambda = 2d \sin\theta \tag{5.4}$$

ist. Röntgenstrahlen und Elektronen können an kristallinen Festkörpern gebeugt werden. Mit Hilfe der Röntgen- oder der Elektronenbeugung kann man die Wellenlänge der Röntgenstrahlen oder der Elektronen bestimmen, interatomare Abstände messen und monochromatische Strahlen erzeugen.

Nach Bohrs Komplementaritätsprinzip sind Wellen- und Teilchennatur sowohl bei der elektromagnetischen Strahlung als auch bei materiellen Teilchen zueinander komplementär, jedoch schließt die Verwendung einer der beiden Beschreibungen die Anwendung der anderen unter den gegebenen Umständen aus.

Die wellenmechanische Beschreibung materieller Teilchen läßt sich parallel zu derjenigen der elektromagnetischen Strahlung durchführen:

Elektromagnetische Strahlung (Photonen)	*Materielle Teilchen*
Wellenfunktion: elektrische Feldstärke E (oder magnetische Feldstärke)	*Die* Wellenfunktion ψ
Wahrscheinlichkeit, im Intervall dx ein Teilchen anzutreffen: $\sim E^2\,dx$	$\sim \psi^2\,dx$

Die Heisenbergsche Unschärferelation begrenzt die Genauigkeit einer gleichzeitigen Messung von Energie E und Zeit t oder von Impuls p_x und Ort x:

$$\Delta E\,\Delta t \geqslant h\,, \tag{5.14}$$

$$\Delta p_x\,\Delta x \geqslant h\,. \tag{5.15}$$

Ein Teilchen läßt sich als Wellenpaket darstellen. Dabei ist die Gruppengeschwindigkeit des Wellenpaketes die Teilchengeschwindigkeit.

Für ein freies Teilchen, das in einen eindimensionalen Kasten (L) mit unendlich hohen Wänden eingeschlossen ist, sind nur die Zustände erlaubt, bei denen ein ganzzahliges

Vielfaches der halben Wellenlänge des Teilchens zwischen die Wände paßt. Dadurch ist die Teilchenenergie gequantelt und wird durch

$$E_n = \frac{n^2 h^2}{8 m L^2} \quad (5.27)$$

geliefert, hierbei nimmt die Quantenzahl n die Werte $n = 1, 2, 3, \ldots$ an.

Nach dem Korrespondenzprinzip ist

$$\lim_{h \to 0} \text{(Quantenphysik)} = \text{klassische Physik.}$$

Die Wellenfunktionen ψ und die erlaubten Energien E für die stationären Zustände eines Teilchens der Masse m, das sich in einem Potentialfeld mit der Potentialfunktion V befindet, sind durch die zeitunabhängige Schrödinger-Gleichung bestimmt. Diese besitzt in eindimensionalen Fall folgende Form:

$$\frac{\hbar^2}{2m} \frac{d^2 \psi}{dx^2} + (E - V)\,\psi = 0\,. \quad (5.30)$$

Die Wellenfunktion ist eindeutig und stetig und erfüllt die Randbedingungen, die ihr durch die Art der Potentialfunktion $V(x)$ auferlegt werden.

5.12 Aufgaben

5.1. Wie groß ist die Wellenlänge

a) eines Photons von 1,00 MeV,

b) eines Elektrons von 1,00 MeV (Bewegungsenergie) und

c) eines Protons von 1,00 MeV (Bewegungsenergie)?

5.2. Ein Proton und ein Elektron werden beide durch eine elektrische Potentialdifferenz von 50 kV aus der Ruhe heraus beschleunigt. Wie groß ist das Verhältnis der Wellenlänge des Protons zur Wellenlänge des Elektrons?

5.3. Nach Gl. (4.7) ist die Wellenlänge eines Photons der Energie E durch $\lambda = (1{,}24\ \text{MeV pm})/E$ gegeben. Zeigen Sie, daß diese Beziehung auch für die Wellenlänge eines Teilchens mit Ruhmasse gilt, falls die Gesamtenergie E dieses Teilchens groß gegen dessen Ruhenergie E_0 ist.

5.4.

a) Mit dem Stanford-Linearbeschleuniger (SLAC) werden Elektronen auf eine kinetische Energie von 20 GeV beschleunigt. Wie groß ist bei dieser Energie ihre Wellenlänge?

b) Beim Hochenergiebeschleuniger von Batavia, Ill., erreichen Protonen eine Energie von 500 GeV. Wie groß ist ihre Wellenlänge bei dieser Energie?

5.5. Bei einem Gas aus molekularem Wasserstoff von 300 K beträgt die Wurzel aus dem mittleren Geschwindigkeitsquadrat der Moleküle 1,84 km/s. Wie groß ist die Wellenlänge eines derartigen Wasserstoffmoleküls?

5.6.

a) Wie groß ist die kinetische Energie eines Wasserstoffatoms, dessen Wellenlänge von der Größenordnung seines Durchmessers ist ($\approx$ 100 pm)?

b) Welche kinetische Energie besitzt ein Proton, dessen Wellenlänge mit seinem Durchmesser ($\approx 2 \cdot 10^{-15}$ m) vergleichbar ist?

5.7. Zeigen Sie, daß die Wellenlänge eines Teilchens mit der Ruhenergie E_0 und der kinetischen Energie E_k gegeben ist

a) durch hc/E_k, falls $E_k \gg E_0$ ist, und

b) durch $hc/(2E_0 E_k)^{1/2}$, falls $E_k \ll E_0$ ist.

5.8. Zeigen Sie, daß die Wellenlänge eines Teilchens mit der Ruhenergie E_0 und der kinetischen Energie E_k durch $\lambda = hc E_k^{-1/2} (2E_0 + E_k)^{-1/2}$ gegeben ist.

5.9. Teilchen der Masse m und der Ladung Q fliegen unabgelenkt durch einen Raumbereich. In diesem Raumbereich herrschen sowohl ein elektrisches Feld mit der Feldstärke E, die senkrecht zum Teilchenstrahl gerichtet ist, als auch ein Magnetfeld der Flußdichte B, die sowohl senkrecht auf der Richtung der Teilchen als auch auf der der elektrischen Feldstärke steht. Wie groß ist die Wellenlänge der aus diesem Bereich austretenden Teilchen?

5.10. Wie groß ist die Wellenlänge derjenigen Teilchen, die die Ruhenergie E_0 besitzen, deren Ladung Q beträgt und die sich in einem Magnetfeld der Flußdichte B auf einer Kreisbahn mit dem Radius r bewegen?

5.11. Berechnen Sie die Gitterkonstante eines CsCl-Einkristalles, der ebenso wie ein NaCl-Kristall ein primitives kubisches Gitter besitzt. Die relativen Atommassen von Caesium und Chlor sind 132,9 bzw. 35,5, und die Dichte des CsCl beträgt 3,97 g/cm^3.

5.12. Monochromatische Röntgenstrahlen, die aus Photonen der Energie 5,0 MeV bestehen, treffen auf einen KCl-Einkristall, dessen Gitterkonstante 314 pm beträgt. Unter welchem Winkel gegen die Richtung der einfallenden Strahlen beobachtet man das erste Maximum?

5.13. Ein schmales Strahlenbündel thermischer Neutronen fällt auf einen NaCl-Einkristall, dessen Gitterkonstante 282 pm beträgt.

a) Unter welchem Winkel gegen das einfallende Strahlenbündel müssen die Braggschen Ebenen orientiert werden, damit man mit Neutronen der Bewegungsenergie 0,050 eV ein starkes Beugungsmaximum erster Ordnung erhält?

b) Wie groß ist dann der Winkel zwischen dem einfallenden und dem reflektierten Strahl?

5.14. Ein schmales Bündel Röntgenstrahlen der Wellenlänge 62,0 pm trifft auf NaCl-Pulver, das aus zufällig orientierten Mikrokristallen besteht. Die Gitterkonstante des NaCl beträgt 282 pm. 10,0 cm hinter dem Pulver befindet sich eine ebene Photoplatte, die senkrecht zur Richtung der einfallenden Strahlen orientiert ist (vgl. Bild 5.5).

a) Wie groß ist der Radius des Kreises, der auf der Photoplatte durch die Beugung erster Ordnung an den 282 pm voneinander entfernten Netzebenen entsteht?

b) Wie groß ist der Radius des Kreises, der durch die Beugung zweiter Ordnung an denselben Ebenen entsteht?

5.15. Das maßstäblich vergrößerte Modell eines Kristallgitters besteht aus der Anordnung kleiner Kugeln an den Ecken dicht gepackter Würfel der Kantenlänge von 10 cm. Dieser „Kristall" wird mit Mikrowellen von 3,0 cm Wellenlänge bestrahlt. Um welchen Winkel muß dieses Kristallmodell gedreht werden, damit man ein Beugungsmaximum erhält? Bestimmen Sie die Drehung ausgehend von der Lage, bei der der einfallende Strahl senkrecht auf eine der elementaren Würfelflächen auftrifft.

5.16. Zwei parallele Maschendrahtnetze sind 0,20 m voneinander entfernt. Auf diese Schirme trifft ein Bündel monochromatischer Radiowellen. Man erhält ein Beugungsmaximum erster Ordnung, falls der Winkel zwischen den einfallenden und den reflektierten Strahlen 30° beträgt. Wie groß ist die Frequenz der Radiowellen?

5.17. Ein monochromatisches Strahlenbündel von 54-eV-Elektronen fällt – wie beim Versuch von Davisson und Germer – auf einen Nickeleinkristall (Bild 5.28).

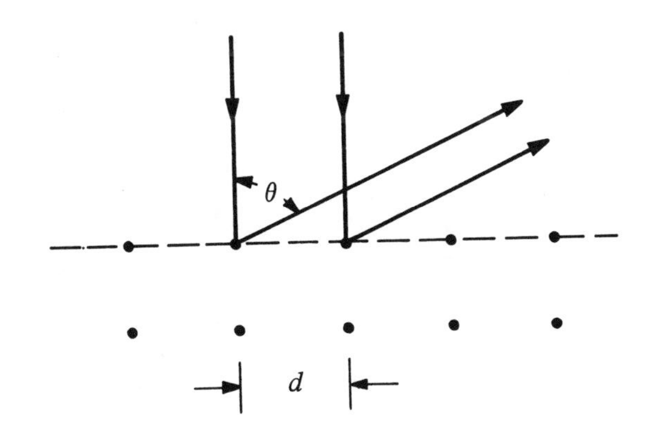

Bild 5.28

a) Wie groß ist die Wellenlänge dieser Elektronen?

b) Zeigen Sie, daß das erste Maximum des an der Oberfläche gebeugten Strahles nur bei dem durch die Gleichung $d \sin\theta = \lambda$ bestimmten Winkel θ auftreten kann, dabei ist θ der Winkel zwischen dem gebeugten Strahl und der Normalen auf der Kristalloberfläche, und d ist der Abstand benachbarter Atome an der Kristalloberfläche.

c) Wenn beim Nickel der atomare Abstand $d = 215$ pm beträgt, wie groß ist dann der Winkel θ für das erste Maximum? (Davisson und Germer beobachteten bei $\theta = 50°$ ein Maximum.)

5.18. Beim Eintritt in die Oberfläche eines bestimmten Festkörpers werden die Elektronen durch eine Potentialschwelle von 10 V beschleunigt. Angenommen, Elektronen von 20 eV treffen unter einem Einfallswinkel von 30° (gemessen gegen die Flächennormale) auf die Oberfläche.

a) Wie groß ist in diesem Festkörper der Brechungswinkel der Elektronen?

b) Wie groß ist im Innern dieses Festkörpers die Wellenlänge der Elektronen?

5.19. Zeigen Sie, daß die Phasengeschwindigkeit der Welle, die einem Teilchen der Ruhmasse m_0 und der Wellenlänge λ zuzuordnen ist, durch $c\,[1 + (m_0 c \lambda/h)^2]^{1/2}$ gegeben ist.

5.20. Ein Teilchen hat die Geschwindigkeit $0{,}5\,c$. Wie groß ist die Geschwindigkeit der dem Teilchen zugeordneten de Broglie-Welle?

5.21. Ein Elektron besitzt eine kinetische Energie von 10,2 eV. Wie groß sind

a) die Phasengeschwindigkeit und

b) die Gruppengeschwindigkeit der dem Elektron zugeordneten Welle?

c) Die Welle bilde ein auf 5,0 nm komprimiertes Wellenpaket. Wie groß ist dann die Unschärfe für den Elektronenimpuls?

d) Wie groß ist die relative Unschärfe des Elektronenimpulses?

5.22. Ein kräftefreies Teilchen der Masse m und der Geschwindigkeit v wird zu einem bestimmten Zeitpunkt durch ein Wellenpaket der „Breite“ Δx dargestellt.

a) Wie groß ist die Unschärfe des Teilchenimpulses?

b) Wie groß ist nach der Zeit Δt die Breite des dem Teilchen zugeordneten Wellenpaketes?

5.23. Die Intensität eines monochromatischen elektromagnetischen Strahlenbündels beträgt 10^3 W/m^2. Wie groß ist die Dichte der Photonen, d. h. ihre durchschnittliche Anzahl im Kubikzentimeter, falls die Strahlung aus

a) Radiowellen von 100 MHz,

b) sichtbarem Licht mit der Wellenlänge 600 nm und

c) γ-Quanten der Energie 6,2 MeV besteht?

5.24. Ein Teilchen von 1 μg bewegt sich längs der x-Achse. Die Unschärfe seiner Geschwindigkeit beträgt $6{,}6 \cdot 10^{-6}$ m/s. Wie groß ist die Unschärfe des Teilchenortes a) längs der x-Achse und b) längs der y-Achse? Ein Elektron mit der gleichen Geschwindigkeitsunschärfe bewegt sich ebenfalls längs der x-Achse. Wie groß ist seine Ortsunschärfe c) längs der x-Achse und d) längs der y-Achse?

5.25. Ein Virus ist das kleinste Objekt, das man in einem Elektronenmikroskop „sehen“ kann. Angenommen, ein kleines Virus mit einer Größe von 1,0 nm und von der Dichte des Wassers (1 g/cm^3) ließe sich in einem Raumbereich lokalisieren, der seiner Größe entspricht. Wie groß wäre dann die Mindestgeschwindigkeit dieses Virus?

5.26. Ein 1,02-MeV-Elektron besitzt in Bewegungsrichtung eine Impulskomponente mit einer relativen Unschärfe von 10^{-2}. In welchem minimalen Raumbereich läßt sich das Elektron lokalisieren?

5.27. Eine Kamera mit einem äußerst schnellen Verschluß macht eine Aufnahme. Die Belichtungszeit beträgt $1{,}0 \cdot 10^{-5}$ s. a) Wie groß ist die Energieunschärfe irgendeines Photons, das durch den Verschluß gelangt? Wie groß ist die entsprechende relative Unschärfe der Wellenlänge b) eines 2 eV-Photons des sichtbaren Lichtes und c) eines γ-Quants von 2 GeV?

5.28. Wie groß muß die kinetische Energie

a) eines Elektrons und

b) eines Protons mindestens sein, falls dieses in einem Bereich von der Größe eines Atomkernes (etwa 10^{-14} m) lokalisiert werden soll?

c) Bekanntlich besitzen Teilchen im Atomkern Energien von der Größenordnung MeV, und die potentielle Energie der anziehenden Kernkräfte zwischen einem Nukleonenpaar ist von derselben Größenordnung. Welche Teilchen, Elektronen oder Protonen, kann man dann im Kern vorfinden?

5.29. Die Wellenlänge eines Photons wird mit einer relativen Unschärfe von 10^{-8} gemessen (d.h. $\Delta\lambda/\lambda = 10^{-8}$). Wie groß ist die Unschärfe Δx bei der gleichzeitigen Lokalisierung

a) eines Photons des sichtbaren Lichtes der Wellenlänge 600 nm,

b) eines Photons von Radiowellen der Frequenz 100 kHz,

c) eines Röntgenquants der Wellenlänge 100 pm und

d) eines γ-Quants der Energie 12,4 GeV?

5.30. Ein Teilchen ist in einem Bereich lokalisiert, der die Abmessungen eines Atomkernes (ungefähr $2 \cdot 10^{-15}$ m) besitzt.

a) Verwenden Sie die Unschärferelation, um den ungefähren Impuls dieses Teilchens zu bestimmen.

b) Die kinetische Energie des Teilchens betrage einige MeV, wie groß ist dann seine Ruhenergie?

c) Welches bekannte Teilchen erfüllt die Bedingungen a) und b)?

5.31. Die Unschärferelation läßt sich durch Impuls und Ort ausdrücken ($\Delta p_x \, \Delta x \geqslant h$) oder auch durch Energie und Zeit ($\Delta E \, \Delta t \geqslant h$). Eine weitere Formulierung der Unschärferelation erfolgt mit Hilfe des Drehimpulses L und des Winkels θ: $\Delta L \, \Delta\theta \geqslant h$. Dabei ist ΔL die Unschärfe des Drehimpulses eines Teilchens relativ zu einem beliebig gewählten Punkt P. $\Delta\theta$ ist die Unschärfe der Winkellage dieses Teilchens, bezogen auf denselben Punkt P. In Bild 5.29 bewegt sich ein kräftefreies Teilchen längs einer Geraden. Sein Drehimpuls relativ zu dem Punkt P ist $L = r_\perp p_x$ und seine Winkellage ist θ.

a) Leiten Sie die Unschärferelation für L und θ aus derjenigen für p_x und x ab.

b) Nach einem einfachen Atommodell umkreist im Wasserstoffatom ein Elektron den Atomkern. Der Drehimpuls dieses umlaufenden Elektrons relativ zum Kern ist $h/2\pi$. Was folgt dann aus der Unschärferelation für die Lokalisierung des Elektrons auf seiner Kreisbahn?

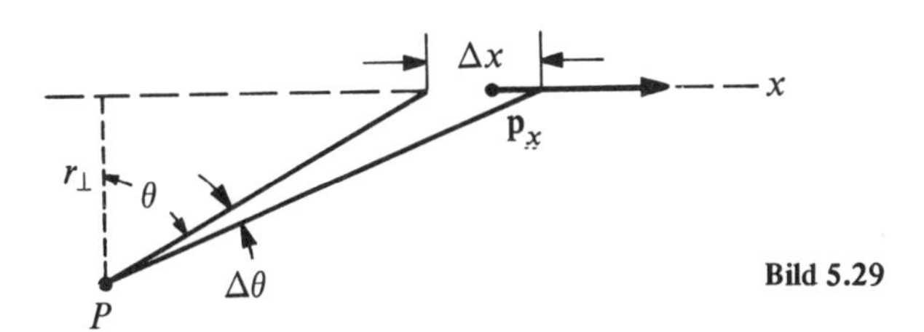

Bild 5.29

5.32. Die Unschärferelation in der Form $\Delta E \, \Delta t \geqslant h$ kann durch die folgende Überlegung aus der Formulierung $\Delta p_x \, \Delta x \geqslant h$ abgeleitet werden. Der Ort eines Teilchens, das sich längs der x-Achse bewegt, sei um Δx unscharf. Daher wird die Unschärfe für den Zeitpunkt, zu dem das Teilchen in einem weiter entfernten Punkt auf der x-Achse eintreffen wird, $\Delta t = \Delta x/v$; dabei ist v die mittlere Geschwindigkeit dieses Teilchens.

a) Bestimmen Sie die Unschärfe der kinetischen Energie des Teilchens, ausgedrückt durch die mittlere Teilchengeschwindigkeit v.

b) Ermitteln Sie die Unschärfe seines Impulses $\Delta p_x = m \, \Delta v_x$; dabei ist Δv_x die Unschärfe der Teilchengeschwindigkeit.

c) Zeigen Sie mit Hilfe der obigen Ergebnisse a) und b), daß $\Delta E \, \Delta t = \Delta p_x \, \Delta x \geqslant h$ ist.

5.33. Aus drei Gründen besitzen Spektrallinien eine endliche Linienbreite:

1. die durch die Unschärferelation verursachte natürliche Linienbreite (vgl. Aufgabe 5.29);
2. die Doppler-Verbreiterung, die durch die Aussendung des Lichtes aus bewegten Atomen oder durch die Bewegung des Beobachters relativ zu den Licht aussendenden Atomen entsteht (vgl. Aufgabe 2.18);
3. die Stoßverbreiterung, die durch Stöße der Licht aussendenden Atome mit anderen Atomen entsteht.

Zeigen Sie, daß die Linienbreite (angegeben durch die Frequenzbreite $\Delta\nu$) für den Vorgang 1 temperaturunabhängig ist, proportional zu $T^{1/2}$ für den Vorgang 2 und umgekehrt proportional zu $T^{1/2}$ für den Vorgang 3 ist. *Anmerkung:* T ist hier die absolute Temperatur.

5.34. Ein π-Meson oder Pion ist ein Elementarteilchen mit einem Ruhmassenäquivalent von 140 MeV. Angenommen, ein Proton erzeuge spontan ein derartiges Teilchen, $p \rightarrow p + \pi$. Die für diese Reaktion benötigte Energie soll durch die Unschärferelation erlaubt sein.

a) Für welches Zeitintervall kann dann maximal ein derartiges Pion existieren, oder mit anderen Worten, wie lange kann nach der Unschärferelation ein Energiebetrag von 140 MeV ausgeliehen werden?

b) Nehmen Sie (zur Vereinfachung) an, ein Pion bewege sich mit oder annähernd mit Lichtgeschwindigkeit. Welche Strecke kann es dann maximal zurücklegen, bis es aufhören muß, zu existieren, zum Beispiel, indem es von einem zweiten Proton eingefangen wird? Die anziehenden Kernkräfte zwischen Nukleonen – Protonen und Neutronen – lassen sich auf den Austausch von Pionen untereinander zurückführen. Die Kernkräfte gehen gegen Null, falls die Teilchen mehr als $2 \cdot 10^{-15}$ m voneinander entfernt sind.

5.35. In einem Elektronenmikroskop ersetzen Elektronenstrahlen die Lichtstrahlen, elektrische oder magnetische Fokussierungsfelder ersetzen brechende Linsen. Der kleinste Abstand, der von einem beliebigen Mikroskop unter günstigsten Bedingungen aufgelöst werden kann (sein Auflösungsvermögen), ist annähernd gleich der in diesem Mikroskop verwendeten Wellenlänge.

a) Ein übliches Elektronenmikroskop arbeite mit 50-keV-Elektronen. Berechnen Sie den kleinsten Abstand, der mit diesem Mikroskop noch aufgelöst werden kann.

b) Um welchen Faktor unterscheidet sich das tatsächliche Auflösungsvermögen von etwa 2 nm, das mit einem gut konstruierten Elektronenmikroskop erreichbar ist, von dem letztmöglichen Auflösungsvermögen (Mindestabstand zweier punktförmiger Objekte, die noch als zwei getrennte Objekte wahrgenommen werden können), das durch die Welleneigenschaften der Elektronen bedingt ist?

5.36. Die Grenze des Auflösungsvermögens eines beliebigen Mikroskops (vgl. Aufgabe 5.35) hängt nur von der Wellenlänge ab. Angenommen, wir wollten einen Gegenstand mit einer Abmessung von 50 pm untersuchen. Falls das Mikroskop a) mit Elektronen und b) mit Photonen arbeitet, wie groß müßten der Impuls und die Energie dieser Teilchen mindestens sein? c) Warum ist ein Elektronenmikroskop einem Gammastrahlenmikroskop vorzuziehen?

5.37. Ein Teilchen der Masse m ist in einen dreidimensionalen Kasten mit den Kantenlängen a, b und c eingeschlossen. Zeigen Sie, indem Sie für alle drei Dimensionen die Randbedingungen für die Wellenfunktionen berücksichtigen, daß die erlaubten Energien des Teilchens durch

$$E = \left(\frac{\pi^2 \hbar^2}{2m}\right) \left[\left(\frac{n_1}{a}\right)^2 + \left(\frac{n_2}{b}\right)^2 + \left(\frac{n_3}{c}\right)^2\right]$$

gegeben sind. Dabei können die Quantenzahlen n_1, n_2 und n_3 die ganzzahligen Werte 1, 2, 3, ... annehmen.

5.38. Betrachten Sie den in Aufgabe 5.37 beschriebenen Fall, bei dem ein Teilchen der Masse m in einen dreidimensionalen Kasten mit den Kantenlängen a, b und c eingeschlossen ist. Zeigen Sie, daß die erlaubten Wellenfunktionen durch

$$\psi = B\,[\sin(\pi n_1 x/a)]\,[\sin(\pi n_2 y/b)]\,[\sin(\pi n_3 z/c)]$$

gegeben sind. Dabei ist $B = (8/abc)^{1/2}$. Die Ecke des Kastens liege im Nullpunkt, der Kasten selbst befinde sich in dem Oktanten, in dem alle Koordinaten positiv sind. (*Hinweis:* Die Konstante B wird auf Grund der Bedingung festgelegt, daß die Wahrscheinlichkeit, das Teilchen irgendwo in dem Kasten anzutreffen, 100 % betragen muß. D.h., es muß

$$\int_0^a \int_0^b \int_0^c \psi^2\, dx\, dy\, dz = 1$$

sein.)

5.39. Ein kleines Kügelchen der Masse m gleitet reibungslos auf einem Kreisring vom Radius R.

a) Welche Energien sind für das Kügelchen erlaubt?

b) Welche Werte darf der Drehimpuls annehmen?

5.40. Eine Billardkugel kann sich nur in einem zweidimensionalen Kasten (dem Billardtisch) mit den Abmessungen L und B aufhalten.

a) Welche Energien sind für die Billardkugel erlaubt?

b) Wie groß muß die kinetische Energie der Billardkugel mindestens sein? (Billardkugel von 140 g auf einem Billardtisch von 3,7 m mal 1,9 m.)

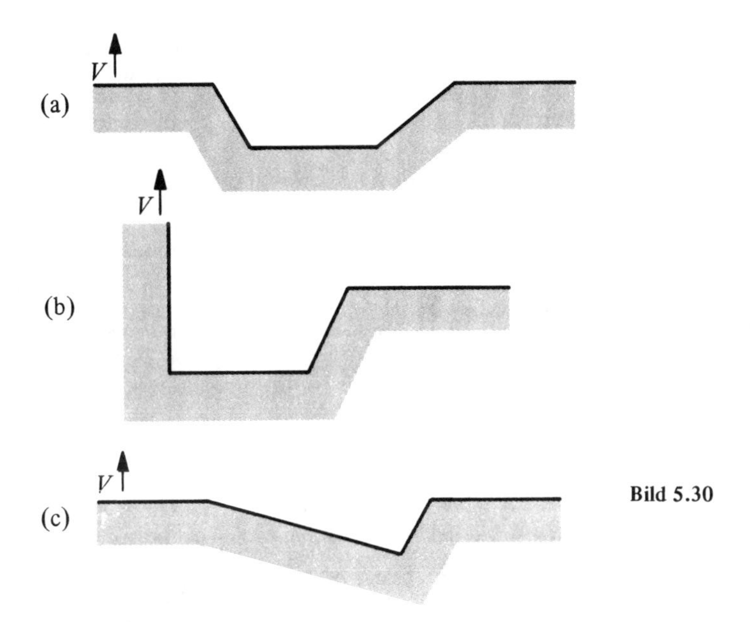

Bild 5.30

5.41. Bild 5.30 zeigt drei verschiedene Potentialgräben. Bekanntlich ist in den Bereichen, in denen die kinetische Energie verhältnismäßig groß ist, die Wellenlänge klein (denn dort ist die potentielle Energie relativ niedrig). Weiterhin muß die Wellenfunktion in dem Wall für große Abstände vom Graben gegen Null gehen, und nach dem Korrespondenzprinzip müssen die Wellenfunktionen für den Grenzfall großer Quantenzahlen in die entsprechenden klassischen Lösungen übergehen. Skizzieren Sie näherungsweise die Wellenfunktionen für die fünf niedrigsten Energiezustände.

5.42. Zeigen Sie, daß für den klassischen Grenzfall sehr großer Quantenzahlen die Wahrscheinlichkeit für den Aufenthalt eines Teilchens in einem kleinen, aber endlichen Intervall Δx eines eindimensionalen Kastens unabhängig von der Lage dieses Ortes x in dem Kasten wird. Dieses Ergebnis stimmt mit der nach der klassischen Physik zu erwartenden Wahrscheinlichkeit überein, ein Teilchen anzutreffen, das sich mit konstanter Geschwindigkeit in dem eindimensionalen Kasten bewegt. Diese klassisch bestimmte Wahrscheinlichkeit ist für alle Punkte des Kastens gleich groß.

5.43.

a) Die Wellenfunktion eines Teilchens ist in denjenigen Bereichen wellenartig, in denen die Gesamtenergie die potentielle Energie übertrifft. In Bereichen, in denen $(E - V) < 0$ ist, fällt sie jedoch stark ab. Hiervon ausgehend skizzieren Sie mehrere der ersten Wellenfunktionen für ein Teilchen in einem parabolischen Potential (harmonischer Oszillator).

b) Skizzieren Sie die Wellenfunktion eines hoch angeregten Zustandes und berücksichtigen Sie dabei, daß die wellenmechanische Wahrscheinlichkeit, das Teilchen in einem beliebigen Raumpunkt anzutreffen, im Grenzfall hoher Quantenzahlen in die korrespondierende klassische Wahrscheinlichkeit übergehen muß.

5.44. Verwenden Sie die in Bild 5.26 dargestellten Wellenfunktionen und skizzieren Sie die Wellenfunktionen und die Energieniveaus für ein Potential, das in seinen tiefsten Punkten parabelförmig ist, an den Seiten jedoch senkrechte Wände endlicher Höhe besitzt.

5.45.

a) Zeigen Sie daß die Änderung der Steigung der Wellenfunktion zwischen den Endpunkten eines kleinen Intervalles Δx durch $-(2m/\hbar^2)(E - V)\psi\,\Delta x$ gegeben ist; dabei ist E die Gesamtenergie und V die potentielle Energie.

b) Zeigen Sie, daß in einem Bereich, in dem die Wellenfunktion positiv und $(E - V) > 0$ ist, die Wellenfunktion abwärts gekrümmt ist, und

c) daß in denjenigen Bereichen, in denen $(E - V) < 0$ ist, die Wellenfunktion aufwärts gekrümmt ist.

d) Zeigen Sie, daß allgemein die Wellenfunktion zur x-Achse hin gekrümmt ist, wenn das entsprechende klassische Teilchen eine positive kinetische Energie besitzt, und in Bereichen, die klassisch für das Teilchen verboten sind, von der x-Achse fort gekrümmt ist.

5.46. Die Wellenfunktionen eines Teilchens in einem eindimensionalen Kasten der Breite L mit unendlich hohen Wänden sind durch $\psi_n = A_n \sin(\pi n x/L)$ gegeben. Legen Sie die Bedingung zu Grunde, daß die Wahrscheinlichkeit, das Teilchen irgendwo zwischen $x = 0$ und $x = L$ anzutreffen, insgesamt gleich 100 % sein muß, also daß $\int_0^L \psi_n^2\,dx = 1$ sein muß. Zeigen Sie, daß daraus $A_n = (2/L)^{1/2}$ folgt.

5.47. Zeigen Sie, daß der relative Energieunterschied zweier benachbarter Energieniveaus eines Teilchens in einem eindimensionalen Kastenpotential durch $\Delta E/E = (2n + 1)/n^2$ gegeben ist. Nehmen Sie den Grenzfall für große Quantenzahlen n und bestätigen Sie, daß die diskreten Energieniveaus der Quantenphysik in die stetige Energieverteilung der klassischen Physik übergehen.

5.48. Betrachten Sie die Schrödinger-Gleichung für eine Masse m, die sich mit der potentiellen Energie $V = \frac{1}{2} k x^2$ harmonisch bewegt.

a) Zeigen Sie, daß die Wellenfunktion $\psi = e^{-ax^2}$ eine Lösung dieser Schrödinger-Gleichung ist.

b) Zeigen Sie, daß zu dieser Wellenfunktion die Energie $E = \frac{1}{2}\hbar\omega$ gehört; dabei ist ω die entsprechende klassische Kreisfrequenz der Schwingung, $\omega = (k/m)^{1/2}$.

5.49. Die Schrödinger-Gleichung nimmt dann eine besonders einfache Form an, wenn man Länge und Energie in sogenannten atomaren Einheiten mißt. Die atomare Längeneinheit ist $h^2/4\pi^2 k m e^2$; dabei ist k die Konstante des Coulombschen Gesetzes $(F = k Q_1 Q_2/r^2)$, m ist die Ruhmasse des Elektrons und e die Elektronenladung. Die atomare Energieeinheit ist $2\pi^2 k^2 m e^4/h^2$. (Wie wir im Abschnitt 6.4 sehen werden, sind die atomare Längeneinheit und die atomare Energieeinheit der Radius der ersten Bohrschen Bahn des Wasserstoffatoms bzw. die Energie des Wasserstoffatoms in seinem tiefsten gequantelten Zustand.) Zeigen Sie, daß, wenn man Länge und Energie in atomaren Einheiten mißt, dann die zeitunabhängige, eindimensionale Schrödinger-Gleichung $d^2\psi/dx^2 + (E - V)\psi = 0$ wird.

6 Der Bau des Wasserstoffatoms

6.1 Streuung von α-Teilchen

Nach unserer heutigen Vorstellung vom Bau eines Atoms sind dessen Bestandteile: Ein *Atomkern*, der ein sehr kleines Raumgebiet einnimmt und in dem die gesamte positive Ladung und nahezu die gesamte Masse des Atoms vereinigt sind, sowie negativ geladene Elektronen, die den Kern umgeben. Wir wollen nun die Beweise für diese Vorstellung vom Atombau, die erstmalig 1911 von Ernest Rutherford vorgeschlagen worden ist, untersuchen.

Gegen Ende des 19. Jahrhunderts war bekannt, daß Elektronen die Träger der negativen elektrischen Ladung eines Atoms sind und daß ihre Masse jedoch nur ein kleiner Bruchteil der Gesamtmasse des Atoms ist. Atome als Ganzes sind gewöhnlich elektrisch neutral. Könnten wir alle Elektronen eines Atoms abtrennen, so müßte folglich der übrig gebliebene Rest die gesamte positive Ladung und praktisch die gesamte Masse enthalten. Die Frage ist nun: „Wie sind Masse und positive Ladung über das Atomvolumen verteilt?" Wie wir auf Grund zahlreicher Versuche wissen, müssen die Atome einen Durchmesser von der Größenordnung 10^{-10} m = 100 pm besitzen. Da die positive Ladung und auch die Masse mindestens auf einen derartig kleinen Bereich beschränkt sein müssen, ist es unmöglich, durch unmittelbare Beobachtung irgendwelche Einzelheiten des Atombaues zu sehen und zu erkennen. Wir sind daher auf indirekte Messungen angewiesen. Eine der erfolgreichsten Methoden, die Verteilung der Materie oder der elektrischen Ladung zu untersuchen, ist die *Streuung* von Geschoßteilchen. So waren es auch die von Rutherford vorgeschlagenen Streuversuche mit α-Teilchen, durch die die Existenz der Atomkerne bewiesen wurde.

Den Grundgedanken des Streuverfahrens können wir am besten begreifen, indem wir zunächst ein einfaches Beispiel eines Streuversuches betrachten. Angenommen, es handele sich um einen großen schwarzen Kasten (engl.: black box), die Masse seines Inhaltes sei bekannt. Wir dürfen nicht in den Kasten blicken, um dessen innere Beschaffenheit zu untersuchen, aber wir sollen feststellen, wie sich die Masse über das Kasteninnere verteilt. Der Kasten könnte zum Beispiel ganz mit einem Stoff verhältnismäßig kleiner Dichte, etwa Holz, gefüllt sein oder er könnte auch nur teilweise mit einem Stoff großer Dichte gefüllt sein. Wie können wir herausfinden, welche dieser beiden Möglichkeiten der tatsächlichen Verteilung des Stoffes im Kasteninnern entspricht? Wir können uns sehr einfach helfen: Wir schießen Kugeln in den Kasten und beobachten, was mit diesen geschieht. Treten alle Kugeln in Schußrichtung, jedoch mit verminderter Geschwindigkeit aus dem Kasten aus, dann können wir schließen, daß der Kasten mit einem Stoff, wie etwa Holz, gefüllt ist, der die Kugeln nur wenig ablenkt, wenn sie hindurchfliegen. Finden wir andererseits einige Kugeln stark von ihrer ursprünglichen Bahn abgelenkt, dann können wir annehmen, daß sie mit kleinen, starren und massiven Körpern zusammengestoßen sind, die über das Innere des Kastens verteilt sind. Indem wir also die Verteilung der gestreuten Kugeln untersuchen, können wir uns eine genauere Kenntnis über die Anordnung des Materials im Kasten verschaffen. Hierbei ist es offensichtlich *nicht* notwendig, die Geschosse gezielt abzufeuern. Die Schüsse können zufällig verteilt auf die Vorderseite des Kastens abgefeuert werden. Das ist die Grundlage aller Streuversuche in der Atom- und Kernphysik.

Wie sich Rutherford vorstellte, sollte es sich bei der Masse und der positiven Ladung eines Atoms im wesentlichen um eine Punktmasse und um eine Punktladung handeln, die er den *Atomkern* nannte. Er schloß weiter, daß diese Hypothese dadurch überprüft werden könnte, indem er (als Geschosse) positiv geladene Teilchen großer Geschwindigkeit durch eine dünne Metallfolie (als schwarzer Kasten) hindurchschießt und dann die Verteilung der gestreuten Teilchen untersucht. Zur Zeit von Rutherfords Überlegungen waren die einzigen verfügbaren geladenen Teilchen die von radioaktiven Stoffen ausgesandten α-Teilchen mit Energien von einigen MeV. Rutherford hatte bereits früher gezeigt, daß ein α-Teilchen ein doppelt ionisiertes Heliumatom ist. Daher beträgt seine positive Ladung das Doppelte der Elektronenladung, und seine Masse ist mehrere tausendmal größer als die Elektronenmasse, aber wesentlich kleiner als die Masse eines schweren Atoms, etwa eines Goldatoms. Um Rutherfords Hypothese vom Atomkern zu bestätigen, ließen H. Geiger und E. Marsden im Jahre 1913 α-Teilchen auf dünne Goldfolien auftreffen.

Das Wesentliche der Apparatur für die Streuversuche erkennen wir in Bild 6.1. Ein ausgeblendeter Teilchenstrahl trifft auf eine dünne Folie des Streumaterials, und ein Detektor zählt die Teilchen, die in einen bestimmten Winkelbereich $d\theta$ unter einem Streuwinkel θ gegen die Richtung des einfallenden Strahles gestreut werden. Der Versuch besteht aus der Messung der relativen Zahl der gestreuten Teilchen für unterschiedliche Streuwinkel θ. Bei einem ihrer Versuche verwendeten Geiger und Marsden α-Teilchen einer radioaktiven Quelle (Polonium), die eine Bewegungsenergie von 7,68 MeV besaßen. Die Teilchen trafen auf eine Goldfolie, deren Dicke $6{,}00 \cdot 10^{-5}$ cm betrug. Der drehbare Detektor bestand aus einem Zinksulfidschirm, der durch ein Mikroskop beobachtet wurde. Die auf den Schirm treffenden Teilchen verursachten kleine Lichtblitze, Szintillationen, die für jeden Winkel θ beobachtet und gezählt werden konnten.

Wir wollen das Verhalten der α-Teilchen betrachten, während sie das Innere der Streufolie durchqueren. Zusammenstöße eines α-Teilchens mit Elektronen des Materials können wir außer Betracht lassen. Da die Masse eines α-Teilchens sehr viel größer als die Elektronenmasse ist, wird das Teilchen bei diesen Stößen kaum abgelenkt, nur ein vernachlässigbarer Bruchteil seiner Energie wird dabei auf ein getroffenes Elektron übertragen. α-Teilchen werden also nur bei der Annäherung an einen Kern merklich abgelenkt und gestreut. Der Kern eines Goldatoms hat eine Masse, die beträchtlich größer als die eines α-Teilchens ist (50 mal größer). Er erfährt daher bei einem Stoß keinen nennenswerten Rückstoß, und wir können ihn als ruhend annehmen. Die α-Teilchen und die Kerne sind beide positiv geladen, also stoßen sie sich gegenseitig ab. Rutherford nahm nicht nur an, daß es sich bei den Kernen um Punktladungen handelte, sondern auch, daß die *einzig* wirksame Kraft zwischen einem Kern und einem α-Teilchen die elektrostatische Coulomb-Kraft wäre. Wie wir wissen, nimmt diese Kraft umgekehrt proportional zum Quadrat des Abstandes zwischen den Ladungen ab. Obwohl die Kraft niemals Null wird (außer für einen unendlich großen Abstand zwischen den Ladungen), erfährt ein α-Teilchen nur dann eine *starke* abstoßende Kraft, falls es sehr nahe an einen Kern herankommt.[1])

---

[1]) Da vom Standpunkt der Quantentheorie ein Bündel monoenergetischer Teilchen in der Wirkung einer monochromatischen Wellenstrahlung gleich kommt (Abschnitt 5.2), besteht der Streuvorgang aus der Beugung der einfallenden Wellen an Streuzentren. Es ist bemerkenswert, daß eine exakte wellenmechanische Behandlung der Streuung durch eine Kraft, die mit dem Quadrat des Abstandes abnimmt, zu genau dem gleichen Ergebnis führt, wie wir bei der hier besprochenen streng klassischen Rechnung mit Teilchen erhalten. Bei anderen Krafttypen unterscheiden sich jedoch die Ergebnisse der klassischen und der wellenmechanischen Rechnung.

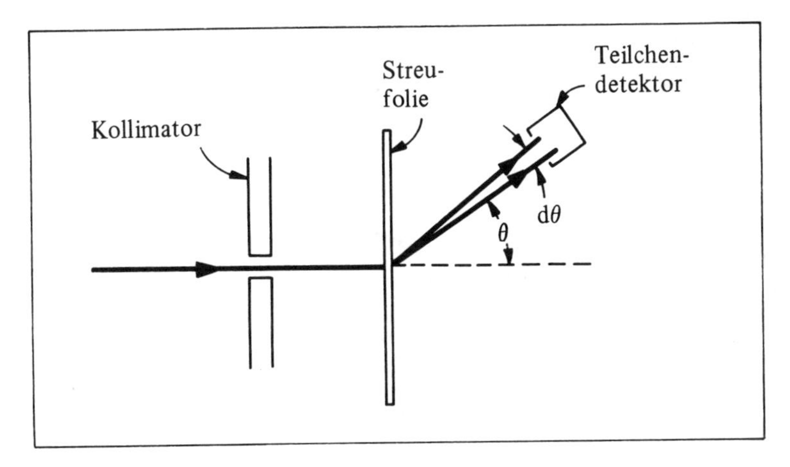

Bild 6.1 Aufbau eines einfachen Streuversuches: Kollimator, Streufolie und Detektor

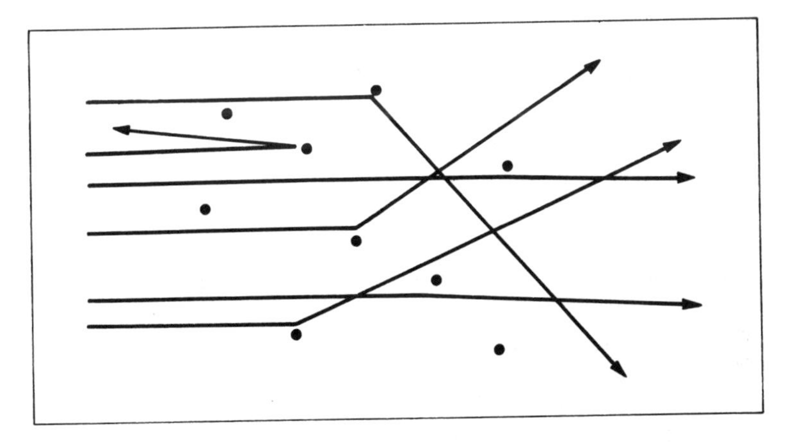

Bild 6.2 Streuung von α-Teilchen an Atomkernen. (Die Zahl der α-Teilchen, die unter einem beträchtlichen Winkel gestreut werden, ist hier stark übertrieben.)

In Bild 6.2 sind mehrere Bahnen von α-Teilchen dargestellt, die sich durch das Innere der Streufolie bewegen. Die Mehrzahl der Teilchen erfährt beim Durchgang durch das Material nur eine kleine Ablenkung aus ihrer ursprünglichen Richtung. Die Wahrscheinlichkeit, daß ein α-Teilchen sehr nahe an einen Kern, also an ein Streuzentrum, gelangt, ist außerordentlich klein. Andererseits werden diejenigen wenigen α-Teilchen, die einem zentralen Zusammenstoß nur so eben entgehen, um beträchtliche Winkel abgelenkt, und die ganz wenigen, die sogar zentral gegen einen Kern stoßen, werden um 180° abgelenkt, d.h., sie kommen momentan zur Ruhe und kehren dann entgegengesetzt zu ihrer Einfallsrichtung zurück.

Nun wollen wir den Stoß eines positiv geladenen Teilchens (z.B. eines α-Teilchens) mit einem schweren Kern (z.B. einem Goldkern) in seinen Einzelheiten betrachten. Das einfallende Teilchen wird um den Winkel θ gestreut (Bild 6.3). Zunächst bewegt sich das Teil-

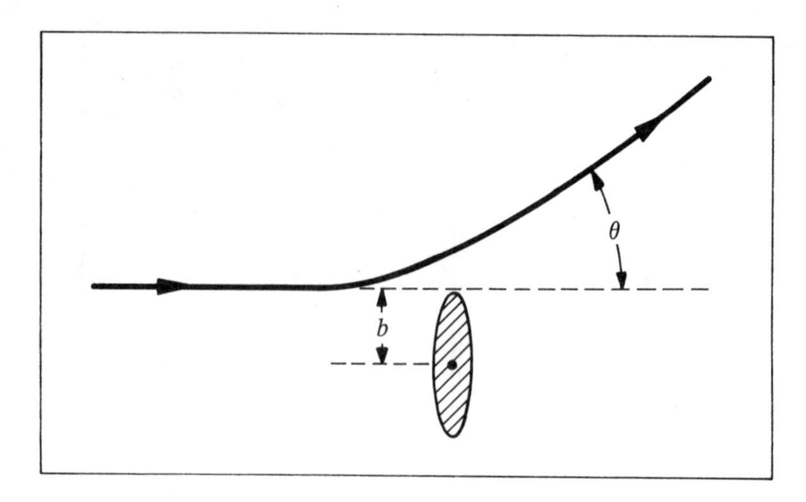

Bild 6.3 Streuung eines α-Teilchens, das sich einem schweren Kern mit einem Stoßparameter b nähert

chen annähernd geradlinig, bis es ziemlich nahe an das Streuzentrum gelangt, das in dem Bild durch einen Punkt wiedergegeben ist (die schraffierte Fläche bezeichnet eine Kreisfläche um den Kern, hier fast von der Seite gesehen). Das Teilchen wird abgelenkt und bewegt sich dann annähernd geradlinig weiter; seine Bahn ist eine Hyperbel. Gäbe es keine Kraft zwischen dem Teilchen und dem Kern, so wäre es im Abstand b am Kern vorbeigeflogen. Dieser Abstand heißt *Stoßparameter.*

Wie wir aus Bild 6.3 erkennen können, werden alle Teilchen, deren Einfallsrichtung auf einen Kreisumfang trifft, der mit dem Radius b um den Kern gelegt ist, um den gleichen Winkel θ abgelenkt. Weiterhin werden alle Teilchen, deren Einfallsrichtung irgendwo auf die schraffierte Kreisfläche πb^2 zielt, um einen Winkel abgelenkt, der größer als θ ist. Ein Teilchen, das zentral auf den Kern stößt ($b = 0$), wird offensichtlich um 180° abgelenkt. Die Targetfläche (Zielfläche) πb^2 heißt *Streuquerschnitt* σ:

$$\sigma = \pi b^2 . \tag{6.1}$$

Daher können wir jedem Streuzentrum eine Fläche σ so zuordnen, daß jedes Teilchen, dessen Einfallsrichtung auf diese Fläche zielt, um einen Winkel θ oder größer gestreut wird. Wird ein Teilchen um einen merklichen Winkel abgelenkt, so ist der zugehörige Streuquerschnitt außerordentlich klein, d.h., im Falle großer Streuwinkel stellt jeder Kern für die einfallenden Teilchen nur ein sehr kleines Target (Ziel) dar.

Wir wollen nun die gesamte Targetfläche berechnen, die durch *sämtliche* Streuzentren einer Folie der Fläche A und der Dicke D gebildet wird. Dabei wollen wir annehmen, die Folie sei so dünn, daß der Streuquerschnitt irgendeines Kernes nicht von demjenigen eines anderen Kernes überlappt wird. Die gesamte Fläche in Bild 6.4 soll die Folienfläche A darstellen. Ist nun die gesamte schraffierte Fläche im Verhältnis zur Folienfläche A sehr klein, so ist auch die Wahrscheinlichkeit sehr klein, daß ein einfallendes Teilchen durch mehr als einen Kern nennenswert abgelenkt wird, d.h., falls die Folie hinreichend dünn und auch der Streuquerschnitt σ klein ist, tritt nur *„Einfachstreuung"* und nicht „Mehrfachstreuung" auf. Die Anzahl aller Streuzentren je Volumeneinheit sei n. Der Zahlenwert von n kann aus

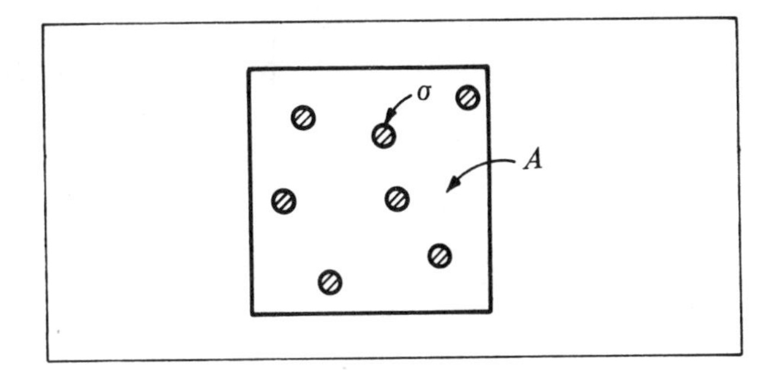

Bild 6.4
Targetflächen der Streuzentren einer dünnen Folie, von denen die einfallenden Teilchen unter einem Winkel θ oder größer gestreut werden

der Avogadro-Konstanten N_A, der Dichte ρ und der molaren Masse M der Streufolie berechnet werden: $n = N_A\ \rho/M$ (vgl. die ähnliche Berechnung im Abschnitt 5.2). Sind in der Volumeneinheit n Kerne vorhanden, dann enthält eine Folie mit dem Volumen AD insgesamt nAD Kerne. Die Targetfläche für die Streuung um einen Winkel von mindestens θ ist dann $\sigma \cdot nAD$.

Nun können wir den Bruchteil der einfallenden Teilchen berechnen, der um den Winkel θ oder größer gestreut wird. Man kann mit dem einfallenden Teilchenstrahl nicht auf einen bestimmten Kern in der Folie zielen, denn der Strahl verteilt sich über eine Fläche, die sehr groß im Verhältnis zu σ ist. Daher ist die Wahrscheinlichkeit, daß ein einfallendes Teilchen um einen Winkel größer als θ gestreut wird, einfach durch das Verhältnis der schraffierten Targetfläche σnAD zur gesamten Folienfläche A gegeben. Bei sehr vielen einfallenden Teilchen wird dann der Bruchteil der gestreuten Teilchen durch $\sigma nAD/A$ oder durch

$$\frac{N_s}{N_0} = \sigma n D \tag{6.2}$$

gegeben. Dabei ist N_0 die Anzahl aller auf die Folie treffenden Teilchen und N_s die Anzahl dieser einfallenden Teilchen, die um einen Winkel θ oder größer gestreut werden. Der Teilchendetektor mißt praktisch die Anzahl dN_s der in den Winkelbereich $d\theta$ gestreuten Teilchen, die von diesem Detektor unter einem Streuwinkel θ erfaßt werden. Die entsprechende Targetfläche, von der die Teilchen in den Winkelbereich zwischen θ und $\theta + d\theta$ gestreut werden, ist der differentielle Streuquerschnitt $d\sigma$. Er ist nach Gl. (6.1)

$$d\sigma = 2\pi b\, db\ . \tag{6.3}$$

Das folgt auch aus Bild 6.5, dort erkennen wir den differentiellen Streuquerschnitt eines jeden Kernes als Ring mit dem Radius b, dem Umfang $2\pi b$ und der Breite db. Ein Teilchen, dessen Einfallsrichtung auf diese schraffierte Fläche zielt, wird dann in den Winkelbereich zwischen θ und $\theta + d\theta$ gestreut.

Nach den Gln. (6.2) und (6.3) ist dann die Anzahl der Teilchen, die in einen Bereich zwischen den Winkeln θ und $\theta + d\theta$ gestreut werden, dN_s, im Verhältnis zur Anzahl aller einfallenden Teilchen N_0:

$$\frac{dN_s}{N_0} = nD\, d\sigma = nD\, 2\pi b\, db\ . \tag{6.4}$$

Diese Gleichung ist die Grundlage aller Streuversuche mit dünnen Folien. Die Anzahl der einfallenden und die der gestreuten Teilchen, N_0 und dN_s, können im Versuch unmittelbar ge-

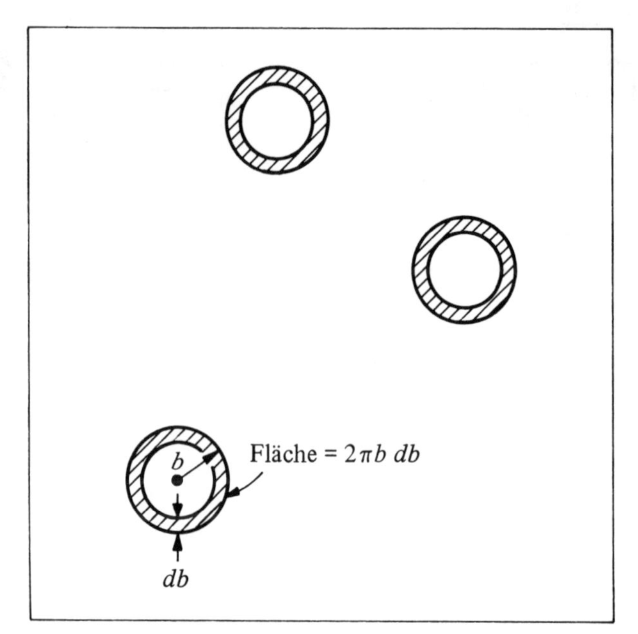

Bild 6.5
Targetflächen der Kerne mit differentiellem Streuquerschnitt $d\sigma$

messen werden. Ihr Verhältnis läßt sich mit dem nach dieser Gleichung berechneten Verhältnis vergleichen. Um dN_s/N_0 berechnen zu können, müssen wir jedoch wissen, wie der Stoßparameter b vom Streuwinkel θ abhängt.

Der Zusammenhang von b und θ bei der Streuung von Teilchen der Ladung Q_1 und der Bewegungsenergie E_k an einem festen Massenpunkt mit der Ladung Q_2 ist durch

$$b = \frac{k}{2} \frac{Q_1 Q_2}{E_k} \cot \frac{\theta}{2} \tag{6.5}$$

gegeben, dabei ist $k = 1/4\pi\epsilon_0$ die Konstante des Coulombschen Gesetzes. Weiterhin ist $Q_1 = +2e$ und $Q_2 = +Ze$, falls Z die Kernladung in Vielfachen der Elektronenladung e angibt. Diese Gleichung ist aus dem Energiesatz, dem Impulssatz, dem Drehimpulssatz und unter der Annahme abgeleitet, daß die Coulomb-Kraft eine konservative, umgekehrt proportional zum Quadrat des Abstandes wirkende Zentralkraft ist.

Beispiel 6.1. Wir wollen die Theorie der Streuung auf α-Teilchen anwenden und dabei die Versuchsbedingungen von Geiger und Marsden zu Grunde legen, bei denen α-Teilchen von 7,68 MeV an einer Goldfolie von $6{,}00 \cdot 10^{-5}$ cm Dicke gestreut wurden. Wir verwenden die folgenden bekannten Werte und wählen $\theta = 90°$:

$\theta = 90°$, $\quad k = 8{,}99 \cdot 10^9\ \mathrm{Nm^2/C^2}$,
$D = 6{,}00 \cdot 10^{-7}$ m, $\quad \rho = 1{,}93 \cdot 10^4\ \mathrm{kg/m^3}$,
$E_k = 7{,}68$ MeV, $\quad M = 197{,}2$ kg/kmol,
$Z = 79$, $\quad N_A = 6{,}02 \cdot 10^{26}\ \mathrm{kmol^{-1}}$.
$e = 1{,}60 \cdot 10^{-19}$ C,

Die Gln. (6.5), (6.1) und (6.2) liefern dann

$$b = 1{,}48 \cdot 10^{-14}\ \mathrm{m}, \qquad \sigma = 6{,}88 \cdot 10^{-28}\ \mathrm{m^2}, \qquad \frac{N_s}{N_0} = 2{,}43 \cdot 10^{-5}.$$

Unter diesen Versuchsbedingungen wird also jedes einfallende Teilchen, das auf seiner ursprünglichen Bahn den streuenden Kern um nicht mehr als $1{,}48 \cdot 10^{-14}$ m verfehlen würde, mindestens um 90° abgelenkt. Hierbei ist zu beachten, daß dieser Stoßparameter viel kleiner als der Abstand zwischen benachbarten Goldkernen ist, der näherungsweise – ebenso wie die Größe der Goldatome – etwa $3 \cdot 10^{-10}$ m beträgt. Der Streuquerschnitt σ, die Targetfläche, für die Streuung der α-Teilchen um einen Winkel von mehr als 90° ist $6{,}88 \cdot 10^{-28}$ m^2, eine sehr kleine Fläche. Schließlich erkennen wir, daß $N_s/N_0 = 2{,}43 \cdot 10^{-5}$ ist: Nach der Theorie werden unter den angegebenen Bedingungen nur etwas mehr als 2 von 100 000 einfallenden α-Teilchen um 90° oder mehr abgelenkt. Unsere Annahme, daß die in Bild 6.4 schraffiert gezeichnete Fläche viel kleiner als die gesamte Folienfläche ist, wird damit hinreichend bestätigt. Daher ist für den Fall derartig großer Streuwinkel auch nur die Einfachstreuung von Bedeutung. Falls wir die Rechnung für $\theta = 1°$ wiederholen, erhalten wir $N_s/N_0 = 0{,}320$, d.h., bei 32% der einfallenden Teilchen müssen wir erwarten, daß sie um 1° oder mehr gestreut werden.

Aus der Gl. (6.5) erhalten wir

$$db = \frac{-k\,Q_1\,Q_2}{4\,E_k}\,\frac{1}{\sin^2(\theta/2)}\,d\theta\,.$$

Infolge des negativen Vorzeichens nimmt der Streuwinkel θ zu, falls der Stoßparameter b *abnimmt;* wir werden im folgenden hiervon jedoch keinen Gebrauch machen. Indem wir die Ausdrücke für b und für db in Gl. (6.4) einsetzen, erhalten wir

$$\frac{dN_s}{N_0} = \frac{\pi nD}{4}\left(\frac{k\,Q_1\,Q_2}{E_k}\right)^2 \frac{\cot(\theta/2)}{\sin^2(\theta/2)}\,d\theta = \frac{\pi nD}{4}\left(\frac{k\,Q_1\,Q_2}{E_k}\right)^2 \frac{\cos(\theta/2)}{\sin^3(\theta/2)}\,d\theta\,.$$

Unter Verwendung der trigonometrischen Identität $\sin\theta = 2\sin(\theta/2)\cos(\theta/2)$ können wir diese Gleichung umschreiben:

$$\frac{dN_s}{N_0} = \frac{nD}{16}\left(\frac{k\,Q_1\,Q_2}{E_k}\right)^2 \frac{2\pi\sin\theta\,d\theta}{\sin^4(\theta/2)}\,. \tag{6.6}$$

Nun liefert, wie Bild 6.6 zeigt, die Größe $2\pi\sin\theta\,d\theta$ gerade den gesamten Raumwinkel $d\Omega$, der durch die Zunahme $d\theta$ des Streuwinkels entsteht. Der bei den Streuversuchen verwendete Detektor, der in festem Abstand um die Streufolie gedreht wird, erfaßt immer einen zu $d\Omega$ proportionalen Raumwinkel, d.h., der Faktor $d\Omega = 2\pi\sin\theta\,d\theta$ ändert sich nicht, wenn der Detektor um die Streufolie gedreht wird, um die gestreuten Teilchen für verschiedene Streuwinkel θ zu zählen. Aus Gl. (6.6) folgt dann

$$\frac{dN_s}{N_0} \sim \left(\frac{Q_1\,Q_2}{E_k}\right)^2 \frac{nD}{\sin^4(\theta/2)}\,. \tag{6.7}$$

Bei der Streuung von α-Teilchen ist $Q_1 = 2e$ und $Q_2 = Ze$. Dann wird diese Gleichung

$$\frac{dN_s}{N_0} \sim \frac{Z^2 e^4\,nD}{E_k^2\,\sin^4(\theta/2)}\,.$$

Da die Anzahl der gestreuten Teilchen umgekehrt proportional zu $\sin^4(\theta/2)$ ist, nimmt mit zunehmendem Winkel θ die Anzahl dN_s sehr schnell ab. So werden zum Beispiel bei einer Million Teilchen, die man bei $\theta = 10°$ beobachten kann, nur noch 231 um $\theta = 90°$ und lediglich 58 Teilchen um $\theta = 180°$ abgelenkt.

Nach unserer Annahme von Kernen als Punktladungen wird die Mehrzahl der einfallenden Teilchen nur wenig abgelenkt, eine kleine, aber entscheidende Anzahl wird um einen großen Winkel abgelenkt. Hätten wir ein ganz anderes Modell zu Grunde gelegt, bei dem wir die positive Ladung gleichmäßig über einen beträchtlichen Teil des Atomvolumens

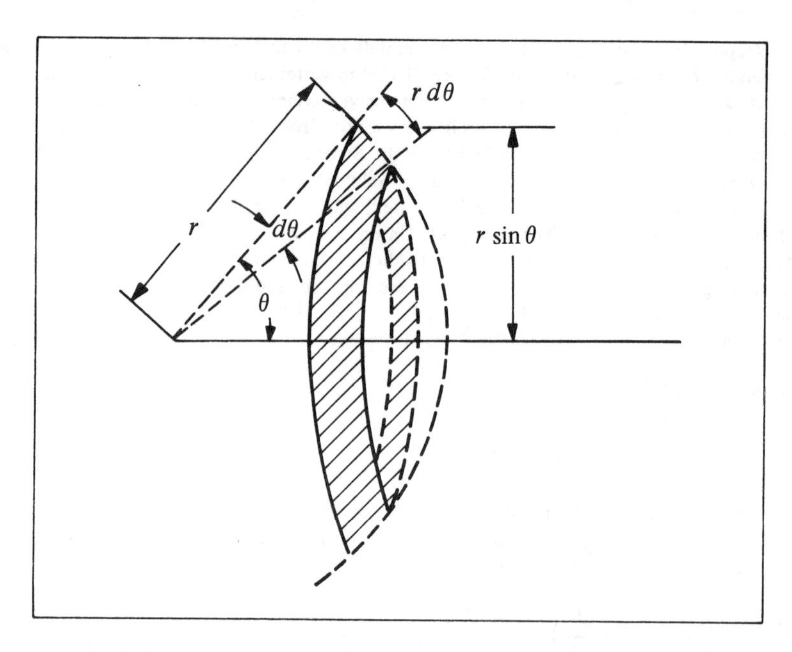

Bild 6.6 Raumwinkel $d\Omega$, der bei der Änderung des Streuwinkels θ um $d\theta$ entsteht. Nach der Definition ist $d\Omega/4\pi$ das Verhältnis der schraffierten Fläche zur vollen Kugelfläche. Die schraffierte Fläche ist gleich $2\pi\,(r \sin\theta)\,(r\,d\theta)$. Also ist $d\Omega/4\pi = (2\pi r^2 \sin\theta\, d\theta)/4\pi r^2$. Daher wird $d\Omega = 2\pi \sin\theta\, d\theta$.

verteilt hätten, so wäre die Wahrscheinlichkeit für die Streuung um große Winkel bei dünnen Folien gleich Null geworden. Ein derartiges Modell hatte J. J. Thomson vorgeschlagen, aber die Streuversuche widerlegten es. Rutherfords Hypothese vom Atomkern wurde durch die Versuche von Geiger und Marsden bestätigt, denn die von ihnen gemessene Verteilung der gestreuten α-Teilchen stimmte mit der vorausgesagten Verteilung überein, die auf einer Streuung durch die Coulomb-Kraft an Punktladungen beruhte, d.h. auf einer Streuung, die proportional zu $1/\sin^4(\theta/2)$ ist. Sie bestätigten Rutherfords Theorie für unterschiedliche Energien der α-Teilchen, für unterschiedliche Folienmaterialien und -dicken.

Wie die Streuversuche jedoch zeigen, gilt das Coulombsche Gesetz *nicht* mehr, falls die geladenen Teilchen, hier also der Atomkern und das α-Teilchen, nur noch durch einen Abstand von weniger als etwa 10^{-14} m getrennt sind. Es treten Abweichungen zwischen der Theorie der Coulomb-Streuung und den Versuchsergebnissen auf, wenn man die beobachteten und die vorausgesagten Zahlen der α-Teilchen, die unter großen Winkeln gestreut werden, miteinander vergleicht: Die α-Teilchen können dann näher als 10^{-14} m an den Kern herankommen. Daher ist für Entfernungen dieser Größenordnung oder für noch kleinere Abstände die Kraft zwischen dem Atomkern und einem α-Teilchen nicht mehr allein durch das Coulombsche Gesetz gegeben. Wir müssen dann von der Coulomb-Kraft unterschiedliche, zusätzliche zwischen den Teilchen wirkende Kräfte annehmen, *Kernkräfte* genannt. Diese Abweichungen von der Coulomb-Kraft sind für unsere Vorstellung vom Atomkern ganz entscheidend. An dieser Stelle wollen wir uns jedoch mit der Feststellung begnügen, daß die Masse und die positive Ladung eines beliebigen Atoms auf einen Bereich beschränkt ist, dessen Abmessungen kleiner als 10^{-14} m sind. Die Annahme trifft recht gut zu, daß in einem

Atom, das eine Größe von etwa 10^{-10} m besitzt, die Elektronen einer Anziehungskraft unterworfen sind, für die streng das Coulombsche Gesetz der Elektrostatik gilt und die ihren Ursprung in einer Punktladung hat, dem Atomkern.

6.2 Das klassische Planetenmodell

Der Atomkern als Ort der positiven Ladung und der Masse des Atoms, sowie die elektrostatische Coulomb-Kraft zwischen geladenen Teilchen bei atomaren Abständen sind die Grundlage eines sehr einfachen, klassischen Modells des Atombaues. An Hand dieses klassischen Modells wollen wir nun den Bau des Wasserstoffatoms, des einfachsten aller Atome, behandeln. Das Atom des gewöhnlichen Wasserstoffes besteht aus einem Kern – einem Proton –, der nur eine einzige positive Ladung enthält, und aus einem Elektron. Das Proton, das eine 1836 mal größere Masse als das Elektron besitzt, zieht das Elektron mit der elektrostatischen Coulomb-Kraft an, die umgekehrt proportional zum Quadrat des Abstandes zwischen diesen beiden Teilchen abnimmt. (Die Gravitationskraft zwischen den Teilchen ist 10^{39} mal kleiner als die elektrische Kraft, sie kann daher vernachlässigt werden.) In unserem Sonnensystem herrschen vergleichbare Zustände: Die Sonnenmasse übertrifft diejenige eines Planeten beträchtlich. Planet und Sonne ziehen sich gegenseitig durch die Gravitationskraft an, die umgekehrt proportional zum Quadrat ihres Abstandes abnimmt. Damit der Planet an die Sonne gebunden bleibt, muß er sich auf einer Ellipsen- oder auf einer Kreisbahn um diese bewegen. Nach dem Planetenmodell des Atoms verhält sich ein Atom wie ein kleines Sonnensystem, bei dem der Kern an die Stelle der Sonne tritt, ein Elektron einen Planeten ersetzt und die Coulomb-Kraft der Gravitationskraft entspricht. Dieses Modell ist streng klassisch, dem Elektron wird kein Wellencharakter zugeschrieben, und alle Quanteneffekte sind ausgeschlossen. Der Einfachheit halber wird dabei angenommen, daß sich das Elektron auf einer Kreisbahn um den Wasserstoffkern bewegt, der dabei in Ruhe bleibt.

Wir wollen die Energie des Wasserstoffatoms und die Frequenz der Kreisbewegung berechnen. Die mechanische Gesamtenergie E des Systems (ohne Berücksichtigung der Ruhenergie des Elektrons und des Protons) ist gleich der Summe der Bewegungsenergie des Elektrons E_k und der potentiellen Energie E_p zwischen Elektron und Proton. Nach unserer Annahme soll sich ein Elektron der Masse m mit einer (nichtrelativistischen) Geschwindigkeit v [illegible] vom Radius r bewegen. Das Elektron und das Proton tragen je eine elektrische Ladung vom Betrage e. Daher wird

$$E = E_k + E_p = \tfrac{1}{2}\, m\, v^2 + \left(\frac{-k\, e^2}{r} \right), \tag{6.8}$$

dabei ist $k = 1/4\,\pi\,\epsilon_0 = 8{,}99 \cdot 10^9\ \mathrm{N\,m^2/C^2}$. Die nach innen gerichtete Radialkraft, die das Elektron auf seiner Kreisbahn hält, ist die vom Kern ausgehende elektrische Kraft. Daher ist also

$$F = m\,a, \qquad \frac{k\,e^2}{r^2} = \frac{m\,v^2}{r}, \qquad m\,v^2 = \frac{k\,e^2}{r}. \tag{6.9}$$

Wie wir den Gln. (6.8) und (6.9) entnehmen können, ist bei einem Umlauf auf einer Kreisbahn die *kinetische Energie des Elektrons gleich der Hälfte des Betrages seiner potentiellen Energie.* Setzen wir Gl. (6.9) in Gl. (6.8) ein, so erhalten wir

$$E = \frac{1}{2}\,\frac{k\,e^2}{r} - \frac{k\,e^2}{r}, \qquad E = -\frac{k\,e^2}{2\,r}. \tag{6.10}$$

Nach dieser Gleichung ist die Gesamtenergie des Systems negativ. Nimmt der Radius der Elektronenbahn zu, so geht E gegen Null. D.h., das Elektron ist am stärksten an den Kern gebunden, wenn es auf einer kleinen Kreisbahn umläuft. Es ist nur dann von seiner Bindung an den Kern ganz befreit, wenn es von diesem durch einen unendlich großen Abstand getrennt ist. Ist E negativ, dann bilden das Elektron und das Proton ein gebundenes System.

Man weiß, daß ein Wasserstoffatom einen Durchmesser von ungefähr 10^{-10} m = = 100 pm besitzt und daß beim Wasserstoff das Elektron an den Kern mit einer Energie von 13,6 eV gebunden ist. $E = -13{,}6$ eV in Gl. (6.10) eingesetzt liefert $r = 0{,}53 \cdot 10^{-10}$ m = = 53 pm, soweit stimmt also das Planetenmodell des Wasserstoffatoms mit den Versuchsergebnissen überein.

Wir müssen nun aber die elektromagnetische Strahlung eines Wasserstoffatoms nach Art des Planetenmodells betrachten. Nach klassischer Vorstellung wird durch eine beschleunigte elektrische Ladung eine elektromagnetische Welle erzeugt, deren Frequenz genau die Schwingungsfrequenz dieser Ladung ist. Nach dem Planetenmodell des Wasserstoffatoms muß das Elektron, damit es sich auf einer Kreisbahn bewegen kann, ständig beschleunigt werden. Daher muß auch das Atom stetig strahlen. Von der Strahlungsfrequenz ist zu erwarten, daß sie mit der Frequenz f der Kreisbewegung des Elektrons übereinstimmt. Die Umlaufsfrequenz ist durch

$$f = \frac{\omega}{2\pi} = \frac{v}{2\pi r} \tag{6.11}$$

gegeben, dabei ist ω die Winkelgeschwindigkeit des Elektronenumlaufs. Gl. (6.9) können wir auch in folgender Form schreiben

$$\frac{v}{r} = \sqrt{\frac{k\,e^2}{m\,r^3}}\,. \tag{6.12}$$

Setzen wir diesen Ausdruck in Gl. (6.11) ein, so erhalten wir

$$f = \frac{1}{2\pi} \sqrt{\frac{k\,e^2}{m\,r^3}}\,. \tag{6.13}$$

Mit $r = 0{,}5 \cdot 10^{-10}$ m ergibt sich als Umlaufsfrequenz $f = 7 \cdot 10^{15}$ Hz. Bei diesem Radius müßte daher die Strahlungsfrequenz im ultravioletten Bereich des elektromagnetischen Spektrums liegen. Falls das Atom nun aber strahlt, muß seine Gesamtenergie E abnehmen und immer größere negative Werte annehmen. Nach Gl. (6.10) muß bei abnehmender negativer Gesamtenergie E der Bahnradius r ebenfalls abnehmen, und nach Gl. (6.13) nimmt f zu, wenn r abnimmt. Zusammengefaßt: Wird Energie abgestrahlt, so nimmt E ab, dann nimmt auch r ab, die Umlaufsfrequenz f nimmt zu, und folglich nimmt die abgestrahlte Frequenz ständig zu.

Nach der klassischen Planetentheorie muß sich daher das von einer Anfangskreisbahn startende Elektron auf einer Spiralbahn in den Kern bewegen, das Atom muß ein *kontinuierliches* Spektrum aussenden, und mit abnehmendem Radius der Elektronenbahn nimmt die Frequenz zu (Bild 6.7). Wie die Rechnung zeigt, erreicht nach diesem klassischen Modell das Elektron den Kern in weniger als 10^{-8} s und vereinigt sich mit diesem. Das Atom stürzt zusammen! Das klassische Planetenmodell des Atombaues ist offensichtlich aus zwei wichtigen Gründen unhaltbar: Es sagt sowohl instabile Atome als auch ein kontinuierliches Strahlungsspektrum voraus. Das steht aber in vollkommenem Widerspruch zu den experimentellen Tatsachen: Atome *sind* stabil, und Atome strahlen ein Spektrum *diskreter* Frequenzen aus, wie wir im nächsten Abschnitt sehen werden.

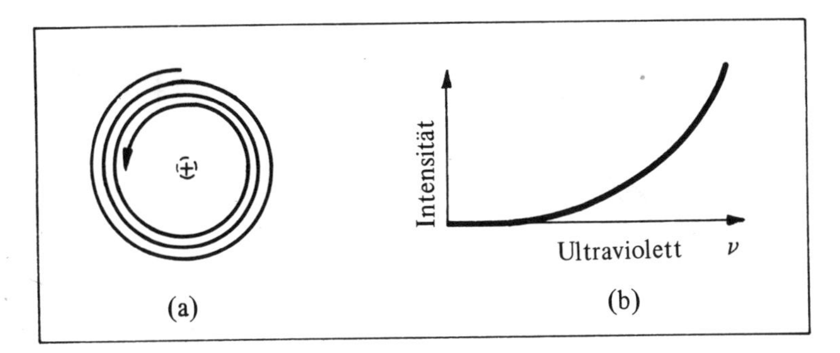

Bild 6.7 Nach klassischer Vorstellung muß ein Atom zusammenstürzen, da ein umlaufendes Elektron stetig strahlen muß. a) abnehmender Bahnradius, b) klassische Verteilung der Strahlungsintensität in Abhängigkeit von der Frequenz

6.3 Das Wasserstoffspektrum

Wie wir im letzten Abschnitt gesehen haben, müssen wir nach dem streng klassischen Planetenmodell erwarten, daß Wasserstoffatome ein kontinuierliches Spektrum elektromagnetischer Strahlung aussenden und daß diese Atome zusammenstürzen. Da jedoch das beobachtete Wasserstoffspektrum nicht kontinuierlich ist und da Wasserstoffatome stabil sind, besitzt dieses Modell einen grundsätzlichen Fehler. Ein brauchbares Modell muß die beobachteten Spektren in allen Einzelheiten und ebenso auch die Stabilität der Atome erklären können. Der natürliche Ausgangspunkt für jede Theorie des Atombaues ist das Wasserstoffatom. Bevor wir jedoch das Modell behandeln, das den Bau des Wasserstoffatoms zutreffend beschreiben kann, wollen wir die Versuchsergebnisse aufzählen, die das Wasserstoffspektrum betreffen.

Um das Spektrum isolierter Wasserstoffatome beobachten zu können, müssen wir gasförmigen, atomaren Wasserstoff verwenden, denn nur bei diesem sind die Atome so weit voneinander entfernt, daß sich jedes von ihnen wie ein isoliertes System verhält (molekularer Wasserstoff H_2 und fester Wasserstoff senden Spektren aus, die bestimmte Eigenschaften gebundener Wasserstoffatome erkennen lassen).

Das vom Wasserstoff ausgesandte sichtbare Spektrum können wir mit einem Prismenspektrometer untersuchen, wie es schematisch in Bild 6.8 dargestellt ist. Statt mit einem Prisma kann die Strahlung auch durch ein Beugungsgitter dispergiert werden. Das Wasserstoffgas wird durch eine elektrische Entladung oder durch sehr starke Erhitzung angeregt, es sendet dann die Strahlung aus. Ein Teil der Strahlung gelangt durch den engen Spalt S und wird durch ein Prisma (oder durch ein Gitter) dispergiert. Die Strahlung, die nun in ihre verschiedenen Frequenzen aufgespalten ist, fällt auf einen Schirm oder auf eine Photoplatte, dadurch können wir Frequenzen und Intensitäten des *Emissionsspektrums* messen.

Ein Gerät, das die unterschiedlichen Wellenlängen eines Bündels elektromagnetischer Strahlung dispergiert und mißt, heißt allgemein *Spektrometer.* Ein Gerät, das das Licht dispergiert und das Spektrum photographiert, wird *Spektrograph* genannt, macht es das Spektrum unmittelbar für das Auge sichtbar, so nennt man es *Spektroskop.* Spektrometer werden zur Untersuchung der verschiedenen Bereiche der elektromagnetischen Strahlung gebaut, etwa für Radiofrequenzen, Röntgenstrahlen oder γ-Strahlen. Das Teilgebiet der Physik, das sich mit der Untersuchung der elektromagnetischen Strahlung befaßt, die von den verschie-

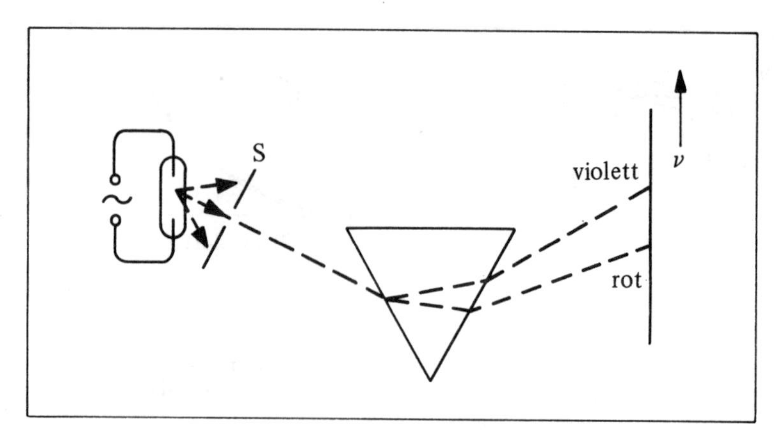

Bild 6.8 Schema eines Prismenspektrometers

densten Stoffen emittiert oder absorbiert wird, heißt *Spektroskopie.* Die Spektroskopie ist ein sehr erfolgreiches Verfahren, um in den Bau von Molekülen, Atomen und Atomkernen einzudringen. Sie zeichnet sich durch eine außerordentlich große Genauigkeit (Frequenzen und Wellenlängen lassen sich leicht mit einer Genauigkeit von 1 zu 10 Millionen messen) und durch eine sehr große Empfindlichkeit aus (es lassen sich Emission oder Absorption von Stoffproben beobachten, die bis zu Bruchteilen eines Mikrogramms betragen können).

Das von einem Prismen- oder von einem Gitterspektrometer erzeugte Spektrum des atomaren Wasserstoffes besteht aus einer Anzahl scharfer, diskreter heller Linien vor einem dunklen Hintergrund; diese Linien sind Abbildungen des Spaltes. Tatsächlich bestehen die Spektren aller chemischen Elemente in gasförmigem Zustand aus derartigen hellen Linien, dabei ist jedes Spektrum für das betreffende Element kennzeichnend. Dieses Spektrum heißt *Linienspektrum.* Das *Emissionsspektrum* des atomaren Wasserstoffes ist daher das für Wasserstoff charakteristische helle Linienspektrum. Da jedes chemische Element sein eigenes charakteristisches Linienspektrum besitzt, ist die Spektroskopie ein besonders empfindliches Verfahren zur Identifizierung von Elementen.

In Bild 6.9 ist der sichtbare Bereich des Linienspektrums von atomarem Wasserstoff dargestellt. Man bezeichnet die Linien in der Reihenfolge zunehmender Frequenz und abnehmender Wellenlänge mit H_α, H_β usw. Gewöhnlich ist die H_α-Linie viel intensiver als die H_β-Linie und diese wiederum intensiver als die H_γ-Linie usw. Der Abstand benachbarter Linien wird mit zunehmender Frequenz immer kleiner, und die diskreten Linien nähern sich einer *Seriengrenze,* jenseits dieser Grenze erscheint ein schwaches kontinuierliches Spektrum. Diese Gruppe von Wasserstofflinien, die im sichtbaren Bereich des elektromagnetischen Spektrums auftritt, ist als *Balmer-Serie* bekannt, da im Jahre 1885 J. J. Balmer eine einfache empirische Formel angab, Balmer-Formel genannt, mit deren Hilfe alle beobachteten Wellenlängen dieser Gruppe berechnet werden konnten. Diese Formel, die die Wellenlängen λ aller Spektrallinien dieser Serie liefert, kann folgendermaßen geschrieben werden

$$\frac{1}{\lambda} = R\left(\frac{1}{2^2} - \frac{1}{n^2}\right), \tag{6.14}$$

dabei ist $R = 1{,}0967758 \cdot 10^7\ \mathrm{m}^{-1} \approx 1{,}0968 \cdot 10^{-2}\ (\mathrm{nm})^{-1}$, und n eine ganze Zahl mit den Werten 3, 4, 5, ...

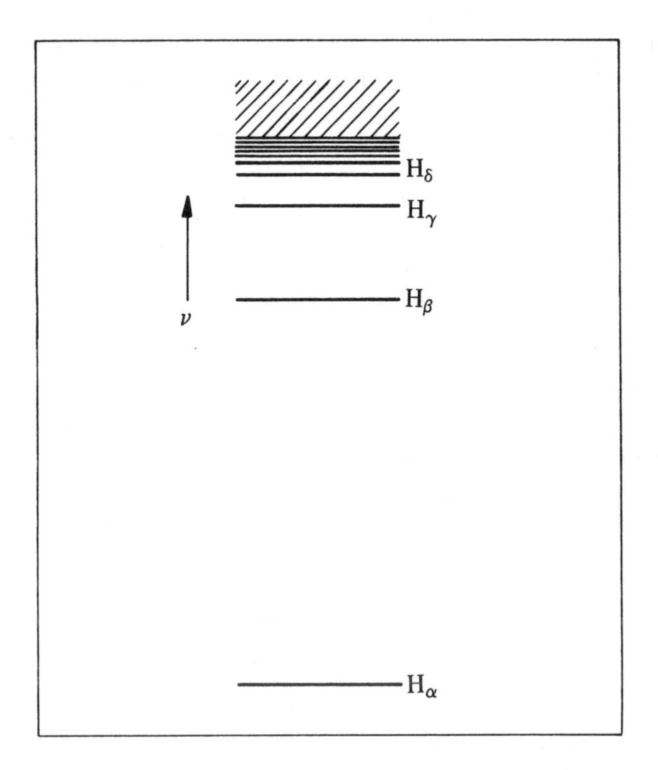

Bild 6.9 Frequenzverteilung der Strahlung von atomarem Wasserstoff im sichtbaren Bereich. Bei der abgebildeten Gruppe von Spektrallinien handelt es sich um die Balmer-Serie.

Mit $n = 3$ liefert diese Formel $\lambda = 656{,}47$ nm, die H_α-Linie; $n = 4$ liefert $\lambda = 486{,}27$ nm, die H_β-Linie. Die Wellenlänge der Seriengrenze erhält man nach der Balmer-Formel mit $n = \infty$. Die Konstante R heißt *Rydberg-Konstante*; ihr Zahlenwert ist so gewählt worden, daß man eine bestmögliche Übereinstimmung mit den gemessenen Wellenlängen erhält. In der Atomspektroskopie kennzeichnet man die Spektrallinien üblicherweise durch ihre Wellenlängen und nicht durch ihre Frequenzen, denn es ist die Wellenlänge, die gemessen wird.

Außer der Balmer-Serie im sichtbaren Bereich senden Wasserstoffatome eine Linienserie im Ultravioletten und mehrere Linienserien im Infraroten aus. Jede dieser Serien kann durch eine Formel ähnlich der Balmer-Formel dargestellt werden. Man kann sogar eine einzige allgemeine Formel angeben, mit deren Hilfe man *alle* Spektrallinien des Wasserstoffes berechnen kann. Sie ist als *Rydberg-Gleichung* bekannt und lautet:

$$\frac{1}{\lambda} = R\left(\frac{1}{n_1^2} - \frac{1}{n_2^2}\right), \tag{6.15}$$

dabei liefert

$n_1 = 1$ und $n_2 = 2, 3, 4, \ldots$ die *Lyman-Serie* (im ultravioletten Bereich),
$n_1 = 2$ und $n_2 = 3, 4, 5, \ldots$ die *Balmer-Serie* (im sichtbaren Bereich),
$n_1 = 3$ und $n_2 = 4, 5, 6, \ldots$ die *Paschen-Serie* (im infraroten Bereich)

und so weiter, die weiteren Serien liegen im fernen Infrarot. Die Rydberg-Konstante R in dieser Gleichung ist *genau* dieselbe wie in Gl. (6.14); tatsächlich wird ja auch mit $n_1 = 2$ und $n_2 = n$ Gl. (6.15) zu Gl. (6.14). Die Bedeutung der ganzen Zahlen n_1 und n_2 wird im Abschnitt 6.4 offensichtlich werden. Die verschiedenen Serien der Wasserstofflinien sind nach ihren Entdeckern benannt. Obwohl die Rydberg-Gleichung bei der Zusammenfassung der von atomarem Wasserstoff ausgestrahlten Wellenlängen außerordentlich erfolgreich ist, so muß doch daran erinnert werden, daß es sich hier nur um eine empirische Beziehung handelt, die für sich genommen noch keine Auskunft über den Bau des Wasserstoffatoms liefert. Andererseits muß eine wirklich erfolgreiche Theorie des Wasserstoffatoms in der Lage sein, die Spektrallinien vorauszusagen, d.h., sie muß die Rydberg-Gleichung als Ergebnis liefern.

Bisher haben wir uns mit dem Spektrum befaßt, das der durch eine elektrische Entladung oder durch sehr starke Erhitzung angeregte Wasserstoff liefert. Atomarer Wasserstoff sendet bei Raumtemperatur von selbst aber *keine* nennenswerte elektromagnetische Strahlung aus. Er kann jedoch bei Raumtemperatur elektromagnetische Strahlung selektiv absorbieren und besitzt daher ein *Absorptionsspektrum.* Wir können das Absorptionsspektrum des atomaren Wasserstoffes beobachten, wenn wir ein Strahlenbündel weißen Lichtes (das alle Frequenzen enthält) durch atomares Wasserstoffgas hindurchtreten lassen und dabei das Spektrum des hindurchgelassenen Lichtes mit einem Spektrometer untersuchen. Wir finden dann eine Serie dunkler Linien, die dem Spektrum des weißen Lichtes überlagert sind; es handelt sich also um ein *Spektrum dunkler Linien.* Das Gas ist für Wellen aller Frequenzen durchlässig mit Ausnahme derjenigen, die den dunklen Linien entsprechen, für diese ist das Gas undurchsichtig: Die Atome absorbieren aus dem Kontinuum der durch das Gas hindurchgehenden Wellen nur bestimmte diskrete und scharfe Frequenzen. Die absorbierte Energie wird von den angeregten Atomen sehr schnell wieder ausgestrahlt, jedoch in *alle Richtungen* und nicht nur in Richtung der einfallenden Strahlung. Die dunklen Linien im Absorptionsspektrum des Wasserstoffes treten bei genau denselben Frequenzen auf wie die hellen Linien des Emissionsspektrums. Das ist schematisch in Bild 6.10 gezeigt. Dort ist die Intensität als Funktion der Frequenz aufgetragen. Wasserstoff sendet elektromagnetische Strahlung nur mit ganz bestimmten Frequenzen aus. Diese werden durch die Rydberg-Gleichung angegeben. Bei den gleichen Frequenzen absorbiert Wasserstoff die Strahlung.

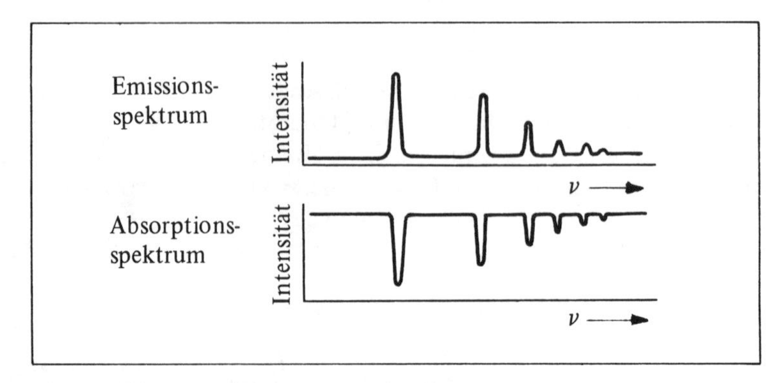

Bild 6.10 Strahlungsintensität in Abhängigkeit von der Frequenz sowohl für das Emissions- als auch für das Absorptionsspektrum des Wasserstoffes

Was wir bisher über das Emissions- und das Absorptionsspektrum des atomaren Wasserstoffes erfahren haben, gilt ebenso gut für die Linienspektren aller übrigen Elemente. Bestimmte charakteristische Frequenzen werden von den Atomen ausgesandt, falls diese Energie ausstrahlen; genau dieselben Frequenzen werden auch von den Atomen absorbiert, wenn man ein kontinuierliches Frequenzband elektromagnetischer Strahlung durch das Gas sendet.

6.4 Die Bohrsche Theorie des Atombaues

Das im Abschnitt 6.2 entwickelte Planetenmodell des Wasserstoffatoms ist insofern klassisch, als es das Elektron streng als Teilchen und die elektromagnetische Strahlung streng als kontinuierliche Welle behandelt. Es ist unzutreffend, weil es nicht die Quanteneffekte, also weder die Welleneigenschaften des Elektrons noch die Teilcheneigenschaften der Strahlung berücksichtigt. Ein erfolgreiches Atommodell muß aber diese Quanteneffekte in Rechnung stellen.

Die erste Quantentheorie des Wasserstoffatoms wurde 1913 von Niels Bohr, einem Schüler Rutherfords, entwickelt. Der Photonenaspekt der elektromagnetischen Strahlung war bereits bekannt, der Wellenaspekt materieller Teilchen wurde jedoch erst 1924 erkannt. Nichtsdestoweniger wollen wir bei unserer Behandlung des Bohrschen Atommodells von der heute gut begründeten Wellennatur der Teilchen Gebrauch machen. Wir werden bald sehen, daß dieses Vorgehen Bohrs ursprünglichen Gedankengängen äquivalent ist, obgleich er die Wellennatur des Elektrons nicht explizit voraussetzte.

Das Bohrsche Atommodell war der erste Schritt zu einer durchgängigen wellenmechanischen Behandlung des Atombaues. Zu Anfang muß aber schon daran erinnert werden, daß die Bohrsche Theorie nur begrenzt anwendbar ist. Dieses Atommodell enthält gerade noch genügend klassische Züge, damit man den Atombau durch ein Teilchenmodell veranschaulichen kann, und es führt genügend quantenhafte Züge ein, um eine recht genaue Beschreibung des Spektrums der Wasserstoffatome zu liefern. Daher ist die Bohrsche Theorie ein Übergangsstadium zwischen der klassischen Mechanik und der in den zwanziger Jahren entwickelten Wellenmechanik. Eine streng wellenmechanische Behandlung des Wasserstoffatoms, bei der die Schrödinger-Gleichung verwendet wird, enthält der Abschnitt 6.7.

Die Bohrsche Theorie des Wasserstoffatoms gründet sich auf drei Grundpostulate, in denen die wesentlichen Quanteneigenschaften enthalten sind. Anstatt diese Postulate nun einzeln aufzuzählen, wollen wir zeigen, wie die Bohrsche Theorie auf ganz natürliche Weise aus den in den Kapiteln 4 und 5 behandelten grundlegenden Quanteneffekten abgeleitet werden kann.

Die Postulate werden schließlich als notwendige Folgerung aus der Wellennatur der Teilchen und der Photonennatur der Strahlung erscheinen. Am Ende dieses Abschnittes werden wir sie aber noch explizit aufführen.

Wie das streng klassische Modell des Wasserstoffatoms nimmt man auch in der Bohrschen Theorie ein ruhendes Proton an, um das sich das Elektron auf einer Kreisbahn bewegt. Die Kraft, die das Elektron auf seiner Umlaufbahn hält, ist die Coulomb-Kraft, die elektrostatische Anziehungskraft zwischen Elektron und Proton. Daher gilt Gl. (6.9): $m v^2 = k e^2/r$. Die Gesamtenergie des Atoms ist wiederum durch Gl. (6.10) gegeben: $E = -k e^2/2r$. Bis hierher also nichts Neues.

Wir können erkennen, wie die Wellennatur des Elektrons in die Theorie eingeht, indem wir uns zunächst an eine ähnliche Situation bei den Transversalwellen längs eines Drahtes erinnern. Ist dieser Draht an seinen beiden Enden eingespannt, so können nur ganz bestimmte Wellenlängen zu Resonanzschwingungen führen, und zwar diejenigen, bei denen die Drahtlänge ein ganzzahliges Vielfaches der halben Wellenlänge beträgt. Nur für derartige erlaubte Zustände kommt es zu stehenden Wellen. Befindet sich nun der Draht in einem erlaubten Zustand, so kann er im Prinzip eine beliebig lange Zeit mit konstanter Energie schwingen. Wir stellen uns nun den Draht zu einer geschlossenen Kreisschleife gebogen vor. Sollen sich Transversalwellen längs dieser Schleife ausbreiten, so werden sie sich durch Interferenz auslöschen, es sei denn, sie fügen sich gerade *stetig* aneinander. Daher gibt es längs einer geschlossenen Kreisschleife nur dann stehende Wellen, wenn ein *ganzzahliges* Vielfaches der *ganzen* Wellenlänge auf den Kreisumfang paßt.

Wir wollen den Elektronenumlauf im Wasserstoffatom ähnlichen Bedingungen unterwerfen. Wie wir gesehen haben, müssen wir einem materiellen Teilchen eine Wellennatur zuschreiben. Die Wellenlänge ist durch $\lambda = h/mv$ (Gl. (5.3)) gegeben. Daher können wir das Elektron als *Welle* betrachten, die sich auf einer Kreisbahn ausbreitet. Stationäre Wellen können nur dann auf dieser Bahn existieren, wenn der Umfang $2\pi r$ ein ganzzahliges Vielfaches der Wellenlänge des Elektrons ist (Bild 6.11). Im *stationären Zustand* nehmen wir, im Gegensatz zur Strahlung nach der klassischen Theorie, die Energie des Atoms als konstant an. *Daher strahlt das Atom, während es sich in einem stationären Zustand befindet, keine elektromagnetischen Wellen aus.* Die „stationären Umläufe", also diejenigen, bei denen keine Strahlung auftritt, erfüllen die Bedingung

$$n\lambda = 2\pi r\,, \tag{6.16}$$

dabei ist $n = 1, 2, 3, \ldots$ und heißt *Hauptquantenzahl.* Sind nun für den Bahnradius nur bestimmte Werte erlaubt, so kann natürlich auch die Energie E des Atoms auf Grund dieser Gleichung nur bestimmte diskrete Werte annehmen. Wir konnten so allein durch Berücksichtigung der Welleneigenschaften des Elektrons dem Atommodell Stabilität verschaffen.

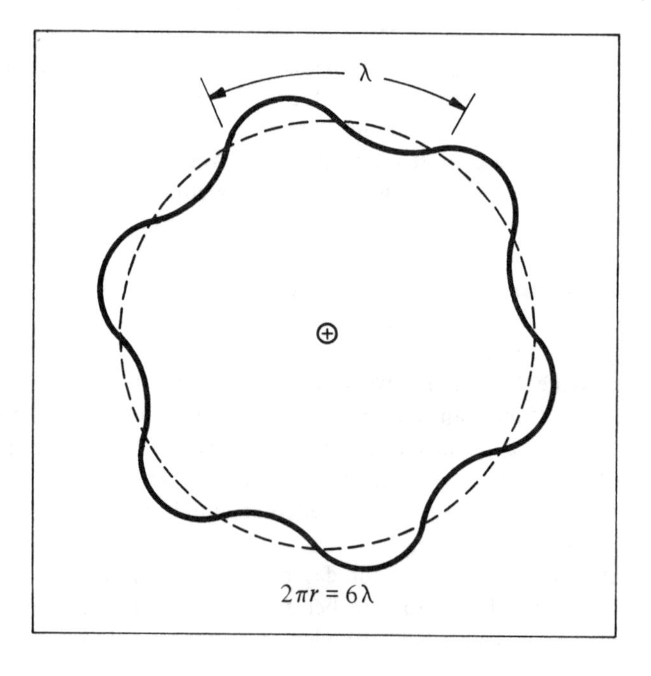

Bild 6.11
Stationäre Wellen beim Elektronenumlauf: Im hier dargestellten Beispiel beträgt der Bahnumfang sechs Wellenlängen.

Ersetzen wir in Gl. (6.16) die Wellenlänge λ durch h/mv, so erhalten wir

$$\frac{nh}{mv} = 2\pi r\,, \qquad mvr = n\,\frac{h}{2\pi} = n\hbar\,. \tag{6.17}$$

Hier ist zur Vereinfachung das Symbol $\hbar$, die durch 2π dividierte Plancksche Konstante h, eingeführt worden. Die linke Seite dieser Gleichung ist gerade der Drehimpuls mvr des Elektrons auf seiner Kreisbahn, bezogen auf den Ort des Kernes. Die Kennzeichnung der stationären Zustände kann dann auch auf eine andere Weise erfolgen: Diejenigen Zustände oder die Umlaufbahnen sind bei einem Atom stationär, für die der Bahndrehimpuls des Atoms $\hbar$, $2\hbar, 3\hbar, \ldots$ ist.

In jedem dieser erlaubten stationären Zustände besitzt das Atom eine konstante, genau definierte Energie. Wir wollen die erlaubten Energiewerte E_n, die erlaubten Bahnradien r_n sowie die Geschwindigkeiten v_n berechnen. Diese Größen kennzeichnen wir durch den Index n, da die entsprechenden Werte von der Quantenzahl n abhängen. Die Gln. (6.9) und (6.17) lassen sich gleichzeitig nach r und nach v auflösen. Indem wir Gl. (6.17) umstellen, erhalten wir als Tangentialgeschwindigkeit des Elektrons

$$v_n = \frac{n\hbar}{m r_n}\,. \tag{6.18}$$

Dieses Ergebnis in Gl. (6.9) eingesetzt liefert

$$m\left(\frac{n\hbar}{m r_n}\right)^2 = \frac{k e^2}{r_n}\,, \qquad r_n = \frac{n^2\hbar^2}{k m e^2}\,, \tag{6.19}$$

dabei ist wiederum $n = 1, 2, 3, \ldots$ Der kleinste erlaubte Radius, der Radius der sogenannten ersten Bohrschen Bahn, auch *Bohr-Radius* genannt, ist demnach

$$r_1 = \frac{\hbar^2}{kme^2} = 0{,}528 \cdot 10^{-10}\ \text{m} = 52{,}8\ \text{pm}\,, \tag{6.20}$$

bei der Berechnung sind hier die Werte der bekannten atomaren Konstanten eingesetzt worden. Nach dem Bohrschen Atommodell ist dann die Größe des Wasserstoffatoms, ausgedrückt durch die kleinste stationäre Bahn, von der Größenordnung 10^{-10} m = 100 pm; das stimmt gut mit den Versuchsergebnissen überein. Indem wir Gl. (6.20) in Gl. (6.19) einsetzen, können wir alle erlaubten Radien einfacher darstellen:

$$r_n = n^2 r_1\,. \tag{6.21}$$

Die Radien der stationären Bahnen sind daher $r_1, 4r_1, 9r_1, \ldots$

Die Bahngeschwindigkeit des Elektrons im stationären Zustand können wir unmittelbar aus Gl. (6.18) bestimmen, wir ersetzen dort nur r_n durch $n^2 r_1$:

$$v_n = \frac{n\hbar}{m(n^2 r_1)} = \frac{1}{n}\,\frac{\hbar}{m r_1} = \frac{1}{n}\,\frac{k e^2}{\hbar}\,. \tag{6.22}$$

Diese Gleichung können wir auch schreiben:

$$v_n = \frac{v_1}{n}\,, \tag{6.23}$$

dabei ist $v_1 = \hbar/mr_1 = ke^2/\hbar$. Die erlaubten Bahngeschwindigkeiten sind also v_1, $v_1/2$, $v_1/3, \ldots$ Auf der ersten Bohrschen Bahn hat das Elektron seine Höchstgeschwindigkeit v_1. Das Verhältnis dieser Geschwindigkeit zur Lichtgeschwindigkeit, v_1/c, wird mit α bezeichnet.

Aus Gl. (6.22) erhalten wir

$$\alpha = \frac{v_1}{c} = \frac{k e^2}{\hbar c} . \tag{6.24}$$

Nach Einsetzen der bekannten Werte für die Konstanten auf der rechten Seite dieser Gleichung wird $\alpha = 1/137{,}0388$. Das Elektron bewegt sich also auf der ersten Bohrschen Bahn mit 1/137 der Lichtgeschwindigkeit. Die Größe α, die häufig in der Theorie des Atombaues auftaucht, heißt *Sommerfeldsche Feinstrukturkonstante.* [1]) Die nichtrelativistische Behandlung des Wasserstoffatoms in der Bohrschen Theorie ist zwar nicht sinnlos, aber infolge der sehr großen Genauigkeit bei spektroskopischen Wellenlängenmessungen lassen sich relativistische Effekte beobachten, die in einer erweiterten Theorie enthalten sein müssen.

Die erlaubten Werte der Gesamtenergie des Wasserstoffatoms (ohne die Ruhenergie des Protons und des Elektrons) lassen sich nun leicht mit Hilfe der Gln. (6.10) und (6.21) ermitteln:

$$E_n = -\frac{ke^2}{2\,r_n} = -\frac{1}{n^2}\,\frac{ke^2}{2\,r_1} . \tag{6.25}$$

Drücken wir $ke^2/2r_1$ durch E_I aus, so wird aus dieser Gleichung

$$E_n = -\frac{E_\mathrm{I}}{n^2} . \tag{6.26}$$

Also sind die einzig möglichen Energiewerte des gebundenen Elektron-Proton-Systems, des Wasserstoffatoms, $-E_\mathrm{I}$, $-E_\mathrm{I}/4$, $-E_\mathrm{I}/9, \ldots$ Die erlaubten Energiewerte sind diskret, und *die Energie ist somit gequantelt.* Die niedrigste Energie (das ist die größte negative Energie) gehört zum Zustand mit der Hauptquantenzahl $n = 1$, dem *Grundzustand.* Im Grundzustand ist die Energie $E_1 = -E_\mathrm{I}$. Ihr Wert läßt sich nach den Gln. (6.25) und (6.20) berechnen:

$$E_n = -\frac{k^2\,e^4\,m}{2\,n^2\,\hbar^2} , \tag{6.27}$$

$$E_1 = -E_\mathrm{I} = -13{,}58\ \mathrm{eV} . \tag{6.28}$$

Bild 6.12 zeigt die Energieniveaus des Wasserstoffatoms. Wie wir aus Gl. (6.26) erkennen können, ist für gebundene Zustände die Gesamtenergie E kleiner als Null, und es sind nur diskrete Energien erlaubt. Strebt n gegen Unendlich, so geht der Energieunterschied zwischen benachbarten Energieniveaus gegen Null. Ist n gleich Unendlich, dann ist E_n gleich Null, und das Wasserstoffatom ist nun in ein Elektron und ein Proton dissoziiert. Diese beiden Teilchen sind dabei durch einen unendlich großen Abstand voneinander getrennt und befinden sich in Ruhe. Man sagt auch, in diesem Zustand ist das Atom ionisiert. Die Energie, die man dem Atom zuführen muß, um es aus seinem niedrigsten Zustand, dem Grundzustand ($n = 1$), auf den Zustand $E_n = 0$ anzuheben, ist gerade E_I, die sogenannte Ionisierungsenergie. Der von der Bohrschen Theorie vorausgesagte Wert $E_\mathrm{I} = 13{,}58$ eV stimmt mit dem durch Versuche ermittelten Wert vollkommen überein. Ist die Gesamtenergie positiv, so sind Elektron und Proton nicht mehr gebunden, sie bilden dann auch kein Atom mehr, und das Elek-

---

[1]) Die Sommerfeldsche Feinstrukturkonstante α spielt in der Quantenelektrodynamik eine entscheidende Rolle, denn sie liefert eine Beziehung zwischen den Grundkonstanten der Elektrodynamik (k und e), der Quantentheorie ($\hbar$) und der Relativitätstheorie (c).

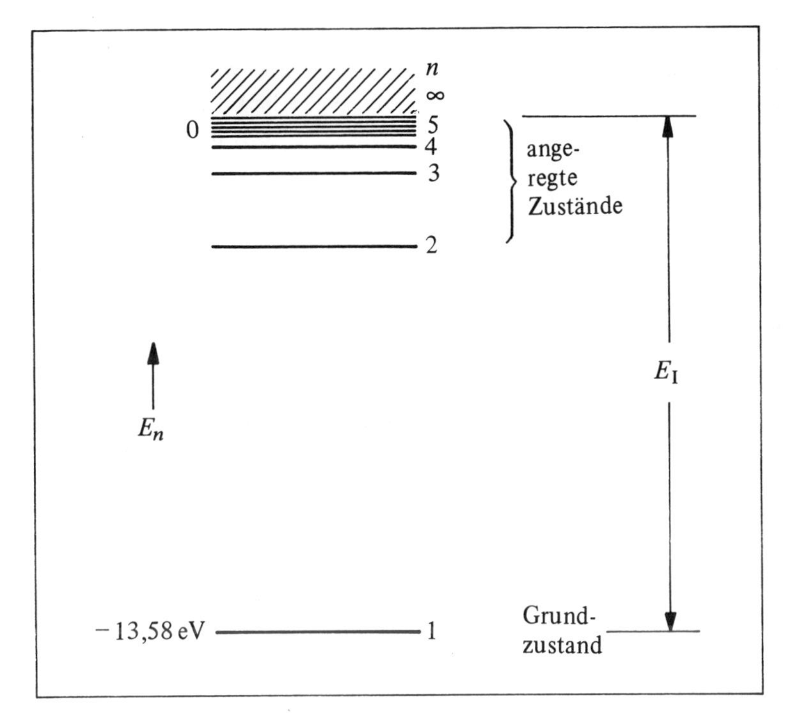

Bild 6.12 Energieniveaus des Wasserstoffatoms

tron bewegt sich auch nicht mehr auf einer geschlossenen Umlaufbahn. Die Wellenlänge des Elektrons ist dann nicht mehr an die Bedingung gebunden, daß eine ganzzahlige Anzahl von Wellen auf die Umlaufbahn passen müssen. Daher gibt es dann auch keine Einschränkung für die mögliche Gesamtenergie mehr. Nun sind *alle* positiven Energiewerte zugelassen, und für $E > 0$ gibt es ein Kontinuum von Energieniveaus.

Es ist interessant, Bild 6.12, die Energieniveaus nach der Quantentheorie für ein Zweiteilchensystem, mit Bild 4.1c zu vergleichen, den Energieniveaus eines Zweiteilchensystems der klassischen Physik. Während dort nach der klassischen Mechanik sowohl für gebundene als auch für freie Elektronen ein Energiekontinuum möglich ist, verlangt die Quantentheorie bei gebundenen Elektronen gequantelte Zustände (d.h. gequantelte Werte für Energie und Drehimpuls).

Jeder der erlaubten, d.h. gequantelten Energiewerte in Bild 6.12 entspricht einem stationären Zustand, in dem das Atom strahlungslos existieren kann. Alle stationären Zustände oberhalb des Grundzustandes, also mit $n = 2, 3, 4, \ldots$ heißen *angeregte Zustände,* da in einem dieser Zustände das Atom bestrebt ist, in einen niedrigeren stationären Zustand überzugehen. Den Übergang in einen niedrigeren Zustand können wir uns so vorstellen: Das Elektron springt plötzlich aus einer Umlaufbahn in eine kleinere Umlaufbahn. Befindet sich ein Atom in einem angeregten Zustand und besitzt es daher die Energie E_n, so heißt der Unterschied zwischen dieser Energie und derjenigen des Grundzustandes *Anregungsenergie.* Unter *Bindungsenergie* verstehen wir die Energie, die wir einem Atom in einem bestimmten Zustand zuführen müssen, um die Bindung zwischen den Teilchen aufzuheben, wobei $E_n = 0$ wird.

Wir wollen nun ein Atom betrachten, das sich zunächst in einem höheren, angeregten Zustand befindet und das die Energie E_{n2} besitzt. Das Atom geht in den niedrigeren Zustand mit der Energie E_{n1} über. Bei diesem Übergang verliert das Atom den Energiebetrag $E_{n2} - E_{n1}$. Bohr nahm nun an, daß bei einem derartigen Übergang ein einziges Photon der Energie $h\nu$ erzeugt und von dem Atom ausgesandt wird. Nach dem Energiesatz ist dann

$$h\nu = E_{n2} - E_{n1} \,. \tag{6.29}$$

Wie wir hier erkennen können, schließt die Bohrsche Theorie die Teilchennatur der elektromagnetischen Strahlung ein, denn sie enthält die Annahme, daß jedesmal, wenn das Atom in einen Zustand niedrigerer Energie übergeht, ein einziges Photon erzeugt wird. Sie liefert jedoch keine Einzelheiten über den Quantensprung des Elektrons oder über die Erzeugung des Photons. Es liegt hier eine ähnliche Situation vor, wie wir sie bei der Wechselwirkung von Photonen mit Elektronen angetroffen haben (Photoeffekt, Compton-Effekt usw.). Auch dort haben wir uns nicht mit den Einzelheiten der Wechselwirkungen befaßt sondern lediglich die Erhaltungssätze auf die Zustände vor und nach der Wechselwirkung angewandt.

Nun wollen wir die Frequenzen und die Wellenlängen der Photonen berechnen, die ein Wasserstoffatom nach der Bohrschen Theorie ausstrahlen kann. Mit Hilfe der Gln. (6.29) und (6.26) erhalten wir

$$\nu = \frac{E_{n2} - E_{n1}}{h} = \left(\frac{-E_I}{n_2^2\,h}\right) - \left(\frac{-E_I}{n_1^2\,h}\right) = \frac{E_I}{h}\left(\frac{1}{n_1^2} - \frac{1}{n_2^2}\right), \tag{6.30}$$

dabei sind n_2 und n_1 die Quantenzahlen der Zustände mit der höheren, bzw. mit der niedrigeren Energie. Die Wellenlänge der ausgesandten Photonen, $\lambda = c/\nu$, läßt sich dann durch

$$\frac{1}{\lambda} = \frac{E_I}{hc}\left(\frac{1}{n_1^2} - \frac{1}{n_2^2}\right) \tag{6.31}$$

ausdrücken. Diese Gleichung besitzt genau dieselbe mathematische Form wie die empirisch ermittelte Rydberg-Gleichung:

$$\frac{1}{\lambda} = R\left(\frac{1}{n_1^2} - \frac{1}{n_2^2}\right). \tag{6.15}$$

Durch Vergleich dieser beiden Gleichungen für $1/\lambda$ können wir aus den bekannten atomaren Konstanten die Rydberg-Konstante R berechnen und das Ergebnis mit dem für Wasserstoff experimentell bestimmten Wert, $1{,}0968 \cdot 10^7\ \mathrm{m}^{-1}$, vergleichen.

$$R = \frac{E_I}{hc} = \frac{k^2 e^4 m}{4\pi\hbar^3 c}\,. \tag{6.32}$$

Um den letzten Ausdruck in dieser Gleichung zu erhalten, haben wir $E_I = ke^2/2r_1$ (Gl. (6.25)) und $r_1 = \hbar^2/kme^2$ (Gl. (6.20)) gesetzt. Setzen wir dann die bekannten Werte dieser physikalischen Konstanten in Gl. (6.32) ein, so können wir R berechnen und erhalten $1{,}0974 \cdot 10^7\ \mathrm{m}^{-1}$. Dieses Ergebnis stimmt sehr gut mit dem spektroskopisch ermittelten Wert überein. Die Rydberg-Gleichung, die das Emissions- und das Absorptionsspektrum des Wasserstoffes zusammenfaßt, erscheint hier als *notwendige Folgerung* aus dem Bohrschen Atommodell.

Endliche Masse des Atomkernes und wasserstoffähnliche Atome

Bisher haben wir eine praktisch unendlich große Kernmasse sowie eine Kernladung der Größe e angenommen. Es ist sehr einfach, die Bohrsche Theorie so zu erweitern, daß sie 1. *endliche* Kernmassen und 2. *wasserstoffähnliche* Atome umfaßt. Dies sind Atome, bei denen sich ein einziges Elektron um einen Kern mit der Ladung $+Ze$ bewegt.

1. Bei einem isolierten Atom bewegen sich sowohl das Elektron mit der Masse m als auch der Atomkern mit der Masse M um ihren gemeinsamen Schwerpunkt, der in Ruhe bleibt. Um die Mitbewegung des Kernes zu berücksichtigen, brauchen wir immer nur da, wo die Elektronenmasse m in einer Gleichung auftritt, diese durch die sogenannte reduzierte Masse $\mu = m/(1 + m/M)$ zu ersetzen, vgl. auch Aufgabe 6.39. Daher wird die Rydberg-Konstante für ein Atom mit der Kernmasse M dann nach Gl. (6.32) $R_M = R_\infty/(1 + m/M)$, dabei ist R_∞ die Rydberg-Konstante aus Gl. (6.32). So ist zum Beispiel für Wasserstoff ^1_1H mit einem einzigen Proton als Kern und einer Kernmasse $M = 1{,}00728\,u$ dann $R_H = 1{,}09678 \cdot 10^7\,m^{-1}$, entsprechend sind die Korrekturen an den Wellenlängen der emittierten und der absorbierten Strahlung. Andererseits ist für Deuterium ^2_1H, schwerer Wasserstoff, dessen Kern der Masse $M = 2{,}01355\,u$ aus einem Proton und einem daran gebundenen Neutron besteht, die Rydberg-Konstante $R_M = 1{,}09707 \cdot 10^7\,m^{-1}$. Die Unterschiede in den Wellenlängen sind zwar sehr klein, aber doch meßbar. So liegt zum Beispiel beim ^1_1H die H_α-Linie bei einer Wellenlänge von 656,280 nm, und beim ^2_1H beträgt diese 656,101 nm. Tatsächlich wurde auch 1932 Deuterium erstmals durch die Beobachtung eng benachbarter Spektrallinien des Wasserstoffes entdeckt.
2. Ein wasserstoffähnliches Atom besitzt ein einziges Elektron, das an einen Kern mit der Ladung $+Ze$ gebunden ist. Z stellt hier die Ordnungszahl dar, also die Anzahl der Protonen im Kern. Zum Beispiel ist doppelt ionisiertes Lithium, Li^{++}, mit $Z = 3$ ein wasserstoffähnliches Atom. Um die Energien, die Frequenzen und die ausgestrahlten Wellenlängen wasserstoffähnlicher Atome zu ermitteln, brauchen wir nur immer die Größe e^2, da wo sie in den Gleichungen der Bohrschen Theorie auftritt, durch Ze^2 zu ersetzen.

Die beobachteten Spektrallinien des Wasserstoffes können nun an Hand der in Bild 6.13 aufgetragenen Energieniveaus gedeutet werden. Die senkrechten Linien geben Übergänge zwischen stationären Zuständen wieder. Die Länge dieser Linien ist proportional zur zugehörigen Photonenenergie und damit auch zur Frequenz. Die Linien der Lyman-Serie entsprechen den Photonen, die ausgesandt werden, wenn Wasserstoffatome aus einem angeregten Zustand – $n_2 = 2, 3, 4, 5, \ldots$ – in den Grundzustand – $n_1 = 1$ – übergehen. Übergänge von freien Elektronen ($E > 0$) in den Grundzustand liefern das beobachtete kontinuierliche Spektrum, das jenseits der Seriengrenze – $n_2 = \infty$ – liegt. Ähnlich gelangen wir zur Balmer-Serie, die bei den Übergängen aus angeregten Zuständen – $n_2 = 3, 4, 5, \ldots$ – in den ersten angeregten Zustand – $n_1 = 2$ – entsteht. Weitere Emissionsserien treten bei Übergängen auf, die bei $n_1 = 3$, $n_1 = 4$ usw. enden. Bei diesen Serien nimmt die Wellenlänge ständig zu.

Wir haben die Emission durch ein einzelnes Wasserstoffatom untersucht. Das Atom kann zu einer bestimmten Zeit nur in einem *einzigen* seiner gequantelten Energiezustände existieren. Falls es zu einem Übergang aus einem Zustand in einen anderen, niedrigeren Zustand kommt, sendet das Atom ein *einziges* Photon aus. Wenn wir das gesamte Emissionsspektrum des angeregten Wasserstoffgases, einer sehr großen Anzahl von Wasserstoffatomen, in einem Spektroskop beobachten, sehen wir die gleichzeitige Emission zahlreicher Photonen, die bei Übergängen aus den verschiedenen angeregten Zuständen entstehen. Wollen wir das gesamte Emissionsspektrum beobachten, so müssen wir zahlreiche Wasserstoffatome in jedem der angeregten Zustände haben, aus denen sie dann in niedrigere Zustände übergehen können.

Damit haben wir nun auch die Grundlage für das Verständnis der Absorptionsspektren gewonnen. Wie wir Bild 6.10 entnehmen können, zeigt ein Absorptionsspektrum

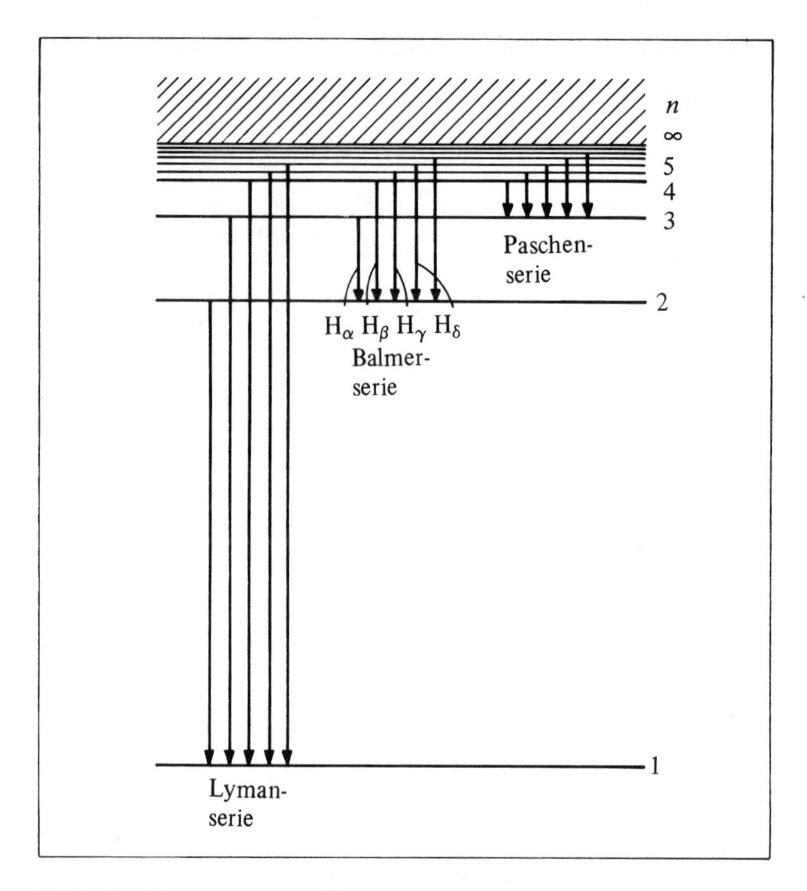

Bild 6.13 Einige der möglichen Übergänge zwischen den Energieniveaus des Wasserstoffatoms

bei genau denselben Wellenlängen dunkle Linien vor einem hellen Hintergrund, bei denen helle Linien vor einem dunklen Hintergrund im entsprechenden Emissionsspektrum auftreten. Tritt weißes Licht, das aus Photonen aller möglichen Frequenzen besteht, durch ein Gas hindurch, dann können gerade die Photonen, deren Energie gleich der Energiedifferenz zwischen zwei stationären Zuständen ist, aus dem Strahlenbündel ausgefiltert werden. Sie geben ihre Existenz auf, indem sie ihre elektromagnetische Strahlungsenergie als innere Anregungsenergie an die Atome abgeben. Sowohl bei der Emission als auch bei der Absorption sind dieselben gequantelten Energieniveaus beteiligt. Aus diesem Grunde stimmen die Frequenzen der Emissions- und der Absorptionslinien genau überein. (Da die Atome nur während einer sehr kurzen Zeit in einem angeregten Zustand verweilen, beobachtet man bei der Absorption auch nur die Lyman-Serie.)

Bei der Entwicklung des Modells eines Wasserstoffatoms haben wir die Grundpostulate der Bohrschen Theorie nicht ausdrücklich erwähnt. Zweckmäßigerweise wollen wir sie hier nun aber aufführen, da sie in ihrer genauen Formulierung die Grundlage für eine exakte wellenmechanische Behandlung des Atombaues liefern.

Bohrsche Postulate:

1. *Ein atomares System kann nur in bestimmten diskreten, stationären Zuständen strahlungslos existieren.*
2. *Für die stationären Zustände beträgt der Bahndrehimpuls mvr des Atoms ein ganzzahliges Vielfaches von $\hbar$, der durch 2π dividierten Planckschen Konstanten h. (Diese Quantelung des Drehimpulses ist eine natürliche Folge der Welleneigenschaften des Elektrons, das auf einen halbklassischen Bahnumlauf gezwungen wird.)*
3. *Geht ein Atom von einem Zustand höherer Energie E_{n2} in einen Zustand niedrigerer Energie E_{n1} über, so wird ein Photon der Energie $h\nu$ ausgesandt. Der Energiesatz verlangt dann, daß $h\nu$ gleich $E_{n2} - E_{n1}$ ist. Wird ein Photon absorbiert so geht ein Atom von einem Zustand niedrigerer Energie in einen Zustand höherer Energie über, dabei gilt dieselbe Beziehung.*

6.5 Das Wasserstoffatom und das Korrespondenzprinzip

Nach der Quantentheorie ist die Frequenz des Photons, das bei einem Übergang emittiert oder absorbiert wird, allein durch den Energieunterschied zwischen den beiden beteiligten stationären Zuständen bestimmt

$$\nu = \frac{E_{n2} - E_{n1}}{h}, \qquad \nu = \frac{E_\text{I}}{h}\left(\frac{1}{n_1^2} - \frac{1}{n_2^2}\right) = cR\left(\frac{1}{n_1^2} - \frac{1}{n_2^2}\right). \qquad (6.30), (6.33)$$

Wie wir uns erinnern, waren wir beim klassischen Planetenmodell der klassischen Elektrodynamik gefolgt und hatten angenommen, daß die Frequenz der von einer beschleunigten elektrischen Ladung erzeugten elektromagnetischen Wellen genau gleich der Frequenz ist, mit der sich das Elektron um den Atomkern bewegt:

$$f = \frac{1}{2\pi}\sqrt{\frac{ke^2}{mr^3}}. \qquad (6.13), (6.34)$$

Die Gln. (6.33 und (6.34) sind auf Grund unterschiedlicher Annahmen abgeleitet worden, und offensichtlich sind die beiden durch diese Gleichungen vorausgesagten Frequenzen völlig verschieden. Die Quantentheorie trifft bekanntlich zu. Sie erklärt nicht nur die kurzwellige, sichtbare Strahlung der Atome, sondern sie beschreibt auch die langwellige Strahlung, etwa Radiowellen, vollkommen richtig. Die klassische Elektrodynamik versagt bei der Erklärung der Atomspektren. Andererseits stimmt sie mit den Versuchen überein, die man mit langwelligen Radiowellen durchführen kann; denn dort ist tatsächlich die Strahlungsfrequenz gleich der Schwingungsfrequenz der elektrischen Ladungen.

Nach dem allgemeinen Korrespondenzprinzip (Abschnitt 1.5) muß die Quantentheorie als die allgemeinere Theorie in all den Fällen, in denen die klassische Theorie ausreicht, *dieselben* Ergebnisse liefern wie die nur beschränkt gültige klassische Theorie. Daher müssen sich im Falle der Strahlung eines Wasserstoffatoms die Frequenzen ν der ausgesandten Photonen dann und nur dann den Umlauffrequenzen f nähern, wenn das Wasserstoffatom näherungsweise die Bedingungen der klassischen Physik erfüllt. Wir wollen nun zeigen, daß für den korrespondierenden Grenzfall $\nu = f$ wird.

Wie sich leicht zeigen läßt, nähert sich das Bohrsche Atommodell den klassischen Bedingungen, falls die Hauptquantenzahl n sehr groß wird und falls es sich um kleine Quantensprünge handelt. Wird n groß, so rücken die diskreten Energieniveaus immer enger zusammen, und sie nähern sich dem für ein klassisches System kennzeichnenden Kontinuum

(Bild 6.12). Wenn n groß ist, besitzen die Photonen, die bei Übergängen zwischen benachbarten Energieniveaus ausgesandt werden, eine sehr große Wellenlänge. Außerdem werden mit zunehmendem n die Bahnradien der stationären Umläufe immer größer. Das Wasserstoffatom nähert sich einem makroskopischen System, für das die klassische Physik zutrifft.

Wir wollen die Frequenz eines Photons berechnen, das beim Übergang zwischen den beiden benachbarten Zuständen $n_2 = n$ und $n_1 = n - 1$ ausgesandt wird, dabei soll $n \gg 1$ sein. Wir können Gl. (6.33) umschreiben und erhalten so

$$\nu = cR \left(\frac{n_2^2 - n_1^2}{n_2^2 \, n_1^2} \right) = cR \, \frac{(n_2 - n_1)(n_2 + n_1)}{n_2^2 \, n_1^2} . \tag{6.35}$$

Es ist aber $n_2 - n_1 = 1$ und $n_2 + n_1 \approx 2n$, sowie $n_2^2 n_1^2 \approx n^4$. Daher wird diese Gleichung für große n

$$\nu = \frac{2cR}{n^3} . \tag{6.36}$$

Wir wollen zeigen, daß diese quantentheoretische Frequenz ν gleich der klassischen Umlauffrequenz f ist. Mit Hilfe von Gl. (6.19) drücken wir in Gl. (6.34) den Radius r der Elektronenbahn aus und erhalten

$$f = \frac{1}{2\pi} \sqrt{\frac{ke^2}{mr^3}} = \frac{1}{2\pi} \sqrt{\left(\frac{ke^2}{m}\right)\left(\frac{kme^2}{n^2 \hbar^2}\right)^3} = \frac{2c}{n^3} \, \frac{k^2 e^4 m}{4\pi \hbar^3 c} . \tag{6.37}$$

Der zweite Bruch auf der rechten Seite ist nichts anderes als die Rydberg-Konstante R aus Gl. (6.32). Daher vereinfacht sich die Gleichung zu

$$f = \frac{2cR}{n^3} . \tag{6.38}$$

Durch Vergleich der beiden Gln. (6.36) und (6.38) sehen wir, daß

$$\nu = f$$

ist, wie es das Korrespondenzprinzip verlangt.

Tatsächlich gelangte Bohr durch Anwendung des Korrespondenzprinzips erstmalig zur Quantelung des Bahndrehimpulses, dem zweiten Postulat seiner Theorie des Atombaues. In seiner Originalarbeit[1]) über die Quantentheorie des Wasserstoffatoms stellte Bohr fest:

> „... wir nehmen lediglich an, daß erstens die Strahlung in Form von Quanten $h\nu$ ausgesandt wird und daß zweitens die Frequenz dieser ausgesandten Strahlung bei Übergängen zwischen aufeinanderfolgenden stationären Zuständen des Systems im Bereich langsamer Schwingungen mit der Umlauffrequenz des Elektrons zusammenfällt."

Wie Bohr zeigte, ist die Quantelung des Bahndrehimpulses eine notwendige Folge dieser beiden Postulate. Bei unserer Darstellung des Bohrschen Atommodells haben wir den umgekehrten Weg gewählt: Wir haben die Welleneigenschaften des Elektrons vorausgesetzt und dann gefunden, daß diese der Quantelung des Bahndrehimpulses äquivalent sind. Die Übereinstimmung von Photonenfrequenz und Umlauffrequenz des Elektrons im korrespondierenden Grenzfall war dann unser Ergebnis.

---

1) "On the Constitution of Atoms and Molecules" Philosophical Magazine, Bd. 26, S. 1 (1913).

6.6 Erfolge und Grenzen der Bohrschen Theorie

Die folgenden Grundzüge der Bohrschen Theorie des Atombaues gelten ganz allgemein und müssen daher in *jede* weitergehende Atomtheorie eingehen:

1. die Existenz strahlungsloser stationärer Zustände,
2. die Quantelung der Energie bei Systemen von Teilchen,
3. die Quantelung des Drehimpulses und
4. die Emission oder die Absorption von Photonen bei Übergängen zwischen stationären Zuständen.

Im Einzelnen kann die Bohrsche Theorie folgendes erklären:

1. die Stabilität der Atome,
2. die Wellenlängen der Emissions- und der Absorptionsspektren wasserstoffähnlicher Atome und
3. die gemessenen Ionisierungsenergien der Einelektronenatome.

Die Bohrsche Theorie des Atombaues hat jedoch etliche ernsthafte Schwächen:

1. sie ist nichtrelativistisch,
2. sie liefert kein Verfahren zur Berechnung der Intensität der Spektrallinien;
3. sie ist nicht in der Lage, die Spektren von Atomen mit mehr als einem Elektron zu erklären;
4. sie erklärt nicht die Bindung der Atome in Molekülen, Flüssigkeiten und Festkörpern und
5. auch für Wasserstoff kann sie nicht die Feinstruktur des Spektrums liefern (wie hochauflösende Spektrographen zeigen, besteht jede von der Bohrschen Theorie vorausgesagte „Linie" aus zwei oder mehr nahe benachbarten Linien, sog. Feinstruktur), und sie liefert für den Bahndrehimpuls – obgleich sie dessen Quantelung berücksichtigt – eine Regel, die weniger kompliziert als die tatsächlich beobachtete ist.

Alle diese Mängel werden durch eine relativistische, wellenmechanische Atomtheorie behoben, die jedoch infolge ihrer mathematischen Anforderungen den Rahmen dieses Buches überschreitet. Ein tiefliegender Grund für die Unvollständigkeit der Bohrschen Theorie besteht in der Überbetonung der klassischen Teilchennatur des Elektrons: Man stellt sich die Elektronenbewegung auf wohldefinierten Kreisbahnen vor. Radien, Geschwindigkeiten und Umlauffrequenzen sollen dabei genau definiert sein. Bei einer wellenmechanischen Behandlung darf sich das Elektron als dreidimensionale Welle über die gesamte Umgebung des Atomkernes ausdehnen und dort bewegen. Die Aufgabe besteht dann darin, durch Lösung der Schrödinger-Gleichung dreidimensionale Elektronenwellen zu erhalten und so die gequantelten stationären Zustände zu ermitteln. Diese Aufgabe wird bei der Beschreibung einiger einfacher und spezieller Fälle im nächsten Abschnitt aufgegriffen werden.

6.7 Das Wasserstoffatom und seine Wellenfunktionen nach der Schrödinger-Gleichung

Die Aufgabe besteht darin, erlaubte Wellenfunktionen der zeitunabhängigen (nichtrelativistischen) Schrödinger-Gleichung,

$$\frac{\partial^2 \psi}{\partial x^2} + \frac{\partial^2 \psi}{\partial y^2} + \frac{\partial^2 \psi}{\partial z^2} + \frac{2m}{\hbar^2}(E - V)\psi = 0 \,, \qquad (5.30), (6.39)$$

für ein Teilchen der Masse m (Elektron) unter Einwirkung einer Anziehungskraft, die umgekehrt proportional zum Quadrat des Abstandes abnimmt (vom Kern ausgehende Coulomb-Kraft), aufzufinden.

Wir wollen Lösungen der Schrödinger-Gleichung gewinnen und zwar für die aus dem Coulombschen Gesetz folgende potentielle elektrische Energie

$$V = -\frac{k e^2}{r}$$

zweier Punktladungen, jeweils vom Betrage e, die sich im Abstand r voneinander befinden. Die positive Punktladung soll ständig im Nullpunkt ruhen. Um die allgemeinste Lösung der Schrödinger-Gleichung zu erhalten, könnten wir die rechtwinkligen Koordinaten der Gl. (6.39) in sphärische Koordinaten transformieren (r, θ, ϕ) und dabei voraussetzen, daß die Lösung dann ihre mathematisch einfachste Gestalt annimmt, wenn der Symmetrie der potentiellen Energie (die nur von der Koordinate r abhängt) auch eine derartige Symmetrie des Koordinatensystems entspricht. Wir können jedoch noch einfacher vorgehen.

Da die potentielle Energie nur vom radialen Abstand r abhängt, muß es eine Klasse von Wellenfunktionen geben, die sowohl Gl. (6.39) erfüllen als auch Kugelsymmetrie besitzen, d.h., die nur von der Koordinate r abhängen:

$$\psi = F(r)\,.$$

In der Schreibweise der Gl. (6.39) enthält die Schrödinger-Gleichung partielle Ableitungen nach den kartesischen Koordinaten x, y und z. Da wir eine nur von r abhängige Lösung suchen, müssen wir diese Gleichung zunächst in eine Form transformieren, die nur Ableitungen nach r enthält. Offensichtlich ist

$$r = \sqrt{x^2 + y^2 + z^2}\,.$$

Daher ist auch

$$\frac{\partial r}{\partial x} = \frac{1}{2}\left(\frac{2x}{(x^2 + y^2 + z^2)^{1/2}}\right) = \frac{x}{r}\,.$$

Wir wollen nun $\partial^2\psi/\partial x^2$ berechnen und erinnern uns daran, daß ψ nur von r abhängen soll. Damit erhalten wir

$$\frac{\partial\psi}{\partial x} = \frac{d\psi}{dr}\frac{\partial r}{\partial x} = \frac{x}{r}\frac{d\psi}{dr}\,.$$

Die zweite Ableitung ist dann

$$\frac{\partial^2\psi}{\partial x^2} = \frac{\partial}{\partial x}\frac{\partial\psi}{\partial x} = \frac{\partial}{\partial x}\left(\frac{x}{r}\frac{d\psi}{dr}\right) = \frac{1}{r}\frac{d\psi}{dr} - \frac{x^2}{r^3}\frac{d\psi}{dr} + \frac{x^2}{r^2}\frac{d^2\psi}{dr^2}\,. \qquad (6.40)$$

Die Ableitungen $\partial^2\psi/\partial y^2$ und $\partial^2\psi/\partial z^2$ sehen genau so aus, wir müssen lediglich x durch y bzw. z ersetzen. Durch Addition der drei Gleichungen erhalten wir

$$\frac{\partial^2\psi}{\partial x^2} + \frac{\partial^2\psi}{\partial y^2} + \frac{\partial^2\psi}{\partial z^2} = \frac{3}{r}\frac{d\psi}{dr} - \frac{x^2 + y^2 + z^2}{r^3}\frac{d\psi}{dr} + \frac{x^2 + y^2 + z^2}{r^2}\frac{d^2\psi}{dr^2}$$

$$= \frac{2}{r}\frac{d\psi}{dr} + \frac{d^2\psi}{dr^2}\,.$$

Aus Gl. (6.39) wird dann

$$\frac{d^2\psi}{dr^2} + \frac{2}{r}\frac{d\psi}{dr} + \frac{2m}{\hbar^2}\left(E + \frac{ke^2}{r}\right)\psi = 0\,. \tag{6.41}$$

Wir wollen nun aber nicht in allen Einzelheiten nach einer analytischen Lösung für die Gl. (6.41) suchen, sondern es mit einem Ansatz versuchen, der uns als brauchbare Lösung für den Grundzustand erscheint, und dann prüfen ob es sich dabei tatsächlich auch um eine Lösung handelt. Wie wir bereits wissen, treffen wir das Elektron mit größerer Wahrscheinlichkeit in Kernnähe als in großem Abstand vom Kern an. Die Wahrscheinlichkeit, es im Unendlichen anzutreffen, muß gleich Null sein. Folglich muß die Wellenfunktion ψ für kleine r verhältnismäßig groß, für $r = \infty$ dagegen gleich Null sein. Eine Wellenfunktion, die diesen Anforderungen entspricht, ist

$$\psi = \mathrm{e}^{-ra}, \tag{6.42}$$

dabei bestimmt die Größe a den Abfall der Exponentialfunktion in radialer Richtung (Bild 6.14). Wir müssen nun aber untersuchen, ob diese als Ansatz angenommene Wellenfunktion auch die Schrödinger-Gleichung erfüllt. Aus Gl. (6.42) erhalten wir

$$\frac{d\psi}{dr} = -a\,\mathrm{e}^{-ra} = -a\psi, \qquad \frac{d^2\psi}{dr^2} = a^2\,\mathrm{e}^{-ra} = a^2\psi\,.$$

Indem wir nun $\psi, d\psi/dr$ und $d^2\psi/dr^2$ in Gl. (6.41) einsetzen, erhalten wir

$$\left[a^2 - \frac{2}{r}a + \frac{2m}{\hbar^2}\left(E + \frac{ke^2}{r}\right)\right]\psi = 0\,. \tag{6.43}$$

Eine mögliche Lösung ist $\psi = 0$ für alle r, diese Lösung ist jedoch unbrauchbar. Wir ordnen daher die Glieder der Gl. (6.43) um und erhalten

$$\left(a^2 + \frac{2m}{\hbar^2}E\right) + \frac{1}{r}\left(\frac{2mke^2}{\hbar^2} - 2a\right) = 0\,. \tag{6.44}$$

Diese Gleichung muß für alle Werte von r gelten, von Null bis Unendlich. Setzen wir $r = 0$ und damit $1/r = \infty$, so erkennen wir leicht, daß die beiden Ausdrücke auf der linken Seite der Gleichung bei ihrer Addition nur dann Null ergeben können, falls der zweite Klammerausdruck verschwindet. Daher muß

$$a = \frac{mke^2}{\hbar^2}$$

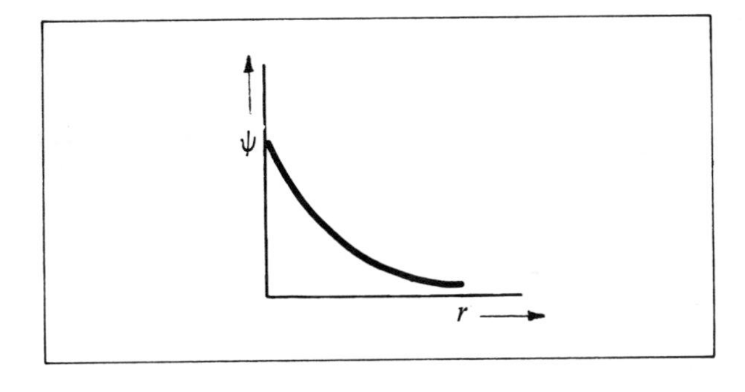

Bild 6.14
Die Wellenfunktion $\psi = \mathrm{e}^{-ra}$ für den Grundzustand des Wasserstoffatoms

sein und

$$\frac{1}{a} = \frac{\hbar^2}{mke^2} = r_1 = 0{,}53 \cdot 10^{-10}\,\text{m} = 53\,\text{pm}\,. \qquad (6.20), (6.45)$$

Wie wir hier feststellen können, ist a nichts anderes als der Kehrwert von r_1, dem Radius der ersten Bohrschen Bahn (dem Bohr-Radius).

Nun wollen wir voraussetzen, in Gl. (6.44) könne r jeden beliebigen endlichen Wert annehmen. Da die zweite Klammer verschwindet, muß auch der erste Ausdruck verschwinden, falls die Gleichung erfüllt sein soll. Es ist dann

$$E = -\frac{a^2\hbar^2}{2m} = -\left(\frac{mke^2}{\hbar^2}\right)^2 \frac{\hbar^2}{2m}, \qquad E = -\frac{mk^2e^4}{2\hbar^2} = -13{,}6\,\text{eV}\,. \qquad (6.27)$$

Die Energie des Atoms beträgt $E = -13{,}6$ eV, also nach der Bohrschen Theorie genau die Energie des Wasserstoffatoms im Grundzustand. Die in unserem Ansatz, Gl. (6.42), angenommene Wellenfunktion entspricht tatsächlich gerade dem Grundzustand der Bohrschen Theorie.

Wir erinnern uns daran, daß $\psi^2\,dv$ die Wahrscheinlichkeit ist, ein Teilchen im Volumenelement dv anzutreffen. Bei einem Wasserstoffatom im Grundzustand ist dann die Wahrscheinlichkeit, daß sich das Elektron in einem kleinen Volumenelement dv befindet, proportional zu

$$\psi^2 dv = e^{-2ra}\,dv\,.$$

Bei diesem Zustand können wir das Elektron mit größerer Wahrscheinlichkeit in einem Volumenelement dv in Kernnähe ($r = 0$) antreffen als in einem beliebigen gleich großen Volumenelement irgendwo sonst. Wir fragen nun nach der Wahrscheinlichkeit für den Aufenthalt des Elektrons *zwischen* r und $r + dr$, also in einer Kugelschale mit dem Radius r, der Dicke dr und dem Volumen $4\pi r^2\,dr$. Obgleich $\psi^2\,dv$ im Nullpunkt ein Maximum besitzt, so ist dort doch das Volumen einer Kugelschale sehr klein, während in sehr großem Abstand vom Nullpunkt dieses Volumen groß, die Wahrscheinlichkeitsdichte aber sehr klein ist. Daher muß es zwischen den beiden Extremwerten $r = 0$ und $r = \infty$ ein Maximum für die Wahrscheinlichkeit geben, das Elektron in einer Kugelschale anzutreffen. Für eine Schale vom Radius r und der Dicke dr ist $dv = 4\pi r^2\,dr$, die zugehörige Wahrscheinlichkeit ist proportional zu $r^2\,e^{-2ra}$. Diese Funktion ist in Bild 6.15 aufgetragen. Die Kurve steigt zunächst an (infolge r^2), erreicht ein Maximum und geht dann für große r wieder gegen Null (infolge e^{-2ra}).

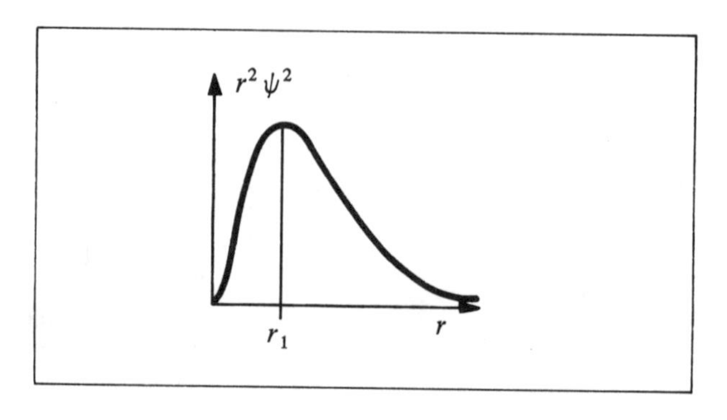

Bild 6.15
Wahrscheinlichkeit, beim Wasserstoffatom ein Elektron zwischen r und $r + dr$ anzutreffen als Funktion des Abstandes r vom Atomkern. (Diese Wahrscheinlichkeit ist proportional zu $r^2\,\psi^2$.)

In welchem Abstand r vom Kern können wir das Elektron mit der größten Wahrscheinlichkeit in einem Bereich dr erwarten? Dieser Wert von r entspricht offensichtlich dem Maximum in Bild 6.15. Der Scheitelwert von $r^2\,e^{-2ra}$ hat folgende Lage:

$$\frac{d}{dr}(r^2\,e^{-2ra}) = 0, \qquad 2r\,e^{-2ra} - 2a\,r^2\,e^{-2ra} = 0, \qquad r_{\max} = \frac{1}{a} = r_1\,.$$

Das Maximum fällt genau mit dem Radius r_1 der ersten Bohrschen Bahn zusammen. Obschon das Elektron an einem beliebigen Orte angetroffen werden kann, finden wir es im Grundzustand mit größerer Wahrscheinlichkeit im Abstande r_1 vom Atomkern als in irgend einem anderen Abstand.

Es gibt noch weitere kugelsymmetrische Wellenfunktionen. Durch Einsetzen in Gl. (6.41) läßt sich leicht zeigen, daß auch die Wellenfunktion $\psi_2 = e^{-ra/2}(2 - ra)$ eine Lösung ist. Die zugehörige Energie beträgt $E_2 = -13{,}6\,\text{eV}/4 = -3{,}4\,\text{eV}$, das ist aber die Energie des ersten angeregten Zustandes beim Wasserstoffatom. Im einzelnen sind die Energien E_n des Wasserstoffatoms für alle kugelsymmetrischen Wellenfunktionen durch

$$E_n = -\left(\frac{m\,k^2\,e^4}{2\hbar^2}\right)\frac{1}{n^2} = -\frac{E_\mathrm{I}}{n^2} \qquad (6.27), (6.46)$$

gegeben, mit $n = 1, 2, 3, \ldots$, wiederum in Übereinstimmung mit der Bohrschen Theorie.

Da die potentielle Energie $V = -ke^2/r$ kugelsymmetrisch ist, gibt es auch, wie wir gesehen haben, kugelsymmetrische Wellenfunktionen. Außerdem gibt es aber noch Wellenfunktionen, die nicht kugelsymmetrisch sind. Die einfachste Funktion dieser Art ist

$$\psi = x\,F(r); \qquad (6.47)$$

dabei ist $F(r)$ wiederum eine nur von r abhängige Funktion. Daß es sich hier um eine Lösung handelt, können wir durch Bildung der Ableitungen $d\psi/dr$ und $d^2\psi/dr^2$ sowie durch Einsetzen in Gl. (6.41) bestätigen. Mit $F(r) = e^{-ar/2}$ ergibt sich die entsprechende Energie $E_2 = -13{,}6\,\text{eV}/4 = -3{,}4\,\text{eV}$, also die Energie des ersten angeregten Zustandes beim Wasserstoffatom.

Falls $\psi = x\,F(r)$ eine Lösung ist, gilt das auch für $\psi = y\,F(r)$ sowie für $\psi = z\,F(r)$, dabei ist für alle drei Zustände $F(r)$ dieselbe Funktion. Für alle drei Zustände ist die zugehörige Energie *gleich* groß. Die nicht-kugelsymmetrischen, also winkelabhängigen Wellenfunktionen des Typs

$$\psi = x\,F(r), \qquad \psi = y\,F(r), \qquad \psi = z\,F(r)$$

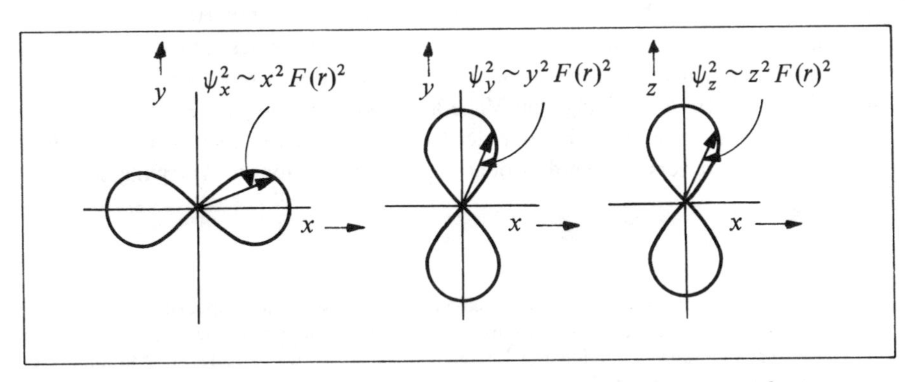

Bild 6.16 Polardiagramm, das für die p-Zustände die Richtungsabhängigkeit von ψ^2 zeigt

heißen p-Zustände (die kugelsymmetrischen Lösungen heißen s-Zustände). Bild 6.16 zeigt die Wahrscheinlichkeitsverteilungen für die p-Zustände (oder p-„Orbitale") in einem Polardiagramm.

Bei allen kugelsymmetrischen Zuständen verschwindet der Bahndrehimpuls des Atoms. Bei den nicht-kugelsymmetrischen Zuständen, wie zum Beispiel bei den p-Zuständen in Bild 6.16, verschwindet er dagegen *nicht*. Es läßt sich sogar zeigen, daß der Bahndrehimpuls (für eine beliebige Raumrichtung) stets ein ganzzahliges Vielfaches von $\hbar$ ist.

6.8 Der Elektronenstoßversuch von Franck und Hertz

Atomare Systeme, wie zum Beispiel das Wasserstoffatom, sind gequantelt. Die erlaubten Energien sind diskret, und als Folge davon kann ein Photon nur dann absorbiert werden, wenn seine Energie $h\nu$ genau gleich dem Energieunterschied $E_{n_2} - E_{n_1}$ zwischen zwei erlaubten Zuständen ist. So veranlassen zum Beispiel auch nur Photonen mit einer Energie von 10,2 eV Wasserstoffatome aus dem Grundzustand in den ersten angeregten Zustand überzugehen. Wir können nun mit Recht fragen, ob sich die Energie eines gequantelten Systems nicht allein durch Stöße von Photonen sondern auch durch Stöße von Teilchen mit Ruhmasse ändern läßt, etwa durch Elektronenstöße. Der Versuch von Franck und Hertz zeigte im Jahre 1914 erstmalig, daß Atome auch durch Stöße von Teilchen angeregt werden können und daß auch dieser Vorgang von der Energiequantelung beherrscht wird.

Zunächst wollen wir atomaren Wasserstoff betrachten. Angenommen, Wasserstoffatome im Grundzustand würden mit einem Strahlenbündel monoenergetischer Elektronen beschossen, deren Bewegungsenergie kleiner als 10,2 eV ist, der Anregungsenergie des ersten angeregten Wasserstoffzustandes. Ein Wasserstoffatom im Grundzustand kann seine Energie nicht um einen Betrag vergrößern, der kleiner als 10,2 eV ist. Daher müssen die Elektronen mit dem Wasserstoffatom *vollkommen elastisch* zusammenstoßen. Die gesamte kinetische Energie der Teilchen muß nach dem Stoß genau so groß sein wie vor dem Stoß. Treffen andererseits monoenergetische Elektronen mit einer kinetischen Energie von genau 10,2 eV auf Wasserstoffatome im Grundzustand, dann ist ein unelastischer Stoß möglich, und die ursprüngliche Bewegungsenergie des Elektrons kann in innere Energie des Wasserstoffatoms umgewandelt werden, dabei geht das Atom vom Grundzustand in den ersten angeregten Zustand über.[1]) Da auf diese Weise einige der Atome in einen angeregten Zustand gelangen, können sie anschließend unter Aussendung eines Photons von 10,2 eV wieder in den Grundzustand zurückkehren.

Besitzen die stoßenden Elektronen eine Bewegungsenergie von mehr als 10,2 eV, dann sind die Stöße ebenfalls unelastisch. Es werden jedoch nur 10,2 eV in innere Anregungsenergie des Atoms umgewandelt. Die verbleibende Bewegungsenergie kann das Wasserstoffatom nicht absorbieren, sie erscheint notwendigerweise als Bewegungsenergie des Elektrons nach dem Stoß (und in geringerem Maße als Bewegungsenergie des gestoßenen Atoms). Bei einer weiteren Zunahme der Energie der Geschoßteilchen können Atome in den zweiten angeregten Zustand versetzt werden oder sogar in noch höhere Anregungsstufen. Bei jedem

---

[1]) Da bei einem jeden Stoß der Impuls erhalten bleiben muß, ist der Impuls des getroffenen Atoms nach dem Stoß gleich dem Elektronenimpuls vor dem Stoß, seine kinetische Energie kann jedoch im Vergleich zur Änderung seiner inneren Energie vernachlässigt werden, da die Atommasse diejenige des Elektrons so sehr übertrifft.

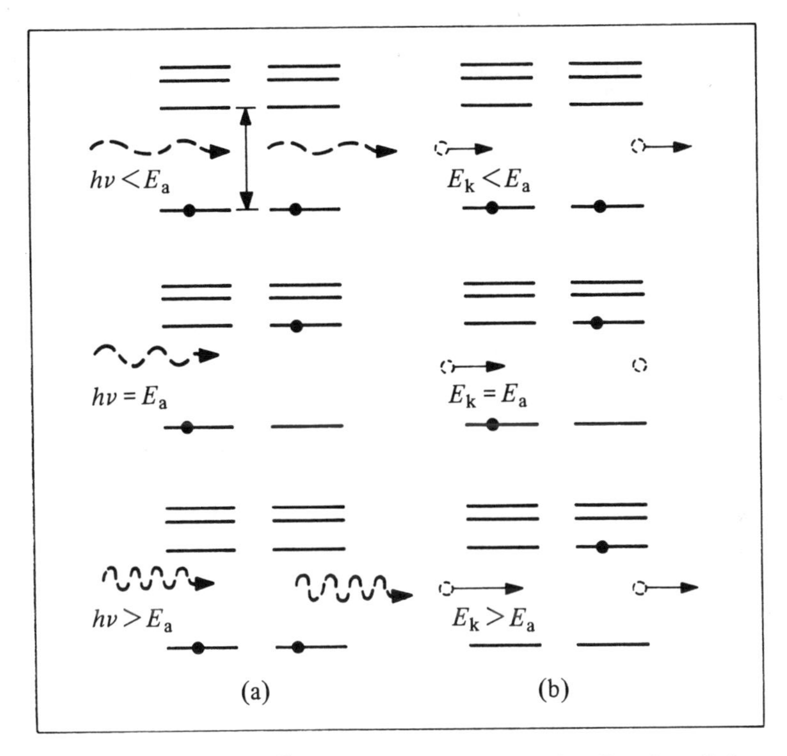

Bild 6.17 Anregung eines Überganges zwischen gequantelten Energiezuständen: a) durch Beschuß mit Photonen, E_a ist die Anregungsenergie des Atoms b) durch Beschuß mit Teilchen, dabei ist E_k die Bewegungsenergie eines Teilchens.

dieser unelastischen Stöße absorbiert ein Atom nur den Energiebetrag, der einen Übergang von einem gequantelten Energieniveau zu einem höheren ermöglicht (Bild 6.17). Zusammengefaßt: Bezeichnen wir die Anregungsenergie eines Atoms mit E_a und die kinetische Energie des leichten Geschoßteilchens mit E_k, dann können unelastische Stöße unter Anregung des Atoms nur stattfinden, falls

$$E_k \geqslant E_a \tag{6.48}$$

ist.

Beim ursprünglichen Franck-Hertz-Versuch stießen Elektronen auf Quecksilberatome in Quecksilberdampf. Die Wellenlänge der Strahlung, die dem Übergang der Quecksilberatome vom Grundzustand in den ersten angeregten Zustand entspricht, beträgt 253,6 nm. Die zugehörige Photonenenergie, also die Anregungsenergie, ist 4,88 eV. Wie Franck und Hertz fanden, waren Elektronen mit mindestens dieser kinetischen Energie erforderlich, damit Quecksilberatome angeregt werden konnten. Sie konnten dies aus der Beobachtung folgern, daß die Stöße vollkommen elastisch verliefen, solange die Elektronenenergie kleiner als 4,88 eV war, und daß bei größerer Energie einige unelastische Stöße stattfinden. Sie beobachteten dann und nur dann gleichzeitig eine von den Quecksilberatomen ausgesandte Strahlung von 253,6 nm, wenn die stoßenden Elektronen mindestens die Anregungsenergie von 4,88 eV lieferten.

Die historische Bedeutung des Franck-Hertz-Versuches liegt darin: Er zeigte, daß atomare Systeme gequantelt sind. Diese Eigenschaft offenbarte sich nicht nur bei der Emission und Absorption von Photonen sondern auch beim Beschuß mit Teilchen. Praktisch beobachtet man die unelastischen Elektronenstöße durch Messung des Elektronenstromes, der aus den durch ein molekulares Gas hindurchfließenden Elektronen besteht. Da die Elektronengeschwindigkeit bei unelastischen Stößen, die zur Anregung von Atomen führen, stark zurückgeht, muß der gemessene Strom plötzlich stark abnehmen, sobald die Bewegungsenergie der Elektronen die Anregungsenergie erreicht. Sind die Elektronen hinreichend energiereich, so liefert praktisch jedes von ihnen bei seiner Bewegung durch das Gas eine Reihe unelastischer Stöße, und es verliert dabei jedesmal die Energie E_a. Daher zeigt die beobachtete Stromstärke als Funktion der elektrischen Beschleunigungsspannung (die die gesamte kinetische Energie des Elektrons bestimmen würde, falls es nicht zu unelastischen Stößen käme) eine Anzahl scharfer Abfälle. Jeder Abfall entspricht einem ganzzahligen Vielfachen der Energie E_a. Gleichzeitig beobachtet man Photonen der Energie E_a. Diese werden ausgesandt, sobald Atome durch unelastische Elektronenstöße angeregt werden können.

Die Stöße können auch zur Ionisation führen. Handelt es sich bei den Geschoßteilchen um Elektronen, so werden die Atome von denjenigen Elektronen ionisiert, deren Bewegungsenergie mindestens gleich der Ionisierungsenergie dieser Atome ist.

Bei Raumtemperatur sind praktisch alle Atome des Wasserstoffgases im Grundzustand, und es kann keine merkliche Emission stattfinden. Wir wollen untersuchen, warum das so ist. Die mittlere Bewegungsenergie pro Molekül, $(3/2)kT$, beträgt bei einem Gas von Raumtemperatur 0,04 eV. Daher gibt es nur sehr wenige Moleküle mit einer translatorischen Bewegungsenergie von 10,2 eV, der Mindestenergie, die erforderlich ist, um ein Wasserstoffatom aus dem Grundzustand, mit $n = 1$ und $E_1 = -13{,}6$ eV, in den ersten angeregten Zustand, mit $n = 2$ und $E_2 = -3{,}4$ eV, anzuheben. Eine thermische Anregung der Atome erfolgt dann, wenn ein Teil der translatorischen Bewegungsenergie der zusammenstoßenden Moleküle in *innere* Anregungsenergie eines der beiden oder auch beider Atome umgewandelt wird. Bei einem derartigen Stoß bleibt die *translatorische* Bewegungsenergie *nicht* erhalten; daher ist der Stoß *unelastisch*. Wird die Temperatur des Gases so weit erhöht, bis schließlich die mittlere translatorische Bewegungsenergie eines Moleküls, $\frac{3}{2}kT$, ungefähr gleich einer der möglichen Anregungsenergien wird, dann kann eine beträchtliche Anzahl von Atomen durch unelastische Stöße genügend Energie aufnehmen, um in den betreffenden Anregungszustand überzugehen. Um Atome durch Erhitzen anzuregen, sind sehr hohe Temperaturen erforderlich; so ist z.B. erst bei einer Temperatur von 75 000 K $\frac{3}{2}kT$ gleich 10 eV.

Ein einfacheres und bekannteres Verfahren zur Anregung von Atomen wird durch den Franck-Hertz-Versuch nahegelegt. Es beruht auf der Ausnutzung einer elektrischen Entladung, bei der Elektronen und Ionen durch ein äußeres elektrisches Feld auf eine sehr große Bewegungsenergie beschleunigt werden. Praktisch geschieht dies durch Anlegen einer Spannung an zwei Elektroden, die in dem Glasgefäß, das das Gas enthält, angebracht werden. Durch eine thermische oder durch eine elektrische Anregung können wir daher Emissionsspektren erhalten.

Nun verstehen wir auch, warum wir in der kinetischen Theorie der Gase die Gasmoleküle und -atome wie starre Teilchen behandeln können, die keinerlei innere Struktur besitzen und die untereinander vollkommen elastisch zusammenstoßen, falls sich das Gas bei gemäßigten Temperaturen befindet. So lange die mittlere translatorische Bewegungsenergie je Atom nicht mit dem Energieunterschied zwischen dem Grundzustand und dem ersten angeregten Zustand vergleichbar ist, kann sich auch die innere Struktur eines Atoms nicht ändern, bleibt die gesamte translatorische Bewegungsenergie beim Stoß erhalten, und der Stoß ist vollkommen elastisch. Bei genügend hoher Gastemperatur kann es dagegen zu unelastischen Stößen kommen. Dabei werden einige Atome angeregt. Sie können dann nicht mehr länger als starre Teilchen behandelt werden, die zu keinem inneren Übergang fähig sind.

6.9 Zusammenfassung

Rutherfords Streuversuche mit α-Teilchen zeigten, daß die gesamte positive Ladung und praktisch die gesamte Masse eines Atoms auf ein sehr kleines Raumgebiet beschränkt sind (dessen Abmessung nicht größer als 10^{-14} m ist), Atomkern genannt.

Der Bruchteil der einfallenden Teilchen, der durch eine dünne Folie der Dicke D, die n Streuzentren je Volumeneinheit enthält, gestreut wird, ist

$$\frac{N_s}{N_o} = \sigma n D \,, \qquad (6.2)$$

dabei ist σ der einem jeden Streuzentrum zugeordnete Streuquerschnitt.

Nach dem klassischen Planetenmodell sind Atome instabil und senden ein kontinuierliches Spektrum aus.

Bei Wasserstoffatomen beobachtet man bei der Emission und auch bei der Absorption diskrete Spektrallinien deren Wellenlängen λ durch

$$\frac{1}{\lambda} = R\left(\frac{1}{n_1^2} - \frac{1}{n_2^2}\right) \qquad (6.15)$$

gegeben sind, dabei ist R die Rydberg-Konstante, und n_1 und n_2 sind ganze Zahlen.

Die Bohrsche Theorie des Atombaues beruht auf folgenden Annahmen: 1. stationäre Zustände, 2. Bahndrehimpulse $n\hbar$ und 3. $h\nu = E_{n2} - E_{n1}$ für die Übergänge.

Die von der Bohrschen Theorie vorausgesagten Energien und Radien sind für Wasserstoffatome

$$E_n = -\frac{E_I}{n^2} \quad \text{mit} \quad E_I = \frac{k^2 e^4 m}{2\hbar^2} = 13{,}58 \text{ eV}\,, \qquad (6.26)$$

$$r_n = n^2 r_1 \quad \text{mit} \quad r_1 = \frac{\hbar^2}{k m e^2} = 53 \text{ pm}\,. \qquad (6.21)$$

Die wellenmechanischen Lösungen der Schrödinger-Gleichung liefern für das Wasserstoffatom dieselben Energien. Der Radius r_1 der ersten Bohrschen Bahn ist diejenige Entfernung vom Atomkern, in der man das Elektron im Grundzustand am wahrscheinlichsten antrifft.

Der Franck-Hertz-Versuch bestätigte, daß für die Anregung und die Ionisierung der Atome durch unelastische Stöße von Teilchen die Quantenbedingungen gelten.

6.10 Aufgaben

6.1. Zwanzigtausend kleine starre Kugeln von je 2,0 mm Durchmesser werden im Innern eines würfelförmigen Kastens von 1,0 m Kantenlänge zufällig verteilt.

a) Dann werden eine Million Teilchen, von denen jedes sehr klein gegen die Kugeln im Kasten ist, statistisch verteilt auf eine Seite des Kastens geschossen. Wie viele dieser Teilchen werden voraussichtlich durch Stöße mit den Kugeln aus ihrer Flugrichtung gestreut?

b) Falls eine Million Kugeln von je 2,0 mm Durchmesser auf die Kugeln im Kasten abgefeuert werden, wie viele der Kugeln werden dann gestreut?

6.2. Wie groß sind a) der Impuls und b) die Wellenlänge eines α-Teilchens von 5,0 MeV?

6.3. α-Teilchen werden an einer dünnen Folie aus einem Stoff mit der Ordnungszahl Z_1, der Dichte ρ_1 und der molaren Masse M_1 gestreut und unter einem gegebenen Winkel θ beobachtet. Diese erste Folie wird dann durch eine zweite ersetzt (Z_2, ρ_2 und M_2), die die gleiche Gesamtfläche und Masse wie die erste besitzt. In welchem Verhältnis stehen die jeweiligen Anzahlen der Teilchen, die unter dem Winkel θ an der ersten und an der zweiten Folie gestreut werden?

6.4. Ein Strahlenbündel von 8-MeV-Protonen fällt auf eine 10^{-6} m dicke Silberfolie und erfährt dort eine *Coulomb-Streuung* nach der Formel von Rutherford.

a) Wie groß ist der minimale Abstand vom Atomkern, den die Teilchen erreichen können?

b) Bestimmen Sie den Stoßparameter für Protonen, die um 90° gestreut werden.

c) Wie groß ist die Wahrscheinlichkeit, daß ein einfallendes Proton rückwärts gestreut wird (d.h., daß $\theta > 90°$ ist)? Die Dichte des Silbers beträgt 10,50 g/cm³ und seine molare Masse ist 107,88 g/mol.

6.5. Man beobachtet die an einer dünnen Folie gestreuten α-Teilchen unter einem festen Streuwinkel θ. Um welchen Faktor ändert sich die Anzahl der in der Zeiteinheit gestreuten Teilchen, die unter dem Winkel θ beobachtet werden, falls man

a) ohne die Anzahl der die Folie in der Zeiteinheit erreichenden Teilchen zu verändern die Teilchengeschwindigkeit verdoppelt und

b) die Geschwindigkeit der einfallenden Teilchen verdoppelt und dabei die dem einfallenden Strahl entsprechende elektrische Stromstärke ebenfalls verdoppelt?

6.6. Ein α-Teilchen stößt zentral a) gegen einen Goldkern, b) gegen ein α-Teilchen und c) gegen ein Elektron, die jeweils ursprünglich in Ruhe waren. Welcher Bruchteil der ursprünglichen kinetischen Energie des α-Teilchens wird in den einzelnen Fällen auf das gestoßene Teilchen übertragen?

6.7. Ein α-Teilchen von 8,0 MeV stößt zentral gegen ein ursprünglich ruhendes Elektron. Welche kinetische Energie besitzt nach dem Stoß a) das Elektron und b) das α-Teilchen? c) Wie viele derartige zentrale Stöße mit ursprünglich ruhenden Elektronen sind erforderlich, um die Bewegungsenergie des α-Teilchens um zehn Prozent zu vermindern?

6.8. Angenommen, α-Teilchen von 7,68 MeV fallen auf eine Goldfolie von $6{,}00 \cdot 10^{-5}$ cm Dicke und werden in der Folie *zweimal* gestreut und zwar jedesmal um einen Winkel von 1,0° (zur Vereinfachung können Sie annehmen, die Folie besitze für beide Streuvorgänge dieselbe Dicke). Welcher Bruchteil der einfallenden Teilchen erfährt eine derartige Zweifachstreuung?

6.9. Ein α-Teilchen von 8,0 MeV nähert sich einem Kupferkern ($Z = 29$, relative Atommasse 65).

a) Berechnen Sie die kinetische Energie des α-Teilchens, wenn es sich dem Kern bis auf eine Entfernung von $4{,}0 \cdot 10^{-14}$ m genähert hat.

b) Zeigen Sie: Wenn dieses die kleinste Entfernung zwischen dem α-Teilchen und dem Kupferkern bei einem nicht-zentralen Stoß ist, muß der Stoßparameter $3{,}4 \cdot 10^{-14}$ m sein. (*Hinweis:* Beachten Sie die Erhaltung des Drehimpulses.)

6.10. Zeigen Sie, daß ein positiv geladenes Teilchen bei einem zentralen Stoß näher an einen schweren Kern gelangt als bei einem schiefen (d.h. nicht-zentralen) Stoß. (*Hinweis:* Beachten Sie die Erhaltung der Energie.)

6.11. α-Teilchen mit einer Energie von einigen MeV treffen auf ein Target, das aus Heliumatomen in einem Gas bei Raumtemperatur besteht. Die Targetteilchen können praktisch als ruhende α-Teilchen betrachtet werden, da ihre mittlere thermische Energie je Teilchen nur 0,04 eV beträgt. Die Targetteilchen sind in diesem Falle nicht viel schwerer als die einfallenden Teilchen. Daher treffen hier die unter dieser Annahme durchgeführten Ableitungen nicht mehr zu. Zeigen Sie, daß man *kein* α-Teilchen, weder ein stoßendes noch ein gestoßenes, unter einem Streuwinkel von mehr als 90° beobachten kann.

6.12. Für eine bestimmte Folie ist σ_θ der differentielle Streuquerschnitt bei der Streuung von Deuteronen unter einem Winkel θ. Leiten Sie unter Annahme einer *Coulomb-Streuung* nach der Rutherfordschen Streuformel eine Beziehung für den Abstand r_0 ab, der minimalen Entfernung der Deuteronen vom Kern beim zentralen Stoß, als Funktion von σ_θ und θ.

6.13. Ein α-Teilchen von 5,0 MeV wird an einem Goldkern um 60° gestreut.

a) Wie groß ist der entsprechende Stoßparameter?

b) Falls die Goldfolie $2{,}50 \cdot 10^{-7}$ m dick ist, welcher Bruchteil der einfallenden α-Teilchen wird voraussichtlich um mehr als 60° gestreut?

6.14. Ein α-Teilchen von 5,0 MeV kommt in Luft nach einer Strecke von 3,5 cm zur Ruhe. Ein α-Teilchen verliert bei jedem Zusammenstoß mit einem Luftmolekül ungefähr 5 eV an Energie, indem es dieses anregt oder ionisiert. Bestimmen Sie den ungefähren Stoßquerschnitt für die Anregung oder die Ionisierung eines Luftmoleküls durch α-Teilchen und vergleichen Sie diese Fläche mit den Abmessungen der Atome. (Luftdichte $\approx 1\ \mathrm{kg/m^3}$, relative Molekülmasse der Luft ≈ 30.)

6.15.

a) Berechnen Sie die elektrische Stromstärke, die einem Elektron entspricht, das man sich auf der ersten Bohrschen Bahn umlaufend vorstellt.

b) Welche magnetische Flußdichte erzeugt das umlaufende Elektron am Orte des Protons?

c) Ist dieses magnetische Feld parallel oder antiparallel zu dem Vektor gerichtet, der den Bahndrehimpuls des Elektrons darstellt?

6.16. Ein Wasserstoffatom befindet sich in einem angeregten Zustand. Die *Bindungsenergie* des Elektrons an das Proton beträgt 3,40 eV. Das Atom geht in einen Zustand mit der *Anregungsenergie* 12,73 eV über.

a) Wie groß ist die Energie des zu diesem Übergang gehörigen Photons?

b) Wird dieses Photon emittiert oder absorbiert?

6.17. Zeigen Sie, daß sich die gequantelten Energien des Wasserstoffatoms in folgender Form schreiben lassen: $E_n = -\frac{1}{2}\alpha^2 (mc^2)/n^2$, dabei ist α die Feinstrukturkonstante und mc^2 die Ruhenergie des Elektrons.

6.18. Die genaue Form der Sommerfeldschen Feinstrukturkonstante unterscheidet sich geringfügig in den verschiedenen Einheitensystemen. Das hängt letztlich nur von den physikalischen Konstanten h, e und c ab. Stellen Sie α als Funktion dieser Konstanten dar und zwar

a) in cgs-Einheiten und

b) in SI-Einheiten.

c) Zeigen Sie, daß $\alpha = n\,\beta_n$ ist, dabei ist $\beta_n = v_n/c$.

6.19. Zeigen Sie, daß nach der Bohrschen Theorie des Wasserstoffatoms $r_n E_n = (-\frac{1}{2})\, e^2$ (in cgs-Einheiten) und $r_n E_n = (-\frac{1}{2})\,(ec)^2 \cdot 10^{-7}\,\frac{\mathrm{Vs}}{\mathrm{Am}}$ (in SI-Einheiten) ist, dabei sind r_n und E_n der zur Quantenzahl n gehörende Radius, bzw. die Gesamtenergie.

6.20

a) Zeigen Sie, daß das Produkt aus dem Radius der ersten Bohrschen Bahn, dem sogenannten Bohr-Radius, und der Sommerfeldschen Feinstrukturkonstante α gleich der durch 2π dividierten Compton-Wellenlänge des Elektrons ist.

b) Zeigen Sie, daß der Bohr-Radius gleich $\alpha/4\pi R_\infty$ ist.

6.21. Beweisen Sie die Gültigkeit des Ritzschen Kombinationsprinzips. Dieses Prinzip besagt, daß die *Wellenzahl* einer beliebigen emittierten oder absorbierten Spektrallinie eines bestimmten Elementes gleich der Differenz oder der Summe der Wellenzahlen eines anderen, von demselben Element ausgestrahlten Linien*paares* ist. Die Wellenzahl ist der Kehrwert der Wellenlänge.

6.22. Angenommen, 12 000 Wasserstoffatome befänden sich ursprünglich im Zustand $n = 5$. Diese Atome können dann in Zustände niedrigerer Energie übergehen.

a) Wie viele unterschiedliche Spektrallinien können dabei ausgesandt werden?

b) Zur Vereinfachung sei angenommen, für einen gegebenen angeregten Zustand wären alle Übergänge in Zustände niedrigerer Energie gleichwahrscheinlich. Wie groß ist dann die Anzahl aller ausgesandten Photonen?

6.23. Das Myon ist ein Elementarteilchen mit der gleichen Ladung wie das Elektron, jedoch mit einer 207 mal größeren Masse. Ein Proton (und ebenso ein anderer Atomkern) kann ein Myon einfangen, dabei wird ein „myonisches" Atom gebildet.

a) Berechnen Sie für ein derartiges Atom den Bohr-Radius, d.h. den Radius der ersten Bohrschen Bahn.

b) Wie groß ist die Ionisierungsenergie eines Myon-Proton-Atoms?

c) Vergleichen Sie die Geschwindigkeit des Myons auf seiner ersten Umlaufbahn mit derjenigen des Elektrons auf dessen erster Bahn.

Da ein myonisches Wasserstoffatom viel kleiner als ein gewöhnliches Wasserstoffatom ist, können sich zwei myonische Atome so nahe kommen, sogar bei nicht allzu hohen Temperaturen, daß sich die beiden Kerne durch die zwischen ihnen wirkenden Kernkräfte gegenseitig *anziehen* können und es zu einer Kernreaktion kommt. Um eine Kernreaktion zwischen den Atomen im gewöhnlichen Wasserstoffgas zu erreichen, sind Temperaturen von etlichen Millionen Grad erforderlich (vgl. Abschnitt 10.9). Daher kann man myonische Wasserstoffatome bei einer Reaktion verwenden, die „kalte Fusion" genannt wird.

6.24. Die Sonne ist näherungsweise, ebenso wie die Erde, eine um ihre Achse rotierende Kugel. Sie rotiert jedoch nicht als starrer Körper: Je näher wir zum Äquator kommen, um so größer ist die Rotation. Vergleicht man das Absorptionsspektrum der H_α-Linie, das von entgegengesetzten Seiten des Sonnenäquators stammt, so findet man einen Unterschied in der Wellenlänge von 9,14 pm. Führen Sie diesen Unterschied auf den Doppler-Effekt zurück (vgl. Aufgabe 6.26) und berechnen Sie die Umlaufdauer des Sonnenäquators. Der Sonnendurchmesser beträgt $1{,}4 \cdot 10^9$ m.

6.25. Man hat eine Galaxie, Quasar 3C, beobachtet, die sich mit der phantastischen Geschwindigkeit von $0{,}81\,c$ von uns fortbewegt.

a) Berechnen Sie die Wellenlänge der H_α-Linie, die von Wasserstoffatomen dieser Galaxie ausgesandt wird, wie wir sie auf der Erde beobachten.

b) In welchem Bereich des elektromagnetischen Spektrums wird man diese Linie vorfinden?

6.26. Bei Lichtwellen liegt ein Doppler-Effekt vor, wenn sich die von einem Beobachter gemessene Frequenz ν' von der von der Quelle ausgesandten Frequenz ν unterscheidet. Wir wollen den Sonderfall betrachten, bei dem sich der Beobachter und die Quelle längs ihrer Verbindungslinie mit der Relativgeschwindigkeit v voneinander fort oder aufeinander zu bewegen, dabei sei $v \ll c$. Dann ist die *scheinbare* Frequenz ν' durch $\nu' = \nu\,(1 \pm v/c)$ gegeben; das negative Vorzeichen gilt dann, wenn sich Quelle und Beobachter voneinander entfernen, und das positive Vorzeichen, falls sie sich einander nähern. Damit wird die relative Änderung der Frequenz oder der Wellenlänge $\Delta\nu/\nu = \Delta\lambda/\lambda = v/c$. Der Doppler-Effekt ist eine der Ursachen, daß Spektrallinien nicht unendlich scharf sind. Die einzelnen strahlenden Atome haben unterschiedliche Geschwindigkeitskomponenten in Bezug auf die Ausbreitungsrichtung des Lichtes, das in das Spektrometer gelangt. Angenommen, angeregtes Wasserstoffgas befinde sich auf einer Temperatur von 25 000 K (der Temperatur der Photosphäre von bestimmten weiß-blauen Sternen der Klasse 0). Die Höchstgeschwindigkeit, mit der sich die Atome auf uns zu oder von uns fort bewegen können, sei näherungsweise durch $\frac{1}{2}\,m\,v^2 = \frac{3}{2}\,k\,T$ gegeben. Berechnen Sie die Breite der H_α-Linie (in pm) infolge der Doppler-Verbreiterung.

6.27. Die Quantelung der Energie eines atomaren Systems, etwa eines Wasserstoffatoms, hat nach der relativistischen Masse-Energie-Äquivalenz auch eine Quantelung der Masse eines gebundenen Systems zur Folge. Skizzieren Sie die möglichen Werte der Gesamtmasse eines Wasserstoffatoms.

6.28. Sendet ein angeregtes, ursprünglich in Ruhe befindliches Atom ein Photon aus, so erfährt es nach dem Impulssatz einen Rückstoß. Daher ist genau genommen der Energieunterschied zwischen zwei stationären Zuständen des Atoms gleich der Summe aus der Photonenenergie und der Energie des Rückstoßatoms.

a) Zeigen Sie, daß sich bei Berücksichtigung der Rückstoßenergie die Frequenz des ausgestrahlten Photons um den Bruchteil $h\nu/2Mc^2$ verringert; dabei ist ν die (näherungsweise berechnete) Photonenfrequenz und M die Atommasse.

b) Wie groß ist die erforderliche relative Korrektur für die Frequenz der ersten Linie der Lyman-Serie, falls man diesen Effekt berücksichtigen will?

6.29. Wie groß sind a) Energie, b) Impuls und c) Wellenlänge des vom Wasserstoff ausgestrahlten Photons bei einem Übergang, der der ersten Linie der Paschen-Serie entspricht? d) Angenommen, das Wasserstoffatom befinde sich vor Aussendung dieses Photons ursprünglich in Ruhe. Welchen Rückstoß erfährt es dann bei der Emission?

6.30.

a) Wie groß ist die Frequenz des Photons, das von einem Wasserstoffatom beim Übergang vom Zustand $n = 11$ in den Zustand $n = 10$ ausgestrahlt wird?

b) Wie groß ist dagegen die Frequenz eines Elektrons, das sich klassisch auf einer Umlaufbahn bewegt, die dem Zustand $n = 10$ entspricht?

6.31. Ein Atom verweilt in einem bestimmten angeregten Zustand durchschnittlich 10^{-8} s, bevor es in einen Zustand niedrigerer Energie übergeht.

a) Wie groß ist die Energieunschärfe (in eV) dieses Atoms in dem angeregten Zustand?

b) Bei dem darauffolgenden Übergang in einen energetisch niedrigeren Zustand wird ein Photon der Wellenlänge 500 nm ausgesandt. Wie groß ist dann die relative Unschärfe der Frequenz oder der Wellenlänge der ausgesandten Strahlung?

c) Angenommen, bei dem Übergang der Atome in einen niederenergetischeren Zustand werden Photonen der Frequenz 10 MHz ausgesandt, wiederum bei einer mittleren Verweildauer von 10^{-8} s im höheren Energiezustand. Wie groß ist nun die relative Frequenzunschärfe der ausgesandten Strahlung?

6.32. Man spricht von Fluoreszenz, wenn ein Stoff durch Bestrahlung mit einer bestimmten Wellenlänge zur Ausstrahlung von Licht einer anderen Wellenlänge veranlaßt wird. (So veranlaßt zum Beispiel bei den üblichen Fluoreszenzlampen das ultraviolette Licht die Ausstrahlung sichtbaren Lichtes.)

a) Zeigen Sie, daß man die Fluoreszenz durch folgende Vorstellung deuten kann: Ein hochenergetisches Photon versetzt ein Atom in einen verhältnismäßig hoch angeregten Zustand, aus dem es dann über Zwischenzustände in niederenergetischere Zustände übergehen kann.

b) Die Stokessche Regel der Fluoreszenz besagt, daß die Frequenz des bei der Fluoreszenz ausgesandten Lichtes nicht diejenige des anregenden Lichtes übertrifft. Zeigen Sie, daß diese Regel von Stokes aus der Quantentheorie folgt, wenn man diese auf die Atome anwendet.

6.33. Die Gesamtenergie eines Wasserstoffatoms in einem beliebigen gequantelten Zustand ist sehr scharf definiert. Der Ort des Elektrons ist jedoch nach der Wellenmechanik unscharf (vgl. Bild 6.15) und daher ebenso Impuls und Bewegungsenergie des Elektrons. Wie groß ist die Unschärfe der Bewegungsenergie des Elektrons im Vergleich zur Unschärfe der potentiellen Energie des Elektron-Proton-Systems?

6.34. Falls die Wellenfunktion für den Grundzustand des Wasserstoffatoms nach Gl. (6.42) $A\,e^{-ra}$ ist, muß die Konstante A so gewählt werden, daß die Gesamtwahrscheinlichkeit für die Anwesenheit des Elektrons irgendwo im Raume gleich 100 % wird. Bestimmen Sie auf dieser Grundlage die Konstante A.

6.35. Wievielmal größer ist im Grundzustand des Wasserstoffatoms die Wahrscheinlichkeit, das Elektron im Abstand des Bohrschen Radius anzutreffen als in der doppelten Entfernung vom Proton?

6.36. Die Energie eines Wasserstoffatoms kann mit Hilfe der Unschärferelation angenähert berechnet werden. Bei einem Wasserstoffatom im Grundzustand ist die Unschärfe des Elektronenabstandes vom Proton ungefähr gleich dem Bohr-Radius (vgl. Bild 6.15). Folglich ist die Impulsunschärfe beim Elektron im Grundzustand mindestens h/r_1. Der absolute Betrag des Elektronenimpulses muß mindestens ebenso groß wie die Unschärfe dieses Impulses sein. Berechnen Sie hiervon ausgehend die Unschärfe der Bewegungsenergie des Elektrons und vergleichen Sie das Ergebnis mit der Energie des Wasserstoffatoms im Grundzustand.

6.37. Wie groß ist das vierte Ionisierungspotential des Berylliums? Darunter versteht man die Energie, die erforderlich ist, um nach Abtrennung der ersten drei der vier Hüllenelektronen auch noch das vierte abzutrennen.

6.38.

a) Skizzieren Sie die Energieniveaus für atomaren Wasserstoff, für einfach ionisiertes Helium und für zweifach ionisiertes Lithium mit gemeinsamem Energienullpunkt.

b) Welche Niveaus bis zu $n = 3$ stimmen für diese drei atomaren Systeme überein (unter Vernachlässigung der unterschiedlichen Kernmasse)?

c) Welche Photonenfrequenzen bis zum Zustand $n = 3$ stimmen bei Absorption oder Emission für diese Atome überein?

6.39. Leiten Sie folgendermaßen einen Ausdruck für die reduzierte Masse ab. Zwei Teilchen stehen mittels einer Zentralkraft miteinander in Wechselwirkung, wie Bild 6.18 zeigt.

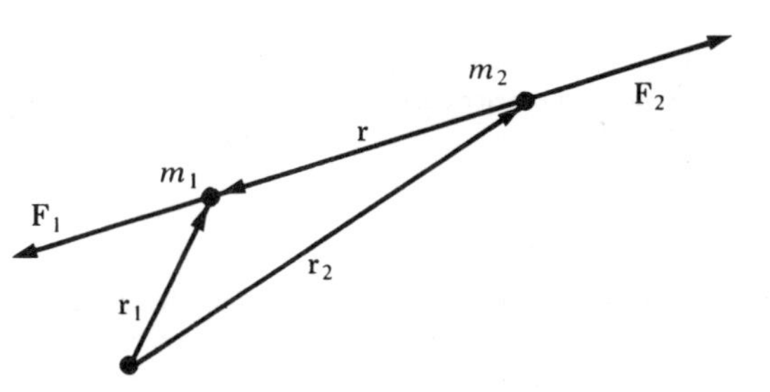

Bild 6.18

a) Ort und Masse des Teilchens 1 seien mit $\mathbf{r}_1$ und m_1 bezeichnet, und die vom Teilchen 2 auf dieses Teilchen 1 ausgeübte Kraft ist $F_1(\mathbf{r}/r)$, dabei ist $\mathbf{r} = \mathbf{r}_1 - \mathbf{r}_2$ der Ortsvektor des Teilchens 1, vom Orte des Teilchens 2 ausgehend. Drücken Sie das zweite Newtonsche Gesetz für die Bewegung des Teilchens 1 in Vektorform durch die Größen m_1, $\mathbf{r}_1$ und $F_1(\mathbf{r}/r)$ aus.

b) Ort und Masse des Teilchens 2 seien $\mathbf{r}_2$ und m_2. Drücken Sie nun das zweite Newtonsche Gesetz, wie es auf dieses Teilchen anzuwenden ist, durch die Größen $\mathbf{r}_2$, m_2 und $F_1(\mathbf{r}/r)$ aus.

c) Fassen Sie diese beiden Gleichungen zusammen. Sie erhalten dann die Beziehung $d^2\mathbf{r}/dt^2 = (1/m_1 + 1/m_2)\, F_1(\mathbf{r}/r)$. Beachten Sie, daß hier nur der relative Abstand des einen Teilchens von dem anderen auftritt.

d) Zeigen Sie dann, daß man sich ein einziges, gleichwertiges Teilchen denken kann, das die durch $1/\mu = 1/m_1 + 1/m_2$ gegebene *reduzierte Masse* μ besitzt und das sich unter der Einwirkung einer Kraft, die nur vom Abstand der beiden tatsächlich in Wechselwirkung stehenden Teilchen abhängt, genau so wie das Teilchen 1, vom Teilchen 2 aus gesehen, bewegt.

6.40. Ein Teilchen gleite reibungslos auf einer Untertasse.

a) Das Teilchen werde anfangs vom Rande der Untertasse aus in Bewegung gesetzt, und zwar so, daß die Richtung seiner Geschwindigkeit nicht zum Mittelpunkt der Untertasse weist. Zeigen Sie, daß man das Teilchen niemals im Mittelpunkt der Untertasse antreffen kann.

b) Verwenden Sie das klassische Ergebnis von Teil a) und zeigen Sie, daß ein beliebiges Teilchen mit einem endlichen Drehimpuls in Bezug auf ein Kraftzentrum eine Wellenfunktion besitzen muß, die im Kraftzentrum verschwindet. Wirkt auf das Teilchen eine anziehende Zentralkraft und verschwindet der Drehimpuls des Teilchens in Bezug auf das Kraftzentrum, so kann die entsprechende Wellenfunktion im Kraftzentrum nicht verschwinden.

6.41. Zeigen Sie, daß man bei Vernachlässigung der *endlichen* Masse M des Atomkernes theoretisch zu Spektrallinien gelangt, deren Energie zu groß und deren Wellenlänge zu klein sind und zwar um den Bruchteil m/M, dabei ist m die Elektronenmasse.

6.42. Bei unendlich großer Kernmasse ist die Rydberg-Konstante $R_\infty = 1{,}097373 \cdot 10^7\,\mathrm{m}^{-1}$. Zeigen Sie, daß dann für gewöhnliche Wasserstoffatome (relative Atommasse 1) $R_\mathrm{H} = 1{,}09678 \cdot 10^7\,\mathrm{m}^{-1}$ ist (die Protonenmasse ist 1836,10 mal größer als die Elektronenmasse).

6.43. Berechnen Sie die Rydberg-Konstante für gewöhnlichen Wasserstoff ${}^1_1\mathrm{H}$ mit einer Kernmasse von 1,007276 u und für schweren Wasserstoff ${}^2_1\mathrm{H}$ mit der Kernmasse 2,001355 u und dann daraus die Wellenlängen der entsprechenden H_α-Linien (bei diesen Linien hat man einen Wellenlängenunterschied von 179 pm beobachtet).

6.44. Wie groß muß die Bewegungsenergie von Elektronen mindestens sein, damit sie beim Stoß auf Wasserstoffatome im Grundzustand a) die H_α-Linie und b) *alle* Linien des Wasserstoffspektrums anregen können?

6.45. Wie groß muß die Bewegungsenergie von Elektronen mindestens sein, damit bei doppelt ionisierten Lithiumatomen (${}^7_3\mathrm{Li}^{2+}$) im Grundzustand unelastische Stöße möglich sind?

6.46.

a) Zwei Wasserstoffatome im Grundzustand stoßen mit gleich großer Geschwindigkeit zentral zusammen. Wie groß muß die Bewegungsenergie eines jeden Atoms (ausgedrückt durch das Verhältnis zur Ionisierungsenergie E_I des Wasserstoffes) mindestens sein, damit ein Atom in den ersten angeregten Zustand gebracht werden kann?

b) Ein Wasserstoffatom im Grundzustand stößt mit einem zweiten Wasserstoffatom zusammen, letzteres ebenfalls im Grundzustand, vor dem Stoß jedoch in Ruhe. Welche Bewegungsenergie ist dann mindestens erforderlich, damit eines der beiden Atome in den ersten angeregten Zustand gebracht werden kann?

6.47. Wasserstoffatome im Grundzustand werden beschossen. Sie senden daraufhin Spektrallinien aus, von denen die kurzwelligste die dritte Linie der Lyman-Serie ist. Wie groß ist die Mindestenergie der Geschoßteilchen, die diese Emission hervorrufen, falls es sich

a) um monoenergetische Elektronen,
b) um Photonen und
c) um Wasserstoffatome im Grundzustand handelt?

6.48. Wie groß muß näherungsweise die Temperatur eines Gases aus atomarem Wasserstoff sein, damit die Atome ionisiert werden können? Dabei entstehen freie Protonen und Elektronen, also ein Plasma.

6.49. Das Nordlicht und das Südlicht, die Lichterscheinungen am Himmel in der Nähe der Erdpole, entstehen, wenn geladene Teilchen, die von der Sonne ausgestoßen werden, mit Sauerstoff- oder mit Stickstoffatomen zusammenstoßen – etwa 100 km oder mehr oberhalb der Erdatmosphäre – und dabei diese Atome ionisieren oder anregen.

a) Von diesen geladenen Teilchen ist bekannt, daß sie die Strecke Sonne-Erde, $1{,}5 \cdot 10^{11}$ m, in 24 h zurücklegen. Angenommen, es handele sich um Protonen, wie groß ist dann ihre mittlere Bewegungsenergie?

b) Warum ionisieren sie in nennenswertem Maße Sauerstoff- oder Stickstoffatome nur in der Nähe der Erdpole?

6.50. Nach spektroskopischen Messungen tritt eine Strahlung der Wellenlänge 589,3 nm auf, wenn Natriumdampf mit Elektronen beschossen wird, die aus der Ruhe heraus durch eine Spannung von 2,11 V beschleunigt worden sind. (Dabei wird die sogenannte Natrium-D-Linie ausgesandt. Diese entsteht bei Übergängen zwischen dem ersten angeregten Zustand und dem Grundzustand.) Berechnen Sie aus diesen Daten das Verhältnis h/e.

7 Atome mit mehreren Elektronen

Obwohl die Bohrsche Theorie des Atombaues nicht in der Lage ist, den Atombau und die Spektren in allen Einzelheiten zu beschreiben, so gelten doch einige ihrer wichtigsten Grundzüge auch für Atome mit mehreren Elektronen. Zu diesen unverändert gültigen Grundlagen gehören die Existenz stationärer Zustände, die Quantelung der Energie und die Quantelung des Drehimpulses. Eine exakte Behandlung der Atome mit mehreren Elektronen muß streng wellenmechanisch erfolgen. Sie ist mathematisch schwierig und führt auch nicht zu einem Atommodell, das sich leicht veranschaulichen läßt. In der Wellenmechanik muß man ein Elektron der Atomhülle als dreidimensionale Welle betrachten, die den Kern umgibt. Es ist daher unzutreffend, ja sogar unmöglich, dem Elektron bei seiner Bewegung eine genau definierte Bahn zuzuschreiben. Stattdessen liefert die Wellenmechanik mittels der Wellenfunktion nur die Aufenthaltswahrscheinlichkeit des Elektrons für einen bestimmten Ort. Nichtsdestoweniger können wir aber, falls wir diese Einschränkungen beachten, eine gewisse Einsicht in die Ergebnisse der Wellenmechanik gewinnen, wenn wir diese auf ein streng klassisches Teilchenmodell anwenden. Zunächst wollen wir den klassischen Fall eines Teilchens behandeln, das sich im Felde einer anziehenden Kraft bewegt, die umgekehrt proportional zum Quadrat des Abstandes abnimmt. Anschließend führen wir ohne Beweis einige wichtige Ergebnisse der Wellenmechanik an. Diese Ergebnisse können wir dann durch die Analogie zum entsprechenden klassischen Modell deuten.

7.1 Die Bewegungskonstanten eines klassischen Systems

Bewegt sich ein Teilchen unter dem Einfluß einer anziehenden Zentralkraft, die umgekehrt proportional zum Quadrat des Abstandes abnimmt, zum Beispiel ein Planet um die Sonne oder ein Elektron um ein positives, schweres Teilchen, so ist dieses abgeschlossene, zusammengesetzte System durch mehrere *Bewegungskonstanten* gekennzeichnet. Bei den Bewegungskonstanten handelt es sich um physikalische Größen, die sich zeitlich nicht ändern. Zu ihnen gehören die Gesamtenergie und der Gesamtdrehimpuls des Systems. Zweckmäßig führen wir an dieser Stelle als Einstieg in die Behandlung der wellenmechanischen Darstellung atomarer Systeme die Bewegungskonstanten eines klassischen Planetensystems an, da es für jede dieser Größen in der Wellenmechanik nicht nur eine entsprechende zeitunabhängige Größe sondern sogar eine *gequantelte* Größe gibt.

Bekanntlich ist die geschlossene Bahnkurve, die ein Teilchen unter dem Einfluß einer Kraft durchläuft, die umgekehrt proportional zum Quadrat des Abstandes abnimmt und die von einem ortsfesten Kraftzentrum ausgeht, eine Ellipse, in deren einem Brennpunkt sich das Kraftzentrum befindet. Die erste Bewegungskonstante, die Gesamtenergie eines klassischen Planetensystems, etwa eines Wasserstoffatoms ungeheurer Größe, also die Summe der kinetischen und der potentiellen Energie, ist durch $E = -k\,e^2/2a$ gegeben. Dabei ist a die große Halbachse der Ellipse, wie in Bild 7.1 dargestellt ist. Bei zwei gegebenen Teilchen, die miteinander in Wechselwirkung stehen, hängt die Energie E nur von a ab. Daher ist die Gesamtenergie des Systems bei beiden in Bild 7.1 dargestellten Bahnen gleich, eine davon

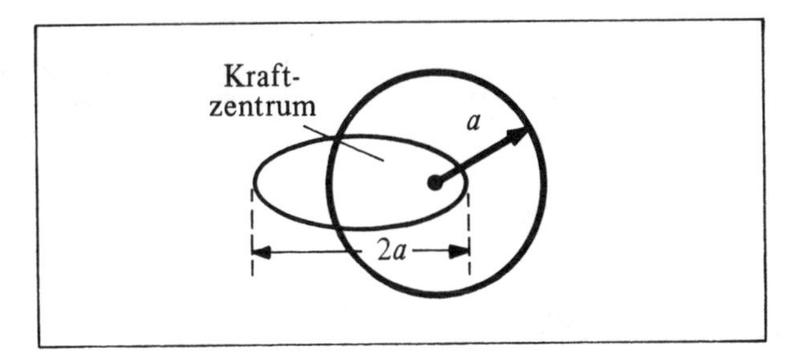

Bild 7.1
Bei einer Anziehungskraft, die umgekehrt proportional zum Quadrat des Abstandes abnimmt, hängt die Gesamtenergie des Systems nur von der großen Halbachse a ab.

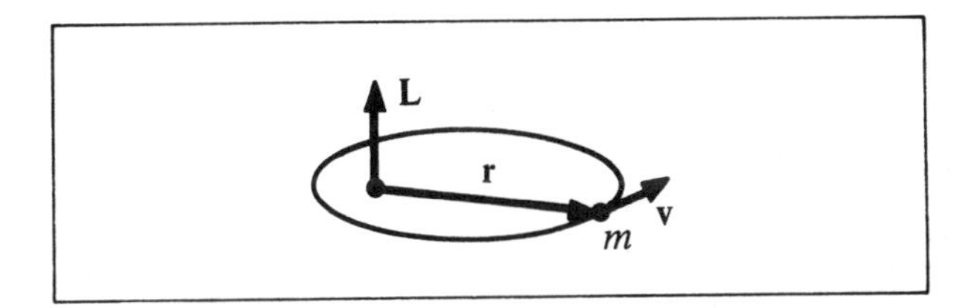

Bild 7.2
Drehimpuls $\mathbf{L} = \mathbf{r} \times m\mathbf{v}$ eines umlaufenden Teilchens

ist eine stark exzentrische Ellipse und die andere ein Kreis (der den Radius a besitzt) mit dem Kraftzentrum im Mittelpunkt. Obwohl alle Bahnen bei gleichem Wert von a auch die gleiche Gesamtenergie besitzen, unterscheiden sie sich doch in der Größe der zweiten Bewegungskonstanten: dem Gesamtdrehimpuls des Systems.

Der Drehimpuls eines umlaufenden Teilchens bezüglich des festen Kraftzentrums ist durch $\mathbf{L} = \mathbf{r} \times m\mathbf{v}$ gegeben (Bild 7.2). Solange es sich bei der Kraft auf das bewegte Teilchen um eine Zentralkraft handelt (die also längs der Geraden wirkt, die Teilchen und Kraftzentrum verbindet), bleibt der Gesamtdrehimpuls $\mathbf{L}$ des Systems dem Betrage als auch der Richtung nach konstant. Die Richtung von $\mathbf{L}$ steht auf der Bahnebene senkrecht und ist mit dem Drehsinn des Teilchens durch die Rechte-Hand-Regel verknüpft (vgl. Bild 7.2).

Wir wollen verschiedene Ellipsenbahnen betrachten, die alle die gleiche große Halbachse a und damit auch die gleiche Gesamtenergie besitzen, die sich aber in ihrer Exzentrizität unterscheiden. Die Bahn mit der geringsten Exzentrizität liegt dann vor, wenn sich das Teilchen auf einer Kreisbahn bewegt und immer den gleichen Abstand a vom Kraftzentrum einhält. Bei der Bahn mit der größtmöglichen Exzentrizität schrumpft die Ellipse auf eine gerade Linie mit einem Brennpunkt in der Nähe eines Umkehrpunktes zusammen. Die Kreisbahn stellt den Zustand mit dem größtmöglichen Drehimpuls dar und die zu einer Geraden geschrumpfte Bahn den Zustand mit verschwindendem Drehimpuls. Zwischen diesen Grenzwerten ändert sich der Betrag von $\mathbf{L}$ stetig (Bild 7.3). Daher gibt es bei gegebener Gesamtenergie eine Vielzahl möglicher Werte für den Drehimpuls, die stetig von Null bis zu einem Maximum reichen.

Da der Drehimpuls $\mathbf{L}$ eines abgeschlossenen Systems sowohl der Richtung als auch dem Betrage nach konstant ist, muß auch seine Komponente L_z in Richtung einer beliebig gewählten z-Achse konstant sein. L_z ist die dritte Bewegungskonstante. Wie wir dem Bild 7.4a entnehmen können, ist $L_z = L \cos\theta$, dabei ist θ der Winkel zwischen $\mathbf{L}$ und der positiven Richtung der z-Achse. In der klassischen Physik gibt es bei der Wahl der Richtung der z-Achse

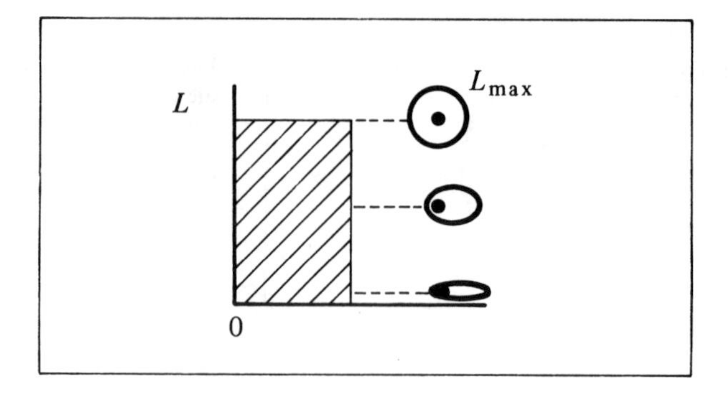

Bild 7.3
Klassisch erlaubte Werte des Bahndrehimpulses für unterschiedliche Ellipsenbahnen bei gleicher großer Halbachse, d. h. bei gleicher Gesamtenergie

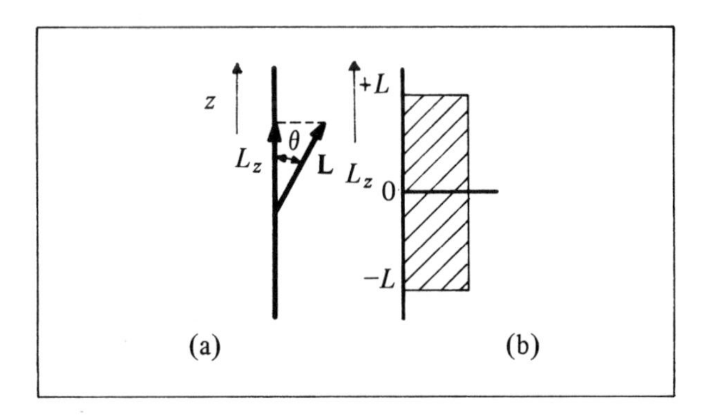

Bild 7.4
Komponente L_z des Bahndrehimpulses in beliebig gewählter z-Richtung:
a) Orientierung des Vektors **L**,
b) klassisch erlaubte Werte von L_z bei gegebenem Betrag L

keinerlei Beschränkungen. Daher kann sich L_z stetig von $+L$ bis $-L$ erstrecken, wie in Bild 7.4b gezeigt ist. Mit anderen Worten, je nach Wahl der z-Richtung kann der Winkel θ jeden beliebigen Wert zwischen 0 und 180° annehmen. Zusammengefaßt: In der klassischen Physik gibt es keinerlei Einschränkungen für die mögliche Richtung des Bahndrehimpulsvektors **L**. Diese scheinbar triviale Überlegung hat jedoch für die wellenmechanische Analogie wichtige Konsequenzen.

Besitzt ein auf einer Bahn umlaufender Körper eine endliche räumliche Ausdehnung und rotiert er um eine innere Drehachse, so hat er zusätzlich zum Bahndrehimpuls des Systems noch einen *Eigendrehimpuls, Spin* genannt. Den Spin eines rotierenden Körpers – zum Beispiel der Erde mit ihrer täglichen Rotation um ihren Schwerpunkt – bestimmt man, indem man den Beitrag eines jeden Massenpunktes des rotierenden Körpers ermittelt. Wir verwenden die Vektorgleichung $\mathbf{L} = \mathbf{r} \times m\mathbf{v}$ (oder für den Beitrag in Richtung der Drehachse die entsprechende skalare Gleichung $L = r_{\perp} m v$). Eine bemerkenswerte Eigenschaft des Spins besteht darin, daß sein Betrag und seine mit der Drehachse zusammenfallende Richtung konstant sind, d.h. *unabhängig von der Wahl des Bezugspunktes sind, den man zur Berechnung dieses Drehimpulses gewählt hat,* allerdings nur unter der Voraussetzung, daß der betreffende Körper symmetrisch ist und um eine Symmetrieachse rotiert.

Der Beweis ist recht einfach. Wir betrachten zwei Teilchen, ein jedes davon mit der Masse m, die sich mit der gleichen Geschwindigkeit v in entgegengesetzten Richtungen bewegen (Bild 7.5). Sie liegen symmetrisch bezüglich der Spinachse (Drehachse) und jeweils

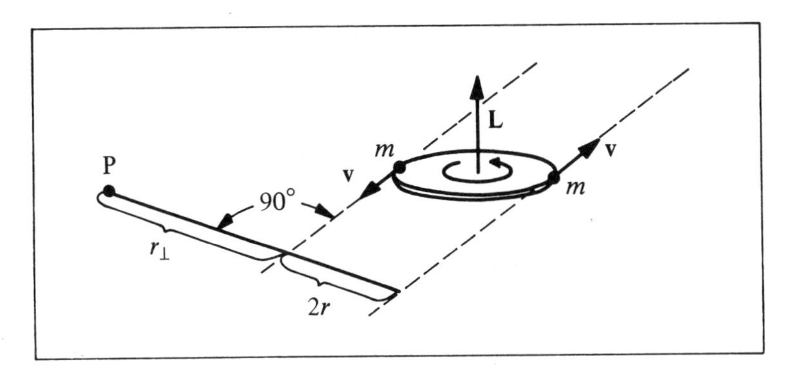

Bild 7.5 Der resultierende Eigendrehimpuls oder Spin **L** eines symmetrisch zur Drehachse gelegenen Teilchenpaares bezüglich eines beliebig gewählten Punktes P

im Abstand r vom Mittelpunkt des Kreises, auf dem sie sich bewegen. Wir wollen den resultierenden Drehimpuls dieses Teilchenpaares in Bezug auf einen beliebig gewählten Punkt P berechnen. Dabei haben wir die Tatsache zu berücksichtigen, daß der Drehimpuls des einen Teilchens positiv, der des anderen dagegen negativ ist. Wir erhalten so für den resultierenden Drehimpuls dieses Paares

$$L_{\text{Paar}} = mv(r_\perp + 2r) - mvr_\perp = 2mvr \;.$$

Der Drehimpuls $2mvr$ dieses symmetrisch gelegenen Teilchenpaares ist also *unabhängig* von der Wahl des Punktes P (denn er hängt nicht von $r_\perp$ ab). Da wir den rotierenden Körper symmetrisch bezüglich seiner Drehachse angenommen haben, können wir ihn aus derartigen Teilchenpaaren zusammengesetzt denken, die alle einen Beitrag zum resultierenden Drehimpuls liefern, der unabhängig von der Wahl des Bezugspunktes ist. Daher hängt auch der resultierende Drehimpuls, also der Spin, nicht vom Bezugspunkt ab. Üblicherweise legt man den Spinvektor in die Drehachse (wie in Bild 7.5). Man könnte ihn in Anbetracht des obigen Beweises aber auch *beliebig* legen. Es ist nicht schwer zu zeigen, daß der Spin auch unabhängig vom Bezugssystem ist. Der Spin, d.h. der Drehimpuls eines rotierenden, symmetrischen Körpers ist also eine innere Eigenschaft dieses Körpers. Daher wird der Spin manchmal auch *Eigendrehimpuls* genannt.

Der resultierende Drehimpuls eines Systems von Körpern besteht aus der Vektorsumme der Bahndrehimpulse und der Spins. Falls das System abgeschlossen ist, muß der resultierende Drehimpuls konstant sein. Wie wir sehen werden, müssen wir Teilchen wie den Elektronen zusätzlich zu ihrem Bahndrehimpuls noch einen Eigendrehimpuls zuschreiben.

7.2 Quantelung des Bahndrehimpulses

In der Bohrschen Theorie des Einelektronenatoms haben wir die Hauptquantenzahl n eingeführt, deren ganzzahliger Wert die Gesamtenergie E_n des Atoms gemäß der Gleichung $E_n = -E_\text{I}/n^2$ bestimmt, dabei ist E_I die Ionisierungsenergie. Die Quantenzahl n bestimmt auch den Betrag des Drehimpulses **L**, den das Elektron auf Grund der Beziehung $L = n\hbar$ bei einem Umlauf auf einer Kreisbahn besitzt, dabei ist $\hbar$ die durch 2π dividierte Plancksche Konstante h. Vom Standpunkt der Wellenmechanik aus gesehen ist es jedoch nicht zulässig, sich das Elektron auf einer bestimmten Bahn vorzustellen, sei diese nun kreisförmig oder sonstwie beschaffen. Außerdem trifft die Bohrsche Regel für die Quantelung des Betrages des Bahndrehimpulses *nicht* zu.

Nach der Wellenmechanik ist, im Gegensatz zur klassischen Theorie, der Betrag des Bahndrehimpulses **L** eines atomaren Systems gequantelt. Die möglichen Werte sind durch

$$L = \sqrt{l(l+1)}\,\hbar \tag{7.1}$$

gegeben, dabei ist l eine ganze Zahl und heißt *Bahndrehimpulsquantenzahl.* Die möglichen Werte von l sind bei gegebener Hauptquantenzahl n die ganzen Zahlen von 0 bis $n-1$:

$$l = 0, 1, 2, 3, \ldots, n-1 \,.$$

Für $n = 1$ ist daher der einzig mögliche Wert von l gleich Null, und nach Gl. (7.1) muß dann auch $L = 0$ sein. Für $n = 2$ sind die möglichen Werte von l auf 0 oder 1 beschränkt, und die entsprechenden Werte von L sind dann 0 bzw. $\sqrt{2}\hbar$. Allgemein gibt es bei gegebener Hauptquantenzahl n auch n mögliche Werte von l und damit n mögliche Werte des Bahndrehimpulses. Die ganzzahligen Werte der Quantenzahl l werden oft durch Buchstabensymbole dargestellt (das hat lediglich einen geschichtlichen Grund) und zwar wie folgt:

$$l = 0, 1, 2, 3, 4, 5, \ldots$$
$$\text{Symbol} = \text{s, p, d, f, g, h}, \ldots$$

Während nach der Bohrschen Theorie der Zustand eines Atoms durch die Quantenzahl n gekennzeichnet ist (und damit der Radius der Kreisbahn oder die Gesamtenergie), ist in der Wellenmechanik der Zustand eines Atoms durch die Werte *aller* zugehörigen Quantenzahlen bestimmt. Jedem Zustand entspricht eine bestimmte Wellenfunktion ψ, die sich von den übrigen durch die Abhängigkeit von den Raumkoordinaten unterscheidet. Die Zustände, für die zum Beispiel $n = 3$ und $l = 0$, 1 und 2 ist, heißen 3s-, 3p- und 3d-Zustand. Die zugehörigen Werte des Bahndrehimpulses für diese Zustände sind 0, $\sqrt{2}\hbar$ und $\sqrt{6}\hbar$ (Bild 7.6).

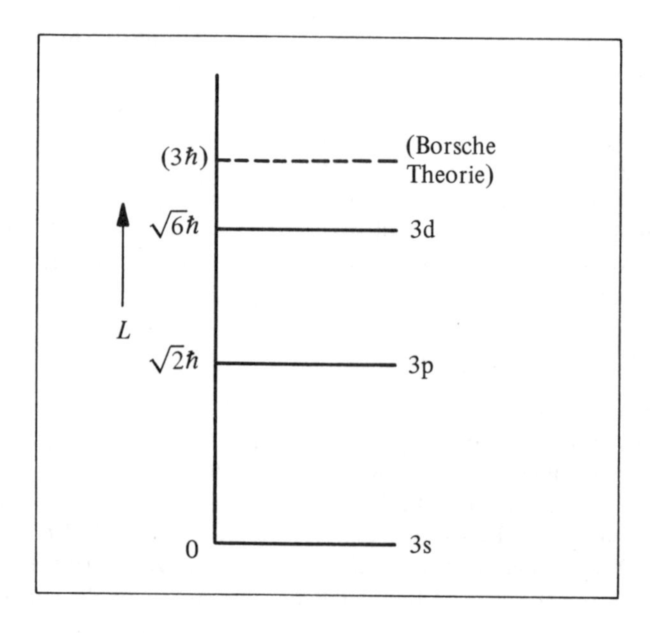

Bild 7.6
Erlaubte Werte für den Betrag des Bahndrehimpulses, falls $n = 3$ ist

Da der 3s-, der 3p- und der 3d-Zustand in der Hauptquantenzahl $n = 3$ übereinstimmen, haben diese drei Zustände auch bei einem einzigen Elektron unter dem Einfluß der Coulomb-Kraft eines als Punktladung angenommenen Kernes die gleiche Energie. Sie unterscheiden sich jedoch durch den Drehimpuls und durch die Abhängigkeit ihrer Wellenfunktionen von den Raumkoordinaten. Derartige Zustände, die in der Gesamtenergie übereinstimmen und die sich aber in irgend einer anderen Weise unterscheiden, heißen *entartet.*

Wie wir uns erinnern, hängt beim klassischen Planetenmodell die Gesamtenergie des Systems nur vom Betrage der großen Ellipsenhalbachse, aber nicht von der Exzentrizität des Umlaufes und auch nicht vom Bahndrehimpuls ab. In der Quantentheorie ist die Lage ähnlich: Bei einem gegebenen Wert von n, der die Energie des Atoms festlegt, gibt es n mögliche Werte von l, dabei bestimmt jeder Wert von l einen der verschiedenen möglichen Werte des Bahndrehimpulses. Ein wichtiger Unterschied besteht jedoch darin, daß es in der klassischen Theorie keine Einschränkungen für die möglichen Werte des Bahndrehimpulses gibt, während die Quantentheorie nur diskrete, gequantelte Werte zuläßt.

In der klassischen Theorie besitzen diejenigen Bahnen, die den kleinen Werten des Bahndrehimpulses entsprechen, eine große Exzentrizität, während die Kreisbahn den größten Drehimpuls bei gegebener großen Halbachse oder Energie besitzt. Man kann diesen Sachverhalt auch so ausdrücken: Bei gegebener großer Halbachse oder Energie verbringt das umlaufende Teilchen im Falle einer Umlaufbahn mit kleinem Drehimpuls einen großen Teil seiner Umlaufszeit in der Nähe des Kraftzentrums, während das Teilchen bei einer Umlaufbahn mit großem Drehimpuls immer weit vom Kraftzentrum entfernt bleibt. In der Wellenmechanik ist die Lage ähnlich: Untersuchen wir die mittels der Schrödinger-Gleichung gewonnenen Wellenfunktionen, so können wir erkennen, daß bei einem gegebenen Wert von n, also bei gegebener Gesamtenergie, für einen Zustand mit kleinem Drehimpuls (kleines l) die Wahrscheinlichkeit, das Elektron am Orte des Kernes oder in Kernnähe anzutreffen, größer als bei einem Zustand mit großem Drehimpuls (großes l) ist.

Wir wollen nun die Wellenfunktionen ψ des Wasserstoffatoms betrachten. Sie sind in Bild 7.7 als Funktion des Elektronenabstandes r vom Kern für die Zustände $n = 1, 2$ und 3 aufgetragen (vgl. auch Abschnitt 6.7, in dem die Lösung der Schrödinger-Gleichung uns die Wellenfunktion ψ für den Zustand $n = 1$ lieferte). Wie wir erkennen können, besitzt in einem s-Zustand ($l = 0$) ψ ein Maximum bei $r = 0$ und zwar für *alle* Werte von n; andererseits verschwindet ψ bei $r = 0$ für Zustände mit $l > 0$, also für Zustände mit nichtverschwindendem Drehimpuls. Die Wahrscheinlichkeit, ein Elektron in einem beliebigen infinitesimalen Volumenelement dV *fester* Größe anzutreffen, ist proportional zu ψ^2. Folglich ist das Elektron bei verschwindendem Drehimpuls mit größerer Wahrscheinlichkeit in einem Volumenelement dV vorgegebener Größe in Kernnähe als weiter vom Kern entfernt anzutreffen. Andererseits kann man das Elektron bei Zuständen mit einem größeren Drehimpuls wahrscheinlicher in einem vergleichbaren Volumenelement dV weiter entfernt vom Kern als in seiner Nähe antreffen.

Jetzt können wir eine andere, damit zusammenhängende, jedoch davon verschiedene Wahrscheinlichkeit betrachten: die Wahrscheinlichkeit, daß sich das Elektron zwischen r und $r + dr$ aufhält, d.h. in einer Kugelschale mit dem Radius r, der Dicke dr und dem Volumen $dV = 4\pi r^2\, dr$. Die Wahrscheinlichkeit für den Aufenthalt des Elektrons in einem derartigen Volumenelement dV – dessen Größe aber *nicht* konstant ist – wird dann proportional zu $\psi^2\, dV = \psi^2\, (4\pi r^2)\, dr$ sein. Also ist die Wahrscheinlichkeit, es in einer Kugelschale *vorgegebener Dicke* dr anzutreffen, proportional zu $r^2\, \psi^2$. In Bild 7.7 ist rechts $r^2\, \psi^2$ als Funktion von r aufgetragen und zwar für die links gezeichneten Wellenfunktionen ψ. Wie

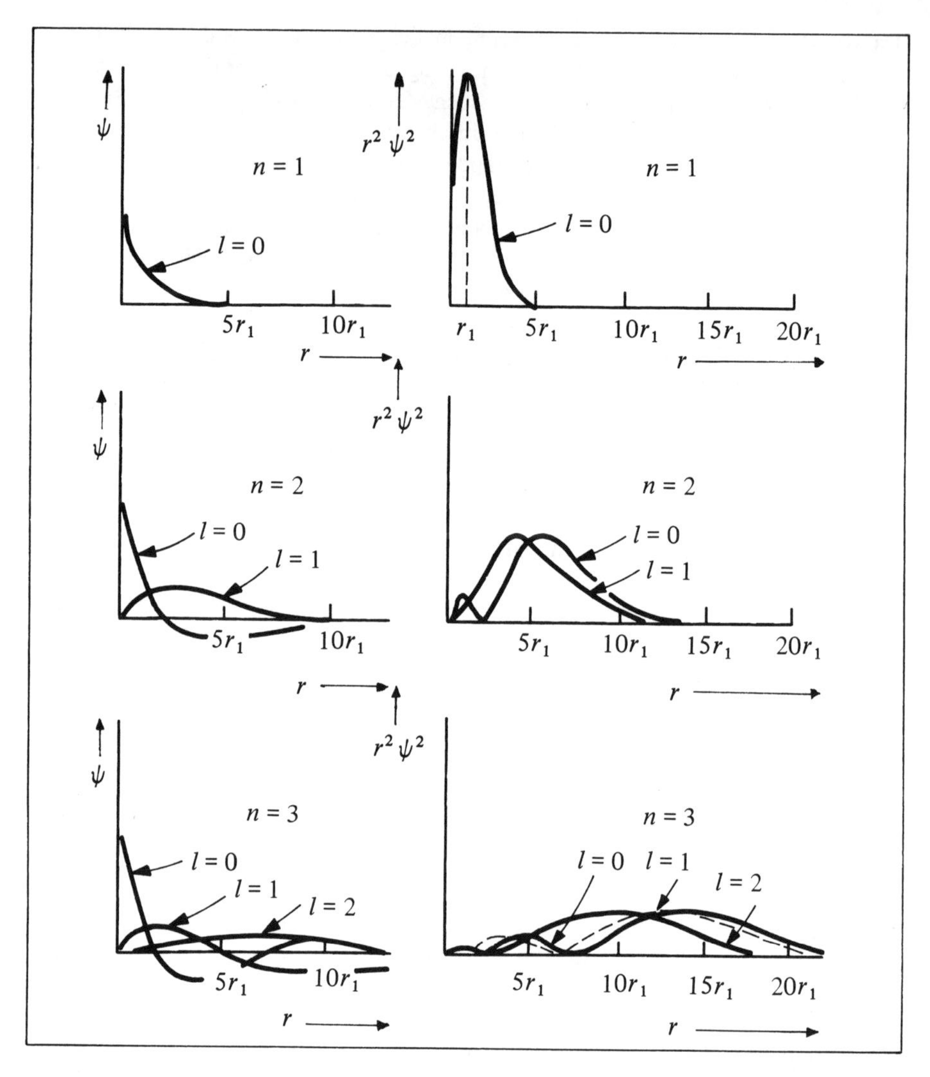

Bild 7.7 Wellenfunktionen ψ (links) und Wahrscheinlichkeitsdichten (rechts) für den Aufenthalt eines Teilchens in einer Kugelschale zwischen r und $r + dr$ (die proportional zu $r^2 \psi^2$ ist) für die Zustände $n = 1$, 2 und 3

wir sehen, verschieben sich die Maxima der Kurven mit zunehmender Quantenzahl n, also mit zunehmender Gesamtenergie, zu immer größeren Werten von r. Das entspricht klassisch immer größeren Umlaufbahnen bei zunehmender Energie.

Bild 7.7 zeigt die Wellenfunktionen des Wasserstoffatoms nur in Abhängigkeit vom radialen Abstand r. Die genaue Kenntnis der Wellenfunktionen in allen drei Dimensionen schließt natürlich die Abhängigkeit von zwei weiteren Raumkoordinaten ein. Bei einem s-Zustand, mit $l = 0$, ist die Wellenfunktion kugelsymmetrisch und hängt *allein* vom radialen Abstand r ab. An Hand der Diagramme im rechten Teil von Bild 7.7 können wir vereinfacht sagen, daß man sich ein Elektron im s-Zustand mit $n = 1$ als elektrisch geladenen Ball vor-

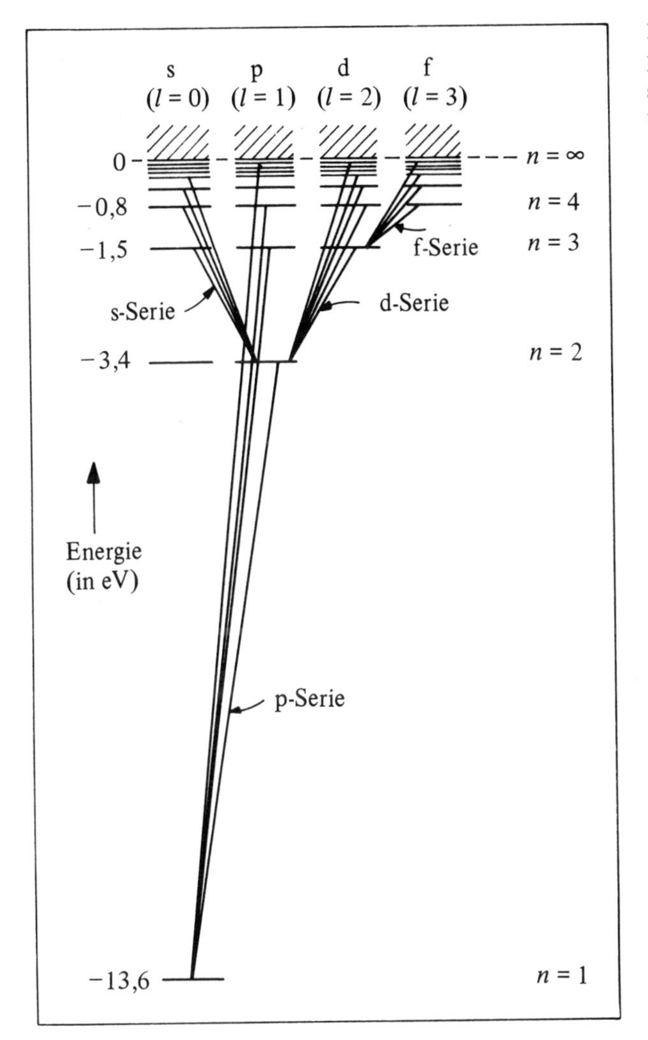

Bild 7.8
Energieniveaus des Wasserstoffatoms mit der s-, p-, d- und f-Serie

stellen kann, der den Kern umgibt, im Zustand $n = 2$ als Ladungsball, der von einer geladenen Kugelschale umgeben ist (denn $r^2 \psi^2$ besitzt eine Nullstelle zwischen den beiden Maxima) und als geladenen Ball, der mit wachsendem n von immer weiteren Kugelschalen mit zunehmendem Radius umgeben ist. Die Wellenfunktionen für die Zustände mit $l = 1$ sind nicht mehr kugelsymmetrisch. So besitzen zum Beispiel die Wellenfunktionen der p-Zustände die allgemeine Form $x\,F(r)$, $y\,F(r)$ und $z\,F(r)$ sowie lineare Kombinationen dieser Funktionen, dabei ist $F(r)$ eine nur von r abhängige Funktion. Die Wellenfunktionen der d-Zustände sind ebenfalls nicht mehr kugelsymmetrisch und haben die allgemeine Form $x^2 F(r)$, $y^2 F(r)$, $xy\,F(r), \ldots$, sie enthalten die Koordinaten x, y und z in der zweiten Potenz, während $F(r)$ wiederum nur von r abhängt. Bild 6.16 zeigte bereits die räumliche Wahrscheinlichkeitsverteilung einer Wellenfunktion für einen p-Zustand mit $n = 2$.

Wir wollen nochmals die Energieniveaus des Wasserstoffatoms betrachten (Bild 7.8). Die Zustände sind hier nach der Bahndrehimpulsquantenzahl l und nach der Hauptquantenzahl n aufgeschlüsselt. Man erkennt die n-fache Entartung eines jeden Energieniveaus. Die diagonalen Linien, die die Zustände verbinden, stellen mögliche Übergänge zwischen stationären Zuständen dar, die zur Emission von Photonen führen. Dabei treten nur solche Übergänge auf, bei denen sich l um eins ändert. Durch die Wellenmechanik werden von allen Kombinationen stationärer Zustände nur diejenigen ausgesondert, bei denen es zu einer nennenswerten Strahlung kommt (Emission oder Absorption). Übergänge, bei denen sich l um eins ändert, also Übergänge mit $\Delta l = +1$ oder $\Delta l = -1$, heißen *erlaubte Übergänge*. Daher lautet die *Auswahlregel* für die erlaubten Übergänge

$$\Delta l = \pm 1 \,. \tag{7.2}$$

Alle anderen Übergänge heißen *verbotene Übergänge*. Sie sind zwar nicht absolut verboten, aber sie treten mit einer Wahrscheinlichkeit auf, die mindestens eine Million mal kleiner als bei den erlaubten Übergängen ist. Keine Auswahlregel schränkt dagegen die möglichen Änderungen der Quantenzahl n ein.

Nach der Auswahlregel für l muß sich also jedesmal, wenn ein Photon emittiert oder absorbiert wird, der Bahndrehimpuls des Atoms ändern. Nach dem Drehimpulssatz muß aber der resultierende Drehimpuls des Atoms im angeregten Zustand vor der Emission des Photons gleich dem resultierenden Drehimpuls von Atom und Photon nach der Emission sein. Da sich bei der Emission oder bei der Absorption eines Photons der Drehimpuls des Atoms allein nicht ändern kann, *muß auch das Photon selbst einen Drehimpuls mit sich führen.* Ein Photon besitzt daher Energie, Impuls und Drehimpuls. Zum Drehimpuls des Photons gibt es eine klassische Analogie in Gestalt des Drehimpulses, den man einer zirkular polarisierten elektromagnetischen Welle zuschreiben muß.

Die Photonenenergien des in Bild 7.8 dargestellten Wasserstoffspektrums stimmen genau mit denjenigen der einfachen Bohrschen Theorie überein (vgl. Bild 6.13). Die Wellenmechanik liefert dieselben erlaubten Energien: $E_n = -E_\mathrm{I}/n^2$. Die Übergänge sind jedoch nach Gruppen oder Serien geordnet. Diese werden bei einem Übergang in einen Zustand niedrigerer Energie nach der Quantenzahl l des *Ausgangszustandes* bezeichnet. So besteht zum Beispiel die in Bild 7.8 eingetragene p-Serie aus den Übergängen 2p → 1s, 3p → 1s, 4p → 1s usw. (weitere p-Serien, wie 3p → 2s, 4p → 2s, 5p → 2s usw., treten ebenfalls auf, aber gewöhnlich mit einer sehr viel geringeren Intensität als die eingezeichnete Serie). Bemerkenswerterweise liefern beim Wasserstoffatom oder bei einem anderen Einelektronenatom viele der angeführten erlaubten Übergänge Photonen gleicher Energie und damit auch gleicher Wellenlänge: So entsteht zum Beispiel die H_α-Linie bei den Übergängen 3s → 2p, 3p → 2s und 3d → 2p. Wie wir noch sehen werden, ist die Unterscheidung zwischen diesen Übergängen beim Wasserstoffatom zwar bedeutungslos, bei Mehrelektronenatomen ist sie jedoch sehr wichtig.

7.3 Wasserstoffähnliche Atome

Eine Reihe von Mehrelektronenatomen sind einem Wasserstoffatom ähnlich. Eine Gruppe davon besteht aus den Elementen, die in der zweiten Spalte des Periodensystems aufgeführt sind und die *Alkalimetalle* heißen. Eine weitere Gruppe besteht aus den einfach ionisierten Atomen der Elemente der dritten Spalte des Periodensystems, *Erdalkalien* genannt. Tabelle 7.1 zeigt diese Elemente zusammen mit den Edelgasen, die den entsprechenden Alkalien im Periodensystem vorausgehen. Man fügt die *Ordnungszahl Z*, die die Anzahl der Elektronen im neutralen Atom und damit gleichzeitig auch die positive Kernladung in Vielfachen der Elektronenladung angibt, dem chemischen Symbol als linken unteren Index hinzu.

Tabelle 7.1

Edelgase	Alkalimetalle	einfach ionisierte Erdalkalien
	$_1H$	$_2He^+$
$_2He$	$_3Li$	$_4Be^+$
$_{10}Ne$	$_{11}Na$	$_{12}Mg^+$
$_{18}Ar$	$_{19}K$	$_{20}Ca^+$
$_{36}Kr$	$_{37}Rb$	$_{38}Sr^+$
$_{54}Xe$	$_{55}Cs$	$_{56}Ba^+$

Wir wollen einige Eigenschaften dieser Elemente aufzählen. Alle Elemente, die in einer Spalte untereinander stehen, sind in ihren chemischen Eigenschaften ähnlich. Die Edelgase sind chemisch inaktiv und können nur durch beträchtlich größere Energien ionisiert werden, als sie für die Ionisierung der anderen Elemente erforderlich sind. Die Alkalien zeigen die Valenz +1 und sind chemisch äußerst aktiv. Die Erdalkalien sind durch die Valenz +2 gekennzeichnet. Es sprechen Gründe dafür, anzunehmen, daß zum Beispiel beim Edelgas Neon die 10 Elektronen auf Grund ihrer Anordnung eine relativ stabile Konfiguration um den Kern bilden. Befindet sich dieses Atom in seinem niedrigsten Energiezustand, so kann man nur durch einen großen Energieaufwand eines seiner Elektronen aus dieser stabilen Anordnung ablösen. Wir können uns die Elektronen in einem Edelgasatom als eine fest gebundene Schale negativer Ladung um den Kern vorstellen.

Ein Natriumatom hat im neutralen Zustand 11 Elektronen. Da seine Valenz +1 ist und da es chemisch sehr aktiv ist, können wir es als Neonatom betrachten, dessen Kernladung um 1 erhöht worden ist und dessen Elektronen ebenfalls um eines vermehrt worden sind. Das letzte Elektron ist sehr locker an das Atom gebunden, und das Atom kann dieses Elektron sehr schnell verlieren und so ein positiv geladenes Ion bilden. Zweckmäßigerweise stellt man sich das so vor, daß die ersten 10 Elektronen eine verhältnismäßig inaktive, abgeschlossene Schale bilden, um die sich das elfte Elektron bewegt. Ähnlich können wir uns das neutrale Magnesiumatom mit der Ordnungszahl 12 und der Valenz +2 aus einer inneren Schale von 10 inaktiven Elektronen aufgebaut denken, die von zwei chemisch aktiven Elektronen umgeben ist. Ist ein Magnesiumatom einfach ionisiert, so verbleibt nur noch ein einziges Valenzelektron außerhalb der abgeschlossenen Schale. Daher zeigen ein Natriumatom oder ein einfach ionisiertes Magnesiumatom Ähnlichkeit mit einem Wasserstoffatom, denn die chemischen Eigenschaften sind im wesentlichen durch das einzelne Elektron bedingt, das an einen inaktiven Atomrumpf gebunden ist.

Würde sich das Valenzelektron vollständig außerhalb des inneren, aus Kern und Elektronen gebildeten Atomrumpfes aufhalten, so „sähe" es die elektrische Ladung Ze des Kernes sowie eine Ladung $-(Z-1)\,e$ der inneren Elektronen und daher eine resultierende elektrische Ladung $+Ze-(Z-1)\,e=+1\,e$, also gerade die Ladung eines Wasserstoffkernes. Natürlich ist der „Ort" dieses Elektrons durch seine Wellenfunktion gegeben, und die erstreckt sich über den gesamten Raum. Wir wollen nochmals einige allgemeine Züge der Wellenfunktionen des Wasserstoffatoms anführen, sowie die daraus folgenden Wahrscheinlichkeitsdichten, die in Bild 7.7 veranschaulicht sind:

1. Bei gegebenem n hält sich das Elektron, falls l klein ist, mit großer Wahrscheinlichkeit am Orte des Kernes oder in Kernnähe auf.
2. Mit wachsendem n trifft man das Elektron mit größerer Wahrscheinlichkeit in zunehmendem Abstand vom Kern an.

Wenden wir diese Ergebnisse auf ein wasserstoffähnliches Atom an, so können wir erkennen, daß diejenigen Zustände, bei denen das Valenzelektron weit vom Kern (und vom inneren Atomrumpf) entfernt ist, wasserstoffähnlich sein müssen. So sollte die Energie bei Zuständen mit großem n gleich groß wie beim Wasserstoffatom sein. Darüber hinaus sollte bei gegebenem n der Zustand mit dem größtmöglichen l der wasserstoffähnlichste sein. So sollte zum Beispiel von den Zuständen 3s, 3p und 3d der letztere eine Energie besitzen, die derjenigen des Wasserstoffatoms näher kommt als die beiden ersteren. Andererseits besteht beim 3s-Zustand für das Valenzelektron eine größere Wahrscheinlichkeit, sich *beim* Kern *innerhalb* der Schale der inneren Elektronen aufzuhalten. Hält es sich aber innerhalb des Atomrumpfes auf, so ist dort die Kernladung nicht mehr so vollständig durch die Elektronen der abgeschlossenen Schale abgeschirmt. Dann ist das Valenzelektron einer Kraft ausgesetzt, die durch eine Ladung verursacht wird, die *größer* als + 1 e ist. Eine stärkere Anziehungskraft hat ein stärker gebundenes System zur Folge, also ein System, dessen Energie negativer ist und dessen Energieniveaus zu niedrigeren Werten hin verschoben sind. Das folgt auch aus der Beziehung $E_n = -Z^2 E_I/n^2$, die die Energie eines Einelektronenatoms mit einem Kern der Ladung Ze liefert: Ist Z größer als 1, wie es beim Eindringen des Valenzelektrons in den Atomrumpf der Fall ist, dann wird die Energie E_n eines Atoms stärker negativ.

Diese Voraussagen finden wir bei den Energieniveaus des wasserstoffähnlichen Natriumatoms bestätigt, die in Bild 7.9 dargestellt sind. Zum Vergleich sind dort die Energieniveaus des Wasserstoffatoms ebenfalls eingezeichnet. Zunächst können wir feststellen, daß die Niveaus, die zu den Werten $n = 2$ und $n = 1$ gehören, *nicht* vorhanden sind. Die Begrün-

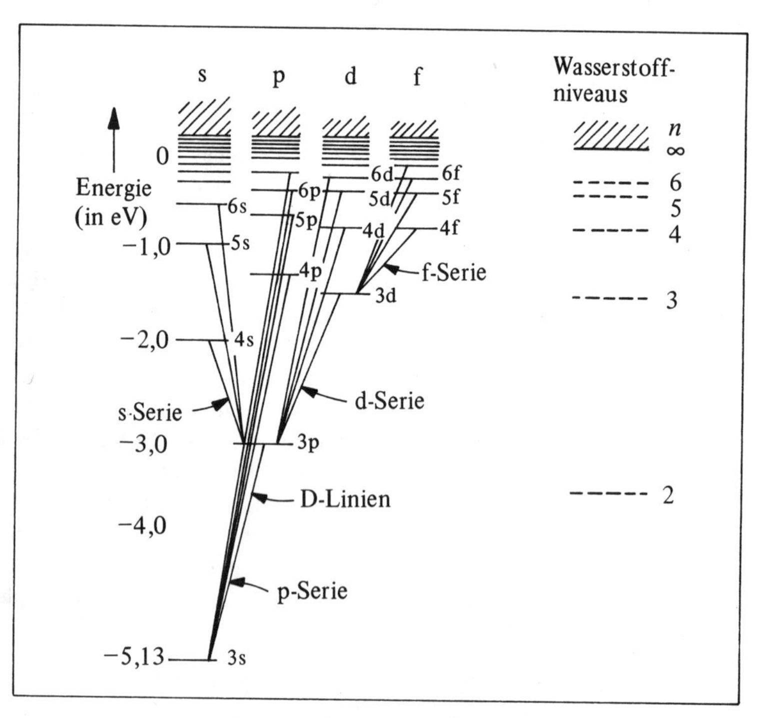

Bild 7.9 Energieniveaus des Natriumatoms. Zum Vergleich sind rechts die Wasserstoffniveaus eingezeichnet.

dung, warum das Valenzelektron von diesen Zuständen ausgeschlossen ist, wird im Abschnitt 7.8 geliefert. Jeder der Zustände mit $n = 3$ (3s, 3p und 3d) besitzt eine niedrigere Energie als der entsprechende Zustand beim Wasserstoff. Außerdem liegt das 3s-Niveau tiefer als das 3p-Niveau und dieses wiederum tiefer als das 3d-Niveau. Diese drei Zustände des Natriumatoms besitzen also alle unterschiedliche Energieniveaus und sind daher *nicht* entartet, im Gegensatz zu der Tatsache, daß hier das Valenzelektron dieselbe Quantenzahl n hat. Die Energie eines Natriumatoms ist *nicht* unabhängig von der Größe des Bahndrehimpulses, sondern ist statt dessen am niedrigsten für den kleinsten Bahndrehimpuls. Bei größerem n nähern sich die Energieniveaus mehr denjenigen des Wasserstoffatoms.

Die auf Grund der Auswahlregel $\Delta l = \pm 1$ erlaubten Übergänge teilt man in die s-, p-, d- und f-Serie ein – wie in Bild 7.8 für das Wasserstoffatom. Nun sind jedoch die entsprechenden Frequenzen der emittierten Photonen unterschiedlich und stimmen nicht mehr überein. So führen zum Beispiel die Übergänge 4s → 3p und 4p → 3s beim Natriumatom zu zwei *unterschiedlichen* Spektrallinien. Die wichtigste Linie im Natriumspektrum ist die sogenannte Natrium-D-Linie. Sie gehört zum Übergang 3p → 3s und ist die erste Linie der p-Serie.[1])

Die Emissions- und Absorptionsspektren der übrigen Alkalimetalle (Tabelle 7.1) ähneln denen des Natriums. Die einfach ionisierten Atome der Erdalkalien (Tabelle 7.1) sind mit den Alkalimetallen *isoelektronisch*, zwei in der Tabelle benachbarte Elemente haben die gleiche Elektronenzahl; sie unterscheiden sich hauptsächlich durch die Größe ihrer Kernladung. So besitzt zum Beispiel das $_{12}Mg^+$-Ion ebenso wie das $_{10}Ne$-Atom 10 Elektronen auf einer abgeschlossenen Schale und außerdem – wie auch das $_{11}Na$-Atom – ein einzelnes Valenzelektron. Befindet sich dieses Valenzelektron außerhalb des Atomrumpfes, so sieht es eine resultierende positive Ladung von $+2e$. Daher entsprechen die „nichteindringenden" Energiezustände des $_{12}Mg^+$ weitgehend denen des Einelektronenatoms $_2He^+$, dessen elektrische Kernladung ebenfalls $+2e$ beträgt. Zustände mit kleinem n und davon besonders diejenigen mit kleinem l werden jedoch im Vergleich mit den Energieniveaus des $_2He^+$-Ions tiefer liegen.

---

[1]) Die Buchstaben s, p, d und f sind in der frühen Geschichte der Spektroskopie diesen und ähnlichen Serien aus folgenden Gründen zugeordnet worden: Die Linien der s-Serie waren verhältnismäßig „scharf"; die Linien der p-Serie waren die „Prinzipal"-Linien im Emissions- oder Absorptionsspektrum, da man sie bereits bei verhältnismäßig schwacher Anregung der Quelle vorfand (die p-Linien rühren von Übergängen aus dem *ersten* oder aus höher angeregten p-Zuständen in den *Grundzustand* her); die Linien der d-Serie waren ziemlich „diffus" und die Linien der f-Serie, die im Infraroten liegen, hatten die niedrigsten Frequenzen aller Serien und wurden daher „fundamental" genannt.
Der Buchstabe D für die intensive, gelbe Natriumlinie steht nicht mit dem Symbol d (bzw. D bei einem System von Teilchen) zur Bezeichnung des Zustandes $l = 2$ in Zusammenhang. Fraunhofer entdeckte 1809, daß das Sonnenspektrum eine Anzahl dunkler Absorptionslinien *(Fraunhofer-Linien)* enthält. Sie entstehen infolge der Absorption der aus dem Innern der Sonne herrührenden Strahlung durch Elemente der Sonnenatmosphäre. Diese Linien hat man mit A, B, C, D usw. bezeichnet. Die Fraunhofersche D-Linie entspricht der Absorption durch den Natriumdampf beim Übergang 3s → 3p. Eine genauere Beobachtung zeigt, daß dieser Übergang tatsächlich aus zwei eng benachbarten gelben Linien mit den Wellenlängen 589,0 nm und 589,6 nm besteht. Auch andere Linien des Natriumspektrums zeigen eine ähnliche Feinstruktur, deren Ursache wir im Abschnitt 7.6 behandeln werden. Im Absorptionsspektrum der Sonne traten auch Linien auf, die zur Identifizierung des Elementes Helium führten, das nach der Sonne (griech.: *helios*) benannt wurde. Später konnte Helium dann auch auf der Erde isoliert und identifiziert werden.

Wie wir gesehen haben, ist es möglich, die Energieniveaus und die Spektren der wasserstoffähnlichen Atome qualitativ unter der Annahme zu verstehen, daß die angeregten Zustände dem letzten Elektron des Atoms, dem Valenzelektron, zuzuschreiben sind. Wir werden bald erkennen, daß die Inaktivität der abgeschlossenen Schalen eine natürliche Folge eines grundlegenden Prinzips ist. Die Energieniveaus und die Spektren der Atome mit mehr als einem einzigen aktiven Valenzelektron sind wesentlich komplizierter.

7.4 Richtungsquantelung

Beim klassischen Planetenmodell sind die Gesamtenergie, der Betrag des Bahndrehimpulses sowie die Komponente des Bahndrehimpulses in eine bestimmte Raumrichtung Bewegungskonstanten. In der Wellenmechanik ist die Energie eines Einelektronenatoms gequantelt und durch die Hauptquantenzahl n festgelegt. Der Bahndrehimpuls ist ebenfalls gequantelt, seine möglichen Werte hängen von der Bahndrehimpulsquantenzahl l ab. Auch die dritte klassische Bewegungskonstante, die Komponente des Bahndrehimpulses in eine feste Raumrichtung, ist gequantelt und durch eine weitere Quantenzahl m gekennzeichnet. Diese zusätzliche Quantelung, die in der Wellenmechanik formal abgeleitet werden kann, hängt eng mit den bei Atomen beobachteten magnetischen Effekten zusammen.

Wir wollen die magnetischen Erscheinungen näher betrachten, die mit einem klassischen, auf einer Bahn umlaufenden, elektrisch geladenen Teilchen verbunden sind. Der Bahndrehimpuls $\mathbf{L}$ eines auf einer geschlossenen Bahn umlaufenden Teilchens wird durch einen auf der Bahnebene senkrecht stehenden Vektor dargestellt. Eine umlaufende, negative elektrische Ladung bildet einen elektrischen Kreisstrom, der mit einem Magnetfeld verknüpft ist (Bild 7.10). Die magnetische Flußdichte ist in jedem Punkt proportional zum Betrag der Stromstärke. Das Magnetfeld entspricht dem eines kleinen Dauermagneten. Daher können wir auch dem umlaufenden Elektron ein *magnetisches Dipolmoment* μ zuordnen. Die Richtung des Vektors μ steht auf der Bahnebene des Elektrons senkrecht und ist mit Hilfe der Rechten-Hand-Regel auf den Umlauf einer *positiven* Ladung bezogen. Daher weisen bei einem negativ geladenen Teilchen Drehimpuls $\mathbf{L}$ und magnetisches Moment μ in entgegengesetzte Richtungen, wie in Bild 7.11 zu sehen ist. Wir wollen nun die Proportionalitätskonstante zwischen den Beträgen von $\mathbf{L}$ und μ bestimmen.

In einem Magnetfeld der Flußdichte $\mathbf{B}$ können wir durch folgende Beziehungen ein magnetisches Moment μ definieren:

$$\tau = \mu \times \mathbf{B} \,,$$

$$\Delta E_{\mathrm{m}} = -\mu \cdot \mathbf{B} \,,$$

dabei ist τ das Drehmoment, das μ in die Richtung von $\mathbf{B}$ drehen will, und ΔE_{m} ist die Änderung der potentiellen magnetischen Energie des Dipols im äußeren Feld. Bezeichnen wir die Richtung des Vektors μ in Bezug auf die Richtung von $\mathbf{B}$ durch den Winkel θ (Bild 7.12a), so können wir die zweite Gleichung in folgende Form bringen:

$$\Delta E_{\mathrm{m}} = -\mu B \cos\theta \,. \tag{7.3}$$

Ist der Dipol in Richtung des äußeren Feldes ausgerichtet und ist also θ gleich Null, dann nimmt ΔE_{m} den Minimalwert $-\mu B$ an. Wird am Dipol Arbeit verrichtet und wird er dabei so gedreht, daß er dem Feld $\mathbf{B}$ entgegengesetzt gerichtet ist, θ also 180° ist, so wird ΔE_{m} gleich $+\mu B$, nimmt also den Maximalwert an. Bekanntlich sind in der klassischen Physik alle Dipolrichtungen zwischen 0° und 180° und damit alle Energiewerte zwischen $-\mu B$ und $+\mu B$ erlaubt (Bild 7.12b).

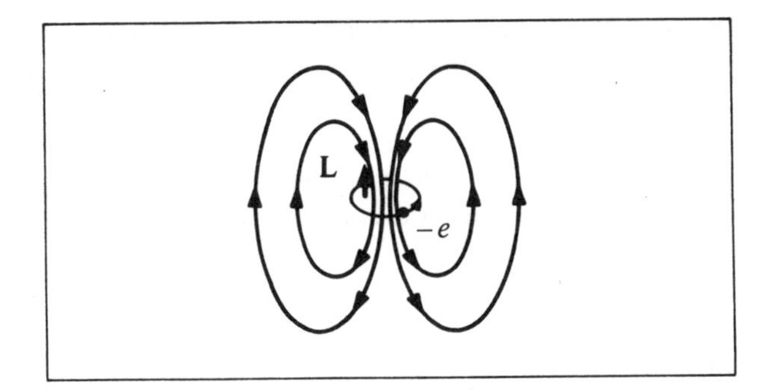

Bild 7.10
Magnetfeld eines magnetischen Dipols, der durch eine negative elektrische Ladung auf einer Kreisbahn erzeugt wird

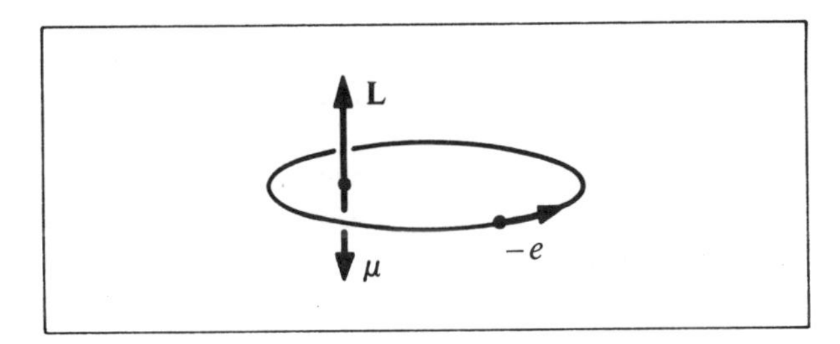

Bild 7.11
Bahndrehimpuls **L** und magnetisches Moment μ eines umlaufenden Elektrons

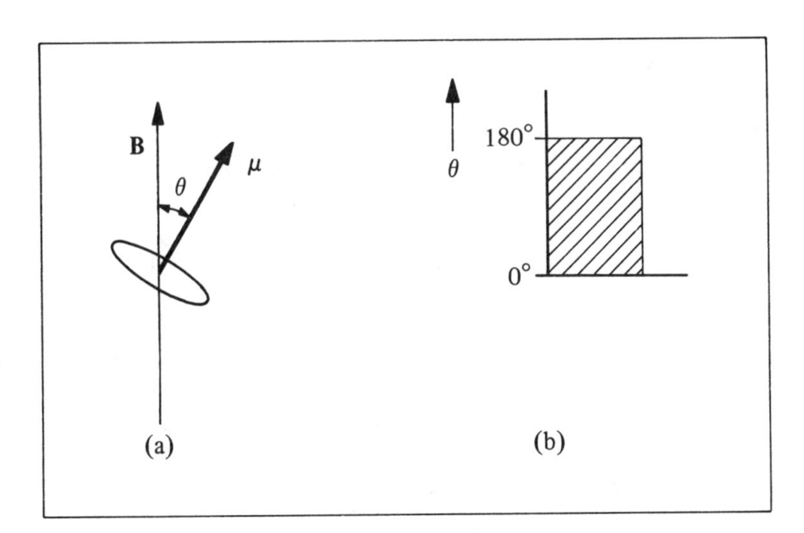

Bild 7.12 Magnetischer Dipol in einem Magnetfeld: a) Orientierung des Vektors μ bezüglich der Feldrichtung, b) in der klassischen Physik erlaubte Orientierungen

Der Betrag des magnetischen Momentes eines elektrischen Stromes i, der in einer geschlossenen Schleife der Fläche A in einer Ebene kreist, ist durch

$$\mu = i\,A$$

gegeben. Benötigt ein Teilchen mit der Ladung e für einen Umlauf die Zeit T, so beträgt die entsprechende Stromstärke $i = e/T$. Dann können wir die obige Gleichung auch so schreiben:

$$\mu = \frac{e\,A}{T}\,. \tag{7.4}$$

Der Bahndrehimpuls L, bezogen auf das Kraftzentrum, bleibt für ein Teilchen der Masse m, das sich unter der Einwirkung einer Zentralkraft, etwa der Coulomb-Kraft zwischen geladenen Teilchen, bewegt, konstant. Er läßt sich allgemein durch

$$L = 2m\,\frac{dA}{dt}$$

ausdrücken. Dabei stellt dA/dt die Geschwindigkeit dar, mit der der Fahrstrahl vom Kraftzentrum zum bewegten Teilchen die Fläche überstreicht, und m ist die Masse des Elektrons. (Dieser Flächensatz ist nichts anderes als das zweite Keplersche Gesetz der Planetenbewegung.) Die während der Zeit T bei einem vollständigen Umlauf überstrichene Fläche ist gerade A; damit wird $dA/dt = A/T$. Indem wir dieses Ergebnis in die letzte Gleichung einsetzen, erhalten wir

$$L = 2m\,\frac{A}{T}\,. \tag{7.5}$$

Fassen wir schließlich die Gln. (7.4) und (7.5) zusammen, gelangen wir zu

$$\mu = -\frac{e}{2m}\,\mathbf{L}\,. \tag{7.6}$$

Wir haben hier das negative Vorzeichen eingeführt, da die Vektoren des magnetischen Momentes μ und des Drehimpulses $\mathbf{L}$ in entgegengesetzte Richtungen weisen. Wie wir sehen, ist μ direkt proportional zu $\mathbf{L}$. Die Proportionalitätskonstante, $-e/2m$, ist die gesuchte Konstante; üblicherweise nennt man sie *gyromagnetisches Verhältnis.*

Die Wellenmechanik liefert genau dasselbe gyromagnetische Verhältnis für ein Elektron im Atom mit dem Bahndrehimpuls $L = [l\,(l+1)]^{1/2}\,\hbar$ wie die klassische Physik, ungeachtet der Tatsache, daß es unmöglich ist, sich den Zusammenhang zwischen den magnetischen Erscheinungen und dem Drehimpuls in Gestalt einer wohldefinierten Elektronenbahn vorzustellen. Da L von der Bahndrehimpulsquantenzahl l abhängt, muß das auch für das magnetische Moment μ gelten. Unter Berücksichtigung von Gl. (7.1) wird aus Gl. (7.6)

$$\mu_l = \frac{e}{2m}\,\sqrt{l\,(l+1)}\,\hbar\,, \tag{7.7}$$

dabei bezeichnet der Index l das zur Quantenzahl l gehörende magnetische Moment.

Nun wollen wir die Energieänderung ΔE_{m} eines Atoms betrachten, die dann auftritt, wenn dieses Atom mit dem magnetischen Moment μ_l in ein äußeres Magnetfeld der Flußdichte $\mathbf{B}$ gebracht wird. Wir fassen die Gln. (7.3) und (7.7) zusammen, bezeichnen nun mit θ den Winkel zwischen den Vektoren $\mathbf{L}$ und $\mathbf{B}$ anstatt des Winkels zwischen μ und $\mathbf{B}$ und erhalten damit

$$\Delta E_{\mathrm{m}} = \frac{e\hbar}{2m}\,\sqrt{l\,(l+1)}\;B\cos\theta\,. \tag{7.8}$$

Befindet sich das Atom in einem äußeren Magnetfeld, dann hängt also seine Energie vom Winkel θ zwischen dem Vektor des Bahndrehimpulses und der Feldrichtung ab. Gäbe es keine einschränkenden Bedingungen für den Winkel θ, dann könnte die Komponente des Bahndrehimpulses in Richtung des Magnetfeldes jeden beliebigen Wert zwischen $-[l(l+1)]^{1/2}\hbar$ und $+[l(l+1)]^{1/2}\hbar$ annehmen. Ähnlich wäre dann nach Gl. (7.8) für ΔE_m jeder Wert zwischen $-(e\hbar/2m)B\,[l(l+1)]^{1/2}$ und $+(e\hbar/2m)B\,[l(l+1)]^{1/2}$ möglich. Zusammengefaßt: Gäbe es keine Regel, die die erlaubten Werte von **L** in Feldrichtung einschränkte, d.h. quantelte, so gäbe es ein *Kontinuum* erlaubter Energiewerte, ganz im Gegensatz zu dem, was wir bisher bei atomaren Systemen vorgefunden haben. Dann müßten die Emissionslinien von Atomen mit einem magnetischen Moment durch ein Magnetfeld stetig verbreitert und nicht in diskrete Linien aufgespalten werden.

Die Emissionslinien von Atomen, die sich in starken äußeren Magnetfeldern befanden, wurden erstmalig 1896 von P. Zeeman untersucht. Zunächst fand er, daß sich nach Einschalten des Feldes die Linien verbreiterten. Jedoch bei Verwendung von Instrumenten mit höherem Auflösungsvermögen entdeckte er, daß sie in Wirklichkeit aufgespalten wurden, und nun aus zwei oder mehreren nahe benachbarten scharfen Linien bestanden. Diese Aufspaltung einer Spektrallinie durch ein Magnetfeld in diskrete Komponenten ist als *Zeeman-Effekt* bekannt. Eine wellenmechanische Erscheinung, die man *Richtungsquantelung* nennt, macht diesen Effekt verständlich.

Nach der Wellenmechanik kann der Bahndrehimpulsvektor **L** *nicht* jede beliebige Richtung bezüglich eines äußeren Magnetfeldes annehmen. Er ist vielmehr auf die speziellen Richtungen beschränkt, bei denen seine *Komponente in Feldrichtung ein ganzzahliges Vielfaches von* $\hbar$ beträgt. Wir wählen die Richtung des äußeren Magnetfeldes als z-Richtung. Dann sind die möglichen Werte der z-Komponente des Vektors **L** (Bild 7.13) durch folgende Regel bestimmt

$$L_z = m_l \hbar\,, \tag{7.9}$$

dabei kann die *magnetische Quantenzahl* m_l bei gegebenem l die ganzzahligen Werte

$$m_l = l, l-1, l-2, \ldots, 0, \ldots, -l \tag{7.10}$$

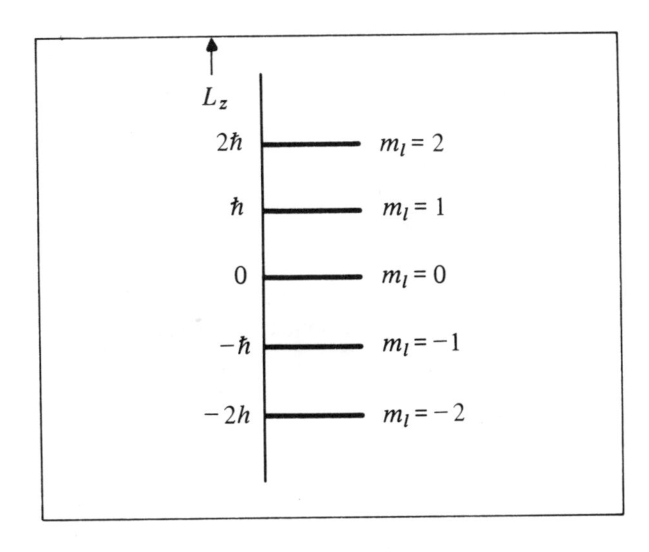

Bild 7.13
Erlaubte, gequantelte Werte der Komponente L_z des Bahndrehimpulsvektors **L** in Feldrichtung bei einem d-Zustand

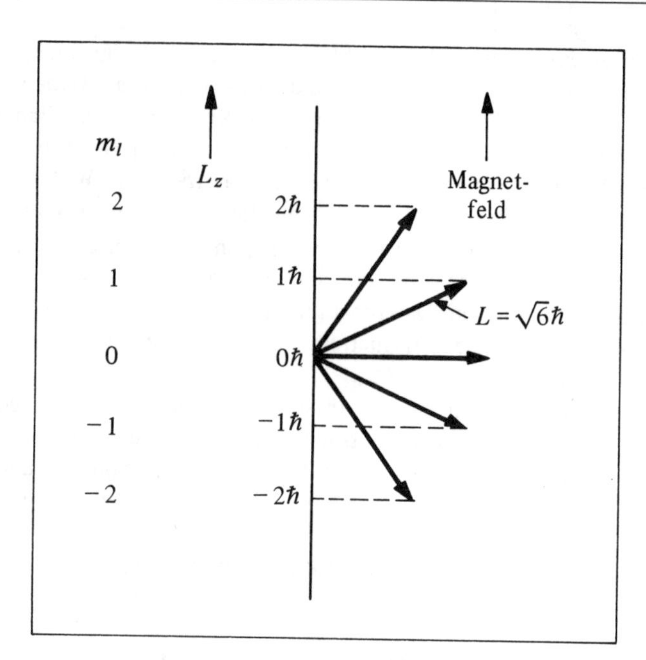

Bild 7.14
Richtungsquantelung des Bahndrehimpulsvektors **L** bei einem d-Zustand

annehmen. So sind zum Beispiel bei einem d-Zustand mit $l = 2$ die für m_l möglichen Werte $+2, +1, 0, -1$ und -2. In diesem Zustand sind also für die Komponente L_z nur die Werte $2\hbar$, $1\hbar, 0, -1\hbar, -2\hbar$ möglich, während dagegen der Betrag von **L** hier $\sqrt{6}\,\hbar$ ist. Bild 7.14 zeigt die möglichen Orientierungen des Bahndrehimpulsvektors bezüglich eines äußeren Magnetfeldes (vgl. hierzu auch Bild 7.4). Da der Drehimpulsvektor auf bestimmte diskrete Raumrichtungen beschränkt ist, spricht man hier von einer *Richtungsquantelung*. Weiterhin ist $L_z = L\cos\theta$. Somit lautet die Regel, die die Richtung des Vektors **L** angibt, also die Regel für die Richtungsquantelung:

$$\cos\theta = \frac{m_l}{\sqrt{l\,(l+1)}}. \tag{7.11}$$

Bemerkenswerterweise ist der Höchstwert $L_z = m_l\hbar$ der Komponente von **L** in Feldrichtung stets *kleiner* als der Betrag dieses Vektors $L = [l\,(l+1)]^{1/2}\,\hbar$. Daher kann der Bahndrehimpulsvektor niemals genau in die Richtung des äußeren Magnetfeldes oder in die entgegengesetzte Richtung ausgerichtet werden. Die Wellenmechanik läßt für den Betrag des Vektors **L** und für seine z-Komponente scharf definierte Werte zu, paradoxerweise erlaubt sie das aber nicht für die x- oder die y-Komponente. Üblicherweise stellt man sich den Vektor **L** in einer *Präzessionsbewegung* mit einem festen Winkel θ um die z-Achse vor. Er überstreicht dabei einen Kegel mit einem Öffnungswinkel, der jeweils von einem erlaubten Wert m_l abhängt. Das hat seinen Grund darin, daß der Betrag dieses Vektors und seine z-Komponente bekannt, seine x- und seine y-Komponente jedoch unbekannt sind.[1])

---

[1]) Die Unschärfe der x- und der y-Komponente läßt sich als notwendige Folge der Unschärferelation beweisen. Vgl. auch Aufgabe 5.32.

7.5 Der normale Zeeman-Effekt

Wenn die Richtung des Drehimpulsvektors gequantelt ist, dann gilt das auch für die möglichen Orientierungen des damit verknüpften magnetischen Momentes μ_l und somit ebenfalls für die potentielle magnetische Energie ΔE_m eines Zustandes. Wenden wir Gl. (7.11), also die Regel für die Richtungsquantelung, auf Gl. (7.8) an, d.h. auf die Gleichung, die die Energieunterschiede eines Zustandes mit den Quantenzahlen l und m_l liefert, so erhalten wir

$$\Delta E_m = m_l \frac{e\hbar}{2m} B \,. \tag{7.12}$$

Bild 7.15 zeigt die Energie*änderungen* für die s-, p-, d- und f-Zustände, die jeweils 1, 3, 5 und 7 *magnetische Unterniveaus* besitzen. Allgemein ist die Anzahl der Zeeman-Komponenten bei gegebenem l gleich $2l + 1$. Der Energieunterschied zwischen zwei benachbarten magnetischen Unterniveaus ist $(e\hbar/2m)B$ und hängt nicht von l ab. Die Größe $e\hbar/2m$ hat die Dimension eines magnetischen Momentes. Sie ist als *Bohrsches Magneton* μ_B bekannt, denn μ_B ist das magnetische Moment eines Elektrons bei seinem klassischen Umlauf um den Wasserstoffkern auf der ersten Bohrschen Bahn:

$$\text{Bohrsches Magneton } \mu_B = \frac{e\hbar}{2m} = 0{,}9273 \cdot 10^{-23} \text{ J/T} \,.$$

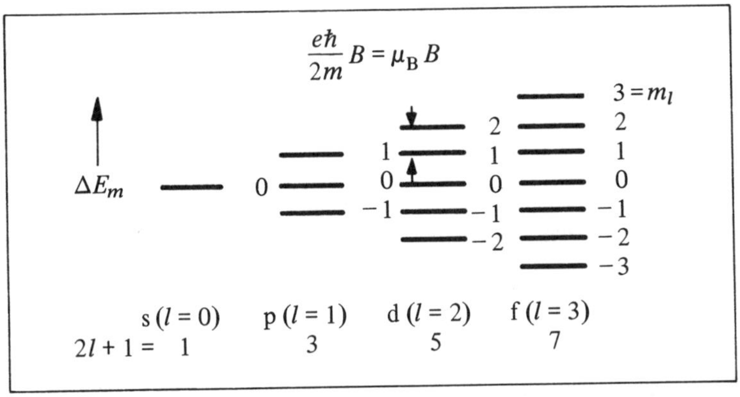

Bild 7.15 Aufspaltung der s-, p-, d- und f-Zustände eines Atoms im Magnetfeld

Wir wollen nun das Linienspektrum betrachten, das von angeregten Atomen bei ihren Übergängen von einem d-Zustand in einen p-Zustand unter Anwesenheit eines Magnetfeldes ausgesandt wird (Bild 7.16). Ist $B = 0$, dann ist die Energie E_d eines d-Zustandes für alle fünf Werte von m_l gleich und entsprechend E_p, die Energie eines p-Zustandes, für alle drei Werte von m_l. Es werden nur Photonen mit einer einzigen Frequenz ν_0 ausgesandt gemäß der Beziehung $h\nu_0 = E_d - E_p$. Wird nun das Magnetfeld eingeschaltet, so spaltet der d-Zustand in fünf magnetische Unterniveaus auf, die untereinander gleichen Abstand besitzen, und der p-Zustand spaltet in drei äquidistante magnetische Unterniveaus auf. Dabei beträgt der Unterschied zwischen zwei benachbarten magnetischen Unterniveaus jeweils

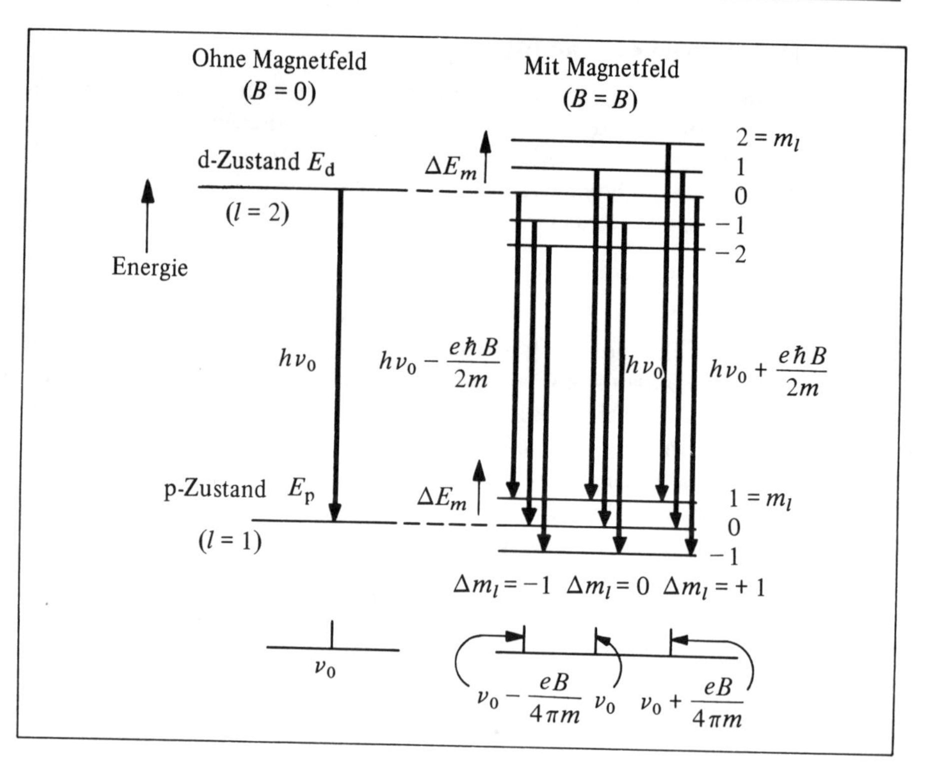

Bild 7.16 Energieniveaus und Spektrallinien bei (d → p)-Übergängen: ohne Magnetfeld (links) und normaler Zeeman-Effekt in einem äußeren Magnetfeld (rechts)

$(e\hbar/2m)B$. Für die Übergänge zwischen einem d-Zustand ($l = 2$) und einem p-Zustand ($l = 1$) gilt die Auswahlregel $\Delta l = \pm 1$. Für die Übergänge zwischen den magnetischen Unterniveaus gibt es ebenfalls eine Auswahlregel:

$$\Delta m_l = 0 \quad \text{oder} \quad \pm 1 \,. \tag{7.13}$$

Das bedeutet, es sind nur diejenigen Übergänge erlaubt, bei denen die magnetische Quantenzahl m_l unverändert bleibt oder bei denen sie sich nur um eins ändert. Die erlaubten Übergänge und das Spektrum der ausgesandten Linien sind in Bild 7.16 dargestellt. Wie wir dem Bild entnehmen können, nehmen die Unterschiede $h\nu$ bei den erlaubten Übergängen einen der drei möglichen Werte an:

$$\begin{aligned} \Delta m_l = -1: &\qquad h\nu = h\nu_0 - \frac{e\hbar}{2m} B \,, \\ \Delta m_l = 0: &\qquad h\nu = h\nu_0 \,, \\ \Delta m_l = +1: &\qquad h\nu = h\nu_0 + \frac{e\hbar}{2m} B \,. \end{aligned} \tag{7.14}$$

Dividieren wir beide Seiten dieser Gleichungen durch h, so erhalten wir die Frequenzen der ausgesandten Strahlung:

$$\begin{aligned} \nu &= \nu_0 - \frac{e}{4\pi m}B \,, \\ \nu &= \nu_0 \,, \\ \nu &= \nu_0 + \frac{e}{4\pi m}B \,. \end{aligned} \tag{7.15}$$

Daher wird eine einzelne Spektrallinie durch ein äußeres Magnetfeld in drei äquidistante Komponenten aufgespalten: die ursprüngliche Linie mit der Frequenz ν_0 und in gleichem Abstand davon zwei Satellitenlinien, deren Abstand $(e/4\pi m)B$ von der ursprünglichen Linie ν_0 proportional zur magnetischen Flußdichte B ist. Wie wir der Gl. (7.14) entnehmen können, beträgt bei einem verhältnismäßig starken Magnetfeld, etwa $B = 1{,}0$ T, der Energieunterschied zwischen benachbarten Zeeman-Niveaus nur $9{,}3 \cdot 10^{-24}$ J oder $5{,}8 \cdot 10^{-5}$ eV. Da der Energieunterschied zwischen Niveaus, der zur Aussendung von Photonen im sichtbaren Bereich des Spektrums führt, einige Elektronvolt beträgt, werden also die Energie, die Frequenz oder die Wellenlänge bei Einschaltung eines starken Magnetfeldes nur um weniger als 1 zu 1000 verändert. Aus diesem Grunde erfordert die Beobachtung des Zeeman-Effektes ein Spektrometer mit ziemlich hoher Auflösung.

Bild 7.16 zeigt die Energieniveaus sowie die erlaubten Übergänge zwischen einem d-Zustand und einem p-Zustand. ΔE_m und die Auswahlregeln für m_l sind beide unabhängig von l; daher gilt:

> *Alle Übergänge, bei denen $\Delta l = \pm 1$ ist, liefern den gleichen Zeeman-Effekt, d.h. drei äquidistante Zeeman-Linien.*

Man nennt dies den *normalen Zeeman-Effekt.* Die beobachtete Aufspaltung einiger Linien bei *einigen* Elementen, etwa bei Calcium oder Quecksilber, stimmt mit dem in Bild 7.16 gezeigten Spektrum vollständig überein. Andererseits zeigen die Spektren der meisten Elemente *keinen* normalen Zeeman-Effekt, denn der Betrag der Aufspaltung und auch die Anzahl der Zeeman-Linien stimmt *nicht* mit der hier dargestellten Theorie überein. Derartige Zeeman-Spektren heißen *anomal,* da die emittierte Strahlung nicht so einfach auf die Richtungsquantelung des *Bahn*drehimpulses und die damit verbundenen magnetischen Erscheinungen zurückgeführt werden kann.

Bemerkenswerterweise enthält der Frequenzunterschied $(e/4\pi m)B$ in Gl. (7.15) nicht die Konstante h der Quantentheorie. Das läßt vermuten, daß es sich hier nicht um einen ausgesprochenen Quanteneffekt handelt. Tatsächlich kann man, wie Aufgabe 7.11 zeigt, den sogenannten normalen Zeeman-Effekt auch auf der Grundlage einer streng klassischen Rechnung ableiten.

Die Regel der Richtungsquantelung, durch die die Komponente des Bahndrehimpulses für eine beliebige Raumrichtung auf ganzzahlige Vielfache von $\hbar$ beschränkt wird, gilt unabhängig davon, ob ein Magnetfeld vorhanden ist oder nicht. Liegt ein Magnetfeld vor, so bestimmt seine Richtung die Richtungsquantelung, und die Energie der verschiedenen Zustände unterscheidet sich je nach der Quantenzahl m_l. Wird jedoch das Magnetfeld abgeschaltet, so besteht doch die Richtungsquantelung weiter. Nun sind aber alle Energiewerte, die den unterschiedlichen Zuständen bei verschiedenen Werten von m_l entsprechen, identisch. Daher besitzt bei Abwesenheit eines Magnetfeldes jeder Zustand mit der Bahndrehimpulsquantenzahl l genau $2l + 1$ Unterzustände, die in ihrer Energie übereinstimmen – $\Delta E_m = 0$ –

und *ebenso* im Betrage ihres Bahndrehimpulses – $[l\,(l+1)]^{1/2}\,\hbar$ –, die sich aber in der Komponente ihres Bahndrehimpulses – $m_l\,\hbar$ – für eine bestimmte Raumrichtung unterscheiden. Daher tritt bei Abwesenheit eines Magnetfeldes eine $(2l+1)$fache Entartung der Energieniveaus für jeden Wert von l auf.

7.6 Elektronenspin

Wie wir gesehen haben, sind in der Quantentheorie alle drei klassischen Bewegungskonstanten eines Teilchens, das sich unter der Einwirkung einer Anziehungskraft bewegt, die umgekehrt proportional zum Quadrat des Abstandes abnimmt, also die Energie, der Betrag des Bahndrehimpulses und die Komponente des Bahndrehimpulses in eine feste Raumrichtung, gequantelt. In der klassischen Mechanik ist die Energie eines Teilchens auf einer elliptischen Umlaufbahn durch die *Größe* der Bahn bestimmt, genauer durch die große Halbachse der Ellipse. Bei gegebener großer Halbachse hängt der Betrag des Bahndrehimpulses von der *Gestalt* der Ellipsenbahn ab, d.h. von der Exzentrizität der Ellipse. Die Komponente des Bahndrehimpulses in eine bestimmte Raumrichtung ist durch die *Orientierung* der Ellipsenbahn im Raume festgelegt. Diesen Bewegungskonstanten entsprechen in der Quantenmechanik die Quantenzahlen n, l und m_l. In diesem Abschnitt werden wir die vierte und letzte Quantenzahl s einführen, die mit dem Begriff des Elektronenspins zusammenhängt.

Wie wir bemerkt haben, rührt beim Natrium die stärkste Emission von dem Übergang $3p \rightarrow 3s$ her. Bei der Untersuchung dieser Strahlung mit einem hochauflösenden Spektrometer kann man erkennen, daß diesem Übergang *zwei* eng benachbarte gelbe Linien (bei 589,0 nm und bei 589,6 nm) entsprechen, die Natrium-D-Linien heißen (vgl. Abschnitt 7.3). Tatsächlich zeigt jede Spektrallinie des Natriums eine derartige *Feinstruktur:* Zu jedem in Bild 7.9 dargestellten Übergang gehören in Wirklichkeit zwei oder drei unterschiedliche Linien, deren Wellenlängen sich nur um Bruchteile eines nm unterscheiden. Die Feinstruktur ist *anomal,* denn sie tritt auch bei Abwesenheit eines äußeren Magnetfeldes auf und läßt sich daher nicht als *normaler* Zeeman-Effekt erklären (vgl. Abschnitt 7.5). Die Feinstruktur der Spektrallinien bei den Emissions- und Absorptionsspektren ist ein allgemeines Kennzeichen aller Atomspektren. Offenbar tritt bei der Feinstruktur eine weitere, kennzeichnende Eigenschaft des Atombaues in Erscheinung, die durch die drei Quantenzahlen n, l und m_l allein nicht beschrieben werden kann.

Es liegt nahe, die Feinstruktur einem *inneren* Zeeman-Effekt zuzuschreiben, der im Atominnern auftritt. Ein derartiger Effekt würde die Anwesenheit eines inneratomaren Magnetfeldes verlangen und damit auch eine neue Ursache für ein magnetisches Moment und einen Drehimpuls im Atominnern. Der Bahndrehimpuls ist bereits berücksichtigt worden; welchen zusätzlichen Beitrag zu einem Drehimpuls können wir uns noch vorstellen?

S. A. Goudsmit und G. E. Uhlenbeck schlugen 1925 vor, daß mit einem Elektron ein innerer Drehimpuls oder Eigendrehimpuls verknüpft ist, ganz unabhängig von seiner Bahnbewegung. Er heißt *Elektronenspin,* denn man kann sich ihn analog dem Eigendrehimpuls veranschaulichen, den jeder ausgedehnte Körper besitzt, der um seinen Schwerpunkt rotiert. (An dieser Stelle sei daran erinnert, daß jeder rotierende, symmetrische Körper einen Eigendrehimpuls oder Spin besitzt, der unabhängig von der Wahl des Bezugspunktes ist. Mit anderen Worten, der Drehimpuls eines rotierenden Körpers ist eine innere Eigenschaft dieses Körpers.) Nun ist es natürlich in der Wellenmechanik nicht sinnvoll, sich das Elektron als eine einfache, elektrisch geladene Kugel vorzustellen. Will man jedoch den Elektronenspin durch ein anschauliches Modell beschreiben, so stellt man sich zweckmäßigerweise das Elektron räumlich ausgedehnt und in ständiger Rotation um eine Drehachse vor. Der Elektronen-

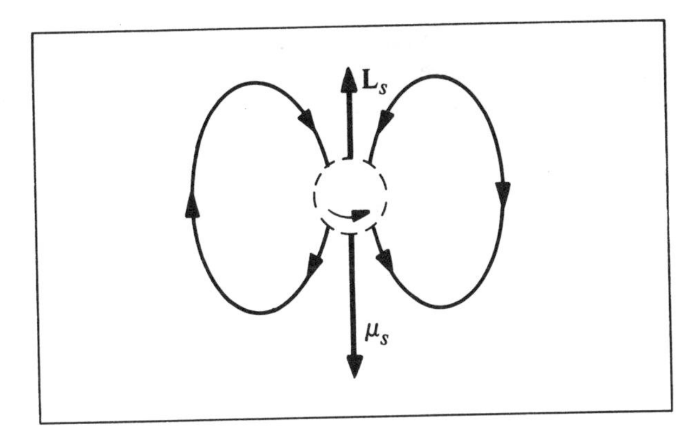

Bild 7.17
Eigendrehimpuls oder Spin $\mathbf{L}_s$ eines Elektrons sowie magnetisches Moment μ_s mit dem zugehörigen Magnetfeld

spin ist dann der Eigendrehimpuls $\mathbf{L}_s$, der durch die Rotation der Ladungswolke um eine relativ zum Elektron feste Drehachse hervorgerufen wird. Da wir uns die negative Ladung rotierend vorstellen, erzeugt der Elektronenspin außerdem ein Magnetfeld, und wir müssen dem Elektronenspin auch ein magnetisches Moment μ_s zuschreiben, das die entgegengesetzte Richtung wie der Eigendrehimpuls $\mathbf{L}_s$ besitzt (Bild 7.17).

Falls sich ein Elektron mit seinem permanenten, durch den Spin verursachten magnetischen Moment in einem Magnetfeld befindet, sollte man erwarten, daß auch sein Spin eine Richtungsquantelung zeigt. Für die Spinachse, das magnetische Moment und den Eigendrehimpuls kämen dann nur bestimmte, gequantelte Orientierungen in Frage, und die Energie des Atoms müßte sich je nach der vorliegenden Orientierung unterscheiden.

Ein inneratomares Magnetfeld, das auf ein Elektron mit einem Spin $\mathbf{L}_s$ und mit einem magnetischen Eigenmoment μ_s wirkt, könnten wir uns folgendermaßen entstanden denken. Umkreist das Elektron mit Spin einen Atomkern, dann sieht ein mit dem Elektron festverbundener Beobachter einen ihn umkreisenden Atomkern. Die umlaufende positive Ladung erzeugt am Orte des Elektrons ein Magnetfeld, dessen Betrag und Richtung vom Betrag und von der Richtung des *Bahndrehimpulses* des Elektrons abhängt. Dieses Feld wirkt auf das magnetische Spinmoment μ_s. Die Wechselwirkung zwischen Elektronenspin und Bahndrehimpuls wird üblicherweise *Spin-Bahn-Kopplung* genannt. Diese Kopplung tritt bei allen Zuständen mit Ausnahme der s-Zustände auf (dort ist $l = 0$).

Wir wollen uns nun den spektroskopischen Ergebnissen zuwenden, um die erlaubten Werte des Eigendrehimpulses L_s und des magnetischen Eigenmomentes μ_s herauszufinden. Die Untersuchung der Spektrallinien eines Atoms mit einem einzigen Valenzelektron, etwa eines Natriumatoms, deutet darauf hin, daß bei *Abwesenheit* eines *äußeren* Magnetfeldes jedes Energieniveau (mit Ausnahme der s-Zustände) in zwei Niveaus (ein Dublett) aufgespalten ist und daß der s-Zustand dagegen unaufgespalten bleibt (ein Singulett). Aus diesem Grunde besteht auch der $3p \to 3s$ Übergang beim Natrium aus zwei eng benachbarten Linien, den D-Linien: Der 3s-Zustand ist ein Singulett, der 3p-Zustand aber ein Dublett. Wie kann nun die Verdopplung aller Zustände (mit Ausnahme der s-Zustände) infolge der Richtungsquantelung des Elektronenspins durch ein inneres Magnetfeld erklärt werden? Beim normalen Zeeman-Effekt wird jeder Zustand mit der Bahndrehimpulsquantenzahl l durch ein äußeres Magnetfeld in $2l + 1$ Unterniveaus aufgespalten. Wir können annehmen, daß ein Zustand mit einer *Spinquantenzahl* s ähnlich in $2s + 1$ Komponenten unter dem Einfluß eines inneren Magnetfeldes aufgespalten wird. Da alle Zustände mit Feinstruktur bei nichtverschwindendem Bahndrehimpuls immer in zwei Unterniveaus aufgespalten sind, muß auch $2s + 1$ gleich 2 sein, und die Spinquantenzahl s hat daher den *einzigen Wert* 1/2:

$$2s + 1 = 2 \quad \text{oder} \quad s = \tfrac{1}{2} \,.$$

Da es sich beim Spin um eine innere Eigenschaft des Elektrons handelt, besitzt ein jedes Elektron eine Spinquantenzahl mit dem einzig möglichen Wert $\frac{1}{2}$. Der Spin oder Eigendrehimpuls eines Teilchens wie des Elektrons ist ebenso eine Grundeigenschaft wie die Ladung oder die Masse. Der Betrag des Eigendrehimpulses $\mathbf{L}_s$ wird durch eine zum Bahndrehimpuls (Gl. (7.1)) analoge Beziehung gegeben:

$$L_s = \sqrt{s(s+1)}\ \hbar = \tfrac{1}{2}\sqrt{3}\,\hbar \,. \tag{7.16}$$

Man kann leicht einsehen, warum der s-Zustand des Natriums ein Singulett sein muß. Das innere Magnetfeld der Bahnbewegung verschwindet (es ist $l = 0$); daher sind die beiden Spinzustände unaufgespalten, also *entartet.* Diese Entartung kann jedoch durch ein *äußeres* Magnetfeld aufgehoben werden.

Bei Anwesenheit eines Magnetfeldes tritt auch für den Elektronenspin eine Richtungsquantelung auf, so daß die Komponente $L_{s,z}$ des Eigendrehimpulses in Feldrichtung

$$L_{s,z} = m_s \hbar \tag{7.17}$$

wird, dabei kann die *magnetische Spinquantenzahl* m_s einen der beiden möglichen Werte $+\frac{1}{2}$ und $-\frac{1}{2}$ annehmen. Die Richtungsquantelung des Elektronenspins, die in Bild 7.18 dargestellt ist, beschränkt in einem Magnetfeld die Orientierung des Elektronenspinvektors $\mathbf{L}_s$ auf zwei mögliche Zustände, bei denen die z-Komponente $+\frac{1}{2}\hbar$ oder $-\frac{1}{2}\hbar$ ist. Bei $m_s = +\frac{1}{2}$ zeigt der Eigendrehimpulsvektor mehr in Richtung des Magnetfeldes als in die entgegengesetzte Richtung, und das magnetische Moment μ_s ist stärker in die dem Felde entgegengesetzte

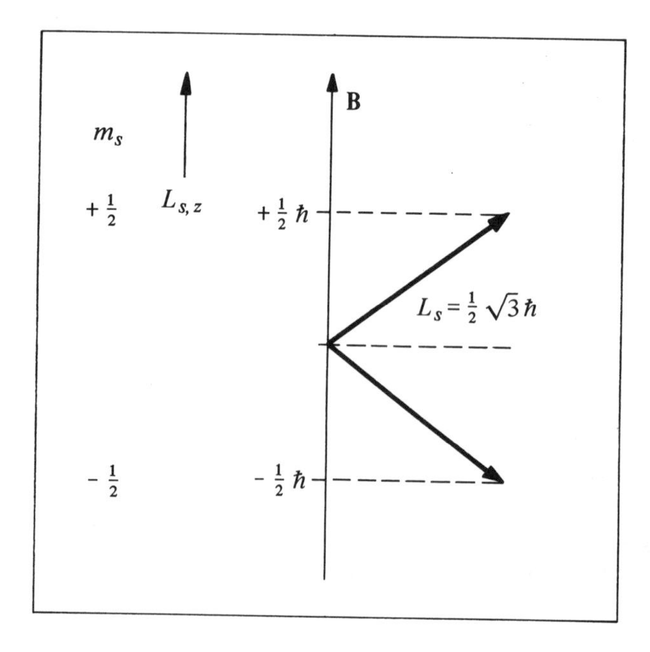

Bild 7.18
Richtungsquantelung des Elektronenspins

Richtung als in Feldrichtung orientiert. Daher ist die potentielle magnetische Energie, die von der Ausrichtung des magnetischen Momentes des Elektronenspins herrührt, für den Zustand mit $m_s = +\frac{1}{2}$ größer als für den Zustand mit $m_s = -\frac{1}{2}$.

Wie im Falle der Bahnbewegung, so liegt auch beim Spin das magnetische Moment längs der gleichen Linie wie der Drehimpulsvektor und zeigt ebenfalls in die entgegengesetzte Richtung. Eine genauere Untersuchung des Zeeman-Effektes bei Atomen, die eine Feinstruktur besitzen, sowie theoretische Überlegungen zeigen, daß das mit dem Elektronenspin verbundene gyromagnetische Verhältnis durch

$$\frac{\mu_s}{L_s} = 2\,(1{,}001159615)\,\frac{e}{2m} \tag{7.18}$$

gegeben ist, dabei sind e und m die Ladung bzw. die Masse des Elektrons. Das gyromagnetische Verhältnis des Elektronenspins liegt sehr nahe beim Doppelten des Wertes für die Bahnbewegung des Elektrons. Das bedeutet: Bei gegebenem Drehimpuls hat der Elektronenspin bezüglich der magnetischen Erscheinungen die doppelte Wirksamkeit wie die Bahnbewegung des Elektrons.

Die potentielle magnetische Energie des magnetischen Eigenmomentes ändert sich in einem Magnetfeld der Flußdichte B um

$$\Delta E_s = m_s \left(2\,\frac{e\hbar}{2m}\right) B\,, \tag{7.19}$$

diese Gleichung ist der Gl. (7.12) sehr ähnlich.

Es ist interessant, die ungefähre Größe des Magnetfeldes zu berechnen, das den p-Zustand des Natriums aufspaltet. Bild 7.19 zeigt den 3s- und den 3p-Zustand des Natriums. Die beiden Übergänge, bei denen die Natrium-D-Linien entstehen, unterscheiden sich um $\Delta\lambda = 0{,}6$ nm. Damit wird der Energieunterschied ΔE zwischen den beiden p-Zuständen

$$\Delta E = \frac{hc\,\Delta\lambda}{\lambda^2} = 2\,\mu_{s,z}\,B\,.$$

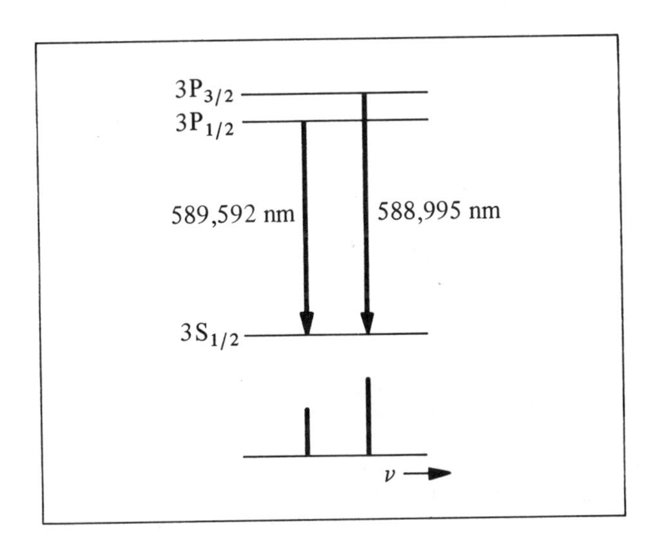

Bild 7.19
Energieniveaus und Spektrum der Natrium-D-Linien (nicht maßstäblich)

Daraus folgt

$$B = 20 \text{ T} ,$$

also ein außerordentlich starkes Magnetfeld. Die Feinstrukturaufspaltung der Energieniveaus, die durch die Spin-Bahn-Kopplung verursacht wird, stimmt mit den tatsächlichen Beobachtungen bei der Feinstruktur der Spektrallinien vollständig überein. Für quantitative Einzelheiten sind jedoch die komplizierten Verfahren der Quantenmechanik erforderlich. Die inneren Magnetfelder sind außerordentlich stark, und die Feinstrukturaufspaltung, meist von der Größenordnung 10^{-3} eV, bzw. bei den Linien im sichtbaren Bereich Wellenlängenunterschiede von weniger als 1 nm, stimmt mit den theoretischen Voraussagen überein.

Der Gesamtdrehimpuls eines Atoms setzt sich daher aus zwei Beiträgen zusammen: aus dem Bahndrehimpuls und dem Eigendrehimpuls oder Spin des Elektrons.[1]) Wie die Quantentheorie richtig voraussagt, ist der Gesamtdrehimpuls $\mathbf{L}_j$ eines Atoms mit einem einzigen Valenzelektron durch die Quantenzahl j des Gesamtdrehimpulses gekennzeichnet, und der Betrag des Gesamtdrehimpulses ist durch

$$L_j = \sqrt{j\,(j+1)}\,\hbar \tag{7.20}$$

gegeben. Die Quantenzahl j kann einen der beiden Werte $l + s$ oder $l - s$ annehmen, dabei sind l und s die Bahndrehimpuls- bzw. die Spinquantenzahl. Bild 7.20 zeigt den Zusammenhang zwischen den Vektoren des Bahndrehimpulses, des Eigendrehimpulses und des Gesamtdrehimpulses. Wie wir hier erkennen können,

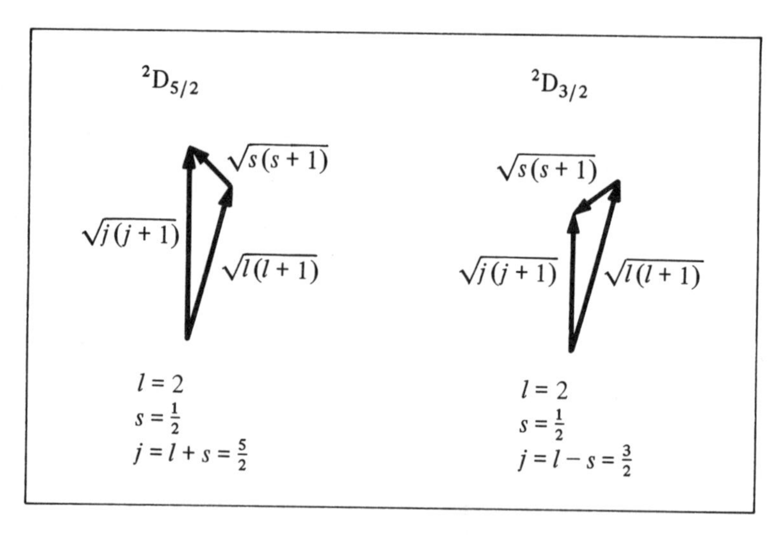

Bild 7.20 Zusammenhang zwischen den Vektoren des Bahndrehimpulses, des Spins und des Gesamtdrehimpulses beim $^2D_{5/2}$- und beim $^2D_{3/2}$-Zustand

[1]) Der Atomkern kann ebenfalls einen Eigendrehimpuls oder Spin besitzen, *Kernspin* genannt, der zum Elektronendrehimpuls hinzukommt. Die *Hyperfeinstruktur*, die aus äußerst nahe benachbarten Spektrallinien besteht (meist weniger als 0,1 pm Wellenlängenunterschied), wird durch die Wechselwirkung des Kernspins und des magnetischen Kernmomentes mit den entsprechenden Größen der Elektronen verursacht. Die magnetischen Kernmomente sind immer um einen Faktor von ungefähr 10^3 kleiner als das Bohrsche Magneton, und die Hyperfeinstrukturaufspaltung ist entsprechend kleiner als die Feinstrukturaufspaltung. Beim klassischen Planetenmodell entspricht der Kernspin dem Eigendrehimpuls der Sonne.

weisen der Bahn- und der Eigendrehimpulsvektor niemals genau in die Richtung des Gesamtdrehimpulsvektors oder in die diesem Vektor entgegengesetzte Richtung. Eine nützliche Hilfe, um die Kopplung zwischen dem Bahn- und Eigendrehimpuls zu veranschaulichen, ist das sogenannte Vektormodell. Bei diesem Modell stellt man sich die Vektoren des Bahndrehimpulses und des Spins mit konstanter Geschwindigkeit um den Vektor $\mathbf{L}_j$ des Gesamtdrehimpulses rotierend vor.

Bei einem Atom mit einem einzigen Valenzelektron sind alle Elektronen in den abgeschlossenen Schalen so angeordnet (wie wir im Abschnitt 7.8 noch sehen werden), daß der Gesamtdrehimpuls und das magnetische Moment der abgeschlossenen Schalen verschwinden. Um die Zusammensetzung von Bahndrehimpuls- und Spinquantenzahlen zu veranschaulichen, wollen wir die 3p-Zustände des Natriums betrachten. Es ist $l = 1$ und $s = \frac{1}{2}$; daher kann die Quantenzahl j des Gesamtdrehimpulses einen der beiden möglichen Werte $1 + \frac{1}{2} = \frac{3}{2}$ oder $1 - \frac{1}{2} = \frac{1}{2}$ annehmen. Diese beiden Zustände bezeichnet man mit den üblichen spektroskopischen Bezeichnungen $3^2P_{3/2}$ und $3^2P_{1/2}$ (gelesen: „Drei-Dublett-P-drei halbe" und „drei-Dublett-P-einhalb"); der hochgestellte Index gibt die Spinmultiplizität, also den Wert von $2s + 1$ an und der nachgestellte untere Index den Wert der Gesamtdrehimpulsquantenzahl j. Ähnlich gibt es beim Natrium die Zustände $3^2D_{5/2}$ und $3^2D_{3/2}$. Bild 7.21 zeigt die Aufspaltung bei einigen Zuständen des Natriums.

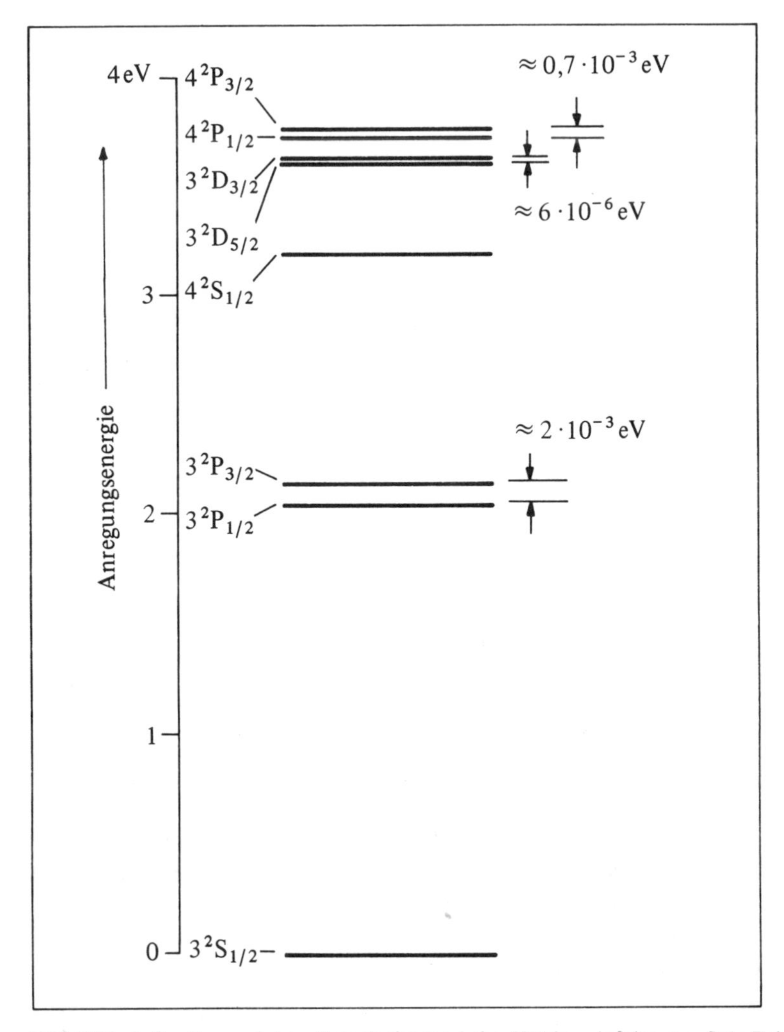

Bild 7.21 Aufspaltung einiger Energieniveaus beim Natrium infolge der Spin-Bahn-Kopplung (Die Aufspaltung ist hier sehr übertrieben dargestellt).

In einem äußeren Magnetfeld (kleiner als 100 T) tritt beim Gesamtdrehimpuls $\mathbf{L}_j$ mit dem Betrag $[j(j+1)]^{1/2}\hbar$ eine Richtungsquantelung bezüglich der Feldrichtung auf, die wir wieder als z-Richtung wählen wollen. Die erlaubten $2j+1$ Komponenten von $\mathbf{L}_j$ in z-Richtung sind dann

$$L_{j,z} = m_j \hbar ,$$

dabei ist m_j gleich $j, j-1, \ldots, -j$. Das ist die Grundlage des *anomalen Zeeman-Effektes*, der immer dann auftritt, wenn eine Spin-Bahn-Kopplung vorliegt.

Zur Berechnung der Aufspaltung beim anomalen Zeeman-Effekt müßten wir das magnetische Moment μ_j kennen, das mit dem *Gesamt*drehimpuls $\mathbf{L}_j$ verbunden ist, die Berechnung von μ_j ist jedoch schwieriger (vgl. Aufgabe 7.28). Außerdem wird die Behandlung des Atombaues mit zunehmender Anzahl der Valenzelektronen immer komplizierter, da man ja dann die Spin- und Bahndrehimpulsvektoren von zwei oder mehr Elektronen zusammensetzen muß. Hier wollen wir nur den normalen Zeeman-Effekt bei einem Atom mit zwei Valenzelektronen beschreiben.

Die beiden Spinquantenzahlen der Elektronen, $s_1 = \frac{1}{2}$ und $s_2 = \frac{1}{2}$, setzen sich gewöhnlich zur resultierenden Spinquantenzahl S des Atoms zusammen, dabei ist $S = s_1 + s_2 = 1$ (parallele Spins) oder $S = s_1 - s_2 = 0$ (antiparallele Spins). Ähnlich liefern die beiden Bahndrehimpulsquantenzahlen l_1 und l_2 gewöhnlich die resultierende Bahndrehimpulsquantenzahl L. Die resultierenden Spin- und Bahndrehimpulsquantenzahlen S und L setzen sich zur Gesamtdrehimpulsquantenzahl J des Atoms zusammen. Wir wollen den Zustand mit $S = 0$ betrachten. Ein derartiger Zustand ist ein Singulett-Zustand, denn hier ist $2S + 1 = 1$ (wäre $S = 1$, so läge mit $2S + 1 = 3$ ein Triplett-Zustand vor). Es ist dann $J = L$, und der Gesamtdrehimpuls rührt allein von der Bahnbewegung her. In einem äußeren Magnetfeld zeigen Übergänge zwischen *Singulett*-Zuständen den *normalen* Zeeman-Effekt. Allgemein verlangt das Auftreten des *normalen* Zeeman-Effektes, daß der *Gesamtspin* des Atoms gleich *Null* ist, das bedeutet, das Atom besitzt eine *gerade* Zahl von Elektronen, die mit paarweise antiparallel gerichteten Spins angeordnet sind.

Bei der nichtrelativistischen Behandlung des Atombaues erhält man in der Wellenmechanik auf ganz natürliche Weise die drei Quantenzahlen n, l und m_l, wenn um den Atomkern herum dreidimensionale Wellen, die die Elektronen darstellen, vorhanden sein sollen. Der Elektronenspin dagegen, für den es keine klassische Analogie gibt (abgesehen von dem fiktiven Modell einer rotierenden, geladenen Kugel), folgt *nicht* aus der nichtrelativistischen Wellenmechanik. Die erste relativistische wellenmechanische Behandlung wurde 1928 von P.A.M. Dirac vorgelegt, der dabei drei Raumkoordinaten und eine Zeitkoordinate einführte. In seiner relativistischen Quantentheorie tritt der Elektronenspin mit seinem Drehimpuls $[s(s+1)]^{1/2}\hbar$ und dem gyromagnetischen Verhältnis $2\,(e/2m)$ ganz natürlich zugleich mit den Quantenzahlen n, l und m_l auf. Eine weitere Folgerung aus Diracs Wellenmechanik führte zur erstmaligen Voraussage des Antiteilchens zum Elektron, des Positrons. Das Positron besitzt eine Spinquantenzahl $s = \frac{1}{2}$ und ein gyromagnetisches Verhältnis $2\,(e/2m)$, genau wie das Elektron, aber bei ihm weisen als Folge der positiven Ladung die Vektoren des Eigendrehimpulses und des magnetischen Momentes in dieselbe Richtung.

7.7 Der Stern-Gerlach-Versuch

Die Richtungsquantelung, die die räumliche Orientierung des Drehimpulsvektors und des Vektors des magnetischen Momentes einschränkt, wurde erstmalig 1921 von O. Stern und W. Gerlach *unmittelbar* in einem Versuch nachgewiesen. Wie sie zeigen konnten, besitzen Silberatome, bei denen nur der Spin eines einzigen Elektrons zum Drehimpuls des Atoms beiträgt, im Magnetfeld eine Richtungsquantelung.

Um die Grundlage der unmittelbaren Bestätigung der Richtungsquantelung im Versuch zu verstehen, wollen wir einen magnetischen Dipol betrachten. Ein magnetischer Dipol mit dem magnetischen Moment μ erfährt in einem homogenen Magnetfeld der Flußdichte $\mathbf{B}$ (also in einem Magnetfeld, in dem die Feldlinien parallel und in gleichem Abstand voneinander verlaufen) ein Drehmoment

$$\tau = \mu \times \mathbf{B} ,$$

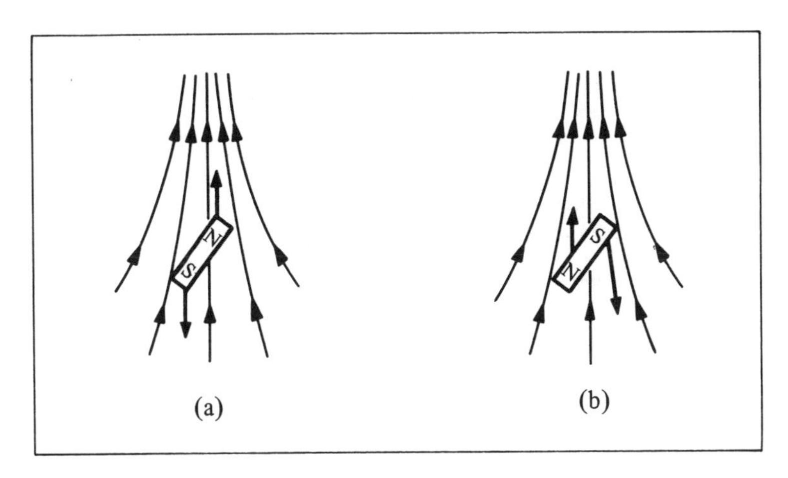

Bild 7.22 Kräfte an einem magnetischen Dipol in einem inhomogenen Magnetfeld bei zwei verschiedenen Orientierungen des Dipols

das den Magneten in Richtung der Feldlinien ausrichten will. Auf den Dipol wirkt jedoch *keine resultierende* Kraft, die ihn als ganzem verschieben will. Wir wollen nun weiter das Verhalten eines magnetischen Dipols in einem *inhomogenen* Magnetfeld betrachten, also in einem Magnetfeld, bei dem eine Divergenz der magnetischen Feldlinien auftritt. Wie Bild 7.22 zeigt, zieht eine *resultierende* Kraft den Magneten in einen Bereich größerer Feldstärke, falls Magnet und Feld nahezu gleich gerichtet sind, dagegen wird der Magnet aus dem Feld herausgedrängt, wenn Feld und Magnet annähernd entgegengesetzt gerichtet sind.

Wir wollen die Kraft auf einen magnetischen Dipol in einem inhomogenen Magnetfeld berechnen. Die potentielle magnetische Energie des Elektronenspins ist durch

$$\Delta E_s = m_s \left(2 \frac{e\hbar}{2m}\right) B \tag{7.19}$$

gegeben. Da ja die Kraft – bis auf das Vorzeichen – die räumliche Ableitung der entsprechenden potentiellen Energie ist, erhalten wir die auf den Dipol wirkende Kraft durch

$$F_z = -\frac{\partial}{\partial z} \Delta E_s = -m_s \frac{e\hbar}{m} \frac{\partial B}{\partial z}, \tag{7.21}$$

dabei ist die z-Richtung sowohl die Symmetrieachse des inhomogenen Magnetfeldes mit einem Gradienten $\partial B/\partial z$ als auch die für die Richtungsquantelung des Elektronenspins gewählte Richtung.

Nun wollen wir die Anordnung des ursprünglichen Versuches von Stern und Gerlach betrachten, der in Bild 7.23 schematisch dargestellt ist. Silberatome verlassen mit verhältnismäßig großer Geschwindigkeit einen Ofen, gehen durch Kollimatorspalte, durchfliegen ein inhomogenes Magnetfeld und treffen auf eine Photoplatte, auf der schließlich ihre Verteilung registriert wird. Im Magnetfeld erfährt der Elektronenspin eine Richtungsquantelung. Bei den beiden Orientierungen ist die z-Komponente des Eigendrehimpulses, des Spins, entweder $+\frac{1}{2}\hbar$ oder $-\frac{1}{2}\hbar$, je nachdem, ob $m_s = +\frac{1}{2}$ oder $m_s = -\frac{1}{2}$ ist. Im Falle $m_s = +\frac{1}{2}$ werden die Atome nach abwärts abgelenkt, bei $m_s = -\frac{1}{2}$ werden sie nach oben abgelenkt. Auf der

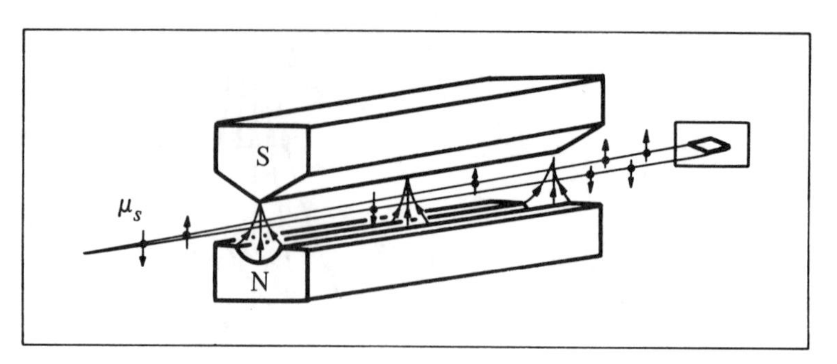

Bild 7.23 Schema des Stern-Gerlach-Versuches

Photoplatte verteilen sich die Auftreffpunkte der Silberatome dann *nicht* stetig, wie wir es ohne Richtungsquantelung zu erwarten hätten; vielmehr beobachtet man zwei getrennte Linien, die den beiden erlaubten Orientierungen der Spins der Silberatome entsprechen. Allgemein erscheinen auf der Photoplatte bei Atomen mit einer Quantenzahl J des Gesamtdrehimpulses $2J + 1$ unterschiedliche Linien. Daher kann man mit Hilfe von Atomstrahlen Drehimpulsquantenzahlen bestimmen.

7.8 Das Pauli-Prinzip und das Periodensystem der Elemente

Den Zustand eines Elektrons in einem Atom zu kennzeichnen bedeutet in der Quantentheorie, die vier Quantenzahlen n, l, m_l und m_s festzulegen. (Die Zahl s braucht nicht angeführt zu werden, da es für sie nur den Wert $\frac{1}{2}$ gibt.) Mit Hilfe der Rechenverfahren der Quantenmechanik kann man dann die Energie eines Atoms bei Abwesenheit oder bei Anwesenheit eines äußeren Magnetfeldes, seinen Drehimpuls, sein magnetisches Moment und weitere meßbare Eigenschaften des Atoms berechnen. Man kann, zumindest *im Prinzip, alle* Eigenschaften der chemischen Elemente voraussagen. Praktisch ist jedoch ein derartiges Programm nicht so leicht durchführbar, denn bei Systemen, die aus vielen Teilchen bestehen, treten ungeheure mathematische Schwierigkeiten auf. Praktisch ist bisher diese Aufgabe nur für das einfachste Atom, das Wasserstoffatom, durch die relativistische Quantentheorie vollständig gelöst worden. Die Arbeiten über dieses Atom ergaben im wesentlichen eine vollständige Übereinstimmung zwischen Theorie und Experiment.

Obwohl die Lösungen für die übrigen Elemente nicht genau bekannt sind, liefert die Quantentheorie doch eine Fülle von Erkenntnissen über die chemischen und physikalischen Eigenschaften der Elemente. Als einen ihrer größten Erfolge liefert sie die Grundlage für das Verständnis der Ordnung der chemischen Elemente, wie sie im Periodensystem auftritt. (Es muß daran erinnert werden, daß das Periodensystem erstmalig aufgestellt wurde, indem man die Elemente einfach nach ihren „Atomgewichten" anordnete, dabei fand man in den Eigenschaften der Elemente bemerkenswerte Periodizitäten.) Wir wollen nun untersuchen, wie wir diese Ordnung mit Hilfe der Quantentheorie verstehen können. Der Schlüssel hierzu liegt in einem 1924 von W. Pauli vorgeschlagenen Prinzip, dem Ausschließungsprinzip. Dieses Pauli-Prinzip kann zusammen mit der Quantentheorie dazu dienen, viele der chemischen und physikalischen Eigenschaften der Atome vorauszusagen.

Zunächst betrachten wir wieder die Energieniveaus, die dem einzigen Elektron des Wasserstoffatoms zur Verfügung stehen. Diese Energieniveaus sind schematisch (aber *nicht*

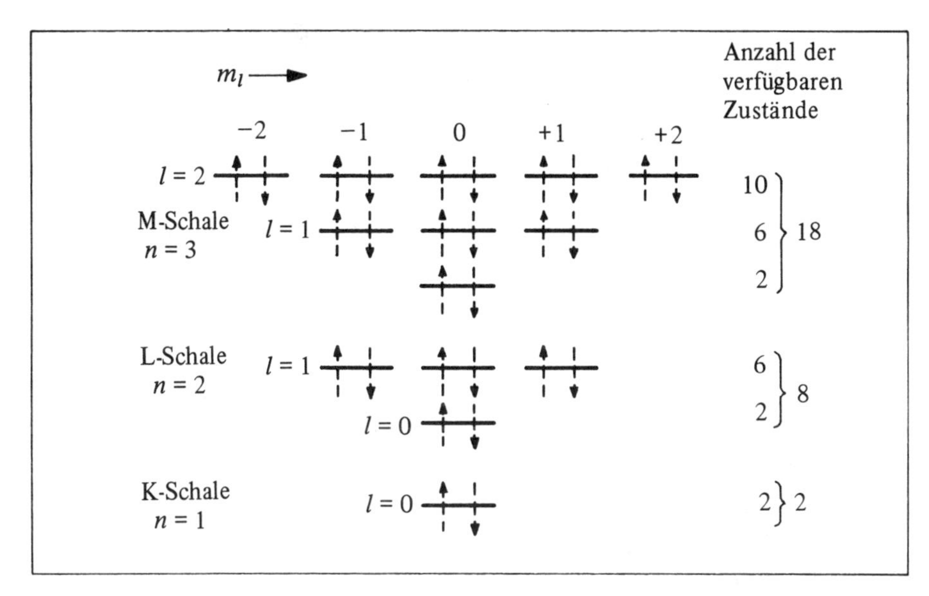

Bild 7.24 Darstellung der für das Wasserstoffelektron verfügbaren Zustände (Energie nicht maßstäblich). Zu jeder waagerechten Linie gehören zwei Zustände, die den beiden möglichen Orientierungen des Elektronenspins entsprechen.

maßstäblich) in Bild 7.24 dargestellt. Jede der waagerechten Linien entspricht einem speziellen, erlaubten Satz der Quantenzahlen n, l und m_l. Zu jeder Linie gibt es zwei mögliche Werte der Spinquantenzahl des Elektrons, $m_s = \pm \frac{1}{2}$. Die Besetzung eines erlaubten Zustandes durch ein Elektron wird durch einen Pfeil angegeben, dessen Richtung die Orientierung des Elektronenspins anzeigt, aufwärts für $m_s = +\frac{1}{2}$ und abwärts für $m_s = -\frac{1}{2}$. Aus Platzgründen sind hier nur die Energieniveaus für die Hauptquantenzahlen $n = 1, 2$ und 3 dargestellt. Bei gegebenem n sind die s-Zustände ($l = 0$) die niedrigsten, die p-Zustände ($l = 1$) die nächst niedrigsten Zustände usw. Bei gegebener Bahndrehimpulsquantenzahl l sind die möglichen Werte der magnetischen Quantenzahl m_l waagerecht nebeneinander angeordnet. Jeder dieser Zustände (auf jeden Strich entfallen zwei Zustände) ist für das Elektron im Wasserstoffatom erlaubt. Einige der Zustände sind entartet, denn sie besitzen die gleiche Gesamtenergie; sie sind jedoch nichtsdestoweniger unterscheidbar, falls ein starkes Magnetfeld oder andere äußere Einflüsse auf das Atom einwirken.

Wir wollen hier nochmals die Regeln aufführen, die die erlaubten Werte der Quantenzahlen beherrschen:

$$\begin{array}{lll} \text{bei gegebenem } n\text{:} & l = 0, 1, 2, \ldots, n-1 & (n \text{ Möglichkeiten}), \\ \text{bei gegebenem } l\text{:} & m_l = l, l-1, \ldots, 0, \ldots, -(l-1), -l & (2l+1 \text{ Möglichkeiten}), \\ \text{bei gegebenem } m_l\text{:} & m_s = +\frac{1}{2}, -\frac{1}{2} & (2 \text{ Möglichkeiten}). \end{array} \quad (7.22)$$

Befindet sich das Wasserstoffatom in seinem niedrigsten Zustand, dem Grundzustand, so hat sein einziges Elektron den Zustand mit den Quantenzahlen $n = 1, l = 0, m_l = 0$ und $m_s = -\frac{1}{2}$ besetzt. Der Grundzustand des Wasserstoffatoms ist daher – in spektroskopischer Schreibweise – $1^2\,S_{1/2}$. Hier gibt, ebenso wie bereits oben, die erste Zahl den Wert der Hauptquantenzahl n an, der hochgestellte Index ist hier $2s + 1 = 2$, da ja $s = \frac{1}{2}$ ist, das Symbol S bezeichnet die Bahndrehimpulsquantenzahl des Atoms ($l = 0$) und der nachgestellte untere Index ist die Quantenzahl des Gesamtdrehimpulses des Atoms $J = \frac{1}{2}$. Durch Anregung des Wasserstoffatoms kann das Elektron in einen höher gelegenen, erlaubten Zustand gelangen, aus dem das Atom durch Übergänge, bei denen ein Photon oder mehrere Photonen ausgesandt werden, in den Grundzustand zurückkehren kann. Bild 7.25 zeigt ein Wasserstoffatom im Grundzustand und auch in einem angeregten 3d-Zustand.

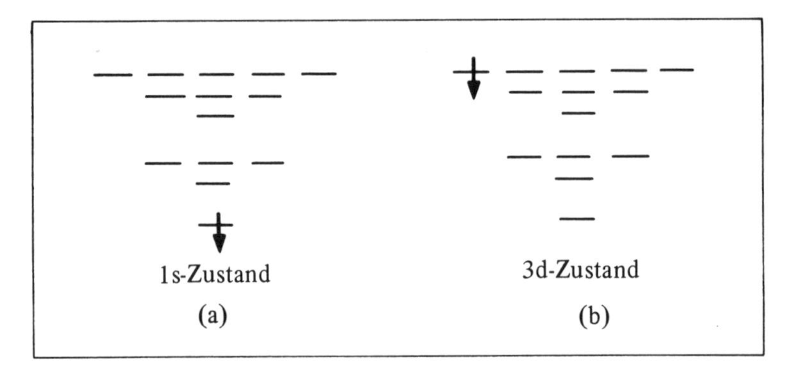

Bild 7.25 Grundzustand (1s-Zustand) und 3d-Zustand des Wasserstoffatoms

Als nächstes wollen wir uns dem Element Helium $_2$He zuwenden. Dieses Atom besitzt zwei Elektronen, die auf den Niveaus von Bild 7.24 untergebracht werden müssen. Der Abstand zwischen den einzelnen Niveaus ist jedoch *nicht* der gleiche wie beim Wasserstoffatom, da wir es mit einer unterschiedlichen Kernladung $2e$ zu tun haben und da es sich hier auch um drei miteinander in Wechselwirkung stehende Teilchen handelt anstatt nur um zwei. Nichtsdestoweniger ist die Reihenfolge der Zustände gleich. Befindet sich das Heliumatom im Grundzustand, so befinden sich die beiden Elektronen im 1s-Zustand mit den Quantenzahlen $n = 1$, $l = 0$ und $m_l = 0$. Dann gibt es für jedes Elektron zwei mögliche Werte für m_s, $1/2$ und $-1/2$.

Die möglichen m_s-Werte für jedes der beiden Heliumelektronen können wir durch Untersuchung des Heliumspektrums herausfinden. Schließen wir auf Grund seines Spektrums auf die verschiedenen Zustände des Heliumatoms, so können wir erkennen, daß es *keinen* 1^3S_1-Zustand gibt sondern nur den 1^1S_0-Zustand. Der 1^3S_1-Zustand würde eine Elektronenanordnung darstellen, bei der für die beiden Elektronen die Spinquantenzahl m_s gleich wäre und daher das Atom die resultierende Spinquantenzahl $S = 1$ besitzen müßte. Beim Helium findet man jedoch nur den 1^1S_0-Zustand. Bei diesem Zustand ist die resultierende Spinquantenzahl S gleich Null, und die beiden Elektronen besitzen *unterschiedliche* Quantenzahlen m_s. Daher müssen im Grundzustand die beiden Elektronen bei gleichen Quantenzahlen n, l und m_l die Spinquantenzahlen $m_s = \frac{1}{2}$ und $m_s = -\frac{1}{2}$ besitzen. Das Nichtvorkommen des 1^3S_1-Zustandes beim Helium können wir folgendermaßen deuten: Die beiden Elektronen des Heliumatoms können nicht in allen vier Quantenzahlen übereinstimmen, d.h., die beiden Elektronen können sich nicht in demselben Zustand befinden.

Zu demselben Ergebnis gelangt die Spektroskopie bei allen übrigen Elementen. In der Natur kommen einfach keine Atome vor, bei denen sich zwei Elektronen in demselben Zustand befinden. Diese experimentelle Tatsache faßt das Ausschließungsprinzip von Pauli zusammen.

Pauli-Prinzip: *In einem Atom können niemals zwei Elektronen in allen Quantenzahlen n, l, m_l und m_s übereinstimmen, anders formuliert: In einem Atom können sich niemals zwei Elektronen in demselben Zustand befinden.*

Ausnahmen von diesem Ausschließungsprinzip, das auch für andere Systeme als Atome und für andere Teilchen als Elektronen zutrifft, sind bisher niemals nachgewiesen worden. Das Pauli-Prinzip entspricht – ohne damit äquivalent zu sein – der klassischen Behauptung, daß sich zwei Teilchen niemals gleichzeitig an demselben Ort aufhalten können (die Teilchen werden als undurchdringlich betrachtet).

Daher besetzen die beiden Elektronen des Heliums im normalerweise vorliegenden Grundzustand die beiden niedrigsten Zustände, wie in Bild 7.24 dargestellt ist. Der K-Schale, $n = 1$, lassen sich keine weiteren Elektronen hinzufügen; beim Helium ist die K-Schale besetzt oder abgeschlossen. Im 1^1S_0-Zustand sind die beiden Elektronenspins entgegengesetzt gerichtet. Das Heliumatom besitzt kein magnetisches Moment und keinen Drehimpuls, weder durch die Bahnbewegung noch durch den Spin. Darüber hinaus sind die beiden Elektronen sehr stark an den Kern gebunden, und es ist ein erheblicher Energiebetrag erforderlich, um eines von ihnen in einen höheren Energiezustand zu versetzen. Hauptsächlich aus diesem Grunde ist Helium chemisch so inaktiv.

Sind die Quantenzahlen für jedes einzelne Elektron eines Atoms bekannt, so ist damit auch die *Elektronenkonfiguration* des Atoms gegeben. Man hat eine einfache Kennzeichnung der Elektronenkonfiguration vereinbart, die wir an einem Beispiel erläutern wollen. Befindet sich ein Heliumatom im Grundzustand, so ist für jedes der beiden Elektronen $n = 1$ und $l = 0$, und ihre Konfiguration wird durch $(1s)^2$ dargestellt. Die erste Zahl gibt die Quantenzahl n an, der Kleinbuchstabe s kennzeichnet die Bahndrehimpulsquantenzahl l der *einzelnen* Elektronen und der hochgestellte Index gibt die Anzahl der Elektronen an, die diese Werte der Quantenzahlen n und l besitzen. Ein Schema der Energieniveaus beim neutralen Heliumatom ist in Bild 7.26 wiedergegeben. Die Energiezustände sind getrennt aufgeführt, je nachdem ob es sich um ein Singulettsystem oder um ein Triplettsystem handelt, d.h., je nachdem ob die beiden Elektronenspins antiparallel oder parallel gerichtet sind. Beachtenswert ist, daß es *keinen* 1^3S-Zustand gibt. Befindet sich das Atom in einem angeregten Zustand, so kann eines der beiden Elektronen als (1s)-Elektron in der K-Schale zurückbleiben, während das zweite Elektron ein beliebiges höheres Niveau besetzen kann. So ist zum Beispiel die Elektronenkonfiguration beim ersten angeregten Zustand des Heliums $(1s)^1(2s)^1$. Wie noch zu erwähnen ist, gibt es nur Übergänge zwischen Singulett-Zuständen oder nur zwischen Triplett-Zuständen.

Das Element mit der nächst folgenden Ordnungszahl $Z = 3$ ist Lithium, $_3$Li. Von den drei Elektronen dieses Atoms besetzen die beiden ersten die beiden erlaubten Zustände mit $n = 1$. Wie es das Pauli-Prinzip verlangt, befindet sich daher das dritte Elektron beim Lithium im Grundzustand auf dem niedrigsten der verbleibenden Niveaus. Das nächst niedrigste, erlaubte Niveau außerhalb der K-Schale besitzt die Quantenzahlen $n = 2$ und $l = 0$. Die Elektronenkonfiguration für den Grundzustand des Lithiums ist demnach $(1s)^2(2s)^1$. Wie wir daraus entnehmen können, halten sich zwei Elektronen in der abgeschlossenen K-Schale auf, und ein Elektron befindet sich in der unvollständig besetzten Unterschale $l = 0$ der L-Schale (Bild 7.27).

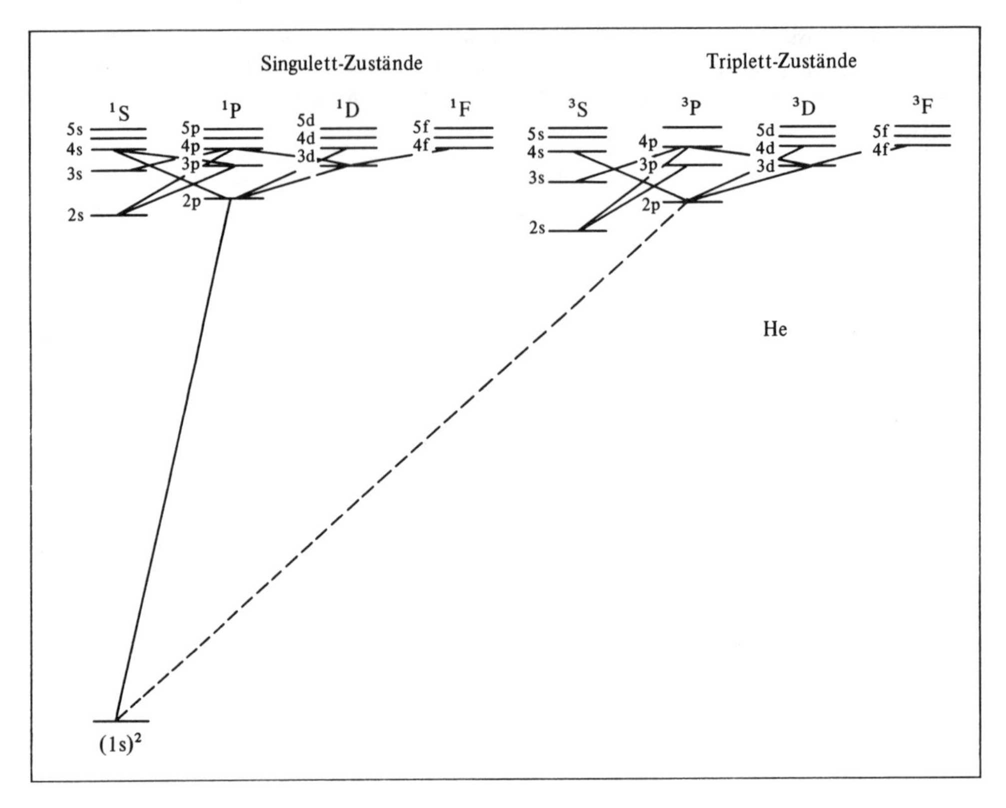

Bild 7.26 Energieniveaus des Heliumatoms mit einigen möglichen Übergängen. Zu bemerken ist, daß es *keinen* 1^3S_1-Zustand gibt.

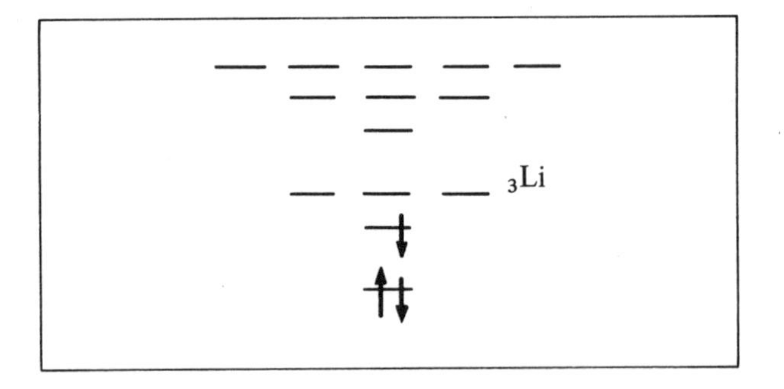

Bild 7.27
Elektronenkonfiguration des Lithiums im Grundzustand

Indem wir jedesmal, wenn sich die Kernladung und somit die Ordnungszahl Z um eins erhöht, ein Elektron hinzufügen, dabei aber immer die einschränkende Bedingung beachten, daß niemals *zwei* Elektronen eines Atoms in allen vier Quantenzahlen übereinstimmen dürfen, erhalten wir die Elektronenkonfigurationen für den Grundzustand aller übrigen Elemente. Wie wir Bild 7.24 entnehmen, kann die s-Unterschale der L-Schale zwei

Elektronen und die p-Unterschale sechs Elektronen aufnehmen. Danach ist die L-Schale vollständig besetzt und enthält insgesamt acht Elektronen. Tabelle 7.2 gibt die Elektronenkonfigurationen aller Elemente von Beryllium bis Natrium wieder.

Tabelle 7.2

Element	Elektronenkonfiguration des Grundzustandes			
$_4$Be	$(1s)^2$	$(2s)^2$		
$_5$B	$(1s)^2$	$(2s)^2$	$(2p)^1$	
$_6$C	$(1s)^2$	$(2s)^2$	$(2p)^2$	
$_7$N	$(1s)^2$	$(2s)^2$	$(2p)^3$	
$_8$O	$(1s)^2$	$(2s)^2$	$(2p)^4$	
$_9$F	$(1s)^2$	$(2s)^2$	$(2p)^5$	
$_{10}$Ne	$(1s)^2$	$(2s)^2$	$(2p)^6$	
$_{11}$Na	$(1s)^2$	$(2s)^2$	$(2p)^6$	$(3s)^1$

Wir wollen noch kurz die chemischen Eigenschaften einiger Elemente der Tabelle 7.2 betrachten und zwar im Hinblick auf ihre Elektronenkonfiguration und auf das Auftreten abgeschlossener Schalen und Unterschalen. Zunächst aber wollen wir einige Eigenschaften des Natriums aufzeigen, die in direktem Zusammenhang mit der Elektronenkonfiguration $(1s)^2(2s)^2(2p)^6(3s)^1$ stehen. Außerhalb der abgeschlossenen L-Schale befindet sich ein einziges Valenzelektron, und der niedrigste erlaubte Zustand für dieses Valenzelektron ist der 3s-Zustand. Für die inneren, abgeschlossenen Unterschalen verschwindet sowohl der resultierende Drehimpuls als auch das resultierende magnetische Moment der Elektronen, da sich ihre Bahndrehimpulse und auch ihre Spins gegenseitig aufheben. Diese abgeschlossenen Schalen, $(1s)^2$, $(2s)^2$ und $(2p)^6$, sind chemisch inaktiv und entsprechen der Elektronenkonfiguration des Edelgases Neon. Uns ist nun klar, warum sich ein Natriumatom ähnlich wie ein Wasserstoffatom verhalten muß: Ein einziges Valenzelektron bewegt sich um innere, inaktive und abgeschlossene Elektronenschalen. Das optische Spektrum des Natriums entsteht durch die Quantensprünge dieses Valenzelektrons, während die 10 Elektronen der inneren, abgeschlossenen Schalen unbeeinflußt in ihrem jeweiligen Zustand verbleiben.

Mit zunehmender Ordnungszahl werden bis zum Element Argon, $_{18}$Ar, die Unterschalen in der zu erwartenden Reihenfolge aufgefüllt: 1s, 2s, 2p, 3s und 3p. Die Elektronenkonfiguration des Argons im Grundzustand lautet $(1s)^2(2s)^2(2p)^6(3s)^2(3p)^6$ oder in Kurzschreibweise $(3p)^6$. Nachdem die 3p-Unterschale beim Argon vollständig besetzt ist, könnten wir erwarten, daß bei den darauf folgenden Elementen der Reihe nach die erlaubten 10 Zustände der 3d-Unterschale aufgefüllt werden. Spektroskopische und chemische Erkenntnisse deuten jedoch darauf hin, daß zunächst die 4s-Unterschale besetzt wird, da deren beide Elektronen eine geringere Energie haben und auch stärker als die 3d-Elektronen an das Atom gebunden sind. Diese offensichtliche Unregelmäßigkeit können wir folgendermaßen deuten: Die Wellenfunktion eines 4s-Elektrons in Kernnähe ist größer als diejenige eines 3d-Elektrons. Folglich wird ein 4s-Elektron stärker vom Kern angezogen, und die Energie eines Atoms verringert sich durch Hinzufügen eines 4s-Elektrons stärker als beim Hinzufügen eines 3d-Elektrons. So ist zum Beispiel die Elektronenkonfiguration des Elementes Kalium, $_{19}$K, $(1s)^2(2s)^2(2p)^6(3s)^2(3p)^6(4s)^1$. Wir können hier also feststellen, daß das letzte Elektron ein 4s- und nicht ein 3d-Elektron ist. Während beim Wasserstoffatom der 3d-Zustand *niedriger* als der 4s-Zustand liegt, trifft beim Kalium mit seinen 19 Elektronen das Gegenteil zu.

Tabelle 7.3 Periodensystem der Elemente. Für den Grundzustand ist die Elektronenkonfiguration der äußersten Elektronenschale eingetragen. Ist ausnahmsweise eine innere Schale unabgeschlossen, so sind die Konfigurationen beider Schalen eingetragen. So besitzt zum Beispiel das Element $_{42}$Mo die vollständige Elektronenkonfiguration: $(1s)^2(2s)^2(2p)^6(3s)^2(3p)^6(3d)^{10}(4s)^2(4p)^6(5s)^1(4d)^5$

1s	1 H $(1s)^1$	2 He $(1s)^2$								
2s	3 Li $(2s)^1$	4 Be $(2s)^2$		5 B $(2p)^1$	6 C $(2p)^2$	7 N $(2p)^3$	8 O $(2p)^4$	9 F $(2p)^5$	10 Ne $(2p)^6$	2p
3s	11 Na $(3s)^1$	12 Mg $(3s)^2$		13 Al $(3p)^1$	14 Si $(3p)^2$	15 P $(3p)^3$	16 S $(3p)^4$	17 Cl $(3p)^5$	18 Ar $(3p)^6$	3p
4s	19 K $(4s)^1$	20 Ca $(4s)^2$	21–30 s. (a)	31 Ga $(4p)^1$	32 Ge $(4p)^2$	33 As $(4p)^3$	34 Se $(4p)^4$	35 Br $(4p)^5$	36 Kr $(4p)^6$	4p
5s	37 Rb $(5s)^1$	38 Sr $(5s)^2$	39–48 s. (b)	49 In $(5p)^1$	50 Sn $(5p)^2$	51 Sb $(5p)^3$	52 Sb $(5p)^4$	53 J $(5p)^5$	54 Xe $(5p)^6$	5p
6s	55 Cs $(6s)^1$	56 Ba $(6s)^2$	57–80 s. (c)	81 Tl $(6p)^1$	82 Pb $(6p)^2$	83 Bi $(6p)^3$	84 Po $(6p)^4$	85 At $(6p)^5$	86 Rn $(6p)^6$	6p
7s	87 Fr $(7s)^1$	88 Ra $(7s)^2$	89–102 s. (d)							

(a) Übergangselemente: Die zehn 3d-Zustände folgen auf die 4s-Zustände

3d	21 Sc $(3d)^1$	22 Ti $(3d)^2$	23 V $(3d)^3$	24 Cr $(4s)^1(3d)^5$	25 Mn $(3d)^5$	26 Fe $(3d)^6$	27 Co $(3d)^7$	28 Ni $(3d)^8$	29 Cu $(4s)^1(3d)^{10}$	30 Zn $(3d)^{10}$

(b) 4d-Elemente: Die zehn 4d-Zustände folgen auf die 5s-Zustände

4d	39 Y $(4d)^1$	40 Zr $(4d)^2$	41 Nb $(5s)^1(4d)^4$	42 Mo $(5s)^1(4d)^5$	43 Tc $(4d)^5$	44 Ru $(5s)^1(4d)^7$	45 Rh $(5s)^1(4d)^8$	46 Pd $(5s)^0(4d)^{10}$	47 Ag $(5s)^1(4d)^{10}$	48 Cd $(4d)^{10}$

(c) Seltene Erden und 5d-Elemente: Die zehn 5d-Zustände und vierzehn 4f-Zustände folgen auf die 6s-Zustände

5d	57 La $(5d)^1$	72 Hf $(5d)^2$	73 Ta $(5d)^3$	74 W $(5d)^4$	75 Re $(5d)^5$	76 Os $(5d)^6$	77 Ir $(5d)^7$	78 Pt $(6s)^1$ $(5d)^9$	79 Au $(6s)^1(5d)^{10}$	80 Hg $(5d)^{10}$				
4f	58 Ce $(5d)^1(4f)^1$	59 Pr $(5d)^0(4f)^3$	60 Nd $(5d)^0(4f)^4$	61 Pm $(5d)^0(4f)^5$	62 Sm $(5d)^0(4f)^6$	63 Eu $(5d)^0(4f)^7$	64 Gd $(5d)^1(4f)^7$	65 Tb $(5d)^1(4f)^8$	66 Dy $(5d)^0(4f)^{10}$	67 Ho $(5d)^0(4f)^{11}$	68 Er $(5d)^0(4f)^{12}$	69 Tm $(5d)^0(4f)^{13}$	70 Yb $(5d)^0(4f)^{14}$	71 Lu $(5d)^1(4f)^{14}$

(d) Actiniden und Transurane: Die 6d- und 5f-Zustände folgen auf die 7s-Zustände

6d	89 Ac $(6d)^1$	90 Th $(6d)^2$												
5f	91 Pa	92 U	93 Np	94 Pu	95 Am	96 Cm	97 Bk	98 Cf	99 Es	100 Fm	101 Md	102 No		

Nach den experimentellen Ergebnissen werden die Unterschalen durch die Elektronen in folgender Reihenfolge mit zunehmender Ordnungszahl aufgefüllt:

1s, 2s, 2p, 3s, 3p, 4s, 3d, 4p, 5s, 4d, 5p, 6s, 4f, 5d, 6p, 7s, 6d.

Das Periodensystem der chemischen Elemente ist in Tabelle 7.3 wiedergegeben. Zugleich mit der Ordnungszahl und dem chemischen Symbol des betreffenden Elementes ist die Elektronenkonfiguration der äußeren Elektronen des freien Atoms aufgeführt. Bei der hier gewählten Anordnung stehen jeweils in einer Spalte Elemente, bei denen die Elektronenkonfiguration der äußeren Schalen vergleichbar und die betreffenden Unterschalen mit einer gleichen Anzahl von Elektronen besetzt sind. So finden wir zum Beispiel Kohlenstoff, $_6C$, der die Konfiguration $(2p)^2$ der äußeren Elektronen besitzt, über dem Silicium, $_{14}Si$, mit der Elektronenkonfiguration $(3p)^2$ für die äußeren Elektronen. Beide Elemente besitzen zwei Elektronen in einer unvollständigen p-Unterschale. Die Gruppen von Elementen, bei denen nachträglich die 3d-, 4d-, 4f- oder die 5d-Unterschale aufgefüllt werden, sind getrennt aufgeführt. Es ist klar, warum der Hauptteil des Periodensystems die Periodizität acht besitzt: Die Gesamtzahl der Elektronen, die eine s-Unterschale (zwei) und eine p-Unterschale (sechs) auffüllen, beträgt acht.

Die Grundlage für die chemischen Eigenschaften der Elemente ist die Elektronenkonfiguration der Atome. Atome mit ähnlichen Elektronenkonfigurationen zeigen ein auffallend ähnliches chemisches Verhalten. Die Periodizität der chemischen Eigenschaften spiegelt die Periodizität der Elektronenkonfiguration wieder. Wir wollen nun einige dieser Eigenschaften behandeln.

Edelgase

Bei den Edelgasen handelt es sich um $_2He$, $_{10}Ne$, $_{18}Ar$, $_{36}Kr$, $_{54}Xe$ und $_{86}Rn$. Wie wir Tabelle 7.3 entnehmen können, besitzen alle diese Elemente, mit Ausnahme von Helium, Konfigurationen, bei denen das äußerste Elektron gerade eine p-Unterschale abschließt. Für alle Edelgase ist der $^1S_0$-Zustand der Grundzustand. Der Gesamtdrehimpuls des Atoms, der sich aus dem Bahndrehimpuls und dem Spin der Elektronen zusammensetzt, ist gleich Null. Daher verschwindet das resultierende magnetische Moment des Atoms ebenfalls. Die Atome sind chemisch inaktiv – oder so gut wie inaktiv –, da sie weder ein überzähliges Elektron außerhalb einer abgeschlossenen Unterschale besitzen, noch fehlt in einer Unterschale ein Elektron zu deren Abschluß. Elektronen in einer abgeschlossenen Unterschale sind sehr stark gebunden; daher sind die Ionisierungsenergien bei den Elementen dieser Gruppe ungewöhnlich hoch. Diese Atome sind gewöhnlich nicht in der Lage, chemische Verbindungen einzugehen oder mehratomige Moleküle zu bilden. Außerdem haben die Edelgase eine sehr kleine elektrische Leitfähigkeit und einen sehr niedrigen Schmelzpunkt (und auch Siedepunkt).

Alkalimetalle

Die Alkalimetalle, die sich in der ersten Spalte des Periodensystems befinden, sind $_3Li$, $_{11}Na$, $_{19}K$, $_{37}Rb$, $_{55}Cs$ und $_{87}Fr$. Alle Alkaliatome besitzen im Grundzustand ein einziges Atom außerhalb einer abgeschlossenen Edelgasunterschale, dieses Elektron befindet sich in einer s-Unterschale. Die chemische Aktivität dieser Elemente kann diesem einzelnen Elektron zugeschrieben werden, dessen Bindungsenergie verhältnismäßig niedrig ist und das leicht von dem neutralen Atom abgetrennt werden kann, um dann ein einfach geladenes, positives Ion zurückzulassen. Alkalimetalle haben daher die Valenz +1. Offensichtlich kann man sie als wasserstoffähnlich ansehen, und ihre Spektren sind auch dem Wasserstoffspektrum ähnlich.

Erdalkalien

Die Erdalkalien – in der zweiten Spalte des Periodensystems – sind $_4Be$, $_{12}Mg$, $_{20}Ca$, $_{38}Sr$, $_{56}Ba$ und $_{88}Ra$. Alle Atome besitzen bei diesen Elementen im Grundzustand zwei s-Elektronen außerhalb einer abgeschlossenen p-Unterschale. Diese beiden Elektronen haben eine verhältnismäßig kleine Bindungsenergie, und sie sind für die Valenz +2 verantwortlich. Liegen diese Elemente einfach ionisiert vor, so werden sie wasserstoffähnlich; ihre Spektren gleichen denen der Alkalimetalle.

Halogene

Die Gruppe der Halogene besteht aus den Elementen der siebten Spalte des Periodensystems: $_9F$, $_{17}Cl$, $_{35}Br$, $_{53}J$ und $_{85}At$. Den Atomen dieser Elemente fehlt zum Abschluß einer p-Unterschale gerade ein Elektron. Sie haben daher die Valenz −1. Die Halogene sind chemisch äußerst aktiv und bilden beim Zusammentreffen mit Alkalimetallen stabile Verbindungen, ein Beispiel dieser Verbindungen ist NaCl. Geraten zwei Atome dieser beiden Gruppen, Halogene bzw. Alkalimetalle, in nahe Berührung, so sucht das Halogenatom, dem ein Elektron zum Abschluß einer Unterschale fehlt, nach einem zusätzlichen Elektron, um seine p-Unterschale zu vervollständigen. Das Alkaliatom, das ein Elektron außerhalb einer abgeschlossenen Unterschale besitzt, ist bereit, sein letztes Elektron, das Valenzelektron, abzutreten. Falls sich ein Halogen und ein Alkalimetall vereinigen, um eine Verbindung zu bilden, so vergrößert dabei jedes Atom die Stabilität seiner Elektronenkonfiguration. Die Molekülbildung durch eine derartige Verbindung der Ionen heißt Ionenbindung (vgl. Abschnitt 12.1).

Übergangselemente

Die Gruppe der sogenannten Übergangselemente, bei denen die 3d-Unterschale der Reihe nach aufgefüllt wird, besteht aus $_{21}Sc$, $_{22}Ti$, $_{23}V$, $_{24}Cr$, $_{25}Mn$, $_{26}Fe$, $_{27}Co$, $_{28}Ni$, $_{29}Cu$ und $_{30}Zn$. Die Elektronen der unvollständigen 3d-Unterschale sind für einige wichtige Eigenschaften dieser Elemente verantwortlich. Viele dieser Stoffe sind entweder paramagnetisch (schwach magnetisch) oder ferromagnetisch (stark magnetisch), sowohl als Element als auch in Verbindungen. Ihr Magnetismus entspringt einer unvollständig besetzten 3d-Unterschale, deren resultierendes magnetisches Moment *nicht* verschwindet. Ihre chemische Aktivität rührt dagegen hauptsächlich von den äußeren, den 4s-Elektronen her.

Seltene Erden

Die Atome der 14 Seltenen Erden, $_{58}Ce$ bis $_{71}Lu$, besitzen unvollständige 4f-Unterschalen. Die 4f-Elektronen sind von den 6s-Valenzelektronen gut abgeschirmt. Daher rühren die chemischen Eigenschaften der Seltenen Erden hauptsächlich von den 6s-Elektronen her, und aus diesem Grunde sind diese Elemente chemisch beinahe ununterscheidbar.

7.9 Charakteristische Röntgenspektren

Werden Atome mit Elektronen beschossen, deren Bewegungsenergie nur einige Elektronvolt beträgt, so ändert sich bei der dadurch bewirkten Anregung oder Ionisation der Energiezustand eines oder mehrerer der schwach gebundenen, äußeren Elektronen. Durch derartige Stöße entsteht das optische Emissionsspektrum, während die stärker gebundenen Elektronen der inneren, abgeschlossenen Schalen in ihrem ursprünglichen Zustand verbleiben.

Aber auch ein inneres Elektron kann angeregt oder gar abgetrennt werden, vorausgesetzt, dem Atom wird nur eine genügend große Energie zugeführt. In diesem Abschnitt wollen wir das Spektrum behandeln, das entsteht, wenn ein inneres Elektron seinen Platz ändert: das *Spektrum der charakteristischen Röntgenstrahlung.*

Wir betrachten das Energieniveauschema in Bild 7.28. Es gibt die Elektronenkonfiguration und die Energieniveaus eines Kupferatoms, $_{29}$Cu, im Grundzustand wieder. Die Feinstrukturaufspaltung ist hierbei vernachlässigt. Die K-, L- und M-Schale sind mit den entsprechenden Elektronenzahlen (2, 8 und 18) vollständig besetzt, wie sie das Pauli-Prinzip festlegt. Ein einzelnes Elektron, das Valenzelektron, befindet sich in der N-Schale. Am oberen Ende des Diagramms liegen die noch unbesetzten Schalen oder „optischen" Niveaus. Übergänge von äußeren Elektronen in diese Niveaus verursachen das optische Spektrum. Der Energieunterschied zwischen einem der unbesetzten Niveaus und dem Einsatz des Kontinuums – bei $E = 0$ – ist sehr klein im Verhältnis zum Energieunterschied zwischen der K-Schale und $E = 0$.

Angenommen, es trifft ein sehr energiereiches Elektron auf das Atom und trennt eines der beiden Elektronen der K-Schale ab und dieses gelangt auf ein höheres, erlaubtes Niveau. Die besetzte L- oder M-Schale können dieses Elektron nicht aufnehmen; es muß daher entweder in ein unbesetztes Energieniveau übergehen, oder es muß das Atom ganz verlassen, und dabei bleibt ein Ion zurück. In jedem Falle hat die Abtrennung eines Elektrons aus der K-Schale die Energie des Atoms beträchtlich vergrößert (um erheblich mehr als 1 keV), und in der K-Schale ist nun ein Platz unbesetzt. Dieses so entstandene „Loch" kann durch den Übergang eines der acht Elektronen der L-Schale in die K-Schale wieder aufge-

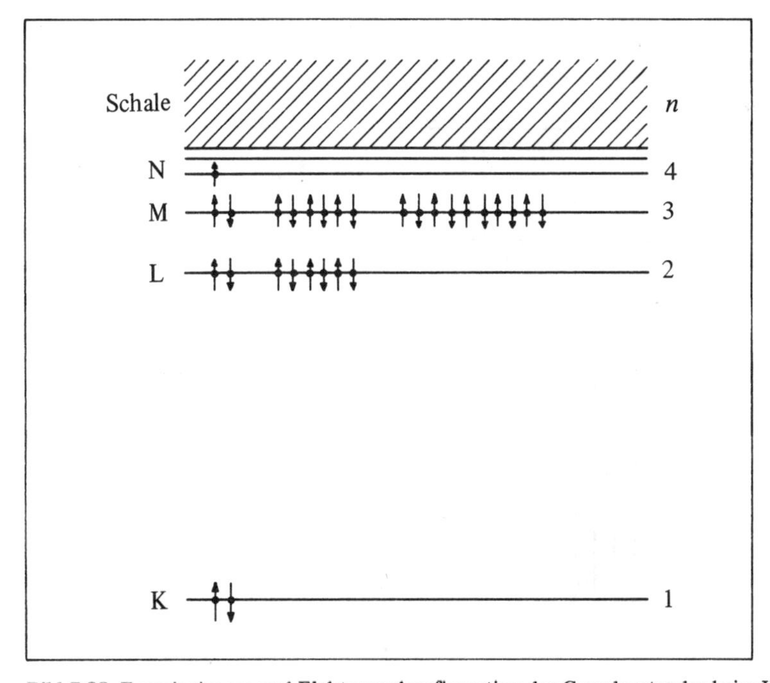

Bild 7.28 Energieniveaus und Elektronenkonfiguration des Grundzustandes beim Kupfer, $_{29}$Cu

füllt werden. In der K-Schale ist dieses Elektron dann stärker gebunden. Dieser Übergang, der die Energie des Atoms um mehr als 1 keV verringert, ist die Ursache für die Emission der sogenannten K_α-Röntgenlinie. Da der Energieunterschied in der Größenordnung von mehreren keV liegt, ist das bei diesem Übergang entstandene Photon ein Röntgenquant mit einer Wellenlänge zwischen 10 pm und 1 nm.

Es können auch noch andere Übergänge auftreten. Der freie Platz in der K-Schale kann – wenn auch mit etwas geringerer Wahrscheinlichkeit – durch einen Übergang aufgefüllt werden, bei dem ein Elektron der M-Schale auf die K-Schale springt; das entsprechende hierbei ausgestrahlte Photon wird mit K_β bezeichnet. Übergänge aus immer höheren Niveaus in die K-Schale werden in der Schreibweise der Röntgenspektroskopie mit K_α, K_β, K_γ, K_δ, ... bezeichnet, wie in Bild 7.29 dargestellt ist. Diese hier angeführten Röntgenlinien bilden die *K-Serie.*

Es können auch noch weitere Serien von Röntgenlinien mit kleineren Energien, also größeren Wellenlängen, auftreten. Springt ein Elektron der L-Schale in die K-Schale, um einen freien Platz, der dort durch die Abtrennung eines Elektrons entstanden ist, wieder zu besetzen, so hinterläßt es nun seinerseits einen freien Platz in der L-Schale. Dieses Loch kann durch Elektronensprünge aus noch höheren Niveaus wieder aufgefüllt werden; dabei entsteht die L-Serie mit den Linien L_α, L_β, L_γ, L_δ, ...; diese Buchstabensymbole bezeichnen wiederum Übergänge, die in der L-Schale enden und die ihren Ursprung in entsprechend höheren Niveaus haben.

Die Mindestenergie, die zur Anregung eines Elektrons der K-Schale erforderlich ist, liegt nahe bei der Ionisierungsenergie *der K-Schale.* Die Ionisierungsenergie der K-Schale, E_K, ist diejenige Energie, die erforderlich ist, um ein Elektron der K-Schale ganz vom Atom ab-

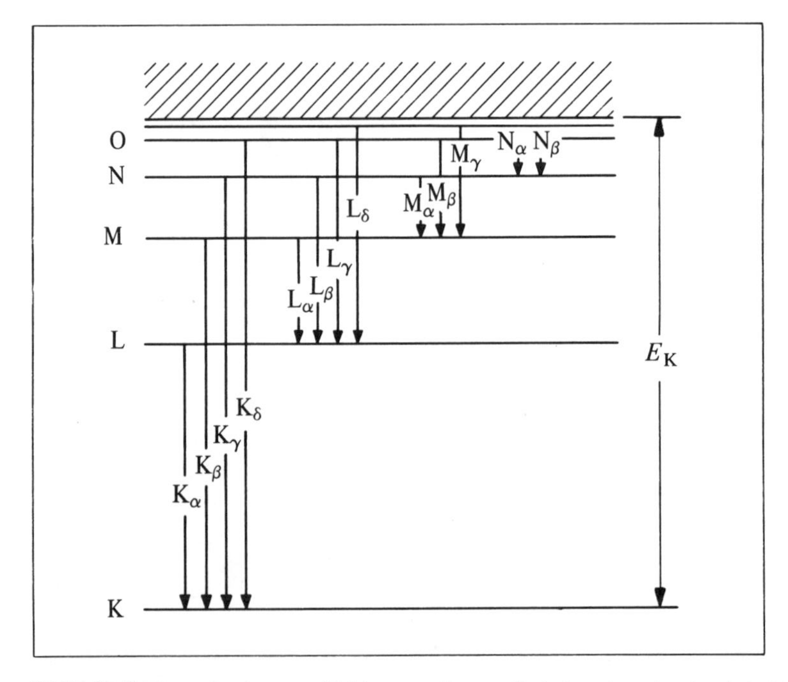

Bild 7.29 Sprünge der inneren Elektronen, die zur Emission der charakteristischen Röntgenlinien führen

zutrennen, so daß dann ein freies Elektron und ein ruhendes Atom zurückbleiben; das Atom ist jetzt natürlich ionisiert. Diese Energie E_K ist nur *um weniges* größer als die Energie, die notwendig ist, um ein Elektron der K-Schale auf *irgend* eines der unbesetzten optischen Niveaus zu bringen.

Die erforderliche Energie, um ein Atom durch Abtrennung eines Elektrons der L-Schale zu ionisieren, wird mit E_L bezeichnet. Da E_K gewöhnlich viel größer als E_L ist, haben die Röntgenlinien der K-Serie auch wesentlich kürzere Wellenlängen als diejenigen der L-Serie (für $Z > 30$ haben die Linien der K-Serie Wellenlängen von weniger als 100 pm und die Linien der L-Serie Wellenlängen unter 1 nm). Gewöhnlich sind die Linien der M-, N- und weiterer Serien, die bei Übergängen zwischen noch höheren Niveaus entstehen, auch noch schwächer und langwelliger.

Die Ionisierungsenergien $E_K, E_L, \ldots$ hängen auf einfache Weise mit den emittierten Röntgenlinien zusammen. Wir wollen die K_α-Linie betrachten. Wird durch die Energie E_K ein Elektron aus der K-Schale entfernt, so hat sich die Energie des Atoms um den Betrag E_K vergrößert. Ähnlich nimmt die Energie des Atoms um E_L zu, falls ein Elektron aus der L-Schale abgetrennt wird. Genau diese beiden Zustände treten aber vor bzw. nach Aussendung eines Photons der K_α-Linie auf. Die Energie $h\nu$ dieses emittierten Photons ist dann einfach gleich $E_K - E_L$. Daher gilt

$$\text{K-Serie:} \quad \begin{aligned} h\,\nu_{K_\alpha} &= E_K - E_L\,, \\ h\,\nu_{K_\beta} &= E_K - E_M\,, \\ h\,\nu_{K_\gamma} &= E_K - E_N\,, \\ &\ldots\ldots\ldots\ldots \end{aligned} \tag{7.23}$$

$$\text{L-Serie:} \quad \begin{aligned} h\,\nu_{L_\alpha} &= E_L - E_M\,, \\ h\,\nu_{L_\beta} &= E_L - E_N\,, \\ h\,\nu_{L_\gamma} &= E_L - E_O\,, \\ &\ldots\ldots\ldots\ldots \end{aligned} \tag{7.24}$$

Nun können wir die charakteristischen Röntgenlinien deuten, die in einer Röntgenröhre auftreten, wenn die Anode von Elektronen getroffen wird, deren Energie größenordnungsmäßig einige keV beträgt. In Bild 7.30 ist die gemessene Intensität der von einer Molybdänanode ausgesandten Röntgenstrahlung aufgetragen. Wir erkennen ein nur langsam veränderliches kontinuierliches Röntgenspektrum, *Bremsstrahlung* genannt, das durch den Aufprall der Elektronen auf die Anode entsteht. Dieses Kontinuum besitzt eine genau definierte Maximalfrequenz, die ausschließlich durch die Beschleunigungsspannung der Röntgenröhre bestimmt ist (vgl. Abschnitt 4.3). Dem Röntgenkontinuum sind scharfe Intensitätsspitzen (engl.: peaks) überlagert, die für das Röntgenspektrum des Molybdäns charakteristisch sind. Diese „Peaks" können als die K_α- und die K_β-Linie identifiziert werden. Die Linien der L-Serie, die wesentlich größere Wellenlängen und weit geringere Intensitäten besitzen, treten hier nicht auf.

Die Zerlegung eines Röntgenspektrums in seine Bestandteile geschieht üblicherweise mit einem Röntgenkristallspektrometer. Zur Trennung der verschiedenen Wellenlängen dient ein Einkristall mit bekannter Kristallstruktur. Dabei können die Wellenlängen mit Hilfe der Braggschen Gleichung berechnet werden (vgl. Abschnitt 5.2). Die Intensität der Röntgenstrahlung läßt sich mit einer Ionisationskammer messen. Diese spricht auf die Ionisierungsvorgänge an, die die Röntgenstrahlen beim Durchgang durch ein Gas hervorrufen (vgl. Abschnitt 8.2).

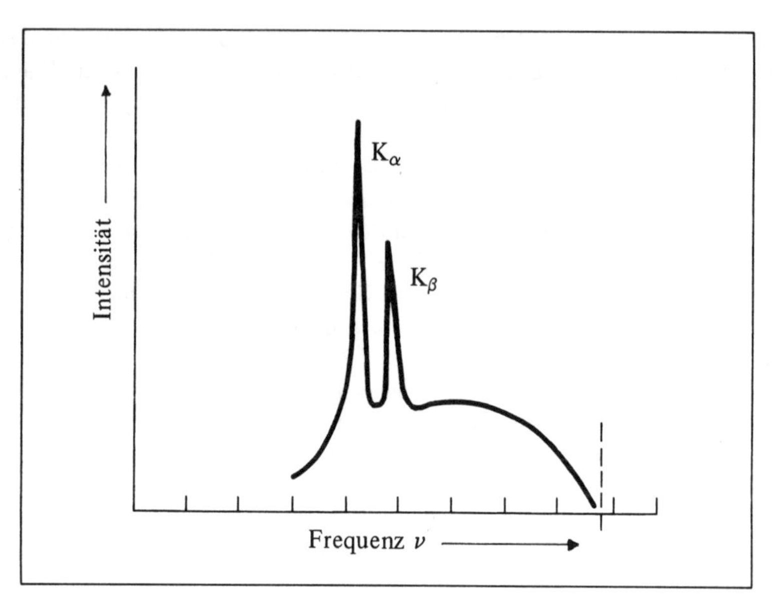

Bild 7.30 Röntgenspektrum des Molybdäns

Die Frequenz oder die Wellenlänge der K_α-Linie lassen sich auf der Grundlage einer recht einfachen Ableitung angenähert berechnen. Dabei brauchen wir nur die Bohrsche Theorie vorauszusetzen. Die Wellenlängen λ der Linien, die von Einelektronenatomen, also wasserstoffähnlichen Atomen ausgesandt werden, sind durch die Rydberg-Gleichung gegeben:

$$\frac{1}{\lambda} = R Z^2 \left(\frac{1}{n_1^1} - \frac{1}{n_2^2}\right), \qquad (6.15), (7.25)$$

dabei ist $R = k^2 e^4 m / 4\pi \hbar^3 c$ die Rydberg-Konstante, n_1 bzw. n_2 ist die Hauptquantenzahl des niedrigeren und des höheren Zustandes bei diesem Übergang, Z ist die Ordnungszahl des Einelektronenatoms. Ist ein Elektron aus der K-Schale ($n_1 = 1$) eines Atoms eines schweren Elementes abgetrennt worden, so „sieht" ein Elektron der L-Schale ($n_2 = 2$) die elektrische Kernladung Ze durch die Ladung $-e$ des anderen, in der K-Schale verbliebenen Elektrons abgeschirmt. Elektronen der M-, N- und noch höherer Schalen dringen kaum in den Bereich zwischen der K- und der L-Schale ein. Daher wird ein Elektron der L-Schale recht gut durch das einzige Elektron eines wasserstoffähnlichen Atoms angenähert, das sich im Feld des Kernes und des verbliebenen einen Elektrons der K-Schale bewegt, dem eine *effektive* Kernladung $Z - 1$ entspricht. Für die Frequenz ν_{K_α} der K_α-Linie, die beim Sprung eines Elektrons der L-Schale auf einen freien Platz der K-Schale ausgesandt wird, gilt dann Gl. (7.25):

$$\nu_{K_\alpha} = \frac{c}{\lambda} = cR\,(Z-1)^2 \left(\frac{1}{1^2} - \frac{1}{2^2}\right), \qquad \nu_{K_\alpha} = \frac{3\,cR}{4}\,(Z-1)^2\,. \qquad (7.26)$$

Trägt man $\nu_{K_\alpha}^{1/2}$ gegen die Ordnungszahl Z der Elemente auf, die die Röntgenstrahlung aussenden, so muß man eine Gerade erhalten. H. G. J. Moseley untersuchte erstmals 1913 die charakteristische Röntgenstrahlung eingehender. Wie Moseley dabei herausfand, stellt Gl. (7.26) die Linien der K-Serie recht gut dar. Tatsächlich hat er gerade durch diese Messungen erstmals die Ordnungszahlen der Elemente sicher bestimmt. Werden beim Periodensystem die Elemente in der Reihenfolge ihrer relativen *Atommassen* aufgereiht, so ist die so entstandene Reihe – bis auf wenige, bemerkenswerte Ausnahmen – mit der Reihenfolge der Ordnungszahlen identisch. Eine dieser Ausnahmen bildet die Reihenfolge der Elemente Kobalt und Nickel. Durch Moseleys Untersuchungen wurde entschieden, daß Kobalt $_{27}$Co die kleinere Ordnungszahl besitzt, obwohl seine relative Atommasse größer als diejenige von Nickel, $_{28}$Ni, ist (58,93 gegenüber 58,71).

Unsere Behandlung des Atombaues hat sich bisher auf die freien Atome eines Gases beschränkt und keine Atome berücksichtigt, die gegenseitig stärker aufeinander einwirken, wie es bei den Atomen der Moleküle, Flüssigkeiten und Festkörper der Fall ist. Warum dürfen wir dann in der Theorie der Röntgenemission die Atome als praktisch frei ansehen, wo doch tatsächlich das Anodenmaterial einer Röntgenröhre als Festkörper vorliegt? Die Antwort beruht natürlich darauf, daß die Übergänge, die die Röntgenstrahlen verursachen, nur die innersten, stark gebundenen Elektronen betreffen und nicht die äußeren Elektronen. Geraten die Atome bei einem Festkörper in nahe Nachbarschaft, so ändern sich nur die Konfigurationen und die Energien der äußeren Elektronen, während die inneren, stark gebundenen Elektronen durch den Zustand des betreffenden Stoffes – fest, flüssig oder gasförmig – nur wenig beeinflußt werden.

7.10 Zusammenfassung

Bei einem Teilchen, das einer anziehenden Kraft ausgesetzt ist, die umgekehrt mit dem Quadrat des Abstandes abnimmt, sind die klassischen Bewegungskonstanten (die ein Kontinuum möglicher Werte besitzen) nach der Quantentheorie gequantelt.

Die erlaubten Werte der Hauptquantenzahl sind

$$n = 1,\ 2,\ 3,\ 4,\ \ldots$$
$$\mathrm{K,\ L,\ M, N}, \ldots$$

Bei gegebenem n:

$$l = 0,\ 1,\ 2,\ 3,\ 4,\ \ldots,\ n-1 \qquad (n \text{ mögliche Werte}).$$
$$\mathrm{s,\ p,\ d,\ f,\ g}, \ldots$$

Bei gegebenem l:

$$m_l = l, l-1, \ldots, -(l-1), -l \qquad (2l + 1 \text{ mögliche Werte}).$$

Bei gegebenem m_l:

$$m_s = +\tfrac{1}{2}, -\tfrac{1}{2} \qquad (2 \text{ mögliche Werte}).$$

Befindet sich das Valenzelektron eines wasserstoffähnlichen Atoms in einem Zustand mit kleiner Quantenzahl l, so liegt der Energiezustand dieses Atoms niedriger als das entsprechende Energieniveau beim Wasserstoffatom. Die Auswahlregel für die erlaubten Übergänge lautet $\Delta l = \pm 1$.

Das Verhältnis von magnetischem Moment und Drehimpuls, das sogenannte gyromagnetische Verhältnis, beträgt:

$$\frac{\mu_l}{L} = \frac{e}{2m} \qquad \text{für die Bahnbewegung,}$$

$$\frac{\mu_s}{L_s} = 2\,\frac{e}{2m} \qquad \text{für den Elektronenspin.}$$

In einem Magnetfeld der Flußdichte B ändert sich die magnetische Energie eines Zustandes mit einem magnetischen Moment um

$$\Delta E_m = m_l \frac{e\hbar}{2m} B = m_l \mu_B B$$ (beim magnetischen Moment der Bahnbewegung)

$$\Delta E_s = m_s \frac{2\,e\hbar}{2m} B = m_s (2\,\mu_B) B$$ (beim magnetischen Moment des Elektronenspins)

Bohrsches Magneton: $\mu_B = \frac{e\hbar}{2m} = 0{,}9273.10^{-23}$ J/T.

Der normale Zeeman-Effekt beruht auf der Wechselwirkung des magnetischen Momentes der *Bahn*bewegung mit einem Magnetfeld. Durch das Magnetfeld spaltet jede Spektrallinie in drei äquidistante Linien auf. Die Auswahlregel für die erlaubten Übergänge lautet $\Delta m_l = 0, \pm 1$.

Tabelle 7.4

Bewegungskonstante	Quantenzahl	Erlaubte Werte
Energie	n (Hauptquantenzahl)	$E_n = -Z^2 E_I/n^2$ (für ein einzelnes Elektron bei Vernachlässigung der Spin-Bahn-Kopplung)
Betrag des Bahndrehimpulses	l (Bahndrehimpulsquantenzahl)	$L = \sqrt{l(l+1)}\,\hbar$
z-Komponente des Bahndrehimpulses	m_l (magnetische Quantenzahl)	$L_z = m_l \hbar$ Richtungsquantelung: $\cos\theta = m_l / \sqrt{l(l+1)}$
Betrag des Spins	s (Spinquantenzahl)	$L_s = \sqrt{s(s+1)}\,\hbar = \frac{1}{2}\sqrt{3}\,\hbar$
z-Komponente des Spins	m_s (magnetische Spinquantenzahl)	$L_{s,z} = m_s \hbar$ Richtungsquantelung: $\cos\theta = m_s / \sqrt{s(s+1)}$

Der Stern-Gerlach-Versuch, bei dem sich Atome mit einem resultierenden Elektronenspin durch ein inhomogenes Magnetfeld bewegen, zeigt unmittelbar die Richtungsquantelung.

Die Feinstruktur der Spektrallinien wird durch die Wechselwirkung zwischen L und L_s verursacht, sogenannte Spin-Bahn-Kopplung.

In der Spektroskopie verwendet man für Atome mit einem Elektron oder mit mehreren Elektronen folgende Bezeichnungen:

Quantenzahl des resultierenden Bahndrehimpulses $L = 0, 1, 2, 3, 4, \ldots$
S, P, D, F, G, ...

resultierende Spinquantenzahl $S = 1/2$ (bei einem Elektron)
$S = 0$ oder 1 (bei zwei Elektronen)

Quantenzahl des Gesamtdrehimpulses $J = j = l + s$ oder $l - s$.

Nach dem Pauli-Prinzip, der Grundlage für das Verständnis des Periodensystems der Elemente, können keine zwei Elektronen im gleichen Atom in allen vier Quantenzahlen n, l, m_l und m_s übereinstimmen.

7.11 Aufgaben

7.1. Gehen Sie von dem Ergebnis für ein klassisches Teilchen aus, das einer Zentralkraft unterworfen ist (Bild 7.3) und zeigen Sie, daß die Wellenfunktion im Kraftzentrum verschwinden muß, falls bei einem Elektron die Bahndrehimpulsquantenzahl l größer als Null ist (vgl. Bild 7.7). Auf der Grundlage des analogen klassischen Falles zeigen Sie, daß eine kugelsymmetrische Wellenfunktion einem s-Zustand entspricht – einem Zustand mit verschwindendem Bahndrehimpuls.

7.2. Welcher der folgenden Übergänge im Kaliumatom besitzt die kürzere Wellenlänge, 6s → 4p oder 6d → 4p? Begründung?

7.3. Berechnen Sie näherungsweise die Energie der Photonen, die beim Übergang 4d → 3p von dreifach ionisiertem Aluminium, $_{13}Al^{3+}$, ausgestrahlt werden.

7.4. Geben Sie alle Übergänge in niedrigere Niveaus an, die bei einem Natriumatom im 5s-Zustand möglich sind (vgl. Bild 7.9).

7.5. Die *scharfe* Serie der Spektrallinien des Natriums besteht aus einer Anzahl von Paaren eng benachbarter Linien. Was ist das gemeinsame Kennzeichen dieser Paare? Beschreiben Sie die Lösung mit Worten und geben Sie auch eine zahlenmäßige Lösung an.

7.6. Im allgemeinen verbleibt ein zunächst angeregtes Atom nur für eine derartig kurze Zeit (durchschnittlich etwa 10^{-8} s) in diesem Zustand, daß die Wahrscheinlichkeit einer weiteren Photonenabsorption mit darauffolgendem Übergang in einen noch höheren Zustand außerordentlich klein ist. Erklären Sie auf dieser Grundlage, warum man gewöhnlich im *Absorptionsspektrum* des Kaliums nur die p-Serie *(Prinzipalserie)* beobachten kann.

7.7.

a) Zeigen Sie, daß ein Elektron, das sich auf einer klassischen Kreisbahn vom Radius r bewegt, ein magnetisches Moment mit dem Betrage $\mu = (ke^4 r/4m)^{1/2}$ besitzt.

b) Zeigen Sie, daß das Bohrsche Magneton $\mu_B = e\hbar/2m$ mit dem magnetischen Moment eines Elektrons auf der ersten Bohrschen Bahn des Wasserstoffatoms übereinstimmt.

7.8. Zeigen Sie, daß der Frequenzunterschied zwischen benachbarten Unterniveaus bei der normalen Zeeman-Aufspaltung $\mu_B B/h$ beträgt.

7.9. Ein Teilchen der Masse 10^{-6} kg bewegt sich auf einer Kreisbahn vom Radius 10^{-3} m mit einer Geschwindigkeit von 10^{-6} m/s.

a) Wie groß ist die Drehimpulsquantenzahl l dieses Teilchens?

b) Wie groß ist maximal der Winkelunterschied zwischen den erlaubten Richtungen des Bahndrehimpulsvektors?

7.10. Das magnetische Moment eines Protons ist ungefähr 10^{-3} μ_B, dabei ist μ_B das Bohrsche Magneton. In einem Wasserstoffatom befinden sich das Proton und das Elektron in Wechselwirkung. Daher gibt es für die Orientierung der magnetischen Momente relativ zueinander zwei Möglichkeiten: Die magnetischen Momente von Proton und Elektron sind entweder gleichgerichtet oder sie sind entgegengesetzt gerichtet. Daher besteht der Zustand $n = 1$ beim Wasserstoffatom aus zwei unterschiedlichen Energieniveaus (Hyperfeinstruktur). Diese unterscheiden sich um einen Energiebetrag, der einem Photon der Wellenlänge von 21 cm entspricht.

a) Die magnetische Flußdichte im Abstand r von einem magnetischen Dipol ist näherungsweise durch

$$B \approx (10^{-7}\,\mathrm{T\,m/A})\,\frac{\mu}{r^3}$$

gegeben, dabei ist μ das magnetische Moment des Dipols. Berechnen sie daraus angenähert den Energieunterschied dieser beiden Unterniveaus des Wasserstoffatoms.

b) Zeigen Sie, daß die Wellenlänge des entsprechenden Photons ungefähr 21 cm beträgt.

Es gibt eine beträchtliche 21-cm-Strahlung von intergalaktischen Wasserstoffwolken oder von stellaren Strahlungsquellen. Sie rührt von Übergängen zwischen zwei Niveaus der Hyperfeinstruktur der Wasserstoffatome her. Die Beobachtung der Strahlung ist eine wesentliche Grundlage der Radioastronomie. Man könnte annehmen, Bewohner anderer Planeten würden versuchen, durch Radiosignale von 21 cm Wellenlänge Verbindung mit unserer Erde aufzunehmen.

7.11. Ein klassischer Gyromagnet, das ist ein Körper mit einem Drehimpuls **L** und einem magnetischen Moment μ, befinde sich in einem äußeren Magnetfeld der Flußdichte **B** (Bild 7.31). Man kann sich vorstellen, daß der Gyromagnet aus rotierenden, geladenen Teilchen mit dem gyromagnetischen Verhältnis $\mu/L = e/2m$ besteht. Der Gyromagnet erfährt ein Drehmoment. Letzteres steht senkrecht auf dem Drehimpulsvektor, ebenso wie ein rotierender Kreisel durch die Schwerkraft ein Drehmoment erfährt, das auch senkrecht auf seinem Drehimpulsvektor steht.

a) Zeigen Sie, daß der Gyromagnet um die Richtung von **B** mit einer Winkelgeschwindigkeit $\omega = (\mu/L)\,B$, der sogenannten Larmor-Frequenz, präzessiert.

b) Zeigen Sie, daß die Frequenz der Präzession eines klassischen Gyromagneten in einem äußeren Magnetfeld gleich der Differenz der Frequenzen zweier Unterniveaus beim normalen Zeeman-Effekt ist.

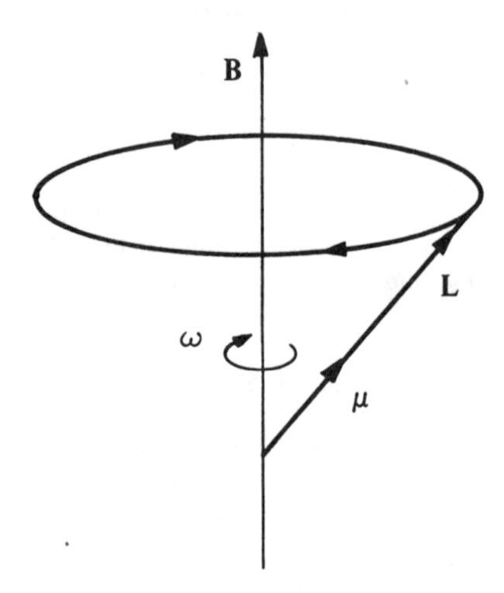

Bild 7.31 Klassischer Gyromagnet mit Präzessionsbewegung um die Feldrichtung

7.12. Angenommen, ein Elektron bewege sich auf einer klassischen Kreisbahn mit einer Winkelgeschwindigkeit ω_0 und stehe unter dem Einfluß einer zum Kreismittelpunkt hin gerichteten Kraft vom Betrage $m\,\omega_0^2 r$. Dann wird ein senkrecht zur Bahnebene gerichtetes Magnetfeld der Flußdichte **B** eingeschaltet.

a) Zeigen Sie, daß bei gleichbleibendem Bahnradius r die Winkelgeschwindigkeit des Teilchens nunmehr $\omega = [\omega_0^2 + (eB/2m)^2]^{1/2} \pm eB/2m$ wird.

b) In praktisch wichtigen Fällen ist $eB/2m \ll \omega_0$. Zeigen Sie, daß unter dieser Voraussetzung näherungsweise $\nu = \nu_0 \pm eB/4\pi m$ ist (durch Vergleich dieses Ergebnisses mit Gl. (7.15) erkennt man, daß man die Frequenzen des *normalen* Zeeman-Effektes auch mit Hilfe einer klassischen Rechnung erhalten kann). Die Frequenzänderung $eB/4\pi m$ ist als *Larmor-Frequenz* bekannt.

7.13. Beim normalen Zeeman-Effekt zeigt das ausgestrahlte Licht eine charakteristische Polarisation.

a) Zeigen Sie mit Hilfe der klassischen Theorie, daß das Licht, das senkrecht zur Richtung der Flußdichte **B** des äußeren Feldes ausgesandt wird, in folgender Weise polarisiert ist:
   1. Die Komponente mit der unveränderten Frequenz ist parallel zu **B** linear polarisiert;
   2. die beiden veränderten Frequenzen sind senkrecht zu **B** linear polarisiert.

b) Zeigen Sie, daß die Strahlung in Richtung von **B** stets eine Frequenzänderung aufweist und daß sie zirkular polarisiert ist.

7.14. Wie groß muß die Bahndrehimpulsquantenzahl l sein, damit sich die Maximalkomponente des Bahndrehimpulses höchstens um ein Milliardstel von dessen Betrag unterscheidet?

7.15. Wenn sich die Atome in einem Magnetfeld von 1,2 T befinden, beträgt der Abstand zwischen den benachbarten Komponenten beim normalen Zeeman-Effekt 20,15 pm bei einer Strahlung der Wellenlänge 600 nm. Wie groß ist auf Grund dieser Daten das Verhältnis e/m? (Die Tatsache, daß der durch Versuche zum Zeeman-Effekt ermittelte Wert von e/m mit dem Wert übereinstimmte, der unabhängig davon durch Versuche mit Kathodenstrahlen bestimmt worden war, lieferte in einem frühen Entwicklungszustand der Atomtheorie einen Hinweis dafür, daß eine Bewegung von Elektronen und nicht von schweren Teilchen für die Strahlung der Atome verantwortlich ist.)

7.16. Zeichnen Sie ein Energieniveauschema und berechnen Sie den Energieunterschied (in eV) zwischen zwei benachbarten Komponenten des normalen Zeeman-Effektes für den Übergang zwischen dem 4d- und dem 3p-Zustand. Die Flußdichte des Magnetfeldes betrage 1,0 T.

7.17. Angenommen, ein bestimmtes Spektrometer könne im sichtbaren Bereich (zum Beispiel bei 500 nm) noch Spektrallinien auflösen, die einen Abstand von nur 5 pm besitzen. Welche magnetische Flußdichte B ist näherungsweise mindestens erforderlich, um die Linien des normalen Zeeman-Effektes aufzulösen?

7.18. Zeigen Sie, daß beim magnetischen Moment des Elektronenspins die Maximalkomponente in Richtung des Magnetfeldes gleich einem Bohrschen Magneton ist.

7.19. Nehmen Sie das Elektron als Kugelschale mit einem Radius von $2{,}8 \cdot 10^{-15}$ m an. Die Masse und die Ladung des Elektrons seien gleichmäßig über die Oberfläche verteilt.

a) Wie groß müßte die Winkelgeschwindigkeit des rotierenden Elektrons sein, wenn sein Spin $\frac{1}{2}\sqrt{3}\hbar$ beträgt?

b) Berechnen Sie das magnetische Moment des Elektronenspins für dieses (fiktive) Modell und vergleichen Sie das Ergebnis mit dem tatsächlichen Wert.

7.20. Ein Strahl freier Elektronen tritt senkrecht zur Feldrichtung in ein Magnetfeld ein. Der Betrag der Flußdichte **B** ist 0,75 T. Berechnen Sie den Energieunterschied zwischen den Elektronen, die parallel oder antiparallel zur Feldrichtung orientiert sind.

7.21. Der Spin und das magnetische Moment eines Atom*kernes* können zu einer Hyperfeinstrukturaufspaltung der ausgestrahlten Spektrallinien führen. Nehmen Sie als magnetisches Moment des Kernes ungefähr $10^{-3}\,\mu_B$ an – dabei ist μ_B das Bohrsche Magneton – und zeigen Sie, daß

a) der durch den Kernspin bedingte Unterschied zwischen den Energieniveaus von der Größenordnung 10^{-7} eV ist und

b) im Bereich des sichtbaren Lichtes der entsprechende Unterschied bei den Wellenlängen $\Delta\lambda \approx 10^{-2}$ pm ist.

7.22.

a) Zeigen Sie, daß der Energieunterschied zwischen den beiden erlaubten Einstellungen des Elektronenspins im Magnetfeld der Flußdichte **B** durch $2\,\mu_B B$ gegeben ist.

b) Wie groß muß die Frequenz der Strahlung sein, die Übergänge zwischen diesen beiden Zuständen bewirken kann, falls $B = 0{,}30$ T ist? Dieser Vorgang, bei dem Photonen den Elektronenspin umpolen, heißt *Elektronenspinresonanz*. Es ist $h\nu = 2\,\mu_B B$.

7.23. Unter bestimmten Umständen kann es bei der Absorption von Strahlung zu Übergängen zwischen den Feinstrukturkomponenten kommen, die von der Spin-Bahn-Kopplung herrühren. Da die Energieunterschiede sehr klein sind, müssen auch die zugehörigen Frequenzen sehr niedrig sein, und die *unmittelbare* Untersuchung der Feinstruktur und der Hyperfeinstruktur mittels der Übergänge zwischen den Komponenten der Multipletts fällt in den Bereich der Radiofrequenz- und Mikrowellenspektroskopie. Wie groß muß die Frequenz der Strahlung sein, die Übergänge zwischen den Zuständen $3^2P_{1/2}$ und $3^2P_{3/2}$ des Natriumatoms bewirken kann? Die Wellenlängen der Natrium-D-Linien sind 588,995 nm und 589,592 nm.

7.24. Bei einem „Antiatom" werden *alle* Elementarteilchen durch ihre entsprechenden Antiteilchen ersetzt. Zeigen Sie, daß der tiefere Energiezustand eines Spin-Bahn-Dubletts noch $j = 1 - s$ ist. (Eine „Antiwelt" läßt sich von unserem Universum nicht einfach durch die Untersuchung der von ihr ausgesandten Strahlung und die daraus erschlossenen Energieniveaus der Atome unterscheiden.)

7.25. Bestimmen Sie den Winkel zwischen den Vektoren des Gesamtdrehimpulses und des Bahndrehimpulses beim $^2P_{3/2}$-Zustand.

7.26. Zeigen Sie mit Hilfe des Vektordiagrammes, daß die vektorielle Summe des magnetischen Momentes der Bahnbewegung μ_l und des magnetischen Momentes des Spins μ_s *nicht* mit der Richtung der vektoriellen Summe des Bahndrehimpulses **L** und des Spins $\mathbf{L}_s$ zusammenfällt.

7.27. Zeigen Sie mit Hilfe des Cosinussatzes, daß

$$\cos(l, j) = \frac{j(j+1) + l(l+1) - s(s+1)}{2\sqrt{j(j+1)}\,\sqrt{l(l+1)}}$$

ist, dabei ist $\cos(l, j)$ der Cosinus des Winkels zwischen den Vektoren des Bahndrehimpulses und des Gesamtdrehimpulses (vgl. Bild 7.20).

7.28.

a) Zeigen Sie unter Verwendung des bekannten magnetischen Momentes der Bahnbewegung $\mu_l = (e\hbar/2m)\,[l\,(l+1)]^{1/2}$ und des magnetischen Momentes des Spins $\mu_s = 2\,(e\hbar/2m)\,[s\,(s+1)]^{1/2}$, daß die *Komponente* des resultierenden magnetischen Momentes μ_j in Richtung des Gesamtdrehimpulses $\mathbf{L}_j$ durch

$$\mu_j = \sqrt{j(j+1)}\,\frac{e\hbar}{2m}\left[1 + \frac{j(j+1) + s(s+1) - l(l+1)}{2j(j+1)}\right]$$

gegeben ist (vgl. Aufgabe 7.27).

b) Die Größe in den eckigen Klammern ist der sogenannte Landésche g-Faktor. Zeigen Sie, daß dieser Landésche g-Faktor das Verhältnis von magnetischem Moment, in Vielfachen des Bohrschen Magnetons, und des Gesamtdrehimpulses, in Vielfachen von $\hbar$, liefert.

7.29. Zeigen Sie, daß die Hyperfeinstrukturaufspaltung der Spektrallinien von Atomen größenordnungsmäßig mit der Linienaufspaltung infolge der Isotopie der Atomkerne bei mittelschweren Kernen vergleichbar ist (vgl. Aufgaben 6.39, 6.41 und 6.42).

7.30. Bei der praktischen Ausführung des Stern-Gerlach-Versuches tritt ein Strahl von Kaliumatomen aus einem Ofen mit einer Temperatur von 150 °C aus. Die Atome fliegen längs einer Strecke von 2,0 cm durch ein inhomogenes Magnetfeld, dessen Gradient $1{,}2 \cdot 10^4$ T/cm beträgt. Dann bewegen sie sich durch einen feldfreien Bereich von 10,0 cm und treffen schließlich auf eine Auffangplatte auf. Wie groß ist der maximale Abstand der beiden Linien auf der Platte?

7.31. Bestimmen Sie den Gesamtdrehimpuls und das resultierende magnetische Moment

a) von $_5$B und

b) von $_{37}$Rb im Grundzustand.

7.32. Die Elektronenkonfiguration für den Grundzustand lautet (in Kurzschreibweise) $(4p)^1$. Um welches Element handelt es sich?

7.33. Ein $_3$Li-Atom befindet sich im Grundzustand.

a) Wie lauten die vier Quantenzahlen für jedes der drei Elektronen?

b) Wie lauten die Quantenzahlen des dritten Elektrons für die beiden ersten angeregten Zustände dieses Atoms?

7.34. Zeichnen Sie nach Art von Bild 7.27 die besetzten Zustände für ein $_{17}$Cl-Atom im Grundzustand. Wie lautet die entsprechende Elektronenkonfiguration?

7.35. Welches der folgenden Elemente kann einen normalen Zeeman-Effekt liefern: $_7$N, $_{14}$Si, $_{17}$Cl und $_4$Be?

7.36. Wie groß ist angenähert die Photonenenergie (in keV) der K_α-Röntgenlinie des $_{100}$Fm?

7.37. Berechnen Sie die Wellenlänge der K_α-Linie des $_{30}$Zn.

7.38.

a) Wie groß ist die Rückstoßenergie eines freien $^{238}_{92}$U-Atoms bei der Emission eines K_α-Photons?

b) In welchem Verhältnis steht diese Rückstoßenergie zur Energie des emittierten K_α-Photons?

7.39. Röntgenfluoreszenz liegt dann vor, wenn ein Photon verhältnismäßig hoher Energie von einem Stoff absorbiert wird und die Emission dann durch mehrere Röntgenquanten geringerer Energie erfolgt. Zeigen Sie, daß die vollständige Röntgenfluoreszenz bei einem Stoff nur dann auftreten kann, wenn dieser mit der charakteristischen Röntgenstrahlung bestrahlt wird, die aus einer Anode mit *höherer* Ordnungszahl stammt.

7.40. Die zur Anregung aller Linien eines Röntgenspektrums erforderliche Beschleunigungsspannung ist niemals viel größer als die durch die Elementarladung dividierte Energie der K_α-Photonen. Zeigen Sie, daß dies eine gute Faustregel ist.

8 Kernphysikalische Meßgeräte und Teilchenbeschleuniger

Die Fortschritte in der Atom- und Kernphysik hingen von der Entwicklung der Geräte zur Untersuchung submikroskopischer Erscheinungen ab. Unser Verständnis des Atombaues, in großem Maße durch das Studium der Spektrallinien gewonnen, beruhte ebenso auf spektroskopischen Beobachtungen wie auf Fortschritten in der Quantentheorie. Die Kernphysik hat ihren Ursprung in der 1896 von Becquerel gemachten Entdeckung, daß Uransalze eine Photoplatte schwärzen können. Die Entwicklung bis zur genaueren, aber immer noch nicht vollständigen Kenntnis des Atomkernes – eines Gebildes, das so klein ist, daß es nur indirekt beobachtbar ist – beruhte jedoch auf einer Vielzahl von Experimenten mit Geräten, von denen einige bemerkenswert einfach, andere dagegen ungewöhnlich kompliziert, geistreich, spitzfindig und aufwendig waren. In diesem Abschnitt wollen wir die physikalischen Grundlagen kennenlernen, nach denen eine Anzahl wichtiger Geräte der Kernphysik arbeitet: Kernstrahlungsdetektoren, Geräte zur Messung von Masse, Geschwindigkeit und Impuls geladener Teilchen sowie Teilchenbeschleuniger. Unsere Darstellung muß sich auf die physikalischen Gesetze beschränken, die der Wirkungsweise dieser Geräte zugrunde liegen. Technische Einzelheiten, wie wichtig sie auch immer für den tatsächlichen Bau dieser Geräte sein mögen, liegen jenseits des Rahmens dieses Buches.

Die Teilchen, deren Nachweis, Beobachtung und Beschleunigung in diesem Abschnitt behandelt werden, sind Proton, Deuteron, α-Teilchen, Elektron und Photon. Das Proton ist bekanntlich der Kern des gewöhnlichen Wasserstoffatoms. Das *Deuteron* ist der Kern des Deuteriumatoms, also des schweren Wasserstoffatoms. Es besteht aus einem Proton und einem Neutron. Daher ist seine Ladung gleich der des Protons, jedoch beträgt seine Masse ungefähr das Doppelte der Protonenmasse. Das α-Teilchen ist bereits als eines der Teilchen beschrieben worden, die von radioaktiven Stoffen mit einer Energie von meist einigen MeV ausgesandt werden. Es ist der Kern des Heliumatoms, hat eine zweifach positive Ladung und eine rund viermal so große Masse wie das Proton. β-Teilchen und γ-Quanten werden von den Kernen radioaktiver Stoffe ausgesandt. β-Teilchen sind hochenergetische Elektronen oder Positronen mit einer kinetischen Energie bis zu einigen MeV. γ-Quanten oder Photonen werden von Kernen mit Energien von einigen keV bis MeV ausgesandt. Die Eigenschaften radioaktiver Kerne und die Kennzeichen der Kernstrahlung werden wir genauer im Kapitel 9 behandeln.

Den Nachweis des Neutrons, eines Bausteins der Atomkerne, werden wir in diesem Abschnitt nicht behandeln. Das Neutron besitzt keine elektrische Ladung und seine Masse ist annähernd gleich der des Protons. Da es keine Ladung trägt und daher nicht ionisieren kann und auch nicht durch elektrische oder magnetische Felder ablenkbar ist, kann man es auch nicht so unmittelbar wie die geladenen Teilchen untersuchen. Aus diesem Grunde behandeln wir den Nachweis von Neutronen erst im Abschnitt 10.6, in dem wir Kernreaktionen kennenlernen werden, an denen das Neutron beteiligt ist.

Der Ausdruck *Kernstrahlung* bezieht sich auf eine Strahlung, die aus allen Arten von Teilchen bestehen kann, einschließlich der Photonen der elektromagnetischen Strahlung, die von Atomkernen ausgesandt werden. Die kernphysikalischen Experimente müssen sich mit der Messung solcher Eigenschaften wie Masse, Energie und Impuls von Teilchen der Kernstrahlung befassen. Diese Teilchen haben im allgemeinen Energien bis zu mehreren MeV. Da derartige Energien beträchtlich größer als diejenigen sind, mit denen wir es in der Atomphysik zu tun hatten, die ja niemals größer als einige hundert keV waren, erfordert der Nachweis und die Messung der Kernstrahlung besondere Geräte und Verfahren.

8.1 Ionisation und Absorption der Kernstrahlung

Gleich zu Anfang muß darauf hingewiesen werden, daß der Nachweis und die Messung der Strahlungsteilchen große experimentelle Schwierigkeiten mit sich bringen, da diese Teilchen so außerordentlich klein sind. (Die Masse des Elektrons beträgt nur $9{,}11 \cdot 10^{-31}$ kg und seine Ladung nur $1{,}60 \cdot 10^{-19}$ C.) Keines der Teilchen ist unmittelbar „sichtbar", und darüber hinaus ist im allgemeinen ihre Einwirkung auf die Meßinstrumente nur außergewöhnlich gering. Das Hauptproblem der experimentellen Atom- und Kernphysik besteht darin, unter Verwendung makroskopischer Instrumente auf die Eigenschaften und die Strukturen submikroskopischer Teilchen zu schließen und diese Teilchen unter Kontrolle zu halten.

Sobald ein Teilchen identifiziert worden ist und von ihm bekannt ist, daß es sich zu einer bestimmten Zeit an einem bestimmten Ort aufhält, so können wir auch sagen, es ist nachgewiesen. Das Problem, ein Teilchen nachzuweisen, besteht dann darin, aussagen zu können, ob es in einem bestimmten Nachweisgerät anwesend ist oder nicht. Das erfordert ein derartig empfindliches Nachweisgerät, bei dem eine sehr kleine, durch die Anwesenheit des Teilchens bewirkte Änderung zu einer makroskopischen, leicht beobachtbaren Wirkung an dem Gerät führt. Ein Beispiel für eine derartig empfindliche Messung besitzen wir in dem Öltröpfchenversuch Millikans, durch den die Ladung des Elektrons erstmalig bestimmt werden konnte. Ein winziges, ungeladenes Öltröpfchen, das unter einem Mikroskop beobachtet wird, fällt langsam unter dem Einfluß von Schwerkraft und Luftreibung. Wenn es nun einige zusätzliche Elektronen auffängt und dadurch aufgeladen wird, kann man ein elektrisches Feld, das eine aufwärts gerichtete Kraft auf die Ladung ausübt, so wählen, daß dadurch die abwärts gerichtete Schwerkraft aufgehoben und das Tröpfchen in der Schwebe gehalten wird. Durch Gleichsetzen dieser beiden Kräfte kann man die elektrische Ladung des Tröpfchens bestimmen.

Detektoren für Teilchen wie Elektronen, Protonen und α-Teilchen beruhen im Grunde auf der Tatsache, daß diese Teilchen geladen sind. Das Photon hat bekanntlich keine elektrische Ladung, aber mit geladenen Teilchen tritt es stark in Wechselwirkung. Dabei verursacht es Ionisationen, so daß ein Meßgerät, das auf die Wirkungen elektrischer Ladungen anspricht, auch die Anwesenheit eines Photons nachweisen kann, falls dieses Gerät die Elektronen erfaßt, die von den Photonen durch Photoeffekt, Compton-Effekt oder Paarbildung freigesetzt werden (siehe Abschnitt 4.7).

Wir wollen die Ionisationsvorgänge betrachten, die von einem bewegten, geladenen Teilchen hervorgerufen werden, dessen Masse groß gegenüber der Elektronenmasse ist. Die Wahrscheinlichkeit für eine Annäherung an einen Atomkern oder gar für einen Zusammenstoß mit einem Kern des betreffenden Stoffes ist sehr klein (siehe Abschnitt 6.1). Die Energie des Teilchens ändert sich daher fast nur durch Wechselwirkung mit den Hüllenelektronen. Ein geladenes Teilchen stößt hauptsächlich auf Elektronen und überträgt ihnen dabei einen bestimmten Bruchteil seiner Energie. Auf diese Weise kann ein an ein Atom gebundenes Elektron angeregt, also in einen höheren Energiezustand versetzt werden, oder bei genügend großer Energiezufuhr auch von seinem Atom abgetrennt werden. Das Atom bleibt als Ion zurück. In dem Maße, wie das schwere Teilchen an den Elektronen Arbeit verrichtet, indem es diese anregt oder abtrennt, nimmt die Energie des Teilchens ab, und es wird abgebremst. Seine Flugrichtung wird durch diese Stöße jedoch nicht wesentlich geändert, da seine Masse so viel größer als die Elektronenmasse ist. Auf seiner nahezu geradlinigen Bahn durch die Materie läßt das Teilchen eine Spur in Form von Ionen und freien Elektronen hinter sich zurück. Schließlich kommt es zur Ruhe, nachdem es seine gesamte ursprüngliche Bewegungsenergie auf die Atome des betreffenden Stoffes übertragen hat. Die Anzahl der von dem schweren Teilchen erzeugten *Ionenpaare* (ein Ion und das abgetrennte Elektron bilden ein Ionenpaar) nimmt am Ende der Bahn stark zu. Da sich das ionisierende Teilchen dort langsamer bewegt, vergrößert sich auch die Zeitdauer, die es in der Nachbarschaft eines Atoms verbringt und während der es auf dessen Elektronen einwirken kann.

Ist nun ein geladenes Teilchen durch die gerade beschriebenen Vorgänge vollständig abgebremst worden, so können wir auch sagen, es ist in dem betreffenden Stoff absorbiert worden. Ein Strahlenbündel monoenergetischer, schwerer geladener Teilchen besitzt in einem gegebenen Absorber eine genau definierte *Reichweite.* Dies liefert uns ein einfaches Verfahren, die Anfangsenergie der Teilchen des Strahlenbündels zu bestimmen. Wie schon aus dem Dichteunterschied der verschiedenen absorbierenden Stoffe zu erwarten ist, ist die Reichweite schwerer Teilchen bei gegebener Energie in einem Gas wesentlich größer als in einem Festkörper, da ja das Teilchen im Gas auf viel weniger Atome pro Wegstreckeneinheit trifft als vergleichsweise im Festkörper. So wird zum Beispiel ein α-Teilchen mit einer Energie von mehreren MeV von einigen wenigen Zentimetern Luft abgebremst, aber ebenso auch von Bruchteilen eines Millimeters eines Absorbers verhältnismäßig größerer Dichte, etwa Aluminium.

Die Anzahl der durch ein geladenes Teilchen verursachten Ionisationsvorgänge hängt eng mit der Durchschnittsenergie zusammen, die zur Bildung eines Ionenpaares erforderlich ist. Bei der Absorption in Gasen liegt der mittlere Energieverlust geladener Teilchen bei der Bildung eines Ionenpaares zwischen 25 eV und 40 eV, je nach der Art des Gases. Das bedeutet nicht, daß die Ionisierungsarbeit für ein bestimmtes Gas zum Beispiel 25 eV beträgt; es besagt vielmehr, daß ein ionisierendes Teilchen pro gebildetem Ionenpaar im Durchschnitt 25 eV verliert, wenn es bei seinen Zusammenstößen mit den Atomen diese anregt oder ionisiert. Da also die Anzahl der in einem Stoff gebildeten Ionenpaare direkt proportional zur kinetischen Energie ist, die das ionisierende Teilchen verloren hat, führt die Bestimmung der Gesamtionisation nicht nur zum Nachweis des geladenen Teilchens, sondern auch zur Messung seiner ursprünglichen Bewegungsenergie.

Die Absorption von Elektronen in einem absorbierenden Stoff ist komplizierter als die Absorption schwerer geladener Teilchen. Die Masse des ionisierenden Teilchens ist ja nun gleich der Masse desjenigen Teilchens, dem bei den Stößen Energie übermittelt wird, also einem Elektron der Atomhülle. Ein energiereiches Elektron wird bei den Stößen erheblich abgelenkt, seine Bahn durch den absorbierenden Stoff verläuft nicht mehr geradlinig, und die verschiedenen Elektronen eines monoenergetischen Strahlenbündels können sich auf ganz verschiedenen Bahnen bewegen. Nichtsdestoweniger kann man aber auch hier einer Anzahl monoenergetischer Elektronen eine Reichweite zuordnen. Dabei handelt es sich um die erforderliche Absorberdicke, um praktisch alle Elektronen abzubremsen. Die Reichweite der Elektronen ist grob gerechnet umgekehrt proportional zur Dichte des Absorbers (für einen beliebigen Absorber ist die Anzahl der Hüllenelektronen seiner Atome pro Volumeneinheit sehr gut proportional zur Dichte des Absorbers). Bei gegebener kinetischer Energie und bei gegebenem Absorbermaterial ist die Reichweite eines Elektrons wesentlich größer als diejenige eines schweren geladenen Teilchens.

Die Vorgänge, durch die Photonen absorbiert werden können – der Photoeffekt, der Compton-Effekt und die Paarbildung – sind im Abschnitt 4.7 behandelt worden. Wie wir uns erinnern, kann man einem Photon mit einer bestimmten Energie keine genau definierte Reichweite zuordnen. Die Photonenabsorption wird durch den Absorptionskoeffizienten μ gekennzeichnet, dessen Kehrwert diejenige Absorberdicke angibt, bei der sich die Anzahl der Photonen in einem Strahlenbündel auf $1/e$ der ursprünglichen Anzahl verringert hat. Die Intensität der Photonenstrahlung nimmt nach einem Exponentialgesetz gemäß $I = I_0\, e^{-\mu x}$ ab. Daher ist die Intensität der Strahlung erst dann wirklich Null, wenn *alle* Photonen zu einem Stoß gekommen sind, wenn also die Strahlung durch einen Absorber *unendlicher* Dicke hindurchgetreten ist.

Wir müssen hierbei den grundsätzlichen Unterschied zwischen der Absorption einer Photonenstrahlung und derjenigen von geladenen Teilchen beachten. Ein Photon verliert bei einem *einzigen* Stoß seine *gesamte* Energie[1]), es bewegt sich *stets* mit der Geschwindigkeit c, und wir können seine Absorption *nicht* durch eine Reichweite kennzeichnen. Ein geladenes Teilchen andererseits verliert seine Energie bei vielen Stößen portionenweise, seine Geschwindigkeit nimmt dabei laufend ab, und wir können seine Absorption durch eine genau definierte Reichweite kennzeichnen. Die Photonenabsorption ist von Ionisationsvorgängen begleitet, die man elektrisch nachweisen kann. Die Elektronen (und bei der Paarbildung auch die Positronen), denen beim Stoß des Photons Energie übertragen wird, können ihrerseits im Absorbermaterial Ionen bilden. Photonen sind wesentlich durchdringender als Elektronen oder schwere geladene Teilchen gleicher Energie.

Tabelle 8.1 enthält die Reichweiten bei der Absorption von α-Teilchen, Protonen und Elektronen in Luft und in Aluminium für bestimmte Werte der kinetischen Energie. Zum Vergleich führt die Tabelle auch die erforderliche Dicke $1/\mu$ eines Aluminiumabsorbers an, bei der die Intensität einer Photonenstrahlung auf $1/e$ ihres ursprünglichen Wertes abgeschwächt wird. Wie wir sehen, werden sämtliche Arten von Kernstrahlung in einem Festkörper stärker absorbiert als in einem Gas, sind γ-Strahlen durchdringender als β-Strahlen, diese wiederum durchdringender als Protonen oder α-Strahlen, und die Reichweite geladener Teilchen nimmt mit steigender Energie zu.

Tabelle 8.1 Reichweite in cm für α-Teilchen, Protonen und Elektronen in Luft und in Aluminium. Für die Absorption von γ-Strahlen in Aluminium sind die Kehrwerte $1/\mu$ der Absorptionskoeffizienten μ aufgeführt.

Energie in MeV	Reichweite in cm						Reichweite $1/\mu$ für γ-Strahlung in Aluminium in cm
	α-Teilchen		Proton		Elektron		
	Luft	Al	Luft	Al	Luft	Al	
1	0,5	0,0003	2,3	0,0014	314	0,15	6,1
5	3,5	0,0025	34,0	0,019	2000	0,96	13,1
10	10,7	0,0064	117,0	0,063	4100	1,96	16,0

---

1) Beim Compton-Effekt wird das eintreffende Photon vernichtet, und das gestreute Photon wird neu erzeugt.

8.2 Detektoren

Jeder Kernstrahlungsdetektor für energiereiche geladene Teilchen oder für Photonen liefert letztlich ein elektrisches Signal, einen Spannungsimpuls. Dieser Impuls wird einem Zählgerät zugeführt, das daraufhin das Eintreffen des Teilchens im Detektor registriert. Das Material, in dem das einfallende Teilchen Vorgänge auslöst, die schließlich zu elektrischen Signalen führen, kann sehr unterschiedlich sein. In diesem Abschnitt werden wir die bei kernphysikalischen Versuchen am häufigsten benutzten Detektoren kurz beschreiben: Gasionisationsdetektoren, Halbleiterzähler, Szintillationszähler und Cerenkov-Zähler.

Gasionisationsdetektoren

Der einfachste Detektor, der auf die in einem Gas durch die Kernstrahlung ausgelösten Ionisationsvorgänge anspricht, ist ein Elektroskop. Ist dieses aufgeladen, so wird ein Goldblättchen oder ein anderes leichtes Leiterblättchen ausgelenkt, und zwar wird es durch elektrisches Kräfte von dem festen Leiter, an dem es befestigt ist, abgestoßen. Die Auslenkung ist dann ein Maß für die Ladung des Elektroskops. Die durch ein zunächst aufgeladenes Elektroskop hindurchtretende Kernstrahlung ionisiert die Luft, und das Elektroskop entlädt sich in dem Maße, wie sich Ionen auf ihm ansammeln und seine Ladung neutralisieren. Elektroskope sind verhältnismäßig unempfindlich und werden daher nicht so häufig wie Gasionisationsdetektoren verwendet. Es gibt drei Arten von Gasionisationsdetektoren: *Ionisationskammern, Proportionalzähler* und *Geiger-Müller-Zählrohre.*

Wir betrachten die in Bild 8.1 dargestellte Anordnung. Die gasgefüllte Kammer besitzt zwei Elektroden, einen äußeren Zylinder und einen dünnen Draht längs der Zylinderachse. Der Draht befindet sich gegenüber dem Zylinder auf einem hohen positiven Potential. Die Kammerwand, entweder aus Glas, Metall oder Glimmer, ist hinreichend dünn, um den Eintritt geladener Teilchen oder Photonen von außen zu ermöglichen. Zur Füllung der Kammer eignen sich verschiedene Gase. Der Druck kann von Bruchteilen eines Bar bis zu

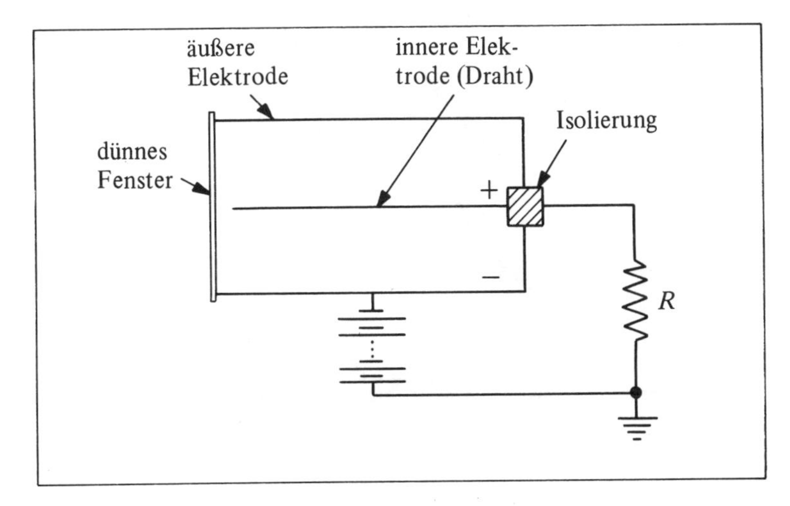

Bild 8.1 Gasionisationsdetektor (schematisch)

vielen Bar reichen. Das elektrische Feld zwischen den beiden Elektroden ist sehr inhomogen und besonders stark in der Nähe des axialen Drahtes. Alle Gasionisationsdetektoren arbeiten nach folgendem Prinzip:

1. die Kernstrahlung ionisiert einige der Gasmoleküle im Kammerinnern,
2. das elektrische Feld zieht die geladenen Teilchen auf die Elektroden hin und erzeugt dadurch im Detektorkreis einen Strom,
3. der so verursachte Strom fließt durch einen Widerstand und wird mit elektrischen Meßinstrumenten gemessen.

Ein Diagramm, das für einen typischen Gasionisationsdetektor die Anzahl der gesammelten Ionen in Abhängigkeit von der angelegten Spannung darstellt, ist in Bild 8.2 wiedergegeben. Im Einzelfall hängt bei einer bestimmten Spannung die Anzahl der gesammelten Ionen vom Detektorvolumen ab, und die Kurven unterscheiden sich in Einzelheiten je nach dem verwendeten Gas. Bei niedrigen Spannungen erkennt man zwei Kurven, eine für Ionisationsvorgänge, die von α-Teilchen ausgelöst werden und eine zweite für Ionisationen durch schnelle Elektronen oder β-Teilchen. Die unterschiedlichen Arten der Gasionisationsdetektoren lassen sich am besten verstehen, wenn man nacheinander jeweils die Bereiche A, B, C und D des Bildes 8.2 betrachtet.

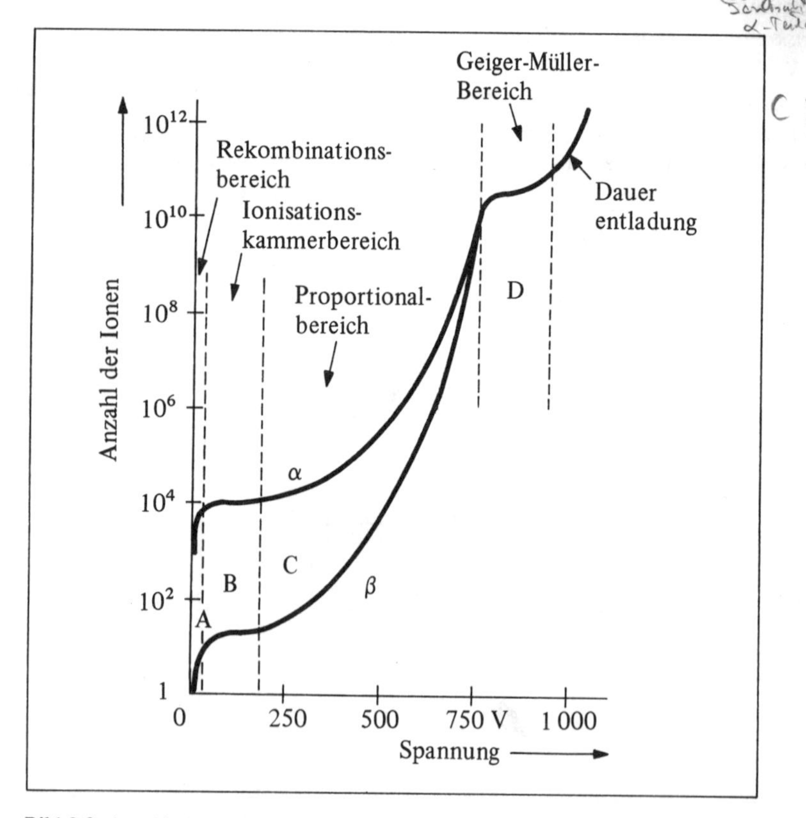

Bild 8.2 Anzahl der an den Elektroden gesammelten Ionen in Abhängigkeit von der Betriebsspannung eines Gasionisationsdetektors für α- und β-Strahlung

Im Bereich A, wo die angelegte Spannung noch verhältnismäßig klein ist, sind die beim Durchgang geladener Teilchen oder Photonen im Detektor gebildeten Ionen nur einem ziemlich schwachen Feld ausgesetzt. Daher können einige von ihnen zu neutralen Atomen oder Molekülen rekombinieren, bevor sie eine Elektrode erreicht haben. Im Bereich A ist der durch die Sammlung der Ionen gelieferte Strom so klein, daß hier kein Detektor zufriedenstellend arbeiten kann.

Ein Gasionisationsdetektor, der im Bereich B betrieben wird, heißt *Ionisationskammer*. In diesem Bereich, in dem nun die Spannung größer ist, werden praktisch alle durch die Strahlung gebildeten Ionen an den Elektroden gesammelt, bevor eine Rekombination stattfinden kann. Wir erinnern uns daran, daß die für die Bildung eines Ionenpaares in einem Gas erforderliche Energie etwa 25 eV bis 40 eV beträgt.

Gewöhnlich ist die durch die Kernstrahlung hervorgerufene Ionisation so gering, daß die Bildung eines einzelnen Ionenpaares und die Abgabe seiner Ladung an die Elektroden nicht als einmalige, plötzliche Stromänderung im Kammerkreis meßbar ist. Stattdessen liefern die durch sehr viele Strahlungsteilchen verursachten Ionisationen einen nahezu konstanten Strom, der durch seinen Spannungsabfall an dem hochohmigen Widerstand R nach entsprechender elektronischer Verstärkung gemessen werden kann. Die Stromstärke der Ionisationskammer ist ein unmittelbares Maß für die Intensität der ionisierenden Strahlung. Daher werden Ionisationskammern häufig zur Intensitätsmessung bei Röntgen- oder γ-Strahlung verwendet. Ein weiteres Kennzeichen der Ionisationskammer besteht darin, daß man zwischen den Ionisationen, die von α-Teilchen verursacht werden, und denjenigen von β-Teilchen unterscheiden kann. Wie wir in Bild 8.2 sehen können, liefert bei gleicher Energie ein α-Teilchen wesentlich mehr Ionenpaare als ein β-Teilchen. Eine Ionisationskammer mißt jedoch nicht die Energie geladener Teilchen.

Der Anfang des Bereiches C ist die Grundlage für den Betrieb des *Proportionalzählers*. Die angelegte Spannung und damit auch die Feldstärke sind hier größer als im Bereich B. Im Bereich C kommt die Vermehrung der Ionen zum Tragen. Ist im Gas durch die Kernstrahlung ein Ionenpaar – gewöhnlich ein Elektron und ein positives Ion – gebildet worden, so wird das Elektron von dem zentralen Draht sehr stark angezogen, und die Ionen bewegen sich auf die äußere Elektrode zu. Indem das Elektron auf den Draht hin beschleunigt wird, kann es hinreichend Bewegungsenergie aufnehmen, um bei seinen Stößen mit den Gasmolekülen noch weitere Ionen zu bilden. Tatsächlich kann ein einziges ursprünglich gebildetes Ionenpaar durch diese Gasverstärkung die Gesamtzahl der Ionen um einen Faktor von 10^5 bis 10^6 vergrößern. Diese Verstärkung liefert einen ganz beträchtlich vergrößerten Strom- oder Spannungsstoß. Unter diesen Bedingungen ist es dann auch möglich, die eintreffenden Strahlungsteilchen einzeln zu registrieren, also die Impulse unmittelbar zu zählen. Die Impulshöhe ist direkt proportional zur Energie des ionisierenden Teilchens (das ist der Grund für die Bezeichnung „Proportionalzähler"). Die durch α-Teilchen ausgelösten Impulse sind erheblich größer als die der β-Teilchen, und man kann daher die Schaltung eines Proportionalzählers so bemessen, daß nur α-Teilchen registriert werden.

Im Bereich D arbeitet der Geiger-Zähler, häufig auch Geiger-Müller-Zähler genannt. Bei verhältnismäßig hohen Spannungen (etwa 1000 V) ändert sich das Verhalten eines Gasionisationsdetektors grundlegend. Die angelegte Spannung und damit die Feldstärke im Detektor werden nun so groß, daß ein *beliebiges* Strahlenteilchen, das im Gasraum mindestens ein einziges Ionenpaar erzeugt, durch die Vermehrung der Ionen eine Elektronenlawine auslösen kann. Die Stromimpulse sind nun *unabhängig* von der Energie des auslösenden Teilchens. Mit einem Geiger-Müller-Zähler kann man nicht die verschiedenen Arten der Kernstrahlung unterscheiden, da α-, β- und γ-Strahlen ähnliche Elektronenlawinen auslösen (Bild 8.2). Geiger-Müller-Zähler verwendet man zur Zählung von Röntgenstrahlen und von β- und γ-Strahlung, aber gewöhnlich nicht für α-Strahlen. β-Zähler müssen ein verhältnismäßig dünnes Fenster besitzen, damit die leicht abbremsbaren Elektronen in das Zählrohr gelangen können. Ein Geiger-Müller-Zählrohr ist üblicherweise mit einem Edelgas, etwa Argon, unter einem Druck von rund 13 kPa (das sind ungefähr 100 Torr) gefüllt, außerdem wird noch ein kleiner Anteil eines Halogens (0,1 %), etwa Brom, hinzugefügt, um die Entladung im Zählrohr nach ihrer Registrierung schnell zu löschen. Die Impulsdauer beträgt ungefähr eine Mikrosekunde.

Wie wir dem Bild 8.2 entnehmen können, wird bei noch höheren als die im Bereich D bei Gasionisationsdetektoren verwendeten Spannungen das Gas selbst leitend. Zwischen den Elektroden findet eine selbständige elektrische Entladung statt, ohne daß ein ionisierendes Strahlenteilchen in den Detektor eintritt.

Halbleiterdetektoren

Zu den zweckmäßigsten, genauesten und wirkungsvollsten der gegenwärtigen Teilchendetektoren zählt man die Halbleiter- oder Festkörperzähler. In ihrer einfachsten Ausführung bestehen sie aus einem halbleitenden Festkörper, etwa Germanium (gewöhnlich mit einer Lithiumdotierung), der sich zwischen zwei Elektroden befindet, an denen die Ausgangsimpulse auftreten. Während die Gasionisationsdetektoren Ionenpaare ausnützen, die jeweils aus einem freien Elektron und einem atomaren Ion bestehen, arbeitet der Halbleiterdetektor mit „Ionenpaaren", die aus je einem Elektron und einem „Loch" bestehen.

Die Leitungseigenschaften der Halbleiter werden wir im einzelnen im Abschnitt 12.10 behandeln. An dieser Stelle reicht der Hinweis aus, daß die Elektronen eines reinen Halbleiters oder eines Isolators gewöhnlich an die zugehörigen Atome gebunden sind und sich nicht als Ladungsträger durch den Festkörper bewegen können. In derartigen Stoffen werden Ladungsträger durch thermische Anregung freigesetzt, durch geeignete Atome als Störstellen oder, bei Detektoren, durch energiereiche eindringende Teilchen. Gibt ein eintretendes geladenes Teilchen oder ein Photon genügend Energie an ein gebundenes Elektron ab, so wird das Elektron freigesetzt, und es kann sich im Festkörper bewegen. Gleichzeitig entsteht im Kristallgitter durch die Freisetzung des ursprünglich gebundenen Elektrons ein sogenanntes Loch, auch als Defektelektron bezeichnet. Das Loch kann dadurch aufgefüllt werden, daß sich ein benachbartes Elektron dorthin bewegt. In diesem Falle entsteht aber ein anderes Loch an der Stelle, wo sich dieses Elektron ursprünglich befand. Dieser Vorgang kann sich fortsetzen. Wir können ihn auch durch die Wanderung eines Loches durch den Festkörper beschreiben und zwar in einer Richtung, die derjenigen der Elektronenwanderung entgegengesetzt gerichtet ist, genau so, als wäre das Loch ein positiv geladenes Teilchen. Aus diesem Grunde nennt man die Elektron-Loch-Paare auch „Ionen"paare. Ein Elektron-Loch-Paar kann durch ein äußeres Feld beschleunigt werden und dabei weitere Paare erzeugen, die schließlich als meßbarer, großer Impuls an den Elektroden auftreten.

Bei einem Halbleiterzähler ist die Impulshöhe in einem weiten Bereich proportional zur Energie der Strahlungsteilchen. Man kann Zähler herstellen, die empfindlich genug sind, um Elektronen mit einer kinetischen Energie von nur 20 keV zu zählen und andererseits aber auch Zähler für schwere Ionen mit einer kinetischen Energie von 200 MeV. Der Wirkungsgrad dieses Zählers für den Nachweis von Teilchen, die den empfindlichen Bereich durchqueren, ist nahezu 100 % und damit wesentlich größer als bei Gasionisationsdetektoren. Infolge der kurzen Anstiegszeit der Impulse, größenordnungsmäßig 1 Nanosekunde (also 10^{-9} s), kann man diese Zähler für sehr große Zählraten verwenden.

Szintillationszähler

Die Wirkungsweise eines Szintillationszählers beruht darauf, daß bestimmte Stoffe, *Phosphore* genannt, sichtbares Licht aussenden, falls sie von Teilchen getroffen werden oder wenn sie mit ultraviolettem Licht oder mit Röntgenstrahlen bestrahlt werden. Trifft ein Teilchen auf einen derartigen Leuchtstoff, so regt es ein Atom an und hebt dabei ein Elektron auf ein höheres Energieniveau. Beim Übergang des Leuchtstoffes in den Grundzustand werden Photonen ausgesandt, die im sichtbaren Bereich des Spektrums liegen.

Ein bekanntes Beispiel dieser Leuchterscheinungen, auch Szintillationen genannt, sind die Kathodenstrahlröhren oder Fernsehbildröhren, bei denen schnelle Elektronen auf einen Leuchtstoff treffen und dadurch die Aussendung sichtbaren Lichtes verursachen. Eines der ersten Verfahren, α-Teilchen nachzuweisen, bestand darin, die winzigen Lichtblitze beim Auftreffen der α-Teilchen auf einen Zinksulfidleuchtschirm zu beobachten. Bei den grundlegenden Streuversuchen Rutherfords wurde ein Zinksulfidschirm durch ein Mikroskop beobachtet, und die α-Teilchen wurden so registriert (siehe Abschnitt 6.1). Dieses mühsame und verhältnismäßig unempfindliche Verfahren, bei dem die Szintillationen durch unmittelbare Beobachtung der winzigen Lichtblitze durch das menschliche Auge registriert wurden, wird bei modernen Szintillationszählern durch Verwendung einer besonderen Elektronenröhre, des *Sekundärelektronenvervielfachers (Photomultiplier)* umgangen.

Wir betrachten die schematische Darstellung eines Szintillationszählers mit Multiplier in Bild 8.3. Als Leuchtstoff, der durchsichtig sein muß, kann zum Beispiel Natriumjodid mit einem Thalliumzusatz (für γ-Strahlung), eine organische Verbindung, etwa Anthrazen (für Elektronen) oder Zinksulfid mit einem Zusatz von Silber (für schwere geladene Teilchen, etwa α-Teilchen) dienen. Der Leuchtstoff liefert Lichtblitze, nachdem seine Atome durch die Stöße der Teilchen oder der Photonen angeregt worden sind. Der Leuchtstoff ist in einer lichtdichten Umhüllung eingekapselt, und die Photonen treffen auf die Photokathode des Multipliers, unter Umständen nach Reflexionen im Leuchtstoff. Ein auf die Kathode treffendes Photon kann einen Photoeffekt bewirken und dabei ein Elektron aus der Kathodenoberfläche auslösen. Dieses Photoelektron wird durch eine Potentialdifferenz von ungefähr 100 V

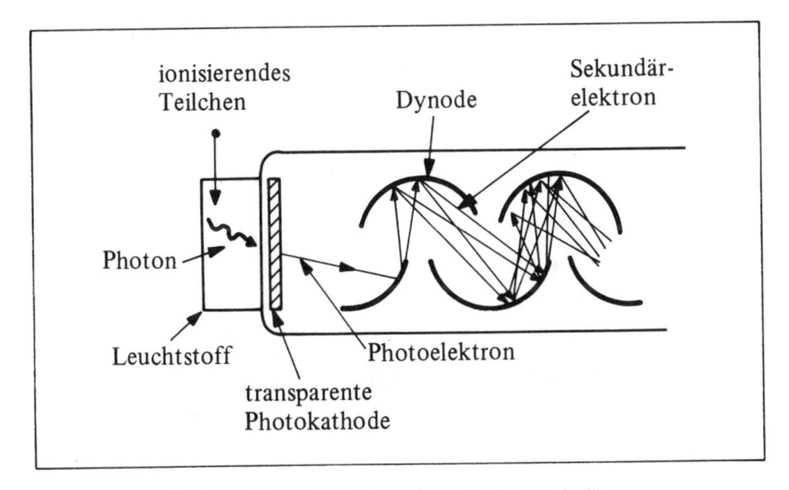

Bild 8.3 Szintillationszähler mit Photomultiplier (schematisch)

auf die erste *Dynode* des Multipliers hin beschleunigt. Trifft es nun auf die Oberfläche der Dynode mit einer kinetischen Energie von mindestens 100 eV auf, so werden dort Sekundärelektronen ausgelöst, und zwei oder mehr Elektronen verlassen mit Hilfe der kinetischen Energie des ursprünglichen Elektrons diese Oberfläche. Die Sekundärelektronen werden dann durch eine weitere Potentialdifferenz von 100 V auf die zweite Dynode hin beschleunigt, und dort findet dann wiederum eine Vermehrung der Elektronen durch Sekundäremission statt. Ein üblicher Multiplier hat 10 Dynoden, also 10 Stufen der Elektronenvervielfachung. Das ursprüngliche Photoelektron kann dann an der letzten Dynode einen leicht meßbaren Stromstoß liefern, da dort viele Millionen Elektronen eintreffen.

Ein wichtiger Vorteil des Szintillationszählers besteht darin, daß der Spannungsimpuls am Multiplierausgang ziemlich genau proportional zur Energie des Teilchens oder des Photons ist, das die Szintillation im Leuchtstoff verursacht hat. Mit einem Szintillationszähler können daher nicht nur Teilchen nachgewiesen, sondern auch ihre Energie gemessen werden. Szintillationszähler besitzen noch weitere Vorteile. Mit Impulsdauern von nur 1 Nanosekunde (10^{-9} s) eignen sie sich für sehr hohe Zählraten, und ihr Wirkungsgrad bei der Zählung von γ-Quanten ist nahezu 100 %.

Ein Szintillationszähler bildet zusammen mit einem Impulshöhenanalysator, einer elektronischen Schaltung, die die Ausgangsimpulse des Multipliers nach der Impulshöhe sortiert, ein *Szintillationsspektrometer,* mit dem die Energie monochromatischer γ-Quanten mit großer Genauigkeit unmittelbar gemessen werden kann. Die Impulshöhe des Ausgangsimpulses ist direkt proportional zur kinetischen Energie des *Elektrons,* das durch einen der drei Wechselwirkungsvorgänge der γ-Quanten mit dem Leuchtstoff, Photoeffekt, Compton-Effekt und Paarbildung (vgl. Kapitel 4) freigesetzt worden ist.

Wir betrachten die Impulshöhenverteilung, auch Spektrum genannt, die in Bild 8.4 dargestellt ist. Die Anzahl der registrierten Impulse mit vorgegebener Impulshöhe ist als Funktion der Impulshöhe aufgetragen, letztere wird zwar in Volt gemessen, wird aber hier als kinetische Energie der Elektronen in MeV dargestellt. Die Strahlenquelle monochroma-

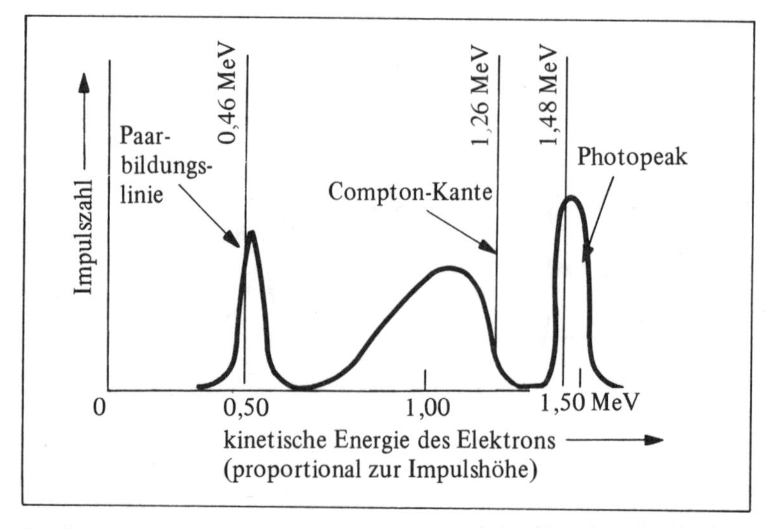

Bild 8.4 Idealisiertes Impulshöhenspektrum eines Szintillationszählers für 1,48 MeV-Photonen

tischer γ-Quanten besteht bei diesem Beispiel aus radioaktiven ^{40}K-Atomen. Jedes dieser Atome sendet beim Zerfall des instabilen Kernes ein Photon von 1,48 MeV aus.

Der „Peak" beim höchsten Energiewert entsteht durch den Photoeffekt. Da die Bindungsenergie der äußeren Elektronen der Atomhülle nur einige Elektronvolt beträgt, also klein im Vergleich zur Photonenenergie ist, und da demnach die Photoelektronen praktisch die gesamte Photonenenergie übernommen haben, stimmt die Energie des sogenannten „Photopeaks" praktisch genau mit der Energie der γ-Quanten überein. Der zweite Peak entsteht durch den Compton-Effekt. Wenn ein Photon von 1,48 MeV zentral auf ein praktisch freies Elektron der Atomhülle stößt, bewegt sich das Elektron in Vorwärtsrichtung mit einer kinetischen Energie von 1,26 MeV (berechnet nach Gl. (4.17)), während sich das gestreute Photon in die entgegengesetzte Richtung mit der verbleibenden Energie von $(1{,}48 - 1{,}26)$ MeV = 0,22 MeV bewegt. Beim Compton-Effekt unter anderen Streuwinkeln übernehmen die Elektronen weniger kinetische Energie, und die gestreuten Quanten sind energiereicher. Daher hat der Compton-Effekt auf der Seite der höheren Energie eine verhältnismäßig scharf definierte Kante, die hier im Bild bei 1,26 MeV liegt. Zu niedrigeren Energiewerten hin fällt der Compton-Peak flacher ab, da beim Compton-Effekt auch Elektronen mit einer geringeren Energie als der Maximalenergie auftreten. Der dritte Peak in diesem Spektrum, das mit dem Szintillationszähler aufgenommen worden ist, wird durch die Paarbildung verursacht. Da die Ruhenergie des Elektrons oder des Positrons je 0,51 MeV beträgt, werden insgesamt 1,02 MeV benötigt, um ein Paar zu erzeugen. Die Energiedifferenz $(1{,}48 - 1{,}02)$ MeV = 0,46 MeV ist die Summe der kinetischen Energie von Elektron und Positron (vgl. Abschnitt 4.5). Diese Energie der beiden Teilchen liefert nach der Anregung von Elektronen im Leuchtstoff Impulse, deren Höhe dem Paarbildungspeak entspricht.

Die relative Lage dieser drei Peaks (auch Linien genannt) hängt von der Photonenenergie, sowie von Größe, Form und Art des Leuchtstoffes ab. Es können auch noch andere Peaks auftreten. So können zum Beispiel γ-Quanten mit einer Energie von mehr als 1,02 MeV, dem Schwellenwert für die Paarbildung, Positronen erzeugen. Wenn dann diese Positronen vor Verlassen des Leuchtstoffes mit Elektronen zusammentreffen und zerstrahlen, so entstehen zwei Quanten der Vernichtungsstrahlung von je 0,51 MeV (vgl. Abschnitt 4.5). Diese Photonen können ebenfalls Photopeaks und Compton-Peaks verursachen.

Cerenkov-Zähler

Bewegt sich ein geladenes Teilchen durch ein durchsichtiges Medium mit einer Geschwindigkeit, die größer als die Lichtgeschwindigkeit *in diesem Medium* ist, so wird sichtbares Licht ausgesandt. Dieses Licht heißt Cerenkov-Strahlung nach dem Entdecker Cerenkov. Man kann sich vorstellen, daß ein energiereiches geladenes Teilchen, das sich geradlinig durch das Medium bewegt, längs seines Weges der Reihe nach die Hüllenelektronen der Atome aus ihrer Gleichgewichtslage bringt. Die Strahlungsfelder der gestörten Elektronen überlagern sich und liefern eine starke elektromagnetische Welle. Auf dieselbe Weise entsteht in einem elastischen Medium eine Schallwelle, wenn sich dort ein Körper mit einer Geschwindigkeit bewegt, die größer als die Schallgeschwindigkeit in diesem Medium ist.

Die Geschwindigkeit des geladenen Teilchens in dem Medium sei v; die Lichtgeschwindigkeit (Gruppengeschwindigkeit) in diesem Medium ist c/n, dabei ist n der Brechungsindex des Mediums. Hat dann das Teilchen die Strecke vt, von dem gestörten Elektron aus gerechnet, zurückgelegt, so hat das Elektron eine Lichtwelle ausgesandt, die ihrerseits die Strecke $(c/n)t$ zurückgelegt hat (Bild 8.5). Die Cerenkov-Strahlung mit ihrem sich ausbreitenden Kegel einer „Machschen Welle" wird unter einem Winkel Θ gegen die Teilchenge-

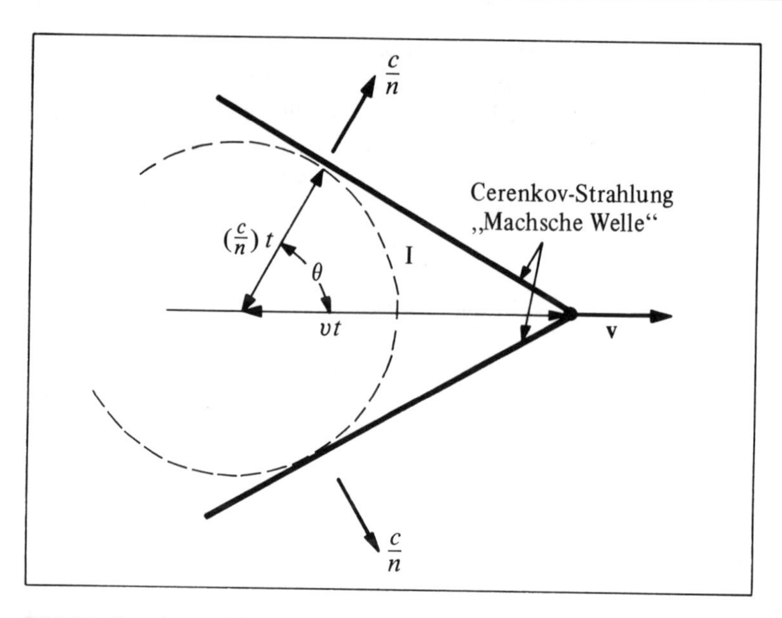

Bild 8.5 Cerenkovstrahlung, verursacht durch ein Teilchen der Geschwindigkeit v in einem Stoff mit dem Brechungsindex n

schwindigkeit **v** ausgesandt. Aus der Geometrie des Bildes erkennen wir, daß die Ausbreitungsrichtung durch

$$\cos\Theta = \frac{c/n}{v} = \frac{c}{nv} \tag{8.1}$$

gegeben ist. Offensichtlich entsteht nur dann eine Strahlung, wenn $v > c/n$ ist.

Ein Cerenkov-Zähler enthält üblicherweise einen durchsichtigen Plastikblock (Brechungsindex 1,5) und einen Multiplier zur Registrierung der Strahlung. Wird zusätzlich der Ausstrahlungswinkel Θ gemessen, so kann mit diesem Detektor auch die Teilchengeschwindigkeit bestimmt werden. So muß zum Beispiel bei Plexiglas die Teilchengeschwindigkeit mindestens $c/1{,}5 = 2 \cdot 10^8$ m/s betragen, damit der Zähler diese Teilchen sicher von langsameren Teilchen unterscheiden kann.

8.3 Teilchenspurdetektoren

Die im letzten Abschnitt behandelten Detektoren können einen Impuls registrieren, wenn ein geladenes Teilchen oder ein Photon irgendwo in das aktive Material des Detektors eingedrungen ist. Sie liefern aber keine genaue Aufzeichnung der Teilchenbahn. Zu den Geräten, die ein dreidimensionales Photo oder eine andere Aufzeichnung der Ionenspur, die ein geladenes Teilchen beim Durchgang durch Materie hinter sich zurückläßt, ermöglichen, gehören *Nebelkammern, Blasenkammern* und *Funkenkammern.* Auch *Kernspurplatten* zeigen die Teilchenbahnen.

Bevor wir uns jedoch diesen Geräten zuwenden, wollen wir untersuchen, wie wir durch die Kombination von zwei oder mehreren Detektoren, von denen jeder einzelne den Ort des registrierten Teilchens innerhalb eines begrenzten Raumbereiches angeben kann, wenigstens angenähert die räumliche Bahn eines Teilchens ermitteln können. Wir betrachten

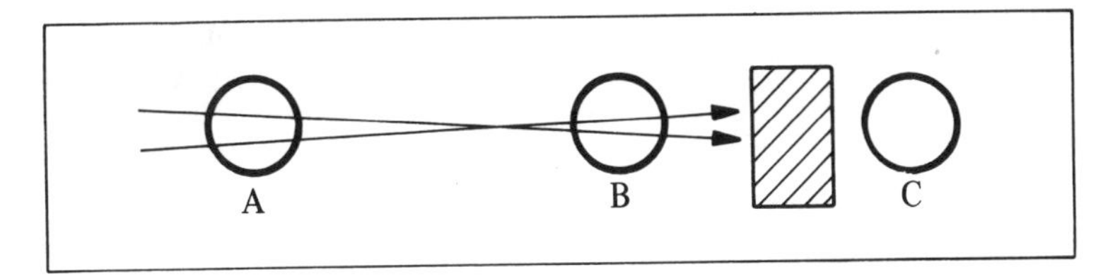

Bild 8.6 Einfaches Zählrohrteleskop

das sogenannte Zählrohrteleskop, das in Bild 8.6 dargestellt ist. Zwei getrennte Detektoren A und B sind so zusammengeschaltet, daß nur dann eine Zählung erfolgt, wenn beide Detektoren gleichzeitig einen Impuls liefern. Angenommen, ein hochenergetisches geladenes Teilchen erzeuge zunächst im Detektor A Ionen und dann praktisch gleichzeitig auch im Detektor B. Die Koinzidenzstufe, die den Detektoren A und B nachgeschaltet ist, beschränkt für jedes gezählte Ereignis die Teilchenbahn auf einen bestimmten Bereich, wie in dem Bild gezeigt ist. Wir wissen mit Sicherheit, daß das Teilchen zuerst den Detektor A, dann den Detektor B passiert und schließlich im Absorber stecken bleibt und daß es sich nicht in entgegengesetzter Richtung bewegt, wenn wir einen dritten Detektor C hinzunehmen, der mit A und B in Antikoinzidenz geschaltet ist. D.h., ein Ereignis wird nur dann registriert, wenn A und B gleichzeitig Impulse liefern, während C nicht anspricht. Um die endliche Laufzeit zwischen zwei oder mehreren Detektoren zu berücksichtigen, müssen die Detektoren mit Hilfe von verzögerten Koinzidenzen zusammengeschaltet werden, d.h., ein Ereignis wird nur dann registriert, wenn die zeitliche Aufeinanderfolge der Impulse in bestimmten vorgegebenen Abständen erfolgt.

Nebelkammern

Die Nebelkammer, die 1907 von C.T.R. Wilson erfunden wurde, war das erste Gerät, mit dem Teilchenbahnen sichtbar gemacht werden konnten. Ihre Wirkungsweise beruht auf dem Verhalten von übersättigtem Dampf. Befindet sich ein Dampf im thermischen Gleichgewicht mit einer Flüssigkeit, so herrscht in ihm der Sättigungsdruck. Im allgemeinen steigt der Sättigungsdruck mit zunehmender Flüssigkeitstemperatur. Angenommen, ein gesättigter Dampf werde plötzlich adiabatisch expandiert, so daß er zunächst mit der Umgebung keine Wärmeenergie austauschen kann. Seine Temperatur sinkt, und sein Druck ist nun zu hoch für diese neue, tiefere Temperatur. Bei Anwesenheit von Staubteilchen oder Ionen wird der Dampf an diesen kondensieren, damit sein Dampfdruck wieder dem Sättigungsdruck entspricht. Ist der Dampf jedoch frei von Staubteilchen oder Ionen, so können sich keine Flüssigkeitströpfchen bilden, und die adiabatische Expansion liefert einen übersättigten Dampf. Bewegt sich ein ionisierendes Teilchen durch den übersättigten Dampf, so hinterläßt es eine Spur in Form von Ionen, an denen nun die Kondensation erfolgen kann. Die so durch Flüssigkeitströpfchen mit einem Radius von ungefähr 10^{-5} m sichtbar gemachte Teilchenbahn kann leicht beobachtet oder noch besser photographiert werden.

Die Bestandteile einer Nebelkammer zeigt Bild 8.7. Die Kammer, deren Volumen bis zu einigen Litern reichen kann, arbeitet mit Gemischen von Luft und Wasserdampf oder von Argon und Alkohol. Um einen übersättigten Dampf zu erzeugen, zieht man den Kolben plötzlich heraus, sobald ein in der Nähe der Kammer angebrachtes Zählrohrteleskop die Ankunft eines Teilchens signalisiert. Die Tröpfchenspur zeigt dann die Bahn des hindurchgehenden geladenen Teilchens an. In diesem Augenblick wird die Kammer beleuchtet und

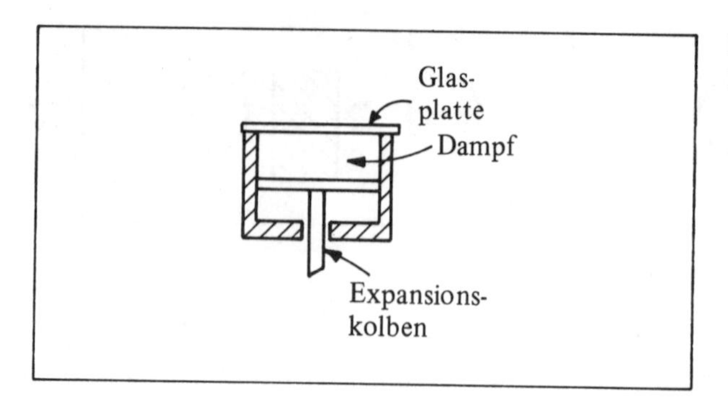

Bild 8.7
Nebelkammer (schematisch)

eine Kamera nimmt die Spur auf. Für Stereoaufnahmen benötigt man zwei oder mehrere Kameras. Man kann dann den dreidimensionalen Verlauf der Bahn untersuchen.

Die Bahn eines einzelnen Teilchens ist nur von geringem Interesse. Viel wichtiger sind Ereignisse, bei denen das eintreffende Teilchen innerhalb der Kammer auf andere Teilchen stößt. Dabei werden möglicherweise neue Teilchen erzeugt. Ein einfallendes instabiles Teilchen kann aber auch bei seinem Flug durch die Kammer in andere Teilchen zerfallen oder gar explodieren. Bei einem Ereignis erscheinen im allgemeinen sowohl die Spuren des einfallenden als auch der bei der Kernreaktion entstandenen Teilchen (ein Photon oder ein elektrisch neutrales Teilchen hinterläßt natürlich keine Spur). Man mißt zunächst die Impulse der Teilchen (durch Ermittlung des Bahnradius r in einem Magnetfeld der Flußdichte B und mit Hilfe der Gleichung $p = m\,v = Q\,r\,B$, sowie durch Bestimmung der Flugrichtungen). Indem man den Energie- und den Impulssatz anwendet, kann man dann das Ereignis in seinen Einzelheiten untersuchen. Bild 4.21 ist eine derartige Nebelkammeraufnahme.

Nebelkammern haben schwerwiegende Mängel. Die Dichte eines Gases ist so gering, daß die Wahrscheinlichkeit für einen Zusammenstoß des einfallenden Teilchens mit einem Gasmolekül oder -atom sehr klein ist. Die Erholungszeit der Kammer ist groß. Nach jeder Expansion muß man ungefähr eine Minute warten, bevor die Ionen durch ein elektrisches Feld abgesaugt worden sind und die Kammer für die nächste Expansion wieder zur Verfügung steht.

Eine Sonderform der Nebelkammer, die Diffusionskammer, arbeitet kontinuierlich, jedoch ohne Expansion. Der Boden wird auf einer wesentlich tieferen Temperatur als das Kammeroberteil gehalten. Die Kammer wird mit einem Gas großer Dichte gefüllt, und ein leichter Dampf wird oben hineingelassen. Während der Dampf abwärts diffundiert, kühlt er sich ab und wird dabei übersättigt. In dem Bereich dieses übersättigten Dampfes ist die Kammer jederzeit aufnahmebereit.

Blasenkammern

Die Nachteile der Nebelkammer werden zum größten Teil durch die von D. A. Glaser 1952 erfundene *Blasenkammer* überwunden. Bei den meisten Experimenten der Hochenergiephysik hat die Blasenkammer die Nebelkammer verdrängt.

Da sie mit einer überhitzten Flüssigkeit anstelle eines übersättigten Dampfes arbeitet, ist auch die Dichte im aktiven Bereich einer Blasenkammer erheblich größer als in einer Nebelkammer, und entsprechend nimmt die Wahrscheinlichkeit zu, ein interessantes Ereignis vorzufinden. In einem gewissen Sinne ist eine Blasenkammer eine umgekehrte Nebelkammer: Sie verwendet Dampftröpfchen, die sich in einer Flüssigkeit gebildet haben, anstatt von

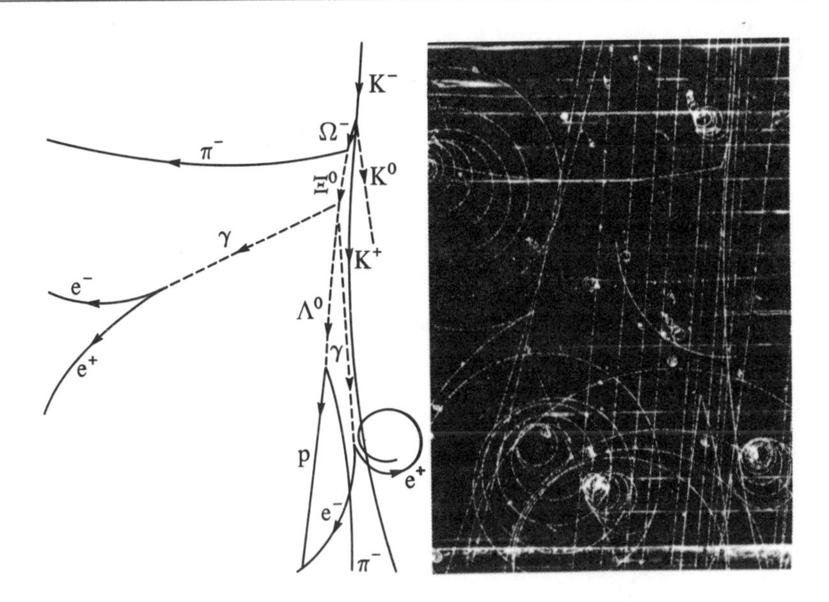

Bild 8.8 Aufnahme mit der 2-m-Wasserstoff-Blasenkammer des Brookhaven National Laboratory. Die Aufnahme zeigt die Spur eines negativ geladenen Omega-Teilchens (Ω^-), das nach einer mittleren Lebensdauer von ungefähr 10^{-10} s in ein Ξ°-Teilchen und ein π^--Teilchen zerfällt. Diese und die darauffolgenden Ereignisse sind identifiziert und links herausgezeichnet. Neutrale Teilchen, die im flüssigen Wasserstoff keine Blasen bilden können und daher auch keine Spuren hinterlassen, sind durch gestrichelte Linien dargestellt. Die Existenz des Ω^--Teilchens war durch die Theorie vor der Beobachtung vorausgesagt worden. Die Eigenschaften dieser und weiterer seltsamer Teilchen werden im Kapitel 11 behandelt. (Mit freundlicher Genehmigung des Brookhaven National Laboratory.)

Flüssigkeitströpfchen in einem Dampf (vgl. Bild 8.8). Eine Blasenkammer arbeitet zum Beispiel mit flüssigem Wasserstoff, der unter Atmosphärendruck bei einer Temperatur von 20 K siedet. Wird der Druck auf 5 bar vergrößert, so steigt die Temperatur der Flüssigkeit auf 27 K. Falls dann plötzlich der Druck verringert wird, ist die Flüssigkeit *überhitzt,* denn ihre Temperatur liegt kurzzeitig über dem Siedepunkt.

Beim Betrieb von Blasenkammern verwendet man Auslöseschaltungen, insbesondere in Koinzidenz geschaltete Zähler, um sicher zu sein, daß die aufgenommenen Photos auch interessierende Ereignisse enthalten. Die Abmessungen der Kammern können bis zu einigen Metern reichen. Die Kammern werden stets in einem äußeren Magnetfeld betrieben, um positiv geladene Teilchen von negativen unterscheiden zu können und um den Impuls der Teilchen bestimmen zu können.

Funkenkammern

Bei dem Typ der Funkenkammer, den man für photographische Aufnahmen verwendet, wird die Bahn eines geladenen Teilchens durch eine Reihe von Funken wiedergegeben. In seiner einfachsten Ausführung arbeitet ein Funkenzähler folgendermaßen: Eine Hochspannung liegt zwischen einem Elektrodenpaar, das sich in einem Edelgas befindet. Ein geladenes Teilchen bewegt sich durch dieses Gebiet und erzeugt Ionen. Unter dem Einfluß des beschleunigenden elektrischen Feldes vermehren sich die Ionen durch Stöße mit den

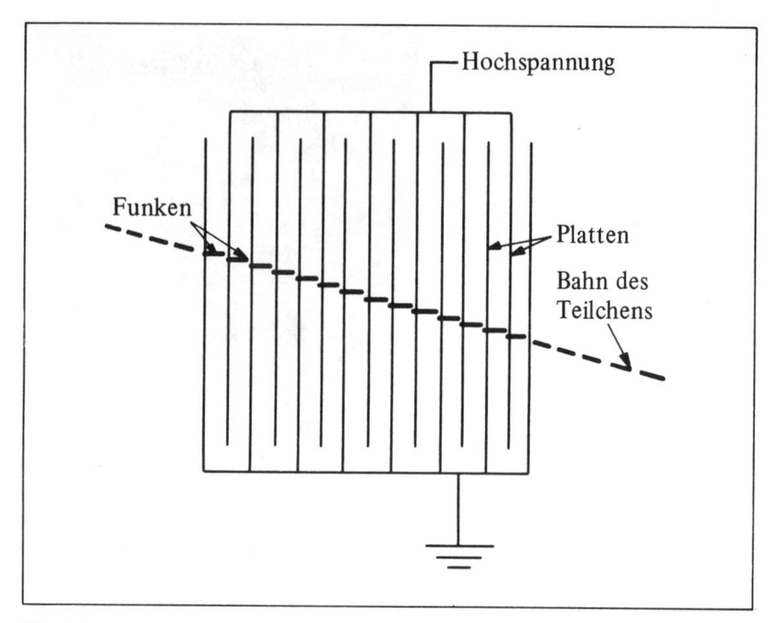

Bild 8.9 Funkenkammer (schematisch)

Molekülen, bis ein sichtbarer Funken zwischen den Elektroden überspringt. Die übriggebliebenen Ionen werden anschließend dann durch ein reinigendes elektrisches Feld abgesogen, und der Funkenzähler ist wieder zur Aufnahme bereit.

Eine Funkenkammer ist nur eine Zusammenschaltung mehrerer Funkenzähler. In einem Edelgas, zum Beispiel Neon, befinden sich im Abstand von einigen Millimetern parallele Platten (Bild 8.9). Eine Kamera erfaßt von einer Seite her das Gebiet zwischen den Platten. *Nachdem* das Teilchen, dessen Bahn photographiert werden soll, die Kammer quer durch die Platten durchlaufen hat und getrennte Zähler das Teilchen signalisiert haben, wird eine Hochspannung von einigen 10^4 Volt abwechselnd an die Platten gelegt. Die durch das geladene Teilchen primär gebildeten Ionen vermehren sich, und es treten Funken in den Zwischenräumen zwischen den Platten auf. Die Kamera wird dann ausgelöst. Wie Bild 8.10 zeigt, können zwei oder mehrere Spuren gleichzeitig in einer Funkenkammer registriert

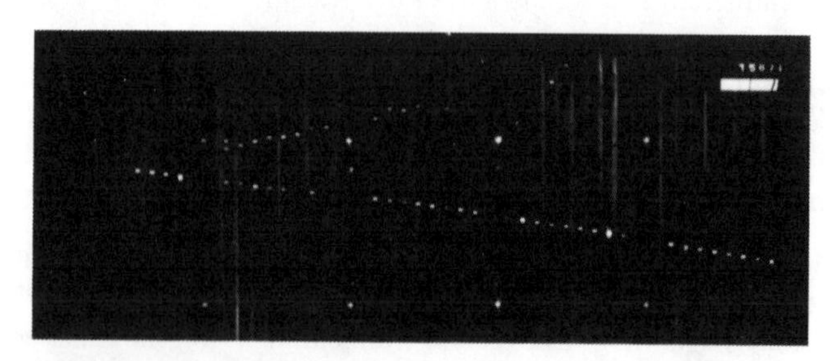

Bild 8.10 Zwei Spuren in einer Funkenkammer-Aufnahme, die bei Versuchen zum Nachweis des myonischen Neutrinos gewonnen wurden (mit freundlicher Genehmigung des Brookhaven National Laboratory)

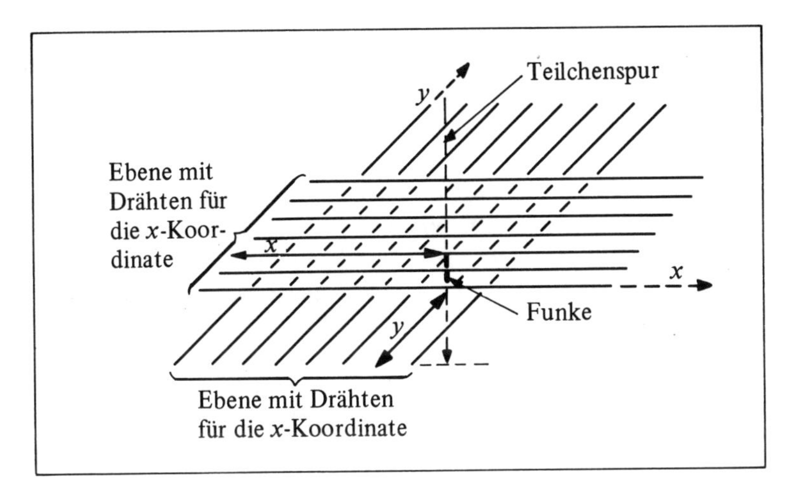

Bild 8.11 Zwei Lagen äquidistanter, paralleler Drähte einer Drahtfunkenkammer

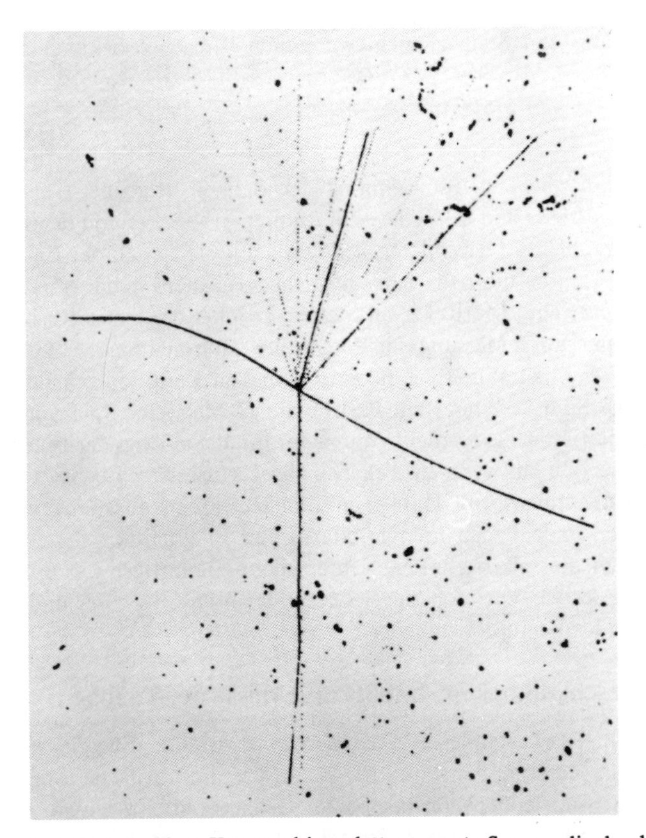

Bild 8.12 In einer Kernemulsionsplatte erzeugte Spuren, die durch die Wechselwirkung hochenergetischer Teilchen der kosmischen Strahlung mit der Kernemulsion entstanden sind (mit freundlicher Genehmigung des Brookhaven National Laboratory)

werden. Obwohl sie nicht das hohe räumliche Auflösungsvermögen einer Blasenkammer besitzt, liegt der besondere Vorzug einer Funkenkammer in ihrer sehr kurzen unempfindlichen Zeit zwischen zwei aufeinanderfolgenden Entladungen, also der kleinen Totzeit von etwa 10 μs. Man erzielt daher bei Strahlenbündeln großer Intensität ein großes Verhältnis von interessierenden Ereignissen zu Untergrundsereignissen.

Eine kompliziertere Anordnung ist die *Drahtfunkenkammer*. Bei dieser ist die zusammenhängende Elektrodenplatte der photographischen Funkenkammer durch Lagen paralleler Drähte im gleichen Abstand ersetzt. Die Drähte jeder zweiten Lage sind parallel und befinden sich auf gleichem Potential, während die zweite Gruppe von Drähten rechtwinklig zur ersten ausgespannt und geerdet ist. Wird beim Durchgang eines geladenen Teilchens ein Funken ausgelöst, so springt dieser zwischen zwei Drähten benachbarter Lagen über. Die elektrischen Signale breiten sich mit konstanter Geschwindigkeit längs dieser beiden Drähte aus. Die Ankunftszeiten dieser beiden Signale an den Drahtenden, meist durch einen magnetischen Effekt angezeigt, entsprechen den betreffenden Abständen des Funkens von den Drahtenden (Bild 8.11). Außerdem verursacht die Funkenkette beim Durchgang eines geladenen Teilchens durch die verschiedenen Lagen der Funkenkammer entsprechende Signale in den anderen Drähten. Die Kennzeichnung der signalführenden Drähte und die Ankunftszeiten der Signale werden dann in einen Computer eingegeben, der die Teilchenbahn dreidimensional rekonstruieren kann. Da die Drahtfunkenkammer vollelektronisch arbeitet, gibt es auch keine Verzögerungen durch die Entwicklung der Photos. Die Anordnung kann zur Registrierung von Ereignissen bis zu hundert mal pro Sekunde betrieben werden.

Kernemulsionen

Eine Photoemulsion, die zur Aufzeichnung der Bahnen geladener Teilchen verwendet wird, heißt *Kernemulsion* (Bild 8.12). Die Emulsion, meist dicker und empfindlicher als die sonst beim Photographieren verwendeten Emulsionen, liefert nach der Entwicklung eine sichtbare Ionenspur, da durch die Bahn eines geladenen Teilchens in der empfindlichen Schicht ein latentes Bild entsteht. Die Reichweite eines Teilchens in einer Kernemulsion hängt von seiner Energie ab. Durch Messung der Reichweite kann man daher die Teilchenenergie bestimmen. So erzeugt zum Beispiel in einer üblichen Emulsion ein Proton von 10 MeV eine 0,5 mm lange Spur, während ein Proton von 20 MeV eine Spur von 2,0 mm liefert. Die Teilchenmasse bestimmt die Körnerdichte in der Emulsion längs der Teilchenspur; außerdem nimmt die Körnerzahl zu, wenn ein Teilchen abgebremst wird. Ebenso kann man, wie bei Nebel- und Blasenkammern, mit Hilfe von Kernemulsionen Zusammenstöße und Kernreaktionen untersuchen, indem man Energie, Masse und Flugrichtung der beteiligten Teilchen ermittelt. Obgleich die mikroskopische Untersuchung derartiger *Kernspurplatten* sehr mühsam ist, besitzen sie den Vorteil geringer Größe, leichten Gewichtes und der Einfachheit. Außerdem ist eine Kernemulsion zu jeder Zeit empfindlich.

8.4 Messung von Geschwindigkeit, Impuls und Masse der Teilchen

Kennzeichnende Eigenschaften eines Teilchens, wie Art und Energie, kann man durch dessen Absorption in Materie oder durch Ionisationsvorgänge in Detektoren bestimmen. Alle diese Messungen sind jedoch von begrenzter Genauigkeit. In diesem Abschnitt werden wir die physikalischen Grundlagen von Geräten behandeln, mit denen Geschwindigkeit, Impuls, Masse und Energie geladener Teilchen sehr genau bestimmt werden können.

Ein geladenes Teilchen kann auf seiner Bahn durch ein Vakuum nur durch eine elektrische Kraft $\mathbf{F} = Q\,\mathbf{E}$ oder durch eine magnetische Kraft $\mathbf{F} = Q\,\mathbf{v} \times \mathbf{B}$, die von einem äußeren elektrischen oder magnetischen Feld herrührt, merklich beeinflußt werden. Alle Geräte zur Messung von Geschwindigkeit, Impuls und Masse beruhen lediglich darauf, mit Hilfe von elektrischen und magnetischen Feldern, einzeln oder kombiniert, die Bahn geladener Teilchen zu bestimmen. Jedes dieser Geräte besteht aus drei Teilen: einer Quelle oder einem Strahlenbündel geladener Teilchen, einem Bereich, in dem die elektrischen oder die magnetischen Felder auf die Teilchen einwirken können, und einem Detektor, der die Ankunft der Teilchen registriert. In jedem Gerät wird für die geladenen Teilchen sozusagen ein Hindernislauf veranstaltet. Gelangen sie dennoch von der Quelle zum Detektor, so kann man aus der Kenntnis der elektrischen oder der magnetischen Felder, die auf die Teilchen einwirken, auf die interessierenden Größen, zum Beispiel die Teilchengeschwindigkeit, schließen.

Geschwindigkeitsselektoren

Zunächst wollen wir einen Geschwindigkeitsselektor betrachten (Bild 8.13). Ein schmales Bündel geladener Teilchen wird in einen Raumbereich eingeschossen, in dem ein nach links gerichtetes, homogenes elektrisches Feld mit der Feldstärke **E** und gleichzeitig ein aus der Zeichenebene herausgerichtetes, homogenes magnetisches Feld mit der Flußdichte **B** herrscht. Das einfallende Strahlenbündel bestehe aus Teilchen, die sich in ihrer Masse, in ihrer Ladung (Größe und Vorzeichen) und in ihrer Geschwindigkeit unterscheiden. Auf ein geladenes Teilchen mit der Masse m und der Ladung $+Q$, das in den Bereich des elektrischen und des magnetischen Feldes, **E** bzw. **B**, senkrecht zu diesen *gekreuzten* Feldern eintritt, wirken zwei Kräfte: eine nach links gerichtete elektrische Kraft QE und eine nach rechts gerichtete magnetische Kraft QvB, dabei ist v die Teilchengeschwindigkeit. Soll sich das Teilchen dennoch unabgelenkt durch den Selektor bewegen, so muß die resultierende Kraft verschwinden. Das bedeutet

$$Q E = Q v B, \qquad v = \frac{E}{B}. \tag{8.2}$$

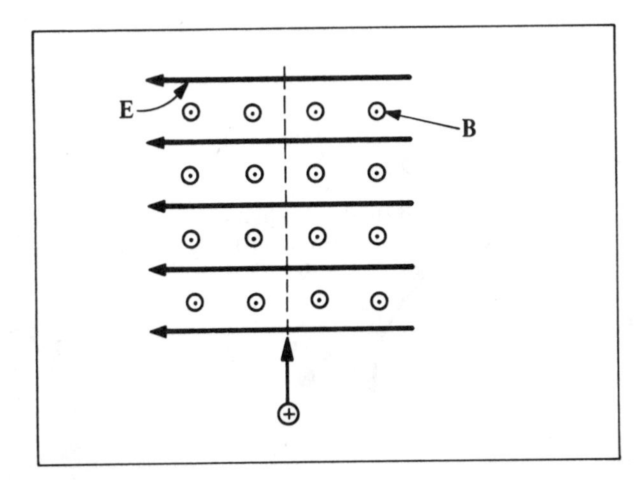

Bild 8.13 Geschwindigkeitsselektor, gekreuzte elektrische und magnetische Felder

Also verlassen den Selektor ohne Ablenkung nach rechts oder links nur diejenigen Teilchen, deren Geschwindigkeit gerade gleich dem Verhältnis E/B ist. Sind nun **E** und **B** bekannt, dann kennt man auch die Geschwindigkeit der Teilchen in dem austretenden Strahlenbündel. Wir müssen aber beachten, daß *alle* Teilchen mit der Geschwindigkeit vom Betrage E/B unabgelenkt passieren können, unabhängig von Unterschieden in der Masse oder im Vorzeichen oder in der Größe ihrer Ladung.

Impulsselektoren

Zur Messung des Impulses geladener Teilchen wird lediglich ein homogenes Magnetfeld benötigt. Das Feld in Bild 8.14 sei in die Zeichenebene hinein gerichtet, und die negativ geladenen Teilchen sollen sich senkrecht zu den magnetischen Feldlinien bewegen. Die magnetische Kraft steht auf der Geschwindigkeit senkrecht und zwingt das Teilchen auf eine Kreisbahn mit dem Radius r. Dabei gilt

$$Q v B = \frac{m v^2}{r}, \qquad m v = Q B r. \qquad (3.9), (8.3)$$

Der Impuls p ist direkt proportional zum Radius r. Alle Teilchen mit gleicher Ladung Q und mit gleichem Impuls mv bewegen sich auf Bahnen mit dem gleichen Krümmungsradius. Es sei daran erinnert, daß die in Gl. (8.3) auftretende Masse m die *relativistische* Masse ist; daher ist mv auch der relativistische Impuls (vgl. Abschnitt 3.1). Die Größe Br, die bei Teilchen gegebener Ladung Q proportional zum relativistischen Impuls ist, wird manchmal auch *magnetische „Steifigkeit"* genannt.

Bei bekannter Teilchenart – also bei bekannter Ladung Q und Ruhmasse m_0 (oder Ruhenergie E_0) – kann man durch Messung des Bahnradius r in einem bekannten Magnetfeld den Teilchenimpuls $p = QBr$ bestimmen und dann unmittelbar die relativistische Bewegungsenergie des Teilchens berechnen: $E_k = E - E_0 = E - m_0 c^2$. Wir benutzen hierbei die relativistische Beziehung zwischen Energie und Impuls:

$$E^2 = (pc)^2 + E_0^2, \qquad (3.14)$$

$$(E_k + E_0)^2 = (QBr)^2 c^2 + E_0^2. \qquad (8.4)$$

Nach Gl. (8.4) kann man daher durch Messung der Bahnkrümmung bei Blasenkammeraufnahmen die Teilchenenergie berechnen. Die Dichte einer Spur, die durch dE/dx bestimmt ist,

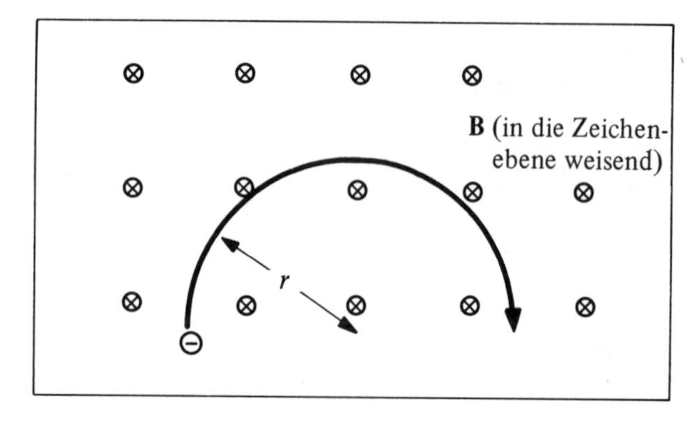

Bild 8.14 Impulsselektor, homogenes Magnetfeld

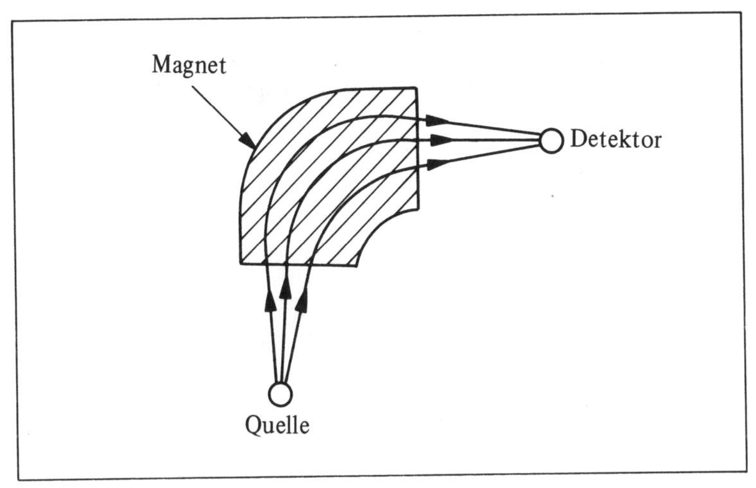

Bild 8.15 Fokussierender Magnet. Die von der Quelle divergierenden Teilchen konvergieren am Orte des Detektors.

also durch den differentiellen Energieverlust eines geladenen Teilchens beim Durchgang durch einen bekannten Stoff, hängt nur von der Teilchenmasse ab und dient zur Identifizierung des Teilchens.

In einem magnetischen Impulsanalysator sollen sich üblicherweise Teilchen auf unterschiedlichen Wegen von einer Quelle zu einem Detektor bewegen können (Bild 8.15). Sie entstammen einer kleinen Quelle, bewegen sich durch ein homogenes Magnetfeld auf Kreisbahnen und konvergieren dort, wo sich der Detektor befindet. Statt von einer Ablenkung des Teilchenstrahles kann man ebenso gut auch von einer Fokussierung durch das Magnetfeld sprechen. Quelle und Detektor entsprechen Gegenstandspunkt und Bildpunkt bei einer optischen Abbildung. Der offensichtliche Vorteil einer derartigen Anordnung besteht darin, daß mehr Teilchen, die von der Quelle herrühren, ausgenutzt und auf den Detektor fokussiert werden können. Dadurch wird die Empfindlichkeit des magnetischen Analysators verbessert.

Ein Spezialfall des magnetischen Spektrometers ist das *β-Spektrometer.* Es dient zur Bestimmung des Impulses von Elektronen, die von Atomkernen mit Energien bis zu einigen MeV ausgesandt werden, oder auch zur Impulsmessung bei Elektronen, die durch Photoeffekt oder durch Compton-Effekt ihre Energie von Röntgen- oder γ-Quanten erhalten haben.

Aus der Impulsmessung im Magnetfeld läßt sich sehr einfach die kinetische Energie eines hochenergetischen Teilchens bestimmen. Im Prinzip ließe sich die Energie der Elektronen von beispielsweise 1 MeV auch dadurch bestimmen, daß man feststellt, ob sie durch ein Gegenfeld bei einer Potentialdifferenz von 10^6 V abgebremst werden können. Das ist praktisch natürlich unmöglich. Bei sehr hochenergetischen Teilchen muß man daher Zuflucht zur indirekten Energiebestimmung mit Hilfe der Impulsmessung nehmen.

Massenspektrometer

Ein Massenspektrometer ist ein Gerät zur Messung der Masse ionisierter Atome. Wie wir noch sehen werden, ist es in der Kernphysik besonders wichtig, die Atommassen mit einer Genauigkeit von größenordnungsmäßig eins zu hunderttausend zu kennen. In der Massenspektrometrie erreicht man eine derartig hohe Genauigkeit. Obgleich Massenspektrometer sehr unterschiedlich beschaffen sein können, wollen wir hier doch nur eine einfache Bauart behandeln.

Da ja der Impuls eines Teilchens mv ist, liegt es auf der Hand, daß man durch Kombination eines Geschwindigkeitsselektors und eines Impulsselektors einen Massenselektor oder ein Massenspektrometer erhalten kann. Wir betrachten die in Bild 8.16 schematisch dargestellte Anordnung. Die von einer Quelle ausgesandten Ionen gelangen durch einen Spalt S_1 und werden durch die Spannung U beschleunigt. Nachdem sie den Spalt S_2 verlassen haben, treten sie in den Geschwindigkeitsselektor ein. Nur Ionen mit der Geschwindigkeit E/B_1 gelangen durch den Spalt S_3. Hierbei ist E die Feldstärke des homogenen elektrischen Feldes zwischen den vertikalen Platten und B_1 die Flußdichte des homogenen, senkrecht zur Zeichenebene gerichteten Magnetfeldes, das räumlich auf den Bereich des Geschwindigkeitsselektors begrenzt ist. Die schließlich durch S_3 gelangten Ionen treten in ein homogenes Magnetfeld mit der Flußdichte B_2 ein, das ebenfalls senkrecht zur Zeichenebene gerichtet ist, und werden so abgelenkt, daß sie sich auf einem Kreis mit dem Radius r bewegen. Aus den Gln. (8.2) und (8.3) erhalten wir

$$\frac{m}{Q} = \frac{B_2 r}{v} = \frac{B_2 r}{E/B_1}. \tag{8.5}$$

Aus dieser Gleichung können wir das Verhältnis von Masse und Ladung m/Q unmittelbar berechnen. Ist die Ladung des Ions bekannt (für einfach ionisierte Atome ist $Q = e$), so kann die Masse selbst bestimmt werden. Die Masse m ist direkt proportional zum Radius r. Hierbei müssen wir beachten, daß zunächst die Masse eines elektrisch geladenen Ions bestimmt wird, aber durch Berücksichtigung des fehlenden Elektrons können wir auch die Masse des neutralen Atoms ermitteln. Treffen Ionen unterschiedlicher Masse auf eine Photoplatte *(Massenspektrograph)*, so wird ein Massenspektrum dieser Ionen aufgezeichnet. Ebenso kann man aber auch die Ionen durch einen Detektor registrieren, der sich hinter einem Spalt im festen Abstand $2r$ vom Eintrittsspalt S_3 befindet. Man trägt dann den Detektorstrom gegen die veränderliche Flußdichte B_2 auf und erhält so ein Massenspektrum.

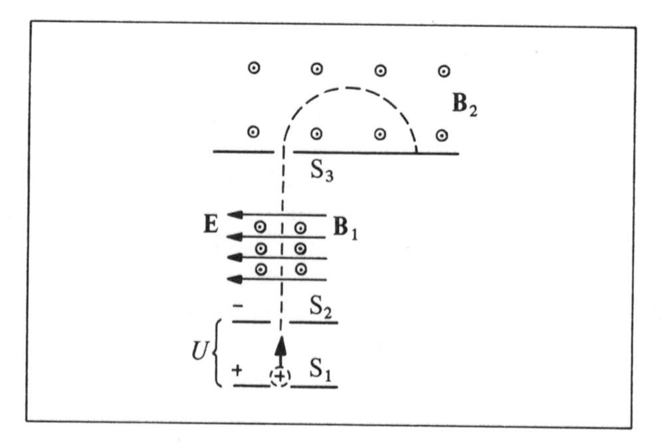

Bild 8.16 Einfaches Massenspektrometer, bestehend aus einem Geschwindigkeitsselektor und einem darauffolgenden Impulsselektor

Alle Massenspektrometer, so sehr sie sich auch in ihren Einzelheiten unterscheiden mögen, besitzen ein elektrisches Feld und ein Magnetfeld. Entweder wirken beide Felder gleichzeitig auf die Ionen ein oder nacheinander. Das erste Massenspektrometer wurde 1912 von J. J. Thomson entwickelt. Wie er herausfand, kann ein gegebenes chemisches Element aus Atomen bestehen, deren Massen unterschiedliche diskrete Werte besitzen. Derartige Atome, die dieselbe Ordnungszahl Z besitzen und daher chemisch ununterscheidbar sind, bilden unterschiedliche *Isotope* des betreffenden Elementes.

Als Beispiel wollen wir das Element Chlor, ${}_{17}Cl$, betrachten. Die relative Atommasse des natürlichen Chlors wurde zu 35,453 bestimmt. Durch die Massenspektrometrie fand man zwei verschiedene Chlorisotope mit den Atommassen 34,969 u und 36,966 u. Nun ist nach Definition die Masse eines neutralen Atoms des Kohlenstoffisotops ${}^{12}C$ genau 12 u. Natürliches Chlor ist eine Mischung der beiden Isotope und hat die mittlere Atommasse 35,453 u. Dieser Wert ist weit von der Ganzzahligkeit entfernt. Dagegen besitzen die beiden verschiedenen Isotope ${}^{35}Cl$ und ${}^{37}Cl$ mit den relativen Häufigkeiten 75,53 % und 24,47 % Atommassen, die sehr nahe bei den ganzen Zahlen 35 und 37, den sogenannten Massenzahlen, liegen. Ein Massenspektrum des Chlors, wie man es mit einem Massenspektrometer erhält, ist in Bild 8.17 dargestellt. Wie man herausgefunden hat, besteht jedes chemische Element aus einer Atomart oder aus mehreren Isotopen. Alle Atommassen, in atomaren Masseneinheiten gemessen, liegen sehr nahe bei ganzen Zahlen, sie sind aber nicht genau ganzzahlig. Diese geringen Abweichungen der Atommassen von der Ganzzahligkeit liefern wertvolle Erkenntnisse über den Bau der Atomkerne.

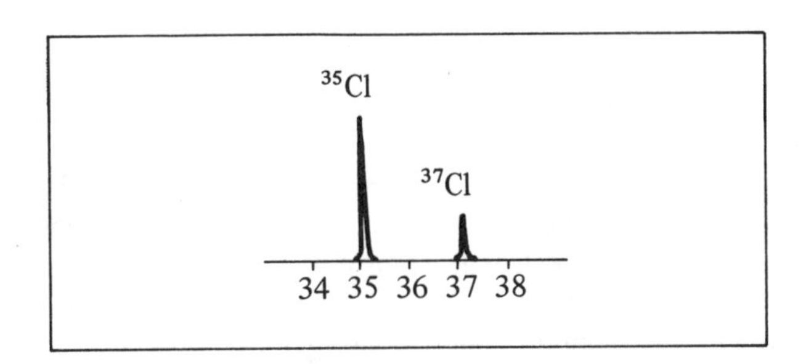

Bild 8.17 Massenspektrum des natürlichen Chlors

8.5 Teilchenbeschleuniger

Unser Verständnis vom Aufbau der Materie erweiterte sich immer Hand in Hand mit der Entwicklung von Geräten, mit denen man geladene Teilchen auf immer höhere Energien beschleunigen konnte. Wie wir bereits gesehen haben, kann man durch den Beschuß von Atomen mit Elektronen, die auf einige Elektronvolt beschleunigt worden sind, die äußeren, schwach gebundenen Elektronen anregen oder gar abtrennen und in letzterem Falle einen Photoeffekt verursachen. Aus diesen Versuchen lassen sich die Anregungsenergien und die Ionisierungsarbeiten der Atome ermitteln. Dadurch kann man die Anordnung der äußeren Elektronen deuten. Werden Atome mit Elektronen beschossen, die auf Energien von 10^3 eV bis 10^4 eV beschleunigt worden sind, so können die innersten, stark gebundenen Elektronen abgetrennt werden, und es kann zur Aussendung von Röntgenquanten kommen.

Aus derartigen Versuchen kann auf die Anordnung der inneren Elektronen geschlossen werden. Bei allen diesen Versuchen verhält sich der Atomkern wie ein positiv geladener, aber sonst inaktiver Massenpunkt ohne innere Struktur. Das heißt nicht, daß ein Atomkern nichts anderes als eine Punktladung und ein Massenpunkt ist. Es besagt nur, daß beim Beschuß eines Atoms mit Teilchen einer Energie von nicht mehr als einigen tausend Elektronvolt keine beobachtbare Änderung in irgend einer inneren Struktur, die der Kern besitzen kann, auftritt.

Wie wir im Kapitel 9 sehen werden, sind die Teilchen, die den Atomkern bilden, mit einigen *Millionen* Elektronvolt gebunden. Wenn wir daher, um den Kernaufbau zu untersuchen, die innere Struktur eines Kernes und die Anordnung seiner Bausteine ändern wollen, so müssen wir dem Kern einen Energiebetrag von der Größenordnung MeV zuführen. Die unmittelbarste Methode, die Struktur eines Kernes zu ändern, besteht darin, Targets, die ja Atome (und damit Kerne) enthalten, mit Teilchen zu beschießen, die auf sehr hohe Energien beschleunigt worden sind. Jeder Fortschritt in der Kernphysik und in der Elementarteilchenphysik beruhte daher auf der Erfindung und auf dem Bau von Maschinen, die geladene Teilchen auf Energien im MeV-Bereich oder sogar bis auf einige hundert GeV beschleunigen können.

Der ursprüngliche Beweggrund zum Bau derartiger Teilchenbeschleuniger für sehr hohe Energien war die Verwendung dieser energiereichen Geschoßteilchen zur Erzeugung weiterer instabiler Teilchen, die in der Natur nicht vorkommen und die man untersuchen wollte. So wurden zum Beispiel beim Beschuß ruhender Protonen mit Protonen von 6 GeV Antiprotonen erzeugt. Außerdem verringert sich bei Erhöhung von Energie und Impuls eines Teilchens dessen Wellenlänge $\lambda = h/p$. Daher hat zum Beispiel ein Elektron von 20 GeV eine Wellenlänge von weniger als 10^{-16} m, während die Größenordnung der Atomkerne 10^{-14} m beträgt. Man kann tatsächlich hochenergetische Elektronen zur Erforschung der elektrischen Ladungsverteilung in einem Atomkern, ja sogar innerhalb eines Protons verwenden.

Ein idealer Teilchenbeschleuniger liefert einen Strahl geladener Teilchen mit einer genau definierten, hohen Energie und mit einer großen Strahlintensität, also mit einer großen Teilchenzahl. Die Teilchenenergie muß hoch sein, denn nur dann kann die Kernstruktur wesentlich verändert werden, wenn die Teilchen auf die Targetkerne treffen oder neue Teilchen erzeugen. Die Strahlintensität soll im Idealfall sehr groß sein, da die Wahrscheinlichkeit für den Zusammenstoß eines Geschoßteilchens mit einem Targetkern wegen der außerordentlichen Kleinheit der Fläche der Targetkerne auch sehr klein ist.

Alle Beschleuniger für geladene Teilchen nutzen die Tatsache aus, daß ein geladenes Teilchen seine Energie ändert, wenn ein *elektrisches* Feld auf das Teilchen einwirken kann. Ein zeitlich *konstantes* Magnetfeld kann an einem bewegten Teilchen keine Arbeit verrichten und damit auch nicht dessen Energie ändern. Andererseits erzeugt ein magnetisches *Wechselfeld* ein elektrisches Feld; dieses wiederum kann ein geladenes Teilchen beschleunigen. Also ändern letztlich alle Teilchenbeschleuniger die Energie geladener Teilchen durch ein elektrisches Feld, das entweder unmittelbar durch elektrische Ladungen oder mittelbar durch ein magnetisches Wechselfeld erzeugt wird.[1)]

[1)] Ein Beschleuniger, der zur Erzeugung eines elektrischen Feldes ein magnetisches Wechselfeld verwendet, ist das Betatron. Dieses liefert hochenergetische Elektronen. Wir wollen seine Eigenschaften hier nicht näher beschreiben, da man das Betatron in der Kernforschung heute kaum noch verwendet. Es dient dagegen häufiger zur Erzeugung von Röntgenstrahlung durch hochenergetische Elektronen.

Bevor wir die Grundtypen der Beschleuniger beschreiben, müssen wir zwei beträchtliche technische Probleme erwähnen, die beim Bau eines jeden Beschleunigers zu lösen sind. Es handelt sich um die Aufrechterhaltung eines extremen *Hochvakuums* im Innern der Anlage und um die *Fokussierung* des Strahles der beschleunigten Teilchen durch elektrische oder durch magnetische Felder. Ein Hochvakuum verringert die Wahrscheinlichkeit von Zusammenstößen mit Gasmolekülen und verringert damit den Verlust ausnutzbarer Strahlenergie. Durch die Fokussierung werden beschleunigte Teilchen, die geringfügig von der idealen Bahn abweichen (die zwischen Quelle und Target mehrere Kilometer betragen kann), auf die Bahn zurückgeführt und bleiben so für den Strahl erhalten. Obwohl die Hochvakuum- und die Fokussierungsprobleme beim Bau von Beschleunigern entscheidend sind, wollen wir uns hier aber nur mit den Grundlagen der Teilchenbeschleunigung befassen (einige Fragen der Fokussierung werden in den Aufgaben 8.33 bis 8.36 behandelt).

Es gibt zwei Grundformen von Teilchenbeschleunigern: *Linearbeschleuniger,* bei denen sich die geladenen Teilchen auf einer geradlinigen Bahn bewegen, und *Zirkularbeschleuniger,* bei denen sich die geladenen Teilchen auf einer gekrümmten Bahn bewegen und diese Bahn mehrfach durchlaufen. Die im folgenden beschriebenen Linearbeschleuniger sind der Van de Graaff-Generator und der Driftröhrenbeschleuniger. Von den Zirkularbeschleunigern werden wir das Zyklotron, das Synchrozyklotron und das Synchrotron behandeln.

Linearbeschleuniger

Viele Geräte, die Teilchen nur auf eine verhältnismäßig geringe Energie beschleunigen (bis auf nicht mehr als 1 MeV), verwenden zur Hochspannungserzeugung konventionelle Schaltungen wie die Kaskadenschaltung. Alle diese Geräte sind jedoch letztlich durch das Auftreten elektrischer Durchschläge auf Spannungen von etwa 10^6 Volt beschränkt.

Linearbeschleuniger werden (im Englischen) meist kurz als „Linacs" bezeichnet.

Das erfolgreichste Gerät zur geradlinigen Beschleunigung geladener Teilchen mit Hilfe einer *einzigen* hohen Potentialdifferenz ist der *elektrostatische Van de Graaff-Generator,* den R. J. Van de Graaff 1931 erfunden hat. Er kann einfachgeladene Teilchen auf eine Energie bis etwa 30 MeV beschleunigen. Sein Hauptvorteil ist die große Strahlintensität (einige Milliampere) und die genau kontrollierbare Energie (bis auf 0,1 %).

Die Maschine beruht auf folgendem physikalischen Prinzip. Eine elektrische Ladung, die man auf das Innere eines metallischen Hohlkörpers bringt, muß immer auf die Außenfläche wandern, unabhängig davon, wie viele Ladungen sich bereits dort befinden. Wir wollen uns hier auf den kürzlich entwickelten *Tandemgenerator* beschränken. Bei diesem wird eine einzige Hochspannung *zweimal* zur Teilchenbeschleunigung ausgenutzt, indem man nach der Hälfte der Beschleunigungsstrecke das Vorzeichen der Teilchenladung umkehrt. Bild 8.18 zeigt ein Schema der wichtigsten Teile der Tandemmaschine. Bild 8.19 gibt eine Tandemmaschine mit den angeschlossenen Geräten wieder. Ein Transportband schafft Elektronen von einer Hochspannungselektrode oder einem Terminal in der Mitte des Gerätes fort. Dieses Terminal ist ein leitender Hohlkörper, der dadurch ein positives Potential bis zu 10^6 V erreichen kann. Eine Ionenquelle liefert negative Wasserstoffionen H^-, die aus einem Proton und *zwei* gebundenen Elektronen bestehen. Wenn die negativen Ionen in die Beschleunigungskammer eintreten, befinden sie sich auf Erdpotential. Sie erreichen eine hohe Bewegungsenergie und gelangen zum mittleren, positiv geladenen Terminal. Im Innern dieses Terminals treffen sie auf eine dünne Folie oder auf ein Gas (den „Abstreifer" engl.: stripper). Dort verlieren sie ihre beiden Elektronen, so daß sie als positiv geladene, nackte Protonen wieder herauskommen. Diese Protonen werden nun ein zweites Mal beschleunigt, wenn sie sich

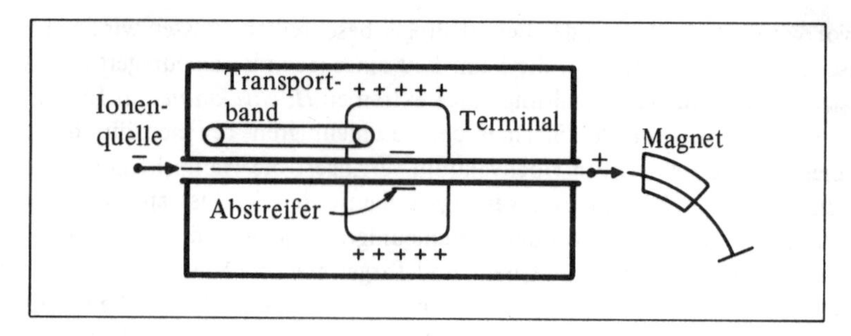

Bild 8.18 Tandem-Van de Graaff-Generator (schematisch)

Bild 8.19 Tandem-Van de Graaff-Generator mit zugehörigen Ablenk-, Analysator- und Fokussierungsmagneten (mit freundlicher Genehmigung des Rutgers News Service)

von dem hohen Potential kommend zum Ende des Beschleunigers hin bewegen, das auf Erdpotential liegt. Bei einem Terminalpotential von 10 MV erhält man auf diese Weise Protonen von 20 MeV. Die geladenen Teilchen gelangen dann in ein Magnetfeld, wo sie abgelenkt und gleichzeitig zu einem Strahl monoenergetischer Teilchen fokussiert werden, der schließlich auf ein Target trifft.

Ein Van de Graaff-Generator kann einen kontinuierlichen Strahl großer Intensität von positiven Ionen mit Energien bis zu 30 MeV liefern. Er kann auch als Röntgenstrahlenquelle dienen, wenn mit ihm Elektronen beschleunigt werden, die anschließend beim Auftreffen auf ein Target abgebremst werden. Die Beschleunigungsspannung und damit die Teilchenenergie kann bei diesem Generator genau kontrolliert werden, indem man den Leckstrom von dem positiven Terminal beeinflußt. Die höchstmögliche Teilchenenergie ist jedoch schließlich ebenfalls durch die unvermeidbaren Leckströme begrenzt.

Die beiden Grundarten der Linearbeschleuniger, bei denen geladene Teilchen längs einer geradlinigen Beschleunigungsstrecke mehrfach beschleunigt werden, sind der *Driftröhrenbeschleuniger* (R. Wideröe, 1929) und der *Wellenleiterbeschleuniger* (D. W. Fry, 1947).

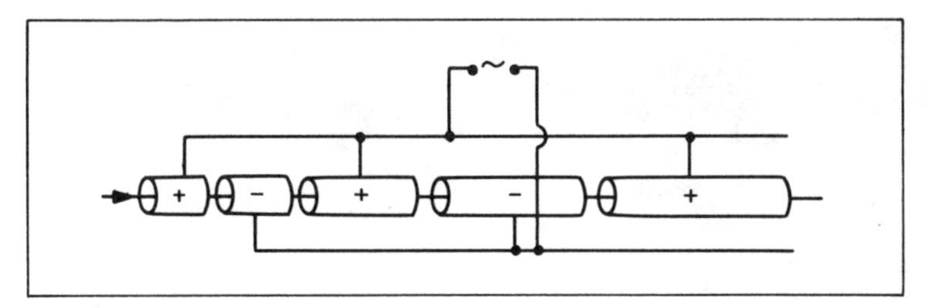

Bild 8.20 Einfacher Driftröhrenlinearbeschleuniger

Beim Driftröhrengerät werden die Teilchen durch ein elektrisches Feld zwischen voneinander isolierten Leitern mehrmals beschleunigt. Beim Wellenleiterbeschleuniger werden sie durch das elektrische Feld in einem Hohlleiter beschleunigt. Wir wollen hier nur den Driftröhrenbeschleuniger genauer behandeln.

Die geladenen Teilchen gelangen in eine lange, gerade, evakuierte Röhre, in der sich eine Anzahl leitender Hohlzylinder mit zunehmender Länge befindet (Bild 8.20). Die Zylinder sind abwechselnd mit den beiden Anschlüssen eines Hochfrequenzgenerators verbunden. Daher herrscht in dem Gebiet zwischen je zwei benachbarten Zylindern ein zeitlich sinusförmig veränderliches elektrisches Feld. Angenommen, die positiven Ionen durchlaufen den ersten Zylinder mit konstanter Geschwindigkeit. Falls sie dann gerade zu dem Zeitpunkt in den Zwischenraum zwischen den beiden ersten Zylindern eintreten, in dem der zweite Zylinder negativ gegenüber dem ersten Zylinder ist, so werden sie durch das elektrische Feld beschleunigt. Sie gelangen in den zweiten Zylinder und durchlaufen diesen mit konstanter, aber nun höherer Geschwindigkeit. Die Länge dieses zweiten Zylinders ist so gewählt, daß zu dem Zeitpunkt, in dem die Ionen diesen verlassen, die Spannung gerade umgepolt ist – d.h., die Teilchen durchlaufen den Zylinder genau während einer halben Periodendauer der Hochfrequenz. Wiederum beschleunigt dann das Feld die Teilchen in Richtung auf den nächsten Zylinder.

Immer dann, wenn das Teilchen durch einen Zylinder fliegt, befindet es sich in einem feldfreien Raum. Da die Frequenz der Wechselspannung an den Driftröhren konstant ist, müssen die Teilchen die gleiche Laufzeit durch jede der Röhren haben, damit sie den Zwischenraum zwischen zwei Röhren genau im richtigen Zeitpunkt für eine weitere Beschleunigung erreichen. Aus diesem Grunde müssen die Röhren mit zunehmender Laufstrecke der Teilchen immer länger werden.

Die Endenergie der Teilchen hängt von der Energiezunahme in jedem Zwischenraum und von der Anzahl der Zwischenräume und damit auch von der Gesamtlänge der Beschleunigungsanlage ab. Der auf das Target auftreffende Teilchenstrahl ist somit gepulst. Die Anzahl der Impulse, die während einer Sekunde auf das Target treffen, ist gleich der Frequenz der Hochspannung an den Driftröhren. Mit Driftröhrenbeschleunigern beschleunigte Protonen können eine kinetische Energie von fast 100 MeV erreichen.

Der 100-Millionen-Dollar Elektronen-Linac im Stanford Linear Accelerator Center ist der größte Wellenleiterbeschleuniger. Er liefert bei einem Teilchenstrom von 30 mA Elektronen von 20 GeV (Bild 8.21). Eine Hochfrequenzwelle läuft durch einen Hohlleiter. Man kann sich die Elektronen auf der Welle reitend vorstellen, dabei vergrößert ein elektrisches Feld ihre Bewegungsenergie stetig. Bei der Anlage in Stanford, deren Gesamtlänge über drei

Bild 8.21a Stanford, 20-GeV-Elektronenlinearbeschleuniger. Die Targets befinden sich am Ende der 3,2 km langen Beschleunigungsstrecke. Die Elektronen werden dort abgelenkt, magnetisch analysiert und auf Funken- und Blasenkammern gelenkt.

Bild 8.21b 20-GeV-Elektronenlinearbeschleuniger von Stanford. Targethalle mit 8-GeV-Magnetspektrometer (Vordergrund) und 20-GeV-Spektrometer (Hintergrund)

Bild 8.21c 20-GeV-Elektronenlinearbeschleuniger von Stanford. Innenansicht des Beschleunigertunnels (mit freundlicher Genehmigung des Stanford Linear Accelerator Center, Stanford University)

Kilometer beträgt, wird die beschleunigende elektromagnetische Welle durch 245 Klystron-Mikrowellensender eingespeist, von denen jeder eine Ausgangsleistung von 24 MW bei einer Frequenz von 2,9 GHz (2900 MHz) besitzt. Die Elektronen werden zunächst auf 80 keV und dann auf 30 MeV vorbeschleunigt und erreichen so den Hauptbeschleuniger. Nach Verlassen des Hauptbeschleunigers gelangen sie in eine Weiche und in ein magnetisches Spektrometer (mit 1700 Tonnen Eisen). Anschließend können sie bei einer Vielzahl von Targets, einschließlich Funken- und Blasenkammern, Wechselwirkungen hervorrufen.

Zirkularbeschleuniger

Zu den Beschleunigern, die man als Zirkularbeschleuniger bezeichnet, gehören das *Zyklotron,* das *Synchrozyklotron* und das *Synchrotron.* Bei diesen Geräten erfahren die geladenen Teilchen eine Mehrfachbeschleunigung; unter der Einwirkung eines Magnetfeldes müssen sie sich auf einer Kreisbahn bewegen.

Die Grundgleichung für ein Teilchen mit der relativistischen Masse m und der Ladung Q, das sich senkrecht zu einem Magnetfeld der Flußdichte B auf einer Kreisbahn mit dem Radius r bewegt, ist

$$p = m\,v = Q\,B\,r\,. \tag{3.9}$$

Die Winkelgeschwindigkeit ω des Teilchens ist durch

$$\omega = \frac{v}{r} = \frac{Q}{m}\,B$$

gegeben, und die Frequenz $f = \omega/2\pi$ dieser Bewegung, also die Zahl der Umläufe in der Zeiteinheit, ist dann

$$f = \frac{Q}{2\pi m}\,B\,. \tag{8.6}$$

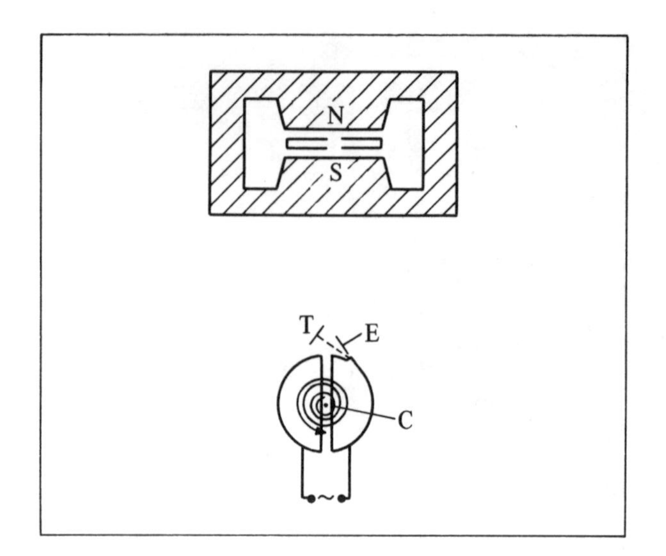

Bild 8.22
Zyklotron
oben: Seitenansicht,
unten: Aufsicht

Die durch diese Gleichung gelieferte Frequenz ist die sogenannte *Zyklotronfrequenz*. Diese Gleichung gilt für alle Zirkularbeschleuniger. Wichtig ist, daß f vom Ladungs-Massen-Verhältnis und vom Betrage der magnetischen Flußdichte, nicht aber von der Teilchengeschwindigkeit und auch nicht vom Bahnradius der Kreisbahn abhängt. Daher durchlaufen alle gleichartigen Teilchen das Magnetfeld mit derselben Umlauffrequenz, unabhängig von unterschiedlicher Geschwindigkeit oder Energie der Teilchen. Genaugenommen ist die Zyklotronfrequenz nur so lange unabhängig von der Bewegungsenergie der Teilchen, wie sich die relativistische Masse m nicht wesentlich von der Ruhmasse m_0 unterscheidet.

Der einfachste Zirkularbeschleuniger ist das *Zyklotron*.

Das Zyklotron wurde 1932 von E. O. Lawrence und M. S. Livingston erfunden. Bei diesem Beschleuniger wirkt auf die geladenen Teilchen ein *konstantes* Magnetfeld, das diese auf eine Kreisbahn zwingt, während sie nach jedem halben Umlauf durch ein elektrisches Feld beschleunigt werden.

Positive Ionen, zum Beispiel Protonen, Deuteronen oder α-Teilchen, werden im Mittelpunkt, Punkt C in Bild 8.22, zwischen zwei flache, D-förmige metallische Hohlkörper (sogenannte „D's") eingeschossen. An den D's liegt eine hochfrequente Wechselspannung, die ein elektrisches Wechselfeld in dem Spalt zwischen den D's hervorruft. Während der Zeit, in der das linke D positiv und das rechte D negativ ist, werden die Ionen durch das Feld zwischen den D's nach rechts beschleunigt. Nachdem sie in das Innere des rechten D's eingetreten sind, sind sie von jedem elektrischen Feld abgeschirmt, und sie bewegen sich daher unter dem Einfluß des konstanten Magnetfeldes mit konstanter Geschwindigkeit auf einem Halbkreis. Wenn sie dann aus dem rechten D herauskommen, werden sie in dem Spalt wiederum beschleunigt, falls dann das linke D negativ ist. Daher muß die Frequenz der an den D's liegenden Wechselspannung mit der Umlauffrequenz der Ionen, also mit der Zyklotronfrequenz, die durch Gl. (8.6) gegeben ist, übereinstimmen. Dann nehmen die Ionen während jeder Beschleunigungsphase Energie auf; sie bewegen sich mit immer größerer Geschwindigkeit und durchlaufen Halbkreise mit immer größer werdendem Radius. Während sich die Ionen in den D's auf ihrer Spiralbahn nach außen bewegen, bleiben sie mit dem frequenzkonstanten Hochfrequenzgenerator in Resonanz, da ja die für einen Halbkreis von

180° benötigte Zeit nicht von der Ionengeschwindigkeit und auch nicht vom Radius abhängt; immer vorausgesetzt, daß die Masse m in Gl. (8.6) praktisch gleich der Ruhmasse ist. Gelangen die beschleunigten Teilchen an den Umfang der D's, so werden sie durch das elektrische Feld der Ablenkelektrode E abgelenkt und treffen auf das Target T. Der erreichte Endwert ihrer Bewegungsenergie E_k ist (falls E_k wesentlich kleiner als die Ruhenergie E_0 ist)

$$E_k = \frac{1}{2} m v_{max}^2 = \frac{1}{2} m \left(\frac{Q B r_{max}}{m}\right)^2 = \frac{Q^2 B^2 r_{max}^2}{2 m} .$$

Wie wir hieraus erkennen, hängt der Endwert der Bewegungsenergie des Teilchens vom Quadrat des Radius der D's und vom Quadrat der Flußdichte B des Magnetfeldes ab. Um eine möglichst große Energie zu erhalten, müssen B und r_{max} möglichst groß gewählt werden. Mit dem größten technisch möglichen Magnetfeld (etwa $2\,Wb/m^2 = 2\,T$) wird die Frequenz nach Gl. (8.6) von der Größenordnung Megahertz (sie liegt also im Bereich der Rundfunkwellen). Der Durchmesser der D's, der auch der Durchmesser der Polschuhe des Elektromagneten ist, kann bis zu 3 m betragen. Jedoch führt dies zu gewaltigen Abmessungen (400 Tonnen Eisen) und wird sehr teuer. Die an den D's anliegende Hochfrequenzspannung ist beispielsweise 200 kV.

In einem Zyklotron können schwere geladene Teilchen – Protonen, Deuteronen und α-Teilchen – auf Energien bis etwa 25 MeV beschleunigt werden. Die kinetische Endenergie ist bei allen diesen Ionen sehr viel kleiner als ihre Ruhenergie (die Ruhenergie eines Protons ist rund 1 GeV). Daher nimmt ihre Masse auch nicht wesentlich zu, und die Teilchen können synchron mit der Beschleunigungsspannung umlaufen, Protonen bis etwa 12 MeV, Deuteronen bis etwa 25 MeV. Elektronen dagegen können viel leichter auf relativistische Geschwindigkeiten gebracht werden (ihre Ruhenergie beträgt nur 0,5 MeV). Derartig leichte Teilchen können bei ihrem Umlauf nicht mit der Beschleunigungsspannung synchronisiert werden und daher auch nicht mit einem Zyklotron auf hohe Energien beschleunigt werden.

Wir wollen nun das *Synchrozyklotron* behandeln. Ein gewöhnliches Zyklotron mit konstanter Frequenz ist nur verwendbar, falls die Bewegungsenergie des beschleunigten Teilchens im Vergleich zu dessen Ruhenergie klein bleibt. Die Zyklotronfrequenz $f = (Q/2\pi m) B$ der umlaufenden Teilchen bleibt nur dann konstant und in Resonanz mit dem hochfrequenten elektrischen Feld zwischen den D's, wenn die in Gl. (8.6) auftretende Masse m praktisch gleich der Ruhmasse m_0 ist. Nehmen Geschwindigkeit und Bewegungsenergie eines Teilchens zu, so nimmt auch die relativistische Masse zu, und bei einem konstanten Magnetfeld nimmt dann die Zyklotronfrequenz des Teilchens ab. Wenn sich daher in einem Zyklotron die Teilchen auf einer Spiralbahn nach außen bewegen, so bleiben sie bei konstanter Frequenz und bei konstantem Magnetfeld immer mehr hinter der angelegten Frequenz zurück und kommen schließlich so verspätet in dem Spalt zwischen den D's an, daß sie nicht mehr länger durch das elektrische Feld beschleunigt werden. Diese Begrenzung der erreichbaren Teilchenenergie wird durch das Synchrozyklotron aufgehoben; ein Photo eines Synchrozyklotrons zeigt Bild 8.23.

Auch bei diesem Beschleuniger starten die Teilchen (Ionen) im Mittelpunkt eines Elektromagneten, der ein konstantes Magnetfeld liefert. Aber sowie sie sich auf immer größeren Bahnradien bewegen, *verringert* sich die angelegte Frequenz kontinuierlich, und zwar gerade so viel, um die mit zunehmender Geschwindigkeit einsetzende Abnahme der Zyklotronfrequenz zu kompensieren. Dann können die Teilchen immer synchron mit dem Hochfrequenzfeld umlaufen. Da sich die Frequenz ändert, wenn die Ionen beschleunigt werden und sich auf immer größeren Bahnradien bewegen, heißt dieser Beschleuniger auch frequenzmoduliertes Zyklotron (FM-Zyklotron).

Bild 8.23 Ein 4,7-m-Synchrozyklotron (Durchmesser der „D's"), mit dem Protonen auf 0,7 GeV beschleunigt werden können. Der untere Pol des Zyklotronmagneten liegt unterhalb des Fußbodens und ist nicht sichtbar. (Mit freundlicher Genehmigung des Lawrence Radiation Laboratory, University of California, Berkeley.)

Die erfolgreiche Teilchenbeschleunigung in Synchrozyklotrons auf Bewegungsenergien (zum Beispiel 700 MeV bei Protonen), die mit der Ruhenergie der Teilchen vergleichbar sind, hängt entscheidend von einer *Phasenfokussierung* genannten Erscheinung ab. Um mit einem Beschleuniger, bei dem sich die Frequenz des elektrischen Beschleunigungsfeldes ändert, laufend Teilchen beschleunigen zu können, müßten sie immer genau dann in dem Spalt ankommen, wenn die Phase des Beschleunigungsfeldes passend ist. Das ist aber nur scheinbar so. Tatsächlich erfahren Teilchen, die etwas verspätet in dem Spalt eintreffen, eine etwas stärkere Beschleunigung, so daß sie den Zeitverlust aufholen können und bei der nächsten Überquerung des Spaltes rechtzeitiger ankommen. Dagegen erfahren zu früh ankommende Teilchen eine kleinere Beschleunigung und kommen so weniger verfrüht beim nächsten Mal in dem Spalt an. Durch diese Phasenfokussierung, die erstmalig von V. Veksler und E.M. McMillan erkannt worden ist, bleiben die Teilchengruppen während der Beschleunigung in dem ausnutzbaren Teilchenstrahl. Dieser Umstand ist sehr wichtig, da die Anzahl der Teilchen, die den gesamten Beschleunigungsvorgang überstehen – ein sehr langer Weg, bei dem sie an den Übergangsstellen immer fahrplanmäßig eintreffen müssen – auch im günstigsten Falle sehr klein ist. Daher müssen alle die vielen Teilchen, die unweigerlich etwas außer Tritt geraten, durch eine Korrektur wieder der Teilchengruppe zugeführt werden. Dazu dient hier die Phasenfokussierung.

Ein Synchrozyklotron kann zwar Teilchen auf eine viel höhere Energie beschleunigen als ein Zyklotron, seine Ausgangsstrahlstärke ist jedoch wesentlich kleiner, da dieser Beschleuniger nur Teilchengruppen im Impulsbetrieb beschleunigen kann. Theoretisch gibt es keine Obergrenze für die Größe einer derartigen Anlage und damit für die mit einem Synchrozyklotron erreichbare Teilchenenergie. Aber es wird unwirtschaftlich, Beschleuniger dieser Art für Teilchenenergien von mehr als 1 GeV zu bauen.

Zum Abschluß behandeln wir das *Synchrotron.* Um die Endenergie eines Teilchens in einem Zirkularbeschleuniger zu erhöhen, muß der relativistische Teilchenimpuls $p = Q\,B\,r$ vergrößert werden. Nun gibt es aber eine Grenze für die Flußdichte B eines Magnetfeldes, das man über einen größeren Raumbereich aufrechterhalten will. Auf Grund der Eigenschaften magnetischer Werkstoffe kann B nicht größer als etwa 2 T werden. Daher besteht die einzige Möglichkeit, mit einem Zirkularbeschleuniger den Impuls eines Teilchens und damit dessen Bewegungsenergie wesentlich zu erhöhen, darin, den Radius der Umlaufbahn groß genug zu wählen. Beim Synchrozyklotron starten die Teilchen im Mittelpunkt des Elektromagneten und bewegen sich auf einer Spiralbahn nach außen, bis sie die äußerste Umlaufbahn erreichen. Der Elektromagnet muß über diesen gesamten Bereich ein Magnetfeld liefern. Wenn also bei einem Synchrozyklotron die Endenergie der Teilchen erhöht werden soll, so muß entsprechend der Radius der äußersten Bahn und damit der Radius des Elektromagneten vergrößert werden. Eine Maschine, die Protonen auf etwa 0,7 GeV beschleunigt, benötigt D's mit einem Durchmesser von etwa 5 m. Um ein starkes Magnetfeld über diesen gesamten Bereich aufrechtzuerhalten, ist ein Elektromagnet von 4 000 Tonnen erforderlich. Noch größere Abmessungen und damit noch höhere Teilchenenergien sind wirtschaftlich nicht mehr vertretbar. Daher wurde das Synchrotron entwickelt, das nur längs einer einzigen Umlaufbahn ein Magnetfeld benötigt.

Teilchen, die bereits auf eine ziemlich hohe Energie vorbeschleunigt worden sind, werden in das Synchrotron eingeschossen und bewegen sich dann auf einer Umlaufbahn mit *konstantem* Radius. Die Grundgleichungen für die Teilchenbewegung lauten:

$$p = Q\,B\,r\,, \tag{8.3}$$

$$f = \frac{Q}{2\pi m}\,B\,. \tag{8.6}$$

Da der Radius r in Gl. (8.3) konstant bleibt, kann der Teilchenimpuls p nur dann zunehmen, wenn das Magnetfeld B vergrößert wird. Wie nun Gl. (8.6) zeigt, muß sich dann aber bei einer Änderung von B auch die Frequenz des elektrischen Beschleunigungsfeldes, mit dem die Teilchen synchron umlaufen sollen, ändern. Daher müssen sich beim Synchrotron *sowohl* das Magnetfeld *als auch* die Frequenz des elektrischen Beschleunigungsfeldes zeitlich ändern, wenn das beschleunigte Teilchen, das auf einer festen Kreisbahn umläuft, immer mehr Bewegungsenergie aufnehmen soll.

Bild 8.24 zeigt schematisch die Hauptbestandteile eines Protonensynchrotrons, und in Bild 8.25 ist eine derartige Anlage abgebildet. Zunächst werden die Protonen mit einem Linearbeschleuniger, der als Einschußbeschleuniger dient (entweder ein Van de Graaff-Generator oder ein Linearbeschleuniger mit Hohlraumresonatoren) auf eine Energie von einigen MeV vorbeschleunigt, wie in Bild 8.26 zu sehen ist. Dann gelangen sie in eine evakuierte Röhre, die die Form eines Berliner Pfannkuchens besitzt und deren Querabmessungen nicht mehr als 1 m betragen. Diese Röhre befindet sich im Feld eines Elektromagneten, der ein magnetisches Ablenkfeld in der Umgebung nicht aber im Innern dieser Röhre liefert. Bei jedem Umlauf werden die Teilchen einmal durch ein elektrisches Wechselfeld beschleunigt, das von einem Hochfrequenzgenerator gespeist wird. In dem Maße wie die Teilchen bei ihren Umläufen Geschwindigkeit, Impuls und Energie gewinnen, müssen sich auch das ablenkende Magnetfeld und die Frequenz des beschleunigenden elektrischen Feldes zeitlich ändern, so daß die Teilchen stets auf einer Bahn mit konstantem Radius umlaufen können und auch an der Beschleunigungsstrecke immer zum richtigen Zeitpunkt eintreffen. Nachdem das Magnetfeld seinen Höchstwert erreicht hat und somit die Teilchen auch ihre Endenergie,

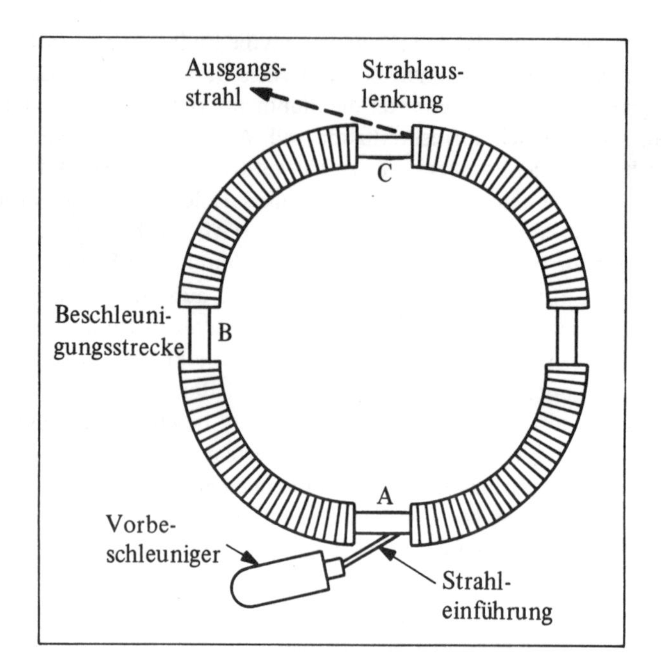

Bild 8.24
Synchrotron (schematisch)

Bild 8.25 Luftbild des 33-GeV-Synchrotrons mit alternierendem Gradienten des Brookhaven National Laboratory. Der unterirdische Beschleunigungstunnel hat einen Durchmesser von 256 m. Die Gebäude rechts sind Versorgungs-, Target- und Experimentierhallen, links am Beschleunigerring eine 10 Tonnen-Funkenkammer. (Mit freundlicher Genehmigung des Brookhaven National Laboratory)

Bild 8.26 Ankopplung des Linearbeschleunigers an den Magnetring des Synchrotrons im Tunnel des in Bild 8.25 wiedergegebenen Beschleunigers. Der Strahl der 50 MeV-Protonen verläßt den Linearbeschleuniger (links im Hintergrund hinter der Abschirmung) und gelangt durch ein Rohr von 10 cm Durchmesser vorn rechts in die Umlaufbahn des Hauptbeschleunigers, dabei passiert der Strahl mehrere Magnetlinsen und Steuermagnete. Das Rohr vorn links dient zur Bestimmung der Streuung der Energie der Protonen, die den Linearbeschleuniger verlassen. (Mit freundlicher Genehmigung des Brookhaven National Laboratory.)

Bild 8.27 Luftbild des Hauptbeschleunigers des National Accelerator Laboratory, Batavia, Ill. Das Synchrotron hat einen Durchmesser von 2 km und beschleunigt Protonen auf 400 GeV. (Mit freundlicher Genehmigung des National Accelerator Laboratory.)

werden die Teilchen abgelenkt und treffen außerhalb auf ein Target. Bild 8.27 ist ein Photo des 400-GeV-Synchrotrons (später durch zusätzliche Magnete auf 500 GeV erhöht), das im National Accelerator Laboratory, Batavia, Ill., errichtet worden ist.

Der Entwurf und der Bau von Synchrotrons, die Protonen auf eine Endenergie von vielen GeV, ja vielleicht auf Hunderte von GeV beschleunigen sollen, setzen eine sehr gute Fokussierung des Strahles voraus. Wir können die Bedeutung der Fokussierung ermessen, wenn wir erfahren, daß in einem 30-GeV-Synchrotron mit einem Bahndurchmesser von 0,2 km die Protonen insgesamt eine Strecke von 10^7 km durchlaufen und sich dabei in einer Vakuumkammer mit einem Durchmesser von weniger als 0,1 m befinden. Daher müssen offensichtlich diejenigen Teilchen, die von der idealen Bahn abweichen, auf diese zurückgeführt werden. Falls nach der gesamten Laufstrecke überhaupt noch Teilchen übrig bleiben sollen, müssen sie zur Mitte der Vakuumkammer hin fokussiert werden. Diese starke Fokussierung erreicht man durch Magnete mit alternierendem Feldgradienten: Die Teilchen durchlaufen *inhomogene* magnetische Ablenkfelder, durch die der Teilchenstrahl abwechselnd fokussiert und defokussiert wird, wobei jedoch eine resultierende Fokussierung erzielt wird (vgl. Aufgabe 8.35). Das Prinzip des *alternierenden Feldgradienten* wurde 1952 von E. Courant, M. S. Livingston und H. Snyder eingeführt und davon unabhängig auch von N. Christofilos.

Die bisherigen Überlegungen galten hauptsächlich Synchrotrons zur Beschleunigung schwerer Teilchen, zum Beispiel Protonen. Man kann aber auch Synchrotrons zur Beschleunigung von Elektronen auf einige GeV bauen. Die Strahlungsverluste, die bei der Beschleunigung der Elektronen auf einer Kreisbahn auftreten *(Bremsstrahlung),* schließen höhere Energien aus. Um Elektronen auf mehrere hundert GeV zu beschleunigen, muß man daher Linearbeschleuniger verwenden. Ein Elektronensynchrotron beschleunigt die Teilchen zunächst nach dem Betatronprinzip (durch ein magnetisches Wechselfeld wird ein elektrisches Feld erzeugt); wenn sich dann die Teilchen praktisch mit Lichtgeschwindigkeit bewegen, werden sie weiter beschleunigt, wie es oben beschrieben worden ist. Wird, um der Zunahme des relativistischen Elektronenimpulses Rechnung zu tragen, das Magnetfeld zeitlich erhöht, so kann die konstante Umlauffrequenz der Teilchen gleich der konstanten Generatorfrequenz werden.

8.6 Zusammenfassung

Kernstrahlungsdetektoren sind Geräte, die den Durchgang von Kernstrahlung (geladene Teilchen oder Photonen) durch den Detektor registrieren. Geladene Teilchen verlieren bei der Bildung eines einzelnen Ionenpaares in einem Gas etwa 30 eV. Die Kernstrahlung besitzt folgende allgemeine Eigenschaften: In einem Festkörper oder in einer Flüssigkeit wird sie leichter als in einem Gas absorbiert; bei gegebener Energie nimmt die Eindringtiefe in folgender Reihenfolge *ab:* γ-Strahlung, β-Strahlung und α-Strahlung; die Reichweite geladener Teilchen wächst mit zunehmender Teilchenenergie.

Detektoren zum Nachweis geladener Teilchen sind in Tabelle 8.2 aufgeführt.

Meßgeräte, die als Selektoren wirken, sind der Geschwindigkeitsselektor (gekreuzte elektrische und magnetische Felder, $v = E/B$), der Impulsselektor (homogenes Magnetfeld, $mv = QBr$) und das Massenspektrometer (mindestens ein elektrisches Feld und ein Magnetfeld, in seiner einfachsten Ausführung eine Kombination von Impuls- und Geschwindigkeitsselektor).

Bei den Beschleunigern für geladene Teilchen, die alle durch elektrische Felder die Teilchenenergie erhöhen, gibt es zwei Arten: Linearbeschleuniger, die unter anderen den

Tabelle 8.2 Detektoren für geladene Teilchen und für Photonen

Detektor	Stoff, in dem die Wechselwirkung stattfindet	besondere Eigenschaften
Nebelkammer	übersättigter Dampf	Teilchenspuren
Blasenkammer	überhitzte Flüssigkeit	Teilchenspuren (große Dichte des Absorbers)
Funkenkammer	Gas	sehr kleine Totzeit
Kernemulsion	Photoemulsion	Teilchenspuren (ununterbrochen empfindlich)
Ionisationskammer	Gas	Ionisierung proportional zur Intensität der Strahlung
Proportionalzähler	Gas	Impulshöhe proportional zur Teilchenenergie
Geiger-Müller-Zählrohr	Gas	Impulshöhe unabhängig von der Art der ionisierenden Strahlung
Szintillationszähler	Festkörper (oder Flüssigkeit)	sehr kleine Auflösungszeit
Halbleiterzähler (Festkörperzähler)	Halbleiter	Proportionalität von Teilchenenergie und Impulshöhe, große Nachweiswahrscheinlichkeit
Cerenkov-Zähler	durchsichtiger Festkörper oder Flüssigkeit	spricht nur auf Teilchen hoher Geschwindigkeit an

Van de Graaff-Generator, den Driftröhrenbeschleuniger und den Wanderwellenbeschleuniger umfassen, und Zirkularbeschleuniger, zu denen das Zyklotron (konstante Frequenz, konstantes Magnetfeld, zunehmender Bahnradius), das Synchrozyklotron (abnehmende Frequenz, konstantes Magnetfeld, zunehmender Bahnradius) und das Synchrotron (zunehmende Frequenz, zunehmendes Magnetfeld, konstanter Bahnradius) gehören.

8.7 Aufgaben

8.1. Die durchschnittliche Energie, die zur Bildung eines Ionenpaares in Luft unter Normalbedingungen benötigt wird, beträgt 35 eV.

a) Wie viele Ionenpaare werden von einem 15,0-MeV-Proton, das in Luft absorbiert wird, gebildet?

b) Wie groß ist die gesamte Ladung eines jeden Vorzeichens, die von dem Proton freigesetzt wird?

c) Wenn die beiden Ladungen unterschiedlichen Vorzeichens an den beiden verschiedenen Platten eines Kondensators gesammelt werden, der eine Kapazität von $1{,}5 \cdot 10^{-14}$ F besitzt, wie groß ist dann die Änderung der Spannung an den Platten?

8.2. Ein 8-MeV-α-Teilchen wird in einem Gas, in dem die durchschnittliche Energie zur Bildung eines Ionenpaares 25 eV beträgt, abgebremst. Angenommen, alle Ionen eines Vorzeichens werden jeweils an einer der beiden Elektroden gesammelt, die eine Kapazität von 50 pF besitzen. Wie groß ist die dadurch bewirkte Spannungsänderung an den Elektroden?

8.3. Ein Absorber oder auch die maximale Reichweite eines Teilchens werden häufig durch die sogenannte *Flächendichte* gekennzeichnet. Das ist das Produkt aus der tatsächlichen Absorberdicke d (oder der Reichweite R) und der Dichte ρ des Absorbers. Die Reichweite von 10-MeV-Protonen in einem Kupferabsorber beträgt $0{,}21\ \mathrm{g/cm^2}$, diejenige von 100-MeV-Protonen $12\ \mathrm{g/cm^2}$. Wie dick muß eine Kupferschicht sein (in cm), um a) 10-MeV-Protonen und b) 100-MeV-Protonen abzubremsen? Die Dichte des Kupfers beträgt $8{,}9\ \mathrm{g/cm^3}$.

8.4. Die Einheit Röntgen (R), die bei der praktischen Bestimmung der Strahlendosis verwendet wurde, war durch die Ionisierung definiert: 1 Röntgen erzeugt Ionen beiderlei Vorzeichens mit einer Gesamtladung von je einer elektrostatischen Ladungseinheit ($3{,}33 \cdot 10^{-10}$ C) in 1 cm^3 trockener Luft unter Normalbedingungen (273 K, $1{,}01 \cdot 10^5$ Pa, bzw. 760 Torr). Die durchschnittliche Energie zur Bildung eines Ionenpaares in Luft beträgt 35 eV. Zeigen Sie, daß die Dosis von 1 R einer absorbierten Energie von $1{,}2 \cdot 10^{-8}$ J/cm^3 in Luft entspricht.

8.5. Ein *Taschendosimeter* ist ein kleines, gut isoliertes und luftgefülltes Elektrometer. Die Entladung erfolgt durch die von der Kernstrahlung bewirkte Ionisierung. Sie kann zur Messung der Strahlungsdosis verwendet werden. Ein derartiges Dosimeter, das eine Kapazität von 0,50 pF und ein empfindliches Volumen von 1,2 cm^3 besitzt, wird auf eine Anfangsspannung von 180 V aufgeladen. Welche Spannung liest man ab, nachdem das Dosimeter eine Strahlungsdosis von 100 mR erhalten hat? (Zur Definition des Röntgen (R) vgl. Aufgabe 8.4.)

8.6. Radioaktives ^{24}Na zerfällt unter Aussendung von γ-Quanten von 1,38 MeV und 2,76 MeV. Untersucht man die γ-Quanten dieser beiden Energien mit einem Szintillationsspektrometer, so beobachtet man bei der Impulshöhenverteilung sechs Peaks. Bei welchen Elektronenenergien hat man diese Peaks zu erwarten?

8.7. Monochromatische Photonen von 3,10 MeV werden mit einem Szintillationsspektrometer untersucht. Angenommen, eine Impulshöhe von 100 V entspreche einer Elektronenenergie von 1,00 MeV. Bei welchen Spannungswerten hat man bei der Impulshöhenverteilung a) den Photopeak, b) die Compton-Kante und c) den Paarbildungspeak zu erwarten?

8.8. Ein üblicher Photomultiplier hat 10 Dynoden mit einem Spannungsunterschied von je 110 V zwischen zwei aufeinanderfolgenden Dynoden, die jeweils etwa 1,0 cm voneinander entfernt sind. Wie groß ist die gesamte Zeitspanne, die zwischen dem Eintreffen der Elektronen an der ersten Dynode und dem Auftreten eines Impulses an der letzten Dynode verstreicht? Dabei kann man annehmen, daß die Sekundärelektronen praktisch ohne Verzögerung und mit vernachlässigbarer Anfangsenergie aus den Dynoden austreten.

8.9.

a) Zeigen Sie, daß ein Cerenkov-Zähler, der aus einem Material mit einem Brechungsindex von 1,5 (zum Beispiel Plexiglas) besteht, nur Elektronen zählen kann, deren Bewegungsenergie größer als 0,17 MeV ist.

b) Wie groß ist die Schwellenenergie dieses Cerenkov-Zählers für Protonen?

8.10. Protonen senden in einem Leuchtstoff mit dem Brechungsindex 1,5 eine intensive Cerenkov-Strahlung unter einem Winkel von 45° gegen ihre Flugrichtung aus. Wie groß ist ihre Bewegungsenergie?

8.11. Ein Teleskopzähler, der aus zwei Zählrohren besteht, soll 3,0-MeV-Protonen registrieren. Die beiden Detektoren sind 1,0 m voneinander entfernt und an eine Koinzidenzstufe angeschlossen. Wie groß muß die Signaldauer bei jedem der Detektoren mindestens sein, damit verzögerte Koinzidenzen auftreten können?

8.12. Ein Szintillationskristall von 5 cm Duchmesser befindet sich 30 cm von der Stelle entfernt, an der ein Strahl von 10-MeV-Deuteronen auf eine dünne Goldfolie von 1 μm Stärke trifft. Der Kristall ist so angebracht, daß er die um 90° aus ihrer Flugrichtung abgelenkten Deuteronen registriert. Wie groß ist die Zählrate, wenn der Kristall 100 % der auf ihn treffenden Deuteronen registriert? Die ursprüngliche Strahlstärke der Deuteronen beträgt 1 μA.

8.13. Zeigen Sie, daß man die Bewegungsenergie E_k eines Teilchens durch folgenden Ausdruck wiedergeben kann:

$$E_k = \left[\sqrt{1 + \left(\frac{pc}{E_0}\right)^2} - 1\right] E_0 \,,$$

hierbei sind p und E_0 der Impuls bzw. die Ruhenergie des Teilchens. Zeigen Sie weiter, daß dieser Ausdruck in die klassische Form übergeht, wenn $\beta \equiv v/c \ll 1$ wird.

8.14. Teilchen mit der Ruhenergie E_0, der Bewegungsenergie E_k und der Ladung e bewegen sich senkrecht zu den Feldlinien eines Magnetfeldes der Flußdichte B. Zeigen Sie, daß man den Krümmungsradius der Bahnkurve (in m) durch folgenden Ausdruck erhält:

$$r = [E_k (E_k + 2 E_0)]^{1/2} / 300\, B \,,$$

dabei sind die Energien E_k und E_0 in MeV und die Flußdichte B in Tesla (T) einzusetzen.

8.15. Zeigen Sie, daß der Krümmungsradius r (in cm) der Bahn eines Teilchens mit der Ladung $Z \cdot e$ und mit dem Impuls p (in MeV/c), das sich senkrecht zu einem Magnetfeld B (in T) bewegt, durch $r = 0{,}33\, p/Z B$ wiedergegeben wird.

8.16. Ein Teilchen der Ladung Q befindet sich mit der Frequenz f auf einem Zyklotronumlauf in einem Magnetfeld der Flußdichte B. Zeigen Sie, daß die Bewegungsenergie E_k des Teilchens durch den Ausdruck $E_k = \frac{Q B c^2}{2 \pi f} - E_0$ wiedergegeben wird; dabei ist E_0 die Ruhenergie des Teilchens.

8.17. Ein Teilchen der Ladung Q und der Ruhmasse m_0 befindet sich auf einem Zyklotronumlauf bei einer Frequenz f in einem Magnetfeld der Flußdichte B. Zeigen Sie, daß die Geschwindigkeit des Teilchens durch

$$\beta = \sqrt{1 - \left(\frac{2 \pi f m_0}{Q B}\right)^2}$$

geliefert wird; dabei ist $v = \beta c$. (Verwenden Sie hierbei das Ergebnis von Aufgabe 8.16.)

8.18. Bestimmen Sie a) die Bewegungsenergie, b) den Impuls und c) die Geschwindigkeit eines Deuterons, das in einem Magnetfeld von 2,0 T mit einer Zyklotronfrequenz von 10 MHz umläuft. d) Wie groß ist der Radius dieser Umlaufbahn?

8.19.

a) Zeigen Sie, daß in einem Magnetfeld der Flußdichte B der Bahnradius eines geladenen Teilchens, dessen Bewegungsenergie E_k klein gegen seine Ruhenergie E_0 ist, durch $r = (2 E_k E_0)^{1/2}/QBc$ gegeben ist.

b) Zeigen Sie, daß der Bahnradius eines Teilchens, dessen Bewegungsenergie sehr viel größer als seine Ruhenergie ist, durch $r = E_k/QBc$ gegeben ist.

8.20. Mit welchem Bahnradius bewegen sich in einem Magnetfeld von 2,0 T

a) 10-keV-Elektronen,
b) 10-GeV-Elektronen,
c) 10-keV-Protonen und
d) 10-GeV-Protonen?

8.21. Ein Proton bewegt sich auf einer Kreisbahn von 1 km Radius in einem Magnetfeld von 1 T, das senkrecht zur Bahnebene gerichtet ist. Bestimmen Sie

a) die Geschwindigkeit,
b) den Impuls und
c) die Bewegungsenergie dieses Protons.

8.22. Wie groß ist die Bewegungsenergie E_k eines Protons, das die Erde umkreist, wenn die zur Umlaufbahn senkrechte Komponente des magnetischen Erdfeldes $34 \cdot 10^{-6}$ T beträgt?

8.23. Protonen der kosmischen Strahlung können Energien bis zu $10^{11} E_0 \approx 10^{20}$ eV besitzen, hierbei ist E_0 die Ruhenergie eines Protons.

a) Bestimmen Sie $1 - v/c$ für ein derartiges Proton.

b) Wie groß würde für ein solches Proton der Radius eines Zyklotronumlaufes in einem Magnetfeld der Flußdichte 2,0 T sein?

8.24. In einem Geschwindigkeitsselektor durchlaufen geladene Teilchen gekreuzte elektrische und magnetische Felder. Wie sieht die Bahnkurve geladener Teilchen aus, die

a) durch zwei gekreuzte homogene elektrische Felder und
b) durch zwei gekreuzte homogene Magnetfelder laufen?

8.25. Der Magnet eines Geschwindigkeitsselektors erzeugt ein Magnetfeld von 0,20 T. Die parallelen Platten des Kondensators haben einen Abstand von 1,0 cm. Welche Spannung muß an diese Platten gelegt werden, damit sich geladene Teilchen, deren Geschwindigkeit $v/c = 0{,}1$ beträgt, unabgelenkt durch den Selektor bewegen können?

8.26. Angenommen, es solle ein Geschwindigkeitsselektor mit gekreuzten elektrischen und magnetischen Feldern gebaut werden, der diejenigen geladenen Teilchen aussondern soll, für die die Bewegungsenergie genau so groß wie die Ruhenergie ist ($E_k = 0{,}51$ MeV für Elektronen, $E_k = 0{,}94$ GeV für Protonen usw.).

a) Zeigen Sie, daß dann das Verhältnis E/B den Wert $(\sqrt{3}/2)\, c$ haben muß.

b) Nehmen Sie 2,0 T für die Flußdichte B an, also den größten, für ausgedehnte Bereiche noch realisierbaren Wert, und zeigen Sie, daß dann die erforderliche Spannung zwischen den parallelen Elektrodenplatten, deren Abstand 2,0 cm betrage, unter diesen Bedingungen ungefähr 10^7 V betragen muß. Diese hier erforderliche Hochspannung schließt Geschwindigkeitsselektoren mit gekreuzten Feldern für hochenergetische Teilchen praktisch aus.

8.27. Ein magnetisches Spektrometer soll für einfach geladene Teilchen verwendet werden, deren Impuls um 1,0 GeV/c streut. Es soll mit einem Magnetfeld von 1,0 T betrieben werden, die Teilchen nach einer Ablenkung von 90° erfassen und dabei zwischen Teilchen unterscheiden können, deren Impuls sich um ein Prozent unterscheidet und die in einem Abstand von 1,0 mm voneinander entfernt auftreffen. Wie groß müssen die Abmessungen dieses Spektrometers ungefähr sein (ausgedrückt durch den Durchmesser der Teilchenbahn)?

8.28. Wie groß ist die Bewegungsenergie a) von Elektronen und b) von Protonen, die in einem magnetischen Spektrometer registriert werden sollen, das für Teilchen mit einem Impuls von 10 MeV/c justiert ist?

8.29. Eine Nebelkammeraufnahme zeigt die Bahn eines geladenen Teilchens vor und nach dem Durchgang durch eine dünne Bleiplatte, die sich in der Nebelkammer befindet (Bild 8.28). Aus der Tröpfchendichte kann man entnehmen, daß es sich dabei um ein Teilchen mit der Masse eines Elektrons handelt. Die Krümmungsradien der Teilchenbahn oberhalb und unterhalb der Bleiplatte sind 7,0 cm bzw. 10,0 cm. Angenommen, das Teilchen bewege sich senkrecht zu einem Magnetfeld von 1,0 T, das in die Zeichenebene hinein gerichtet sein soll.

a) In welcher Richtung bewegt sich das Teilchen?

b) Handelt es sich hier um ein Elektron oder um ein Positron?

c) Wieviel Energie hat das Teilchen beim Durchgang durch die Bleiplatte verloren?

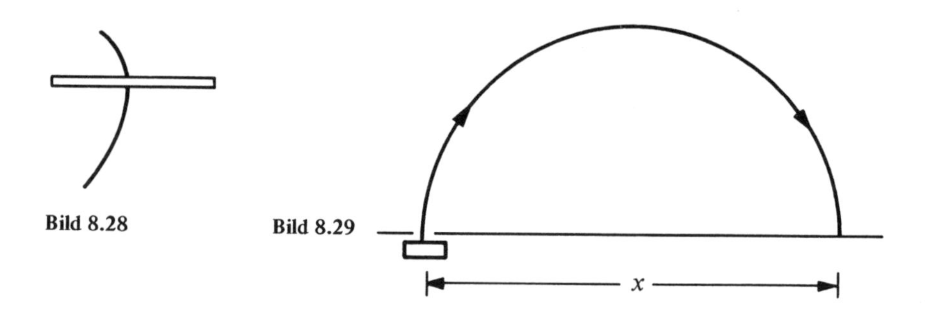

Bild 8.28 **Bild 8.29**

8.30. In Bild 8.29 ist eine einfache Ausführung eines β-Spektrometers dargestellt, mit dem schnelle Elektronen, die von radioaktiven Kernen ausgesandt werden, getrennt werden sollen. Elektronen unterschiedlicher Energie gelangen von der radioaktiven Quelle durch einen Spalt in ein homogenes Magnetfeld, das senkrecht zur Zeichenebene gerichtet ist. Dann werden die Elektronen auf Kreisbahnen gezwungen und treffen auf eine Photoplatte. Leiten Sie eine Beziehung ab, die die relativistische Bewegungsenergie E_k eines Elektrons durch die Flußdichte B, die Elektronenladung e, die Ruhenergie E_0 des Elektrons und den Abstand x zwischen dem Spalt und dem Auftreffpunkt der Elektronen auf der Photoplatte ausdrückt.

8.31. 1955 wurden Versuche angestellt, durch die erstmalig die Existenz des Antiprotons bewiesen wurde. Das Vorzeichen der Teilchenladung ließ sich aus der Richtung der Ablenkung in einem Magnetfeld bestimmen. Die Masse ergab sich aus der gleichzeitigen Messung des Teilchenimpulses $m\,v$ (durch Ablenkung im Magnetfeld) und der Teilchengeschwindigkeit v (mit einem Cerenkov-Zähler). Außerdem wurde die Geschwindigkeit des Antiprotons durch eine unabhängige Messung der Flugzeit mit zwei Szintillationszählern überprüft, die sich in bekanntem Abstand voneinander befanden und deren Impulse mit einer verzögerten Koinzidenzstufe untersucht wurden. Die Antiprotonen (Ruhenergie 938 MeV) hatten eine Geschwindigkeit von $v/c = 0{,}78$.

a) Wie groß war der Winkel zwischen der Ausbreitungsrichtung der Cerenkov-Strahlung und der Flugrichtung der Teilchen in einem Cerenkov-Zähler mit einem Brechungsindex von 1,5?

b) Wie groß war der Impuls des Antiprotons (in MeV/c)?

c) Welche Abmessungen mußte der Ablenkmagnet (ausgedrückt durch den Durchmesser der Teilchenbahn) ungefähr besitzen, falls die Antiprotonen in einem Magnetfeld von 1,5 T um 90° abgelenkt wurden?

d) Falls die beiden Szintillationszähler 13 m voneinander entfernt waren, um welche Zeitspanne mußte das Signal des ersten Zählers verzögert werden, damit es mit dem Signal des zweiten Zählers in der verzögerten Koinzidenzstufe zu Koinzidenzen kam?

8.32. Kohlenstoff besitzt zwei stabile Isotope, ^{12}C und ^{13}C. Der Kollektor eines Massenspektrometers liefert maximale Stromstärken (peaks) von 197,8 μA bzw. 2,2 μA, wenn die Ionen dieser Isotope dort eintreffen.

a) Wie groß ist die relative Häufigkeit dieser beiden Isotope?

b) Berechnen Sie die mittlere relative Atommasse des natürlichen Kohlenstoffes. (Kohlenstoff in lebenden organischen Substanzen enthält außerdem noch im Verhältnis 1 zu 10^{12} das radioaktive Isotop ^{14}C, das zur Altersbestimmung organischer Proben benutzt werden kann, vgl. Abschnitt 9.12.)

Die Aufgaben 8.33 bis 8.36 behandeln einige einfachere Fragen der Fokussierung von Strahlen geladener Teilchen durch elektrische und durch magnetische Felder.

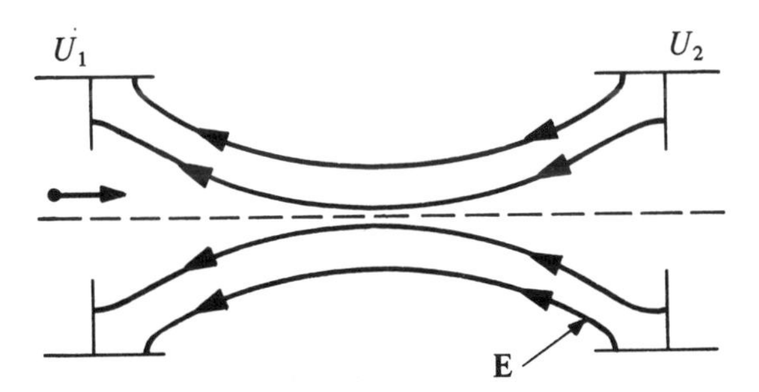

Bild 8.30
Elektrostatische Sammellinse

8.33. Bild 8.30 zeigt eine einfache Ausführungsform einer elektrostatischen Sammellinse. Sie besteht aus einem linken zylindrischen Ring mit dem elektrischen Potential U_1 und einem koaxialen, rechten zylindrischen Ring auf dem hohen Potential U_2. Die elektrischen Feldlinien verlaufen wie abgebildet: im Zentrum der Linse im wesentlichen achsenparallel und an den Enden mit beträchtlichen Radialkomponenten. Ein positiv geladenes Teilchen, das längs der Symmetrieachse der Linse in diese eintritt, bleibt unabgelenkt, obwohl es beim Durchgang durch die Linse durch das elektrische Feld, dessen Richtung entgegengesetzt zur Teilchengeschwindigkeit gerichtet ist, abgebremst wird. Ein positiv geladenes Teilchen, das oberhalb der Achse in die Linse eintritt, wird durch die Radialkomponente des elektrischen Feldes beim Eintritt in die Linse nach oben abgelenkt, während es durch die Linsenmitte fliegt, abgebremst und dann nach unten abgelenkt, wenn es die Linse verläßt.

a) Zeigen Sie qualitativ, daß die resultierende Wirkung des elektrischen Feldes darin besteht, das Teilchen näher an die Symmetrieachse zu bringen, wenn es die Linse verläßt. Es soll also gezeigt werden, daß die Linse einen Strahl endlichen Durchmessers konvergieren läßt.

b) Angenommen, das elektrische Potential der beiden Elemente der elektrostatischen Linse werde umgepolt; das linke Element befinde sich also auf einem höheren Potential als das rechte, so daß sich die Richtung des elektrischen Feldes umgekehrt hat. Zeigen Sie, daß ein Strahl positiv geladener Teilchen beim Durchgang durch die Linse wiederum konvergiert.

c) Angenommen, der Strahl positiv geladener Teilchen werde durch einen Strahl negativ geladener Teilchen ersetzt. Zeigen Sie, daß die Linse bei beiden Polungen der Elemente eine Konvergenz des Strahles liefert. Zusammengefaßt: Eine elektrostatische Linse wirkt stets als Sammellinse.

8.34. Bild 8.31 zeigt das gekrümmte Magnetfeld am Rande der Polschuhe eines Elektromagneten. Positiv geladene Teilchen, die sich längs der Mittelebene der Anordnung auf die Zeichenebene zu bewegen, bewegen sich senkrecht zu den magnetischen Feldlinien und werden daher durch eine magnetische Kraft

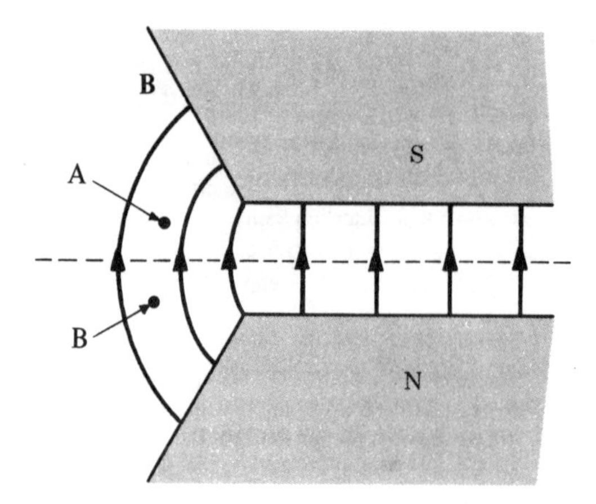

Bild 8.31

nach rechts abgelenkt. Zeigen Sie, daß diejenigen Teilchen, die oberhalb oder unterhalb der Mittelebene in den Bereich der gekrümmten Feldlinien gelangen, fokussiert werden. Zeigen Sie also, daß ein Teilchen, das beim Punkt A oberhalb der Mittelebene, wo das Feld eine nach rechts gerichtete Komponente besitzt, in die Linse eintritt, nach unten auf die Mittelebene zu abgelenkt wird und daß ein Teilchen, das beim Punkt B unterhalb der Mittelebene, wo das Feld eine nach links gerichtete Komponente besitzt, in die Linse eintritt, nach oben auf die Mittelebene zu gelenkt wird. Da die zur Mittelebene parallel gerichtete Feldkomponente mit wachsendem Abstand von der Mittelebene zunimmt, wird auch die Ablenkung des Teilchens mit dessen Abstand von der Mittelebene größer, und ein divergierender Teilchenstrahl wird auf einen Brennpunkt in der Mittelebene hin fokussiert. Tatsächlich wird der Strahl längs der Mittelebene abwechselnd fokussiert und defokussiert. Dabei gerät der Strahl in Schwingungen, da die Teilchen nach dem Durchgang durch den Brennpunkt divergieren.

8.35. Betrachten Sie Bild 8.32. Es zeigt die beiden Nordpole und die beiden Südpole einer *magnetischen Quadrupollinse.* Die Polflächen besitzen Hyperbelform; ihre Asymptoten stehen aufeinander senkrecht (xy = konst.). Es läßt sich zeigen, daß die Komponente des magnetischen Feldes B_x in x-Richtung proportional zur Koordinate $-y$ ist, während B_y, die Komponente in y-Richtung, proportional zur x-Koordinate ist. Unter diesen Bedingungen verschwindet das durch diese Linse erzeugte Magnetfeld in allen Punkten auf der Symmetrieachse der Linse (diese Achse steht auf der Zeichenebene senkrecht). Der Betrag der Flußdichte nimmt mit wachsendem Abstand von der Symmetrieachse zu.

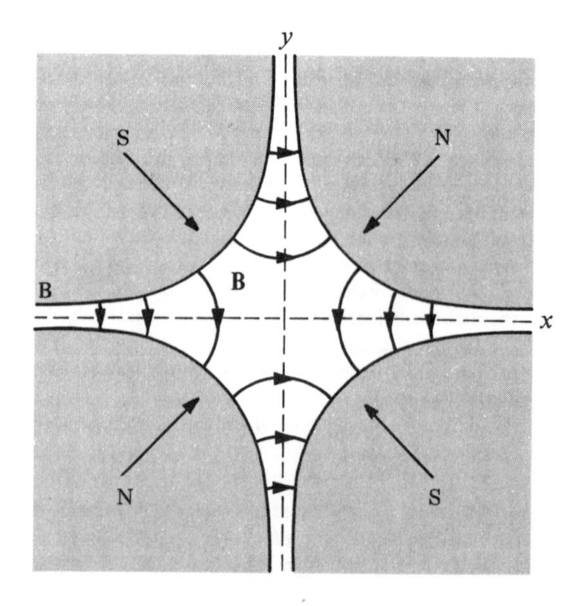

Bild 8.32
Magnetische Quadrupollinse

a) Angenommen, ein Strahl positiv geladener Teilchen trete in die Linse ein und bewege sich auf die Zeichenebene zu. Betrachten Sie die magnetische Kraft auf ein geladenes Teilchen und zeigen Sie, daß Teilchen, die parallel zur Symmetrieachse im Bereich der x-Achse in die Linse eintreten, zur Symmetrieachse hin abgelenkt werden, während Teilchen, die parallel zur Symmetrieachse im Bereich der y-Achse eintreten, von der Symmetrieachse fort abgelenkt werden. Zeigen Sie also, daß positiv geladene Teilchen in x-Richtung fokussiert, in y-Richtung dagegen defokussiert werden.

b) Angenommen, ein Teilchenstrahl gehe durch ein Paar koaxialer, hintereinander angeordneter magnetischer Quadrupollinsen, dabei sei die zweite Quadrupollinse gegenüber der ersten um 90° verdreht. Zeigen Sie, daß alle Teilchen des in das Quadrupolpaar eintretenden Strahles zuerst fokussiert und dann defokussiert werden oder umgekehrt. Die Verhältnisse sind wie bei einem Lichtstrahl, der zuerst durch eine Sammellinse und dann durch eine Zerstreuungslinse mit gleichem Betrage der Brennweite tritt oder umgekehrt.

c) Wie sich zeigen läßt, bewirkt ganz allgemein eine Linsenkombination aus einer Sammellinse der Brennweite f und einer darauf folgenden Zerstreuungslinse mit der Brennweite $-f$ eine resultierende Strahlfokussierung. Indem Sie dieses Ergebnis benutzen, zeigen Sie, daß ein Paar gleichartiger koaxialer Quadrupollinsen, die in geeignetem Abstand voneinander und gegeneinander um 90° versetzt angeordnet werden, zur Fokussierung eines Strahles geladener Teilchen verwendet werden kann.

8.36. Teilchen der Masse m und der Ladung Q werden durch eine elektrische Spannung U aus der Ruhe heraus beschleunigt und dann parallel zu den Feldlinien eines homogenen Magnetfeldes der Flußdichte $\mathbf{B}$ in dieses Feld eingeschossen (zum Beispiel in das Innere einer Spule) (Bild 8.33). Praktisch werden einige der Teilchen mit der Geschwindigkeit v unter einem kleinen Winkel gegen die Symmetrieachse in das Feld eintreten. Diese Teilchen bewegen sich auf einer Schraubenlinie. In Richtung von $\mathbf{B}$ haben sie konstante Geschwindigkeit, während sie sich gleichzeitig senkrecht zur Richtung von $\mathbf{B}$ auf einer Kreisbahn mit konstanter Umlaufgeschwindigkeit bewegen. Zeigen Sie, daß bei einem kleinen Winkel Θ zwischen der Teilchengeschwindigkeit $\mathbf{v}$ und der Feldrichtung, also der Richtung von $\mathbf{B}$, alle Teilchen eines leicht divergierenden Strahles in einem Brennpunkt auf der Symmetrieachse vereinigt werden. Dieser Brennpunkt besitzt einen Abstand d von dem Punkt A, dabei gilt $d = (2\pi/B)\,(2\,mU/Q)^{1/2}$. Die relativistische Massenzunahme bleibt hierbei unberücksichtigt. Bemerkenswert ist dabei, daß mit der Anordnung von Bild 8.33 die Teilchenmasse m unmittelbar bestimmt werden kann. 1922 konnte H. Busch auf diese Weise das Verhältnis e/m für Elektronen bestimmen.

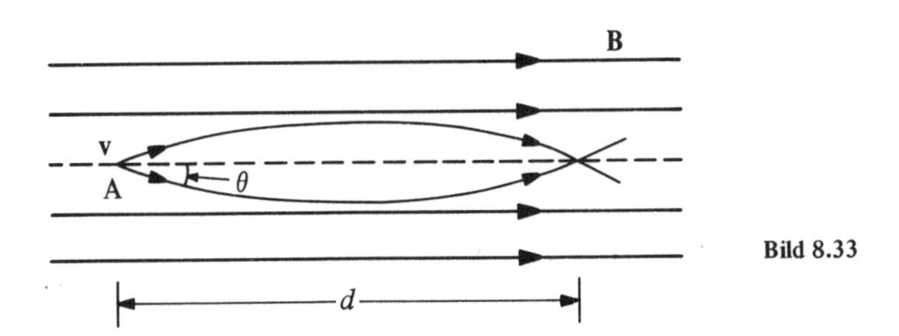

Bild 8.33

8.37. Elektronen mit einer Bewegungsenergie von 2,0 MeV werden in einen Linearbeschleuniger eingeschossen, der aus 200 Driftröhren besteht, die abwechselnd an die Klemmen eines 3-GHz-Generators angeschlossen sind.

a) Falls die Elektronen den Beschleuniger mit einer Endenergie von 50 MeV verlassen sollen, wie lang müssen dann die zweite und die letzte Driftröhre sein?

b) Wie groß ist ungefähr die Gesamtlänge des 100-MeV-Linearbeschleunigers, wenn man den Abstand zwischen benachbarten Driftröhren vernachlässigt?

8.38. Im 20-GeV-Linearbeschleuniger der Stanford University (SLAC) werden Elektronen von 3 GeV längs einer Beschleunigungsröhre von 3,2 km auf 20 GeV beschleunigt.

a) Um welchen Bruchteil weicht die Endgeschwindigkeit der Elektronen von der Lichtgeschwindigkeit c ab?

b) Wie groß ist für einen Beobachter, der sich mit einem 20-GeV-Elektron bewegt, die Gesamtlänge der Beschleunigungsröhre?

c) Der auf das Target treffende Elektronenstrahl hat eine Stromstärke von 15 μA und eine Leistung von 0,30 MW. Wie viele Elektronen treffen im Mittel pro Sekunde auf das Target?

8.39.

a) Für welche Betriebsfrequenz ist ein Deuteronen-Zyklotron ausgelegt, dessen D's einen Durchmesser von 1,0 m besitzen und in dem die Flußdichte des Magnetfeldes 1,0 T beträgt?

b) Welche Bewegungsenergie können die Deuteronen in diesem Zyklotron erreichen?

8.40. Ein Zyklotron wird zur Deuteronenbeschleunigung ausgelegt.

a) Zeigen Sie, daß dieses Zyklotron bei nur geringer Änderung der Frequenz oder des Magnetfeldes auch zur Beschleunigung von α-Teilchen dienen kann.

b) Angenommen, das Magnetfeld bleibe unverändert. Um welchen Faktor muß die Frequenz näherungsweise geändert werden, falls Protonen beschleunigt werden sollen?

8.41. Ein Zyklotron ist zur Protonenbeschleunigung ausgelegt.

a) Falls die Zyklotronfrequenz unverändert bleibt, um welchen Faktor muß dann die Flußdichte des Magnetfeldes geändert werden, damit der Beschleuniger auch Deuteronen beschleunigen kann?

b) In welchem Verhältnis stehen die Endenergie der Deuteronen und diejenige der Protonen? (Nehmen Sie dabei als Deuteronenmasse die doppelte Protonenmasse an.)

8.42. Ein Zyklotron besitzt einen Elektromagneten mit einem Durchmesser von 1,0 m, der ein Magnetfeld mit einer Flußdichte von 2,0 T liefert. Welche Frequenz ist erforderlich, um a) Protonen, b) Deuteronen und c) α-Teilchen zu beschleunigen? Wie groß ist die Endenergie der d) Protonen, e) Deuteronen und f) α-Teilchen?

8.43. Ein Synchrozyklotron von 4,0 m Durchmesser beschleunigt Protonen auf 500 MeV.

a) Wie groß ist die Flußdichte des Magnetfeldes?

b) Wie groß ist die Endfrequenz des Hochfrequenzgenerators?

8.44. Ein Synchrozyklotron mit einem Magnetfeld von 2,0 T beschleunigt 3 MeV-Protonen auf eine Energie von 500 MeV. Wie groß sind a) die Anfangsfrequenz und b) die Endfrequenz des Hochfrequenzgenerators?

8.45. In das Bevatron, das Synchrotron der University of California in Berkeley, werden Protonen mit einer Bewegungsenergie von 9,8 MeV eingeschossen und erreichen als Endwert eine Bewegungsenergie von 6,2 GeV. Der Bahnradius beträgt unverändert 15,2 m. Berechnen Sie a) die Anfangsfrequenz und b) die Endfrequenz des Hochfrequenzgenerators.

8.46. Das Synchrotron mit alternierendem Feldgradienten (AGS) im Brookhaven National Laboratory besitzt einen kreisförmigen Beschleunigungstunnel mit einem Durchmesser von 256 m. Es beschleunigt Protonen auf eine Bewegungsenergie von 33 GeV. Wie groß ist das Magnetfeld am Ende des Beschleunigungszyklus?

8.47. In das Synchrotron von CERN, dem Europäischen Kernforschungszentrum bei Genf, werden Protonen aus einem Linearbeschleuniger mit 50 MeV eingeschossen. Die Protonen erreichen eine Bewegungsenergie von 30 GeV. Um welchen Faktor wird die Protonengeschwindigkeit in dem Synchrotron vergrößert?

8.48. Stellen Sie sich ein Protonensynchrotron mit dem Erddurchmesser, $1{,}26 \cdot 10^4$ km, sowie mit einer maximalen Flußdichte des Magnetfeldes von 1,6 T vor. Dieses Feld führe die Protonen auf einer Kreisbahn um die Erde.

a) Wie groß ist die maximale Bewegungsenergie der Protonen bei diesem „größtmöglichen", erdgebundenen Teilchenbeschleuniger (der konventionelle Bauelemente besitzt)?

b) Das 500-GeV-Protonensynchrotron in Batavia, Ill., kostete 250 Millionen Dollar. Unter der Annahme, daß bei sehr günstiger Schätzung die Kosten eines Beschleunigers nur proportional zur Bewegungsenergie der beschleunigten Teilchen, also proportional zum Bahnradius zunehmen, berechnen Sie die Kosten dieses „größtmöglichen" Beschleunigers näherungsweise als Vielfaches des Bruttosozialproduktes der USA von 1970 (ungefähr 10^3 Milliarden Dollar).

c) In welchem Zeitraum ist diese Maximalenergie zu erwarten, wenn man die bisherige Entwicklung extrapoliert? Gehen Sie bei der Rechnung von folgenden Tatsachen aus: Die Entwicklung begann 1932 mit einem Beschleuniger für Teilchen von 1 MeV. Bei der bisherigen Entwicklung der Beschleuniger verzwanzigfachte sich die Maximalenergie der Teilchen in jedem Jahrzehnt.

8.49. Treffen beschleunigte Teilchen auf ruhende Teilchen eines Targets, die die gleiche Ruhmasse besitzen, so wird mindestens die Hälfte der Bewegungsenergie „verschwendet", denn der Impulssatz muß erfüllt werden.

a) Ein klassisches Teilchen stoße vollkommen unelastisch auf ein gleichartiges, ruhendes Teilchen. Stellen Sie sich die beiden Teilchen nach dem Stoß vereinigt vor. Welcher Bruchteil der ursprünglichen Bewegungsenergie wird bei diesem Stoß in andere Energieformen umgewandelt?

b) Um welchen Faktor wird die umgewandelte Energie gegenüber dem Fall a) vergrößert, falls das bewegte Teilchen zentral und vollkommen unelastisch auf ein zweites gleichartiges Teilchen stößt, das sich mit einer Geschwindigkeit gleichen Betrages in entgegengesetzter Richtung bewegt?

Um beim Stoß zweier Teilchen eine maximale Energieumsetzung zu erzielen – oder in der Sprache der Hochenergiephysik, um einen maximalen Energiebetrag zur Erzeugung neuer Teilchen zur Verfügung zu haben – muß der Stoß im Schwerpunktsystem der beiden Teilchen stattfinden. In diesem System verschwindet der Gesamtimpuls vor und nach dem Stoß. Man erreicht dieses am einfachsten, wenn man zwei Teilchenstrahlen, die sich in entgegengesetzter Richtung bewegen, zusammentreffen läßt. So kann man zum Beispiel geladene Teilchen, die in zwei „Speicherringen" umlaufen, in denen jeweils die beschleunigten Teilchen durch ein magnetisches Führungsfeld auf einer Kreisbahn gehalten werden, zum Zusammenstoß bringen.

c) Mit welcher Mindestenergie muß ein Proton auf ein ruhendes Proton im Target treffen, damit dieselbe Energie zur Umwandlung zur Verfügung steht wie in dem Falle, daß entgegengesetzt fliegende Protonen mit einer Bewegungsenergie von je 25 GeV zentral aufeinander treffen?

9 Kernbau

So lange wir uns mit dem Bau der Atome befassen, können wir den Atomkern als Massenpunkt und als Punktladung betrachten. Der Kern enthält die gesamte positive Ladung und fast die gesamte Masse des Atoms. Er bildet daher den Mittelpunkt für die Elektronenbewegung. Obgleich der Kern hauptsächlich durch die anziehende Coulomb-Kraft auf die Hüllenelektronen einwirkt und so den Atombau beeinflußt, gibt es bei den Atomspektren auch noch einige weniger auffällige Erscheinungen, für die der Kern verantwortlich ist. Wie wir uns erinnern, unterscheidet sich die Rydberg-Konstante geringfügig für die einzelnen Isotope eines bestimmten Elementes infolge der unterschiedlichen Massen. Weiterhin wurde die Hyperfeinstruktur, das sind sehr nahe beieinander liegende Spektrallinien der Atomspektren, durch den Drehimpuls und das sehr kleine magnetische Moment des Kernes verursacht.

Wie Rutherfords grundlegende Streuversuche mit α-Teilchen zeigten, gilt bei Abständen von mehr als 10^{-14} m für die Wechselwirkung des Kernes mit anderen geladenen Teilchen das Coulombsche Gesetz; sie ist proportional zu r^{-2}. Man fand aber auch, daß bei einer Annäherung von weniger als 10^{-14} m an das Streuzentrum die Verteilung der gestreuten α-Teilchen nicht mehr ausschließlich durch das Coulombsche Gesetz erklärt werden konnte. Wie diese Versuche zeigten, tritt bei Entfernungen von weniger als 10^{-14} m eine völlig neue Art von Kräften auf, die Kernkräfte.

In diesem Kapitel werden wir einige einfache Grundlagen des Kernbaues kennenlernen: die Bausteine der Kerne, ihre Wechselwirkungen und die Eigenschaften stabiler Kerne sowie die Eigenschaften und die Gesetzmäßigkeiten des Zerfalles instabiler Kerne. Wie wir sehen werden, unterscheiden sich Kerne nicht nur durch ihren beträchtlichen Größenunterschied – 10^{-10} m für Atome und weniger als 10^{-14} m für Kerne – sondern auch durch ihren Aufbau in vieler Hinsicht ganz wesentlich von Atomen.

Während Atome zur Aussendung ihrer optischen Spektren oder ihrer Röntgenspektren durch Aufnahme von Energiebeträgen angeregt werden können, die niemals 100 keV überschreiten, verhalten sich Atomkerne im allgemeinen völlig inaktiv, wenn ihnen nicht eine Energie in der Größenordnung von einigen MeV zugeführt wird. Einige Eigenschaften des Atombaues können wir auf der Grundlage des Bohrschen Atommodells deuten. Für die Kerne gibt es noch kein derartig einfaches Modell. Die vorherrschende Kraft zwischen den Teilchen, die das Atom aufbauen, ist die wohlbekannte Coulomb-Kraft. Zwischen den Bausteinen der Kerne wirken zusätzliche Kräfte, und diese Kräfte verstehen wir nur teilweise. Ein Atom verliert üblicherweise seine Anregungsenergie durch Aussendung von Photonen. Ein angeregter Kern kann seine Anregungsenergie durch Aussendung sowohl von Teilchen als auch von Photonen abführen. Neben diesen Unterschieden gibt es aber auch mehrere grundlegende Gesetze, die sowohl für Atome als auch für Kerne gelten. Es handelt sich dabei um die Gesetze der Quantentheorie sowie um die Erhaltungssätze für die Masse–Energie, für den Impuls, für den Drehimpuls und für die elektrische Ladung.

9.1 Kernbausteine

Die Teilchen, aus denen alle Kerne aufgebaut sind, sind das Proton und das Neutron. Wir wollen hier einige Grundeigenschaften dieser Teilchen behandeln: Ladung, Masse, Spin und magnetisches Moment.

Ladung

Das Proton ist der Kern des ${}^1_1$H-Atoms, also des leichten Wasserstoffisotops. Es besitzt eine einzige positive Ladung, die dem Betrage nach gleich der Elektronenladung ist.

Das Neutron heißt so, weil es elektrisch neutral ist. Da es keine Ladung besitzt, zeigt es auch nur eine sehr schwache Wechselwirkung mit Elektronen. Es kann nicht unmittelbar ionisieren und kann daher nur indirekt nachgewiesen und identifiziert werden (vgl. Abschnitt 10.6). Die Existenz des Neutrons wurde erst 1932 sicher nachgewiesen, als J. Chadwick dessen Eigenschaften durch eine Reihe klassischer Versuche aufzeigte, die wir im Kapitel 10 behandeln werden.

Masse

Nachstehend führen wir die Masse des Protons (des nackten Kernes des ${}^1_1$H-Atoms) und des Neutrons in atomaren Masseneinheiten (vgl. Abschnitt 3.6) auf sowie die Ruhenergie dieser Teilchen in MeV.

Ruhmasse des Protons: $m_p = (1{,}00727663 \pm 0{,}00000008)$ u,
Ruhenergie des Protons: $m_p c^2 = (938{,}256 \pm 0{,}005)$ MeV,
Ruhmasse des Neutrons: $m_n = (1{,}0086654 \pm 0{,}0000004)$ u,
Ruhenergie des Neutrons: $m_n c^2 = (939{,}550 \pm 0{,}005)$ MeV.

Proton und Neutron haben annähernd die gleiche Masse; die Masse des Neutrons übersteigt die des Protons nur um etwas weniger als 0,1 %. Beide Teilchen haben Ruhenergien von rund 1 GeV. Da das Proton eine elektrische Ladung besitzt, kann seine Masse unmittelbar massenspektrometrisch mit hoher Genauigkeit bestimmt werden. Elektrische und magnetische Felder beeinflussen das Neutron überhaupt nicht, und seine Masse muß daher indirekt aus Versuchen erschlossen werden, die wir weiter unten kennenlernen werden.

Spin

Eine wichtige Eigenschaft sowohl des Protons als auch des Neutrons ist der Eigendrehimpuls, der sogenannte Kernspin. Da der Spindrehimpuls von der Bahnbewegung unabhängig ist, können wir uns den Kernspin, ebenso wie den Elektronenspin, durch eine Rotation des Teilchens als Ganzes um eine innere Rotationsachse vorstellen. Der Kerndrehimpuls auf Grund des Spins L_I hängt von der Kernspinquantenzahl I ab; sein Betrag ist durch

$$L_I = \sqrt{I(I+1)}\,\hbar \tag{9.1}$$

gegeben. Diese Gleichung entspricht der Gl. (7.16), die den Spindrehimpuls des Elektrons angibt.
Die Kernspinquantenzahlen sowohl des Protons als auch des Neutrons betragen $\frac{1}{2}$:

Spin des Protons: $I = \frac{1}{2}$,

Spin des Neutrons: $I = \frac{1}{2}$.

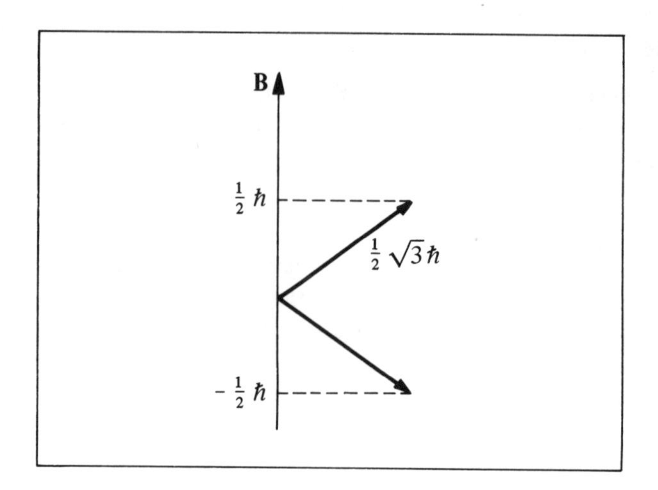

Bild 9.1
Richtungsquantelung eines Protonen- oder eines Neutronenspins

Der Kernspin erfährt eine Richtungsquantelung in einem äußeren Magnetfeld. Die erlaubten Komponenten in Feldrichtung sind $+\frac{1}{2}\hbar$ und $-\frac{1}{2}\hbar$ (Bild 9.1). Der Betrag des Spins sowohl des Protons als auch des Neutrons und ebenso die Spinkomponenten bei der Richtungsquantelung stimmen genau mit den entsprechenden Größen beim Elektron überein.

Magnetisches Moment

Die mit dem Elektronenspin verknüpfte Komponente des magnetischen Momentes in Richtung eines äußeren Feldes ist ein Bohrsches Magneton (vgl. Abschnitt 7.6), $\mu_B = e\hbar/2m = 0{,}92732.10^{-23}$ J/T. Da das Elektron eine negative Ladung besitzt, weist das magnetische Moment des Elektrons in die entgegengesetzte Richtung wie der Elektronenspin.

Wir wollen nun das mit dem Protonenspin verbundene magnetische Moment betrachten. Magnetische Kernmomente werden als Vielfache des *Kernmagnetons* μ_N gemessen; dieses ist durch

$$\mu_N = \frac{e\hbar}{2m_p} = (5{,}05050 \pm 0{,}00013) \cdot 10^{-27}\ \text{J/T} \tag{9.2}$$

definiert; hierbei steht die Protonenmasse m_p an Stelle der Elektronenmasse m beim Bohrschen Magneton. Da die Protonenmasse 1836,10 mal größer als die Elektronenmasse ist, ist auch das Kernmagneton um diesen Faktor kleiner als das Bohrsche Magneton. Experimentell ergab sich das magnetische Moment des Protons zu

$$\text{magnetisches Moment des Protons:}\quad \mu_p = +(2{,}79276 \pm 0{,}00002)\,\mu_N\,.$$

Wie das positive Vorzeichen zeigt, weist das magnetische Moment des Protons in dieselbe Richtung wie dessen Kernspin. Der Betrag des magnetischen Momentes liefert die *Komponente* dieses Momentes in Feldrichtung bei der Richtungsquantelung, ausgedrückt in Vielfachen des Kernmagnetons. Es ist wichtig, darauf hinzuweisen, daß das magnetische Moment des Protons *nicht* ein Kernmagneton beträgt, vielmehr ist es fast dreimal größer als der Wert, den wir auf Grund der Protonenmasse erwarten würden.

Obwohl das Neutron als Ganzes keine resultierende elektrische Ladung besitzt, hat es dennoch ein magnetisches Moment. Man fand folgenden Wert

magnetisches Moment des Neutrons: $\mu_n = -1{,}91315\ \mu_N$.

Das negative Vorzeichen gibt an, daß das magnetische Moment des Neutrons *entgegengesetzt* zum Drehimpuls des Neutrons gerichtet ist (Bild 9.2).

Da das magnetische Moment des Protons *nicht* ein Kernmagneton μ_N beträgt und da das magnetische Moment des Neutrons von Null *verschieden* ist, sind Proton und Neutron kompliziertere Gebilde als das Elektron. Das nicht verschwindende magnetische Moment des Neutrons läßt darauf schließen, daß es im Neutron eine ungleichförmige Ladungsverteilung gibt, obwohl die Gesamtladung verschwindet.

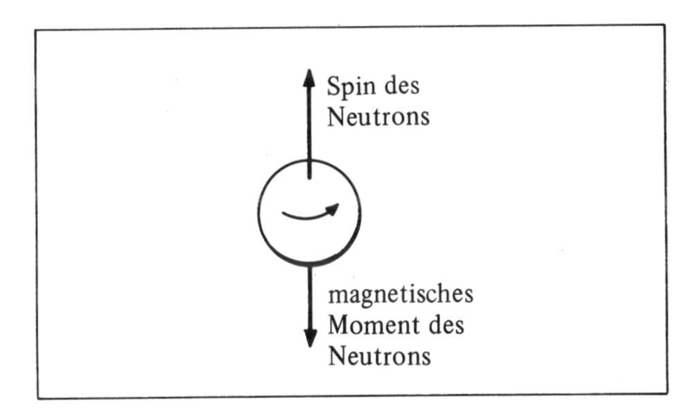

Bild 9.2 Orientierung von Spin und magnetischem Moment des Neutrons

9.2 Kräfte zwischen Nukleonen

Alle Kerne bestehen aus aneinander gebundenen Protonen und Neutronen, die mehr oder weniger stabile Systeme bilden. Daher sind einige Kenntnisse über die Kräfte, die zwischen diesen elementaren Bausteinen der Atomkerne wirken, wichtig. Zunächst wollen wir die Kraft zwischen zwei Protonen betrachten. Der unmittelbarste Weg zur Erforschung dieser Kraft sind Proton-Proton-Streuversuche. Bei einem derartigen Versuch treffen monoenergetische Protonen eines Teilchenbeschleunigers auf ein Target, das überwiegend Wasserstoff und damit Protonen enthält. Aus der Winkelverteilung der gestreuten Protonen kann man auf die Kräfte schließen, die zwischen den einfallenden Teilchen und den Targetteilchen wirken, in diesem Falle also auf die Kräfte zwischen Protonen. Wie die Proton-Proton-Streuversuche zeigen, kann man diese Kräfte angenähert durch die in Bild 9.3 dargestellte Potentialkurve wiedergeben. Bei großem Abstand voneinander stoßen sich die Protonen gegenseitig durch die Coulomb-Kraft ab, die umgekehrt proportional zum Quadrat des Abstandes abnimmt. Bei ungefähr $3 \cdot 10^{-15}$ m knickt diese Kurve scharf ab. Das deutet auf den Einsatz der *Kernkräfte* zwischen dem Protonenpaar hin. Diese *Anziehungskraft* wird bei kleineren Abständen sehr stark (allerdings spricht einiges für die Existenz eines abstoßenden Zentrums bei extrem kleinen Abständen). Als „Größe" des Protons können wir daher $3 \cdot 10^{-15}$ m, die

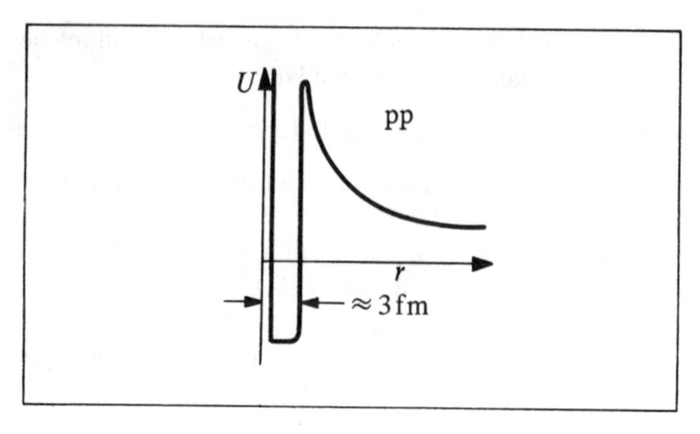

Bild 9.3 Proton-Proton-Potential

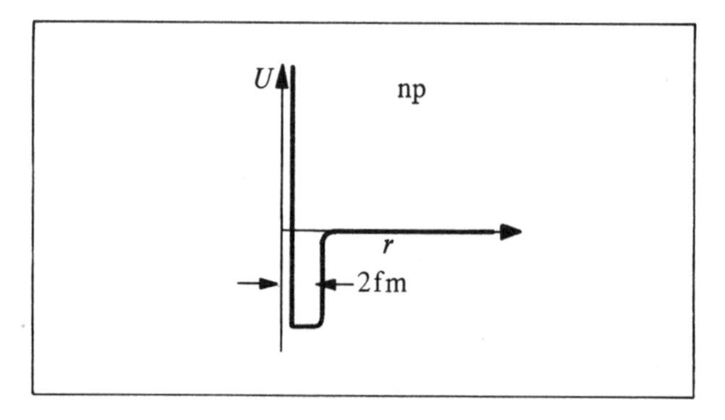

Bild 9.4 Neutron-Proton-Potential

Reichweite der Kernkräfte zwischen zwei Protonen, nehmen. Häufig wird als Einheit für die Abmessungen der Atomkerne noch das Fermi verwendet, dabei ist

$$1 \text{ Fermi} = 10^{-15} \text{ m} = 1 \text{ fm (femtometer)}.$$

Die Kräfte zwischen einem Neutron und einem Proton können mit Hilfe von Neutron-Proton-Streuversuchen erforscht werden. Bei diesen Versuchen trifft ein Strahl monoenergetischer Neutronen (diese Neutronen stammen von einer Kernreaktion) auf ein protonenhaltiges Target. Auch hier wird die Winkelverteilung der gestreuten Neutronen untersucht, um auf die Kräfte schließen zu können, die zwischen einem Neutron und einem Proton wirken, bzw. auf das Potential, dessen (negative) Ableitung diese Kräfte liefert. Die Wechselwirkung zwischen einem Neutron und einem Proton kann angenähert durch die in Bild 9.4 dargestellte Potentialkurve beschrieben werden. Bei großen gegenseitigen Abständen der beiden Teilchen wirkt zwischen diesen *keine* Kraft, jedoch bei einer Entfernung von ungefähr 2 fm ziehen sich Neutron und Proton gegenseitig stark an. Zwischen ihnen wirken Kernkräfte, die eine genau definierte Reichweite besitzen und wiederum auf ein abstoßendes Zentrum hinweisen. Offensichtlich hängt diese Anziehung in keiner Weise von der elektrischen Ladung ab, da es sich beim Neutron ja um ein neutrales Teilchen handelt.

Die Kernkräfte zwischen zwei Neutronen lassen sich nicht unmittelbar durch Neutron-Neutron-Streuversuche untersuchen, da man kein Target aus freien Neutronen herstellen kann. Es gibt aber zahlreiche indirekte Anhaltspunkte für die Annahme, daß die Kräfte zwischen zwei Neutronen annähernd den Kräften zwischen einem Neutron und einem Proton oder auch zwischen einem Protonenpaar gleich sind. Da Neutron und Proton in Bezug auf ihre Wechselwirkung (abgesehen von der Coulomb-Wechselwirkung zwischen Protonen) nahezu gleichwertig sind, ist es üblich, Neutron *oder* Proton gemeinsam als *Nukleon* zu bezeichnen. Man verwendet diese Bezeichnung sowohl für ein Proton als auch für ein Neutron, falls die Unterscheidung zwischen beiden Teilchen bedeutungslos ist. Die Unabhängigkeit der Kernkräfte von der Ladung der betreffenden Nukleonen heißt auch *Ladungsunabhängigkeit* der Kernkräfte. Wie eine eingehendere Behandlung der Proton-Neutron-Wechselwirkung zeigt, kann man diese beiden Teilchen, Proton und Neutron, als zwei verschiedene Ladungszustände eines und *desselben* Teilchens betrachten.

9.3 Deuteronen

Der einfachste Kern, der mehr als ein Teilchen enthält, ist das *Deuteron,* der Kern des Deuteriumatoms. Das Deuteron besteht aus einem Proton und einem Neutron, die durch anziehende Kernkräfte zusammengehalten werden und ein stabiles System bilden. Das Deuteron besitzt eine einzige positive Ladung, $+e$. Seine Masse beträgt ungefähr das Doppelte derjenigen des Protons oder des Neutrons; genauer:

$$\text{Ruhmasse des Deuterons: } m_d = 2{,}013553 \text{ u}.$$

Hierbei müssen wir beachten, daß es sich bei der hier angegebenen Deuteronenmasse um die Masse des nackten Deuteriumkernes handelt. Die Masse des neutralen Deuteriumatoms ist um die Elektronenmasse, 0,000549 u, größer als diejenige des Deuterons und beträgt daher 2,014102 u.

Interessant ist der Vergleich der Deuteronenmasse m_d mit der Summe der Massen seiner Bausteine, dem Proton m_p und dem Neutron m_n:

$$\begin{aligned} m_p &= 1{,}007277 \text{ u} \\ m_n &= 1{,}008665 \text{ u} \\ \hline m_p + m_n &= 2{,}015942 \text{ u} \\ m_d &= 2{,}013553 \text{ u} \\ \hline\hline \text{Massendefekt: } m_p + m_n - m_d &= 0{,}002389 \text{ u}. \end{aligned}$$

Die Gesamtmasse der einzelnen getrennten Teilchen Proton und Neutron ist *größer* als die Masse der beiden zu einem Deuteron vereinigten Teilchen. Dieser Unterschied läßt sich auf der Grundlage des relativistischen Erhaltungssatzes der Masse–Energie (vgl. Abschnitt 3.3) leicht deuten. Ziehen sich zwei *beliebige* Teilchen gegenseitig an, so muß die Summe ihrer beiden voneinander getrennten Massen größer als die Masse des gebundenen Systems sein, da ja Energie (oder Masse) hinzugefügt werden muß, um das System in seine Bausteine zu zerlegen. Diese hinzugefügte Energie heißt Bindungsenergie. Ihr Betrag kann aus dem Massendefekt berechnet werden, wenn man den Umrechnungsfaktor von Masse und Energie verwendet

$$1 \text{ u} = \frac{931{,}5 \text{ MeV}}{c^2}.$$

Daher ist die Bindungsenergie E_b des aus Neutron und Proton gebildeten Deuterons

$$\begin{aligned} E_b + m_d c^2 &= (m_p + m_n) c^2 , \\ E_b &= (m_p + m_n - m_d) c^2 \\ &= (0{,}002389 \text{ u}) (931{,}5 \text{ MeV/u } c^2) c^2 = 2{,}225 \text{ MeV} . \end{aligned} \tag{9.3}$$

Werden einem Deuteron 2,225 MeV hinzugefügt, so können Neutron und Proton voneinander getrennt werden, so daß sie sich außerhalb der Reichweite der Kernkräfte befinden, jedoch noch keine Bewegungsenergie besitzen.

Bei *jedem* System gebundener Teilchen entsteht ein Massendefekt. Bei einem atomaren System, etwa bei einem Wasserstoffatom, ist der Massenunterschied zwischen dem Atom und seinen getrennten Einzelteilen so klein, 1 zu 100 Millionen, daß man ihn nicht unmittelbar messen kann. Bei Atomkernen zeigt sich die Bindungsenergie als meßbarer Massendefekt, da die Kernkräfte so stark sind und die Bindungsenergie sehr groß ist. Tatsächlich ist die Kernbindungsenergie der beiden Nukleonen, die das Deuteron bilden, ungefähr eine *Million* mal größer als die elektrostatische Bindungsenergie von 13,58 eV zwischen Proton und Elektron bei der Bildung eines Wasserstoffatoms.

Wie wir uns erinnern, kann die Bindungsenergie eines Wasserstoffatoms im Grundzustand (die Ionisationsenergie des Wasserstoffatoms) aus der Energie des Photons bestimmt werden, das durch seine Absorption beim Photoeffekt das gebundene Elektron vom Wasserstoffkern befreit. Auf eine gleiche Weise kann die Bindungsenergie des Deuterons ermittelt werden. Deuteriumgas wird mit energiereichen, monoenergetischen Gammaquanten bestrahlt. Wird die Energie dieser Photonen gleich der Bindungsenergie des Deuterons, so kann die Absorption eines Photons je ein freies Neutron und Proton liefern. Wenn die Photonenenergie größer als die Bindungsenergie ist, wird das Deuteron in ein Proton und ein Neutron zerlegt, und beide Teilchen erhalten noch Bewegungsenergie. Diese *Kernreaktion* kann folgendermaßen geschrieben werden:

$$\gamma + \text{d} \rightarrow \text{p} + \text{n} . \tag{9.4}$$

Die Erhaltung der Masse–Energie führt zu der Bedingung

$$h\nu + m_d c^2 = m_p c^2 + m_n c^2 + E_p + E_n , \tag{9.5}$$

hierbei sind E_p und E_n die kinetische Energie des freigesetzten Protons bzw. Neutrons. Dieser Vorgang, bei dem Proton und Neutron durch Absorption eines Photons voneinander getrennt werden, heißt Kernphotoeffekt oder auch *Photospaltung*. Der Schwellenwert für diese Reaktion entspricht dem Fall $E_p = 0$ und $E_n = 0$, und damit wird

$$h\nu_0 = (m_p + m_n - m_d) c^2 = E_b . \tag{9.6}$$

D.h., die Photonenenergie ist gleich der Bindungsenergie des Deuterons.[1] Mißt man die Schwellenenergie des Photons, $h\nu_0$, und sind die Massen m_p und m_d bekannt, so kann man

---

[1] Tatsächlich *übertrifft* die Schwellenenergie des Photons für die Photospaltung eines ursprünglich ruhenden Deuterons die Bindungsenergie des Deuterons geringfügig, da auch hier der Impulssatz gilt: Der resultierende Impuls von Proton und Neutron nach der Reaktion muß gleich dem Photonenimpuls $h\nu/c$ vor dem Stoß sein. Wie eine eingehendere Behandlung (vgl. Abschnitt 10.3) zeigt, beträgt die Schwellenenergie des Photons

$$h\nu = E_b/(1 - E_b/m_d c^2) ;$$

sie ist damit ungefähr um ein Tausendstel größer als die Bindungsenergie des Deuterons.

die Neutronenmasse m_n mit Hilfe von Gl. (9.6) berechnen. Dieses ist eine der zahlreichen Möglichkeiten, mit Hilfe des Energiesatzes aus Kernreaktionen die Neutronenmasse zu berechnen.

Die Umkehrreaktion zur Photospaltung des Deuterons ist folgende Reaktion: Ein ruhendes Proton und ein ruhendes Neutron vereinigen sich unter Bildung eines angeregten Deuterons, das dann unter Aussendung eines Photons von 2,225 MeV in den Grundzustand übergeht,

$$p + n \rightarrow d + \gamma \,. \tag{9.7}$$

Wie wir hier erkennen, entspricht diese Kernreaktion bis auf die Richtung des Pfeiles derjenigen von Gl. (9.4).

Bild 9.5 zeigt ein *Niveauschema* für die Deuteronenenergie. Im Gegensatz zu allen Atomen und zu allen übrigen Kernen gibt es beim Deuteron nur einen *einzigen* gebundenen Zustand. Als gebundenes System kann das Deuteron nur in diesem, seinem Grundzustand bestehen. Bei dem Kontinuum der nicht gebundenen Zustände handelt es sich um freie Protonen und Neutronen. Das Deuteron besitzt also keine angeregten Zustände. In dem Schema sind auch die Ruhmassen und die Ruhenergien von Deuteron, Proton und Neutron dargestellt, allerdings nicht maßstäblich. Es ist nützlich, dieses Schema des einfachsten aller Kernsysteme mit dem einfachsten aller atomaren Zweiteilchensysteme, dem Wasserstoffatom, zu vergleichen. Das vereinfachte (und stark überhöhte) Niveauschema des Proton-Elektron-Systems ist in Bild 9.6 dargestellt. Ebenfalls aufgetragen sind die Massen von Proton und Elektron.

Das Wasserstoffatom hat bekanntlich eine ganze Reihe möglicher angeregter Zustände. Das bedeutet, die Ruhmasse des Proton-Elektron-Systems kann eine Vielzahl möglicher gequantelter Werte annehmen (vgl. hierzu Bild 9.6 mit Bild 3.8). Da die Bindungs-

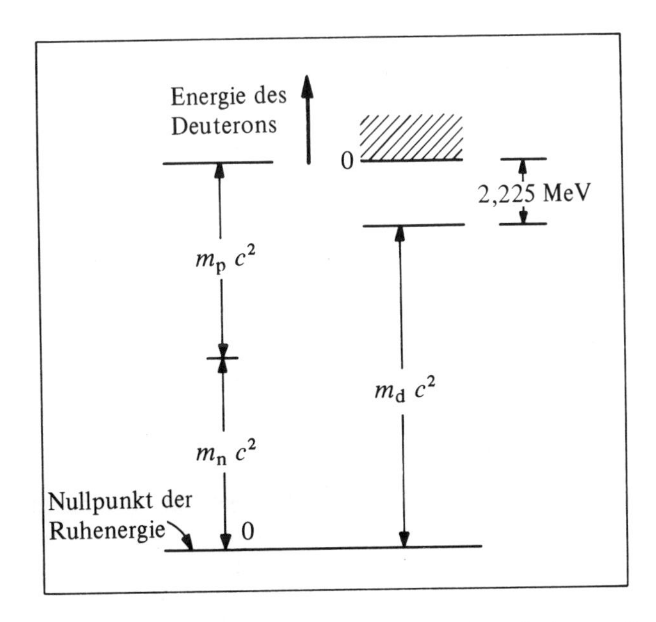

Bild 9.5 Energieniveauschema des Deuterons, einem System aus Proton und Neutron

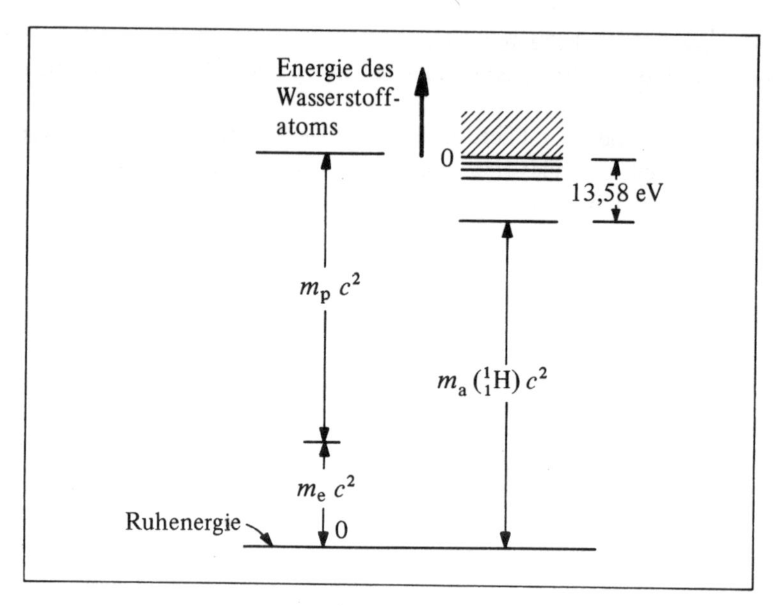

Bild 9.6 Energieniveauschema des $^1_1$H-Atoms, einem System aus Proton und Elektron

energie für jeden möglichen Energiezustand beim Wasserstoffatom klein ist (weniger als 13,58 eV), ist es praktisch unmöglich, die gequantelten Energiewerte des Wasserstoffatoms durch Messung der Masse zu ermitteln. Die große Bindungsenergie der Nukleonen in den Atomkernen ermöglicht es aber, diese Bindungsenergie unmittelbar aus dem Unterschied der Ruhmassen der einzelnen Teilchen und der Masse des zusammengesetzten Kernes zu bestimmen.

9.4 Stabile Kerne

Wir wollen nun die stabilen Kerne betrachten, die mehr als zwei Nukleonen enthalten. Die Protonenzahl eines Kernes wird durch die *Ordnungszahl* Z angegeben, die Gesamtzahl aller Nukleonen durch die *Massenzahl* A; die Neutronenzahl folgt dann aus $N = A - Z$. Der Ausdruck *Nuklid* bezeichnet eine Art von Kernen, die in den Zahlen Z und N oder A übereinstimmen. *Unterschiedliche* Nuklide, die in der Ordnungszahl Z übereinstimmen, heißen *Isotope,* diejenigen, die in der Neutronenzahl N übereinstimmen, *Isotone* und diejenigen mit gleicher Massenzahl A *Isobare.* So ist zum Beispiel $^{37}_{17}$Cl mit 17 Protonen, 20 Neutronen und insgesamt 37 Nukleonen ein Isotop zum $^{35}_{17}$Cl, ein Isoton zum $^{39}_{19}$K und ein Isobar zum $^{37}_{18}$Ar.

Die in der Natur vorkommenden *stabilen* Nuklide sind in Bild 9.7 eingezeichnet. Dort ist die Neutronenzahl N gegen die Protonenzahl Z aufgetragen. Jeder Punkt stellt ein spezielles stabiles Nuklid dar, d.h. eine Kombination von Protonen und Neutronen, die ein stabiles System bilden. Aus dem allgemeinen Verlauf dieses Diagramms können wir bereits eine Reihe interessanter und wichtiger Regelmäßigkeiten erkennen.

Nur diejenigen Kombinationen von Protonen und Neutronen, die als Punkt in diesem Bild auftreten, kommen in der Natur als stabile Nuklide im Grundzustand vor. Alle übrigen möglichen Kombinationen von Nukleonen sind in gewisser Hinsicht instabil, denn

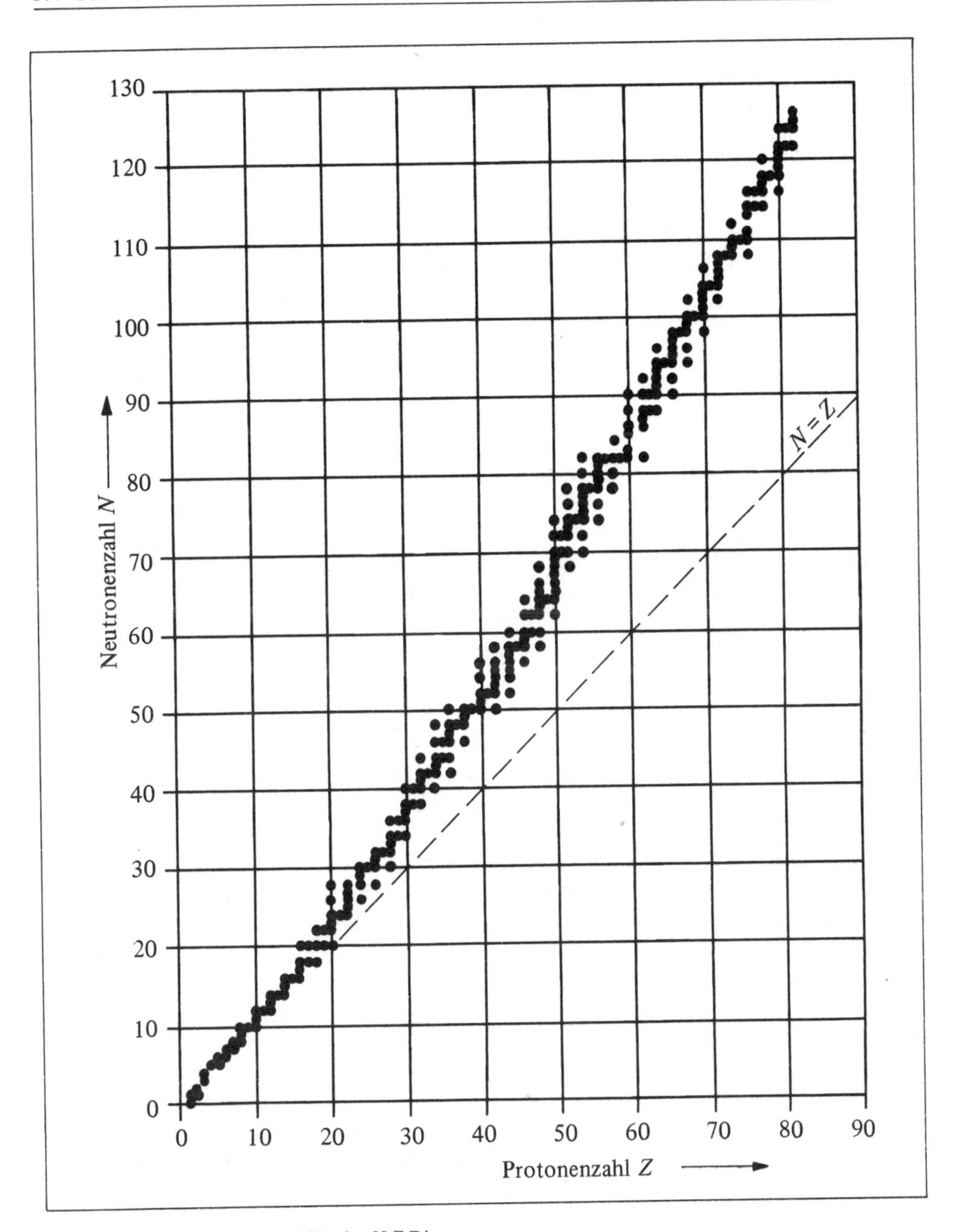

Bild 9.7 Lage der stabilen Nuklide im *N*-*Z*-Diagramm

sie zerfallen in andere Kerne. So sind zum Beispiel die Nuklide $^{16}_{8}O$, $^{17}_{8}O$ und $^{18}_{8}O$, alles Sauerstoffisotope, stabile Kernsysteme, aber die Isotope $^{15}_{8}O$ und $^{19}_{8}O$ sind instabil.

Die Lage der stabilen Nuklide läßt sich angenähert durch eine *Stabilitätslinie* angeben. Eine derartige Linie geht natürlich nicht durch jeden einzelnen Punkt, aber sie gibt den Bereich an, in dem die Mehrzahl der stabilen Nuklide liegt. Wie wir sehen, liegen die stabilen Nuklide bei kleinen Z und N in der Nähe der 45°-Linie ($N = Z$). So ist zum Beispiel für $^{16}_{8}O$ $N = Z = 8$. Die stabilsten leichten Kerne bei gegebener Massenzahl A sind diejenigen, bei denen die Protonenzahl annähernd gleich der Neutronenzahl ist. Wir können auch sagen, leichte Kerne bevorzugen gleiche Anzahlen von Protonen und Neutronen, denn diese Kombinationen sind stabiler als diejenigen mit einem beträchtlichen Protonen- oder Neutronenüberschuß. Für die schwereren Nuklide biegt die Stabilitätslinie immer stärker von der 45°-Linie ab, d.h., für große A wird $N > Z$. So ist zum Beispiel für das stabile Nuklid $^{208}_{82}Pb$ $Z = 82$ und $N = 126$. Schwere Nuklide weisen also einen merklichen Neutronenüberschuß auf.

Der Neutronenüberschuß läßt sich auf die abstoßende Coulomb-Kraft zwischen den Protonen zurückführen. Wenn wir mit einem mittelschweren Kern beginnen und versuchen, daraus einen schwereren Kern aufzubauen, indem wir ein weiteres Nukleon hinzufügen, so wird gewöhnlich die Bindung bei einem zusätzlichen Neutron stärker als bei einem zusätzlichen Proton sein. Denn das Neutron wird nur durch die Kernkräfte angezogen, während das Proton sowohl durch die Kernkräfte angezogen als auch von den Protonen, die in dem schweren Kern bereits vorhanden sind, durch die Coulomb-Kraft abgestoßen wird. Nur bei schweren Kernen kann die abstoßende Coulomb-Kraft mit den starken, anziehenden Kernkräften nennenswert konkurrieren. Man kann sagen, wären die Protonen ohne elektrische Ladung und unterschieden sie sich nur auf eine andere Weise von den Neutronen, so würden die stabilen Nuklide annähernd gleiche Protonen- und Neutronenzahlen aufweisen.

Die annähernde Gleichheit von Z und N bei kleinen Massenzahlen A und den Überschuß von N über Z bei größerem A können wir verstehen, wenn wir das Pauli-Prinzip (Abschnitt 7.8) heranziehen, um den Bau der stabilen Nuklide zu erklären. Sowohl Protonen als auch Neutronen gehorchen jeweils getrennt diesem Prinzip: In einem Kern können sich niemals zwei gleichartige Teilchen in demselben Quantenzustand befinden. Wir brauchen uns hier nicht mit den Einzelheiten der Quantentheorie des Kernbaues zu befassen, wir erinnern uns lediglich daran, daß sich zwei Protonen, die in ihren drei räumlichen Quantenzahlen (nicht unbedingt die beim Atombau auftretenden Quantenzahlen n, l und m_l) übereinstimmen, dann aber in ihren Spinquantenzahlen unterscheiden müssen. Daraus folgt, daß zwei Protonen nur dann denselben Quantenzustnd einnehmen können, wenn ihre Kernspins antiparallel gerichtet sind. Die gleiche Regel gilt für die Neutronen: Nur je zwei Neutronen, von denen eines einen aufwärts gerichteten, das andere einen abwärts gerichteten Spin besitzt, können Quantenzustände mit drei übereinstimmenden räumlichen Quantenzahlen einnehmen. Abgesehen von der Coulomb-Wechselwirkung zwischen Protonen, sind die für die Protonen oder für die Neutronen zur Verfügung stehenden Quantenzustände fast dieselben, da Proton und Neutron bezüglich ihrer Wechselwirkung durch Kernkräfte im wesentlichen gleichwertig sind.

Wir betrachten Bild 9.8, das schematisch die für Protonen und für Neutronen beim Aufbau stabiler Kerne zur Verfügung stehenden Zustände wiedergibt. Zur Vereinfachung sind die Zustände in annähernd gleichem Abstand eingetragen und zwar einmal eine Niveaufolge für die Protonen und eine zweite für die Neutronen. Der Abstand zwischen den einzelnen Protonenniveaus nimmt bei den höher gelegenen Niveaus zu; das rührt von der Coulomb-Kraft zwischen den Protonen her. Die Niveaus der Neutronen dagegen sind äquidistant. Wir können annehmen, daß auf jedem Protonenniveau zwei Protonen untergebracht werden können und zwar eines mit aufwärts und eines mit abwärts gerichtetem Spin, und entsprechend finden zwei Neutronen auf jedem Neutronenniveau Platz.

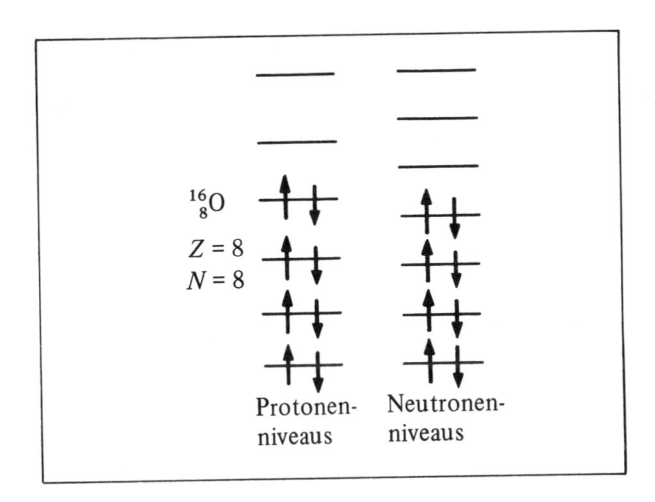

Bild 9.8
Schema der Protonen- und der Neutronenniveaus für einen $^{16}_{8}O$-Kern

Bei dem Kern, der aus zwei Protonen und zwei Neutronen besteht, sind das erste Protonenniveau und das erste Neutronenniveau besetzt. Das ist bei dem sehr stabilen Nuklid $^{4}_{2}He$ der Fall. Wenn wir dann mit zusätzlichen Nukleonen stabile Kerne größerer Massenzahl A aufbauen wollen, so können wir annehmen, daß die Protonen- und die Neutronenniveaus annähernd gleich besetzt werden. Bei kleinen Massenzahlen A wird daher $Z \approx N$ sein, in Übereinstimmung mit der Beobachtung. Auch bei zunehmender Nukleonenzahl liegen dann wiederum die stabilsten Kerne vor, wenn die niedrigsten zur Verfügung stehenden Energieniveaus der Protonen und der Neutronen zuerst besetzt werden. Das hat bei großen Massenzahlen A einen Neutronenüberschuß zur Folge, oder $N > Z$. Wie wir gesehen haben, können wir den allgemeinen Verlauf der Stabilitätslinie durch Anwendung des Pauli-Prinzips auf den Bau der stabilen Kerne erklären.

9.5 Kernradien

Der Kernradius kann in unterschiedlicher Weise definiert und bestimmt werden. Näherungsweise erhalten wir den Kernradius aus den Ergebnissen der Streuversuche mit α-Teilchen. Während bei Entfernungen von mehr als 10^{-14} m die Verteilung der gestreuten Teilchen allein auf die Coulomb-Wechselwirkung zurückgeführt werden kann, treten Abweichungen vom Coulombschen Gesetz dann auf, wenn sich die α-Teilchen ungefähr bis auf diese Entfernung dem Streuzentrum nähern. Daher können wir den Kernradius durch den Abstand vom Kernmittelpunkt definieren, bei dem die Wirkung der Kernkräfte einsetzt.

Unmittelbarer und genauer können wir aber den Kernradius durch Streuversuche mit hochenergetischen Neutronen an Targetkernen einführen. Neutronen erfahren keine Abstoßung durch die Coulomb-Kraft. Sie werden nur dann aus ihrer ursprünglichen Richtung abgelenkt oder von einem Targetkern eingefangen, wenn sie in die Reichweite der Kernkräfte des beschossenen Kernes gelangen. Mit Hilfe der Kernkräfte können wir daher als *Kernradius* den Abstand vom Kernmittelpunkt definieren, bei dem ein Neutron die anziehende Wirkung der Kernkräfte erfährt. Da die Kernkräfte eine genau bestimmte Reichweite besitzen und da bei einer größeren Entfernung die Wechselwirkung durch diese Kräfte praktisch verschwindet, werden die Streuversuche mit Neutronen nicht durch die störende Coulomb-Kraft erschwert, die sonst bei einer Auswertung der Streudaten berücksichtigt werden muß.

Wie allen Teilchen kommt auch dem Neutron eine Wellenlänge zu. Nur wenn die Wellenlänge des Neutrons klein genug ist, kann dessen Lage im Vergleich zu den Kernabmessungen genügend genau angegeben werden. Andernfalls sind die Neutronenstreuversuche nicht so einfach zu deuten. Neutronen von 100 MeV besitzen eine Wellenlänge von etwa 1 fm. Es sind viele Absorptionsversuche mit hochenergetischen Neutronen bei den verschiedensten Targets durchgeführt worden. Die Ergebnisse lassen sich durch folgende Beziehung, die den Kernradius R als Funktion der Massenzahl A des Kernes angibt, zusammenfassen:

$$R = r_0 A^{1/3} , \qquad (9.8)$$

hierbei ist $r_0 = 1{,}4$ fm der sogenannte Kernkraft-Radius des Kernes. Mit Hilfe dieser Gleichung können wir den Radius eines beliebigen Kernes, wie er sich auf Grund seiner Wechselwirkung mit einem Neutron darstellt, berechnen. Der Radius R selbst der schwersten Kerne ist danach nicht größer als etwa 10 fm.

Die Streuung sehr energiereicher Elektronen liefert eine weitere Möglichkeit, einen Kernradius zu definieren. Ein Elektron von 10 GeV hat eine Wellenlänge von nur 0,1 fm; das ist *weniger* als die Abmessung selbst des kleinsten Kernes. Ein derartig genau lokalisierbares Teilchen ist daher besonders geeignet, um Kernradien zu bestimmen. Versuche mit hochenergetischen Elektronen gaben Auskunft über die Verteilung der elektrischen Ladung in einem Kern, ja sogar in einem einzelnen Proton. Während Neutronen nur durch Wechselwirkungen, die auf die Kernkräfte zurückgehen, gestreut werden, werden Elektronen nur durch elektrische Ladungen mit ihren Coulomb-Wechselwirkungen gestreut, nicht aber durch Kernkräfte. Die Ergebnisse der Streuversuche mit Hochenergieelektronen lassen sich durch die Beziehung

$$R = r_0 A^{1/3} ,$$
$$\text{mit} \quad r_0 = 1{,}1 \text{ fm} \qquad (9.9)$$

zusammenfassen. Sie besitzt dieselbe Form wie Gl. (9.8). Der elektromagnetische Radius r_0, auch Ladungsradius genannt, ist aber etwas kleiner als der durch die Kernkräfte definierte Radius r_0. Bild 9.9 zeigt die Verteilung der elektrischen Ladung in einem Kern, die aus der Streuung hochenergetischer Elektronen folgt.

Die Beziehung für den Kernradius führt zu einer wichtigen Folgerung für die Dichte der Kernmaterie. Aus der dritten Potenz von Gl. (9.8) erhalten wir nach Multiplikation mit $4\pi/3$

$$\frac{4\pi R^3}{3} = \frac{4\pi r_0^3}{3} A . \qquad (9.10)$$

Die Größe $4\pi R^3/3$ ist das Kernvolumen, vorausgesetzt, der Kern ist kugelförmig oder wenigstens annähernd kugelförmig. Dann können wir $4\pi r_0^3/3$ als Volumen eines einzelnen Nukleons betrachten. Aus Gl. (9.10) folgt dann

Kernvolumen = Volumen eines Nukleons mal Nukleonenzahl.

Das Gesamtvolumen eines Kernes ist nun die Summe der Volumina aller Nukleonen, aus denen er aufgebaut ist. Diese Beziehung gilt für alle Kerne. Außerdem haben die Nukleonen annähernd die gleiche Masse. Daraus können wir schließen, daß *alle* Kerne die *gleiche Dichte* der Kernmaterie haben. Wie man leicht berechnen kann, beträgt die Dichte der Kernmaterie $2 \cdot 10^{17}$ kg/m³ = $2 \cdot 10^{14}$ g/cm³. (Diese ungewöhnlich große Dichte muß natürlich mit der Tatsache in Zusammenhang gesehen werden, daß der Radius eines Atoms rund einhunderttausend mal größer als der Radius eines Kernes ist.)

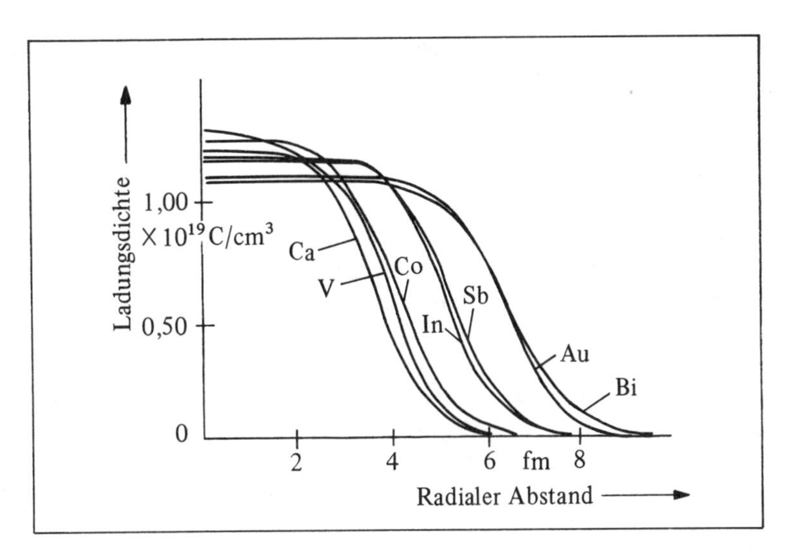

Bild 9.9 Dichte der elektrischen Ladung in einem Atomkern in Abhängigkeit vom radialen Abstand für verschiedene Elemente. Ermittelt durch Streuversuche mit 183 MeV-Elektronen

Wir können nun auch darauf eingehen, warum keine Elektronen beim Kernbau beteiligt sind. Vor der Entdeckung des Neutrons im Jahre 1932 dachte man sich die Kerne aus Protonen und Elektronen aufgebaut, zum Beispiel den $^{14}_{7}$N-Kern aus 14 Protonen und 7 Elektronen bestehend. Die Annahme, Elektronen könnten im Kern existieren, wurde durch die Beobachtung gestützt, daß radioaktive Stoffe beim β-Zerfall tatsächlich Elektronen aus ihren Kernen aussenden.

Falls nun aber ein Elektron auf den Bereich eines Kernes, also auf etwa 1 fm, beschränkt und dort auch lokalisierbar sein soll, so kann auch die Wellenlänge des Elektrons nicht größer als diese Länge sein. Ein Elektron von 1 GeV hat nun etwa diese Wellenlänge. Soll es daher in einen Kern eingeschlossen werden, so muß es mindestens eine kinetische Energie von 1 GeV besitzen. Ein Elektron mit einer derartigen Energie kann nur dann gebunden werden und damit eine negative Gesamtenergie besitzen, wenn die potentielle Energie niedriger als -1 GeV ist. Daher muß für die Elektronen ein anziehendes Potential von mindestens dieser Größenordnung existieren, falls sie in einem Kern gebunden vorhanden sein sollen. Bisher gibt es aber keinen Anhaltspunkt für eine derartig große, auf ein Elektron wirkende Anziehungskraft. Daher müssen wir schließen, daß Elektronen im Kern nicht existieren können. Später werden wir noch weitere, ebenso zwingende Argumente gegen Elektronen als Kernbausteine kennenlernen. Ein Nukleon dagegen kann innerhalb der Abmessungen eines Kernes lokalisiert werden, falls seine kinetische Energie nur einige MeV beträgt. So hat zum Beispiel ein Nukleon von 10 MeV eine Wellenlänge von etwa 1 fm.

9.6 Bindungsenergie stabiler Kerne

Die Kernkräfte sind derartig stark, daß die Kernmasse meßbar kleiner als die Summe der Massen der Kernbausteine ist. Daher erhalten wir durch Vergleich der Massen eine unmittelbare Auskunft über die Bindungsenergie eines Atomkernes.

Massenspektrometrisch können Atommassen mit großer Genauigkeit (genauer als 1 zu 10^5) bestimmt werden (Abschnitt 8.4). Der Anhang enthält die Massen der *neutralen* Atome, angegeben in der (vereinheitlichten) atomaren Masseneinheit u. Alle gemessenen Atommassen liegen sehr nah bei der ganzzahligen Massenzahl A; man nennt dies auch die *Ganzzahligkeitsregel.* Ein $^{12}_{6}C$-Atom hat nach Definition eine Masse von genau 12 u. Die Kernmasse ist gleich der um Z Elektronenmassen verringerten Atommasse (da die Anzahl der Elektronen gleich der Protonenzahl ist). Weil die Bindungsenergie der Elektronen im Atom gewöhnlich sehr klein im Vergleich zur Ruhenergie des Atoms ist, können wir die Masse des neutralen Atoms gleich der Summe aus der Kernmasse und der Masse der Elektronen setzen.

Wir betrachten den $^{12}_{6}C$-Kern, der 6 Protonen und 6 Neutronen enthält. Wir wollen seine *gesamte* Bindungsenergie berechnen, d.h. die Energie, die erforderlich ist, um den $^{12}_{6}C$-Kern in seine 12 Bestandteile zu zerlegen. Dabei soll sich dann jedes Nukleon in Ruhe befinden und praktisch außerhalb der Reichweite der von den übrigen Nukleonen ausgehenden Kernkräfte. Bei der folgenden Rechnung verwenden wir die Masse eines *neutralen Wasserstoffatoms,* 1,007825 u, sowie die Masse eines Elektrons, 0,000549 u.

6 Protonen:	$6\,m_p$	=	$6\,(1{,}007825 - 0{,}000549)$ u
6 Neutronen:	$6\,m_n$	=	$6 \cdot 1{,}008665$ u
Gesamtmasse der Nukleonen:		=	$[12{,}098940 - 6\,(0{,}000549)]$ u
Masse des $^{12}_{6}C$-Kernes:	$m_N\,(^{12}_{6}C)$	=	$[12{,}000000 - 6\,(0{,}000549)]$ u
Massendefekt:	Δm	=	0,098940 u
Gesamte Bindungsenergie:	E_b	=	$0{,}098940\,\text{u} \cdot 931{,}5\,\text{MeV/u} = 92{,}16\,\text{MeV}$.

Da sich die Massen der Elektronen wegheben, können wir auch die Massen des *neutralen* Wasserstoffatoms und des *neutralen* ^{12}C-Atoms an Stelle der Protonenmasse und der Kernmasse des ^{12}C-Atoms verwenden.

Wie wir hier erkennen, müssen wir dem Kohlenstoffkern 92,16 MeV zuführen, um ihn vollständig in die ihn aufbauenden Bestandteile zu zerlegen. Daher sind in diesem Kern die zwölf Nukleonen mit einer Gesamtbindungsenergie $E_b = 92{,}16$ MeV gebunden und bilden so diesen Kern in seinem niedrigsten Energiezustand. Die *mittlere* Bindungsenergie pro Nukleon, E_b/A, beträgt (92,16/12) MeV oder 7,68 MeV. Hierbei handelt es sich nicht um die Bindungsenergie eines jeden einzelnen Nukleons sondern um den Mittelwert der zwölf Bindungsenergien.

Wir können eine allgemeine Beziehung angeben, die uns die gesamte Bindungsenergie E_b für einen beliebigen Kern liefert, der eine relative Atommasse m_a besitzt und der sich aus Z Protonen und Elektronen der Masse m_H und aus $(A - Z)$ Neutronen der Masse m_n zusammensetzt:

$$\frac{E_b}{c^2} = Z\,m_H + (A - Z)\,m_n - m_a\,. \tag{9.11}$$

Nun wollen wir die Energie berechnen, die erforderlich ist, um ein *einzelnes* Proton aus dem $^{12}_{6}C$-Kern abzutrennen. Dabei bleibt ein Kern mit 5 Protonen und 6 Neutronen zurück, nämlich ein $^{11}_{5}B$-Kern. Die Bindungsenergie, mit der das letzte Proton an die übrigen 11 Nukleonen gebunden ist, die *Separationsenergie* S_p, kann ähnlich aus den Ruhmassen der Teilchen berechnet werden (auch hier rechnen wir wieder mit den Massen der *neutralen* Atome):

Masse des $^1_1$H-Atoms:	$m_a(^1_1\text{H})$ =	1,007825 u
Masse des $^{11}_5$B-Atoms:	$m_a(^{11}_5\text{B})$ =	11,009305 u
Summe der Atommassen:	=	12,017130 u
Masse des $^{12}_6$C-Atoms:	$m_a(^{12}_6\text{C})$ =	12,000000 u
Massendefekt:	Δm =	0,017130 u
Separationsenergie:	S_p =	0,017130 u · 931,5 MeV/u = 15,96 MeV.

Wie wir sehen, ist im $^{12}_6$C-Kern die Bindungsenergie eines bestimmten Nukleons (hier des am wenigsten gebundenen Protons) *nicht* gleich der *mittleren* Bindungsenergie der Nukleonen, 7,68 MeV, wenn diese Werte auch von der gleichen Größenordnung sind (die Separationsenergie S_n des letzten gebundenen *Neutrons* im $^{12}_6$C-Kern beträgt 18,72 MeV).

Der Abtrennung des letzten Protons von einem Kern entspricht bei einem Atom die Entfernung des letzten, am wenigsten gebundenen Valenzelektrons durch die Ionisierung des Atoms. Wie wir wissen, ist die Ionisierungsarbeit bei einem äußeren Valenzelektron im Atom gewöhnlich um mehrere Größenordnungen kleiner als bei einem inneren, stark gebundenen Elektron (sichtbares Licht für erstere und Röntgenstrahlen für die letzteren). Daher erkennen wir, daß, anders als bei den durch elektrische Wechselwirkung gebundenen Hüllenelektronen, die Bestandteile eines stabilen Kernes alle mit annähernd der gleichen Bindungsenergie gebunden sind.

Die mittlere Bindungsenergie pro Nukleon, E_b/A, können wir mit Hilfe von Gl. (9.11) für alle stabilen Kerne berechnen. Tragen wir die berechneten Werte von E_b/A über den zugehörigen Massenzahlen A auf, so erhalten wir das in Bild 9.10 dargestellte Er-

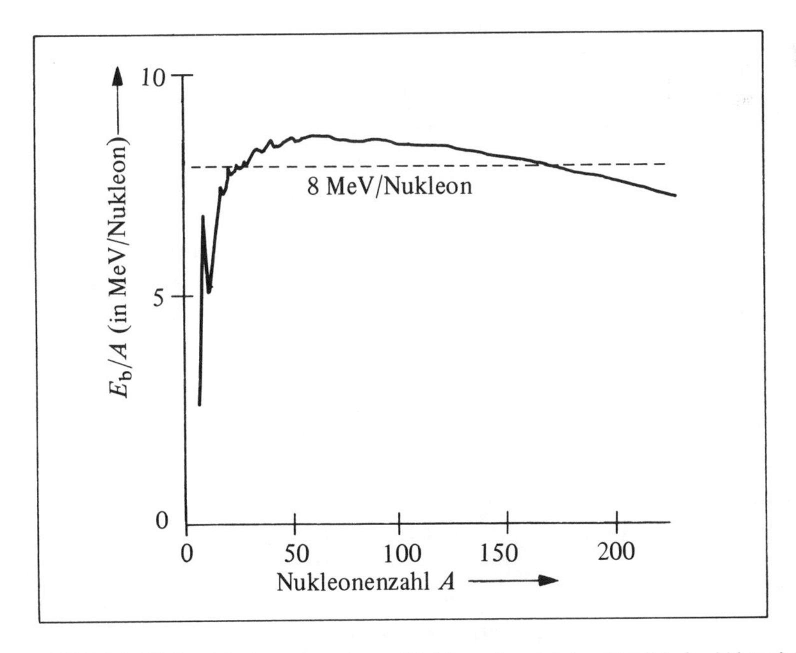

Bild 9.10 Mittlere Bindungsenergie pro Nukleon der stabilen Nuklide in Abhängigkeit von der Massenzahl A

gebnis. Der Verlauf dieser Kurve läßt sich folgendermaßen beschreiben: Abgesehen von den spitzen Zacken bei den besonders stabilen Nukliden mit Gruppen von je zwei Protonen und zwei Neutronen, ${}^4_2He$, ${}^{12}_6C$ und ${}^{16}_8O$, steigt die Kurve von den leichtesten stabilen Kernen bis zu $A \approx 20$ steil an. Für $A > 20$ wächst die Kurve nur noch langsam und erreicht in der Nähe von ${}^{56}_{26}Fe$ ein Maximum, um dann wieder zu den schwersten Nukliden hin langsam abzufallen. Von $A = 20$ an verläuft die Kurve nahezu waagerecht; E_b/A ist sehr vereinfachend konstant:

$$\text{Für } A > 20 \text{ ist } \frac{E_b}{A} \approx 8 \text{ MeV/Nukleon.} \tag{9.12}$$

Eisen und seine Nachbarnuklide stellen die stabilsten in der Natur vorkommenden Nukleonenkonfigurationen dar. In allen leichteren oder schwereren Elementen als Eisen sind die Nukleonen weniger stark gebunden.

9.7 Kernmodelle

Da ein Kern aus zahlreichen Teilchen besteht, die *alle* der starken Wechselwirkung durch Kernkräfte unterworfen sind, kann kein einziges theoretisches Modell sämtliche Kerneigenschaften zufriedenstellend beschreiben, sondern es gibt eine Anzahl von Kernmodellen, die jeweils einige der Eigenschaften erklären können. Hier wollen wir das *Tröpfchenmodell*, das *Einteilchenmodell*, das *Schalenmodell* sowie das *kollektive Modell* behandeln.

Tröpfchenmodell

Lassen wir für einen Augenblick den Anstieg am Anfang der Kurve in Bild 9.10 außer Betracht, so ist der Wert von E_b/A nahezu konstant. Daher ist die gesamte Bindungsenergie E_b recht gut proportional zu A, also zur Anzahl aller Nukleonen des Kernes. Diese einfache Abhängigkeit der Bindungsenergie von der Anzahl aller gebundenen Teilchen läßt sich leicht durch das als *Tröpfchenmodell* bekannte Kernmodell, das N. Bohr 1936 vorgeschlagen hat, deuten. Bei diesem Modell behandelt man die Bindung der Nukleonen im Kern ähnlich wie die Bindung der Moleküle in einer Flüssigkeit. Wie wir wissen, ist die gesamte Bindungsenergie einer Flüssigkeit direkt proportional zur Masse dieser Flüssigkeit (um zum Beispiel 2 kg Wasser zu verdampfen, benötigt man die doppelte Energie wie für 1 kg), und bei konstanter Dichte der Flüssigkeit ist die gesamte Bindungsenergie auch proportional zum Flüssigkeitsvolumen. Die Kerne zeigen das gleiche Verhalten: Bindungsenergie E_b und Kernvolumen $4\pi R^3/3$ sind beide direkt proportional zur Nukleonenzahl A. Dieses einfache Verhalten läßt sich auf die Kräfte zwischen den Nukleonen zurückführen.

Jedes Nukleon steht mit anderen Nukleonen in starker Wechselwirkung durch die Kernkräfte, die nur eine *kurze Reichweite* besitzen; d.h., jedes Nukleon steht nur mit seinen unmittelbar benachbarten Nukleonen in Wechselwirkung. Die Kernkräfte zeigen eine *Sättigung:* Nachdem ein Nukleon mit einem vollständigen Satz von Nachbarn umgeben ist, mit denen es in Wechselwirkung steht, übt es keine nennenswerte Kräfte mehr auf andere, weiter entfernte Nukleonen aus. An der Oberfläche eines Kernes sind jedoch die von einem Nukleon ausgehenden Kräfte nicht abgesättigt, da ein Oberflächennukleon nicht rings von Nachbarn umgeben ist. Das entspricht der Oberflächenspannung in Flüssigkeiten. Dieser Oberflächeneffekt ist bei den leichtesten Kernen besonders ausgeprägt, bei denen sich verhältnismäßig viele Nukleonen an der Oberfläche befinden. Bei den schweren Kernen tritt er dagegen weniger in Erscheinung, da sich bei diesen ein kleinerer Bruchteil der Nukleonen an der Oberfläche befindet.

Während die anziehenden Kernkräfte eine Sättigung aufweisen, jedes Nukleon steht nur mit seinen unmittelbaren Nachbarn in Wechselwirkung, trifft dies für die abstoßende Coulomb-Kraft zwischen den Kernprotonen nicht zu. Jedes Kernproton steht mit *jedem anderen* Proton in elektromagnetischer Wechselwirkung. Dazu gehört das Coulomb-Potential

$$E_e = \frac{k e^2}{r}, \tag{9.13}$$

hierbei ist $k = 1/4\pi\epsilon_0$, e die Protonenladung und r der Abstand zwischen einem Protonenpaar. Setzt man r gleich 3 fm, ein annehmbarer Wert für den mittleren Abstand zwischen einem Protonenpaar, so liefert diese Gleichung $E_e \approx 0{,}5$ MeV. Diese Energie ist im Vergleich zu $E_b/A \approx 8$ MeV klein. Daher hat die Coulomb-Energie bei den leichtesten Kernen keinen großen Einfluß.

Bei den schweren Kernen mit großer Protonenzahl Z macht sich die Coulomb-Energie bemerkbar. Jedes Proton steht mit *jedem* anderen Kernproton gemäß Gl. (9.13) in Wechselwirkung. Daher hängt die *gesamte* Coulomb-Energie von der Anzahl aller Protonenpaare ab, d.h. von $Z(Z-1)/2$, da bei der Gesamtzahl der Paare jedes Proton zweimal vorkommt. Bei schweren Kernen hängt die Coulomb-Energie, die die Neigung der Protonen, die stabile Nukleonenkonfiguration zu sprengen, ausdrückt, also näherungsweise von Z^2 ab.

Beim Tröpfchenmodell beeinflussen im wesentlichen drei Erscheinungen die gesamte Bindungsenergie der Nukleonen:

Volumenenergie: $E_b/A \approx$ konstant. Daher ist die Bindungsenergie E_b proportional zu A und damit auch zum Kernvolumen proportional.

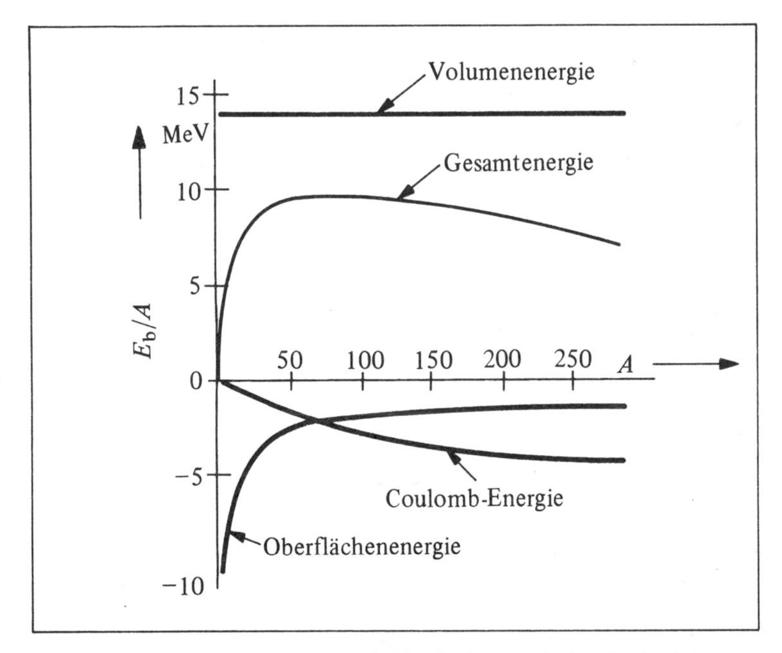

Bild 9.11 Beitrag der Volumen-, der Oberflächen- und der Coulomb-Energie zur mittleren Bindungsenergie pro Nukleon in Abhängigkeit von der Massenzahl A

Oberflächenenergie: Die *Verminderung* der Bindungsenergie ist proportional zur Oberfläche des Kernes und damit proportional zu R^2 oder auch zu $A^{2/3}$.

Coulomb-Energie: Die *Verminderung* der Bindungsenergie ist proportional zur gesamten Anzahl aller Protonenpaare $Z(Z-1)/2$ und umgekehrt proportional zum Kernradius R. Die gesamte, die Bindungsenergie herabsetzende Coulomb-Energie ist daher proportional zu $Z^2 A^{-1/3}$.

Durch Berücksichtigung von Volumen-, Oberflächen- und Coulomb-Energie kann man die Kurve in Bild 9.10 recht gut annähern. Die Volumenenergie liefert zur gesamten Bindungsenergie einen *positiven* Beitrag, Oberflächen- und Coulomb-Energie dagegen liefern *negative* Beiträge. Die drei einzelnen Kurven und ihre algebraische Summe sind in Bild 9.11 dargestellt. Da das Tröpfchenmodell den Verlauf der Kurve, die die Bindungsenergie pro Nukleon darstellt, so sehr gut wiedergibt, müssen auch die ihm zu Grunde liegenden Annahmen, zumindest näherungsweise, dem tatsächlichen Charakter der Wechselwirkung zwischen Nukleonen entsprechen. Das Tröpfchenmodell betont die Eigenschaften, in denen alle Nukleonen übereinstimmen, da es ja Protonen und Neutronen als gleichartig betrachtet (mit Ausnahme der Coulomb-Kraft zwischen Protonen). Bei der Erklärung einiger feinerer Einzelheiten des Kernbaues ist dagegen dieses Modell nicht so erfolgreich.

Einteilchenmodell und Schalenmodell

Beim Atommodell können die Quantenzustände und die chemischen Eigenschaften der sogenannten Einelektronenatome, beispielsweise ein Na-Atom mit einem Valenzelektron außerhalb der abgeschlosenen Schalen der inneren Elektronen (mit der Elektronenkonfiguration $(1s)^2 (2s)^2 (2p)^6 (3s)^1$), hauptsächlich diesem „letzten" Valenzelektron zugeschrieben werden. Ähnlich können beim Kernbau Eigenschaften wie Drehimpuls und magnetisches Moment des Kernes unter bestimmten Umständen ebenfalls hauptsächlich dem „letzten" ungeraden Nukleon zugeschrieben werden. Um zu erkennen, wie ein derartiges Einteilchenmodell des Atomkernes dessen Eigenschaften erklären kann, untersuchen wir zuerst die Verteilung der stabilen (oder der sehr langlebigen, nahezu stabilen) Nuklide auf die sogenannten gg-Kerne (Z gerade, N gerade), die gu-Kerne (Z gerade, N ungerade), die ug-Kerne (Z ungerade, N gerade) und die uu-Kerne (Z ungerade, N ungerade), wie sie in Tabelle 9.1 gezeigt ist.

Tabelle 9.1

Kernart $Z N$	Anzahl der stabilen Nuklide	Anzahl der sehr langlebigen Nuklide
g g	155	11
g u	53	3
u g	50	3
u u	4	5

Beinahe 60 % der stabilen oder nahezu stabilen Nuklide besitzen eine gerade Protonenzahl und eine gerade Neutronenzahl. Offensichtlich besitzen diejenigen Kerne eine größere Stabilität, bei denen sowohl die Protonen- als auch die Neutronenniveaus voll besetzt sind (Bild 9.8), als Kerne, bei denen Protonen oder Neutronen in ungerader Anzahl vorhanden sind. Tatsächlich sind die einzigen Beispiele *stabiler* uu-Kerne die leichtest möglichen Kerne wie ${}^{2}_{1}H$, ${}^{6}_{3}Li$, ${}^{10}_{5}B$ und ${}^{14}_{7}N$; für diese Kerne gilt stets $Z = N$.

Das Schalenmodell kann den resultierenden Drehimpuls der Kerne stabiler Nuklide recht erfolgreich voraussagen. Der resultierende Drehimpuls eines beliebigen Kernes setzt sich aus drei Anteilen zusammen: dem Eigendrehimpuls oder Kernspin der Protonen von je $\frac{1}{2}\hbar$, dem Eigendrehimpuls oder Kernspin der Neutronen von je $\frac{1}{2}\hbar$ und dem Bahndrehimpuls der Nukleonen, der durch ihre Bewegung im Kern entsteht. Diese drei Beiträge setzen sich nach den Regeln der Vektoraddition zusammen (vgl. Bild 7.20) und liefern so den resultierenden oder gesamten Kerndrehimpuls (fälschlich auch *der* Kernspin genannt), der durch das Formelzeichen I dargestellt wird.

Die Kerndrehimpulse für die vier Arten stabiler Nuklide sind in Tabelle 9.2 aufgeführt.

Tabelle 9.2

Kernart ZN	Kerndrehimpuls
g g	0
g u, u g	$\frac{1}{2}, \frac{3}{2}, \frac{5}{2}, \frac{7}{2}, \ldots$
u u	1,3

Die Tatsache, daß für alle gg-Kerne der resultierende Kerndrehimpuls verschwindet, läßt sich folgendermaßen deuten. Die Protonen besetzen die erlaubten Protonenniveaus paarweise mit entgegengesetzt gerichteten Spins. Daher verschwindet der Beitrag der Protonenspins zum Drehimpuls. Ebenso besitzen die Neutronenpaare antiparallel gerichtete Spins, also liefert auch der Neutronenspin keinen Beitrag zum resultierenden Drehimpuls. Schließlich verschwindet auch der Bahndrehimpuls der Protonen und der Neutronen. Damit wird angedeutet, daß sich diese Nukleonen in abgeschlossenen Schalen befinden, ähnlich den abgeschlossenen Schalen und Unterschalen beim Atombau. Weiterhin verschwindet auch das magnetische Moment für alle gg-Kerne. Ebenso wie das Verschwinden von Drehimpuls und magnetischem Moment bei Edelgasatomen der paarweisen Kompensation der Elektronenspins und der Bahndrehimpulse zugeschrieben wird, so deutet man auch das Verschwinden von Kerndrehimpuls und magnetischem Moment des Kernes bei den gg-Kernen mit Hilfe der paarweisen Kompensation der Neutronenspins und der Protonenspins.

Bei den gu- und ug-Kernen koppelt ein überzähliges Nukleon seinen halbzahligen Spin mit dem ganzzahligen Bahndrehimpuls des Kernes und liefert so halbzahlige Werte für I. Bei diesen Nukliden ist das magnetische Moment des Kernes von der Größenordnung eines Kernmagnetons. Das liefert ein weiteres Argument gegen das Vorkommen von Elektronen als Kernbausteine: Falls Elektronen im Kern vorkommen würden, müßte das magnetische Moment der Kerne von der Größenordnung eines Bohrschen Magnetons sein, also rund tausendmal größer als die beobachteten magnetischen Momente der Kerne.

Die uu-Kerne besitzen ein überzähliges Proton und ein überzähliges Neutron, jedes davon mit dem Spin $\frac{1}{2}$. Daher ist der gesamte Kerndrehimpuls I ganzzahlig. Es ist interessant, einmal zu überlegen, wie der Kernspin eines uu-Kernes, etwa des Deuterons, ${}^2_1H$, aussehen müßte, falls der Kern aus Protonen und Elektronen bestehen würde. Beim Proton-Elektron-Modell des Atomkernes bestünde das Deuteron aus zwei Protonen und einem Elektron, jedes dieser *drei* Teilchen mit dem Spin $\frac{1}{2}$. Dieses Modell würde daher einen *halbzahligen* Wert von I voraussagen. Andererseits sagt das Proton-Neutron-Modell des Atomkernes mit *zwei*

Teilchen und einem Spin von je $\frac{1}{2}$ einen *ganzzahligen* Wert von I voraus. Experimentell fand man nun für den Spin I des Deuterons den Wert 1. Auch aus diesem Grunde ist das Proton-Elektron-Modell des Atomkernes nicht haltbar.

Das Schalenmodell des Atomkernes, das 1948 erstmalig von M. Goeppert-Mayer und J. H. Jensen eingeführt wurde, erklärt die besonders große Stabilität der Nuklide mit den Protonenzahlen oder den Neutronenzahlen 2, 8, 20, 28, 50, 82 und 126 (den „magischen" Zahlen). Die Grundannahme besteht darin, daß die Einteilchen-Quantenzustände durch die Spin-Bahn-Kopplung erheblich aufgespalten werden (vgl. Abschnitt 7.6). Daher sind die erlaubten sechs p-Zustände für ein Proton oder für ein Neutron durch die Kopplung von Bahndrehimpuls und Spin der Protonen oder der Neutronen unterteilt und zwar in zwei $p_{1/2}$-Zustände und vier $p_{3/2}$-Zustände. (Der Buchstabe kennzeichnet die Quantenzahl des Bahndrehimpulses, der Index den resultierenden Drehimpuls. $p_{3/2}$ bedeutet daher die Quantenzahl 1 des Bahndrehimpulses, gleichzeitig ist der Kernspin I gleich 3/2, und die Anzahl aller erlaubten Zustände beträgt $2I + 1 = 2 \cdot \frac{3}{2} + 1 = 4$.) Tabelle 9.3 enthält auf der Grundlage des Schalenmodells die Nukleonenanordnungen bis zu Z oder $N = 82$. Gruppen von Niveaus oder Schalen, zwischen denen beträchtliche Energielücken bestehen, sind durch Klammern zusammengefaßt. Die Gesamtzahlen der Nukleonen, die abgeschlossene Schalen liefern, erscheinen hier als die magischen Zahlen.

Außer der Erklärung der magischen Zahlen kann das Schalenmodell auch die Kernspins voraussagen. Die beobachteten Spins zahlreicher Nuklide, sowohl im Grundzustand als auch in angeregten Zuständen, stimmen mit den vorausgesagten Werten überein.

Tabelle 9.3

Nukleonen-konfiguration	Anzahl der Nukleonen		Gesamtzahl der Nukleonen
$2d_{3/2}$	4		
$3s_{1/2}$	2		
$1h_{11/2}$	12	32	82
$2d_{5/2}$	6		
$1g_{7/2}$	8		
$1g_{9/2}$	10		
$2p_{1/2}$	2	22	50
$1f_{5/2}$	6		
$2p_{3/2}$	4		
$1f_{7/2}$	8	8	28
$1d_{3/2}$	4		
$2s_{1/2}$	2	12	20
$1d_{5/2}$	6		
$1p_{1/2}$	2	6	8
$1p_{3/2}$	4		
$1s_{1/2}$	2	2	2

Kollektives Modell

Das kollektive Modell, das 1953 durch A. Bohr und B. Mottelson vorgeschlagen worden ist, nimmt eine Mittelstellung zwischen dem Tröpfchenmodell, bei dem alle Nukleonen als gleichwertig behandelt werden, und dem Schalenmodell, bei dem jedes Nukleon in einem bestimmten Quantenzustand angenommen wird, ein. Dieses Modell berücksichtigt die kollektive Bewegung der Kernmaterie, besonders die Schwingungen und die Rotationsbewegungen, beide mit gequantelter Energie, an der größere Gruppen von Nukleonen beteiligt sein können. gg-Kerne mit Protonen- oder Neutronenzahlen in der Nähe der magischen Zahlen sind besonders stabile Konfigurationen mit beinahe vollkommener Kugelsymmetrie. Die Anregungsenergien der angeregten Kernzustände können einer Schwingung des Kernes als Ganzem zugeschrieben werden. Andererseits weichen gg-Kerne, die weit von den magischen Zahlen entfernt sind, auch beträchtlich von der Kugelsymmetrie ab (man sagt, sie besitzen ein großes elektrisches Quadrupolmoment). Die Anregungsenergien ihrer angeregten Zustände können einer Rotationsbewegung des Kernes als Ganzem mit gequantelter Rotationsenergie zugeschrieben werden.

9.8 Zerfall instabiler Kerne

Bisher haben wir nur stabile Kerne behandelt. Diese können, falls sie sich selbst überlassen bleiben, unbegrenzt existieren, ohne sich irgendwie zu verändern. Genau so, wie sich ein Atom in irgend einem der zahlreichen angeregten Zustände befinden kann, so besitzt auch ein Kern eine Reihe diskreter, gequantelter Anregungszustände. Die Kernforschung hat in den letzten Jahren für mehr als 1200 Nuklide sehr viele experimentelle Daten über diese Energiezustände und über ihre Zerfallsschemata zusammengetragen. Obgleich ein vollständiges theoretisches Verständnis des Kernbaues noch aussteht, so hat doch die Untersuchung der instabilen Kerne viele wichtige Gesichtspunkte für dieses Verständnis geliefert.

Zusätzlich zu den Erhaltungssätzen der Masse–Energie, des Impulses, des Drehimpulses und der Ladung, die auch für Kerne gelten, gibt es noch weitere Erhaltungssätze, deren Gültigkeit bei Kernumwandlungen erkannt wurde. An dieser Stelle ist für uns nur der folgende Erhaltungssatz wichtig:

Satz von der Erhaltung der Nukleonenzahl: *Die Gesamtzahl aller Protonen und Neutronen, die in eine Reaktion eintreten, muß gleich der Gesamtzahl der Nukleonen sein, die aus dieser Reaktion hervorgehen.*

Daher müssen die Masse–Energie, der Impuls, der Drehimpuls, die elektrische Ladung und die Nukleonenzahl vor einer Reaktion oder vor einem Zerfall gleich den entsprechenden Größen nach der Reaktion oder nach dem Zerfall sein.

Wie wir sehen werden, gibt es mehrere wichtige Unterschiede zwischen instabilen Kernen und instabilen Atomen:

- Der Abstand zwischen den Energieniveaus der Kerne ist viel größer als bei den Niveaus der Atome.
- Die mittlere Zeit, während der ein instabiler Kern in einem angeregten Zustand verweilt, kann von 10^{-14} s bis zu 10^{11} a reichen, während Atome eine Verweildauer von meist 10^{-8} s besitzen.
- Während angeregte Atome bei der Rückkehr in den Grundzustand fast ausschließlich Photonen aussenden, können instabile Kerne neben Photonen auch Teilchen *mit* Ruhmasse (zum Beispiel α-Teilchen oder β-Teilchen) aussenden.

Ebenso wie beim Zerfall angeregter Atome gilt für alle Kernzerfälle, wie sehr sie sich auch immer durch die ausgesandten Teilchen oder durch die Zerfallsraten unterscheiden mögen, ein einziges Gesetz: das *Gesetz des radioaktiven Zerfalles.* Wir nennen das instabile

Ausgangsnuklid Mutternuklid und das Nuklid, in das dieses zerfällt, Tochternuklid. Der Zerfall des Mutternuklids ist der Anlaß für die Zunahme des Tochternuklids. Die Wahrscheinlichkeit für den spontanen Zerfall eines instabilen oder angeregten Kernes in ein oder mehrere Teilchen geringerer Energie ist vom bisherigen Schicksal dieses Kernes unabhängig. Sie ist gleich groß für alle Kerne derselben Art und so gut wie unabhängig von äußeren Einflüssen (Temperatur, Druck usw.).

Es gibt keinerlei Möglichkeit, den Zeitpunkt des Zerfalles eines bestimmten Kernes vorauszusagen; seine Lebensdauer hängt nur vom Gesetz des Zufalles ab. Für ein infinitesimales Zeitelement dt ist jedoch die Zerfallswahrscheinlichkeit direkt proportional zu diesem Zeitelement. Also ist die

Wahrscheinlichkeit für den *Zerfall* eines Kernes während der Zeit dt gleich λdt,

die hierbei auftretende Proportionalitätskonstante λ heißt *Zerfallskonstante.* Da die resultierende Wahrscheinlichkeit, daß ein bestimmter Kern während der Zeit dt entweder zerfällt oder überlebt, gleich 1 (also gleich 100 %) sein muß, folgt für die

Wahrscheinlichkeit für das *Überleben* eines Kernes während der Zeit dt gleich $1 - \lambda dt$.

Ebenso ist die

Wahrscheinlichkeit für das *Überleben* eines Kernes während der Zeit $2dt$ gleich $(1 - \lambda dt)(1 - \lambda dt) = (1 - \lambda dt)^2$.

Wir wollen nun die Wahrscheinlichkeit, daß der Kern insgesamt n Zeitintervalle von jeweils der Dauer dt überlebt, betrachten. Es ist die

Wahrscheinlichkeit für das Überleben eines Kernes während der Zeit $n\,dt$ gleich $(1 - \lambda dt)^n$. (9.14)

Setzen wir nun $n\,dt = t$, also gleich der insgesamt verstrichenen Zeit, und beachten dabei, daß mit $dt \to 0$ auch $n = t/dt \to \infty$ gilt, so erhalten wir

Wahrscheinlichkeit für das Überleben eines Kernes während der Zeit t gleich $\lim\limits_{n \to \infty} \left(1 - \frac{\lambda t}{n}\right)^n$. (9.15)

Nun ist aber e^{-x}, wobei e die Basis der natürlichen Logarithmen ist, folgendermaßen definiert

$$e^{-x} \equiv \lim_{n \to \infty} \left(1 - \frac{x}{n}\right)^n . \qquad (9.16)$$

Wie wir dann durch Vergleich der Gln. (9.15) und (9.16) erkennen können, ist die

Wahrscheinlichkeit für das Überleben eines Kernes während der Zeit t gleich $e^{-\lambda t}$. (9.17)

Diese Gleichung ist eine notwendige Folgerung aus der Annahme, daß der Zerfall eines Kernes, der sich in einem instabilen Zustand befindet, unabhängig von dem gegenwärtigen Zustand des Kernes und unabhängig von seiner bisherigen Geschichte ist. Obgleich wir nicht genau voraussagen können, wann ein bestimmter, *einzelner* Kern zerfallen wird, können wir doch die statistische Abnahme der Anzahl der Kerne bei *sehr vielen* gleichartigen, instabilen Kernen voraussagen. Falls ursprünglich N_0 instabile Kerne vorhanden sind und der für sie gültige Zerfallsvorgang durch die Zerfallskonstante λ gekennzeichnet ist, so ist die Zahl N

der Kerne, die eine Zeit t überlebt haben, einfach das Produkt aus N_0 und der Wahrscheinlichkeit, daß irgend einer der Kerne diese Zeit überlebt hat. Daher erhalten wir aus Gl. (9.17)

$$N = N_0\, e^{-\lambda t}\,. \tag{9.18}$$

Dieses exponentielle Zerfallsgesetz gilt nicht nur für instabile Kerne sondern auch für jedes instabile System (zum Beispiel Atome in angeregtem Zustand), dessen Zerfall dem Zufall unterworfen ist.

Üblicherweise mißt man die Zerfallsgeschwindigkeit mit Hilfe der *Halbwertszeit* $T_{1/2}$. Diese ist als die Zeit definiert, in der die Hälfte der ursprünglich vorhandenen instabilen Kerne noch nicht zerfallen und die andere Hälfte bereits zerfallen ist. Daher wird mit $t = T_{1/2}$ und $N = \frac{1}{2} N_0$ aus Gl. (9.18)

$$\tfrac{1}{2} N_0 = N_0\, e^{-\lambda T_{1/2}}\,, \qquad T_{1/2} = \frac{\ln 2}{\lambda} = \frac{0{,}693}{\lambda}\,. \tag{9.19}$$

Zerfällt zum Beispiel ein radioaktiver Stoff mit einer Halbwertszeit von 3 s, so ist nach 3 s nur noch die Hälfte der anfangs vorhandenen Kerne übrig, nach 6 s ein Viertel und nach 9 s ein Achtel. Die Zerfallskonstante λ hat als Einheit die Einheit einer reziproken Zeit (zum Beispiel s^{-1}), das folgt aus ihrer Definition als Zerfallswahrscheinlichkeit pro Zeiteinheit.

Die Halbwertszeit ist *nicht* gleich der *mittleren Lebensdauer* τ eines instabilen Kernes. Diese berechnet man zu

$$\tau = \frac{1}{\lambda} = \frac{T_{1/2}}{\ln 2} \tag{9.20}$$

(vgl. auch Aufgabe 9.19).

Der Zerfall der Kerne des Mutternuklids und die gleichzeitige Zunahme der Anzahl der Tochterkerne als Funktion der Zeit sind in Bild 9.12 gezeigt. Die Anzahl der Tochterkerne, die nach der Zeit t entstanden sind, beträgt $N_0 - N = N_0\,(1 - e^{-\lambda t})$, hierbei ist N_0 wiederum die Anzahl der ursprünglich vorhandenen Mutterkerne.

Eine weitere, für die Beschreibung des radioaktiven Zerfalles sehr brauchbare Größe ist die *Aktivität*. Diese ist als Anzahl der Zerfälle in der Zeiteinheit definiert. Aus Gl. (9.18) folgt

$$\frac{dN}{dt} = -\lambda N_0\, e^{-\lambda t} = -\lambda N\,, \quad \text{Aktivität} = -\frac{dN}{dt} = \lambda N = \lambda N_0\, e^{-\lambda t}\,. \tag{9.21}$$

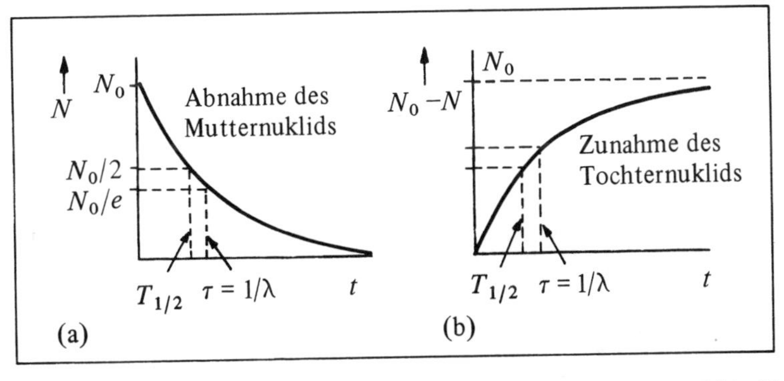

Bild 9.12 a) Abnahme der Anzahl der Kerne des radioaktiven Mutternuklids, b) Zunahme der Anzahl der Kerne des (stabilen) Tochternuklids in Abhängigkeit von der Zeit t

Das in dieser Gleichung auftretende negative Vorzeichen deutet an, daß die Anzahl der instabilen Kerne im Laufe der Zeit *abnimmt.* Die Aktivität λN mit dem Anfangswert λN_0 nimmt ebenfalls mit $e^{-\lambda t}$ ab. Die Aktivität instabiler Kerne, die Teilchen oder Photonen aussenden, die *Radioaktivität,* läßt sich mit Kernstrahlungsdetektoren messen. Dabei muß die Meßdauer klein gegen die Halbwertszeit des betreffenden Nuklids sein. Damit hat man dann ein einfaches und unmittelbares Verfahren zur Messung von λ oder von $T_{1/2}$.

Die bisher übliche Einheit für die Aktivität war das *Curie.* Es war definiert durch genau $3{,}7 \cdot 10^{10}$ Zerfälle pro Sekunde; entsprechend war ein Millicurie gleich $3{,}7 \cdot 10^7\ s^{-1}$. Heute ist die (SI-)Einheit das *Becquerel,* $1\ Bq = 1\ s^{-1}$. Eine weitere Einheit der Aktivität, das *Rutherford* (10^6 Zerfälle pro Sekunde) wird heute nicht mehr verwendet.

9.9 γ-Zerfall

Alle stabilen Kerne befinden sich normalerweise in ihrem tiefsten Energiezustand, dem Grundzustand. Werden derartige Kerne angeregt und nehmen sie dabei Energie auf, indem sie mit Photonen oder mit Teilchen beschossen werden, so können sie sich dann in einem bestimmten Zustand aus einer Reihe angeregter, gequantelter Energiezustände befinden. Alle radioaktiven Nuklide befinden sich tatsächlich zunächst in Energiezuständen, aus denen sie unter Aussendung von Teilchen oder Photonen zerfallen können. Wir wollen uns hier mit dem Kernzerfall durch Aussendung eines Photons befassen. Ein aus einem Kern in einem angeregten Zustand ausgesandtes Photon heißt γ-Quant.

In Bild 9.13 sind die Energieniveaus der Kerne des radioaktiven Nuklids Thallium $^{208}_{81}Tl$ dargestellt. Die Energie des Kernes im Grundzustand ist dabei gleich Null gesetzt. Gleichzeitig sind in diesem Bild die Übergänge eingezeichnet, die unter Aussendung von γ-Quanten erfolgen. Die Energieunterschiede zwischen den Kernniveaus reichen von einigen Zehntausend Elektronvolt bis zu mehreren Millionen Elektronvolt, im Gegensatz zu den sehr viel kleineren Abständen bei den Niveaus der Atome. Die Energieniveaus der Kerne lassen sich aus dem γ-Spektrum ermitteln, falls der Übergang aus einem angeregten Zustand in einen Zustand geringerer Energie unter Aussendung eines γ-Quants erfolgt.

In der γ-Spektroskopie können mehrere Meßverfahren zur Bestimmung der Energie der γ-Quanten angewandt werden; das einfachste beruht auf dem Szintillationsspektrometer (vgl. Abschnitt 8.2).

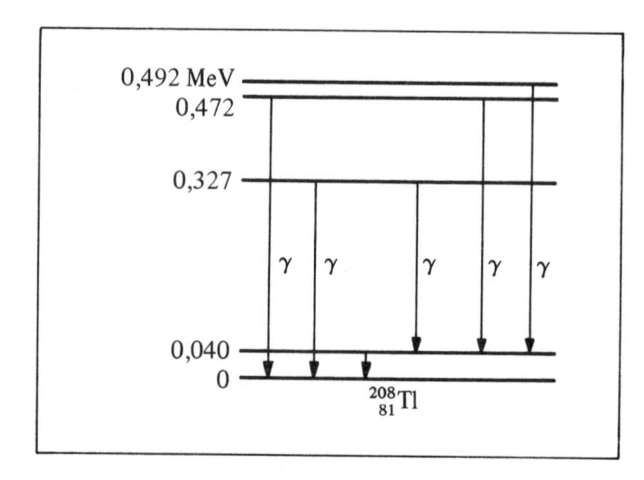

Bild 9.13
Energieniveaus und γ-Übergänge beim $^{208}_{81}Tl$-Kern

Es treten nur solche Übergänge auf, bei denen die Erhaltungssätze erfüllt sind. Beim Übergang von einem höheren Energiezustand E_2 in einen Zustand geringerer Energie E_1 unter Aussendung eines γ-Quants der Energie $h\nu$ verlangt der Energiesatz:[1])

$$h\nu = E_2 - E_1 \,. \tag{9.22}$$

Der Impulssatz verlangt, daß der Gesamtimpuls nach dem γ-Zerfall gleich dem Impuls vor dem Zerfall ist. Ruht der zerfallende Kern ursprünglich, so erfährt er bei der Aussendung des Photons einen Rückstoßimpuls, der gleich dem Photonenimpuls $h\nu/c$ ist. Daher folgt

$$\frac{h\nu}{c} = m v \,, \tag{9.23}$$

hierbei ist mv der Impuls des Rückstoßkernes.

Beim γ-Zerfall wird ein Photon erzeugt, indem der Kern aus dem angeregten Zustand ${}_Z^AX^*$ in einen Zustand geringerer Energie, etwa in den Grundzustand ${}_Z^AX$, übergeht. Wir haben hier die übliche Bezeichnung eines angeregten Kernes durch einen Stern verwendet. Symbolisch können wir schreiben:

$${}_Z^AX^* \rightarrow {}_Z^AX + \gamma \,.$$

Der Zerfall steht in Einklang mit der Forderung der Ladungserhaltung (Ladung $Z \cdot e$ vor dem Zerfall = Ladung $Z \cdot e$ nach dem Zerfall). Auch die Erhaltung der Nukleonenzahl ist gewährleistet (Massenzahl A vor dem Zerfall = Massenzahl A nach dem Zerfall).[2])

Zur Beurteilung der relativen Zerfallsgeschwindigkeit eines Kernes gibt es ein brauchbares Kriterium. Wir sprechen von einer *nuklearen Zeit* t_N und verstehen darunter die Zeit, die ein Nukleon, das eine Bewegungsenergie von mehreren Millionen Elektronvolt und damit eine Geschwindigkeit von ungefähr 0,1 c besitzt, für eine Strecke von der Größe eines Kerndurchmessers, also etwa 3 fm, benötigt. Es folgt daher $t_N \approx (3 \cdot 10^{-15}\,\text{m}) / (3 \cdot 10^7\,\text{m/s}) = 10^{-22}\,\text{s}$. Weiter nimmt man an, daß sich die Halbwertszeit eines beliebigen schnellen Kernzerfalles nicht um mehrere Größenordnungen von 10^{-22} s unterscheidet, einer unmeßbar kurzen Zeit.

Als Halbwertszeiten typischer γ-Zerfälle sagt die Theorie Zeiten der Größenordnung 10^{-14} s voraus. Ein derartig schneller Zerfall kann nicht in seinen Einzelheiten verfolgt werden. Aber einige γ-Zerfälle sind mehrfach verboten, so daß die Halbwertszeit größer als 10^{-6} s wird, eine Zeit, die sich leicht messen läßt. Derartige Nuklide, deren γ-Zerfall eine meßbare Halbwertszeit aufweist, heißen *Isomere*. Ein Isomer ist chemisch von dem Kern im Grundzustand, in den es langsam zerfällt, nicht unterscheidbar. Ein extremes Beispiel für ein langlebiges Isomer ist das ${}_{41}^{91}Nb^*$, das durch einen γ-Zerfall mit einer Halbwertszeit von 60 Tagen in ${}_{41}^{91}Nb$ übergeht.

Der γ-Zerfall angeregter Kerne ist ein unmittelbarer Hinweis auf die Instabilität der Kerne. Aus der Kenntnis der Energien der γ-Quanten lassen sich die Energieniveaus der

---

[1]) Gl. (9.22) gilt nur näherungsweise. Eine streng gültige Beziehung wird im folgenden unter „Mößbauer-Effekt" abgeleitet.

[2]) Mit dem γ-Zerfall konkurriert ein anderer Vorgang, die *innere Konversion*. Bei diesem Vorgang überträgt ein angeregter Kern seine Anregungsenergie intern (also innerhalb des Atoms) auf eines der inneren Hüllenelektronen, das eine Bindungsenergie E_b besitze. Daher ist $E_2 - E_1 = E_b + E_k$, hierbei ist E_k die Bewegungsenergie des freigesetzten *Konversionselektrons*.

Kerne zeichnen, zum Beispiel Bild 9.13. Eine jede erfolgreiche Theorie des Atomkernes muß natürlich in der Lage sein, diese Energieniveaus der Kerne in ihren Einzelheiten vorauszusagen. Obwohl zur Zeit noch keine vollständige Theorie existiert, lassen sich doch die Energieniveaus zahlreicher Kerne, zumindest teilweise, auf der Grundlage der Quantentheorie verstehen.

Mößbauer-Effekt

Zerfällt ein angeregter, ursprünglich ruhender Kern unter Aussendung eines Photons, so verlangt der Energiesatz

$$E_2 - E_1 = h\nu + E_k ,$$

hierbei ist $E_k = \frac{1}{2} m v^2$ die kinetische Energie des Rückstoßkernes. Auf Grund des Impulssatzes haben wir $p = mv = h\nu/c$. Die kinetische Energie des Rückstoßkernes läßt sich dann schreiben $E_k = p^2/2m = (h\nu)^2/2mc^2$. Dann wird die Energiedifferenz $E_2 - E_1$ zwischen dem oberen und dem unteren Energieniveau

$$E_2 - E_1 = h\nu + \frac{(h\nu)^2}{2mc^2} = h\nu\left(1 + \frac{h\nu}{2mc^2}\right).$$

Wir betrachten einen $^{57}_{26}Fe^*$-Kern. Dieser zerfällt aus dem angeregten Zustand heraus unter Aussendung eines γ-Quants von 14,4 keV mit einer mittleren Lebensdauer von $6{,}9 \cdot 10^{-8}$ s. Ist der Kern anfangs frei und in Ruhe, so erfährt er bei der Aussendung des Photons einen Rückstoß mit einer Bewegungsenergie von

$$E_k = \frac{(h\nu)^2}{2mc^2} = \frac{(14{,}4\ \text{keV})^2}{2 \cdot 57\text{u} \cdot 0{,}93\ \text{GeV/u}} = 2{,}0 \cdot 10^{-3}\ \text{eV} .$$

Wir wollen nun annehmen, dieses 14,4-keV-Photon treffe auf einen zweiten, freien $^{57}_{26}Fe$-Kern, der sich auch in Ruhe und im Grundzustand befinde. Kann dieses Photon vom zweiten Kern durch *Resonanzabsorption* absorbiert werden? D.h., ist nach dem Übergang eines Kernes von einem angeregten Zustand in den Grundzustand unter Aussendung eines Photons die Anregung eines zweiten Kernes aus dem Grundzustand in einen angeregten Zustand durch Beschuß mit demselben Photon möglich? Wie die obige Energiebetrachtung zeigt, muß die Antwort lauten: nein. Der Unterschied zwischen den beiden gequantelten Energieniveaus *übertrifft* ja die Photonenenergie um $E_k = 2{,}0 \cdot 10^{-3}$ eV. Für das Photon ist nur dann eine Resonanzabsorption möglich, wenn sich der zweite Kern vorher mit einer kinetischen Energie von $2{,}0 \cdot 10^{-3}$ eV auf das Photon zu bewegt. Alles in allem muß also der Energieunterschied zwischen dem das Quant aussendenden Kern und dem absorbierenden Kern $2E_k$ betragen.

Wir haben bisher vorausgesetzt, daß das obere und das untere Energieniveau unendlich scharf sind. Da der angeregte Zustand des $^{57}_{26}Fe$ eine *endliche* mittlere Lebensdauer von $6{,}9 \cdot 10^{-8}$ s besitzt, muß nach der Unschärferelation der gequantelte Energiezustand mindestens um einen Betrag ΔE unscharf sein (die natürliche Linienbreite), hierbei ist

$$\Delta E = \frac{\hbar}{\Delta t} = \frac{1{,}1 \cdot 10^{-34}\ \text{W s}^2}{6{,}9 \cdot 10^{-8}\ \text{s}} = 1{,}0 \cdot 10^{-8}\ \text{eV} . \tag{5.14}$$

Wie wir sehen, ist die unvermeidliche „Verschmierung" der gequantelten Energieniveaus, $\Delta E = 1{,}0 \cdot 10^{-8}$ eV, kleiner als die Rückstoßenergie $E_k = 2{,}0 \cdot 10^{-3}$ eV und zwar um einen Faktor 200 000. Der Betrag, der durch den Rückstoß an der Photonenenergie fehlt, um die Differenz zwischen den Energieniveaus zu überbrücken, kann also *nicht* durch die Unschärfe der beteiligten Energieniveaus ausgeglichen werden.

Dennoch ist tatsächlich eine Resonanzabsorption möglich, wie R. L. Mößbauer 1958 entdeckte, wenn sich sowohl die Quelle, $^{57}_{26}Fe^*$-Kerne, *im Kristallgitter eines Festkörpers* als auch der Absorber in Form von $^{57}_{26}Fe$-Kernen im Kristallgitter befinden. Die Erklärung dieses *Mößbauer-Effektes* liegt in der *rückstoßfreien Emission* der γ-Quanten. Da im Festkörper jeder Kern im Atomgitter gebunden ist und die erlaubten Energiezustände des Gitters durch Quantenbedingungen bestimmt sind (vgl. Abschnitt 12.8), wird der Rückstoßimpuls des Kernes, der das Photon aussendet, auf das Gitter als Ganzes übertragen. Oder anders ausgedrückt: Die Rückstoßenergie $E_k = (h\nu)^2/2mc^2$ ist vernachlässigbar klein, da jetzt als Masse m die Masse des gesamten Gitters und nicht diejenige eines einzelnen Atoms einzusetzen ist. Die Photonenenergie paßt dann genau zur gequantelten Energiedifferenz (im Rahmen der Linienbreite ΔE). Die Schärfe der Energie der γ-Quanten ist also dann nur durch die natürliche Linienbreite ΔE begrenzt und nicht durch den Rückstoß. Daher ist auch die 14,4 keV-Linie des $^{57}_{26}Fe^*$ mit $\Delta E = 1{,}0 \cdot 10^{-8}$ eV extrem scharf, die Streuung $\Delta E/h\nu$ der Quantenenergie ist kleiner als 1 zu 10^{12}.

Angenommen, die Photonenquelle bewege sich mit der Geschwindigkeit v. Dann ändert sich infolge des Doppler-Effektes die Photonenfrequenz ν um den Betrag $\Delta\nu$, dabei ist

$$\frac{\Delta\nu}{\nu} = \frac{v}{c}.$$

Für einen bewegten Photonenabsorber gilt dieselbe Gleichung. Nehmen wir eine Geschwindigkeit v von nur 3 cm/s an, so finden wir als relative Frequenzänderung $\Delta\nu/\nu = v/c = 10^{-10}$. Daher ist bei dieser kleinen Geschwindigkeit die relative Frequenzänderung zehnmal größer als das Auflösungsvermögen der Photonenfrequenz (1 zu 10^{12}), das man mit dem Mößbauer-Effekt bei einer $^{57}_{26}Fe^*$-Quelle erzielen kann. Daher kann man, bei langsamer Bewegung der γ-Strahlenquelle, extrem kleine Frequenzänderungen der Photonen bestimmen und damit gleichwertig extrem kleine Änderungen der Energieniveaus der Kerne. Ein bemerkenswertes Beispiel ist der von R. V. Pound und G. A. Rebka, Jr., im Jahre 1960 durchgeführte Versuch: Es wurde eine Änderung der Photonenfrequenz von 1 zu 10^{15} nachgewiesen, die auftritt, wenn Photonen mit dem Schwerefeld der Erde in Wechselwirkung treten, indem sie eine Strecke von 20 m durchfallen (vgl. Aufgabe 9.29).

9.10 α-Zerfall

Wie der γ-Zerfall deutlich zeigt, sind die angeregten Energiezustände der Kerne diskret. Eine weitere Zerfallsart instabiler Kerne, die ebenfalls diskrete Energiezustände der Kerne bestätigt, ist der α-Zerfall. Bestimmte radioaktive Kerne, für die $Z > 82$ ist, zerfallen spontan in einen Tochterkern und einen Heliumkern. Da das α-Teilchen eine sehr stabile Nukleonenkonfiguration darstellt, würde es uns nicht sehr überraschen, wenn eine derartige Teilchengruppe bereits im Mutterkern vor dem α-Zerfall vorhanden wäre.

Die Erhaltung der Ladung und der Nukleonenzahl verlangt für den α-Zerfall:

$$^{A}_{Z}X \rightarrow {}^{A-4}_{Z-2}Y + {}^{4}_{2}\alpha\,, \tag{9.24}$$

hierbei sind X der Mutter- und Y der Tochterkern. Die unteren und oberen Indizes geben die elektrische Ladung in Vielfachen von e bzw. die Nukleonenzahl an. Nach den Erhaltungssätzen müssen für beide Indizes jeweils die Summen auf beiden Seiten der Reaktionsgleichung übereinstimmen. So zerfällt zum Beispiel Wismut-212 unter Aussendung eines α-Teilchens in Thallium-208:

$$^{212}_{83}Bi \rightarrow {}^{208}_{81}Tl + {}^{4}_{2}\alpha\,. \tag{9.25}$$

Ruht der radioaktive Mutterkern ursprünglich, so verlangen der Energiesatz und der Impulssatz

$$m_X\, c^2 = (m_Y + m_\alpha)\, c^2 + E_Y + E_\alpha\,, \tag{9.26}$$

$$m_Y\, v_Y = m_\alpha\, v_\alpha\,, \tag{9.27}$$

hierbei sind m_X, m_Y und m_α die Ruhmassen (Atommassen) von Mutterkern X, Tochterkern Y und α-Teilchen und entsprechend E und v die kinetische Energie und die Geschwindigkeit der betreffenden Teilchen. Für die kinetische Energie und für den Impuls können in diesen Gleichungen die nichtrelativistischen Ausdrücke verwendet werden, da die beim α-Zerfall freigesetzte Energie niemals größer als 10 MeV ist, während die Ruhenergie des α-Teilchens rund 4 GeV beträgt.

Offensichtlich kann die kinetische Energie E_Y und E_α niemals negativ werden. Daher ist ein α-Zerfall energetisch nur dann nach Gl. (9.26) möglich, wenn gilt:

$$m_X > m_Y + m_\alpha . \tag{9.28}$$

Ist diese Ungleichung nicht erfüllt, so kann der α-Zerfall überhaupt nicht stattfinden.

Die beim Zerfall frei werdende Energie $E_Y + E_\alpha$ heißt *Zerfallsenergie* und wird durch das Symbol Q dargestellt. Mit Hilfe von Gl. (9.26) können wir dann auch schreiben

$$Q = E_Y + E_\alpha = (m_X - m_Y - m_\alpha)\, c^2 . \tag{9.29}$$

Ein Zerfall ist energetisch nur dann möglich, wenn $Q > 0$ ist.

Beobachtet man einen α-Zerfall, so mißt man gewöhnlich die Energie E_α des α-Teilchens. Das kann zum Beispiel durch Bestimmung der Reichweite dieses Teilchens oder durch Messung des Bahnradius in einem Magnetfeld geschehen. Wir wollen nun den Zusammenhang zwischen dieser gemessenen Energie E_α und der insgesamt beim Zerfall freigesetzten Energie Q herleiten. Indem wir Gl. (9.27) quadrieren und dann mit $\frac{1}{2}$ multiplizieren, ergibt sich

$$m_Y \left(\tfrac{1}{2}\, m_Y\, v_Y^2\right) = m_\alpha \left(\tfrac{1}{2}\, m_\alpha\, v_\alpha^2\right) , \qquad m_Y E_Y = m_\alpha E_\alpha . \tag{9.30}$$

Die Massen des Tochterkernes und des α-Teilchens sind näherungsweise $(A - 4)$ u bzw. 4 u. Dann wird diese Gleichung

$$(A - 4)\, E_Y = 4\, E_\alpha ,$$

also $\quad Q = E_Y + E_\alpha = E_\alpha \left(1 + \frac{4}{A - 4}\right)$

und damit

$$E_\alpha = \frac{A - 4}{A}\, Q . \tag{9.31}$$

Wie diese Gleichung zeigt, verläßt das α-Teilchen den anfangs ruhenden instabilen Kern bei diesem *Zweiteilchenzerfall* mit einer *genau definierten Energie:* Da Q genau festgelegt ist, muß dieses auch für E_α gelten. Das Energiespektrum der α-Teilchen, die von einem radioaktiven Stoff beim einfachen α-Zerfall ausgesandt werden, ist in Bild 9.14 dargestellt. Die α-Teilchen sind *monoenergetisch.*

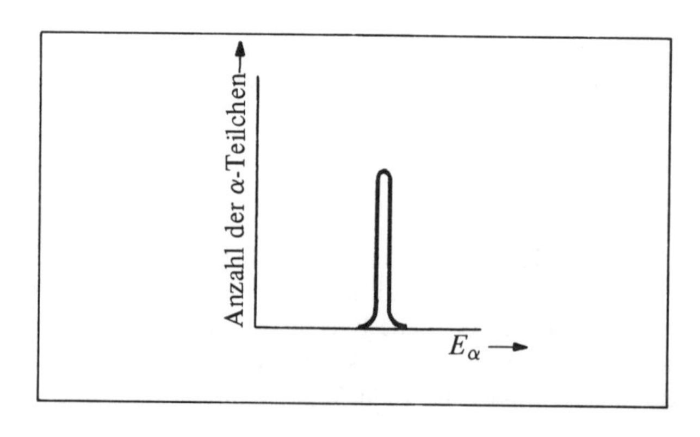

Bild 9.14
Energiespektrum der α-Teilchen eines radioaktiven Nuklids

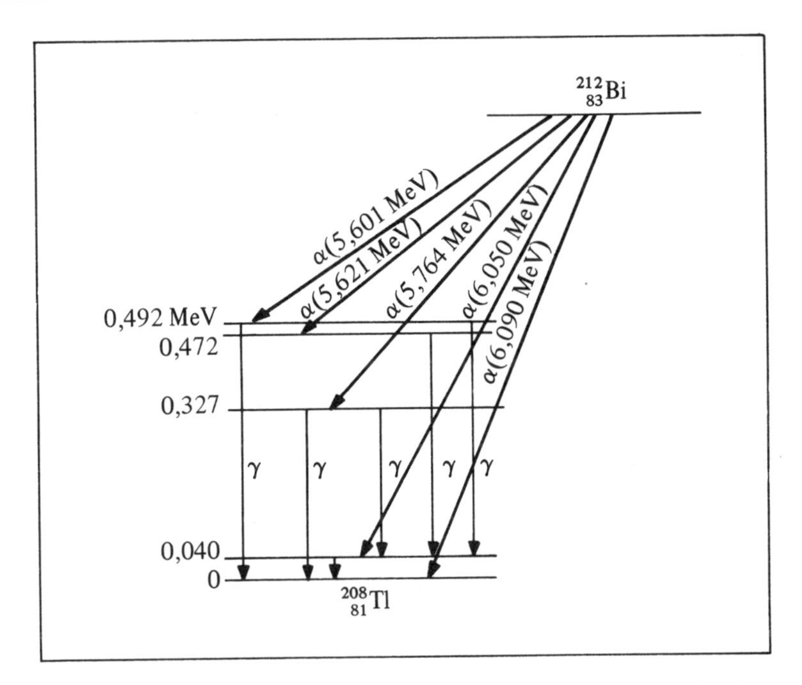

Bild 9.15 Energieniveaus beim α-Zerfall des Wismut-212-Kernes in den Grundzustand und in angeregte Zustände des Thallium-208-Kernes

Die gegenüber einem α-Zerfall instabilen radioaktiven Stoffe sind schwere Elemente mit $A \gg 4$. Wie Gl. (9.31) zeigt, ist dann E_α nur wenig kleiner als Q. Aus diesem Grunde wird nahezu die gesamte, beim Zerfall freiwerdende Energie als kinetische Energie von dem leichten Teilchen mitgeführt.

Die meisten α-Strahler zeigen eine Gruppe diskreter Energiewerte der α-Teilchen an Stelle einer einzigen Energie. Dies läßt sich leicht an Hand eines Zerfallsschemas verstehen, wie es in Bild 9.15 für den Zerfall von Wismut-212 (siehe Gl. (9.25)) dargestellt ist. Der Mutterkern kann durch Aussendung eines α-Teilchens in eine Anzahl unterschiedlicher Energiezustände übergehen, nämlich in den Grundzustand sowie in verschiedene angeregte Zustände. Die energiereichsten α-Teilchen entsprechen demjenigen Übergang, der beim Grundzustand des Tochterkernes endet. Die in unserer Rechnung oben definierte Energie Q bezieht sich gerade auf diesen Fall, denn als Masse von Mutter- und Tochterkern haben wir die betreffenden Massen der Kerne im Grundzustand eingesetzt.

Auf einen Zerfall, der bei einem angeregten Zustand des Tochterkernes endet, folgt die Aussendung von einem oder mehreren γ-Quanten, die dann zum Grundzustand führt. Da die Halbwertszeit für den γ-Zerfall gewöhnlich außerordentlich klein ist, erscheinen die γ-Quanten zeitlich koinzident mit den α-Teilchen. Die Energien der γ-Quanten stimmen genau mit den Energiedifferenzen der auftretenden α-Teilchen überein.

Bisher konnten ungefähr 160 α-Strahler identifiziert werden. Die ausgesandten α-Teilchen besitzen diskrete Energien im Bereich von 4 MeV bis 10 MeV; sie unterscheiden sich also etwa um einen Faktor 2; aber die Halbwertszeiten reichen von 10^{-6} s bis zu 10^{10} a, dem entspricht ein Faktor 10^{23}. Die kurzlebigen α-Strahler besitzen die höchsten Energien und umgekehrt, wie man den Beispielen der Tabelle 9.4 entnehmen kann.

Tabelle 9.4

α-Strahler	E_α MeV	$T_{1/2}$ s	λ s^{-1}
$^{238}_{92}U$	4,19	$1{,}42 \cdot 10^{17}$	$5{,}6 \cdot 10^{-18}$
$^{212}_{83}Bi$	6,05; 6,09	$3{,}64 \cdot 10^{4}$	$1{,}90 \cdot 10^{-5}$
$^{215}_{85}At$	8,00	10^{-4}	10^{4}

Theorie des α-Zerfalles

Wir wollen einige Einzelheiten des α-Zerfalles, bei dem Uran-238 in Thorium-234 übergeht, untersuchen. Wir betrachten Bild 9.16, das uns das Potentiai des Tochterkernes zeigt, wie es von einem α-Teilchen gesehen wird. Ist das α-Teilchen weiter als die Reichweite R der Kernkräfte (ungefähr 10^{-14} m) vom Kernmittelpunkt entfernt, dann ist die zwischen den Teilchen wirkende Kraft durch das Coulombsche Gesetz gegeben. Dies wird durch Streuversuche mit α-Teilchen bestätigt, bei denen α-Teilchen mit Energien bis zu 8 MeV durch die Coulomb-Wechselwirkung an Thoriumkernen gestreut werden. Bei Entfernungen, die kleiner als R sind, wirkt auf das α-Teilchen eine starke Anziehungskraft, die es in den Thoriumkern hineinzieht. Aber dieses so entstandene System, das aus dem Tochterkern $^{234}_{90}Th$ und dem α-Teilchen zusammengesetzt ist, ist gerade der Mutterkern $^{238}_{92}U$. Wir können daher annehmen, daß sich bereits im Mutterkern zwei Protonen und zwei Neutronen unter Bildung eines α-Teilchens vereinigt haben. Dieses existiert während einer Zeitdauer, die groß gegen die nukleare Zeit von 10^{-22} s ist.

Wie aus Versuchen bekannt ist, sendet Uran-238 α-Teilchen mit einer kinetischen Energie von 4,19 MeV aus (Bild 9.16). Da die potentielle Energie gegen Null geht, wenn das α-Teilchen sehr weit von dem Tochterkern entfernt ist, stellt diese kinetische Energie auch die *Gesamtenergie* des Teilchens in beliebiger Entfernung vom Kern dar. Innerhalb des Kernes ist die Gesamtenergie des α-Teilchens ebenfalls 4,19 MeV, die algebraische Summe von potentieller Energie (negativ) und kinetischer Energie (positiv). Klassisch gesehen, bewegt sich das innerhalb des „Potentialwalles" eingeschlossene α-Teilchen in dem Potential-

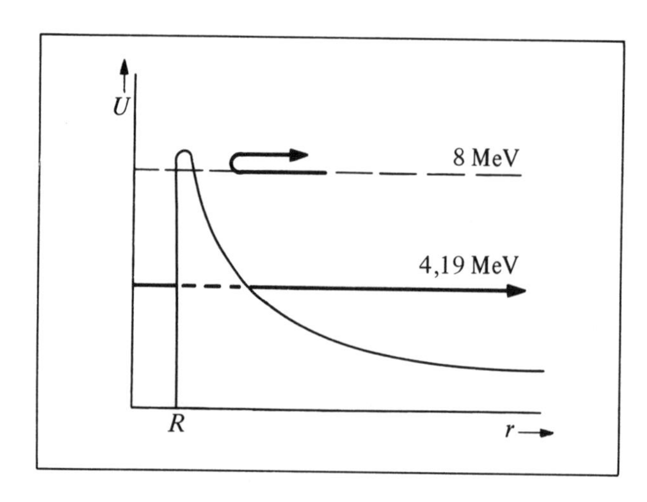

Bild 9.16
Potentialverlauf beim α-Zerfall des Thorium-234-Kernes

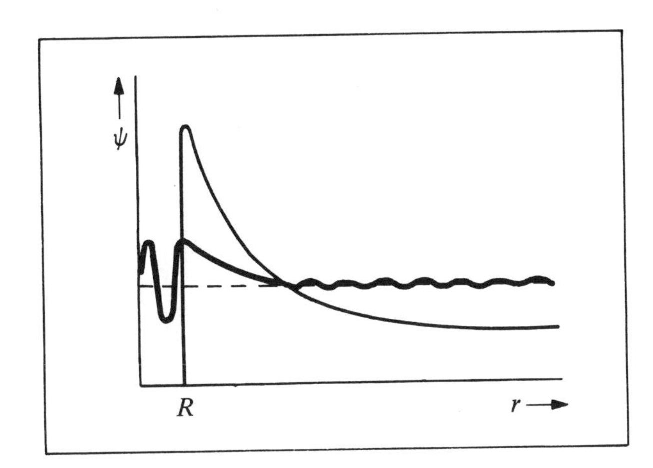

Bild 9.17
Wellenfunktion beim Durchdringen des Potentialwalles durch ein α-Teilchen

topf hin und her und stößt etwa 10^{21} mal in jeder Sekunde gegen den Wall. Es kann den Wall nicht durchdringen und dadurch entweichen, denn es kann keine negative kinetische Energie haben. Auf dieser Grundlage dürfte überhaupt kein α-Zerfall stattfinden!

Da aber der α-Zerfall tatsächlich stattfindet, können diese klassischen Überlegungen nicht zutreffen. Der α-Zerfall läßt sich jedoch auf Grund einer wellenmechanischen Erscheinung, dem *Tunneleffekt,* leicht verstehen (Abschnitt 5.10). Diese Deutung wurde erstmalig 1928 von G. Gamow sowie von R. W. Gurney und E. U. Condon vorgeschlagen.

In der Wellenmechanik ist die Wahrscheinlichkeit, ein α-Teilchen an einem bestimmten Orte anzutreffen, durch seine Wellenfunktion $\psi(r)$ gegeben. Die Wellenfunktion für das Potential in Bild 9.17 ist dort ebenfalls eingezeichnet: sinusförmig innerhalb des anziehenden Potentialtopfes, sehr stark gedämpft im Innern des Potentialwalles und außerhalb des Kernes wiederum sinusförmig, mit einer kleinen, aber endlichen Amplitude. Das bedeutet, es besteht eine sehr kleine, aber endliche Wahrscheinlichkeit, daß ein ursprünglich im Kern befindliches α-Teilchen zu einem bestimmten Zeitpunkt auch außerhalb des Kernes angetroffen werden kann. Die Wahrscheinlichkeit für die „Durchtunnelung" des Potentialwalles hängt sehr stark von der Höhe und von der Dicke dieses Walles ab. Sie ist um so größer, je größer die Teilchenenergie ist.

Wir können uns den Zerfall dadurch veranschaulichen, daß wir uns das Teilchen zwischen den Potentialwällen hin und her reflektiert denken, bis es schließlich nach Durchdringen des Walles entweichen kann. Wir wollen noch die Anzahl der Versuche berechnen, die das Teilchen anstellen muß, bevor es ihm gelingt, den Wall zu durchdringen. Die Halbwertszeit des Uran-238 ist etwa 10^{17} s; im Durchschnitt muß dann ein α-Teilchen 10^{21} Versuche pro Sekunde während 10^{17} s unternehmen, also insgesamt 10^{38} Versuche, bis es entweichen kann.

9.11 β-Zerfall

Der β-Zerfall kann als derjenige radioaktive Zerfallsvorgang definiert werden, bei dem sich die Kernladung ändert ohne gleichzeitige Änderung der Nukleonenzahl.

Als Beispiel für die β-Instabilität betrachten wir die drei Nuklide Bor-12, Kohlenstoff-12 und Stickstoff-12. Die Besetzung ihrer Protonenniveaus und Neutronenniveaus ist

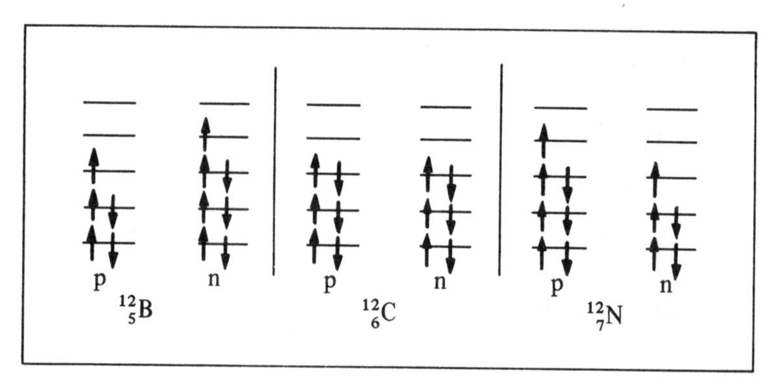

Bild 9.18 Besetzung der Protonen- und der Neutronenzustände beim Bor-12, Kohlenstoff-12 und Stickstoff-12

in Bild 9.18 schematisch dargestellt. Diese drei Nuklide sind Isobare, sie besitzen alle 12 Nukleonen, unterscheiden sich aber in den Protonenzahlen Z und in den Neutronenzahlen N. Nur der Kohlenstoffkern mit 6 Protonen und 6 Neutronen ist stabil. Offensichtlich besitzt der Borkern zu viele Neutronen und der Stickstoffkern zu viele Protonen, um stabil zu sein. Der instabile Borkern geht dadurch in einen niedrigeren Energiezustand über, indem er eines seiner Nukleonen von einem Neutron in ein Proton umwandelt; das letzte Neutron springt von seinem Platz auf das niedrigste, unbesetzte Protonenniveau. Bei diesem Vorgang hat sich der $^{12}_{5}B$-Kern in einen stabilen $^{12}_{6}C$-Kern umgewandelt. Um aber die elektrische Ladung zu erhalten, muß eine negative elektrische Ladungseinheit erzeugt werden. Wie wir wissen, kann ein Elektron *innerhalb* des Kernes nicht existieren; daher muß das erzeugte Elektron oder β-Teilchen von dem zerfallenden Kern ausgesandt werden. Also lautet der Übergang

$$^{12}_{5}B \rightarrow {}^{12}_{6}C + \beta^- ,$$

hierbei zeigt das negative Zeichen die negative Ladung an.

Der Zerfall des Stickstoff-12-Kernes ist ähnlich. Dieses Stickstoffisotop besitzt zu viele Protonen und zu wenig Neutronen, um stabil zu sein. Es zerfällt daher in einen niedrigeren Energiezustand, indem es eines seiner Nukleonen von einem Proton in ein Neutron umwandelt. Das letzte Proton springt auf das niedrigste, unbesetzte Neutronenniveau. Bei diesem Zerfall wandelt sich der instabile $^{12}_{7}N$-Kern in den stabilen $^{12}_{6}C$-Kern um, dabei bleibt die Ladung durch Erzeugung eines positiven β-Teilchens, eines Positrons, erhalten. Da das Positron nicht innerhalb eines Kernes existieren kann, muß es ausgesandt werden. Der Zerfall kann folgendermaßen dargestellt werden

$$^{12}_{7}N \rightarrow {}^{12}_{6}C + \beta^+ .$$

Diese Zerfallsvorgänge sind in Bild 9.19 ebenfalls wiedergegeben; dort ist die Neutronenzahl N über der Protonenzahl Z aufgetragen. Der Kohlenstoffkern liegt auf der Stabilitätslinie. Der Borkern liegt oberhalb und der Stickstoffkern unterhalb dieser Linie. Die Übergänge beim β-Zerfall erfolgen derartig längs einer Isobarenlinie (einer $-45°$-Linie), daß dabei die instabilen Nuklide näher an die Stabilitätslinie gelangen.

Eine andere Art des β-Zerfalles ist der *Elektroneneinfang*. Beim Elektroneneinfang vereinigt sich ein Elektron der Atomhülle mit einem Kernproton, das sich dabei in ein Neutron umwandelt. Wiederum bleibt die Anzahl der Nukleonen unverändert, aber ein Proton

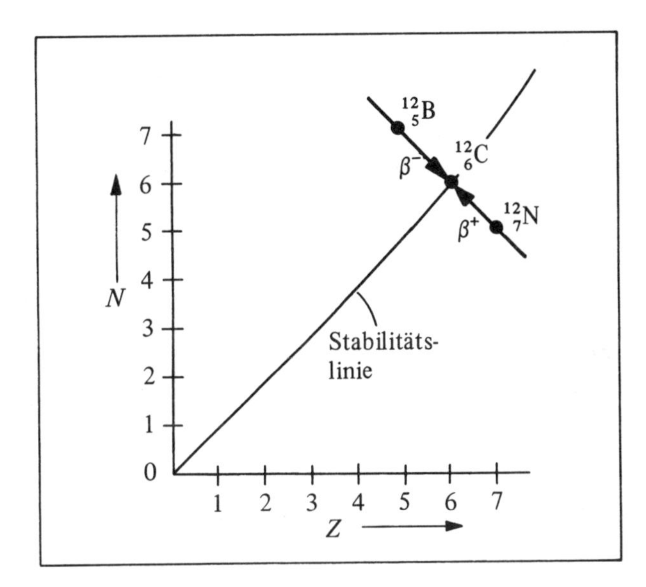

Bild 9.19
β^+-Zerfall des Stickstoff-12-Kernes und β^--Zerfall des Bor-12-Kernes in einen Kohlenstoff-12-Kern

wird ebenso wie beim β^+-Zerfall in ein Neutron umgewandelt. Die Hüllenelektronen haben eine endliche Aufenthaltswahrscheinlichkeit für das Kerninnere (vgl. Bild 7.7), und eines der innersten Elektronen, also ein K-Elektron, hat die größte Wahrscheinlichkeit, im Kern eingefangen zu werden. Der β-Zerfall, der vom Kerneinfang eines Elektrons der K-Schale herrührt, heißt häufig auch *K-Einfang.*

Beim Zerfall durch K-Einfang wird kein geladenes Teilchen ausgesandt. Der Absorption und Vernichtung eines Teilchens ist die Erzeugung und Aussendung seines Antiteilchens gleichwertig. Beim K-Einfang wird ein Elektron absorbiert, beim β^+-Zerfall wird dagegen ein Antiteilchen des Elektrons, ein Positron, ausgesandt. Bei beiden Vorgängen wandelt sich ein Proton in ein Neutron um. Ein Beispiel für den Elektroneneinfang ist der Zerfall des instabilen Beryllium-7-Kernes in einen Lithium-7-Kern:

$$e_K^- + {}^7_4\text{Be} \rightarrow {}^7_3\text{Li}\,.$$

Der Elektroneneinfang kann offensichtlich nicht durch ein ausgesandtes Teilchen identifiziert werden. Man kann auf ihn aber aus der Änderung der chemischen Identität des Elementes bei diesem Zerfall schließen, oder man kann ihn durch Beobachtung der *Röntgenquanten* erkennen, die bei diesem Vorgang ausgesandt werden. Wird ein K-Elektron vom Kern absorbiert, so entsteht ein Loch oder eine Leerstelle in der K-Schale. Dieser freie Platz wird dadurch ausgefüllt, daß Elektronen der äußeren Schalen Quantensprünge auf freie Plätze innerer Schalen ausführen und dabei das charakteristische Röntgenspektrum aussenden. Da das Röntgenquant erst *nach* Bildung eines freien Platzes der K-Schale ausgesandt werden kann, d.h., nachdem der Zerfall stattgefunden hat, beobachtet man die charakteristische Röntgenstrahlung des *Tochternuklids* und nicht diejenige des Mutternuklids.

Heute sind Hunderte von Nukliden bekannt, die durch Aussendung eines Elektrons oder eines Positrons oder durch Einfang eines Hüllenelektrons zerfallen. Tatsächlich zerfallen fast alle instabilen Nuklide mit $Z < 82$ auf mindestens eine dieser drei Arten. Der β-Zerfall unterscheidet sich vom α- und γ-Zerfall in verschiedener Hinsicht:

- Mutter- und Tochternuklid haben dieselbe Nukleonenzahl.
- Im Unterschied zum α-Zerfall entsteht das Elektron oder das Positron erst im Augenblick seiner Aussendung.
- Während γ-Quanten und α-Teilchen mit einem diskreten Energiespektrum ausgesandt werden, besitzen die β-Teilchen ein kontinuierliches Energiespektrum.
- Die Halbwertszeit beim β-Zerfall ist niemals kleiner als etwa 10^{-2} s im Gegensatz zum γ-Zerfall (bis herab zu 10^{-17} s) und zum α-Zerfall (bis herab zu 10^{-7} s).

β^--Zerfall

Wir wollen den β^--Zerfall etwas genauer betrachten. Infolge der Erhaltung der elektrischen Ladung und der Nukleonenzahl stellt sich der Zerfall des Mutterkernes X in den Tochterkern Y wie folgt dar

$$^A_Z\text{X} \to {}_{Z+1}^{\;\;A}\text{Y} + {}_{-1}^{\;\;0}\text{e}\,. \tag{9.32}$$

So zerfällt zum Beispiel Bor-12 in Kohlenstoff-12 und ein Elektron mit einer Halbwertszeit von $2{,}0 \cdot 10^{-2}$ s.

$$^{12}_{5}\text{B} \to {}^{12}_{6}\text{C} + {}_{-1}^{\;\;0}\text{e}\,.$$

Die Erhaltung der Masse–Energie verlangt, daß die Ruhmasse des *Mutterkernes* $m_\text{X} - Z m_\text{e}$ die Ruhmassen von Tochterkern $m_\text{Y} - (Z+1) m_\text{e}$ und Elektron m_e übertrifft, hierbei sind m_X und m_Y die Massen der *neutralen Atome* des Mutter- bzw. Tochternuklids. Jeder Energieüberschuß Q, d.h. beim Zerfall frei werdende Energie, erscheint als kinetische Energie der aus dem Zerfall hervorgehenden Teilchen. Daher

$$(m_\text{X} - Z \cdot m_\text{e}) = m_\text{Y} - (Z+1) \cdot m_\text{e} + m_\text{e} + \frac{Q}{c^2}\,,$$

oder damit für den β^--Zerfall

$$m_\text{X} = m_\text{Y} + \frac{Q}{c^2}\,. \tag{9.33}$$

Wie Gl. (9.33) zeigt, ist ein β^--Zerfall immer dann möglich, wenn $m_\text{X} > m_\text{Y}$ ist, d.h., wenn die Masse des Mutteratoms m_X diejenige des Tochteratoms m_Y übertrifft. Darüberhinaus hat man gefunden, daß ein β^--Zerfall tatsächlich auch immer dann auftritt, wenn er energetisch möglich ist, allerdings kann die Wahrscheinlichkeit sehr klein und die Halbwertszeit äußerst groß sein.

Der Impulssatz verlangt, daß die Vektorsumme der Impulse aller beim Zerfall auftretenden Teilchen verschwinden muß, falls sich der zerfallende Kern vorher in Ruhe befand. Wie wir uns erinnern, verließen beim α-Zerfall der Tochterkern und das α-Teilchen den Ort des Zerfalles in entgegengesetzten Richtungen. Dabei teilte sich die Energie Q so auf die beiden Teilchen auf, daß beide den gleichen Betrag des Impulses erhielten. Daher hatten auch beide Teilchen genau definierte, *diskrete* Energien.

Falls nun der β^--Zerfall tatsächlich dem α-Zerfall insofern gleicht, daß der Mutterkern in genau *zwei* Teilchen zerfällt, wie wir bisher angenommen haben, dann müßten deren Energien beide genau definiert sein, und zwar müßte $m_\text{e} v_\text{e} = m_\text{Y} v_\text{Y}$ und $Q = E_\text{e} + E_\text{Y}$ sein. Da die Elektronenmasse m_e mindestens mehrere Tausend mal kleiner als die Masse des Tochterkernes m_Y ist erhält das Elektron praktisch die gesamte frei werdende Energie, und die Rückstoßenergie des Tochterkernes kann im Vergleich dazu vernachlässigt werden (natürlich muß der Betrag des Impulses für beide Teilchen gleich sein). Daraus folgt, daß das Elektron eine genau definierte kinetische Energie besitzen müßte und daß diese annähernd gleich Q wäre, falls der β^--Zerfall dem α-Zerfall vollkommen gleichartig ist und dabei also ein schweres und ein leichtes Teilchen aus einem ursprünglich instabilen Kern entsteht. Mit $m_Y \gg m_e$ erhalten wir

$$Q = E_e + E_Y \approx E_e .$$

Aus den Atommassen können wir den Zahlenwert von Q für den β^--Zerfall des Bor-12-Kernes in einen Kohlenstoff-12-Kern unmittelbar berechnen, indem wir Gl. (9.33) verwenden:

$$m_a(^{12}_{5}\mathrm{B}) = 12{,}014354\ \mathrm{u}$$
$$m_a(^{12}_{6}\mathrm{C}) = 12{,}000000\ \mathrm{u}$$
$$m_X - m_Y = 0{,}014354\ \mathrm{u}$$
$$Q = 0{,}014354\ \mathrm{u} \cdot 931{,}5\ \mathrm{MeV/u} = 13{,}37\ \mathrm{MeV}.$$

Wir müßten also bei *allen* Elektronen die kinetische Energie $E_e \approx Q = 13{,}37\,\mathrm{MeV}$ erwarten. Beobachtet man nun tatsächlich diese Energie?

Die Energieverteilung der von einem bestimmten radioaktiven Nuklid ausgesandten β-Teilchen läßt sich mit einem magnetischen Spektrometer messen (vgl. Abschnitt 8.4). Das beim Bor-12 erhaltene Ergebnis ist in Bild 9.20 dargestellt. Die ausgesandten Elektronen sind *nicht* monoenergetisch! Statt dessen beobachten wir eine Verteilung der Elektronenenergie von Null bis zu einem Maximalwert $E_{max} = 13{,}37\,\mathrm{MeV}$. Ganz wenige Elektronen haben diese Maximalenergie und nur diese Elektronen führen die kinetische Energie mit sich, die auf der Grundlage eines Zweiteilchenzerfalles zu erwarten wäre; d.h., die Messungen zeigen, es ist

$$E_{max} = Q . \tag{9.34}$$

Alle übrigen Elektronen – und das bedeutet, nahezu alle ausgesandten Elektronen – haben scheinbar eine zu geringe kinetische Energie. Kurzum, es handelt sich um einen offensichtlichen Verstoß gegen den Energiesatz! Außerdem zeigt die Beobachtung einzelner

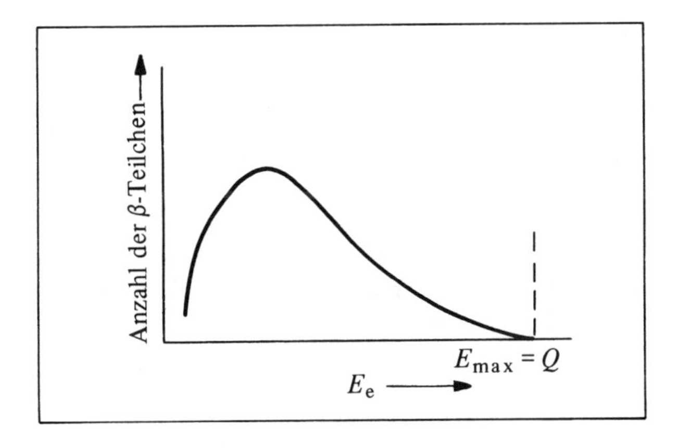

Bild 9.20
Energieverteilung der beim Zerfall des Bor-12-Kernes ausgesandten β^--Teilchen

β^--Zerfälle, daß Elektron und Tochterkern den Ort, an dem der Zerfall stattgefunden hat, *nicht* unbedingt in entgegengesetzten Richtungen verlassen. Das ist eine offensichtliche Verletzung des Impulssatzes! Außerdem kann der Drehimpuls des Mutterkernes (ganzzahliger Spin, da A gerade ist) *nicht* gleich der Summe der Drehimpulse von Tochterkern (ganzzahliger Spin) und Elektron (halbzahliger Spin) sein. Das ist eine offensichtliche Verletzung des Erhaltungssatzes für den Drehimpuls!

Wir müssen uns beeilen, dem Leser zu versichern, daß beim β^--Zerfall die grundlegenden Erhaltungssätze für die Energie, für den Impuls und für den Drehimpuls in der Tat nicht verletzt werden. Der Grund liegt im *Neutrino* (dem „kleinen Neutralen"), das beim β^--Zerfall ebenfalls ausgesandt wird und das wir nun im folgenden behandeln wollen. Die Existenz des Neutrinos wurde erstmalig von W. Pauli im Jahre 1930 vorgeschlagen und zwar als Alternative zur Rettung der Erhaltungssätze. 1956 wurde seine Existenz experimentell unmittelbar bestätigt. Wie wir heute wissen, sendet ein radioaktiver Kern beim β^--Zerfall *drei* Teilchen aus: den Tochterkern, das Elektron und das Neutrino. Wir werden sehen, daß alle oben erwähnten Schwierigkeiten verschwinden, da das Neutrino beim β^--Zerfall auftritt.

Neutrinos

Das Neutrino hat die elektrische Ladung 0, die Ruhmasse 0, den Impuls p mit der relativistischen *Gesamtenergie* $E = pc$ und den Spin $\frac{1}{2}\hbar$.

Das Neutrino hat keine elektrische Ladung. Daher bleibt beim β^--Zerfall die elektrische Ladung auch *ohne* das Neutrino erhalten. Das Neutrino kann nicht durch Ionisation mit Materie in Wechselwirkung treten. Es tritt nur sehr, sehr schwach mit Kernen in Wechselwirkung und ist praktisch nicht nachweisbar.[1])

Wie wir gesehen haben, bleibt beim β^--Zerfall die Energie bei den sehr wenigen Elektronen *erhalten*, die mit der maximalen kinetischen Energie $E_{max} = Q$ ausgesandt werden. Daher muß die Neutrinomasse im Verhältnis zur Elektronenmasse sehr klein sein. Mit guter theoretischer Begründung kann man sie sogar *gleich Null* setzen. Da das Neutrino eine verschwindende Ruhmasse und daher auch keine Ruhenergie besitzt, muß es sich, ebenso wie ein Photon, stets mit Lichtgeschwindigkeit bewegen. Daher ist die relativistische Gesamtenergie E des Neutrinos mit dessen relativistischem Impuls p durch $E = pc$ verknüpft (vgl. Gl. (3.15)).

Wir betrachten wieder die Erhaltungssätze für die Energie und für den Impuls beim β^--Zerfall und wollen annehmen, daß beim Zerfall ein Neutrino ebenso wie ein Elektron entsteht und dieses auch Energie und Impuls mit sich führt. Dann verlangt der Energiesatz

$$Q = E_Y + E_e + E_\nu \approx E_e + E_\nu \,. \tag{9.35}$$

Dabei ist zu beachten, daß die kinetische Energie E_ν des Neutrinos auch dessen Gesamtenergie ist. Nach dem Impulssatz muß die *vektorielle* Addition der Impulse der drei Teilchen den Nullvektor liefern, wie in Bild 9.21 dargestellt ist. Werden beim Zerfallsvorgang drei Teilchen ausgesandt, so brauchen sich diese nun auch nicht mehr auf einer *einzigen* geraden Linie vom Zerfallsort fortbewegen. Jetzt gibt es eine Vielzahl von Möglichkeiten, die einzelnen Impulsvektoren so zusammenzusetzen, daß ihre Summe verschwindet, dabei müssen sie aber stets Gl. (9.35) erfüllen. Im allgemeinen werden sich Tochterkern und Elektron *nicht*

[1]) Genaugenommen ist das beim β^--Zerfall ausgesandte masselose Teilchen das Antineutrino, während das beim β^+-Zerfall entstehende Teilchen das Neutrino ist.

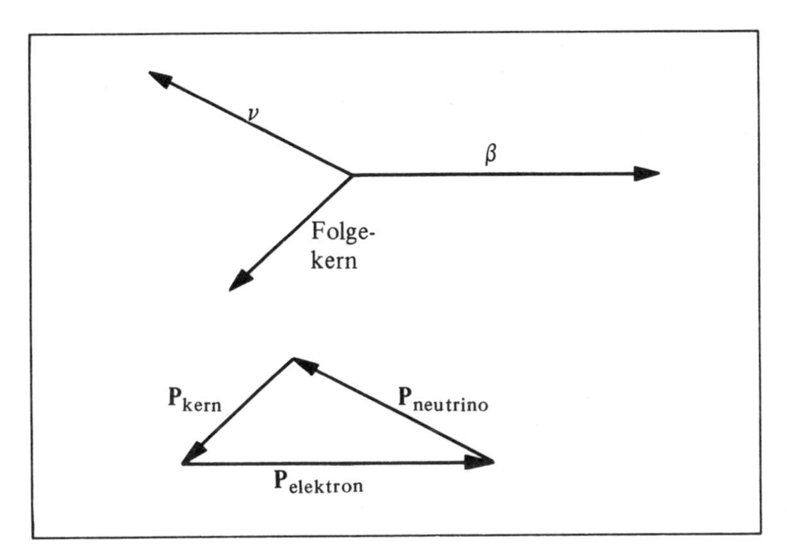

Bild 9.21 Impulsvektoren des Folgekernes, des Elektrons und des Neutrinos beim β^--Zerfall

auf ein und derselben geraden Linie in entgegengesetzten Richtungen fortbewegen. Ist das aber doch der Fall, so können die Energie und der Impuls des Neutrinos verschwinden, und aus Gl. (9.35) erhalten wir in Übereinstimmung mit den Beobachtungen bei den energiereichsten Elektronen $E_e = E_{max} = Q$. In allen übrigen Fällen führt das praktisch nicht beobachtbare Neutrino Energie und Impuls mit sich fort, und daher hat das Elektron notwendigerweise eine geringere kinetische Energie als E_{max}. Beim Zweiteilchenzerfall sind die entstehenden Teilchen monoenergetisch; beim Dreiteilchenzerfall sind sie polyenergetisch.

Abschließend betrachten wir den Drehimpuls oder Spin des Neutrinos. In Vielfachen von $\hbar$ gemessen beträgt er $\frac{1}{2}$. Beim β^--Zerfall des $^{12}_{5}B$ zu $^{12}_{6}C$ haben Mutter- und Tochterkern beide jeweils ganzzahlige Kernspins, das Elektron hat den Spin $\frac{1}{2}$. Wird aber der Spin des Neutrinos mitgerechnet, so bleibt der Gesamtspin beim β^--Zerfall erhalten.

β^+-Zerfall

Die allgemeine Darstellung des β^+-Zerfalles lautet

$$^{A}_{Z}X \rightarrow {}^{A}_{Z-1}Y + {}^{0}_{+1}e + \nu \,. \tag{9.36}$$

Beim β^+-Zerfall wird ebenso wie beim β^--Zerfall ein Neutrino ausgesandt. Ein Positronenzerfall kann nur dann stattfinden, wenn die Masse–Energie erhalten bleibt. D.h., die Ruhmasse des Mutter*kernes* muß die Summe der Ruhmassen von Tochterkern und Positron übertreffen (das Neutrino besitzt keine Ruhmasse). Jeder Energieüberschuß erscheint als kinetische Energie der drei aus dem Zerfall hervorgehenden Teilchen. Daher wird

$$m_X - Z \cdot m_e = [m_Y - (Z-1) \cdot m_e] + m_e + \frac{Q}{c^2} \,,$$

oder damit für den β^+-Zerfall

$$m_X = m_Y + 2\,m_e + \frac{Q}{c^2} \,, \tag{9.37}$$

dabei sind m_X und m_Y die Massen der *neutralen Atome* des Mutter- bzw. des Tochternuklids, m_e die Ruhmasse des Positrons (oder Elektrons), und Q ist die beim Zerfall frei werdende Energie, die sich Positron, Tochterkern und Neutrino teilen. Wie wir aus dieser Gleichung erkennen können, ist ein β^+-Zerfall energetisch nur dann möglich (Q ist nur dann positiv), wenn

$$m_X > m_Y + 2\,m_e \tag{9.38}$$

ist. Ein Positronenzerfall erfolgt daher nur dann, wenn die Masse des Mutteratoms diejenige des Tochteratoms um *mindestens zwei Elektronenmassen übertrifft*, also um $2 \cdot 0{,}000549$ u, bzw. um das entsprechende Energieäquivalent von 1,02 MeV. (Es ist nicht ungewöhnlich, daß hier zwei Elektronenmassen auftreten; wir haben ja mit den Massen *neutraler Atome* und nicht mit *Kernmassen* gerechnet.)

Wir wollen nun den Q-Wert für den Positronenzerfall des Stickstoff-12-Kernes in den Kohlenstoff-12-Kern berechnen (Halbwertszeit dieses Zerfalles 0,0110 s):

$$\begin{aligned} m_a(^{12}_{7}\mathrm{N}) &= 12{,}018641\ \mathrm{u} \\ m_a(^{12}_{6}\mathrm{C}) &= \underline{12{,}000000\ \mathrm{u}} \\ m_X - m_Y &= 0{,}018641\ \mathrm{u} \\ 2 \cdot m_e &= \underline{0{,}001097\ \mathrm{u}} \\ \frac{Q}{c^2} &= 0{,}017544\ \mathrm{u} \end{aligned}$$

$$Q = 0{,}017544\ \mathrm{u} \cdot 931{,}5\ \mathrm{MeV/u} = 16{,}34\ \mathrm{MeV}.$$

In diese Energie von 16,34 MeV teilen sich die Zerfallsprodukte, nämlich Positron, Neutrino und Tochterkern. Mißt man die Positronenenergie mit einem β-Spektrometer, so erhält man eine Energieverteilung bis zu einem Maximalwert, der mit der Massendifferenz übereinstimmt.

Praktisch können die Massen kurzlebiger radioaktiver Elektronen- oder Positronenstrahler nicht so leicht bestimmt werden. Aber man kann die Masse eines radioaktiven Nuklids aus der gemessenen Maximalenergie der β-Teilchen berechnen. Der β^+-Zerfall läßt sich leicht identifizieren, da das ausgesandte Positron mit einem Elektron zerstrahlt. Dabei entstehen zwei Quanten der Vernichtungsstrahlung mit einer Energie von je 0,51 MeV, der Ruhenergie eines Elektrons (oder Positrons). Daher ist ein β^+-Zerfall immer durch das Auftreten der Vernichtungsquanten von 0,51 MeV gekennzeichnet.

Elektroneneinfang

Der Elektroneneinfang läßt sich wie folgt allgemein darstellen

$$^{0}_{-1}\mathrm{e} + ^{A}_{Z}\mathrm{X} \rightarrow {}_{Z-1}^{\ \ A}\mathrm{Y} + \nu\,. \tag{9.39}$$

Es wird also ein Hüllenelektron vom Mutterkern $^{A}_{Z}\mathrm{X}$ eingefangen, und als Zerfallsprodukte treten der Tochterkern ${}_{Z-1}^{\ \ A}\mathrm{Y}$ und ein Neutrino auf.

Die Masse–Energie bleibt erhalten, wenn die beim Zerfall freigesetzte Energie Q gleich der Summe der Ruhmassen der in die Reaktion eingehenden Teilchen abzüglich der Summe der Ruhmassen der bei der Reaktion entstehenden Teilchen ist. Daher ist

$$m_e + (m_X - Z \cdot m_e) = [m_Y - (Z-1) \cdot m_e] + \frac{Q}{c^2}\,,$$

also gilt für den Elektroneneinfang

$$m_X = m_Y + \frac{Q}{c^2}, \qquad (9.40)$$

dabei sind m_X und m_Y wiederum die Massen der neutralen Atome des Mutter- bzw. des Tochternuklids. Wie diese Gleichung zeigt, ist der Elektroneneinfang energetisch dann möglich, wenn die Atommasse des Mutternuklids diejenige des Tochternuklids übertrifft.

Wir wollen unser schon erwähntes Beispiel des Zerfalles eines Beryllium-7-Kernes (Halbwertszeit 53 d) in einen Lithium-7-Kern durch Elektroneneinfang betrachten:

$$\begin{aligned} m_a(^7_4\text{Be}) &= 7{,}016929\ \text{u} \\ m_a(^7_3\text{Li}) &= \underline{7{,}016004\ \text{u}} \\ m_X - m_Y = \frac{Q}{c^2} &= 0{,}000925\ \text{u} \end{aligned}$$

$$Q = 0{,}000925\ \text{u} \cdot 931{,}5\ \text{MeV/u} = 0{,}861\ \text{MeV}.$$

(Es muß darauf hingewiesen werden, daß der β^+-Zerfall des $^7_4$Be-Kernes energetisch verboten ist.) Bei diesem Zerfall werden 0,861 MeV frei. Wo bleibt diese Energie? Anders als beim β^+- oder beim β^--Zerfall entstehen beim Elektroneneinfang nur *zwei* Teilchen. Nach dem Impulssatz müssen sich diese beiden Teilchen, Tochterkern und Neutrino, mit dem gleichen Betrag des Impulses in entgegengesetzte Richtungen bewegen; die Summe ihrer Energien muß die Zerfallsenergie $Q = 0{,}861$ MeV liefern. Da beim Elektroneneinfang nur zwei Teilchen entstehen, haben diese beiden jeweils genau definierte Energien. Die Ruhmasse des Neutrinos verschwindet. Daher wird fast die gesamte Energie durch das praktisch nicht beobachtbare Neutrino mitgeführt. Der Kern erfährt dabei einen Rückstoß, dessen Energie nur einige Elektronvolt beträgt. Nichtsdestoweniger haben einige sehr ausgefallene und schwierige Versuche bestätigt, daß die Rückstoßkerne monoenergetisch sind und ihre Energie genau den Wert besitzt, der zur Erfüllung des Energiesatzes und des Impulssatzes erforderlich ist. Ohne das beim Elektroneneinfang als Begleiterscheinung auftretende Neutrino wäre dieser Zerfallsvorgang gänzlich unerklärlich.

Bild 9.22 zeigt das Zerfallsschema für den Zerfall von Bor-12 sowie das Zerfallsschema des Zerfalles von Stickstoff-12 in das stabile Nuklid Kohlenstoff-12. Es ist üblich, ein Nuklid, das sich durch β^--Zerfall umwandelt, links vom Tochternuklid aufzutragen und ein Nuklid, das sich durch β^+-Zerfall oder durch Elektroneneinfang umwandelt, rechts vom Tochternuklid aufzutragen (Z nimmt nach rechts zu). Wie wir erkennen können, führt der Zerfall des Bors durch Elektronenemission zu zwei verschiedenen Energieniveaus des Kohlenstoffkernes, zum Grundzustand sowie zu einem angeregten Zustand, der sich 4,433 MeV über dem Grundzustand befindet. Der Übergang vom angeregten Zustand in den Grundzustand unter Aussendung eines γ-Quants erfolgt praktisch gleichzeitig mit dem entsprechenden β^--Zerfall. Diese nahezu koinzidente Aussendung von Elektron und Photon kann experimentell bestätigt werden, indem man zwei Detektoren, einen für die Elektronen und einen für die Photonen, einsetzt und dann feststellt, daß die von diesen beiden Detektoren gelieferten Impulse zeitlich koinzident sind (innerhalb der Auflösungszeit der Nachweisgeräte).

Das Zerfallsschema des radioaktiven Nuklids Kupfer-64, das sich sowohl durch β^--Zerfall in Zink-64 als auch durch β^+-Zerfall oder durch Elektroneneinfang in Nickel-64 umwandelt, ist in Bild 9.23 dargestellt.

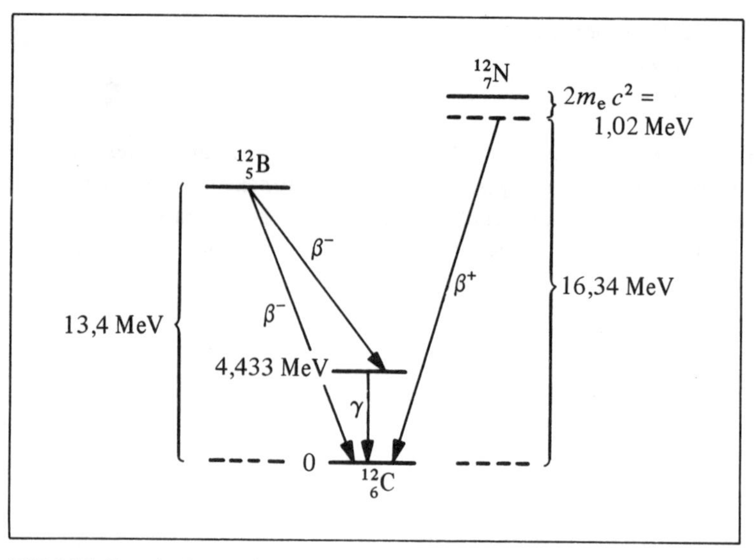

Bild 9.22 Energieniveaus für den Zerfall des Bor-12- und des Stickstoff-12-Kernes in einen Kohlenstoff-12-Kern

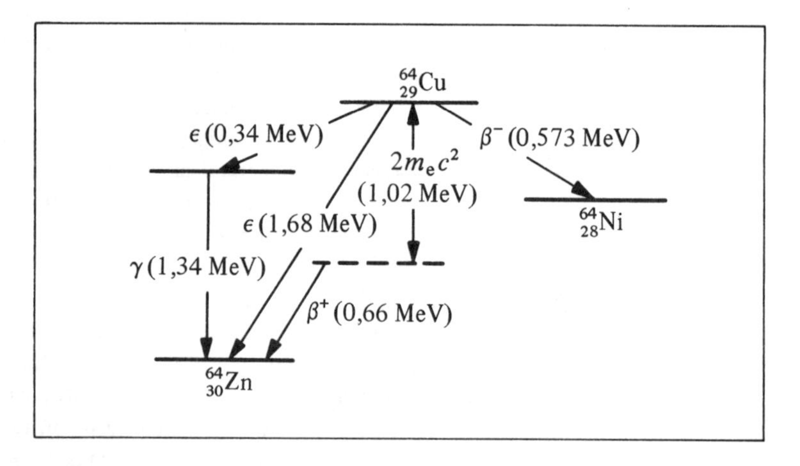

Bild 9.23 Energieniveaus für den β^+-Zerfall, den β^--Zerfall und den Elektroneneinfang (ϵ) eines Kupfer-64-Kernes

Wir erkennen hier eine allgemeine Regel, die für zwei beliebige isobare Nuklide gilt, die sich in der Ordnungszahl Z um eins unterscheiden. Offensichtlich muß eines der beiden Nuklide eine größere Atommasse besitzen. Daher kann der Kern des Atoms mit der größeren Masse in den Kern mit der geringeren Masse entweder durch β^--Zerfall oder durch Elektroneneinfang übergehen. Daraus folgt, daß nicht zugleich zwei benachbarte Isobare gegenüber einem β-Zerfall stabil sein können. Das stimmt mit den Beobachtungen bei den bekannten Nukliden überein (siehe auch Bild 9.7).

Folgende vier Grundreaktionen treten beim β-Zerfall auf:

$$
\begin{array}{ll}
\beta^-\text{-Zerfall:} & n \rightarrow p + e + \bar{\nu} \\
\beta^+\text{-Zerfall:} & p \rightarrow n + \bar{e} + \nu \\
\text{Elektroneneinfang:} & e + p \rightarrow n + \nu \\
\text{Neutrinoabsorption:} & \bar{\nu} + p \rightarrow n + \bar{e}.
\end{array} \qquad (9.41)
$$

Das Symbol e stellt das Elektron dar (Ladung − 1), $\bar{e}$ stellt das Positron (Ladung + 1), das Antiteilchen des Elektrons, dar, ν stellt ein Neutrino und $\bar{\nu}$ ein *Antineutrino* dar.

Bisher haben wir nur eine Art von Neutrino kennengelernt. Tatsächlich gibt es aber zwei, wobei eines jeweils das Antiteilchen des anderen ist.[1] Diese Unterscheidung scheint zunächst rein formal zu sein; sie ist es aber nicht. Wie man durch sehr scharfsinnige Versuche bestätigt hat, besitzt das Antineutrino, das Antiteilchen des Neutrinos, einen Spin oder Eigendrehimpuls, der in die Richtung seines Impulses zeigt. Für ein Antineutrino ist der Drehsinn seines Spins in Uhrzeigerrichtung, wenn man es von hinten betrachtet; es besitzt eine positive *Helizität* (Rechtsschraube). Dagegen weisen beim Neutrino Eigendrehimpuls und Impuls in entgegengesetzte Richtungen und liefern so eine negative Helizität (Linksschraube). Die Spinrichtung ist entgegengesetzt zur Uhrzeigerrichtung, wenn man das Teilchen von hinten sieht. Die Natur unterscheidet daher zwischen dem Neutrino und dem Antineutrino. Dieser Mangel an Symmetrie – das Neutrino ist *stets* linkshändig und das Antineutrino *stets* rechtshändig – ist ein Beweis für die *Nichterhaltung der Parität,* wie sie von C.N. Yang und T.D. Lee vorausgesagt und 1957 experimentell durch C.S. Wu und seine Mitarbeiter bestätigt worden ist. Der Grundsatz, daß die Natur zwischen rechts und links *nicht* unterscheidet, die Erhaltung der Parität, wird beim β-Zerfall verletzt. (Vgl. auch Abschnitt 11.4.)

Die Grundreaktion des β^--Zerfalles, der Zerfall eines Neutrons in ein Proton, ein Elektron und ein Antineutrino, der durch eine der Umwandlungen (9.41) beschrieben wird, findet auch beim *freien Neutron* statt, nicht nur bei einem Kernneutron. Dieser Zerfall ist energetisch erlaubt, da die Neutronenmasse die Masse des Wasserstoffatoms ^1_1H übertrifft. Der Q-Wert beträgt hier 0,78 MeV. Die Halbwertszeit ermittelte man in äußerst schwierigen Versuchen zu 10,6 min. Da ein freies Neutron im allgemeinen in weniger als 10^{-3} s absorbiert wird, wenn es sich in Materie bewegt, ist der Neutronenzerfall gewöhnlich bei freien Neutronen praktisch bedeutungslos.

Der Grundvorgang des β^+-Zerfalles, bei dem ein Proton in ein Neutron, ein Positron und ein Neutrino umgewandelt wird, ist für ein freies Proton *nicht* erlaubt, da ja die Masse auf der linken Seite der Zerfallsgleichung kleiner als die Summe der Massen auf der rechten Seite ist. Der Positronenzerfall ist daher nur bei im Atomkern gebundenen Protonen möglich.

Der Elektroneneinfang ist offensichtlich eng mit dem β^+-Zerfall verwandt. Wir brauchen nur darauf hinzuweisen, daß bei den Umwandlungen (9.41) die zweite Beziehung in die dritte übergeht, wenn wir das Antielektron auf die linke Seite bringen, wobei es zum Elektron wird. Das folgt aus der allgemeinen Regel, daß die Emission eines Teilchens der Absorption seines Antiteilchens äquivalent ist und umgekehrt. Wie wir durch Anwendung dieser Regel zusammen mit der erlaubten Umkehrung der Pfeilrichtung erkennen können, sind alle vier β-Reaktionen äquivalent.

---

[1] Tatsächlich liegen die Dinge noch komplizierter: Eine bestimmte Art von Neutrinos tritt beim β-Zerfall durch Elektronen- oder durch Antielektronenemission auf. Andere bestimmte Neutrinos hängen mit dem Zerfall instabiler Elementarteilchen, Myonen genannt, zusammen (vgl. Tabelle 11.5).

Bei der letzten Reaktion (9.41) vereinigt sich ein Antineutrino mit einem Proton und wird dabei zu einem Neutron und einem Positron. Obgleich die relative Wahrscheinlichkeit für den Neutrinoeinfang außerordentlich klein ist, wurde dieser Einfang doch schon direkt beobachtet und zwar 1956 durch C.L. Cowan und F. Reines bei dem sehr großen Neutrinofluß eines Kernreaktors. Dabei wurde auch die Existenz des Neutrinos bewiesen (genaugenommen des Antineutrinos). Das bei dieser Absorption beteiligte Antineutrino wurde durch Beobachtung des Neutrons und des Positrons identifiziert, die beim Einfang eines Antineutrinos durch ein Proton gleichzeitig entstehen. Das Neutron läßt sich nachweisen, indem man das Photon beobachtet, das von einem angeregten Kern ausgesandt wird, der das Neutron absorbiert hat. Das Positron läßt sich durch die Photonen der Vernichtungsstrahlung nachweisen. Die Schwierigkeit eines derartigen Versuches ist aus der Tatsache ersichtlich, daß ein Neutrino oder ein Antineutrino nur eine Wahrscheinlichkeit von 1 zu 10^{12} besitzt, beim Durchqueren der Erde eingefangen zu werden. Da Neutrinos nur eine derartig kleine Wahrscheinlichkeit einer Wechselwirkung mit Materie und einer dabei auftretenden Absorption besitzen, ist im Endeffekt ein großer Bruchteil der bei allen β-Zerfällen frei werdenden Energie verloren.

9.12 Natürliche Radioaktivität

Wir haben die drei gewöhnlichen Arten des radioaktiven Zerfalles behandelt, den α-, den β- und den γ-Zerfall, ohne danach zu fragen, wie instabile Nuklide erzeugt werden. Es ist üblich, die radioaktiven Nuklide in zwei Gruppen einzuteilen: die in der Natur vorkommenden instabilen Nuklide, bei denen man auch von *natürlicher Radioaktivität* spricht, und die künstlich von Menschen hergestellten instabilen Nuklide (gewöhnlich durch Beschuß von Kernen mit Teilchen), bei denen es sich um *künstliche Radioaktivität* handelt. Bis heute sind etwa 1000 künstlich radioaktive Nuklide hergestellt und identifiziert worden. Die Anzahl der bekannten Isotope eines bestimmten Elementes kann sehr unterschiedlich sein: Wasserstoff besitzt zwei stabile und ein instabiles Isotop; Xenon hat neun stabile und vierzehn instabile Isotope. Im Kapitel 10 werden wir Kernreaktionen und die dabei erzeugte Radioaktivität behandeln. Hier wollen wir nur die natürlichen radioaktiven Nuklide besprechen.

Wie man annimmt, hat vor ungefähr 10 Milliarden Jahren (Anm. d. Übers.: nach heutiger Ansicht vor etwa 20 Milliarden Jahren) ein einschneidendes kosmologisches Ereignis stattgefunden. Zu diesem Zeitpunkt hat sich das Universum gebildet und damit sind auch *alle* Nuklide entstanden, stabile und instabile, mit jeweils unterschiedlicher Häufigkeit. Diejenigen instabilen Nuklide mit Halbwertszeiten von viel weniger als 10^9 Jahren sind längst in stabile Nuklide zerfallen. Es gibt jedoch 21 instabile Nuklide deren Halbwertszeiten mit dem Alter des Universums vergleichbar sind oder die sogar noch größer sind; und diese kommen in der Natur noch in meßbaren Mengen vor. Diese langlebigen, natürlichen radioaktiven Nuklide sind in Tabelle 9.5 aufgeführt.

Die ersten 18 Nuklide der Tabelle 9.5 zerfallen alle in stabile Tochternuklide (bzw. das darauffolgende oder das übernächste Nuklid ist stabil). Die drei letzten Nuklide der Tabelle sind sehr schwer; sie zerfallen ebenfalls in radioaktive Tochternuklide, die ihrerseits wiederum in radioaktive Tochternuklide zerfallen, bis schließlich nach mehreren Generationen ein stabiles Nuklid erreicht ist. Dieses sind die drei natürlichen *Zerfallsreihen*. Jede dieser Reihen beginnt mit einem sehr langlebigen Nuklid, dessen Halbwertszeit diejenige aller folgenden Glieder der Reihe übertrifft. Die stabilen Endnuklide der drei Reihen sind sämtlich Bleiisotope, $^{208}_{82}Pb$, $^{207}_{82}Pb$ und $^{206}_{82}Pb$. Man kann das Alter der Erde abschätzen, in-

Tabelle 9.5: Natürliche Radionuklide, deren Halbwertszeiten mit dem Alter des Weltalls vergleichbar sind ($\approx 10^{10}$ a) oder sogar noch größer sind (ϵ: Elektroneneinfang)[1])

Nuklid (Z-Symbol-A)	Zerfallsart	Folgenuklid (Z-Symbol-A)	Halbwertszeit in s
19 K 40	β^-, ϵ	20 Ca 40	$4{,}10 \cdot 10^{16}$
23 V 50	β^-, ϵ	24 Cr 50	$1{,}89 \cdot 10^{23}$
37 Rb 87	β^-	38 Sr 87	$1{,}48 \cdot 10^{18}$
49 In 115	β^-	50 Sn 115	$1{,}58 \cdot 10^{22}$
52 Te 123	ϵ	51 Sb 123	$3{,}79 \cdot 10^{20}$
57 La 138	β^-, ϵ	58 Ce 138	$3{,}47 \cdot 10^{18}$
58 Ce 142	α	56 Ba 138	$1{,}58 \cdot 10^{23}$
60 Nd 144	α	58 Ce 140	$7{,}57 \cdot 10^{22}$
62 Sm 146	α	60 Nd 142	$3{,}79 \cdot 10^{15}$
62 Sm 147	α	60 Nd 143	$3{,}35 \cdot 10^{18}$
62 Sm 148	α	60 Nd 144 (instabil, α)	$3{,}79 \cdot 10^{20}$
62 Sm 149	α	60 Nd 145	$1{,}26 \cdot 10^{22}$
64 Gd 152	α	62 Sm 148 (instabil, α)	$3{,}47 \cdot 10^{21}$
71 Lu 176	β^-	72 Hf 176	$6{,}94 \cdot 10^{17}$
72 Hf 174	α	70 Yb 170	$1{,}36 \cdot 10^{23}$
75 Re 187	β^-	76 Os 187	$1{,}26 \cdot 10^{18}$
78 Pt 190	α	76 Os 186	$2{,}21 \cdot 10^{19}$
82 Pb 204	α	80 Hg 200	$4{,}42 \cdot 10^{24}$
90 Th 232	α	88 Ra 228 (instabil, α)	$4{,}45 \cdot 10^{17}$
92 U 235	α	90 Th 231 (instabil, α)	$2{,}25 \cdot 10^{16}$
92 U 238	α	90 Th 234 (instabil, α)	$1{,}42 \cdot 10^{17}$

[1]) H. A. Enge: *Introduction to Nuclear Physics.* Reading, Mass.: Addison-Wesley, 1966.

dem man die relativen Häufigkeiten der langlebigen Ausgangsnuklide dieser Reihen und die der zugehörigen stabilen Bleiisotope bestimmt.

Bild 9.24 zeigt die Zerfallsreihe aller instabilen Nuklide der sogenannten Thoriumreihe, eingetragen in ein Neutron-Proton-Diagramm. Eine Abnahme von Z und von N um jeweils zwei stellt einen α-Zerfall dar und eine Zunahme von Z um eins bei einer gleichzeitigen Abnahme von N um eins einen β^--Zerfall. Die Stabilitätslinie liefert die am wenigsten instabilen Nuklide bei einem gegebenen Wert von A. Sowohl ein α-Zerfall als auch ein β^--Zerfall führt oft zu einem angeregten Tochternuklid, das hat dann einen weiteren γ-Zerfall zur Folge (siehe auch die Bilder 9.15 und 9.22).

Alle Nuklide, für die $A > 209$ ist, sind instabil. Wir können auch sagen, diese Nuklide sind alle zu groß, um stabil zu sein und müssen daher Nukleonen verlieren, um stabiler zu werden. Die einzige Zerfallsmöglichkeit, bei der ein schwerer, natürlicher radioaktiver Kern Nukleonen verlieren kann, ist die Aussendung eines α-Teilchens, bei der sich sowohl Z als auch N um zwei verringert. Wie wir jedoch Bild 9.24 entnehmen können, führt ein α-Zerfall das Tochternuklid nach links fort von der Stabilitätslinie. Es ist dann ein β^--Zerfall notwendig, um den Kern zurück in die Nähe dieser Linie zu bringen. Einige Nuklide, zum Beispiel $^{212}_{83}$Bi in der Thoriumreihe, neigen sowohl zum α-Zerfall als auch zum β-Zerfall. Es kommt dann zu einer *Verzweigung* der Reihe.

Das erste Nuklid der Thoriumreihe hat die Massenzahl 232, die durch 4 teilbar ist. Alle übrigen Nuklide dieser Reihe haben dann ebenfalls Massenzahlen A, die durch 4 teilbar sind, da der einzige Zerfall, bei dem sich die Nukleonenzahl ändert, der α-Zerfall ist, und bei

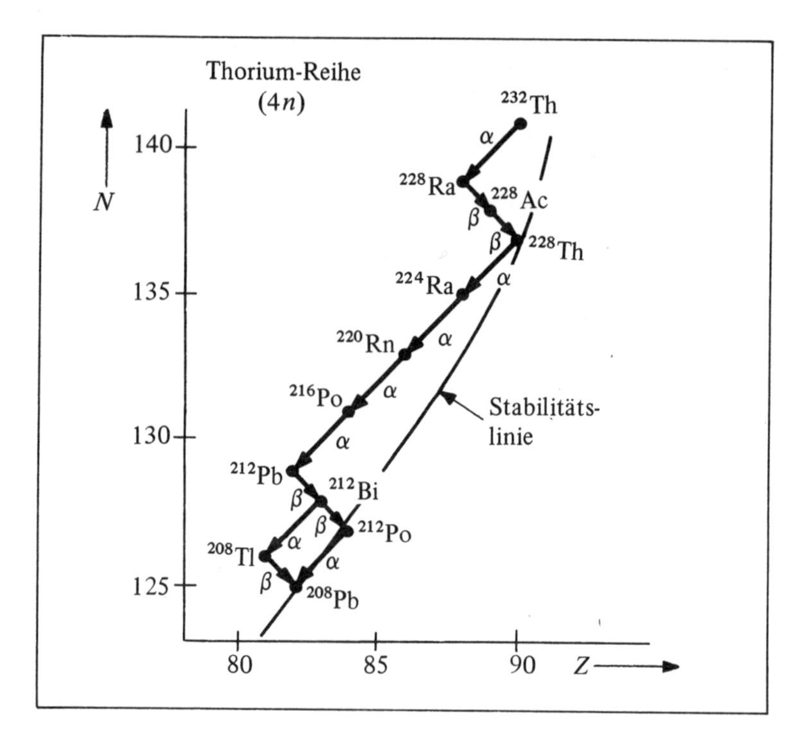

Bild 9.24 Radioaktive Thorium-Reihe

diesem Zerfall verringert sich A um 4. Daher läßt sich für ein beliebiges Glied der *Thoriumreihe* die Massenzahl A durch $4n$ mit ganzzahligem n ausdrücken. Die Glieder der sogenannten Aktiniumreihe, die mit Uran-235 beginnt, lassen sich durch $A = 4n + 3$, und die Glieder der *Uran-Radium-Reihe,* die mit Uran-238 beginnt, durch $A = 4n + 2$ darstellen.

Es gibt eine vierte radioaktive Reihe, für deren Glieder $A = 4n + 1$ ist Keines dieser Glieder besitzt jedoch eine Halbwertszeit, die mit dem Alter des Universums vergleichbar ist. Daher kommen die Nuklide dieser Reihe in der Natur nicht vor. Sie können aber durch Kernreaktionen aus den sehr schweren Nukliden der anderen Reihen (zum Beispiel durch Neutroneneinfang des Uran-236 und anschließenden β^--Zerfall) hergestellt werden. Diese Reihe heißt *Neptuniumreihe* und ist nach ihrem langlebigsten Nuklid, dem $^{237}_{93}Np$ mit einer Halbwertszeit von $2{,}14 \cdot 10^6$ a, benannt. Die Zerfallsarten der Neptunium-, der Uran-Radium- und der Aktiniumreihe sind in Bild 9.25 dargestellt.

Die natürlichen radioaktiven Stoffe zeigen eine gewaltige Spanne ihrer Halbwertszeiten, vom Thorium-232 mit $T_{1/2} = 1{,}41 \cdot 10^{10}$ a bis zum Polonium-213 mit $T_{1/2} = 4{,}0 \cdot 10^{-6}$ s. Wie kann man derartig große oder derartig kleine Halbwertszeiten messen? Offensichtlich ist es praktisch unmöglich, durch Beobachtung der zeitlichen Änderung der Aktivität der zerfallenden Kerne die Halbwertszeit $T_{1/2}$ zu bestimmen. Wir müssen daher bei indirekten Verfahren Zuflucht suchen.

Zunächst wollen wir uns der Messung sehr großer Halbwertszeiten zuwenden. Das Grundgesetz des radioaktiven Zerfalles lautet

$$\text{Aktivität} = \lambda N = \lambda N_0 \, e^{-\lambda t} \, . \qquad (9.21), (9.42)$$

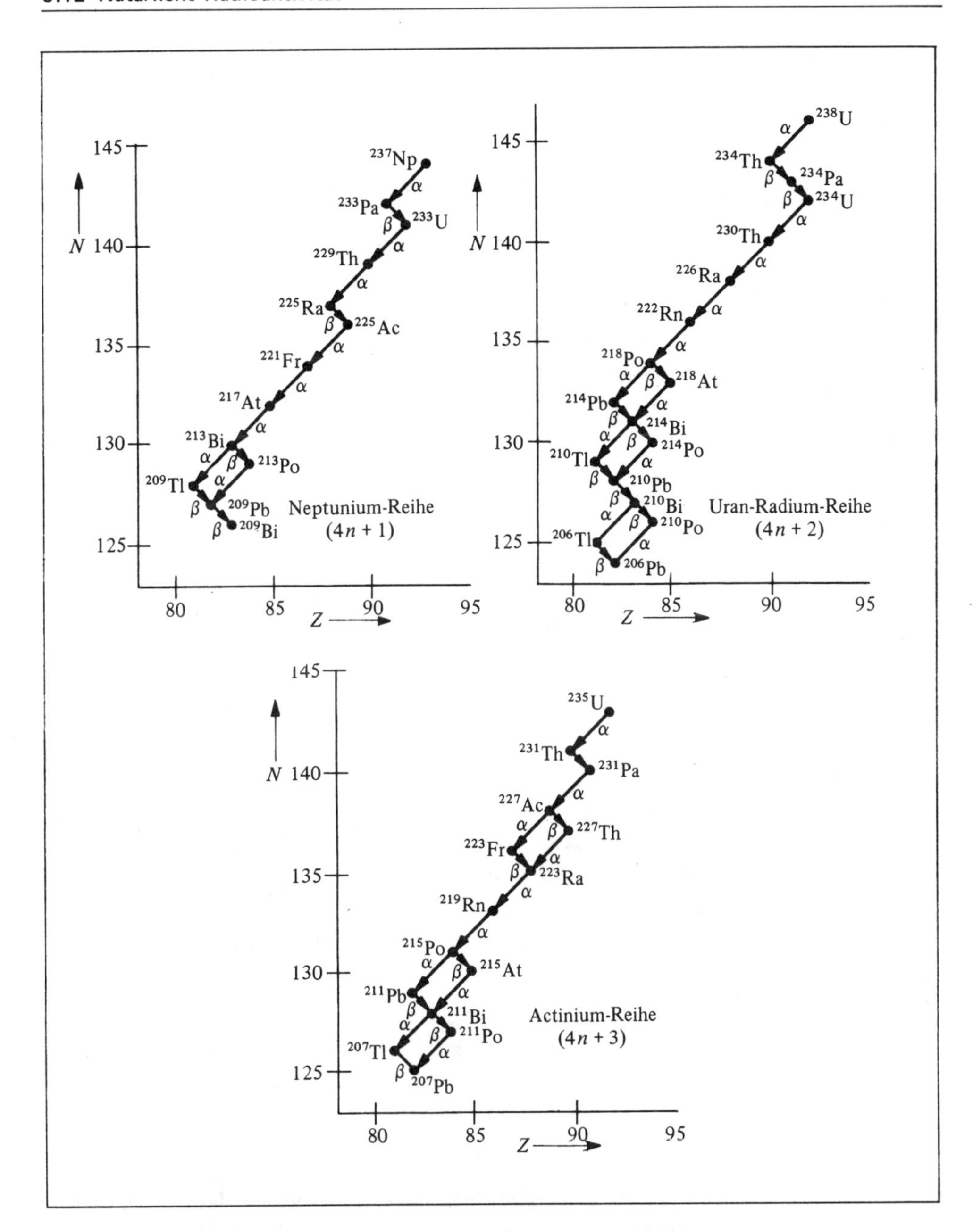

Bild 9.25 Radioaktive Neptunium-, Uran-Radium- und Actinium-Reihe

Diese Gleichung läßt sich umstellen

$$\lambda = \frac{\text{Aktivität}}{N} . \tag{9.43}$$

Nach dieser Gleichung können wir die Zerfallskonstante λ berechnen, falls wir die Aktivität und die Anzahl N der radioaktiven Kerne kennen. Ist $T_{1/2}$ sehr groß im Vergleich zur Beobachtungsdauer t, so wird $\lambda t \ll 1$ und damit $N = N_0\, e^{-\lambda t} \approx N_0$. Zerfällt ein radioaktiver Stoff nur sehr langsam, so ist die Anzahl der vorhandenen Atome während der Beobachtungsdauer praktisch konstant.

Messungen zeigen zum Beispiel, daß eine 1,0 mg-Probe von Uran-238 in einer Minute 740 α-Teilchen aussendet. Nehmen wir eine relative Atommasse von 238 an, so ist die Anzahl N der Uranatome in 1 mg

$$N = \frac{10^{-3}\ \text{g}}{238\,(1{,}67 \cdot 10^{-24}\ \text{g})} = 2{,}52 \cdot 10^{18}\ \text{Atome} .$$

Mit Hilfe von Gl. (9.43) erhalten wir dann

$$\lambda = \frac{\dfrac{740\ \text{Zerfälle}}{60\ \text{s}}}{2{,}52 \cdot 10^{18}\ \text{Atome}} = 4{,}90 \cdot 10^{-18}\ \text{s}^{-1} , \qquad T_{1/2} = \frac{0{,}693}{\lambda} = 4{,}51 \cdot 10^{9}\ \text{a} .$$

Nun wollen wir die Bestimmung der Halbwertszeit eines sehr kurzlebigen Gliedes einer radioaktiven Zerfallsreihe behandeln. Wir nehmen dabei an, daß die radioaktiven Folgenuklide des Ausgangsnuklids mit diesem zusammenbleiben. Dann werden nach einer hinreichend langen Zeit *alle* Glieder dieser Reihe gleichzeitig vorhanden sein. Kerne eines bestimmten Nuklids werden laufend durch dessen Mutternuklid gebildet, während andere Kerne desselben Nuklids in das zugehörige Tochternuklid zerfallen. Die relativen Häufigkeiten der verschiedenen Nuklide werden zeitlich konstant sein, wenn die Zerfallsreihe das *radioaktive Gleichgewicht* erreicht hat. Jedes Nuklid zerfällt dann mit derselben Rate, mit der es auch gebildet wird. D.h., die Aktivität λN eines jeden Gliedes der Reihe stimmt genau mit derjenigen eines beliebigen anderen Gliedes überein:

$$(\text{Aktivität})_1 = (\text{Aktivität})_2 = (\text{Aktivität})_3 = \ldots,$$

$$\lambda_1 N_1 = \lambda_2 N_2 = \lambda_3 N_3 = \ldots, \tag{9.44}$$

$$\frac{N_1}{(T_{1/2})_1} = \frac{N_2}{(T_{1/2})_2} = \frac{N_3}{(T_{1/2})_3} = \ldots . \tag{9.45}$$

Die Halbwertszeit $(T_{1/2})_k$ eines sehr *kurzlebigen* Radionuklids, das sich im Gleichgewicht mit einem *längerlebigen* Nuklid derselben Reihe mit einer Halbwertszeit $(T_{1/2})_l$ befindet, ist dann durch

$$(T_{1/2})_k = (T_{1/2})_l \frac{N_k}{N_l} \tag{9.46}$$

gegeben, hierbei ist N_k/N_l das Verhältnis der Anzahlen der Atome der beiden Glieder. Wie Gl. (9.46) zeigt, ist das Verhältnis der Anzahlen der Atome verschiedener Glieder einer natürlichen radioaktiven Zerfallsreihe direkt proportional zu dem Verhältnis der Halbwertszeiten der entsprechenden Nuklide. Daher werden langlebige Nuklide verhältnismäßig häufig und kurzlebige Nuklide nur wenig vorhanden sein.

Eine Probe eines natürlichen radioaktiven Stoffes sendet α-, β- und γ-Strahlung gleichzeitig aus, da *alle* Glieder der Zerfallsreihe vorhanden sind und zerfallen. Die Aussendung eines α-Teilchens oder eines β-Teilchens hat eine Änderung von Z oder A oder von beiden Zahlen zur Folge. Die Aussendung eines γ-Quants bewirkt eine Änderung des Energieniveaus. Die frühen Erforscher der Radioaktivität unterschieden zwischen den drei Strahlungsarten, die von radioaktiven Stoffen ausgehen, durch ihre unterschiedliche Ablenkung im Magnetfeld. Die α-Strahlen wurden in dieselbe Richtung abgelenkt wie positiv geladene Teilchen, die β-Strahlen wurden in dieselbe Richtung wie negativ geladene Teilchen abgelenkt, und die γ-Strahlung wurde überhaupt nicht abgelenkt. Außerdem stellten sie fest, daß das Durchdringungsvermögen der radioaktiven Ausstrahlung in der Reihenfolge α, β und γ zunahm, daher wurden diese Strahlungen durch die ersten drei Buchstaben des griechischen Alphabetes bezeichnet. Alle drei Arten der Kernstrahlung natürlicher radioaktiver Stoffe haben Energien bis zu mehreren MeV. Bis zur Entwicklung der Teilchenbeschleuniger in den frühen 30er Jahren waren diese radioaktiven Stoffe die einzigen Quellen hochenergetischer Kernteilchen zum Beschuß anderer Kerne.

Uran-238 ist das schwerste in der Natur vorkommende Nuklid. Noch schwerere, kurzlebige Nuklide, die zu den *Transuranen* gehören, kann man künstlich herstellen, indem man schwere Elemente mit energiereichen Teilchen beschießt. Transurane hat man bis zum Mendelevium-258, $^{258}_{101}\text{Md}$, jedoch nur für kurze Zeit, hergestellt und auch identifiziert.

Der Ausdruck *natürliche Radioaktivität* bezieht sich gewöhnlich auf diejenigen radioaktiven Nuklide, die in sehr ferner Vergangenheit entstanden sind sowie auf deren Folgenuklide. In der Natur gibt es aber auch radioaktive Nuklide die *laufend* gebildet werden, wenn hochenergetische Teilchen der kosmischen Strahlung in der oberen Erdatmosphäre auf Atomkerne treffen. Ein Beispiel hierzu ist die Bildung des Kohlenstoff-14 durch Treffer von Neutronen auf Stickstoffkerne nach der Reaktion

$$^{14}_{7}\text{N} + ^{1}_{0}\text{n} \rightarrow ^{14}_{6}\text{C} + ^{1}_{1}\text{p} .$$

Dieses radioaktive Kohlenstoffisotop, *Radiokohlenstoff* genannt, zerfällt unter Aussendung eines β-Teilchens mit einer Halbwertszeit von 5740 a:

$$^{14}_{6}\text{C} \rightarrow ^{14}_{7}\text{N} + \beta^- .$$

Ein kleiner Bruchteil der CO_2-Moleküle der Luft enthält daher radioaktive Kohlenstoff-14-Atome an Stelle der stabilen Kohlenstoff-12-Atome. Lebende Organismen tauschen CO_2-Moleküle mit ihrer Umgebung aus und bauen beide Arten von Kohlenstoffatomen in ihre Moleküle ein. Wenn der Organismus abstirbt, hört aber die Zufuhr von Kohlenstoff-14 auf. Von diesem Zeitpunkt an nehmen die Kohlenstoff-14-Atome relativ zur Anzahl der Kohlenstoff-12-Atome ab, da ja die Kohlenstoff-14-Atome zerfallen. Nach 5740 a ist nur noch die Hälfte der ursprünglichen Anzahl vorhanden. Das liefert eine sehr empfindliche Methode, das Alter organischer, archäologischer Gegenstände zu bestimmen: Man stellt lediglich die relativen Anzahlen der Atome beider Isotope fest. Die Anzahl der Kohlenstoff-14-Atome wird nach Messung ihrer Aktivität mit Hilfe von Gl. (9.43) ermittelt. Dieses geniale Verfahren zur Bestimmung des Alters organischer Überbleibsel, die viele Tausend Jahre alt sein können, wurde 1952 von W.F. Libby entdeckt und ist unter der Bezeichnung *Radiokohlenstoffdatierung* bekannt.

Eine zweite Kernreaktion der kosmischen Strahlung, die laufend ein natürliches radioaktives Nuklid liefert, ist

$$^{14}_{7}N + ^{1}_{0}n \rightarrow ^{12}_{6}C + ^{3}_{1}H\,,$$

hierbei ist $^{3}_{1}H$, *Tritium* genannt (mit einem Kern, der *Triton* heißt) ein schweres, radioaktives Wasserstoffisotop. Tritium zerfällt durch β^--Zerfall in das stabile Heliumisotop $^{3}_{2}He$. Die Halbwertszeit des Tritiums beträgt 12,4 Jahre.

$$^{3}_{1}H \rightarrow ^{3}_{2}He + \beta^-\,.$$

9.13 Zusammenfassung

Tabelle 9.6: Eigenschaften der Kernbausteine

Eigenschaft	Proton	Neutron
Masse	1,007277 u	1,008665 u
Ladung	e	0
Spin	$\frac{1}{2}\hbar$	$\frac{1}{2}\hbar$
Magnetisches Moment	2,79 μ_N	$-$ 1,91 μ_N
	($\mu_N = e\hbar/2\,m_p$, Kernmagneton)	

Eigenschaften der Kernkräfte

Anziehungskraft, sehr viel stärker als die Coulomb-Kraft;
kurze Reichweite, 3 fm ($3 \cdot 10^{-15}$ m);
Ladungsunabhängig; alle drei Wechselwirkungen zwischen Nukleonen, np, pp und nn sind annähernd gleich.

Bezeichnungen

Nukleon: Proton oder Neutron;
Ordnungszahl Z: Anzahl der Protonen;
Neutronenzahl N: Anzahl der Neutronen;
Massenzahl A: Anzahl aller Nukleonen ($Z + N$).
Nuklid: Kernart mit bestimmtem Z und bestimmtem N.
Isotope: unterschiedliche Nuklide mit gleichem Z.
Isotone: unterschiedliche Nuklide mit gleichem N.
Isobare: unterschiedliche Nuklide mit gleichem A.

Eigenschaften der Nuklide

Stabile Nuklide: $N \approx Z$ für kleines A und $N > Z$ für großes A.

Der Kernradius ist durch $R = r_0 A^{1/3}$ gegeben, hierbei ist $r_0 = 1{,}4$ fm (Neutronenstreuversuche) oder $r_0 = 1{,}1$ fm (Elektronenstreuversuche). Alle Kerne besitzen annähernd gleiche Dichte.

Die gesamte Bindungsenergie E_b eines Kernes ${}^A_Z X$ ist durch

$$\frac{E_b}{c^2} = Z \cdot m_H + (A - Z) \cdot m_n - m_a ({}^A_Z X)$$

gegeben, hierbei sind die Massen $m_a({}^A_Z X)$ der neutralen Atome einzusetzen. Für $A > 20$ beträgt die Energie pro Nukleon $E_b/A \approx 8$ MeV.

Beim Tröpfchenmodell des Atomkernes werden die Kräfte zwischen den Nukleonen ähnlich den Kräften zwischen den Molekülen einer Flüssigkeit angenommen. Nennenswerte Beiträge zur Bindungsenergie liefern die Volumenenergie, die Oberflächenenergie (wichtig für kleine A) und die Coulomb-Energie (wichtig für große A). Beim Einteilchen- und beim Schalenmodell des Atomkernes werden die Quanteneigenschaften der Nukleonen zur Erklärung des Kernspins und des magnetischen Momentes des Kernes herangezogen. Das kollektive Modell berücksichtigt Schwingungen und Rotationen des Kernes.

Beim Zerfall aller instabilen Kerne müssen die Erhaltungssätze für die elektrische Ladung, für die Nukleonenzahl, für die Masse–Energie sowie für den Impuls erfüllt sein.

Das Gesetz des radioaktiven Zerfalles lautet: $N = N_0 \, e^{-\lambda t}$, hierbei hängt die Zerfallskonstante λ, die Wahrscheinlichkeit, daß ein bestimmter Kern während der Zeiteinheit zerfällt, mit der Halbwertszeit $T_{1/2}$ zusammen: $T_{1/2} = 0{,}693/\lambda$.

Tabelle 9.7: Arten des radioaktiven Zerfalles

	Alphazerfall (Heliumkern)	Betazerfall (Elektron, Positron)	Gammazerfall (Photon)
Halbwertszeit	10^{-6} s...10^{10} a	$> 10^{-2}$ s	10^{-17}...10^{5} s (Isomere)
Energie	4...10 MeV	einige MeV	keV bis einige MeV
Zerfallsart	${}^A_Z X \to {}^{A-4}_{Z-2}Y + {}^4_2\alpha$	β^-: ${}^A_Z X \to {}_{Z+1}^{A}Y + {}_{-1}^{0}e + \bar{\nu}$ β^+: ${}^A_Z X \to {}_{Z-1}^{A}Y + {}_{+1}^{0}e + \nu$ ϵ: ${}^A_Z X + {}_{-1}^{0}e \to {}_{Z-1}^{A}Y + \nu$	${}^A_Z X^* \to {}^A_Z X + \gamma$
Gleichung für die Zerfallsenergie (Massen: neutrale Atome)	$m_X = m_Y + m_\alpha + \frac{Q}{c^2}$	β^-: $m_X = m_Y + \frac{Q}{c^2}$ β^+: $m_X = m_Y + 2m_e + \frac{Q}{c^2}$ ϵ: $m_X = m_Y + \frac{Q}{c^2}$	$E_2 = E_1 + h\nu$
Energieverteilung der Zerfallsprodukte	monoenergetisch	β^- und β^+: polyenergetisch ϵ: monoenergetisch	monoenergetisch

Eigenschaften des Neutrinos

Masse: 0
Ladung: 0
Spin: $\frac{1}{2}\hbar$
Neutrinoeinfang: $\bar{\nu} + p \rightarrow n + \beta^+$.

Tabelle 9.8: Natürliche Radioaktivität

Reihe	Langlebigstes Glied		Kennzeichnung	Anzahl der Glieder
Thorium-Reihe	$^{232}_{90}Th$		$4n$	13
Actinium-Reihe		$^{235}_{92}U$	$4n + 3$	15
Uran-Radium-Reihe	$^{238}_{92}U$		$4n + 2$	18
Neptunium-Reihe		$^{237}_{93}Np$	$4n + 1$	13

9.14 Aufgaben

Die Atommassen der stabilen Nuklide sowie diejenigen einiger Radionuklide sind im Anhang aufgeführt.

9.1. Zeigen Sie, daß die Wellenlänge eines beliebigen Teilchens, dessen kinetische Energie groß gegen seine Ruhenergie ist, durch $\lambda = 1{,}24\,\mathrm{GeV} \cdot \mathrm{fm}/E$ gegeben ist, hierbei ist E die Gesamtenergie des Teilchens.

9.2. Obgleich das Neutron als Ganzes elektrisch neutral ist, besitzt es ein negatives magnetisches Kernmoment, dessen Richtung entgegengesetzt zur Richtung seines Kernspins ist. Welche Verteilung der getrennten positiven und negativen Ladung im Innern des Neutrons – positive Ladung innen und negative Ladung außen oder negative Ladung innen und positive außen – würde dem beobachteten magnetischen Moment entsprechen?

9.3. Ein freies Proton hat in einem äußeren Magnetfeld **B** infolge der Richtungsquantelung seines Kernspins relativ zu den magnetischen Feldlinien zwei Einstellungsmöglichkeiten für den Spin und das damit verbundene magnetische Moment. Ein Photon mit einer Energie, die gleich der Differenz zwischen den beiden Energiezuständen des Protons ist, kann das Proton zu einem Übergang von einem Zustand in den anderen veranlassen. Diese Erscheinung ist als *magnetische Kernresonanz* bekannt. Berechnen Sie die Resonanzfrequenz für freie Protonen in einem Magnetfeld von 0,5 T.

9.4. Das magnetische Moment des Deuterons im Grundzustand beträgt + 0,8574 Kernmagneton. Sein Kernspin ist $I = 1$. Zeigen Sie durch Vergleich des magnetischen Momentes des Deuterons mit den magnetischen Momenten eines einzelnen freien Protons und eines einzelnen freien Neutrons, daß man für das Deuteron annehmen kann, es existiert (hauptsächlich) in einem $^3S_1$-Zustand, d.h. in einem Quantenzustand mit verschwindendem Bahndrehimpuls, bei dem die Eigendrehimpulse des Protons und des Neutrons so ausgerichtet sind, daß sie für das Deuteron den resultierenden Kernspin eins liefern.

9.5. Die Gleichheit der Kernkräfte einerseits zwischen zwei Neutronen und andererseits zwischen einem Proton und einem Neutron läßt sich mit Hilfe der *Spiegelkerne* bestätigen. Spiegelkerne sind Kerne, die durch Vertauschen der Protonenzahl mit der Neutronenzahl auseinander hervorgehen. So sind zum Beispiel $^{13}_{6}C$ ($Z = 6, N = 7$) und $^{13}_{7}N$ ($Z = 7, N = 6$) Spiegelkerne. Gäbe es keinen Massenunterschied zwischen dem Proton und dem Neutron und auch keinen Unterschied in der Coulomb-Energie, die durch die unterschiedliche Protonenzahl Z verursacht wird, so müßte die gesamte Bindungsenergie bei einem Spiegelkernpaar übereinstimmen, falls die Kräfte zwischen gleichartigen und zwischen verschiedenartigen Nukleonen die gleichen wären. Die mittlere Coulomb-Energie eines Protonen*paares* beträgt bei gleichmäßiger Verteilung der elektrischen Ladung über einen Kern mit dem Radius R dann $(\frac{6}{5})\, e^2/4\pi\epsilon_0 R$. Der Radius R ist durch $R = r_0 A^{1/3}$ gegeben, mit $r_0 = 1{,}4\,\mathrm{fm}$ (Gl. (9.8)). Berechnen Sie die Masse des Stickstoff-13-Atoms aus der Masse des Kohlenstoff-13-Atoms, indem Sie

a) annehmen, daß bei Spiegelkernen die Kernkräfte nicht von der Nukleonenladung abhängen und

b) das experimentelle Ergebnis verwenden, daß der $^{13}_{7}$N-Kern unter Aussendung eines Positrons der Maximalenergie 1,19 MeV in einen $^{13}_{6}$C-Kern zerfällt.

9.6. Zeigen Sie, daß bei einer elastischen Proton-Proton-Streuung oder einer Neutron-Proton-Streuung kein Teilchen aus seiner Flugrichtung um mehr als 90° gestreut werden kann (Nehmen Sie dabei die Neutronen- und die Protonenmasse als gleich an und setzen Sie voraus, daß die Bewegungsenergie des Geschoßteilchens klein gegen dessen Ruhenergie ist.)

9.7. Ein 5,0 MeV-Proton stößt zentral gegen ein 5,0-MeV-Neutron. Dabei bilden diese Teilchen ein Deuteron.

a) Wie groß ist die Energie des ausgesandten Photons?

b) Welche kinetische Energie nimmt das Deuteron als Rückstoß bei der Aussendung des Photons auf? Neutronen- und Protonenmasse können hierbei gleich gesetzt werden.

9.8. Zeigen Sie, daß $e^2/4\pi\epsilon_0$ (das Quadrat der Elektronenladung dividiert durch die Konstante des Coulombschen Gesetzes) gleich 1,44 MeV · fm ist.

9.9.

a) Zeigen Sie, daß der sogenannte klassische Elektronenradius $e^2/4\pi\epsilon_0 m_e c^2$ von der Größenordnung eines Kerndurchmessers ist; dabei ist m_e die Ruhmasse des Elektrons.

b) Zeigen Sie, daß zwei Punktladungen, jede vom Betrag e, deren Abstand voneinander gleich dem klassischen Elektronenradius ist, eine Coulomb-Energie besitzen, die gleich der Ruhenergie eines Elektrons ist.

9.10.

a) Zeigen Sie, daß ein Element mit geradem Z gewöhnlich mehr stabile Isotope als ein Element mit ungeradem Z besitzt.

b) Zwischen den Nukliden $^{16}_{8}$O und $^{32}_{16}$S gibt es bei jedem Element mit ungeradem Z nur ein stabiles Isotop, jedoch drei stabile Isotope bei jedem Element mit geradem Z. Erklären Sie dies mit Hilfe der Protonen- und der Neutronenniveaus beim Schalenmodell.

9.11. Zeigen Sie, daß beim $^{12}_{6}$C-Kern die Separationsenergie S_n, die zur Abtrennung des am schwächsten gebundenen Neutrons erforderlich ist, 18,72 MeV beträgt.

9.12.

a) Berechnen Sie die Separationsenergien S_p und S_n des am schwächsten gebundenen Protons bzw. Neutrons für folgende stabile Nuklide $^{12}_{6}$C, $^{13}_{6}$C, $^{14}_{7}$N, $^{15}_{7}$N, $^{16}_{8}$O, $^{17}_{8}$O und $^{18}_{8}$O.

b) Wie verhält sich die Separationsenergie bei einem Nuklid mit geradem A im Vergleich zu derjenigen des Nachbarnuklids mit ungeradem A?

c) Erklären Sie dieses Verhalten mit Hilfe der Protonen- und Neutronenniveaus.

9.13. Welcher stabile Kern besitzt einen Radius, der die Hälfte des Radius des $^{238}_{92}$U-Kernes beträgt?

9.14. Zeigen Sie, daß die Dichte der Kernmaterie ungefähr $2 \cdot 10^{17}$ kg/m³ beträgt.

9.15. Verwenden Sie das Schalenmodell (Tabelle 9.3), um die Kernspins für folgende Nuklide vorauszusagen:

a) $^{17}_{8}$O, c) $^{45}_{21}$Sc und

b) $^{21}_{10}$Ne, d) $^{59}_{27}$Co.

9.16. Das kollektive Modell des Atomkernes läßt sich heranziehen, um die Energiewerte angeregter Kernzustände bestimmter gg-Kerne vorauszusagen. Ein Körper, der um eine gegebene Rotationsachse das Trägheitsmoment I besitzt, hat die kinetische Rotationsenergie $E = \frac{1}{2} I \omega^2 = (I\omega)^2/2I = L^2/2I$, hierbei ist L der Drehimpuls bei dieser Rotation. Nach der Regel für die Quantelung des Drehimpulses $L^2 = J(J+1)\hbar^2$, wobei die Drehimpulsquantenzahl J die Werte 0, 1, 2, ... annehmen kann (vgl. Abschnitt 7.2), sind die erlaubten Werte der Rotationsenergie durch $E = J(J+1)\hbar^2/2I$ gegeben. Nach den Quantenbedingungen für die Wellenfunktionen sind nur Zustände mit geradem J erlaubt: $J = 0, 2, 4, \ldots$ Zeigen Sie, daß die Anregungsenergien der ersten vier angeregten Rotationszustände des Kernes im Verhältnis 1, 10/3, 7 und 12 zur Energie des Grundzustandes stehen.

9.17. Die Aktivität eines gegebenen radioaktiven Stoffes nehme während einer Minute um einen Faktor 10 ab. Wie groß ist die Zerfallskonstante dieses Radionuklids?

9.18. Zeigen Sie, daß eine äquivalente Formulierung zum zeitlich exponentiellen Zerfall einer großen Anzahl instabiler Teilchen – Gesetz des radioaktiven Zerfalles – folgendermaßen lautet: Der Faktor, um den die Anzahl der anfänglich gegebenen instabilen Atome in einem bestimmten Zeitintervall abnimmt, hängt nicht vom Zeitpunkt ab, an dem dieses Intervall beginnt.

9.19. Zeigen Sie, daß die mittlere Lebensdauer τ eines Radionuklids mit einer Zerfallskonstanten λ durch

$$\tau = \frac{\int_{N_0}^{0} t\,dN}{\int_{N_0}^{0} dN} = 1/\lambda$$

gegeben ist.

9.20. Welcher Bruchteil der $^{235}_{92}U$-Kerne, die bei der Entstehung des Weltalls vor 20 Milliarden Jahren vorhanden waren, ist heute noch nicht zerfallen? Die Halbwertszeit des $^{235}_{92}U$ beträgt $2{,}25 \cdot 10^{16}$ s.

9.21. Zeigen Sie, daß ein Gramm Radium-226 eine Aktivität von fast genau 1,00 Curie besitzt ($T_{1/2} = 1600$ a). Das war die Grundlage für die ursprüngliche Definition des Curie.

9.22. Wie groß ist die Wahrscheinlichkeit, daß ein freies Neutron mit einer kinetischen Energie von 1/25 eV während einer Flugstrecke von 1,0 km in ein Proton und ein Elektron zerfällt? Die Halbwertszeit des Neutrons beträgt 10,6 min.

9.23. Wieviel Gramm Tritium $^{3}_{1}H$ sind für eine Aktivität von 1 mCi (= 37 MBq) erforderlich? (Halbwertszeit des Tritiums $3{,}87 \cdot 10^{8}$ s.)

9.24. Der Kohlenstoff der Atmosphäre enthält auch das radioaktive Nuklid $^{14}_{6}C$. Vor der Existenz der Kernwaffen besaß der atmosphärische Kohlenstoff eine spezifische Aktivität von 15,3 Zerfällen pro Gramm und Minute. Die Halbwertszeit des $^{14}_{6}C$ beträgt 5740 Jahre.

a) Welcher Bruchteil des atmosphärischen Kohlenstoffes besteht aus $^{14}_{6}C$?

b) Die Aktivität des Kohlenstoffes in einem bestimmten biologischen Fundstück beträgt 2,5 Zerfälle pro Gramm und Minute. Welche Zeit ist seit dem Tod des betreffenden Lebewesens vergangen?

9.25. Das Nuklid A zerfalle mit einer Zerfallskonstanten λ_A in das Nuklid B, welches wiederum mit einer Zerfallskonstanten λ_B in das Nuklid C zerfällt. Gehen Sie von der Annahme aus, daß ursprünglich nur N_0 Kerne des Nuklids A vorhanden sind und zeigen Sie, daß nach der Zeit t die Anzahl der Kerne des Nuklids C dann $N_0\,e^{-(\lambda_A+\lambda_B)\,t}$ beträgt.

9.26. In einer gegebenen Glimmerprobe ist das Verhältnis von $^{87}_{38}Sr$ zu $^{87}_{37}Rb$ gleich 0,050. Man kann annehmen, daß das $^{87}_{38}Sr$ ausschließlich durch den Zerfall des $^{87}_{37}Rb$ entstanden ist. Wie alt ist dann diese Probe? (Vgl. Tabelle 9.5.)

9.27. Ein α-Strahler zerfällt unter Aussendung von zwei unterschiedlichen Gruppen von α-Teilchen, deren kinetische Energie E_1 bzw. E_2 beträgt. Zeigen Sie, daß die Aussendung von γ-Quanten mit einer Energie $(E_1 - E_2)\,A/(A-4)$ zu erwarten ist, falls A die Massenzahl des Mutternuklids ist.

9.28. Iridium-191, ein für Mößbauer-Versuche geeignetes Radionuklid, besitzt einen angeregten Kernzustand mit einer mittleren Lebensdauer von $1{,}5 \cdot 10^{-10}$ s. Es zerfällt unter Aussendung eines γ-Quants von 129 keV.

a) Wie groß ist die natürliche Linienbreite dieser Strahlung (in eV)?

b) Wie groß ist die Auflösung, angegeben durch das Verhältnis von natürlicher Linienbreite und Photonenenergie, bei diesen vom Iridium-191 ausgesandten Photonen?

9.29. Ein Photon besitzt nicht nur eine Masse $m = h\nu/c^2$ sondern auch ein Gewicht $mg = (h\nu/c^2)\,g$, wie 1960 R. V. Pound und G. A. Rebka durch einen Versuch mit Hilfe des Mößbauer-Effektes zeigen konnten. Beim senkrechten Fall im Schwerefeld der Erde längs einer Fallstrecke y nimmt die Photonenfrequenz ν zu und wird dabei ν'. Es gilt dabei die Energiegleichung $h\nu + mgy = h\nu'$ oder $h\nu + (h\nu/c^2)gy = h\nu'$. Unter der Annahme, daß die Frequenzen ν und ν' nahezu gleich sind, erhält man daraus $\nu' = \nu\,(1 + gy/c^2)$.

a) Zeigen Sie, daß für $y = 20$ m, der Länge der Fallstrecke beim Versuch von Pound und Rebka, die relative Frequenzänderung der Photonen 2 zu 10^{15} beträgt.

b) Fallen die Photonen von 14,4 keV einer $^{57}Fe^*$-Quelle, die in ein Kristallgitter eingebaut ist, 20 m abwärts, so paßt der Peak im γ-Spektrum der Quelle am oberen Ende der Fallstrecke nicht mehr genau zum Peak der Absorptionslinie eines ^{57}Fe-Absorbers am unteren Ende der Fallstrecke. Durch die Wechselwirkung des Schwerefeldes mit den Photonen hat sich deren Frequenz im Verhältnis 2 zu 10^{15} verschoben. In welcher Richtung (aufwärts oder abwärts) und mit welcher Geschwindigkeit muß der Absorber bewegt werden, damit die Peaks von Emission und Absorption genau übereinstimmen?

9.30. Welche kinetische Energie kann ein Elektron maximal besitzen, das vom Zerfall des $^{14}_{6}C$ herrührt?

9.31. Welche Zerfallsarten sind für die folgenden instabilen Nuklide energetisch möglich:

a) $^{40}_{19}K$, c) $^{48}_{23}V$ und

b) $^{41}_{20}Ca$, d) $^{54}_{25}Mn$?

9.32. Von einer beliebigen Anzahl ursprünglich vorhandener radioaktiver Atome mit einer bestimmten Zerfallskonstanten werden einige Atome nach einer praktisch unendlich langen Zeit noch unzerfallen vorhanden sein.

a) Auf dieser Grundlage können Sie sich klar machen, daß die mittlere Lebensdauer eines Nuklids größer als dessen Halbwertszeit sein muß.

b) Zeigen Sie, daß die mittlere Lebensdauer die Halbwertszeit immer um 44 % übertrifft (vgl. Aufgabe 9.19).

9.33.

a) Zeigen Sie, daß die Grundannahme bei der Behandlung des radioaktiven Zerfalles – der Zerfall eines jeden radioaktiven Kernes hängt nicht von dessen Vorgeschichte ab – zur Folge hat, daß die relative Anzahl der Teilchen, die in der Zeiteinheit zerfallen, konstant ist und zwar $(dN/N)/dt = -\lambda$. Hierbei bedeutet das negative Vorzeichen, daß die Anzahl N der instabilen Kerne im Laufe der Zeit *abnimmt*.

b) Integrieren Sie diese Differentialgleichung, um das Gesetz des radioaktiven Zerfalles zu erhalten.

9.34. Quecksilber-206 hat eine Halbwertszeit von 450 s und sendet beim Zerfall Elektronen mit einer Maximalenergie von 1,31 MeV aus. Welche Strahlungsleistung (in Mikrowatt) liefert eine Probe von 1 mCi (= 37 MBq) dieses Quecksilberisotops?

9.35. Calcium-41 zerfällt durch Elektroneneinfang. Wie groß sind

a) die Energie und

b) der Impuls der ausgesandten Neutrinos?

c) Wie groß ist die Rückstoßenergie eines der Kalium-41-Kerne?

9.36. Ein $^{8}_{4}Be^{*}$-Kern könnte unter Aussendung eines γ-Quants von 17,6 MeV in den Grundzustand übergehen. Welche Rückstoßenergie würde er dabei erhalten? (Der Beryllium-8-Kern ist sehr instabil und zerfällt schnell in zwei α-Teilchen.)

9.37. Das instabile Nuklid $^{7}_{4}Be$ geht durch Elektroneneinfang in den Grundzustand des $^{7}_{3}Li$ über. Einige Kerne gehen jedoch in einen angeregten Zustand des Lithiums über, der eine Anregungsenergie von 0,48 MeV besitzt. Welche monoenergetischen a) Neutrinos und b) Photonen werden durch eine $^{7}_{4}Be$-Probe ausgesandt?

9.38. Das instabile Nuklid $^{41}_{20}Ca$ zerfällt durch Elektroneneinfang.

a) Welche Energie wird insgesamt bei diesem Zerfall des $^{41}_{20}Ca$ frei?

b) Wie groß ist die Energie eines Neutrinos bei diesem Zerfall?

c) Wie groß ist die Rückstoßenergie des $^{41}_{19}K$-Kernes?

d) Welchen Bruchteil der freigesetzten Energie erhält der Tochterkern?

9.39. Welche Mindestenergie müßte ein Antineutrino besitzen, wenn es von einem Proton eingefangen werden soll und dabei ein Neutron und ein Positron entstehen soll?

9.40. Ruhende freie Neutronen zerfallen durch β^{-}-Zerfall. Wie groß ist maximal die kinetische Energie

a) des Protons,

b) des Elektrons und

c) des Antineutrinos?

9.41. In der natürlichen Zerfallsreihe, die mit dem Uran-238 beginnt, der Uran-Radium-Reihe, kommen fünf aufeinanderfolgende α-Zerfälle vor, die mit dem $^{234}_{92}U$ beginnen und mit dem $^{214}_{82}Pb$ enden.

a) Zeigen Sie, daß die Aussendung eines $^{20}_{10}Ne$-Kernes durch das $^{234}_{92}U$ energetisch möglich ist.

b) Unter Berücksichtigung des Tunneleffektes, der zum α-Zerfall führt, ist die Aussendung eines $^{20}_{10}Ne$-Kernes sehr viel unwahrscheinlicher als die aufeinanderfolgende Aussendung von fünf $^{4}_{2}He$-Kernen. Begründen Sie diese Behauptung.

10 Kernreaktionen

10.1 Kernumwandlungen

Wie wir im letzten Kapitel gesehen haben, zerfallen instabile Kerne spontan und ändern dabei ohne äußere Einwirkung ihre innere Struktur. Man kann bei Atomkernen jedoch auch durch Beschuß mit energiereichen Teilchen eine Änderung ihrer Art oder ihrer Eigenschaften bewirken. Eine dartige Umwandlung bezeichnet man als *Kernreaktion.*

Seit Rutherford 1919 die erste Kernreaktion beobachtete, hat man Tausende dieser Reaktionen durchgeführt und identifiziert. Bis zur Entwicklung von Teilchenbeschleunigern für geladene Teilchen in den 30er Jahren verwendete man als Geschosse die von radioaktiven Stoffen ausgesandten Teilchen. Heute kann man geladene Teilchen bis auf eine Energie von 400 GeV beschleunigen. Treffen Teilchen so großer Energie auf einen Kern, so können sie ihn zerschlagen und dabei neue und seltsame Teilchen erzeugen. Die Reaktionen der sogenannten Hochenergiephysik und die dabei beteiligten Teilchen werden wir im Kapitel 11 behandeln.

In diesem Kapitel werden wir uns mit *niederenergetischen* Kernreaktionen befassen, mit Reaktionen, bei denen die Geschoßteilchen Energien bis höchstens etwa 20 MeV haben. Alle derartigen Reaktionen stimmen in Vielem überein:

- Als Geschosse dienen üblicherweise leichte Teilchen: α-Teilchen, γ-Quanten, Protonen, Deuteronen oder Neutronen.
- Die Reaktionen führen meist zur Aussendung *eines* anderen derartigen Teilchens.
- Es werden weder Mesonen noch Baryonen erzeugt.

Die unterschiedlichen Arten von Kernreaktionen wollen wir zunächst durch Beispiele veranschaulichen, die in der Geschichte der Kernphysik von Bedeutung waren.

Bei der ersten beobachteten Kernreaktion verwendete 1919 Rutherford α-Teilchen des natürlichen Radionuklids $^{214}_{84}\text{Po}$ mit einer Energie von 7,68 MeV. Wurden diese α-Teilchen durch Stickstoffgas geschickt, so bewegte sich die Mehrzahl der Teilchen unabgelenkt an den Stickstoffkernen vorbei, oder sie wurden bei Annäherung an die Kerne elastisch gestreut. Wie Rutherford jedoch erkannte, wurden nur bei ganz wenigen Stößen (ungefähr 1 zu 50 000) Protonen erzeugt, und zwar gemäß der Kernreaktion

$$^{14}_{7}\text{N} + ^{4}_{2}\text{He} \rightarrow ^{17}_{8}\text{O} + ^{1}_{1}\text{H} .$$

Bei dieser Reaktion trifft ein α-Teilchen auf einen Stickstoff-14-Kern, und es entsteht ein Proton und ein Sauerstoff-17-Kern. Rutherford identifizierte das leichte Teilchen als Proton, indem er dessen Reichweite bestimmte, die diejenige des einfallenden α-Teilchens übertraf (vgl. Abschnitt 8.1). Durch Messung des Verhältnisses von Masse zu Ladung mit Hilfe eines Magnetfeldes konnte später bestätigt werden, daß es sich bei den in dieser Reaktion entstandenen Teilchen tatsächlich um Protonen handelt. Die schematische Wiedergabe einer Nebelkammeraufnahme dieser Reaktion in Bild 10.1 zeigt die Spuren des einfallenden α-Teilchens, des ausgesandten Protons und des Rückstoßkernes. Diese Reaktion stellt die

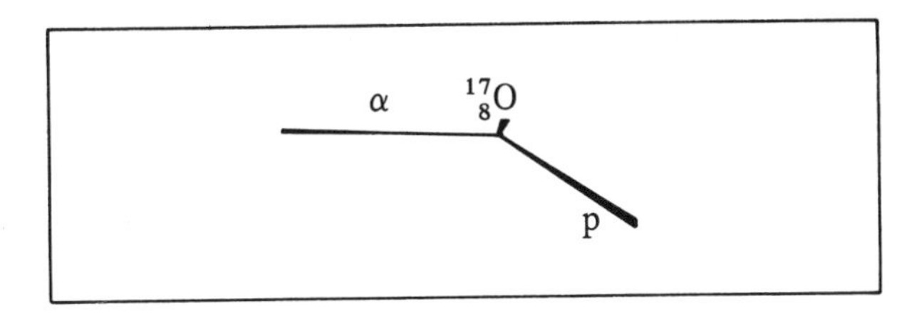

Bild 10.1
Wiedergabe einer Nebelkammeraufnahme der Reaktion $^{14}_{7}N(\alpha, p)\,^{17}_{8}O$

erzwungene Umwandlung des Elementes Stickstoff in ein stabiles Sauerstoffisotop dar. Ein radioaktiver α- oder β-Zerfall stellt dagegen offensichtlich eine *spontane Umwandlung* eines Elementes in ein anderes dar.

Bei allen Kernreaktionen müssen die Erhaltungssätze für die elektrische Ladung und für die Nukleonenzahl erfüllt sein. Daher muß sowohl für die unteren Indizes, die die elektrische Ladung der Teilchen angeben, als auch für die oberen Indizes, die die Nukleonenzahl eines jeden Teilchens liefern, die Summe auf beiden Seiten der Gleichung übereinstimmen. In abgekürzter Schreibweise kann diese Reaktion folgendermaßen geschrieben werden:

$$^{14}_{7}N\,(\alpha, p)\,^{17}_{8}O\,.$$

Hierbei werden die in die Reaktion eintretenden und die aus der Reaktion hervorgehenden leichten Teilchen zwischen Klammern geschrieben. Vor und nach der Klammer steht der Targetkern bzw. der Folgekern.

Bis 1932 verursachte man alle Kernreaktionen durch die verhältnismäßig energiereichen α-Teilchen oder γ-Quanten der natürlichen radioaktiven Stoffe. In jenem Jahr beobachteten J.D. Cockcroft und E.T. Walton, die einen 500-keV-Teilchenbeschleuniger entwickelt hatten, erstmalig eine durch künstlich beschleunigte Teilchen hervorgerufene Kernreaktion. Wie sie feststellten, wurden beim Beschuß eines Lithiumtargets mit Protonen von 500 keV α-Teilchen ausgesandt. Die entsprechende Reaktion lautet:

$$^{7}_{3}Li + {}^{1}_{1}H \rightarrow {}^{4}_{2}He + {}^{4}_{2}He, \qquad {}^{7}_{3}Li\,(p, \alpha)\,{}^{4}_{2}He\,.$$

Die ausgesandten α-Teilchen hatten eine Energie von je 8,9 MeV. Der Reaktion war also eine Energie von 0,5 MeV zugeführt worden, während 17,8 MeV als kinetische Energie der α-Teilchen aus ihr hervorgingen. Dieses ist ein überzeugendes Beispiel für die Freisetzung von Kernenergie. Die gesamte freigesetzte Energie war allerdings vernachlässigbar klein, da die Mehrzahl der Stöße zwischen den einfallenden Protonen und den Targetkernen *nicht* zu einer Kernumwandlung führte.

Bei den beiden oben beschriebenen Kernreaktionen waren die Folgekerne stabil. Die erste Kernreaktion, die einen instabilen Folgekern lieferte, wurde 1934 von I. Joliot-Curie und F. Joliot beobachtet. Diese Reaktion, bei der α-Teilchen auf ein Aluminiumtarget trafen, verlief folgendermaßen

$$^{27}_{13}Al + {}^{4}_{2}He \rightarrow {}^{30}_{15}P + {}^{1}_{0}n, \qquad {}^{27}_{13}Al\,(\alpha, n)\,{}^{30}_{15}P\,.$$

Der Folgekern $^{30}_{15}P$ ist nicht stabil, sondern er zerfällt mit einer Halbwertszeit von 2,6 min durch β^+-Zerfall in ein stabiles Siliciumisotop:

$$^{30}_{15}P \rightarrow {}^{30}_{14}Si + \beta^+ + \nu\,,$$

hierbei ist ν ein Neutrino. Die Erzeugung instabiler Nuklide, die nach dem Gesetz des radioaktiven Zerfalles spontan zerfallen, ist ein Kennzeichen vieler Kernreaktionen. Wir können auch sagen, daß es sich bei diesen Nukliden um *künstliche Radioaktivität* handelt. Tatsächlich ist es nur mit Hilfe von Kernreaktionen möglich, künstliche radioaktive Nuklide, sogenannte *Radioisotope,* herzustellen. Diese Radionuklide verhalten sich chemisch genau so wie die stabilen Isotope des betreffenden Elementes. Wird den stabilen Isotopen ein kleiner Anteil eines Radioisotops desselben Elementes hinzugefügt, so kann letzteres durch seine Radioaktivität als „*Spur*" (engl.: *tracer*) dieses Elementes dienen, d.h., man kann die Anwesenheit und die Konzentration dieses Elementes durch die Messung der Aktivität des Radioisotops messen.

Die Entdeckung des Neutrons war eine Folge der 1930 von W. Bothe und H. Becker beobachteten Kernreaktion, die beim Beschuß von Beryllium mit α-Teilchen auftritt:

$$^{9}_{4}\mathrm{Be} + ^{4}_{2}\mathrm{He} \rightarrow ^{12}_{6}\mathrm{C} + ^{1}_{0}\mathrm{n}, \qquad ^{9}_{4}\mathrm{Be}\,(\alpha, \mathrm{n})\,^{12}_{6}\mathrm{C}.$$

Zunächst hielt man das Ergebnis dieser Reaktion für ein γ-Quant und einen stabilen $^{13}_{6}$C-Kern, anstatt eines Neutrons und eines $^{12}_{6}$C-Kernes, denn man fand als Folge eine äußerst durchdringende Strahlung. Wie dann aber 1932 I. Curie und F. Joliot entdeckten, treten Protonen mit einer Energie von ungefähr 6 MeV auf, wenn diese Strahlung auf Paraffin trifft (das größtenteils aus Wasserstoff besteht). Zuerst deutete man dies als Compton-Effekt, bei dem ein γ-Quant auf ein Proton stößt und dieses aus dem Paraffin herausschlägt. Mit Hilfe von Gl. (4.17) läßt sich die für die Übertragung von 6 MeV auf ein Proton erforderliche Quantenenergie leicht berechnen; sie beträgt etwa 60 MeV. Aus dem Erhaltungssatz für die Masse–Energie folgt aber sehr leicht, daß bei der Reaktion $^{9}_{4}\mathrm{Be}\,(\alpha, \gamma)\,^{13}_{6}\mathrm{C}$ nur ein *kleinerer* Energiebetrag frei werden kann. Daher war die Annahme eines Photons als Reaktionsprodukt nicht haltbar.

J. Chadwick lieferte 1932 die richtige Deutung dieser Versuche. Wie er zeigen konnte, stimmen alle Versuchsergebnisse mit der Annahme überein, daß ein Teilchen ausgesandt wird, das ungeladen und daher sehr durchdringend ist und das eine Masse von annähernd gleicher Größe wie die Protonenmasse besitzt. Nach dem Erhaltungssatz für die Masse–Energie muß ein derartiges Teilchen mit einer Energie von ungefähr 6 MeV ausgesandt werden. Trifft dieses Neutron auf ein Proton, so kann es vollkommen abgebremst werden und dabei gleichzeitig seine gesamte Energie und seinen gesamten Impuls auf das Proton übertragen.

Neutronen entstehen bei vielen Kernreaktionen. Sie lassen sich ihrerseits zum Beschuß von Teilchen verwenden. Eine wichtige, durch Neutronenbeschuß erzwungene Kernreaktion ist der *Neutroneneinfang* eines Targetkernes unter Aussendung eines γ-Quants. Ein Beispiel ist

$$^{27}_{13}\mathrm{Al} + ^{1}_{0}\mathrm{n} \rightarrow ^{28}_{13}\mathrm{Al} + \gamma, \qquad ^{27}_{13}\mathrm{Al}\,(\mathrm{n}, \gamma)\,^{28}_{13}\mathrm{Al}.$$

Der Folgekern, hier ein instabiles Isotop des Targetnuklids, zerfällt durch β^--Zerfall:

$$^{28}_{13}\mathrm{Al} \rightarrow ^{28}_{14}\mathrm{Si} + \beta^- + \bar{\nu}\,,$$

hierbei ist $\bar{\nu}$ ein Antineutrino.

Da das Neutron elektrisch ungeladen ist, kann es zu einem Neutroneneinfang kommen, wenn ein Neutron mit beinahe beliebiger Energie auf einen (beinahe) beliebigen Kern trifft. Das hierbei gebildete schwerere Isotop ist häufig radioaktiv. Daher ist die Neutronenabsorption ein vielfach angewandtes Verfahren zur Herstellung von Radionukliden.

Eine weitere wichtige, beim Neutronenbeschuß auftretende Reaktion ist die Aussendung eines geladenen Teilchens, zum Beispiel eines Protons oder eines α-Teilchens. Durch eine darartige Reaktion lassen sich Neutronen nachweisen, da die ausgesandten geladenen

Teilchen eine meßbare Ionisierung hervorrufen können. Eine zum Neutronennachweis häufig benutzte Reaktion ist die folgende:

$${}^{10}_{5}\mathrm{B} + {}^{1}_{0}\mathrm{n} \rightarrow {}^{7}_{3}\mathrm{Li} + {}^{4}_{2}\mathrm{He}, \qquad {}^{10}_{5}\mathrm{B}(\mathrm{n}, \alpha)\,{}^{7}_{3}\mathrm{Li}.$$

Unter der Bezeichnung *Kernphotoeffekt* versteht man eine Kernreaktion, bei der die Absorption eines γ-Quants zum Zerfall des absorbierenden Kernes führt. Ein Beispiel ist die Reaktion:

$${}^{25}_{12}\mathrm{Mg} + \gamma \rightarrow {}^{24}_{11}\mathrm{Na} + {}^{1}_{1}\mathrm{H}, \qquad {}^{25}_{12}\mathrm{Mg}(\gamma, \mathrm{p})\,{}^{24}_{11}\mathrm{Na}.$$

Diese Reaktion setzt sich folgendermaßen fort:

$${}^{24}_{11}\mathrm{Na} \rightarrow {}^{24}_{12}\mathrm{Mg} + \beta^- + \bar{\nu}\,.$$

Ein Sonderfall einer niederenergetischen Kernreaktion ist die *Kernspaltung*. Bei dieser Reaktion, die wir im Einzelnen im Abschnitt 10.7 behandeln werden, wird ein Neutron geringer Energie von einem sehr schweren Kern eingefangen, der sich daraufhin in zwei mittelschwere Kerne und einige Neutronen spaltet.

Wir haben hier nur einige wenige der vielen bekannten Kernreaktionen aufgeführt. Man kann bezüglich der niederenergetischen Kernreaktionen, bei denen leichte Teilchen (p, n, d, α und γ) als Geschosse oder als Folgeprodukte beteiligt sind, ganz allgemein feststellen: Es kommen Kernreaktionen mit nahezu allen möglichen Kombinationen der eintretenden und austretenden Teilchen vor.

10.2 Energetik der Kernreaktionen

Wir wollen uns nun der allgemeinen Form einer Kernreaktion X(x, y) Y zuwenden, bei der X der Targetkern, x das Geschoßteilchen, y das entstehende leichte Teilchen und Y der Folgekern ist. Den Targetkern wollen wir als ruhend annehmen ($E_\mathrm{X} = 0$) und die kinetische Energie der übrigen Teilchen x, y und Y mit $E_\mathrm{x}, E_\mathrm{y}$ und E_Y bezeichnen.

Beim radioaktiven Zerfall hatten wir die Zerfallsenergie oder Energietönung – auch *Q-Wert* genannt – als die gesamte beim Zerfall frei werdende Energie definiert (Gl. (9.29)). In ähnlicher Weise läßt sich der Q-Wert einer Kernreaktion als die gesamte bei der Reaktion freigesetzte Energie definieren: Q ist gleich der bei der Reaktion entstehenden kinetischen Energie abzüglich der in die Reaktion eingebrachten kinetischen Energie:

$$Q = (E_\mathrm{y} + E_\mathrm{Y}) - E_\mathrm{x}\,. \tag{10.1}$$

Die relativistische Gesamtenergie eines Teilchens ist die Summe aus seiner Ruhenergie und seiner kinetischen Energie. Der Erhaltungssatz für die Masse–Energie verlangt dann

$$(m_\mathrm{x} c^2 + E_\mathrm{x}) + m_\mathrm{X} c^2 = (m_\mathrm{y} c^2 + E_\mathrm{y}) + (m_\mathrm{Y} c^2 + E_\mathrm{Y})\,, \tag{10.2}$$

hierbei sind m_x, m_X, m_y und m_Y die *Ruhmassen*. Die beiden Gleichungen lassen sich zusammenfassen:

$$\frac{Q}{c^2} = (m_\mathrm{x} + m_\mathrm{X}) - (m_\mathrm{y} + m_\mathrm{Y})\,. \tag{10.3}$$

Wie diese Gleichung zeigt, ist das Massenäquivalent Q/c^2 der bei der Reaktion freigesetzten Energie einfach gleich der gesamten in die Reaktion eingehenden Ruhmasse abzüglich der gesamten aus der Reaktion hervorgehenden Ruhmasse. Daher kann die bei einer Reaktion frei werdende Kernenergie unmittelbar aus den Massen der daran beteiligten Teilchen berechnet werden, oder es läßt sich eine der Massen (meist die des schweren Folgekernes) berechnen, falls diese nicht genau bekannt ist, indem man aus den gemessenen Teilchenenergien den Q-Wert der Reaktion ermittelt.

Bei einer Reaktion wird Kernenergie frei, falls $Q > 0$ ist. Eine derartige Reaktion, bei der Masse in Bewegungsenergie der Folgeteilchen umgewandelt wird, heißt *exotherm* (oder auch *exoergisch*). Eine Reaktion, bei der Kernenergie aufgenommen oder verbraucht wird, bei der also $Q < 0$ ist, heißt *endotherm* (oder *endoergisch*). Eine endotherme Reaktion können wir uns als unelastischen Stoß vorstellen, bei dem sich die Identität der zusammentreffenden Teilchen ändert und bei dem kinetische Energie wenigstens teilweise in Masse umgewandelt wird.

Ein weiterer Sonderfall einer Kernreaktion liegt dann vor, wenn eintretende und austretende Teilchen gleichartig sind, wenn also x = y und X = Y ist. Wird bei der Reaktion keine kinetische Energie verbraucht ($Q = 0$), so handelt es sich um einen elastischen Stoß. Falls jedoch Energie verbraucht wird ($Q < 0$), liegt ein unelastischer Stoß vor.

Nun wollen wir den Q-Wert der Reaktion ${}^{7}_{3}\mathrm{Li}\,(\mathrm{p}, \alpha)\,{}^{4}_{2}\mathrm{He}$ berechnen. Hier ist y = Y, also eine etwas ungewöhnliche Reaktion. Bei den vier beteiligten Teilchen können wir die Massen der *neutralen Atome* verwenden, da beim Übergang von den Kernmassen zu den Atommassen auf beiden Seiten von Gl. (10.2) eine gleiche Anzahl von Elektronenmassen hinzuzufügen ist.

$$\begin{aligned} m_\mathrm{a}\,({}^{1}_{1}\mathrm{H}) &= 1{,}007825\ \mathrm{u} \\ m_\mathrm{a}\,({}^{7}_{3}\mathrm{Li}) &= \underline{7{,}016004\ \mathrm{u}} \\ m_\mathrm{x} + m_\mathrm{X} &= 8{,}023829\ \mathrm{u} \\ m_\mathrm{a}\,({}^{4}_{2}\mathrm{He}) &= 4{,}002603\ \mathrm{u} \\ m_\mathrm{a}\,({}^{4}_{2}\mathrm{He}) &= \underline{4{,}002603\ \mathrm{u}} \\ m_\mathrm{y} + m_\mathrm{Y} &= 8{,}005206\ \mathrm{u} \end{aligned}$$

$$\frac{Q}{c^2} = (m_\mathrm{x} + m_\mathrm{X}) - (m_\mathrm{y} + m_\mathrm{Y}) = (8{,}023829 - 8{,}005206)\ \mathrm{u} = 0{,}018623\ \mathrm{u}\,,$$

$$Q = 0{,}018623\ \mathrm{u} \cdot 931{,}5\ \mathrm{MeV/u} = 17{,}35\ \mathrm{MeV}.$$

Diese Reaktion ist also exotherm, es werden 17,35 MeV frei. Die kinetische Energie der beiden bei der Reaktion entstehenden α-Teilchen übertrifft die Bewegungsenergie des Protons um diesen Betrag. Beim ursprünglichen Versuch von Cockcroft und Walton hatten die auf das Target treffenden Protonen eine Energie von 0,50 MeV. Also war die zu erwartende Gesamtenergie beider α-Teilchen $(17{,}35 + 0{,}50)\ \mathrm{MeV} = 17{,}85\ \mathrm{MeV}$ oder etwa $\frac{1}{2}\,(17{,}85\ \mathrm{MeV}) =$ 8,93 MeV für jedes der beiden α-Teilchen. Die tatsächlich gemessene Energie der α-Teilchen stimmte mit diesem zu erwartenden Wert gut überein. Diese Reaktion sowie alle übrigen mit Teilchen, deren Massen und kinetische Energien bekannt sind, liefern eine überzeugende Bestätigung der relativistischen Äquivalenz von Masse und Energie.

Da bei dieser soeben behandelten Reaktion y = Y ist, besitzen die beiden bei der Reaktion entstandenen Teilchen nahezu die gleiche kinetische Energie und den gleichen Impuls (dem Betrage nach). Treten bei einer Reaktion unterschiedliche Massen $m_\mathrm{Y} \gg m_\mathrm{y}$ auf, dann gilt für die kinetische Energie $E_\mathrm{Y} \ll E_\mathrm{y}$; der größte Teil der kinetischen Energie wird dann also von dem leichten Teilchen mitgeführt.

Bei einer exothermen Reaktion wird Energie frei. Eine exotherme Reaktion ist daher energetisch immer möglich, selbst wenn die Energie des Geschoßteilchens verschwindend klein ist, allerdings kann dann auch die Wahrscheinlichkeit für das Eintreten dieser

Reaktion außerordentlich klein sein. Eine endotherme Reaktion andererseits ist nur dann möglich, wenn das Geschoßteilchen kinetische Energie besitzt. Auf den ersten Blick könnte es so scheinen, daß eine endotherme Reaktion mit einem Q-Wert von beispielsweise -5 MeV energetisch dann möglich wäre, wenn das Geschoßteilchen eine kinetische Energie von 5 MeV für die Reaktion liefert. Das ist jedoch *nicht* so. Tatsächlich muß E_x größer als $|Q|$ sein, damit die Reaktion stattfinden kann. Bei jeder Kernreaktion muß ja auch der Impuls erhalten bleiben. Aus diesem Grunde ist ein Teil der kinetischen Energie des Geschoßteilchens für die Reaktion nicht verfügbar.

10.3 Erhaltung des Impulses bei Kernreaktionen

Der Gesamtimpuls eines beliebigen abgeschlossenen Systems ist nach Betrag und Richtung konstant. Die Erhaltung des Impulses gilt bei Stößen von Teilchen und bei Kernreaktionen genau so wie bei Vorgängen in makroskopischen Systemen. Daher muß der Vektor des Gesamtimpulses aller an einer Kernreaktion beteiligten Teilchen vor und nach der Reaktion gleich sein.

Ruht der Targetkern X im Laborsystem, so ist der Gesamtimpuls des Systems vor der Reaktion nur $m_x \mathbf{v}_x$, also gleich dem Impuls des Geschoßteilchens (wir wollen hierbei annehmen, daß die Teilchenenergien nie größer als einige MeV sind und daß wir daher die klassischen Ausdrücke für den Impuls und für die Bewegungsenergie verwenden dürfen). Die Impulse der aus der Reaktion hervorgehenden Teilchen y und Y müssen sich daher vektoriell zu einem Vektor in Richtung des Impulses des Geschoßteilchens und mit einem Betrage $m_x v_x$ zusammenfügen, wie in Bild 10.2 dargestellt ist. Beide Teilchen y und Y können sich daher unmöglich beide gleichzeitig in Ruhe befinden, denn dann würde der Gesamtimpuls nach der Reaktion verschwinden.

Dieselbe Reaktion wollen wir nun aus der Sicht eines Beobachters betrachten, der im Schwerpunktsystem der Teilchen ruht. Laut Definition ist das Schwerpunktsystem dasjenige System, in dem der resultierende Impuls verschwindet. Dann wird

$$m \mathbf{v}' = m_1 \mathbf{v}_1 + m_2 \mathbf{v}_2 \; ,$$

hierbei ist m die Gesamtmasse des Systems, $\mathbf{v}'$ ist die Geschwindigkeit des Schwerpunktes relativ zum Laborsystem und $\mathbf{v}_1$ und $\mathbf{v}_2$ sind die Geschwindigkeiten der Massen m_1 bzw. m_2 im Laborsystem. Wenden wir diese Gleichung auf die Reaktion in Bild 10.2 an, bei der das Teilchen X im Laborsystem ruhen sollte, so erhalten wir:

$$(m_x + m_X)\, v' = m_x v_x \; . \tag{10.4}$$

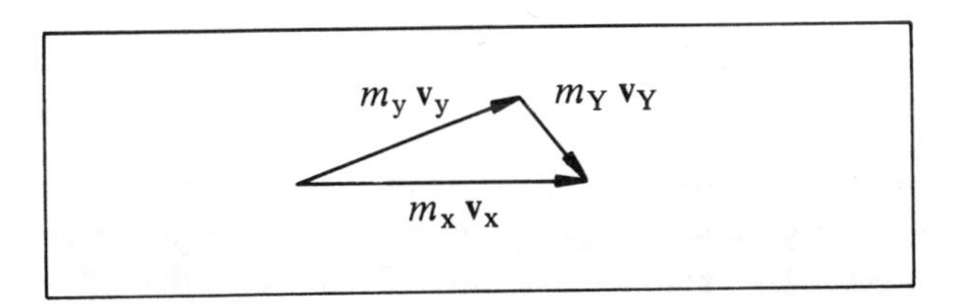

Bild 10.2 Impulse des Geschoßteilchens x und der bei der Reaktion entstehenden Teilchen Y und y

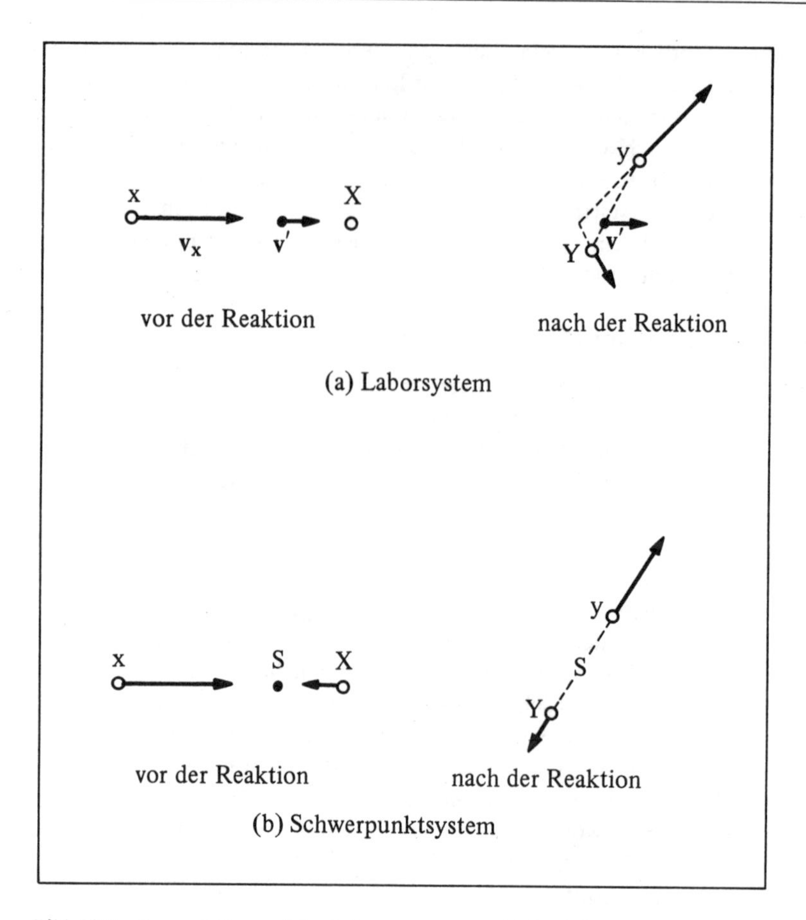

Bild 10.3 Kernreaktion, a) im Laborsystem und b) im Schwerpunktsystem

Bild 10.3 zeigt diese Reaktion sowohl aus der Sicht eines im Laborsystem ruhenden Beobachters als auch aus der Sicht eines Beobachters im Schwerpunktsystem. Im Laborsystem bewegt sich der Schwerpunkt mit der konstanten Geschwindigkeit $\mathbf{v}'$, sowohl vor als auch nach der Reaktion. Im Schwerpunktsystem bleibt der Schwerpunkt in Ruhe. Die Teilchen x und X bewegen sich vor der Reaktion mit dem gleichen Betrag des Impulses aus entgegengesetzten Richtungen kommend aufeinander zu, und die Teilchen y und Y bewegen sich nach der Reaktion in entgegengesetzten Richtungen auseinander, ebenfalls mit gleichem Impulsbetrag.

Soll eine Reaktion überhaupt stattfinden können, so muß sie im Schwerpunktsystem energetisch möglich sein. Bei einer vollkommen elastischen Reaktion ($Q = 0$) ist die gesamte Bewegungsenergie der Teilchen nach dem Stoß gleich der Bewegungsenergie der aufeinander zulaufenden Teilchen. Bei einer exothermen (oder „explosiven") Reaktion ($Q > 0$) übertrifft die Bewegungsenergie der aus der Reaktion hervorgehenden Teilchen diejenige der in die Reaktion eingehenden Teilchen. Bei einer vollkommen unelastischen, also endothermen Reaktion ($Q < 0$) ruhen die aus der Reaktion hervorgehenden Teilchen anschließend im Schwerpunktsystem. Wenn nun die Teilchen y und Y im Schwerpunktsystem ruhen, so müssen sie sich offensichtlich mit nichtverschwindender Bewegungsenergie im Laborsystem bewegen. Da sie sich auf Grund des Impulssatzes im Laborsystem bewegen müssen, steht aus der Sicht des Laborsystems auch nicht die gesamte vor dem Stoß vorhandene Bewegungsenergie $E_x = \frac{1}{2} m_x v_x^2$ für diese endotherme Reaktion zur Verfügung. Nur ein Teil der Energie E_x kann umgewandelt werden. Der Rest ist der Anteil, den man sich als vom Schwerpunkt mitgeführte Energie denken kann.

Die Bewegungsenergie E' des Schwerpunktes ist durch

$$E' = \frac{1}{2} (m_x + m_X) v'^2$$

gegeben. Mit Hilfe von Gl. (10.4) erhalten wir daraus

$$E' = \frac{1}{2} (m_x + m_X) \left(\frac{m_x v_x}{m_x + m_X}\right)^2 = \frac{1}{2} m_x v_x^2 \frac{m_x}{m_x + m_X} = E_x \frac{m_x}{m_x + m_X}.$$

Dann wird die *umsetzbare Energie* E_u, also der Anteil von E_x, der nicht vom Schwerpunkt mitgeführt wird,

$$E_u = E_x - E' = E_x - E_x \frac{m_x}{m_x + m_X} = E_x \frac{m_X}{m_x + m_X}. \tag{10.5}$$

Wie diese Gleichung zeigt, steht lediglich der Bruchteil $m_X/(m_x + m_X)$ der Bewegungsenergie E_x des Geschoßteilchens x zur Umsetzung in der Reaktion zur Verfügung. Ist die Reaktion endotherm, ist also $Q < 0$, so kann sie nur dann stattfinden, wenn für die reagierenden Teilchen eine umsetzbare Energie zur Verfügung steht, die gleich dem Betrage von Q ist. D.h., die Reaktion kann nur dann stattfinden, wenn $E_u = -Q$ ist (Q ist bei einer endothermen Reaktion notwendig *negativ*). Damit wird die Energie E_x, bei der die Reaktion gerade noch möglich ist, gleich der sogenannten *Schwellenenergie* E_S, also $E_x = E_S$. Durch Einsetzen in Gl. (10.5) erhalten wir dann

$$-Q = E_S \frac{m_X}{m_x + m_X}, \qquad E_S = -Q \frac{m_x + m_X}{m_X}. \tag{10.6}$$

Es muß aber daran erinnert werden, daß diese Gleichung nur dann gilt, wenn sich die reagierenden Teilchen mit Geschwindigkeiten bewegen, die klein gegen c sind und wenn der Betrag von Q klein gegen die Ruhenergien der Teilchen x, X, y und Y ist. Mit anderen Worten, wir haben diese Schwellenenergie E_S auf der Grundlage der klassischen Mechanik bestimmt.

Wir wollen nun die endotherme Reaktion $^{14}_{7}N(\alpha, p)^{17}_{8}O$ betrachten. Wie wir durch Vergleich der Massen der beteiligten Teilchen leicht bestätigen können, ist $Q = -1{,}18$ MeV. Wir können hier $m_X = 14$ u und $m_x = 4$ u setzen. Dann wird die Schwellenenergie oder die Mindestenergie der α-Teilchen für diese Reaktion nach Gl. (10.6) $E_S = -(-1{,}18\,\text{MeV}) \cdot \frac{18}{14} =$ 1,52 MeV. Versuche haben dieses Ergebnis bestätigt. Falls α-Teilchen mit einer geringeren Energie als diese Schwellenenergie auf einen Stickstoffkern treffen, werden überhaupt keine Protonen freigesetzt. Wird dagegen diese Schwellenenergie erreicht oder überschritten, so findet die Reaktion statt, wie man aus dem Auftreten von Protonen erkennen kann (Bild 10.4). Daher lassen sich die Q-Werte endothermer Kernreaktionen unmittelbar durch Beobachtung der Schwellenenergie sowie mit Hilfe von Gl. (10.6) ermitteln.

Wir wollen nun noch den allgemeinen, relativistischen Ausdruck für die Schwellenenergie des Geschoßteilchens bei einer endothermen Kernreaktion herleiten. Wie wir uns erinnern, hängen zwar der relativistische Impuls $\mathbf{p} = m\mathbf{v}$ und die relativistische Gesamtenergie $E = mc^2$ von dem Bezugssystem ab, in dem wir diese Größen bestimmt haben, aber

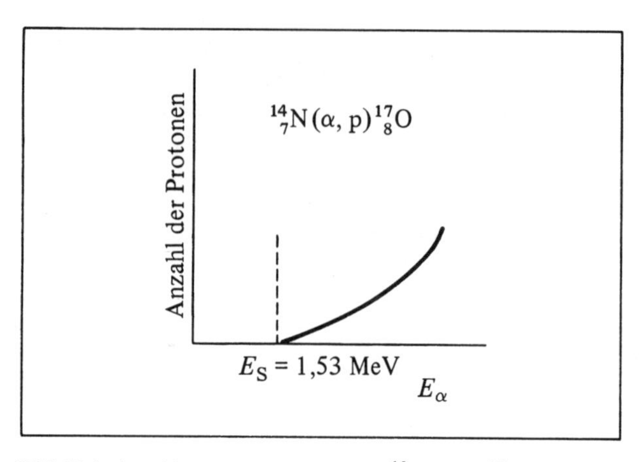

Bild 10.4 Anzahl der bei der Reaktion $^{14}_{7}N(\alpha, p)^{17}_{8}O$ entstehenden Protonen in Abhängigkeit von der Energie E_α der α-Teilchen. Man erkennt eine Schwellenenergie bei $E_S = 1{,}53$ MeV.

die Ruhenergie $E_0 = m_0 c^2$ eines Teilchens ist eine *Invariante,* und diese ist für alle Beobachter gleich (vgl. Abschnitt 3.4), also ist:

$$E_0^2 = E^2 - (pc)^2 \; . \tag{3.14}$$

Es gilt sogar noch allgemeiner: Die gesamte Ruhenergie eines abgeschlossenen *Systems* von Teilchen muß für Beobachter in allen Inertialsystemen invariant sein. In der obigen Gleichung stellen E und p dabei jeweils die Gesamtenergie bzw. den resultierenden (vektoriellen) Impuls in dem betreffenden *System* dar. Daher muß sowohl vor als auch nach einer Kernreaktion, X(x, y)Y, die gesamte Ruhenergie der Teilchen sowohl im Laborsystem, in dem das Targetteilchen X frei und anfangs in Ruhe ist, als auch im Schwerpunktsystem, in dem laut Definition der resultierende Impuls stets verschwindet, gleich sein. Also ist

$$E_0^2 = E_{\text{lab}}^2 - (p_{\text{lab}}\, c)^2 = E'^2 - (p' c)^2 \; .$$

Da wir außerdem eine endotherme Reaktion behandeln wollen, bei der – im Laborsystem gemessen – das Geschoßteilchen x gerade die erforderliche Schwellenenergie E_S dieser Reaktion besitzen soll, so wissen wir auch, daß im Schwerpunktsystem nach der Reaktion die gesamte Bewegungsenergie aller Teilchen verschwinden muß.

Im Schwerpunktsystem ist der resultierende Impuls der beiden Teilchen

$$p' = 0 \; .$$

Nach der Reaktion, die ja gerade mit der Schwellenenergie E_S stattgefunden haben soll, wird die relativistische Gesamtenergie dann

$$E' = E_{0\text{y}} + E_{0\text{Y}} \; ,$$

hierbei sind $E_{0\text{y}}$ und $E_{0\text{Y}}$ die Ruhenergien der Teilchen y bzw. Y. Diese beiden Teilchen besitzen im Schwerpunktsystem keine Bewegungsenergie.

Im Laborsystem hat vor der Reaktion nur das Teilchen x einen Impuls; der resultierende Impuls stimmt also mit dem Impuls dieses Teilchens vor der Reaktion überein:

$$p_{\text{lab}} = p_{\text{x}} \; ,$$

denn das andere Teilchen X ruht im Laborsystem ja vor der Reaktion. Die relativistische Gesamtenergie vor der Reaktion, gemessen im Laborsystem, ist dann

$$E_{\text{lab}} = E_{\text{x}} + E_{0\text{X}} = (E_{0\text{x}} + E_{\text{S}}) + E_{0\text{X}} ,$$

da die Gesamtenergie des Geschoßteilchens x gleich der Summe aus seiner Ruhenergie $E_{0\text{x}}$ und seiner Bewegungsenergie E_{S} ist. Das Targetteilchen X besitzt ja vor der Reaktion keine Bewegungsenergie.

Nun können wir die Ausdrücke für p', E', p_{lab} und E_{lab} in die obige allgemeine Gleichung für die Invarianz der Ruhenergie E_0 einsetzen und erhalten so

$$E_0^2 = E_{\text{lab}}^2 - (p_{\text{lab}}\, c)^2 = E'^2 - (p'c)^2 ,$$
$$(E_{0\text{x}} + E_{\text{S}} + E_{0\text{X}})^2 - (p_{\text{x}}\, c)^2 = (E_{0\text{y}} + E_{0\text{Y}})^2 - 0 .$$

Außerdem gilt, wie wir wissen, für das Teilchen x allein auch

$$E_{0\text{x}}^2 = E_{\text{x}}^2 - (p_{\text{x}}\, c)^2 = (E_{0\text{x}} + E_{\text{S}})^2 - (p_{\text{x}}\, c)^2 .$$

Diese beiden Gleichungen können wir nach $(p_{\text{x}}\, c)^2$ auflösen und dann gleichsetzen:

$$(E_{0\text{x}}^2 + E_{\text{S}} + E_{0\text{X}})^2 + [E_{0\text{x}}^2 - (E_{0\text{x}} + E_{\text{S}})^2] = (E_{0\text{y}} + E_{0\text{Y}})^2 .$$

Diese Gleichung lösen wir dann nach E_{S} auf und erhalten schließlich als Ergebnis:

$$E_{\text{S}} = \frac{(E_{0\text{y}} + E_{0\text{Y}})^2 - (E_{0\text{x}} + E_{0\text{X}})^2}{2\, E_{0\text{X}}} . \tag{10.7a}$$

Indem wir mit $m_{\text{x}}, m_{\text{X}}, m_{\text{y}}$ und m_{Y} die *Ruhmassen* der Teilchen bezeichnen (wobei wir den Index 0 fortlassen), können wir die Schwellenenergie E_{S} des Geschoßteilchens x folgendermaßen durch die Ruhmassen ausdrücken:

$$E_{\text{S}} = \frac{[(m_{\text{y}} + m_{\text{Y}})^2 - (m_{\text{x}} + m_{\text{X}})^2]\, c^2}{2\, m_{\text{X}}} . \tag{10.7b}$$

Da der Q-Wert dieser Reaktion durch $Q/c^2 = (m_{\text{x}} + m_{\text{X}}) - (m_{\text{y}} + m_{\text{Y}})$ gegeben war, finden wir als gleichwertige Form der Gl. (10.7b)

$$E_{\text{S}} = -\frac{Q\,(m_{\text{x}} + m_{\text{X}} + m_{\text{y}} + m_{\text{Y}})}{2\, m_{\text{X}}} . \tag{10.7c}$$

Das negative Vorzeichen erscheint hier, da es sich um eine endotherme Reaktion handelt, bei der Q notwendig negativ ist. (Wie wir feststellen können, geht diese Gl. (10.7c) für $m_{\text{x}} + m_{\text{X}} \approx m_{\text{y}} + m_{\text{Y}}$, also für einen Q-Wert, der klein gegen die Ruhenergie eines jeden der beteiligten Teilchen ist, in die klassische Näherung durch Gl. (10.6) über.)

Wir haben zwar bisher nur Kernreaktionen betrachtet, bei denen *zwei* Teilchen als Ergebnis auftraten. Unsere Ergebnisse lassen sich aber leicht für den Fall verallgemeinern, daß drei oder mehr Teilchen entstehen. Wie wir bemerken können, steht in den Klammern von Gl. (10.7c) die Gesamtmasse *aller* Teilchen sowohl vor als auch nach der Reaktion. Diese Gleichung läßt sich dann folgendermaßen verallgemeinern:

$$E_{\text{S}} = -\frac{Q\begin{pmatrix}\text{Ruhenergie } \textit{aller} \text{ Teilchen, die in die Reaktion eintreten}\\ \text{und die aus ihr hervorgehen}\end{pmatrix}}{2\,(\text{Ruhenergie des Targetteilchens})} . \tag{10.7d}$$

Bei den Gln. (10.7) handelt es sich offensichtlich nur um unterschiedliche Darstellungen derselben Grundbeziehung für die Schwellenenergie E_S.

Beispiel 10.1: Mit welcher kinetischen Mindestenergie muß ein Proton auf ein weiteres freies, ruhendes Proton treffen, um in folgender Reaktion ein Proton-Antiproton-Paar zu erzeugen

$$p^+ + p^+ \rightarrow p^+ + p^+ + (p^+ + p^-)\,,$$

hierbei bezeichnen p^+ und p^- ein Proton bzw. ein Antiproton?

Wir wollen die Ruhenergie eines Protons oder eines Antiprotons mit E_0 bezeichnen. Da bei dieser Reaktion zwei weitere Teilchen, jedes davon mit einer Ruhenergie E_0, erzeugt werden, haben wir $Q = -2E_0$ zu setzen. Die gesamte Ruhenergie aller Teilchen, die in die Reaktion eintreten (zwei Protonen) und die aus der Reaktion hervorgehen (drei Protonen und ein Antiproton), ist $6E_0$. Wir können daher Gl. (10.7d) anwenden und erhalten

$$E_S = -\frac{(-2E_0)(6E_0)}{2E_0} = 6E_0\,.$$

Die Bewegungsenergie des Geschoßprotons muß mindestens das *sechsfache* seiner Ruhenergie betragen, oder $6E_0 = 6\,(0{,}94\text{ GeV}) = 5{,}64\text{ GeV}$, damit ein Antiproton (zusammen mit einem Proton) erzeugt werden kann. Stoßen andererseits zwei Protonen, von denen jedes im Laborsystem eine Bewegungsenergie von nur 0,94 GeV besitzt, zentral zusammen, so können bei diesem Stoß ein Proton und ein Antiproton erzeugt werden. In diesem Falle *ist* das Laborsystem auch gleichzeitig das Schwerpunktsystem der beiden Teilchen, und es wird keine Bewegungsenergie „verschwendet" oder unnötig aufgebracht, denn der Impulssatz muß ja erfüllt sein. Da bei ruhenden Targetteilchen nur ein Teil der Bewegungsenergie des Geschoßteilchens zur Erzeugung weiterer Teilchen im Laborsystem zur Verfügung steht, hat man Überlegungen angestellt, wie man Teilchenstrahlen aus entgegengesetzten Richtungen zusammentreffen lassen kann.

Beispiel 10.2: Welche Mindestenergie benötigt ein Photon, um bei der Wechselwirkung mit einem freien *Elektron* ein Elektron-Positron-Paar zu erzeugen?

Wie wir wissen, beträgt bei der Wechselwirkung eines Photons mit einem schweren Teilchen, zum Beispiel mit einem Atomkern, bei der ein Elektron-Positron-Paar erzeugt werden soll, die Schwellenenergie $h\nu_{min} = 2E_0 = 2\,(0{,}51\text{ MeV}) = 1{,}02\text{ MeV}$, hierbei ist E_0 die Ruhenergie eines Elektrons oder eines Positrons (vgl. Abschnitt 4.5). Das schwere Teilchen hat die Aufgabe, einen Teil des Impulses, jedoch praktisch keine Energie des Geschoßteilchens zu übernehmen, so daß praktisch die gesamte Photonenenergie $h\nu$ zur Bildung des Elektron-Positron-Paares zur Verfügung steht. Für die folgende Reaktion

$$h\nu + e^- \rightarrow e^- + (e^- + e^+)$$

müssen wir jedoch die allgemeinere, relativistische Beziehung heranziehen.

Für unseren Zweck am besten geeignet ist Gl. (10.7d). Die gesamte Reaktionsenergie beträgt $Q = -2E_0$. Die gesamte Ruhenergie aller Teilchen, die in die Reaktion eintreten und die aus ihr hervorgehen, ist $4E_0$, denn ein Elektron geht in diese Reaktion ein (das Photon besitzt keine Ruhenergie), und zwei Elektronen und ein Positron gehen aus der Reaktion hervor. Mit Hilfe von Gl. (10.7d) erhalten wir daher

$$h\nu_{min} = E_S = -\frac{(-2E_0)(4E_0)}{2E_0} = 4E_0 = 2{,}04\text{ MeV}\,.$$

Das ist das *Doppelte* der Photonenenergie, die zur Paarbildung bei der Wechselwirkung mit einem schweren Teilchen mindestens erforderlich ist.

10.4 Wirkungsquerschnitt

Der Zerfall instabiler Kerne ist nicht nur durch die in den Zerfallsprodukten freigesetzte Energie gekennzeichnet, sondern ebenso durch die Halbwertszeit oder durch die Zerfallskonstante des betreffenden Zerfallsvorganges. Für einen beliebigen instabilen Kern haben wir in der Zerfallskonstante λ ein Maß für die Wahrscheinlichkeit, daß der Zerfall während einer bestimmten *Zeit* eintritt. Wir wollen nun eine Größe einführen, *Wirkungsquerschnitt* genannt, die ein Maß für die *räumliche* Wahrscheinlichkeit des Eintretens einer

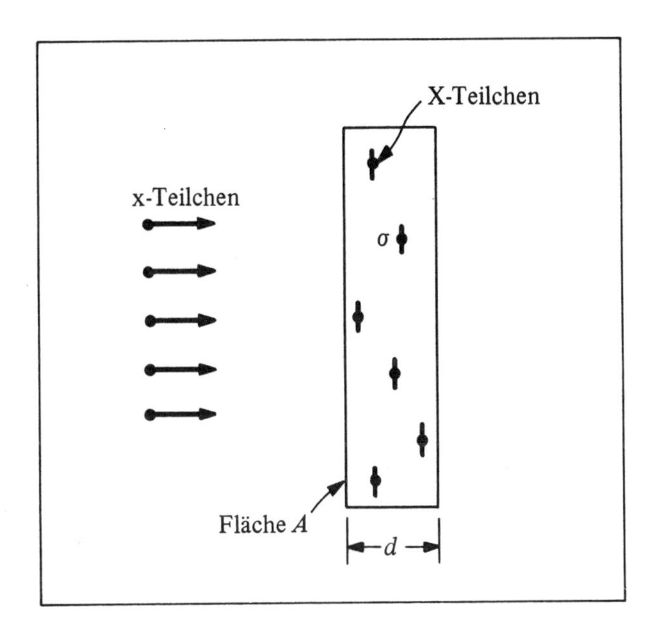

Bild 10.5
Targetkerne X mit einem Wirkungsquerschnitt σ in einem Target der Dicke d und der Fläche A, die von Geschoßteilchen x getroffen werden

Kernreaktion ist. Die Erhaltungssätze für die Energie und für den Impuls geben uns Auskunft darüber, ob die Reaktion überhaupt möglich ist. Der Wirkungsquerschnitt liefert uns eine Angabe, ob die Reaktion wahrscheinlich ist, und darüber hinaus, wie wahrscheinlich sie ist.

Wir betrachten Bild 10.5. Es zeigt eine Anzahl von Targetkernen X, die einem Strahl von Geschoßteilchen x ausgesetzt sind. Jedem Kern X läßt sich eine Fläche σ zuordnen, Wirkungsquerschnitt genannt, die man sich senkrecht zum einfallenden Strahl orientiert vorstellen muß. Die einfallenden Teilchen denken wir uns punktförmig. Die Fläche eines jeden Wirkungsquerschnittes soll als so klein angenommen werden, daß in einer sehr dünnen Targetfolie kein einziger Kern durch den Wirkungsquerschnitt irgend eines anderen Kernes für die Geschoßteilchen verdeckt wird. Die Fläche des Wirkungsquerschnittes wird so groß gewählt, daß jedesmal dann, wenn ein Geschoßteilchen auf die Fläche σ trifft, die Reaktion X(x, y)Y stattfindet und immer dann, wenn das Teilchen diese Fläche verfehlt, auch keine Reaktion eintritt. Die tatsächliche Wahrscheinlichkeit für das Auftreten einer Kernreaktion ist daher direkt proportional zum Wirkungsquerschnitt dieser Reaktion.

Wir gehen von einer Anzahl N_e einfallender Geschoßteilchen aus, die auf eine dünne Folie der Dicke d und der Fläche A treffen sollen. Die Anzahl dieser Teilchen, die zu einer Kernreaktion X(x, y)Y gelangen, sei N_r. Genau so groß ist daher auch die Anzahl der entstandenen Teilchen y oder Y. Die Anzahl der Targetkerne in der Volumeneinheit sei n, jeder dieser Kerne besitzt für die Kernreaktion den Wirkungsquerschnitt σ. Dann ist die Anzahl aller Kerne in der Targetfolie $n\,A\,d$, und die gesamte Fläche, die beim Auftreffen eines Geschoßteilchens eine Reaktion zur Folge hat, wird damit $\sigma\, n A\, d$. Weiter muß dann N_r/N_e, das Verhältnis der Anzahl der reagierenden Geschoßteilchen x zur Anzahl aller auf die Folie treffenden Geschoßteilchen, gleich dem Verhältnis der Fläche aller Wirkungsquerschnitte zur Folienfläche A sein. Also ist dann $N_r/N_e = \sigma\, n A\, d/A,$ oder

$$\frac{N_r}{N_e} = \sigma n d\,. \tag{10.8}$$

Diese Ableitung des Wirkungsquerschnittes entspricht genau derjenigen des Streuquerschnittes, die wir bereits im Abschnitt 6.1 gebracht haben. Wie wir sehen, ist die Wahrscheinlichkeit N_r/N_e für das Eintreffen einer Kernreaktion proportional zum Wirkungsquerschnitt σ, zur Targetkerndichte n und zur Foliendicke d. Die gebräuchliche Einheit für den Wirkungsquerschnitt ist das *Barn*. Es ist

$$1\,\text{b} = 10^{-24}\,\text{cm}^2 = 10^{-28}\,\text{m}^2 = 100\,\text{fm}^2.$$

Für Kernreaktionen ist ein Wirkungsquerschnitt von $1\,\text{b} = 10^{-28}\,\text{m}^2$ verhältnismäßig groß. Für ein Geschoßteilchen ist das Auftreffen auf einen Kern mit einem Wirkungsquerschnitt von 1 b genau so leicht oder so schwer wie das Auftreffen auf eine Fläche von 1 b. Die Wirkungsquerschnitte sind je nach Reaktion unterschiedlich. Außerdem hängen sie gewöhnlich von der Energie der Geschoßteilchen ab.

Beispiel 10.3: Wir wollen den Einfang von 500-keV-Neutronen durch Aluminiumkerne betrachten. Die entsprechende Reaktion lautet ${}^{27}_{13}\text{Al}(\text{n}, \gamma)\,{}^{28}_{13}\text{Al}$. Man hat für diese Neutronen beim Aluminium einen Einfangquerschnitt von $2\,\text{mb} = 2\cdot 10^{-31}\,\text{m}^2$ gemessen. Angenommen, ein Neutronenstrahl mit einer Teilchenstromdichte von 10^{10} Neutronen/cm^2 s treffe auf eine 0,20 mm starke Aluminiumfolie. Wie viele Neutronen werden je Sekunde auf einer Fläche von 1 cm^2 dieser Folie eingefangen?

Die Dichte n der Aluminiumkerne können wir aus der bekannten Dichte des Aluminiums, 2,7 g/cm^3, der Avogadro-Konstante und der molaren Masse des Aluminiums, 27 g/mol, berechnen. Dann wird

$$n = (2{,}7\,\text{g/cm}^3)\,(6{,}02\cdot 10^{23}/\text{mol})\,/\,(27\,\text{g/mol}) = 6{,}02\cdot 10^{22}\,\text{Kerne/cm}^3.$$

Aus Gl. (10.8) folgt

$$\frac{N_r}{At} = \frac{N_e}{At}\cdot \sigma n d = j\sigma n d\,,$$

hierbei ist $\dfrac{N_e}{At} = j$ die Teilchenstromdichte der einfallenden Neutronen, also wird

$$\frac{N_r}{At} = (10^{10}\,\text{Neutronen/cm}^2\,\text{s})\,(2\cdot 10^{-27}\,\text{cm}^2)\,(6{,}02\cdot 10^{22}\,\text{cm}^{-3})\,(2\cdot 10^{-2}\,\text{cm}) =$$
$$= 2{,}4\cdot 10^4\,\text{Neutronen/cm}^2\,\text{s}.$$

Da in einer Sekunde 10^{10} Neutronen auf eine Fläche von 1 cm^2 auftreffen, werden davon nur $2{,}4\cdot 10^4$ Neutronen eingefangen, d.h., im Durchschnitt werden nur 2,4 Neutronen von 10^6 Neutronen, die auf die Folie auftreffen, durch die Reaktion ${}^{27}_{13}\text{Al}(\text{n}, \gamma)\,{}^{28}_{13}\text{Al}$ eingefangen.

Der Wirkungsquerschnitt liefert uns ein Maß für die Wahrscheinlichkeit, daß eine Kernreaktion stattfindet. Daher sind seine Bestimmung und seine Deutung im Hinblick auf den Kernbau eine wichtige Aufgabe der Kernphysik. Bei Experimenten zur Bestimmung des Wirkungsquerschnittes werden monoenergetische Teilchen x auf ein Target geschossen. Den Wirkungsquerschnitt bestimmt man dadurch, daß man die Anzahl der Teilchen y oder der Teilchen Y ermittelt, die durch eine bekannte Anzahl von Teilchen x erzeugt werden. Die aus dem Target austretenden Teilchen y kann man mit einem Teilchendetektor zählen, und die Teilchen Y zählt man, sofern sie instabil sind, durch die Messung der Radioaktivität bei ihrem Zerfall. Eine quantitative chemische Analyse der Teilchen Y ist schwierig, da meist ihre Konzentration außerordentlich klein ist.

Einigen wenigen allgemeinen Bemerkungen über den Wirkungsquerschnitt werden wir im folgenden begegnen.

Bei einer endothermen Kernreaktion, die nur stattfinden kann, wenn den zusammentreffenden Teilchen Energie zugeführt worden ist, muß der Wirkungsquerschnitt notwendig bis zum Erreichen der Schwellenenergie gleich Null sein.

Reaktionen mit Neutronen als Geschoßteilchen, besonders der Neutroneneinfang (n, γ), können einen großen Einfangquerschnitt aufweisen, auch dann, wenn die Energie der Geschoßteilchen außerordentlich klein ist. Im Gegensatz zu geladenen Teilchen werden Neutronen durch die elektrische Ladung des Kernes nicht abgelenkt. Sie können daher sehr leicht in die Reichweite der Kernkräfte gelangen und daher auch bei geringer Energie, also geringer Geschwindigkeit, mit dem Kern reagieren. Ein typischer (n, γ)-Einfangquerschnitt als Funktion der Neutronenenergie E_x ist in Bild 10.6 dargestellt. Wie wir erkennen können, nimmt der Wirkungsquerschnitt, abgesehen von einigen sehr ausgeprägten Peaks, mit abnehmender Neutronenenergie oder -geschwindigkeit zu. Nach den Messungen ist σ recht genau proportional zu $1/v$, dabei ist v die Neutronengeschwindigkeit. Dieses $1/v$-Gesetz läßt sich folgendermaßen deuten: Die Wahrscheinlichkeit für den Einfang eines Neutrons ist direkt proportional zu der Zeitdauer, die es in der Nähe eines der beschossenen Kerne verbringt und damit umgekehrt proportional zu seiner Geschwindigkeit. Die Peaks in der Kurve für den Einfangquerschnitt sind *Resonanzen.* Ihre Deutung, die im Abschnitt 10.5 erfolgen wird, gibt Auskunft über die Energieniveaus der Kerne.

Treffen dagegen *geladene* Teilchen auf einen Targetkern, so wird der Verlauf der Kurve für den Wirkungsquerschnitt dadurch beeinflußt, daß diese Teilchen durch die Coulomb-Kraft abgestoßen werden. Gäbe es keinen Tunneleffekt, also die *Durchdringung des Potentialwalles* (vgl. die Abschnitte 5.10 und 9.10), dann könnten niederenergetische geladene Teilchen gar nicht in die Reichweite der Kernkräfte des Targetkernes gelangen. Es könnte gar nicht zu einer Kernreaktion kommen und der Wirkungsquerschnitt wäre gleich Null. Tatsächlich können nun aber auch Geschoßteilchen mit einer Energie von weniger als 1 MeV (das ist viel weniger als die Höhe des Potentialwalles der Coulomb-Kraft) Kernreaktionen auslösen; sie zeigen damit, daß sie den Potentialwall durchdringen konnten. Die Wahrscheinlichkeit für eine Durchdringung des Walles hängt sehr von der Höhe und von

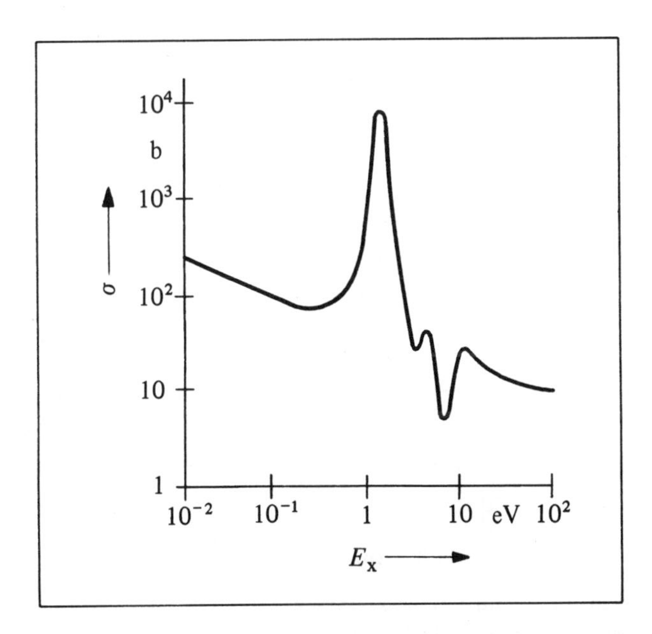

Bild 10.6 Einfangquerschnitt des Indiums in Abhängigkeit von der Neutronenenergie

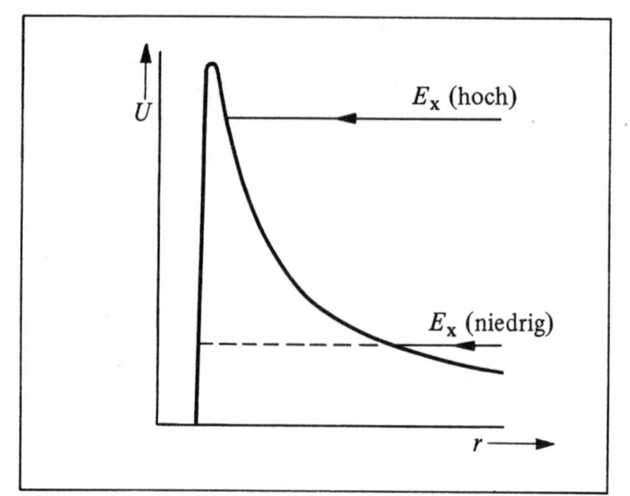

Bild 10.7
Hoch- und niederenergetische geladene Geschoßteilchen am Potentialwall eines Atomkernes

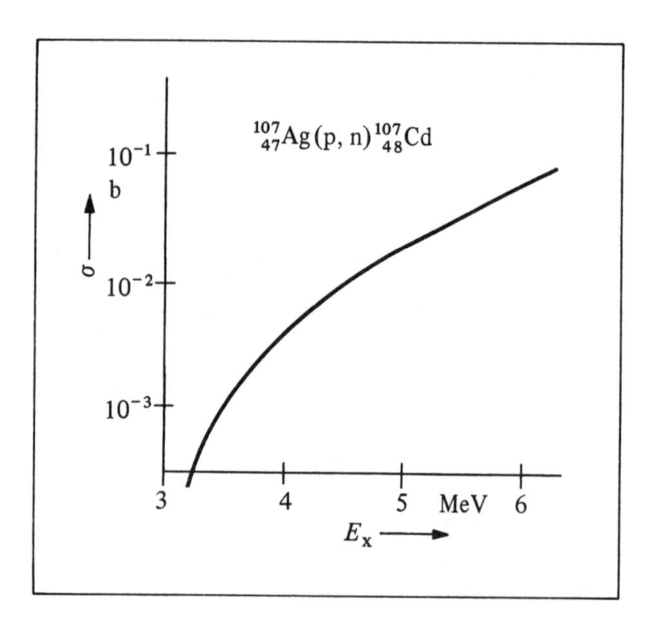

Bild 10.8
Zunahme des Wirkungsquerschnittes einer Kernreaktion mit der Energie der Geschoßteilchen (Protonen)

der Breite dieses Walles ab. Je energiereicher das Geschoßteilchen ist, um so leichter kann es den Potentialwall durchdringen (Bild 10.7). Daraus folgt, daß der Wirkungsquerschnitt im allgemeinen mit wachsender Energie E_x des Geschoßteilchens zunimmt, wie in Bild 10.8 zu erkennen ist.

10.5 Zwischenkerne und Energieniveaus der Kerne

Als Einführung in die Vorstellung eines Zwischenkernes (auch Compound-Kern genannt) wollen wir die Energie berechnen, mit der das „letzte“ (das am schwächsten gebundene) Neutron bei dem stabilen Cadmiumnuklid $^{114}_{48}Cd$ an die übrigen 113 Nukleonen gebunden ist. Diese Separationsenergie S_n ist genau der Energiebetrag, der dem Kern hinzugefügt werden muß, um das letzte Neutron abzuspalten, dabei bleibt dann ein Kern des stabilen Cadmiumisotops $^{113}_{48}Cd$ zurück. Durch Vergleich der Massen $^{113}_{48}Cd + ^{1}_{0}n$ und $^{114}_{48}Cd$ finden wir die Separationsenergie S_n unmittelbar:

$$S_n = [(112{,}904409 + 1{,}008665) - 113{,}903361]\,\mathrm{u} \cdot 931{,}5\,\mathrm{MeV/u} = 9{,}048\,\mathrm{MeV}\,.$$

Nimmt der Cadmium-114-Kern eine Energie von 9,05 MeV auf, so bilden sich also ein $^{113}_{48}Cd$-Kern und ein freies Neutron, dabei befinden sich diese beiden Teilchen noch in Ruhe. Symbolisch geschrieben:

$$^{114}_{48}\mathrm{Cd} + 9{,}05\,\mathrm{MeV} \rightarrow {}^{113}_{48}\mathrm{Cd} + {}^{1}_{0}\mathrm{n}\,.$$

Nun wollen wir uns die Umkehrung dieser Reaktion vorstellen, indem wir einen $^{113}_{48}Cd$-Kern mit einem Neutron zusammenbringen, beide Teilchen ohne kinetische Energie, damit diese einen $^{114}_{48}Cd$-Kern bilden. Wir brauchen keine Energie hinzuzufügen, um die Teilchen zu verschmelzen, denn das Neutron wird durch die Kernkräfte des Cadmiumkernes angezogen, wenn es hinreichend nahe an diesen herankommt. Der so gebildete Cadmium-114-Kern wird sich aber *nicht* im Grundzustand befinden, sondern er liegt in einem angeregten Zustand vor und zwar mit einer Anregungsenergie von 9,05 MeV. Der $^{114}_{48}Cd^*$-Kern (der Stern bezeichnet den angeregten Zustand) ist instabil und zerfällt schnell unter Aussendung eines γ-Quants von 9,05 MeV in seinen Grundzustand. Die vollständige Reaktion läßt sich daher folgendermaßen schreiben:

$$^{113}_{48}\mathrm{Cd} + {}^{1}_{0}\mathrm{n} \rightarrow {}^{114}_{48}\mathrm{Cd}^* \rightarrow {}^{114}_{48}\mathrm{Cd} + \gamma\,(9{,}05\,\mathrm{MeV})\,.$$

Wir haben hier den Neutroneneinfang am Beispiel der Reaktion $^{113}_{48}Cd(n, \gamma)\,^{114}_{48}Cd$ beschrieben. Diese Reaktion erfolgt in *zwei* Schritten: die Verschmelzung der beiden ursprünglichen Teilchen unter Bildung eines einzigen Kernes in einem angeregten Zustand und der darauffolgende Zerfall dieses Zwischenzustandes in die Reaktionsprodukte. Die Energieverhältnisse dieser Reaktion sind in Bild 10.9 dargestellt. Dort ist die Gesamtenergie aller an der Reaktion beteiligten Teilchen aufgetragen.

Die (n, γ)-Reaktion weist ein Kennzeichen auf, das bei den meisten niederenergetischen Kernreaktionen zu beobachten ist: Bildung und Zerfall eines Zwischenkernes.

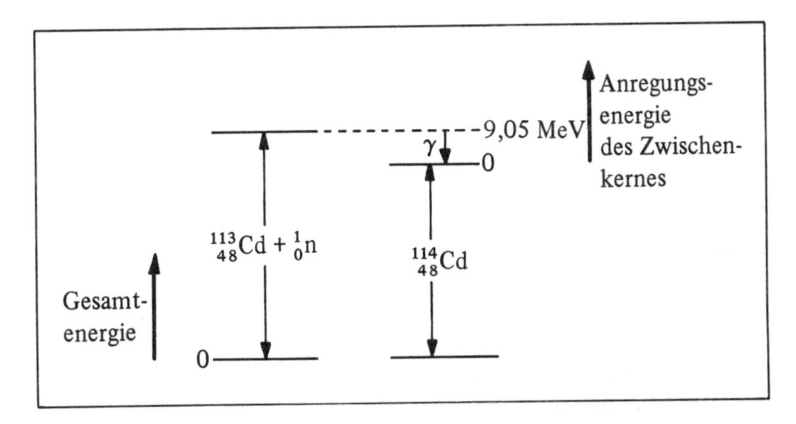

Bild 10.9 Energieniveaus beim Neutroneneinfang [(n, γ)-Reaktion]

N. Bohr schlug 1936 die Existenz eines Zwischenkernes als Übergangszustand bei Kernreaktionen vor. Er machte hierbei folgende Annahmen:

1. In der Reaktion X(x, y) Y vereinigen sich die Teilchen X und x unter Bildung eines Zwischenkernes C, der in einem angeregten Zustand vorliegt: $X + x \rightarrow C^*$. Die durch das Geschoßteilchen x in die Reaktion eingebrachte Energie teilt sich schnell auf alle Nukleonen des Zwischenkernes auf.
2. Der Zwischenkern C* existiert während einer Zeitdauer, die groß im Verhältnis zur nuklearen Zeit ($\approx 10^{-22}$ s) ist, also groß gegen die Zeit, die ein Nukleon mit einer Energie von einigen MeV zum Durchqueren eines Kerndurchmessers benötigt. Die mittlere Lebensdauer eines Zwischenkernes ist im allgemeinen dennoch so kurz, daß der Zwischenkern C* nicht unmittelbar beobachtbar ist. Wir können es aber so ausdrücken: Der Zwischenkern lebt so lange, daß er keine „Erinnerung" mehr daran besitzt, auf welche Weise er entstanden ist. Da er sich nicht mehr an seine Entstehung erinnern kann, können auch unterschiedliche Teilchen X und x denselben Zwischenkern C* in demselben angeregten Zustand liefern, wie in Tabelle 10.1 an einem Beispiel gezeigt ist.
3. Der Zwischenkern zerfällt in seine Reaktionsprodukte, $C^* \rightarrow Y + y$, wie im folgenden beschrieben wird. Nach einer ziemlich langen Zeit (in nuklearem Zeitmaßstab) vereinigt sich schließlich die gesamte Anregungsenergie des Zwischenkernes, die zunächst mehr oder weniger gleichmäßig auf mehrere Nukleonen verteilt war, auf ein bestimmtes Teilchen y, das dann aus dem Kern herausgeschleudert wird. Zurück bleibt dann der Kern Y. Ein Zwischenkern mit gegebenem angeregten Zustand kann daher auf unterschiedliche Weise zerfallen, indem sich eine der verschiedenen möglichen Kombinationen von Y- und y-Teilchen bildet, wie in Tabelle 10.1 zu erkennen ist. Bei einem bestimmten angeregten Zustand des Kernes C* überwiegt meist eine bestimmte Zerfallsart alle übrigen.
4. Wir haben bei dieser Kernreaktion angenommen, daß sie in zwei getrennten Schritten erfolgt (Bildung von C* und anschließender Zerfall von C*). Daher ist auch der Wirkungsquerschnitt, der ein Maß für die Wahrscheinlichkeit liefert, daß die *vollständige* Reaktion stattfindet, proportional zu *zwei* Wahrscheinlichkeiten: sowohl proportional zur Wahrscheinlichkeit, daß X und x unter Bildung von C* miteinander verschmelzen, als auch proportional zur Wahrscheinlichkeit, daß C* in ein bestimmtes Teilchenpaar Y und y zerfällt.

Tabelle 10.1

$X + x \rightarrow C^* \rightarrow Y + y$

X + x	C*	Y + y
		${}^{13}_{6}C + p$
${}^{13}_{6}C + p$		${}^{12}_{6}C + d$
${}^{12}_{6}C + d$	${}^{14}_{7}N^*$	${}^{10}_{5}B + \alpha$
${}^{10}_{5}B + \alpha$		${}^{13}_{7}N + n$
		${}^{14}_{7}N + \gamma$

Wie Tabelle 10.1 zeigt, gibt es zur Bildung des Zwischenkernes ${}^{14}_{7}N^*$ mehrere Wege und auch mehrere Möglichkeiten für den Zerfall dieses angeregten Kernes. Vereinigt sich zum Beispiel ein Proton von 1 MeV mit einem ${}^{13}_{6}C$-Kern, so ist die wahrscheinlichste Reaktion $^{13}_{6}C\,(p, \gamma)\,^{14}_{7}N$, trifft aber ein 6 MeV-Proton auf dasselbe Target, so tritt überwiegend die Reaktion $^{13}_{6}C\,(p, n)\,^{13}_{7}N$ auf. Im ersten Falle ist die Anregungsenergie des $^{14}_{7}N^*$-Kernes etwa 8 MeV und im zweiten Falle rund 13 MeV (Bild 10.10). Ferner kann sich ein α-Teilchen von 2 MeV mit einem $^{10}_{5}B$-Kern vereinigen und ebenfalls einen $^{14}_{7}N^*$-Kern bilden, der dann eine Anregungsenergie von rund 13 MeV besitzt; in diesem Falle beobachtet man die Reaktion $^{10}_{5}B\,(\alpha, n)\,^{13}_{7}N$. Die Zerfallsart des Zwischenkernes hängt allein von seiner Anregungsenergie ab und *nicht* von den Teilchen, aus denen er gebildet worden ist.

Die Q-Werte der Reaktionen lassen sich offensichtlich unmittelbar aus dem Niveauschema des Bildes 10.10 ablesen.

Wir wollen nun die Reaktion $^{7}_{3}Li\,(p, \alpha)\,^{4}_{2}He$ betrachten. Diese Reaktion liefert zunächst den Zwischenkern $^{8}_{4}Be^*$, der in der Natur *nicht* als *stabiler* Kern vorkommt. Bei dieser Reaktion zerfällt der Zwischenkern anschließend in zwei α-Teilchen, von denen jedes eine kinetische Energie von rund 8,8 MeV besitzt. Zu dieser Reaktion gibt es eine konkurrierende Reaktion: $^{7}_{3}Li\,(p, \gamma)\,^{8}_{4}Be$. Auch hier entsteht wieder der Zwischenkern $^{8}_{4}Be^*$ in einem angeregten Zustand. Bei dieser Reaktion zerfällt jedoch der Zwischenkern unter Aussendung eines γ-Quants in seinen Grundzustand; er sendet dabei ein sehr energiereiches Photon von 17,6 MeV aus. Nach diesem γ-Zerfall liegt der instabile Endkern $^{8}_{4}Be$ in seinem Grundzustand vor. Er zerfällt dann weiter in zwei α-Teilchen, die dann natürlich nur noch eine sehr geringe Energie besitzen. Das Niveauschema für diese Reaktionen ist in Bild 10.11 dargestellt.

Wir wollen wieder zur Reaktion $^{113}_{48}Cd\,(n, \gamma)\,^{114}_{48}Cd$ zurückkehren und nun untersuchen, wie der Wirkungsquerschnitt für diese Reaktion von der Energie der einfallenden

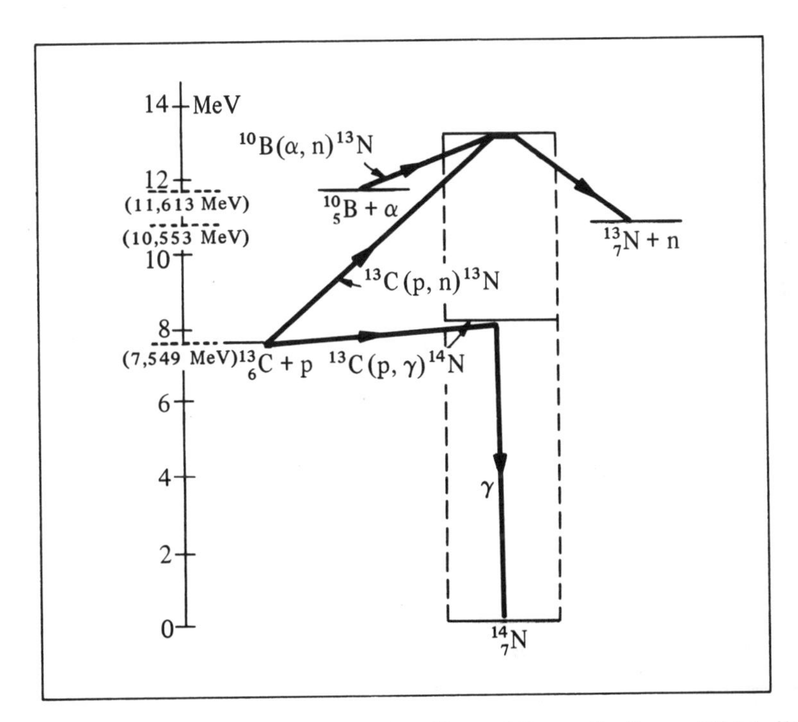

Bild 10.10 Energieniveaus für verschiedene Kernreaktionen, die alle zum Stickstoff-14-Kern als Zwischenkern führen. Die Energie wird vom Grundzustand des Stickstoff-14-Kernes aus gerechnet.

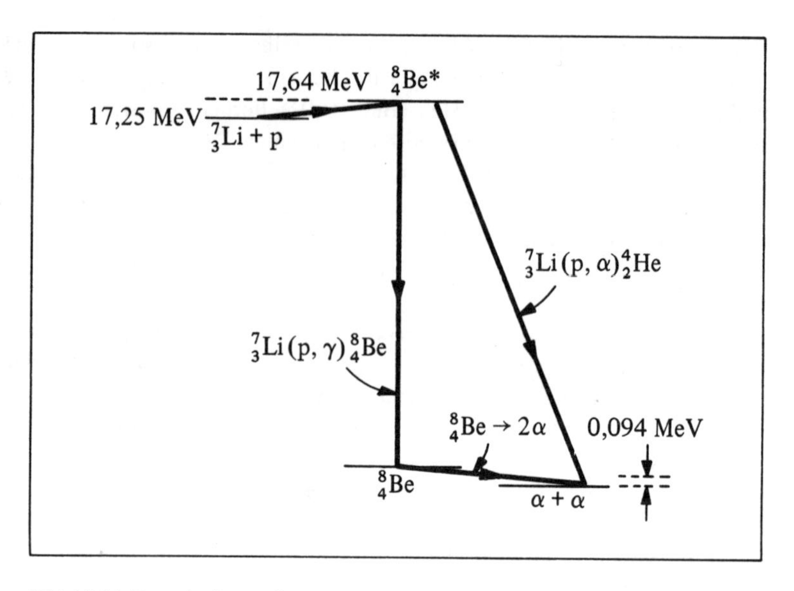

Bild 10.11 Energieniveaus für zwei konkurrierende Kernreaktionen

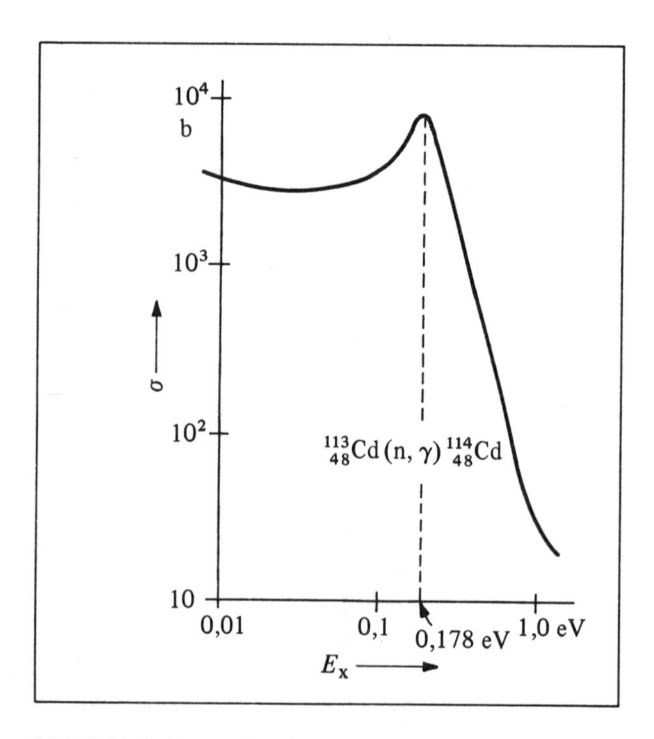

Bild 10.12 Auftreten einer Resonanz beim Wirkungsquerschnitt einer Kernreaktion

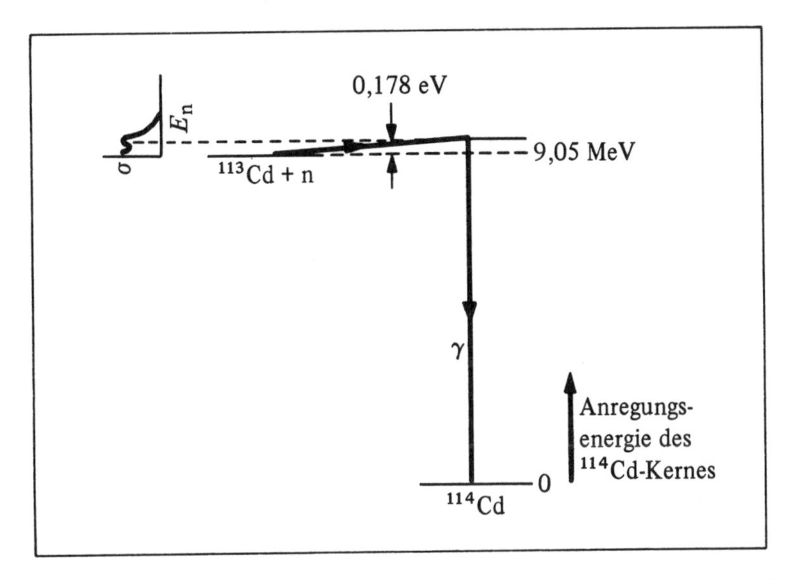

Bild 10.13 Resonanzeinfang bei einem angeregten Zustand des Zwischenkernes, der bei der Reaktion $^{113}_{48}$Cd (n, γ) $^{114}_{48}$Cd entsteht. Der Energieunterschied von 0,178 eV ist nicht maßstäblich eingezeichnet.

Neutronen abhängt. Der Einfangquerschnitt für sehr langsame Neutronen ist in Bild 10.12 dargestellt. Für alle Neutronenenergien ist σ beträchtlich größer als 10 b. Es gibt aber ein ausgeprägtes Maximum bei $E_x = 0{,}178$ eV, eine sogenannte *Resonanz,* d.h., es gibt eine besonders große Wahrscheinlichkeit, daß der Zwischenkern $^{114}_{48}$Cd* gebildet wird, wenn die Anregungsenergie dieses Kernes ungefähr[1] um 0,18 eV höher liegt als 9,05 MeV, der Anregungsenergie nach dem Einfang von Neutronen ohne jede Bewegungsenergie. Daraus erkennen wir außerdem, daß der $^{114}_{48}$Cd-Kern ein genau definiertes, gequanteltes Energieniveau besitzt und zwar bei einer Anregungsenergie, die genau um 0,178 eV größer als 9,05 MeV ist, wie in Bild 10.13 zu sehen ist. Das ist nur einer der vielen diskreten Anregungszustände dieses Kernes. Ganz allgemein lassen sich durch Beobachtung der ausgeprägten, genau definierten Resonanzen des Wirkungsquerschnittes die Anregungszustände eines *Zwischenkernes* bestimmen. Das Auftreten dieser Resonanzen ist ein stichhaltiger Beweis für die Richtigkeit unserer Annahme von der Existenz eines Zwischenkernes.

Die aus den Kernreaktionen gewonnenen Daten lassen sich auch dazu verwenden, die angeregten Zustände der *Folgekerne* zu bestimmen. Als Beispiel wollen wir die Reaktion $^{27}_{13}$Al (α, p) $^{30}_{14}$Si betrachten; sie besitzt den Zwischenkern $^{31}_{15}$P*. Dieser Zwischenkern kann nicht nur in den Grundzustand des Folgekernes $^{30}_{14}$Si zerfallen sondern ebenso in verschiedene angeregte Zustände dieses Kernes, die dann ihrerseits durch γ-Zerfall in den Grundzustand

[1]) Genau genommen handelt es sich bei einer vom Neutron an den Zwischenkern übertragenen Energie von $E_x = 0{,}178$ eV um eine für die Reaktion *verfügbare* Energie von $E_u = E_x\,[m_X/(m_X + m_x)] = 0{,}178 \cdot \frac{113}{114}\,\text{eV} \approx 0{,}177\,\text{eV}$, siehe Gl. (10.5).

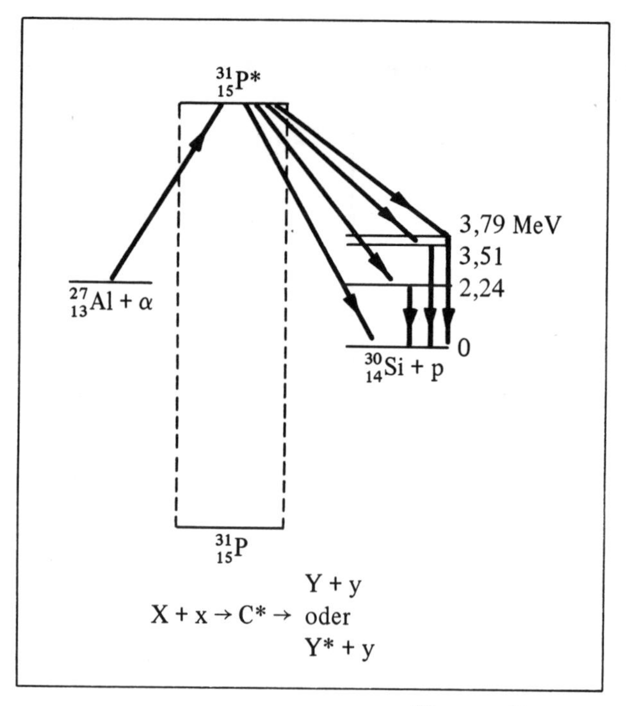

Bild 10.14 Energieniveaus für die Reaktion $^{27}_{13}Al(\alpha, p)^{30}_{14}Si$ mit den angeregten Zuständen des Folgekernes

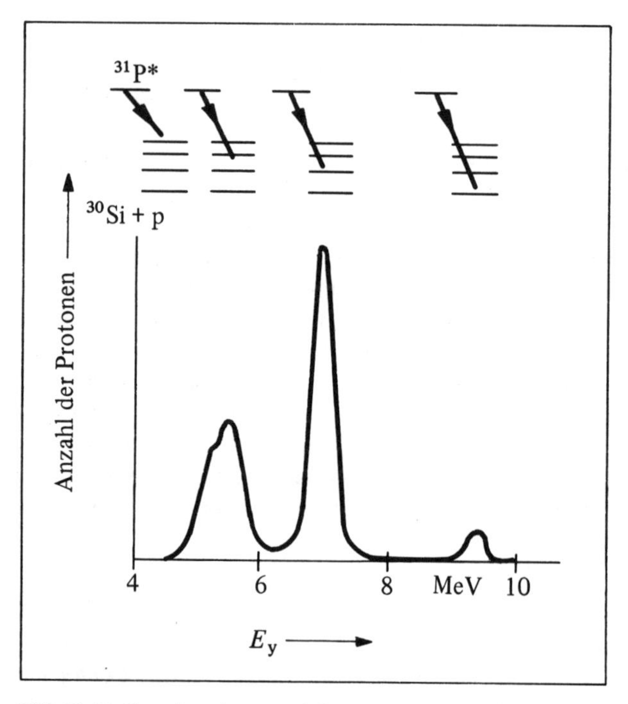

Bild 10.15 Energiespektrum mit Protonengruppen, die bei der Reaktion $^{27}_{13}Al(\alpha, p)^{30}_{14}Si$ auftreten

übergehen. Das Niveauschema ist in Bild 10.14 wiedergegeben. Die Existenz dieser angeregten Zustände wird nicht allein durch die ausgesandten γ-Quanten, die beim Beschuß von $^{27}_{13}$Al mit α-Teilchen auftreten, experimentell bestätigt sondern auch durch das Energiespektrum der Protonen, die (unter einem bestimmten Winkel zur Richtung des einfallenden Strahles der α-Teilchen) beobachtet werden können. Dieses Spektrum sehen wir in Bild 10.15. Die unterschiedlichen *Protonengruppen* entsprechen den verschiedenen möglichen Zerfallsarten des Zwischenkernes, und die Anregungsenergien des $^{30}_{14}$Si*-Kernes lassen sich ebenfalls durch Messung der Protonenenergien E_y bestimmen.

10.6 Freie Neutronen; Erzeugung, Nachweis, Messung und Moderation

In diesem Abschnitt wollen wir Verfahren beschreiben, wie Neutronen erzeugt und nachgewiesen werden, wie ihre Energie gemessen wird und wie sie beim Durchgang durch Materie moderiert, d.h. abgebremst werden.

Das entscheidende Kennzeichen des Neutrons ist dessen fehlende elektrische Ladung. Da ein Neutron elektrisch neutral ist, kann es im Gegensatz zu geladenen Teilchen nicht ionisieren. Es läßt sich weder durch elektrische Felder beschleunigen noch durch Magnetfelder ablenken. Auf andere Teilchen kann es nur mittels der starken Kernwechselwirkung einwirken, ungestört durch die Coulomb-Kraft.

Erzeugung freier Neutronen

Ein übliches Mittel zur Gewinnung freier Neutronen ist eine *Radium-Beryllium-Neutronenquelle,* die auf der Reaktion $^{9}_{4}$Be$(\alpha, n)\,^{12}_{6}$C beruht. α-Teilchen, die vom radioaktiven Zerfall des Radiums herrühren, treffen auf Beryllium, das mit dem Radium vermischt ist, und Neutronen mit einem großen Energiebereich werden ausgesandt.

Der Kernphotoeffekt läßt sich ebenfalls in einer Neutronenquelle ausnutzen. Ein einfaches Beispiel ist die Reaktion $^{9}_{4}$Be$(\gamma, n)\,^{8}_{4}$Be. Damit diese Reaktion eintritt, muß die Photonenenergie größer als 1,67 MeV sein. Die γ-Quanten können hierbei aus natürlichen oder aus künstlichen radioaktiven Stoffen stammen.

Beschleunigte geladene Teilchen können Kernreaktionen liefern, bei denen Neutronen frei werden. Derartige Reaktionen sind als Neutronenquellen besonders geeignet, da sie monoenergetische Neutronen liefern. So hat zum Beispiel die Reaktion $^{3}_{1}$H$(d, n)\,^{4}_{2}$He, bei der beschleunigte Deuteronen auf ein Tritiumtarget treffen, einen Q-Wert von 17,6 MeV. Da bei dieser Reaktion die Energie und der Impuls erhalten bleiben müssen, hängt die Neutronenenergie von dem Winkel gegen die Richtung der einfallenden Deuteronen ab, unter dem die Neutronen das Target verlassen.

Neutronen sehr hoher Energie lassen sich durch *Abstreifreaktionen* (engl.: *stripping* reaction) gewinnen. Deuteronen mit einer Energie von mehreren hundert MeV treffen auf ein Target. Im Deuteron ist das Neutron mit einer Energie von nur 2,2 MeV an das Proton gebunden. Trifft nun das Deuteron auf ein Target, so können die beiden Teilchen leicht voneinander getrennt werden, wobei sich dann das Neutron mit etwa der halben Deuteronenenergie weiter vorwärts bewegt.

Eine noch einfachere Art, Neutronen hoher Energie zu gewinnen, besteht darin, sehr energiereiche Protonen zentral auf ein einzelnes Neutron in einem Targetkern stoßen zu lassen. So findet man zum Beispiel beim Aufprall von 2 GeV-Protonen auf ein Target Neutronen mit etwa dieser Energie in Vorwärtsrichtung herausgeschlagen. Die Protonen haben dabei ihre Energie und ihren Impuls auf die ungeladenen Neutronen übertragen.

Die beste Neutronenquelle mit einer sehr großen Flußdichte ist ein Kernreaktor, der auf der Grundlage der Kernspaltung arbeitet. Einige Eigenschaften der Kernreaktoren werden wir im Abschnitt 10.8 behandeln.

Nachweis von Neutronen

Die Arbeitsweise der meisten Teilchendetektoren beruht auf der Ionisierung durch geladene Teilchen. Daher muß der Neutronennachweis folgendermaßen vor sich gehen: Neutronen müssen auf irgend eine Weise geladene Teilchen erzeugen, und dann weist man die durch diese geladenen Teilchen hervorgerufene Ionisation nach.

Ionisationskammern oder Proportionalzähler werden für Neutronen empfindlich, wenn sie mit einem borhaltigen Gas gefüllt werden, etwa mit Bortrifluorid (BF_3), oder wenn sie mit einem borhaltigen Stoff beschichtet werden. Ein Neutron kann beim Auftreffen auf einen Bor-10-Kern die Reaktion $^{10}_{5}B(n, \alpha)^{7}_{3}Li$ hervorrufen. Die durch die α-Teilchen verursachte Ionisation läßt sich dann nachweisen.

Auch der elastische Stoß eines Neutrons auf einen leichten Kern, zum Beispiel auf ein Proton, kann als Grundlage für den Neutronennachweis dienen. Stößt ein Neutron zentral auf ein ruhendes Proton, so kommt das Neutron dabei zur Ruhe, und das Proton bewegt sich mit praktisch der gesamten Energie des ursprünglichen Neutrons vorwärts. Das energiereiche Proton läßt sich dann durch die von ihm verursachte Ionisation nachweisen.

Neutronen lassen sich mit Hilfe der durch sie erzeugten Radioaktivität nachweisen, die häufig eine Folge des Neutroneneinfanges ist. Treffen zum Beispiel Neutronen auf eine Silberfolie, so werden die Silber-107-Kerne durch die Reaktion $^{107}_{47}Ag(n, \gamma)^{108}_{47}Ag$ *aktiviert*, und die Folgekerne zerfallen gemäß $^{108}_{47}Ag \rightarrow ^{108}_{48}Cd + \beta^- + \bar{\nu}$. Die β^--Aktivität läßt sich nachweisen und messen. Aus der Kenntnis des Einfangquerschnittes, der Foliendicke, der Bestrahlungsdauer und der Zerfallskonstante kann man dann die Neutronenflußdichte berechnen.

Messung der Neutronenenergie

Bei einigen der soeben beschriebenen Nachweisverfahren kann die kinetische Energie der Neutronen mittelbar gemessen werden, zum Beispiel durch Bestimmung der Protonenenergie. Es gibt jedoch noch weitere Verfahren, die Neutronenenergie mit großer Genauigkeit zu ermitteln.

Eine sehr unmittelbare Messung der Neutronenenergie besteht in der Bestimmung ihrer Geschwindigkeit. Bei dem Flugzeitverfahren (engl.: time-of-flight) mißt man den Neutronenflug längs einer bekannten Strecke. Die Neutronen werden hierbei durch eine Reaktion freigesetzt, die ein gepulster Strahl geladener Teilchen hervorruft, der von einem Teilchenbeschleuniger, etwa einem Zyklotron geliefert wird. Mißt man die Zeitspanne zwischen der Kernreaktion und der Ankunft der Neutronen im Detektor, so kann man bei bekanntem Abstand des Detektors vom Target die Neutronengeschwindigkeit berechnen.

Die Neutronengeschwindigkeit läßt sich auch mit einer mechanischen Vorrichtung bestimmen, die als *Geschwindigkeitsselektor* bekannt ist. Eine einfache Ausführung ist in Bild 10.16 dargestellt. Damit die rotierenden Scheiben neutronenundurchlässig sind, müssen sie aus einem stark neutronenabsorbierenden Material, etwa aus Cadmium, hergestellt werden. Die Neutronengeschwindigkeit läßt sich aus der gemeinsamen Winkelgeschwindigkeit der beiden Scheiben, aus ihrem Abstand und aus dem Versetzungswinkel des zweiten Schlitzes gegenüber dem ersten berechnen.

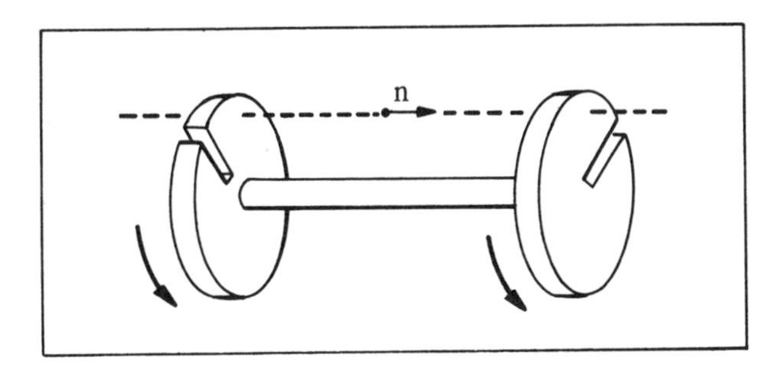

Bild 10.16
Schematische Darstellung eines Geschwindigkeitsselektors für Neutronen

Ein weiteres Verfahren zur Messung der Neutronenenergie beruht auf der Neutronenbeugung (vgl. Abschnitt 5.3). Ein *Kristallspektrometer für Neutronen* ist eine Vorrichtung zur Messung der Neutronenwellenlängen. Dabei werden die Neutronen durch einen Kristall mit bekannter Kristallstruktur gebeugt. Die Neutronenwellenlänge λ ist mit dem Neutronenimpuls mv durch die Beziehung $\lambda = h/mv$ verknüpft. Kennt man daher die Wellenlänge eines Neutrons, so ist auch sein Impuls und damit seine Geschwindigkeit und seine kinetische Energie bekannt. Die Neutronenbeugung läßt sich nur dann anwenden, wenn die Neutronenenergie Bruchteile eines Elektronvolts oder entsprechend die Wellenlänge fast 1 nm beträgt. Diese Einschränkung beruht darauf, daß im Festkörperkristall der Abstand der Atome von dieser Größenordnung ist.

Moderation von Neutronen

Bewegen sich Neutronen durch Materie, so überwiegen meist zwei Kernreaktionen alle übrigen: der Neutroneneinfang (n, γ) und die *elastische Streuung* der Neutronen an den Kernen des betreffenden Stoffes. Bei bestimmten Stoffen ist der Einfangquerschnitt so klein, daß die Neutronen hauptsächlich durch elastische Streuung mit den Atomkernen dieses Stoffes in Wechselwirkung treten. Beim Durchgang durch derartige Stoffe, *Moderatoren* genannt, werden die einfallenden, ursprünglich energiereichen Neutronen abgebremst oder *moderiert.*

Bei einem beliebigen elastischen Stoß zweier Teilchen wird dann der größte Betrag an kinetischer Energie von einem Teilchen auf das andere übertragen, wenn die Massen dieser beiden Teilchen gleich sind. Daher kann ein Neutron seine gesamte kinetische Energie verlieren, wenn es zentral mit einem Proton zusammenstößt. Bei einem schiefen Stoß wird weniger Energie übertragen. Wasserstoffhaltige Stoffe, wie Paraffin, sind daher zur Moderation von Neutronen besonders geeignet. Stoßen Neutronen dagegen mit Kernen zusammen, die schwerer als Protonen sind, so verlieren sie nur einen kleinen Bruchteil ihrer kinetischen Energie, selbst beim zentralen Stoß. Zu ihrer Abbremsung sind daher viele Stöße nowendig.

In einem Moderator werden die Neutronen nur verlangsamt; vollständig zur Ruhe kommen sie dabei nicht. Bei jeder endlichen Temperatur unterliegen die Kerne des Moderatorstoffes der Wärmebewegung. Eine Anzahl von Neutronen befindet sich im thermischen Gleichgewicht mit der Moderatorsubstanz, wenn ein beliebiges dieser Neutronen bei einem Stoß mit einem Atomkern des Moderators im Durchschnitt ebenso viel Energie aufnimmt wie es abgibt. Derartigen Neutronen, die eine Geschwindigkeitsverteilung wie die Moleküle eines Gases besitzen, können wir eine Temperatur zuordnen, die gleich der Temperatur des Moderators ist. Die mittlere kinetische Energie der Neutronen, die sich mit dem Moderator im thermischen Gleichgewicht befinden, beträgt bei einer Temperatur T dann $\frac{1}{2}\, mv^2 = \frac{3}{2}\, kT.$

Neutronen, die sich mit einem Moderator von Raumtemperatur, 300 K, im thermischen Gleichgewicht befinden, heißen *thermische Neutronen.* Ihre mittlere kinetische Energie beträgt 0,04 eV, ihre Geschwindigkeit ist 2 200 m/s, und ihre Wellenlänge beträgt 0,180 nm. Ein Strahl hochenergetischer Neutronen (mit einer Energie von mehreren MeV), der auf einen der üblichen Moderatoren, etwa Graphit (Kohlenstoff) oder schweres Wasser, trifft, wird in weniger als 1 ms *thermisch.* Das wahrscheinlichste Schicksal der moderierten Neutronen ist ihr Einfang durch Atomkerne des Moderators, da der Einfangquerschnitt mit abnehmender Neutronenenergie schnell zunimmt. Wie wir uns erinnern, ist ein freies Neutron radioaktiv. Es zerfällt mit einer Halbwertszeit von 10,6 min in ein Proton und ein Elektron (und ein Antineutrino). Der Zerfall eines freien Neutrons ist zwar möglich, erfolgt in Materie aber äußerst selten, da er in Konkurrenz zu den viel schneller stattfindenden Vorgängen Moderation und Einfang steht.

10.7 Kernspaltung

Bei sehr schweren Kernen kann eine besondere Art der Kernreaktionen auftreten. Anders als bei den meisten niederenergetischen Kernumwandlungen, bei denen ein schweres und ein leichtes Teilchen als Folgeprodukte auftreten, führt diese Reaktion zu einer Spaltung des schweren Kernes in zwei Bruchstücke vergleichbarer Masse. Daher bezeichnet man diese Reaktion als *Kernspaltung.* Erkannt wurde eine Spaltreaktion erstmalig 1938 durch O. Hahn und F. Straßmann.

Wir wollen den Einfang eines sehr niederenergetischen Neutrons, etwa eines thermischen Neutrons, durch den sehr schweren Uran-235-Kern betrachten. Der bei dieser Reaktion gebildete Zwischenkern $^{236}_{92}U$ befindet sich in einem angeregten Zustand. Seine Anregungsenergie beträgt 6,4 MeV. Nahezu alle leichteren angeregten Zwischenkerne, die durch Neutroneneinfang entstanden sind, zerfallen unter Aussendung von γ-Quanten; der schwerere Folgekern ist meist ein β^--Strahler. Ein angeregter Uran-236-Kern kann jedoch auch durch Kernspaltung zerfallen, indem er sich in zwei oder seltener drei oder mehrere mittelschwere Kerne aufspaltet.

Das Verhalten eines sehr schweren, angeregten Zwischenkernes läßt sich mit Hilfe des Tröpfchenmodells verstehen, das im Abschnitt 9.7 behandelt wurde. Bei diesem Modell stellten wir uns einen Atomkern wie ein Flüssigkeitströpfchen vor. Die gesamte Bindungsenergie setzte sich aus drei Hauptbestandteilen zusammen: Volumenenergie, Oberflächenenergie und Coulomb-Energie. Die Oberflächenenergie spielt eine ähnliche Rolle wie die bekannte Oberflächen*spannung* einer Flüssigkeit, die die Flüssigkeitsoberfläche so klein wie möglich halten will und die dadurch zu einer kugelförmigen Gestalt führt. Die Coulomb-Energie andererseits treibt den Tropfen auseinander, da sie von der elektrischen Abstoßung zwischen den Protonen herrührt.

Angenommen, ein sehr schwerer Kern gewinne als Folge einer Kernreaktion Anregungsenergie. Dann wird der Kern als Ganzes in Schwingungen geraten und dabei seine Gestalt verändern. Eine mögliche Art der Verformung ist in Bild 10.17 dargestellt. Dort nimmt der Kern nacheinander die Gestalt einer Kugel, eines gestreckten Ellipsoids (Zigarre), einer Kugel, eines abgeflachten Ellipsoids (Berliner Pfannkuchen) usw. an. Während der Schwingungen ändert sich das Kernvolumen nicht. Die Oberfläche dagegen ändert sich laufend; sie ist bei den gestreckten und den abgeflachten Verformungen am größten. Die Oberflächenspannung äußert sich in dem Bestreben des Kernes, seine Kugelform zu erhalten. Andererseits nimmt die abstoßende Coulomb-Kraft mit ihrem Einfluß auf die Verformung

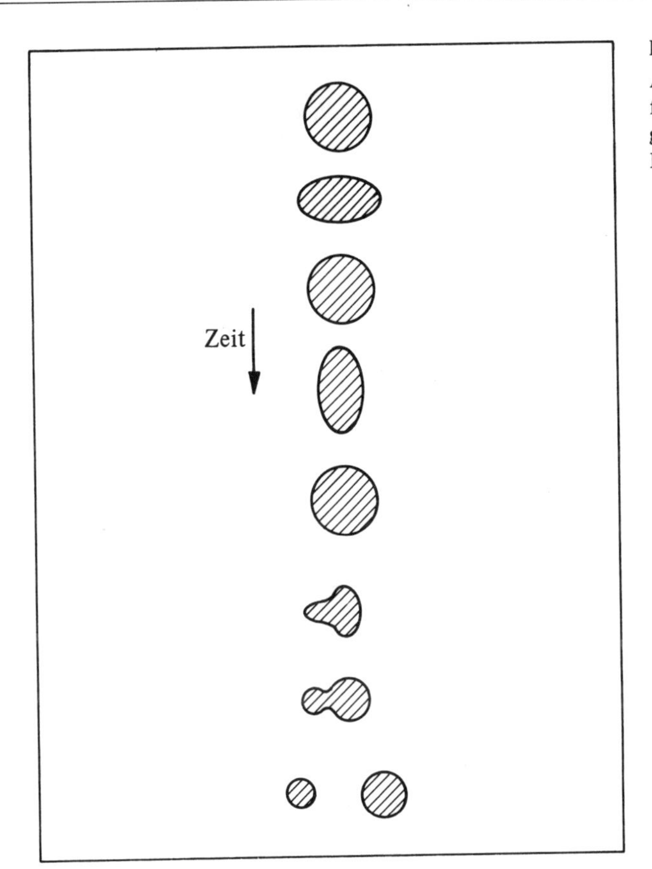

Bild 10.17
Aufeinanderfolgende Verformungen eines schwingenden Atomkernes, die zur Kernspaltung führen

des Kernes zu, wenn zum Beispiel der Kern die Form eines gestreckten Ellipsoids angenommen hat. Die positiven Ladungen an den beiden Enden des Ellipsoids versuchen dann, die Verformung des Kernes noch weiter zu treiben. Es sind daher zwei entgegengesetzte Bestrebungen wirksam: die Oberflächenspannung des Kernes, die die Kugelform erhalten will, und die Coulombsche Abstoßung, die den Kern verformen will. Ist die Anregung genügend groß, so wird es der Coulomb-Kraft gelingen, den Kern in eine Hantelform zu bringen. Bei einer so großen Verformung reicht die Oberflächenspannung zur Wiederherstellung der Kugelform nicht mehr aus, und die Coulomb-Kraft vergrößert den Abstand der beiden Enden noch mehr, bis diese dann in zwei verschiedene Kerne auseinanderreißen. Diese *Spaltprodukte* sind gewöhnlich unterschiedlich groß. Durch die Coulomb-Kraft stoßen sich dann die Spaltprodukte gegenseitig ab und bewegen sich voneinander fort. Dabei nehmen sie in dem Maße an kinetischer Energie zu, wie das System an potentieller Energie verliert.

Die einzelnen Schritte der Kernumwandlung bei einem Spaltvorgang sind in Bild 10.18 dargestellt; dort ist, ebenso wie in Bild 9.7, die Neutronenzahl N über der Protonenzahl Z aufgetragen. Die beiden Spaltprodukte (Z_1, N_1) und (Z_2, N_2) des schweren Zwischenkernes teilen sich die Protonen und die Neutronen des ursprünglichen Zwischenkernes (Z, N); d.h., es ist $Z = Z_1 + Z_2$ und $N = N_1 + N_2$. Beide Bruchstücke liegen *links* oberhalb der Stabilitätslinie. Diese beiden Kerne haben also zu viele Neutronen, um stabil zu sein. Der Neutronenüberschuß ist so groß, daß er fast augenblicklich (in ungefähr 10^{-14} s)

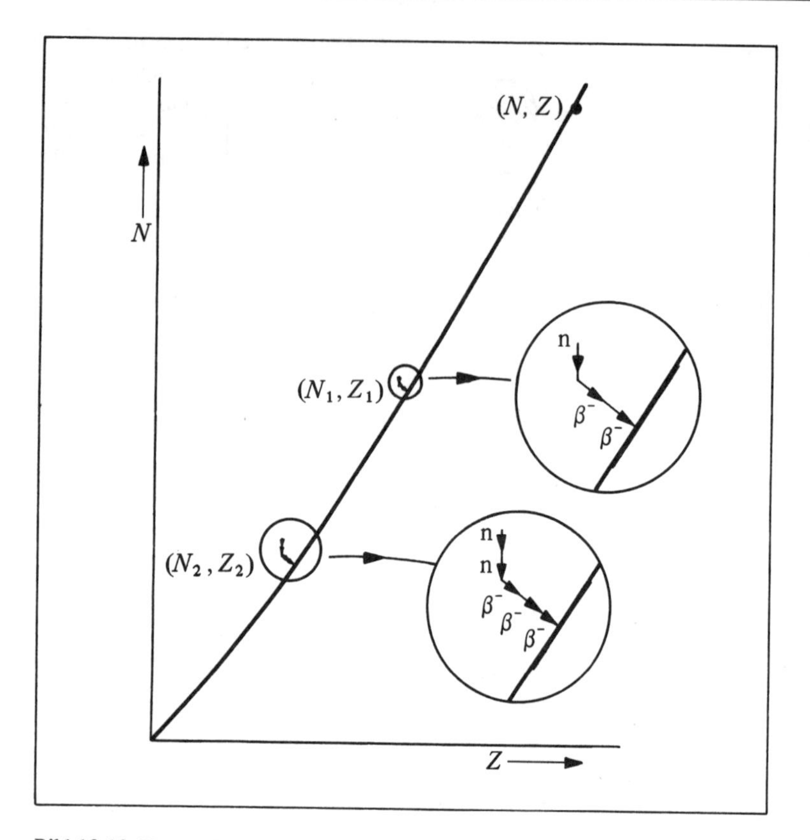

Bild 10.18 Kernspaltung und Zerfall der Spaltprodukte in einem N-Z-Diagramm

abgebaut wird, indem zwei oder drei Neutronen aus den Spaltbruchstücken ausgestoßen werden. Die Kerne haben dann immer noch zu viele Neutronen, und sie erreichen schließlich einen stabilen Zustand, indem sich Neutronen in Protonen umwandeln, d.h. durch β^--Zerfälle. Diese β^--Zerfälle haben dann außerdem als Begleiterscheinung die γ-Zerfälle angeregter Kernzustände.

Es sollen hier nur zwei der vielen bekannten Spaltreaktionen, die auf den Neutroneneinfang durch einen Uran-235-Kern folgen, angeführt werden, sowie die auf die Spaltung folgenden β^--Zerfälle der Spaltprodukte.

$$^1_0\text{n} + ^{235}_{92}\text{U} \rightarrow ^{236}_{92}\text{U}^* \rightarrow ^{144}_{56}\text{Ba} + ^{89}_{36}\text{Kr} + 3\,^1_0\text{n}\,,$$

$$^{144}_{56}\text{Ba} \xrightarrow{\beta^-} ^{144}_{57}\text{La} \xrightarrow{\beta^-} ^{144}_{58}\text{Ce} \xrightarrow{\beta^-} ^{144}_{59}\text{Pr} \xrightarrow{\beta^-} ^{144}_{60}\text{Nd}\,,$$

$$^{89}_{36}\text{Kr} \xrightarrow{\beta^-} ^{89}_{37}\text{Rb} \xrightarrow{\beta^-} ^{89}_{38}\text{Sr} \xrightarrow{\beta^-} ^{89}_{39}\text{Y}\,.$$

$$^1_0\text{n} + ^{235}_{92}\text{U} \rightarrow ^{236}_{92}\text{U}^* \rightarrow ^{140}_{54}\text{Xe} + ^{94}_{38}\text{Sr} + 2\,^1_0\text{n}\,,$$

$$^{140}_{54}\text{Xe} \xrightarrow{\beta^-} ^{140}_{55}\text{Cs} \xrightarrow{\beta^-} ^{140}_{56}\text{Ba} \xrightarrow{\beta^-} ^{140}_{57}\text{La} \xrightarrow{\beta^-} ^{140}_{58}\text{Ce}\,,$$

$$^{94}_{38}\text{Sr} \xrightarrow{\beta^-} ^{94}_{39}\text{Y} \xrightarrow{\beta^-} ^{94}_{40}\text{Zr}\,.$$

Die entscheidende Bedingung für das Auftreten der Kernspaltung bei den schwersten Kernen ist eine für die Spaltung ausreichende Anregungsenergie des entstandenen Zwischenkernes. Der Neutroneneinfang ist nur eine der verschiedenen Möglichkeiten, eine Kernspaltung zu erzwingen. Die Spaltung kann auch beim Beschuß schwerer Kerne mit Protonen, Deuteronen, α-Teilchen und γ-Quanten *(Photospaltung)* eintreten.

Wir wollen nun die gesamte, bei einem bestimmten Spaltvorgang frei werdende Energie berechnen. Wie wir Bild 9.10 entnehmen können, ist bei sehr schweren Kernen, $A \approx 240$, die mittlere Bindungsenergie pro Nukleon E_b/A ungefähr 7,6 MeV und bei mittleren Kernen, $A \approx 120$, etwa 8,5 MeV. Nehmen wir daher die Massenzahl A des Ausgangskernes zu rund 240 an, so wird die gesamte, beim Spaltvorgang freigesetzte Energie ungefähr

$$240 \text{ Nukleonen} \times (8{,}5-7{,}6) \text{ MeV/Nukleon} \approx 200 \text{ MeV}.$$

Die bei einer Spaltung frei werdende Gesamtenergie von rund 200 MeV ist in der Tat sehr groß im Vergleich zu der Energie von wenigen MeV, die bei den meisten exothermen, niederenergetischen Kernreaktionen frei wird.

Die Kernspaltung ist durch den Zerfall des Zwischenkernes in zwei mittelschwere Kerne gekennzeichnet, sowie durch die Freisetzung einiger weniger Neutronen und den β^--Zerfall der Spaltprodukte. Bei einer Spaltreaktion wird durchschnittlich eine Energie von rund 200 MeV frei; diese teilt sich näherungsweise wie folgt auf:

kinetische Energie der Spaltprodukte	170 MeV
kinetische Energie der Spaltneutronen	5 MeV
Energie der β^--Teilchen und der γ-Quanten	15 MeV
Energie der beim β^--Zerfall entstehenden Antineutrinos	10 MeV.

Das leichte Uranisotop $^{235}_{92}U$ läßt sich durch thermische Neutronen spalten, denn die beim Einfang eines langsamen Neutrons aufgenommene Anregungsenergie des Zwischenkernes $^{236}_{92}U^*$ reicht zur Einleitung der Spaltung aus (Uran-235 ist das einzige *natürliche* Nuklid, das durch langsame Neutronen spaltbar ist). Das sehr viel häufiger (99,3 %) vorkommende schwere Uranisotop $^{238}_{92}U$ läßt sich nur durch Beschuß mit schnellen Neutronen spalten, d.h. mit Neutronen, die eine kinetische Energie von mindestens 1 MeV besitzen. Langsame Neutronen werden vom $^{238}_{92}U$ eingefangen; der angeregte Zwischenkern $^{239}_{92}U^*$ hat jedoch eine zu geringe Anregungsenergie für eine Spaltung, er zerfällt statt dessen durch Aussendung eines γ-Quants.

Uran-235 ist sowohl durch niederenergetische als auch durch energiereiche Neutronen spaltbar. Bei beliebiger Neutronenenergie ist die (n, γ)-Reaktion weniger wahrscheinlich als die Spaltung. Andererseits ist Uran-238 nur durch energiereiche Neutronen spaltbar, energiearme Neutronen werden ohne Spaltung eingefangen. Offensichtlich gewinnt der Zwischenkern $^{239}_{92}U^*$ beim Einfang energiearmer Neutronen nicht genügend Anregungsenergie, um durch Spaltung zu zerfallen. Der Zwischenkern $^{236}_{92}U^*$ dagegen wird durch diese Neutronen genügend angeregt, so daß er gespalten werden kann. Diesen Unterschied können wir der Tatsache zuschreiben, daß der $^{236}_{92}U$-Kern ein gg-Kern ist, bei dem das letzte Neutron verhältnismäßig stark gebunden ist (6,4 MeV) und der beim Einfang eines langsamen Neutrons eine größere Anregungsenergie gewinnt als der gu-Kern $^{239}_{92}U$-Kern, dessen letztes Neutron verhältnismäßig schwach gebunden ist (4,9 MeV).

Da beim Uran-235 eine Kernspaltung durch langsame Neutronen eingeleitet werden kann und da im Durchschnitt beim Spaltvorgang 2,5 Neutronen frei werden, ist eine Energiegewinnung aus dem Uran möglich. Die bei exothermen Reaktionen, die durch den Beschuß mit beschleunigten Teilchen erzwungen werden, freigesetzte Energie ist praktisch nicht ausnutzbar, da die Anzahl der Reaktionen im allgemeinen sehr klein ist. Die gesamte bei derartigen Reaktionen frei werdende Energie ist viel kleiner als die Gesamtenergie, die zur Beschleunigung der vielen Teilchen aufgebracht werden muß, da nur ein sehr kleiner Bruchteil der Teilchen eine Reaktion liefert. Andererseits kann der Spaltvorgang durch eine *Kettenreaktion* aufrecht erhalten werden.

Grundsätzlich können Neutronen eines Spaltvorganges weitere Spaltungen einleiten, dabei wird weitere Energie freigesetzt. Im Idealfall setzen sich die Spaltvorgänge fort, bis der Kernbrennstoff, also das gesamte spaltbare Material, verbraucht ist. Für die Aufrechterhaltung der Spaltvorgänge müssen, nachdem sie einmal eingeleitet worden sind, zahlreiche Bedingungen erfüllt sein. Diese Bedingungen liegen in einem Kernreaktor vor. Die mit dem Betrieb von Kernreaktoren verbundenen Ingenieurprobleme fallen in das Gebiet der Kerntechnik. Wir werden hier nur die physikalischen Grundlagen, auf denen der Betrieb eines Reaktors beruht, streifen können.

10.8 Kernreaktoren

Die erste, sich selbst erhaltende nukleare Kettenreaktion wurde 1942 von E. Fermi erreicht. Sein Reaktor benutzte Natururan (0,7 % Uran-235 und 99,3 % Uran-238) als Brennstoff und Graphit als Moderator für die Neutronen. Bei den Reaktoren gibt es sehr unterschiedliche Bauarten; wir wollen hier nur die Grundzüge eines einfachen Reaktors veranschaulichen, der Natururan verwendet, mit Graphit moderiert ist und auf der Spaltung von Uran-235 durch langsame Neutronen beruht.

Damit sich bei der Spaltung eine Kettenreaktion selbst erhalten kann, muß auf jedes gespaltene Uranatom mindestens ein Neutron kommen, das wiederum ein Uranatom spalten kann. Jede Uranspaltung liefert durchschnittlich etwa 2,5 Neutronen. Daher dürfen nicht mehr als durchschnittlich 1,5 Neutronen verloren gehen, wenn die Kettenreaktion nicht unterbrochen werden soll. Die wichtigsten Vorgänge, bei denen Neutronen für die Spaltung der Uran-235-Kerne verloren gehen können, sind der Einfang ohne Spaltung durch das Uran-238 (und in geringerem Maße durch das Uran-235), der Einfang durch andere Reaktorwerkstoffe sowie Leckverluste, falls Neutronen aus dem Reaktorkern nach außen gelangen.

Zunächst wollen wir uns den Leckverlusten zuwenden. Handelt es sich um einen sehr kleinen Reaktor (Brennelemente und Moderator), so werden viele der zunächst in Spaltvorgängen erzeugten Neutronen (durch die Wände) aus dem Reaktor entweichen, bevor sie weitere Spaltvorgänge einleiten können. Bei einem größeren Reaktor sind die Neutronenverluste geringer, und die Anzahl der Spaltvorgänge ist größer. Bei der Kernspaltung ist die Spaltrate nämlich annähernd proportional zum Reaktorvolumen, während die Leckrate grob proportional zur Oberfläche des Reaktors ist.

Beim Uran-235 nimmt der Wirkungsquerschnitt für die Spaltung, der Spaltquerschnitt, mit abnehmender Neutronenenergie zu (und erreicht schließlich für thermische Neutronen 550 Barn). Andererseits nimmt mit steigender Neutronenenergie der Einfangquerschnitt der Uran-238-Kerne zu. Daher besteht beim Betrieb eines Reaktors mit Natururan die Schwierigkeit darin, die schnellen Neutronen (von einigen MeV), die bei der Spaltung freigesetzt werden, auf thermische Energien abzubremsen – bei denen dann weitere Spaltvorgänge mit größerer Wahrscheinlichkeit im Uran-235 möglich sind – ohne bei der Moderation zu viele Neutronen durch Einfang im Uran-238 zu verlieren. Diese Bedingungen erfüllen ein Moderator, der die Neutronen abbremst, aber nicht einfängt, sowie geeignete Anordnungen der Uranbrennelemente im Moderator.

Der Moderator hat die Aufgabe, die Neutronen abzubremsen, ohne sie einzufangen. Wasserstoffatome, deren Masse mit der Neutronenmasse nahezu übereinstimmt, können zwar den verhältnismäßig größten Bruchteil der kinetischen Energie der Neutronen übernehmen, sie sind aber als Moderator ungeeignet, da eine Einfangreaktion ${}_1^1H(n, \gamma){}_1^2H$ mit relativ großer Wahrscheinlichkeit auftreten kann. Die leichtesten, brauchbaren Moderatoren sind schweres Wasser (D_2O), Beryllium (Be) und Graphit (${}_6^{12}C$). Die meisten übrigen leichten Nuklide sind ungeeignet, da sie einen zu großen Einfangquerschnitt für Neutronen aufweisen. Die Brennelemente werden als Blöcke in der Mitte des Moderators angeordnet. Unter idealen Bedingungen entweicht ein schnelles Neutron aus einem Brennelement in den Moderator und wird dort abgebremst. Dabei entgeht es dem Einfang (ohne Spaltung) durch das Uran-238. Dann gelangt es als thermisches Neutron in ein anderes Brennelement und verursacht im Uran-235 eine weitere Spaltung. Dieser gesamte Vorgang findet in weniger als einer Millisekunde statt.

Werden alle Ursachen der Neutronenverluste so klein wie möglich gehalten, so kann ein Reaktor „kritisch" werden; jede Spaltung führt dann zu mindestens einer weiteren Spaltung. Die Reaktorleistung oder die Spaltrate läßt sich dadurch steuern, indem man Stoffe mit großem Einfangquerschnitt für Neutronen, etwa Cadmium, einbringt. Diese absorbieren dann sehr schnell die Neutronen. Diese Stoffe verwendet man meist in Form von Stäben, *Steuerstäbe* genannt. Ein Reaktor ist dann *unterkritisch,* wenn im Durchschnitt jeder Spaltvorgang *weniger* als einen weiteren Spaltvorgang zur Folge hat; die Spaltreaktion kann sich in diesem Falle nicht selbst aufrechterhalten. Hat andererseits jede Spaltung durchschnittlich mehr als eine weitere Spaltung zur Folge, so spricht man von einem *überkritischen* Reaktor. Die Atombombe ist ein Grenzfall eines überkritischen Spaltvorganges.

Die Steuerung eines Reaktors durch mechanisch bewegte Steuerstäbe wäre praktisch unmöglich, falls nur die *prompten Neutronen* zur Verfügung ständen. Diese werden unmittelbar bei der Spaltung frei. Es gibt aber außerdem noch die *verzögerten Neutronen* (0,7 %), die von einigen Spaltprodukten ausgesandt werden, meist *nachdem* ein β^--Zerfall oder auch mehrere β^--Zerfälle stattgefunden haben. Ein verzögertes Neutron kann ungefähr 10 s nach der ursprünglichen Spaltung eine weitere Spaltung einleiten. Im Gegensatz dazu liefert ein promptes Neutron in weniger als 1 ms eine weitere Spaltung.

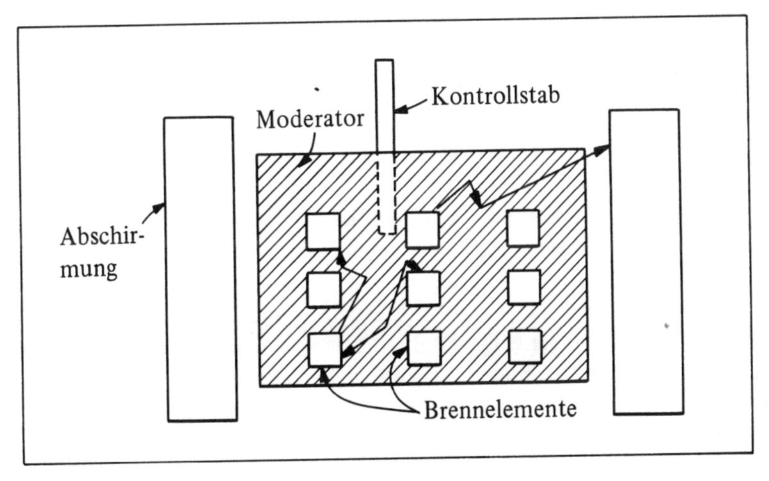

Bild 10.19 Schematische Darstellung der Hauptbestandteile eines Kernreaktors

Ein Beispiel für den Zerfall eines Spaltproduktes, bei dem ein verzögertes Neutron auftritt, ist die folgende Zerfallsreihe:

$$\begin{array}{l} {}^{87}_{35}\mathrm{Br} \nearrow \beta^- \; {}^{87}_{36}\mathrm{Kr}^* \rightarrow {}^{86}_{36}\mathrm{Kr} + {}^{1}_{0}\mathrm{n} \,, \\ (56\,\mathrm{s}) \searrow \beta^- \; {}^{87}_{36}\mathrm{Kr} \xrightarrow{\beta^-} {}^{87}_{37}\mathrm{Rb} \xrightarrow{\beta^-} {}^{87}_{38}\mathrm{Sr} \,. \end{array}$$

Bei Kernreaktoren gibt es sehr unterschiedliche Bauarten. Sie können sich in folgenden Merkmalen unterscheiden: Brennstoff (Natururan; mit Uran-235 angereichertes Uran; andere, künstlich hergestellte Spaltstoffe); Moderator (Wasser, Graphit, Beryllium); Verteilung des Brennstoffes im Moderator (homogen, heterogen); Energie der Spaltneutronen (schnell, epithermisch, thermisch) und Wärmeaustauscher (Gas, Wasser, flüssige Metalle). Bild 10.19 zeigt das Schema eines Kernreaktors.

Auch nach ihrem Verwendungszweck lassen sich Kernreaktoren einteilen:
1. Leistungsreaktoren, 2. Neutronenquellen, 3. Reaktoren zur Gewinnung von Radionukliden und 4. Reaktoren zur Gewinnung von weiterem Spaltmaterial (Brutreaktoren). Dazu im einzelnen:

1. Die große kinetische Energie der Spaltprodukte in einem Kernreaktor ist eine Quelle von Wärmeenergie, die durch einen Wärmeaustauscher abgeführt nützliche Arbeit verrichten kann, zum Beispiel elektrische Energie liefern kann.
2. Im Reaktorinnern kann die Neutronenflußdichte Werte bis zu 10^{19} Neutronen/cm^2 s erreichen.
3. Eine derartig große Flußdichte läßt sich für physikalische Versuche verwenden oder zur Bestrahlung von Werkstoffen; dabei können auch Radionuklide durch (n, γ)-Reaktionen gewonnen werden.
4. Stoffe, zum Beispiel Uran-238 oder Thorium-232, die *nicht* durch thermische Neutronen spaltbar sind, können in einem Kernreaktor in spaltbare Nuklide umgewandelt werden. Zwei derartige Reaktionen sind zum Beispiel:

$${}^{238}_{92}\mathrm{U} + {}^{1}_{0}\mathrm{n} \rightarrow {}^{239}_{92}\mathrm{U}^* \xrightarrow[(23\,\mathrm{min})]{\beta^-} {}^{239}_{93}\mathrm{Np} \xrightarrow[(2{,}3\,\mathrm{d})]{\beta^-} \underset{(24\,000\,\mathrm{a})}{{}^{239}_{94}\mathrm{Pu}} \,,$$

$${}^{232}_{90}\mathrm{Th} + {}^{1}_{0}\mathrm{n} \rightarrow {}^{233}_{90}\mathrm{Th}^* \xrightarrow[(22\,\mathrm{min})]{\beta^-} {}^{233}_{91}\mathrm{Pa} \xrightarrow[(27\,\mathrm{d})]{\beta^-} \underset{(1{,}6 \cdot 10^5\,\mathrm{a})}{{}^{233}_{92}\mathrm{U}} \,.$$

Uran-238 und Thorium-232 sind durch thermische Neutronen *nicht spaltbar,* aber beim Neutroneneinfang entstehen durch die darauffolgenden β^--Zerfälle schließlich Plutonium-239 bzw. Uran-233, also Nuklide, die durch thermische Neutronen spaltbar sind.

Auf Grund dieser Reaktionen ist ein *Brutreaktor* oder *Brüter* möglich. In einem Brüter sind zwei Arten Brennstoff vorhanden, erstens ein Spaltstoff (zum Beispiel Plutonium-239) und zweitens ein *Brutstoff* (zum Beispiel Uran-238), der im Reaktor beim Brutvorgang in spaltbares Material konvertiert werden kann. Bei der Spaltung eines Plutonium-239-Kernes werden durchschnittlich drei Neutronen frei. Davon muß eines für eine weitere Spaltung eines Plutoniumkernes zur Verfügung stehen; von den beiden übrigen muß mindestens eines von einem Uran-238-Kern eingefangen werden, der dadurch schließlich in einen Plutonium-239-Kern übergeht. Die Spaltstoffmenge im Reaktor bleibt dann erhalten. Werden mehr als nur eines dieser beiden zur Verfügung stehenden Neutronen von Uran-238-Kernen eingefangen, so kann der Reaktor weiteres spaltbares Plutonium erbrüten, d.h., er erzeugt mehr Spaltmaterial als er verbraucht.

10.9 Kernfusion

Der Ursprung der Energie, die von der Sonne und von anderen Sternen ausgestrahlt wird, ist eine Kette exothermer Kernreaktionen. Die Atome, die im Sterninnern an derartigen Reaktionen beteiligt sind, sind vollständig ionisiert; sie haben also alle Elektronen verloren. Eine solche Ansammlung geladener Teilchen – nackte Kerne und Elektronen – heißt *Plasma.* Die Teilchen befinden sich auf sehr hoher Temperatur (bis zu 10^8 K), bewegen sich mit großer Geschwindigkeit und stoßen häufig untereinander zusammen. Die mittlere kinetische Energie eines Teilchens, $\frac{3}{2}\,kT$, ist bei einer Temperatur $T = 10^7$ K von der Größenordnung 1 keV. Daher kann bei den Zusammenstößen zwischen den positiv geladenen Kernen die Coulombsche Abstoßung überwunden werden. Einige der schnellsten Kerne können sich so nahe kommen, daß sie durch die Kernkräfte in Wechselwirkung treten; dabei können dann mit hoher Wahrscheinlichkeit Reaktionen stattfinden. Eine Kernreaktion, die infolge der erhöhten thermischen Bewegung der reagierenden Teilchen bei hohen Temperaturen verläuft, heißt *thermonukleare Reaktion.*

Der Zyklus der thermonuklearen Reaktionen, bei dem in der Sonne und in vergleichbaren Sternen Energie freigesetzt wird, ist der Proton-Proton-Zyklus:

$$^1\mathrm{H} + {}^1\mathrm{H} \to {}^2\mathrm{H} + \beta^+ + \nu\,, \qquad {}^1\mathrm{H} + {}^2\mathrm{H} \to {}^3\mathrm{He} + \gamma\,,$$
$$^3\mathrm{He} + {}^3\mathrm{He} \to {}^4\mathrm{He} + 2\,{}^1\mathrm{H}\,.$$

Dieser Zyklus, der aus drei einzelnen Kernreaktionen besteht, verschmilzt vier Protonen zu einem α-Teilchen, zwei Positronen und zwei Neutrinos. Die erste Reaktion in diesem Zyklus, bei der beim Zusammenstoß zweier Protonen ein Positron entsteht, hat einen sehr kleinen Wirkungsquerschnitt; sie findet im Sonneninnern statt, denn dort herrscht eine Temperatur von rund $2 \cdot 10^7$ K. Der Q-Wert für den vollständigen Zyklus ist etwa 25 MeV oder annähernd 6 MeV pro Nukleon, das in diesen Zyklus eingeht (da bei einer Kernspaltung gewöhnlich 200 MeV frei werden, beträgt bei einem Spaltvorgang diese Energie pro Nukleon ungefähr 1 MeV).

Ein zweiter Zyklus thermonuklearer Reaktionen, der in einigen Sternen abläuft, ist der *Kohlenstoff-Zyklus:*

$$\begin{aligned}
&^1\mathrm{H} + {}^{12}\mathrm{C} \to {}^{13}\mathrm{N} + \gamma\,,\\
&\qquad {}^{13}\mathrm{N} \to {}^{13}\mathrm{C} + \beta^+ + \nu\,,\\
&^1\mathrm{H} + {}^{13}\mathrm{C} \to {}^{14}\mathrm{N} + \gamma\,,\\
&^1\mathrm{H} + {}^{14}\mathrm{N} \to {}^{15}\mathrm{O} + \gamma\,,\\
&\qquad {}^{15}\mathrm{O} \to {}^{15}\mathrm{N} + \beta^+ + \nu\,,\\
&^1\mathrm{H} + {}^{15}\mathrm{N} \to {}^{12}\mathrm{C} + {}^4\mathrm{He}\,.
\end{aligned}$$

Bei diesem Prozeß wirkt der Kohlenstoff-12-Kern nur als Katalysator: Der Prozeß beginnt mit einem Kohlenstoff-12-Kern und endet auch bei einem Kohlenstoff-12-Kern. Es werden aber vier Protonen zu einem α-Teilchen verschmolzen; außerdem entstehen zwei Positronen und zwei Neutrinos. Da in den Kohlenstoff-Zyklus die gleichen Teilchen eintreten und am Ende daraus hervorgehen wie beim Proton-Proton-Zyklus, wird hier ebenfalls eine Energie von rund 25 MeV freigesetzt.

Warum führen sowohl die Spaltung der schwersten Kerne als auch die Fusion der leichtesten Kerne zu derartig exothermen Kernreaktionen? Warum können diese beiden Reaktionen, Spaltung und Verschmelzung, zur Freisetzung von Kernenergie führen? Die Antwort finden wir in Bild 9.10, das die mittlere Bindungsenergie pro Nukleon in Abhängigkeit von der Massenzahl wiedergibt: Sowohl Spaltung als auch Fusion führen zu stärker gebundenen Kernen. Der relative Anteil der Umwandlung von Ruhenergie in Kernenergie ist bei der Fusion (0,66 %) größer als bei der Spaltung (0,09 %).

Von großem praktischen Interesse ist die Möglichkeit, eine *kontrollierte* thermonukleare Fusionsreaktion durchzuführen, da die hierbei frei werdende Energie sehr groß ist. Als Energiequelle hat die Kernfusion beträchtliche Vorteile gegenüber der aus der Spaltung herrührenden Energie: Es gibt einen beinahe unbegrenzten Vorrat an Brennstoff, die Reaktionen liefern keine radioaktiven Abfälle und es läßt sich elektrische Energie auf einem unmittelbareren Weg erzeugen als durch die üblichen Wärmeaustauscher und Turbinen.

Beträchtliche technische Schwierigkeiten müssen jedoch noch überwunden werden, bis eine Energiequelle auf der Grundlage einer kontrollierten Kernfusion zur Verfügung steht. An erster Stelle sind dabei die außergewöhnlich hohen Temperaturen zu erwähnen, die erforderlich sind, um die abstoßende Coulomb-Kraft zwischen den Kernen zu überwinden. Ein sehr heißes Plasma muß über eine größere Zeitdauer eingeschlossen werden, damit viele Stöße zwischen den Teilchen des Plasmas stattfinden können. Die üblichen Behälter sind ungeeignet, nicht in erster Linie, weil sie durch die Berührung mit dem sehr heißen Plasma schmelzen würden, sondern vielmehr weil sie das Plasma unter die für die spontane Kernfusion erforderliche Temperatur abkühlen würden.

Das auf einer hohen Temperatur befindliche Plasma eines thermonuklearen Fusionsreaktors wird durch Magnetfelder daran gehindert, die Behälterwand zu berühren. Auf dieselbe Weise werden geladene Teilchen durch das Magnetfeld der Erde in dem Van Allen-Gürtel eingefangen. Der Bau derartiger Behälter, magnetische Flaschen genannt, befindet sich in schneller Entwicklung. Ein Plasma mit einer Temperatur von mehreren Millionen Grad würde einen nicht beherrschbaren Druck ausüben, wenn seine Dichte nicht außerordentlich klein wäre. Daher darf der Druck im Plasma vor der Aufheizung nicht größer als ungefähr 10 Pa (also etwa 0,1 Torr) sein.

Unter den Reaktionen, die mit Wasserstoffisotopen möglich sind (^{2}H, Deuterium, ^{3}H, Tritium), befinden sich die folgenden:

$$^2\text{H} + {}^3\text{H} \rightarrow {}^4\text{He} + \text{n} \qquad Q = 17{,}6\ \text{MeV},$$
$$^2\text{H} + {}^2\text{H} \rightarrow {}^3\text{He} + \text{n} \qquad Q = 3{,}2\ \text{MeV},$$
$$^2\text{H} + {}^2\text{H} \rightarrow {}^3\text{H} + {}^1\text{H} \qquad Q = 4{,}0\ \text{MeV}.$$

Da der Coulombsche Potentialwall zwischen geladenen Teilchen mit wachsender Kernladung zunimmt, erfordert eine thermonukleare Reaktion bei Wasserstoffisotopen eine geringere Temperatur als sie bei schwereren Elementen notwendig wäre. Als Brennstoff für eine Kernfusion ist Deuterium besonders geeignet, da es in fast unbegrenzter Menge leicht verfügbar ist. Man findet es zum Beispiel im Meerwasser, wo ein D_2O-Molekül auf je 6000 H_2O-Moleküle kommt.

10.10 Zusammenfassung

Die Mehrzahl der niederenergetischen Kernreaktionen besitzt die allgemeine Form X(x, y)Y, hierbei ist X der Targetkern, x das Geschoßteilchen, y das austretende leichte Teilchen und Y der Folgekern (der häufig radioaktiv ist). Bei einer Kernreaktion müssen die Nukleonenzahl, die elektrische Ladung, der Impuls und die Masse–Energie erhalten bleiben. Die bei der Reaktion insgesamt frei werdende Energie Q ist durch

$$Q = [(m_X + m_x) - (m_Y + m_y)]\, c^2 = (E_Y + E_y) - E_x \qquad (10.1), (10.3)$$

bestimmt, hierbei ruht der Targetkern X im Laborsystem. Reaktionen, bei denen als Teilchen x oder y Photonen auftreten, sind der Kernphotoeffekt (Photospaltung) bzw. Einfangreaktionen.

Da bei jeder Kernreaktion der Impuls erhalten bleiben muß, ist bei einer Reaktion nur ein Bruchteil der Energie E_x ausnutzbar. Die Schwellenenergie E_S des Geschoßteilchens x bei einer endothermen Kernreaktion ($Q < 0$) mit ruhendem Targetkern X ist (falls Q/c^2 klein im Vergleich zu den Ruhmassen m_X, m_x m_Y und m_y ist) durch

$$E_S = -\frac{Q\,(m_X + m_x)}{m_X} \tag{10.6}$$

gegeben. Allgemein wird die Schwellenenergie des auf einen ruhenden Targetkern treffenden Geschoßteilchens

$$E_S = \frac{-\frac{1}{2}\,Q\,(\text{Ruhenergie aller Teilchen vor und nach der Reaktion})}{\text{Ruhenergie des Targetteilchens}}\,. \tag{10.7d}$$

Der Wirkungsquerschnitt σ liefert ein Maß für die Wahrscheinlichkeit des Auftretens einer Kernreaktion. Der Bruchteil der Anzahl der Geschoßteilchen x, die eine Reaktion in einer dünnen Folie der Dicke d und der Teilchendichte n liefern, ist

$$\frac{N_r}{N_e} = \sigma n d\,. \tag{10.8}$$

Auf Grund der Annahme von der Existenz eines Zwischenkernes (Compound-Kern) erfolgen Kernreaktionen in zwei getrennten Schritten: Bildung des Zwischenkernes und Zerfall des Zwischenkernes.

$$X + x \rightarrow C^* \rightarrow Y + y\,.$$

Das Auftreten von Peaks oder Resonanzen beim Wirkungsquerschnitt ist ein Anzeichen dafür, daß die angeregten Zustände des Zwischenkernes gequantelt sind.

Neutronen lassen sich indirekt durch die ionisierenden Teilchen nachweisen, die bei neutroneninduzierten Kernreaktionen oder durch Neutronenstöße entstehen. Die Neutronenenergie kann man durch Flugzeitmessungen mit Hilfe eines mechanischen Geschwindigkeitsselektors oder auch durch Neutronenbeugung an Kristallen bestimmen. Neutronen werden durch Verlust ihrer kinetischen Energie bei elastischen Stößen moderiert. Neutronen, die sich im thermischen Gleichgewicht mit einem Moderator der Temperatur T befinden, haben eine mittlere kinetische Energie $\frac{3}{2}\,kT$.

Bei einer Kernspaltung teilt sich ein angeregter schwerer Kern, zum Beispiel Uran-235, in Spaltprodukte und mehrere Neutronen. Dabei wird eine Energie von rund 200 MeV frei, deren größter Teil kinetische Energie der Spaltprodukte ist. Die Spaltprodukte sind instabil und wandeln sich durch β^--Zerfall um. Die Spaltung läßt sich am besten mit Hilfe des Tröpfchenmodells verstehen. Nach diesem Kernmodell kommt es bei einer Verformung des Kernes zu einer Konkurrenz zwischen der Oberflächenspannung und der Coulombschen Abstoßung. Die wichtigsten Bestandteile eines Kernreaktors, in dem eine sich selbst erhaltende Kernreaktion abläuft, sind die Brennelemente, der Moderator und die Steuerstäbe. Ein Kernreaktor kann zur Gewinnung von Wärme, zur Erzeugung freier Neutronen oder zur Herstellung von Spaltmaterial dienen.

Eine thermonukleare Fusion ist eine hoch-exotherme Reaktion, die mit verhältnismäßig leichten Teilchen in einem Plasma sehr hoher Temperatur abläuft. Die üblichen thermonuklearen Reaktionen in den Fixsternen laufen über den Kohlenstoff-Zyklus oder über den Proton-Proton-Zyklus.

10.11 Aufgaben

Die Atommassen der stabilen Nuklide sind im Anhang aufgeführt, ebenso einige Radionuklide.

10.1. Welche Zerfallsart ist bei den instabilen Folgekernen dieser Reaktionen zu erwarten:
a) (n, γ), b) (p, n), c) (d, p), d) (α, n)?

10.2. Ein Körper mit der Gesamtmasse $3m$ explodiert unter Freisetzung einer bestimmten Energie Q in drei gleiche Massen. Der instabile Körper befand sich ursprünglich in Ruhe. Wie groß ist

a) das Minimum und

b) das Maximum der kinetischen Energie der bei dieser Explosion entstandenen Körper?

10.3. Eine unbekannte Masse m_x, die sich in Bewegung befindet, trifft im zentralen Stoß auf eine ursprünglich ruhende Masse von 14,0 kg, worauf die Masse von 14,0 kg eine Geschwindigkeit von 1,0 m/s erhält. Bei einem weiteren Versuch stößt m_x mit der *gleichen* Geschwindigkeit zentral gegen eine ruhende Masse von 1,0 kg und setzt diese mit einer Geschwindigkeit von 7,5 m/s in Bewegung. Bestimmen Sie m_x.

[Diese Aufgabe enthält die Gedankengänge, die Chadwick 1932 zur Entdeckung des Neutrons führten. Bei seinen Originalversuchen stießen Neutronen aus ein und derselben Quelle einmal gegen Protonen (relative Atommasse 1,0) und bei einem getrennten Versuch gegen Stickstoffatome (relative Atommasse 14,0).]

10.4. Bevor das Neutron durch Chadwick 1932 tatsächlich identifiziert werden konnte, nahm man an, der Beschuß von $^9_4$Be-Kernen mit α-Teilchen führe zu folgender Reaktion: $^9_4\mathrm{Be}(\alpha, \gamma)\,^{13}_6\mathrm{C}$. Dann fand man aber, daß beim Auftreffen der durchdringenden Strahlung auf Paraffin Protonen mit einer Energie von 5,7 MeV auftraten.

a) Zeigen Sie, daß unter der Annahme, diese Protonen hätten ihre Energie durch einen Compton-Effekt erhalten, die Energie der γ-Quanten 55 MeV betragen müßte.

b) Chadwick fand dann heraus, daß dieselbe durchdringende Strahlung, die Protonen von 5,7 MeV liefern konnte, beim Auftreffen auf Stickstoffatome diesen eine Energie von 1,4 MeV übertragen konnte. Zeigen Sie durch Anwendung des Energie- und des Impulssatzes auf den zentralen Stoß eines Teilchens dieser durchdringenden Strahlung (in Wirklichkeit handelt es sich um Neutronen) mit einem Proton und mit einem Stickstoffatom, deren Massen im Verhältnis 1 zu 14 stehen, und bei einer kinetischen Energie im Verhältnis 5,7 zu 1,4, daß die Masse des stoßenden Teilchens (also des Neutrons) praktisch genau so groß wie die Protonenmasse sein muß.

10.5. Geben Sie mindestens drei Kernreaktionen an, bei denen aus stabilen Targetnukliden die folgenden Nuklide hergestellt werden könnten:
a) Stickstoff-13, b) Neon-21, c) Eisen-57.

10.6. Der Q-Wert einer Kernreaktion läßt sich durch Messung der kinetischen Energie E_x und E_y des Geschoßteilchens x, bzw. des entstandenen leichten Teilchens y bei bekanntem Winkel zwischen der Einfallsrichtung des x-Teilchens und der Flugrichtung des y-Teilchens bestimmen. Zeigen Sie, daß bei einem Winkel von 90°, unter dem die y-Teilchen beobachtet werden, der Q-Wert der Reaktion durch
$Q = E_y\,[1 + (m_y/m_Y)] - E_x\,[1 - (m_x/m_Y)]$ gegeben ist.

10.7. α-Teilchen treffen auf ein Aluminiumtarget, und es kommt zur Reaktion $^{27}_{13}\mathrm{Al}(\alpha, p)\,^{30}_{14}\mathrm{Si}$. Die Protonen werden unter einem Winkel von 90° gegen die Richtung des Strahles der Geschoßteilchen beobachtet. Bei welcher Energie wird man einen Peak in der Energieverteilung der Protonen beobachten, falls die α-Teilchen eine Energie von 8,00 MeV besitzen? (Vgl. auch Aufgabe 10.6 sowie die Bilder 10.14 und 10.15.)

10.8. Zwei Heliumkerne, jeder davon mit einer kinetischen Energie von 20 MeV, stoßen zentral zusammen. Dabei kommt es zur Reaktion $^4_2\mathrm{He}(\alpha, p)\,^7_3\mathrm{Li}$. Mit welcher kinetischen Energie gehen die Protonen aus dieser Reaktion hervor?

10.9. Ein 6,0-MeV-Neutron stößt zentral gegen einen Helium-3-Kern, der eine kinetische Energie von 2,0 MeV besitzt. Dabei entstehen zwei Deuteronen. Wie groß ist die kinetische Energie eines jeden Deuterons?

10.10. Wie groß ist die Schwellenenergie der Neutronen bei der Reaktion $^4_2\mathrm{He}(n, d)\,^3_1\mathrm{H}$, wenn ein ruhendes Target aus freien Heliumatomen angenommen wird?

10.11. Welche Photonenenergie ist mindestens erforderlich, um einen ursprünglich ruhenden Tritiumkern durch Photospaltung in

a) ein Deuteron und ein Neutron,

b) ein Proton und zwei Neutronen zu zerlegen?

10.12.

a) Wie groß ist die Schwellenenergie eines Neutrons bei der Reaktion $^3_2$He (n, d) $^2_1$H?

b) Angenommen, 4,0 MeV-Deuteronen treffen auf freie, ruhende Deuteronen, und die entstandenen Neutronen bewegen sich entgegengesetzt zur Richtung der einfallenden Deuteronen. Wie groß müßte dann die kinetische Energie der Neutronen sein?

c) Wie groß wäre in diesem Falle die kinetische Energie des Helium-3-Kernes?

10.13. Mit welcher kinetischen Energie muß ein Proton mindestens auf ein ruhendes Triton (Kern des Tritiumatoms $^3_1$H) stoßen, damit zwei Deuteronen entstehen?

10.14.

a) Mit welcher Mindestenergie müssen Deuteronen auf ein $^7_3$Li-Target treffen, damit Neutronen frei werden?

b) Mit welcher Mindestenergie müssen dagegen $^7_3$Li-Ionen auf ein Deuteriumtarget geschossen werden, damit durch dieselbe Kernreaktion freie Neutronen entstehen?

10.15. Ursprünglich ruhende Kohlenstoff-11-Kerne zerfallen zu Bor-11. Welche maximale Bewegungsenergie besitzen

a) die Neutrinos, b) die Positronen, c) die Bor-11-Kerne?

10.16. Bei der Herleitung der Beziehung für die Schwellenenergie des Geschoßteilchens einer endothermen Kernreaktion mit einem im Laborsystem ruhenden Target [Gln. (10.6) und (10.7)] haben wir *freie* Targetteilchen angenommen. Wird diese Schwellenenergie größer oder kleiner, falls die Targetteilchen mehr oder weniger stark gebunden sind?

10.17. Warum sind bei einem gegebenen Targetmaterial die Neutroneneinfangquerschnitte für die Reaktion (n, γ) sehr viel größer als die Wirkungsquerschnitte für die konkurrierenden Reaktionen (n, p), (n, α) oder (n, d)?

10.18.

a) Berechnen Sie die Höhe des Coulomb-Potentialwalles für ein Proton, das auf einen $^{10}_5$B-Kern trifft (verwenden Sie dabei Gl. (9.8) für die Reichweite der Kernkräfte).

b) Angenommen, der Potentialwall könnte nicht durchdrungen werden (es gäbe also keinen Tunneleffekt); wie groß müßte dann bei der Reaktion $^{10}_5$B (α, p) $^{13}_6$C die Bewegungsenergie der α-Teilchen mindestens sein? Tatsächlich findet diese Reaktion jedoch bei einer viel kleineren Bewegungsenergie der α-Teilchen statt. Das ist ein offensichtlicher Beweis für den Tunneleffekt.

10.19. In welcher Weise hängt der Einfangquerschnitt für energiereiche Neutronen von der Massenzahl A des Targetmaterials ab?

10.20. Der Wirkungsquerschnitt für den Photoneneinfang beim $^{197}_{79}$Au zeigt ein ausgeprägtes Maximum für Photonen von 13,90 MeV (eine sogenannte „Riesenresonanz"). Wie groß ist die entsprechende Anregungsenergie des $^{197}_{79}$Au*-Kernes?

10.21. Eine dünne 8 mg-Folie aus Cadmium-12 wird mit thermischen Neutronen bestrahlt. Die Neutronenflußdichte beträgt 10^{13} Neutronen/cm^2 s und die Bestrahlungsdauer 30 min. Der Einfangquerschnitt der Cadmium-112-Kerne für thermische Neutronen ist $2 \cdot 10^3$ b.

a) Wieviele Cadmium-113-Kerne entstehen durch die Bestrahlung?

b) Cadmium-113 zerfällt mit einer Halbwertszeit von 5 Jahren. Wie groß ist die Aktivität der Folie unmittelbar nach der Bestrahlung? Dabei können Sie die Anzahl der Cadmium-113-Kerne vernachlässigen, die bereits während der Bestrahlung zerfallen sind. (Durch einen derartigen Versuch läßt sich der Einfangquerschnitt bestimmen, indem man die Aktivität mißt.)

10.22. Der Einfangquerschnitt für ein Antineutrino bei der Reaktion p ($\overline{\nu}$, e$^+$) n ist von der Größenordnung 10^{-14} b. Zeigen Sie, daß sich die Anzahl der Antineutrinos in einem Strahl von Antineutrinos in einem Festkörper erst nach einer Laufstrecke von $2 \cdot 10^{13}$ cm halbiert hat. Rechnen Sie hierbei mit der Dichte der Erde, 6 g/cm^3, und nehmen Sie an, daß die Hälfte der Nukleonen Protonen sind.

10.23. Der Bruchteil der Anzahl der Geschoßteilchen, die eine Reaktion mit dem Wirkungsquerschnitt σ in einer sehr dünnen Folie liefern, ist nach Gl. (10.8) durch $\sigma n d$ gegeben. Hierbei ist n die Dichte der Targetteilchen (Anzahl der Targetteilchen pro Volumeneinheit) und d die Foliendicke. Zeigen Sie, daß der Bruchteil der Anzahl der Geschoßteilchen, die eine *dicke Folie durchdringen* können, durch $e^{-\sigma n d}$ gegeben ist.

10.24. Mit welchen Targets aus stabilen Nukliden und mit welchen üblichen Geschoßteilchen läßt sich bei einer Kernreaktion der Zwischenkern $^{20}_{10}Ne$ herstellen?

10.25.

a) Zeigen Sie, daß die Plancksche Konstante h nach Division durch 2π den Wert $6{,}58 \cdot 10^{-22}$ MeV · s annimmt.

b) Wie groß ist angenähert die Linienbreite eines angeregten Kernzustandes, dessen mittlere Lebensdauer gleich der nuklearen Zeit t_N ($\approx 10^{-22}$ s) ist?

10.26. Der Neutroneneinfangquerschnitt eines Nuklids zeige eine Resonanz (siehe Bild 10.12) mit einer Breite von 0,25 eV. Wie groß ist dann die mittlere Lebensdauer des zugehörigen angeregten Kernzustandes?

10.27. Ein $^{12}_{6}C$-Target wird mit 180 MeV-Elektronen beschossen. Die gestreuten Elektronen weisen jeweils bei Energien von 180 MeV, 176 MeV, 172 MeV und 170 MeV Peaks auf. Wie groß sind die Anregungsenergien der angeregten Zustände des $^{12}_{6}C$?

10.28. Der $^{240}_{94}Pu^*$-Kern zerfällt in die Spaltprodukte $^{144}_{56}Ba$ und $^{94}_{38}Sr$. Angenommen, die beiden Spaltprodukte besäßen Kugelform und berührten sich nach ihrer Entstehung gerade.

a) Wie groß wäre dann die Coulomb-Energie dieses Paares von Spaltprodukten (in MeV)?

b) Vergleichen Sie die Coulomb-Energie mit der gesamten, bei der Spaltung frei werdenden Energie.

10.29. Wie hoch wäre die Temperatur eines aus Spaltprodukten bestehenden „Gases"? Nehmen Sie dabei an, daß bei jeder Spaltung zwei Spaltprodukte gleicher Größe entstehen und daß jedes davon eine kinetische Energie von 70 MeV besitzt.

10.30.

a) Wie groß ist die mittlere kinetische Energie pro Teilchen im Sonneninnern bei einer Temperatur von $2 \cdot 10^7$ K (in MeV)?

b) Bis auf welchen minimalen Abstand können sich beim zentralen Stoß zwei Protonen dieser Energie annähern?

10.31. Alles in allem gibt es auf der Erde etwa 10^{21} kg Wasser, dabei kommt ein D_2O-Molekül auf jeweils 6000 H_2O-Moleküle. Angenommen, sämtliche Deuteronen würden bei der Fusionsreaktion $^{2}_{1}H$ (d, p) $^{3}_{1}H$ verbraucht; welche Energie ließe sich dadurch insgesamt gewinnen?

10.32. Ungefähr 10 % der bei einem Proton-Proton-Zyklus frei werdenden Energie von jeweils 25 MeV wird durch die beiden bei dem Zyklus entstehenden Neutrinos abgeführt. Die Intensität der Sonnenstrahlung beträgt auf der Erdoberfläche 1,4 kW/m², der Abstand der Erde von der Sonne $1{,}5 \cdot 10^{11}$ m.

a) Wie groß ist die Rate, mit der im Sonneninnern bei der thermischen Fusion Neutrinos erzeugt werden?

b) Wie groß ist Teilchenstromdichte dieser Neutrinos an der Erdoberfläche (Neutrinos/m² s)?

c) Wie groß ist die Dichte dieser von der Sonne stammenden Neutrinos an der Erdoberfläche (Neutrinos/m³)?

11 Elementarteilchen

Die Suche nach den letzten Bausteinen der Natur geht auf die frühe griechische Vorstellung von den vier Elementen zurück – Erde, Wasser, Luft und Feuer (sowie möglicherweise ein ätherisches, fünftes Element, die „Quintessenz") – die man als Grundlage aller übrigen Stoffe annahm. Zweiundzwanzig Jahrhunderte später entstand daraus die Idee der chemischen Elemente – mit den Vorstellungen von Molekülen und Atomen –, und schließlich gelangte man zu Teilchen innerhalb der Atome und sogar innerhalb der Atomkerne. Dieser Suche nach den Elementarteilchen liegt die Erwartung zu Grunde, nach Entdeckung der wirklich fundamentalen Teilchen – am besten nur einige wenige verschiedene Arten – und nach Kenntnis aller Gesetze, nach denen diese Teilchen untereinander in Wechselwirkung treten, die übrige Physik auf unmittelbarem, möglicherweise sehr schwierigem Wege herleiten zu können.

Das Ziel dieser Suche haben wir noch nicht erreicht, und es wird vielleicht auch niemals erreicht werden. Die Teilchen, die wir heute in gewissem Sinne als *Elementarteilchen* ansehen, sind sehr zahlreich. Sie lassen sich zwar auf unterschiedliche Weisen in eine sinnvolle Ordnung bringen, aber die wirklich grundlegende Ordnung im Reiche der Elementarteilchen entzieht sich immer noch den forschenden Physikern. Tatsächlich ist die eigentliche Triebfeder beim Bau von Beschleunigern, die immer energiereichere Teilchen liefern sollen, die Erzeugung weiterer neuer Teilchen sowie die Erforschung eines Bereiches noch unterhalb der Atomkerne. Hierzu benötigen die Physiker äußerst kurzwellige, hochenergetische Geschoßteilchen. Die Physik der Elementarteilchen ist daher Hochenergiephysik.

Das Studium der Elementarteilchenphysik ist zum Teil ein Studium der vier Grundkräfte zwischen Teilchen: der *starken* (oder *Kern-)Wechselwirkung*, der *elektromagnetischen Wechselwirkung*, der *schwachen Wechselwirkung* und der noch schwächeren *Gravitationswechselwirkung*. Es handelt sich dabei ebenso um ein Studium der Erhaltungssätze, nicht nur der gut bekannten Erhaltungssätze der klassischen Physik für die Masse-Energie, für den Impuls, für den Drehimpuls und für die elektrische Ladung, sondern auch von Erhaltungssätzen für einige weitere, noch etwas rätselhafte Größen. Endlich geht es darum, die fundamentalen Kräfte, die Erhaltungssätze, die wesentlichen Eigenschaften der Teilchen und sogar die Eigenschaften von Raum und Zeit zu einem sinnvollen Ganzen zusammenzufügen.

11.1 Elektromagnetische Wechselwirkung

Zunächst wollen wir die uns bereits vertrauten Teilchen betrachten, die wir bisher als Elementarteilchen behandelt haben. Diese sind das Elektron (e^-), das Proton (p^+), das Photon (γ), das Positron (mit e^+ bezeichnet, das Antiteilchen des Elektrons) und das Antiproton (mit p^- bezeichnet, das Antiteilchen des Protons). Jedes dieser Teilchen hat bestimmte, unveränderliche Eigenschaften, etwa eine bestimmte elektrische Ladung, eine bestimmte Ruhmasse (oder Ruhenergie), einen bestimmten Eigendrehimpuls (oder Spin) und eine mittlere Lebensdauer beim Zerfall in andere Elementarteilchen. Da sich alle diese fünf Teilchen gegenüber einem spontanen Zerfall als stabil erweisen, müssen wir auch für jedes eine unbegrenzte Lebensdauer annehmen (vgl. Tabelle 11.1).

Tabelle 11.1: Einige Eigenschaften wichtiger Elementarteilchen

Teilchen	(relative) Ruhmasse m/m_e [1]	Ruhenergie (in MeV)	(relative) Ladung Q/e	Spin $s/\hbar$	Lebensdauer (in a)
Photon γ	0	0	0	1	∞
Elektron e^-	1	0,511003	−1	1/2	∞ ($> 10^{21}$)
Positron e^+	1	0,511	+1	1/2	∞
Proton p^+	1836	938,280	+1	1/2	∞ ($> 10^{30}$)
Antiproton p^-	1836	938,3	−1	1/2	∞

[1]) m_e: Ruhmasse des Elektrons

Wie wir im Kapitel 4 bei der Behandlung der *Wechselwirkung* zwischen elektromagnetischer Strahlung und einem geladenen Teilchen erkannt haben, müssen wir uns die Strahlung aus teilchenartigen Photonen bestehend vorstellen; dabei gehen wir davon aus, daß die Wechselwirkung an einem einzigen Raum-Zeit-Punkt stattfindet. Bild 4.19 veranschaulicht diese verschiedenen Wechselwirkungen zwischen Photonen und Elektronen.

Zum besseren Verständnis können wir diese Wechselwirkungen in einem Raum-Zeit-Diagramm darstellen. In diesem Diagramm tragen wir die Zeit als Ordinate über dem Ort als Abszisse auf. Zur Vereinfachung geben wir die räumliche Lage des Teilchens nur in einer einzigen Dimension wieder. Eine derartige zweidimensionale Darstellung der Zeit über einer einzigen Raumkoordinate enthält bereits alle wichtigen Gesichtspunkte der Wechselwirkung.

In diesem Raum-Zeit-Diagramm stellt sich die Geschichte eines Teilchens als Kurve dar, die man auch *Weltlinie* nennt. Da Wechselwirkungen zwischen Teilchen nur jeweils an einzelnen Raum-Zeit-Punkten stattfinden sollen, betrachten wir jedes Teilchen zwischen den Wechselwirkungen als kräftefrei. Derartige Teilchen bewegen sich mit konstanter Geschwindigkeit. Zwischen den Wechselwirkungen sind die Weltlinien daher Geraden. Eine senkrechte Gerade stellt dann ein Teilchen dar, dessen x-Koordinate sich zeitlich nicht ändert, also ein ruhendes Teilchen. Eine Linie unter einem Winkel gegen die Senkrechte stellt ein bewegtes Teilchen dar. Dabei nimmt der Winkel zwischen dieser Linie und der Senkrechten mit zunehmender Teilchengeschwindigkeit ebenfalls zu. Da sich ein Photon oder irgend ein anderes Teilchen ohne Ruhmasse mit der größtmöglichen Geschwindigkeit c bewegt, schließt auch dessen Weltlinie mit der Senkrechten den größtmöglichen Winkel ein.

Bild 11.1 zeigt schematisch die Raum-Zeit-Diagramme der Wechselwirkungen zwischen Elektronen und Photonen und entspricht damit der Darstellung in Bild 4.19. Jede dieser Wechselwirkungen soll in ihrem Schwerpunktsystem beobachtet werden. Mit zunehmender Ordinate verläuft die Zeit von der Vergangenheit auf die Zukunft hin. Schwere Teilchen (Proton und Wasserstoffatom) sind durch gestrichelte Linien, leichte Teilchen (Elektron und Positron) durch ausgezogene Linien und Photonen durch Schlangenlinien wiedergegeben. Zunächst wollen wir nun der Reihe nach jedes einzelne Diagramm dieses Bildes vornehmen.

Beim *Photoeffekt* stößt ein Photon mit einem Wasserstoffatom, also mit einem Proton-Elektron-System zusammen (Bild 11.1a). Nach der Wechselwirkung ist das Photon verschwunden; Elektron und Proton bewegen sich als getrennte Teilchen. Das Raum-Zeit-Ereignis, das diese Wechselwirkung kennzeichnet, entspricht dem Verzweigungspunkt – auch „Vertex" genannt – in dem sich die Linien des eintreffenden Photons und des Elek-

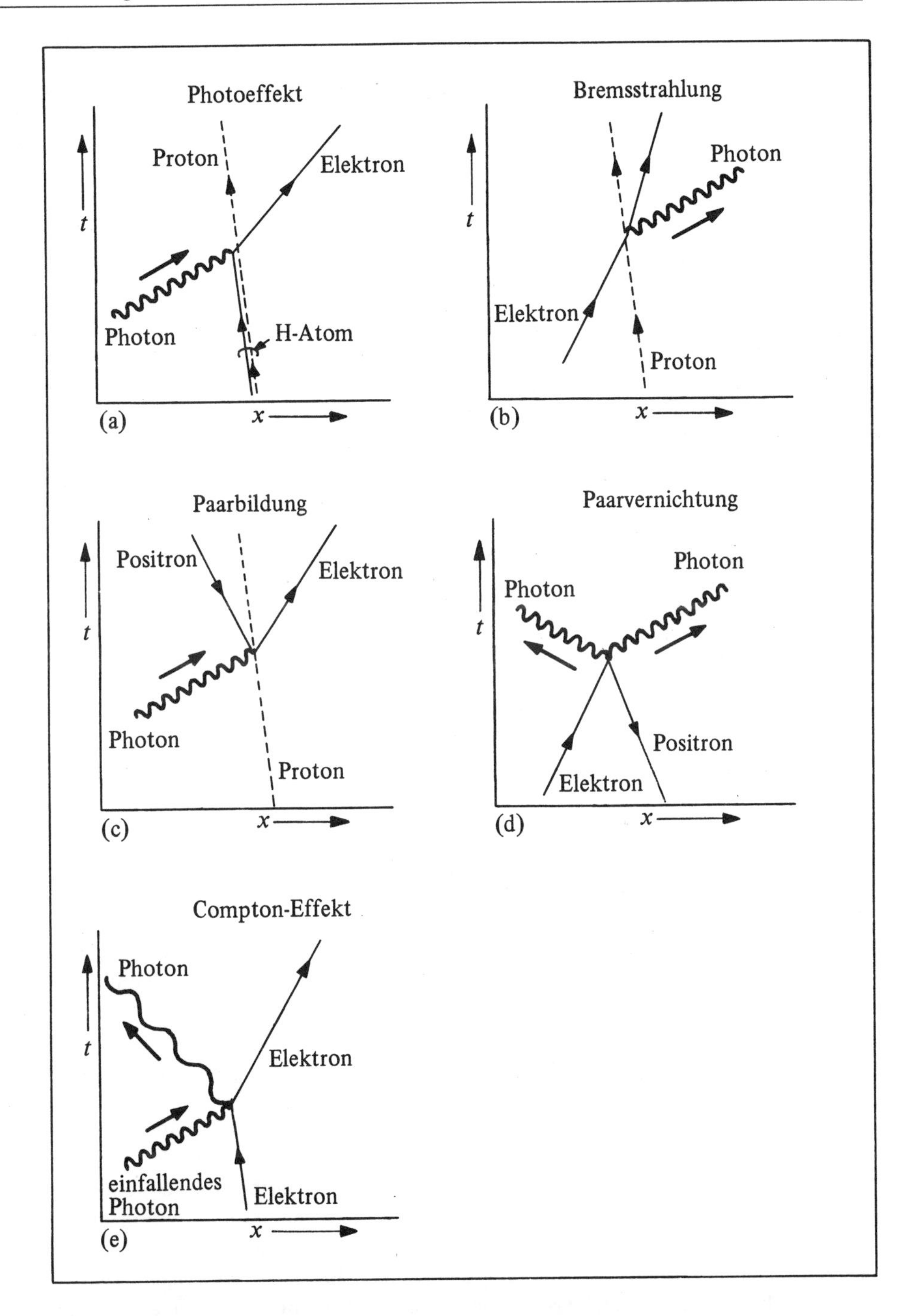

Bild 11.1 Raum-Zeit-Diagramme, sogenannte Graphen, der Grundwechselwirkungen zwischen Elektronen und Photonen. Ein Elektron ist durch eine ausgezogene Linie, ein Photon durch eine Schlangenlinie und ein Proton durch eine gestrichelte Linie wiedergegeben. Ein Positron, das sich zeitlich vorwärts bewegt, entspricht einem Elektron das zeitlich rückwärts läuft.

trons zu einer einzigen Linie des fortfliegenden Elektrons vereinigen (die Bewegung des Protons wird hierbei nicht wesentlich beeinflußt). Da ja das Wasserstoffatom ursprünglich aus dem Proton-Elektron-System bestand, ist das Ergebnis dieser Wechselwirkung die Absorption eines realen Photons. Offensichtlich bleibt die Gesamtanzahl der Protonen vor und nach der Wechselwirkung unverändert.

Bei der Entstehung der *Bremsstrahlung* (Bild 11.1b) erzeugt ein Elektron beim Zusammenstoß mit einem Proton ein Photon. Wiederum ist die Wechselwirkung das momentane Ereignis im Verzweigungspunkt der Linien des Raum-Zeit-Diagramms, in dem sich die Linien von Photon und Elektron treffen. Die Weltlinie des Elektrons erfährt hier einen Knick. Dadurch wird angedeutet, daß sich Impuls und Energie des Elektrons ändern. Wir können uns aber auch das ankommende Elektron im Verzweigungspunkt vernichtet denken, während gleichzeitig ein zweites Elektron mit unterschiedlichem Impuls und unterschiedlicher Energie erzeugt wird.

Bei der *Paarbildung* (Bild 11.1c) wird ein Photon vernichtet und ein Elektron-Positron-Paar erzeugt. Das Positron, das Antiteilchen des Elektrons, wird hier durch eine Elektronenweltlinie mit *umgekehrter* Pfeilrichtung dargestellt. Das Antiteilchen wird also hier als Elektron betrachtet, das zeitlich rückwärts läuft. Diese Art der Darstellung – ein zeitlich vorwärts laufendes Antiteilchen ist einem zeitlich rückwärts laufenden Teilchen äquivalent – wird durch Überlegungen der Quantenelektrodynamik gerechtfertigt. Das gilt auch für die Darstellung, bei der die Erzeugung eines Teilchens der Vernichtung seines Antiteilchens äquivalent ist. Wie wir hier erkennen können, sind also die Elektronen- und Photonenlinien, die die Paarbildung darstellen, im Grunde die gleichen wie bei der Darstellung des Photoeffektes und bei der Erzeugung der Bremsstrahlung: Eine im Verzweigungspunkt abgeknickte Elektronenlinie trifft dort eine Photonenlinie. Diese Vorgänge sowie weitere, die wir später behandeln werden, unterscheiden sich nur in der Orientierung ihrer Linien im Raum-Zeit-Diagramm.

Bei der *Zerstrahlung* eines *Elektron-Positron-Paares* (Bild 11.1d) vereinigen sich diese beiden Teilchen, dabei entstehen Photonen. Kennzeichnend für die Paarzerstrahlung ist die Erzeugung von zwei oder mehreren Photonen, denn nur so kann der Impuls erhalten bleiben.

Der *Compton-Effekt* (Bild 11.1e) ist eine elektromagnetische Wechselwirkung, bei der ein eintreffendes Photon auf ein Elektron stößt. Dabei entsteht sowohl ein gestreutes Photon als auch ein gestreutes Elektron.

Bei den bisher behandelten elektromagnetischen Wechselwirkungen haben wir von den einzelnen Wechselwirkungsvorgängen angenommen, daß sie an einem einzigen Raum-Zeit-Punkt stattfinden. Der Gesamtimpuls und die Gesamtenergie sind jeweils vor und nach der Wechselwirkung gleich groß. Tatsächlich liefert uns jedoch die Quantenmechanik durch ihre Unschärferelation eine größere Freiheit. Als Beispiel wollen wir den Compton-Effekt (Bild 11.1e) betrachten. Angenommen, ein eintreffendes Photon stoße auf ein Elektron und erzeuge dabei ein *intermediäres Elektron*. Später erzeugt dann dieses intermediäre Elektron ein neues Photon sowie das nach der Streuung auftretende Elektron (Bild 11.2). Für beide Verzweigungspunkte gilt die Erhaltung der Ladung. Im ersten Verzweigungspunkt, in dem das eintreffende Photon auf das ursprüngliche Elektron stößt und dabei das intermediäre Elektron erzeugt, können unmöglich gleichzeitig der Gesamtimpuls und die Gesamtenergie erhalten bleiben. In dem hier gewählten Schwerpunktsystem muß definitionsgemäß der Gesamtimpuls verschwinden. Daher muß sich das intermediäre Elektron nach dem ersten Verzweigungspunkt in Ruhe befinden. Vor der Wechselwirkung war die Gesamtenergie gleich der Summe aus der Photonenenergie E_γ, der Ruhenergie E_0 des ursprünglichen Elektrons

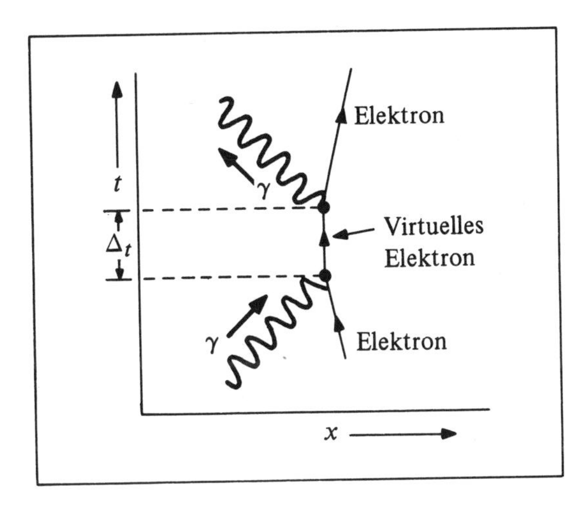

Bild 11.2
Diagramm des Compton-Effektes. Zwei getrennte Ereignisse sind durch ein virtuelles Elektron miteinander verknüpft.

und dessen Bewegungsenergie E_k. Nach dem Stoß jedoch besteht die Gesamtenergie nur noch aus der Ruhenergie des intermediären Elektrons (das sich ja auf Grund des Impulssatzes in Ruhe befinden muß). Daher vermindert sich die Gesamtenergie um $\Delta E = E_\gamma + E_k$. Dieser „Verlust" an Energie wird im zweiten Verzweigungspunkt zurückgewonnen, wenn dort das intermediäre Elektron in das endgültige Photon und Elektron zerfällt. Während der Lebensdauer Δt des intermediären Elektrons wird daher der Energiesatz verletzt und zwar um einen Betrag ΔE. Ist die Zeitdauer, während der der Energiesatz verletzt wird, kleiner als das durch die Heisenbergsche Unschärferelation begrenzte Zeitintervall ($\Delta t \approx \hbar/\Delta E$), dann ist das intermediäre Elektron unbeobachtbar, und die Verletzung des Energiesatzes (oder des Impulssatzes) ist nicht meßbar. Die Unschärferelation gestattet daher, daß die Gesamtenergie des Systems von der Anfangsenergie um einen Betrag ΔE während einer Zeitspanne $\Delta t \leqslant \hbar/\Delta E$ abweicht. Das intermediäre Teilchen, in diesem Falle ein Elektron, ist unbeobachtbar und unterscheidet sich damit von einem realen Elektron. Die Weltlinie eines derartigen Teilchens muß immer zwischen zwei Verzweigungspunkten verlaufen. Dabei gilt für das Zeitintervall Δt zwischen Emission und Absorption dieses sogenannten *virtuellen Teilchens* $\Delta t \leqslant \hbar/\Delta E$.

Wie sich ähnlich begründen läßt, kann auch der Impulssatz verletzt werden und zwar um einen Betrag Δp auf einer Strecke Δx zwischen Emission und Absorption des virtuellen Teilchens. Dabei muß aber $\Delta x \leqslant \hbar/\Delta p$ sein. Beim Compton-Effekt können daher virtuelle Elektronen mit jeder möglichen Bewegungsenergie und mit jedem möglichen Impuls entstehen, wenn sie nur rechtzeitig in das gestreute reale Elektron und reale Photon zerfallen, d.h. innerhalb von zeitlichen und räumlichen Intervallen, die durch die Unschärferelation gegeben sind. (Im Beispiel 11.1 wird die Lebensdauer eines virtuellen Elektrons beim Compton-Effekt berechnet.) Wie die Quantenelektrodynamik allgemein zeigt, können wir als Grundform der elektromagnetischen Wechselwirkung das punktförmige Raum-Zeit-Ereignis betrachten, bei dem sich zwei Weltlinien geladener Teilchen (die zeitlich vorwärts oder auch rückwärts verlaufen können) mit der Weltlinie eines Photons vereinigen. Dabei müssen jedoch die beiden folgenden Bedingungen erfüllt sein:

1. Ist eines der entstehenden Teilchen virtuell, so muß seine Weltlinie in einem zweiten Verzweigungspunkt innerhalb von Zeit- und Raumintervallen enden, die durch die Unschärferelation gegeben sind

$$\Delta t \leqslant \frac{\hbar}{\Delta E} \text{ und } \Delta x \leqslant \frac{\hbar}{\Delta p_x}. \qquad (11.1)$$

Hierbei stellen die Größen Δt und Δx das Zeitintervall bzw. das Rauminterval zwischen Emission und Absorption des virtuellen Teilchens dar, und ΔE und Δp_x sind die Beträge, um die der Energiesatz und der Impulssatz während dieses Raum-Zeit-Intervalls verletzt sein dürfen.

2. Die Erhaltung der elektrischen Ladung muß für alle Raum-Zeit-Punkte erfüllt sein.

Bild 11.3 zeigt diese Grundwechselwirkung.

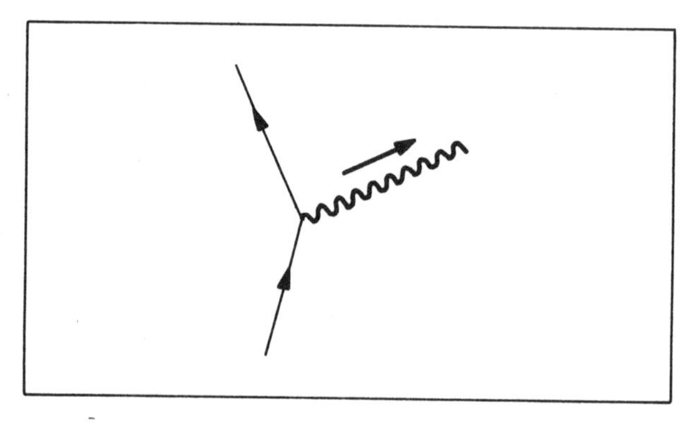

Bild 11.3 Elektromagnetische Grundwechselwirkung

Ein weiteres Beispiel für die Beschreibung mit Hilfe der Grundform der elektromagnetischen Wechselwirkung (Bild 11.3) liefert das Bild 11.4. Dort ist die Entstehung der Bremsstrahlung (Bild 11.1b) in eine Aufeinanderfolge von drei Grundwechselwirkungen nach Bild 11.3 zerlegt. Zu bemerken ist hierbei, daß nun das erste intermediäre Teilchen ein virtuelles Photon, das zweite dagegen ein virtuelles Proton ist. Durch ähnliche Graphen lassen sich auch die elektromagnetischen Wechselwirkungen zwischen einer beliebigen Anzahl von elektrischen Ladungen darstellen.

Alle fünf in der Tabelle 11.1 aufgeführten Teilchen sind gegenüber einem spontanen Zerfall stabil. Bei jeder möglichen Wechselwirkung zwischen diesen realen Teilchen gibt es eine Reihe physikalischer Grundeigenschaften, die in aller Strenge erhalten bleiben. Wir kennen zum Beispiel die Erhaltung des Impulses, der relativistischen Masse-Energie, des Drehimpulses und der elektrischen Ladung. Darüber hinaus bleibt bei jeder Grundwechselwirkung (Bild 11.3), an der auch virtuelle Teilchen beteiligt sein können, die Anzahl aller Elektronen abzüglich der Anzahl aller Positronen erhalten. Auf die Graphen bezogen bedeutet das, daß die Weltlinie eines Elektrons nicht enden kann: Auf jede in einen Verzweigungspunkt hineingehende Elektronenweltlinie entfällt eine Elektronenlinie, die aus diesem Verzweigungspunkt herauskommt (eine zeitlich rückwärts verlaufende „Elektronenlinie" bedeutet ein zeitlich vorwärts laufendes Positron). Ähnlich ist bei jeder Wechselwirkung die Anzahl

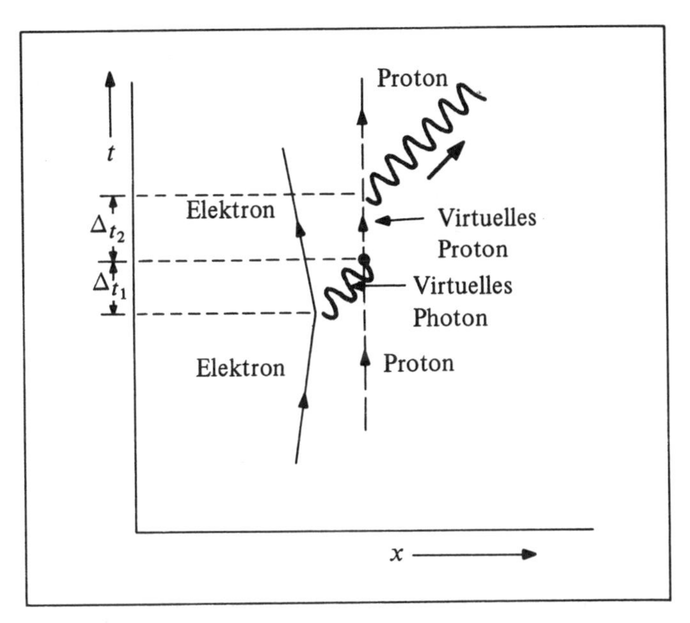

Bild 11.4 Entstehung der Bremsstrahlung, zusammengesetzt aus zwei elektromagnetischen Grundwechselwirkungen. Sowohl die Weltlinie des virtuellen Photons als auch die des virtuellen Protons enden beidseitig in einem Verzweigungspunkt. Beide Teilchen lassen sich nicht beobachten.

der Protonen abzüglich der Anzahl der Antiprotonen konstant. Für die Graphen bedeutet das: Die Protonenlinien sind stetig.[1]) Im Gegensatz zu diesen Erhaltungssätzen, die die Elektron-minus-Positron- und die Proton-minus-Antiproton-Zahlen beherrschen, gibt es keine vergleichbaren Beschränkungen für die Photonenzahl.

Wir haben die Wechselwirkung zwischen der elektromagnetischen Strahlung und einem geladenen Teilchen mit Hilfe einer einzigen Grundform eines Graphen im Raum-Zeit-Diagramm beschreiben können. Wie verhält es sich nun aber mit der Wechselwirkung zwischen zwei elektrisch geladenen Teilchen, einer Wechselwirkung, die in der klassischen Elektrodynamik üblicherweise durch elektrische und magnetische Felder, die durch diese Teilchen erzeugt werden, beschrieben wird? In einem früheren Kapitel haben wir diese Wechselwirkungen durch elektrische und magnetische Kräfte erfaßt. Auch diese Vorgänge können wir der Erzeugung und der Vernichtung von Photonen zuschreiben.

Wir wollen nun Bild 11.5 betrachten. Es zeigt den Stoß zwischen zwei Elektronen. Eines der Elektronen erzeugt im Verzweigungspunkt A spontan ein virtuelles Photon (nach Art der Bremsstrahlung in Bild 11.4) und das zweite Elektron absorbiert dieses Photon im Verzweigungspunkt B. Jedes der beiden in Wechselwirkung tretenden Elektronen hat mit Hilfe des ausgetauschten Photons seine Energie und seinen Impuls geändert: Auf jedes der geladenen Teilchen hat eine elektromagnetische Kraft eingewirkt. Das Teilchen, dessen Austausch für die Kraft zwischen den geladenen Teilchen verantwortlich ist, ist ein *virtuelles*

---

[1]) Diese Erhaltungssätze für die Elektronen und für die Protonen sind in den allgemeineren Erhaltungssätzen für die Leptonen und für die Baryonen enthalten (vgl. Abschnitt 11.4).

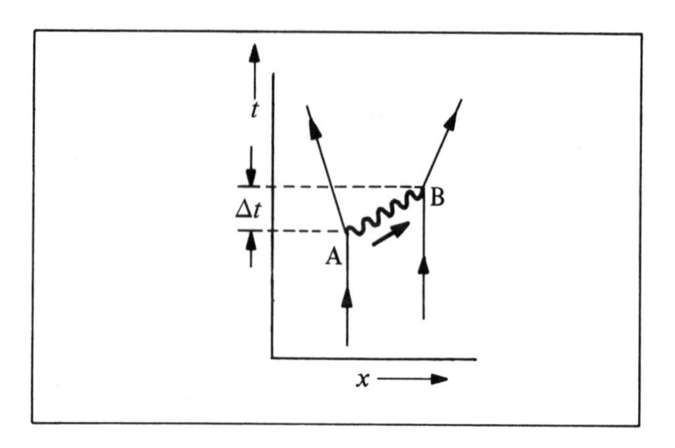

Bild 11.5 Feynman-Diagramm für die Wechselwirkung zwischen zwei Elektronen

Photon. Es ist unbeobachtbar. Genau so wie die realen, beobachtbaren Photonen bewegt es sich mit der Geschwindigkeit c. Geladene Teilchen treten durch den Austausch derartiger virtueller Photonen untereinander in Wechselwirkung. Graphische Darstellungen der Wechselwirkungen durch Raum-Zeit-Diagramme nach Art des Bildes 11.5 heißen *Feynman-Diagramme*. Sie sind nach R.P. Feynman benannt, der diese Diagramme einführte, um auf einfache Weise die Wechselwirkungen zwischen gequantelten Ladungen darzustellen und auch in ihren Einzelheiten zu berechnen.

Die elektromagnetische Kraft kann durch den stetigen Austausch virtueller Photonen zwischen geladenen Teilchen beschrieben werden. Die Unschärferelation begrenzt durch Gl. (11.1) die ausgeliehene Energie ΔE, um die der Energiesatz verletzt werden darf, und auch den ausgeliehenen Impuls Δp_x, um den gegen den Impulssatz verstoßen werden darf. Demnach können virtuelle Photonen beliebiger Energie, von Null bis Unendlich, erzeugt werden. Dann können auch das Zeitintervall und das zugehörige Raumintervall ($\Delta x = c\,\Delta t$ gilt auch für virtuelle Photonen) zwischen der Emission und der Absorption der Photonen unterschiedliche Größen annehmen. Sie können sich von sehr kurzen Intervallen (bei Wechselwirkungen auf äußerst kurze Entfernungen und durch sehr energiereiche virtuelle Photonen vermittelt) bis zu sehr großen Intervallen (verbunden mit sehr großen Reichweiten und sehr energiearmen virtuellen Photonen) erstrecken.

Bei der Wechselwirkung zwischen zwei geladenen Teilchen wird ein virtuelles Photon spontan von einem der Teilchen erzeugt und dann von dem anderen wieder absorbiert. Kann das virtuelle Photon auch von demselben geladenen Teilchen absorbiert werden, von dem es erzeugt wurde? Das *kann* es tatsächlich, vorausgesetzt, die durch die Unschärferelation bedingten Grenzen werden eingehalten. Bild 11.6a zeigt ein einzelnes Elektron (es kann auch ein beliebiges anderes elektrisch geladenes Teilchen sein), das ein virtuelles Photon aussendet und dann wieder absorbiert. Ebenso kann ein reales oder ein virtuelles Photon spontan ein Elektron-Positron-Paar erzeugen, wie in Bild 11.6b dargestellt ist, selbst dann, wenn seine Energie unter der Schwellenenergie für die Paarbildung liegt. Auch dieser Vorgang wird durch die Unschärferelation ermöglicht und gleichzeitig begrenzt. Das virtuelle Paar kann zerstrahlen und dabei wieder das ursprüngliche Photon liefern. Es lassen sich noch wesentlich kompliziertere Vorgänge ausdenken, wie zum Beispiel das Feynman-Diagramm im

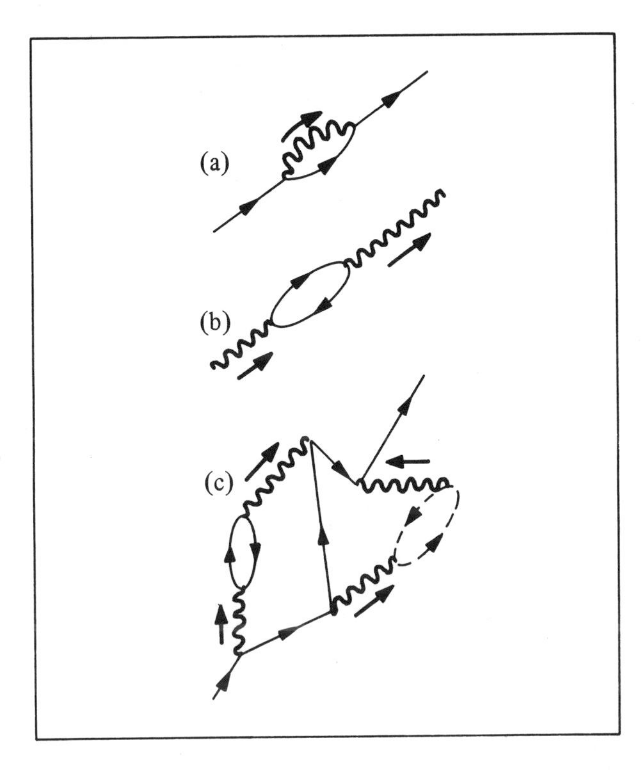

Bild 11.6
Feynman-Diagramme für die elektromagnetische Wechselwirkung:
a) Ein Elektron erzeugt spontan ein Photon und absorbiert dieses dann wieder.
b) Ein Photon erzeugt spontan ein Elektron-Positron-Paar; das Paar zerstrahlt wieder, und dabei entsteht ein Photon.
c) Eine komplizierte Kette von Erzeugungs- und Vernichtungsvorgängen.

Bild 11.6c zeigt. Eine derartige Verkettung von Erzeugungs- und Vernichtungsvorgängen ist offensichtlich nur eine Aneinanderreihung von Raum-Zeit-Diagrammen, deren Grundform im Bild 11.3 dargestellt ist. So kann man jedem geladenen Teilchen, auch dann, wenn keine weiteren Teilchen in seiner Nähe sind, die Aussendung und Wiederabsorption von Photonen zuschreiben, letztere können auch zu Paaren von Teilchen und Antiteilchen werden. Virtuelle Teilchen lassen sich zwar nicht unmittelbar beobachten, doch beweisen die erfolgreichen Rechnungen der Quantenelektrodynamik hinreichend die Gültigkeit dieser Vorstellung. Es handelt sich dabei um äußerst verwickelte elektromagnetische Erscheinungen, die mit Hilfe dieser Vorstellungen erklärt werden konnten. Der Erfolg der Quantenelektrodynamik lieferte in der Tat ein Modell für das Verständnis auch der übrigen fundamentalen Wechselwirkungen, die wir außer der elektromagnetischen kennen. Dieser Erfolg zeigte sich auch in der Voraussage von Teilchen, die später experimentell bestätigt wurde.

Beispiel 11.1: Die Lebensdauer Δt des beim Compton-Effekt ausgetauschten virtuellen Elektrons soll abgeschätzt werden. Im Bild 11.2 ist die Compton-Streuung eines Photons an einem freien Elektron dargestellt. Dabei soll für das einfallende Photon eine Energie $E_\gamma = 6200\,\text{eV}$ angenommen werden.

Nehmen wir den vereinfachten (aber unbeobachtbaren) Fall an, daß im ersten Verzweigungspunkt der Gesamtimpuls erhalten bleibt, und legen wir der Messung das Schwerpunktsystem zu Grunde, so befindet sich das virtuelle Elektron in Ruhe. In diesem Verzweigungspunkt muß dann aber der Energiesatz verletzt sein, und zwar ändert sich die Gesamtenergie um den Betrag

$$\begin{aligned}\Delta E &= \text{zugeführte Energie} - \text{abgeführte Energie}\\ &= E_\gamma + E_0 + E_\mathrm{k} - E_0\\ &= E_\gamma + E_\mathrm{k},\end{aligned}$$

hierbei ist E_0 die Ruhenergie des Elektrons und E_k dessen Bewegungsenergie.

Im Schwerpunktsystem muß der Betrag des Impulses des einfallenden Photons (p_γ) mit dem des Elektrons (p_e) übereinstimmen. Daraus läßt sich die Bewegungsenergie des eintreffenden Elektrons bestimmen:

$$E_k = \frac{p_e^2}{2m_e} = \frac{p_e^2 c^2}{2E_0} = \frac{(p_\gamma c)^2}{2E_0} = \frac{E_\gamma^2}{2E_0} = \frac{(6200\ \text{eV})^2}{2(5{,}1 \cdot 10^5\ \text{eV})} \approx 38\ \text{eV}.$$

Daher wird $\Delta E = (6200 + 38)\ \text{eV} \approx 6200\ \text{eV}$. Weiter liefert Gl. (11.1) als größtmögliche Lebensdauer

$$\Delta t \leqslant \frac{\hbar}{\Delta E} = \frac{1{,}1 \cdot 10^{-34}\ \text{J} \cdot \text{s}}{(6{,}2 \cdot 10^3\ \text{eV})\,(1{,}6 \cdot 10^{-19}\ \text{J/eV})}$$

$$\leqslant 1 \cdot 10^{-19}\ \text{s}.$$

Beispiel 11.2: Ein Elektron und ein Proton, die sich beide zunächst in Ruhe befinden sollen, tauschen ein virtuelles Photon der Energie $E_\gamma = 1$ eV aus.

a) Wie sieht das Feynman-Diagramm dieser elektromagnetischen Wechselwirkung aus? Lebensdauer Δt und Wegstrecke Δx des virtuellen Photons sollen abgeschätzt werden.

b) Um welchen Betrag hat die Bewegungsenergie des Elektron-Proton-Paares nach dieser Wechselwirkung zugenommen? Aus welcher Quelle stammt diese Energie?

a) Bild 11.7 stellt diese Wechselwirkung zwischen einem Elektron und einem Proton schematisch dar. Die beiden geladenen Teilchen, die sich gegenseitig anziehen, sollen sich dabei ursprünglich in Ruhe befinden. Im ersten Verzweigungspunkt sendet das Elektron ein virtuelles Photon aus und erfährt dabei gleichzeitig einen Rückstoß in der *gleichen* Richtung, in der sich das Photon bewegt. Nachdem das Photon die Strecke $\Delta x = c\,\Delta t$ zurückgelegt hat, wird es nach der Zeit Δt von dem Proton wieder absorbiert. Dabei erfährt das Proton einen Rückstoß *entgegengesetzt* zur Bewegungsrichtung des Photons. Der Austausch des virtuellen Photons führt daher zu einer Anziehungskraft zwischen den beiden entgegengesetzt geladenen Teilchen. Offensichtlich handelt es sich bei der Emission des virtuellen Photons im ersten Verzweigungspunkt um einen Vorgang, bei dem weder die Energie noch der Impuls unbedingt er-

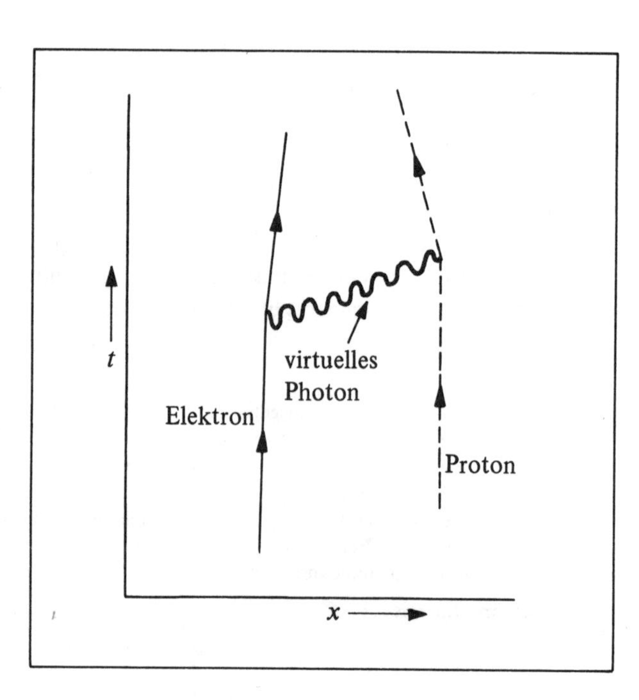

Bild 11.7
Raum-Zeit-Diagramm der Wechselwirkung zwischen einem Elektron und einem Proton

halten bleiben muß. Diese Nichterhaltung dauert bis zur Wiederabsorption des Photons durch das Proton im zweiten Verzweigungspunkt. Die Intervalle, in denen der Austausch stattfindet, das Zeitintervall Δt und das Rauminterval Δx, sind durch Gl. (11.1) begrenzt.

Zur Vereinfachung können wir annehmen, daß in jedem Verzweigungspunkt der Impuls erhalten bleibt (auch wenn das virtuelle Photon unbeobachtbar ist). Dann muß sich das im ersten Verzweigungspunkt erzeugte Photon nach rechts bewegen. Es muß jedoch einen negativen Impuls besitzen (das heißt, es ist $p_\gamma = -E_\gamma/c$). Im zweiten Verzweigungspunkt überträgt das Photon diesen negativen Impuls (zugleich mit seiner positiven Bewegungsenergie) auf das Proton. Nach der Wechselwirkung ist dann der Impuls für das Elektron und für das Proton:

$$p_e = -p_p = -p_\gamma = \frac{E_\gamma}{c},$$

dabei ist hier $E_\gamma = 1$ eV.

Das Zeit- und das Rauminterval für das virtuelle Photon werden auf Grund von Gl. (11.1)

$$\Delta t = \frac{\hbar}{\Delta E} = \frac{1{,}1 \cdot 10^{-34}\ \text{J}\cdot\text{s}}{(1\ \text{eV})\,(1{,}6 \cdot 10^{-19}\ \text{J/eV})} \approx 7 \cdot 10^{-16}\ \text{s}$$

und

$$\Delta x = c\,\Delta t = c\left(\frac{\hbar}{\Delta E}\right) = \frac{h\,c}{2\pi\Delta E} = \frac{1240\ \text{nm}\cdot\text{eV}}{2\pi(1\ \text{eV})} \approx 200\ \text{nm}.$$

b) Für die Beträge der Impulse gilt $p_e = p_p = E_\gamma/c$. Damit erhalten wir als Bewegungsenergie für das Elektron und für das Proton nach der Wechselwirkung

$$E_{ke} = \frac{p_e^2}{2m_e} = \frac{(p_e c)^2}{2E_{0e}} = \frac{E_\gamma^2}{2E_{0e}} = \frac{(1\ \text{eV})^2}{2(5 \cdot 10^5\ \text{eV})} = 1 \cdot 10^{-6}\ \text{eV},$$

$$E_{kp} = \frac{E_\gamma^2}{2E_{0p}} = \frac{(1\ \text{eV})^2}{2(1 \cdot 10^9\ \text{eV})} = 5 \cdot 10^{-10}\ \text{eV}.$$

Also hat sich die Bewegungsenergie des Teilchenpaares bei dieser Wechselwirkung insgesamt um $(1 \cdot 10^{-6} + 5 \cdot 10^{-10})\ \text{eV} \approx 1 \cdot 10^{-6}$ eV vergrößert.

Diese Zunahme der Bewegungsenergie infolge des Austausches eines einzigen virtuellen Photons ist nur ein sehr kleiner Bruchteil der gesamten Zunahme an Bewegungsenergie, die aus dem Verlust an elektrostatischer potentieller Energie bei der Annäherung der beiden Teilchen herrührt. Würden wir die Beiträge aller virtuellen Photonen zusammenfassen, die bei der Annäherung der beiden Teilchen ausgetauscht werden, so müßten wir das Coulombsche Gesetz erhalten. Dabei muß die Bewegungsenergie um den gleichen Betrag zunehmen, um den die elektrostatische potentielle Energie abnimmt, und zwar um

$$ke^2\,(1/r_1 - 1/r_2).$$

11.2 Fundamentale Wechselwirkungen

Die elektromagnetische Wechselwirkung ist nur eine der vier bekannten Wechselwirkungen zwischen Teilchen. Die drei weiteren sind die „starke" Wechselwirkung, die „schwache" Wechselwirkung und die Gravitation. Die elektromagnetische Wechselwirkung hält die Atome und die Moleküle zusammen (Abschnitte 6.4 und 12.1). Die „starke" Wechselwirkung verursacht die Kernkräfte sowie die große Bindungsenergie der Protonen und Neutronen in den Atomkernen (Abschnitt 9.6). Die „schwache" Wechselwirkung ist für den β-Zerfall der instabilen radioaktiven Nuklide verantwortlich (Abschnitt 9.11). Die Gravitation ist die Ursache der Bindungsenergie zwischen der Sonne und ihren Planeten in unserem Sonnensystem.

Die Quantenelektrodynamik hatte große Erfolge bei der Beschreibung der elektromagnetischen Wechselwirkung zwischen zwei geladenen Teilchen mittels des Austausches von Feldteilchen (nämlich der virtuellen Photonen). Das legt nahe, auch die drei übrigen Wechselwirkungen auf den Austausch virtueller Teilchen zurückzuführen. Wir wollen hier ebenfalls diesen Weg einschlagen und untersuchen, zu welchem Erfolg er uns führt und welche Fragen unter diesem einfachen und nützlichen Gesichtspunkt offen bleiben.

Zunächst wollen wir drei wichtige Eigenschaften der Photonen wiederholen:

1. Es gibt keinen Erhaltungssatz für die Photonenzahl.
2. Für Photonen gilt das Pauli-Verbot (Abschnitt 12.3) nicht. Daher müssen (reale oder virtuelle) Photonen einen ganzzahligen Spin besitzen. Tatsächlich beträgt die Spinquantenzahl s der Photonen ja auch 1, und der Betrag des Spindrehimpulses ist $\sqrt{s(s+1)}\,\hbar = \sqrt{2}\,\hbar$.
3. Photonen bewegen sich mit der Lichtgeschwindigkeit c. Nach der Relativitätstheorie muß ihre Ruhmasse verschwinden.

Auf Grund der Unschärferelation muß die elektromagnetische Wechselwirkung eine unendliche Reichweite besitzen. Nach Gl. (11.1) kann ein virtuelles Photon mit der Gesamtenergie $\Delta E = E_0 + E_k$ dann während der Zeitdauer

$$\Delta t = \frac{\hbar}{\Delta E} = \frac{\hbar}{E_0 + E_k} = \frac{\hbar}{E_k}$$

existieren, da für ein Photon ja $E_0 = 0$ ist. Damit wird die Reichweite R eines virtuellen Photons

$$R = c\,\Delta t = \frac{c\hbar}{\Delta E} < \frac{c\hbar}{E_k} = \frac{c\hbar}{h\nu} = \frac{c}{2\pi\nu},$$

und mit $\nu \to 0$ geht $R \to \infty$. Dieses Ergebnis stimmt mit dem $1/r^2$-Gesetz der elektromagnetischen Wechselwirkung überein. Die Feldteilchen, die die drei übrigen fundamentalen Wechselwirkungen vermitteln sollen, müssen dann Eigenschaften ähnlich denen des Photons besitzen. Wir können daher die Eigenschaften der Feldteilchen zusammenstellen:

1. Für die Anzahl der Feldteilchen gibt es keinen Erhaltungssatz.
2. Die Spinquantenzahl der Feldteilchen muß *ganzzahlig* sein. (Feldteilchen sind Bosonen.)
3. Die Reichweite der Wechselwirkung ist durch die Ruhmasse der virtuellen Feldteilchen begrenzt. Sie folgt aus der Unschärferelation

$$R = v\,\Delta t < \frac{v\hbar}{E_0 + E_k} < \frac{\hbar c}{E_0}. \tag{11.2}$$

Demnach ergibt sich, falls man E_0 in eV einsetzt, eine Reichtweite in nm:

$$R < \frac{1240}{2\pi E_0}.$$

Zunächst wollen wir uns der starken Wechselwirkung zuwenden. Sie liefert die Kernkräfte, die zwischen Nukleonen wirken (und auch zwischen weiteren, später behandelten Teilchen). Wir wollen die Eigenschaften untersuchen, die die zugehörigen Feldteilchen haben müßten. Wie wir bereits gesehen haben (Abschnitt 9.5), wird diese Wechselwirkung sehr groß, wenn der gegenseitige Abstand der Nukleonen voneinander kleiner als $1{,}4 \cdot 10^{-15}$ m = 1,4 fm wird. Die Kraft beträgt bei diesem Abstand dann mehr als das Hundertfache der Coulomb-Kraft zwischen zwei Protonen. Aber im Gegensatz zur elektromagnetischen Wechselwirkung verschwindet die starke Wechselwirkung sehr plötzlich bei Abständen, die größer als 1,4 fm sind. Die starke Wechselwirkung besitzt nur eine äußerst kurze Reichweite.

Die Frage nach der kurzen Reichweite der Kernkräfte und nach den kennzeichnenden Eigenschaften der zugehörigen Feldteilchen wurde erstmalig 1935 von dem japanischen Physiker H. Yukawa gestellt (und auch beantwortet). Er nahm zur Vermittlung der Kernkräfte zwischen Nukleonen den Austausch virtueller Teilchen an, die er als Feldteilchen der starken Wechselwirkung betrachtete. Die wesentlichen Eigenschaften dieser Teilchen, die die Kernkräfte vermitteln sollen – wir nennen sie heute *π-Mesonen* oder auch kurz *Pionen* – lassen sich leicht aus der Unschärferelation herleiten. Die starke Wechselwirkung zwischen Nukleonen läßt sich genau so wie die elektromagnetische Wechselwirkung (Bild 11.5) durch Feynman-Diagramme beschreiben. Bild 11.8 zeigt drei mögliche Arten des Austausches virtueller Mesonen. Die Weltlinie eines Mesons wird hier durch eine gestrichelte Linie wiedergegeben.

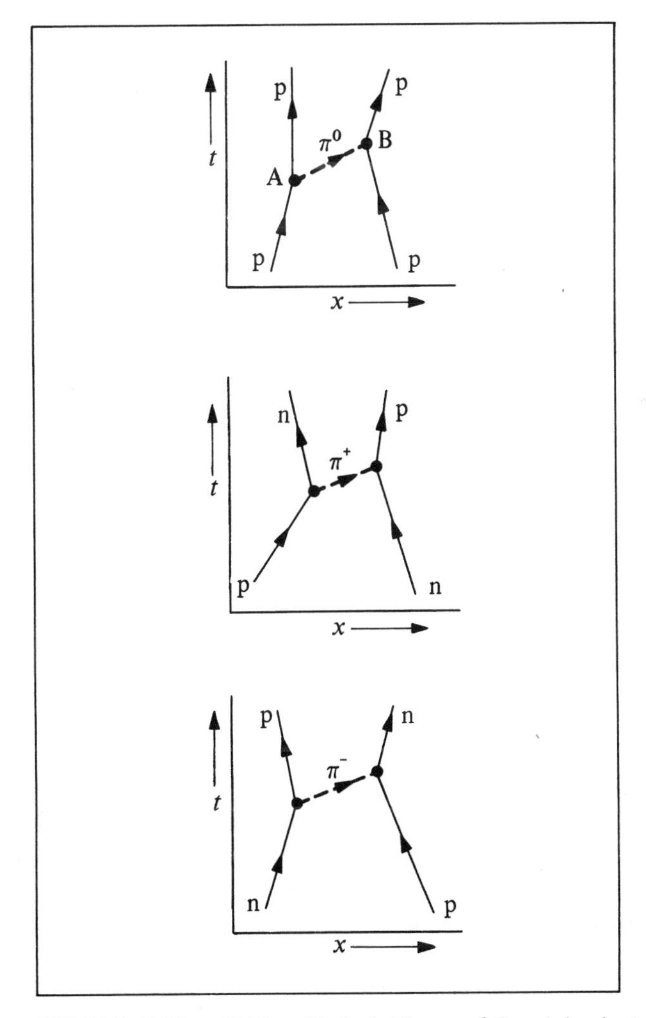

Bild 11.8 Nukleon-Nukleon-Wechselwirkung auf Grund des Austausches virtueller Pionen, π^0, π^+ und π^-

Im ersten Diagramm von Bild 11.8 erzeugt im Verzweigungspunkt A ein Proton ein virtuelles neutrales Pion, π^0, und sendet dieses aus. Kurz darauf, nach der Zeit Δt, fängt ein zweites Proton im Verzweigungspunkt B dieses Pion wieder ein. Während der Lebensdauer Δt des Pions darf der Energiesatz verletzt werden, soweit dabei nicht gegen die Unschärferelation verstoßen wird: $\Delta E\ \Delta t \approx \hbar$; dabei ist ΔE nun die während des Austausches „ausgeliehene" Energie. Nachdem später im Verzweigungspunkt B dieses Meson vom zweiten Proton wieder eingefangen ist, ist auch der frühere Energiezustand des Systems wieder hergestellt. Ebenso lassen sich die Wechselwirkungen zwischen Protonen und Neutronen durch den Austausch von Mesonen beschreiben, wie die übrigen Diagramme im Bild 11.8 zeigen. Offensichtlich benötigen wir zur Darstellung der drei verschiedenen Wechselwirkungen zwischen Nukleonen drei unterschiedliche Pionen (π^+-, π^0- und π^--Mesonen), damit in jedem Verzweigungspunkt die elektrische Ladung erhalten bleibt. Diese Pionen besitzen die Ladungszahlen + 1, 0 und − 1.

Die starke Nukleon-Nukleon-Wechselwirkung ist durch die kurze Reichweite der Kernkräfte gekennzeichnet – ungefähr 1,4 fm. Dieser Wert begrenzt die Wegstrecke R der virtuellen Mesonen zwischen ihrer Emission und Wiederabsorption. Zur Vereinfachung wollen wir als Geschwindigkeit der Mesonen annähernd die Lichtgeschwindigkeit c annehmen. Dann kann ein Meson während des Austausches nur für eine Zeitspanne Δt existieren:

$$\Delta t \approx \frac{R}{c} = \frac{1{,}4 \cdot 10^{-15}\ \text{m}}{3 \cdot 10^8\ \text{m/s}} \approx 0{,}5 \cdot 10^{-23}\ \text{s}.$$

Der Unschärferelation können wir dann die ausgeliehene Energie entnehmen:

$$\Delta E = \frac{\hbar}{\Delta t} = \frac{10^{-34}\ \text{J} \cdot \text{s}}{0{,}5 \cdot 10^{-23}\ \text{s}} = 2 \cdot 10^{-11}\ \text{J} \approx 130\ \text{MeV}.$$

Nehmen wir an, daß es sich bei der „ausgeliehenen" Energie hauptsächlich um die Ruhenergie $E_\pi = m_\pi c^2$ des virtuellen Pions handelt, so haben wir als ungefähren Wert für die Ruhmasse des Pions:

$$m_\pi = \frac{E_\pi}{c^2} \approx \frac{\Delta E}{c^2} = \frac{2 \cdot 10^{-11}\ \text{J}}{(3 \cdot 10^8\ \text{m/s})^2} \approx 2 \cdot 10^{-28}\ \text{kg} \approx 200\, m_\text{e}.$$

Auf Grund der kurzen Reichweite der Kernkräfte müßten wir daher als Feldteilchen der starken Wechselwirkung Teilchen mit einer *endlichen* Ruhmasse annehmen, die größenordnungsmäßig das Hundertfache der Elektronenmasse m_e beträgt.

Alle drei von Yukawa vorausgesagten Pionen wurden später tatsächlich nachgewiesen: Zunächst beobachtete man sie bei Zusammenstößen hochenergetischer Nukleonen der kosmischen Strahlung mit Nukleonen der irdischen Atmosphäre. Dann fand man sie auch unter Laborbedingungen mit Hilfe von Teilchenbeschleunigern bei Teilchenenergien von mehreren hundert MeV und noch höheren Energien. Typische Reaktionen, die zur Erzeugung von Pionen führen, sind $\text{p} + \text{n} \rightarrow \text{p} + \text{n} + \pi^0$ und $\text{p} + \text{n} \rightarrow \text{p} + \text{n} + \pi^- + \pi^+$. Bei beiden Reaktionen wird ein Teil der Bewegungsenergie der eintreffenden Teilchen in Ruhenergie der erzeugten Pionen umgewandelt.

Tabelle 11.2 zeigt einige der wichtigsten Eigenschaften der Pionen in ihren drei verschiedenen Ladungszuständen. Das Pion erfüllt, ebenso wie das Photon, die drei Bedingungen, die wir an Feldteilchen gestellt haben (und auch Gl. (11.2)). Bei der Erzeugung und beim Zerfall der Pionen gibt es keinen Erhaltungssatz für die Anzahl der durch eine Wechselwirkung erzeugten oder vernichteten Pionen. Alle Pionen haben die ganzzahlige Spinquan-

Tabelle 11.2: Eigenschaften der Pionen

	π^+	π^-	π^0
(relative) Ruhmasse m/m_e	273,3	273,3	264,3
Ruhenergie (in MeV)	139,569	139,569	134,964
(relative) Ladung Q/e	+1	−1	0
Spin $s/\hbar$	0	0	0
magnetisches Moment	0	0	0
mittlere Lebensdauer (in s)	$2{,}603 \cdot 10^{-8}$	$2{,}603 \cdot 10^{-8}$	$8{,}3 \cdot 10^{-17}$
Zerfallsarten	$\pi^+ \to \mu^+ + \nu_\mu$ (99,99%) $\pi^+ \to e^+ + \nu_e$ (0,0127%)	$\pi^- \to \mu^- + \overline{\nu}_\mu$ $\pi^- \to e^- + \overline{\nu}_e$	$\pi^0 \to \gamma + \gamma$ (98,85%) $\pi^0 \to e^+ + e^- + \gamma$ (1,15%)

In diesem Kapitel sind, falls erforderlich, Antiteilchen durch einen Querstrich über dem Teilchensymbol gekennzeichnet; so ist zum Beispiel $\overline{\nu}_e$ das Antiteilchen des ν_e.

tenzahl 0. Die endliche Ruhmasse der Pionen (Ruhenergie $\approx$ 140 MeV) stimmt mit der kurzen Reichweite der Kernkräfte überein.

In einigen wesentlichen Eigenschaften unterscheiden sich allerdings Photon und Pion. Während das Photon den Spin 1 besitzt, hat das Pion den Spin 0. Während das Photon elektrisch neutral ist und nur in einem Ladungszustand vorkommt, gibt es das Pion in drei verschiedenen Ladungszuständen. Während das Photon in Übereinstimmung mit der unendlichen Reichweite der elektromagnetischen Wechselwirkung keine Ruhmasse besitzt, ist die Masse des Pions endlich und liefert die kurze Reichweite der Kernkräfte. Das freie Photon ist stabil, alle freien Pionen sind instabil.

Die Entdeckung zahlreicher weiterer Mesonen – außer den Pionen – und die Erkenntnisse der letzten Jahre bei Stoßversuchen mit sehr hochenergetischen Teilchen lassen es fraglich erscheinen, ob sich die starke Wechselwirkung allein auf den Austausch von Pionen zurückführen läßt. Einen möglichen Ausweg aus diesen Schwierigkeiten verspricht das *Quarkmodell* (Abschnitt 11.7). Dieses führt zu einer vollständigen Änderung unserer Vorstellungen von der starken Wechselwirkung. Nach dieser Theorie bestehen alle *Hadronen* (das sind Mesonen, Nukleonen und noch weitere Teilchen, vgl. Abschnitt 11.3 und auch Tabelle 11.4) aus noch fundamentaleren Teilchen, den sogenannten *Quarks*. Die Quarks besitzen „Farben", man sagt auch, sie tragen „Farbladungen", die ein Feld verursachen (dieses sind nur Bezeichnungen, die mit der gewöhnlichen Vorstellung von Farben nichts zu tun haben). Die starke Wechselwirkung beruht nach dieser Vorstellung auf dem Austausch von Feldteilchen zwischen den Quarks. Diese Feldteilchen heißen *Gluonen* (engl.: glue, d.h. Leim). Die Kernkräfte zwischen Nukleonen, die die Atomkerne zusammenhalten, lassen sich ebenfalls auf diesen Austausch von Gluonen zurückführen. Sie sind nur ein schwacher Rest der sehr viel stärkeren Kräfte zwischen den Quarks.Die Kernkräfte wirken zwischen den „farbneutralen" Nukleonen, wenn sich diese genügend nahe kommen, ähnlich wie die van der Waalsschen Kräfte (Abschnitt 12.1) zwischen elektrisch neutralen Atomen bei deren Annäherung.

Wie wir den in Tabelle 11.2 aufgeführten mittleren Lebensdauern entnehmen können, sind beim Pionenzerfall zwei der vier fundamentalen Wechselwirkungen beteiligt: die elektromagnetische Wechselwirkung und die schwache Wechselwirkung. Die beiden Zerfallsarten des neutralen Pions π^0 liefern Photonen. Die erste Zerfallsart (98,9 % aller π^0-Zerfälle) führt zu zwei Photonen, während die andere Zerfallsart (1,1 % aller π^0-Zerfälle) ein Photon sowie ein Elektron-Positron-Paar liefert. Daher zerfällt das π^0 (bei einer mittleren Lebensdauer von größenordnungsmäßig 10^{-16} s) auf Grund der elektromagnetischen Wechselwirkung verhältnismäßig schnell. Der Zerfall der geladenen Pionen dagegen liefert Elektronen, Myonen – das sind neue Teilchen ähnlich den Elektronen, jedoch mit einer größeren Ruhmasse ($\approx 200\, m_e$) – und Neutrinos – das sind neutrale Teilchen, vermutlich ohne Ruhmasse – sowie deren Antiteilchen (ein Querstrich über dem Teilchensymbol kennzeichnet das zugehörige Antiteilchen). Die Zerfallsarten der geladenen Pionen erinnern uns an den Zerfall eines freien Neutrons in ein Proton, ein Elektron und ein Antineutrino. Dieser Zerfall erfolgt verhältnismäßig langsam und wird durch die schwache Wechselwirkung verursacht. Diese Wechselwirkung ist ungefähr 10^{13} mal schwächer als die starke Wechselwirkung, und sie besitzt, soweit wir heute wissen, nur eine Reichweite von weniger als 10^{-2} fm. Das für die schwache Wechselwirkung angenommene virtuelle Feldteilchen wird meist W-Teilchen oder auch W-Boson genannt (engl.: weak interaction, d.h. schwache Wechselwirkung). Man nimmt an, daß dieses Feldteilchen in drei verschiedenen Ladungszuständen vorkommt (vergleichbar dem Pion bei der starken Wechselwirkung) und daß es den Spin 1 besitzt. Das neutrale W^0-Boson wird heute meist Z^0-Boson genannt. Die Ruhmasse dieser Teilchen läßt sich mit Hilfe der Gl. (11.2) abschätzen:

$$E_0 \geqslant \frac{\hbar c}{R} = \frac{hc}{2\pi R} = \frac{6{,}63 \cdot 10^{-34}\ \mathrm{J \cdot s}\ 3 \cdot 10^8\ \mathrm{m/s}}{2\pi\, 10^{-17}\ \mathrm{m}\ 1{,}6 \cdot 10^{-19}\ \mathrm{J/eV}} \approx 20\ \mathrm{GeV}.$$

Bild 11.9 zeigt die Feynman-Diagramme für die möglichen Arten der schwachen Wechselwirkung durch Austausch der drei unterschiedlich geladenen virtuellen Teilchen. Wir erkennen die bemerkenswerte Ähnlichkeit der Bilder 11.8 und 11.9. Es sind nur die virtuellen Mesonen durch die entsprechenden virtuellen W-Bosonen und die Weltlinien der Nukleonen im rechten Teil eines jeden Diagramms durch die Weltlinien der Elektronen und Elektron-Neutrinos auszutauschen.

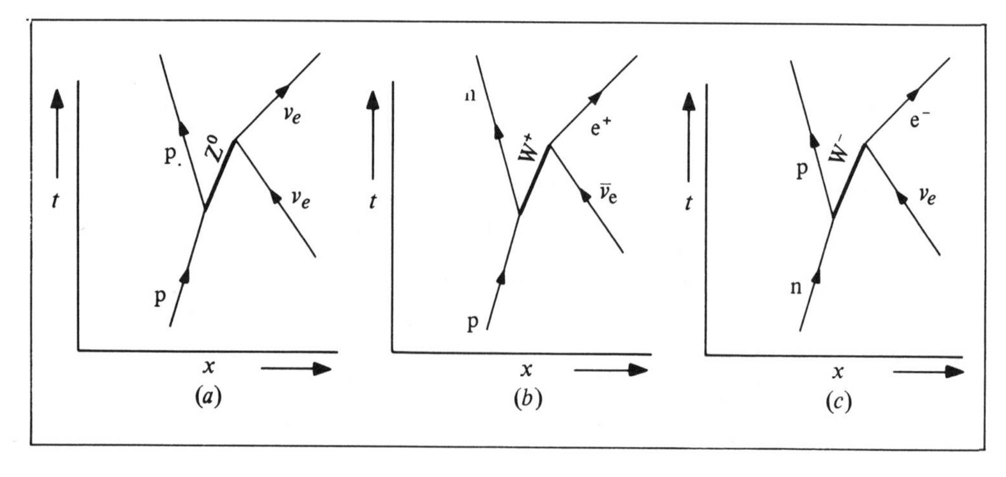

Bild 11.9 Schwache Wechselwirkung, vermittelt durch den Austausch virtueller Teilchen: Z^0, W^+ und W^-

Die vierte fundamentale Wechselwirkung ist die Gravitation. Obgleich diese Wechselwirkung die schwächste ist, ist sie doch die einzige, die zwischen allen Teilchen wirkt. Anscheinend tritt sie nur als anziehende Kraft auf. Ihre außerordentlich geringe Stärke (10^{43} mal schwächer als die starke Wechselwirkung) läßt sich durch den Vergleich mit der Anziehungskraft zwischen einem Elektron und einem Proton veranschaulichen. Die Gravitation liefert, bei gleichem Abstand dieser Teilchen, eine 10^{40} mal schwächere Kraft als die elektrische Coulomb-Kraft. Bisher konnte man noch keine Gravitationswellen unmittelbar beobachten. Ebenso wenig ließ sich die Quantelung dieser Wellen in Feldteilchen von äußerst geringer Energie nachweisen. Die Physiker sind aber von der Existenz der Feldteilchen der Gravitation, die sie *Gravitonen* nennen, überzeugt. Da auch die Gravitation mit dem Quadrat des Abstandes abnimmt und damit eine unendliche Reichweite besitzt, muß auch die Ruhmasse des Gravitons verschwinden. Man vermutet beim Graviton den Spin 2.

Tabelle 11.3 enthält die vier fundamentalen Wechselwirkungen, die die Kräfte zwischen Elementarteilchen beherrschen, und ebenso einige Eigenschaften der Feldteilchen, die diese Wechselwirkungen vermitteln. Wie die Tabelle zeigt, verhalten sich Stärke und Zeitdauer der Wechselwirkungen umgekehrt zueinander. Diese Zeitdauer einer Wechselwirkung erkennt man am Zerfall der instabilen Teilchen. Je stärker die Wechselwirkung, um so schneller erfolgt der Zerfall. Ein Teilchen zerfällt immer durch die jeweils stärkste Wechselwirkung, die auf Grund der Erhaltungssätze erlaubt ist. Da die Zerfallszeit auch noch von anderen Faktoren abhängt (zum Beispiel von der Abnahme der gesamten Ruhenergie beim Zerfall oder von der Anzahl der Folgeteilchen), erstrecken sich die tatsächlichen mittleren Lebensdauern der Teilchen über einen größeren Bereich. So haben zum Beispiel die auf Grund der starken Wechselwirkung zerfallenden Teilchen mittlere Lebensdauern von 10^{-25} s bis 10^{-19} s. Bei der elektromagnetischen Wechselwirkung erstrecken sich die entsprechenden Zeiten von 10^{-19} s bis 10^{-16} s und bei der schwachen Wechselwirkung von 10^{-15} s bis 10^{3} s.

Wie wir außerdem erkennen können, verhalten sich die Reichweiten der einzelnen Wechselwirkungen umgekehrt zu den Ruhmassen der zugehörigen Austauschteilchen. Alle Austauschteilchen, jedes mit ganzzahligem Spin, sind Bosonen, und für sie gilt daher die Verteilung von Bose und Einstein (Abschnitt 12.3).

Tabelle 11.3: Die vier fundamentalen Wechselwirkungen

	relative Stärke	Zeit dauer (in s)	Feld- teilchen	Ruh- energie (in MeV)	Reich- weite (in fm)	Ladungs- zustand	Spin
starke Wechsel- wirkung	1	10^{-23}	Meson (Pion) bzw. Gluon[1])	(140) 0	(1)	(π^+, π^0, π^-) „Farbladungen“	(0) 1
elektromagnetische Wechselwirkung	10^{-2}	10^{-17}	Photon	0	∞	γ	1
schwache Wechselwirkung	10^{-13}	10^{-10}	W-Teilchen[1])	$\approx 8 \cdot 10^4$	$< 10^{-2}$	W^+, Z^0, W^-	1
Gravitation	10^{-40}	10^{17}	Graviton[1])	0	∞	G	2

[1]) noch nicht nachgewiesen

Handelt es sich bei den vier „fundamentalen“ Wechselwirkungen tatsächlich um unterschiedliche Wechselwirkungen? In der Vergangenheit konnten die Physiker schon oft erleben, daß sich zunächst ganz unterschiedliche Erscheinungen als Sonderfälle eines allgemeineren Naturgesetzes verstehen ließen. Hierzu einige Beispiele:

1. Wie Newton erkannte, wirkte die gleiche Kraft sowohl zwischen Himmelskörpern als auch zwischen der Erde und Körpern in der Nähe ihrer Oberfläche.
2. An der Erkenntnis, daß die statische Elektrizität genau so wie elektrische Ströme ihren Ursprung in elektrischen Ladungen hat, waren zahlreiche Forscher beteiligt.
3. Oersted und andere Physiker zeigten, daß der Magnetismus seinen Ursprung in elektrischen Strömen hat.
4. Maxwell faßte alle elektrischen und magnetischen Erscheinungen in seiner klassischen Elektrodynamik zusammen. Nach dieser Theorie ist auch das Licht nur ein Sonderfall elektromagnetischer Wellen.
5. Einstein zeigte in seiner Allgemeinen Relativitätstheorie, daß sich die Gravitation durch die Raum-Zeit-Geometrie beschreiben läßt.

Während vieler Jahre bemühte sich Einstein ebenfalls darum, in einer einzigen einheitlichen Feldtheorie die Gravitation und die elektromagnetische Wechselwirkung zusammenzufassen. Ein Erfolg blieb ihm aber versagt. In neuerer Zeit gelang es jedoch, zwei der vier Wechselwirkungen – die schwache und die elektromagnetische Wechselwirkung – in einer einheitlichen Eichtheorie zusammenzufassen. Einen besonderen Anteil an diesem Erfolg haben S. Weinberg und A. Salam. Man spricht von einer „elektroschwachen“ Wechselwirkung.

Zur Zeit bemühen sich die Physiker um eine einheitliche Theorie der elektroschwachen und der starken Wechselwirkung. Es sind bereits einige Vereinheitlichungen vorgeschlagen worden,[1] die die Eigenschaften der fundamentalen Teilchen erklären und zusammenfassen sollen. Nach diesen Vorstellungen gehen die unterschiedlichen Kräfte und die verschiedenen fundamentalen Teilchen bei äußerst kurzen Abständen (größenordnungsmäßig 10^{-31} m) und bei unvorstellbar hohen Energien (etwa 10^{15} GeV) ineinander über. Derartige Verhältnisse herrschten unmittelbar nach der Entstehung des Universums. Weitere Beispiele für diese Bemühungen sind die sogenannte Supersymmetrie, die die Fermionen mit den Bosonen in Verbindung bringt, und die sogenannte Supergravitation, ein Versuch, alle vier Wechselwirkungen durch eine Zusammenfassung der Allgemeinen Relativitätstheorie und der Quantentheorie zu vereinigen. Die „Große Vereinheitlichung“ aller Wechselwirkungen steht jedoch nach wie vor aus.

11.3 Fundamentale Teilchen und ihre Eigenschaften

Von sehr seltenen Ausnahmen abgesehen, besteht die auf der Erde beobachtbare Materie aus denjenigen Teilchen, die wir im Abschnitt 11.2 behandelt haben. Die schweren Nukleonen (Protonen und Neutronen) sind durch den Austausch virtueller Pionen (π^+, π^0, π^-) stark aneinander gebunden und bilden so die Atomkerne. Die wesentlich leichteren Elektronen (e^-) werden durch den Austausch virtueller Photonen (γ) an die positiv geladenen Kerne

[1] Näheres findet man zum Beispiel bei Howard Georgi: „Vereinheitlichung der Kräfte zwischen den Elementarteilchen“, *Spektrum der Wissenschaft,* Juni 1981, S. 71.

gebunden und bilden zusammen mit den Kernen die Atome. Die auf der Erde noch vorhandenen langlebigen natürlichen Radionuklide zerfallen in instabile oder stabile Tochternuklide. Dabei treten hochenergetische α- oder β-Teilchen sowie γ-Quanten auf (bis zu einigen MeV).

Es gibt eine Unmenge von realen Photonen in der Umgebung der Erde. Diese rühren nicht nur von der Sonne (und den Sternen) her sondern auch von den immer stattfindenden unelastischen Stößen der irdischen Atome und Moleküle. Positronen (e^+) gibt es nur wenige, da die für die Erzeugung eines Elektron-Positron-Paares erforderliche Energie verhältnismäßig hoch ist ($\approx$ 1 MeV). Noch weniger reale Pionen lassen sich nachweisen, denn ihre Ruhenergie ist noch größer ($\approx$ 140 MeV). Stehen uns nur Teilchen mit Bewegungsenergien bis etwa 100 MeV zur Verfügung, so können wir auf der Erde nur fünfzehn fundamentale Teilchen nachweisen. Diese Teilchen sind: die beiden Nukleonen (p und n), die drei Pionen (π^+, π^0, π^-), das Myon-Antimyon-Paar (μ^-, μ^+), das Elektron-Positron-Paar (e^-, e^+), die beiden Neutrino-Paare (ν_e, $\bar{\nu}_e$ und ν_μ, $\bar{\nu}_\mu$), das Photon (γ) und das Graviton (G). Sechs von diesen fünfzehn Teilchen sind im freien Zustand nicht stabil. Das neutrale Pion zerfällt auf Grund der *elektromagnetischen Wechselwirkung*. Das Neutron, die beiden geladenen Pionen sowie Myon und Antimyon zerfallen sämtlich durch die schwache Wechselwirkung.

In den letzten Jahrzehnten führte die Inbetriebnahme von Teilchenbeschleunigern immer höherer Energien zur Entdeckung zahlreicher weiterer Teilchen. Anzahl und Vielfalt der „Teilchen" nahmen ständig zu. Heute zählt man über 200! Bei so vielen Teilchen erhebt sich ernsthaft die Frage, ob sie wirklich alle elementar sind. Die Physiker haben daher neue theoretische Modelle entwickelt, mit deren Hilfe sie die große Anzahl der beobachteten Teilchen auf eine kleine Zahl wirklich fundamentaler Teilchen zurückführen wollen. Bevor wir ein derartiges Modell, das Quarkmodell, im Abschnitt 11.7 näher behandeln werden, wollen wir zunächst einige der sicher nachgewiesenen Teilchen und deren Eigenschaften zusammenstellen. Tabelle 11.4 enthält diejenigen direkt oder indirekt beobachteten Teilchen, die vor ihrem Zerfall länger als 10^{-21} s existieren. Damit sind allerdings viele äußerst kurzlebige Teilchen (sogenannte *Resonanzteilchen* oder kürzer *Resonanzen*) ausgeschlossen, die sehr schnell auf Grund der starken Wechselwirkung zerfallen. (Wir werden in späteren Abschnitten auf diese Resonanzen zurückkommen.)

Die Teilchen der Tabelle 11.4 sind in der Reihenfolge zunehmender Ruhenergie angeordnet. Sie lassen sich außerdem in Familien einteilen. Das *Photon*, mit dem Spin 1, bildet für sich allein eine Familie. Die *Leptonen*familie (griech.: „leicht") mit dem Spin 1/2 umfaßt das Elektron mit seinem Neutrino, das Myon und sein Neutrino sowie das vor einigen Jahren entdeckte Tauon mit dem zugehörigen Neutrino. Die *Mesonen*familie (griech.: „mittel"), hier in der Tabelle nur mit dem Spin 0 vertreten, enthält die Pionen, die Kaonen, ein Etateilchen und als *Charme*-Teilchen die D-Mesonen und das F-Meson. In der *Baryonen*familie (griech.: „schwer") befinden sich sowohl die Nukleonen (Proton und Neutron) als auch weitere, noch schwerere Teilchen, die *Hyperonen* (griech.: „über") genannt werden, nämlich die Lambda-, Sigma-, Xi- und Omegateilchen. Da alle Mesonen und Baryonen der starken Wechselwirkung unterworfen sind, faßt man sie auch unter der Bezeichnung *Hadronen* (griech.: „stark") zusammen.

Jedes Teilchen der Tabelle 11.4 besitzt eine ganzzahlige elektrische Ladung (bezogen auf die Protonenladung) und zwar + 1,0 oder − 1. Zu jedem in der Tabelle aufgeführten Teilchen gibt es ein Antiteilchen (durch einen Querstrich gekennzeichnet), das mit dem Teilchen in allen Eigenschaften übereinstimmt mit Ausnahme einer *Vorzeichenumkehr* bei allen Eigenschaften, die sowohl positiv als auch negativ sein können. Daher unterscheiden sich Teilchen und Antiteilchen bei folgenden Größen durch das Vorzeichen: Baryonenzahl,

Tabelle 11.4: Fundamentale Teilchen, für die $\tau > 10^{-21}$ s ist

Teilchenfamilie		Teilchen	Symbol (und elektrische Ladung)	Symbol[1]) des Antiteilchens	Ruhenergie (in MeV)	mittlere Lebensdauer (in s)	Spin	Hyperladung ($2\bar{Q}$)	Isospin I	häufigste Zerfallsart (Anteil, falls > 5 %)
Photon		Photon	γ	γ (selbst)	0	∞	1	0	0 oder 1	...
Leptonen	Elektronen $L_e = +1$ (e^- und ν_e)	Neutrino	ν_e	$\bar{\nu}_e$	0	∞	1/2	...	...	...
		Elektron	e^-	e^+	0,511003	∞	1/2	...	...	...
	Myonen $L_\mu = +1$ (μ^- und ν_μ)	Neutrino	ν_μ	$\bar{\nu}_\mu$	0	∞	1/2	...	...	...
		Myon	μ^-	μ^+	105,6595	$2{,}197 \cdot 10^{-6}$	1/2	...	...	$\mu^- \to e^- + \bar{\nu}_e + \nu_\mu$
	Tauonen $L_\tau = +1$ (τ^- und ν_τ)	Neutrino	ν_τ	$\bar{\nu}_\tau$	0	∞	1/2	...	...	...
		Tauon	τ^-	τ^+	1840	$2{,}5 \cdot 10^{-13}$	1/2	...	...	$\tau^- \to e^- + \bar{\nu}_e + \nu_\tau$
Hadronen	Mesonen $B = 0$	Pion	π^+, π^-	π^-, π^+	139,59	$2{,}602 \cdot 10^{-8}$	0	0	1	$\pi^+ \to \mu^+ + \nu_\mu$ (100)
			π^0	π^0 (selbst)	134,964	$0{,}83 \cdot 10^{-16}$	0	0	1	$\pi^0 \to \gamma + \gamma$ (98,8)
		Kaon[2])	K^+	K^-	493,70	$1{,}237 \cdot 10^{-8}$	0	+1	1/2	$K^+ \to \mu^+ + \nu_\mu$ (63,6)
										$K^+ \to \pi^+ + \pi^0$ (21,0)
										$K^+ \to \pi^+ + \pi^+ + \pi^-$ (5,6)
			$K^0 = \frac{1}{2}(K_S^0 + K_L^0)$	$\bar{K}^0$	497,7		0	+1	1/2	
			(K_S^0)			$0{,}893 \cdot 10^{-10}$				$K_S^0 \to \pi^+ + \pi^-$ (68,7)
										$K_S^0 \to \pi^0 + \pi^0$ (31,3)
			(K_L^0)			$5{,}18 \cdot 10^{-8}$				$K_L^0 \to \pi^0 + \pi^0 + \pi^0$ (21,4)
										$K_L^0 \to \pi^+ + \pi^- + \pi^0$ (12,2)
										$K_L^0 \to \pi^\pm + \mu^\mp + \nu_\mu$ (27,1)
										$K_L^0 \to \pi^\pm + e^\mp + \nu_e$ (39,0)
		Eta	η^0	η^0 (selbst)	548,8	$7 \cdot 10^{-19}$	0	0	0	$\eta^0 \to \gamma + \gamma$ (38)
		Charme-D	D^0	$\bar{D}^0$	1863	$3{,}2 \cdot 10^{-13}$	0	0	1/2	$D^0 \to K^+ + \pi^-$
			D^+	D^-	1868	$8{,}0 \cdot 10^{-13}$	0	0	1/2	$D^+ \to K^- + \pi^+ + \pi^+$
		Charme-F	F^+	F^-	2030	?	0	1	0	$F^+ \to \eta^0 + \pi^+$
	Baryonen $B = +1$	*Nukleonen*								
		Proton	p^+	p^-	938,280	∞	1/2	1	1/2	
		Neutron	n	$\bar{n}$	939,573	918	1/2	1	1/2	$n \to p^+ + e^- + \bar{\nu}_e$
		Hyperonen								$\Lambda^0 \to p^+ + \pi^-$ (64)
		Lambda	Λ^0	$\bar{\Lambda}^0$	1115,60	$2{,}5 \cdot 10^{-10}$	1/2	0	0	$\Lambda^0 \to n + \pi^0$ (36)
		Sigma	Σ^+	$\bar{\Sigma}^-$	1189,4	$0{,}800 \cdot 10^{-10}$	1/2	0	1	$\Sigma^+ \to p^+ + \pi^0$ (52)
										$\Sigma^+ \to n + \pi^+$ (48)
			Σ^0	$\bar{\Sigma}^0$	1192,5	$< 10^{-14}$	1/2	0	1	$\Sigma^0 \to \Lambda^0 + \gamma$
			Σ^-	$\bar{\Sigma}^+$	1197,4	$1{,}49 \cdot 10^{-10}$	1/2	0	1	$\Sigma^- \to n + \pi^-$
		Xi	Ξ^0	$\bar{\Xi}^0$	1314,9	$3{,}0 \cdot 10^{-10}$	1/2	−1	1/2	$\Xi^0 \to \Lambda^0 + \pi^0$
			Ξ^-	Ξ^+	1321,3	$1{,}65 \cdot 10^{-10}$	1/2	−1	1/2	$\Xi^- \to \Lambda^0 + \pi^-$
		Omega	Ω^-	Ω^+	1672,2	$1{,}3 \cdot 10^{-10}$	3/2	−2	0	$\Omega^- \to \Xi^0 + \pi^-$ (?)
										$\Omega^- \to \Xi^- + \pi^0$ (?)
										$\Omega^- \to \Lambda^0 + K^-$ (?)

[1]) Teilchen und Antiteilchen haben immer entgegengesetzte elektrische Ladungen

[2]) Das neutrale Kaon K^0 ist eine Überlagerung von zwei verschiedenen Zuständen mit unterschiedlicher Lebensdauer

Leptonenzahl, elektrische Ladung, magnetisches Moment, Hyperladung, dritte Komponente des Isospins sowie beim Zerfall Ladung eines jeden Folgeteilchens. Das Photon, das neutrale Pion und das Etateilchen sind jeweils ihr eigenes Antiteilchen. Die beiden geladenen Pionen sind gegenseitig Antiteilchen. Bei gleichem Symbol unterscheiden sich Teilchen und Antiteilchen durch die Angabe des Ladungszustandes (zum Beispiel e^- und e^+ oder p^+ und p^-).

Jedes Teilchen ist durch eine bestimmte mittlere Lebensdauer gekennzeichnet. Darunter verstehen wir die durchschnittliche Lebensdauer vieler gleichartiger Teilchen von ihrer Erzeugung bis zu ihrem Zerfall. Vermutlich sind nur elf der Teilchen und Antiteilchen stabil und zerfallen nicht spontan: das Proton, das Elektron, die drei Neutrinos (?) sowie die Antiteilchen dieser Teilchen und das Photon. Äußerst genaue Messungen haben ergeben, daß das Proton eine mittlere Lebensdauer von mindestens 10^{30} Jahren und das Elektron eine solche von mindestens 10^{21} Jahren hat. Im folgenden Abschnitt werden wir auf die Stabilität dieser Teilchen zurückkommen.

Jedes Elementarteilchen besitzt auch einen bestimmten Eigendrehimpuls, *Spin* genannt. Klassisch können wir uns diesen Spin durch ein Teilchen veranschaulichen, das ununterbrochen um eine innere Drehachse rotiert. Der Spindrehimpuls ist durch die Spindrehimpulsquantenzahl (oder kürzer Spinquantenzahl) J[1] gekennzeichnet. Der Betrag des Spindrehimpulses wird damit $\sqrt{J(J+1)}\,\hbar$. Die Werte von J sind entweder halbzahlig oder ganzzahlig. Bekanntlich nennt man eine Art gleichartiger Teilchen mit halbzahligem Spin *Fermionen*. Für diese gilt das Pauli-Verbot, das in einem gegebenen Quantenzustand nur ein einziges Teilchen zuläßt. Praktisch führt diese einschränkende Bedingung zu einer abstoßenden Kraft zwischen gleichartigen Teilchen. Alle Leptonen der Tabelle 11.4 besitzen den Spin 1/2 und sind somit Fermionen. Ähnlich besitzen auch die Baryonen einen halbzahligen Spin, das Ω^--Teilchen den Spin 3/2, alle übrigen dagegen den Spin 1/2. Die Baryonen sind also ebenfalls Fermionen. Andererseits besitzen die Feldteilchen der Tabelle 11.4, das Photon und die Mesonen, einen ganzzahligen Spin und sind somit Bosonen. Für sie gilt daher das Pauli-Verbot nicht. Sie können ohne Beschränkung ihrer Anzahl auftreten.

Die Größen *Hyperladung* und *Isospin*, die in der Tabelle 11.4 bei der Einteilung der Elementarteilchen aufgeführt sind, werden im Abschnitt 11.5 eingeführt. Dort wird auch die Bedeutung dieser Begriffe erläutert. In der letzten Spalte schließlich sind die Hauptzerfallsarten für die instabilen unter den Teilchen angegeben. Bei einigen der Teilchen hat man noch weitere Zerfallsarten beobachtet. Sie sind in der Tabelle jedoch nicht enthalten, da ihr Anteil an dem betreffenden Zerfall weniger als 5 % beträgt. Zu jeder in der Tabelle aufgeführten Zerfallsart gibt es ein Gegenstück, bei dem jedes bei dem Zerfall auftretende Teilchen durch das entsprechende Antiteilchen zu ersetzen ist. Da zum Beispiel ein Neutron in ein Proton, ein Elektron und ein Elektron-Antineutrino zerfällt,

$$n \to p^+ + e^- + \bar{\nu}_e,$$

müssen wir erwarten, daß, nachdem wir alle Teilchen durch ihre Antiteilchen ersetzt haben, das Antineutron folgendermaßen zerfällt

$$\bar{n} \to p^- + e^+ + \nu_e$$

und zwar mit der gleichen mittleren Lebensdauer von 920 s wie das Neutron.

[1] Wir verwenden hier in der Elementarteilchenphysik das Symbol J für die Spinquantenzahl, da das Symbol S nun für die „Seltsamkeit" (strangeness) benutzt wird.

Die in der Tabelle 11.4 enthaltenen mittleren Lebensdauern der instabilen Teilchen sind alle viel größer als die für die starke Wechselwirkung kennzeichnende Zeitdauer von $\approx 10^{-23}$ s (vgl. Tabelle 11.3). Drei neutrale Teilchen (π^0, η^0 und Σ^0) zerfallen verhältnismäßig schnell auf Grund der elektromagnetischen Wechselwirkung bei mittleren Lebensdauern zwischen 10^{-15} s und 10^{-19} s. Alle übrigen instabilen Teilchen dieser Tabelle zerfallen auf Grund der viel langsameren schwachen Wechselwirkung. Ihre mittleren Lebensdauern liegen zwischen 10^{-10} s und 10^3 s.

Die Tabelle 11.4 enthält 45 Teilchen und Antiteilchen (1 Photon, 12 Leptonen und Antileptonen, 14 Mesonen und Antimesonen sowie 18 Baryonen und Antibaryonen). Rechnen wir das durch die Theorie geforderte Graviton und die drei W-Teilchen hinzu, so erhalten wir 49 „Elementar"-teilchen, die alle gegenüber der starken Wechselwirkung, und 46 davon auch gegenüber der elektromagnetischen Wechselwirkung stabil sind. Das allein ist schon eine unerfreulich große Anzahl von Teilchen, die wir als wirklich fundamentale Bausteine betrachten sollen, aber das Bild wird noch viel verwirrender, wenn wir auch noch die mehr als 200 neuen Teilchen hinzufügen, die es ebenfalls gibt und die wir *Resonanzteilchen* nennen. Diese Resonanzteilchen haben nur außerordentlich kurze Lebensdauern, von 10^{-24} s bis 10^{-21} s, bevor sie auf Grund der starken Wechselwirkung zerfallen. Die nächsten Abschnitte dieses Kapitels sind der Einteilung dieser Teilchen auf Grund ihrer Symmetrieeigenschaften und der für sie geltenden Erhaltungssätze vorbehalten. Abschließend werden wir ein in neuester Zeit vorgeschlagenes Modell behandeln, das die Natur auf eine kleinere Anzahl wirklich fundamentaler Bausteine zurückführen will.

11.4 Universelle Erhaltungssätze

Warum kommen die bisher beobachteten Elementarteilchen (die Teilchen der Tabelle 11.4 und auch noch viele weitere) nur in einer sehr begrenzten Anzahl von Ladungszuständen vor? Warum haben sie gerade die in der Tabelle 11.4 angegebenen Massen, mittleren Lebensdauern, Spins und übrigen grundlegenden Eigenschaften, und warum nehmen diese Größen keine anderen Werte an? Welche Zusammenhänge lassen sich zwischen ihren Eigenschaften und den Wechselwirkungen erkennen? Warum gibt es so viele Teilchenarten? Sind alle diese Teilchen wirklich elementar oder setzen sie sich möglicherweise aus einer kleineren Anzahl noch fundamentalerer Bausteine zusammen?

Obgleich viele dieser grundlegenden Fragen noch unbeantwortet sind, können wir einen Fragenkreis unmittelbar beantworten: Warum zerfallen die instabilen Teilchen gerade so, wie in der Tabelle 11.4 angegeben und nicht in anderer ebenfalls vorstellbarer Weise? Oder, warum zerfällt ein stabiles Teilchen nicht? Die Antwort liegt in den Erhaltungssätzen. Auch auf der Ebene der Elementarteilchen gibt es zahlreiche Erhaltungssätze. Diese sind zum Verständnis der möglichen Vorgänge außerordentlich wichtig. Wir haben einen brauchbaren Leitfaden zur Voraussage physikalisch möglicher Vorgänge, wenn wir davon ausgehen, daß die Teilchen bei ihren Wechselwirkungen vollständige Freiheit besitzen. Eingeschränkt wird diese Freiheit nur durch sämtliche Erhaltungssätze, die jeweils für die in Frage kommende Wechselwirkung gelten. Dieser Grundsatz trifft immer zu. Man kann dann zu der Ansicht gelangen, daß *jeder* vorstellbare Vorgang auch auftreten kann, falls er nicht durch ein grundlegendes physikalisches Prinzip (in Gestalt eines Erhaltungssatzes) verboten ist. Dabei müssen wir jedoch berücksichtigen, daß nicht alle vorstellbaren Vorgänge auch tatsächlich mit der gleichen Wahrscheinlichkeit auftreten. Ist andererseits ein vorstellbarer Vorgang überhaupt niemals beobachtet worden, dann muß es irgend ein grundlgendes physikalisches Prinzip geben, das ihn verbietet.

Ein einfaches Beispiel hierzu liefert das Verhalten der Neutronen und Protonen. In einem isolierten Atomkern tritt jedes Neutron oder Proton mit den anderen Neutronen oder Protonen des Kernes in starke Wechselwirkung (Bild 11.8). Der Kern besteht immer aus einer festen Anzahl von Neutronen und einer festen Anzahl von Protonen.

Ist andererseits ein Neutron frei und von den übrigen Nukleonen isoliert, dann ist es instabil und zerfällt immer auf Grund der schwachen Wechselwirkung. Ein freies Proton dagegen ist stabil und zerfällt durch keine einzige der vier Wechselwirkungen. Warum zerfällt es nun nicht in ein Positron und ein Photon? Ein derartiger Zerfall verstieße gegen keinen der vier Erhaltungssätze für die Masse-Energie, für den Impuls, für den Drehimpuls und für die elektrische Ladung. Daraus müssen wir schließen, daß dieser Vorgang durch einen oder auch mehrere zusätzliche Erhaltungssätze ausgeschlossen wird – durch Erhaltungssätze, die einzig zu dem Zwecke aufgestellt worden sind, um das Nichtvorkommen bestimmter denkbarer Vorgänge zu gewährleisten. Ähnlich können wir fragen, warum ein freies Neutron nicht durch die starke Wechselwirkung in ein Proton und ein negatives Pion zerfällt. Warum zerfällt es ebenfalls nicht auf Grund der elektromagnetischen Wechselwirkung in ein Proton und ein Photon oder durch die schwache Wechselwirkung in ein Neutrino und ein Antineutrino? Der Zerfall des Neutrons auf Grund der starken Wechselwirkung scheidet infolge des Erhaltungssatzes für die Masse-Energie aus, und der Zerfall durch die elektromagnetische Wechselwirkung scheidet auf Grund des Erhaltungssatzes für die elektrische Ladung aus. Ein Zerfall des Neutrons auf Grund der schwachen Wechselwirkung in ein Neutrino und ein Antineutrino würde jedoch keinen der bisher berücksichtigten vier Erhaltungssätze verletzen. Daher muß dieser Vorgang infolge weiterer Erhaltungssätze verboten sein.

Zusätzlich zu den vier stets bestätigten Erhaltungssätzen für die Masse-Energie, für den Impuls, für den Drehimpuls und für die elektrische Ladung nimmt man heute noch zwei weitere universelle Erhaltungssätze an. Diese müssen dann bei *allen* fundamentalen Wechselwirkungen uneingeschränkt erfüllt sein. Bei diesen neuen, unter allen Umständen erhaltenen Größen handelt es sich um die *Baryonenzahl* und um die *Leptonenzahl.* (Für die Leptonen gelten sogar darüber hinaus noch Erhaltungssätze für die Untergruppen der Leptonenfamilie, nämlich für die *Elektronenzahl*, für die *Myonenzahl* und für die *Tauonenzahl.*) Die Mitglieder der Leptonenfamilie und die stabileren der Mitglieder der Baryonenfamilie sind in der Tabelle 11.4 aufgeführt.

Als Sonderfall des Erhaltungssatzes für die Baryonenzahl ergibt sich der Erhaltungssatz für die Nukleonenzahl (Abschnitt 9.8): Die Gesamtzahl aller Nukleonen (Protonen und Neutronen) bleibt bei jedem Kernzerfall oder bei jeder niederenergetischen Kernreaktion (d.h. bei Bewegungsenergien der Teilchen von weniger als 1 GeV) erhalten. In dem allgemeineren Erhaltungssatz für die Baryonenzahl ordnet man allen Teilchen der Baryonenfamilie die Baryonenzahl $B = +1$ zu, allen Antiteilchen dieser Familie die Baryonenzahl $B = -1$ und allen übrigen Teilchen $B = 0$. Damit stellt dieser Erhaltungssatz nur fest, *daß bei irgend einem beliebigen Vorgang die Gesamtzahl aller Baryonen konstant bleiben muß.* Er schließt dann Vorgänge wie den Zerfall eines Protons ($B = +1$) in ein Photon ($B = 0$) und ein Positron ($B = 0$) und ebenso den Zerfall eines Neutrons ($B = 1$) in ein Neutrino ($B = 0$) und ein Antineutrino ($B = 0$) aus.

Die Blasenkammeraufnahme im Bild 11.10 veranschaulicht den Erhaltungssatz für die Baryonenzahl. Im Punkt 1 stößt ein Proton mit einer Bewegungsenergie von 2,85 GeV auf ein zweites, ruhendes Proton, das sich in der mit flüssigem Wasserstoff gefüllten Blasenkammer befindet. Aus diesem Stoß gehen vier Teilchen hervor:

$$\begin{array}{rl} & \mathrm{p} + \mathrm{p} \to \mathrm{p} + \pi^+ + \Lambda^0 + \mathrm{K}^0, \\ \text{Baryonenzahl } B: & 1 + 1 = 1 + 0 \;\; + 1 \;\; + 0. \end{array}$$

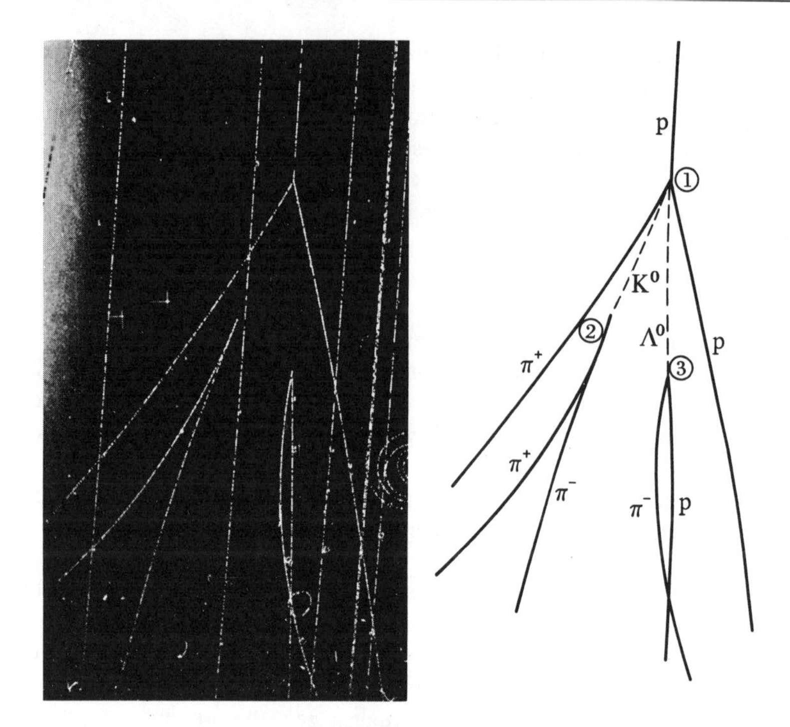

Bild 11.10 Blasenkammeraufnahme, auf der ein 2,85 GeV-Proton im Punkt 1 auf ein ruhendes Proton stößt und dabei ein K^0- und Λ^0-Teilchen erzeugt. Das K^0 zerfällt später im Punkt 2 in zwei Pionen. Das Λ^0 zerfällt im Punkt 3 in ein Pion und ein Proton. (Mit freundlicher Genehmigung des Brookhaven National Laboratory)

Die beiden entstandenen geladenen Teilchen (p und π^+) lassen Spuren in der Blasenkammer zurück, und die beiden neutralen Teilchen (K^0 und Λ^0) können durch ihren Zerfall in geladene Teilchen im Punkt 2 bzw. im Punkt 3 identifiziert werden:

$$\begin{array}{lll} & \Lambda^0 \rightarrow p + \pi^-, & K^0 \rightarrow \pi^+ + \pi^-, \\ \text{Baryonenzahl } B: & 1 \;\;= 1 + 0, & 0 \;\;= 0 \;+ 0. \end{array}$$

Weitere Beispiele für den Erhaltungssatz der Baryonenzahl können den Angaben über die Zerfallsmöglichkeiten der instabilen Teilchen in der Tabelle 11.4 entnommen werden.

Die Erhaltungssätze für die Leptonenzahlen gelten für die Leptonenfamilie: Elektron, Myon, Tauon, drei Neutrinoarten (ν_e, ν_μ, ν_τ) sowie deren sechs Antiteilchen. Auf die Notwendigkeit, zwischen sechs verschiedenen Neutrinos und drei getrennten Erhaltungssätzen zu unterscheiden, werden wir später noch einzugehen haben. Die *Elektronenzahl* $L_e = 1$ ordnen wir dem Elektron e^- und seinem Elektron-Neutrino ν_e zu, dem Positron e^+ und dem Elektron-Antineutrino $\overline{\nu}_e$ dagegen die Elektronenzahl $L_e = -1$. Ähnlich haben wir für das Myon μ^- und das Myon-Neutrino ν_μ die *Myonenzahl* $L_\mu = 1$, für das Antimyon μ^+ und das Myon-Antineutrino $\overline{\nu}_\mu$ die Myonenzahl $L_\mu = -1$ und schließlich für das Tauon τ^- und das Tauon-Neutrino ν_τ die *Tauonenzahl* $L_\tau = 1$ sowie für das Antitauon τ^+ und dessen Tauon-Antineutrino $\overline{\nu}_\tau$ die Tauonenzahl $L_\tau = -1$. Für sämtliche übrigen Teilchen verschwinden alle drei Leptonenzahlen L_e, L_μ und L_τ. Bisher stimmen alle Beobachtungen mit den Erhaltungssätzen für die Leptonenzahlen überein: *Die Gesamtzahl L_e der Elektronen, die Gesamtzahl L_μ der Myonen und die Gesamtzahl L_τ der Tauonen bleiben jeweils einzeln erhalten.* (Auf vermutete Umwandlungen von Elektron-Neutrinos in Myon-Neutrinos, sogenannte Neutrino-Oszillationen, werden wir am Schluß dieses Abschnittes zurückkommen.)

Beispiele für die Erhaltungssätze der Leptonenzahlen liefern uns die in der Tabelle 11.4 aufgeführten Hauptzerfallsarten der geladenen Pionen und des Neutrons.

Pionenzerfälle:	$\pi^- \to \mu^- + \bar{\nu}_\mu$,	$\pi^+ \to \mu^+ + \nu_\mu$,
Elektronenzahl L_e:	$0 = 0 + 0$,	$0 = 0 + 0$,
Myonenzahl L_μ:	$0 = 1 + (-1)$,	$0 = (-1) + 1$.

Die Myonen sind ebenfalls instabil. Sie zerfallen folgendermaßen weiter (Bild 11.11):

Myonenzerfälle:	$\mu^- \to e^- + \bar{\nu}_e + \nu_\mu$,	$\mu^+ \to e^+ + \nu_e + \bar{\nu}_\mu$,
Elektronenzahl L_e:	$0 = 1 + (-1) + 0$,	$0 = (-1) + 1 + 0$,
Myonenzahl L_μ:	$1 = 0 + 0 + 1$,	$(-1) = 0 + 0 + (-1)$.

Der Neutronenzerfall und auch der entsprechende Neutrinoeinfang (Gl. (9.41)), bei dem ein Proton ein Elektron-Antineutrino einfängt, bestätigen sowohl den Erhaltungssatz für die Baryonenzahl als auch die Erhaltung der Elektronenzahl.

Neutronenzerfall, Neutrinoeinfang:	$n \to p + e^- + \bar{\nu}_e$,	$\bar{\nu}_e + p \to n + e^+$,
Baryonenzahl B:	$1 = 1 + 0 + 0$,	$0 + 1 = 1 + 0$,
Elektronenzahl L_e:	$0 = 0 + 1 + (-1)$,	$(-1) + 0 = 0 + (-1)$.

Bild 11.11
Aufnahme einer Blasenkammer mit flüssigem Wasserstoff, die den Zerfall eines Pions in ein Myon zeigt. Letzteres zerfällt weiter in ein Elektron. Das Pion tritt oben links ein und bewegt sich dann auf einer gekrümmten Bahn zur Bildmitte. Die Spur des Myons ist nur sehr kurz. Das Elektron liefert die dünne, gekrümmte Spur. (Mit freundlicher Genehmigung des Fermi National Accelerator Laboratory)

Der Unterschied zwischen Myon-Antineutrinos und Elektron-Antineutrinos wurde erstmalig 1962 bei einem Hochenergieversuch im Brookhaven National Laboratory erkannt. Ein Strahl von 15-GeV-Protonen traf auf ein Target und lieferte neben anderen Teilchen auch geladene Pionen, die in Myonen und Myon-Antineutrinos zerfielen ($\pi^- \rightarrow \mu^- + \bar{\nu}_\mu$). Nachdem die Myonen und die anderen Teilchen durch eine hinreichend dicke Abschirmung abgefangen waren, trat der Strahl der verbliebenen Antineutrinos durch eine Funkenkammer hindurch. Jedes der hochenergetischen Antineutrinos hatte eine winzige Wahrscheinlichkeit (1 zu 10^{12}), in der Kammer mit einem Proton in Wechselwirkung zu treten und eingefangen zu werden. Dabei entsteht ein Neutron und ein nachweisbares Myon ($\bar{\nu}_\mu$ + p $\rightarrow$ n + μ^+, vgl. auch Bild 8.10). Da sich bei diesem Versuch keine Elektronenspuren zeigten, war bewiesen, daß sich das Paar Elektron-Neutrino und Elektron-Antineutrino von dem Paar Myon-Neutrino und Myon-Antineutrino unterscheidet. In einem späteren Abschnitt (11.5) werden wir zeigen, was außer dem Vorzeichen der betreffenden Leptonenzahl ein Neutrino von einem Antineutrino unterscheidet.

Das Myon nimmt unter den fundamentalen Teilchen eine merkwürdige Stellung ein. Es stimmt offensichtlich in allen Eigenschaften mit dem Elektron überein, nur in der größeren Masse und in der eigenen Leptonenzahl L_μ unterscheidet es sich vom Elektron. Für den Massenunterschied dieser sonst gleichartigen Teilchen fehlt immer noch eine Eerklärung. 1977 wurde dann auch noch das wesentlich schwerere Tauon (τ) entdeckt. Es hat eine Ruhenergie von 1840 MeV. Vielleicht beantwortet sich die Frage nach der Anzahl der unterschiedlichen Leptonen zugleich mit einer Deutung der vermutlich gleich großen Anzahl unterschiedlicher Quarks.

In einem gewissen Sinne „erklären“ die Erhaltungssätze für die Baryonenzahl und die Leptonenzahlen, warum Proton, Elektron, Neutrinos und die entsprechenden Antiteilchen absolut stabil sind. Es gibt nämlich keine leichteren Teilchen, in die diese Teilchen ohne Verletzung eines dieser Erhaltungssätze zerfallen könnten. Andererseits gibt es aber keine Erhaltungssätze für die Photonenzahl oder für die Mesonenzahl. Derartige Teilchen können in unbegrenzter Anzahl erzeugt oder vernichtet werden, sofern keine anderen Erhaltungssätze dem entgegen stehen.

Wir haben also acht universelle Erhaltungssätze, die uneingeschränkt für *alle* vier fundamentalen Wechselwirkungen gelten:

Universelle Erhaltungssätze:

Masse-Energie	ΣE_i	= konstant,
Impuls	$\Sigma \mathbf{p}_\mathrm{i}$	= konstant,
Drehimpuls	$\Sigma \mathbf{L}_\mathrm{i}$	= konstant,
elektrische Ladung	ΣQ_i	= konstant,
Baryonenzahl	ΣB_i	= konstant,
Leptonenzahlen:	$\Sigma (L_\mathrm{e})_\mathrm{i}$	= konstant,
	$\Sigma (L_\mu)_\mathrm{i}$	= konstant,
	$\Sigma (L_\tau)_\mathrm{i}$	= konstant.

(11.3)

In den letzten Jahren sind nun Zweifel an der uneingeschränkten Geltung der Erhaltungssätze für die Baryonenzahl und für die Leptonenzahlen aufgetaucht. Auf Grund neuerer Theorien zur Vereinigung der fundamentalen Wechselwirkungen vermutet man, daß das Proton (dessen mittlere Lebensdauer mindestens 10^{30} Jahre beträgt und damit viele Zehnerpotenzen größer als das Alter des Universums von etwa 10^{10} Jahren ist) doch nicht absolut stabil ist. Die sehr aufwendigen Versuche, die diese Frage klären sollen, sind noch nicht abgeschlossen.[1])

Ebenso ist die Vermutung aufgetaucht, daß sich die unterschiedlichen Neutrinoarten doch ineinander umwandeln. Diese Neutrino-Oszillationen könnten die zu geringe Anzahl der von der Sonne zu uns gelangenden Neutrinos erklären. Dann hätten die Neutrinos allerdings eine – wenn auch außerordentlich kleine – Ruhmasse, im Gegensatz zu den Photonen. Die Neutrinos würden dann einen wesentlichen Beitrag zur gesamten Masse des Universums liefern. Das könnte ein „geschlossenes" Universum zur Folge haben, bei dem sich die gegenwärtige Expansion später einmal umkehren könnte. Beide Zweifel an der uneingeschränkten Geltung der Erhaltungssätze für die Teilchenzahlen sind aber bis heute noch nicht durch Experimente eindeutig bestätigt worden, denn auch die Neutrinoversuche haben noch keine Klarheit gebracht.

11.5 Zusätzliche Erhaltungssätze bei der starken und der elektromagnetischen Wechselwirkung

In diesem Abschnitt sollen drei neue Begriffe eingeführt werden: Isospin, Hyperladung und Parität. Diese Begriffe sind jeweils mit Erhaltungssätzen verknüpft, die merkwürdigerweise nur für die starke Wechselwirkung streng gelten, jedoch *nicht universell* für die übrigen Wechselwirkungen.

Isospin

Der Isospin (manchmal auch noch Isotopenspin genannt) heißt so, da er ein ähnliches gequanteltes Verhalten wie der gewöhnliche Drehimpuls zeigt. Wie oben (Abschnitt 7.6) bereits gezeigt wurde, ist der Gesamtdrehimpuls eines Atoms oder eines Atomkernes gequantelt: $L_j = \sqrt{j(j+1)}\hbar$, dabei kann j nur halbzahlige oder ganzzahlige Werte annehmen. Zu jedem gegebenen Wert von j gibt es $2j+1$ Werte für die magnetische Quantenzahl m_j. Bei Abwesenheit eines äußeren Magnetfeldes sind diese $2j+1$ gequantelten Zustände entartet und besitzen die gleiche Energie. Die Anwesenheit eines äußeren Magnetfeldes dagegen bricht diese Symmetrie und spaltet diesen einen Energiezustand in $2j+1$ eng benachbarte, aber doch voneinander getrennte Energiewerte auf (vgl. Bild 7.15). Umgekehrt können wir aus der Anzahl der beobachteten unterschiedlichen Energieniveaus bei Atomen im äußeren Magnetfeld die Quantenzahl j bestimmen.

Die Aufspaltung in 18 getrennte Energieniveaus beim Valenzelektron des Natriumatoms im Quantenzustand $n = 3$ ist im Bild 11.12 dargestellt. Jede der drei elektromagnetischen Wechselwirkungen – „Eindringen" des Valenzelektrons in den Atomrumpf, Spin-Bahn-Kopplung und äußeres Magnetfeld – beseitigt einen Teil der Entartung.

Mit ähnlichen Vorstellungen konnte man ebenfalls bei den Hadronen erfolgreich die beobachtete Gruppenbildung der Baryonen und der Mesonen beschreiben. Erstmals wurde dieses Vorgehen bei der Massenaufspaltung und Gruppenbildung der Baryonen mit dem Spin 1/2 sowie bei den Mesonen mit dem Spin 0 der Tabelle 11.4 angewandt. Wie wir dieser Tabelle entnehmen können, drängen sich sowohl die Spin-1/2-Baryonen als auch die Spin-0-Mesonen jeweils in Teilchengruppen mit nahezu gleichen Massen (und damit auch nahezu gleichen Ruhenergien) zusammen. Im Bild 11.12 erkennen wir, wie die Quantenzah-

---

[1]) Steven Weinberg: „Der Zerfall des Protons", *Spektrum der Wissenschaft*, August 1981, S. 31.

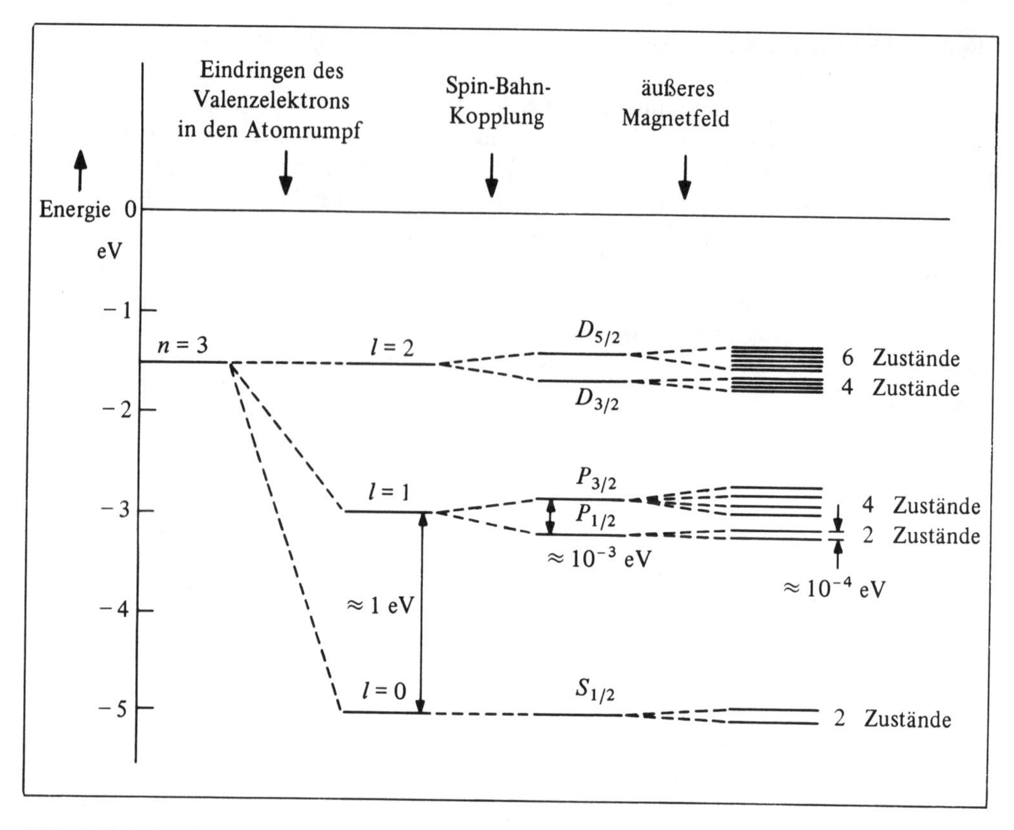

Bild 11.12 Aufspaltung der Energieniveaus beim Natriumatom durch elektromagnetische Wechselwirkungen

len (n, l, j, m_j) die verschiedenen Energieniveaus kennzeichnen. Daher wollen wir dem gleichen Schema folgen und uns nach Wechselwirkungen umsehen, die die Symmetrie der Teilchen brechen und damit zu Unterschieden in der Masse-Energie sowohl für die acht Baryonen mit dem Spin 1/2 als auch für die acht Mesonen mit dem Spin 0 führen.

Bild 11.13 zeigt die Massenaufspaltung bei den Baryonen. Zunächst können wir einen *Teil* der starken Wechselwirkung annehmen, der die Baryonen in vier Familien aufspaltet. Diese Familien sind (vgl. Tabelle 11.4): zwei Nukleonen (mit N bezeichnet) mit einer mittleren Ruhenergie von 939 MeV, einem Lambdateilchen (Λ) mit einer Ruhenergie von 1116 MeV, drei Sigmateilchen (Σ) mit einer mittleren Ruhenergie von 1193 MeV und schließlich zwei Xiteilchen (Ξ) mit der mittleren Ruhenergie von 1317 MeV. Die Massenaufspaltung durch diesen Teil der starken Wechselwirkung ist von der Größenordnung 100 MeV. In diesem Sinne können wir die acht Hadronen als verschiedene Zustände eines einzigen Urhadrons betrachten. Könnten wir auf irgend eine Weise diesen Anteil der starken Wechselwirkung abschalten, so hätten alle diese acht Hadronen die gleichen Eigenschaften. Weiter können wir dann die kleineren Massenunterschiede bei den verschiedenen Teilchen innerhalb einer jeden Familie der elektromagnetischen Wechselwirkung zuschreiben, die die Symmetrie der Teilchen nochmals bricht und die Baryonen einer jeden Familie in Teilchen unterschiedlicher Ladung und Masse aufspaltet.

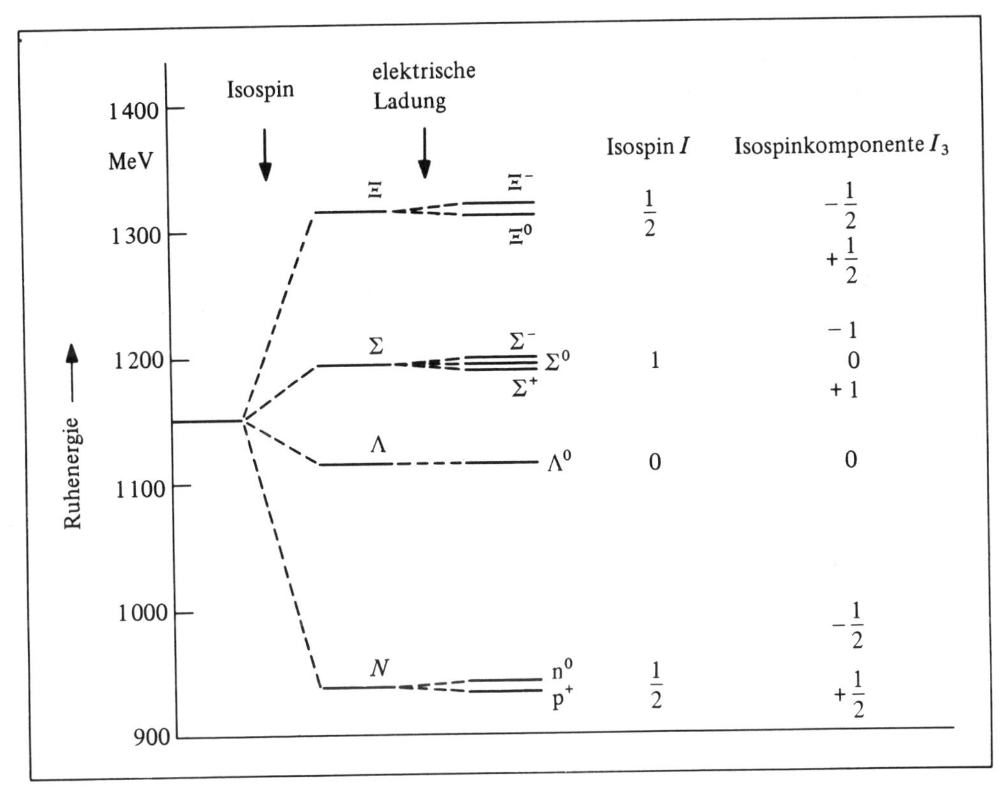

Bild 11.13 Massenaufspaltung der Baryonen mit dem Spin 1/2 durch Isospin und elektrische Ladung

Der Grund für die verhältnismäßig starke Aufspaltung des einen ursprünglichen Spin-1/2-Baryons durch einen Teil der starken Wechselwirkung in die vier Familien, d.h. in die vier Unterzustände des Bildes 11.13, wird leichter verständlich, wenn wir zunächst die kleinere Massenaufspaltung der Teilchen innerhalb einer jeden Familie betrachtet haben. Falls wir den verhältnismäßig kleinen Unterschied der Ruhenergie (ungefähr einige MeV) innerhalb einer jeden Familie (die ein Multiplett bildet) dem Unterschied in der elektrischen Ladung (und damit der verhältnismäßig schwachen elektromagnetischen Wechselwirkung, die mit der elektrischen Ladung verbunden ist) zuschreiben, können wir die Teilchen einer jeden Familie als *verschiedene Zustände eines und desselben Teilchens* betrachten. Genau so wie bei der quantentheoretischen Beschreibung der $2j+1$ verschiedenen Zustände eines Atoms in einem äußeren Magnetfeld (Bild 11.12) ordnen wir nun jeder Familie einen *Isospin* und eine *Isospinquantenzahl I* derart zu, daß dann in jeder Familie die Vielfachheit der Teilchen $2I+1$ wird. Diese Isospinquantenzahl liefert uns einen Isospinvektor in einem abstrakten *Isospinraum*. Jeder möglichen „Orientierung" dieses Isospinvektors **I** im Isospinraum, also jeder möglichen Komponente I_3 dieses Vektors entspricht ein bestimmtes Teilchen. Bei gegebener Isospinquantenzahl I kann die dritte Komponente I_3 des Isospinvektors folgende $2I+1$ Werte annehmen: $I, I-1, I-2, \ldots, -I$. Die Isospinquantenzahl I ist bestimmt, wenn man bei einer Familie, d.h. bei einem Isospinmultiplett, die Anzahl der zugehörigen Teilchen kennt. So gibt es zum Beispiel in der Nukleonenfamilie (p und n) zwei Teilchen, und damit wird $2I+1 = 2$ oder $I = 1/2$. Auf ähnliche Weise erhalten wir die Isospinquantenzahlen für die übrigen drei Familien des Bildes 11.13.

Innerhalb einer Familie besitzt jeder der Multiplettzustände eine bestimmte ganzzahlige Ladung. Mit Hilfe dieser Ladung können wir dann jedem Teilchen eine dritte Komponente I_3 des Isospins zuordnen. Wir führen folgende Regel ein:

$$I_3 = Q - \bar{Q}. \tag{11.4}$$

Hierbei ist Q die elektrische Ladungs*zahl* des Teilchens, und $\bar{Q}$ ist die mittlere Ladungs*zahl* der betreffenden Familie. Diese Regel können wir am Beispiel der Nukleonenfamilie verdeutlichen:

$$Q_p = +1, Q_n = 0 \text{ und } \bar{Q} = \frac{Q_p + Q_n}{2} = +\frac{1}{2}.$$

Damit wird nach Gl. (11.4)

$$\text{Proton:} \quad I_3 = Q_p - \bar{Q} = 1 - \frac{1}{2} = +\frac{1}{2},$$

$$\text{Neutron:} \quad I_3 = Q_n - \bar{Q} = 0 - \frac{1}{2} = -\frac{1}{2}.$$

In der letzten Spalte des Bildes 11.13 sind die Werte der dritten Isospinkomponente I_3 für die Baryonen mit dem Spin 1/2 aufgeführt.

Die Massenaufspaltung auf Grund des Isospins und der dritten Komponente des Isospins ist im Bild 11.14 auch für die ersten acht Mesonen der Tabelle 11.4 dargestellt und entspricht unserem Vorgehen bei den Baryonen. Nur Hadronen (Mesonen und Baryonen), die der starken Wechselwirkung unterliegen, können einen nichtverschwindenden Isospin besitzen. Den Photonen sowie allen Leptonen ordnet man den Isospin $I = 0$ zu.

Wie alle gequantelten Größen ist auch die Isospinquantenzahl I mit einem Erhaltungssatz verbunden. Dieser Erhaltungssatz für den Isospin läßt sich – anders als die universell geltenden Erhaltungssätze der Gl. (11.3) – folgendermaßen ausdrücken:

Der Betrag des Gesamtisospins ist bei jeder starken Wechselwirkung nach einer Reaktion genau so groß wie vor der Reaktion. (11.5)

Die resultierende dritte Komponente des Isospins ist bei jeder starken oder elektromagnetischen Wechselwirkung nach einer Reaktion genau so groß wie vor der Reaktion. (11.6)

Oder kürzer: Der Gesamtisospin I bleibt bei der starken Wechselwirkung und die dritte Komponente I_3 des Isospins bleibt sowohl bei der starken als auch bei der elektromagnetischen Wechselwirkung erhalten. Bei den übrigen Wechselwirkungen gilt weder für I noch für I_3 ein derartiger Erhaltungssatz (vgl. Tabelle 11.6).

Die folgenden Beispiele zeigen die Erhaltung des Isospins.

Stoßvorgang der starken Wechselwirkung

$$p + p \rightarrow \Lambda^0 + K^0 + p + \pi^+,$$

$$I: \quad \vec{\frac{1}{2}} + \vec{\frac{1}{2}} = \vec{0} + \vec{\frac{1}{2}} + \vec{\frac{1}{2}} + \vec{1} \qquad I \text{ bleibt erhalten},$$

$$I_3: \quad \frac{1}{2} + \frac{1}{2} = 0 - \frac{1}{2} + \frac{1}{2} + 1 \qquad I_3 \text{ bleibt erhalten}.$$

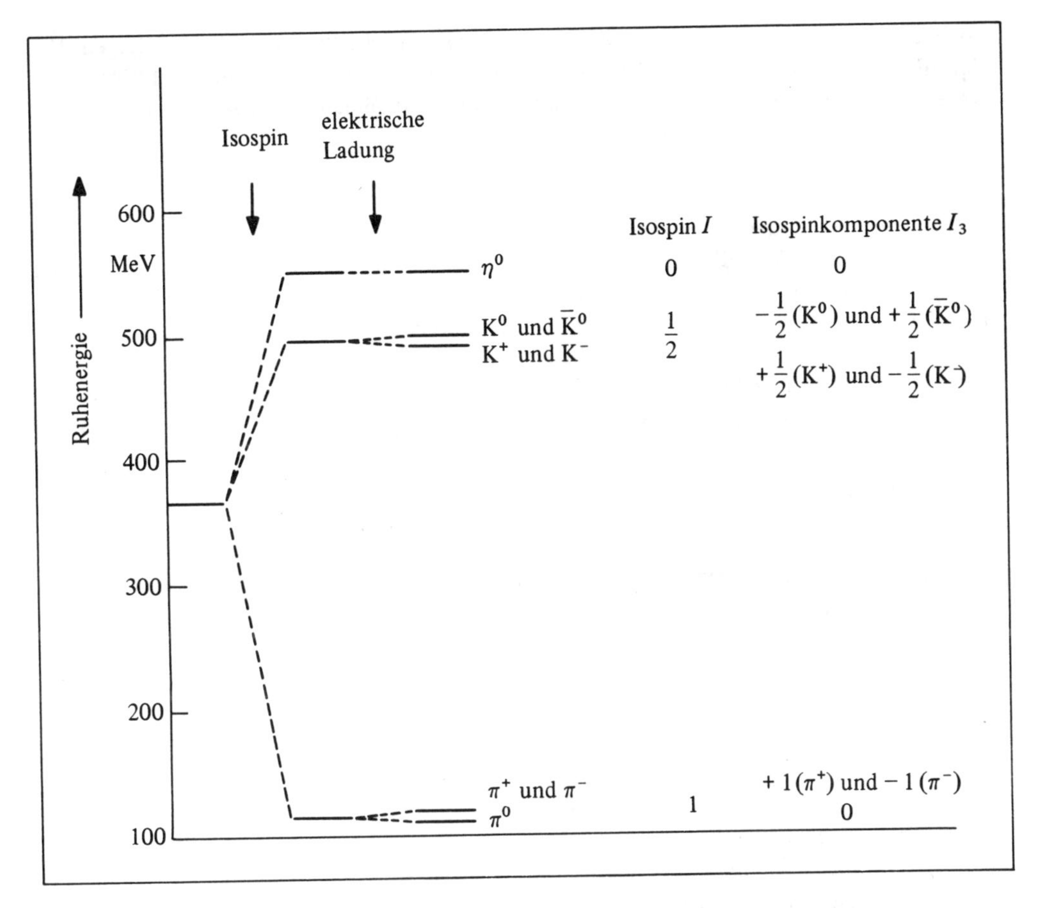

Bild 11.14 Massenaufspaltung der Mesonen mit dem Spin 0 durch Isospin und elektrische Ladung

Zerfall des Pions π^0 durch die elektromagnetische Wechselwirkung

$$\pi^0 \rightarrow \gamma + \gamma,$$

I: $\quad \vec{1} \neq \vec{0} + \vec{0}$ $\qquad$ I bleibt nicht erhalten,

I_3: $\quad 0 = 0 + 0$ $\qquad$ I_3 bleibt erhalten.

Zerfall des Λ^0-Teilchens durch die schwache Wechselwirkung

$$\Lambda^0 \rightarrow p + \pi^-,$$

I: $\quad \vec{0} \neq \vec{\frac{1}{2}} + \vec{1}$ $\qquad$ I bleibt nicht erhalten,

I_3: $\quad 0 \neq \frac{1}{2} + (-1)$ $\qquad$ I_3 bleibt nicht erhalten.

Da beim Zerfall des Λ^0-Hyperons der Isospin I nicht erhalten bleibt, kann dieser Zerfall nach Gl. (11.5) auch nicht durch die starke Wechselwirkung erfolgen. Da außerdem I_3 auch nicht erhalten bleibt, kann dieser Zerfall also weder durch die schnelle starke Wechselwirkung noch durch die verhältnismäßig schnelle elektromagnetische Wechselwirkung erfolgen. Der Zerfall des Λ^0-Teilchens in ein Proton und ein negatives Pion muß daher auf Grund der wesentlich langsameren schwachen Wechselwirkung stattfinden. Bei dieser Wechselwirkung gilt weder für I noch für I_3 ein Erhaltungssatz.

Hyperladung und Seltsamkeit

An Stelle der geraden eingeführten Quantenzahl I_3 verwendet man häufig zwei andere Quantenzahlen: die *Hyperladung* Y und die *Seltsamkeit* S (engl.: strangeness). Wie wir gleich erkennen werden, liefern alle drei Quantenzahlen äquivalente Erhaltungssätze. Diese Erhaltungssätze gelten sowohl für die starke als auch für die elektromagnetische Wechselwirkung, jedoch nicht für die schwache Wechselwirkung.

Die Quantenzahl Y der Hyperladung ist einfach als das Doppelte der mittleren Ladungszahl $\bar{Q}$ (also in Vielfachen von e) einer jeden Hadronenfamilie definiert (vgl. die Bilder 11.13 und 11.14):

$$\textit{Hyperladung einer Hadronenfamilie:}\quad Y = 2\,\bar{Q}. \tag{11.7}$$

Der Faktor 2 ist in dieser Definition hinzugefügt worden, damit die Quantenzahl der Hyperladung stets *ganzzahlig* und nicht etwa halbzahlig wird. Für die Nukleonenfamilie (Proton und Neutron) erhalten wir dann zum Beispiel:

$$\bar{Q} = \frac{+1+0}{2} = +\frac{1}{2} \quad \text{und} \quad Y = 2\,\bar{Q} = +1.$$

Wie wir uns erinnern, war die Isospinkomponente I_3 eines jeden Teilchens einer Familie durch $I_3 = Q - \bar{Q}$ gegeben (Gl. (11.4)). Dann läßt sich die Hyperladung Y durch die Isospinkomponente I_3 und die Ladung Q eines Teilchens ausdrücken:

$$Y = 2\,(Q - I_3). \tag{11.8}$$

Bei *jeder Wechselwirkung* muß die Gesamtladung erhalten bleiben. Bei der *starken* und bei der *elektromagnetischen Wechselwirkung* muß außerdem die dritte Komponente I_3 des Isospinvektors **I** erhalten bleiben (Gl. (11.6)). Daher folgt aus Gl. (11.8), daß die Gesamthyperladung bei der starken und bei der elektromagnetischen Wechselwirkung erhalten bleiben muß.

Die Gesamthyperladung ist bei jeder starken oder elektromagnetischen Wechselwirkung nach einer Reaktion genau so groß wie vor der Reaktion. (11.9)

Die elektrische Ladungs*zahl* Q, die Hyperladung Y, die dritte Komponente I_3 des Isospins und auch die jetzt noch zu erklärende Quantenzahl der Seltsamkeit S sind in der Tabelle 11.5 aufgeführt. Zu jedem der neun in der Tabelle enthaltenen Baryonen gibt es ein Antibaryon. Ein Antibaryon hat, verglichen mit dem zugehörigen Baryon, bei jeder Quantenzahl das entgegengesetzte Vorzeichen.

Ein Beispiel für die Erhaltung der Gesamthyperladung Y liefert der Zusammenstoß hochenergetischer Protonen, bei dem ein Λ^0-Teilchen, ein K^0-Teilchen sowie ein positives Pion erzeugt werden. Diesen Vorgang haben wir bereits als Beispiel für die Erhaltung des Isospins bei der starken Wechselwirkung herangezogen.

$$\begin{array}{ll} & p + p \rightarrow \Lambda^0 + K^0 + p + \pi^+, \\ \text{Hyperladung } Y: & 1 + 1 = 0 + 1 + 1 + 0. \end{array}$$

Tabelle 11.5: Werte der Quantenzahlen Q, Y, I_3 und S für die langlebigsten Hadronen der Tabelle 11.4

	Familie	Teilchen	Q	$Y = 2\overline{Q}$	$I_3 = Q - \overline{Q}$	S
Mesonen ($B = 0$)	Pion (π)	π^+	+1	0	+1	0
		π^0	0	0	0	0
		π^-	−1	0	−1	0
	Kaon (K)	K^+	+1	1	+1/2	1
		K^0	0	1	−1/2	1
	($\overline{K}$)	$\overline{K}^0$	0	−1	+1/2	−1
		K^-	−1	−1	−1/2	−1
	Eta (η)	η^0	0	0	0	0
Baryonen ($B = 1$)	Nukleon (N)	p	+1	1	+1/2	0
		n	0	1	−1/2	0
	Lambda (Λ)	Λ^0	0	0	0	−1
	Sigma (Σ)	Σ^+	+1	0	+1	−1
		Σ^0	0	0	0	−1
		Σ^-	−1	0	−1	−1
	Xi (Ξ)	Ξ^0	0	−1	+1/2	−2
		Ξ^-	−1	−1	−1/2	−2
	Omega (Ω)	Ω^-	−1	−2	0	−3

Hinweis: Zu jedem in der Tabelle aufgeführten Baryon gibt es ein Antiteilchen, das bei gleichem Betrage für jede Eigenschaft das entgegengesetzte Vorzeichen besitzt.

Indem wir die Werte der Tabelle 11.5 hier eingesetzt haben, erkennen wir, daß bei diesem Stoßvorgang die Gesamthyperladung erhalten bleibt.

Mit Hilfe des Erhaltungssatzes für die Hyperladung läßt sich auch erklären, warum bestimmte Zerfälle angeregter Teilchen nur auf Grund der langsamen schwachen Wechselwirkung erfolgen können. So sind zum Beispiel die beiden Hauptzerfallsarten des Σ^+-Baryons $\Sigma^+ \rightarrow p + \pi^0$ und $\Sigma^+ \rightarrow n + \pi^+$ bei einer mittleren Lebensdauer von $0{,}80 \cdot 10^{-10}$ s (Tabelle 11.4). Müßte nicht die Hyperladung erhalten bleiben (oder gleichwertig damit die dritte Komponente des Isospins), würden diese Zerfälle sehr schnell auf Grund der starken Wechselwirkung erfolgen (in etwa 10^{-23} s). Aber da die Hyperladung des Σ^+-Teilchens verschwindet und bei beiden Zerfallsarten für die Folgeteilchen jeweils $Y = 1 + 0 = 1$ beträgt, bleibt bei diesem Zerfall die Gesamthyperladung nicht erhalten. Ein Zerfall durch die starke oder auch durch die elektromagnetische Wechselwirkung ist also verboten. Bei der schwachen Wechselwirkung gilt jedoch der Erhaltungssatz für die Hyperladung nicht. Daher finden Vorgänge wie der Zerfall des Σ^+-Teilchens in Zeiten von der Größenordnung 10^{-10} s statt, die für die schwache Wechselwirkung kennzeichnend sind.

Eine weitere äquivalente Form des Erhaltungssatzes für die Isospinkomponente ist der *Erhaltungssatz für die* sogenannte *„Seltsamkeit"* (engl.: *strangeness*) und für die damit verbundene Quantenzahl der *Seltsamkeit S*. Dieser Begriff tauchte auf, da sich zahlreiche Hadronen, die in der Tabelle 11.4 aufgeführt sind, bei ihren Wechselwirkungen „seltsam" verhielten. Diese seltsamen Teilchen werden durch die *starke Wechselwirkung* oder auch durch die *elektromagnetische Wechselwirkung* erzeugt, aber anschließend zerfallen sie auf Grund der *schwachen Wechselwirkung*. Um diesem Verhalten Rechnung zu tragen, führten die Physiker willkürlich die Quantenzahl Seltsamkeit ein. Der bekannten Nukleonenfamilie (in der Tabelle 11.5 mit dem Symbol N bezeichnet) ordneten sie die Seltsamkeit $S = 0$ zu und ebenso der uns bereits vertrauten Pionengruppe (durch das Symbol π gekennzeichnet). Die Seltsamkeit hängt mit der Hyperladung zusammen, denn die Hyperladung der Nukleonengruppe ist (vgl. Tabelle 11.5) $Y(\mathrm{N}) = 2\,\bar{Q}(\mathrm{N}) = +1$ und die Hyperladung der Pionengruppe $Y(\pi) = 2\,\bar{Q}(\pi) = 0$. Definieren wir nun die Seltsamkeit durch

$$S = Y - B, \tag{11.10}$$

so haben wir $S(\mathrm{N}) = 1 - 1 = 0,$
$S(\pi) = 0 - 0 = 0.$

Diese Definition der Seltsamkeit S gewährleistet, daß die bekannten Baryonen, nämlich die Nukleonen, und die ebenfalls vertrauten Mesonen – die Pionen – die Seltsamkeit 0 erhalten. Die Seltsamkeit der übrigen Elementarteilchen der Tabellen 11.4 oder 11.5 folgt aus der Gl. (11.10): $S(\Lambda) = Y(\Lambda) - B(\Lambda) = 0 - 1 = -1$ usw. In der letzten Spalte der Tabelle 11.5 ist die Seltsamkeit für die Baryonen aufgeführt. Da für alle Baryonen die Baryonenzahl $B = 1$ ist, muß die Seltsamkeit einer jeden Gruppe gleich der um eins verringerten Hyperladung Y dieser Gruppe sein. In der Tabelle 11.5 ist auch für die Mesonen die Seltsamkeit aufgeführt. Für Mesonen ist $B = 0$. Daher stimmt bei jeder Mesonengruppe die Seltsamkeit S mit der Hyperladung Y überein.

Wie aus der Gl. (11.10) folgt, muß bei jeder starken oder bei jeder elektromagnetischen Wechselwirkung die Gesamtseltsamkeit erhalten bleiben, da die Baryonenzahl immer und die Hyperladung sowohl bei der starken als auch bei der elektromagnetischen Wechselwirkung erhalten bleiben. Zusammengefaßt folgt also:

Bei der starken und bei der elektromagnetischen Wechselwirkung gelten drei äquivalente Erhaltungssätze: für die Seltsamkeit, für die Hyperladung und für die Isospinkomponente. (11.11)

Um die Erhaltung der Gesamtseltsamkeit zu veranschaulichen, wollen wir nochmals den Stoß eines hochenergetischen Protons (mehrere GeV) mit einem Target-Proton betrachten. Bei diesem Stoß entstehen mehrere Folgeteilchen:

$$\begin{aligned} & \mathrm{p} + \mathrm{p} \rightarrow \Lambda^0 + \mathrm{K}^0 + \mathrm{p} + \pi^+, \\ \text{Seltsamkeit } S\text{:}\quad & 0 + 0 = (-1) + 1 + 0 + 0. \end{aligned} \tag{11.12}$$

Die Gesamtseltsamkeit bleibt also erhalten. Hier werden zwei seltsame Teilchen, das Lamdateilchen und das Kaon, zusammen mit dem verbleibenden Proton und dem positiven Pion erzeugt. Die Seltsamkeit dieser beiden Teilchen besitzt entgegengesetztes Vorzeichen. Die Erhaltung der Seltsamkeit verlangt die Erzeugung von *mindestens zwei* seltsamen Teilchen, falls *überhaupt* ein seltsames Teilchen auf Grund der starken oder der elektromagnetischen Wechselwirkung erzeugt wird, die im Anschluß an den Zusammenstoß zweier nichtseltsamer Teilchen stattfindet. Diese paarweise Erzeugung seltsamer Teilchen nennt man gewöhnlich *assoziierte Erzeugung.*

Bild 11.10, eine Blasenkammeraufnahme, zeigt den Stoß eines hochenergetischen Protons von 2,85 GeV auf ein in der Kammer ruhendes Target-Proton. Auf Grund der starken Wechselwirkung entstehen bei dem Stoß die Folgeteilchen der obigen Gl. (11.12). Die vier Folgeteilchen besitzen nach ihrer Erzeugung unterschiedliche Geschwindigkeiten und bewegen sich vom Ort ihrer Entstehung aus in unterschiedliche Richtungen. Keines der beiden bei diesem Stoß erzeugten seltsamen Teilchen kann dann sehr schnell auf Grund der starken oder der elektromagnetischen Wechselwirkung zerfallen, ohne einen für diese Wechselwirkungen geltenden Erhaltungssatz zu verletzten. Für das K^0-Meson mit $S = +1$ kommt nur das K^+-Meson ($S = +1$) mit einer nur geringfügig kleineren Masse in Frage (vgl. die Tabellen 11.4 und 11.5). Ein Zerfall ohne Leptonen (die aber nur durch die schwache Wechselwirkung entstehen können) als Folgeteilchen würde erfordern

$$K^0 \rightarrow K^+ + \pi^-(?)$$

Ruhenergie (in MeV): $497{,}7 \rightarrow 493{,}7 + 140.$

Dieser Zerfall verstößt zwar nicht gegen die Erhaltung der Seltsamkeit jedoch um so mehr gegen die Erhaltung der Masse-Energie. Also muß der Zerfall auf Grund der schwachen Wechselwirkung erfolgen.

Ähnlich verlangen die Erhaltungssätze für die Baryonenzahl und für die Masse-Energie den Zerfall des Λ^0-Baryons in ein leichteres Baryon (p oder n) und in Mesonen. Damit die Seltsamkeit erhalten bleibt, muß eines der Mesonen ein Kaon sein (etwa ein $\overline{K}^0$-Meson). Dann wird

$$\Lambda^0 \rightarrow n + \overline{K}^0,$$

Ruhenergie (in MeV): $1116 \rightarrow 940 + 498.$

Dieser Zerfall würde ebenfalls gegen den Erhaltungssatz für die Masse-Energie verstoßen und kann daher nicht stattfinden.

Wie im Bild 11.10 zu erkennen ist, sind das neutrale Kaon und ebenso das Λ^0-Teilchen instabil. Sie zerfallen tatsächlich in leichtere Hadronen:

	$K^0 \rightarrow \pi^+ + \pi^-$,	$\Lambda^0 \rightarrow p + \pi^-$,
Seltsamkeit S:	$+1 \rightarrow 0 + 0$,	$-1 \rightarrow 0 + 0$,
	$\Delta S = -1$,	$\Delta S = +1$.

Diese beiden Zerfälle verstoßen gegen die Erhaltung der Seltsamkeit. Der Zerfall des Kaons K^0 führt zu einer Änderung der Gesamtseltsamkeit um $\Delta S = -1$ und der Zerfall des Λ^0-Teilchens zu einer Änderung um $\Delta S = +1$. Die beobachteten Lebensdauern der beiden zerfallenden Teilchen (vgl. Bild 11.10) sind ungefähr 10^{-10} s und lassen damit einen Zerfall auf Grund der schwachen Wechselwirkung erkennen. Wir können daher vermuten, daß bei der schwachen Wechselwirkung der Erhaltungssatz für die Seltsamkeit nicht zu gelten braucht. Untersuchen wir daraufhin die Lebensdauern der instabilen Hadronen in der Tabelle 11.4, so können wir erkennen, daß alle Zerfälle tatsächlich auf Grund der schwachen Wechselwirkung erfolgen. (Ausnahmen bilden nur die Zerfälle des neutralen Pions π^0, des η^0-Teilchens und des Σ^0-Teilchens. Diese Zerfälle verstoßen aber auch nicht gegen den Erhaltungssatz für die Seltsamkeit und können daher auf Grund der schnelleren elektromagnetischen Wechselwirkung stattfinden.)

Obgleich bei der schwachen Wechselwirkung die Seltsamkeit nicht erhalten zu bleiben braucht, gibt es für diese Vorgänge doch eine Auswahlregel:

Bei der schwachen Wechselwirkung kann sich
die Seltsamkeit S um eins oder gar nicht ändern: $\Delta S = \pm 1$ oder 0. (11.13)

Die Ξ-Teilchen haben die Seltsamkeit $S = -2$ (vgl. die Tabelle 11.5). Daher können sie nicht unmittelbar auf Grund der schwachen Wechselwirkung in Nukleonen zerfallen. Ihr Zerfall erfolgt schrittweise über Teilchen mit $S = -1$ als Zwischenstufe. Man nennt eine derartige Zerfallsreihe eine Kaskade und die Ξ-Teilchen auch Kaskadenteilchen. Ein Beispiel eines Vorganges ohne Änderung der Seltsamkeit, $\Delta S = 0$, ist der bekannte Zerfall des Neutrons auf Grund der schwachen Wechselwirkung:

$$n \to p + e^- + \bar{\nu}_e,$$
Seltsamkeit S:
$$0 = 0 + 0 + 0,$$
$$\Delta S = 0.$$

Offensichtlich handelt es sich hier um die schwache Wechselwirkung, denn bei diesem Zerfall treten Leptonen auf. Andererseits gibt es aber auch Zerfälle auf Grund der schwachen Wechselwirkung, an denen keine Leptonen beteiligt sind (zum Beispiel die oben erwähnten Zerfälle des Kaons K^0 und des Λ^0-Teilchens).

Das Quarkmodell, auf das wir im Abschnitt 11.7 ausführlich eingehen werden, liefert eine einfache Erklärung für das Auftreten „seltsamer" Hadronen. Nichtseltsame Hadronen, $S = 0$, bestehen aus u-Quarks und d-Quarks. Am Aufbau seltsamer Teilchen ist ein drittes, schwereres Quark, das sogenannte s-Quark, beteiligt. Teilchen mit einem s-Quark besitzen die Seltsamkeit $S = -1$, Teilchen mit zwei s-Quarks die Seltsamkeit $S = -2$ usw. Die Anzahl der s-Quarks ist gleich der negativen Seltsamkeit $-S$. Man hat also das Vorzeichen der Seltsamkeit unglücklich festgesetzt. Nach dem Quarkmodell sollen Baryonen aus *drei* Quarks bestehen. Nachdem man bereits Baryonen mit einem s-Quark (zum Beispiel die Sigmateilchen) und auch mit zwei s-Quarks (nämlich die Xiteilchen, für die $S = -2$ ist) kannte, sagte man im Jahre 1961 die Existenz eines weiteren, aus drei s-Quarks bestehenden Teilchens (allerdings mit dem Spin 3/2) voraus. Bei diesem Teilchen handelt es sich um das Ω^--Teilchen, das schwerste in der Tabelle 11.4 aufgeführte Baryon. Es wurde dann tatsächlich 1964 erzeugt und beobachtet. Diese Entdeckung war ein wichtiger Schritt für die Entwicklung des Quarkmodells.

Beispiel 11.3: Das Bild 11.15 zeigt die Erzeugung eines Ω^--Teilchens und dessen anschließenden Zerfall. Ein eintreffendes K^--Meson stößt auf ein in der Blasenkammer ruhendes Proton. Wie ändert sich die Seltsamkeit a) am Orte der Erzeugung des Ω^--Teilchens und b) bei seinem anschließenden Zerfall?

a) Beim Stoß des hochenergetischen K^--Mesons auf das Proton findet, wie im Bild 11.15 gezeigt ist, folgender Vorgang statt:

$$K^- + p \to \Omega^- + K^+ + K^0,$$
Seltsamkeit S:
$$-1 + 0 \to -3 + 1 + 1,$$
$$\Delta S = 0.$$

Die Seltsamkeit bleibt erhalten. Der Stoß findet auf Grund der starken Wechselwirkung statt.

b) Wie wir dem Bild 11.15 entnehmen können, zerfällt das Ω^--Baryon in ein Λ^0-Baryon und ein K^--Meson:

$$\Omega^- \to \Lambda^0 + K^-,$$
Seltsamkeit S:
$$-3 \to -1 + (-1),$$
$$\Delta S = +1.$$

Bei diesem Zerfall bleibt die Seltsamkeit nicht erhalten. Daher kann dieser Zerfall auch nicht durch die starke Wechselwirkung oder durch die elektromagnetische Wechselwirkung erfolgen. Nach der Gl. (11.13) ist er jedoch durch die schwache Wechselwirkung möglich, und er findet auch tatsächlich statt.

Parität

Der Begriff „Parität" hängt mit der räumlichen Symmetrie physikalischer Vorgänge zusammen. Angenommen, wir würden bei einem jeden Teilchen die Ortskoordinate von $\mathbf{r}$ in $-\mathbf{r}$ umkehren (d.h. $x \to -x$, $y \to -y$ und $z \to -z$). Das bedeutet, wir vertauschen ein rechtshändiges Koordinatensystem mit einem linkshändigen System. Diese Vertauschung ist ein

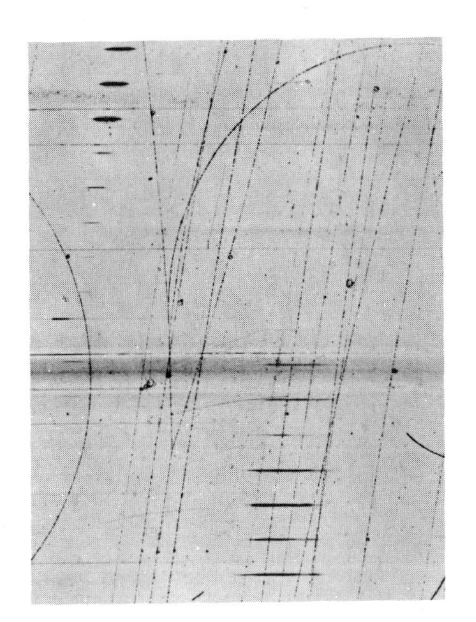

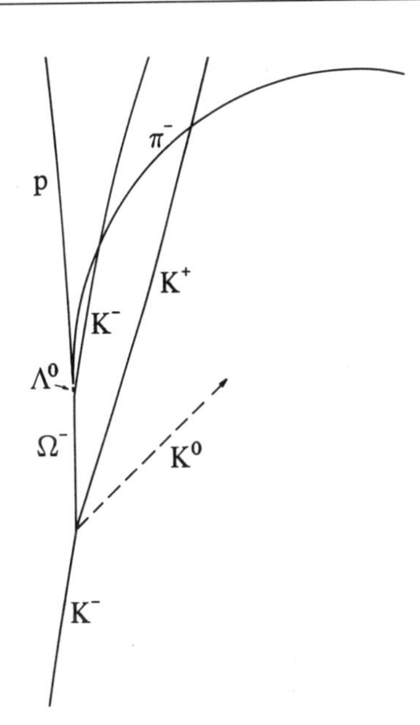

Bild 11.15 Blasenkammeraufnahme und Skizze der Erzeugung eines negativen Ω-Hyperons (Ω^-). Ein eintreffendes K^--Meson stößt auf ein ruhendes Proton und erzeugt dabei ein K^0-, ein K^+- und ein Ω^--Teilchen. Die Aufnahme zeigt ebenfalls den anschließenden Zerfall des Ω^- in ein Λ^0 und ein K^-, sowie den Zerfall des Λ^0 in ein Proton und ein negatives Pion (π^-). (Mit freundlicher Genehmigung des Brookhaven National Laboratory)

klassisches Beispiel einer Paritätsänderung. In der Quantenmechanik ist die Parität eines Teilchens einfach durch die Wellenfunktion $\psi(\mathbf{r})$, die dieses Teilchen beschreibt, bestimmt. Soll die Wahrscheinlichkeitsdichte des Teilchens $(\psi(\mathbf{r}))^2$ gleich sein, unabhängig davon, ob wir ein rechtshändiges oder ein linkshändiges Koordinatensystem verwenden, so haben wir genau zwei Möglichkeiten für die Wellenfunktion ψ:

$\psi(-\mathbf{r}) = \psi(\mathbf{r})$ positive Parität, mit (+ 1) bezeichnet,
$\psi(-\mathbf{r}) = -\psi(\mathbf{r})$ negative Parität, mit (− 1) bezeichnet.

Der Erhaltungssatz für die Parität bei einer beliebigen Wechselwirkung hat zur Folge, daß die Natur weder links noch rechts bevorzugt. Oder anders ausgedrückt, kann ein bestimmter Naturvorgang stattfinden, dann ist auch der spiegelbildliche Vorgang mit der gleichen Wahrscheinlichkeit möglich.

Bis 1956 herrschte bei den Physikern die Überzeugung, daß für die Parität ein universeller Erhaltungssatz gilt, der also bei allen Wechselwirkungen erfüllt sein muß. Wie wir sehen werden, ist das aber nicht der Fall. Genau wie die Seltsamkeit bleibt auch die Parität in aller Strenge nur bei der starken und bei der elektromagnetischen Wechselwirkung erhalten. Zunächst wollen wir ein Beispiel für die Erhaltung der Parität betrachten, nämlich den Zerfall des neutralen Pions π^0 auf Grund der elektromagnetischen Wechselwirkung. Nehmen wir ein ruhendes Pion an, dann müssen die beiden dabei entstandenen γ-Quanten den Ort dieses Zerfalles in entgegengesetzten Richtungen verlassen. Außerdem muß der Betrag p ihres Impulses $\mathbf{p}$ gleich sein, damit der Impulssatz erfüllt ist (Bild 11.16). Das π^0-Teilchen hat den Spin null, jedes der beiden entstandenen Photonen dagegen hat den Spin eins (vgl.

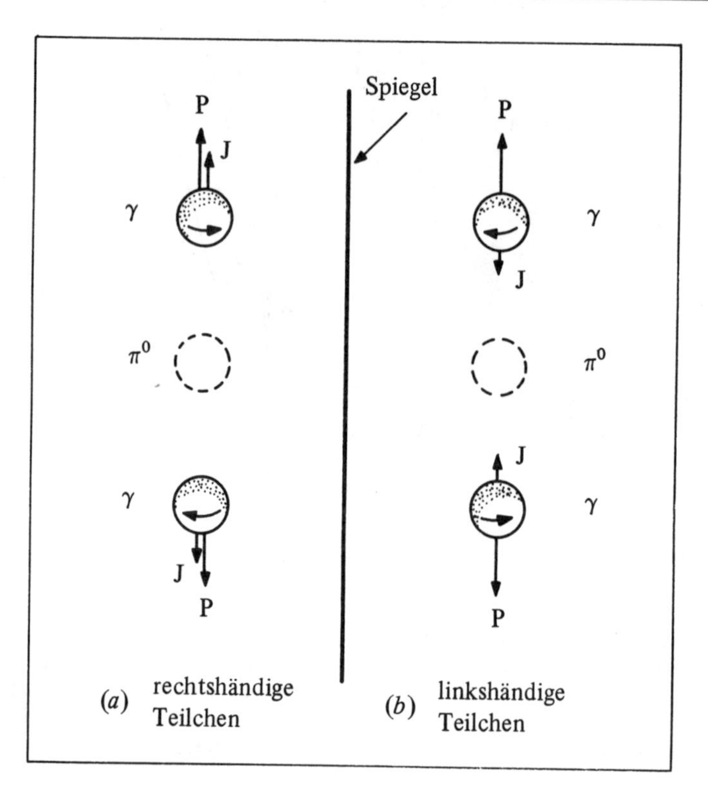

Bild 11.16 Zwei a priori-Möglichkeiten für den Zerfall eines neutralen Pions (π^0) in zwei γ-Quanten. a) Bei rechtshändigen Quanten weisen die Vektoren des Impulses **p** und des Drehimpulses **J** jeweils in die gleiche Richtung. b) bei linkshändigen Quanten besitzen **p** und **J** entgegengesetzte Richtungen. Dabei ist zu beachten, daß b) das Spiegelbild von a) ist, wenn sich der Spiegel längs der senkrechten Linie befindet, die die beiden Bereiche trennt. Sowohl der Zerfall a) als auch der Zerfall b) konnten beobachtet werden.

die Tabelle 11.4). Der Drehimpuls muß aber erhalten bleiben. Daher müssen die Richtungen der Photonenspins (im Bild 11.16 durch die Drehimpulsvektoren **J** dargestellt) entgegengesetzt sein. Es gibt a priori *zwei* verschiedene Möglichkeiten für die Orientierung der Drehimpulsvektoren **J** und der Impulsvektoren **p**: entweder sind bei jedem der beiden Photonen **J** und **p** gleichgerichtet (dann handelt es sich um rechtshändige Teilchen, wie in dem Bild 11.16a zu erkennen ist), oder bei jedem der Photonen sind **J** und **p** entgegengesetzt gerichtet (linkshändige Teilchen, wie in Bild 11.16b dargestellt). Dabei ist zu beachten, daß das *Spiegelbild* des π^0-Zerfalls in rechtshändige Teilchen im Bild 11.16a genau den π^0-Zerfall in linkshändige Teilchen im Bild 11.16b liefert. Gilt der Erhaltungssatz für die Parität, dann müssen beim Zerfall einer großen Anzahl von neutralen Pionen genau so viele rechtshändige Photonen wie linkshändige auftreten. Diese Erwartung wird auch durch den Versuch bestätigt.

Als nächstes wollen wir nun den beobachteten Zerfall eines positiven Pions π^+ auf Grund der schwachen Wechselwirkung in ein positives Antimyon μ^+ und ein Myon-Neutrino ν_μ betrachten (vgl. Tabelle 11.4). Wiederum verlangt der Impulssatz $\mathbf{p}_{\mu^+} = -\mathbf{p}_{\nu_\mu}$, und ebenso folgt aus der Erhaltung des Drehimpulses $\mathbf{J}_{\mu^+} = -\mathbf{J}_{\nu_\mu}$ (Bild 11.17). Der Zerfall in linkshändige Teilchen (Bild 11.17b) ist wiederum das Spiegelbild des Zerfalles in rechtshändige Teilchen

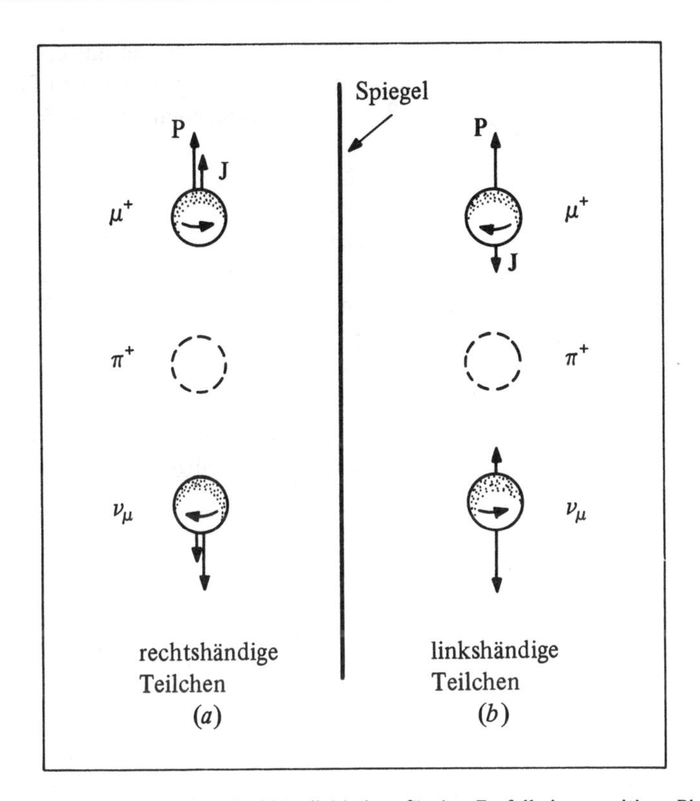

Bild 11.17 Zwei a priori-Möglichkeiten für den Zerfall eines positiven Pions (π^+) in ein Antimyon (μ^+) und ein Neutrino (ν_μ). a) Bei zwei rechtshändigen Teilchen weisen die Vektoren des Impulses **p** und des Drehimpulses **J** jeweils in die gleiche Richtung. b) Bei zwei linkshändigen Teilchen besitzen **p** und **J** entgegengesetzte Richtungen. Zu beachten ist dabei, daß b) das Spiegelbild von a) ist, wenn sich der Spiegel längs der trennenden Linie befindet. Im Versuch konnte stets nur der Fall b) beobachtet werden, bei dem beide Teilchen linkshändig sind.

(Bild 11.17a). Soll auch bei dieser Wechselwirkung die Parität erhalten bleiben, so müssen wir gleich viele rechtshändige wie linkshändige Antimyonen erwarten und ebenso auch gleiche Anzahlen rechtshändiger wie linkshändiger Neutrinos. Da die Neutrinos durch gewöhnliche Materie praktisch nicht eingefangen werden, müssen wir die Händigkeit der Antimyonen beobachten und dabei annehmen, daß bei den Neutrinos die Händigkeit genau so verteilt ist. Der Versuch lieferte folgendes Ergebnis: positive Pionen, beobachtet in einem Inertialsystem, in dem sie vor dem Zerfall in Ruhe waren, zerfallen nur in *linkshändige* Antimyonen (μ^+) und *linkshändige* Neutrinos (ν_μ), niemals jedoch in rechtshändige Antimyonen und rechtshändige Neutrinos! Ähnlich beobachtete man beim Zerfall ruhender negativer Pionen (π^-) nur immer rechtshändige negative Myonen (μ^-) und rechtshändige Antineutrinos ($\overline{\nu}_\mu$), niemals aber traten hier linkshändige Teilchen auf.

Wie wir aus den gerade beschriebenen Beobachtungen folgern müssen, haben Neutrinos und Antineutrinos (sowohl Myon-Neutrinos als auch Elektron-Neutrinos) eine unterschiedliche eingeprägte Händigkeit: die *Antineutrinos* sind ausschließlich *rechtshändig* und die *Neutrinos* ausschließlich *linkshändig*. Es handelt sich also um unterscheidbare Teilchen. Obgleich beim Zerfall in ihrem Ruhesystem positive Pionen immer nur linkshändige

Antimyonen aussenden, läßt sich doch leicht beweisen, daß jedes Teilchen mit einer *endlichen* Ruhmasse, wie zum Beispiel das Antimyon, nicht nur eine einzige Händigkeit für jeden Beobachter in einem beliebigen Inertialsystem haben kann. Angenommen, ein Antimyon bewege sich aufwärts und sein Spin weise in Bewegungsrichtung. Für einen Beobachter, der relativ zu dem zerfallenen Pion ruht, handelt es sich also um ein rechtshändiges Teilchen, wie im Bild 11.17a dargestellt ist. Beobachten wir dagegen dieses Teilchen von einem Inertialsystem aus, das sich mit einer größeren Geschwindigkeit als derjenigen des Antimyons aufwärts bewegt, so bewegt sich jetzt für uns das Antimyon abwärts. Daher hat sich für uns der Impulsvektor **p** des Teilchens umgekehrt, sein Drehimpulsvektor **J** dagegen nicht. Wir sehen nun also ein linkshändiges Teilchen. Da Antimyonen sowohl rechts- wie linkshändig auftreten können, beweist das alleinige Auftreten linkshändiger Antimyonen beim Zerfall ruhender positiver Pionen, daß das Neutrino immer linkshändig sein muß. Das stimmt außerdem mit der konstanten Geschwindigkeit c der ruhmassenlosen Neutrinos überein. Es gibt kein Bezugssystem, in dem die Neutrinos mit umgekehrtem Geschwindigkeitsvektor auftreten können.

Tabelle 11.6: eingeschränkt geltende Erhaltungssätze

Größe	starke Wechselwirkung	elektromagnetische Wechselwirkung	schwache Wechselwirkung
Betrag des Isospins I	ja	nein	nein
Isospinkomponente I_3 (äquivalent dazu S oder Y)	ja	ja	nein
Parität P	ja	ja	nein
Ladungskonjugation C	ja	ja	nein
Zeitumkehr T	ja	ja	ja[1]
CP	ja	ja	ja[1]

[1] ausgenommen seltene Zerfälle des neutralen Kaons K^0

Die Nichterhaltung der Parität P bei der schwachen Wechselwirkung, der sogenannte „Sturz der Parität", veranlaßte die Physiker, zwei weitere, eng damit zusammenhängende Erhaltungssätze neu zu überprüfen: die *Ladungskonjugation* C und die *Zeitumkehr* T. Die Ladungskonjugation verlangt, daß alle Wechselwirkungen und alle Vorgänge in gleicher Weise ablaufen, wenn man alle Teilchen durch ihre Antiteilchen ersetzt. Nach der Zeitumkehr kann ein jeder physikalische Vorgang gleichermaßen sowohl zeitlich vorwärts als auch zeitlich rückwärts ablaufen (oder anschaulicher, falls ein Film einen möglichen Vorgang zeigt, dann gibt auch derselbe Film rückwärts abgespielt einen möglichen Vorgang wieder). Wie Versuche gezeigt haben, bleiben P, C und T jeweils einzeln bei der starken und bei der elektromagnetischen Wechselwirkung erhalten und T bleibt auch bei der schwachen Wechselwirkung erhalten, mit Ausnahme seltener Verstöße beim Zerfall des neutralen Kaons K^0. Obgleich bei der schwachen Wechselwirkung die Parität P und die Ladungskonjugation C einzeln nicht immer erhalten bleiben, gilt auch bei dieser Wechselwirkung ein Erhaltungssatz für die zusammengesetzte Operation CP.

Bei allen Wechselwirkungen zwischen Teilchen gelten uneingeschränkt neun Erhaltungssätze: für die Masse-Energie, für den Impuls, für den Drehimpuls, für die elektrische Ladung, für die Baryonenzahl, für die Elektronenzahl, für die Myonenzahl, für die Tauonenzahl und für die zusammengesetzte Umkehroperation *CPT* von Ladungskonjugation, Parität und Zeitumkehr. Diejenigen Erhaltungssätze, die nicht universell bei allen Wechselwirkungen gelten, sind in der Tabelle 11.6 aufgeführt. In den letzten Jahren aufgetretene Zweifel an der universellen Geltung der Erhaltungssätze für die Baryonenzahl und für die Leptonenzahlen sind bereits am Schluß des Abschnittes 11.4 erwähnt worden.

11.6 Resonanzteilchen

Die meisten der bisher behandelten instabilen, fundamentalen Teilchen zerfallen auf Grund der schwachen Wechselwirkung. Die dabei auftretenden Lebensdauern von der Größenordnung 10^{-10} s reichen aus, um in Nachweisgeräten, zum Beispiel in Blasenkammern, erkennbare Spuren zu hinterlassen. Andere Teilchen zerfallen auf Grund der elektromagnetischen Wechselwirkung sehr viel schneller (mit Lebensdauern von größenordnungsmäßig 10^{-16} s). Die Existenz derartiger Teilchen muß daher auf andere Weise erschlossen werden, denn die Spuren dieser Teilchen sind zu kurz, um unmittelbar beobachtet zu werden.

Seit der Mitte der fünfziger Jahre konnten viele neue Teilchen mit Lebensdauern sogar noch unter 10^{-16} s entdeckt werden. Existenz und Eigenschaften dieser sogenannten *Resonanzteilchen*, deren Lebensdauern mit der Zeit der Kernwechselwirkung vergleichbar sind, d.h., die etwa 10^{-23} s betragen, mußten indirekt erschlossen werden.

Zum Verständnis eines häufig angewandten Verfahrens zur Identifizierung äußerst kurzlebiger Teilchen wollen wir zunächst ein ähnliches Vorgehen betrachten. Dabei soll es sich um den Stoß von Elektronen mit bekannter, wählbarer Bewegungsenergie auf Wasserstoffatome im Grundzustand handeln. Die innere Energie eines Wasserstoffatoms ist gequantelt. So lange die eintreffenden Elektronen eine Bewegungsenergie von weniger als 10,2 eV besitzen, kann überhaupt nichts von dieser Elektronenenergie in innere Energie eines Wasserstoffatoms umgewandelt werden. Der Betrag von 10,2 eV ist nämlich gerade die erforderliche Energie, um ein Atom in den ersten angeregten Zustand zu versetzen (vgl. Bild 6.12). Stoßen daher Elektronen mit einer geringeren Energie als 10,2 eV auf Wasserstoffatome, dann sind diese Stöße vollkommen elastisch, und alle Atome verbleiben in ihrem Grundzustand. Erreicht die Energie der eintreffenden Elektronen jedoch 10,2 eV, so können einige unelastische Stöße stattfinden. Bei diesen unelastischen Stößen kommt es zu einer plötzlichen Abnahme der Bewegungsenergie der Elektronen. Gleichzeitig macht dasjenige Wasserstoffatom, mit dem ein Elektron unelastisch zusammengestoßen ist, einen Quantensprung in den ersten angeregten Zustand. Anschließend geht es dann unter Aussendung eines Photons wieder in den Grundzustand zurück. Dieser Vorgang wurde erstmalig 1914 von J. Franck und G. Hertz beobachtet (vgl. Abschnitt 6.8).

Das Auftreten angeregter, gequantelter Zustände beim Teilchenstoß kennzeichnet eine Resonanz. Die Wahrscheinlichkeit für eine unelastische Anregung wird maximal, wenn die Bewegungsenergie des Elektrons genau mit der Anregungsenergie des Atoms übereinstimmt. Bei Elektronenenergien, die etwas kleiner oder größer als diese Anregungsenergie sind, fällt dagegen die Wahrscheinlichkeit wieder ab (Bild 11.18). Wir können nun – das ist hier wesentlich – ein Wasserstoffatom im beispielsweise ersten angeregten Zustand als ein vom Wasserstoffatom im Grundzustand verschiedenes Teilchen ansehen; denn diese beiden Zustände besitzen ganz unterschiedliche Grundeigenschaften. Ihre Massen unterscheiden

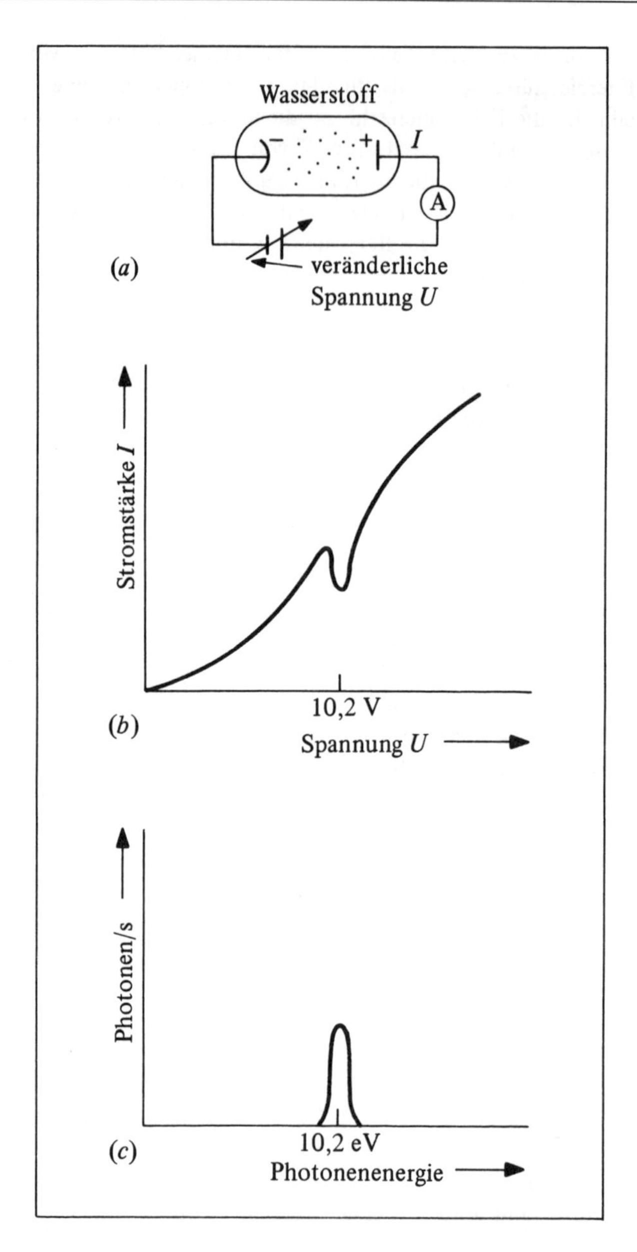

Bild 11.18

a) Schaltung zur Messung des Stromes I durch die mit Wasserstoff gefüllte Röhre
b) Anzeige des Strommessers (A) in Abhängigkeit von der angelegten Spannung U
c) Zahl der vom Wasserstoff pro Sekunde ausgesandten Photonen als Funktion der Photonenenergie

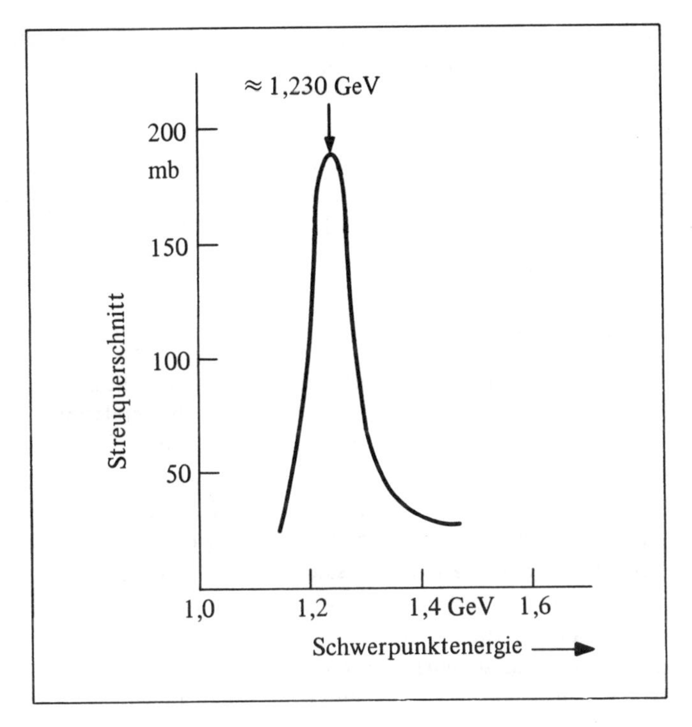

Bild 11.19 Streuung von positiven Pionen (π^+) an Protonen, die im Laborsystem ruhen. Der Resonanz„peak" bei 1,230 GeV zeigt die kurzzeitige Existenz von Δ^{++}-Mesonen an.

sich zum Beispiel um genau 10,2 eV Ruhenergie. Außerdem haben sie unterschiedliche Drehimpulse. Das so erzeugte Teilchen (nämlich das angeregte Wasserstoffatom) ist instabil und zerfällt auf Grund der elektromagnetischen Wechselwirkung sehr schnell (in etwa 10^{-8} s) in ein Wasserstoffatom im Grundzustand und in ein Photon. Seine Lebensdauer ist damit sehr viel größer als die übliche Zeitdauer der elektromagnetischen Wechselwirkung, und zwar allein aus dem Grunde, daß Proton und Elektron so weit voneinander entfernt sind (ihr Abstand ist von atomarer Größenordnung).

Resonanzteilchen lassen sich entsprechend durch Beschuß von Nukleonen mit anderen Teilchen, Nukleonen oder Pionen, jedoch mit sehr viel größerer Bewegungsenergie – im GeV-Bereich anstatt im eV-Bereich – erzeugen. So wurde zum Beispiel in der Baryonengruppe das Resonanzteilchen mit der kleinsten Masse – heute heißt es Δ-Teilchen – schon 1952 beobachtet, aber nicht als solches erkannt. Damals wurden Pionen an einem Protonentarget gestreut. Die Bewegungsenergie der Pionen betrug 40 MeV bis 220 MeV (Bild 11.19). Bei einer Bewegungsenergie der eintreffenden Pionen in der Nähe von 200 MeV (dem entspricht im Schwerpunktsystem der beiden Teilchen eine Gesamtenergie von 1,230 GeV) tritt eine Resonanz auf, d.h. ein „Peak" in der Anzahl der gestreuten Pionen. Das zeigt uns an, daß zusätzlich zu den elastischen auch unelastische Streuvorgänge auftreten. Dieses Ergebnis läßt sich mit Hilfe unserer „Teilchen"-Vorstellung deuten. Wir können annehmen, daß sich das ursprüngliche Baryon, das Proton, in einen höherenergetischen

Baryonenzustand umwandelt, also in ein Deltateilchen. Dieses Deltateilchen zerfällt dann wieder sehr schnell in ein Proton und ein Pion. Also wird:

$$\pi^+ + p \to \Delta^{++} \to \pi^+ + p.$$

Aus der Breite des Resonanzpeaks kann die mittlere Lebensdauer dieses intermediären Resonanzteilchens, des Deltateilchens, geschätzt werden. Nach der Unschärferelation gilt ja $\Delta E\ \Delta t \geqslant \hbar$. Aus den Meßwerten der Kurve (Bild 11.19) entnehmen wir $\Delta E \approx 100$ MeV. Daher wird

$$\Delta t \approx \frac{\hbar}{\Delta E} = \frac{10^{-34}\ \mathrm{J \cdot s}}{10^8\ \mathrm{eV}\ 1{,}6 \cdot 10^{-19}\ \mathrm{J/eV}} \approx 10^{-23}\ \mathrm{s}.$$

Diese Zerfallszeit des Δ-Teilchens ist ein Hinweis auf einen Zerfall durch die starke Wechselwirkung. Das Auftreten von Resonanzen in Verbindung mit der Unschärferelation liefert uns die Möglichkeit, Lebensdauern instabiler Teilchen über einen Bereich von 10^{-19} s bis 10^{-25} s zu bestimmen. Bei Zeiten, die noch kürzer als 10^{-25} s sind, wird die Peakbreite von $\Delta E \approx 6$ GeV vergleichbar mit der Ruhenergie des intermediären Teilchens. Dann kann man nicht mehr aus der Häufigkeitsverteilung der Energiewerte auf die Existenz eines Resonanzteilchens schließen. Bei Zeiten, die größer als 10^{-19} s sind, wird $\Delta E \approx 6$ MeV. Da die Energie der eintreffenden Pionen meist im GeV-Bereich liegt, wird es dann immer schwieriger, derartige Energieunterschiede noch aufzulösen.

Inzwischen hat man viele Mesonenresonanzen und Baryonenresonanzen mit Ruhenergien zwischen 0,50 GeV und mehr als 10 GeV entdeckt, und man wird wohl auch noch weitere entdecken. Die Tabelle 11.7 enthält nur einige der Resonanzen der Mesonenfamilie (also Hadronen mit ganzzahligem Spin), und in der Tabelle 11.8 finden wir einige Resonan-

Tabelle 11.7: Einige sicher nachgewiesene mesonische Resonanzen mit ihren wichtigsten Quantenzahlen

Meson	E_0 [1] (in MeV)	τ ($\times 10^{-23}$ s)	Q	J^P	I	S	C	wichtigste Zerfallsart
ρ	773	43,4	0, ± 1	1^-	1	0	0	$\pi\pi$
ω^0	782	6,6	0	1^-	0	0	0	$\pi^+\pi^-\pi^0$
K^*	892	1,3	0, + 1	1^-	1/2	1	0	$K\pi$
$\overline{K^*}$	892	1,3	0, – 1	1^-	1/2	– 1	0	$\overline{K}\pi$
η'	958	> 60,0	0	0^-	0	0	0	$\eta\pi\pi$
ϕ	1020	16,0	0	1^-	0	0	0	K^+K^-
f	1271	0,37	0	2^+	0	0	0	$\pi\pi$
A_2	1310	0,65	0, ± 1	2^+	1	0	0	$\rho\pi$
K^*	1420	0,60	0, + 1	2^+	1/2	1	0	$K\pi$
$\overline{K^*}$	1420	0,60	0, – 1	2^+	1/2	– 1	0	$\overline{K}\pi$
f'	1516	1,6	0	2^+	0	0	0	$K\overline{K}$
ω'	1667	0,45	0	3^-	0	0	0	$\rho^0\pi^0$
g	1690	0,37	0, ± 1	3^-	1	0	0	$\pi\pi$
J/ψ	3098	984,0	0	1^-	0	0	0	$\pi\pi$
χ/P_c	{3267, 3504}	?	0	2^-	1	0	0	$\psi\gamma$
ψ'	3684	280,0	0	1^-	0	0	0	$\psi\pi^+\pi^-$

[1] Erklärung der Formelzeichen: E_0 Ruhenergie, τ mittlere Lebensdauer, Q Ladungszahl, J^P Drehimpuls und Parität, I Betrag des Isospins, S Seltsamkeit, C Charme

zen der Baryonenfamilie (Hadronen mit halbzahligem Spin). Man hat auch die wichtigsten Eigenschaften dieser Resonanzen wie Spin, Ruhenergie, Ladung, Lebensdauer, Zerfallsschema, Isospin, Seltsamkeit und Parität bestimmt. Wie man ebenfalls herausgefunden hat, gelten sämtliche universellen Erhaltungssätze, die wir im Abschnitt 11.4 zusammengestellt haben (Gl. (11.3)), uneingeschränkt und ebenso die nur eingeschränkt geltenden Erhaltungssätze bei den entsprechenden Wechselwirkungen auch für alle Resonanzteilchen.

Tabelle 11.8: Einige baryonische Resonanzen und ihre wichtigsten Quantenzahlen (verwendete Symbole: vgl. Tabelle 11.7)

Teilchen Symbol und Ruhenergie (in MeV)	τ ($\times 10^{-23}$ s)	J^P	Q	I	S	C	Häufigste Zerfallsart
Nukleon, N			0, + 1	1/2	0	0	
N (1470)	0,3	$1/2^+$	0, + 1	1/2	0	0	$N\pi$
N (1520)	0,5	$3/2^-$	0, + 1	1/2	0	0	$N\pi$
N (1535)	0,5	$1/2^-$	0, + 1	1/2	0	0	$N\pi$
N (1670)	0,4	$5/2^-$	0, + 1	1/2	0	0	$N\pi$
N (1688)	0,5	$5/2^+$	0, + 1	1/2	0	0	$N\pi$
N (1700)	0,4	$1/2^-$	0, + 1	1/2	0	0	$N\pi$
N (2220)	0,2	$9/2^+$	0, + 1	1/2	0	0	$N\pi$
N (2650)	0,2	13/2	0, + 1	1/2	0	0	$N\pi$
N (3030)	0,2	17/2	0, + 1	1/2	0	0	$N\pi$
Delta, Δ							
Δ (1232)	0,6	$3/2^+$	− 1, 0, + 1, + 2	3/2	0	0	$N\pi$
Δ (1650)	0,4	$1/2^-$	− 1, 0, + 1, + 2	3/2	0	0	$N\pi$
Δ (1670)	0,3	$3/2^-$	− 1, 0, + 1, + 2	3/2	0	0	$N\pi$
Δ (1950)	0,3	$7/2^+$	− 1, 0, + 1, + 2	3/2	0	0	$N\pi$
Δ (2420)	0,2	$11/2^+$	− 1, 0, + 1, + 2	3/2	0	0	$N\pi$
Δ (2850)	0,2		− 1, 0, + 1, + 2	3/2	0	0	$N\pi$
Δ (3230)	0,1		− 1, 0, + 1, + 2	3/2	0	0	$N\pi$
Lambda, Λ			0	0	− 1	0	$N\pi$
Λ (1520)	4,4	$3/2^-$	0	0	− 1	0	$N\bar{K}$
Λ (1815)	0,8	$5/2^+$	0	0	− 1	0	$N\bar{K}$
Λ (2100)	0,3	$7/2^-$	0	0	− 1	0	$N\bar{K}$
Λ (2350)	0,5		0	0	− 1	0	$N\bar{K}$
Λ (2585)	0,3		0	0	− 1	0	$N\bar{K}$
Sigma, Σ			− 1, 0, + 1	1	− 1	0	$N\pi$
Σ (1385)	1,9	$3/2^+$	− 1, 0 + 1	1	− 1		$\Lambda\pi$
Σ (1670)	1,3	$3/2^-$	− 1, 0, + 1	1	− 1		$N\bar{K}$
Σ (1765)	0,6	$5/2^-$	− 1, 0, + 1	1	− 1		$N\bar{K}$
Σ (1915)	0,7	$5/2^+$	− 1, 0, + 1	1	− 1		$N\bar{K}$
Σ (2030)	0,4	$7/2^+$	− 1, 0, + 1	1	− 1		$N\bar{K}$
Σ (2250)	0,7			1	− 1		$N\bar{K}$
Xi, Ξ							
(Kaskadenteilchen)			− 1,0	1/2	− 2	0	$\Lambda\pi$
Ξ (1530)	7,2	$3/2^+$					$\Xi\pi$
Ξ (1820)	1,3						$\Lambda\bar{K}$
Ξ (1940)	1,0						$\Xi\pi$

Ist eine Quantenzahl nicht genau bekannt, fehlt die betreffende Eintragung

11.7 Quarks, Bausteine der Hadronen

Die Anzahl der bisher beobachteten „Elementar"-Teilchen – Photon, Leptonen und Hadronen – ist sehr groß, sie beträgt mehr als das Doppelte der Anzahl der Elemente im Periodensystem. Während man nur einige wenige Leptonen (sechs) nachgewiesen hat, konnten zahlreiche Hadronen beobachtet werden. Im Vertrauen darauf, daß sich die Natur durch einige wenige fundamentale Bausteine beschreiben läßt, haben die Physiker die Vorstellung von den Hadronen als echte Elementarteilchen in Frage gestellt. Sie haben daraufhin mehrere theoretische Modelle entwickelt. Dabei haben sie sich auf Ergebnisse gestützt, die ihnen Stoßversuche mit hochenergetischen Teilchen (weit über 1 GeV) lieferten. Bei diesen Modellen denkt man sich die Hadronen aus einer kleinen Anzahl noch fundamentalerer, subhadronischer Bausteine zusammengesetzt. In diesem Abschnitt wollen wir einen kurzen Überblick über eines dieser Modelle bringen, das zu einer erfolgreichen und vielversprechenden Beschreibung der Hadronen geführt hat. Die fundamentalen, subhadronischen Teilchen dieses Modells heißen *Quarks*. Diese Bezeichnung wurde ursprünglich 1963 von M. Gell-Mann gewählt, als er – und unabhängig von ihm auch G. Zweig – ein Modell für den inneren Bau der Hadronen entwickelte.[1])

Zunächst beginnen wir mit einer einfachen Definition eines Elementarteilchens: Es hat keinerlei innere Struktur, es läßt sich nicht in noch kleinere Teilchen zerlegen, und es besitzt keine räumliche Ausdehnung. Die sechs Teilchen der Leptonenfamilie (und ebenso die sechs zugehörigen Antiteilchen) scheinen diese Definition zu erfüllen (vgl. Tabelle 11.4). So verhält sich zum Beispiel das Elektron auch bei hochenergetischen Streuversuchen immer wie ein punktförmiges Teilchen (seine Ausdehnung muß kleiner als 10^{-3} fm = 10^{-18} m = 1 am sein). Die kennzeichnenden Quantenzahlen der zwölf Mitglieder der Leptonen-Antileptonen-Familie sind in der Tabelle 11.9 aufgeführt. Jedes der zwölf Teilchen dieser Tabelle ist ein unterscheidbares Elementarteilchen, denn in mindestens einer seiner Quantenzahlen unterscheidet es sich von jedem anderen Mitglied der Leptonenfamilie.

Ähnlich lassen sich verschiedene hypothetische Quark- und Antiquarkteilchen einführen. Diese Teilchen unterscheiden sich ebenfalls in ihren Quantenzahlen. Sie vereinigen sich zu kleinen Gruppen und bilden so die vielen Hadronen, die wir mittlerweile kennen. Die bei der Aufstellung des Quarkmodells bekannten Hadronen (Mesonen und Baryonen) ließen sich durch drei Quarks darstellen, denen folgende Bezeichnungen gegeben wurden: u-Quark (engl.: *up*), d-Quark (engl.: *down*) und s-Quark (engl.: *strange*, d.h. *seltsam*). Hinzu kommen noch drei Antiquarks: $\overline{u}$ (antiup), $\overline{d}$ (antidown) und $\overline{s}$ (antistrange). Seltsame Teilchen enthalten mindestens ein s-Quark (oder ein $\overline{s}$) und können nur durch die langsame schwache Wechselwirkung zerfallen, es sei denn, sie enthalten die Kombination ($s\overline{s}$), für die $S = 0$ ist. Ein Beispiel für diese Quark-Antiquark-Kombination ist das ϕ-Teilchen, ein Vektormeson, d.h. ein Meson mit dem Spin 1. Dieses Teilchen zerfällt sehr schnell in zwei Kaonen

---

[1]) Die Phantasiebezeichnung *Quark* fand Gell-Mann am Anfang des letzten Kapitels im zweiten Teil des schwer deutbaren Romans *Finnegan's Wake* von James Joice:

Three quarks for Muster Mark!
Sure he hasn't got much of a bark
And sure any he has it's all beside the mark.

(*Drei Quarks* für Muster Mark!
Sein Bellen ist bestimmt nicht stark
Und wenn schon, trifft es nicht ins Mark.)

Tabelle 11.9: Quantenzahlen der Leptonen

	Teilchen	elektrische Ladungszahl Q	Leptonenzahl L_e	L_μ	L_τ	Spinquantenzahl s
Leptonen	e^-	-1	1	0	0	1/2
	ν_e	0	1	0	0	1/2
	μ^-	-1	0	1	0	1/2
	ν_μ	0	0	1	0	1/2
	τ^-	-1	0	0	1	1/2
	ν_τ	0	0	0	1	1/2
Antileptonen	e^+	1	-1	0	0	1/2
	$\bar{\nu}_e$	0	-1	0	0	1/2
	μ^+	1	0	-1	0	1/2
	$\bar{\nu}_\mu$	0	0	-1	0	1/2
	τ^+	1	0	0	-1	1/2
	$\bar{\nu}_\tau$	0	0	0	-1	1/2

(vgl. die Tabelle 11.7). Auf Grund der damals bekannten vier Leptonen vermuteten die Physiker auch ein viertes, schwereres Quark, das c-Quark (engl.: *charm*). Bereits 1964 forderten J. Bjorken und S. Glashow in ihrer Theorie dieses *Charme-Quark*. Zehn Jahre später, im November 1974, wurden bei hochenergetischen Streuversuchen erstmals Teilchen mit c-Quarks nachgewiesen. Es handelte sich dabei um das J/ψ-Teilchen (die beiden Forschergruppen, die unabhängig voneinander dieses Teilchen entdeckten, konnten sich nicht auf eine einzige Bezeichnung einigen). Dieses Meson ist ebenfalls ein Vektormeson mit dem Spin 1 (vgl. die Tabelle 11.7) und hat die Zusammensetzung ($c\bar{c}$). In Anlehnung an das Elektron-Positron-System ($e\bar{e}$), das Positronium genannt wird (vgl. S. 131), heißt das J/ψ-Teilchen auch *Charmonium*. Später kam dann noch das Meson η_c mit dem Spin 0 hinzu, ebenfalls in der Zusammensetzung ($c\bar{c}$). Für diese beiden Teilchen, J/ψ und η_c, ist die Quantenzahl $C = 0$, der Charme ist „eingefroren". Durch planmäßiges Suchen fanden die Forschergruppen in den Beschleunigerzentren dann auch Charme-Mesonen mit nur einem c-Quark, die D^0-, D^+- und F^+-Mesonen, für die also die Quantenzahl $C = 1$ ist und schließlich (1979) auch Charme-Baryonen, zum Beispiel das Λ_c-Teilchen. Das c-Quark kann ebenfalls nur durch die schwache Wechselwirkung umgewandelt werden und zwar in ein s-Quark.

Nach der Entdeckung des schweren Leptons τ begannen die Physiker nach weiteren, noch schwereren Quarks zu suchen. Sie erhielten im Voraus die Namen b-Quark (engl.: *bottom*, d.h. Boden oder auch *beauty*, d.h. Schönheit) und t-Quark (engl.: *top*, d.h. Spitze oder auch *truth*, d.h. Wahrheit). 1977 wurde dann das sehr schwere Y-Meson nachgewiesen, das die Zusammensetzung ($b\bar{b}$) und eine Ruhenergie von 9460 MeV besitzt. Dieser Quark-Antiquark-Zustand heißt Bottonium. Für das wahrscheinlich noch schwerere t-Quark fehlt zur Zeit noch die experimentelle Bestätigung. Die Tabelle 11.10 enthält die Teilchen und Antiteilchen der Quarkfamilie mit ihren Quantenzahlen, die wir, mit Ausnahme der Quantenzahlen C, B^* und T, schon bei der Behandlung der Hadronen im Abschnitt 11.5 kennengelernt haben. Die verschiedenen Arten der Quarks (u, d, s usw.) heißen auch unterschiedliche „*flavors*" der Quarks (engl.: „Geschmack").

Nehmen wir das unbestätigte t-Quark und sein Antiquark hinzu, so haben wir eine auffällige Symmetrie zwischen der Leptonenfamilie und der Quarkfamilie. Es gibt sechs

Tabelle 11.10: Quantenzahlen der Quarks

	Symbol	elektrische Ladungszahl Q	Baryonenzahl B	Seltsamkeit (strangeness) S	Charme (charm) C	(top oder truth) T (?)	(bottom oder beauty) B^* [1]	Spinquantenzahl s
Quarks	u	2/3	1/3	0	0	0	0	1/2
	d	– 1/3	1/3	0	0	0	0	1/2
	c	2/3	1/3	0	1	0	0	1/2
	s	– 1/3	1/3	– 1	0	0	0	1/2
	t (?)	2/3	1/3	0	0	1	0	1/2
	b	– 1/3	1/3	0	0	0	1	1/2
Antiquarks	$\bar{u}$	– 2/3	– 1/3	0	0	0	0	1/2
	$\bar{d}$	1/3	– 1/3	0	0	0	0	1/2
	$\bar{c}$	– 2/3	– 1/3	0	– 1	0	0	1/2
	$\bar{s}$	1/3	– 1/3	1	0	0	0	1/2
	$\bar{t}$ (?)	– 2/3	– 1/3	0	0	– 1	0	1/2
	$\bar{b}$	1/3	– 1/3	0	0	0	– 1	1/2

[1]) zur Unterscheidung von der Baryonenzahl haben wir hier das Zeichen B^* gewählt

Leptonen und auch sechs Quarks. Sowohl Leptonen als auch Quarks lassen sich offensichtlich als punktförmige Teilchen ohne innere Strukturen verstehen. Alle diese Teilchen haben die gleiche Spinquantenzahl $s = 1/2$. Es gibt aber dennoch entscheidende Unterschiede zwischen diesen beiden Familien von Elementarteilchen:

1. Jedes Lepton besitzt eine ganzzahlige Leptonenzahl. Jedes Quark hat andererseits eine gebrochene Baryonenzahl.
2. Jedes Lepton besitzt eine ganzzahlige elektrische Ladungszahl, während die Ladung eines Quarks nicht ganzzahlig ist ($\pm \frac{2}{3} e, \pm \frac{1}{3} e$).
3. Alle Leptonen wurden schon als freie Teilchen beobachtet. Sie vereinigen sich nicht miteinander, um gebundene Systeme zu bilden. Freie Quarks jedoch konnten bisher noch nicht beobachtet werden. Offensichtlich verbinden sie sich immer zu kleinen Gruppen, um auf diese Weise zusammengesetzte Hadronen zu bilden.
4. Leptonen unterliegen nicht der starken Wechselwirkung durch die Kernkräfte. Quarks dagegen nehmen an der starken Wechselwirkung teil. Sie sind für die starke Bindungskraft und deren kurze Reichweite verantwortlich, die die Hadronen im Atomkern zusammenhält.

Die gebrochenen Werte sowohl für die Ladungszahlen als auch für die Baryonenzahlen der Quarks (vgl. die Tabelle 11.10) sowie die Regeln, nach denen man die Quarks bei der Bildung von Hadronen zusammensetzen muß, sind so gewählt, daß sie die bekannten ganzzahligen Quantenzahlen der Hadronen liefern. Folgende Regeln ergeben die Quarkkombinationen und die resultierenden Werde eines gebundenen Systems von Quarks:

1. Quarks vereinigen sich nur auf drei Arten:
   a) drei gebundene Quarks liefern ein Baryon,
   b) drei gebundene Antiquarks bilden ein Antibaryon und
   c) ein gebundenes Quark-Antiquark-Paar liefert ein Meson.

2. Die Quantenzahlen eines zusammengesetzten Hadrons für die elektrische Ladung, die Baryonenzahl, die Seltsamkeit, den Charme usw. sind die algebraische Summe der entsprechenden Quantenzahlen der Quarks, die das Hadron bilden.
3. Beim Drehimpuls erhält man den resultierenden Drehimpuls des zusammengesetzten Hadrons nach den Regeln der Quantenmechanik als Vektorsumme der Spins der einzelnen Quarks und der Bahndrehimpulse dieser Quarks bei der Bewegung um ihren gemeinsamen Schwerpunkt.

Diese Regeln in Verbindung mit den in der Tabelle 11.10 aufgeführten Quantenzahlen der Quarks gewährleisten die richtigen Werte für die zusammengesetzten Hadronen. Da zum Beispiel jedes der sechs Quarks der Tabelle 11.10 die Baryonenzahl 1/3 hat, muß jede beliebige Kombination dreier Quarks die Baryonenzahl $B = 1$ liefern, die alle Baryonen kennzeichnet. Ähnlich führt jede Kombination dreier Antiquarks zur Baryonenzahl $B = -1$, also zu dem für ein Antibaryon zutreffenden Wert. Weiter liefert die Verbindung von einem beliebigen Quark mit einem beliebigen Antiquark immer die Baryonenzahl $B = 0$, die auch alle Mesonen besitzen.

Die obigen Regeln liefern auch ganzzahlige Werte für die elektrischen Ladungen der Baryonen, da die Ladungszahl einer beliebigen Kombination dreier Quarks immer -1, 0, 1 oder 2 sein muß. Für Antibaryonen liefern die Regeln ganzzahlige Ladungen -2, -1, 0 oder 1 und ebenso ganzzahlige Ladungen -1, 0 oder 1 für Mesonen. Die Seltsamkeit S der Baryonen kann -3 sein (bei drei seltsamen Quarks, dargestellt durch (sss), wie zum Beispiel beim Ω^--Teilchen) oder auch -2, -1 oder 0. Bei Antibaryonen kann S die Werte 0, 1, 2 oder 3 annehmen. Bei Mesonen ist $S = -1$ oder gleich 0 oder 1. Der Charme C kann bei den Baryonen die gleichen Werte annehmen wie die Seltsamkeit S, allerdings hat sich hier das Vorzeichen umgekehrt. Schließlich führen die Kombinationsregeln 1 und 3 für die Quarks zu einem halbzahligen Spin bei Baryonen und Antibaryonen und zu einem ganzzahligen Spin bei Mesonen.

Das Quarkmodell liefert eine einfache Beschreibung aller bisher beobachteten Hadronen in Form eines Systems dreier Quarks oder dreier Antiquarks oder eines Quark-Antiquark-Paares. Dennoch müssen folgende Fragen beantwortet werden:

1. Warum verbinden sich Quarks nur auf die drei angegebenen Arten?
2. Können einzelne, freie Quarks existieren? Falls das unmöglich ist, welche außergewöhnlich starke Anziehungskraft wirkt zwischen den Quarks und kettet sie zu Gruppen von zwei oder drei Quarks aneinander?
3. Wieviel unterschiedliche Quarks und wieviel unterschiedliche Leptonen kann es geben? Ist mit der Entdeckung weiterer Quarks oder Leptonen zu rechnen?

Diese Fragen lassen sich heute nur teilweise beantworten. Quarks besitzen eine weitere Eigenschaft, die *„Farbe“* (engl. *color*) genannt wird (das ist lediglich eine Bezeichnung und hat nichts mit der anschaulichen Vorstellung von Farben zu tun). Quarks können in den *Farben* „rot“, „grün“ und „blau“ auftreten. Durch die Einführung dieser Farben gilt auch für die Quarks ein erweitertes *Pauli-Verbot*. Beim Aufbau der Hadronen sind nur bestimmte Farbkombinationen zugelassen (es darf nur „weiße“ Hadronen geben). Die Quarks tragen Farbladungen. Diese sind Ursache eines Feldes, das theoretisch durch die sogenannte *Quantenchromodynamik* (abgekürzt: QCD) beschrieben wird. Die Austauschteilchen dieses Feldes heißen *Gluonen* (engl.: glue, d.h. Leim). Zwischen den gebundenen Quarks herrscht eine außerordentlich starke Anziehungskraft, die noch sehr viel stärker als die Kernkräfte zwischen den Nukleonen im Atomkern ist. Bei einem Versuch, die gebundenen Quarks voneinander zu trennen, nimmt die erforderliche Energie mit wachsendem Abstand der

Quarks stark zu. Es entstehen wahrscheinlich keine freien Quarks sondern weitere Quark-Antiquark-Paare. Diese vermutete unlösbare Bindung mehrerer Quarks aneinander heißt *Quark-Confinement* (engl.: „Einsperrung"). Auch Gluonen treten nicht als freie Teilchen auf. Sie wandeln sich sofort in Bündel (sogenannte „Jets") von Hadronen um. So „zerstrahlt" zum Beispiel das Y-Teilchen ($b\bar{b}$) in ein Quark-Antiquark-Paar und ein Gluon. Daraus bilden sich sofort drei Jets von Hadronen. Diese drei Strahlenbündel von Teilchen hat man tatsächlich beobachtet. Die nun nicht mehr so kleine Anzahl der bekannten Leptonen und Quarks läßt die Physiker bereits an einige wenige noch „fundamentalere" Teilchen denken. Es handelt sich zur Zeit dabei aber nur um reine Spekulationen. Genauere Antworten auf die obigen drei Fragen versprechen sich die Forscher durch die Inbetriebnahme neuer Teilchenbeschleuniger, die Teilchen noch höherer Energie und Strahlen noch größerer Intensität liefern sollen. Die Physiker erwarten dann auch verbesserte theoretische Modelle, die die wirklich fundamentalen Bausteine unseres Universums beschreiben.

Beispiel 11.4: Welche Verbindung von Quarks liefert ein Teilchen mit den Quantenzahlen
a) eines Protons,
b) eines Neutrons und
c) eines positiven Pions π^+?

a) Das Proton ist ein Baryon ($B_p = 1$). Daher muß es sich aus drei Quarks der Tabelle 11.10 zusammensetzen. Da für das Proton sowohl die Seltsamkeit S als auch der Charme C verschwinden (vgl. Tabelle 11.4), kann es sich nur aus u-Quarks und d-Quarks zusammensetzen. Die einzig mögliche Kombination dreier u- und d-Quarks, die die elektrische Ladungszahl + 1 des Protons liefert, besteht aus zwei u-Quarks und einem d-Quark. Daher läßt sich das Proton als Quarktrio (uud) beschreiben.

b) Das Neutron ist, ebenso wie das Proton, ein Baryon mit $S_n = C_n = 0$. Daher muß es sich ebenfalls aus drei u-Quarks und d-Quarks zusammensetzen. Da das Neutron ungeladen ist, kommt nur eine einzige Kombination in Frage, nämlich ein u-Quark und zwei d-Quarks, also (udd).

c) Das positive Pion π^+ ist ein Meson ($B_\pi = 0$), für das auch $S_\pi = 0$ und ebenso $C_\pi = 0$ ist. Daher setzt es sich aus einem Quark (u oder d) und einem Antiquark ($\bar{u}$ oder $\bar{d}$) derartig zusammen, daß daraus die Gesamtladungszahl + 1 folgt. Der Tabelle 11.10 entnehmen wir dann als einzig mögliche Kombination, die zu einem π^+ führt, ein u-Quark und ein d-Antiquark, also ($u\bar{d}$).

Beispiel 11.5: Aus welchen Quarks bestehen folgende Hadronen der Tabellen 11.4 und 11.7:
a) das ungeladene Lambdateilchen (Λ^0),
b) das ungeladene Sigmateilchen (Σ^0) und
c) das positive Charme-Meson D^+, für das $S = 0$ und $C = +1$ ist?

a) Da das Λ^0-Teilchen ein Baryon ist, muß es sich aus drei Quarks zusammensetzen. Infolge seiner Seltsamkeit $S = -1$, seines Charmes $C = 0$ und seiner Ladungszahl $Q = 0$ muß es ein s-Quark, ein u-Quark und ein d-Quark enthalten, also (uds).

b) Ebenso wie das Λ^0-Teilchen ist auch das neutrale Sigma-Hadron ein Baryon mit $S = -1$, $C = 0$ und $Q = 0$. Daher besteht es aus der Kombination (uds). Das Σ^0 unterscheidet sich jedoch vom Λ^0, denn seine Isospinquantenzahl beträgt 1, diejenige des Λ^0-Teilchens dagegen 0.

c) Das Charme-Meson D^+ muß sich aus einem Quark-Antiquark-Paar zusammensetzen. Bei seinen Quantenzahlen $Q = 1$, $S = 0$ und $C = 1$ muß es ein c-Quark mit Charme enthalten (das die Ladung 2/3 mitbringt) sowie ein Antiquark mit der Ladung 1/3, aber ohne Seltsamkeit und ohne Charme. Aus der Tabelle 11.10 können wir entnehmen, daß das nur ein d-Antiquark sein kann. Also besteht das Charme-Meson D^+ aus der Kombination ($c\bar{d}$).

11.8 Aufgaben

11.1.
a) Zeigen Sie, daß die Paarbildung (die im Bild 11.1c durch ein einziges Raum-Zeit-Ereignis dargestellt ist) aus drei elektromagnetischen Grundwechselwirkungen nach Bild 11.3 zusammengesetzt werden kann.
b) Welche beiden intermediären virtuellen Teilchen treten dabei auf?

11.2. Angenommen, ein Röntgenquant der Energie $1{,}0 \cdot 10^5$ eV wandele sich während der kurzen, nicht beobachtbaren Zeit Δt in ein virtuelles Elektron-Positron-Paar um (vgl. Bild 11.6b).

a) Dieses virtuelle Paar bewege sich mit der Geschwindigkeit $c/2$. Wie lange könnte es höchstens existieren?

b) Wie weit käme dieses Paar zwischen seiner Erzeugung und Vernichtung?

11.3. Zeichnen Sie in einem Raum-Zeit-Diagramm die folgenden Zerfälle und bezeichnen Sie die dabei auftretenden virtuellen Teilchen.

a) $n \rightarrow p + e^- + \overline{\nu}_e$,

b) $\pi^- \rightarrow \mu^- + \overline{\nu}_\mu$,

c) $\pi^0 \rightarrow \gamma + \gamma$.

11.4. Wie würde sich unser Universum von einem anderen Universum unterscheiden, in dem die gleichen Naturgesetze herrschten und alle Teilcheneigenschaften gleich wären, jedoch die Massen von Proton und Neutron vertauscht wären?

11.5. Jedes instabile Teilchen, das nur während einer endlichen Zeit existiert, besitzt eine Unschärfe seiner Gesamtenergie und damit auch eine Unschärfe seiner Ruhmasse. Bestimmen Sie am Beispiel eines geladenen Pions, dessen mittlere Lebensdauer $3 \cdot 10^{-8}$ s beträgt, die Unschärfe seiner Energie:

a) für ein Teilchen, das relativ zum Beobachter ruht,

b) das sich relativ zum Beobachter mit einer Bewegungsenergie von 20 GeV bewegt.

11.6. Vergleichen Sie die Reichweite eines virtuellen Photons, eines virtuellen Pions und eines virtuellen W-Teilchens (angenommene Ruhenergie: 80 GeV). Alle drei Teilchen sollen die gleiche Bewegungsenergie von 140 MeV haben.

11.7. Bezeichnen Sie das bzw. die Teilchen mit der kleinsten Ruhmasse, die a) der starken, b) der elektromagnetischen und c) der schwachen Wechselwirkung unterliegen.

11.8. Zeichnen Sie ein Raum-Zeit-Diagramm für das Ereignis 1 im Bild 11.10. Welche beiden virtuellen Austauschteilchen treten dabei auf?

11.9. Wieviele Antiprotonen können beim Stoß eines Elektrons von 20 GeV auf ein ruhendes Proton höchstens erzeugt werden?

11.10. Obgleich das Neutron keine elektrische Ladung besitzt, hat es dennoch ein magnetisches Moment, das entgegengesetzt zu seinem Drehimpuls gerichtet ist. Zeigen Sie, daß das mit der folgenden Vorstellung verträglich ist: Stellen Sie sich das Neutron kurzzeitig, d.h., soweit das durch die Unschärferelation erlaubt ist, als virtuelles Proton und virtuelles π^- -Meson mit dem Bahndrehimpuls $\hbar$ vor. Der Spin des Protons und des Neutrons ist jeweils $\hbar/2$, der des Pions verschwindet.

11.11. Wie groß ist die Schwellenenergie, wenn ein einfallendes Proton auf ein ruhendes Proton trifft und dabei die Reaktion von Punkt 1 des Bildes 11.10 hervorrufen soll?

11.12. Bild 11.10, eine Blasenkammeraufnahme, läßt die Erzeugung und den anschließenden Zerfall eines K^0-Mesons und eines Λ^0-Baryons erkennen. An den Spuren der sechs geladenen, aus dem Stoß hervorgehenden Pionen und Protonen lassen sich die Krümmungsradien messen. Angenommen, alle Spuren liegen in der Zeichenebene und das homogene Magnetfeld stehe auf dieser Ebene senkrecht, so lassen sich Geschwindigkeit und Bewegungsenergie für jedes dieser bei der Reaktion entstandenen geladenen Teilchen bestimmen. Wenden wir auf die Zerfälle in den Punkten 2 und 3 sowohl den Impulssatz als auch den Energiesatz an, dann erhalten wir die Geschwindigkeiten des neutralen Kaons und des neutralen Lambdateilchens. Weiter sei angenommen, auf diese Weise erhielten wir für das Kaon die Geschwindigkeit $0{,}84\ c$ und für das Lambdateilchen $0{,}64\ c$.

a) Wie groß ist die Bewegungsenergie jedes dieser neutralen Teilchen (in GeV)?

b) Wie groß ist die gesamte Bewegungsenergie der im Punkt 1 entstandenen Teilchen Proton und Pion?

c) Wenn die wirklichen Abstände in der Blasenkammer doppelt so groß wie auf dem Photo sind, wie lange existierten dann – im Laborsystem – das Kaon und das Lambdateilchen?

d) Berechnen Sie daraus für jedes dieser beiden neutralen Teilchen die Eigenzeit seiner Lebensdauer und vergleichen Sie das Ergebnis mit den Angaben in der Tabelle 11.4.

11.13. Zeigen Sie, daß jedes der Teilchen π^0, η^0 und Σ^0 (vgl. die Tabelle 11.4) auf Grund der elektromagnetischen Wechselwirkung zerfallen kann.

11.14. Zeigen Sie unter Verwendung der Zerfallsangaben der Tabelle 11.4, daß es sich bei dem Σ^0-Teilchen und dem $\overline{\Sigma}^0$-Teilchen um verschiedene Elementarteilchen handelt.

11.15. Zeigen Sie, daß bei der Erzeugung des Ω^--Teilchens, die im Bild 11.15 zu erkennen ist, die dritte Komponente I_3 des Isospins erhalten bleibt, jedoch nicht beim anschließenden Zerfall dieses Teilchens.

11.16.

a) Zeigen Sie, daß beim Stoß hochenergetischer K^--Mesonen auf ruhende Protonen nicht nur Ω^--Teilchen erzeugt werden können (Bild 11.15) sondern auch Ξ^--Baryonen und Σ^--Baryonen entstehen können.

b) Vergleichen Sie die erforderlichen Schwellenenergien der K^--Mesonen für die Erzeugung von Ω^--, Ξ^-- und Σ^--Baryonen.

11.17. Ein Strahl hochenergetischer Protonen trifft auf ein Festkörpertarget. Die Bewegungsenergie der aufprallenden Protonen soll viel größer als die Bindungsenergie der Nukleonen in den Targetkernen sein. Bestimmen Sie für jede der folgenden vier Reaktionen das Folgeteilchen X.

a) $p + p \to \Sigma^0 + p + X$,

b) $p + p \to \bar{\Sigma}^0 + p + p + n + X$,

c) $p + n \to \Sigma^0 + n + X$,

d) $p + n \to \bar{\Sigma}^0 + p + n + n + X$.

11.18. Welche Erhaltungssätze erlauben den Zerfall des neutralen Pions auf Grund der elektromagnetischen Wechselwirkung in zwei Photonen, verbieten jedoch den Zerfall geladener Pionen durch eben diese Wechselwirkung?

11.19. Warum sind alle Resonanzteilchen Hadronen?

11.20. Warum ist im Bild 11.15 die Spur des Λ^0-Teilchens so viel kürzer als die Spur des Ω^--Teilchens?

11.21.

a) Ein Strahl positiver Pionen trifft auf ein Protonentarget. Wie groß ist die Schwellenenergie dieser Pionen, wenn bei dem Stoß Δ^{++}-Teilchen (Ruhenergie 1,23 GeV) entstehen sollen? Vergleichen Sie diesen Wert mit dem Energiebereich der Pionen, die Fermi 1952 bei seinen Streuversuchen verwendete (40 MeV bis 220 MeV).

b) Zeigen Sie, daß sich die Teilchen hinreichend nahe kommen können, um in den Wirkungsbereich der Kernkräfte zu gelangen.

11.22. Welche Ladungszustände der Δ-Resonanzfamilie können entstehen, wenn ein Strahl positiver Kaonen von 600 MeV auf ein Target aus Protonen und Neutronen trifft?

11.23. Bei den vier folgenden Reaktionen der starken Wechselwirkung tauschen das Meson und das Nukleon die Ladungen aus. Welche dieser Reaktionen können stattfinden? Wie groß muß bei diesen möglichen Reaktionen die Schwellenenergie der einfallenden Mesonen sein?

$\pi^+ + n \to \pi^0 + p$,

$\pi^- + p \to \pi^0 + n$,

$K^+ + n \to K^0 + p$,

$K^- + p \to \bar{K}^0 + n$.

11.24. Zeigen Sie, daß alle vier Ladungszustände des Δ-Baryons durch die elektromagnetische Wechselwirkung entstehen können, wenn hochenergetische Photonen auf ein aus Protonen und Neutronen zusammengesetztes Target treffen. Geben Sie für jede Δ-Resonanz die Reaktionsgleichung an und bestimmen Sie die entsprechenden Schwellenenergien der Photonen.

11.25. Zeigen Sie, daß der Zerfall eines jeden Resonanzteilchen der Tabelle 11.8 gegen keinen einzigen der bei der starken Wechselwirkung geltenden Erhaltungssätze verstößt.

11.26. Welche der folgenden Reaktionen ist *unmöglich*? Geben Sie einen bzw. mehrere Gründe für die Unmöglichkeit an. Falls eine Reaktion aber möglich ist, auf Grund welcher Wechselwirkung kann sie dann erfolgen?

a) $\nu_e + p \to e^- + \Sigma^0 + K^+$,

b) $e^+ + e^- \to \bar{\Sigma}^- + K^+ + n$,

c) $e^+ + e^- \to \Lambda^0 + \bar{\Sigma}^0$,

d) $\Xi^- \to \Sigma^- + \pi^0$,

e) $\pi^+ + n \to K^+ + \Sigma^0$.

11.27. Aus welchen Quarks setzen sich die vier Δ (1232)-Resonanzen der Tabelle 11.8 zusammen?

11.28. Aus welchen Quarks setzen sich die folgenden Mesonen zusammen (vgl. auch die Tabellen 11.4, 11.5 und 11.7)? a) ρ^-, b) K^+ und c) $\bar{K}^0$.

11.29. Aus welchen Quarks setzen sich die folgenden, in der Tabelle 11.5 aufgeführten Baryonen zusammen? a) Ξ^-, b) Ω^- und c) $\bar{\Sigma}^0$.

11.30. Das Baryonensupermultiplett der leichtesten Baryonen ist die Gruppe der acht Teilchen mit dem Spin 1/2 und positiver Parität $J^P = (\frac{1}{2})^+$, die im Bild 11.13 enthalten sind. Es handelt sich um die Familien der Nukleonen, des Lambdateilchens, der Sigmateilchen und der Xiteilchen.

a) Tragen Sie in einem Diagramm die Hyperladung Y als Ordinate gegen die dritte Komponente I_3 des Isospins als Abszisse auf. Zeichnen Sie die acht Teilchen in das Diagramm ein.

b) Geben Sie für jedes dieser Teilchen die Quarkzusammensetzung an.

12 Molekular- und Festkörperphysik

Einige einfachere Aspekte des Atom- und Kernbaues lassen sich auf Grund weniger, fundamentaler Prinzipien der Quantentheorie verstehen, oft sogar ohne Rückgriff auf die formalen mathematischen Verfahren der Wellenmechanik. In dieser glücklichen Lage befinden wir uns aber nicht mehr, wenn wir uns mit komplizierteren Systemen befassen wollen, etwa mit Molekülen und Festkörpern, die aus vielen Teilchen und ihren Wechselwirkungen bestehen. Nur mit einer durchgehend wellenmechanischen Behandlung, kombiniert mit statistischen Verfahren für den Umgang mit sehr großen Teilchenzahlen, können wir diese Vielkörpersysteme angemessen erfassen. Daher muß unsere Behandlung des Molekülbaues und der Festkörperphysik weitgehend qualitativ bleiben, und wir werden einige Ergebnisse der Wellenmechanik und der statistischen Mechanik ohne Beweis übernehmen müssen. Wir wollen einige Grundprobleme der Molekular- und der Festkörperphysik an Hand von wenigen einfachen Beispielen veranschaulichen: Molekülbindung, Rotationen und Schwingungen der Moleküle, klassische und quantentheoretische Verteilungsgesetze, Laser, Quantentheorie der Wärmekapazität von Gasen und Festkörpern, Strahlung des schwarzen Körpers, Theorie der freien Elektronen im Metall und Eigenschaften von Leitern, Halbleitern und Isolatoren.

12.1 Molekülbindung

Zunächst betrachten wir die Bindung bei einem einfachen zweiatomigen Molekül, dessen Atome durch eine Anziehungskraft zusammengehalten werden. Wie wir wissen, muß, wenn das Molekül als gebundenes, stabiles System existieren soll, die Energie der beiden Atome bei enger Nachbarschaft *kleiner* als bei deren Trennung durch einen großen Abstand sein. Um zu zeigen, daß eine Molekülbindung tatsächlich möglich ist, brauchen wir nur nachzuweisen, daß sich die Gesamtenergie der Atome verringert, falls diese genügend nahe zusammengebracht werden.

Wir kennen zwei wichtige Arten der Molekülbindung: die *Ionenbindung* oder *heteropolare Bindung* und die *kovalente* oder *homöopolare Bindung.* Ein Beispiel für eine fast ausschließliche Ionenbindung liefert das Natriumchlorid-Molekül, NaCl. Das Wasserstoffmolekül, H_2, ist dagegen ein Beispiel für eine kovalente Bindung.

Ionenbindung

Wir wollen zeigen, daß NaCl als stabiles Molekül bestehen kann. Daher müssen wir nachweisen, daß die Gesamtenergie des Systems kleiner als die Summe der Energien der beiden getrennten Atome ist. Natrium, $_{11}$Na, ist ein Alkalimetall und befindet sich in der ersten Spalte des Periodensystems (vgl. Tabelle 7.3). Es hat daher ein Elektron außerhalb einer abgeschlossenen Unterschale. Im Grundzustand ist seine Elektronenkonfiguration $(1s)^2 (2s)^2 (2p)^6 (3s)^1$. Das einzelne 3s-Elektron ist verhältnismäßig schwach an das Atom gebunden. Unter Zuführung einer Energie von 5,1 eV kann man es vom Atom abtrennen. Dabei wird das Atom ionisiert und bleibt mit einer resultierenden Ladung + 1 e zurück. Die Alkalimetalle nennt man *elektropositiv,* da sie unter Bildung positiver Ionen leicht ionisiert werden können. Sie nehmen dabei eine Elektronenkonfiguration an, die wie bei Edelgasen aus abgeschlossenen Elektronenschalen besteht.

Chlor, $_{17}$Cl, ist ein Halogen und steht in der siebten Spalte des Periodensystems. Allen Elementen dieser Spalte fehlt zum Abschluß einer vollständig besetzten p-Unterschale noch ein Elektron. Die Elektronenkonfiguration des Chlors im Grundzustand ist $(1s)^2(2s)^2(2p)^6(3s)^2(3p)^5$. Dem neutralen Chloratom fehlt zur Auffüllung der fest gebundenen, vollständigen 3p-Unterschale gerade noch ein Elektron. Tatsächlich *verringert* sich seine Energie um 3,8 eV, falls ein Elektron hinzugefügt wird und dadurch ein negatives Ion mit der Ladung $-e$ entsteht. Man nennt die Halogene *elektronegativ*. Die *Elektronenaffinität* des $_{17}$Cl beträgt 3,8 eV. Daraus folgt, daß wir einem Cl^--Ion eine Energie von 3,8 eV hinzufügen müssen, um das letzte Elektron abzutrennen. Dabei bleibt ein neutrales Atom zurück.

Angenommen, wir hätten zunächst ein neutrales Natriumatom und ein neutrales Chloratom in unendlich großer Entfernung voneinander. Um vom Natriumatom ein Elektron abzutrennen, wobei sich ein Na^+-Ion bildet, benötigen wir 5,1 eV. Denken wir uns aber dieses Elektron dem Chloratom hinzugefügt, dabei bildet sich ein Cl^--Ion, so erhalten wir von dieser Energie 3,8 eV zurück. Daher ist alles in allem nur eine Energie von (5,1−3,8) eV = 1,3 eV erforderlich. Diese Energieunterschiede sind in Bild 12.1 dargestellt. Wir haben nun ein positives und ein negatives Ion, beide sind aber noch voneinander getrennt. Diese Ionen ziehen sich durch die Coulomb-Kraft gegenseitig an. Die zugehörige potentielle Energie ist $-ke^2/r$, dabei ist r der Abstand zwischen den Mittelpunkten der beiden Ionen. Werden Natrium- und Chlorion zusammengebracht, so nimmt die Gesamtenergie des Systems ab, da es sich ja um eine Anziehungskraft handelt und daher die potentielle Energie negativ ist. Wählen wir als Abstand r zum Beispiel 0,40 nm, eine Entfernung, die größer als die Summe der Radien der abgeschlossenen Unterschalen der betreffenden Ionen ist, so finden wir leicht als Coulomb-Energie −1,8 eV. Befinden sich also die Ionen im Abstand von 0,40 nm, so wird die Gesamtenergie (1,3−1,8) eV = −0,5 eV; das ist offensichtlich weniger als die Gesamtenergie von Natrium- und Chloratom in unendlich großem Abstand voneinander. Der für die Bildung zweier Ionen zunächst erforderliche Energieaufwand wird durch die elektrostatische Anziehung mehr als aufgehoben.

Wie wir gesehen haben, ziehen sich Natrium- und Chloratome gegenseitig an, falls ihre Kerne nur noch ungefähr 0,40 nm voneinander entfernt sind. Wird der Abstand zwischen den Kernen noch weiter verringert, so setzt eine abstoßende Kraft zwischen den Ionen ein.

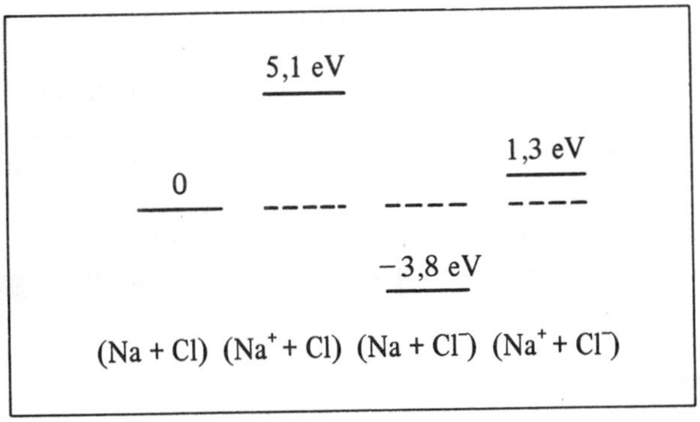

5,1 eV
1,3 eV
0
−3,8 eV
(Na + Cl) (Na^+ + Cl) (Na + Cl^-) (Na^+ + Cl^-)

Bild 12.1 Energieunterschiede zwischen Natrium- und Chloratomen und Ionen

Die Ionen stoßen sich dann gegenseitig ab, wenn die Elektronenwolken beider Ionen, die man sich beide kugelförmig vorstellen kann, sich zu überlappen beginnen. Das Pauli-Verbot beherrscht die Elektronenzahl, die eine gegebene Elektronenschale aufnehmen kann. Beide Ionen haben ihre volle Anzahl an Elektronen. Weitere Elektronen können nur durch Besetzung verhältnismäßig hoher Energieniveaus untergebracht werden. Folglich verhindert bei Verringerung des Abstandes zwischen den Kernen das Pauli-Verbot, daß sich die Elektronenschalen überlappen. Die Elektronen müßten dann höhere, unbesetzte Niveaus einnehmen. Dabei würde sich aber die Gesamtenergie des Moleküls vergrößern. Da sich die Atome bei großen Abständen anziehen, bei hinreichend kleinen Abständen jedoch abstoßen, muß es für den Abstand der Atome einen Gleichgewichtszustand r_0 geben, bei dem die gesamte potentielle Energie des Systems ein Minimum annimmt, wie in Bild 12.2 dargestellt ist.

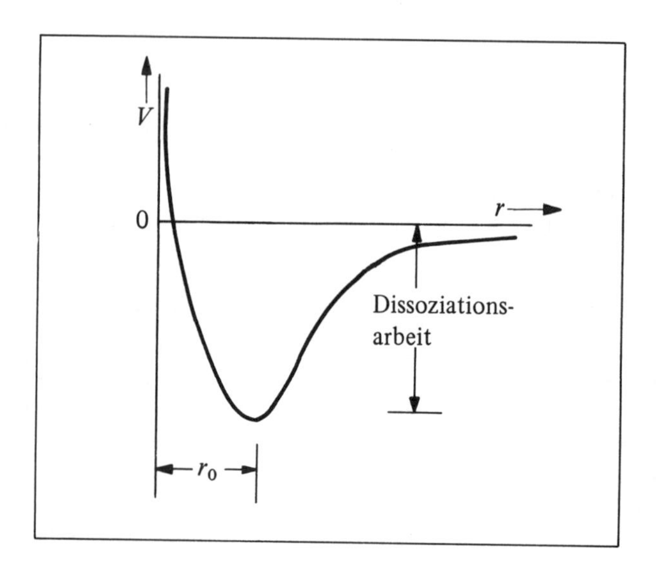

Bild 12.2 Potential eines Moleküls als Funktion des interatomaren Abstandes

Die *Dissoziationsarbeit* eines Moleküls ist gleich seiner Bindungsenergie, denn diese Energie muß ihm in seinem tiefsten Energiezustand zugeführt werden, um es in seine atomaren Bestandteile zu zerlegen. Beim NaCl-Molekül beträgt die Dissoziationsarbeit 4,24 eV, und dem Gleichgewichtszustand entspricht ein Abstand r_0 von 0,236 nm. Da die Ionenbindung das Molekül zusammenhält, stellt das eine Ende des Moleküls, das den Natriumkern enthält, ein Gebiet positiver elektrischer Ladung dar und dasjenige Ende, das den Chlorkern enthält, ein Gebiet negativer elektrischer Ladung. Ein Ionenmolekül ist also ein *polares Molekül* mit einem permanenten *elektrischen Dipolmoment.* Man nennt die Ionenbindung daher auch *heteropolare Bindung.*

Kovalente Bindung

Ein einfaches Beispiel einer kovalenten Bindung findet man im Wasserstoffmolekül, H_2. Bevor wir jedoch dieses Molekül behandeln, wollen wir zunächst ein noch einfacheres

System betrachten, das Ion des Wasserstoffmoleküls, H_2^+. Wir können es uns dadurch entstanden denken, daß wir ein neutrales Wasserstoffatom (ein an ein Proton gebundenes Elektron) mit einem ionisierten Wasserstoffatom (einem nackten Proton) zusammenbringen. Befinden sich die Protonen in großem Abstand voneinander, so wird das Elektron nur an ein einziges dieser Protonen gebunden sein. Sind die Protonen aber nur noch durch einen Abstand von ungefähr 0,1 nm voneinander getrennt, so können wir uns vorstellen, daß das Elektron von einem Proton zum anderen springt, dabei umkreist es dann je nachdem das eine oder das andere Proton oder beide.

Mit Hilfe der Wellenmechanik können wir die Wellenfunktion ψ für dieses einzelne Elektron genau bestimmen. Die Aufenthaltswahrscheinlichkeit dieses Elektrons für einen beliebigen Ort ist proportional zu ψ^2. Das Ergebnis ist in Bild 12.3 dargestellt. Wie wir sehen, gibt es eine verhältnismäßig große Wahrscheinlichkeit für den Aufenthalt dieses einen Elektrons im Bereich zwischen den beiden Kernen, während sie an den beiden „Enden" des Moleküls schnell abnimmt. Befindet sich das Elektron zwischen den Protonen, dann zieht dieses beide Protonen durch die Coulomb-Kraft an; wenn es sich dagegen außerhalb der Protonen aufhält, werden diese weniger stark vom Elektron angezogen, und ihre gegenseitige Abstoßung tritt in Erscheinung. Da die gegenseitige Abstoßungskraft zwischen beiden Kernen mit abnehmendem Abstand r zunimmt, muß beim H_2^+-Molekül ein Minimum der potentiellen Energie existieren. Wie man herausgefunden hat, beträgt beim Gleichgewicht der Abstand $r_0 = 0{,}106$ nm, und die Dissoziationsarbeit ist 2,65 eV.

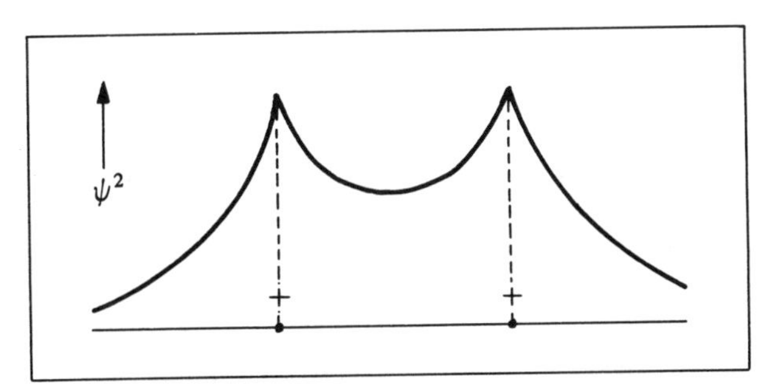

Bild 12.3 Quantenmechanische Aufenthaltswahrscheinlichkeit des Elektrons im Ion des Wasserstoffmoleküls, H_2^+

Nun wollen wir das Wasserstoffmolekül, H_2, betrachten. Es entsteht, wenn zwei neutrale Wasserstoffatome nahe zusammengebracht werden. Die Bindung zweier neutraler, gleichartiger Atome ist nach klassischen Vorstellungen vollkommen unerklärlich. Die Bindung des Wasserstoffmoleküls ist nur auf der Grundlage der Wellenmechanik und des Pauli-Verbotes verständlich. Befinden sich die beiden Wasserstoffatome in einem Abstand voneinander, der groß gegen den Durchmesser der ersten Bohrschen Umlaufbahn (0,05 nm) ist, so kann man jedes Elektron eindeutig seinem eigenen Mutterkern zuordnen. Sind sie aber nur noch durch einen Abstand getrennt, der mit dem Durchmesser eines jeden der beiden Atome vergleichbar ist, dann gibt es, so muß man zugeben, überhaupt keine Möglichkeit, zwischen den beiden Elektronen zu unterscheiden, und man kann auch nicht länger eines der beiden Elektronen einem bestimmten Kern zuschreiben.

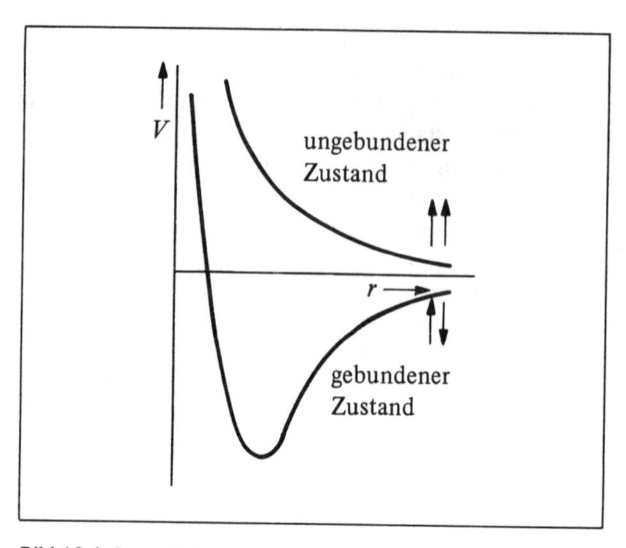

Bild 12.4 Potential zweier Wasserstoffatome mit parallelen und mit antiparallelen Spins

Es gibt nun aber zwei verschiedene Arten, die beiden Wasserstoffatome zusammenzubringen: Entweder sind die beiden Elektronenspins parallel gerichtet, oder sie sind antiparallel und zeigen in entgegengesetzte Richtungen. Wie die Wellenmechanik zeigt, nimmt bei parallel gerichteten Spins die Gesamtenergie des Systems zu, wenn man die Wasserstoffatome zusammenbringt. Sie nimmt dagegen bei entgegengesetzt gerichteten Spins ab. Das Potential ist in Bild 12.4 dargestellt. Dieser Energieunterschied beruht auf dem Pauli-Verbot.

Die Bindungskraft beim neutralen Wasserstoffmolekül (mit zwei Elektronen), die beim Ion des Wasserstoffmoleküls (mit nur einem Elektron) nicht vorhanden ist, hängt mit der sogenannten Austauschenergie zusammen. Der *Elektronenaustausch* ist eine der Wellenmechanik eigentümliche Erscheinung, für die es keine genaue klassische Analogie gibt. Nichtsdestoweniger kann man sich den Austausch zweier gleichartiger, ununterscheidbarer Elektronen durch das Verhalten ihrer Spins veranschaulichen. Wie wir bemerkt haben, tritt beim Wasserstoffmolekül nur dann eine Bindung auf, bei der sich die beiden Kerne die beiden Elektronen teilen, wenn die Elektronenspins entgegengesetzt gerichtet sind. Aber dieser gebundene Zustand kann auch dann weiter bestehen, wenn die beiden Elektronen ihre Spinorientierung vertauschen; d.h., wenn das Elektron mit aufwärts gerichtetem Spin zu einem Elektron mit abwärts gerichtetem Spin wird und gleichzeitig das Elektron mit einem zunächst abwärts gerichteten Spin zu einem Elektron mit aufwärts gerichtetem Spin wird. Tatsächlich liefert dieses Vertauschen des Elektronenspins den Hauptbeitrag zur Bindungsenergie des Moleküls. Da sich ja zwei Elektronen mit antiparallelen Spins gleichzeitig in dem Bereich zwischen den beiden Protonen aufhalten können, wirken auch beide Elektronen mit einer Anziehungskraft auf beide Protonen. Vereinfacht ausgedrückt: Die beiden Kerne des Wasserstoffmoleküls teilen sich die beiden Elektronen; daher stehen jedem der Kerne wenigstens zeitweise beide Elektronen zur Auffüllung einer abgeschlossenen Schale zur Verfügung.

Infolge des Elektronenaustausches verringert sich die Gesamtenergie der beiden Wasserstoffatome, falls sich diese Atome mit antiparallelen Spins einander nähern. Schließlich übertrifft jedoch die gegenseitige Abstoßung der beiden Kerne die durch den Austausch verursachte Bindung. Daher besitzt die Energie ein Minimum, das dem Gleichgewichtszustand des Moleküls entspricht. Für das Wasserstoffmolekül tritt dieses Gleichgewicht bei $r_0 = 0{,}074$ nm = 74 pm auf. Die Dissoziationsarbeit ist dann 4,48 eV.

Die chemische Bindung zweier gleichartiger, nichtpolarer Atome heißt *kovalente Bindung,* da ja das Teilen des Valenzelektrons letztlich für die Anziehungskraft verantwortlich ist. Ein Molekül wie das Wasserstoffmolekül, H_2, besitzt kein permanentes elektrisches Dipolmoment, man nennt es daher nichtpolar. Aus diesem Grunde spricht man bei der kovalenten Bindung auch von *homöopolarer Bindung.*

Ein gebundenes Wasserstoffmolekül kann nur aus zwei Atomen, nicht aber aus drei oder mehr Atomen bestehen. Die zur kovalenten Bindung führenden Valenzkräfte zeigen eine *Sättigung,* indem die Anzahl der Atome, die aneinander gebunden werden können, begrenzt ist. Die Sättigung der kovalenten chemischen Bindung beruht auf dem Elektronenaustausch.

Wir wollen nun zeigen, daß ein H_3-Molekül unmöglich als gebundenes System existieren kann. Zunächst wollen wir zur Vereinfachung die Kräfte betrachten, die zwischen einem neutralen Heliumatom und einem neutralen Wasserstoffatom wirken. Befindet sich das Heliumatom im Grundzustand, so schließen seine beiden Elektronen gerade die 1s-Schale ab; die Konfiguration ist $(1s)^2$. Nach dem Pauli-Verbot müssen die Spins dieser beiden Elektronen antiparallel gerichtet sein (↓↑), der resultierende Spin des Atoms ist daher Null. Angenommen, ein Wasserstoffatom (mit dem Elektronenspin $\frac{1}{2}$) nähere sich dem Heliumatom (mit dem resultierenden Elektronenspin 0). Soll es eine chemische Bindung zwischen diesen beiden Atomen geben, so muß diese vom Austausch der Elektronenspins herrühren. Es gibt aber nur zwei Möglichkeiten, wie das einzelne Elektron des Wasserstoffatoms (↑) mit dem Heliumatom in Wechselwirkung treten kann: durch Spinaustausch mit dem einen Elektron (↑) oder mit dem anderen (↓). Angenommen, das Wasserstoffelektron (↑) tausche seinen Spin mit dem Elektron (↑) des Heliums aus. Dann sind beide Spins parallel (↑↑), und die Austauschkraft zwischen den Atomen ist wie beim Wasserstoffmolekül abstoßend. Nehmen wir nun aber an, das Elektron (↑) des Wasserstoffes tausche seinen Spin mit dem Elektron (↓) des Heliums aus, so würde dies zu einer Bindung zwischen den beiden Atomen führen, falls nicht dann die beiden Spins der Heliumelektronen parallel gerichtet wären (↑↑). Das ist aber durch das Pauli-Verbot ausgeschlossen. Daher ist dieser Austausch unmöglich. Die einzig mögliche Austauschkraft zwischen einem Wasserstoffatom und einem Heliumatom ist also abstoßend, folglich gibt es kein HHe-Molekül.

Dieses Argument können wir leicht auf die Wechselwirkung zwischen einem Wasserstoffmolekül H_2 und einem Wasserstoffatom H_1 ausdehnen. Das H_2-Molekül hat ebenso wie das Heliumatom seine Elektronenspins antiparallel gerichtet. Der einzig mögliche Elektronenaustausch zwischen H_2 und H_1 führt zu einer abstoßenden Kraft. Die homöopolare Bindung zwischen Wasserstoffatomen ist mit zwei Elektronen abgesättigt. Es bildet sich kein H_3-Molekül. Die homöopolare Bindung der Atome läßt sich auf kompliziertere Strukturen ausdehnen. Wie man herausgefunden hat, ist bei allen organischen Molekülen die Bindung derartig. Die meisten anorganischen Moleküle sind jedoch durch eine Mischung sowohl von Ionenbindung als auch kovalenter Bindung gebunden, wobei meist die eine oder die andere Art überwiegt.

Eine dritte Bindungsart, die einzige, die zu einer Wechselwirkung zwischen Edelgasatomen mit abgeschlossenen Elektronenschalen führt, ist die *van der Waals-Bindung.* Diese Bindung ist für den Zusammenhalt der Atome im flüssigen und im festen Zustand der Edelgase verantwortlich. Nähern sich zwei derartige Atome einander, so ist der „Schwerpunkt" der negativen Ladung gegen den positiven Kern verschoben. Die Atome können dann durch die elektrischen Dipole, die bei der Ladungsverschiebung entstanden sind, mit geringer Kraft aufeinander wirken.

Die Ionenbindung und die homöopolare Bindung können Atome so fest zusammenhalten, daß sie kristalline Festkörper bilden. Ein Beispiel eines Ionenkristalles ist NaCl (dargestellt in Bild 5.1), ein Alkalihalogenid, bei dem sich die Na^+- und die Cl^--Ionen abwechselnd an den Eckpunkten eines kubischen Gitters befinden. Ein Beispiel für einen kovalenten Kristall liefert der Diamant (Kohlenstoff, C), bei dem sich Kohlenstoffatomkerne im Mittelpunkt und an den Eckpunkten eines Tetraeders befinden. Eine dritte Art der Kristallbindung, zu der es bei den Molekülen kein Gegenstück gibt, ist die metallische Bindung. Diese Bindung entsteht durch die Coulomb-Wechselwirkung zwischen den ortsfesten positiven Ionen und den freien Elektronen des Metalles. Sie läßt sich nur wellenmechanisch erklären.

12.2 Rotationen und Schwingungen der Moleküle

Die Atome eines zweiatomigen Moleküls können um den Molekülschwerpunkt rotieren und auch längs ihrer Verbindungslinie schwingen. Die Energie sowohl der Rotation als auch der Schwingung ist gequantelt. Die Folge sind diskontinuierliche Rotations- und Schwingungsspektren. Darüber hinaus hängt die Quantelung der Rotationsenergie und der Schwingungsenergie entscheidend mit der Wärmekapazität der Gase und der Festkörper zusammen.

Rotationen der Moleküle

Der mit der Bahnbewegung eines Hüllenelektrons verbundene Drehimpuls L ist nach der Regel

$$L = \sqrt{l\,(l+1)}\,\hbar \tag{7.1}$$

gequantelt, hierbei ist l die Bahndrehimpulsquantenzahl mit ihren möglichen Werten 0, 1, 2, …, $n-1$. Rotiert das Molekül als Ganzes wie eine Hantel um eine Achse durch seinen Schwerpunkt, so ist damit ein Drehimpuls L_r verbunden, der in ähnlicher Weise durch die Regel

$$L_r = \sqrt{J\,(J+1)}\,\hbar \tag{12.1}$$

gequantelt ist, dabei kann die Rotationsquantenzahl J die möglichen ganzzahligen Werte $J = 0, 1, 2, \ldots$ annehmen.

Die Quantelung des Drehimpulses der Molekülrotation hat eine Quantelung der Rotationsenergie des Moleküls zur Folge, da ja die kinetische Energie E_k eines beliebigen rotierenden Körpers mit der Winkelgeschwindigkeit ω, mit dem Trägheitsmoment I und mit dem Drehimpuls $L = I\,\omega$, dabei sollen alle Größen auf dieselbe Drehachse bezogen sein, durch

$$E_k = \tfrac{1}{2}\,I\,\omega^2 = \frac{(I\,\omega)^2}{2I} = \frac{L^2}{2I}$$

gegeben ist. Setzen wir Gl. (12.1) in diese Beziehung ein, so erhalten wir

$$E_r = \frac{J\,(J+1)\,\hbar^2}{2I}\,. \tag{12.2}$$

Die Rotationsenergie E_r ist gequantelt. Die möglichen Werte von E_r sind das Produkt aus einer ganzen Zahl $0, 2, 6, 12, \ldots$ und $\hbar^2/2I$. Die letztere Größe ist bei einem gegebenen rotierenden starren Körper eine Konstante. Die Energieniveaus der reinen Rotationsbewegung sind in Bild 12.5 dargestellt. Da die Kernmassen eines zweiatomigen Moleküls stets groß gegen die Massen der Hüllenelektronen sind, besitzt ein derartiges Molekül nur dann ein nennenswertes Trägheitsmoment, wenn die Rotationsachse senkrecht auf der Verbindungslinie der beiden Atomkerne steht. Für eine derartige Rotationsachse durch den Schwerpunkt des Moleküls (Bild 12.6) wird das Trägheitsmoment I:

$$I = \Sigma\, m_i r_i^2 = m_1 r_1^2 + m_2 r_2^2 \,, \tag{12.3}$$

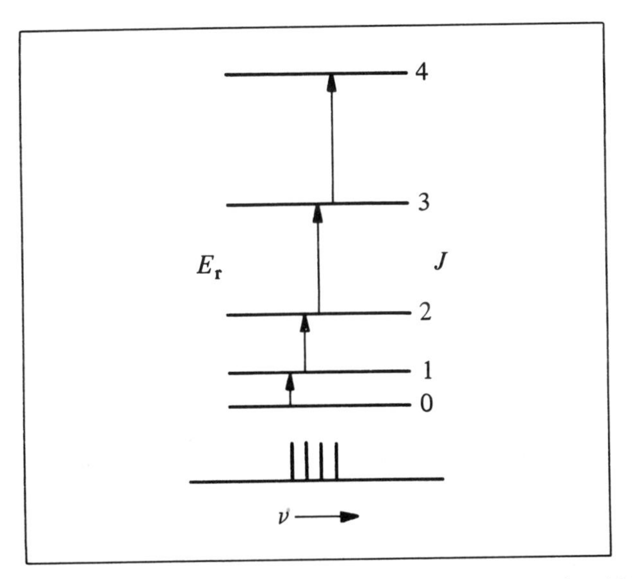

Bild 12.5 Energieniveauschema eines rotierenden zweiatomigen Moleküls und reines Rotationsspektrum

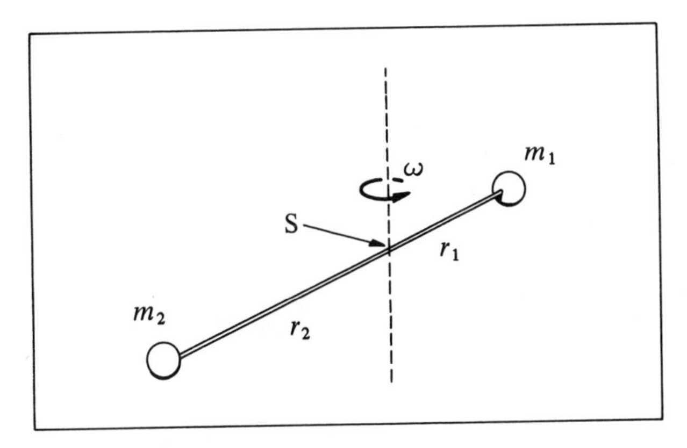

Bild 12.6 Rotierendes zweiatomiges Molekül

hierbei sind r_1 und r_2 die Abstände der Atommassen m_1 und m_2 von ihrem gemeinsamen Schwerpunkt. Die Massen und Abstände sind durch die Definition des Schwerpunktes voneinander abhängig: $m_1 r_1 = m_2 r_2$. Gl. (12.3) kann daher auch in folgender Form geschrieben werden:

$$I = \frac{m_1 m_2}{m_1 + m_2} (r_1 + r_2)^2 . \tag{12.4}$$

Wir nennen $m_1 m_2/(m_1 + m_2)$ die reduzierte Masse des Moleküls, die wir mit μ bezeichnen (vgl. Aufgabe 6.39). $r_1 + r_2$ ist der Abstand r_0 der beiden Atomkerne voneinander. Daher läßt sich das Trägheitsmoment I des Moleküls einfacher schreiben:

$$I = \mu r_0^2 . \tag{12.5}$$

Die Übergänge zwischen den gequantelten Rotationsenergiezuständen eines polaren Moleküls liefern das *reine Rotationsspektrum* dieses Moleküls. Die Auswahlregel für die erlaubten Übergänge lautet $\Delta J = \pm 1$. Die Frequenzen der Photonen finden wir mit Hilfe der allgemeinen Quantenbeziehung $h\nu = \Delta E$ und der Gl. (12.2) zu $\nu = (\hbar/2\pi I)(J + 1)$, hierbei ist J die Rotationsquantenzahl des tieferen Energiezustandes bei dem betreffenden Übergang. Daher besteht das reine Rotationsspektrum, wie in Bild 12.5 dargestellt, aus äquidistanten Linien, die gewöhnlich im äußersten Infrarot oder im Mikrowellenbereich des elektromagnetischen Spektrums liegen. Die Beobachtung der Frequenzen des reinen Rotationsspektrums liefert uns das Trägheitsmoment I, aus dem dann der Abstand $r_0 = (I/\mu)^{1/2}$ der beiden Atomkerne berechenbar ist. Die Spektren mehratomiger Moleküle sind komplizierter, da diese Moleküle mehr als ein nicht-verschwindendes Trägheitsmoment besitzen.

Molekülschwingungen

Ein linearer harmonischer Oszillator ist durch seine potentielle Energie

$$E_p = \tfrac{1}{2} k x^2 \tag{12.6}$$

gekennzeichnet, dabei ist x die Auslenkung aus der Gleichgewichtslage und k ein Maß für die Steifigkeit, mit der das Teilchen an seine Umgebung gebunden ist. Nach klassischer Rechnung wird für ein Teilchen mit der Masse m, das einer Rückstellkraft $F = -kx$ unterworfen ist, die Eigenfrequenz

$$f = \frac{1}{2\pi} \sqrt{\frac{k}{m}} . \tag{12.7}$$

Solange die über der Auslenkung x aufgetragene potentielle Energie E_p exakt eine Parabel liefert, $E_p \sim x^2$, ist auch die Schwingungsfrequenz f von der Schwingungsamplitude unabhängig. Sie hängt dann nur von der trägen Masse m und von der „Federkonstanten" k des Oszillators ab.

In der Quantenmechanik besteht das Problem des linearen harmonischen Oszillators darin, die erlaubten Wellenfunktionen und die gequantelten Energiewerte zu finden. Man löst es dadurch, daß man die durch Gl. (12.6) gegebene potentielle Energie in die Schrödinger-Gleichung einsetzt. Als Ergebnis erhält man als erlaubte Schwingungsenergie E_v (vgl. Bild 5.26b und Aufgabe 5.48):

$$E_v = (v + \tfrac{1}{2}) \hbar \sqrt{\frac{k}{m}} = (v + \tfrac{1}{2}) hf , \tag{12.8}$$

hierbei kann die Schwingungsquantenzahl v die ganzzahligen Werte $v = 0, 1, 2, \ldots$ annehmen.

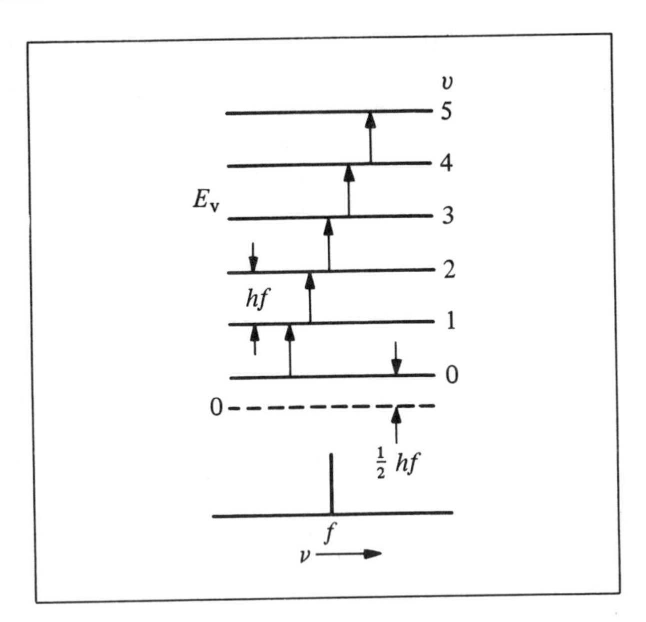

Bild 12.7 Energieniveauschema eines schwingenden zweiatomigen Moleküls und Schwingungsspektrum

Die quantenmechanischen Energieniveaus des linearen harmonischen Oszillators sind in Bild 12.7 dargestellt. Die Niveaus sind äquidistant, ihr Abstand beträgt hf. Man beachte besonders, daß die Energie des tiefsten Schwingungsniveaus, $v = 0$, nicht verschwindet sondern $E_0 = \frac{1}{2}\,hf$ beträgt. Das entspricht der sogenannten Nullpunktsenergie der Schwingung. Nach der Quantenmechanik ist ein Oszillator niemals in Ruhe. Selbst im Grundzustand schwingt er mit der Nullpunktsenergie. Nach der klassischen Mechanik kann man sich natürlich ein Teilchen vorstellen, das die Gesamtenergie Null besitzt und das sich wirklich in Ruhe befindet. Die Nullpunktsenergie ist ein besonders überzeugendes Beispiel für die Unschärferelation. Nach dieser muß das Produkt aus der Unschärfe des Teilchenimpulses und der Unschärfe der zugehörigen Ortskoordinate von der Größenordnung der Planckschen Konstanten h sein, oder $\Delta p_x \Delta x \approx h$. Befände sich das schwingende Teilchen streng in Ruhe, wäre also $\Delta p_x = 0$, so müßte die Unschärfe der Lage des Teilchens unendlich groß werden. Soll umgekehrt der Ort des Teilchens auf einen begrenzten Raumbereich beschränkt werden, so kann sein Impuls und damit seine Energie auch nicht verschwinden.

Die Atome eines zweiatomigen Moleküls führen eine lineare harmonische Schwingung längs ihrer Verbindungslinie aus. Wie in Bild 12.2 gezeigt ist, verläuft die interatomare potentielle Energie in der Nähe des Minimums annähernd parabolisch. Das Minimum liegt beim Gleichgewichtsabstand r_0. Bei Abständen, die sich von r_0 nicht sehr unterscheiden, kann man die potentielle Energie eines zweiatomigen Moleküls näherungsweise

$$V = V_0 + \frac{1}{2}\,k\,(r - r_0)^2 \qquad (12.9)$$

schreiben. Das ist die potentielle Energie eines linearen harmonischen Oszillators. Daher wirkt für $r > r_0$ auf die beiden Atomkerne eine anziehende Rückstellkraft und für $r < r_0$ eine abstoßende Rückstellkraft. Jedes der beiden Atome führt Schwingungen relativ zum Molekülschwerpunkt aus. Die gequantelten Energiewerte der Molekülschwingungen sind daher durch Gl. (12.8) gegeben. Wie wir jedoch erkennen, muß die in den Gln. (12.7) und (12.8) auftretende Masse m die reduzierte Molekülmasse $\mu = m_1 m_2/(m_1 + m_2)$ sein, da beide Atome relativ zum Molekülschwerpunkt schwingen.

Die erlaubten Übergänge eines schwingenden polaren Moleküls sind durch die Auswahlregel $\Delta v = \pm 1$ gegeben. Erlaubt sind also nur Übergänge zwischen benachbarten Niveaus. Daher ist die Photonenfrequenz ν für die Übergänge zwischen Schwingungsniveaus durch $h\nu = \Delta E_v = hf$ gegeben, oder auch

$$\nu = f\,. \tag{12.10}$$

Die Photonen, die bei Übergängen zwischen den äquidistanten Schwingungsniveaus ausgesandt oder absorbiert werden, besitzen daher nur eine *einzige* Frequenz. Außerdem stimmt diese Frequenz genau mit der klassischen Schwingungsfrequenz überein. Das Schwingungsspektrum eines typischen zweiatomigen Moleküls (tatsächlich nur eine einzige Linie, wenn man die Rotation außer Betracht läßt) liegt im infraroten Bereich des elektromagnetischen Spektrums. Das schwingende zweiatomige Molekül ist in der Quantenmechanik nur eines der Beispiele für einen linearen harmonischen Oszillator. Auch die Atome eines Festkörpers unterliegen einer Bindungskraft, deren Potential bei kleinen Auslenkungen sehr gut durch eine Parabel angenähert werden kann. Daher sind auch dort die erlaubten Energiewerte für die Atomschwingungen durch Gl. (12.8) gegeben.

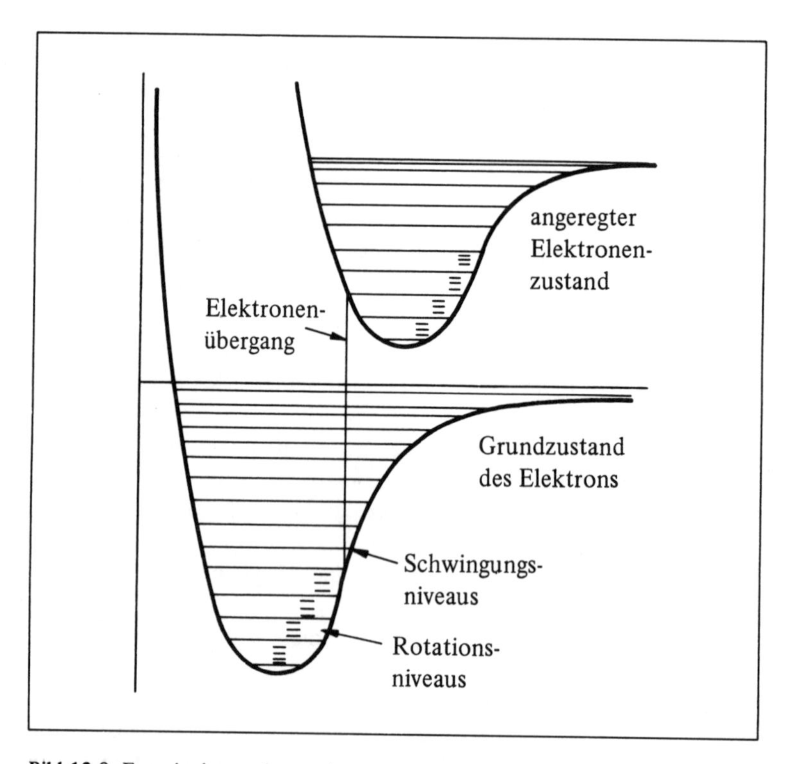

Bild 12.8 Energieniveauschema eines zweiatomigen Moleküls mit einigen Elektronen-, Schwingungs- und Rotationsniveaus

Spektrum eines zweiatomigen Moleküls

Das Schwingungsspektrum eines polaren zweiatomigen Moleküls unterscheidet sich von demjenigen eines idealen harmonischen Oszillators (dessen Potential für beliebige Werte der Auslenkung streng parabolisch ist), da das Potential des Moleküls für die höheren Anregungsstufen der Schwingung Abweichungen von der parabolischen Form aufweist. Daher sind bei höheren Quantenzahlen die Energieniveaus auch nicht mehr äquidistant; stattdessen drängen sie sich an der Dissoziationsgrenze zusammen. Bei einem derartigen *anharmonischen* Oszillator sind auch Übergänge, bei denen sich v um 2, 3, ... usw. und nicht nur um 1 ändert, erlaubt.

Die Schwingungsfrequenzen der zweiatomigen Moleküle fallen in den infraroten Bereich des elektromagnetischen Spektrums. Sie sind jedoch rund hundertmal größer als die Rotationsfrequenzen der Moleküle. Die Unterschiede zwischen den Schwingungsniveaus sind somit auch näherungsweise hundertmal größer als die Unterschiede der Rotationsniveaus. Daher gibt es zu jedem Schwingungszustand eine ganze Reihe möglicher Rotationszustände, wie in Bild 12.8 dargestellt ist. Infolge der durch die Rotation bedingten Feinstruktur der Schwingungszustände bestehen die Absorptions- und die Emissionsspektren zweiatomiger Moleküle nicht aus einzelnen Schwingungslinien sondern aus „Banden" eng benachbarter Rotationslinien, die sich um die Frequenzen der Schwingungsübergänge scharen. Die infraroten Spektren zweiatomiger Moleküle beruhen auf den Übergängen sowohl zwischen Schwingungs- als auch zwischen Rotationszuständen der Moleküle. Sie heißen daher *Rotationsschwingungsspektren*. So gruppieren sich zum Beispiel die Rotationsschwingungslinien des HCl-Moleküls um eine Wellenlänge von 3,3 μm.

Bei unserer bisherigen Behandlung der Molekülschwingungen und -rotationen haben wir uns in erster Linie mit den Rotations- und Schwingungsbewegungen der Atomkerne und nicht mit den entsprechenden Bewegungen der Elektronen befaßt. Man kann mit Recht annehmen, daß sich der Elektronenzustand eines Moleküls nicht ändert, während dieses rotiert oder schwingt, da sich das Molekül so viel langsamer als die Elektronen bewegt und letztere können daher den Kernen folgen. Es sind jedoch auch Änderungen in der Elektronenstruktur eines Moleküls möglich, indem ein Elektron im Molekül seinen Zustand oder seine Umlaufbahn ändert. Derartige Elektronenübergänge haben die Emission oder die Absorption der *Elektronenspektren* der Moleküle zur Folge, die im sichtbaren oder im ultravioletten Bereich des elektromagnetischen Spektrums liegen.

In Bild 12.8 ist der tiefste Elektronenzustand sowie ein angeregter Elektronenzustand eines zweiatomigen Moleküls dargestellt. Die Potentialkurve des Moleküls in einem angeregten Elektronenzustand ist um einen Betrag nach oben verschoben, der groß im Verhältnis sowohl zu den Abständen benachbarter Schwingungs- als auch Rotationsniveaus ist. Bei einem Molekül in einem angeregten Elektronenzustand kann man sich vorstellen, daß eines der Hüllenelektronen in einen angeregten Zustand versetzt worden ist. Als Folge davon kann sich der Gleichgewichtsabstand r_0 geändert haben.

Bild 12.9 Ausschnitt aus dem Bandenspektrum des Cyans (CN) im Ultraviolett. (Von den RCA Laboratories, Princeton, freundlichst zur Verfügung gestellt.)

Die Elektronenspektren der Moleküle sind ungeheuer kompliziert, da es zu jedem einzelnen Elektronenübergang viele mögliche Rotations- und Schwingungszustände gibt, zwischen denen ebenfalls Übergänge erfolgen können. Die Molekülspektren im sichtbaren oder im ultravioletten Bereich bestehen daher auch nicht aus einer verhältnismäßig kleinen Zahl scharfer Linien wie die Atomspektren sondern aus vielen Gruppen sehr nahe benachbarter Linien. Diese erscheinen bei nur schwacher Auflösung als fast kontinuierliche *Banden,* wie in Bild 12.9 zu sehen ist.

12.3 Statistische Verteilungsgesetze

Viele der Probleme, die uns in der Physik beschäftigen, befassen sich mit dem Verhalten von Systemen, die aus einer sehr großen Anzahl gleichartiger Teilchen bestehen. Diese Teilchen üben außerdem häufig nur eine schwache Wechselwirkung untereinander aus. Die statistischen Verfahren, mit deren Hilfe wir große Anzahlen von Teilchen, deren mechanisches Verhalten bekannt ist, behandeln können, heißen *statistische Mechanik.*

Ein bekanntes Beispiel eines Systems, das wir mit den Methoden der statistischen Mechanik untersuchen können, ist ein ideales Gas. Es besteht aus einer großen Anzahl gleichartiger, punktförmiger Teilchen, für die die Newtonschen Bewegungsgesetze gelten. Obwohl es grundsätzlich möglich ist, die Bewegung eines jeden einzelnen Teilchens des Systems in allen Einzelheiten zu beschreiben, ist diese Aufgabe mathematisch so ungeheuer, daß sie praktisch unlösbar ist. Was uns tatsächlich interessiert, ist *nicht das Verhalten* eines jeden Teilchens des Systems in allen seinen *Einzelheiten* sondern das *durchschnittliche Verhalten* der mikroskopischen Teilchen und deren Einfluß auf makroskopisch meßbare Größen. So können wir zum Beispiel den Druck (eine makroskopische Größe), den ein Gas auf seinen Behälter ausübt, mit Hilfe der Masse und der mittleren Geschwindigkeit der Moleküle (mikroskopische Größen) voraussagen. Darüber hinaus ist es möglich, eine weitere makroskopische Größe, die absolute Temperatur T eines Gases, durch eine mikroskopische Größe, die mittlere kinetische Energie $\bar{\epsilon}$ der Moleküle auszudrücken ($\bar{\epsilon} = \frac{3}{2}\,kT$).

Bei einem derartigen System von Teilchen, die sich gegenseitig nur wenig beeinflussen, wie es bei einem Gas der Fall ist, tritt eine Gleichgewichtsverteilung ein. Die Moleküle treten untereinander und mit den Wänden durch Stöße in Wechselwirkung. Die Dauer dieser Stöße ist kurz im Vergleich mit der Zeit zwischen diesen Stößen. Einige der Moleküle werden eine kleine kinetische Energie besitzen, andere dagegen eine große. Kurzum, es wird eine Verteilung der Energiewerte (und damit auch der Geschwindigkeiten) über einen ausgedehnten Bereich geben. Befinden sich die Moleküle im Gleichgewicht und ist ihre Anzahl sehr groß, so wird der relative Anteil der Moleküle, die eine bestimmte Energie besitzen, praktisch konstant bleiben, obgleich sich die Energie eines jeden einzelnen Moleküls im Laufe der Zeit infolge der Zusammenstöße ändern wird.

Mit Hilfe der statistischen Mechanik können wir die Energieverteilung eines *beliebigen* Systems von Teilchen, die sich nur wenig beeinflussen, im thermischen Gleichgewicht bestimmen, unabhängig davon, ob für die Teilchen die klassische Mechanik oder die Quantenmechanik gilt. Obgleich eine eingehende Darstellung der statistischen Mechanik über den Rahmen dieses Buches hinausgehen würde, wollen wir doch einige wichtige Ergebnisse anführen und kurz besprechen. Diese Ergebnisse werden wir dann auf mehrere interessante Fragestellungen der Molekül- und der Festkörperphysik anwenden.

Wir wollen annehmen, unser System bestehe aus einer großen Anzahl gleichartiger Teilchen, die sich nur wenig gegenseitig beeinflussen. Jedes Teilchen habe eine diskrete Anzahl von Quantenzuständen zur Verfügung. Dabei wollen wir die Energie eines jeden Zustandes i mit ϵ_i bezeichnen. Bei einem klassischen System gibt es ein Kontinuum erlaubter Energieniveaus, und der Abstand zwischen benachbarten Niveaus kann gleich Null gesetzt werden. Da wir ja annehmen wollen, daß sich die Teilchen nur wenig untereinander beeinflussen sollen, hat auch jedes der Teilchen seinen eigenen Satz von Energieniveaus, und falls es sich um gleichartige Teilchen handeln soll, haben diese dann auch alle dieselben besetzbaren Energieniveaus.

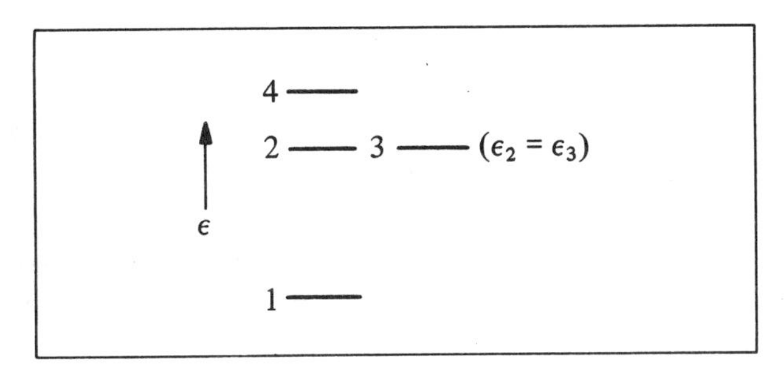

Bild 12.10 Verfügbare, gequantelte Energiezustände eines Teilchens

Ein sehr einfaches, hypothetisches Beispiel sehen wir in Bild 12.10. Dort muß jedes Teilchen zu einem beliebigen Zeitpunkt in einem von vier möglichen Zuständen existieren. Wie wir erkennen können, stimmen die Energieniveaus der Zustände 2 und 3 überein: $\epsilon_2 = \epsilon_3$. Immer dann, wenn zwei oder mehrere verschiedene Zustände, wie hier die Zustände 2 und 3, dieselbe Energie besitzen, nennt man diese Zustände *entartet.* (Eine Entartung kann jedoch durch bestimmte äußere Einwirkungen aufgehoben werden; so wird zum Beispiel die Zeeman-Entartung durch ein Magnetfeld aufgehoben, wie im Abschnitt 7.5 gezeigt wurde.) Nun lautet die Frage: „Wie verteilen sich die Teilchen des Systems auf die verschiedenen erlaubten Zustände?"

Für drei Arten von Systemen, die bei physikalischen Fragestellungen auftreten, sagt die statistische Mechanik die wahrscheinlichste Verteilung der Teilchen auf die verschiedenen Zustände voraus. Da die meisten interessierenden Systeme aus einer sehr großen Teilchenzahl bestehen, wird die wahrscheinlichste Verteilung mit ihrer Wahrscheinlichkeit alle übrigen Verteilungen so stark übertreffen, daß sie (mit fast absoluter Sicherheit) auch die tatsächliche Verteilung darstellt. In der Tabelle 12.1 sind drei verschiedene Wahrscheinlichkeitsverteilungen angeführt: die Maxwell-Boltzmann-, die Bose-Einstein- und die Fermi-Dirac-Verteilung. Diese Tabelle enthält ebenfalls kennzeichnende Eigenschaften dieser Verteilungen, die das statistische Verhalten der Teilchen bestimmen, sowie Beispiele von physikalischen Systemen, die den verschiedenen Verteilungen gehorchen.

Die *Verteilungsfunktion* $f(\epsilon_i)$ der Tabelle 12.1 *stellt die mittlere Anzahl der Teilchen im Zustand i dar.* Da ja $f(\epsilon_i)$ nur von der Energie des Zustandes abhängt, wird die mittlere Teilchenzahl bei Zuständen gleicher Energie übereinstimmen, zum Beispiel bei den Zuständen 2 und 3 in Bild 12.10; dort ist $f(\epsilon_2) = f(\epsilon_3)$. Die Verteilungsfunktionen lassen sich aus dem **Grundpostulat der statistischen Mechanik** ableiten:

Irgend eine spezielle Verteilung der Teilchen auf die verschiedenen erlaubten Zustände ist genau so wahrscheinlich wie jede andere Verteilung.

Natürlich muß jede einzelne Verteilung mit den Eigenschaften der Teilchen und mit den Erhaltungssätzen, etwa für die Energie oder für die Teilchenzahl, verträglich sein.

Maxwell-Boltzmann-Verteilung

Die Maxwell-Boltzmann-Verteilung, eine klassische Verteilung, trifft für ein System von Teilchen zu, die zwar *gleichartig,* aber nichtsdestoweniger voneinander *unterscheidbar* sind (zum Beispiel eine Anzahl Billardkugeln mit gleicher Masse und mit gleichem Durchmesser aber unterschiedlich angemalt, rot, blau usw.). Die mittlere Anzahl f_{MB} der Teilchen im Zustand i mit der Energie ϵ_i ist

$$f_{MB}(\epsilon_i) = A\, e^{-\epsilon_i/kT}\,, \tag{12.11}$$

hierbei ist A eine Konstante, k ist die Boltzmann-Konstante, $1{,}38 \cdot 10^{-23}$ J/K, und T ist die absolute Temperatur des Teilchensystems, das stets im Gleichgewichtszustand angenommen wird. Es ist gerade das *mittlere* Verhalten eines Gases aus Atomen oder Molekülen, das durch das Verteilungsgesetz von Maxwell und Boltzmann beschrieben wird. Diese Verteilungsfunktion, $f_{MB}(\epsilon_i)$, ist für zwei verschiedene Temperaturen in Bild 12.11 aufgetragen.

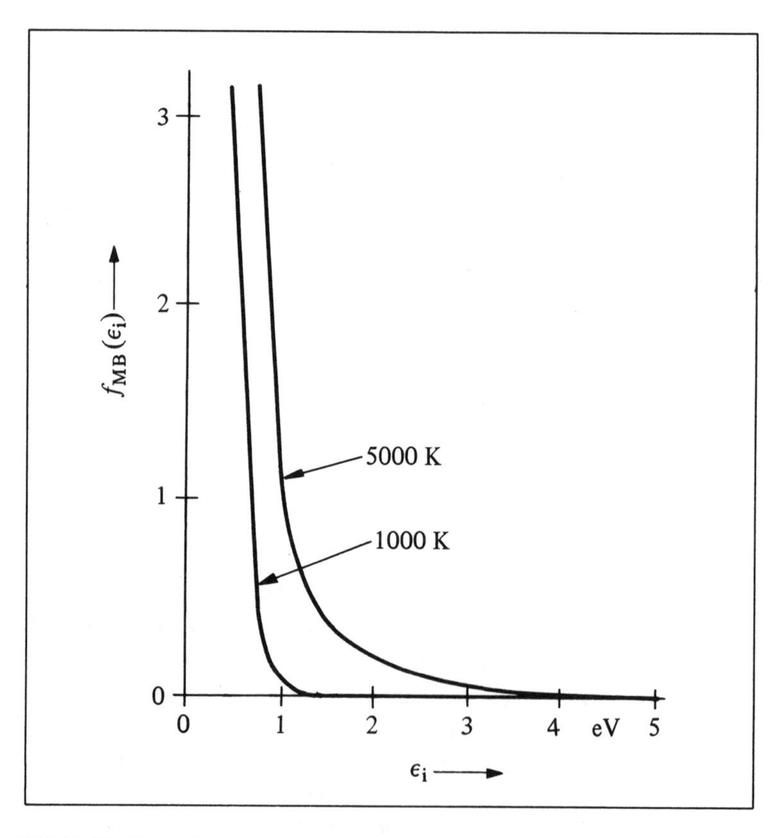

Bild 12.11 Maxwell-Boltzmann-Verteilung

Tabelle 12.1

	Maxwell-Boltzmann	Bose-Einstein	Fermi-Dirac
kennzeichnende Eigenschaften, die die Verteilung bestimmen	gleichartige, aber unterscheidbare Teilchen	gleichartige, ununterscheidbare Teilchen mit ganzzahligem Spin	gleichartige, ununterscheidbare Teilchen mit halbzahligem Spin, die dem Pauli-Verbot gehorchen
Verteilungsfunktion $f(\epsilon_i)$	$f_{MB}(\epsilon_i) = A\,e^{-\epsilon_i/kT}$	$f_{BE}(\epsilon_i) = \dfrac{1}{e^{\alpha}\,e^{\epsilon_i/kT} - 1}$	$f_{FD}(\epsilon_i) = \dfrac{1}{e^{(\epsilon_i - \epsilon_F)/kT} + 1}$
Beispiele von Systemen, die den verschiedenen Verteilungen gehorchen	praktisch alle Gase bei allen Temperaturen	flüssiges Helium (Spin 0) Photonengas (Spin 1) Phononengas (Spin 0)	Elektronengas (Spin 1/2)

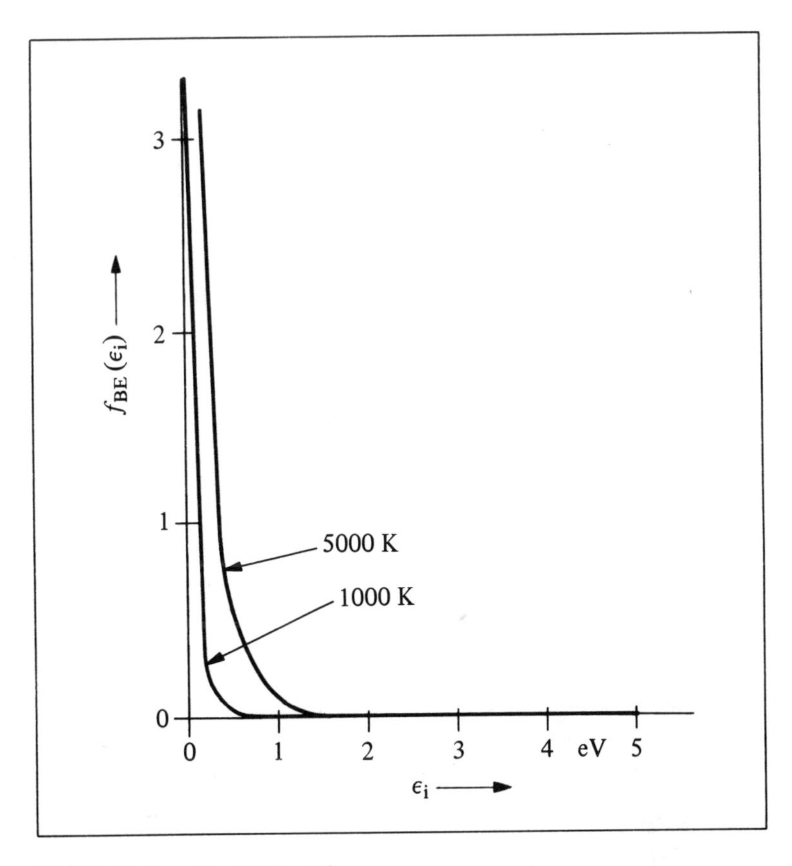

Bild 12.12 Bose-Einstein-Verteilung

Bose-Einstein-Verteilung

Das Verteilungsgesetz von Bose und Einstein trifft für ein System *gleichartiger Teilchen* zu, die *ununterscheidbar* sind und die alle einen *ganzzahligen Spin* besitzen. Derartige Teilchen heißen auch *Bosonen.* Die mittlere Anzahl der Teilchen, die einen bestimmten Zustand i mit der Energie ϵ_i besetzen, ist durch

$$f_{\mathrm{BE}}(\epsilon_i) = \frac{1}{\mathrm{e}^{\alpha}\,\mathrm{e}^{\epsilon_i/kT} - 1} \tag{12.12}$$

gegeben. Die Bose-Einstein-Verteilung ist für $\alpha = 0$ in Bild 12.12 aufgetragen. Wie sich zeigen läßt, muß für ein System von Photonen oder auch für ein System von Phononen (das im Abschnitt 12.8 erklärt ist) die Konstante α stets Null sein (und daher ist $\mathrm{e}^{\alpha} = 1$). Das beruht auf der Tatsache, daß die Gesamtzahl der Photonen (oder der Phononen) eines Systems nicht erhalten bleiben muß. Wie wir sowohl aus Gl. (12.12) als auch aus Bild 12.12 erkennen können, geht die Verteilungsfunktion $f_{\mathrm{BE}}(\epsilon_i)$ in die Maxwell-Boltzmann-Verteilung $f_{\mathrm{MB}}(\epsilon_i)$ über, wenn $\epsilon_i \gg kT$ ist (für $\alpha = 0$). Bei kleinen Energien, oder wenn $\epsilon_i \ll kT$ ist, wird der Ausdruck -1 im Nenner der Gl. (12.12) wichtig. Das hat zur Folge, daß $f_{\mathrm{BE}}(\epsilon_i)$ bei gleicher Energie ϵ_i dann viel größer als $f_{\mathrm{MB}}(\epsilon_i)$ wird.

Fermi-Dirac-Verteilung

Die Fermi-Dirac-Verteilung trifft für ein System *gleichartiger Teilchen* zu, die *ununterscheidbar* sind und die aber alle einen *halbzahligen Spin* besitzen. Teilchen mit halbzahligem Spin (*Fermionen* genannt), etwa Elektronen, Protonen oder Neutronen, unterliegen dem Pauli-Verbot. Dieses verbietet, daß sich zwei oder mehrere Teilchen gleichzeitig in demselben Zustand befinden. Das Pauli-Verbot stellt sozusagen eine sehr starke Wechselwirkung zwischen zwei gleichartigen Teilchen dar, die irgend zwei dieser Teilchen daran hindert, denselben Zustand einzunehmen. Während die Maxwell-Boltzmann- und die Bose-Einstein-Verteilung die Anzahl der Teilchen, die denselben Zustand besetzen können, nicht beschränkt, läßt die Fermi-Dirac-Statistik höchstens jeweils ein Teilchen in einem bestimmten Zustand zu. Die mittlere Anzahl der Teilchen in einem bestimmten Quantenzustand i mit einer Energie ϵ_i ist durch

$$f_{\mathrm{FD}}(\epsilon_i) = \frac{1}{\mathrm{e}^{(\epsilon_i - \epsilon_{\mathrm{F}})/kT} + 1} \tag{12.13}$$

gegeben. Die Größe ϵ_{F}, die sogenannte *Fermi-Energie,* ist bei vielen interessierenden Fragestellungen konstant und fast unabhängig von der Temperatur.

Die physikalische Bedeutung der Fermi-Energie können wir an Hand von Bild 12.13 erkennen. Die mittlere Anzahl der Teilchen in einem Zustand mit $\epsilon_i = \epsilon_{\mathrm{F}}$ beträgt $\frac{1}{2}$, d.h., die Wahrscheinlichkeit für die Besetzung des Energiezustandes ϵ_{F} ist genau $\frac{1}{2}$. Für diejenigen Zustände, deren Energie sehr viel kleiner als ϵ_{F} ist, wird der Exponentialausdruck im Nenner der Gl. (12.13) praktisch Null und damit auch $f_{\mathrm{FD}} = 1$. Daher haben diese Zustände ihre volle Teilchenzahl, ein Teilchen pro Zustand, und sie sind damit voll besetzt. Für Zustände mit einer Energie, die sehr viel größer als die Fermi-Energie ist, wird der Exponentialausdruck sehr viel größer als $+1$, und damit geht f_{FD} in die Maxwell-Boltzmann-Verteilung nach Gl. (12.11) über. Beim absoluten Nullpunkt wird die Fermi-Dirac-Verteilung f_{FD} für alle Zustände bis zur Fermi-Energie ϵ_{F} gleich 1, und sie verschwindet für alle Zustände mit einer Energie, die größer als ϵ_{F} ist (Bild 12.13).

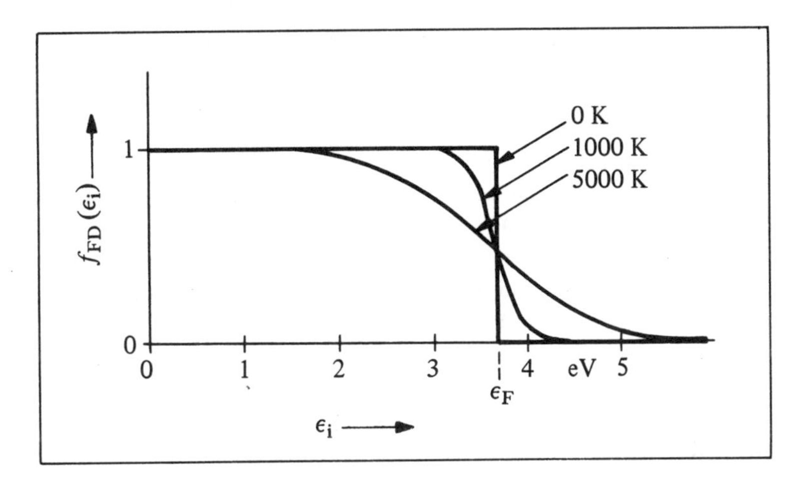

Bild 12.13 Fermi-Dirac-Verteilung

Nun müssen wir aber beachten, daß in allen drei Fällen die Verteilungsfunktion $f(\epsilon_i)$ nur die *mittlere* Anzahl der Teilchen angibt, die einen *Zustand i* mit der Energie ϵ_i besetzt halten und *nicht* die Anzahl $n(\epsilon_i)$ der Teilchen, die jeweils die *Energie* ϵ_i besitzen. Es können ja zwei oder mehrere Zustände mit derselben Energie vorliegen. Daher führen wir die Größe $g(\epsilon_i)$ ein, *statistisches Gewicht* genannt. Sie gibt die Anzahl der Zustände mit derselben Energie ϵ_i an. So ist zum Beispiel in Bild 12.10 $g(\epsilon_1) = 1$, $g(\epsilon_2) = 2$ und $g(\epsilon_4) = 1$. Daraus folgt:

$$n(\epsilon_i) = f(\epsilon_i)\, g(\epsilon_i)\,. \tag{12.14}$$

In vielen Fällen liegen die Energieniveaus so dicht beieinander, daß wir sie als kontinuierlich betrachten können. Daher möchten wir dann die Anzahl der Teilchen kennen, $n(\epsilon)\, d\epsilon$, deren Energie zwischen ϵ und $\epsilon + d\epsilon$ liegt. Gl. (12.14) läßt sich dann in folgender Form schreiben:

$$n(\epsilon)\, d\epsilon = f(\epsilon)\, g(\epsilon)\, d\epsilon\,, \tag{12.15}$$

hierbei ist $g(\epsilon)$ die *Zustandsdichte;* sie gibt die Anzahl der Zustände pro Einheit der Energie an.

Gl. (12.15) bildet die Grundlage aller in diesem Kapitel behandelten Fälle. Kennen wir nämlich die anzuwendende Verteilungsfunktion $f(\epsilon)$, und können wir die Zustandsdichte $g(\epsilon)$ für ein bestimmtes System berechnen, dann kennen wir auch die (wahrscheinlichste) Anzahl der Teilchen $n(\epsilon)\, d\epsilon$ im Energiebereich zwischen ϵ und $\epsilon + d\epsilon$. Ist die Energieverteilung der Teilchen eines Systems gegeben, so können wir wichtige Eigenschaften des Systems, wie mittlere Energie der Teilchen, Wärmekapazität usw., berechnen.

12.4 Anwendung der Maxwell-Boltzmann-Verteilung auf ein ideales Gas

Es sei ein klassisches ideales Gas gegeben, das aus N gleichartigen Atomen oder Molekülen besteht, die wir punktförmig annehmen wollen und für die die Newtonschen Bewegungsgesetze gelten sollen. Wir wollen die Anzahl der Atome $n(\epsilon)\, d\epsilon$ im Energiebereich $d\epsilon$ berechnen. Da dieses System ja der Maxwell-Boltzmann-Verteilung unterliegt, wird aus Gl. (12.15)

$$n(\epsilon)\, d\epsilon = f_{\text{MB}}(\epsilon)\, g(\epsilon)\, d\epsilon\,, \qquad n(\epsilon)\, d\epsilon = A\, \mathrm{e}^{-\epsilon/kT}\, g(\epsilon)\, d\epsilon\,. \tag{12.16}$$

Für dieses System läßt sich die Größe $g(\epsilon)$ sehr leicht berechnen, wie wir sofort erkennen werden. Die einzige Energie, die diese Teilchen besitzen (genau genommen, die einzige Energie, die sich ändern kann) ist die kinetische Energie der Translationsbewegung, und jedem einzelnen Teilchen steht ein ganzes Kontinuum von Energiewerten, von Null an aufwärts, zur Verfügung. Der Zustand eines derartigen Teilchens ist durch die Angabe der drei Impulskomponenten (p_x, p_y, p_z) gekennzeichnet. Diese Kennzeichnung des Zustandes eines freien Teilchens enthält keine Angabe über den Aufenthaltsort des Teilchens in dem Behälter; den brauchen wir aber auch nicht zu kennen, da ja bei verschwindender potentieller Energie die Energie eines Teilchens *nur* von seinem Impuls abhängt.

Es ist üblich, die erlaubten Zustände eines Teilchens durch Punkte in einem *Impulsraum* darzustellen. In diesem sind die drei Impulskomponenten p_x, p_y und p_z als Koordinaten gewählt. Dann entspricht jeder Punkt im klassischen Impulsraum einem möglichen erlaubten Zustand; und alle Punkte im Impulsraum sind erlaubt.

Nun können wir die Anzahl $g(\epsilon)\, d\epsilon$ der Zustände im Energiebereich $d\epsilon$ angeben. Hierbei stellt ϵ die Gesamtenergie (und hier also die kinetische Energie) eines Teilchens dar. Wir schreiben

$$\epsilon = \tfrac{1}{2}\, m\, v^2 = \frac{p^2}{2m}\,, \qquad d\epsilon = \frac{p\, dp}{m}\,, \tag{12.17}$$

so daß der Betrag des Impulses **p** dann

$$p = (p_x^2 + p_y^2 + p_z^2)^{1/2}$$

wird. Ferner ist

$$g(\epsilon)\, d\epsilon = g(p)\, dp\,, \tag{12.18}$$

hierbei gibt $g(p)\, dp$ die Anzahl der Zustände mit einem Impulsbetrag zwischen p und $p + dp$ an. Diese Anzahl ist dem Volumen einer Kugelschale im Impulsraum proportional, d.h. proportional zu $4\pi p^2\, dp$, wie in Bild 12.14 dargestellt ist. Daher wird

$$g(p)\, dp \sim p^2\, dp\,. \tag{12.19}$$

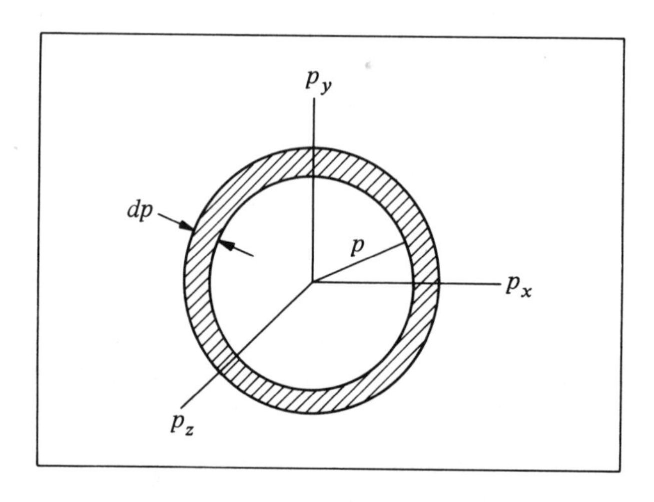

Bild 12.14
Zustände im Impulsraum zwischen p und $p + dp$

Indem wir die Gln. (12.17) und (12.18) in Gl. (12.19) einsetzen, erhalten wir

$$g(\epsilon)\,d\epsilon = g(p)\,dp \sim p^2\,dp \sim p\,d\epsilon\,, \qquad g(\epsilon)\,d\epsilon \sim \epsilon^{1/2}\,d\epsilon\,. \tag{12.20}$$

Schließlich ist nach Gl. (12.16) die wahrscheinlichste Anzahl der Teilchen mit einer Energie zwischen ϵ und $\epsilon + d\epsilon$

$$n(\epsilon)\,d\epsilon = C\,\mathrm{e}^{-\epsilon/kT}\,\epsilon^{1/2}\,d\epsilon\,, \tag{12.21}$$

C ist hierbei eine Proportionalitätskonstante. Die Verteilung der Teilchen in Abhängigkeit von ihrer Energie ist in Bild 12.15 dargestellt. Mit Hilfe des Erhaltungssatzes für die Teilchenzahl kann die Konstante C bestimmt werden, denn die Gesamtzahl N der Teilchen muß konstant bleiben:

$$N = \int_0^\infty n(\epsilon)\,d\epsilon = C\int_0^\infty \epsilon^{1/2}\,\mathrm{e}^{-\epsilon/kT}\,d\epsilon\,. \tag{12.22}$$

Jedes der Teilchen $n(\epsilon)\,d\epsilon$ im Bereich $d\epsilon$ besitzt die Energie ϵ. Daher wird die Gesamtenergie E des Gases

$$E = \int_0^\infty \epsilon\,n(\epsilon)\,d\epsilon = C\int_0^\infty \epsilon^{3/2}\,\mathrm{e}^{-\epsilon/kT}\,d\epsilon\,.$$

Durch partielle Integration dieser Gleichung und mit Hilfe von Gl. (12.22) erhalten wir

$$E = \tfrac{3}{2}\,N k T\,.$$

Die mittlere Energie pro Atom $\bar{\epsilon}$ wird dann

$$\bar{\epsilon} = \frac{E}{N} = \frac{3}{2}\,kT\,. \tag{12.23}$$

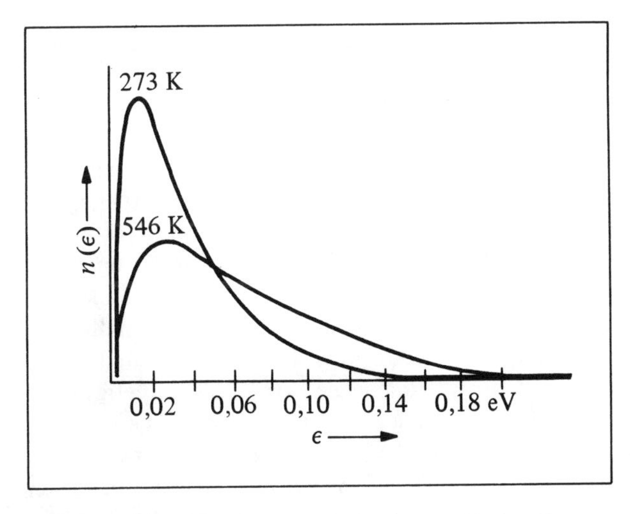

Bild 12.15 Energieverteilung der Moleküle eines idealen Gases

Die mittlere kinetische Energie der Translationsbewegung pro Atom, $\overline{\epsilon} = \frac{3}{2}\, kT$, können wir uns auf die drei *Freiheitsgrade* der Translationsbewegung gleichmäßig verteilt denken. Ein Freiheitsgrad ist als eine der unabhängigen Koordinaten definiert, die zur Angabe des Ortes des Teilchens notwendig sind. Daher können wir die mittlere Energie pro Freiheitsgrad gleich $\frac{1}{2}\, kT$ setzen.

Die molare Wärmekapazität eines Gases bei konstantem Volumen, C_V, ist als die Energie definiert, die erforderlich ist, um die Temperatur eines Moles des Gases um 1 K zu erhöhen, dabei soll das Volumen des Gases konstant bleiben; d.h.

$$C_V \equiv \frac{1}{n} \frac{dE}{dT} = \frac{N_A}{N} \frac{dE}{dT}, \tag{12.24}$$

hierbei ist n die Anzahl der Mole und N_A die Anzahl der Teilchen im Mol (die Avogadro-Konstante). Mit Hilfe von Gl. (12.23) erhalten wir $dE/dT = \frac{3}{2}\, kN$. Dann wird aus Gl. (12.24)

$$C_V = \frac{3}{2}\, kN_A = \frac{3}{2}\, R\,, \tag{12.25}$$

die Gaskonstante R ist gleich kN_A. Damit wird als molare Wärmekapazität C_V eines klassischen idealen Gases, das aus Atomen oder Molekülen besteht, die punktförmig (also ohne inneren Strukturen) angenommen werden, $\frac{3}{2}\, R$ vorausgesagt. Die gemessenen molaren Wärmekapazitäten *einatomiger* Gase stimmen mit diesem theoretischen Wert ausgezeichnet überein. So ist zum Beispiel sowohl für Helium als auch für Argon C_V gleich $1{,}5\,R$. Andererseits sind für zweiatomige oder mehratomige Gase die gemessenen Werte von C_V größer als $\frac{3}{2}\, R$; so ist zum Beispiel für H_2 bei Raumtemperatur $C_V = 2{,}47\,R$, und für N_2 ist $C_V = 2{,}51\,R$.

12.5 Anwendung der Maxwell-Boltzmann-Verteilung auf die Wärmekapazität eines zweiatomigen Gases

Im letzten Abschnitt haben wir die molare Wärmekapazität eines klassischen idealen Gases bei konstantem Volumen unter der Annahme von Massenpunkten zu $\frac{3}{2}\, R$ bestimmt. Bei *einatomigen* Gasen stimmt dieses Ergebnis gut mit den Meßwerten überein. Natürlich sind die Atome der einatomigen Gase nicht einfache Massenpunkte. Sie besitzen eine komplizierte innere Struktur und unterliegen den Gesetzen der Quantentheorie. Die kinetische Energie der Translationsbewegung ist jedoch *nicht* gequantelt, und bei gemäßigten Temperaturen liegt die Elektronenkonfiguration des Grundzustandes vor. Daher verhalten sich die Atome eines einatomigen Gases (bei gemäßigten Temperaturen) so, *als wären* sie Massenpunkte.

Nun wollen wir die Wärmekapazität eines Gases aus zweiatomigen Molekülen betrachten. Bei derartigen Molekülen haben wir drei Beiträge zur Gesamtenergie: die (nicht gequantelte) *kinetische Energie der Translationsbewegung* des Schwerpunktes, die (gequantelte) *kinetische Energie der Rotationsbewegung* des Moleküls als Ganzem um seinen Schwerpunkt und die (gequantelte) *Energie der Schwingungen* der Atome des Moleküls. Die kinetische Energie der Translationsbewegung der Moleküle leistet bei allen endlichen Temperaturen einen Beitrag zur Gesamtenergie des Gases. Aber die Rotationen und die Schwingungen liefern nur dann einen Beitrag zur Gesamtenergie, wenn sich ein beträchtlicher Anteil der Moleküle in einem angeregten Rotations- oder Schwingungszustand befindet.

Falls sich sämtliche Moleküle im tiefsten Rotationszustand ($J = 0$) befinden, ist die kinetische Energie der Rotation gleich Null, und wenn sich alle Moleküle im tiefsten Schwingungszustand ($v = 0$) befinden, liefert auch die Energie der Schwingungsbewegung keinen Beitrag (mit Ausnahme der stets vorhandenen Nullpunktsenergie). Nun können wir ermitteln, unter welchen Bedingungen die Rotation der Moleküle und ihre Schwingungen einen merklichen Beitrag zur Gesamtenergie eines zweiatomigen Gases liefern können. Hierzu wenden wir die Maxwell-Boltzmann-Verteilung auf das Gas an, um die Temperatur zu finden, bei der die angeregten Zustände der Rotation und der Schwingungen in größerer Anzahl besetzt sind.

Mit Hilfe der Gl. (12.14) und der Maxwell-Boltzmann-Verteilung Gl. (12.11) können wir die Anzahl $n(E_r)$ der Moleküle finden, von denen jedes die Rotationsenergie E_r besitzen soll. Die Dichte der reinen Rotationszustände $g(E_r)$ beträgt $2J+1$, hierbei ist J die (Drehimpuls-)Rotationsquantenzahl. (Das entspricht der Zeeman-Entartung der Bahndrehimpulsquantenzahl l, wie im Abschnitt 7.5 gezeigt worden ist.) Daher wird

$$n(E_r) = (2J+1)\,A\,e^{-E_r/kT}\,, \tag{12.26}$$

hierbei ist auf Grund von Gl. (12.2)

$$E_r = \frac{J(J+1)\hbar^2}{2I}\,.$$

Die Anzahl der Moleküle, die einen bestimmten Rotationszustand J besetzt halten, hängt nur vom Trägheitsmoment I der Moleküle und von der Temperatur T des Gases ab.

Wir wollen nun die Besetzung der Rotationszustände für das Wasserstoffmolekül, H_2, betrachten. Dieses Molekül besitzt ein verhältnismäßig kleines Trägheitsmoment, $I = 4{,}64 \cdot 10^{-48}\,\mathrm{kg\,m^2}$. Bild 12.16 zeigt die relative Anzahl der Moleküle in den verschiedenen

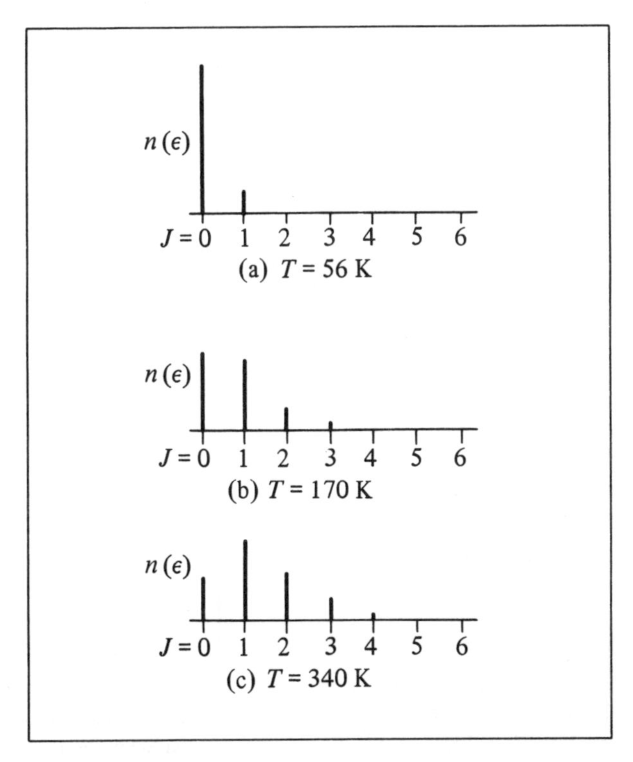

Bild 12.16 Relative Besetzungszahlen der Rotationszustände für H_2-Moleküle bei drei verschiedenen Temperaturen

tiefsten Rotationszuständen für die Temperaturen 56 K, 170 K und 340 K, wie sie nach Gl. (12.26) berechnet worden sind. Es ist klar, daß sich bei 56 K die Mehrzahl der Wasserstoffmoleküle im tiefsten Rotationszustand ($J = 0$) befindet. Bei dieser Temperatur rotieren die meisten Moleküle überhaupt nicht, und die Rotation der Moleküle liefert daher nur einen sehr kleinen Beitrag zur Gesamtenergie des Gases. Andererseits rotiert bei einer Temperatur von 340 K ein großer Teil der Moleküle. Kurzum, bei diesem Gas gibt es einen großen Zuwachs an Rotationsenergie, wenn die Temperatur von 56 K auf 340 K zunimmt, da mit steigender Gastemperatur die höheren Rotationszustände stärker besetzt werden.

Eine ähnliche Überlegung können wir für die relative Besetzung der Schwingungszustände anstellen. Für die Schwingungen gilt $g(E_v) = 1$, und damit ist die Anzahl $n(E_v)$ der Moleküle mit einer Schwingungsenergie E_v durch

$$n(E_v) = A\,e^{-E_v/kT} \tag{12.27}$$

gegeben, hierbei ist auf Grund der Gln. (12.7) und (12.8)

$$E_v = (v + \tfrac{1}{2})\,hf \quad \text{und} \quad f = \frac{1}{2\pi}\left(\frac{k}{\mu}\right)^{1/2}.$$

Für das Wasserstoffmolekül, H_2, erhalten wir $f = 1{,}32 \cdot 10^{14}$ Hz. Bild 12.17 zeigt die relative Anzahl der Wasserstoffmoleküle in den verschiedenen tiefsten Schwingungszuständen für die Temperaturen 1590 K, 6350 K und 12 700 K, die mit Hilfe von Gl. (12.27) berechnet worden sind.

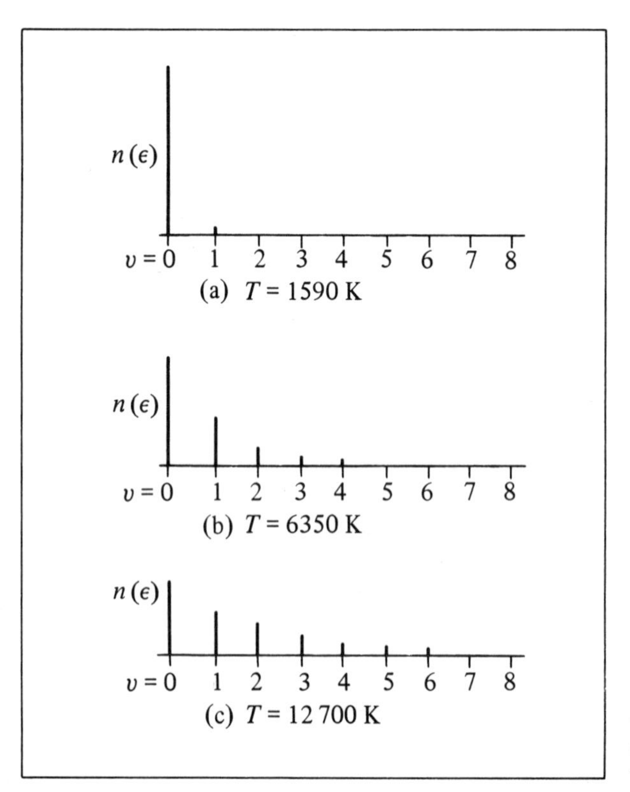

Bild 12.17
Relative Besetzungszahlen der Schwingungszustände für H_2-Moleküle bei drei verschiedenen Temperaturen

Es ist klar, daß sich bei Temperaturen von weniger als etwa 1600 K praktisch alle Moleküle im Grundzustand (Schwingungszustand $v = 0$) befinden und daß sich bei Temperaturen von 10 000 K oder mehr ein beträchtlicher Teil der Moleküle in einem angeregten Schwingungszustand befindet. Daher treten für $T < 1600$ K keine nennenswerten Schwingungen auf, während für $T > 10\,000$ K das Wasserstoffgas einen merklichen Anteil seiner Gesamtenergie durch die Molekülschwingungen erhält.

Wie wir gesehen haben, ist jedem der drei Freiheitsgrade der Translationsbewegung die Energie $\frac{1}{2}\,kT$ pro Molekül zugeordnet. Daher wird die gesamte kinetische Energie der Translationsbewegung $\frac{3}{2}\,kT$ pro Molekül. Der Molekülrotation zweiatomiger Moleküle kommen *zwei* Freiheitsgrade zu, und zwar je ein Freiheitsgrad für die beiden aufeinander und auf der Verbindungslinie der beiden Atome senkrecht stehenden Achsen, um die die Rotation erfolgen kann. Daher ist bei Temperaturen, bei denen ein merklicher Teil der Moleküle rotiert, die Rotationsenergie pro Molekül $2 \cdot \frac{1}{2}\,kT = kT$. Für den einzigen Freiheitsgrad der Schwingungen gibt es zwei Beiträge zur Schwingungsenergie, je einen für die kinetische und für die potentielle Energie mit jeweils $\frac{1}{2}\,kT$. Damit wird, wiederum bei entsprechend hohen Temperaturen, die Schwingungsenergie pro Molekül auch gleich kT.

Wie wir bemerkt haben, ist für das Wasserstoffgas bei Temperaturen $T < 50$ K nur die Translationsenergie von Bedeutung, daher ist in diesem Bereich die Gesamtenergie pro Molekül wie bei einem einatomigen Gas ebenfalls $\frac{3}{2}\,kT$. Bei Temperaturen von einigen Hundert Kelvin ist beim H_2 die Molekülrotation zu berücksichtigen, und die Gesamtenergie pro Molekül wird dann $\frac{3}{2}\,kT + \frac{2}{2}\,kT = \frac{5}{2}\,kT$. Schließlich finden bei mehreren Tausend Kelvin (neben der Rotation und der Translation) auch Molekülschwingungen statt, und die Gesamtenergie pro Molekül wird nun $(\frac{3}{2} + \frac{2}{2} + \frac{2}{2})\,kT = \frac{7}{2}\,kT$. Die entsprechende molare Wärmekapazität (bei konstantem Volumen) ist dann für die drei Temperaturbereiche $\frac{3}{2}\,R$, $\frac{5}{2}\,R$ oder $\frac{7}{2}\,R$. In Bild 12.18 sind die beobachteten Werte für die molare Wärmekapazität des Wasserstoffgases dargestellt. Die beobachtete Änderung der molaren Wärmekapazität mit zunehmender Temperatur zeigt deutlich die Quantelung der Molekülschwingungen und -rotationen, und sie stimmt mit der theoretischen Voraussage überein.

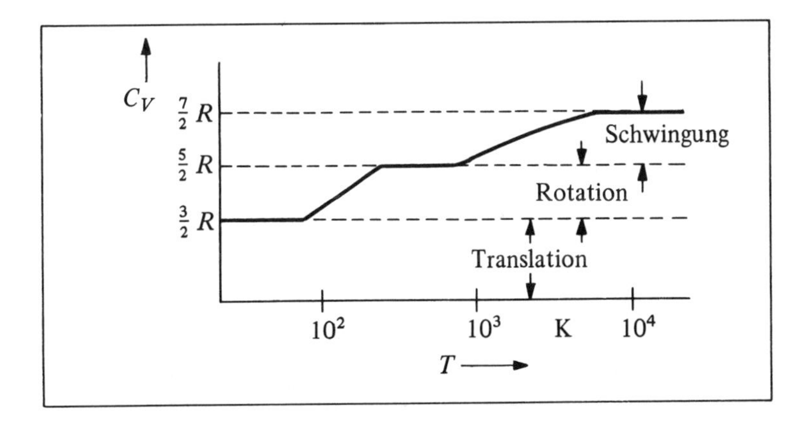

Bild 12.18 Molare Wärmekapazität von molekularem Wasserstoff (H_2). Man erkennt die Beiträge zur Wärmekapazität durch die Translationsbewegung, die Rotation und die Schwingung

12.6 Laser

Die relative Besetzung gequantelter Zustände in atomaren Systemen ist entscheidend für den Betrieb eines *Lasers,* eine Abkürzung für "light amplification by the stimulated emission of radiation" (Lichtverstärkung durch induzierte Strahlungsemission). Eine derartige Anordnung liefert eine gebündelte, monochromatische, intensive und – das ist besonders wichtig – kohärente Strahlung sichtbaren Lichtes. Die entsprechende Anordnung zum Betrieb im Mikrowellenbereich des elektromagnetischen Spektrums ist der *Maser.*

Zunächst wollen wir die verschiedenen Vorgänge betrachten, durch die sich die Energie eines freien Atoms bei Quantensprüngen unter Aussendung oder Absorption eines Photons ändern kann; sie sind in Bild 12.19 dargestellt. Bei diesen Vorgängen handelt es sich um die spontane Emission, die induzierte (d.h. erzwungene) Absorption und die induzierte Emission.

Bei der *spontanen Emission* befindet sich ein Atom ursprünglich in einem angeregten Zustand und geht unter Aussendung eines Photons der Energie $h\nu = E_2 - E_1$ in einen tieferen Energiezustand über. Das angeregte Atom, das sich ursprünglich in Ruhe befindet und keine bevorzugte Raumrichtung kennt, kann das Photon in jede beliebige Richtung ausstrahlen. Bei der Ausstrahlung erfährt das Atom, das dabei in einen tieferen Energiezustand übergeht, einen Rückstoß in der dem Photon entgegengesetzten Richtung. Wie der radioaktive Zerfall instabiler Kerne wird auch der Übergang instabiler Atome von einem

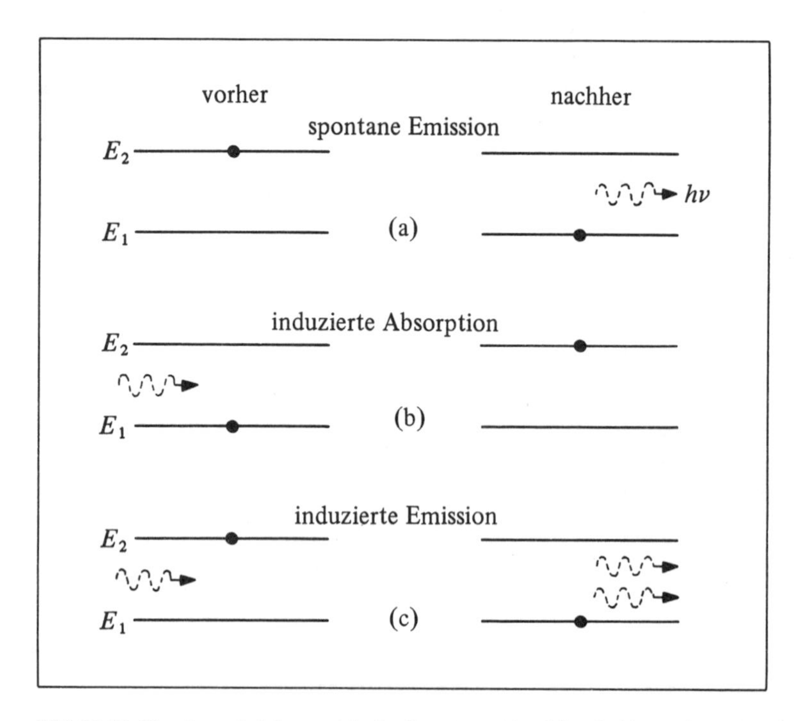

Bild 12.19 Vorgänge, bei denen sich der Quantenzustand durch Absorption oder Emission von Photonen ändern kann: a) spontane Emission, b) induzierte Absorption, c) induzierte Emission

Exponentialgesetz (Gl. (9.17)) beherrscht. Dazu gehört eine charakteristische Halbwertszeit oder eine mittlere Lebensdauer der Größenordnung von 10^{-8} s, d.h., die Zeit, während der sich durchschnittlich ein Atom vor dem Übergang durch Aussendung eines Photons in einem angeregten Zustand aufhält, beträgt nur 10^{-8} s. Einige wenige atomare Übergänge erfolgen jedoch viel langsamer. Für derartige sogenannte metastabile Zustände kann die mittlere Lebensdauer bis zu 10^{-3} s betragen. (Der *spontane* Übergang eines Atoms von einem tieferen zu einem höheren Energiezustand scheidet natürlich auf Grund des Energiesatzes aus.)

Bei der *induzierten Absorption* erzwingt ein eintreffendes Photon den Übergang des Atoms in einen höheren Energiezustand. Dabei wird das Photon absorbiert. Nach der Absorption bewegt sich das Atom in derselben Richtung wie das eintreffende Photon.

Bei der *induzierten Emission* induziert oder erzwingt ein eintreffendes Photon bei einem ursprünglich angeregten Atom einen Übergang in einen tieferen Energiezustand. Indem es in einen tieferen Energiezustand übergeht, sendet das Atom ein Photon aus. Dieses Photon kommt zu dem *Photon hinzu,* das den Übergang erzwingt: Ein Photon nähert sich dem angeregten Atom, und zwei Photonen verlassen das Atom, das sich dann in einem tieferen Energiezustand befindet. Außerdem bewegen sich beide Photonen in Richtung des eintreffenden Photons, und sie sind zueinander genau in Phase, d.h., sie sind kohärent. Wir können uns die Erzeugung kohärenter Strahlung durch induzierte Emission auch dadurch klarmachen, daß die beiden Photonen, falls sie sich um einen beliebigen Betrag in ihrer Phase unterscheiden, interferieren und sich dabei wenigstens zum Teil auslöschen würden; das würde aber im Widerspruch zum Energiesatz stehen. Die induzierte Emission führt zu einer Lichtverstärkung oder einer Photonenmultiplikation. Der Trick beim Bau eines Lasers besteht darin, dafür zu sorgen, daß die induzierten Emissionsvorgänge andere, damit konkurrierende Vorgänge überwiegen.

Die Übergangswahrscheinlichkeit bei der spontanen Emission ist durch die mittlere Lebensdauer des angeregten Zustandes gekennzeichnet. Entsprechend kann man der induzierten Absorption und der induzierten Emission eine Wahrscheinlichkeit P_a bzw. P_e zuordnen. Wie eine genaue quantenmechanische Rechnung zeigt, ist

$$P_a = P_e \,. \tag{12.28}$$

D.h., für eine bestimmte Atomart ist bei gegebener Photonenenergie die induzierte Emission ebenso wahrscheinlich wie die induzierte Absorption. Wird eine bestimmte Anzahl von Photonen auf eine Reihe von ursprünglich im tieferen Energiezustand befindlichen Atomen gerichtet, und kommt es zum Beispiel bei einem Zehntel der Atome zu einer induzierten Absorption, dann wird die gleiche Photonenzahl, auf die entsprechende Menge von Atomen im höheren Energiezustand gerichtet, auch hier bei einem Zehntel der Atome eine induzierte Emission bewirken.

Die drei Vorgänge, spontane Emission, induzierte Absorption und induzierte Emission, betreffen freie Atome, die mit Photonen in Wechselwirkung treten. Befindet sich ein System, das aus vielen untereinander in Wechselwirkung stehenden Atomen besteht, im thermischen Gleichgewicht, so kann sich der Quantenzustand eines Atoms auch noch durch andere, sogenannte Relaxationserscheinungen ändern, jedoch ohne Emission oder Absorption von Photonen. So kann zum Beispiel ein Atom durch einen strahlungslosen Übergang aus einem angeregten Zustand in einen tieferen Energiezustand übergehen. An Stelle der Erzeugung eines Photons geht dabei die Anregungsenergie in Wärmeenergie des Systems über. Umgekehrt kann ein Atom in einen höheren Energiezustand gebracht werden, wenn dabei die thermische Energie des Systems abnimmt.

Eine Anzahl von Atomen möge sich bei einer bestimmten Temperatur T, für die $\epsilon_i > kT$ ist, im thermischen Gleichgewicht befinden, hierbei ist ϵ_i die Energie eines Atoms. Die Verteilung der Atome auf die erlaubten Energiezustände können wir mit guter Näherung durch die klassische Maxwell-Boltzmann-Verteilung beschreiben. Dabei wird das statistische Gewicht $g(\epsilon_i)$ von den besonderen Kennzeichen der einzelnen Atome abhängen, aber im allgemeinen wird es sich nicht sehr von Quantenzustand zu Quantenzustand ändern. Aus Gl. (12.14) erhalten wir dann

$$n(\epsilon_i) \sim f_{\text{MB}} \sim \mathrm{e}^{-\epsilon_i/kT}. \tag{12.29}$$

Einige der Atome befinden sich im Grundzustand, andere halten den ersten angeregten Zustand besetzt, und wieder andere befinden sich in noch höheren Energiezuständen. Die Temperatur T, die im Boltzmann-Faktor $\mathrm{e}^{-\epsilon/kT}$ auftritt, bestimmt die relativen Anzahlen der Atome in den verschiedenen möglichen Zuständen. Bezeichnet man diese Anzahlen der Atome in der Reihenfolge der Energiezustände 1, 2 und 3 mit n_1, n_2 und n_3, dabei ist $n_1 \sim \mathrm{e}^{-E_1/kT}$, $n_2 \sim \mathrm{e}^{-E_2/kT}$ und $n_3 \sim \mathrm{e}^{-E_3/kT}$, so wird $n_1 > n_2 > n_3$, da ja $E_1 < E_2 < E_3$ ist. Der Grundzustand ist zahlreicher als der erste angeregte Zustand besetzt, und die Anzahl der Atome in höheren Zuständen ist noch geringer.

Angenommen, wir hätten eine Reihe von Atomen, die nur zwei Energiezustände besitzen und die sich im thermischen Gleichgewicht befinden (zum Beispiel Atome mit freien oder annähernd freien Elektronen, deren Spin parallel oder antiparallel in Bezug auf die Richtung eines äußeren Magnetfeldes gerichtet sein kann). Es gibt dann mehr Atome n_1 im tieferen Energiezustand als Atome n_2 im höheren Energiezustand (Bild 12.20). Es sei weiter angenommen, ein Strahl von Photonen, jedes davon mit der Energie $h\nu = E_2 - E_1$ träfe auf die Atome. Vernachlässigen wir im Augenblick die spontane Emission und die

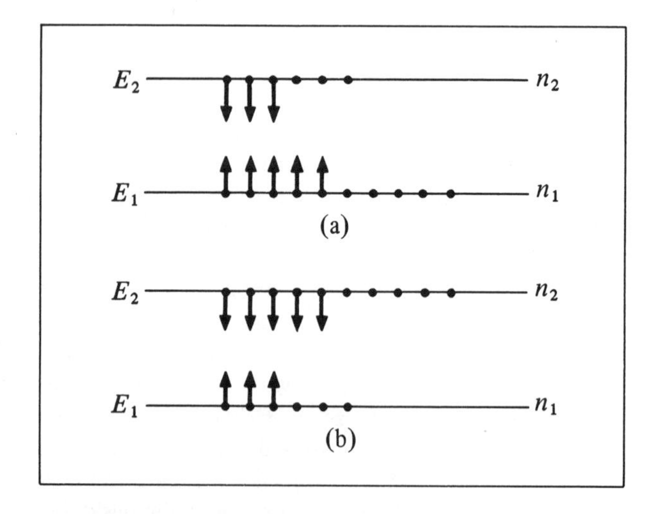

Bild 12.20 Änderung der Besetzung gequantelter Zustände allein durch induzierte Absorption und durch induzierte Emission.

a) Im thermischen Gleichgewicht überwiegt die induzierte Absorption die induzierte Emission, und die Anzahl der Photonen verringert sich.

b) Bei einer Besetzungsinversion überwiegt die induzierte Emission die induzierte Absorption, und die Anzahl der Photonen nimmt zu

Relaxationserscheinungen in diesem System (oder setzen wir voraus, daß diese Erscheinungen durch eine geringe Wahrscheinlichkeit bzw. lange Lebensdauer gekennzeichnet sind), so können wir uns ausschließlich mit der induzierten Absorption und der induzierten Emission befassen. Beide Erscheinungen besitzen die gleiche Wahrscheinlichkeit. Die induzierte Absorption entvölkert den tieferen Energiezustand und verringert dabei die Photonenzahl. Die induzierte Emission entvölkert den höheren Energiezustand und vergrößert die Photonenzahl. Wie ändert sich im Endeffekt die Gesamtzahl der Photonen?

Die Anzahl der Photonen, die infolge der induzierten Absorption verschwinden, ist proportional zu $P_a n_1$, und die Anzahl der infolge der induzierten Emission zusätzlich erzeugten Photonen ist proportional zu $P_e n_2 = P_a n_2$, auf Grund von Gl. (12.28). Im thermischen Gleichgewicht haben wir aber $n_1 > n_2$. Es bleibt also eine resultierende Absorption. Die Absorption überwiegt die Emission einfach aus dem Grunde, daß mehr Atome den tieferen Energiezustand besetzt halten als den höheren. Außerdem ist die resultierende Absorption von der Tendenz begleitet, die Besetzung der beiden Zustände anzugleichen.

Könnten wir nun auf irgend eine Weise eine *Besetzungsinversion* erreichen, bei der die Anzahl der Atome im höheren Zustand diejenige der Atome im tieferen Zustand *übertreffen* würde, so müßte die Emission die Absorption überwiegen (Bild 12.20). Bei einer Besetzungsinversion würde das eintreffende Licht kohärent verstärkt werden, da die Anzahl der durch die induzierte Emission zusätzlich erzeugten Photonen die Anzahl der durch die induzierte Absorption verschwindenden Photonen mehr als kompensieren würde. Eine derartige Besetzungsinversion konnte mit Hilfe von geistreichen Verfahren bei zahlreichen Stoffen erreicht werden, dabei wurden meist verhältnismäßig langsame Relaxationserscheinungen ausgenutzt. Es folgt nun eine kurze Beschreibung des ersten mit einem Rubinkristall arbeitenden Lasers.

Rubin besteht aus Aluminiumoxid, Al_2O_3, mit einigen wenigen Fremdatomen Chrom (Cr) anstelle der Aluminiumatome. Es sind die Chromatome, die für das Laserverhalten verantwortlich sind. Bild 12.21 zeigt die entscheidenden Energieniveaus des Chroms (Niveau 3 besteht in Wirklichkeit aus einer Vielzahl eng benachbarter Niveaus). Der angeregte Zustand E_2 ist metastabil. Die Lebensdauer beim spontanen Übergang in den Grundzustand E_1 ist außergewöhnlich lang, ungefähr $3 \cdot 10^{-3}$ s. Die Atome mögen sich zunächst im thermischen Gleichgewicht mit $n_1 > n_2 > n_3$ befinden. Durch Einstrahlung von Licht der Wellenlänge 550 nm (gelb-grün) setzt ein „optisches Pumpen" ein. Durch Absorption von Photonen dieser Wellenlänge gehen die Atome vom Zustand 1 in den Zustand 3 über und dann aus diesem Zustand fast augenblicklich in den Zustand 2. Die in den angeregten Zustand 2 versetzten Atome verbleiben für eine verhältnismäßig lange Zeit in diesem Zustand. Das optische Pumpen verringert die Besetzung des Zustandes 1 und erhöht die Besetzung des Zustandes 2. Tatsächlich kann n_1 so sehr verkleinert werden, daß $n_2 > n_1$ wird. Damit ist die Besetzungsinversion erreicht. Tauchen nun einige Photonen von 694,3 nm (rotes Rubinlicht) auf, möglicherweise aus einem spontanen Übergang des Zustandes 2 in den Zustand 1, so induzieren sie Übergänge, bei denen die Emission die Absorption überwiegt. Auf diese Weise wird das Licht verstärkt. Ein jedes Photon, das sich dem Strahl anschließt, befindet sich genau in Phase, ist also zu dem ursprünglichen Strahl kohärent.

Praktisch schickt man das Licht viele Male durch den Rubinkristall, indem man es an den ebenen, parallelen Endflächen reflektiert, wie in Bild 12.22 dargestellt ist. An den Endflächen entweicht etwas von dem Licht, der Rest wird in den Rubinkristall zurück reflektiert. Aber nur der Anteil des Lichtes, der sich genau senkrecht zu den reflektierenden Endflächen ausbreitet, kann den Kristall viele Male hin und her durchlaufen. Die Photonen, die

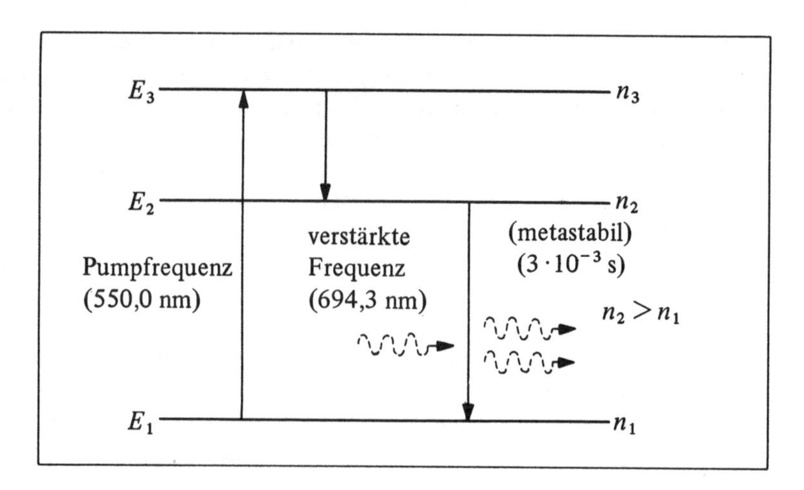

Bild 12.21 Energieniveaus der Chromionen in einem Rubinlaser. Durch optisches Pumpen verringert sich die Besetzung des Zustandes 1, und die des Zustandes 2 nimmt zu. Die den Übergängen zwischen den Zuständen 2 und 1 entsprechende Strahlung wird bei einer Besetzungsinversion ($n_2 \geqslant n_1$) verstärkt

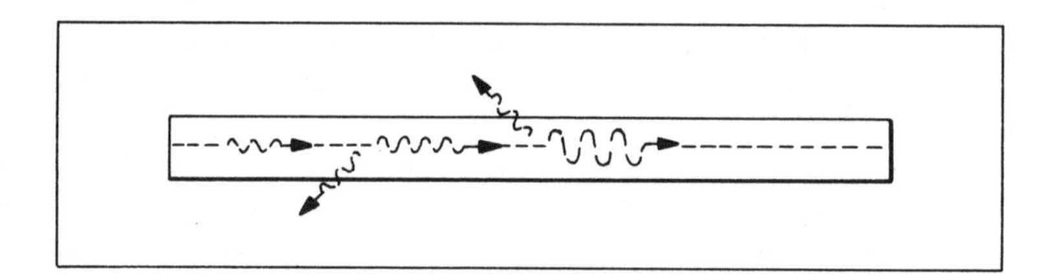

Bild 12.22 Laserstab mit ebenen, parallelen und reflektierenden Endflächen. Nur diejenigen Photonen, die sich senkrecht zu den Endflächen bewegen, erfahren eine nennenswerte Vervielfachung: Nicht parallel zur Stabachse laufende Photonen entweichen durch die Seitenflächen, bevor sie zahlreiche Emissionsvorgänge induzieren können

sich unter einem Winkel zur Kristallachse bewegen, entweichen aus dem Kristall, bevor eine nennenswerte Lichtverstärkung stattgefunden hat. Das verstärkte Licht ist außerordentlich monochromatisch, gebündelt, intensiv und kohärent.

Es gibt sehr viele technische Anwendungen des Lasers. Sie beruhen alle auf der Tatsache, daß man mit Lasern eine intensive elektromagnetische Strahlung im sichtbaren Bereich erzeugen kann, die Kohärenzeigenschaften besitzt, wie sie vorher nur mit Radiowellen erreichbar waren. Zusätzlich zu den Festkörperlasern, etwa dem oben beschriebenen Rubinlaser, gibt es Gaslaser und Flüssigkeitslaser. Ihre Beschreibung findet man in der Fachliteratur.

12.7 Strahlung des schwarzen Körpers

Ein physikalisches System, das die Bose-Einstein-Verteilung veranschaulicht, ist der schwarze Körper und seine Strahlung. Tatsächlich war es ja auch die erfolgreiche theoretische Deutung der elektromagnetischen Strahlung eines Festkörpers durch Max Planck im

Jahre 1900, die den Beginn der Quantentheorie markierte. Wir haben jedoch die Behandlung dieser Erscheinung bis jetzt aufgeschoben, da die Erklärung der Strahlung eines Festkörpers nicht nur die Quantentheorie sondern auch die statistische Verteilung der Teilchen in einem Viel-Teilchen-System voraussetzt.

Alle Stoffe strahlen bei endlicher Temperatur elektromagnetische Wellen aus. Das Strahlungsspektrum atomarer Gase, bei denen die einzelnen Atome weit voneinander entfernt sind und untereinander kaum in Wechselwirkung stehen, besteht aus diskreten Frequenzen oder Wellenlängen. Die Molekülspektren, mit Beiträgen von den Rotations- und Schwingungsübergängen zusätzlich zu den Elektronensprüngen, bestehen ebenfalls aus diskreten Linien. Im sichtbaren Bereich erscheinen die Linien der Molekülspektren bei oberflächlicher Beobachtung als kontinuierliche Banden. Ein Festkörper stellt nun einen wesentlich komplizierteren Strahler und Absorber dar. Man kann ihn in gewisser Hinsicht als ungeheuer großes Molekül mit einer entsprechend großen Anzahl von Freiheitsgraden betrachten. Die von einem Festkörper ausgesandte Strahlung besteht aus einem *kontinuierlichen Spektrum;* er strahlt *alle* Frequenzen oder Wellenlängen aus. Eine erfolgreiche Theorie der Strahlung des schwarzen Körpers muß die Verteilung der Strahlung auf die verschiedenen Frequenzen erklären können und ebenso, wie sich diese mit der Temperatur der strahlenden Oberfläche ändert.

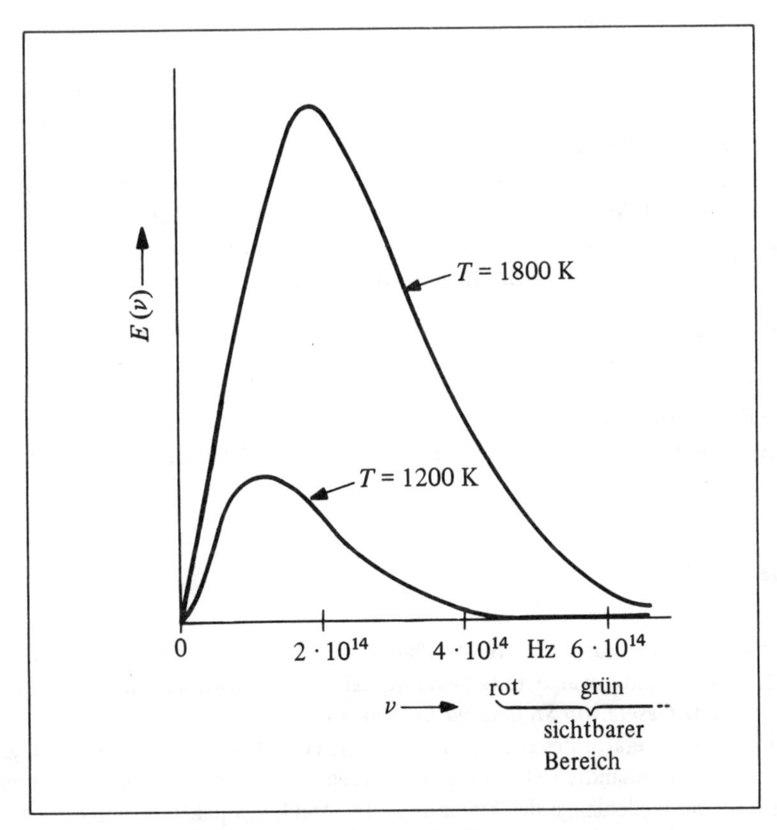

Bild 12.23 Energieverteilung der elektromagnetischen Strahlung eines schwarzen Körpers in Abhängigkeit von der Frequenz für zwei verschiedene Temperaturen

Zunächst müssen wir erklären, was wir unter der Bezeichnung *schwarzer Körper* verstehen wollen. Jeder Festkörper absorbiert einen bestimmten Bruchteil der auf seine Oberfläche treffenden Strahlung, der Rest wird reflektiert. Ein idealer schwarzer Körper ist dadurch definiert, daß er die *gesamte* auffallende Strahlung absorbiert und gar nichts davon reflektiert. Vom Standpunkt der Quantentheorie aus gesehen besitzt ein schwarzer Körper so viele gequantelte Energieniveaus über einen so großen Energiebereich, daß *jedes* Photon, wie groß seine Energie oder seine Frequenz auch immer sein mögen, absorbiert wird, wenn es auf diesen Körper trifft. Da die von einem Körper absorbierte Energie ja dessen Temperatur erhöhen würde, falls keine Energie ausgestrahlt würde, muß ein vollkommener Absorber oder schwarzer Körper auch ein maximaler Strahler sein.

Eine sehr gute Annäherung an einen idealen schwarzen Körper, die man in jedem Laboratorium herstellen kann, ist ein Hohlraum, der vollständig abgeschlossen ist mit Ausnahme einer kleinen Öffnung, durch die die Strahlung ein- oder austreten kann. Jede Strahlung, die durch die kleine Öffnung in den Hohlraum eintritt, hat nur eine sehr kleine Wahrscheinlichkeit, unmittelbar wieder aus dem Hohlraum heraus reflektiert zu werden. Stattdessen wird diese Strahlung entweder absorbiert oder wiederholt an den Wänden reflektiert, so daß schließlich die gesamte durch die Öffnung einfallende Strahlung im Hohlraum absorbiert wird. Ebenso ist die durch die Öffnung entweichende Strahlung für die Strahlung im Innern des Hohlraumes kennzeichnend.

Wird der Hohlraum auf einer bestimmten festen Temperatur T gehalten, so emittieren und absorbieren die inneren Wände Photonen in gleichem Maße. Man sagt, unter diesen Bedingungen befindet sich die elektromagnetische Strahlung mit den inneren Wänden im thermischen Gleichgewicht; oder in der Sprache des Teilchenbildes: Das *Photonengas* befindet sich im thermischen Gleichgewicht mit dem Teilchensystem (in den Wänden), das die Photonen erzeugt und absorbiert.

In Bild 12.23 ist die beobachtete Frequenzverteilung der Strahlung eines schwarzen Körpers, die man durch Messung der aus der kleinen Öffnung austretenden Strahlung erhält, für zwei verschiedene Temperaturen dargestellt. Diesem Bild können wir einige allgemeine Eigenschaften der Strahlung eines schwarzen Körpers entnehmen:

1. Bei fester Temperatur nimmt die Energie $E(\nu)\,d\nu$, die in dem kleinen Frequenzintervall $d\nu$ zwischen den Frequenzen ν und $\nu + d\nu$ ausgestrahlt wird, zunächst mit der Frequenz zu, erreicht dann ein Maximum und nimmt schließlich bei noch höheren Frequenzen wieder ab.
2. Mit wachsender Temperatur T nimmt $E(\nu)\,d\nu$ für alle Frequenzen zu; folglich nimmt auch die Gesamtenergie

$$E_{\text{ges}} = \int_0^\infty E(\nu)\,d\nu$$

   mit der Temperatur T zu. Bevor Planck die Theorie der Strahlung des schwarzen Körpers aufstellte, war bereits bekannt, daß E_{ges} proportional zu T^4 ist. Das ist das sogenannte *Gesetz von Stefan und Boltzmann.*
3. Wird die Temperatur des strahlenden Körpers erhöht, so verschiebt sich ein größerer Anteil der ausgesandten Strahlung zu höheren Frequenzen. Wie man herausgefunden hat, ist die Wellenlänge des Maximums im Strahlungsspektrum umgekehrt proportional zur absoluten Temperatur. Diese Beziehung ist als *Wiensches Verschiebungsgesetz* bekannt.

4. Das Strahlungsspektrum des schwarzen Körpers hängt nicht vom Werkstoff ab, aus dem der schwarze Körper besteht.

Alle Versuche, diese beobachteten Strahlungskurven auf der Grundlage der klassischen Vorstellungen abzuleiten, schlugen fehl. Erst als Planck den Quantenbegriff einführte, erhielt man eine Übereinstimmung mit den Versuchsergebnissen. Wir wollen hier nicht Plancks ursprüngliche Gedankengänge verfolgen, die hauptsächlich auf der Energiequantelung der Teilchen in dem emittierenden oder absorbierenden Material fußten. Statt dessen werden wir einen einfacheren Weg wählen, indem wir uns der elektromagnetischen Strahlung zuwenden, die wir als Photonengas betrachten wollen. Photonen, die ja den Spin 1 besitzen, unterliegen natürlich der Bose-Einstein-Verteilung.

Wir können die Gleichgewichtsstrahlung im Hohlraum auf zwei verschiedene Weisen betrachten: mit Hilfe der elektromagnetischen Wellen oder mit Hilfe der teilchenartigen Photonen:

1. Behandeln wir die Strahlung als eine Ansammlung elektromagnetischer Wellen und denken wir uns diese Wellen an den Wänden wiederholt reflektiert, so erhalten wir stehende Wellen.
2. Behandeln wir die Strahlung als eine Ansammlung elektromagnetischer Teilchen, so können wir uns vorstellen, daß die Photonen nur mit den Gefäßwänden in Wechselwirkung treten und daß sie sich mit dem Behälter im thermischen Gleichgewicht befinden.

Wir wollen nun die Anzahl der Photonen mit einer Energie zwischen ϵ und $\epsilon + d\epsilon$ bestimmen. Da ja $\epsilon = h\nu$ ist, können wir ebenso die Anzahl der Photonen mit einer Frequenz zwischen ν und $\nu + d\nu$ bestimmen. Diese Zahl ist gleich dem Produkt aus der Anzahl $g(\epsilon)$ verfügbarer Energiezustände zwischen ϵ und $\epsilon + d\epsilon$ und der Verteilungsfunktion von Bose und Einstein $f_{\mathrm{BE}}(\epsilon) = 1/(\mathrm{e}^{\epsilon/kT} - 1)$, die die mittlere Anzahl der Photonen für einen bestimmten Energiezustand ϵ angibt.

Um die Anzahl der verfügbaren Photonenzustände zu ermitteln (d.h. die Anzahl der möglichen elektromagnetischen Wellen) werden wir folgendermaßen vorgehen. Wir stellen uns ebene elektromagnetische Wellen (zur Vereinfachung) in einen Würfel der Kantenlänge L eingeschlossen vor. Dann zählen wir die Anzahl der stationären, also stehenden Wellen ab, die in dem Würfel möglich sind. Das bedeutet keine unstatthafte Einschränkung, da wir uns ja den Würfel beliebig groß vorstellen können, so daß wir sogar die längsten Wellen darin unterbringen können.

Der Zustand eines Photons ist durch Angabe seiner Impulskomponenten p_x, p_y und p_z sowie seiner beiden möglichen Polarisationsrichtungen vollständig gekennzeichnet. Daher gibt es für jeden bestimmten Wertesatz von p_x, p_y und p_z zwei Zustände. Wenn wir die in einem dreidimensionalen Behälter möglichen stationären elektromagnetischen Wellen bestimmen wollen, gehen wir ähnlich vor wie im Abschnitt 5.9. Dort haben wir die erlaubten Quantenzustände eines Teilchens ermittelt, das sich in einem eindimensionalen Potentialtopf befand. Nur bestimmte Werte von p_x, p_y und p_z werden zu stationären Zuständen führen.

Bild 12.24 zeigt eine bestimmte elektromagnetische Welle, die sich unter einem Winkel zu den Seitenflächen des Kastens ausbreitet. Ihre Ausbreitungsrichtung ist durch den Impulsvektor $\mathbf{p}$ bestimmt. Der Abstand der Wellenfronten, auf denen $\mathbf{p}$ senkrecht steht, beträgt eine halbe Wellenlänge, dabei ist $\lambda = h/p$. Damit es in dem Kasten zu stehenden Wellen kommen kann, muß die Projektion einer jeden Kastenkante auf die Ausbreitungsrichtung ein ganzzahliges Vielfaches der halben Wellenlänge sein. So muß für die Kante, die parallel zur p_x-Richtung verläuft,

$$L \cos\theta_x = n_x \frac{\lambda}{2} \tag{12.30}$$

sein, dabei ist n_x eine ganze Zahl und θ_x der Winkel zwischen $\mathbf{p}$ und der p_x-Achse. Da für Photonen $p = h/\lambda$ ist, folgt

$$p_x = p \cos\theta_x = \frac{h \cos\theta_x}{\lambda}. \tag{12.31}$$

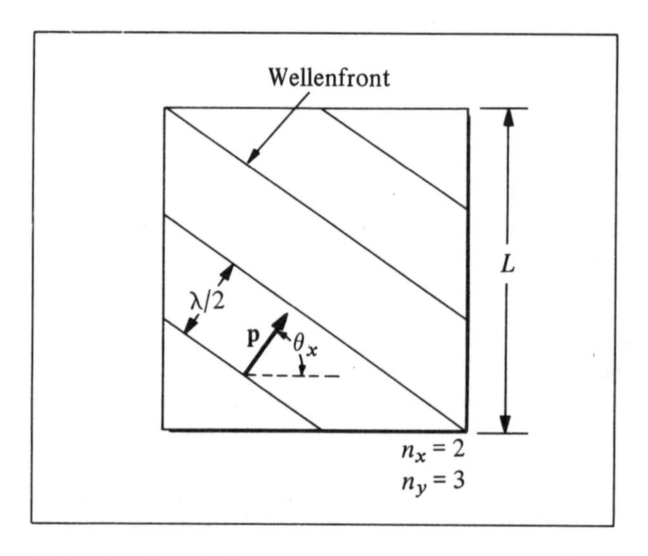

Bild 12.24 Eine erlaubte, stehende, ebene elektromagnetische Welle in einem würfelförmigen Kasten

Indem wir diese Gleichung mit Gl. (12.30) zusammenfassen, erhalten wir als erlaubte Werte der Komponente p_x des Impulsvektors $\mathbf{p}$

$$p_x = \frac{h}{2L} n_x,$$

und ähnlich

$$p_y = \frac{h}{2L} n_y \quad \text{sowie} \quad p_z = \frac{h}{2L} n_z. \tag{12.32}$$

Bild 12.25 zeigt die erlaubten Werte von (p_x, p_y, p_z) im Impulsraum. Jeder Punkt stellt in Wirklichkeit zwei mögliche Zustände dar, da es zwei mögliche Polarisationsrichtungen gibt. (Der dicke Punkt in diesem Bild entspricht dem in Bild 12.24 dargestellten Zustand.) Bei makroskopischen Abmessungen L ist der Abstand benachbarter Punkte im Impulsraum $h/2L$ sehr klein gegenüber dem Photonenimpuls mit Ausnahme der größten Wellenlängen. Ist zum Beispiel der Kasten nur 5 cm groß, so lassen sich elektromagnetische Wellen, deren Wellenlänge kleiner als 10 cm ist (Mikrowellenbereich), darin unterbringen, sowie praktisch alle Wellenlängen des sichtbaren Bereiches ($\approx 10^{-7}$ m).

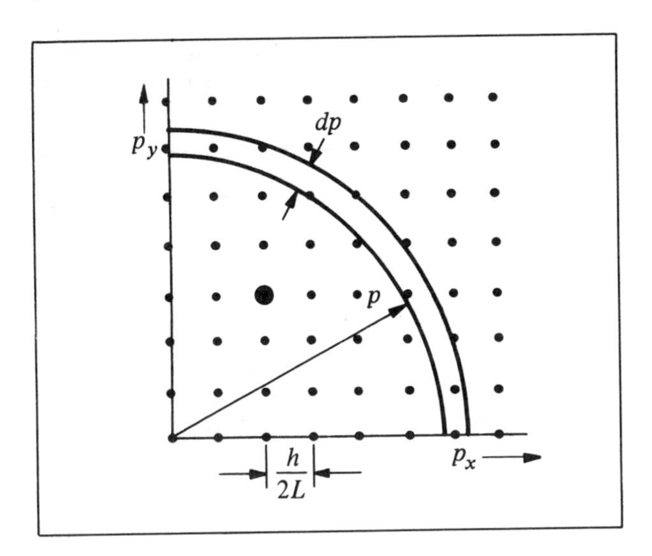

Bild 12.25 Erlaubte Werte der Impulskomponenten p_x, p_y und p_z im Impulsraum. Der dick gezeichnete Punkt entspricht dem in Bild 12.24 dargestellten Zustand ($n_x = 2, n_y = 3$)

Uns interessiert die Anzahl der Zustände in dem kleinen Energiebereich von ϵ bis $\epsilon + d\epsilon$. Dort ist $\epsilon = pc$ und $p = (p_x^2 + p_y^2 + p_z^2)^{1/2}$. Wir finden diese Anzahl, indem wir die Anzahl der Zustände in einer Kugelschale vom Radius p und der Wanddicke dp bestimmen und dabei nur die positiven Werte von p_x, p_y und p_z mitzählen. Dann wird

$$g(p)\,dp = \frac{2\,(\frac{1}{8})\,(4\pi p^2\,dp)}{(h/2L)^3}\,. \tag{12.33}$$

Der Faktor 2 berücksichtigt die beiden Polarisationsrichtungen; der Faktor $\frac{1}{8}$ ist erforderlich, da nur ein Oktant der Kugelschale erfaßt werden darf (nur *positive* Werte von n_x, n_y und n_z sind erlaubt), und der Faktor $(h/2L)^3$ stellt das Volumen dar, das jedem Punkt im Impulsraum zukommt. Mit $p = \epsilon/c$ und $L^3 = V$, dem gesamten Kastenvolumen, wird Gl. (12.33) dann

$$g(p)\,dp = g(\epsilon)\,d\epsilon = \frac{8\pi\,V\epsilon^2\,d\epsilon}{h^3\,c^3}\,. \tag{12.34}$$

Die Größe $g(\epsilon)\,d\epsilon$ stellt die Anzahl der für die Photonen verfügbaren Zustände im Energieintervall von ϵ bis $\epsilon + d\epsilon$ dar. Indem wir $g(\epsilon)\,d\epsilon$ mit der mittleren Anzahl der Photonen pro Zustand, $f_{BE}(\epsilon)$, multiplizieren, erhalten wir die Anzahl der Photonen im infinitesimalen Energieintervall $d\epsilon$. Da ja jedes Photon die Energie $\epsilon = h\nu$ besitzt, erhalten wir als Strahlungsenergie $E(\nu)\,d\nu$ pro Volumeneinheit im Frequenzintervall $d\nu = d\epsilon/h$ folgenden Ausdruck:

$$\begin{aligned} E(\nu)\,d\nu &= \frac{h\nu\,g(\epsilon)\,d\epsilon}{V(e^{\epsilon/kT}-1)} = \frac{(h\nu)\,8\pi\,V(h\nu)^2\,(h\,d\nu)}{V h^3 c^3 (e^{\epsilon/kT}-1)}\,, \\ E(\nu)\,d\nu &= \frac{8\pi h\nu^3}{c^3}\,\frac{1}{e^{h\nu/kT}-1}\,d\nu\,. \end{aligned} \tag{12.35}$$

Das ist das *Plancksche Strahlungsgesetz.* Es liefert das Strahlungsspektrum des schwarzen Körpers und stimmt ausgezeichnet mit den gemessenen Kurven überein, von denen Bild 12.23 zwei Beispiele wiedergibt.

Es ist interessant, festzustellen, daß das Plancksche Gesetz für niedrige Frequenzen $h\nu/kT \ll 1$ in die klassische *Gleichung von Rayleigh und Jeans* übergeht:
für niedrige Frequenzen:

$$E(\nu)\,d\nu = \frac{8\pi\,\nu^2 kT}{c^3}\,d\nu\,. \tag{12.36}$$

Diese klassische Gleichung von Rayleigh und Jeans versagt natürlich im Bereich hoher Frequenzen, da dort nach Gl. (12.36) für $E(\nu)$ ein unendlich großer Wert zu erwarten ist, wenn ν gegen Unendlich geht. Dieses Versagen ist unter dem Namen *Ultraviolettkatastrophe* bekannt. Für hohe Frequenzen, $h\nu/kT \gg 1$, geht die Plancksche Gleichung in die *Wiensche Gleichung* über:
für hohe Frequenzen:

$$E(\nu)\,d\nu = \left(\frac{8\pi\,h\,\nu^3}{c^3}\,e^{-h\nu/kT}\right)d\nu\,. \tag{12.37}$$

Diese Gleichung versagt natürlich für niedrige Frequenzen.

Schließlich können wir die Energieverteilung auch durch die Wellenlänge λ an Stelle der Frequenz ν ausdrücken. Setzen wir dann $dE(\lambda)/d\lambda = 0$, um das Maximum der Energieverteilung als Funktion der Wellenlänge λ zu erhalten, so gelangen wir zum *Wienschen Verschiebungsgesetz:*

$$\lambda_{\max} T = \text{konstant}, \qquad \lambda_{\max} T = 2{,}898 \cdot 10^6\ \text{nm K},$$

hierbei ist $\lambda_{\max}$ die dem Maximum von $E(\lambda)$ entsprechende Wellenlänge. Wie das Wiensche Verschiebungsgesetz zeigt, verschiebt sich die Wellenlänge des Maximums im Strahlungsspektrum bei einer Temperaturänderung des schwarzen Körpers umgekehrt proportional zur absoluten Temperatur. Der schwarze Körper wird nacheinander rot, weiß und blau, wenn man seine Temperatur erhöht.

Die gesamte vom schwarzen Körper ausgestrahlte Energie E_{ges}, das Gesamtemissionsvermögen, erhält man durch Integration von $E(\nu)\,d\nu$ nach Gl. (12.35) über den gesamten Bereich der ausgestrahlten Frequenzen:

$$E_{\text{ges}} = \int_0^\infty E(\nu)\,d\nu = C\,T^4,$$

hierbei ist C eine Konstante. Die von der Flächeneinheit eines schwarzen Körpers ausgestrahlte Strahlungsleistung P beträgt $P = \sigma T^4$, hierbei ist $\sigma = 5{,}67 \cdot 10^{-8}\ \text{W/m}^2\,\text{K}^4$.

12.8 Quantentheorie der Wärmekapazität eines Festkörpers

Eine weitere Anwendung der Quantenstatistik liefert uns die Wärmekapazität eines Festkörpers. In diesem Abschnitt wollen wir zunächst die teilweise erfolgreiche klassische Theorie behandeln, um dann zur Quantentheorie überzugehen. Dabei werden wir wiederum die Bose-Einstein-Verteilung verwenden.

Wir betrachten einen kristallinen Festkörper. Er möge aus N Atomen bestehen. Diese sind jeweils durch Kräfte, die von den Nachbaratomen herrühren, an das Kristallgitter gebunden. Wird eines der Atome aus seiner Gleichgewichtslage verrückt, so wirkt auf dieses eine in erster Näherung zur Verschiebung proportionale Rückstellkraft. Daher wird ein jedes Atom, das aus seiner Gleichgewichtslage verrückt wird, eine lineare harmonische Bewegung ausführen. Wird jedoch ein einzelnes Atom aus seiner Gleichgewichtslage verschoben, so trifft das auch für seine Nachbarn zu, an die es durch zwischenatomare Bindungskräfte gekoppelt ist. Führt also eines der Atome eine harmonische Bewegung aus, so veranlaßt es seine Nachbarn ebenfalls zu Schwingungen, und die Störung oder Deformation breitet sich als elastische Welle durch den Kristall aus.

Bei Temperaturen unterhalb des Schmelzpunktes besteht der gesamte Energieinhalt des Festkörpers, der sich mit der Temperatur ändern kann, aus folgenden Beiträgen eines jeden Atoms: die kinetische Energie der praktisch freien, äußeren Elektronen (Valenzelektronen) und die Schwingungsenergie des Atomrumpfes, d.h. des Kernes mit den fester gebundenen, inneren Elektronen. Bei nicht zu hohen Temperaturen ändert sich der Quantenzustand irgend eines der inneren, fester gebundenen Elektronen überhaupt nicht. Daher können wir den Kern mitsamt den gebundenen Elektronen wie ein einziges träges, schwingendes Teilchen behandeln. Ändert sich die innere Energie eines Festkörpers, so ändert sich auch seine Temperatur. Die Änderung der inneren Energie des Kristalles pro Temperatureinheit ist die Wärmekapazität dieses Festkörpers. Die gesamte Wärmekapazität des Festkörpers besteht aus der *Elektronenwärmekapazität* und der *Gitterwärmekapazität* (Schwingungswärmekapazität). Bei allen Temperaturen mit Ausnahme der allertiefsten ist der Beitrag der Elektronen zu vernachlässigen (vgl. auch Abschnitt 12.9). In diesem Abschnitt wollen wir daher nur den Beitrag durch die Gitterschwingungen berücksichtigen.

Zunächst berechnen wir die molare Wärmekapazität eines Festkörpers auf der Grundlage der klassischen Theorie, indem wir die in den N linearen harmonischen Oszillatoren enthaltene Gitterenergie berücksichtigen. Auf jeden Freiheitsgrad eines linearen harmonischen Oszillators entfällt ein Beitrag von $\frac{1}{2}\,kT$ für die potentielle Energie sowie ebenfalls von $\frac{1}{2}\,kT$ für die kinetische Energie (vgl. auch Abschnitt 12.5). Daher wird für dreidimensionale Schwingungen die gesamte Schwingungsenergie E durch das Produkt aus der Anzahl der Freiheitsgrade, $3N$, und der Energie pro Freiheitsgrad, kT, geliefert:

$$E = (3N)\,(kT) = 3NkT\,.$$

Die klassische molare Wärmekapazität (Molwärme) C_V des Gitters wird dann

$$C_V = \frac{1}{n}\,\frac{dE}{dT} = 3\,\frac{N}{n}\,k = 3N_\mathrm{A}\,k = 3R\,, \tag{12.38}$$

hierbei ist n die Anzahl der Mole, N_A die Avogadro-Konstante und R die allgemeine Gaskonstante. Diese klassische Beziehung ist unter dem Namen *Dulong-Petitsche Regel* bekannt. Diese Gleichung, die erwarten läßt, daß die molare Wärmekapazität eines beliebigen Festkörpers stets gleich $3R$ ist, unabhängig vom Material und von der Temperatur, stimmt bei *hohen* Temperaturen gut mit den Versuchsergebnissen überein. Die klassische Theorie ist jedoch nicht in der Lage, die beobachtete Abnahme der molaren Wärmekapazität bei tiefen Temperaturen zu erklären, die in Bild 12.26 zu erkennen ist.

Einstein lieferte 1906 die erste erfolgreiche Theorie der Gitterwärmekapazität für *alle* Temperaturen. Diese frühe quantenmäßige Behandlung wurde 1912 von P. Debye verbessert und ist gewöhnlich als *Debyesche Theorie der spezifischen Wärme* bekannt.

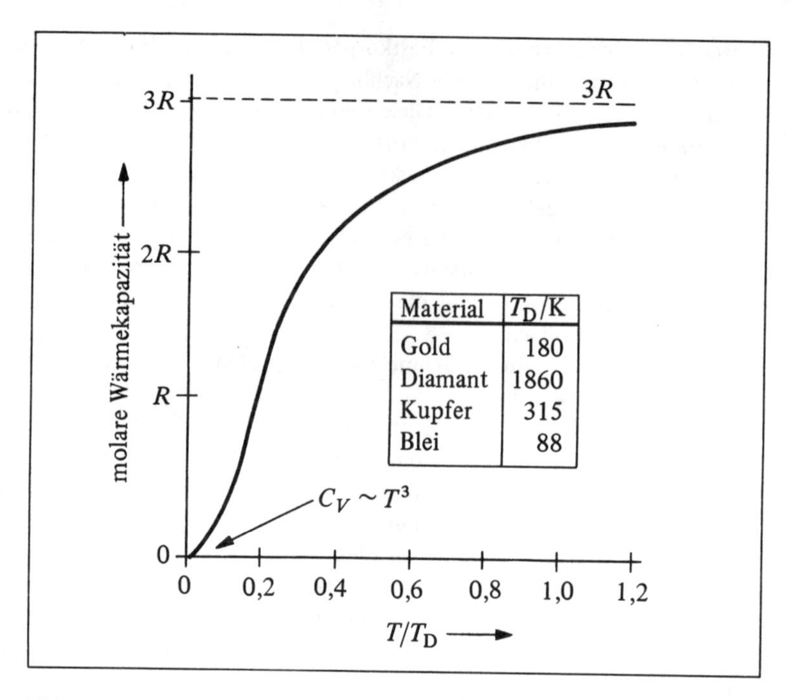

Bild 12.26 Gemessene molare Wärmekapazität von Festkörpern in Abhängigkeit von der Temperatur. Die Temperatur ist als Verhältnis T/T_D angegeben; dabei ist T_D die Debye-Temperatur (Gl. (12.43))

Der entscheidende Beitrag der Quantentheorie zu den Gitterschwingungen ist die Quantelung der Schwingungsenergie der Atome. Danach kann ein jedes der Gitteratome nur diskrete Energiebeträge aufnahmen oder abgeben und auch nur in diskreten Beträgen Energie an die Nachbaratome übertragen. Diese übertragene mechanische Energie ist hf; hierbei ist f die klassische Schwingungsfrequenz der Atome um ihre Gleichgewichtslage (Gl. (12.10)). Da die Energie, die sich durch das Gitter in Form elastischer Deformationen ausbreitet, gequantelt ist, sprechen wir auch von der Ausbreitung quasiteilchenhafter Quanten der Schwingungsenergie, die *Phononen* genannt werden. Phononen werden durch die gequantelten, schwingungsfähigen Gebilde im Gitter erzeugt oder absorbiert, wenn diese ihren Quantenzustand ändern, genau so, wie Photonen durch die Atome eines schwarzen Körpers erzeugt oder absorbiert werden. Die Phononen stellen den Wärmeinhalt des Kristallgitters dar, genau so, wie die Photonen die elektromagnetische Strahlung eines schwarzen Körpers im Gleichgewichtszustand darstellen. Die Bose-Einstein-Verteilung beschränkt die Anzahl der Photonen nicht, die einen verfügbaren Energiezustand besetzen können. Ähnlich ist die Anzahl der möglichen Phononen nicht beschränkt. Ihre Verteilung unterliegt ebenfalls der Statistik von Bose und Einstein. In Analogie zu einem Photon ist die Energie eines Phonons durch $\epsilon = hf$ gegeben, sein Impuls ist $p = \epsilon/v_s$, dabei ist v_s die Ausbreitungsgeschwindigkeit der Phononen, also die Schallgeschwindigkeit.

Infolge der weitgehenden Analogie zwischen einem Photonengas, das sich mit einem schwarzen Körper im Gleichgewicht befindet, und einem *Phononengas* im Gleichgewicht mit den gequantelten linearen harmonischen Oszillatoren eines elastischen Festkörpers ist nach der Quantentheorie auch die Wärmekapazität des Kristallgitters eines Festkörpers eng mit der Strahlungsverteilung eines schwarzen Körpers verwandt. Im Einzelnen muß jedoch der Unterschied zwischen einem Photon und einem Phonon berücksichtigt werden.

Wir wollen nun wiederum die Anzahl $n(\epsilon)\,d\epsilon$ der verfügbaren Zustände im Energieintervall $d\epsilon$ ermitteln. Hierzu bestimmen wir ebenfalls die Anzahl der Wellen, nun aber der elastischen an Stelle der elektromagnetischen, die als stehende Wellen zwischen den Begrenzungen des vorliegenden Körpers existieren können, in diesem Fall zwischen den Kristallgrenzen an Stelle der Wände beim schwarzen Körper. Indem wir nun in Gl. (12.34) die Geschwindigkeit c durch die Geschwindigkeit v_s ersetzen und den Faktor 2, der für die beiden Polarisationsrichtungen der Photonen stand, fortlassen, erhalten wir als Zustandsdichte

$$g(\epsilon)\,d\epsilon = \frac{4\pi V \epsilon^2\,d\epsilon}{h^3 v_s^3},$$

oder, da ja $\epsilon = hf$ ist,

$$g(f)\,df = \left(\frac{4\pi V}{v_s^3}\right) f^2\,df.$$

In einem Festkörper können sich zwei unterschiedliche Wellentypen ausbreiten:

1. Transversalwellen, die sich mit der Geschwindigkeit v_t ausbreiten und zwei mögliche, aufeinander senkrecht stehende Polarisationsrichtungen besitzen,
2. Longitudinalwellen, die sich mit der von v_t verschiedenen Geschwindigkeit v_l ausbreiten.

Die Anzahl der elastischen Schwingungsmoden oder die Gesamtzahl der verfügbaren Phononenzustände im Frequenzintervall df wird dann

$$g(f)\,df = 4\pi V\left(\frac{2}{v_t^3} + \frac{1}{v_l^3}\right) f^2\,df. \tag{12.39}$$

Die Gesamtzahl der Schwingungsmoden ist jedoch durch die Gesamtzahl $3N$ der Freiheitsgrade des Kristalles begrenzt. Einer der Beiträge Debyes war die Berücksichtigung dieser Einschränkung. Die elastischen Schwingungen werden bei der Frequenz f_D, *Debye-Frequenz* genannt, abgeschnitten und zwar durch folgende Bedingung:

Gesamtzahl der Schwingungsmoden

$$= \int_0^{f_D} g(f)\,df = 4\pi V\left(\frac{2}{v_t^3} + \frac{1}{v_l^3}\right)\int_0^{f_D} f^2\,df = 3N.$$

Daher wird

$$f_D^3 = \frac{9N}{4\pi V}\left(\frac{2}{v_t^3} + \frac{1}{v_l^3}\right)^{-1}. \tag{12.40}$$

Gl. (12.39) läßt sich nun mit Hilfe der Debye-Frequenz f_D schreiben:

$$g(f)\,df = \frac{9N}{f_D^3} f^2\,df. \tag{12.41}$$

Da die elastischen Schwingungen gequantelt sind, die Anzahl der Phononen in einem bestimmten Zustand aber nicht durch das Pauli-Verbot begrenzt ist, unterliegen die Phononen der Bose-Einstein-Verteilung. Dabei ist in Gl. (12.12) wiederum $\alpha = 0$ zu setzen.

Damit wird die Anzahl der Phononen im Frequenzintervall df von f bis $f + df$

$$n(f)\, df = g(f)\, \frac{1}{e^{hf/kT} - 1}\, df\,.$$

Da die Energie je Phonon hf beträgt, wird die gesamte Schwingungsenergie des Kristalles

$$E = \int_0^{f_D} hf\, \frac{g(f)\, df}{e^{hf/kT} - 1} = 9N \left(\frac{kT}{hf_D}\right)^3 kT \int_0^{x_m} \frac{x^3\, dx}{e^x - 1}, \qquad (12.42)$$

hierbei haben wir $g(f)$ aus Gl. (12.41) entnommen und außerdem $x \equiv hf/kT$ und $x_m \equiv hf_D/kT$ gesetzt.

Üblicherweise definiert man als charakteristische Temperatur, *Debye-Temperatur* T_D genannt, diejenige Temperatur, bei der $hf_D = kT_D$ ist. Dann erhalten wir

$$T_D = \frac{hf_D}{k} \quad \text{und} \quad x_m = \frac{T_D}{T}\,. \qquad (12.43)$$

Dann wird aus Gl. (12.42)

$$E = 9N \left(\frac{T}{T_D}\right)^3 kT \int_0^{x_m} \frac{x^3\, dx}{e^x - 1}\,. \qquad (12.44)$$

Das Integral in dieser Gleichung läßt sich nur numerisch berechnen.

Die molare Wärmekapazität C_V folgt damit unmittelbar aus der Definition $C_V = (1/n)\,(dE/dT)$. Obgleich sich C_V nicht so leicht für alle Temperaturen berechnen läßt (da x und x_m in Gl. (12.44) Funktionen der Temperatur T sind), können wir doch bei hohen und bei tiefen Temperaturen Ausdrücke für E und C_V angeben.

Im Grenzfalle hoher Temperaturen haben wir $kT \gg hf_D$ und $x \ll 1$ und daher auch $e^x \approx 1 + x$. Damit wird Gl. (12.44) bei hohen Temperaturen

$$E \approx 9N \left(\frac{T}{T_D}\right)^3 kT \int_0^{x_m} x^2\, dx = 9N \left(\frac{T}{T_D}\right)^3 (kT) \left(\frac{T_D^3}{3\,T^3}\right) = 3NkT\,,$$

und die molare Wärmekapazität ist

$$C_V = \frac{1}{n}\, \frac{dE}{dT} = 3N_A k = 3R\,.$$

Im Grenzfalle hoher Temperaturen liefert die Quantentheorie für die molare Wärmekapazität des Kristallgitters dasselbe Ergebnis, nämlich $C_V = 3R$, wie die klassische Theorie nach Gl. (12.38).

Wir wollen uns nun dem Grenzfall tiefer Temperaturen zuwenden, bei dem $kT \ll hf_D$ und $x_m \to \infty$ gilt. Dann kann das Integral in Gl. (12.44) in geschlossener Form berechnet werden. Es liefert

$$\int_0^{\infty} \frac{x^3\, dx}{e^x - 1} = \frac{\pi^4}{15}\,,$$

damit wird Gl. (12.44) für tiefe Temperaturen

$$E \approx \frac{3}{5} \pi^4 NkT \left(\frac{T}{T_D}\right)^3,$$

und die molare Wärmekapazität wird

$$C_V = \frac{1}{n} \frac{dE}{dT} = \left(\frac{12 \pi^4 R}{5 T_D^3}\right) T^3.$$

Die Wärmekapazität des Kristallgitters ändert sich also im Bereich tiefer Temperaturen mit T^3; das stimmt ebenfalls mit den Meßergebnissen überein (Bild 12.26).

Die beobachtete Temperaturabhängigkeit der Wärmekapazität bei Festkörpern, *sowohl bei Isolatoren als auch bei Leitern,* stimmt gut mit der Theorie von Debye überein, wie in Bild 12.26 zu erkennen ist. Das ist auf den ersten Blick ziemlich überraschend, da die Debyesche Theorie ja nur die innere Energie, die von den Gitterschwingungen herrührt, berücksichtigt, *nicht* dagegen aber den Beitrag der Leitungselektronen zur Wärmekapazität. Ein elektrischer Isolator oder ein Wärmeisolator ist ein Stoff, in dem praktisch keine freien Elektronen vorkommen. Man könnte dann annehmen, daß zur Wärmekapazität eines Isolators nur die Gitterschwingungen einen Beitrag liefern, in Übereinstimmung mit den Beobachtungen und mit der Theorie von Debye, daß aber bei einem Leiter durch die freien Elektronen ein zusätzlicher Beitrag zur Wärmekapazität vorhanden sein muß.

Bei einem guten Leiter stellt man sich vor, daß dieser eine große Anzahl nicht gebundener, freier Elektronen besitzt, die sich ungehindert durch das Material bewegen können. (Ist ein Temperaturgradient oder ein äußeres elektrisches Feld vorhanden, dann zeigen diese Leitungselektronen eine resultierende Bewegung in einer Richtung. Dadurch erklärt sich qualitativ die große Wärmeleitfähigkeit und die große elektrische Leitfähigkeit der Metalle.) Wir wollen nun den Beitrag der Elektronen zur Wärmekapazität eines Festkörpers berechnen. Dabei nehmen wir an, daß auf jedes der N Atome des Festkörpers ein freies Elektron oder Leitungselektron kommt und daß wir diese N freien Elektronen wie klassische Teilchen eines Gases behandeln können, das der Maxwell-Boltzmann-Verteilung unterliegt. Mit der Translationsbewegung eines jeden Teilchens sind drei Freiheitsgrade verbunden. Betrachten wir diese freien Elektronen als klassische Teilchen, die sich durch den gesamten leitenden Festkörper bewegen können, fast wie die Moleküle in einem Gas, so ist der Beitrag der Elektronen zur Gesamtenergie $E_e = N\left(\frac{3}{2} kT\right)$. Der Beitrag der Elektronen zur molaren Wärmekapazität müßte dann $C_{V,e} = (1/n)(dE_e/dT) = \frac{3}{2}(Nk/n) = \frac{3}{2} R$ sein. Bei hohen Temperaturen, dem klassischen Grenzfall der Theorie von Debye, ist jedoch die Wärmekapazität des Kristallgitters $3R$. Würden sich die Leitungselektronen eines Leiters wie freie klassische Teilchen verhalten, so müßte die *gesamte molare* Wärmekapazität eines Leiters bei verhältnismäßig hohen Temperaturen $3R + \frac{3}{2} R$ oder $\frac{9}{2} R$ sein, während der tatsächlich beobachtete Wert von C_V sowohl für Isolatoren als auch für Leiter $3R$ beträgt (falls $T > T_D$ ist).

Eine klassische Behandlung des Beitrages der Elektronen zur Wärmekapazität ist deshalb offensichtlich nicht haltbar. Sie muß versagen, da ein Gas aus freien Elektronen *keine* Ansammlung klassischer Teilchen darstellt. Es handelt sich vielmehr um Teilchen, die dem Pauli-Verbot unterliegen und für die die Fermi-Dirac-Verteilung gilt. Der fast zu vernachlässigende Beitrag der Elektronen zur Wärmekapazität metallischer Leiter, der mit der klassischen Elektronentheorie nicht zu erklären ist, läßt sich auf der Grundlage der Quantentheorie freier Metallelektronen verstehen, der wir uns nun zuwenden wollen.

12.9 Elektronentheorie der Metalle

Das einfache Modell freier Metallelektronen, das erstmals 1927 von W. Pauli und A. Sommerfeld entwickelt wurde, ist ein Beispiel für ein System von Teilchen, die dem Pauli-Verbot unterworfen sind und für die die Fermi-Dirac-Verteilung gilt.

Nach dem Modell der freien Elektronen stellt man sich einen Metallkristall aus zwei Bestandteilen zusammengesetzt vor: die Atomkerne mit ihren stark gebundenen Elektronen und die schwach gebundenen Valenzelektronen, die man dem ganzen kristallinen Festkörper zugeordnet betrachtet und nicht einem bestimmten Atom. Ein Valenzelektron können wir in dem Sinne als frei betrachten, daß es keine resultierende Kraft erfährt, weder von den übrigen Valenzelektronen noch von den Atomkernen des Gitters mit ihren gebundenen Elektronen. Daher können wir annehmen, daß jedes Valenzelektron im Innern des Festkörpers eine *konstante* elektrostatische potentielle Energie, $-E_i$, besitzt, die vom Aufenthaltsort im Kristall unabhängig ist. Das elektrische Potential steigt an den Grenzflächen des Kristalles merklich an und zwar bis auf den Wert Null. Dem entspricht an der Kristallgrenze eine resultierende elektrostatische Anziehungskraft auf ein Valenzelektron. Der Verlauf der potentiellen Energie eines freien Elektrons ist in Bild 12.27 dargestellt. Nach dem Modell der freien Metallelektronen haben wir es daher mit einer Ansammlung sehr vieler freier Teilchen zu tun, die in einen Kasten eingeschlossen sind, d.h. in das Metallinnere. Dieses *Elektronengas* ist jedoch kein gewöhnliches Gas, das der Maxwell-Boltzmann-Verteilung unterworfen ist. Vielmehr werden die für die freien Elektronen erlaubten Zustände durch das Pauli-Verbot eingeschränkt, und die Verteilung der Elektronen auf die erlaubten Zustände gehorcht der Statistik von Fermi und Dirac.

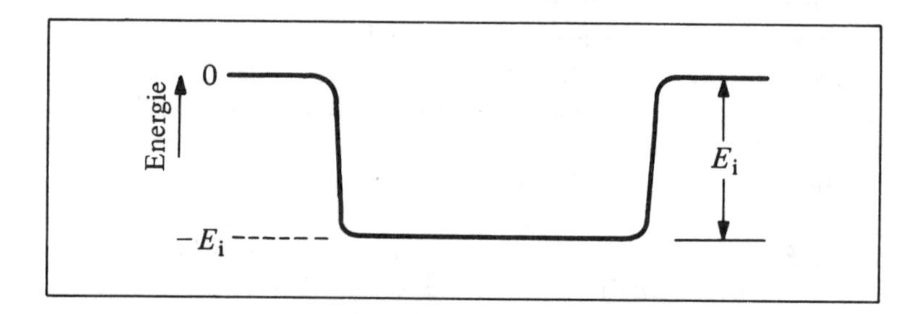

Bild 12.27 Mittlere potentielle Energie eines freien Elektrons in einem leitenden Festkörper

Wir wollen nun die Anzahl $n(\epsilon)\,d\epsilon$ der freien Elektronen im Energieintervall von ϵ bis $\epsilon + d\epsilon$ bestimmen, dabei ist $n(\epsilon) = g(\epsilon) f_{FD}(\epsilon)$. Mit Hilfe der Energieverteilung der freien Elektronen können wir dann einige kennzeichnende Erscheinungen im makroskopischen Verhalten der Metalle deuten.

Die Anzahl der Zustände $g(p)\,dp$ im Impulsintervall von p bis $p + dp$ berechnen wir aus der Gesamtzahl der Möglichkeiten, wie wir N freie Elektronen, die wir als Wellen betrachten, in einem dreidimensionalen Kasten der Kantenlänge L unterbringen können. Dieses Problem entspricht genau der Aufgabe, alle möglichen Arten herauszufinden, wie wir N Photonen, die als elektromagnetische Wellen betrachtet werden, zwischen gegebenen

Begrenzungen unterbringen können, wobei sie stehende Wellen liefern sollen. Daher läßt sich Gl. (12.33), die wir im Abschnitt über den schwarzen Körper abgeleitet haben, unmittelbar anwenden:

$$g(p)\,dp = \frac{8\pi V p^2\,dp}{h^3}\,. \tag{12.45}$$

Der Faktor 2, den wir früher zur Berücksichtigung der beiden möglichen Polarisationsrichtungen eingeführt haben, wird beibehalten; er steht nun jedoch für die beiden Elektronen, von denen bei gleichen Impulskomponenten eines einen aufwärts gerichteten Spin, eines einen abwärts gerichteten Spin besitzt. Zur Vereinfachung messen wir die Elektronenenergie vom konstanten Potential im Innern des Metallkristalls an aufwärts und setzen dabei die potentielle Energie im Metallinnern gleich Null. Dann ist die Gesamtenergie ϵ eines freien Elektrons ausschließlich kinetische Energie, und wir können

$$\epsilon = \tfrac{1}{2}\,m\,v^2 = \frac{p^2}{2m}$$

setzen. Daraus folgt

$$d\epsilon = \frac{p}{m}\,dp = \frac{\sqrt{2m\,\epsilon}}{m}\,dp\,.$$

Gl. (12.45) wird dann

$$g(p)\,dp = \frac{8\pi V}{h^3}\,2m\,\epsilon\,\sqrt{\frac{m}{2\,\epsilon}}\,d\epsilon = g(\epsilon)\,d\epsilon\,, \qquad g(\epsilon)\,d\epsilon = C\,\epsilon^{1/2}\,d\epsilon\,, \tag{12.46}$$

hierbei ist

$$C = \frac{8\sqrt{2}\pi\,V m^{3/2}}{h^3}\,. \tag{12.47}$$

Bei Photonen und Phononen (beides sind Bosonen) ändert sich $g(\epsilon)$ mit ϵ^2, bei Molekülen, die der Maxwell-Boltzmann-Verteilung unterliegen, sowie bei Elektronen (Fermionen) jedoch mit $\epsilon^{1/2}$.

Die Verteilungsfunktion für Fermionen ist durch

$$f_{\text{FD}} = \frac{1}{e^{(\epsilon - \epsilon_{\text{F}})/kT} + 1} \tag{12.13), (12.48}$$

gegeben, hierbei ist

$$n(\epsilon)\,d\epsilon = f_{\text{FD}}(\epsilon)\,g(\epsilon)\,d\epsilon\,.$$

Mit Hilfe von Gl. (12.46) erhalten wir dann

$$n(\epsilon)\,d\epsilon = \frac{C\,\epsilon^{1/2}\,d\epsilon}{e^{(\epsilon - \epsilon_{\text{F}})/kT} + 1}\,. \tag{12.49}$$

Diese Gleichung liefert uns die Energieverteilung der freien Elektronen, die sich mit einem Material der Temperatur T im Gleichgewicht befinden. Die Bedeutung der Größe ϵ_{F}, Fermi-Energie genannt, erkennen wir am besten, wenn wir die Verteilung der Elektronenenergie in einem Metall beim absoluten Nullpunkt betrachten.

Metalle beim absoluten Nullpunkt

Die Energieverteilung eines Elektronengases bei $T = 0\,\mathrm{K}$ nach Gl. (12.49) ist in Bild 12.28 dargestellt. Die Kurve ist das Produkt zweier energieabhängiger Ausdrücke: dem Faktor $\epsilon^{1/2}$, der den parabolischen Anstieg der Funktion $n(\epsilon)$ von $\epsilon = 0$ an aufwärts bestimmt, und dem Faktor $1/(e^{(\epsilon - \epsilon_F)/kT} + 1)$, die Wahrscheinlichkeitsverteilung von Fermi und Dirac (vgl. Bild 12.13). Der zweite Faktor besitzt bei $T = 0\,\mathrm{K}$ im Bereich von $\epsilon = 0$ bis $\epsilon = \epsilon_F$ den Wert 1, und er ist Null für $\epsilon \geqslant \epsilon_F$.

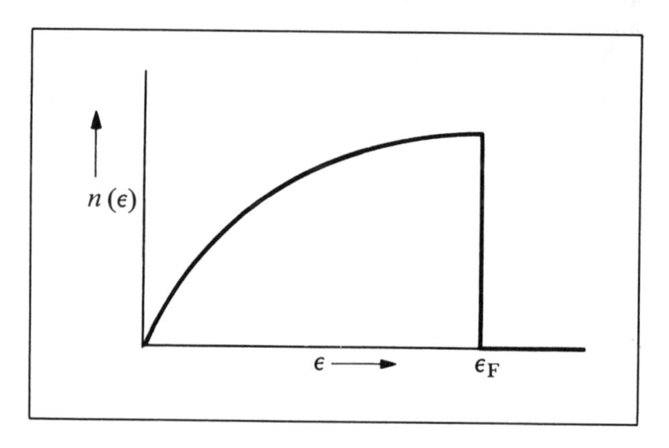

Bild 12.28 Energieverteilung der freien Elektronen in einem Metall bei $T = 0\,\mathrm{K}$

Wie Bild 12.28 zeigt, haben *nicht* alle freien Elektronen beim absoluten Nullpunkt der Temperatur auch die kinetische Energie Null, wie es bei Teilchen eines klassischen Gases der Fall wäre. Vielmehr gibt es Elektronen mit einer endlichen Energie bis zu einer Maximalenergie, der Fermi-Energie ϵ_F. Infolge des Pauli-Verbotes, dem die Elektronen unterworfen sind, besitzen die Elektronen eine endliche Energie und sind auch selbst bei $T = 0\,\mathrm{K}$ in Bewegung: In jedem Energiezustand sind höchstens zwei Elektronen erlaubt, und zwar je eines für die beiden möglichen Richtungen des Elektronenspins. Daher werden die tiefsten Zustände der Reihe nach aufgefüllt, bis die energiereichsten Elektronen gerade die Energie $\epsilon = \epsilon_F$ erreichen. Beim absoluten Nullpunkt ist die Fermi-Energie gleich der kinetischen Energie der energiereichsten Elektronen. Alle Zustände mit geringerer Energie sind vollständig besetzt, und alle Zustände mit höherer Energie sind unbesetzt.

Die Fermi-Energie ϵ_F können wir unmittelbar berechnen. Die Gesamtzahl N der freien Elektronen beträgt

$$N = \int_0^{\epsilon_F} n(\epsilon)\,d\epsilon = C \int_0^{\epsilon_F} \epsilon^{1/2}\,d\epsilon = \tfrac{2}{3}\,C\,\epsilon_F^{3/2}\,. \tag{12.50}$$

Indem wir den Wert von C aus Gl. (12.47) einsetzen, erhalten wir

$$\epsilon_F = \frac{h^2}{2m}\left(\frac{3n}{8\pi}\right)^{2/3}, \tag{12.51}$$

hierbei ist n die Elektronendichte, also die Anzahl der freien Elektronen pro Volumeneinheit und m ist die Elektronenmasse. Für Kupfer mit der Valenz 1 und mit einem freien Elektron pro Atom berechnet sich nach dieser Gleichung die Fermi-Energie zu 7,0 eV. Für den Leiter Natrium erhalten wir 3,1 eV. Die Fermi-Energie ϵ_F ist meist von der Größenordnung einiger Elektronvolt. Daher haben die energiereichsten Elektronen eines Leiters eine kinetische Energie von einigen Elektronvolt, selbst bei der tiefsten möglichen Temperatur.

Die mittlere kinetische Energie $\overline{\epsilon}$ eines freien Elektrons beim absoluten Nullpunkt ergibt sich unmittelbar wie folgt:

$$\overline{\epsilon} = \frac{1}{N} \int_0^{\epsilon_F} \epsilon\, n(\epsilon)\, d\epsilon = \frac{C}{N} \int_0^{\epsilon_F} \epsilon^{3/2}\, d\epsilon = \frac{2C\,\epsilon_F^{5/2}}{5N} .$$

Nun ist aber nach Gl. (12.50) $C\,\epsilon_F^{3/2} = \frac{3}{2} N$, und damit ist

$$\overline{\epsilon} = \tfrac{3}{5}\,\epsilon_F . \tag{12.52}$$

Die verhältnismäßig große mittlere kinetische Energie eines freien Metallelektrons bei $T = 0$ K, einige Elektronvolt, steht im Gegensatz zur mittleren kinetischen Energie eines freien klassischen Teilchens, $\frac{3}{2}\,kT$. Diese beträgt bei Raumtemperatur nur 0,04 eV und verschwindet natürlich beim absoluten Nullpunkt, $T = 0$ K. Dieses außergewöhnliche Verhalten, daß die Elektronen im Metall sogar bei $T = 0$ K noch eine beträchtliche kinetische Energie besitzen, ist mit der Nullpunktsenergie eines linearen harmonischen Oszillators vergleichbar und ebenfalls eine reine Quantenerscheinung.

Bild 12.29 ist eine Darstellung der Energieniveaus, die die besetzten Energiezustände der freien Elektronen eines Metalles beim absoluten Nullpunkt zeigt. Die Elektronen besetzen alle Energieniveaus kontinuierlich bis zur Fermi-Energie. Alle höheren Niveaus sind unbesetzt. Die Bindungsenergie des am schwächsten gebundenen Metallelektrons (das sich an der Fermi-Kante befindet) ist natürlich die Austrittsarbeit ϕ (vgl. Abschnitt 4.2). Daher wird

$$E_i = \epsilon_F + \phi . \tag{12.53}$$

Da sich alle drei in dieser Gleichung auftretenden Größen unabhängig voneinander bestimmen lassen, können wir damit auch die Grundlage des quantentheoretischen Modells der freien Metallelektronen bestätigen. Die Austrittsarbeit ϕ läßt sich aus den Meßergebnissen beim Photoeffekt ermitteln. Die Fermi-Energie ϵ_F können wir nach Gl. (12.51) berechnen. Der

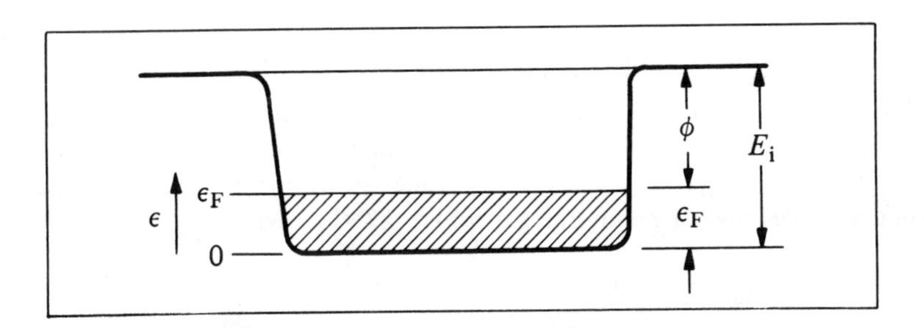

Bild 12.29 Besetzung der Energieniveaus durch die freien Elektronen in einem Metall bei $T = 0$ K

Sprung der potentiellen Energie E_i zwischen dem Inneren und dem Äußeren des Kristalles verursacht eine Geschwindigkeitsänderung des Elektrons, wenn dieses in den Kristall eintritt. Das hat die Brechung eines Elektronenstrahles an der Oberfläche zur Folge, und diese Brechung wiederum erkennt man bei der *Elektronenbeugung* an Kristallgittern. Auf diese Weise kann man E_i messen und damit Gl. (12.53) bestätigen. So ist zum Beispiel für den Leiter Lithium mit einem Valenzelektron $E_i = 6{,}9$ eV, $\epsilon_F = 4{,}7$ eV und $\phi = 2{,}2$ eV in Übereinstimmung mit Gl. (12.53). Wie wir noch sehen werden, sind ϵ_F und E_i nahezu temperaturunabhängig, so daß Gl. (12.51) auch für alle nicht zu hohen Temperaturen gilt.

Metalle bei endlichen Temperaturen

Wir wollen nun fragen, wie sich die Erscheinungen ändern, wenn wir die Temperatur des Leiters erhöhen. In Bild 12.30 ist ein Diagramm der Energieverteilung bei einer endlichen Temperatur dargestellt, wie sie sich auf Grund von Gl. (12.49) ergibt. Die Energieverteilung bei einer nicht zu hohen Temperatur ist derjenigen bei $T = 0$ K sehr ähnlich. Der einzige Unterschied besteht darin, daß die Ecken der Verteilungskurve bei $\epsilon = \epsilon_F$ nun etwas abgerundet sind. Die Abrundung der Ecken an der Fermi-Kante folgt aus der Änderung der Fermi-Dirac-Verteilung $f_{FD}(\epsilon)$, die in Bild 12.13 dargestellt ist.

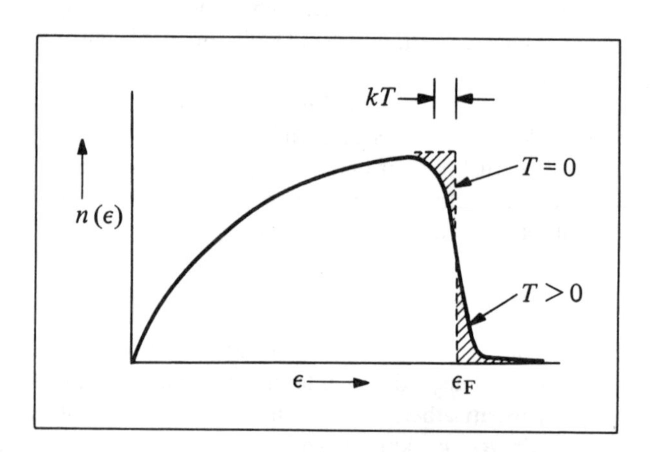

Bild 12.30 Energieverteilung der freien Elektronen in einem Metall bei einer endlichen Temperatur

Bei Raumtemperatur ist kT ungefähr 0,03 eV, also viel kleiner als die Fermi-Energie ϵ_F, die stets einige Elektronvolt beträgt. Daher ändert sich die für $T = 0$ K gültige Fermi-Dirac-Verteilung $f_{FD}(\epsilon)$ praktisch nicht. Eine Ausnahme bildet nur die Elektronenenergie ϵ in der Umgebung der Fermi-Energie ϵ_F. Für $kT \ll \epsilon_F$ wird

$$f_{FD}(\epsilon) = \frac{1}{e^{(\epsilon - \epsilon_F)/kT} + 1} \approx 1, \qquad \text{falls } \epsilon \ll \epsilon_F ,$$

$$f_{FD}(\epsilon) \approx 0 , \qquad \text{falls } \epsilon \gg \epsilon_F .$$

Nur in dem schmalen Energiebereich $|\epsilon - \epsilon_F| \approx kT$ tritt ein Unterschied zwischen der Energieverteilung $n(\epsilon)$ bei endlichen Temperaturen und derjenigen bei $T = 0\,\mathrm{K}$ auf; d.h. nur für einen Energiebereich der Größe kT in der Nachbarschaft der Fermi-Energie ändert sich die Energieverteilung merklich. Wie wir aus Gl. (12.48) erkennen können, ist $f_{FD}(\epsilon) = \frac{1}{2}$, falls $\epsilon = \epsilon_F$ ist. Daher entspricht die Fermi-Energie derjenigen Energie, bei der die Wahrscheinlichkeit für die Besetzung dieses Zustandes 1/2 beträgt. Wie sich zeigen läßt, kann man ϵ_F als temperaturunabhängige Konstante betrachten, solange die Temperatur weniger als einige Tausend Kelvin beträgt.

Die Energieverteilung der freien Metallelektronen bei einer endlichen Temperatur (Bild 12.30) gestattet eine interessante Deutung. Diejenigen Elektronen, deren Energie sehr viel kleiner als die Fermi-Energie ist, verbleiben in den tiefen Zuständen, die sie auch bei $T = 0\,\mathrm{K}$ besetzt halten. Nur die energiereichsten Elektronen, also diejenigen in einem Intervall der Breite kT um die Fermi-Kante, haben unbesetzte höhere Energiezustände zur Verfügung, in die sie dann durch thermische Anregung gelangen können. Die niederenergetischen Elektronen sind sozusagen in ihren Energiezuständen eingefroren, wenn das Metall thermisch angeregt wird. Für sie gibt es bei einer Energieänderung von kT keine erlaubten Zustände, weder unterhalb noch oberhalb der Zustände, die sie bei $T = 0\,\mathrm{K}$ besetzt halten. Vereinfacht ausgedrückt, nur der Bruchteil der Elektronen im Intervall kT um die Fermi-Energie ϵ_F kann in Zustände rechts von der Fermi-Kante gelangen und zwar wiederum nur in ein Intervall der Breite kT oberhalb der Fermi-Kante. Wird also die Temperatur eines Leiters erhöht, so kann nur ein sehr kleiner Bruchteil aller Elektronen in einen höheren Energiezustand gelangen und dabei den Energieinhalt der Metallelektronen vergrößern.

Wie wir aus Bild 12.30 erkennen können, ist die Energie $E_e(T)$ der Metallelektronen bei einer endlichen Temperatur T größer als die Energie $E_e(0)$ bei $T = 0\,\mathrm{K}$, da ein kleiner Bruchteil der Elektronen (schraffierte Fläche) aus einem Bereich unterhalb der Fermi-Kante in einen Bereich oberhalb der Fermi-Kante übergewechselt ist. Die Anzahl der auf ein höheres Energieniveau gebrachten Elektronen ist proportional zu kT. Außerdem ist der mittlere Energiezuwachs für jedes in ein höheres Energieniveau versetzte Elektron ungefähr kT. Daher können wir

$$E_e(T) = E_e(0) + A\,(kT)^2$$

setzen, hierbei ist A eine Konstante. Dann ist die molare *Wärmekapazität der Elektronen* durch

$$C_{V,e} = \frac{1}{n}\,\frac{dE_e(T)}{dT} = \gamma T \tag{12.54}$$

gegeben, γ ist hier eine Konstante. Die Quantentheorie der freien Elektronen sagt also voraus, daß der Beitrag der Elektronen zur Wärmekapazität eines Leiters direkt proportional zur absoluten Temperatur ist. Wie eine genauere Rechnung zeigt, ist $\gamma = (\pi^2/2)\,z\,(k/\epsilon_F)R$, hierbei ist z die Anzahl der Valenzelektronen je Atom. Daher wird aus Gl. (12.54) dann

$$C_{V,e} = \frac{\pi^2}{2}\,z\,\frac{kT}{\epsilon_F}R\,. \tag{12.55}$$

Für Kupfer, ein typischer Leiter, ist bei Raumtemperatur $z = 1$, $\epsilon_F = 7{,}0\,\mathrm{eV}$ und $kT = 0{,}03\,\mathrm{eV}$. Mit Hilfe von Gl. (12.55) erhalten wir dann $C_{V,e} \approx 0{,}02\,R$ für Kupfer bei Raumtemperatur. Bei dieser Temperatur ist die *Molwärme des Kristallgitters* beim Kupfer ungefähr $3\,R$, so daß die Elektronen bei nicht zu hohen Temperaturen nur einen vernachlässigbaren Beitrag zur Wärmekapazität liefern.

Der Beitrag der Elektronen zur Wärmekapazität wird nur bei den allertiefsten Temperaturen (einige Kelvin) mit dem Beitrag des Kristallgitters vergleichbar. Der Beitrag der Elektronen ist so außerordentlich gering, da nur eine sehr kleine Anzahl der freien Elektronen, also der Valenzelektronen, an einer Energieänderung teilnehmen kann, wenn sich die Temperatur eines Metalles ändert.

Erhöhen wir die Temperatur eines Leiters auf einige Tausend Kelvin, so daß kT mit der Austrittsarbeit dieses Metalles vergleichbar wird, dann erhalten einige der freien Elektronen genügend Energie, daß sie die Metalloberfläche verlassen können. Ihre kinetische Energie ist dann gleich der inneren potentiellen Energie E_i (Bild 12.29) oder übertrifft diese sogar. Daher kann eine hohe thermische Anregung der freien Elektronen dazu führen, daß diese aus dem Metall austreten. Dieser Vorgang ist als *thermische Emission* bekannt.

Obgleich die Quantentheorie der freien Metallelektronen einige Eigenschaften wie den Beitrag der Elektronen zur Wärmekapazität und die thermische Emission erklären kann, ist sie doch nicht in der Lage, andere wichtige Festkörpereigenschaften zu erklären. Diese letzteren Eigenschaften beruhen auf der Tatsache, daß die Elektronen, selbst die Valenzelektronen, in einem Metall *nicht* vollkommen frei sind. Im nächsten Abschnitt werden wir ein wirklichkeitsgetreueres Modell des Festkörpers behandeln, bei dem sich die Elektronen im Metallinnern in einem nichtkonstanten Potential aufhalten.

12.10 Bändermodell des Festkörpers: Leiter, Isolatoren und Halbleiter

Das *Bändermodell* des Festkörpers ist die Grundlage für das Verständnis der elektrischen und der thermischen Leitfähigkeit, und es erklärt den Unterschied zwischen Leitern, Isolatoren und Halbleitern. Durch das Bändermodell können wir den gewaltigen Bereich des elektrischen Widerstandes von einem guten Isolator bis zu einem guten Leiter verstehen; es handelt sich dabei um einen Unterschied der Größenordnung 10^{30}. Obgleich eine eingehende, quantitative Behandlung des Bändermodells des Festkörpers eine strenge Anwendung der Wellenmechanik erfordert, können wir doch einige wichtige Erscheinungen qualitativ mit Hilfe dieser äußerst erfolgreichen Theorie ohne mathematische Einzelheiten deuten. Zu dem Bändermodell führen zwei Wege:

1. Die Theorie von F. Bloch (1928) geht von der Tatsache aus, daß ein Valenzelektron im Metall bei seiner Bewegung durch den Kristall *kein* konstantes Potential erblickt sondern einem periodischen Potential ausgesetzt ist, das der Periodizität des Kristallgitters entspricht.
2. Die Theorie von W. Heitler und F. London (1927) betrachtet die Auswirkungen auf die Wellenfunktionen der Elektronen, falls man die isolierten Atome einander nähert, damit sie einen kristallinen Festkörper bilden.

Wir wollen zunächst einen idealen Kristall betrachten. Die Atomkerne befinden sich auf festen Positionen im Kristallgitter (*Gitterplätze* genannt). Diese Kerne bilden eine geometrische Ordnung. Die Anordnung einer kleinen Gruppe von Kernen wiederholt sich durch den gesamten Kristall. Den Kernen sind Elektronen zugeordnet, deren Gesamtzahl gerade so groß ist, daß der Kristall als Ganzes elektrisch neutral ist. Ein inneres Elektron ist fest an den zugehörigen Kern gebunden und muß daher auch immer bei diesem Kern bleiben. Andererseits ist ein äußeres Elektron, ein Valenzelektron, nur sehr schwach an einen bestimmten Kern gebunden und kann daher von Kern zu Kern wandern. Ein wanderndes Valenzelektron wird nach der Blochschen Theorie dem Kristall als Ganzem zugehörig betrachtet und nicht einem bestimmten Atomkern. Außerdem erblickt ein Valenzelektron ein periodisches elektrisches Potential, das von den ortsfesten Kernen mit ihren restlichen Elektronen herrührt.

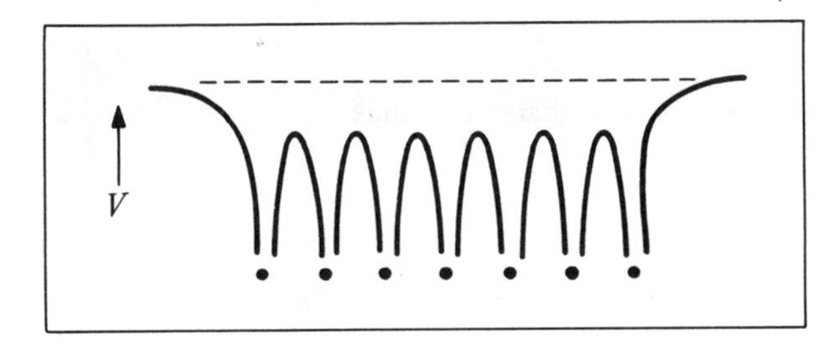

Bild 12.31 Periodisches Potential, wie es ein Elektron in einem kristallinen Festkörper erblickt

Ein einfaches periodisches Potential, wie es von einem Elektron im Kristall erblickt wird, sehen wir in Bild 12.31. Das eigentliche Problem bei der Bestimmung der erlaubten Zustände und der Energieniveaus der Valenzelektronen liegt nun darin, zu ermitteln, welche Elektronenwellenlängen in dem Kristall möglich sind. Wir stehen daher vor der Aufgabe, herauszufinden, welche Elektronenwellenlängen mit dem periodischen Potential verträglich sind, das die Wechselwirkung zwischen einem Valenzelektron und dem Rest des Kristalles kennzeichnet. Eine in der Tat sehr schwierige Aufgabe.

Der zweite Zugang zum Bändermodell des Festkörpers, wie ihn Heitler und London gewählt haben, liefert uns leichter eine qualitative Beschreibung. Wir betrachten N gleichartige, isolierte (also keiner Wechselwirkung unterworfene) Atome. Jedes freie Atom besitzt seine eigenen Energieniveaus. Die erlaubten Zustände irgend eines Atoms stimmen mit denjenigen irgend eines anderen der Atome vollkommen überein. So ist zum Beispiel das Schema der Energieniveaus eines Lithiumatoms in Bild 12.32a dargestellt, dabei ist gleichzeitig die Anzahl der erlaubten Zustände bei jedem Energieniveau angegeben. Da ja die Energieniveaus aller Atome übereinstimmen, ist auch das Schema der Energieniveaus aller N Atome zusammen, die untereinander alle weit voneinander entfernt sind, einfach durch das Schema eines einzelnen Atoms gegeben, allerdings ist nun die Anzahl der erlaubten Zustände bei einem bestimmten Energieniveau um einen Faktor N vergrößert. Ein einzelnes Atom kann in einem s-Niveau zwei Elektronen unterbringen, in einem p-Niveau dagegen sechs Elektronen (vgl. Abschnitt 7.8). N Atome haben jedoch Platz für $2N$ Elektronen im s-Niveau und für $6N$ Elektronen im p-Niveau, wie in Bild 12.32b dargestellt ist.

Rücken nun die N Atome näher zusammen, so daß der Abstand benachbarter Atome mit dem Atomabstand in einem Festkörperkristall vergleichbar wird, dann treten sie ziemlich stark untereinander in Wechselwirkung. Eine Folge dieser Wechselwirkung ist eine Verbreiterung der Energieniveaus des Systems, so daß sich die zunächst entarteten Zustände gleicher Energie nun etwas in ihrer Energie unterscheiden. (In Bild 12.4 hatten wir bereits ein Beispiel für eine derartige Aufspaltung kennengelernt; dort waren zwei Wasserstoffatome zusammengebracht worden, damit sie ein H_2-Molekül bilden konnten.) In Bild 12.32c ist schematisch das Ergebnis dargestellt, das wir erhalten, wenn wir eine große Anzahl zunächst getrennter Atome (Bild 12.32b) zusammenbringen, damit sie ein gebundenes System bilden können. Die $2N$ erlaubten Zustände des 1s-Niveaus fallen nicht mehr länger zusammen, sondern sie verteilen sich nun praktisch kontinuierlich über das ganze 1s-*Energieband*. Ähnlich gibt es $2N$ erlaubte Zustände im 2s-Energieband und $6N$ erlaubte Zustände im 2p-Energieband. In den Gebieten zwischen den erlaubten Energiebändern kann sich überhaupt

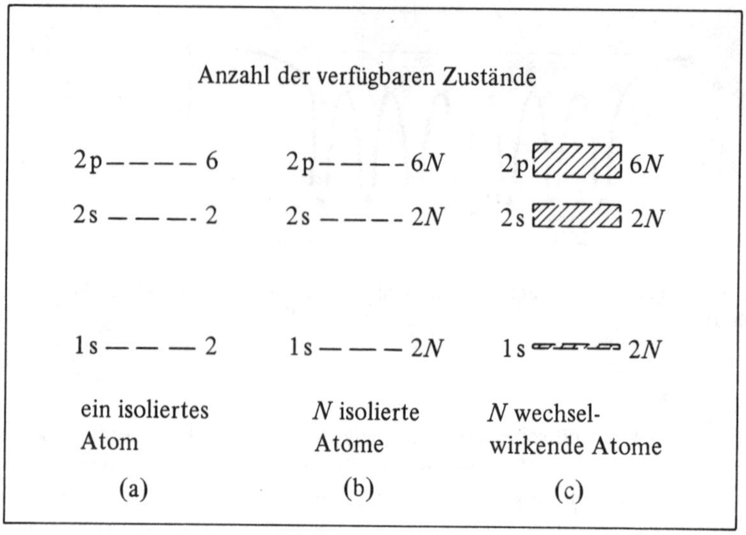

Anzahl der verfügbaren Zustände

2p – – – – 6 2p – – – – 6N 2p 6N

2s – – – – 2 2s – – – – 2N 2s 2N

1s – – – 2 1s – – – 2N 1s 2N

ein isoliertes Atom (a) N isolierte Atome (b) N wechselwirkende Atome (c)

Bild 12.32 Schematische Darstellung der Energieniveaus und der verfügbaren Zustände, a) ein isoliertes Lithiumatom, b) N isolierte Lithiumatome, c) N Lithiumatome mit Wechselwirkung

kein Elektron aufhalten; sie heißen daher *verbotene Bänder.* Die Breite der Energiebänder und deren Abstand untereinander hängen natürlich von der Art des betreffenden Kristalles ab.

Bisher haben wir nur die *erlaubten* Zustände in den Energiebändern eines Festkörpers behandelt, aber noch nicht berücksichtigt, wie diese von Elektronen besetzt werden. Um die Verteilung der Elektronen auf die einzelnen Energiebänder des Kristalles zu veranschaulichen, betrachten wir zunächst den Leiter Natrium im Grundzustand bei $T = 0$ K. Zur Vereinfachung wollen wir erst einmal annehmen, daß sich die verschiedenen Energiebänder nicht überlappen. Im Grundzustand ist die Elektronenkonfiguration eines isolierten Natriumatoms $(1s)^2 (2s)^2 (2p)^6 (3s)^1$. Es sind also alle Elektronenschalen bis zur 3s-Schale, die nur ein einziges Elektron enthält, vollständig besetzt. Daher besitzt der Natriumkristall für jede Elektronenschale des Atoms ein Energieband, wie in Bild 12.33a dargestellt ist. Das 1s-, das 2s- und das 2p-Band enthalten 2N, 2N bzw. 6N Elektronen. Das 3s-Band, das 2N erlaubte Zustände besitzt, ist mit den N 3s-Elektronen nur zur Hälfte besetzt. Wie wir erkennen, ist das 1s-Band, das den innersten Elektronen entspricht, im Vergleich zu den höheren Bändern sehr schmal. Dieses Band ist verhältnismäßig schmal, da die innersten Elektronen von ihren Mutterkernen so stark angezogen werden und von den benachbarten Elektronen und Kernen kaum beeinflußt werden.

Die Tatsache, daß das äußerste Energieband eines Leiters, etwa Natrium, nur zum Teil besetzt ist, ist für die große elektrische Leitfähigkeit dieser Stoffe verantwortlich. Wir wollen nun untersuchen, was aus der Besetzung der Energiebänder wird, wenn wir an das Metall ein elektrisches Feld anlagen. Die Elektronen in den nur teilweise besetzten Bändern können dann unter der Einwirkung des äußeren Feldes kleine Energiebeträge aufnehmen und so in das Kontinuum der erlaubten, unmittelbar darüber befindlichen Zustände gelangen. Ähnlich kann man auch die große Wärmeleitfähigkeit metallischer Kristalle erklären.

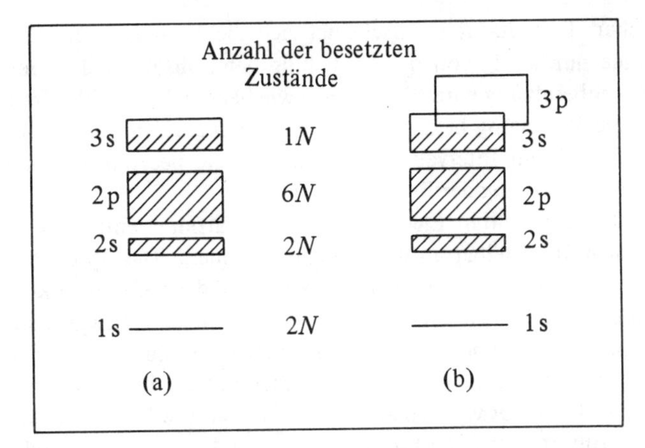

Bild 12.33 Schematische Darstellung der Energiebänder und ihrer Elektronenbesetzung beim Natrium. Die schraffierten Bereiche stellen besetzte Zustände dar

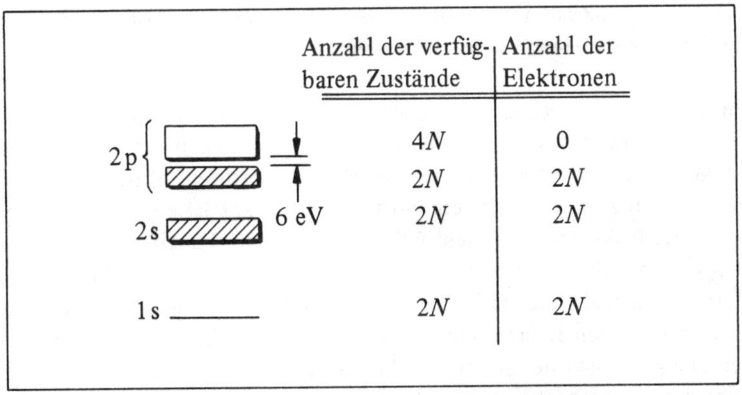

	Anzahl der verfügbaren Zustände	Anzahl der Elektronen
2p (6 eV)	$4N$	0
	$2N$	$2N$
2s	$2N$	$2N$
1s	$2N$	$2N$

Bild 12.34 Schematische Darstellung der Energiebänder und ihrer Besetzung beim Diamanten. Man beachte den beträchtlichen verbotenen Bereich zwischen den beiden 2p-Bändern

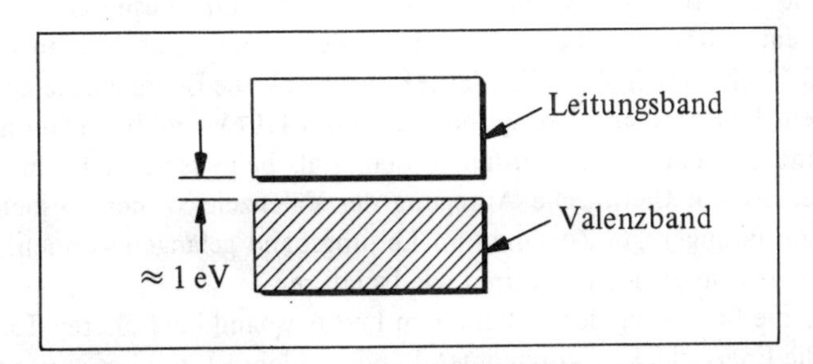

Bild 12.35 Energiebänder eines Halbleiters, etwa Silicium oder Germanium, mit einer schmalen, verbotenen Energielücke zwischen dem Valenz- und dem Leitungsband

Bei einer endlichen Temperatur unterscheidet sich die Verteilung der Elektronen auf die erlaubten Zustände nur wenig von der Verteilung beim absoluten Nullpunkt. Die Verschiebung der Elektronenbesetzung wird hier, ebenso wie bei der Theorie der freien Elektronen, von der Fermi-Dirac-Verteilung beherrscht. Folglich tritt auch nur für die sehr wenigen Elektronen, die bei $T = 0$ K im Intervall kT um das höchste besetzte Niveau (Fermi-Kante) liegen, eine merkliche Änderung der Besetzung auf.

Die in Bild 12.33a dargestellten Energiebänder des Natriums enthalten nicht das unbesetzte 3p-Band, das sich unmittelbar an das 3s-Band anschließt. Das 3p-Band ist nicht nur besonders breit, es überlappt auch das 3s-Band, wie in Bild 12.33b zu erkennen ist. Daher ist die Zahl der unbesetzten, für die Elektronen der 3s-Schale zur Verfügung stehenden Niveaus noch vergrößert, und das hat eine sehr große elektrische Leitfähigkeit zur Folge.

Ebenso können wir auf der Grundlage des Bändermodells die sehr geringe elektrische Leitfähigkeit eines Isolators, etwa Diamant, ${}_6$C, verstehen. Die Elektronenkonfiguration des Kohlenstoffes im Grundzustand ist $(1s)^2 (2s)^2 (2p)^2$. Da das 2p-Energieband nur teilweise besetzt ist, es enthält $6N$ erlaubte Zustände aber nur $2N$ Elektronen, könnte man zunächst annehmen, Diamant wäre ein elektrischer Leiter. Es gibt jedoch zwei unterschiedliche 2p-Energiebänder, die durch einen verbotenen Bereich von 6 eV voneinander getrennt sind (Bild 12.34). Diese Aufspaltung des 2p-Bandes beruht auf der besonderen Art des Kristallbaues beim Diamanten. Das untere 2p-Band ist mit $2N$ Elektronen vollständig besetzt, die sich in den $2N$ erlaubten Zuständen befinden. Bei Raumtemperatur ist kT ungefähr 0,03 eV. Daher ist die Energielücke beim Diamanten sehr viel größer als die thermische Anregungsenergie kT, so daß praktisch überhaupt keine Elektronen das obere 2p-Band besetzen können. Wird nun ein äußeres elektrisches Feld angelegt, so können die Elektronen nicht genügend Energie aufnehmen, um in das obere, unbesetzte 2p-Band überzuwechseln. Daher kann ein äußeres Feld keinen resultierenden Elektronenfluß hervorrufen, also auch keinen elektrischen Strom. Kurz zusammengefaßt, ein Stoff wie Diamant ist ein guter Isolator, da eine beträchtliche Energielücke zwischen dem vollbesetzten Band, *Valenzband* genannt, und dem nächsten, unbesetzten (aber erlaubten) Band, dem *Leitungsband,* besteht. Ähnlich können die Elektronen des Valenzbandes eines Isolators auch keine Energie durch Absorption eines Photons aufnehmen, dessen Energie kleiner als die Energielücke ist. Das bedeutet, daß sich im Diamanten alle Photonen des sichtbaren Lichtes ohne Absorption durch den Kristall bewegen können: der Diamant ist also für sichtbares Licht vollkommen durchsichtig. Aus demselben Grunde sind Leiter undurchsichtig. Denn unmittelbar an die besetzten Zustände schließt sich ein Kontinuum unbesetzter Zustände an. In dieses Kontinuum können bei einem Leiter Elektronen durch Absorption von Photonen aus einem ganzen Kontinuum von Wellenlängen übertreten.

Einige kristalline Festkörper, wie Silicium und Germanium, besitzen ein vollbesetztes Valenzband und ein unbesetztes Leitungsband wie der Diamant, aber einen sehr viel *schmaleren* verbotenen Bereich zwischen den Bändern (Bild 12.35). Die Energielücke zwischen dem Valenzband und dem Leitungsband beträgt beim Silicium 1,1 eV und beim Germanium 0,70 eV. Beide Werte sind um eine Größenordnung kleiner als beim Isolator Diamant. Bei sehr tiefen Temperaturen ist die thermische Anregung der Valenzelektronen so klein, daß praktisch keine von ihnen in angeregte Zustände im Leitungsband gelangen können. Daher verhalten sich diese Stoffe bei tiefen Temperaturen wie Isolatoren.

Nun wollen wir die Besetzung der Zustände im Leitungsband bei höheren Temperaturen betrachten. Falls die Energielücke zwischen den Bändern klein ist, wird es einigen Elektronen möglich sein, erlaubte Zustände im Leitungsband zu besetzen. Bei Anlegen eines äußeren elektrischen Feldes können sie dann zu einem resultierenden Elektronenstrom durch den Festkörper beitragen. Gleichzeitig tragen auch die unbesetzten Zustände im Valenzband, *Löcher* genannt, zum elektrischen Strom bei. Die Leitfähigkeit derartiger Stoffe liegt zwischen den sehr geringen Werten der Isolatoren und den sehr hohen Werten der Leiter, daher werden sie *Halbleiter* genannt. Der hier beschriebene Typ eines Halbleiters, der ausschließlich Atome ein und derselben Art enthält und dessen Leitfähigkeit auf den Elektronen beruht, die durch thermische Anregung in das Leitungsband gelangt sind, heißt *Eigenhalbleiter* (Intrinsic-Halbleiter), der Leitungsmechanismus wird mit *Eigenleitung* bezeichnet.

Bei einer anderen Art von Halbleiter spricht man von *Fremd-* oder *Störstellenleitung.* Hier beruht die Leitfähigkeit darauf, daß sich im Kristall des Halbleiters einige wenige Atome, *Fremdatome* oder *Störstellen* genannt, befinden, die sich von den Kristallatomen unterscheiden. Bevor wir den Einfluß dieser Fremdatome auf die Energiebänder betrachten, müssen wir zunächst die Bindung der Atome im Kristall und die der Fremdatome untersuchen. Silicium und Germanium liegen beide in der vierten Spalte des Periodensystems. Ihre äußersten Schalen besitzen eine $(3s)^2(3p)^2$-Elektronenkonfiguration bzw. $(4s)^2(4p)^2$. Jedes Siliciumatom oder Germaniumatom ist im Festkörperkristall durch eine kovalente Bindung an seine vier nächsten Nachbarn gebunden. Dabei beruht jede dieser gesättigten Bindungen darauf, daß zwei Valenzelektronen mehreren Atomen gemeinsam angehören, wie schematisch in Bild 12.36 dargestellt ist. Diese Kristallstruktur heißt Diamantstruktur, da sie auch beim Diamantkristall ($_6$C, mit der Elektronenkonfiguration $(2s)^2(2p)^2$) vorkommt.

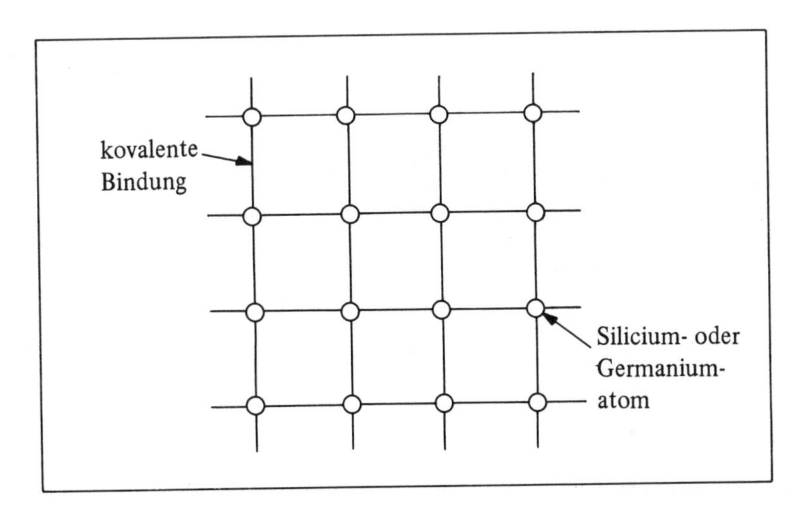

Bild 12.36 Kovalente Bindung der Atome in einem Silicium- oder Germaniumkristall. Jede Linie zwischen nächsten Nachbarn unter den Atomen stellt eine gesättigte kovalente Bindung dar, bei der sich die Atome zwei Valenzelektronen teilen

Wir wollen nun den Einfluß einiger weniger Arsenatome in einem Siliciumkristall betrachten. Das Element Arsen, $_{33}$As, liegt in der fünften Spalte des Periodensystems. Im Grundzustand ist seine Elektronenkonfiguration $(4s)^2(4p)^3$. Daher besitzt ein neutrales Arsenatom ein Elektron mehr als ein neutrales Siliciumatom. Ersetzt ein Arsenatom im Kristall ein Siliciumatom, so gibt es ein zusätzliches Elektron, das nicht kovalent gebunden ist (Bild 12.37). Dieses überzählige Elektron des Fremdatoms können wir uns auf einer großen Umlaufbahn um den Kern des Arsenatoms denken (infolge der großen Dielektrizitätskon-

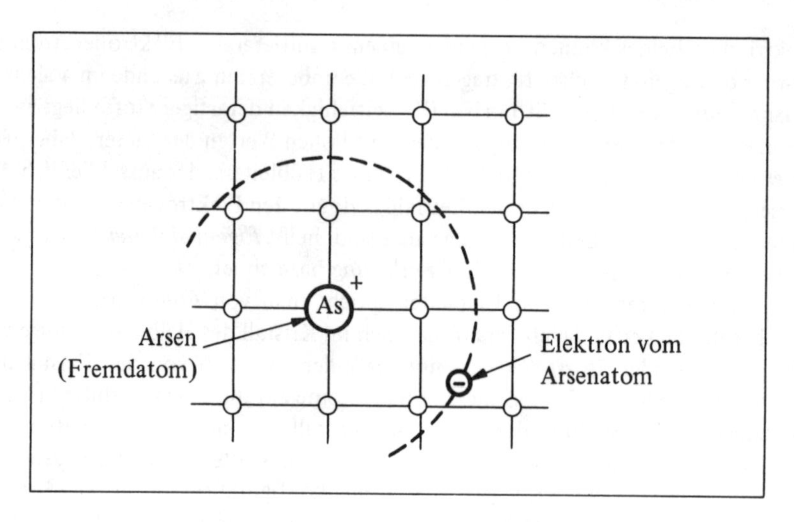

Bild 12.37 Beispiel für ein Donator-Fremdatom als Störstelle im Silicium, das zu einer n-Halbleitung führt

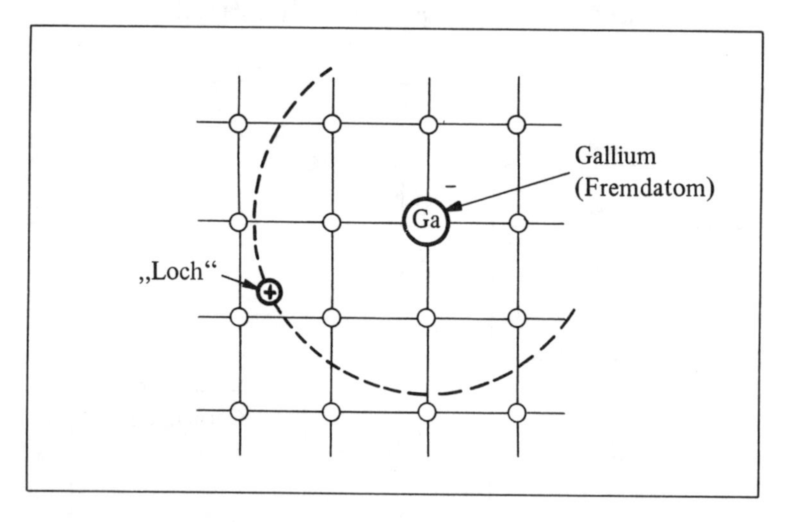

Bild 12.38 Beispiel für ein Akzeptor-Fremdatom als Störstelle im Silicium, das zu einer p-Halbleitung führt

stanten im Kristallinnern). Das Elektron ist daher nur sehr schwach gebunden. Wir können uns vorstellen, daß das Fremdatom einen negativen elektrischen Ladungsträger zum Kristall beigesteuert hat. Daher heißen Fremdatome aus der fünften Spalte des Periodensystems auch *Donatoren.* Sie liefern *Überschuß-* oder *n-Halbleiter.*

Wir wollen nun Fremdatome annehmen, die aus der dritten Spalte des Periodensystems stammen, etwa Gallium, $_{31}$Ga, mit einer Elektronenkonfiguration von nur *einem* p-Elektron. Dann ist die kovalente Bindung bei einem Fremdatom im Kristall nicht vollständig. Zu jedem Fremdatom gehört eine unvollständige Bindung (Bild 12.38). Die kovalente Bindung bei einer derartigen Störstelle wird dadurch vervollständigt, daß das Fremdatom ein Elektron des Valenzbandes aufnimmt und damit eine Leerstelle, ein Loch, im Valenzband verursacht. Auch dieses Loch können wir uns auf einer großen Umlaufbahn um die nun negativ geladene Störstelle vorstellen. Wenn wir von der Bewegung eines Loches sprechen, das wir uns als entsprechende positive Ladung vorstellen, so handelt es sich hier um eine Bewegung in entgegengesetzter Richtung wie die Bewegungsrichtung der Elektronen. Ein Fremdatom, das zur vollständigen Bindung ein Elektron aufnimmt, heißt *Akzeptor.* Bei einem Halbleiter, der derartige Störstellen (und damit auch Löcher) enthält, spricht man von einem *Defekt-* oder *Mangelhalbleiter* oder auch von einem *p-Halbleiter.*

Der Einfluß der Fremdatome oder Störstellen auf die Energiebänder des Siliciums ist in Bild 12.39 dargestellt. Die Störstellen vom n-Typ liefern zusätzliche, eng benachbarte Energieniveaus unmittelbar unter der unteren Kante des Leitungsbandes. Die schwach gebundenen Elektronen, die von den Donatoratomen geliefert werden, besetzen diese Niveaus. Die Elektronen dieser diskreten Energieniveaus können durch Anregung in die erlaubten Zustände des Leitungsbandes gehoben werden, die unmittelbar darüber liegen. Die Störstellen vom p-Typ liefern eng benachbarte Niveaus unmittelbar über dem Valenzband. Daher können Elektronen aus dem Valenzband, das dicht darunter liegt, angeregt werden. Dadurch besetzen sie diese erlaubten Störstellenzustände und tragen so zu der geringen Leitfähigkeit des Halbleiters bei. Die Leitfähigkeit eines Störstellenhalbleiters kann durch die relative Konzentration der Fremdatome beeinflußt werden.

Störstellenhalbleiter werden in zahlreichen technischen Anwendungen benötigt: Einzeln oder zu mehreren zusammengeschaltet liefern sie Gleichrichter, Verstärker, Detektoren, Transistoren sowie weitere Halbleiterbauelemente. Eine dieser Anordnungen, ein pn-Übergang, ist im folgenden beschrieben.

Wir betrachten den Übergang zwischen einem Halbleiter vom p-Typ mit positiven Ladungsträgern oder Löchern und einem Halbleiter vom n-Typ mit negativen Ladungsträgern oder Elektronen (Bild 12.40). Diesen Übergang stellt man nicht einfach durch Aneinanderpressen der beiden Halbleitertypen her, sondern der Übergang erfolgt kontinuierlich vom p-Typ in den n-Typ. Man erreicht das durch ein bestimmtes Verfahren, Dotieren genannt. Hierbei diffundieren Fremdatome genau kontrolliert in das Material. In dem Material vom p-Typ links gibt es eine Konzentration von Löchern, eine Konzentration von Elektronen dagegen im Material vom n-Typ rechts. Beide Seiten des Überganges sind elektrisch neutral. In der Übergangszone selbst vereinigen sich die beweglichen Elektronen mit den Löchern. Daher hat der an den Übergang angrenzende Bereich des n-Typs durch den Verlust von Elektronen eine resultierende positive Ladung, während der entsprechende Bereich des p-Typs durch den Verlust an Löchern eine resultierende negative Ladung besitzt. Hierdurch rufen die Ladungen zu beiden Seiten des Überganges ein inneres elektrisches Feld hervor, das vom n-Typ zum p-Typ hin gerichtet ist (in Bild 12.40 von rechts nach links).

Wir wollen nun die Wirkung dieses inneren elektrischen Feldes betrachten. Es liefert eine nach links gerichtete Kraft auf die Löcher im p-Halbleiter (natürlich wirkt genau genommen die Kraft auf die Elektronen, die sich nach rechts bewegen und dabei die Leerstellen auffüllen); das innere Feld liefert weiter eine nach rechts gerichtete Kraft auf die Elektronen im n-Halbleiter und verhindert dadurch weitere Rekombinationen von Elektronen und Löchern in der Grenzschicht.

Wir wollen nun annehmen, daß ein zusätzliches *äußeres* elektrisches Feld in dem pn-Übergang wirkt. Dazu legen wir eine elektrische Spannung an die Elektroden, die außen an dem p- und an dem n-Halbleiter angebracht sind. Wird die Seite des p-Typs negativ und

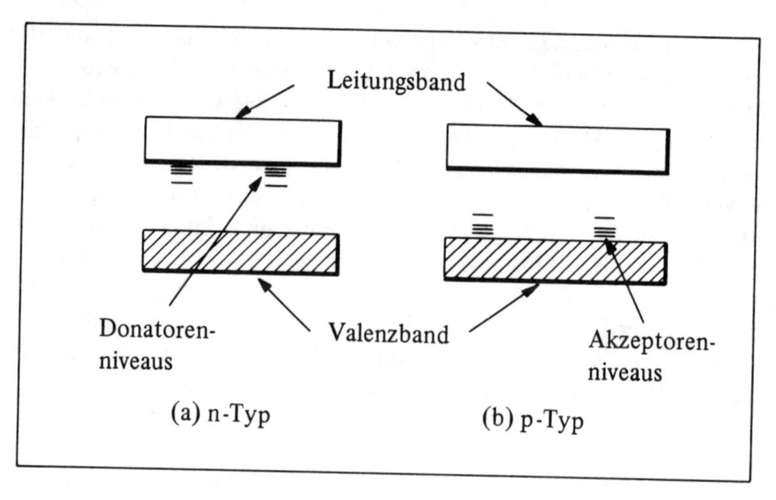

Bild 12.39 Energieniveauschema eines Siliciumkristalles, modifiziert durch a) Donatoren als Störstellen und b) Akzeptoren als Störstellen

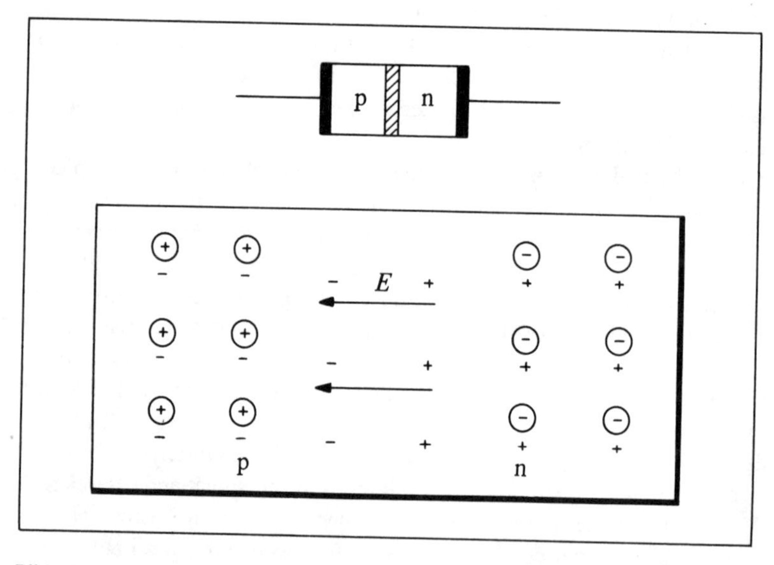

Bild 12.40 Ein pn-Übergang. Die von den Fremdatomen gelieferten Ladungsträger, positive auf der p-Seite und negative auf der n-Seite, sind eingekreist gezeichnet

die Seite des n-Typs positiv gewählt, so ist das äußere elektrische Feld von rechts nach links gerichtet, und es besitzt daher dieselbe Richtung wie das innere elektrische Feld. Elektronen und Löcher werden weiterhin daran gehindert, sich zu bewegen oder zu rekombinieren. Der elektrische Strom durch den pn-Übergang ist unter diesen Umständen klein. Er rührt allein von den thermisch erzeugten Elektronen und Löchern in der Grenzschicht her. Bei diesem Zustand handelt es sich um die *Sperrichtung* des pn-Überganges.

Polen wir die angelegte Spannung um, so daß die Seite des p-Halbleiters positiv und die Seite des n-Halbleiters negativ wird, dann ist das äußere Feld von links nach rechts gerichtet. Es handelt sich dann um die *Durchlaßrichtung*. Das nach rechts gerichtete äußere Feld übertrifft das nach links gerichtete innere elektrische Feld. Die Löcher bewegen sich nun nach rechts und die Elektronen nach links. Beide Arten von Ladungsträgern liefern einen Beitrag zu einem (bei der konventionellen Bezeichnung der Stromrichtung) nach rechts gerichteten Strom, der beträchtlich werden kann. Zusammengefaßt: Der pn-Übergang ist ein guter Leiter in Durchlaßrichtung und ein sehr schlechter Leiter in Sperrichtung. Der Übergang wirkt als Gleichrichter, indem der Strom in der einen Richtung gut fließen kann, in der anderen aber nicht. Außerdem ist der pn-Übergang ein nichtlineares oder nichtohmsches Bauelement: Die Strom-Spannung-Charakteristik ist nicht geradlinig, wie es dem Ohmschen Gesetz entsprechen würde.

12.11 Zusammenfassung

Es gibt zwei Hauptarten der Molekülbindung, die Ionenbindung (heteropolare Bindung), die von der elektrostatischen Anziehung der Ionen herrührt, und die kovalente (homöopolare) Bindung, die dadurch entsteht, daß sich mehrere Atome ein Valenzelektron teilen.

Die Rotations- und die Schwingungsenergien zweiatomiger Moleküle sind gequantelt. Die bei Übergängen zwischen Rotations- oder Schwingungszuständen absorbierten oder emittierten Photonen gehören dem fernen infraroten bzw. dem infraroten Bereich des elektromagnetischen Spektrums an. Die Quantenmechanik liefert für die Rotation und für die Schwingungen zweiatomiger Moleküle die in Tabelle 12.2 aufgeführten Ergebnisse.

Das Verhalten einer großen Anzahl schwach miteinander in Wechselwirkung stehender Teilchen läßt sich durch drei verschiedene Verteilungsfunktionen beschreiben. Es sind dies die Maxwell-Boltzmann-Verteilung, die Bose-Einstein-Verteilung und die Fermi-Dirac-Verteilung. Die Eigenschaften dieser Verteilungsfunktionen sind in Tabelle 12.1 zusammengefaßt.

Die Anzahl $n(\epsilon_i)$ der Teilchen mit einer Energie ϵ_i wird durch $n(\epsilon_i) = f(\epsilon_i)\,g(\epsilon_i)$ angegeben, hierbei ist $f(\epsilon_i)$ die Verteilungsfunktion, d.h. die mittlere Anzahl der Teilchen im Zustand i, und $g(\epsilon_i)$ ist die Anzahl der Zustände mit der Energie ϵ_i. Für sehr eng benachbarte Energieniveaus können wir $n(\epsilon)\,d\epsilon = f(\epsilon)\,g(\epsilon)\,d\epsilon$ setzen, hierbei ist $g(\epsilon)$ die Dichte der Zustände, also die Anzahl der Zustände pro Energieeinheit, und $n(\epsilon)$ ist die Anzahl der Teilchen pro Energieeinheit (vgl. Tabelle 12.3).

Tabelle 12.2

	Rotation	Schwingung
erlaubte Energie des Moleküls	$E_r = \frac{J(J+1)\hbar^2}{2I}$ dabei ist $J = 0, 1, 2, \ldots$ und $I = \mu r_0^2$	$E_v = (v + \frac{1}{2})\,hf$ dabei ist $v = 0, 1, 2, \ldots$ und $f = (1/2\pi)\sqrt{k/\mu}$
erlaubte Übergänge	$\Delta J = \pm 1$	$\Delta v = \pm 1$
Photonenfrequenz	$\nu = (\hbar/2\pi I)(J_u + 1)$	$\nu = f$

Tabelle 12.3

	$f(\epsilon)$	Teilchen	$g(\epsilon)$	Ergebnisse
ideales Gas	f_{MB}	punktförmige Teilchen	$g(\epsilon) \sim \epsilon^{1/2}$ $(\epsilon = p^2/2m)$	$\bar{\epsilon} = \frac{3}{2} kT$ $C_V = \frac{3}{2} R$
zweiatomiges Gas	f_{MB}	zweiatomige Moleküle	$g(E_r) = 2J + 1$ $g(E_v) = 1$	tiefe Temperaturen: $\bar{\epsilon} \approx \bar{\epsilon}_{tr} = \frac{3}{2} kT$ $C_V \approx (C_V)_{tr} = \frac{3}{2} R$ gemäßigte Temperaturen: $\bar{\epsilon} \approx \bar{\epsilon}_{tr} + \bar{\epsilon}_r = \frac{5}{2} kT$ $C_V \approx (C_V)_{tr} + (C_V)_r = \frac{5}{2} R$ hohe Temperaturen: $\bar{\epsilon} \approx \bar{\epsilon}_{tr} + \bar{\epsilon}_r + \bar{\epsilon}_v = \frac{7}{2} kT$ $C_V \approx (C_V)_{tr} + (C_V)_r + (C_V)_v = \frac{7}{2} R$
Strahlung des schwarzen Körpers	f_{BE}	Photonen	$g(\epsilon) \sim \epsilon^2$ $(\epsilon = pc)$	Plancksches Strahlungsgesetz: $E(\nu)\,d\nu = \left(\frac{8\pi h\nu^3}{c^3}\right)\left(\frac{1}{e^{h\nu/kT} - 1}\right) d\nu$
Gitterwärmekapazität des Festkörpers	f_{BE}	Phononen	$g(\epsilon) \sim \epsilon^2$ $(\epsilon = pv_s)$	$E(f)\,df = \left(\frac{9Nhf^3}{f_D^3}\right)\left(\frac{1}{e^{hf/kT} - 1}\right) df$ $E = 9N \left(\frac{T}{T_D}\right)^3 (kT) \int_0^{x_m} \frac{x^3\,dx}{e^x - 1}$ bei hohen Temperaturen: $T \gg T_D$ $(C_V)_{Gitter} = 3R$ bei tiefen Temperaturen: $T \ll T_D$ $(C_V)_{Gitter} \sim T^3$
Elektronenwärmekapazität	f_{FD}	Elektronen	$g(\epsilon) \sim \epsilon^{1/2}$ $(\epsilon = p^2/2m)$	Fermi-Energie $\epsilon_F = \frac{h^2}{2m}\left(\frac{3n}{8\pi}\right)^{2/3}$ $(C_V)_{Elektronen} \sim T$
Bändermodell des Festkörpers	f_{FD}	Elektronen	Nicht berechnet. $(\epsilon = p^2/2m + V)$, dabei ist V die periodische potentielle Energie des Elektrons im Kristallgitter	Zustände, die mit Elektronen besetzt werden können, sind die Bänder 1s, 2s, 2p usw. mit Energielücken zwischen den Bändern.

Eigenschaften verschiedener Festkörper

Leiter. Das oberste Band, das Leitungsband, ist nur teilweise mit Elektronen besetzt.

Isolatoren. Das oberste Band ist vollständig mit Elektronen besetzt. Das nächsthöhere, erlaubte (Leitungs-)Band ist von dem voll besetzten (Valenz-)Band durch eine verbotene Zone von einigen Elektronvolt getrennt.

Eigenhalbleiter. Leitungs- und Valenzband sind nur durch eine schmale verbotene Zone getrennt. Die Eigenhalbleitung ist auf die Elektronen zurückzuführen, die durch thermische Anregung in das Leitungsband gelangen.

Störstellenhalbleiter. Verunreinigungen durch Fremdatome liefern erlaubte Zustände in der verbotenen Zone. Fremdatome bei einem Halbleiter vom n-Typ, Donatoren, liefern diskrete Niveaus unmittelbar unterhalb des Leitungsbandes. Die Störstellenhalbleitung beruht in diesem Falle auf der Elektronenbewegung. Fremdatome bei einem Halbleiter vom p-Typ, Akzeptoren, liefern diskrete Niveaus unmittelbar oberhalb des Valenzbandes, und die Störstellenhalbleitung beruht hier auf der Bewegung der Löcher.

12.12 Aufgaben

12.1. Zeigen Sie, daß das Trägheitsmoment $I = m_1 r_1^2 + m_2 r_2^2$ eines zweiatomigen Moleküls um eine Achse, die auf der Verbindungslinie der beiden Atome senkrecht steht und die durch den Molekülschwerpunkt geht, auch durch $I = \mu r_0^2$ ausgedrückt werden kann. Hierbei ist $\mu = m_1 m_2/(m_1 + m_2)$ die reduzierte Masse und $r_0 = r_1 + r_2$ der Abstand der beiden Atome.

12.2. Zeigen Sie, daß nach dem Korrespondenzprinzip bei einem Übergang zwischen benachbarten Rotationsenergieniveaus zweiatomiger Moleküle im Grenzfalle großer Rotationsquantenzahlen die Frequenz der Photonen gleich der klassischen Frequenz ist, mit der die Moleküle um ihren Schwerpunkt rotieren.

12.3. Zeigen Sie, daß die Frequenzen der Linien des reinen Rotationsspektrums durch $\nu = (\hbar/2\pi I)(J + 1)$ gegeben sind. Hierbei ist J die Rotationsquantenzahl des tieferen Zustandes.

12.4. Ein typischer interatomarer Potentialverlauf, wie er in Bild 12.2 dargestellt ist, besitzt ein Minimum bei einigen 10^{-10} m und eine Tiefe von einigen Elektronvolt, bezogen auf das Potential im Unendlichen. Leiten Sie aus diesen Parametern die Größenordnung der „Federkonstanten" k für die Molekülschwingungen ab, und zeigen Sie, daß das Schwingungsspektrum im nahen Infrarot des elektromagnetischen Spektrums liegt.

12.5. Berechnen Sie das Verhältnis der Schwingungsfrequenzen der beiden Moleküle $^1H^{35}Cl$ und $^1H^{37}Cl$ unter der Annahme, daß die „Federkonstante" der Kraft zwischen den beiden Atomen in beiden Fällen gleich groß ist.

12.6.

a) Wie groß ist die Nullpunktsenergie der Schwingung eines Fadenpendels von 1,0 m Länge und 1,0 kg Masse?

b) Wie groß ist die Schwingungsquantenzahl, wenn dieses Pendel mit einer Amplitude von 1,0 mm schwingt?

12.7. Ein Elektronensprung liefert bei einem CO-Molekül Banden im sichtbaren (600 nm) Bereich des Spektrums. Wie groß ist angenähert der Abstand der Wellenlängen benachbarter Rotationslinien der Bande, wenn beim CO der Atomabstand 0,1128 nm beträgt? Dieses Beispiel veranschaulicht das scheinbare Kontinuum des Bandenspektrums der Moleküle im sichtbaren Bereich.

12.8. Zeigen Sie, daß sich die Bose-Einstein-Verteilung und die Fermi-Dirac-Verteilung im Grenzfalle hoher Energien ($\epsilon \gg kT$) der Maxwell-Boltzmann-Verteilung nähern.

12.9.

a) Zeigen Sie, daß bei einem freien Wasserstoffatom die statistischen Gewichte der Zustände $n = 2$ und $n = 1$ im Verhältnis 4 zu 1 stehen.

b) Ein Gas aus atomarem Wasserstoff befinde sich bei Raumtemperatur. In welchem Verhältnis stehen die Besetzungszahlen der Zustände $n = 2$ und $n = 1$?

12.10. Zeigen Sie, daß die Geschwindigkeitsverteilung von Maxwell und Boltzmann für ein ideales Gas, das aus klassischen Massenpunkten besteht, durch $n(v) = A v^2 e^{-mv^2/2kT}$ gegeben ist; hierbei ist $A = (4/\sqrt{\pi})(m/2kT)^{3/2}$. (*Hinweis:* $n(v)\,dv = n(\epsilon)\,d\epsilon$.)

12.11. Bei welcher Temperatur befinden sich vier Prozent der Moleküle des CO-Gases im ersten Rotationszustand? Dabei soll angenommen werden, daß sich die restlichen Moleküle im nullten Rotationszustand befinden. Beim Kohlenmonoxid beträgt der Abstand der Atome 0,1128 nm.

12.12. Mit Hilfe der relativen Besetzung der erlaubten Zustände kann die Temperatur T eines Teilchensystems definiert werden. Angenommen, die Teilchen eines Systems hätten die Energien E_1 und E_2, dabei sei $E_2 > E_1$. Die entsprechenden Besetzungszahlen für diese beiden Zustände seien n_1 und n_2. Ist $n_2 > n_1$, so liegt eine Besetzungsinversion vor.

a) Zeigen Sie, daß man unter diesen Umständen von einer negativen absoluten Temperatur des Systems sprechen kann, die gleich $(E_2 - E_1)/[k \ln(n_1/n_2)]$ ist. (Dabei können Sie die Anzahl der Teilchen mit einer Energie E proportional zum Boltzmann-Faktor $e^{-E/kT}$ annehmen.)

b) Angenommen, ein System aus Teilchen mit zwei Energieniveaus, zum Beispiel eine Anzahl von Protonen, deren Spins parallel oder antiparallel zu einem äußeren Magnetfeld gerichtet sein können, besäße ursprünglich eine Besetzungsinversion und damit eine negative absolute Temperatur. Das System sei gegen äußere Einflüsse isoliert; jedoch können innere Relaxationsvorgänge die relative Besetzung dieser beiden erlaubten Zustände ändern, bis sich das System schließlich im thermischen Gleichgewicht mit seiner Umgebung befindet. Zeigen Sie, daß die Temperatur des Systems zunächst bis zu einem unendlich großen negativen Wert *ansteigt*, dann positiv unendlich wird und schließlich auf einen endlichen positiven Wert sinkt.

12.13. Betrachten Sie eine Anzahl von Atomen. Der Grundzustand und der erste angeregte Zustand seien besetzt, die entsprechende Energie sei E_1 bzw. E_2. Die zugehörigen Besetzungszahlen dieser Zustände seien n_1 und n_2, hierbei ist n_1 proportional zu $e^{-E_1/kT}$, für n_2 gilt die entsprechende Beziehung. Falls die Atome untereinander in Wechselwirkung stehen, erfolgen spontan Übergänge zwischen diesen beiden Zuständen. Zeigen Sie, daß sich die Wahrscheinlichkeit für einen spontanen Übergang in ein tieferes Energieniveau zu derjenigen für einen spontanen Übergang in ein höheres Niveau wie 1 zu $e^{-(E_1 - E_2)/kT}$ verhält.

12.14. Für die Teilchen eines bestimmten Systems gibt es drei mögliche Energiewerte: E_1, E_2 und E_3, hierbei ist $E_1 < E_2 < E_3$. Die entsprechenden Besetzungszahlen für diese Zustände sind n_1, n_2 und n_3, dabei ist im thermischen Gleichgewicht $n_1 > n_2 > n_3$. Das System wird mit Photonen der Energie $h\nu = E_3 - E_1$ bestrahlt und dabei durch „Pumpen" angeregt. Bei einer intensiven Einstrahlung kann man für die beiden in Frage kommenden Zustände eine gleich große Besetzung erreichen. Zeigen Sie, daß es dann für die anderen Zustandspaare eine Besetzungsinversion geben muß, wobei entweder $n_3 > n_2$ oder $n_2 > n_1$ ist.

12.15.

a) Berechnen Sie die relativen Anzahlen der Wasserstoffmoleküle, die bei 170 K die ersten Rotationszustände besetzen. Das Ergebnis ist mit Bild 12.16 zu vergleichen.

b) Berechnen Sie die relativen Anzahlen der Wasserstoffmoleküle, die bei 6350 K die ersten Schwingungszustände besetzen. Vergleichen Sie das Ergebnis mit Bild 12.17.

12.16. Zeigen Sie, daß die molare Wärmekapazität bei konstantem *Druck* des H_2 für die drei in Bild 12.18 dargestellten Temperaturbereiche $\frac{5}{2}R$, $\frac{7}{2}R$ und $\frac{9}{2}R$ beträgt.

12.17. Zeigen Sie, daß die Bedingung (Gl. (12.30)) für die Existenz stehender Wellen in einem würfelförmigen Kasten mit den Randbedingungen für stehende Wellen verträglich ist, die unter einem Winkel gegen die Kastenwände verlaufen.

12.18. Wie viele Moden elektromagnetischer Wellen sind in dem Wellenlängenbereich von 600 nm bis 610 nm in einem schwarzen Kasten von 10 cm Kantenlänge möglich?

12.19.

a) Berechnen Sie den Impuls und die Energie für die erlaubten Zustände der Photonen in einem Kasten von 10 cm Kantenlänge, bei denen (n_x, n_y, n_z) die Werte (1, 0, 0) und (1, 1, 0) annimmt.

b) Wie groß ist der Energieunterschied zwischen diesen beiden Zuständen im Vergleich zur Energie des tieferen Zustandes?

c) Wiederholen Sie die Rechnung von a) und b) für die Zustände (100, 0, 0) und (100, 1, 0).

12.20. Ein schwarzer Körper befindet sich auf einer Temperatur von 1000 K.

a) Wie groß ist die Strahlungsdichte (Strahlungsenergie pro Volumeneinheit) im sichtbaren Bereich von 300 nm bis 310 nm? (Dabei können Sie annehmen, daß $E(\nu)$ in diesem Wellenlängenbereich konstant ist.)

b) Wie groß ist die Strahlungsdichte für ein gleich großes Wellenlängenband im Bereich der Rundfunkfrequenzen bei 1 MHz?

12.21. Beim schwarzen Körper leitet man die Anzahl der Zustände der elektromagnetischen Wellen, die in einen Kasten eingeschlossen sind, unter der Annahme ab, daß die Wellen von den Kastenwänden vollkommen reflektiert werden. Tatsächlich muß man aber davon ausgehen, daß die Wellen beim Auftreffen auf die Wände jedesmal teilweise reflektiert und teilweise absorbiert werden. Zeigen Sie, daß auch bei diesen tatsächlich vorliegenden Verhältnissen, also unter Berücksichtigung sowohl von Absorption als auch von Reflexion, die mathematische Behandlung der in einen Behälter eingeschlossenen elektromagnetischen Wellen zum gleichen Ergebnis wie im Falle einer vollständigen Reflexion führt.

12.22.

a) Wie hoch ist angenähert die Temperatur eines Glühfadens in einer Glühlampe auf Grund der Tatsache, daß die Farbe des ausgesandten Lichtes vorwiegend dem gelben Bereich des elektromagnetischen Spektrums entspricht?

b) Das Licht einer Leuchtstofflampe ist im Vergleich zu einer Glühlampe zu kürzeren Wellenlängen hin verschoben. Warum ist eine Leuchtstofflampe dennoch nicht heißer als eine Glühlampe?

12.23.

a) Zeigen Sie, daß das Strahlungsgesetz von Rayleigh und Jeans, Gl. (12.36), eine Näherung des Planckschen Strahlungsgesetzes für niedrige Frequenzen ist.

b) Zeigen Sie, daß das Wiensche Strahlungsgesetz, Gl. (12.37), eine Näherung des Planckschen Strahlungsgesetzes für hohe Frequenzen ist.

12.24. Bestätigen Sie, daß sich das Gesetz von Stefan und Boltzmann aus dem Planckschen Strahlungsgesetz ableiten läßt.

12.25. Bestätigen Sie, daß das Wiensche Verschiebungsgesetz aus dem Planckschen Strahlungsgesetz folgt.

12.26. Die Debye-Temperatur des Diamanten beträgt 1860 K. Wie groß ist die molare Wärmekapazität des Diamanten bei Raumtemperatur? Verwenden Sie dabei Bild 12.26.

12.27. Die molaren Wärmekapazitäten von Kupfer und Beryllium bei Raumtemperatur sind $2{,}8\,R$ bzw. $1{,}7\,R$. Welcher dieser beiden Stoffe besitzt die höhere Debye-Temperatur?

12.28. Zeigen Sie, daß bei Metallen die Fermi-Energie von der Größenordnung einiger Elektronvolt ist.

12.29. Kupfer besitzt eine Debye-Temperatur von 315 K. Wie groß ist die spezifische Wärmekapazität des Kupfers (in J/g K) bei Raumtemperatur?

12.30. Zeigen Sie, daß bei kubischer Anordnung der Atome im Kristallgitter (wie in Bild 5.1) die Debye-Frequenz einer elastischen Welle entspricht, deren halbe Wellenlänge angenähert gleich dem Abstand zweier benachbarter Atome ist. Zur Vereinfachung können Sie dabei $v_t = v_l$ setzen.

Nach der Debyeschen Theorie kann man annehmen, daß sich die elastischen Wellen durch ein praktisch kontinuierliches Medium ausbreiten, in dem die Wellenlänge groß gegen den Atomabstand ist. Die Frequenzen werden bei einer Wellenlänge abgeschnitten, die so kurz ist, daß sich elastische Wellen nicht mehr ausbreiten können.

12.31. Bestätigen Sie, daß bei Raumtemperatur die Elektronenwärmekapazität eines Leiters sehr klein gegenüber der Gitterwärmekapazität ist.

12.32. Beim Natrium beträgt die Debye-Temperatur 150 K, die Fermi-Energie ist 3,1 eV, und die Anzahl der Valenzelektronen pro Atom ist 1. Bei welcher Temperatur sind die Beiträge der Elektronen und des Kristallgitters zur Wärmekapazität gleich groß?

12.33. Beim Barium beträgt die Austrittsarbeit 2,51 eV. Ein freies Elektron erblickt im Innern eine potentielle Energie von 6,31 eV. Die relative Atommasse beträgt 138 und die Dichte 3,78 g/cm^3. Berechnen Sie für Barium die Zahl der freien Elektronen pro Atom.

12.34.

a) Wenn ein Fremdatom aus der fünften Spalte des Periodensystems, etwa ein Arsenatom, in einem Siliciumkristall ein Siliciumatom ersetzt, so erblickt das ungebundene Elektron am Orte des Arsenatoms eine Ladung e. Die Dielektrizitätskonstante des Siliciums ist 12. Zur Vereinfachung können Sie annehmen, daß sich das ungebundene Elektron auf einer Bohrschen Umlaufbahn innerhalb des Siliciums um die positive Ladung bewegt. Berechnen Sie den Radius der ersten Bohrschen Bahn und vergleichen Sie das Ergebnis mit dem Abstand von 0,235 nm zwischen nächsten Nachbarn der Siliciumatome.

b) Berechnen Sie den entsprechenden Radius der Umlaufbahn um ein Arsenatom als Fremdatom in Germanium, das eine Dielektrizitätskonstante von 16 besitzt. Der Abstand zwischen nächsten Nachbarn bei den Germaniumatomen beträgt 0,244 nm.

13 Anhang

13.1 Häufig verwendete physikalische Konstanten

Avogadro-Konstante	$N_A = 6{,}02252 \cdot 10^{23}\ \mathrm{mol}^{-1}$
Boltzmann-Konstante	$k = 1{,}38054 \cdot 10^{-23}\ \mathrm{J\,K}^{-1}$
Konstante des Coulombschen Gesetzes	$k = 1/4\pi\epsilon_0 = 8{,}98755 \cdot 10^{9}\ \mathrm{N\,m^2\,C^{-2}}$
Elementarladung	$e = 1{,}60210 \cdot 10^{-19}\ \mathrm{C}$
Elektronvolt	$1\ \mathrm{eV} = 1{,}60210 \cdot 10^{-19}\ \mathrm{J}$
atomare Masseneinheit	$1\ \mathrm{u} = (\frac{1}{12})\, m_a\,(^{12}_{6}\mathrm{C}) = 931{,}478\ \mathrm{MeV}/c^2$
universelle (molare) Gaskonstante	$R = 8{,}31434\ \mathrm{J\,mol^{-1}\,K^{-1}}$
Planck-Konstante	$h = 6{,}62559 \cdot 10^{-34}\ \mathrm{J\,s}$ $\hbar = h/2\pi = 1{,}054494 \cdot 10^{-34}\ \mathrm{J\,s}$
Lichtgeschwindigkeit	$c = 2{,}997925 \cdot 10^{8}\ \mathrm{m\,s^{-1}}$

Ruhmassen und Ruhenergien

Elektron	$m_e = 9{,}10908 \cdot 10^{-31}\ \mathrm{kg} = 0{,}000548597\ \mathrm{u} = 0{,}511006\ \mathrm{MeV}/c^2$
Proton	$m_p = 1{,}67252 \cdot 10^{-27}\ \mathrm{kg} = 1{,}0072766\ \mathrm{u} = 938{,}256\ \mathrm{MeV}/c^2 = 1836{,}10\, m_e$
Neutron	$m_n = 1{,}67482 \cdot 10^{-27}\ \mathrm{kg} = 1{,}0086654\ \mathrm{u} = 939{,}550\ \mathrm{MeV}/c^2 = 1838{,}63\, m_e$
Wasserstoffatom	$m_H = m_a\,(^{1}_{1}\mathrm{H}) = 1{,}67343 \cdot 10^{-27}\ \mathrm{kg} = 1{,}007825\ \mathrm{u}$

13.2 Tabelle der wichtigsten Nuklide

Die Tabelle enthält die Massen der neutralen Atome aller stabilen Nuklide und einiger instabiler Nuklide (durch einen Stern hinter der Massenzahl A gekennzeichnet). Die Massen sind in der (vereinheitlichten) atomaren Masseneinheit u angegeben, dabei ist nach Definition $m_a\,(^{12}_{6}\mathrm{C}) = 12\ \mathrm{u}$. ($m_a$: Atommasse.)

Die Werte der Tabelle nach: J. H. E. Mattauch, W. Thiele und A. H. Wapstra; Nuclear Physics, 67, 1 (1965). Die Ungenauigkeit ist für viele der leichten Nuklide kleiner als 0,000001 u und kann bei den schweren Nukliden bis zu 0,001500 u betragen.

Element	A	Atommasse (in u)
$_{0}n$	1*	1,008665
$_{1}H$	1	1,007825
	2	2,014102
	3*	3,016050
$_{2}He$	3	3,016030
	4	4,002603
	6*	6,018893
$_{3}Li$	6	6,015125
	7	7,016004
	8*	8,022487
$_{4}Be$	7*	7,016929
	9	9,012186
	10*	10,013534
$_{5}B$	8*	8,024609
	10	10,012939
	11	11,009305
	12*	12,014354
$_{6}C$	10*	10,016810
	11*	11,011432
	12	12,000000
	13	13,003354
	14*	14,003242
	15*	15,010599
$_{7}N$	12*	12,018641
	13*	13,005738
	14	14,003074
	15	15,000108
	16*	16,006103
	17*	17,008450
$_{8}O$	14*	14,008597
	15*	15,003070
	16	15,994915
	17	16,999133
	18	17,999160
	19*	19,003578
$_{9}F$	17*	17,002095
	18*	18,000937
	19	18,998405
	20*	19,999987
	21*	20,999951
$_{10}Ne$	18*	18,005711
	19*	19,001881
	20	19,992440
	21	20,993849
	22	21,991385
	23*	22,994473
$_{11}Na$	22*	21,994437
	23	22,989771
$_{12}Mg$	23*	22,994125
	24	23,990962
	25	24,989955
	26	25,991740
$_{13}Al$	27	26,981539
$_{14}Si$	28	27,976930
	29	28,976496
	30	29,973763
$_{15}P$	31	30,973765
$_{16}S$	32	31,972074
	33	32,971462
	34	33,967865
	36	35,967090
$_{17}Cl$	35	34,968851
	36*	35,968309
	37	36,965898
$_{18}Ar$	36	35,967544
	38	37,962728
	40	39,962384
$_{19}K$	39	38,963710
	40*	39,964000
	41	40,961832
$_{20}Ca$	40	39,962589
	41*	40,962275
	42	41,958625
	43	42,958780
	44	43,955490
	46	45,953689
	48	47,952531
$_{21}Sc$	41*	40,969247
	45	44,955919
$_{22}Ti$	46	45,952632
	47	46,951769
	48	47,947951
	49	48,947871
	50	49,944786
$_{23}V$	48*	47,952259
	50*	49,947164
	51	50,943962
$_{24}Cr$	48*	47,953760
	50	49,946055
	52	51,940514
	53	52,940653
	54	53,938882
$_{25}Mn$	54*	53,940362
	55	54,938051
$_{26}Fe$	54	53,939617
	56	55,934937
	57	56,935398
	58	57,933282
$_{27}Co$	59	58,933190
	60*	59,933814
$_{28}Ni$	58	57,935342
	60	59,930787
	61	60,931056
	62	61,928342
	64	63,927958
$_{29}Cu$	63	62,929592
	65	64,927786
$_{30}Zn$	64	63,929145
	66	65,926052
	67	66,927145
	68	67,924857
	70	69,925334
$_{31}Ga$	69	68,925574
	71	70,924706
$_{32}Ge$	70	69,924252
	72	71,922082
	73	72,923463
	74	73,921181
	76	75,921406
$_{33}As$	75	74,921597
$_{34}Se$	74	73,922476
	76	75,919207
	77	76,919911
	78	77,917314
	80	79,916528
	82	81,916707
$_{35}Br$	79	78,918330
	81	80,916292
$_{36}Kr$	78	77,920403
	80	79,916380
	82	81,913482
	83	82,914132
	84	83,911504
	86	85,910616
$_{37}Rb$	85	84,911800
	87*	86,909187
$_{38}Sr$	84	83,913431
	86	85,909285
	87	86,908893
	88	87,905641
$_{39}Y$	89	88,905872
$_{40}Zr$	90	89 904700
	91	90,905642
	92	91,905031
	94	93,906314
	96	95,908286
$_{41}Nb$	93	92,906382
$_{42}Mo$	92	91,906811
	94	93,905091
	95	94,905839
	96	95,904674

Element	A	Atommasse (in u)
	97	96,906022
	98	97,905409
	100	99,907475
$_{44}$Ru	96	95,907598
	98	97,905289
	99	98,905936
	100	99,904218
	101	100,905577
	102	101,904348
	104	103,905430
$_{45}$Rh	103	102,905511
$_{46}$Pd	102	101,905609
	104	103,904011
	105	104,905064
	106	105,903479
	108	107,903891
	110	109,905164
$_{47}$Ag	107	106,905094
	109	108,904756
$_{48}$Cd	106	105,906463
	108	107,904187
	110	109,903012
	111	110,904189
	112	111,902763
	113	112,904409
	114	113,903361
	116	115,904762
$_{49}$In	113	112,904089
	115*	114,903871
$_{50}$Sn	112	111,904835
	114	113,902773
	115	114,903346
	116	115,901745
	117	116,902959
	118	117,901606
	119	118,903314
	120	119,902199
	122	121,903442
	124	123,905272
$_{51}$Sb	121	120,903817
	123	122,904213
$_{52}$Te	120	119,904023
	122	121,903066
	123	122,904277
	124	123,902842
	125	124,904418
	126	125,903322
	128	127,904476
	130	129,906238
$_{53}$I	127	126,904470
$_{54}$Xe	124	123,906120

Element	A	Atommasse (in u)
	126	125,904288
	128	127,903540
	129	128,904784
	130	129,903509
	131	130,905086
	132	131,904161
	134	133,905398
	136	135,907221
$_{55}$Cs	133	132,905355
$_{56}$Ba	130	129,906245
	132	131,905120
	134	133,904612
	135	134,905550
	136	135,904300
	137	136,905500
	138	137,905000
$_{57}$La	138*	137,906910
	139	138,906140
$_{58}$Ce	136	135,907100
	138	137,905830
	140	139,905392
	142	141,909140
$_{59}$Pr	141	140,907596
$_{60}$Nd	142	141,907663
	143	142,909779
	144*	143,910039
	145	144,912538
	146	145,913086
	148	147,916869
	150	149,920915
$_{62}$Sm	144	143,911989
	147*	146,914867
	148	147,914791
	149	148,917180
	150	149,917276
	152	151,919756
	154	153,922282
$_{63}$Eu	151	150,919838
	153	152,921242
$_{64}$Gd	152	151,919794
	154	153,920929
	155	154,922664
	156	155,922175
	157	156,924025
	158	157,924178
	160	159,927115
$_{65}$Tb	159	158,925351
$_{66}$Dy	156	155,923930
	158	157,924449
	160	159,925202
	161	160,926945

Element	A	Atommasse (in u)
	162	161,926803
	163	162,928755
	164	163,929200
$_{67}$Ho	165	164,930421
$_{68}$Er	162	161,928740
	164	163,929287
	166	165,930307
	167	166,932060
	168	167,932383
	170	169,935560
$_{69}$Tm	169	168,934245
$_{70}$Yb	168	167,934160
	170	169,935020
	171	170,936430
	172	171,936360
	173	172,938060
	174	173,938740
	176	175,942680
$_{71}$Lu	175	174,940640
	176*	175,942660
$_{72}$Hf	174	173,940360
	176	175,941570
	177	176,943400
	178	177,943880
	179	178,946030
	180	179,946820
$_{73}$Ta	181	180,948007
$_{74}$W	180	179,947000
	182	181,948301
	183	182,950324
	184	183,951025
	186	185,954440
$_{75}$Re	185	184,953059
	187*	186,955833
$_{76}$Os	184	183,952750
	186	185,953870
	187	186,955832
	188	187,956081
	189	188,958300
	190	189,958630
	192	191,961450
$_{77}$Ir	191	190,960640
	193	192,963012
$_{78}$Pt	190*	189,959950
	192	191,961150
	194	193,962725
	195	194,964813
	196	195,964967
	198	197,967895
$_{79}$Au	197	196,966541

Element	A	Atom-masse (in u)	Element	A	Atom-masse (in u)	Element	A	Atom-masse (in u)
$_{80}$Hg	196	195,965820		204	203,973495		208	207,976650
	198	197,966756	$_{81}$Tl	203	202,972353	$_{83}$Bi	209	208,981082
	199	198,968279		205	204,974442	$_{90}$Th	232*	232,038124
	200	199,968327	$_{82}$Pb	204	203,973044	$_{92}$U	234*	234,040904
	201	200,970308		206	205,974468		235*	235,043915
	202	201,970642		207	206,975903		238*	238,050770

13.3 Lösungen der ungeradzahligen Aufgaben

Kapitel 2

2.1 0,98 c
2.3 a) $1{,}3 \cdot 10^{-6}$ s + $1{,}3 \cdot 10^{-10}$ s; b) 1,3 s + $1{,}3 \cdot 10^{-4}$ s
2.5 a) 0,20 mm; b) 0,20 mm + 10^{-9} mm
2.9 $T \to \infty$ bei $v/c \to 1$
2.11 $\theta_2 = \tan^{-1} \{\tan\theta_1/[1-(v/c)^2]^{1/2}\}$
2.13 0,933 c, 30,9° südost
2.15 $1{,}2 \cdot 10^{-8}$ s
2.17 a) 17,6 m; b) 3,5 m
2.19 a) $17{,}2 \cdot 10^9$ a; b) 617,3 nm (rot)
2.21 (160/164) c
2.23 a) 0,3 c in Richtung der positiven x-Achse;
b) $x_1 = 0$, $t_1 = 0$; $x_1 = 1{,}14$ km, $t_1 = 2{,}09 \cdot 10^{-6}$ s
2.27 a) ja; b) ja, verringert; c) ja, d) ja, verringert
2.29 a) $2{,}4 \cdot 10^8$ m/s; b) $6{,}00 \cdot 10^{-7}$ s; c) $1{,}44 \cdot 10^2$ m

Kapitel 3

3.1 a) 0,861 c; b) 237 MeV/c; c) 136 MeV
3.3 a) 17,2 keV; b) $4{,}71 \cdot 10^6$ m/s
3.7 a) 0,45 GeV/c bis 4,5 GeV/c; b) 0,1 GeV bis 3,7 GeV
3.9 a) 0,99999824 c; b) 8 MW
3.11 $4{,}3 \cdot 10^{-13}$
3.13 9 GV
3.19 a) 10,95 E_0/c; b) 0,995 c
3.21 a) 21,3 E_0; b) 22,3 E_0/c
3.25 $4{,}1 \cdot 10^9$ kg/s; $6{,}5 \cdot 10^{-5}$
3.27 $3{,}3 \cdot 10^{-12}$ C/m
3.33 a) $4{,}22 \cdot 10^{-10}$; b) 11 eV
3.35 1,0 MeV
3.37 35°

Kapitel 4

4.1 a) 3,23 eV; b) 2,97 eV
4.3 a) 2,3 eV; b) $5{,}2 \cdot 10^{-15}$ Js/C
4.5 a) $6{,}8 \cdot 10^{-30}$ J/s; b) $3{,}6 \cdot 10^{3}$ a (experimentell $\approx 10^{-9}$ s)
4.11 a) 2,05 eV; b) $1{,}52 \cdot 10^{7}$ Photonen/cm² s; c) $4{,}94 \cdot 10^{14}$
4.13 $\sim 1/r^2$
4.15 Elektron 1
4.17 a) 1,0 kV; b) 0,98 V
4.19 a) $6{,}7 \cdot 10^{-6}$ kg m/s; b) $6{,}0 \cdot 10^{21}$ Photonen pro Impuls
4.23 0,0016 mm
4.25 a) 62,0 pm, 64,4 pm; b) 62,0 pm, 63,2 pm
4.29 12,2 keV
4.35 55 MeV
4.37 a) 1/3; b) 3; c) unverändert; d) 1/3; e) 1/3
4.39 a) 1,24 MeV; b) 1,24 MeV (unveränderte Quanten), 0,51 MeV (Vernichtungsstrahlung), 0,36 MeV (Compton-Streuung)
4.41 0,103 MeV/c in Vorwärtsrichtung
4.45 195

Kapitel 5

5.1 a) $1{,}24 \cdot 10^{-12}$ m; b) $8{,}72 \cdot 10^{-13}$ m; c) $2{,}86 \cdot 10^{-14}$ m
5.5 108 pm
5.9 $(hc/E_0)\,[(cB/E)^2 - 1]^{1/2}$
5.11 328 pm
5.13 a) 13,2°; b) 26,4°
5.15 32,8° bei Reflexion an der Braggschen Ebene, die die 45°-Diagonale enthält
5.17 a) 168 pm; b) 51°
5.21 a) $4{,}75 \cdot 10^{10}$ m/s; b) $1{,}90 \cdot 10^{6}$ m/s; c) $1{,}33 \cdot 10^{-25}$ kg m/s; d) 7,7 %
5.23 a) $5{,}0 \cdot 10^{13}$ cm^{-3}; b) $1{,}0 \cdot 10^{7}$ cm^{-3}; c) 3,4 cm^{-3}
5.25 ≈ 1 m/s
5.27 a) $4{,}1 \cdot 10^{-10}$ eV; b) $2{,}1 \cdot 10^{-10}$; c) $2{,}1 \cdot 10^{-19}$
5.31 b) nicht lokalisierbar
5.35 a) ≈ 5 pm; b) 400
5.39 a) $n^2 \hbar^2/2m R^2$; b) $n\hbar$

Kapitel 6

6.1 a) $6{,}3 \cdot 10^{4}$; b) $2{,}5 \cdot 10^{5}$
6.3 $(Z_1/Z_2)^2/(M_1/M_2)$
6.5 a) 1/16; b) 1/8
6.7 a) 4,4 keV; b) 8,0 MeV; c) 190
6.9 a) 5,9 MeV
6.13 a) $3{,}9 \cdot 10^{-14}$ m; b) $7{,}2 \cdot 10^{-5}$
6.15 a) 1,06 mA; b) 12,7 T; c) antiparallel
6.23 a) $2{,}55 \cdot 10^{-13}$ m; b) 2,82 keV; c) gleich
6.25 a) $2{,}0 \cdot 10^{-6}$ m; b) infrarot

6.29 a) 0,660 eV; b) 0,660 eV/c; c) $1{,}88 \cdot 10^{-6}$ m; d) $2{,}32 \cdot 10^{-10}$ eV
6.31 a) 10^{-7} eV; b) 10^{-7}; c) absolut unscharf
6.35 1,85
6.37 217 eV
6.43 656,471 nm und 656,291 nm
6.45 91,8 eV
6.47 a) 12,7 eV; b) 12,7 eV; c) 25,5 eV
6.49 a) 16 keV; b) Nur dort werden die Teilchen nicht nennenswert durch das Magnetfeld der Erde abgelenkt

Kapitel 7

7.3 5,95 eV
7.5 Bei allen Linienpaaren ist der Frequenzunterschied gleich und entspricht dem Energieunterschied der Niveaus des 3p-Zustandes
7.9 a) $\approx 10^{19}$; b) $\approx 10^{-10}$ rad
7.15 $1{,}76 \cdot 10^{11}$ C/kg
7.17 0,43 T
7.19 a) $2 \cdot 10^{25}\ s^{-1}$ (Dabei ist zu beachten, daß bei diesem klassischen Modell die Geschwindigkeit am Äquator $\approx 200c$ beträgt!)
b) $(\sqrt{3}/2)\,(e\hbar/2m)$, das ist die Hälfte des quantentheoretischen Wertes
7.23 $5{,}2 \cdot 10^5$ MHz
7.25 24°
7.31 a) $(\sqrt{3}/2)\,\hbar$ und $(1/\sqrt{3})\,(e\hbar/2m)$ unter Verwendung der Ergebnisse von Aufgabe 7.28; b) $(\sqrt{3}/2)\,\hbar$ und $\sqrt{3}\,(e\hbar/2m)$
7.33 Quantenzahlen (n, l, m_l, m_s): a) $(1, 0, 0, -\frac{1}{2})$, $(1, 0, 0, \frac{1}{2})$ und $(2, 0, 0, -\frac{1}{2})$; b) $(2, 0, 0, \frac{1}{2})$ und $(2, 1, 0, -\frac{1}{2})$
7.35 $_{14}Si$
7.37 14 pm

Kapitel 8

8.1 a) $4{,}3 \cdot 10^5$; b) $6{,}9 \cdot 10^{-14}$ C; c) 4,6 V
8.3 a) $2{,}4 \cdot 10^{-2}$ cm; b) 1,3 cm
8.5 100 V
8.7 a) 310 V; b) 286 V; c) 208 V
8.9 b) 0,32 GeV
8.11 $4{,}2 \cdot 10^{-8}$ s
8.21 a) $\approx c$; b) 300 GeV/c; c) 299 GeV
8.23 a) $5 \cdot 10^{-23}$; b) $1{,}7 \cdot 10^8$ km
8.25 60 kV
8.27 ≈ 7 m
8.29 a) nach oben; b) Positron; c) 9,0 MeV
8.31 a) 31°; b) 1,2 GeV/c; c) 5 m; d) $5{,}6 \cdot 10^{-8}$ s
8.37 a) zweite Röhre: 4,9 cm und letzte Röhre: 5,0 cm; b) 20 m
8.39 a) 7,67 MHz; b) 6,05 MeV
8.41 a) 2; b) 2
8.43 a) 1,82 T; b) 18,0 MHz

8.45 a) 0,45 MHz; b) 3,1 MHz
8.47 200 %
8.49 a) 1/2; b) 4; c) 2700 GeV

Kapitel 9

9.3 21,3 MHz
9.5 a) 13,00589 u; b) 13,00573 u
9.7 a) 12,2 MeV; b) 40 keV
9.13 $^{30}_{14}Si$
9.15 a) 5/2; b) 5/2; c) 7/2; d) 7/2
9.17 $3,8 \cdot 10^{-2}\ s^{-1}$
9.23 $1,0 \cdot 10^{-7}$ g
9.29 b) $6 \cdot 10^{-7}$ m/s, abwärts
9.31 a) β^-, β^+, Elektroneneinfang; b) Elektroneneinfang; c) β^+, Elektroneneinfang; d) β^-, β^+, Elektroneneinfang
9.35 a) 0,413 MeV; b) 0,413 MeV/c; c) 2,2 eV
9.37 a) 0,86 MeV und 0,38 MeV; b) 0,48 MeV
9.39 1,80 MeV

Kapitel 10

10.1 a) β^-; b) β^+ und Elektroneneinfang; c) β^-; d) β^+ und Elektroneneinfang
10.3 1,0 kg
10.5 a) $^{12}_{6}C(p,\gamma)^{13}_{7}N$, $^{14}_{7}N(\gamma,n)^{13}_{7}N$, $^{12}_{6}C(d,n)^{13}_{7}N$;
b) $^{20}_{10}Ne(n,\gamma)^{21}_{10}Ne$, $^{20}_{10}Ne(d,p)^{21}_{10}Ne$, $^{23}_{11}Na(d,\alpha)^{21}_{10}Ne$;
c) $^{56}_{26}Fe(n,\gamma)^{57}_{26}Fe$, $^{56}_{26}Fe(d,p)^{57}_{26}Fe$, $^{60}_{28}Ni(n,\alpha)^{57}_{26}Fe$
10.7 9,02 MeV, 6,85 MeV, 5,62 MeV, 5,35 MeV
10.9 2,37 MeV
10.11 a) 6,28 MeV; b) 7,72 MeV
10.13 5,38 MeV
10.15 a) 0,959 MeV; b) 0,959 MeV; c) 93 eV
10.19 $\sigma \sim A^{2/3}$
10.21 a) $1,55 \cdot 10^{15}$; b) $6,8 \cdot 10^{6}\ s^{-1}$
10.27 4 MeV, 8 MeV und 10 MeV
10.29 $5,4 \cdot 10^{11}$ K
10.31 $\approx 10^{30}$ J = 10^{24} kWh

Kapitel 11

11.1 b) ein virtuelles Proton und ein virtuelles Photon
11.3 a) W^-; b) W^-
11.5 a) $2 \cdot 10^{-8}$ eV; b) 10^{-10} eV
11.7 a) neutrales Pion; b) Photon; c) Neutrino
11.9 zwei
11.11 1,98 GeV
11.17 a) K^+; b) $\overline{K}^0$; c) K^+; d) $\overline{K}^0$
11.19 Weil diese Teilchen alle auf Grund der starken Wechselwirkung zerfallen

11.21 a) 190 MeV

11.23 Alle Reaktionen sind möglich, jedoch erfordern die dritte und die vierte Reaktion eine Schwellenenergie der einfallenden Mesonen von 3 MeV bzw. 9 MeV

11.27 Δ^{++} (uuu), Δ^{+} (uud), Δ^{0} (udd) und Δ^{-} (ddd)

11.29 a) Ξ^{-} (ssd), b) Ω^{-} (sss), c) $\overline{\Sigma}^{0}$ $(\overline{\text{sdu}})$

Kapitel 12

12.5 Verhältnis des $H^{37}Cl$ zu $H^{35}Cl$: 0,99925

12.7 ≈ 100 pm

12.11 1,4 K

12.19 a) Beim Zustand (1, 0, 0): $6{,}2 \cdot 10^{-6}$ eV/c und $6{,}2 \cdot 10^{-6}$ eV und beim Zustand (1, 1, 0): $8{,}8 \cdot 10^{-6}$ eV/c und $8{,}8 \cdot 10^{-6}$ eV; b) 41 %; c) beim Zustand (100, 0, 0): $6{,}2 \cdot 10^{-4}$ eV/c und $6{,}2 \cdot 10^{-4}$ eV, 0,005 %

12.27 Beryllium

12.29 0,13 J/g K

12.33 2

Namen- und Sachwortverzeichnis